सब्जी विज्ञान: सिद्धाँत एवं अनुप्रयोग

भाग–1

सब्जी विज्ञान : सिद्धाँत एवं अनुप्रयोग

भाग–1

डी. आर. भारद्वाज
सब्जी फसल सुधार विभाग
भारतीय सब्जी अनुसंधान संस्थान, वाराणसी (उ0प्र0)

SSPH

SATISH SERIAL PUBLISHING HOUSE
403, Express Tower, Commercial Complex, Azadpur, Delhi-110033 (India)
Phone : 011-27672852, Fax : 91-11-27672046
E-mail : info@satishserial.com, hkjain1975@yahoo.com
Website : www.satishserial.com

Published by :

SATISH SERIAL PUBLISHING HOUSE
403, Express Tower, Commercial Complex, Azadpur, Delhi-110033 (INDIA)
Phone : 011-27672852 Fax : 91-11-27672046
E-mail : info@satishserial.com, hkjain1975@yahoo.com

ISBN 978-93-81226-78-0

Typing at : Nandlal, Abaleshpur, Varanasi (U.P.)
Typeset at: Harminder Kharb *for* Laxmi Art Creation # 9971212252
Printed at: Salasar Imaging Systems, Delhi-110035

प्राक्कथन

वर्तमान समय में हमारे देश में कुल 146.554 मिलियन टन सब्जियों का उत्पादन 8.495 मिलियन हेक्टेयर क्षेत्रफल से होता है, जिसकी उत्पादकता 17.3 टन प्रति हेक्टेयर है। देश की बढ़ती आबादी को देखते हुए खाद्य एवं कृषि संगठन ने अनुशंसा की है कि भारत वर्ष को 2020 तक कुल 225.00 मिलियन टन सब्जियों की आवश्यकता होगी। इसके लिये सब्जी उत्पादन की वर्तमान वृद्धि दर 3.72 प्रतिशत से बढ़ाकर 4.6 प्रतिशत करनी होगी। अतः अगले दशक में द्वितीय हरित क्रान्ति की आवश्यकता होगी क्योंकि खेती योग्य भूमि का उपयोग सड़क विस्तार, गृह निर्माण, उद्योग आदि उद्देश्यों के लिए ज्यादा किया जा रहा है। यह कहना अतिशयोक्ति नहीं होगी कि विश्व स्तर पर भारतवर्ष भिण्डी व फूल गोभी के उत्पादन में प्रथम, प्याज के उत्पादन में द्वितीय व पत्ता गोभी की उत्पादन में तृतीय है। वर्तमान समय में सब्जियों का कुल 9.0 मिलियन यू0एस0 डालर का व्यावसाय हो रहा है, जिसे सन् 2020 तक कुल 20.0 मिलियन यू0एस0 डालर तक पहुँचाया जा सकता है, जिससे प्रचुर मात्रा में विदेशी मुद्रा प्राप्त होगी और सब्जी उत्पादकों का ज्यादा लाभ मिलेगा। विश्व के अग्रणी सब्जी उत्पादक देश चीन, भारत, संयुक्त राज्य अमेरिका, टर्की, इटली, स्पेन, इजिप्ट, मैक्सिको व नाइजेरिया हैं। सब्जियों के प्रमुख निर्यातक देश निदरलैण्ड, मैक्सिको और स्पेन हैं, जबकि आयातक देश संयुक्त राज्य अमेरिका (21.0 प्रतिशत) जर्मनी (18.0 प्रतिशत) तथा यूनाइटेड किंगडम (10.0 प्रतिशत) हैं। अगर फसलवार सब्जियों के व्यावसाय को अन्तर्राष्ट्रीय बाजार में देखा जाये तो टमाटर (36.0 प्रतिशत) का सबसे ज्यादा और इसके बाद मिर्च व प्याज का स्थान आता है। ताजी सब्जियों के निर्यात में भारतवर्ष का योगदान प्रतिवर्ष बढ़ रहा है। सन् 2004–05 में ताजी सब्जियों का कुल 845.5 करोड़ रूपयें का निर्यात किया गया जबकि यह सन 1996–97 में मात्र 75.9 करोड़ रूपये का ही था। यह बात सही है कि आज घरेलू उपयोग एवं निर्यात में तेज गति से गुणवत्ता प्रतिस्पर्धी बाजार विकसित हो रही है। उत्पादन व उत्पादकता दोनों की वृद्धि के लिए संकर किस्मों के अधिक से अधिक उपयोग आवश्यक है, क्योंकि अधिकतर संकर किस्में अधिक उपज के साथ साथ विशेष गुण जैसे–जल्द तैयार होना, प्रतिकूल परिस्थियों में अनुकूलन तथा कीट व रोगों के प्रकोप से मुक्त होती हैं। ऐसी संकर किस्में टमाटर, बैंगन, मिर्च, शिमला मिर्च, भिण्डी, खीरा, लौकी, करेला, कुम्हण, खरबूजा, तरबूज, पत्ता गोभी, फूल गोभी, इत्यादि में उपलब्ध हैं, लेकिन महँगें बीज तथा समय पर अनुपलब्धता के कारण विस्तृत पैमाने पर उत्पादकों द्वारा नहीं अपनाई जा रही हैं।

कृषि विविधीकरण एवं रोजगार सृजन को देखते हुए सब्जियों के उत्पादन को बढ़ाने की प्रचुर सम्भावना हैं। विगत वर्षों में सब्जी प्रोद्योगिकी में बहुत विकास हुआ है जैसे – उन्नतिशील प्रजातियों एवं संकरों का विकास, समन्वित पोषण, रोग एवं कीट प्रबन्धन, संगठित खेती, बेमौसमी खेती, नदियों के किनारे खेती आदि। पुस्तक **"सब्जी विज्ञानः सिद्धाँत एवं अनुप्रयोग"** समय से लिखित उपलब्ध तकनीकी स्रोतों का संगम है जो शोधकर्ताओं, छात्रों, प्रसारकर्ताओं, प्रशिक्षणकर्ताओं एवं उत्पादकों के लिए महत्वपूर्ण है। डा0 डी. आर. भारद्वाज, प्रधान वैज्ञानिक (उधान) ने अथक प्रयास कर बहुमूल्य सूचनाओं एवं अनुभवों को संकलित कर कलमबद्ध किया है। मुझे पूर्ण विश्वास है कि यह पुस्तक सब्जी अनुसंधान, विकास, उत्पादन, शिक्षण एवं प्रशिक्षण से जुड़े लोगों के लिए एक महत्वपूर्ण स्रोत पुस्तक होगी।

आमुख

मानव समाज में सब्जियों का बहुयामी योगदान है क्योंकि ये खाद्य व पोषण सुरक्षा के साथ–साथ सामाजिक–आर्थिक परिवर्तन को भी निर्धारित करती हैं। वर्तमान में विश्व की कुल आबादी 6.0 बिलियन है, जो वर्ष 2025 व 2100 में कम्रशः 8.0 तथा 12.0 बिलियन हो जायेगा। अनुमान है कि सन् 2025 तक विश्व की पूरी आबादी की 83.0 प्रतिशत आबादी विकासशील देशों में निवास करेगी। विश्व में 842 मिलियन लोगों को पूर्ण खाद्य एवं पोषण सुरक्षा आज भी उपलब्ध नही है, जिनमें 798.0 मिलियन कुपोषित लोग विकाशील देशों से हैं एवं अकेले भारत में 25.0 प्रतिशत लोग हैं। कुल 53 प्रतिशत भारतीय बच्चे कुपोषणग्रस्त हैं। खाद्य सुरक्षा इस बात पर निर्भर करेगा कि हरित क्रान्ति को सदा हरित कान्ति में बदल दिया जाये जो पारिस्थितकी, आर्थिक, लिंग, सामाजिक समानता व रोजगार सृजन के सिद्धान्त पर आधारित हो। प्रकृति में लगभग 400 वनस्पतियाँ सब्जी के रूप में जानी जाती हैं। उनमें लगभग 70 ऐसी सब्जियाँ हैं, जिनकी खेती विश्व की 42.6 मिलियन हेक्टेयर में व्यावसायिक रूप में की जाती है और अधिक अनुकूलन के कारण पूरे वर्ष उगाई जाती हैं। भारतवर्ष की भौगोलिक दशा एवं जलवायु में विस्तृत विविधता (उष्ण, उपोष्ण और शीतोष्ण) पायी जाती है जिससे अनकों प्रकार की सब्जियाँ कहीं न कहीं पूरे वर्ष उगाई जाती हैं। भारतीय जलवायु में 40 किस्म की सब्जियाँ आर्थिक दृष्टिकोण से विस्तृत क्षेत्रफल में उगाई जाती हैं। मानव जीवन में सन्तुलित आहार के रूप में सब्जियों का स्थान अत्यन्त महत्वपूर्ण है। सब्जियों में 14 आवश्यक तत्व जैसे – लौह, आयोडिन, कैल्शियम, फास्फोरस, सोडियम, पोटैशियम, क्लोरिन, सल्फर, मैगनीज, ब्रोमिन, कापर, कोबाल्ट, जिंक तथा आक्सीजन मिलते हैं, जो अच्छे स्वास्थ्य के लिए आवश्यक हैं। पौष्टिकता बढ़ाने के लिए अनाज एवं दालों को अंकुरित करके खाने से आवश्यक पोषक तत्वों की उपलब्धता कई गुणा बढ़ जाती है, इसलिए लोगों में अंकुरित अनाज एवं दालों को खाने के प्रति जागरूकता की आवश्यकता है। भारत वर्ष में अल्प प्रचलित व कम महत्व रखने वाली सब्जियों की संख्या अनगिनत है, जो पोषक तत्वों से भरपूर एवं रोगों के प्रति अवरोधी क्षमता विकसित करने की प्रमुख स्रोत हैं। इसके साथ ही सब्जियों की एक लम्बी श्रृंखला आहार में विविधता प्रदान करने का उत्तम स्रोत भी है। ब्रोकली, सहजन, सेम, बथुआ इत्यादि कम इकाई क्षेत्र में अत्याधिक उत्पादन एवं अल्पावधि के साथ–साथ विभिन्न फसल चक्रों में सफलतापूर्वक समायोजन, सब्जियों के कुछ ऐसे विशेष गुण हैं जो कृषि के समेकित प्रणाली के लिए बहुत उपयोगी है। सब्जियाँ अन्य फसलों की तुलना में 5–10 गुणा ज्यादा उत्पादकता प्रदान करती हैं। विश्वस्तर पर सब्जियों की खेती 50.0 मिलियन हेक्टेयर में की जाती है, जिनसे 800.0 मिलियन टन सब्जियाँ प्राप्त होती हैं और इनकी कुल उत्पादकता 16 मिलियन टन है। चीन व भारत विश्व के कुल उपज में क्रमशः 46.1 प्रतिशत व 14.3 प्रतिशत का योगदान करते है। वर्तमान समय में भारत 146.554 मिलियन टन उत्पादन के साथ विश्व में द्वितीय स्थान पर है। भारत में 17.3 टन प्रति हेक्टेयर की

उत्पादकता कुल 8.495 मिलियन हेक्टेयर भू–भाग से प्राप्त होती है। सब्जियों में प्रचुर मात्रा में ऊर्जा, विटामिन, प्रोटीन, खनिज लवण, खाद्य रेशा, एन्टी आक्सीडेन्ट पाये जाते हैं। सब्जी फसलों को कीडों, बीमारियों, खरपतवारों, सूत्रकृमियों आदि से मुक्ति के लिए अनेकों प्रकार के घातक कृषि रसायनों का प्रयोग किया जा रहा है। इतना ही नही उपज वृद्धि एवं लम्बी प्रतिकूल परिस्थितियों के सहने, लम्बी अवधि तक ताजा बनाने तथा संरक्षित रखने के लिए भी घातक रसायनों का प्रयोग किया जा रहा है। इन रसायनों का पूर्णरूप से प्रकृति में विखण्डन न होने पर इनके अवशिष्ठ मानव शरीर में पहुँच जाते हैं, जिनसे कैंसर, रतौंधी, लकवा आदि जैसे भयावह रोगों के उत्पन्न होने का खतरा बना रहता है। इसी वजह से विकसित देशों जैसे–अमेरिका, इंग्लैण्ड तथा अन्य यूरोपीय देशों में आजकल कार्बनिक विधि से उगाई गयी सब्जियों की माँग निरन्तर बढ़ रही है। अतः सब्जियों को उगाने से लेकर तुड़ाई उपरान्त तक हानिकारक रसायनों के प्रयोग से दूर रखा जाना आवश्यक है। हमारे देश में भी कार्बनिक विधि से उगाई गई सब्जियों की महानगरों (दिल्ली, मुम्बई, चेन्नई, कोलकाता, बैंग्लुरु आदि) में काफी माँग की जा रही है। देश में गुणवत्तायुक्त सब्जियों की उपलबधता घटती जा रही है। इसके लिए राष्ट्रीय एवं अन्तर्राष्ट्रीय मानक के अनुरूप अनुसंधान संस्थानों एवं विश्वविद्यालयों से विकसित तकनीकों को शीघ्रता से अपनाना चाहिए। सूचना तकनीक के इस युग में विभिन्न विषयों की नवीन जानकारी एवं उसका प्रयोग एक विकसित पद्धति के प्रमुख आयाम है। सूचना विकसित करना ही महत्वपूर्ण नही है, अपितु यह सुनिश्चित करना भी आवश्यक है कि विकसित सूचना जन–जन तक जल्द से जल्द पहुँचे और उत्पादक इन्हें अपनायें।

विषय सूची

भाग–1

भाग–2

अध्याय 1

सब्जी अनुसंधान एवं विकास

(Vegetable Research and Development)

सब्जी विज्ञान (उद्यान विज्ञान का एक अंग) का अध्ययन "ओलेरी कल्चर" (Olericulture) के अन्तर्गत किया जाता है, जो दो लैटिन शब्द ओले, ओलस या होलस (ole, olus or holus) एवं कल्चरा (cultura) से मिलकर बना है। ओलस या होलस का शाब्दिक अर्थ हर्ब (herb) या ओले है, जिसे मूलतः पत्ता गोभी (cabbage) के नाम से पुकारते हैं, लेकिन सामान्य भाषा में सब्जी उत्पादन से होता है। सम्पूर्ण यूरोप में सब्जी बागवानी को 16वीं शताब्दी तक पत्ता गोभी–बागवानी के नाम से जानते थे। इससे स्पष्ट होता है कि "सब्जी विज्ञान" (Olericulture) की उत्पत्ति इन्हीं से हुई है। सब्जी विज्ञान की परिभाषा इस प्रकार है–

"Vegetables are those annual, biennial and non-woody perennial plants of which immature succulent plant parts such as roots, rhizomes, bulbs, stems, blossoms, leaves, seeds and fruits are consumed either raw or coocked".

सब्जियों की खेती से लाभ (Advantages of vegetable cultivation)

सब्जियों की खेती भारतवर्ष के प्रत्येक भागों में सुगमतापूर्वक पूरे वर्ष कहीं न कहीं की जाती हैं। कृषकों के लिये सब्जियों की खेती एक व्यवसाय है तथा उपभोक्ता के लिये पोषण सुरक्षा की कुँजी है। चाहे खेती का जोत छोटा हो या बड़ा, जमीन उबड़–खाबड़ हो या मैदान, नदियों, समुद्रों का किनारा हो या पहाड़ों की उपरी या निचली भाग, हर दशा एवं विभिन्न जलवायु के लिये उपयुक्त हैं। सब्जियों की खेती से निम्नलिखित लाभ होते हैं।

- कृषकों के लिये सब्जी उत्पादन एक निश्चित एवं अधिक आय की स्रोत है।

- सब्जियाँ मानव आहार का प्रमुख अंग हैं तथा राष्ट्रीय पोषण सुरखा का सस्ता एवं महत्वपूर्ण घटक है।
- सब्जियों की खेती में सबसे ज्यादा रोजगार सृजन की सम्भावना है।
- विदेशी मुद्रा प्राप्त करने का अच्छा साधन है जैसे ताजी सब्जियों, प्रसंस्कृति सब्जियों आदि का निर्यात जैसे – भिण्डी, प्याज, लहसुन, करेला आदि।
- सब्जियों की खेती द्वारा गरीबी उन्मूलन सम्भव है।
- सब्जियों की खेती विषम दशा जैसे – वर्षा आधारित (rainfed), सूखी जमीन (dry land), पहाड़ी क्षेत्र, समुद्री किनारा आदि में करना सम्भव है।
- भारतवर्ष में अप्रयोज्य जमीन में उचित संरचनात्मक ढाँचा बनाकर व्यावसायिक खेती की प्रबल सम्भावना है।
- प्रति इकाई सब्जी उपज ज्यादा प्राप्त होती है।
- सब्जियाँ कम समय में तैयार होने, कम पौध बढ़वार आदि गुणों के कारण बहुवर्षीय फसलों के साथ अन्तः सस्य उत्पादन पद्धति के अनुकूल हैं।
- अगर एक मुख्य फसल विषम परिस्थितियों जैसे अधिक वर्षा, कम वर्षा, कीट रोग प्रकोप आदि से समाप्त हो जाती है, तो सुगमता से दूसरी उगाई जा सकती है।
- सब्जियों की खेती दूसरे अन्य प्रकार के व्यावसायों जैसे – प्रसंस्करण, बीज उद्योग, उर्वरक एवं कीट/रोग नाशक, यन्त्र उद्योग, यातायात आदि का सृजन करता है।
- फसल विविधीकरण (diversification) के लिये सब्जियाँ अति उत्तम माध्यम हैं।

ऐतिहासिक दृष्टिकोण से सब्जियों का अनुकूलन (Historical background of vegetable adoption)

सम्पूर्ण विश्व में लगभग 4,00,000 (4 लाख) पौध स्पशीज उपलब्ध हैं जिनमें सब्जी के रुप में 4000 पौध प्रजातियों का प्रयोग किया जाता है, जबकि भारतवर्ष में प्राचीनकाल से ही 70 से अधिक सब्जियाँ सुदूर आदिवासी क्षेत्रों से लेकर व्यावसायिक क्षेत्रों में उगाकर उपयोग की जा रही हैं। सब्जियों के उपभोग एवं उपयोगिता का वर्णन 600 ई0पू0 चरक संहिता से प्राप्त होता है (राय एवं गुप्ता, 1980)। इसी प्रकार की व्याख्या तीसरी एवं चौथी शताब्दी ए0डी0 में भी मिलती है (राय एवं सहयोगी, 1980)। अनेकों धर्म संचालकों जैसे पूर्व बुद्ध धर्म अनुयायी एवं जैन सेवकों ने सब्जियों के उपयोग को स्थान दिया है। स्वयं भगवान बुद्ध ने अपने अनुयायियों को पत्तीदार सब्जियों के उपयोग की अनुशंसा की है। अनेक सूत्रों (sutras) जैसे– उत्तरध्याना सूत्रा (Uttardhyana Sutra), "प्रझापाना सूत्रा" (Prajhapana Sutra) तथा जातकास् (Jatakas) के अभिलेखों में बैंगन, खीरा, लौकी इत्यादि के उपभोग का वर्णन मिलता है (ओम प्रकाश, 1961)। इसी प्रकार 300 ई0पू0 से 75 ए0डी0 (300 BC to 75 AD) जो मौर्य एवं सुंग वंश (Maurya and Sunga) का समय था, सब्जियों के उपयोग की व्याख्या को बल देता है। "कौटिल्य का अर्थशास्त्र" एवं "पातंजली का महाभाष्य"

में सब्जियों के विस्तृत उपभोग का वर्णन किया गया है। सर्वप्रथम महर्षि पातंजली ने शाकभाँजी (sakabhajin) शब्द का प्रयोग कर इसके उपयोग को स्पष्ट किया, जो स्वतः शाकाहारी प्रकृति का द्योतक है। आक्रमणकारियों, यात्रियों एवं व्यापारियों ने सब्जियों के प्रचार–प्रसार, आपसी आदान–प्रदान एवं फसलों की विविधता हेतु महत्वपूर्ण भूमिका अदा की है। स्पष्ट उल्लेख है कि 400 ई0पू0 ग्रीक नाविक 'एलेक्जेंडर दी ग्रेट' (Alexander the Great) एवं उसके साथ रहने वाले लोग जब उत्तर–पश्चिम भारत (वर्तमान में पाकिस्तान का भाग) पहुँचे तो कुछ विदेशी सब्जियों का आदान–प्रदान हुआ। ग्रीक के इतिहासकारों ने भारतवर्ष में इमली, केला, आम व खीरा के उपयोग का वर्णन किया है। चीन के यात्रियों जैसे–फाह्यान (Fahein), यूआन च्वांग (Yuan Chwang) एवं इत्सिंग (Itsing) ने भारतवर्ष में अनेकों सब्जियाँ, जो गुप्तकाल (300 AD to 750 AD) में उपभोग की जा रही थी, का वर्णन किया है। उन्होंने ही भारतवर्ष में प्याज, लहसुन एवं कमल रेशा (lotus fibers) के व्यापक उपभोग का वर्णन किया है। मेलन्स तथा अनार (melons and pomegranate) का शाकाहारी व्यंजनों में बहुआयामी प्रयोग का वर्णन गुप्तकाल में भी मिलता है। इससे सम्बन्धित गुप्तकाल की कुछ सूचनायें कालीदास की संस्कृति नाटकों जैसे मृक्षकाटिका (Mricchakatika) से भी प्राप्त कर सकते हैं। इसी प्रकार अजन्ता की गुफाओं (महाराष्ट्र) में बने आम व अन्य फलों के चित्र जो, बैंगन जैसे प्रतीत होते हैं, को देखा जा सकता है। शताब्दी के कालान्तर को देखें तो पता चलता है कि सेन्ट्रल एशियन मुगल आक्रमणकारियों ने भारतवर्ष में अनेकों सब्जी एवं फल का उपस्थापन कर स्थान दिया। आइने–अकबरी (Ain-i-Akbari) से स्पष्ट होता है कि मुगल शासक किस प्रकार के व्यंजनों के शौकीन थे। मांसाहार के अलावा अनेकों प्रकार के शाकाहारी व्यंजनों को अपने भोजन में स्थान देते थे जो अनेकों प्रकार के सब्जियों, फलों एवं पुष्प कलिकाओं पर आधारित थे। शाकाहारी व्यंजनों को स्वादिष्ट एवं सुगंधित करने के लिए मुख्यतः प्याज व लहसुन को स्थान देते थे। इस काल में मसालें के रुप में केवल काली मिर्च (black pepper) जिसका वानस्पतिक नाम पाइपर निग्रम (*Piper nigrum*) है के प्रयोग का ही वर्णन मिलता है, मिर्च (chilli) या तीखे मिर्च (hot chilli) का नहीं। सब्जियों में गाजर (carrot), मूली (radish), स्पिनाच (सम्भवतः पालक), गोर्ड्स जैसे पलवल (सम्भवतः पटोला या परवल (pointed gourd) एवं चिचिण्डा (snake gourd), पेठा (ash gourd), केला (banana), चौलाई (amranth) आदि के उपयोग का वर्णन मिलता है। ऐसी व्याख्या है कि भारतवर्ष में स्थानीय तौर पर खरबूजा (muskmelon) की कई प्रजातियों को उगाया जाता था और अनुपलब्धता की स्थिति में कश्मीर, अफगानिस्तान एवं ईरान से मँगाया जाता था, जिससे अप्रैल से नवम्बर तक इसका उपयोग हो सके। भिण्डी की व्याख्या न करना एक महत्वपूर्ण भूल थी, लेकिन पत्ता गोभी (cabbage) की सार्थकता का वर्णन मिलता है। सही रूप से स्पष्ट करना मुश्किल है कि भिण्डी (okra) का उपस्थापन भारत में कब और किसने की। उन दिनों शीतकालीन सब्जियाँ कश्मीर में उगायी जाती थी और मुगल शासक अपनी आवश्यकता की पूर्ति के लिए बाहर से भी मँगाते थे। यहाँ पर प्रश्न यह उठता है कि शासक, मुगल–भारत में गाजर, शलजम एवं पत्ता गोभी के बीज का आयात करते थे या भारतीय परिस्थिति में उत्पादन करते थे। पुर्तगाल, फ्रांस, ब्रिटेन, नीदरलैण्ड व डेनमार्क से 14वीं–17वीं शताब्दी में जब लोग भारत में आकर व्यापार की नई बस्ती स्थापित की, उसी समय अनेकों सब्जियों जैसे–तीखी मिर्च या मिर्च, आलू, पत्ता गोभी, फूल गोभी इत्यादि का उपस्थापन भी हुआ। सम्भवतः भारतवर्ष में टमाटर का उपस्थापन 19वीं शताब्दी से हुई।

उपरोक्त सूचनाओं के अलावा भूगर्भवेत्ताओं (geologists) के परिणाम से पता चलता है कि मोहन जोदड़ो (Mohan-Jo-Daro) एवं हड़प्पा (Harappa) की खुदाई से प्राप्त पौध अवशेष स्पष्ट करते हैं कि भारतवर्ष (वर्तमान में पाकिस्तान एवं बांग्लादेश) में प्राचीनकाल से ही कृषि होती आ रही है। इसको सिद्ध करने के लिए अल्चीन (1969) में 20 से ज्यादा ऐतिहासिक तथा प्रागैतिहासिक (Historic and Pre-historic) स्थलों की खुदाई की। उसने स्पष्ट किया कि पश्चिम या इण्डस प्रोविन्स (Indus Province) में मटर (*Pisum arvense* L.) की खेती होती थी। हड़प्पा की खुदाई से खरबूजा के बीज के अवशेष प्राप्त हुए हैं (वाट्स, 1940)। दक्षिणी या प्रायद्वीप सदृश जगहों पर फैजियोलस स्पीशीज (*Phaseolus* species) एवं डालीकास स्पीशीज (*Dolichos* species) की प्राप्ति हुई है। उत्तर–पूर्व या गंगा के मैदानी भागों की खुदाई करने पर भूगर्भवेत्ताओं ने किसी भी प्रकार की सब्जी के न होने की पुष्टि की है। वैदिक काल (लगभग 1200 ई0पूर्व) महेश्वर (Maheswara) एवं मध्य प्रदेश के नवादातोली (Navadatoli) की खुदाई से चावल के अलावा चने एवं मटर के बीज प्राप्त हुए हैं। वानस्पतिक नृवंश विद्या (ethno botanical) समूह ने सब्जी फसलों के अनुकूलन पर महत्वपूर्ण शोध प्रस्तुत करते हैं। अरोरा (1981) ने अनेकों जाति सम्बन्धी (ethnic) समूह जैसे–गारो–खासी, जयंतिया, कुकी, मनीपुरी, मिजो, चकमा आदि जो भारत के पूर्वोत्तर राज्यों में निवास करते हैं, का सब्जी उपभोग पद्धति पर गहन अध्ययन किया है। उन्होंने स्पष्ट किया है कि ''झुमिंग'' / शिफ्टींग कल्टीवेशन'' (Jhumming/ shifting cultivation) कर खाने योग्य जड़ों / कन्दों / प्रकन्दों जैसे एलोकेशिया (*Alocasia*), कोलोकेशिया (*Colocasia*) तथा डायस्कोरिया (*Dioscorea*) का उपभोग करते थे। उन्होंने यह भी स्पष्ट किया कि 50 से ज्यादा पौध स्पीशीज की पत्तियाँ / प्ररोह जैसे क्लोरोडेन्ड्रान कोलेब्रुकीएनम (*Clerodendron colebrookianum*), रुमेक्स स्पिशीज (*Rumex* species) तथा बौहीनिया परप्यूरिया (*Bauhinia purpurea*) व केला प्रजाति के बन्द कलिकाओं का उपभोग करते हैं। आदिवासियों के बीच जंगली बीन्स (wild beans) की फली तथा केवांच प्रजाति (*Mucuna* species), पार्किया प्रजाति (*Parkia* species), विग्ना प्रजाति (*Vigna* species) तथा कैनावालिया (*Canavalia* species) प्रजाति के मुलायम फलियों को पकाकर सब्जी तैयार करते हैं।

मटर (Pea)

भूगर्भवेत्ताओं ने अपने अध्ययन में पाया कि मटर की खेती प्राचीनकाल से होती चली आ रही है। जानिक एवं सहयोगी (1969) ने स्पष्ट किया कि वंश पाइसम (*Pisum*) का मानव से सम्बन्ध पाषाणकाल (Stone Age) से है। मटर की खेती प्राचीन कृषि पद्धति में समाहित थी। रेनफ्रीड (1973) ने आस्ट्रीया (Austria) में किये शोध से प्रमाणित किया कि मटर व मानव का सम्बन्ध कांस काल (Bronze Age) से है। हालाँकि मटर के जंगली प्रभेद की जानकारी नहीं मिलती है, लेकिन आदिम प्रभेद (primitive plants) जो दक्षिण एशिया के पूर्वी क्षोर एवं उत्तरी अमेरिका में पाये जाते हैं, मटर के खेती योग्य जातियों से संकरण उर्वर के कारण स्वतंत्र रुप से संकरण करते हैं। रुस में मिलने वाली मटर की जंगली प्रजाति पाइसम इलेटियस (*Pisum elatius*) ही खेती योग्य प्रजाति की वंशज है। भारतवर्ष के उत्तर–भारत क्षेत्र में मटर की उपस्थिति आर्यों के आने से पहले की है (डी कन्डोले, 1896)। इन्होंने यह भी स्पष्ट किया कि पश्चिम एशिया में यह फसल पहले से प्राप्य है। हड़प्पा

सभ्यता में मटर के अभिलेख मिलते हैं (2500 ई0पू0 से 2000 ई0पू0)। कार्बन में परिवर्तित (carbonised) मटर के बीज बिहार के चिराण्ड (Chirand), नियोलिथिक (Neolithic) स्थानों से प्राप्त हुए हैं (विश्नु मित्रे, 1974)। इसी प्रकार मटर के कुछ बीज, गेंहूँ के बीज के साथ मिश्रित रुप से मध्य प्रदेश के नवादातोली–महेश्वर (Navadatoli-Maheshwar) नामक चाकोलीथिक (Chacolithic) से प्राप्त हुए हैं। संस्कृत तुल्य सुश्रुत संहिता (Susruta Samhita) तृतीय से चतुर्थ ए0डी0 (4AD) में मटर की "सतीना" (Satina) के नाम से व्याख्या मिलती है (राय एवं सहयोगी, 1980), लेकिन मीठी मटर का चयन विलायती (ब्रिटिशकाल) में हुआ, ऐसा माना जाता है। अगेती मीठी मटर की प्रजाति का चयन यूरोप के शीतोष्ण क्षेत्र में 16वीं तथा 17वीं शताब्दी में संभव हुआ। सख्त एवं गोल बीज वाली अगेती प्रजाति जैसे बोनिया (Bonia), कैप (Kaip), असौजी (Asauji) प्रभेद शायद ब्रिटिशकाल के प्रथम उपस्थापन थे। गर्म क्षेत्रों में इन प्रभेदों में उकठा नामक बीमारी नहीं लगती थी। उत्तर प्रदेश में 50 वर्ष पहले टी0–कमांक वाले प्रभेद जो डॉ0 टी0 आर0 मेहता द्वारा विकसित किये गये थे, मध्य मौसम वाली सब्जी मटर की धूम थी। आज भी इनकी कुछ प्रभेदों को पौध प्रजनन में प्रयोग किया जाता है। पौध उपनिवेशन (plant introduction) के रुप में देर से पकने वाली दूसरी प्रजाति "काला नागनी" (Kala Nagni) प्राप्त हुई, जिसका हाइलम (hilum) काला होता है। इसकी खेती हिमाचल प्रदेश से उत्तर–पूर्व पहाणों में महत्वपूर्ण भूमिका अदा की है। इस प्रजाति की खेती दार्जलिंग एवं सिक्किम दोनों में वर्षाकालीन फसल उगाकर (जुलाई की बुआई) अक्टूबर–नवम्बर में फलियाँ तोड़ते हैं, उसी प्रकार शरदकाल (उच्च पहाड़ों पर) नवम्बर में बुआई कर अप्रैल–मई में भी फलियाँ तोड़ते हैं। इस प्रजाति को "लोकल दार्जिलिंग" या "लोकल सिक्किम" के नाम से भी जानते हैं। बाद में फ्रांस से उपस्थापित/उपनिवेशित प्रजाति "अर्केल" भारतवर्ष के लिए बहुत ही महत्वपूर्ण मानी गयी। उत्तर प्रदेश, मध्य प्रदेश एवं पश्चिम महाराष्ट्र में शरदकाल में यह प्रजाति आज भी ज्यादा उगाई जाती है।

प्याज (Onion)

क्रिश्चियन काल से पूर्व यदि किसी फसल का अनुकूलन हुआ तो वह फसल प्याज थी। सेंट्रल एशिया के देशों जैसे–अफगानिस्तान, ईरान, दक्षिण रुस व पश्चिम चीन में प्याज की विविधता ज्यादा मिलती है, जो स्वतः इसके अनुकूलन को स्पष्ट करता है। इन्हीं क्षेत्रों में प्याज के अनेकों जंगली प्रभेद जैसे–एलियम वावीलोवी (*Allium vavilovii*), एलियम अस्चानी (*Allium aschanii*) तथा एलियम पेकेमेन्स (*Allium pekemense*) उपलब्ध हैं। खाये जाने वाले प्याज का विवरण बाइबिल (Bible), कुरान (Koran) में तथा इजिप्ट, रोम, ग्रीस एवं चीन के प्राचीन सभ्यता की खुदाई में मिलते हैं। संस्कृत समतुल्य "ऋग्वेदा" (Rigveda) में प्याज को "पलाण्डु" (Palandu) के नाम से सम्बोधित किया गया है, जो स्वतः वैदिक भारत में इसके महत्व का एहसास कराता है। ओम प्रकाश (1961) ने स्पष्ट किया कि यह विचित्र किन्तु सत्य घटना है कि भारतवर्ष में सम्मानित लोगों के द्वारा "टाबू" (Taboo) शोधन का उल्लेख "अपस्टाम्बा धर्मा सूत्रा–1" (Apastamba Dharma Sutra-1) में मिलता है (सूत्राकाल 860 ई0 पूर्व से 300 ई0 पूर्व)। औषधीय गुणों के कारण प्याज को बाहर नहीं भेजा

गया (चरक संहिता एवं सुस्रुता संहिता)। ''पातंजली का महाभाष्य'' (Mahabhashya) शाकाहारी लोगों के भोजन में प्रयोग होने की पुष्टि किया है। भारतवर्ष में विषम परिस्थिति जैसे–अधिक वर्षा, उच्च तापमान तथा कम प्रकाश दिनमान विशेषतः पश्चिम भारत की खरीफ मौसम में उगने वाला प्याज कब आया, पूर्व अभिलेख का अभाव है। अतः यह स्पष्ट करना मुश्किल है कि यहाँ बे–मौसम में प्याज की खेती कृषकों द्वारा कब किया गया ? मेक्सिकों में प्याज की खेती अच्छी अनुकूलन के कारण पूरे वर्ष होता रहता है। इसी प्रकार उष्ण–आर्द्र क्षेत्रों जैसे–थाइलैण्ड, इण्डोनेशिया, नाइजेरिया आदि देशों में प्याज की विस्तृत विविधीकरण हुआ।

भिण्डी (Okra)

भिण्डी अफ्रीकन मूल का विशेषतः इथोपिया (Ethiopia) का पौधा है और निश्चित तौर पर अफ्रीका से एशिया के देशों में पहुँचने के बारे में किसी तिथि का वर्णन नहीं मिलता है। जोशी एवं हरदास (1976) ने यहाँ तक कहा है कि भिण्डी अफ्रीकन मूल (African origin) का है, इसे स्थायी तौर पर नहीं माना जा सकता है। भिण्डी की एबलमास्कस एस्क्यूलेन्टस (*Abelmoschus esculentus*) में गुणसूत्र संख्या 2एन=130 होता है, जैसा कोशिका वर्गीकरण (cytotaxonomy) विज्ञान से स्पष्ट है, ज्यादा जटिल एवं भ्रामक है, क्योंकि एशियन मूल की प्रभेद में पूर्ण या आंशिक रुप से यह होना असम्भव है। अफ्रीकन भिण्डी एवं भारतीय भिण्डी में उनके जिनोमिक तथा अफ्रीकन एवं भारतीय प्रभेद के संकर (कुछ बन्ध्यता) भिन्न है। उत्तर पश्चिम मैदानी भागों में एबलमास्कस स्पिशीज जैसे–एबलमास्कस अन्गुलोसस (*Abelmoschus angulosus*), एबलमास्कस फिकलनियस (*Abelmoschus ficulneus*), एबलमास्कस मोस्चैटस (*Abelmoschus moschatus*), एबलमास्कस मैनीहाट (*Abelmoschus manihot*) एवं एबलमास्कस टयूबरकुलेट्स (*Abelmoschus tuberculatus*) का विवरण है (अरोड़ा एवं नायर, 1984)। इतनी विविधता के बावजूद मुगलकाल में भिण्डी के बारे में वर्णन नहीं मिलता है। संस्कृत समतुल्य लेखों में इसकी चर्चा तो नहीं है, लेकिन ईत्र (perfume) के रुप में एबलमास्कस मास्चैटस (*Abelmoschus moschatus*) का वर्णन लता कस्तुरिका (Lata Kasturika) के रुप में कारक संहिता (Caraka Samhita) में है (राय एवं गुप्ता, 1980)। विविधता एवं अनुकूलन को देखते हुए भारत को प्राथमिक या द्वितीयक विविधता का केन्द्र माना जाता है (जेवेन एवं डेवेट, 1982)। भारत सहित अन्य देशों से भिण्डी का प्रवेश नाइजेरिया में हुआ।

टमाटर (Tomato)

टमाटर का उद्भव स्थल दक्षिण अमेरिका (पेरु इक्वाडोर–वोलीविया एण्डेस का क्षेत्र) है और यहाँ से यह सेंट्रल अमेरिका, मेक्सिको में पहुँचा (जेन्कीन्स, 1948 तथा रीक, 1976)। प्राचीनकाल में टमाटर एक जहरीला फल था और सर्वप्रथम यूरोपियन तथा बाद में अमेरिकन द्वारा टमाटर का उपयोग किया गया, ऐसा स्पष्ट वर्णन है। इटली के लोग इसे सन् 1550 में उगाया था। एशिया के देशों में यह बाद में प्रवेश कर सका। फिलीपीन्स में यह सीधे मेक्सिको (Mexico) से उपस्थापित हुआ या 16वीं व 17वीं शताब्दी में स्पेन से व्यापार के माध्यम से आया, लेकिन भारत में ब्रिटिश शासकों ने 19वीं शताब्दी (सन् 1828) में लाया (एग्री हार्टीकल्चरल सोसाइटी, कलकत्ता)। ब्रिटिश मूल के

लोगों ने इस सब्जी को भारत के मध्य एवं निचले पहाणों में स्थापित किया। वर्तमान समय में टमाटर एक व्यावसायिक फसल होने के कारण सम्पूर्ण भारतवर्ष में खेती की जाती है। बैंग्लुरु एवं कर्नाटक के अन्य भागों, पश्चिम महाराष्ट्र, झारखण्ड का राँची क्षेत्र, आन्ध्र प्रदेश का मदनापल्ली क्षेत्र तथा तमिलनाडु का बाटलागुण्डू (मदुराई जिला) पूरे वर्ष टमाटर की खेती के लिए जाना जाता है।

मिर्च एवं शिमला मिर्च (Chilli and Sweet pepper)

नई दुनिया में अगर सब्जियों के अनुकूलन को देखा जाये तो मिर्च के साथ–साथ बीन्स एवं स्क्वाश का वर्णन मिलता है। बीन्स एवं स्क्वाश को खाद्य पदार्थों का प्रधान भाग माना गया है, जबकि मिर्च को केवल एक मसाला (पिकर्सगील, 1969)। मैक्सिको में मिर्च के होने का उल्लेख तमौलीपास में स्थित मैक्नैश (Mc Neish's) की खुदाई से मिला है (कपलान एवं मैक्नैश, 1960)। इसी प्रकार की सूचना तेहुआसिन (Tehuacin) से भी प्राप्त हुई है (मैक्नैश, 1964)। अतः मिर्च की उपलब्धता 7000 ई0 पूर्व से है। दक्षिण अमेरिका के पेरु समुद्र तटीय क्षेत्र में यह फसल 2000 ई0पू0 प्राप्त हुआ। पेरु के मैक्सिकन क्षेत्र में कैप्सिकम एनम (*Capsicum annuum*) पहले उपस्थापित हुआ तथा बाद में कैप्सिकम बकैटम (*Capsicum baccatum*) तथा कैप्सिकम चाइनेन्स (*Capsicum chinense*)। किसी समय मिर्च को यूरोपीय देशों में एक नई एवं बहुमूल्य मसाले के रुप में जानते थे और इसके लिये अन्वेषण भी करते रहे। स्पेनिश विजय के समय नई दुनिया में कैप्सिकम एनम (*Capsicum annuum*), कैप्सिकम बकैटम (*Capsicum baccatum*) व कैप्सिकम चाइनेन्स (*Capsicum chinense*) प्रजातियों की पहचान का वर्णन मिलता है। इससे स्पष्ट होता है कि सभी प्रजातियों का एक समान एवं स्वतंत्र उपस्थापन भिन्न–भिन्न क्षेत्रों में हुआ (पिकर्सगील, 1969)। ऐसा माना जाता है कि खेती योग्य प्रजाति कैप्सिकम एनम का वंशज (ancestor) जंगली ''बर्ड पेपर'' (bird pepper) है, जिसे वानस्पतिक रुप से कैप्सिकम एनम वार0 मिनीमम (*Capsicum annuum* var. *minimum*) कहते हैं। कैप्सिकम, जिसे स्वीट पेपर या पैपरिका (paprika) कहा जाता है, यूरोप में 16वीं शताब्दी में देखी गयी और पुर्तगाल के सभी जगह में फैल गया। यह भारत में 16वीं या 17वीं शताब्दी में पुर्तगाल के लोगों द्वारा लाया गया (सोमोस, 1984)। उत्तर पश्चिम भारत में 16वीं शताब्दी तक मुगल भोज्य पदार्थों में मिर्च के उपयोग का वर्णन नहीं मिलता है। सामान्यतः चरपराहटरहित मिर्च (sweet papers) का उपस्थापन भारतवर्ष में ब्रिटिश काल में हुआ और इसकी खेती ''ग्रीन ब्लाकी टाइप'' से ''इलीफैन्ट ट्रंक टाइप'' गुणों के अनुसार होती थी।

फूल गोभी (Cauliflower)

फूल गोभी का भारत में उपस्थापन ''केव गार्डेन्स'', लन्दन के एक वनस्पतिशास्त्री द्वारा उत्तर प्रदेश (पहले यूनाइटेड प्रावीन्स) में सन् 1822 में ''इस्ट इण्डिया कम्पनी'' के समय हुआ। ''दी रायल एग्री–हार्टीकल्चरल सोसाइटी'', कोलकाता द्वारा शीतोष्ण बीज (जिसे इंग्लीश) कहा जाता था, लाया गया। प्रारम्भ में दक्षिण अफ्रीका एवं इंग्लैण्ड से आयात कर उत्तर भारत में खेती हेतु कृषकों को 100 वर्ष से ज्यादा समय (सन् 1822–1929) तक दिया जाता था। कालान्तर में कृषकों द्वारा अच्छे गुणों के आधार पर चयन कर उत्तर भारत के मैदानी भागों में बीज पैदा करने का प्रयास किया

गया। चयन का आधार मुख्यतः अगेतीपन एवं गर्म तथा आर्द्र वातावरण में ज्यादा अनुकूलन ही था। सर्वप्रथम सहारनपुर में अनुकूलन रखने वाली प्रजाति का चयन कर स्थानीय कृषकों द्वारा बीज तैयार कर अगेती बुआई के लिए उपयुक्त पाया गया। बीज कम्पनी ''सटन एण्ड सन्स" (Sutton and Sons) ने सन् 1929 में चार भारतीय प्रजातियों का वर्णन किया है, जो क्रमशः अर्ली एवं मेन क्राप पटना'', तथा ''अर्ली'' एवं ''मेन क्राप बनारस'' है। ''कार्नीश'' (Carnish) सम्भवतः पहली प्रजाति है, जिसका भारतवर्ष में उपस्थापन हुआ। यही प्रजाति है, जिसके बहुत ज्यादा जीन (gene) आज की वर्तमान फूल गोभी की प्रजातियों में समाहित है, जिनका अनुकूलन उच्च तापमान एवं आर्द्र वातावरण में हुआ है। भारतवर्ष की कुछ फूल गोभी की प्रजातियों से हवाई (Hawaii) में ''पुआ केया" (Pua kea), ब्राजील में ''कैम्पीनस (Campinus), ताइवान में ''इक्स्ट्रा अर्ली'' (Extra early) आदि उन्नतिशील प्रजातियाँ विकसित की गयी हैं। भारतीय फूल गोभी की प्रजातियाँ जो ''सटन एण्ड सन्स'' जो बाद में भारतीय हो गया, के द्वारा मँगाई गयी थी, सीलोन (श्रीलंका), वेस्ट इण्डिज–ब्रिटिश, फिलीपीन्स तथा फ्लोरीडा (यू0एस0ए0) में अच्छा निस्पादन की हैं।

पत्ता गोभी (Cabbage)

भारतवर्ष में पत्ता गोभी का उपस्थापन कब हुआ, सही–सही बताना मुश्किल है। आइने अकबरी (Ain-i-Akbari) में स्पष्ट वर्णन है कि मुगल शासकों (16वीं शताब्दी ई0पू0) के भोजन में पत्ता गोभी का प्रयोग किया जाता था (एनानिमस, 1873), लेकिन यह स्पष्ट नहीं है कि मुगलकाल में पत्ता गोभी के बीज का उत्पादन किया जाता था या नहीं। इस शताब्दी के अगेती 40 दशक के आस–पास प्रयोग के तौर पर बलुचिस्तान (क्वेटा) तथा बाद में कश्मीर की घाटी, जो बाद में बढ़कर सम्पूर्ण हिमाचल प्रदेश में फैल गया, में बीज उत्पादन करने का वर्णन मिलता है। द्वितीय विश्व युद्ध में यूरोप से बीज न आने के कारण यह आवश्यक भी था। मुगल शासक पत्ता गोभी के बीज के साथ–साथ अन्य शीतोष्ण सब्जियों जैसे–गाजर, शलजम, चुकन्दर आदि के बीज का आयात हमेशा करते थे या यूरोपीय व्यावसायियों द्वारा उनके मुगल कोर्ट में आगमन पर मिलता था, न तो ज्ञात है और न ही सही माना जा सकता है। निसन्देह ''जापानीज सीड ट्रेड'' प्रथम उष्ण पत्ता गोभी की प्रजातियों को विकसित किया और विशिष्ट के0के0 (K.K.) व के0वाई0 (K.Y.) संकरण से प्राप्त बीज सन् 1950 में फिलीपीन्स, थाइलैण्ड आदि तथा दक्षिण–पूर्व एशिया के क्षेत्रों में खेती के लिए उगाई गयी। इसी प्रकार सन् 1950 के आस–पास दार्जिलिंग (भारतवर्ष) में बीज उत्पादन का प्रयास किया गया, लेकिन सफलता नहीं मिली (चटर्जी एवं मुखर्जी, 1957)। कुछ कम तापमान की माँग रखने वाली प्रजातियों का चयन आयातित जननद्रव्यों जैसे–इक्लिप्से ड्रमहेड (Eclipse Drumhead) तथा डैनिश बालहेड (Danish Ball Head) से फसल सुधार कार्यक्रम किया गया, लेकिन इसे अग्रसारित नहीं किया जा सका।

गाजर (Carrot)

सब्जियों में गाजर का उपस्थापन भारतवर्ष में एक महत्वपूर्ण सब्जी के रुप में बहुत पहले हुआ था। संस्कृत भाषा में गाजर को ''गीरीजाना'' (Girijana) के नाम से सम्बोधित किया गया है, जो सम्भवतः हिन्दी के गाजर (Gajar) शब्द को संकेत करता है। गाजर की प्राचीन प्रभेद काला (black)

या लाल (red) बहुत ही महत्वपूर्ण थी। इसकी यूरोपियन प्रभेद नारंगी (orange) रंगवाली का उपस्थापन यूरोपीय व्यावसायियों के माध्यम से भारतवर्ष में हुआ। काले एवं लाल रंग वाले प्रभेद निश्चित रुप से पहले सेन्ट्रल एशियन क्षेत्रों सम्भवतः अफगानिस्तान, पर्सिया एवं दक्षिण रुस से हुआ है। प्राचीन देशी प्रभेद में कम मात्रा में कैरोटीनायड तथा अधिक रसदार हैं, लेकिन जड़ का विकास अधिक तापमान पर भी होता था। आइने अकबरी (Anonymous, 1873) से स्पष्ट विवरण मिलता है कि मुगलकाल में भोजन में गाजर का प्रयोग किया जाता था।

मूली (Radish)

मूली की उत्पत्ति इजिप्ट से 2000 ई0 पूर्व के आसपास हुई, ऐसा माना जाता है, क्योंकि पिरामिडों (Pyramids) के भीतरी दीवारों पर मूली के खेती व उसके महत्व का उल्लेख किया गया है। इसके बाद इसका प्रसार चीन में 500 ई0 पूर्व तथा जापान में भी सन् 500 में हुआ (सिर्क्स, 1957)। चीन व कोरियां में मूली का सबसे प्राचीन दस्तावेज 400 व 100 ई0 पूर्व मिला है, जिसमें इसके पुनःस्थापन का उल्लेख है। मूली की कोई जंगली प्रभेद नहीं है। पहले यह माना जाता था कि यूरोप में उगने वाले खरपतवार रफैनस रफैनीस्ट्रम (*Raphanus raphanistrum*) से मूली की उत्पत्ति हुई है। अधिकतम जैव विविधता पूर्वी मेडीटेरैरेनियन (Mediterranean) से कैस्पियन समुद्र तट तक पाई जाती है। मूली की उत्पत्ति के सम्बन्ध में सही–सही जानकारी उपलब्ध नहीं है। वानस्पतिक दृष्टि से इसकी उत्पत्ति रफैनस लैन्ड्रा (*Raphanus landra*) × रफैनस मार्टीमस (*Raphanus maritimus*) के प्राकृतिक एवं कृत्रिम संकरण से हुआ (किटामुरा, 1958 तथा ट्सुनोड़ा, 1991)। आधुनिक भारत में मूली का उपस्थापन (Introduction) "मुलाका" (Mulaka) नाम से हुआ, जो एक संस्कृत शब्द है। पुराणों में मूली की व्याख्या औषधीय पौधे के रुप में की गयी है (सेंसारमा, 1989)। सूत्रकाल (800 ई0पूर्व–300 ई0पूर्व) में मूली को भोजन पचाने वाली पौध कहते थे। 'सुश्रुत समहिता (Susruta Samhita) 3–4 शताब्दी ए0डी0 (AD) में मूली के औषधीय गुण की व्याख्या की गयी है। सामान्यतया रैट–टेल या मौगरी (Rat tail or Mougri) जिसे वानस्पतिक समूह में रफैनस सटाइवस वार0 कौडेट्स (*Raphanus sativus* var. *caudatus*) कहते हैं का विवरण मिलता है जिसमें गूदेदार जड़ का विकास नहीं होता है। अतः इसकी खेती लम्बे मुलायम फलियों के लिए की जाती है, जिसे कच्चा या पकाकर आज भी उपयोग करते हैं।

पालक (Indian spinach)

पालक का उपयोग साग के रुप में 2000 ई0 पूर्व से होती आ रही है। "चरक समहिता" व "सुश्रुत समहिता" में संस्कृत शब्द पालन्कया (Palankya) के रुप में प्राप्त होती है। इसे पहचान स्वरुप स्पिनैसिया ओलेरेसिया (*Spinacea oleracea*) कहते थे (राय एवं गुप्ता, 1980 तथा राय एवं सहयोगी, 1980)।

कुन्दरु (Ivy gourd)

भारतीय अभिलेखों में कुन्दरु के फल को "बिम्बा फल" (Bimba fruit) के नाम से जानते थे, ऐसा स्पष्ट वर्णन है। कुन्दरु के पके फलों की तुलना औरत के होठों से की गयी है, जिसका वर्णन

महाभारत एवं कालीदास के संस्कृत नाटकों में देखने को मिलता है। औषधीय गुणों की व्याख्या धार्मिक अभिलेखों के अलावा "करक संहिता" (Caraka samhita) में भी विस्तृत वर्णन है।

लौकी (Bottle gourd)

ऐतिहासिक अभिलेखों के अध्ययन से पता चलता है कि लौकी को "यजुर्वेदा" (yajurveda) में "अलाबु" (alabu) तथा "इक्सवाकु" (iksvaku) के नाम से जानते थे।

खीरा (Cucumber)

स्थानीय खीरा जो हिमालय के आस–पास उपलब्ध है, के बारे में विस्तृत वर्णन उपलब्ध है। इसे "ऋग्वेद" (Rigveda) तथा "करक संहिता" (Caraka simhita), में "इरवारुका" (ervaruka) के नाम से जाना जाता था।

तरबूज (Water melon)

तरबूज की प्राचीन अफ्रीकन उपनिवेशन को संस्कृत समतुल्य भाषा में "कलिंगा" कहा जाता था।

करेला (Bitter gourd)

ऐतिहासिक विश्लेषण से पता चलता है कि प्राचीन काल में इसे कारा वेल्लिका (Kara vellika) कहते थे।

खरबूजा (Muskmelon)

प्राचीन ग्रंथों के अवलोकन से पता चलता है कि इसे "कारकारु" (Kar-karu) तथा पाण्डुफल (Panduphala) कहते थे।

पेठा (Ash gourd)

प्राचीन काल में इसे "कुसमाण्डा" (Kusmanda) तथा "पुष्पफल" (Puspa-phala) के नाम से पुकारते हैं।

आरा तोरी (Ridge gourd)

औषधीय अभिलेखों में इसे "कोसाटाकी" (Kosataki) के नाम से जानते हैं।

परवल (Pointed gourd)

औषधीय अभिलेखों में परवल को "पटोल" (Patol) कहते थे।

सब्जी उत्पादन का अन्तर्राष्ट्रीय परिदृश्य (International scenario of vegetable production)

अन्तर्राष्ट्रीय स्तर पर सब्जियों का सबसे बड़ा उत्पादक देश चीन है। इसके बाद क्रमशः भारतवर्ष, संयुक्त राज्य अमेरिका तथा टर्की है। चीन में विश्व के कुल सब्जी क्षेत्रफल का लगभग 43 प्रतिशत (74.05 मिलियन हैक्टेयर) में सब्जियों की खेती की जाती है, जिससे विश्व के कुल सब्जी का 48 प्रतिशत उपज प्राप्त होता है। इस प्रकार चीन कुल 473.06 मिलियन टन सब्जी उत्पादन कर विश्व में प्रथम स्थान पर है। चीन में सब्जी उत्पादकता 22.5 टन प्रति हेक्टेयर है।

सारिणी (1.1) विश्व के प्रमुख सब्जी उत्पादक देश

देश	क्षेत्रफल (हेक्टेयर)	उत्पादन (टन)	उत्पादकता (टन/हेक्टेयर)
चीन	21047200	473062941	22.5
भारत	8495000	146554000	17.3
संयुक्त राज्य अमेरिका	1123800	35293556	31.4
टर्की	1089805	25831193	23.7
इजिप्ट	758383	19516402	25.7
ईरान	711857	18678490	26.2
इटली	536799	13499277	25.1
रूस	759100	13233450	17.4
स्पेन	340600	12679700	37.2
मैक्सिको	656124	12125391	18.5
अन्य	**18458398**	**242049765**	**13.1**
विश्व + सम्पूर्ण	**53977066**	**1012524165**	**18.8**

स्रोतः इण्डियन हार्टीकल्चर डाटाबेस, 2011

अन्य बड़े सब्जी उत्पादक देश संयुक्त राज्य अमेरिका, तुर्की, मिस्र, रसियन फेडेरेशन आदि हैं। सब्जी उत्पादक देशों का फसलवार विवरण नीचे दिया गया है।

सारिणी (1.2) अन्तर्राष्ट्रीय स्तर पर सब्जियों का उत्पादन एवं क्षेत्रफल

सब्जी फसल	देश	उत्पादन (मिलियन टन)					क्षेत्रफल (000 हेक्टेयर)				
		2000	2001	2002	2003	2004	2000	2001	2002	2003	2004
आलू	चीन	73.10	71.20	77.41	75.11	72.20	4670.5	4665.7	4614.9	4471.2	4251.6
	रूस	37.45	38.54	36.23	40.50	39.59	3191.6	3178.8	3161.0	3138.1	3093.6
	भारत	27.24	24.79	26.95	27.56	27.56	1324.4	1207.7	1235.5	1354.1	1383.7
	यूक्रेन	21.87	19.12	18.32	20.34	22.82	1612.1	1586.0	1573.8	1568.4	1537.9
	संयुक्त राज्य अमेरिका	25.62	21.89	22.99	22.89	22.80	539.2	488.8	508.1	499.4	466.7
	विश्व	361.4	343.5	348.0	347.	363.8	19774.4	19353.6	18776.8	18687.2	18472.4

शकरकंद	चीन	130.27	125.4	124.89	118.79	115.93	5756.8	5443.3	5162.4	5128.8	4851.2
	यूगाण्डा	2.64	2.77	2.85	2.82	2.92	548.5	565.3	582.1	601.9	595.0
	नाईजेरिया	2.72	2.72	2.76	2.77	2.77	376.6	376.6	505.1	510.0	510.0
	वियतनाम	1.47	1.82	1.88	1.74	1.69	251.3	241.7	234.9	217.3	201.2
	संयुक्त राज्य अमेरिका	0.69	0.73	0.64	0.79	0.80	37.9	37.7	33.4	37.0	37.1
	विश्व	153.4	149.13	148.9	142.83	140.17	9149.8	8978.9	8839.4	8812.6	8540.4
टमाटर	चीन	24.61	26.58	29.93	31.79	33.23	859.2	923.6	993.5	1042.8	1240.4
	भारत	8.19	7.98	8.22	8.38	8.38	454.6	456.6	454.6	533.7	533.7
	टर्की	9.80	9.28	10.41	10.82	10.40	222.4	222.4	252.0	257.0	252.0
	इजिप्ट	7.48	6.97	7.47	7.87	8.42	193.1	178.6	188.9	190.7	192.9
	संयुक्त राज्य अमेरिका	12.74	11.02	13.65	11.60	14.18	165.1	159.6	176.4	166.2	170.8
	विश्व	118.45	116.01	124.64	128.38	135.69	3867.9	3855.4	3974.4	4159.6	4396.5
बैंगन	चीन	15.19	15.46	17.02	17.67	18.22	727.1	772.6	814.1	841.7	981.1
	भारत	8.95	8.49	9.20	8.63	9.04	494.2	464.5	494.2	494.2	504.0
	इजिप्ट	0.78	0.77	0.91	1.13	1.15	32.1	30.6	35.7	42.9	42.6
	टर्की	1.02	1.04	1.05	1.03	0.99	35.1	36.1	36.5	35.6	34.6
	विश्व	29.29	28.99	31.42	31.85	32.74	1482.2	1494.4	1578.9	1618.4	1674.2
मिर्च/ शिमला मिर्च	चीन	10.40	10.89	11.61	12.71	13.26	497.4	526.9	566.3	595.6	595.8
	मैक्सिको	1.91	2.06	1.96	2.04	2.04	143.7	145.2	138.5	139.1	139.1
	टर्की	1.63	1.72	1.93	1.97	1.87	74.1	77.1	86.4	86.9	86.9
	संयुक्त राज्य अमेरिका	1.00	0.94	0.95	1.03	1.08	37.5	34.6	33.5	33.1	33.2
	विश्व	22.86	23.51	24.69	26.62	27.16	1546.5	1533.0	1601.1	1655.6	1663.8
प्याज	चीन	15.55	16.56	18.24	19.33	19.89	658.0	712.2	761.7	931.3	840.9
	भारत	5.20	5.78	6.01	6.06	6.06	444.8	494.2	523.8	523.8	523.8
	संयुक्त राज्य अमेरिका	3.58	3.38	3.49	3.67	4.15	66.4	64.6	65.1	66.4	67.6
	पाकिस्तान	1.81	1.72	1.52	1.57	1.60	108.4	104.4	102.5	106.7	107.6
	विश्व	53.84	55.55	57.63	58.83	62.58	2748.8	2833.5	2901.7	2968.7	3045.7
लहसुन	चीन	8025	8.70	10.01	11.11	11.67	553.3	578.1	620.1	625.0	629.8
	भारत	0.58	0.55	0.55	0.55	0.55	123.1	118.6	118.6	118.6	118.6
	दक्षिण कोरिया	0.52	0.45	0.43	0.42	0.39	44.4	36.6	32.7	32.7	29.9
	संयुक्त राज्य अमेरिका	0.28	0.29	0.28	0.31	0.26	13.9	14.1	13.1	14.0	12.6
	रूस	0.21	0.25	0.25	0.24	0.26	27.8	29.5	29.5	29.7	30.2
	विश्व	12.22	12.66	13.84	15.01	15.52	1070.7	1085.0	1109.8	1116.9	1108.2
कैन्टालूप एवं अन्य मेलन्स	चीन	8.14	13.01	14.08	15.13	15.80	315.2	449.4	475.0	502.3	552.0
	टर्की	2.1	1.95	2.00	1.87	1.87	113.6	106.7	108.7	101.8	101.8

	ईरान	1.09	1.19	1.34	1.35	1.35	66.2	72.1	78.1	79.1	79.1
	स्पेन	1.11	1.08	1.21	1.18	1.21	-	-	-	-	-
	संयुक्त राज्य अमेरिका	1.32	1.36	1.37	1.37	1.35	51.4	48.1	45.6	43.6	43.5
	विश्व	21.59	26.43	27.89	29.01	29.88	1013.5	1136.7	1176.0	11972	1246.8
तरबूज	चीन	75.12	63.39	68.35	73.12	75.30	1615.6	1817.8	1881.6	1992.3	1991.3
	टर्की	4.3	4.43	5.04	4.68	4.21	138.3	143.3	163.1	151.2	136.4
	ईरान	1.82	2.00	2.39	2.37	2.37	82.1	89.4	95.9	98.8	98.8
	संयुक्त राज्य अमेरिका	1.86	2.03	1.98	1.91	1.84	65.7	64.3	61.0	59.8	56.6
	इजिप्ट	1.97	1.59	1.89	1.88	1.75	67.1	55.9	71.2	69.4	62.7
	विश्व	82.59	89.25	97.74	103.73	103.84	2957.1	3097.6	3209.4	3396.9	3341.0
खीरा	चीन	21.90	23.89	26.53	27.62	28.17	1150.0	1239.1	1288.4	1337.3	1485.6
	ईरान	1.48	1.36	1.57	1.54	1.54	77.1	74.1	76.1	78.1	79.1
	रूस	0.93	1.10	1.29	1.44	1.45	56.5	55.3	88.1	89.3	87.9
	संयुक्त राज्य अमेरिका	1.16	1.12	1.16	1.12	1.09	63.2	65.1	69.1	69.5	68.1
	विश्व	37.31	39.08	42.67	44.63	44.76	1982.8	2060.1	2134.6	2209.3	2337.3
कद्दू एवं स्क्वाश	चीन	3.96	4.18	5.63	6.14	6.24	236.8	241.9	271.7	280.2	299.6
	भारत	3.80	3.86	3.86	3.86	3.26	355.8	355.8	355.8	355.8	355.8
	यूक्रेन	0.98	0.99	0.87	0.98	1.13	55.0	47.2	47.2	49.0	52.2
	संयुक्त राज्य अमेरिका	0.89	0.79	0.86	0.79	0.90	35.4	35.1	37.3	36.2	39.0
	विश्व	18.27	18.63	19.70	20.60	21.22	1365.9	1368.4	1400.9	1452.8	1507.9
गाजर	चीन	6.33	6.74	7.85	8.92	9.14	317.6	338.4	368.7	397.8	447.2
	रुस	1.79	1.73	1.62	1.91	1.94	87.6	84.2	83.5	87.9	88.1
	संयुक्त राज्य अमेरिका	2.05	2.02	1.69	1.80	1.76	49.1	48.1	40.8	40.7	39.3
	जापान	0.75	0.76	0.71	0.72	0.67	-	-	-	-	-
	विश्व	22.98	23.39	23.96	26.26	26.89	950.8	960.7	974.0	1035.2	1087.9
फूल गोभी एवं ब्रोकली	चीन	6.9	6.82	7.26	7.81	8.08	250.9	265.6	300.0	309.8	349.0
	भारत	5.20	5.17	5.39	5.29	5.27	247.1	257.0	266.8	276.7	276.7
	इटली	0.54	0.54	0.50	0.53	0.51	24.5	23.6	23.9	23.7	22.2
	स्पेन	0.53	0.46	0.54	0.56	0.55	23.6	22.6	25.0	26.3	26.2
	संयुक्त राज्य अमेरिका	0.40	0.39	0.33	0.34	0.37	17.4	17.6	16.4	15.6	15.1
	विश्व	16.17	16.41	17.03	17.58	18.14	749.2	770.7	810.2	835.4	872.2
पत्ता गोभी एवं ब्रूसेल्स स्प्राउट	चीन	2551	27.84	30.95	33.71	35.92	1206.1	1468.4	1552.8	1605.4	1650.0
	भारत	8.51	6.07	6.26	6.39	6.61	257.0	247.1	257.0	276.7	276.7
	रुस	3.85	4.25	4.02	4.89	4.48	172.1	170.5	170.3	175.0	167.5

	संयुक्त राज्य अमेरिका	2.86	2.74	2.17	2.18	2.37	108.6	103.8	82.4	82.6	85.5
	विश्व	64.10	66.36	66.77	72.49	75.19	2745.4	2970.7	2978.2	3090.8	3116.4
भिण्डी	भारत	3.77	3.68	3.66	3.89	3.91	345.9	345.9	345.9	365.7	365.7
	नाईजेरिया	0.79	0.79	0.80	0.80	0.80	271.8	271.8	272.8	272.8	272.8
	धाना	0.11	0.11	0.11	0.11	0.11	17.8	17.8	17.8	17.8	17.8
	बेनिन	0.06	0.06	0.07	0.09	0.09	19.2	18.6	22.8	23.2	23.7
	विश्व	5.21	5.11	5.14	5.38	5.41	728.7	725.4	730.8	751.5	753.2
मटर	भारत	2.98	3.32	2.25	3.52	3.52	266.9	316.2	296.5	345.9	345.9
	चीन	1.61	1.70	1.88	2.21	2.32	179.5	189.1	208.9	228.6	228.3
	फ्रांस	0.60	0.52	0.49	0.46	0.48	33.8	35.2	32.8	31.6	30.9
	संयुक्त राज्य अमेरिका	0.53	0.39	0.35	0.47	0.40	110.9	84.4	84.9	92.8	82.7
	यूनाइटेड किंगडम	0.48	0.42	0.45	0.44	0.34	38.0	34.6	35.6	35.4	32.0
	विश्व	8.44	8.45	7.56	9.25	9.14	1003.0	1030.3	1035.4	1122.4	1095.8
स्नैपबीन	संयुक्त राज्य अमेरिका	1.13	1.00	1.09	1.01	1.12	124.6	116.5	120.1	113.0	117.4
	फ्रांस	0.37	0.39	0.41	0.39	0.41	31.5	32.3	32.5	33.0	32.8
	मैक्सिको	0.08	0.10	0.10	0.10	0.10	7.3	7.9	10.3	10.8	10.8
	मोरक्को	0.04	0.04	0.06	0.06	0.06	8.9	9.5	9.6	9.6	9.6
	विश्व	1.78	1.70	1.82	1.72	1.85	194.4	187.8	194.3	187.8	191.8
पालक	चीन	7.67	8.17	9.93	11.03	11.91	494.6	534.2	593.5	613.3	642.9
	संयुक्त राज्य अमेरिका	0.38	0.31	0.33	0.40	0.44	18.3	17.0	17.2	19.9	20.4
	जापान	0.35	0.35	0.34	0.34	0.32	24.9	24.4	24.1	24.0	23.7
	टर्की	0.22	0.23	0.24	0.24	0.23	21.2	21.2	22.2	22.2	21.5
	विश्व	10.40	10.10	11.91	13.12	14.07	656.1	689.7	748.7	772.3	805.4
लेट्यूस	चीन	8.00	8.38	9.92	11.03	11.58	326.4	346.2	395.6	415.3	494.4
	संयुक्त राज्य अमेरिका	4.91	4.93	5.00	5.22	5.21	115.6	118.6	118.6	126.5	129.7
	स्पेन	1.12	1.09	1.14	1.15	1.06	36.3	36.2	36.7	37.2	37.1
	इटली	1.07	1.06	1.01	1.01	1.09	50.6	49.4	48.8	46.9	48.6
	भारत	0.86	0.87	0.87	0.87	0.87	118.6	118.6	118.6	118.6	118.6
	विश्व	20.12	20.56	20.03	23.28	24.23	826.8	848.3	894.5	924.8	1006.2
ऐस्परागस	चीन	4.31	4.64	5.52	6.07	6.40	901.0	950.4	1029.3	1068.7	1137.8
	पेरु	0.18	0.20	0.20	0.20	0.21	20.7	18.8	18.7	18.0	18.2
	संयुक्त राज्य अमेरिका	0.11	0.10	0.09	0.09	0.10	30.9	28.1	26.4	23.2	24.6
	मैक्सिको	0.05	0.07	0.06	0.07	0.07	13.2	14.4	14.3	15.4	15.4
	जर्मनी	0.05	0.06	0.06	0.07	0.08	11.4	12.7	14.0	14.9	19.6
	विश्व	5.04	5.44	6.31	6.88	7.21	1043.6	1092.0	1170.6	1205.5	1278.8
आर्टीचोक	इटली	0.56	0.55	0.50	0.43	0.54	49.6	48.7	49.9	49.3	49.4
	स्पेन	0.32	0.30	0.32	0.34	0.33	19.4	18.4	19.1	18.8	18.6

	अर्जेण्टीना	0.09	0.09	0.09	0.09	0.09	4.4	4.4	4.5	4.6	4.5
	चीन	0.03	0.04	0.04	0.05	0.05	7.4	7.9	7.9	8.8	8.8
	संयुक्त राज्य अमेरिका	0.05	0.05	0.04	0.05	0.04	3.5	3.2	3.2	2.8	3.0
	विश्व	1.46	1.43	1.41	1.40	1.44	121.6	118.4	119.8	121.9	118.5
स्वीट कार्न	संयुक्त राज्य अमेरिका	4.47	4.51	4.39	4.69	4.36	282.3	279.2	265.1	269.3	259.4
	नाइजेरिया	0.63	0.63	0.63	0.63	0.63	158.1	158.1	159.1	159.1	159.1
	विश्व	9.44	9.61	9.65	10.15	9.75	1017.2	1016.2	1014.0	1027.6	1006.2
मशरुम	चीन	0.89	1.07	1.17	1.44	1.50	-	-	-	-	-
	संयुक्त राज्य अमेरिका	0.42	0.41	0.41	0.43	0.43	-	-	-	-	-
	नीदरलौण्ड	0.29	0.30	0.30	0.29	0.28	-	-	-	-	-
	स्पेन	0.07	0.12	0.15	0.14	0.20	-	-	-	-	-
	फ्रांस	0.22	0.21	0.19	0.18	0.18	-	-	-	-	-
	विश्व	2.87	3.15	3.22	3.54	3.65	-	-	-	-	-
सभी सब्जियाँ	चीन	362.4	392.9	429.0	452.5	466.7	17145.9	18623.9	19651.7	20381.0	21712.5
	भारत	79.68	86.78	78.30	87.83	88.76	5400.2	5880.0	5761.4	6987.0	7026.5
	संयुक्त राज्य अमेरिका	42.35	39.80	41.39	40.41	43.19	1408.8	1348.4	1311.3	1308.6	1298.0
	टर्की	27.16	26.63	28.46	28.51	27.81	1008.5	1002.8	1060.7	1057.6	1037.9
	विश्व	818.3	852.7	888.3	934.1	957.8	43935.0	45591.9	46621.1	49132.4	50469.3

स्रोतः

1. एफ0ए0ओ0 स्टैट, 2006
2. सम्पूर्ण सब्जी उत्पादन में मशरूम सम्मिलित है, लेकिन कंदीय फसलें समाहित नहीं हैं।

सारिणी (1.3) भारतवर्ष एवं विश्व की सब्जी उत्पादकता का विवरण

सब्जी फसल	**औसत उत्पादकता (टन/हेक्टेयर)**	**राज्य जिसमें सबसे अधिक उत्पादकता है (टन/हेक्टेयर)**	**औसत उत्पादकता (टन/हेक्टेयर)**	**देश जिसमें सबसे अधिक उत्पादकता है (टन/हेक्टेयर)**
टमाटर	19.50	कर्नाटक (34.30)	32.80	यू0एस0ए0 (81.00)
बैंगन	17.50	कर्नाटक (25.80)	25.00	इजिप्ट (49.20)
पत्ता गोभी	21.60	ओडिशा (28.0)	27.70	जापान (66.10)
फूल गोभी	18.30	पश्चिम बंगाल (24.40)	16.69	पाकिस्तान (24.80)
भिण्डी	11.60	आन्ध्र प्रदेश (15.0)	6.90	सउदी अरबिया (13.30)
प्याज	14.20	गुजरात (24.40)	19.10	टर्की (30.30)
आलू	22.70	पश्चिम बंगाल (33.0)	17.70	यू0एस0ए0 (44.30)
सभी सब्जियाँ	17.30	लक्षयद्वीप (35.30)	18.80	स्पेन (37.20)

स्रोतः नेशनल हार्टीकल्चर डाटा बेस, 2010–11

सब्जी उत्पादन का भारतीय परिदृश्य
(Indian Scenario of Vegetable Production)

भारत एक प्रमुख सब्जी उत्पादक देश है। यहाँ सब्जियों की खेती मैदानी एवं पर्वतीय क्षेत्रों से लेकर समुद्र के तटवर्ती भागों तक सफलतापूर्वक की जाती है। हमारे देश की जलवायु में विविधता के कारण देश के विभिन्न भागों में 60 से अधिक प्रकार की सब्जियाँ व्यावसायिक स्तर पर उगाई जाती हैं। कुछ प्रमुख सब्जियों का उत्पादन देश के किसी न किसी भू–भाग में हमेशा किया जाता है, जिससे सब्जियों की उपलब्धता पूरे वर्ष बनी रहती है। वर्ष 2004–05 में हमारे देश का सकल सब्जी उत्पादन 101.43 मिलियन टन था, जो विश्व सब्जी उत्पादन का 11.0 प्रतिशत था। वर्तमान में हमारे देश में सब्जी की उत्पादकता लगभग 17.3 टन/हेक्टेयर है। इस प्रकार स्वतंत्रता के बाद देश में सब्जी का उत्पादन 6 गुणा से अधिक बढ़ा है, लेकिन देश की बढ़ती हुई जनसंख्या को देखते हुए सब्जी का उत्पादन और अधिक बढ़ाने की आवश्यकता है। एक आँकलन के अनुसार वर्ष 2020 तक देश की आबादी लगभग 135.0 करोड़ होगी, जिसके लिए 180.0 मिलियन टन सब्जी की आवश्यकता होगी (राय, 2007)।

सारिणी (1.4) भारतवर्ष में सब्जी उत्पादन

देश	क्षेत्रफल (मिलियन हेक्टेयर)	उत्पादन (मिलियन टन)	उत्पादकता (टन/हेक्टेयर)
1991–92	5.59	58.53	10.5
1992–93	5.04	63.81	12.6
1993–94	4.87	65.79	13.5
1994–95	5.01	67.29	13.4
1995–96	5.33	71.60	13.4
1996–97	5.51	75.10	13.6
1997–98	5.61	72.70	13.0
1998–99	5.87	87.54	14.9
1999–2000	5.99	90.80	15.2

स्रोतः नेशनल हार्टीकल्चर डाटा बेस, 2010–11

सारिणी (1.5) भारतवर्ष में सब्जी उत्पादन

वर्ष	क्षेत्रफल (000, हेक्टेयर)	उत्पादन (000, मि० टन)	उत्पादकता (टन/हेक्टेयर)
2001–02	6156.0	88622.0	14.4
2002–03	6092.0	84815.0	13.9
2003–04	6082.0	88334.0	14.5
2004–05	6744.0	101246.0	15.5

2005–06	7213.0	111399.0	15.4
2006–07	7581.0	114993.0	15.2
2007–08	7848.0	128449.0	16.4
2008–09	7981.0	12907.0	16.2
2009–10	7985.0	133738.0	16.7
2010–11	8495.0	146554.0	17.3

स्रोत: नेशनल हार्टीकल्चर डाटा बेस, (2010–2011)

सब्जी वैज्ञानिकों द्वारा किये गये गहन अनुसंधान कार्य के परिणाम स्वरुप सब्जियों की अनेकों उन्नतिशील एवं प्रभावी संकर किस्में, उत्पादकों के खेतों पर ज्यादा उत्पादन दे रही हैं। भारतवर्ष में यदि विभिन्न सब्जियों का कुल उत्पादन में प्रतिशत का आँकलन करे तों सबसे अधिक आलू का (28.8 प्रतिशत) है। इसके बाद टमाटर (11.3 प्रतिशत), प्याज (10.3 प्रतिशत), बैंगन (8.1 प्रतिशत), टैपियोका (5.5 प्रतिशत), पत्ता गोभी (5.4 प्रतिशत), फूल गोभी (4.6 प्रतिशत), भिण्डी (3.9 प्रतिशत), मटर (2.4 प्रतिशत) एवं शकरकन्द (0.7 प्रतिशत) का स्थान आता है (नेशनल हार्टीकल्चर डाटा बेस, 2010–2011)। विभिन्न सब्जियों की सहभागिता उत्पादन के आधार पर निम्न प्रकार है –

सारिणी (1.6) कुल सब्जी उत्पादन में फसलवार सहभागिता

सब्जी फसल	उत्पादन में सहभागिता (प्रतिशत)
आलू	28.9
टमाटर	11.3
प्याज	10.3
बैंगन	8.1
टैपियोका	5.5
पत्ता गोभी	5.4
फूल गोभी	4.6
भिण्डी	3.9
मटर	2.4
शकरकन्द	0.7
अन्य	18.8

स्रोत: नेशनल हार्टीकल्चर डाटा बेस, (2010–2011)

वर्ष 1991–92 में टमाटर का उत्पादन 42.43 लाख टन था, जो वर्तमान में बढ़कर 86.38 लाख टन हो गया है। इसी प्रकार पत्ता गोभी की संकर किस्मों के आने के कारण उत्पादन में काफी वृद्धि हुई है। वर्ष 1991–92 में पत्ता गोभी का उत्पादन मात्र 27.71 लाख टन था, जो वर्तमान समय में बढ़कर 61.48 लाख टन हो गया है। संकर किस्मों की अत्याधिक उपज क्षमता के कारण उत्पादकता में काफी वृद्धि हुई है। वर्ष 1991–92 में पत्ता गोभी की उत्पादकता 15.6 टन प्रति हेक्टेयर थी जो

वर्तमान समय में बढ़कर 21.2 टन/हेक्टेयर हो गई। पिछले दशक में सब्जी मटर की उन्नतिशील किस्मों के आने एवं उपभोक्ताओं में बढ़ती माँग के कारण सब्जी मटर के क्षेत्रफल, उत्पादन एवं उत्पादकता में काफी वृद्धि देखी गयी है। आँकड़े से स्पष्ट होता है कि वर्ष 1991–92 में सब्जी मटर का उत्पादन मात्र 8.52 लाख टन था जो वर्ष 2004–05 में 19.72 लाख टन पहुँच गया। वर्तमान में सब्जी मटर की उत्पादकता 7.1 टन/हेक्टेयर है, जबकि वर्ष 1991–92 में उत्पादकता मात्र 4.8 टन/हेक्टेयर थी। विगत वर्षों में आलू का उत्पादन 15.6 मिलियन टन से 24.15 मिलियन टन हो गया। प्याज उत्पादन में भारत ने विगत 53 वर्षों में महत्वपूर्ण उपलब्धि हासिल की है। आँकड़े के अनुसार प्याज उत्पादन 1997–98 में 3.96 लाख हेक्टेयर में लगभग 4.43 मिलियन टन तक था। विश्व में भारत मिर्च का सबसे बड़ा उत्पादक है। स्वतंत्रता प्राप्ति के बाद मिर्च का उत्पादन आज 8.90 लाख हेक्टेयर में किया जाता है, जिससे लगभग 7.50 लाख टन की पैदावार होती है। सम्भावना है कि इसकी उत्पादकता में अभी भी करीब 7.0 टन/हेक्टेयर की दर तक वृद्धि की जा सकती है। देश में बैंगन का कुल उत्पादन 4.79 लाख हेक्टेयर भूमि से करीब 58.5 लाख टन होता है।

सारिणी (1.7) भारत वर्ष में सब्जियों का क्षेत्रफल, उत्पादन एवं उत्पादकता

देश	क्षेत्रफल (हेक्टेयर)	उत्पादन (टन)	उत्पादकता (टन)
पेठा	2,497	15,326	6.12
चुकन्दर	2,164	36,260	16.75
करेला	26,004	1,62,196	6.23
लौकी	11,6,939	14,28,296	12.21
बैंगन	2,99,770	31,24,487	10.46
पत्ता गोभी	1,13,450	16,31,690	14.38
गाजर	20,124	28,70,007	14.26
फूल गोभी	2,38,632	33,94,897	14.22
मिर्च	4,41,050	9,19,339	12.02
लोबिया	23,012	13,33,587	5.80
खीरा	16,288	1,05,690	6.48
सेम	600	9,000	15.00
फराश बीन	4,268	24,778	5.80
लहसुन	41,842	2,18,985	5.23
ककड़ी	500	7,500	15.00
लूॅफा	72,273	6,85,224	9.35
मेथी	13,510	83,600	6.19
खरबूजा	28,484	6,25,414	21.29
भिण्डी	3,69,684	23,26,616	6.28
प्याज	2,80,915	31,81,067	11.32
अन्य बीन्स	1,68,645	3,49,490	2.52
अन्य फूल गोभी फसल	16,007	1,95,424	12.20

मटर	1,64,991	21,05,686	12.35
कद्दू	43,137	5,32,779	11.91
मूली	67,345	8,02,529	12.77
नसदार तोरई	10,040	1,28,310	15.85
टमाटर	2,90,279	46,03,446	15.85
तरबूज	16,194	2,05,884	12.71
पत्तीदार सब्जियाँ	1,11,840	7,31,158	6.53
शिमला मिर्च	4,783	42,230	8.83

स्रोतः नेशनल हार्टीकल्चर डाटा बेस, (2010–2011)

प्रमुख सब्जी उत्पादक राज्य (Major vegetable producing states)

राज्यवार सब्जी उत्पादन का आँकलन करने से यह प्रतीत होता है कि विभिन्न राज्यों की उत्पादकता में काफी विषमता है।

सारिणी (1.8) भारतवर्ष के अग्रणी सब्जी उत्पादक राज्य (क्षेत्रफल के अनुसार)

राज्य	क्षेत्रफल (प्रतिशत)
पश्चिम बंगाल	15.9
उत्तर प्रदेश	9.9
बिहार	9.8
आन्ध प्रदेश	7.7
महाराष्ट्र	7.2
ओडिशा	6.5
गुजरात	6.1
कर्नाटक	5.1
हरियाणा	4.1
छत्तीसगढ़	4.1
अन्य	23.3

स्रोतः नेशनल हार्टीकल्चर डाटा बेस, (2010–2011)

सारिणी (1.9) भारतवर्ष के अग्रणी सब्जी उत्पादक राज्य (उत्पादन के अनुसार)

राज्य	उत्पादन (प्रतिशत)
पश्चिम बंगाल	18.2
उत्तर प्रदेश	12.1
बिहार	10.0
आन्ध प्रदेश	8.1
गुजरात	6.4
कर्नाटक	6.2

तमिलनाडु	5.6
ओडिशा	5.3
महाराष्ट्र	5.1
हरियाणा	3.2
अन्य	19.8

स्रोत: नेशनल हार्टीकल्चर डाटा बेस, (2010–2011)

हमारे देश में सब्जी की सर्वाधिक उत्पादकता तमिलनाडु (28.9 टन/हेक्टेयर) की है। इसके बाद केरल (23.1 टन/हेक्टेयर) एवं उत्तर प्रदेश (18.8 टन/हेक्टेयर) का आता है। बहुत से राज्य, विशेषकर उत्तर पूर्वी राज्यों की उत्पादकता बहुत कम है और कुछ राज्यों की उत्पादकता तो 5.0 टन/हेक्टेयर से भी कम है। हमारे देश में 181.03 लाख टन सब्जी उत्पादन कर पश्चिम बंगाल प्रथम स्थान पर है, जबकि 157.93 लाख टन सब्जी उत्पादन कर उत्तर प्रदेश दूसरे स्थान पर है। अन्य प्रमुख सब्जी उत्पादक राज्यों में बिहार, ओडिशा, तमिलनाडु, गुजरात, कर्नाटक, महाराष्ट्र, आन्ध्र प्रदेश, झारखण्ड एवं हरियाणा है (इंडियन हार्टीकल्चर डाटा बेस, 2005)।

सारिणी (1.10) भारतवर्ष के प्रमुख सब्जी उत्पादक राज्य

देश	**क्षेत्रफल (लाख/हेक्टेयर)**	**उत्पादन (लाख/टन)**	**उत्पादकता (टन/हेक्टेयर)**
पश्चिम बंगाल	11.89	181.03	15.2
उत्तर प्रदेश	8.41	157.93	18.8
बिहार	8.17	133.49	16.3
ओडिशा	6.56	80.46	12.3
तमिलनाडु	2.15	62.18	28.9
गुजरात	3.32	48.68	14.7
कर्नाटक	3.67	43.83	11.9
महाराष्ट्र	3.72	40.44	10.9
आन्ध्र प्रदेश	2.58	36.62	14.7
झारखण्ड	2.23	33.95	15.2
हरियाणा	2.08	29.80	14.3
पंजाब	1.59	26.77	16.9
अन्य	11.21	139.15	–
सम्पूर्ण	**67.56**	**1014.33**	**15.0**

स्रोत: नेशनल हार्टीकल्चर डाटा बेस, (2010–2011)

प्रमुख सब्जी उत्पादक राज्यों के अन्तर्गत सब्जी के क्षेत्रफल, उत्पादन एवं उत्पादकता को नीचे की सारिणी में दिया गया है।

सारिणी (1.11) भारतवर्ष के प्रमुख राज्यों के अन्तर्गत क्षेत्रफल, उत्पादन एवं उत्पादकता

राज्य	क्षेत्रफल (000 हेक्टेयर)					उत्पादन (मिलियन टन)					उत्पादकता (मिलियन टन/हेक्टेयर)				
	1991 –92	2001 –02	2008 –09	2009 –10	2010 –11	1991 –92	2001 –02	2008 –09	2009 –10	2010 –11	1991 –92	2001 –02	2008 –09	2009 –10	2010 –11
पश्चिम बंगाल	456.0	1139.0	1323.6	1302.678	1349.7	4680.0	18075.3	22704.3	21906.53	26725.5	10.3	15.9	17.2	16.8	19.8
उत्तर प्रदेश	578.7	777.9	987.8	1020.098	829.4	9627.3	15044.8	18950.1	22435.74	17679.4	16.7	19.3	19.2	22.0	21.3
बिहार	843.3	578.9	826.9	836.0	845.0	8643.1	8022.9	13385.7	13906.8	14630.2	10.2	13.9	16.2	16.6	17.3
आन्ध्र प्रदेश	155.2	222.5	324.6	331.3	651.2	1452.6	2586.7	5267.5	5426.2	11847.6	9.4	11.6	16.2	16.4	18.2
गुजरात	114.6	232.2	394.8	406.8	515.9	1667.9	3278.2	6807.1	7255.5	9379.5	14.6	14.1	17.2	17.8	18.2
कर्नाटक	351.1	358.1	448.0	441.2	466.3	3673.2	4173.2	7724.9	7082.2	9056.4	10.5	11.7	17.2	16.1	19.4
तमिलनाडु	889.3	213.8	286.3	263.7	277.3	3796.9	5444.6	8693.5	7626.7	8279.9	4.3	25.5	30.4	28.9	29.9
ओडिशा	710.3	643.4	672.5	694.2	553.8	7275.0	7447.4	8467.4	8963.6	7790.1	10.2	11.6	12.6	12.9	14.1
महाराष्ट्र	241.1	402.4	448.3	451.8	611.0	4171.3	5128.3	6368.0	6172.6	7504.0	17.3	12.7	14.2	13.7	12.3
हरियाणा	60.8	150.4	298.4	300.9	346.4	877.0	2151.9	3893.4	3987.0	4649.3	14.4	14.3	13.0	13.3	13.4
छत्तीसगढ़	–	104.1	302.6	315.4	345.8	–	1355.3	3041.0	3601.1	4248.8	–	13.0	10.1	11.4	12.3
झारखण्ड	–	158.5	242.1	212.1	259.5	–	1736.3	3637.0	3469.2	4112.4	–	11.0	15.0	16.4	15.8
मध्य प्रदेश	176.4	136.4	291.7	250.7	283.7	2221.0	1817.5	4105.8	3112.6	3698.6	12.6	13.3	14.1	12.4	13.0
पंजाब	84.5	135.0	178.4	183.3	174.1	1450.0	2275.6	3410.3	3522.5	3585.8	17.2	16.9	19.1	19.2	20.6
केरल	202.1	114.3	163.6	151.6	149.5	3229.1	2541.9	3509.4	3518.1	3392.7	16.0	22.2	21.5	23.2	22.7
आसाम	222.4	237.4	240.1	255.2	260.1	2132.3	2935.2	2916.7	4569.9	2925.5	9.6	12.4	12.2	17.9	11.2
जम्मू एवं कश्मीर	180.3	50.8	60.7	69.8	69.7	745.0	728.9	1023.6	1374.2	1559.1	4.1	14.4	16.9	19.7	22.4
हिमाचल प्रदेश	38.7	34.6	74.7	79.8	80.4	476.0	639.1	1263.9	1390.7	1474.9	12.3	18.5	16.9	17.4	18.3
उत्तराखण्ड	57.1	93.8	81.8	82.57	85.8	617.6	737.3	1077.6	997.285	1030.9	10.8	7.9	13.2	12.1	12.0
राजस्थान	62.9	99.3	125.6	131.9	140.3	307.0	432.5	736.7	1071.9	885.0	4.9	4.4	5.9	8.1	6.3
त्रिपुरा	30.3	31.3	25.6	32.5	36.0	306.8	353.2	294.7	446.9	532.3	10.1	11.3	11.5	13.7	14.8

दिल्ली	55.0	111.0	36.1	36.1	29.8	627.8	747.4	617.4	617.4	496.8	11.4	6.7	17.1	17.1	16.7
मेघालय	25.9	35.7	44.3	44.3	41.8	219.2	265.9	415.8	415.8	356.5	8.5	7.4	9.4	9.4	8.5
मणिपुर	11.8	10.6	16.6	19.9	22.2	50.3	66.1	174.3	221.8	236.5	4.3	6.2	10.5	11.2	10.7
सिक्किम	7.6	14.2	21.5	28.7	23.9	46.1	60.0	98.0	147.7	120.9	6.1	4.2	4.6	5.1	5.1
मिजोरम	6.0	6.8	14.4	10.6	17.5	31.8	44.1	114.4	179.1	115.8	5.3	6.5	7.9	16.9	6.6
नागालैण्ड	8.2	26.3	10.4	10.4	10.7	66.9	286.0	78.3	78.3	79.4	8.2	10.9	7.5	7.5	7.4
गोवा	—	7.6	5.7	5.7	5.7	—	76.0	57.6	57.8	57.8	—	10.0	10.1	10.1	10.1
अरूणाचल प्रदेश	17.1	20.8	23.8	4.2	4.2	79.9	83.9	110.0	38.5	38.5	4.7	4.0	4.6	9.1	9.2
अंदमान एवं निकोबार	3.4	3.1	4.0	5.2	5.7	13.2	15.8	30.8	41.5	34.5	3.9	5.1	7.8	8.0	6.1
लक्षद्वीप	0.4	0.2	0.4	0.4	0.4	0.4	0.2	14.1	14.1	14.1	1.0	1.0	31.7	31.7	35.3
पोण्डीचेरी	2.3	3.7	4.5	4.5	0.6	22.3	54.2	81.0	81.0	8.8	9.7	14.6	18.2	18.2	14.7
दादर एवं नगर हवेली	1.5	1.5	1.0	1.0	1.1	13.6	13.5	4.5	4.5	5.5	9.1	9.0	4.6	4.6	5.0
चण्डीगढ़	0.3	0.1	0.1	0.1	0.1	11.1	1.7	1.7	1.7	1.7	37.0	17.0	17.0	17.0	17.0
दमन एवं दियु	0.1	0.1	0.2	0.2	0.0	0.3	1.1	0.2	0.2	0.0	3.0	11.0	1.2	1.2	—
कुल	**5136.7**	**5016.7**	**6657.1**	**7984.8**	**8494.6**	**53852.0**	**70546.7**	**106372.5**	**133737.6**	**146554.5**	**10.5**	**14.1**	**16.0**	**16.7**	**17.3**

स्रोत: नेशनल हार्टीकल्चर डाटा बेस, (2010–2011)

प्रमुख फसलों के आधार पर भारतवर्ष के प्रमुख राज्यों के अन्तर्गत क्षेत्रफल एवं उत्पादन का आँकलन करने पर स्थिति इस प्रकार है–

सारिणी (1.12) भारतवर्ष के प्रमुख राज्यों के अन्तर्गत फसलवार क्षेत्रफल एवं उत्पादन

राज्य	बैंगन		पत्ता गोभी		फूल गोभी		भिण्डी		प्याज		मटर		आलू		शकर कन्द		कसावा		टमाटर		कुल	
	क्षे0	उ0	क्षे0	उ0	क्षे0	उ0	क्षे0	उ0	क्षे0	उ0	क्षे0	उ0	क्षे0	उ0	क्षे0	उ0	क्षे0	उ0	क्षे0	उ0	क्षे0	उ0
छत्तीसगढ़	26.7	439.5	14.7	257.7	18.4	306.0	25.2	249.1	11.2	174.2	10.8	99.7	36.4	526.3	3.7	36.7	–	–	42.9	627.9	345.8	4248.8
दादर एवं नगर हवेली	0.5	2.2	–	–	–	–	–	–	–	–	–	–	–	–	–	–	–	–	0.4	1.8	1.1	5.5
दमन एवं दियु	–	–	–	–	–	–	–	–	–	–	–	–	–	–	–	–	–	–	–	–	0.0	0.0
दिल्ली	1.6	30.7	–	–	5.1	94.8	1.6	22.7	1.5	27.3	0.8	11.1	0.8	18.4	–	–	–	–	1.6	31.0	29.8	496.8
गोवा	–	–	–	–	–	–	–	–	–	–	–	–	–	–	–	–	–	–	–	–	5.7	57.8
गुजरात	72.0	1236.3	28.2	553.6	21.1	387.4	54.5	592.5	62.0	1514.1	–	–	65.3	1881.8	–	–	–	–	38.8	978.4	515.9	9379.5
हरियाणा	14.6	255.2	13.8	262.4	30.3	531.9	18.2	145.3	22.2	453.9	12.7	79.0	26.8	598.2	–	–	–	–	27.2	392.4	346.4	4649.3
हिमाचल प्रदेश	1.0	25.1	4.5	144.2	3.0	60.7	2.4	29.6	2.2	35.9	22.8	254.2	15.3	206.0	–	–	–	–	9.9	388.4	80.4	1474.9
जम्मू एवं कश्मीर	2.6	45.3	3.5	95.5	4.5	134.8	2.9	47.5	2.8	63.5	6.8	212.5	7.9	150.7	–	–	–	–	8.3	136.6	69.7	1559.1
झारखण्ड	16.4	212.6	27.0	451.7	22.2	355.4	30.0	421.7	14.6	305.0	21.3	329.1	43.2	655.5	–	–	–	–	22.3	401.6	259.5	4112.4
कर्नाटक	14.2	354.5	9.4	187.2	4.5	77.7	8.6	71.4	190.5	2592.2	1.2	15.4	40.0	400.8	2.6	33.5	0.9	12.3	51.2	1756.7	466.3	9056.4
केरल	–	–	–	–	–	–	–	–	–	–	–	–	1.0	0.0								
लक्षद्वीप	–	–	–	–	–	–	–	—	–	–	–	–	—	–	–	–	–	–	–	–	0.4	14.1
मध्य प्रदेश	23.4	281.0	9.0	179.5	12.2	195.9	10.1	60.3	58.3	1021.5	22.8	251.3	62.0	743.0	5.1	29.7	–	–	27.8	346.9	283.7	3698.6
महाराष्ट्र	35.0	190.0	18.0	360.0	12.0	180.0	19.0	224.0	415.0	4905.0	8.0	35.0	18.0	318.0	–	–	–	–	52.0	738.0	611.0	7504.0
मणिपुर	–	–	5.8	74.7	2.4	23.8	–	–	–	–	4.7	46.5	1.7	15.2	–	–	–	–	2.3	28.6	22.2	236.5
मेघालय	–	–	–	–	–	–	–	–	–	–	–	–	17.7	162.4	5.5	19.2	4.9	26.4	–	–	41.8	356.5
मिजोरम	2.0	12.9	2.6	33.6	0.4	3.7	2.8	18.7	0.1	0.7	05	2.0	0.2	2.3	0.1	0.7	0.1	0.7	0.7	6.2	17.5	115.6
नागालैण्ड	0.1	2.2	0.3	3.0	0.1	0.2	0.3	1.2	–	–	0.1	1.0	1.5	10.0	0.1	0.4	1.0	6.0	0.7	4.0	10.7	79.4
ओडिशा	133.2	2204.8	41.2	1152.1	45.1	677.3	70.0	651.8	34.8	385.9	5.9	52.4	14.0	191.4	44.1	410.2	–	–	96.6	1367.2	553.8	7790.1
पोण्डीचेरी	0.2	1.5	–	–	–	–	0.1	0.6	0.1	0.4	–	–	–	–	–	–	0.2	4.0	0.0	0.1	0.6	8.8

पंजाब	3.2	68.9	4.4	76.8	8.7	154.7	2.6	27.5	8.2	182.3	19.7	200.6	83.6	2088.4	–	–	–	–	6.3	154.5	174.1	3585.8
राजस्थान	6.3	30.9	1.0	8.5	8.4	39.2	4.3	12.4	49.0	494.2	3.6	4.1	10.5	75.7	1.0	2.8	–	–	16.9	67.5	140.3	885.0
सिक्किम	0.3	1.6	1.2	6.9	0.7	3.9	1.7	7.2	0.3	1.6	2.0	8.6	9.4	45.7	–	–	–	–	0.9	8.1	23.9	120.9
तमिलनाडु	12.4	203.6	1.4	78.6	0.7	13.3	5.7	46.8	33.8	338.9	–	–	4.7	97.1	0.8	12.4	134.6	5522.7	27.2	580.6	277.3	8279.9
त्रिपुरा	3.2	43.9	1.9	45.6	1.8	33.8	1.6	12.5	–	–	–	–	6.2	109.8	–	–	–	–	1.4	30.2	36.0	532.3
उत्तर प्रदेश	3.0	92.1	1.6	49.5	9.3	188.5	11.1	128.8	23.2	368.5	159.2	1532.4	556.5	13576.6	16.8	206.6	–	–	6.7	248.6	829.4	17679.4
उत्तराखण्ड	2.2	25.9	5.6	70.5	2.6	34.0	3.3	27.1	3.8	38.0	11.2	86.9	24.3	424.3	–	–	–	–	8.8	97.1	85.8	1039.9
पश्चिम बंगाल	158.4	2870.6	75.3	2087.8	70.0	1777.2	74.0	862.1	21.3	298.0	21.4	129.4	406.3	13391.2	22.9	235.7	–	–	54.1	1063.7	1359.7	26725.5
कुल	680.0	11895.8	368.8	7948.9	369.7	67744.9	498.3	5784.0	1063.8	15117.7	369.8	3517.4	1863.2	42339.4	113.2	1046.6	221.4	8076.0	864.9	16826.4	8494.5	146554.5

क्षे0=क्षेत्रफल, उ0=उत्पादन, (क्षेत्रफल–000 हेक्टेयर), (उत्पादन–000 एम0टी0)

स्रोत: नेशनल हार्टीकल्चर डाटा बेस, (2010–2011)

सब्जी उत्पादन का आँकलन करने से यह प्रतीत होता है कि भारतवर्ष में ज्यादातर सब्जी उत्पादन का कार्य सीमान्त एवं मध्यम कृषकों द्वारा किया जाता है–

सारिणी (1.13) भारतवर्ष में संख्या एवं क्षेत्रफल की दृष्टिकोण से सब्जी उत्पादन का आँकलन **(संख्या–000, क्षेत्रफल–000 हेक्टेयर)**

मुख्य आकार	संख्या				क्षेत्रफल			
	1985 –86	1990 –91	1995 –96	2000 –01	1985 –86	1990 –91	1995 –96	2000 –01
सीमान्त (1 हेक्टेयर से कम)	56147 (57.8)	63389 (59.40)	71179 (61.60)	76122 (63.00)	22042 (13.40)	24894 (15.00)	28121 (17.20)	30088 (18.82)
लघु (1.0–2.0 हेक्टेयर)	17922 (18.40)	20092 (18.80)	21643 (18.70)	22814 (18.90)	25708 (15.60)	28827 (17.4)	30722 (18.8)	32260 (20.18)
उप–मध्यम (2.0–4.0 हेक्टेयर)	13252 (13.60)	13923 (13.10)	14261 (12.30)	14087 (11.70)	36666 (22.30)	38375 (23.20)	38953 (23.80)	38305 (23.96)
मध्यम (4.0–10.0 हेक्टेयर)	7916 (8.20)	7580 (7.10)	7092 (6.10)	6568 (5.40)	47144 (28.60)	44752 (27.10)	41398 (25.30)	38125 (23.84)
वृहद् (10.0 हेक्टेयर से उपर)	1918 (2.00)	1654 (1.60)	1404 (1.20)	1230 (1.02)	33002 (20.10)	28659 (17.30)	24163 (14.80)	21124 (13.21)

कोष्ठक में दिया गया अंक प्रतिशत योगदान है।
स्रोतः भारतीय कृषि अनुसंधान परिषद, नई दिल्ली डाटा बुक, (2008)

अखिल भारतीय समन्वित अनुसंधान परियोजना (सब्जी फसल) All India Co-ordinated Impovement Project (Vegetable Crops)

भारतवर्ष में सब्जी अनुसंधान एवं विकास के दृष्टिकोण का विश्लेषण करने पर स्पष्ट होता है कि इसकी यात्रा ज्यादा पुराना नहीं है। सब्जी अनुसंधान कार्य सर्वप्रथम भारतीय कृषि अनुसंधान संस्थान, नई दिल्ली (Indian Agricultural Research Institute, New Delhi) के पौध प्रवेशन/उपस्थापन विभाग (Plant Introduction Division), से सन् 1947–48 में शुरु हुई जो भारतीय कृषि अनुसंधान परिषद, नई दिल्ली (Indian Council of Agricultural Research, New Delhi) के अन्तर्गत आता है। द्वितीय विश्व युद्ध के पहले हमारे देश के सभी शीतोष्ण (temperate) सब्जियों के बीज, खेती करने के लिए यूरोपीय देशों जैसे–हालैण्ड, नीदरलैण्ड आदि से मँगाये जाते थे। द्वितीय विश्वयुद्ध के दौरान जब सब्जियों के बीजों का मंगाना मुश्किल हो गया, तब आवश्यकता पूर्ति के लिए भारत सरकार द्वारा सन् 1949 में हिमाचल प्रदेश के कुल्लू घाटी में स्थिति कटराईं में सब्जी प्रजनन केन्द्र (Vegetable Breeding Station) की स्थापना की गयी। इस शोध केन्द्र को सन् 1955 में भारतीय कृषि अनुसंधान संस्थान, नई दिल्ली को हस्तानान्तरित कर दिया गया, जिससे सब्जी अनुसंधान प्रक्रिया में आशातीत वृद्धि हुई। इस शोध केन्द्र ने नवीनतम उन्नतिशील प्रजातियों के साथ–साथ उनकी सस्य तकनीकों तथा पौध संरक्षण सम्बन्धी उपायों पर अच्छा शोध कार्य किया है। सन् 1956–57 में भारतीय कृषि अनुसंधान संस्थान, नई दिल्ली में उद्यान विज्ञान की स्थापना

की गयी, जिसके अन्तर्गत सब्जियों के अनुसंधान कार्य को बल मिला। सन् 1968 में भारतीय बागवानी अनुसंधान संस्थान, बैंग्लुरु (Indian Institute of Horticultural Research, Bangalore) के अन्तर्गत सब्जी अनुभाग की स्थापना की गयी, जिससे विभिन्न सब्जियों के पर गहन शोध का कार्य शुरु किया गया। देश के अन्य भागों में सब्जी अनुसंधान एवं मूल्यांकन हेतु भारतीय बागवानी अनुसंधान संस्थान, बैंग्लुरु (कर्नाटक) ने दो नये क्षेत्रीय परीक्षण केन्द्र–(1) केन्द्रीय उद्यान परीक्षण केन्द्र, रांची (Central Horticulture Experiment Station, Ranchi) जो वर्तमान में उद्यान एवं कृषि वानिकी शोध कार्यक्रम, रांची (Horticulture and Agroforestry Research Programme, Ranchi) के नाम से जाना जाता है और इस केन्द्र का संचालन वर्तमान में भारतीय कृषि अनुसंधान परिषद् का पूर्वी केन्द्रीय शोध परिसर, पटना (बिहार) द्वारा किया जाता है। (2) केन्द्रीय उद्यान परीक्षण केन्द्र गोधरा (Central Horticulture Experiment Station, Godhra Gujrat) में खोला गया, जिससे नवीनतम प्रजातियों तथा उनकी सस्य तकनीकी का विकास हुआ। वर्तमान में यह केन्द्र केन्द्रीय शुष्क बागवानी संस्थान, बीकानेर (राजस्थान) के अर्न्तगत शोधरत है। सब्जी उत्पादन को नई दिशा देने के लिए चौथी पंचवर्षीय योजना के दौरान सन् 1971 में अखिल भारतीय समन्वित अनुसंधान परियोजना (सब्जी फसल) को आरम्भ किया गया। इस योजना का मूल उद्देश्य देश के विभिन्न कृषि जलवायु क्षेत्रों के लिए सब्जियों की उन्नतिशील किस्मों का विकास तथा परीक्षण करना तथा क्षेत्र विशेष की परिस्थितियों के अनुसार सब्जी उत्पादन की सस्य और पौध संरक्षण सम्बन्धी तकनीक को विकसित करना है। इस महत्वाकांक्षी परियोजना के कार्य प्रणाली और शोध की गुणवत्ता को देखते हुए नई दिल्ली में सन् 1986 में प्रोजेक्ट डाइरेक्टोरेट ऑफ वेजीटेबल रिसर्च (Project Directorate of Vegetable Research) बनाया गया और सन् 1992 में इसे वाराणसी (उत्तर प्रदेश) में हस्तानान्तरित किया गया। इसे पुनः डाइरेक्टोरेट ऑफ वेजीटेबल रिसर्च (Directorate of Vegetable Research) तथा सन् 1999 में भारतीय सब्जी अनुसंधान संस्थान (Indian Institute of Vegetable Research) का दर्जा दिया गया। सन् 2003 में इस संस्थान के अन्तर्गत सब्जी बीज उत्पादन के लिए बीज उत्पादन केन्द्र, सरगटिया (कुशी नगर) में खोला गया। अखिल भारतीय समन्वित अनुसंधान परियोजना (सब्जी फसल) का फरवरी, 2010 से परियोजना समन्यवक (Project Coordinator) के देख–रेख में कार्य चल रहा है। अखिल भारतीय समन्वित अनुसंधान परियोजना (सब्जी फसल) का बजट सन् 1985–90 में 78.03 मिलियन रुपये थे, जो 8वीं पंचवर्षीय योजना में 269.81 मिलियन रूपया हो गया। वर्तमान समय में 12 वीं पंचवर्षीय योजना के लिये कुल 12.80 करोड रूपये दिये गये हैं।

अखिल भारतीय समन्वित अनुसंधान परियोजना (सब्जी फसल) के केन्द्र

इस योजना के अन्तर्गत प्रारम्भ में केवल 7 मुख्य केन्द्र तथा 10 उपकेन्द्र खोले गये थे। वर्तमान में इस योजना के अन्तर्गत कुल 29 केन्द्र है जिनमें एक अग्रणी केन्द्र, 7 मुख्य केन्द्र, 21 उपकेन्द्र तथा 31 स्वैच्छिक केन्द्र कार्य कर रहे हैं। स्वैच्छिक केन्द्रों में व्यक्तिगत बीज कम्पनियों को भी सम्मिलित किया गया है। इन केन्द्रों की सूची सारिणी में दिया गया है।

सारिणी (1.14) अखिल भारतीय समन्वित अनुसंधान परियोजना (सब्जी फसल) के केन्द्र

स्वरूप	: केन्द्र का नाम
अग्रणी केन्द्र	: भारतीय सब्जी अनुसंधान संस्थान, वाराणसी (उत्तर प्रदेश)
मुख्य केन्द्र	: तमिलनाडु कृषि विश्वविद्यालय, कोयम्बटूर (तमिलनाडु)
	: भारतीय कृषि अनुसंधान संस्थान, नई दिल्ली
	: भारतीय कृषि अनुसंधान संस्थान, क्षेत्रीय शोध केन्द्र, कटराईं, (हिमाचल प्रदेश)
	: भारतीय बागवानी अनुसंधान संस्थान, बैंग्लुरु (कर्नाटक)
	: पंजाब कृषि विश्वविद्यालय, लुधियाना (पंजाब)
	: महात्मा फूले कृषि विद्यापीठ, राहुरी (महाराष्ट्र)
	: बिहार एग्रीकल्चर कालेज (राजेन्द्र कृषि विश्वविद्यालय), साबौर (बिहार)
उपकेन्द्र	: हार्टीकल्चर रिसर्च स्टेशन सब कैम्पस, एम0ए0यू0 परभनी (महाराष्ट्र)
	: ओड़ीशा कृषि एवं प्रौद्योगिकी विश्वविद्यालय, भुबनेश्वर (ओडिशा)
	: कृषि विश्वविद्यालय (यू0ए0एस0), धारवाड़ (कर्नाटक)
	: एग्रीकल्चर रिसर्च स्टेशन (राजस्थान कृषि विश्वविद्यालय) दुर्गापुरा, जयपुर (राजस्थान)
	: नरेन्द्र देव कृषि एवं प्रौद्योगिकी विश्वविद्यालय, कुमारगंज फैजाबाद (उत्तर प्रदेश)
	: चौधरी चरण सिंह हरियाणा कृषि विश्वविद्यालय, हिसार (हरियाणा)
	: आन्ध्र प्रदेश कृषि विश्वविद्यालय, राजेन्द्र नगर, हैदराबाद (आन्ध्र प्रदेश)
	: जवाहरलाल नेहरु कृषि विश्वविद्यालय, जबलपुर (मध्य प्रदेश)
	: असम कृषि विश्वविद्यालय, जोरहट (आसाम)
	: जुनागढ़ कृषि विश्वविद्यालय, जुनागढ़ (गुजरात)
	: चन्द्रशेखर आजाद कृषि एवं प्रौद्योगिकी विश्वविद्यालय, कानपुर (उत्तर प्रदेश)
	: विधान चन्द्र कृषि विश्वविद्यालय, कल्याणी, नाडिया (पश्चिम बंगाल)
	: आचार्य एन0जी0 रंगाराव कृषि विश्वविद्यालय, रिजनल एग्रीकल्चर रिसर्च स्टेशन, लाम, गुन्टूर (आन्ध्र प्रदेश)
	: गोविन्द बल्लभ पन्त कृषि एवं प्रौद्योगिकी विश्वविद्यालय, पंतनगर, उधम सिंह नगर, (उत्तराखण्ड)
	: इन्दिरा गांधी कृषि विश्वविद्यालय, रायपुर (छत्तीसगढ़)
	: यशवंत सिंह परमार उद्यान एवं वानिकी विश्वविद्यालय, सोलन (हिमाचल प्रदेश)
	: शेर–ई–कश्मीर कृषि एवं प्रौद्योगिकी विश्वविद्यालय, शालीमार, श्रीनगर (कश्मीर)
	: केरल कृषि विश्वविद्यालय, वेल्लानिकारा (केरल) आई0सी0ए0आर0 रिसर्च कम्पलेक्स फॉर एन0ई0एच0 रिजन, पासीघाट केन्द्रीय कृषि विश्वविद्यालय, मणीपुर
	: राजेन्द्र कृषि विश्वविद्यालय पूसा (बिहार)
	: भारतीय कृषि अनुसंधान संस्थान, क्षेत्रीय शोध केन्द्र, करनाल (हरियाणा)
स्वैच्छिक केन्द्र	: पी0के0वी0 अकोला (महाराष्ट्र)
	: इलाहाबाद एग्रीकल्चरल इन्स्टीट्यूट डीम्ड यूनिवर्सीटी, इलाहाबाद (उत्तर प्रदेश)

: गुजरात कृषि विश्वविद्यालय, आनन्द, (गुजरात)
: आई0सी0ए0आर0 रिसर्च कम्पलेक्स फॉर एन0ई0एच0 रिजन, बरापानी (मेघालय)
: केन्द्रीय शुष्क बागवानी संस्थान, बिकानेर (राजस्थान)
: सेन्ट्रल इन्स्टीट्यूट ऑफ टेम्परेट हार्टीकल्चर, के0डी0 फार्म रानग्रेथ (जम्मू एण्ड कश्मीर)
: सेन्ट्रल एक्सपेरीमेन्ट स्टेशन, वाकावली, दपोली, रत्नागिरि (महाराष्ट्र)
: आई0सी0आर0 रिसर्च कम्लेक्स फार गोवा
: शेरे–ई–कश्मीर यूनिवर्सिटी ऑफ एग्रीकल्चर एण्ड टेक्नोलोजी (जे) चाथा (जम्मू)
: नेशनल हार्टीकल्चर रिसर्च एण्ड डिवलपमेंट फाउण्डेशन, नासिक, (महाराष्ट्र)
: राष्ट्रीय पादप आनुवांशिक संसाधन ब्यूरो, नई दिल्ली
: नवसारी एग्रीकल्चर यूनिवर्सिटी, नवसारी (गुजरात)
: सी0एस0के0 हिमाचल प्रदेश कृषि विश्वविद्यालय, पालमपुर (हिमाचल प्रदेश)
: हार्टीकल्चर कालेज एण्ड रिसर्च इन्स्टीट्यूट, (टी0एन0ए0यू0) पेरियाकुलम
: डिफेन्स एग्रीकल्चरल रिसर्च लेवोरेटरी, पिथोरागढ़ (उत्तराखण्ड)
: पी0जे0एन0 सेन्ट्रल एग्रीकल्चर रिसर्च इन्स्टीट्यूट नेदुनगाडु, कराइकल, पोण्डीचेरी
: सेन्ट्रल एग्रीकल्चरल रिसर्च इन्स्टीट्यूट पोर्टब्लेयर, अण्डमान एवं निकोबार
: हार्टीकल्चर एण्ड एग्रोफारेस्ट्री रिसर्च प्रोग्राम, नामकुम, राँची (झारखण्ड)
: कालेज ऑफ फारेस्ट्री एण्ड हिल एग्रीकल्चर, रानीचौरी (उत्तराखण्ड)
: आई0सी0ए0आर0 कम्पलेक्स फार एन0ई0एच0, त्रिपुरा सेन्टर, लेम्बूचेरा (पश्चिम त्रिपुरा)
: कालेज ऑफ हार्टीकल्चर एण्ड फारेस्ट्री, झालावार (एम0पी0यू0 एण्ड टी0), राजस्थान
: विवेकानन्द पर्वतीय कृषि अनुसंधानशाला, अल्मोड़ा (उत्तराखण्ड)
: महाराष्ट्र स्टेट सीड कार्पोरेशन लिमिटेड, शास्त्रीनगर, अकोला (महाराष्ट्र)

बीज कम्पनियाँ : अजीत सीड्स लिमिटेड, औरंगाबाद (महाराष्ट्र)
: एडवेन्टा सीड्स, बैंग्लुरु (कर्नाटक)
: बीजो शीतल हाइब्रिड सीड कम्पनी, जालना (महाराष्ट्र)
: बिस्कोबायोसाइंस, आर0आर0 (आन्ध्र प्रदेश)
: श्री राम बायोसीड जेनेटिक्स इण्डिया प्रा0लि0 हैदराबाद, (आन्ध्र प्रदेश)
: कैम्सोन बायोटेक्नोलोजी, बैंग्लुरु (कर्नाटक)
: सेन्चुरी सीड्स प्रा0 लिमिटेड, नई दिल्ली।
: डाक्टर सीड, लुधियाना (पंजाब)
: दुर्गा सीड फार्म, चण्डीगढ़
: इमरजेन्ट जेनेटिक्स इण्डिया प्राइवेट लिमिटेड, हैदराबाद (आन्ध्र प्रदेश)
: इण्डो अमेरिकन हाइब्रिड सीड्स (इण्डिया) प्राइवेट लिमिटेड, बैंग्लुरु (कर्नाटक)
: जे0के0 एग्रीकल्चर जेनेटिक्स बेगमपेट, हैदराबाद
: कावेरी सीड्स, सिकन्दराबाद (आन्ध्र प्रदेश)
: कृषि धन सीड्स प्रा0 लिमिटेड, पूणे (महाराष्ट्र)
: कृष्णा सीड प्रा0 लिमिटेड, आगरा (उत्तर प्रदेश)

: महिको हाइब्रिड सीड्स कम्पनी लिमिटेड, बैंग्लुरु (कर्नाटक)
: मेटा हेलिक्स/धान्या सीड्स प्रा0 लिमिटेड, बैंग्लुरु (कर्नाटक)
: नागार्जुन एग्रीकल्चरल रिसर्च एण्ड डिवलपमेण्ट इन्स्टीट्यूट, सिकन्दराबाद (आन्ध्र प्रदेश)
: नामधारी सीड्स कम्पनी, बैंग्लुरु (कर्नाटक)
: नाथ बायोजिन्स (इण्डिया) लिमिटेड, नाथ हाउस, औरंगाबाद (महाराष्ट्र)
: नेचर ग्रेट सिड्स, हैदराबाद (आन्ध्र प्रदेश)
: नेशनल सीड्स कार्पोरेशन लिमिटेड, नई दिल्ली।
: निम्बकर सीड्स, फाल्टान (महाराष्ट्र)
: निर्मल सीड्स लिमिटेड, जलगांव (महाराष्ट्र)
: नूजी विडू सीड्स लिमिटेड, नई दिल्ली।
: पाहुजा सीड्स प्रा0 लिमिटेड, नई दिल्ली।
: पाण्डेय बीज भण्डार, फैजाबाद (उत्तर प्रदेश)
: प्रभाकर हाइब्रिड सीड्स, कड़पा (आन्ध्र प्रदेश)
: प्रधान बायोटेक प्रा0 लिमिटेड, हैदराबाद (आन्ध्र प्रदेश)
: प्रो एग्रो पी0जी0एस0 इण्डिया लिमिटेड, नई दिल्ली।
: सीड टेक, सिकन्दराबाद (आन्ध्र प्रदेश)
: सेमिनिस सीड्स, औरंगाबाद (महाराष्ट्र)
: एस0पी0आई0सी0, पी0एच0आई0 सीड्स लिमिटेड, होसुर (तमिलनाडु)
: सीमा सीड्स प्रा0 लिमिटेड, कटक (ओडिशा)
: श्री वेंकेटेश्वरा हाइब्रिड सीड्स कम्पनी, अदोनी (आन्ध्र प्रदेश)
: सीड्स वर्क्स इण्डिया प्रा0लि0/यू0एस0 एग्रीकल्चर सीड्स, बैंग्लुरु (कर्नाटक)
: सीड इन्नोवेशन प्रा0लि0, हैदराबाद (आन्ध्र प्रदेश)
: सन्ग्रो सीड्स प्राइवेट लिमिटेड, नई दिल्ली।
: सिन्जेन्टा इण्डिया लिमिटेड, पूणे (महाराष्ट्र)
: टोकिटा सीड इण्डिया प्रा0 लिमिटेड, बैंग्लुरु (कर्नाटक)
: तुलसी सीड्स प्रा0 लिमिटेड, गुन्टूर (आन्ध्र प्रदेश)
: यूनीफास सीड्स एण्ड बायोजेनेटिक्स (ए0 डीवीजन ऑफ एडवेन्टा लिमिटेड) सिकन्दराबाद (आन्ध्र प्रदेश)
: वेन्चुरा क्राप साइंसेज प्रा0 लिमिटेड, हैदराबाद (आन्ध्र प्रदेश)
: विजय सीड्स कम्पनी लिमिटेड, जालना (महाराष्ट्र)
: विशाल सीड्स प्रा0 लिमिटेड, हैदराबाद (आन्ध्र प्रदेश)
: विवास्वान एग्रीटेक प्रा0 लिमिटेड, पूणे
: वी0एन0आर0 सीड, रायपुर, (मध्य प्रदेश)
: जेनेका एग्रोकेमिकल लिमिटेड, कत्तूरपुरा (चेन्नई)
: जुआरी एग्रो प्रा0 लिमिटेड, बैंग्लुरु, (कर्नाटक)

सब्जी तकनीक परीक्षण हेतु निर्धारित कृषि जलवायु क्षेत्र (Agro-climatic zones for vegetable technology evaluation)

अखिल भारतीय समन्वित अनुसंधान परियोजना (सब्जी फसल) के अन्तर्गत सब्जियों की किस्मों, सस्य और पौध संरक्षण सम्बन्धी तकनीकों का मूल्यांकन पूरे देश में निर्धारित कृषि जलवायु में किया जाता है।

कृषि जलवायु क्षेत्र प्लानिंग कमीशन (Planning commission) ने भारतीय वातावरण को 15 कृषि जलवायु क्षेत्रों में बाँटा है।

सारिणी (1.15) सब्जियों के लिये निर्धारित जलवायु क्षेत्र

क्षेत्र (Regions)	प्रान्त (States)
1. पश्चिम हिमालयन क्षेत्र	हिमाचल प्रदेश, जम्मू एवं कश्मीर, उत्तराखण्ड
2. पूर्वी हिमालयन क्षेत्र	अरूणाचल प्रदेश, आसाम, मणिपुर, मेघालय, मिजोरम, नागालैण्ड, सिक्किम, त्रिपुरा
3. निचला गंगेटिक मैदानी क्षेत्र	पश्चिम बंगाल
4. मध्य गंगेटिक मैदानी क्षेत्र	उत्तर प्रदेश, बिहार
5. उपरी गंगेटिक मैदानी क्षेत्र	उत्तर प्रदेश
6. ट्रान्स गंगेटिक मैदानी क्षेत्र	चण्डीगढ़, दिल्ली, हरियाणा, पंजाब, राजस्थान
7. पूर्वोत्तर प्लेट्यू व पहाड़ी क्षेत्र	बिहार, मध्य प्रदेश, महाराष्ट्र, ओडिशा, पश्चिम बंगाल
8. सेन्ट्रल प्लेट्यू व पहाड़ी क्षेत्र	मध्य प्रदेश, राजस्थान, उत्तर प्रदेश
9. पश्चिम प्लेट्यू व पहाड़ी क्षेत्र	मध्य प्रदेश, महाराष्ट्र
10. दक्षिण प्लेट्यू व पहाड़ी क्षेत्र पूर्व समुद्रीय तटीय मैदान	आन्ध्र प्रदेश, कर्नाटक, तमिलनाडु
11. पश्चिम समुद्र तटीय मैदान व पहाड़ी क्षेत्र	तमिलनाडु, आन्ध्र प्रदेश, पोण्डीचेरी, ओडिशा
12. पश्चिम समुद्र तटीय मैदान व पहाड़ी क्षेत्र	गोवा, कर्नाटक, केरला, महाराष्ट्र, तमिलनाडु
13. गुजरात का मैदान व पहाड़ी क्षेत्र	गुजरात, दमन द्वियू, दादर एवं नगर हवेली
14. पश्चिमी शुष्क क्षेत्र	राजस्थान
15. दी आईलैण्ड क्षेत्र	अन्दमान एण्ड निकोबार आईलैण्ड, लक्षयद्वीप

सब्जी तकनीकी परीक्षण हेतु 8 कृषि जलवायु क्षेत्र (Agro-climatic Zones) बनाये गये हैं। इन कृषि जलवायु क्षेत्रों के बारे में संक्षिप्त विवरण तथा क्षेत्र विशेष के लिये विकसित किस्मों को नीचे की सारिणी में दिया गया है–

सारिणी (1.16) कृषि जलवायु क्षेत्र एवं प्रत्येक क्षेत्र के अन्तर्गत आने वाले राज्य

क्षेत्र	कृषि जलवायु क्षेत्र का नाम	आने वाले राज्यों का नाम
क्षेत्र–I	पश्चिम हिमालय आर्द्र क्षेत्र	जम्मू–कश्मीर, हिमाचल प्रदेश एवं उत्तर प्रदेश का पर्वतीय अंचल
क्षेत्र–II	बंगाल–आसाम का तटवर्ती आर्द्र क्षेत्र	पश्चिम बंगाल एवं आसाम
क्षेत्र–III	पूर्वी हिमालय आर्द्र क्षेत्र एवं खाड़ी द्वीप	सिक्किम मेघालय, मणिपुर, नागालैण्ड, मिजोरम, त्रिपुरा एवं अरुणाचल प्रदेश
क्षेत्र–IV	सतलज–गंगा का जलोढ़ मैदानी उपार्द्र क्षेत्र	पंजाब, उत्तर प्रदेश का मैदानी व तराई क्षेत्र और बिहार
क्षेत्र–V	पूर्वोत्तर का उप आर्द्र से आर्द्र क्षेत्र तथा दक्षिण पूर्वी उपरी भाग	छत्तीसगढ़, ओडिशा एवं आन्ध्र प्रदेश
क्षेत्र–VI	पश्चिमी शुष्क मैदानी भाग	राजस्थान, गुजरात, हरियाणा एवं नई दिल्ली
क्षेत्र–VII	अर्द्ध शुष्क पठारी क्षेत्र और मध्य ऊँचाई वाले क्षेत्र	मध्य प्रदेश (छत्तीसगढ़ का पूर्वी क्षेत्र को छोड़कर एवं महाराष्ट्र)
क्षेत्र–VIII	पश्चिम घाट के उपार्द्र से आर्द्र क्षेत्र तथा कर्नाटक के पठारी क्षेत्र	कर्नाटक, तमिलनाडु एवं केरल

1. क्षेत्र–I पश्चिमी हिमालयन क्षेत्र (Humid Western Himalayan Region)

पश्चिमी हिमालयन आर्द्र क्षेत्र के अन्तर्गत मुख्यतः ठण्डे पर्वतीय राज्यों जैसे जम्मू–कश्मीर, हिमांचल प्रदेश और उत्तर प्रदेश का पर्वतीय भाग आता है। जम्मू–कश्मीर के अन्तर्गत अखिल भारतीय समन्वित अनुसंधान परियोजना (सब्जी फसल) का उपकेन्द्र शेरे–ई–कश्मीर कृषि एवं प्रौद्योगिकी विश्वविद्यालय, श्रीनगर (कश्मीर) आता है। इस क्षेत्र के अन्तर्गत दूसरा राज्य हिमाचल प्रदेश है, जो समुद्र से 350–6975 मीटर की ऊँचाई तक फैला है। ग्रीष्म ऋतु में निचले पर्वतीय क्षेत्र का तापमान 37.0–38.0 डिग्री सेल्सियस तथा ऊँचाई वाले क्षेत्र (शिमला, लाहौल स्फिती एवं चम्बा) का जाड़े में तापक्रम –4.9 डिग्री सेल्सियस तक पहुँच जाता है। सामान्यतया बाह्य हिमालय क्षेत्र में 150.0– 175.0 सेन्टी मीटर वर्षा होती है। लाहौल स्फिती और किन्नौर में वर्षा छाया प्रभाव के कारण औसत से कम वर्षा होती है। अतः इसे शुष्क शीत क्षेत्र (cold desert) कहते हैं। इस राज्य में भारतीय कृषि अनुसंधान संस्थान, नई दिल्ली का क्षेत्रीय शोध केन्द्र, कटराईं, अखिल भारतीय समन्वित अनुसंधान परियोजना (सब्जी फसल) का मुख्य केन्द्र तथा डॉ0 यशवंत सिंह परमार कृषि एवं वानिकी विश्वविद्यालय, सोलन उपकेन्द्र के रुप में कार्यरत है। इस क्षेत्र में उत्तर प्रदेश का पहाणी भाग भी आता है। जहाँ जाड़े का न्यूनतम तापक्रम 3.0 डिग्री सेल्सियस तक पहुँच जाता है और ऊँची पहाणियाँ बर्फ से ढक जाती है। औसतन 67.0–250.0 सेन्टी मीटर तक वार्षिक वर्षा होती है। शोध के लिए दो स्वैच्छिक केन्द्र रानी चौरी (गोबिन्द बल्लभ पंत कृषि एवं प्रौद्योगिकी विश्वविद्यालय पंतनगर, उत्तराखण्ड के अन्तर्गत) तथा विवेकानन्द पर्वतीय कृषि अनुसंधानशाला, अल्मोड़ा, उत्तराखण्ड (भारतीय कृषि अनुसंधान परिषद्, नई दिल्ली के अन्तर्गत) हैं।

सारिणी (1.17) कृषि जलवायु क्षेत्र–I के लिए विकसित सब्जियों की किस्में

सब्जी फसल	प्रजातियाँ	अनुमोदित वर्ष	विकसित करने वाले केन्द्र (स्रोत) का नाम
टमाटर	**(अ) सीमित बढ़वार**		
	एच0एस0–101	1975	चौधरी चरण सिंह हरियाणा कृषि विश्वविद्यालय, हिसार (हरियाणा)
	एस0–12	1975	पंजाब कृषि विश्वविद्यालय, लुधियाना (पंजाब)
	स्वीट–72	1975	ग्वालियर (मध्य प्रदेश)
	पूसा अर्ली ड्वार्फ	1977	राष्ट्रीय पादप आनुवांशिक संसाधन ब्यूरो, नई दिल्ली
	पंजाब, छुहारा	1979	पंजाब कृषि विश्वविद्यालय, लुधियाना (पंजाब)
	पूसा गौरव	1979	भारतीय कृषि अनुसंधान संस्थान, नई दिल्ली
	के0एस0–2	1985	चन्द्रशेखर आजाद कृषि एवं प्रौद्योगिकी विश्वविद्यालय, कल्याणपुर कानपुर (उत्तर प्रदेश)
	मारुथाम (को–3)	1987	तमिलनाडु कृषि विश्वविद्यालय, कोयम्बटूर (तमिलनाडु)
	पंजाब केशरी	1987	पंजाब कृषि विश्वविद्यालय, लुधियाना (पंजाब)
	लेबोनिता	1987	राष्ट्रीय पादप आनुवांशिक संसाधन ब्यूरो, नई दिल्ली
	हिसार अरुण (सेलेक्शन–7)	1990	चौधरी चरण सिंह हरियाणा कृषि विश्वविद्यालय, हिसार (हरियाणा)
	सेलेक्शन–1–6–4	1995	पंजाब कृषि विश्वविद्यालय, लुधियाना (पंजाब)
	एल0ई0–79–5	1983	केरल कृषि विश्वविद्यालय, वेल्लानिकारा (केरल)
	एल0ई0–415	2004	केरल कृषि विश्वविद्यालय, वेल्लानिकारा (केरल)
	एच0– 86	2005	भारतीय सब्जी अनुसंधान संस्थान, वाराणसी (उत्तर प्रदेश)
	पंत टी0–10	2010	गोविन्द बल्लभ पंत कृषि एवं प्रौद्योगिकीय विश्वविद्यालय, पंतनगर, उधम सिंह नगर (उत्तराखण्ड)
(संकर)	वी0सी0टी0एच0–4	2010	विधानचन्द्र कृषि विश्वविद्यालय, कल्याणी (पश्चिम बंगाल)
(संकर)	वी0आर0टी.एच0–101	2012	भारतीय सब्जी अनुसंधान संस्थान, वाराणसी (उत्तर प्रदेश)
(ब) असीमित बढ़वार			
	सेलेक्शन–120	1975	भारतीय कृषि अनुसंधान संस्थान, नई दिल्ली
	टी0–1	1975	चन्द्रशेखर आजाद कृषि एवं प्रौद्योगिकी विश्वविद्यालय, कल्याणपुर, कानपुर (उत्तर प्रदेश)
	पंत बहार (ए0सी0 938)	1985	गोविन्द बल्लभ पंत कृषि एवं प्रौद्योगिकीय विश्वविद्यालय, पंतनगर, उधम सिंह नगर, (उत्तराखण्ड)
	अर्का विकास (सेल–22)	1987	भारतीय बागवानी अनुसंधान संस्थान, बैंग्लुरु (कर्नाटक)

	अर्का सौरभ (सेलेक्शन–4)	1987	भारतीय बागवानी अनुसंधान संस्थान, बैंग्लुरु (कर्नाटक)
	पंत टी0–3	1987	गोविन्द बल्लभ पंत कृषि एवं प्रौद्योगिकी विश्वविद्यालय, पंतनगर, उधम सिंह नगर, (उत्तराखण्ड)
	उत्कल कुमारी (बी0टी0 12)	1998	ओडिशा कृषि एवं प्रौद्योगिकी विश्वविद्यालय, भुबनेश्वर (ओडिशा)
	अर्का बर्धन (एफ0एन0एच0–2)	1993	भारतीय बागवानी अनुसंधान संस्थान, बैंग्लुरु (कर्नाटक)
	नून–7730	2004	नूनहेम्स सीड कम्पनी

बैंगन (लम्बा)

	आजाद क्रांति	1983	चन्द्रशेखर आजाद कृषि एवं प्रौद्योगिकी विश्वविद्यालय, कल्याणपुर, कानपुर (उत्तर प्रदेश)
	ए0आर0यू01–सी0	1985	डिफेन्स एग्रीकल्चरल पिथौरागढ़ (उत्तराखण्ड)
	ए0आर0यू0 2–सी	1987	रिसर्च लैबीरेटरीज पिथौरागढ़ (उत्तराखण्ड)
	जे0बी0–15	1998	जवाहरलाल नेहरु कृषि विश्वविद्यालय, जबलपुर (मध्य प्रदेश)
	एच0ए0बी0एल0–1	2006	हार्टीकल्चर एण्ड एग्रोफारेस्ट्री रिसर्च प्रोगांम (एच0ए0आर0पी0,) रांची (झारखण्ड)
	डी00बी0एल0–02	2010	भारतीय कृषि अनुसंधान संस्थान, नई दिल्ली
(संकर)	ए0आर0बी0एच0–541	2001	अंकुर सीड कम्पनी
(संकर)	पी0बी0एच0–6	2001	पाण्डेय बीज कम्पनी, फैजाबाद (उत्तर प्रदेश)
	एस0एम0–6–6 (जीवाणु रोधी)	1996	केरल कृषि विश्वविद्यालय, वेल्लानीकारा (केरल)

बैंगन (गोल)

	के0एस0–224	1995	चन्द्रशेखर आजाद कृषि एवं प्रौद्योगिकी विश्वविद्यालय, कल्याणपुर, कानपुर (उत्तर प्रदेश)
	जे0बी0एच0–1	2001	जूनागढ़ कृषि विश्वविद्यालय, जूनागढ़ (गुजरात)

मिर्च

	आन्ध्र ज्योति (जी0–5)	1975	आचार्य एन0जी0 रंगा कृषि विश्वविद्यालय, रिजनल एग्रीकल्चर रिसर्च स्टेशन, लाम, गून्टूर (आन्ध्र प्रदेश)
	भाग्य लक्ष्मी	1975	आचार्य एन0जी0 रंगा कृषि विश्वविद्यालय, रिजनल एग्रीकल्चर रिसर्च स्टेशन, लाम, गून्टूर (आन्ध्र प्रदेश)
	के0–2	1985	केरल कृषि विश्वविद्यालय, वेल्लानीकारा (केरल)

	जे0–118	1987	जवाहरलाल नेहरु कृषि विश्वविद्यालय, जबलपुर (मध्य प्रदेश)
	एल0सी0ए0–235	1987	आचार्य एन0जी0 रंगा कृषि विश्वविद्यालय, रिजनल एग्रीकल्चर रिसर्च स्टेशन, लाम, गून्टूर (आन्ध्र प्रदेश)
	पी0सी0–56	2010	गोविन्द बल्लभपंत कृषि एवं प्रौद्योगिकी विश्वविद्यालय, पंतनगर, उधम सिंह नगर, (उत्तराखण्ड)
शिमला मिर्च			
	के0टी0–1 (संकर)	1990	भारतीय कृषि अनुसंधान संस्थान, क्षेत्रीय शोध केन्द्र, कटराईं, (हिमाचल प्रदेश)
	सेलेक्शन–II	1997	शेरे–ई–कश्मीर यूनिवर्सिटी ऑफ एग्रीकल्चर एण्ड टेक्नोलोजी, शालीमार, श्रीनगर, (कश्मीर)
	लैरियो (संकर)	2001	सिन्जेण्टा सीड कम्पनी
	डी0ए0आर0एल0	2002	डिफेन्स एग्रीकल्चरल रिसर्च लेबोरेटरीज, पिथौरागढ़ (उत्तराखण्ड)
फराश बीन			
	वी0एल0बोनी	1985	विवेकानन्द पर्वतीय कृषि अनुसंधानशाला, अल्मोड़ा (उत्तराखण्ड)
	अर्का कोमल (सेलेक्शन–2)	1987	भारतीय बागवानी अनुसंधान संस्थान, बैंग्लुरु (कर्नाटक)
	आई0आई0एच0 आर0–909	1997	भारतीय बागवानी अनुसंधान संस्थान, बैंग्लुरु (कर्नाटक)
	सी0एच0–819	2001	हार्टीकल्चर एण्ड एग्रोफारेस्ट्री रिसर्च प्रोग्राम (एच0ए0आर0पी0) रांची (झारखण्ड)
	आई0वी0एफ0बी0–1	2005	भारतीय सब्जी अनुसंधान संस्थान, वाराणसी (उत्तर प्रदेश)
	अर्का अनुप	2009	भारतीय बागवानी अनुसंधान संस्थान, बैंग्लुरु (कर्नाटक)
भिण्डी			
	काशी भैरव (डी0वी0आर0–3)	2001	भारतीय सब्जी अनुसंधान संस्थान, वाराणसी (उत्तर प्रदेश)
	पी0–7	1990	पंजाब कृषि विश्वविद्यालय, लुधियाना (पंजाब)
	पी0बी0–7	1990	हार्टीकल्चर रिसर्च स्टेशन सब कैम्पस, एम0ए0यू0, परभणी (महाराष्ट्र)
	अर्का अनामिका (सेलेक्शन–10)	1990	भारतीय बागवानी अनुसंधान संस्थान, बैंग्लुरू (कर्नाटक)
फूल गोभी			
	पूसा शुभ्रा	1985	भारतीय कृषि अनुसंधान संस्थान, नई दिल्ली

	पूसा स्नोबाल के0–1	1979	भारतीय कृषि अनुसंधान संस्थान, क्षेत्रीय शोध केन्द्र, कटराईं, (हिमाचल प्रदेश)
	पूसा स्नोबाल के0 टी0–25	2001	भारतीय कृषि अनुसंधान संस्थान, क्षेत्रीय शोध केन्द्र, कटराईं, (हिमाचल प्रदेश)
(संकर)	समर किंग	2004	सन्ग्रोसीड कम्पनी
पत्ता गोभी			
	पूसा मुक्ता	1985	भारतीय कृषि अनुसंधान संस्थान, क्षेत्रीय शोध केन्द्र, कटराईं, (हिमाचल प्रदेश)
	पूसा सिन्थेटिक	1992	भारतीय कृषि अनुसंधान संस्थान, क्षेत्रीय शोध केन्द्र, कटराईं, (हिमाचल प्रदेश)
	नाथ–401 (संकर)	1993	नाथ सीड कम्पनी
(संकर)	ग्रीन इम्परर	2007	–
प्याज			
लाल रंग	लाइन–102	1987	भारतीय कृषि अनुसंधान संस्थान, नई दिल्ली
	वी0एल0–3	1990	विवेकानन्द पर्वतीय कृषि अनुसंधानशाला, अल्मोड़ा (उत्तराखण्ड)
लहसुन			
	वी0एल0जी0–17	2001	विवेकानन्द पर्वतीय कृषि अनुसंधानशाला, अल्मोड़ा (उत्तराखण्ड)
	डी0ए0आर0एल0–52	2002	डीफेन्स एग्रीकल्चररल रिसर्च लेकबोटेरीज (डी0ए0आर0एल0) पिथौरागढ़ (उत्तराखण्ड)
मटर (अगेती)			
	पी0एम0–2	1987	गोविन्द बल्लभपंत कृषि एवं प्रौद्योगिकी विश्वविद्यालय, पंतनगर, उधम सिंह नगर (उत्तराखण्ड)
	लिंकन	1987	भारतीय कृषि अनुसंधान संस्थान, क्षेत्रीय शोध केन्द्र, कटराई, (हिमाचल प्रदेश)
	वी0आर0टी0–5	2005	भारतीय सब्जी अनुसंधान संस्थान, वाराणसी (उत्तर प्रदेश)
	वी0आर0पी0–6	2007	भारतीय सब्जी अनुसंधान संस्थान, वाराणसी (उत्तर प्रदेश)
	चूर्णील आसिता–प्रतिरोधी		
	डी0पी0पी0–9411	2002	महात्मा फूले कृषि विद्यापीठ, राहुरी (महाराष्ट्र)
	के0टी0पी0–8	2005	भारतीय कृषि अनुसंधान संस्थान, क्षेत्रीय शोध केन्द्र, कटराईं (हिमाचल प्रदेश)
मटर (मध्य)			
	जवाहर मटर–1	1975	ग्वालियर (मध्य प्रदेश)

पी0–88	1985	पंजाब कृषि विश्वविद्यालय, लुधियाना (पंजाब)
वी0एल0–3	1985	विवेकानन्द पर्वतीय कृषि अनुसंधानशाला, अल्मोड़ा (उत्तराखण्ड)
वी0एल0–8	1998	विवेकानन्द पर्वतीय कृषि अनुसंधानशाला, अल्मोड़ा (उत्तराखण्ड)
काशी आरती	2001	भारतीय सब्जी अनुसंधान संस्थान, वाराणसी (उत्तर प्रदेश)
पी0सी0–531	2007	पंजाब कृषि विश्वविद्यालय, लुधियाना (पंजाब)
गाजर		
पूसा यमदग्नी	1981	भारतीय कृषि अनुसंधान संस्थान, क्षेत्रीय शोध केन्द्र, कटराईं, (हिमाचल प्रदेश)
एस0के0ए0 यू0जी0–50	2006	शेरे–ई–कश्मीर कृषि एवं प्रौद्योगिकी विश्वविद्यालय, शालीमार, श्रीनगर (कश्मीर)
हाइब्रिड–1	1992	महिको बीज कम्पनी (महाराष्ट्र)
लौकी		
एन0डी0बी0एच0–4 (संकर)	2001	नरेन्द्र देव कृषि एवं प्रौद्योगिकी विश्वविद्यालय, फैजाबाद (उत्तर प्रदेश)
पी0बी0ओ0जी0–89	2010	गोविन्द बल्लभ पंत कृषि एवं प्रौद्योगिकी विश्वविद्यालय, पंतनगर, उधम सिंह नगर (उत्तराखण्ड)
कुम्हण / कद्दू		
अम्बली (सी0एम0–14)	1987	केरल कृषि विश्वविद्यालय, त्रिशुर, वेल्लानिकारा (केरल)
पूसा विश्वास	1987	भारतीय कृषि अनुसंधान संस्थान, नई दिल्ली
अर्का सूर्यमुखी	1987	भारतीय बागवानी अनुसंधान संस्थान, बैंग्लुरु (कर्नाटक)
एच0ए0पी0के–10	2009	हार्टीकल्चर एण्ड एग्रोफारेस्ट्री रिसर्च प्रोग्राम, रांची (झारखण्ड)
खीरा		
पी0सी0यू0सी0–28	2001	गोविन्द बल्लभ पंत कृषि एवं प्रौद्योगिकी विश्वविद्यालय, उधमपुर, पंतनगर (उत्तराखण्ड)
हाइब्रिड नं0 1	2004	सेन्चुरी सीड कम्पनी
पी0सी0यू0सी0–3	2005	गोविन्द बल्लभपंत कृषि एवं प्रौद्योगिकी विश्वविद्यालय, पंतनगर, उधम सिंह नगर (उत्तराखण्ड)
चिकनी तोरई		
पी0एस0जी0–40	2007	गोविन्द बल्लभपंत कृषि एवं प्रौद्योगिकी विश्वविद्यालय, पंतनगर, उधम सिंह नगर (उत्तराखण्ड)

2–क्षेत्र–II बंगाल–आसाम का तटवर्ती आर्द्र क्षेत्र

बंगाल आसाम के तटवर्ती आर्द्र क्षेत्र के अन्तर्गत पश्चिमी बंगाल व आसाम का समतल तथा हिमालय से जुड़े पहाणी क्षेत्र आते हैं। गंगा नदी पूरे क्षेत्र को उत्तर व दक्षिण में विभाजित करती हैं। यहाँ के मृदा की बनावट निम्न है–

1. भूरी पर्वतीय मृदायें।
2. तराई मृदायें।
3. लाल मृदायें।
4. लेटेराइट मृदायें।
5. जलोढ़ मृदायें।
6. तटीय क्षारीय मृदायें।

पश्चिमी बंगाल के मैदानी आर्द्र क्षेत्र में औसतन वर्षा 175.0 सेन्टी मीटर होती है और तापमान 16.0–40.0 डिग्री सेल्सियस होता है। पर्वतीय क्षेत्रों का तापमान 7.0–20.0 डिग्री सेल्सियस होता है। सब्जियों पर अनुसंधान कार्य हेतु अखिल भारतीय समन्वित अनुसंधान परियोजना (सब्जी फसल) का उपकेन्द्र विधान चन्द्र कृषि विश्वविद्यालय, कल्याणी (पश्चिमी बंगाल) है। इस क्षेत्र का दूसरा प्रमुख राज्य आसाम है, जिसका कुछ क्षेत्र मैदानी तथा कुछ क्षेत्र पहाड़ी है। यहाँ पर न्यूनतम 146. 9 सेन्टी मीटर और अधिकतम 348.1 सेन्टी मीटर तक वर्षा होती है। औसत तापक्रम 5.0 से 38.0 डिग्री सेल्सियस तक होता है। इस प्रदेश में सब्जियों पर शोध कार्य हेतु अखिल भारतीय समन्वित अनुसंधान परियोजना (सब्जी फसल), उपकेन्द्र के रुप में आसाम कृषि विश्वविद्यालय, जोरहट (आसाम) है। कृषि जलवायु क्षेत्र–II के लिए विकसित सब्जी किस्मों को सारिणी में दिया गया है–

सारिणी (1.18) कृषि जलवायु क्षेत्र–II के लिए विकसित सब्जियों की किस्में

सब्जी	किस्में	वर्ष	स्रोत
टमाटर (अ) सीमित बढ़वार			
	एच0एस0–101	1975	चौधरी चरण सिंह हरियाणा कृषि विश्वविद्यालय, हिसार (हरियाणा)
	एस0–12	1975	पंजाब कृषि विश्वविद्यालय, लुधियाना (पंजाब)
	पंजाब छुहारा	1979	पंजाब कृषि विश्वविद्यालय, लुधियाना (पंजाब)
	पूसा गौरव	1983	चन्द्रशेखर आजाद कृषि एवं प्रौद्योगिकी विश्वविद्यालय, कल्याणपुर, कानपुर (उत्तर प्रदेश)
	के0एस0–2	1985	चन्द्रशेखर आजाद कृषि एवं प्रौद्योगिकी विश्वविद्यालय, कल्याणपुर कानपुर (उत्तर प्रदेश)

	सेलेक्शन–32	1996	चौधरी चरण सिंह हरियाणा कृषि विश्वविद्यालय, हिसार (हरियाणा)
	बी0टी0–136	2005	ओडिशा कृषि एवं प्रौद्योगिकी विश्वविद्यालय, भुबनेश्वर (ओडिशा)
	ए0आर0टी0एच0–3	1992	अंकुर सीड कम्पनी
	टी0एच0–1462	2005	सिंजेण्टा सीड कम्पनी
	बी0सी0टी0एच0–4	2005	बिधानचन्द्र कृषि विश्वविद्यालय, कल्याणी (पश्चिम बंगाल)
	अर्का आलोक (बी0 डब्ल्यू0आर0–5)	1992	भारतीय बागवानी अनुसंधान संस्थान, बैंग्लुरु (कर्नाटक)
(ब) असीमित बढ़वार			
	पूसा रुबी	1975	भारतीय कृषि अनुसंधान संस्थान, नई दिल्ली
	टी0–1	1975	गोविन्द बल्लभपंत कृषि एवं प्रौद्योगिकी विश्वविद्यालय, पंतनगर, उधम सिंह नगर, (उत्तराखण्ड)
	षू	1977	भारतीय कृषि अनुसंधान संस्थान, नई दिल्ली
	पंत बहार (ए0सी0–238)	1985	गोविन्द बल्लभपंत कृषि एवं प्रौद्योगिकी विश्वविद्यालय, पंतनगर, उधम सिंह नगर, (उत्तराखण्ड)
	पंत टी0–3	1987	गोविन्द बल्लभपंत कृषि एवं प्रौद्योगिकी विश्वविद्यालय, पंतनगर, उधम सिंह नगर, (उत्तराखण्ड)
	सन–496	1999	संग्रो सीड कम्पनी
संकर	हिमसोहना	2009	सीनजेन्टा सीड कम्पनी
बैंगन (अ) लम्बा			
	एन0डी0बी0–25	1990	नरेन्द्र देव कृषि एवं प्रौद्योगिकी विश्वविद्यालय, फैजाबाद (उत्तर प्रदेश)
	ए0आर0बी0 एच0–541	2001	अंकुर सीड कम्पनी
	बी0सी0टी0 एच0–17 (संकर)	2005	बिधानचन्द कृषि विश्वविद्यालय, कल्याणी (पश्चिम बंगाल)
	वी0एन0आर0–218	2012	वी0एन0आर0 सीड कम्पनी
(ब) गोल			
	हिसार श्यामल (एच0–8)	1990	चौधरी चरण सिंह हरियाणा कृषि विश्वविद्यालय, हिसार (हरियाणा)
	बी0बी0–7	1990	ओडिशा कृषि एवं प्रौद्योगिकी विश्वविद्यालय, भुबनेश्वर (ओडिशा)
	के0एस0–224	1995	चन्द्रशेखर आजाद कृषि एवं प्रौद्योगिकी विश्वविद्यालय, कल्याणपुर, कानपुर (उत्तर प्रदेश)

	जे0बी0एच0–1	2001	जूनागढ़ कृषि विश्वविद्यालय, जूनागढ़ (गुजरात)
	बी0बी0–77 (लम्बोतर, रोग प्रतिरोधी)	1970	ओडिशा कृषि एवं प्रौद्योगिकी विश्वविद्यालय, भुबनेश्वर (ओडिशा)
मिर्च			
	सी0सी0एच0–2 (संकर)	2005	भारतीय सब्जी अनुसंधान संस्थान, वाराणसी (उत्तर प्रदेश)
	आन्ध्र ज्योति (जी0–5)	1975	आचार्य एन0जी0 रंगा कृषि विश्वविद्यालय, रिजनल एग्रीकल्चर रिसर्च स्टेशन, लाम, गून्टूर (आन्ध्र प्रदेश)
	बी0एस0एस0–453 (संकर)	2009	बीजोशीतल सीड कम्पनी
फूल गोभी			
	पंत शुभ्रा	1981	गोविन्द बल्लभ पंत कृषि एवं प्रौद्योगिकी विश्वविद्यालय, पंतनगर, उधम सिंह नगर, (उत्तराखण्ड)
	पूसा शुभ्रा	1985	भारतीय कृषि अनुसंधान संस्थान, नई दिल्ली
	पंतगोभी–4	1990	गोविन्द बल्लभ पंत कृषि एवं प्रौद्योगिकी विश्वविद्यालय, पंतनगर, उधम सिंह नगर, (उत्तराखण्ड)
	पूसा सिन्थेटिक	1992	भारतीय कृषि अनुसंधान संस्थान, नई दिल्ली
(संकर)	डी0सी0एच0–541	2002	भारतीय कृषि अनुसंधान संस्थान, नई दिल्ली
पत्ता गोभी			
	पूसा मुक्ता (सेलेक्शन–4)	1985	भारतीय कृषि अनुसंधान संस्थान, नई दिल्ली
लोबिया			
	पूसा कोमल (सेलेक्शन–1552)	1983	भारतीय कृषि अनुसंधान संस्थान, क्षेत्रीय शोध केन्द्र, करनाल (हरियाणा)
	एन0डी0सी0पी0–13	2002	नरेन्द्र देव कृषि एवं प्रौद्योगिकी विश्वविद्यालय, फैजाबाद (उत्तर प्रदेश)
मटर (मध्य समय)			
	चूर्णिल आसिता–रोधी वी0पी0–434	2012	विवेकानन्द पर्वतीय कृषि अनुसंधानशाला, अल्मोड़ा (उत्तराखण्ड)
भिण्डी			
	काशी भैरव (डी0वी0आर0–3)	2001	भारतीय सब्जी अनुसंधान संस्थान, वाराणसी (उत्तर प्रदेश)

	पी0–7	1990	पंजाब कृषि विश्वविद्यालय, लुधियाना (पंजाब)
	पी0बी0–57	1990	हार्टीकल्चर रिसर्च स्टेशन सब कैम्पस, एम0ए0यू0, परभणी
	अर्का अनामिका (सेलेक्शन–10)	1990	भारतीय बागवानी अनुसंधान संस्थान, बैंग्लुरु (कर्नाटक)
	अर्का अभय (सेलेक्शन–4)	1992	भारतीय बागवानी अनुसंधान संस्थान, बैंग्लुरु, (कर्नाटक)
करेला			
	प्रिया (वी0के0–1)	1992	केरल कृषि विश्वविद्यालय, त्रिशुर वेल्लानिकारा (केरल)
लौकी			
	एन0डी0बी0एच0–4	2001	नरेन्द्र देव कृषि एवं प्रौद्योगिकी विश्वविद्यालय, फैजाबाद (उत्तर प्रदेश)
खीरा			
	पी0सी0यू0 सी0एच0–1	2001	गोविन्द बल्लभ पंत कृषि एवं प्रौद्योगिकी विश्वविद्यालय, पंतनगर, उधम सिंह नगर (उत्तराखण्ड)

3. क्षेत्र–III पूर्वी हिमालयन आर्द्र क्षेत्र एवं खाड़ी द्वीप (Humid Eastern Himalayan Zone and Bay Islands)

इस क्षेत्र के अंतर्गत उत्तर–पूर्वी पर्वतीय क्षेत्र के प्रदेश जैसे–सिक्किम, मेघालय, मणीपुर, नागालैण्ड, मिजोरम, त्रिपुरा एवं अरुणाचल प्रदेश आते हैं। इस क्षेत्र के अन्तर्गत ही अण्डमान निकोबार द्वीप समूह को भी रखा गया है। इन क्षेत्रों में सब्जियों के अनुसंधान एवं विकास के लिए भारतीय कृषि अनुसंधान परिषद के उत्तर–पूर्वी पर्वतीय केन्द्र उम्मीयम, बरापानी, मेघालय (स्वैच्छिक केन्द्र) के रुप में रखा गया है। अण्डमान निकोबार द्वीप समूह में सब्जियों के उपर शोध का कार्य केन्द्रीय कृषि अनुसंधान संस्थान, पोर्टब्लेयर (Central Agricultural Research Institute, Port Blair) को दिया गया है। क्षेत्र का धरातल ऊँचा–नीचा है तथा इस क्षेत्र में वर्षा का औसत सर्वाधिक है। यहाँ तक कि विश्व का सबसे अधिक वर्षा वाला क्षेत्र मासिनराम है, जहाँ 350.0 सेन्टी मीटर से भी अधिक वर्षा होती है। पूरे क्षेत्र की मृदा अधिक वर्षा के कारण अम्लीय प्रकृति की है। इस क्षेत्र का औसत तापक्रम 5.0–35.0 डिग्री सेल्सियस तक होता है। इस क्षेत्र के लिए सब्जियों की बहुत कम किस्में अनुमोदित की गयी हैं। अनुमोदित किस्मों को सारिणी में दिया गया है–

सारिणी (1.19) कृषि जलवायु क्षेत्र–III के लिए विकसित सब्जियों की किस्में

सब्जी	किस्में	वर्ष	स्रोत
टमाटर (सीमित बढ़वार)			
	बी0एस0एस0–20	2001	बीजोशीतल सीड कम्पनी
	मनी लैमा	2004	भारतीय कृषि अनुसंधान परिषद का उत्तर–पूर्वी पर्वतीय केन्द्र, बरापानी (मेघालय)
बैंगन (गोल)			
	ए0बी0–1	1996	गुजरात कृषि विश्वविद्यालय (गुजरात)
	जे0बी0एच0–1	2001	जूनागढ कृषि विश्वविद्यालय, जूनागढ (गुजरात)
बैंगन (लम्बा)			
	ए0आर0बी0एच0 541 (संकर)	2001	अंकुर सीड कम्पनी
	पी0बी0एच0–6	2001	पाण्डेय सीड कम्पनी, फैजाबाद (उत्तर प्रदेश)
मिर्च			
	एल0सी0ए0–334	2002	आचार्य एन0जी0 रंगा कृषि विश्वविद्यालय, रिजनल एग्रीकल्चर रिसर्च स्टेशन, लाम, गून्टूर (आन्ध्र प्रदेश)
	आन्ध्र ज्योति (जी0–5)	1975	आचार्य एन0जी0 रंगा कृषि विश्वविद्यालय, रिजनल एग्रीकल्चर रिसर्च स्टेशन, लाम, गून्टूर (आन्ध्र प्रदेश)
	एच0एस0–ए च0पी0–154	2009	शेर–ई–कश्मीर कृषि एवं प्रौद्योगिकी विश्वविद्यालय शालीमार (श्रीनगर)
पैपरिका मिर्च	आई0वी0पी0 बी0सी0–535	2009	भारतीय सब्जी अनुसंधान संस्थान, वाराणसी (उत्तर प्रदेश)
लोबिया	एन0डी0सी0पी0–13	2002	नरेन्द्र देव कृषि एवं प्रौद्योगिकी विश्वविद्यालय, फैजाबाद (उत्तर प्रदेश)
फराशबीन	सी0एच0–812	2001	हार्टीकल्चर एण्ड एग्रोफारेस्ट्री रिसर्च प्रोग्राम रांची (झारखण्ड)
भिण्डी	डी0वी0आर0–3 (काशी भैरव)	2001	भारतीय सब्जी अनुसंधान संस्थान, वाराणसी (उत्तर प्रदेश)
	पी0–7	1990	पंजाब कृषि विश्वविद्यालय, लुधियाना (पंजाब)
	पी0बी0–57	1990	हार्टीकल्चर रिसर्च स्टेशन सब कैम्पस, एम0ए0यू0, परभणी (महाराष्ट्र)
	अर्का अनामिका (सेलेक्शन–10)	1990	भारतीय बागवानी अनुसंधान संस्थान, बैंग्लुरु (कर्नाटक)
(संकर)		2010	डी0ए0आर0 सीड कम्पनी
सेम (पोल टाइप) काशी हरिता	आई0आई0वी0आर0 (सेम–8)	2010	भारतीय सब्जी अनुसंधान संस्थान, वाराणसी (उत्तर प्रदेश)

4. क्षेत्र–IV सतलज–गंगा का जलोढ़ मैदानी उपकेन्द्र क्षेत्र (Sub-Humid Sutlej Ganga Alluvial Plain)

सतलज–गंगा के जलोढ़ मैदानी उपार्द्र क्षेत्र में पंजाब, उत्तर प्रदेश का मैदानी व तराई क्षेत्र (उत्तराखण्ड) और बिहार को रखा गया है। पंजाब राज्य में सब्जियों की नई किस्मों को विकसित करने तथा अन्य अनुसंधान कार्य पंजाब कृषि विश्वविद्यालय, लुधियाना (पंजाब) में किया जाता है, जो अखिल भारतीय समन्वित अनुसंधान परियोजना (सब्जी फसल) का मुख्य केन्द्र है। सब्जियों पर वृहद् अनुसंधान कार्य के लिए अखिल भारतीय समन्वित अनुसंधान परियोजना (सब्जी फसल) का मुख्यालय, भारतीय सब्जी अनुसंधान संस्थान, वाराणसी, उत्तर प्रदेश में है। इस योजना के अन्तर्गत उपकेन्द्र के रुप में चन्द्रशेखर आजाद कृषि एवं प्रौद्योगिकी विश्वविद्यालय, कानपुर (उत्तर प्रदेश) तथा नरेन्द्र देव कृषि एवं प्रौद्योगिकी विश्वविद्यालय, फैजाबाद, (उत्तर प्रदेश) कार्य कर रहे हैं। इस क्षेत्र के अन्तर्गत बिहार राज्य भूमिका सब्जी उत्पादन में सबसे महत्वपूर्ण है, जिसके अन्तर्गत बिहार कृषि कालेज (राजेन्द्र कृषि विश्वविद्यालय) साबौर, मुख्य केन्द्र के रुप में शोधरत है तथा उद्यान बागवानी शोध कार्यक्रम, पलाण्डु, रांची (झारखण्ड) भी स्वैच्छिक केन्द्र के रुप में सम्मिलित है जो भारतीय कृषि अनुसंधान परिषद् के पूर्वी शोध क्षेत्र पटना (बिहार) के अन्तर्गत आता है। पंजाब की मृदायें जलोढ़ प्रकार की हैं, जो सतलज एवं व्यास नदियों से लाई गई मिट्टी से बनी है। पंजाब राज्य की जलवायु में काफी विभिन्नता पाई जाती है। यहाँ जाड़े में तापमान काफी नीचे चला जाता है, जबकि गर्मियों में तापमान 40.0 डिग्री सेल्सियस को पार कर जाता है।

इस क्षेत्र के अन्तर्गत आने वाला दूसरा राज्य उत्तर प्रदेश का मैदानी व तराई भाग है। इसकी 60.0 प्रतिशत से ज्यादा भूमि जलोढ़ है, जो काफी उपजाऊ है। चूँकि हिमालय पर्वत से लगे होने के कारण आर्द्रता ज्यादा रहती है और लगभग 140.0 सेन्टी मीटर वार्षिक वर्षा होती है। प्रदेश के पश्चिमी मैदानी क्षेत्र में पूर्व में गंगा एवं पश्चिम से यमुना स्पर्श करती हैं। यह काफी उपजाऊ क्षेत्र है। इस क्षेत्र में वर्षा का औसत 80.0–120.0 सेन्टी मीटर है। इसकी मृदा जलोढ़ प्रकृति की है। प्रदेश के मध्य मैदानी क्षेत्र को गंगा एवं यमुना का दोआव कहते हैं। इसकी जलवायु उपोष्ण है। उत्तर प्रदेश एक बड़ा राज्य है, जिससे पुनः निम्न क्षेत्रों में बाँटा जा सकता है–

1. भावर एवं तराई क्षेत्र
2. पश्चिमी मैदानी क्षेत्र
3. मध्य मैदानी क्षेत्र
4. दक्षिणी पश्चिमी अर्द्ध शुष्क क्षेत्र
5. केन्द्रीय मैदानी क्षेत्र
6. बुन्देलखण्ड क्षेत्र
7. उत्तर–पूर्वी मैदानी क्षेत्र
8. पूर्वी मैदानी क्षेत्र।

इस क्षेत्र के अन्तर्गत आने वाला चौथा प्रमुख राज्य बिहार है। पूरे बिहार राज्य में गंगा पश्चिम से पूर्व की ओर बढ़ती हुई इस प्रदेश को उत्तरी एवं दक्षिणी भागों में बाँटती है। उत्तरी बिहार का मैदानी क्षेत्र जो नेपाल के तराई वाले क्षेत्र से लगता है, वहाँ की मृदा प्रायः जलोढ़ प्रकृति की है। दक्षिणी बिहार राज्य की मृदा जलोढ़ तथा अम्लीय एवं क्षारीय प्रकृति की है। इस प्रदेश के छोटा नागपुर तथा संथाल परगना पठारी क्षेत्र के अन्तर्गत आते हैं। पठारी क्षेत्र की मृदा काफी रंध्रावकाश वाली होती है, जिसमें जल धारण क्षमता कम होती है तथा प्रकृति में अम्लीय होती है। इस प्रदेश में वर्षा का औसत 127.0 सेन्टी मीटर है। कृषि जलवायु क्षेत्र–IV के लिए विकसित सब्जियों की किस्मों को सारिणी में दिया गया है–

सारिणी (1.20) कृषि जलवायु क्षेत्र–IV के लिए विकसित सब्जियों की किस्में

सब्जी	किस्में	वर्ष	स्रोत
टमाटर (सीमित बढ़वार)			
	एच0एस0–101	1975	चौधरी चरण सिंह हरियाणा कृषि विश्वविद्यालय, हिसार (हरियाणा)
	सेलेक्शन–12	1975	पंजाब कृषि विश्वविद्यालय, लुधियाना (पंजाब)
	स्वीट–72	1975	ग्वालियर (मध्य प्रदेश)
	पूसा अर्ली ड्वार्फ	1977	राष्ट्रीय पादप आनुवंशिक संसाधन ब्यूरो, नई दिल्ली
	पंजाब छुहारा	1979	पंजाब कृषि विश्वविद्यालय, लुधियाना (पंजाब)
	पूसा गौरव	1975	भारतीय कृषि अनुसंधान संस्थान, नई दिल्ली
	आजाद टमाटर–2 (के0एस0–2)	1985	चन्द्रशेखर आजाद कृषि एवं प्रौद्योगिकी विश्वविद्यालय, कल्याणपुर, कानपुर (उत्तर प्रदेश)
	मारुथाम (को–3)	1987	तमिलनाडु कृषि एवं प्रौद्योगिकी विश्वविद्यालय, कोयम्बटूर (तमिलनाडु)
	पंजाब केशरी	1987	पंजाब कृषि विश्वविद्यालय, लुधियाना (पंजाब)
	लेबोनिता	1987	राष्ट्रीय पादप आनुवांशिक संसाधन ब्यूरो, नई दिल्ली
	अर्का विकास (सेमीडिटरमिनेट टाइप)	1987	भारतीय बागवानी अनुसंधान संस्थान, बैंग्लुरु (कर्नाटक)
	हिसार अरुण (सेलेक्शन–7)	1990	चौधरी चरण सिंह हरियाणा कृषि विश्वविद्यालय, हिसार (हरियाणा)
	(सेलेक्शन–32)	1996	चौधरी चरण सिंह हरियाणा कृषि विश्वविद्यालय, हिसार (हरियाणा)
	के0एस0–17	1998	चन्द्रशेखर आजाद कृषि एवं प्रौद्योगिकी विश्वविद्यालय, कल्याणपुर, कानपुर (उत्तर प्रदेश)
	एन0डी0टी0–3	2001	नरेन्द्र देव कृषि एवं प्रौद्योगिकी विश्वविद्यालय, फैजाबाद (उत्तर प्रदेश)

	के0एस0–118	2001	चन्द्रशेखर आजाद कृषि एवं प्रौद्योगिकी विश्वविद्यालय, कल्याणपुर, कानपुर (उत्तर प्रदेश)
	एन0डी0टी0 एस0–2001–3	2004	नरेन्द्र देव कृषि एवं प्रौद्योगिकी विश्वविद्यालय, फैजाबाद (उत्तर प्रदेश)
	बी0टी0–136	2005	ओडिशा कृषि एवं प्रौद्योगिकी विश्वविद्यालय, भुबनेश्वर (ओडिशा)
	वी0एल0टी0–32	2005	विवेकानन्द पर्वतीय कृषि अनुसंधानशाला, अल्मोड़ा (उत्तराखण्ड)
	पूसा हाइब्रिड–2 (संकर)	1993	भारतीय कृषि अनुसंधान संस्थान, नई दिल्ली
	एन0ए0–501 (संकर)	1995	नाथ सीड कम्पनी
	डी0टी0एच0–8 (संकर)	2001	भारतीय कृषि अनुसंधान संस्थान, नई दिल्ली
	सी0एच0टी0एच0–1 (संकर)	2001	उद्यान वानिकी शोध कार्यक्रम, रांची (झारखण्ड)
	जे0के0टी0 एच0–3055 (संकर)	2004	जे0के0 सीड कम्पनी
	के0टी0एच0–1	2004	चन्द्रशेखर आजाद कृषि एवं प्रौद्योगिकी विश्वविद्यालय, कल्याणपुर, कानपुर (उत्तर प्रदेश)
	टी0एच0–01462	2005	सिजेण्टा सीड कम्पनी
	टी0एल0बी0आर0 एच0–9 (पिछेती झुलसा बीमारी के प्रति अवरोधी)	2005	भारतीय कृषि अनुसंधान संस्थान, नई दिल्ली
	एफ0एम0एच0–2 (सूत्रकृमि प्रतिरोधी)	1995	भारतीय बागवानी अनुसंधान संस्थान, बैंग्लुरु (कर्नाटक)
	एच0–86 (पत्ती मरोड़ बीमारी अवरोधी)	2005	भारतीय सब्जी अनुसंधान संस्थान, वाराणसी (उत्तर प्रदेश)
	पंत टी0–10	2010	गोविन्द बल्लभपंत कृषि एवं प्रौद्योगिकी विश्वविद्यालय, पंतनगर, उधम सिंह नगर, (उत्तराखण्ड)
(संकर)	टाइ–01458	2009	सिजेण्टा सीड कम्पनी
(संकर)	वी0सी0टी0एच0–4	2010	बिधानचन्द्र कृषि विश्वविद्यालय, कल्याणी (पश्चिम बंगाल)
(संकर)	काशी अभियान		
	वी0आर0टी0 एच0–101	2012	भारतीय सब्जी अनुसंधान संस्थान, वाराणसी (उत्तर प्रदेश)

टमाटर (असीमित बढ़वार)

पूसा रुबी	1975	भारतीय कृषि अनुसंधान संस्थान, नई दिल्ली
सेलेक्शन–120	1975	भारतीय कृषि अनुसंधान संस्थान, नई दिल्ली
टाइप–1	1975	गोविन्द बल्लभ पंत कृषि एवं प्रौद्योगिकी विश्वविद्यालय, पंतनगर, उधम सिंह नगर (उत्तराखण्ड)
शू	1977	भारतीय कृषि अनुसंधान संस्थान, नई दिल्ली
पंत बहार (ए0सी0–238)	1985	गोविन्द बल्लभपंत कृषि एवं प्रौद्योगिकी विश्वविद्यालय, पंतनगर, उधम सिंह नगर (उत्तराखण्ड)
अर्का सौरभ (सेलेक्शन–4)	1987	भारतीय बागवानी अनुसंधान संस्थान, बैंग्लुरु, (कर्नाटक)
पंत टी–3 (ए0सी0–234)	1987	गोविन्द बल्लभपंत कृषि एवं प्रौद्योगिकी विश्वविद्यालय, पंतनगर, उधम सिंह नगर, (उत्तराखण्ड)
डी0टी0–10	1996	भारतीय कृषि अनुसंधान संस्थान, नई दिल्ली
उत्कल कुमारी (बी0टी0–12)	1996	ओडिशा कृषि एवं प्रौद्योगिकी विश्वविद्यालय, भुबनेश्वर, (ओडिशा)
बी0टी0–20–2–1	2001	ओडिशा कृषि एवं प्रौद्योगिकी विश्वविद्यालय, भुबनेश्वर (ओडिशा)
एन0डी0टी0–9	2001	नरेन्द्र देव कृषि एवं प्रौद्योगिकी विश्वविद्यालय, फैजाबाद (उत्तर प्रदेश)
आई0आई0वी0आर0 सेलेक्शन–2	2005	भारतीय सब्जी अनुसंधान संस्थान, वाराणसी (उत्तर प्रदेश)
ए0आर0टी0एच0–4 (संकर)	1992	अंकुर सीड कम्पनी
के0टी0–4 (संकर)	1995	भारतीय कृषि अनुसंधान संस्थान, क्षेत्रीय शोध केन्द्र कटराईं (हिमाचल प्रदेश)
एफ0एम0एच0–2 (संकर)	1995	भारतीय बागवानी अनुसंधान संस्थान, बैंग्लुरु, (कर्नाटक)
एच0ओ0ई0 (संकर)	1998	नोवार्टिस सीड कम्पनी
सन–596 (संकर)	1999	संग्रो सीड कम्पनी
बी0एस0एस0–20 (संकर)	2001	बीजोशीतल सीड कम्पनी
के0टी0एच0–2 (संकर)	2002	चन्द्रशेखर आजाद कृषि एवं प्रौद्योगिकी विश्वविद्यालय, कल्याणपुर, कानपुर (उत्तर प्रदेश)
नून–7730 (संकर)	2004	नूनहेम्स सीड कम्पनी

बैंगन (लम्बा)

पूसा पर्पल लॉंग	1975	भारतीय कृषि अनुसंधान संस्थान, नई दिल्ली
पूसा पर्पल क्लस्टर	1975	भारतीय कृषि अनुसंधान संस्थान, नई दिल्ली
पी0एच0–4	1975	पंजाब कृषि विश्वविद्यालय, लुधियाना (पंजाब)

पूसा क्रांति	1975	भारतीय कृषि अनुसंधान संस्थान, नई दिल्ली
पंत सम्राट	1981	गोविन्द बल्लभपंत कृषि एवं प्रौद्योगिकी विश्वविद्यालय, पंतनगर, उधम सिंह नगर, (उत्तराखण्ड)
आजाद क्रांति	1983	चन्द्रशेखर आजाद कृषि एवं प्रौद्योगिकी विश्वविद्यालय, कल्याणपुर, कानपुर (उत्तर प्रदेश)
ए0आर0यू0–1 सी0	1985	डिफेन्स एग्रीकल्चरल रिसर्च लैबोअेरीज (डी0ए0आर0एल0), पिथौरागढ़ (उत्तराखण्ड)
ए0आर0यू0–2 सी0	1987	डिफेन्स एग्रीकल्चरल रिसर्च लैबोअेरीज (डी0ए0आर0एल0), पिथौरागढ़ (उत्तराखण्ड)
एच0–4	1987	चौधरी चरण सिंह हरियाणा कृषि विश्वविद्यालय, हिसार (हरियाणा)
एच0–7	1990	चौधरी चरण सिंह हरियाणा कृषि विश्वविद्यालय, हिसार (हरियाणा)
एन0डी0बी0–25	1990	नरेन्द्र देव कृषि एवं प्रौद्योगिकी विश्वविद्यालय, फैजाबाद (उत्तर प्रदेश)
पंजाब बरसाती	1993	पंजाब कृषि विश्वविद्यालय, लुधियाना (पंजाब)
के0एस0–331	1998	चन्द्रशेखर आजाद कृषि एवं प्रौद्योगिकी विश्वविद्यालय, कल्याणपुर, कानपुर (उत्तर प्रदेश)
ग्रीन लांग	1998	बिहार एग्रीकल्चर कालेज (राजेन्द्र कृषि विश्वविद्यालय), साबौर, (बिहार)
पंजाब सदाबहार	2001	पंजाब कृषि विश्वविद्यालय, लुधियाना (पंजाब)
एन0डी0बी0–28–2	2001	नरेन्द्र देव कृषि एवं प्रौद्योगिकी विश्वविद्यालय, फैजाबाद (उत्तर प्रदेश)
डी0बी0एल0–21	2004	भारतीय कृषि अनुसंधान संस्थान, नई दिल्ली
काशी प्रकाश (आई0वी0बी0आर0–1)	2005	भारतीय सब्जी अनुसंधान संस्थान, वाराणसी (उत्तर प्रदेश)
पी0बी0–6	2007	गोविन्द बल्लभपंत कृषि एवं प्रौद्योगिकी विश्वविद्यालय, पंतनगर, उधम सिंह नगर, (उत्तराखण्ड)
पूसा हाइब्रिड–5 (संकर)	2005	भारतीय कृषि अनुसंधान संस्थान, नई दिल्ली
ए0आर0बी0 एच0–201 (संकर)	1993	अंकुर सीड कम्पनी
एन0डी0बी0 एच0–6 (संकर)	1995	नरेन्द्र देव कृषि एवं प्रौद्योगिकी विश्वविद्यालय, फैजाबाद (उत्तर प्रदेश)
पी0बी0–67	2009	गोविन्द बल्लभपंत कृषि एवं प्रौद्योगिकी विश्वविद्यालय, पंतनगर, उधम सिंह नगर (उत्तराखण्ड)

	डी0बी0एल0–02	2010	भारतीय कृषि अनुसंधान संस्थान, नई दिल्ली
(संकर)	ए0आर0बी0 एच0–541	2001	अंकुर सीड कम्पनी
(संकर)	पी0बी0एच0–6 (संकर)	2001	पाण्डेय बीज कम्पनी, फैजाबाद (उत्तर प्रदेश)
(संकर)	काशी कोमल (आई0वी0बी0 एच0एल0–54)	2004	भारतीय सब्जी अनुसंधान संस्थान, वाराणसी (उत्तर प्रदेश)
(संकर)	ए0आर0बी0 एच0–786	2004	अंकुर सीड कम्पनी
(संकर)	नवीना	2007	वी0एन0आर0 सीड कम्पनी रायपुर (छत्तीसगढ़)
(संकर)	रसिका	2009	बीजोशीतल सीड कम्पनी
(संकर)	शामली	2009	सेमिनीश सीड कम्पनी
बैंगन (गोल)			
	टाईप–3	1975	चन्द्रशेखर आजाद कृषि एवं प्रौद्योगिकी विश्वविद्यालय, पंतनगर, उधम सिंह नगर, (उत्तर प्रदेश)
	पंत ऋतुराज	1985	गोविन्द बल्लभपंत कृषि एवं प्रौद्योगिकी विश्वविद्यालय, पंतनगर, उधम सिंह नगर, (उत्तराखण्ड)
	एच0–8	1990	चौधरी चरण सिंह हरियाणा कृषि विश्वविद्यालय, हिसार (हरियाणा)
	के0एस0–224	1995	चन्द्रशेखर आजाद कृषि एवं प्रौद्योगिकी विश्वविद्यालय, कल्याणपुर, कानपुर (उत्तर प्रदेश)
बैंगन (छोटा गोल)			
	पी0एल0आर0–1	1996	तमिलनाडु कृषि विश्वविद्यालय, कोयम्बटूर (तमिलनाडु)
	सी0एच0बी0आर0–1	1998	हार्टीकल्चर एण्ड एग्रोफारेस्ट्री रिसर्च प्रोग्राम, रांची (झारखण्ड)
	के0एस0–235	2004	चन्द्रशेखर आजाद कृषि एवं प्रौद्योगिकी विश्वविद्यालय, कल्याणपुर, कानपुर (उत्तर प्रदेश)
(संकर)	ए0बी0एच0–1	1993	आनन्द कृषि विश्वविद्यालय, आनन्द (गुजरात)
(संकर)	ए0बी0एच0–2	1995	आनन्द कृषि विश्वविद्यालय, आनन्द (गुजरात)
(संकर)	कल्पतरु (एम0एच0बी0–10)	1993	महिको सीड कम्पनी
(संकर)	वी0एन0 आर0–51 सी0	2009	वी0एन0आर0 सीड कम्पनी, रायपुर (छत्तीसगढ़)
(संकर)	पी0बी0एच0एस0 आर0–31	2012	पंजाब कृषि विश्वविद्यालय, लुधियाना (पंजाब)

बैंगन (हरा)			
	अर्का कुसुमाकर	1981	भारतीय बागवानी अनुसंधान संस्थान, बैंग्लुरु, (कर्नाटक)
	ए0एच0बी0आर0–4	2005	हार्टीकल्चर एण्ड एग्रोफारेस्ट्री रिसर्च प्रोग्राम, रांची (झारखण्ड)
	पी0बी0–70	2010	गोविन्द बल्लभपंत कृषि एवं प्रौद्योगिकी विश्वविद्यालय, पंतनगर, उधम सिंह नगर, (उत्तराखण्ड)
संकर (गोल)			
	अर्का नवनीत	1981	भारतीय बागवानी अनुसंधान संस्थान, बैंग्लुरु, (कर्नाटक)
	नरेन्द्र हाइब्रिड–1	1993	नरेन्द्र देव कृषि एवं प्रौद्योगिकी विश्वविद्यालय, फैजाबाद (उत्तर प्रदेश)
	एम0एच0बी0–37	1993	महिको सीड कम्पनी
	जे0बी0एच0–1	2001	जूनागढ़ कृषि विश्वविद्यालय, जूनागढ़ गुजरात
	बी0एच0–1	2001	पंजाब कृषि विश्वविद्यालय, लुधियाना (पंजाब)
	बी0एच0–2	2002	पंजाब कृषि विश्वविद्यालयय, लुधियाना (पंजाब)
	काशी सन्देश (वी0आर0बी0 एच0आर0–1)	2002	भारतीय सब्जी अनुसंधान संस्थान, वाराणसी (उत्तर प्रदेश)
	वी0एन0आर0–51	2005	वी0एन0आर0 सीड कम्पनी, रायपुर (छत्तीसगढ़)
	एच0ए0बी0एच0–17	2007	हार्टीकल्चर एण्ड एग्रोफारेस्ट्री रिसर्च प्रोग्राम, रांची (झारखण्ड)
मिर्च	आन्ध्र ज्योति (जी–5)	1975	आचार्य एन0जी0 रंगा कृषि विश्वविद्यालय, रिजनल एग्रीकल्चर रिसर्च स्टेशन, लाम, गून्टूर (आन्ध्र प्रदेश)
	जवाहर मिर्च–218	1987	जवाहर लाल नेहरु कृषि विश्वविद्यालय, जबलपुर
	एल0सी0ए0–235	1987	आचार्य एन0जी0 रंगा कृषि विश्वविद्यालय, रिजनल एग्रीकल्चर रिसर्च स्टेशन, लाम, गून्टूर (आन्ध्र प्रदेश)
	एल0सी0ए0–334	2002	आचार्य एन0जी0 रंगा कृषि विश्वविद्यालय, रिजनल एग्रीकल्चर रिसर्च स्टेशन, लाम, गून्टूर (आन्ध्र प्रदेश)
	काशी अनमोल (के0ए0–2)	2005	भारतीय सब्जी अनुसंधान संस्थान, वाराणसी (उत्तर प्रदेश)
	एल0सी0ए0–353	2007	आचार्य एन0जी0 रंगा कृषि विश्वविद्यालय, रिजनल एग्रीकल्चर रिसर्च स्टेशन, लाम, गून्टूर (आन्ध्र प्रदेश)
	भाग्य लक्ष्मी (जी–4)	1975	आचार्य एन0जी0 रंगा कृषि विश्वविद्यालय, रिजनल एग्रीकल्चर रिसर्च स्टेशन, लाम, गून्टूर (आन्ध्र प्रदेश)
	भास्कर	1987	जवाहर लाल नेहरु कृषि विश्वविद्यालय, जबलपुर (मध्य प्रदेश)

	मुसलवादी	1987	महात्मा फूले कृषि विद्यापीठ, राहुरी (महाराष्ट्र)
	जे0सी0ए0–283	1996	जवाहर लाल नेहरु कृषि विश्वविद्यालय, जबलपुर (मध्य प्रदेश)
	एच0ओ0ई0–888	1997	सैण्डोज सीड कम्पनी
	ए0आर0सी0 एच0–236	1997	अंकुर सीड कम्पनी
	संग्रो–86–235	2001	संग्रो सीड कम्पनी
	ए0आर0सी0 एच0–228	2002	अंकुर सीड कम्पनी
	सी0सी0एच0–2	2005	भारतीय सब्जी अनुसंधान संस्थान, वाराणसी (उत्तर प्रदेश)
	पी0सी0–56	2010	गोविन्द बल्लभपंत कृषि एवं प्रौद्योगिकी विश्वविद्यालय, पंतनगर, उधम सिंह नगर, (उत्तराखण्ड)
(संकर)	एन0 सी0एच0–587	2010	निर्मल सीड कम्पनी
(संकर)	वी0एन0आर0–332	2010	डी0ए0आर0 सीड कम्पनी
शिमला मिर्च			
	डी0ए0आर0 एल0–202	2002	डिफेन्स एग्रीकल्चरल रिसर्च लैबोरेटीज, (डी0ए0आर0एल0) पिथौरागढ़ (उत्तराखण्ड)
मटर			
	बोनविले (मध्यम)	1975	भारतीय कृषि अनुसंधान संस्थान, नई दिल्ली
	जवाहर मटर–1 (मध्यम)	1975	ग्वालियर (मध्य प्रदेश)
	पंत उपहार (आई0पी0–3) (अगेती)	1985	गोविन्द बल्लभपंत कृषि एवं प्रौद्योगिकी विश्वविद्यालय, पंतनगर, उधम सिंह नगर, (उत्तराखण्ड)
	पी0–88 (अगेती)	1985	पंजाब कृषि विश्वविद्यालय, लुधियाना (पंजाब)
	वी0एल0–3 (अगेती)	1987	विवेकानन्द पर्वतीय कृषि अनुसंधानशाला, अल्मोड़ा (उत्तराखण्ड)
	अर्केल (अगेती)	1975	भारतीय कृषि अनुसंधान संस्थान, नई दिल्ली
	लिंकन (अगेती)	1987	भारतीय कृषि अनुसंधान संस्थान, नई दिल्ली
	पी0एम0–2	1987	गोविन्द बल्लभपंत कृषि एवं प्रौद्योगिकी विश्वविद्यालय, पंतनगर, उधम सिंह नगर, (उत्तराखण्ड)
	जे0पी0–4	1990	जवाहरलाल नेहरु कृषि विश्वविद्यालय, जबलपुर
	एन0डी0वी0पी0–8	1997	नरेन्द्र देव कृषि एवं प्रौद्योगिकी विश्वविद्यालय, फैजाबाद (उत्तर प्रदेश)
	पी0आर0एस0–4	1990	चन्द्रशेखर आजाद कृषि एवं प्रौद्योगिकी विश्वविद्यालय, कल्याणपुर, कानपुर (उत्तर प्रदेश)

वी0एल0 मटर–7 (अगेती)	1992	विवेकानन्द पर्वतीय कृषि अनुसंधानशाला, अल्मोड़ा (उत्तराखण्ड)
अगेता–6 (अगेती)	1993	पंजाब कृषि विश्वविद्यालय, लुधियाना (पंजाब)
जवाहर मटर–4 (जी0सी0–195)	1975	ग्वालियर (मध्य प्रदेश)
अर्ली दिसम्बर (जवाहर मटर–3)	1977	ग्वालियर (मध्य प्रदेश)
वी0एल0–6 (मध्यम)	1993	विवेकानन्द पर्वतीय कृषि अनुसंधानशाला, अल्मोड़ा (उत्तराखण्ड)
एन0डी0वी0पी0–8 (मध्यम)	1997	नरेन्द्र देव कृषि एवं प्रौद्योगिकी विश्वविद्यालय, फैजाबाद (उत्तर प्रदेश)
एन0डी0वी0पी0–10 (मध्यम)	1998	नरेन्द्र देव कृषि एवं प्रौद्योगिकी विश्वविद्यालय, फैजाबाद (उत्तर प्रदेश)
एन0डी0वी0पी0–12 (मध्यम)	2001	नरेन्द्र देव कृषि एवं प्रौद्योगिकी विश्वविद्यालय, फैजाबाद (उत्तर प्रदेश)
वी0आर0पी0–5 (अगेती)	2005	भारतीय सब्जी अनुसंधान संस्थान, वाराणसी (उत्तर प्रदेश)
सी0एच0पी0–2 (मध्यम)	2005	हार्टीकल्चर एण्ड एग्रोफारेस्ट्री रिसर्च प्रोग्राम, रांची (झारखण्ड)
वी0पी0–101 (अगेती)	2007	विवेकानन्द पर्वतीय कृषि अनुसंधानशाला, अल्मोड़ा (उत्तराखण्ड)
पी0सी0–531(मध्यम)	2007	पंजाब कृषि विश्वविद्यालय, लुधियाना (पंजाब)
एन0डी0वी0पी0–4	1995	नरेन्द्र देव कृषि एवं प्रौद्योगिकी विश्वविद्यालय, फैजाबाद (उत्तर प्रदेश)

रोग प्रतिरोधी

पी0आर0एस0–4 (चूर्णिल आसिता रोधी)	1990	चन्द्रशेखर आजाद कृषि एवं प्रौद्योगिकी विश्वविद्यालय, कल्याणपुर, कानपुर (उत्तर प्रदेश)
जे0पी0–4 (चूर्णिल आसिता रोधी)	1990	जवाहल लाल नेहरु कृषि विश्वविद्यालय, जबलपुर (मध्य प्रदेश)
के0टी0पी0–8 (चूर्णिल आसिता रोधी)	2005	–

लोबिया

पूसा कोमल (एल0–1552)	1983	भारतीय कृषि अनुसंधान संस्थान, (करनाल) नई दिल्ली
सेलेक्शन–263	1992	पंजाब कृषि विश्वविद्यालय, लुधियाना (पंजाब)
सेलेक्शन–2–1	1993	नरेन्द्रदेव कृषि एवं प्रौद्योगिकी विश्वविद्यालय, फैजाबाद (उत्तर प्रदेश)

	आई0आई0एच0 आर0–16	1998	भारतीय बागवानी अनुसंधान संस्थान, बैंग्लुरु (कर्नाटक)
	एम0डी0सी0पी0–13	2002	नरेन्द्र देव कृषि एवं प्रौद्योगिकी विश्वविद्यालय, फैजाबाद (उत्तर प्रदेश)
	काशी श्यामल (आई0वी0आर0सी0पी0–1)	2004	भारतीय सब्जी अनुसंधान संस्थान, वारणसी (उत्तर प्रदेश)
फराश बीन			
	पंत अनुपमा (यू0पी0एफ0–191)	1987	गोविन्द बल्लभ पंत कृषि एवं प्रौद्योगिकी विश्वविद्यालय, पंतनगर, उधम सिंह नगर, (उत्तराखण्ड)
	सी0एच0डी0वी0–1	2004	हार्टीकल्चर एण्ड एग्रोफारेस्ट्री रिसर्च प्रोग्राम, रांची (झारखण्ड)
भिण्डी			
	सेलेक्शन–2–1	1995	राष्ट्रीय पादप आनुवांशिक संसाधन ब्यूरो, नई दिल्ली
	पी0–7	1990	पंजाब कृषि विश्वविद्यालय, लुधियाना (पंजाब)
	परभनी क्रांति	1990	मराठवाड़ा कृषि विश्वविद्यालय, परभनी (महाराष्ट्र)
	अर्का अनामिका	1990	भारतीय बागवानी अनुसंधान संस्थान, बैंग्लुरु, (कर्नाटक)
	वर्षा उपहार	1996	चौधरी चरण सिंह हरियाणा कृषि विश्वविद्यालय, हिसार (हरियाणा)
संकर	शीतला उपहार (डी0वी0आर0–2)	1998	भारतीय सब्जी अनुसंधान संस्थान, वाराणसी (उत्तर प्रदेश)
	काशी भैरव (डी0वी0आर0–3)	2001	भारतीय सब्जी अनुसंधान संस्थान, वाराणसी (उत्तर प्रदेश)
	काशी महिमा (डी0वी0आर0–4)	2001	भारतीय सब्जी अनुसंधान संस्थान, वाराणसी (उत्तर प्रदेश)
	एच0बी0एच0–142	2005	चौधरी चरण सिंह हरियाणा कृषि विश्वविद्यालय, हिसार (हरियाणा)
	एस0ओ0एच0–152	2005	सिंजेण्टा सीड कम्पनी
	एस0ओ0एच0–1016	2007	सिंजेण्टा सीड कम्पनी
	जे0ओ0एच0–5–9	2010	जूनागढ़ कृषि विश्वविद्यालय, जूनागढ, (गुजरात)
प्रतिरोधी			
	पी0–7	1990	पंजाब कृषि विश्वविद्यालय, लुधियाना (पंजाब)
	पी0बी0–57	1990	हार्टीकल्चर रिसर्च स्टेशन सब कैम्पस, मराठवाड़ा कृषि विश्वविद्यालय, परभणी (महाराष्ट्र)

वर्षा उपहार (एच0आर0वी–9–2)	1996	चौधरी चरण सिंह हरियाणा कृषि विश्वविद्यालय, हिसार (हरियाणा)
काशी मोहिनी (वी0आर0ओ0–3)	2001	भारतीय सब्जी अनुसंधान संस्थान, वाराणसी (उत्तर प्रदेश)
काशी मंगली (वी0आर0ओ0–4)	2001	भारतीय सब्जी अनुसंधान संस्थान, वाराणसी (उत्तर प्रदेश)
काशी प्रगति (वी0आर0ओ0–6)	2002	भारतीय सब्जी अनुसंधान संस्थान, वाराणसी (उत्तर प्रदेश)
एन0डी0ओ0–10	2005	नरेन्द्र देव कृषि एवं प्रौद्योगिकी विश्वविद्यालय, फैजाबाद (उत्तर प्रदेश)
प्याज (लाल)		
पंजाब सेलेक्शन	1975	पंजाब कृषि विश्वविद्यालय, लुधियाना (पंजाब)
पूसा रत्नार	1975	भारतीय कृषि अनुसंधान संस्थान, नई दिल्ली
पूसा रेड	1975	भारतीय कृषि अनुसंधान संस्थान, नई दिल्ली
एन0–2–4–1	1985	महात्मा फूले कृषि विद्यापीठ, राहुरी (महाराष्ट्र)
अर्का कल्याण (सेलेक्शन–14)	1987	भारतीय बागवानी अनुसंधान संस्थान, बैंग्लुरु (कर्नाटक)
लाईन–102	1987	भारतीय कृषि अनुसंधान संस्थान, नई दिल्ली
एग्रीफाउण्ड डार्क रेड	1987	राष्ट्रीय बागवानी अनुसंधान एवं विकास प्रतिष्ठान, नासिक (महाराष्ट्र)
एग्रीफाउण्ड लाइट रेड	1987	राष्ट्रीय बागवानी अनुसंधान एवं विकास प्रतिष्ठान, नासिक (महाराष्ट्र)
पंजाब रेड राउण्ड	1993	पंजाब कृषि विश्वविद्यालय, लुधियाना (पंजाब)
एल0–28	2006	राष्ट्रीय बागवानी अनुसंधान एवं विकास प्रतिष्ठान, नासिक (महाराष्ट्र)
प्याज (सफेद)		
पूसा व्हाइट राउण्ड	1975	भारतीय कृषि अनुसंधान संस्थान, नई दिल्ली
पूसा व्हाइट फ्लैट	1975	भारतीय कृषि अनुसंधान संस्थान, नई दिल्ली
एस0–48	1975	पंजाब कृषि विश्वविद्यालय, लुधियाना (पंजाब)
लहसुन		
एग्रीफाउण्ड व्हाइट रेड (जी0–41)	1988	राष्ट्रीय बागवानी अनुसंधान एवं विकास प्रतिष्ठान, नासिक (महाराष्ट्र)
यमुना सफेद (जी0–1)	1990	राष्ट्रीय बागवानी अनुसंधान एवं विकास प्रतिष्ठान, नासिक (महाराष्ट्र)

	यमुना सफेद–2 (जी0–2)	1993	राष्ट्रीय बागवानी अनुसंधान एवं विकास प्रतिष्ठान, नासिक (महाराष्ट्र)
	यमुना सफेद–3 (जी0–282)	1998	राष्ट्रीय बागवानी अनुसंधान एवं विकास प्रतिष्ठान, नासिक (महाराष्ट्र)
	जी0–50	1975	राष्ट्रीय बागवानी अनुसंधान एवं विकास प्रतिष्ठान, नासिक (महाराष्ट्र)
फूल गोभी			
ग्रूप–I	अर्ली कुंवारी	1875	भारतीय कृषि अनुसंधान संस्थान, नई दिल्ली
ग्रूप–II	पूसा दीपाली	1975	भारतीय कृषि अनुसंधान संस्थान, नई दिल्ली
	पंत शुभ्रा	1981	गोविन्द बल्लभपंत कृषि एवं प्रौद्योगिकी विश्वविद्यालय, पंतनगर, उधम सिंह नगर, (उत्तराखण्ड)
	पंत गोभी–4 (एस0–235)	1990	गोविन्द बल्लभपंत कृषि एवं प्रौद्योगिकी विश्वविद्यालय, पंतनगर, उधम सिंह नगर, (उत्तराखण्ड)
ग्रूप–III	इम्प्रूव्ड जापानीज	1975	भारतीय कृषि अनुसंधान संस्थान, क्षेत्रीय अनुसंधान केन्द्र, कटराईं, (हिमाचल प्रदेश)
ग्रूप–IV	पूसा स्नोबाल (सेलेक्शन–1)	1975	भारतीय कृषि अनुसंधान संस्थान, क्षेत्रीय अनुसंधान केन्द्र, कटराईं (हिमाचल प्रदेश)
	पूसा स्नोबाल–2 (सेले0–2)	1975	भारतीय कृषि अनुसंधान संस्थान, क्षेत्रीय अनुसंधान केन्द्र, कटराईं, (हिमाचल प्रदेश)
	स्नोबाल–16 (ईसी–12013)	1975	भारतीय कृषि अनुसंधान संस्थान, क्षेत्रीय अनुसंधान केन्द्र, कटराईं, (हिमाचल प्रदेश)
	काशी कुंवारी (आई0वी0आर0ई0सी0–2)	2005	भारतीय सब्जी अनुसंधान संस्थान, वाराणसी (उत्तर प्रदेश)
सिंथेटिक	पूसा अर्ली सिंथेटिक	1990	भारतीय कृषि अनुसंधान संस्थान, नई दिल्ली
	पूसा सिंथेटिक	1992	भारतीय कृषि अनुसंधान संस्थान, नई दिल्ली
संकर	पूसा हाइब्रिड–1	1992	भारतीय कृषि अनुसंधान संस्थान, नई दिल्ली
	डी0सी0एच0–541	2002	भारतीय कृषि अनुसंधान संस्थान, नई दिल्ली
	एस0वाई0सी0एफ0 एच0–202 (अगेती)	2004	सिंजेण्टा सीड कम्पनी
	समर किंग (अगेती)	2004	संग्रो सीड कम्पनी
	एस0वाई0सी0एफ0 एच0–203 (अगेती)	2005	सिंजेण्टा सीड कम्पनी
पत्ता गोभी			
मुक्त परागित	पूसा मुक्ता (सेलेक्शन–4)	1985	भारतीय कृषि अनुसंधान संस्थान, क्षेत्रीय अनुसंधान केन्द्र, कटराईं, (हिमाचल प्रदेश)

संकर	नाथ–401	1993	नाथ सीड कम्पनी
	क्वीस्टो	1998	नोवार्टिस सीड कम्पनी
	एस0वाई0सी0 एफ0एच0–202	2004	सिंजेण्टा सीड कम्पनी
	के0जी0एम0आर0–1	2005	भारतीय कृषि अनुसंधान संस्थान, क्षेत्रीय अनुसंधान केन्द्र, कटराईं, (हिमाचल प्रदेश)
	समर किंग	2005	संग्रो सीड कम्पनी
सिंथेटिक	पूसा सिंथेटिक	1992	भारतीय कृषि अनुसंधान संस्थान, क्षेत्रीय अनुसंधान केन्द्र, कटराईं, (हिमाचल प्रदेश)
गाजर			
	पूसा यमदग्नी	1981	भारतीय कृषि अनुसंधान संस्थान, क्षेत्रीय अनुसंधान केन्द्र, कटराईं, (हिमाचल प्रदेश)
	पूसा मेघाली	1992	भारतीय कृषि अनुसंधान संस्थान, नई दिल्ली
खरबूजा			
	हरा मधु	1975	पंजाब कृषि विश्वविद्यालय, लुधियाना (पंजाब)
	पूसा शरबती	1975	भारतीय कृषि अनुसंधान संस्थान, नई दिल्ली
	पूसा मधुरस (सेलेक्शन–45)	1975	भारतीय कृषि अनुसंधान संस्थान, नई दिल्ली
	दुर्गापुर मधु	1975	राजस्थान कृषि विश्वविद्यालय, (आर0ए0आर0एस0), दुर्गापुरा (राजस्थान)
	एन0डी0एम0–15	2002	नरेन्द्र देव कृषि एवं प्रौद्योगिकी विश्वविद्यालय, फैजाबाद (उत्तर प्रदेश)
	आई0वी0एम0एम0–3	2006	भारतीय सब्जी अनुसंधान संस्थान, वाराणसी (उत्तर प्रदेश)
संकर	हाइब्रिड एम0–3	1990	भारतीय कृषि अनुसंधान संस्थान, नई दिल्ली
तरबूज			
	दुर्गापुर मीठा	1975	राजस्थान कृषि विश्वविद्यालय (आर0ए0आर0एस0), दुर्गापुरा (राजस्थान)
	अर्का मानिक	1987	भारतीय बागवानी अनुसंधान संस्थान, बैंग्लुरु, (कर्नाटक)
	एम0एच0डब्ल्यू0–6	1999	महिको सीड कम्पनी
लौकी			
	पी0वी0ओ0जी0–61	2001	गोविन्द बल्लभ पंत कृषि एवं प्रौद्योगिकी विश्वविद्यालय, पंतनगर, उधम सिंह नगर, (उत्तराखण्ड)
	एन0डी0बी0जी0–104	2002	नरेन्द्र देव कृषि एवं प्रौद्योगिकी विश्वविद्यालय, फैजाबाद (उत्तर प्रदेश)

	पी0बी0ओ0जी0–89	2010	गोविन्द बल्लभपंत कृषि एवं प्रौद्योगिकी विश्वविद्यालय, पंतनगर, उधम सिंह नगर, (उत्तराखण्ड)
संकर	पी0बी0ओ0 जी0एच0–1	1990	गोविन्द बल्लभपंत कृषि एवं प्रौद्योगिकी विश्वविद्यालय, पंतनगर, उधम सिंह नगर, (उत्तराखण्ड)
	एन0डी0बी0एच0–4	2001	नरेन्द्र देव कृषि एवं प्रौद्योगिकी विश्वविद्यालय, फैजाबाद (उत्तर प्रदेश)
	पूसा हाइब्रिड–2	2003	भारतीय कृषि अनुसंधान संस्थान, नई दिल्ली
	संतोश	2009	कृषि धन सीड कम्पनी
करेला			
	आर0एच0आर0 बी0जी0–4–1	1998	महात्मा फूले कृषि विद्यापीठ, राहुरी (महाराष्ट्र)
	के0बी0जी0–16	1998	चन्द्रशेखर आजाद कृषि एवं प्रौद्योगिकी विश्वविद्यालय, कल्याणपुर, कानपुर (उत्तर प्रदेश)
	पी0बी0आई0जी0–1	2001	गोविन्द बल्लभपंत कृषि एवं प्रौद्योगिकी विश्वविद्यालय, पंतनगर, उधम सिंह नगर, (उत्तराखण्ड)
संकर	पूसा हाइब्रिड–2	2002	भारतीय कृषि अनुसंधान संस्थान, नई दिल्ली
	एन0बी0जी0 एच0–167	2004	निर्मल सीड कम्पनी
कद्दू (कुम्हण)			
	अम्बली (सी0एम0–14)	1987	केरल कृषि विश्वविद्यालय, वेल्लानीकारा (केरल)
	पूसा विश्वास	1987	भारतीय कृषि अनुसंधान संस्थान, नई दिल्ली
	एन0डी0पी0के0–24	2001	नरेन्द्र देव कृषि एवं प्रौद्योगिकी विश्वविद्यालय, फैजाबाद (उत्तर प्रदेश)
खीरा			
	सी0एच0सी0–2	2001	उद्यान–वानिकी शोध कार्यक्रम, रांची (झारखण्ड)
	सी0एच0सी0–20	2001	उद्यान–वानिकी शोध कार्यक्रम, रांची (झारखण्ड)
संकर	पी0सी0यू0सी0एच0–1	2001	गोविन्द बल्लभपंत कृषि एवं प्रौद्योगिकी विश्वविद्यालय, पंतनगर, उधम सिंह नगर, (उत्तराखण्ड)
	संकर–1	2004	सेंचुरी सीड कम्पनी
	एन0बी0जी0 एच0–167	2004	निर्मल सीड कम्पनी
	पी0सी0यू0 सी0एच0–3	2005	गोविन्द बल्लभपंत कृषि एवं प्रौद्योगिकी विश्वविद्यालय, पंतनगर, उधम सिंह नगर, (उत्तराखण्ड)

चिकनी तोरी			
	सेलेक्शन–99	1995	भारतीय कृषि अनुसंधान संस्थान, नई दिल्ली
	सी0एच0एस0जी0–1	2005	उद्यान–वानिकी शोध कार्यक्रम, रांची (झारखण्ड)
	के0एस0जी0–14	2006	चन्द्रशेखर आजाद कृषि एवं प्रौद्योगिकी विश्वविद्यालय, कल्याणपुर, कानपुर (उत्तर प्रदेश)
	काशी दिव्या (आई0आई0वी0आर0–1)	2010	भारतीय सब्जी अनुसंधान संस्थान, वाराणसी (उत्तर प्रदेश)
पेठा			
काशी धवल	(आई0वी0ए0जी0–90)	2006	भारतीय सब्जी अनुसंधान संस्थान, वाराणसी (उत्तर प्रदेश)
	आई0वी0ए0जी0–3	2009	भारतीय सब्जी अनुसंधान संस्थान, वाराणसी (उत्तर प्रदेश)
सेम (लतादार)			
	काशी हरिता (आई0आई0वी0आर0 सेम–8)	2010	भारतीय सब्जी अनुसंधान संस्थान, वाराणसी (उत्तर प्रदेश)

5. क्षेत्र–V पूर्वोत्तर का उप आर्द्र से आर्द्र क्षेत्र तथा दक्षिणी पूर्वी उपरी भाग (Sub humid to Humid Eastern and Southeastern Uplands)

पूर्वोत्तर का उप आर्द्र से आर्द्र क्षेत्र तथा दक्षिणी–पूर्वी उपरी भाग के अन्तर्गत मध्य प्रदेश के पूर्वी भाग, ओडिशा और आन्ध्र प्रदेश को रखा गया है। मध्य प्रदेश के पूर्वोत्तर भाग के अन्तर्गत छत्तीसगढ़ क्षेत्र व बस्तर का पठारी क्षेत्र आता है। छत्तीसगढ़ क्षेत्र में वर्षा का औसत 130.0–160.0 सेन्टी मीटर है। बस्तर क्षेत्र में वर्षा का औसत 120.0–160.0 सेन्टी मीटर है। बस्तर क्षेत्र की मृदायें बलुई दोमट हैं। मध्य प्रदेश के इस भाग में सब्जियों पर अनुसंधान कार्य इंदिरा गांधी कृषि विश्वविद्यालय, रायपुरा (छत्तीसगढ़) में किया जाता है, जो अखिल भारतीय समन्वित अनुसंधान परियोजना (सब्जी फसल) का उपकेन्द्र है। इस क्षेत्र के अन्तर्गत दूसरा प्रमुख राज्य ओडिशा है। इस राज्य में वर्षा का औसत 149.7 सेन्टी मीटर है। इस प्रदेश की मृदाओं को मुख्य रुप से 8 वर्गों में बाँटा जाता है–

1. लाल बलुई और लाल दोमट मृदायें
2. लैटेराइटिक मृदायें
3. पीली लाल मृदायें
4. तटीय जलोढ़ मृदायें
5. डेल्टा की जलोढ़ मृदायें
6. काली मृदायें
7. मिश्रित लाल और काली मृदायें
8. वनों की भूरी मृदायें।

यहाँ की कृषि मुख्य रुप से मानसून के उपर निर्भर करती है। इस प्रदेश में सब्जियों पर अनुसंधान कार्य ओडिशा कृषि विश्वविद्यालय, भुवनेश्वर (ओडिशा) में किया जाता है, जो अखिल भारतीय समन्वित अनुसंधान परियोजना (सब्जी फसल) का उपकेन्द्र है। इस क्षेत्र के अन्तर्गत तीसरा प्रमुख राज्य आन्ध्र प्रदेश है, जहाँ पर मृदीय विभिन्नता सबसे ज्यादा है। इस प्रदेश के मृदाओं को मुख्य रुप से 6 वर्गों में बाँटा गया है–

1. लाल मृदा
2. काली मृदा
3. जलोढ़ मृदा
4. तटवर्ती बलुई मृदा
5. लेटराइट मृदा
6. लवणीय एवं क्षारीय मृदायें।

इस प्रदेश का अधिकतम तापमान 34.2–44.8 डिग्री सेल्सियस के बीच रहता है, जबकि न्यूनतम 12.5–21.3 डिग्री सेल्सियस के बीच होता है। प्रदेश में वर्षा और अन्य जलवायु सम्बन्धी तथ्यों के आधार पर निम्न जलवायु क्षेत्रों में बाँटते हैं–

1. कृष्णा गोदावरी क्षेत्र
2. उत्तरी तटवर्ती क्षेत्र
3. दक्षिणी क्षेत्र
4. उत्तरी तेलंगाना क्षेत्र
5. दक्षिणी तेलंगाना क्षेत्र
6. रायल सीमा का शुष्क क्षेत्र
7. ऊँचाई वाले तथा आदिवासी क्षेत्र।

इस प्रदेश में सब्जियों पर अनुसंधान कार्य आचार्य एन.जी. रंगा कृषि विश्वविद्यालय, हैदराबाद (आन्ध्र प्रदेश) और इसके क्षेत्रीय अनुसंधान केन्द्र, लाम (आन्ध्र प्रदेश) पर किया जाता है। यह दोनों केन्द्र अखिल भारतीय समन्वित अनुसंधान परियोजना (सब्जी फसल) के उपकेन्द्र है। कृषि जलवायु क्षेत्र– V के लिए विकसित सब्जियों की किस्मों को सारिणी में दिया गया है।

सारिणी (1.21) कृषि जलवायु क्षेत्र–V के लिए विकसित किस्में

सब्जी	किस्में	वर्ष	स्रोत
टमाटर (सीमित)			
	मारुथाम (सी0ओ0–3)	1987	तमिलनाडु कृषि विश्वविद्यालय, कोयम्बटूर (तमिलनाडु)
	पंजाब केशरी	1987	पंजाब कृषि विश्वविद्यालय, लुधियाना (पंजाब)
	लेबोनिता	1987	राष्ट्रीय पादप आनुवंशिक संसाधन ब्यूरो, नई दिल्ली

	हिसार अरुण (सेलेक्शन–7)	1990	चौधरी चरण सिंह हरियाणा कृषि विश्वविद्यालय, हिसार (हरियाणा)
	एच0–24	1997	चौधरी चरण सिंह हरियाणा कृषि विश्वविद्यालय, हिसार (हरियाणा)
	आई0आई0वी0आर0 (सेलेक्शन–1)	2005	भारतीय सब्जी अनुसंधान संस्थान, वाराणसी (उत्तर प्रदेश)
	बी0टी0–116–3–2	2001	ओडिशा कृषि एवं प्रौद्योगिकी विश्वविद्यालय, भुबनेश्वर (ओडिशा)
संकर	बी0सी0टी0एच0–4	2005	विधानचन्द कृषि विश्वविद्यालय, कल्याणी (पश्चिम बंगाल)
प्रतिरोधी			
	अर्का वरदान (एफ0एम0एच0–1)	1993	भारतीय बागवानी अनुसंधान संस्थान, बैंग्लुरु, (कर्नाटक)
	एच0–86	2005	चौधरी चरण सिंह हरियाणा कृषि विश्वविद्यालय, हिसार (हरियाणा)
टमाटर (असीमित)			
	पंत बहार (ए0सी0–238)	1985	गोविन्द बल्लभपंत कृषि एवं प्रौद्योगिकी विश्वविद्यालय, पंतनगर, उधम सिंह नगर, (उत्तराखण्ड)
	पंत टी0–3 (ए0सी0–234)	1987	गोविन्द बल्लभपंत कृषि एवं प्रौद्योगिकी विश्वविद्यालय, पंतनगर, उधम सिंह नगर, (उत्तराखण्ड)
	अर्का विकास (सेलेक्शन–22)	1987	भारतीय बागवानी अनुसंधान संस्थान, बैंग्लुरु, (कर्नाटक)
	अर्का सौरभ	1987	भारतीय बागवानी अनुसंधान संस्थान, बैंग्लुरु, (कर्नाटक)
संकर	बी0एस0एस0–0	2001	बीजोशीतल सीड कम्पनी
	के0टी0एच0–2	2002	चन्द्रशेखर आजाद कृषि एवं प्रौद्योगिकी विश्वविद्यालय, कल्याणपुर, कानपुर (उत्तर प्रदेश)
बैंगन (लम्बा)			
	पूसा परपल क्लस्टर	1975	भारतीय कृषि अनुसंधान संस्थान, नई दिल्ली
	पंत सम्राट	1981	गोविन्द बल्लभपंत कृषि एवं प्रौद्योगिकी विश्वविद्यालय, पंतनगर, उधम सिंह नगर, (उत्तराखण्ड)
	बी0बी0–26	1983	ओडिशा कृषि एवं प्रौद्योगिकी विश्वविद्यालय, भुबनेश्वर (ओडिशा)
	सेलेक्शन–4	1995	आन्ध्र प्रदेश कृषि विश्वविद्यालय, हैदराबाद
	के0एस0–331	1998	चन्द्रशेखर आजाद कृषि एवं प्रौद्योगिकी विश्वविद्यालय, कल्याणपुर, कानपुर (उत्तर प्रदेश)
संकर	ए0आर0बी0एच0–201	1993	अंकुर सीड कम्पनी
	ए0आर0बी0एच0–541	2001	अंकुर सीड कम्पनी

	पी0बी0एच0–6	2001	पाण्डेय बीज कम्पनी, फैजाबाद (उत्तर प्रदेश)
	बी0सी0टी0एच0–17	2005	विधानचन्द कृषि विश्वविद्यालय, कल्याणी (पश्चिम बंगाल)
	बी0बी0–44	1996	ओडिशा कृषि एवं प्रौद्योगिकी विश्वविद्यालय, भुवनेश्वर (ओडिशा)
	बी0बी0–64	2004	ओडिशा कृषि एवं प्रौद्योगिकी विश्वविद्यालय, भुवनेश्वर (ओडिशा)
	पी0एच0बी0एल0–51	2012	पंजाब कृषि विश्वविद्यालय, लुधियाना (पंजाब)
बैंगन (गोल)			
	जामुनी गोल बैंगन (एस0–16)	1975	पंजाब कृषि विश्वविद्यालय, लुधियाना (पंजाब)
	एच0–8	1990	चौधरी चरण सिंह हरियाणा कृषि विश्वविद्यालय, हिसार (हरियाणा)
	बी0बी0–7	1990	ओडिशा कृषि एवं प्रौद्योगिकी विश्वविद्यालय, भुवनेश्वर (ओडिशा)
	बी0बी0–44	1996	ओडिशा कृषि एवं प्रौद्योगिकी विश्वविद्यालय, भुवनेश्वर (ओडिशा)
	जे0बी0एच0–1	2001	जूनागढ़ कृषि विश्वविद्यालय, जूनागढ़ (गुजरात)
	बी0एच0–1	2002	पंजाब कृषि विश्वविद्यालय, लुधियाना (पंजाब)
मिर्च			
	भाग्य लक्ष्मी (जी0–4)	1975	आचार्य एन0जी0 रंगा कृषि विश्वविद्यालय, रिजनल एग्रीकल्चर रिसर्च स्टेशन, लाम, गून्टूर (आन्ध्र प्रदेश)
	आन्ध्र ज्योति (जी0–5)	1975	आचार्य एन0जी0 रंगा कृषि विश्वविद्यालय, रिजनल एग्रीकल्चर रिसर्च स्टेशन, लाम, गून्टूर (आन्ध्र प्रदेश)
	के0–2	1985	तमिलनाडु कृषि विश्वविद्यालय, कोयम्बटूर क्षेत्रीय शोध केन्द्र, कोविलपट्टी (तमिलनाडु)
	जे0–218	1987	जवाहर लाल नेहरु कृषि विश्वविद्यालय, जबलपुर (मध्य प्रदेश)
	भास्कर (एल0सी0ए0–235)	1987	आचार्य एन0जी0 रंगा कृषि विश्वविद्यालय, रिजनल एग्रीकल्चर रिसर्च स्टेशन, लाम, गून्टूर (आन्ध्र प्रदेश)
	मुसलवाड़ी	1987	महात्मा फूले कृषि विद्यापीठ, राहुरी (महाराष्ट्र)
	अर्का लोहित (सेलेक्शन–1)	1990	भारतीय बागवानी अनुसंधान संस्थान, बैंग्लुरु (कर्नाटक)
	जे0सी0ए0–206 बी0	1990	आचार्य एन0जी0 रंगा कृषि विश्वविद्यालय, रिजनल एग्रीकल्चर रिसर्च स्टेशन, लाम, गून्टूर (आन्ध्र प्रदेश)
	वी0सी0–14–2	2001	ओडिशा कृषि एवं प्रौद्योगिकी विश्वविद्यालय, भुवनेष्वर (ओडिशा)

	एल0सी0ए0–334	2002	आचार्य एन0जी0 रंगा कृषि विश्वविद्यालय, रिजनल एग्रीकल्चर रिसर्च स्टेशन, लाम, गून्टूर (आन्ध्र प्रदेश)
	एल0सी0ए0–353	2007	आचार्य एन0जी0 रंगा कृषि विश्वविद्यालय, रिजनल एग्रीकल्चर रिसर्च स्टेशन, लाम, गून्टूर (आन्ध्र प्रदेश)
	वी0सी0–225	2007	ओडिशा कृषि एवं प्रौद्योगिकी विश्वविद्यालय, भुवनेश्वर (ओडिशा)
	पी0सी0–7	2009	गोविन्द बल्लभपंत कृषि एवं प्रौद्योगिकी विश्वविद्यालय, पंतनगर, उधम सिंह नगर, (उत्तराखण्ड)
	पी0सी0–56	2010	गोविन्द बल्लभपंत कृषि एवं प्रौद्योगिकी विश्वविद्यालय, पंतनगर, उधम सिंह नगर, (उत्तराखण्ड)
संकर	ए0आर0सी0एच0-228	2002	अंकुर सीड कम्पनी
	सी0सी0एच0–2	2005	भारतीय सब्जी अनुसंधान संस्थान, वाराणसी (उत्तर प्रदेश)
मटर (अगेती)			
	जवाहर मटर–3 (अर्ली दिसम्बर)	1985	ग्वालियर (मध्य प्रदेश)
मटर (मध्य)			
	पी0–88	1985	पंजाब कृषि विश्वविद्यालय, लुधियाना (पंजाब)
	पी0आर0एस0–4	1990	चन्द्रशेखर आजाद कृषि एवं प्रौद्योगिकी विश्वविद्यालय, कल्याणपुर, कानपुर (उत्तर प्रदेश)
	पी0एच0–1	1995	चौधरी चरण सिंह हरियाणा कृषि विश्वविद्यालय, हिसार (हरियाणा)
रोग प्रतिरोधी			
	एन0डी0वी0पी0–250	2001	नरेन्द्र देव कृषि एवं प्रौद्योगिकी विश्वविद्यालय, फैजाबाद (उत्तर प्रदेश)
	के0टी0पी0–8	2005	भारतीय कृषि अनुसंधान संस्थान, क्षेत्रीय शोध केन्द्र कटराईं, (हिमाचल प्रदेश)
लोबिया			
	पूसा कोमल (एल 1552)	1983	भारतीय कृषि अनुसंधान संस्थान, क्षेत्रीय शोध केन्द्र, करनाल (हरियाणा)
सेम			
	दीपालीवाल	1987	डॉ0 पंजाबराव देशमुख कृषि विद्यापीठ (पी0डी0के0वी0), अकोला (महाराष्ट्र)
सेम (पोल टाइप)	आई0आई0वी0आर0 काशी हरिता (सेम–8)	2010	भारतीय सब्जी अनुसंधान संस्थान, वाराणसी (उत्तर प्रदेश)
	एच0ए0डी0बी–3	2009	हार्टीकल्चर एण्ड एग्रोफारेस्ट्री रिसर्च प्रोग्राम, राँची (झारखण्ड)
फराश बीन	अर्का अनुप	2009	भारतीय बागवानी अनुसंधान संस्थान, बैंग्लुरु (कर्नाटक)

भिण्डी			
	सेलेक्शन–2	1995	राष्ट्रीय पादप आनुवंशिक संसाधन ब्यूरो, नई दिल्ली
	पी0–7	1990	पंजाब कृषि विश्वविद्यालय, लुधियाना (पंजाब)
	परभनी क्रांति	1990	हार्टीकल्चर रिसर्च स्टेशन सब कैम्पस, एम0ए0यू0, परभणी (महाराष्ट्र)
	अर्का अनामिका	1990	भारतीय बागवानी अनुसंधान संस्थान, बैंग्लुरु (कर्नाटक)
संकर	काशी भैरव (डी0वी0आर0–3)	2001	भारतीय सब्जी अनुसंधान संस्थान, वाराणसी (उत्तर प्रदेश)
	काशी महिमा (डी0वी0आर0–4)	2001	भारतीय सब्जी अनुसंधान संस्थान, वाराणसी (उत्तर प्रदेश)
	एच0बी0एच0–142	2005	चौधरी चरण सिंह हरियाणा कृषि विश्वविद्यालय, हिसार (हरियाणा)
रोग प्रतिरोधी			
	पी0वी0–57	1990	हार्टीकल्चर रिसर्च स्टेशन सब कैम्पस, एम0ए0यू0, परभणी (महाराष्ट्र)
	पी0–7	1990	पंजाब कृषि विश्वविद्यालय, लुधियाना (पंजाब)
	काशी मंगली (वी0आर0ओ0–4)	2001	भारतीय सब्जी अनुसंधान संस्थान, वाराणसी (उत्तर प्रदेश)
	काशी प्रगति (वी0आर0ओ0–6)	2002	भारतीय सब्जी अनुसंधान संस्थान, वाराणसी (उत्तर प्रदेश)
तरबूज			
	शुगर बेबी	1975	भारतीय कृषि अनुसंधान संस्थान, नई दिल्ली
	एम0एच0डब्ल्यू0–6	1999	महिको सीड कम्पनी
कद्दू			
	अम्बली(सी0एम0–14)	1987	केरल कृषि विश्वविद्यालय, वेल्लानीकारा (केरल)
	पूसा विश्वास	1987	भारतीय कृषि अनुसंधान संस्थान, नई दिल्ली
करेला			
	पूसा संकर–2	2002	भारतीय कृषि अनुसंधान संस्थान, नई दिल्ली
लौकी			
	एन0डी0बी0एच0–4	2001	नरेन्द्र देव कृषि एवं प्रौद्योगिकी विश्वविद्यालय, फैजाबाद (उत्तर प्रदेश)
	पूसा संकर–2	2003	भारतीय कृषि अनुसंधान संस्थान, नई दिल्ली
खीरा			
	पी0सी0यू0सी0 एच0–1	2001	गोविन्द बल्लभपंत कृषि एवं प्रौद्योगिकी विश्वविद्यालय, पंतनगर, उधम सिंह नगर, (उत्तराखण्ड)
नसदार तोरी (संकर)	पल्लवी	2009	संग्रो सीड कम्पनी
नसदार तोरी (संकर)	एच0वाइ0आर0जी0 एच0–5एच0बी0	2009	आन्ध्र प्रदेश उधान विश्वविद्यालय, हैदराबाद (आन्ध्र प्रदेश)

6. क्षेत्र–VI पश्चिमी शुष्क मैदानी क्षेत्र (Arid Western Plains)

इस क्षेत्र के अन्तर्गत राजस्थान, गुजरात, हरियाणा तथा दिल्ली के क्षेत्र को रखा गया है। दिल्ली की जलवायु में काफी विभिन्नता पायी जाती है। यहाँ जाड़े में तापमान काफी नीचे चला जाता है, जबकि गर्मियों में तापमान 40.0 डिग्री सेल्सियस को पार कर जाता है। दिल्ली राज्य में सब्जियों पर गहन अनुसंधान का कार्य भारतीय कृषि अनुसंधान संस्थान, नई दिल्ली द्वारा किया जाता है। यह संस्थान अखिल भारतीय समन्वित अनुसंधान परियोजना (सब्जी फसल) का पहले मुख्यालय था और अब इस योजना का मुख्य केन्द्र है।

राजस्थान में सब्जियों पर अनुसंधान कार्य हेतु अखिल भारतीय समन्वित अनुसंधान परियोजना (सब्जी फसल) का उपकेन्द्र राजस्थान कृषि विश्वविद्यालय (आर0ए0आर0एस0), दुर्गापुरा (राजस्थान) है। राजस्थान की मृदा संरचना को मुख्य रुप से 5 वर्गों में बाँटा गया है–

1. एरिडीसाल्स (Aridisols)
2. अल्फीसाल्स (Alfisols)
3. इंटिसाल्स (Entisols)
4. इंसेपिटिसाल्स (Inceptisols)
5. वर्टीसाल्स (Vertisols)।

राजस्थान का भू–भाग जो पाकिस्तान की सीमा से लगा है, जैसलमेर कहलाता है और यहाँ पर वर्षा कम होती है, लेकिन दक्षिणी और पूर्वी भाग की तरफ बढ़ते हैं तो वर्षा का औसत बढ़ता जाता है और सबसे अधिक वर्षा भीलवाड़ा और बंसवारा क्षेत्र में होती है। इसी प्रकार यहाँ के तापक्रम में भी काफी विभिन्नता होती है। गर्मी के दिन में रेत का तापक्रम 45.0 डिग्री सेल्सियस से अधिक बढ़ जाता है और जाड़े में काफी नीचे गिर जाता है। पूरे प्रदेश में तीव्र गति से हवायें चलती हैं और गर्मी के दिन में अंधड़ चलता है। इस प्रदेश में सब्जियों पर अनुसंधान कार्य अखिल भारतीय समन्वित अनुसंधान परियोजना (सब्जी फसल) का उपकेन्द्र एग्रीकल्चरल रिसर्च स्टेशन, दुर्गापुरा में होता है, जो राजस्थान कृषि विश्वविद्यालय के अन्तर्गत है।

पश्चिमी शुष्क मैदानी क्षेत्र के अन्तर्गत तीसरा प्रमुख राज्य गुजरात है। अखिल भारतीय समन्वित अनुसंधान परियोजना (सब्जी फसल) का उपकेन्द्र जूनागढ़ है, जो जूनागढ कृषि विश्वविद्यालय, जूनागढ़ (गुजरात) के अन्तर्गत आता है। इस प्रदेश की मृदाओं को मुख्य रुप से 5 वर्गों में बाँटा गया है–

1. काली मृदायें (Black soils)
2. मिश्रित लाल एवं काली मृदा (Mixed red and black soil)
3. अवशेषीय बलुई काली मृदायें (Black soils)
4. जलोढ़ मृदायें

5. लवणीय क्षारीय मृदायें
6. रेगिस्तानी मृदायें
7. लैटेरिटिक मृदायें
8. पहाड़ी मृदा
9. जंगली मृदा

प्रदेश के उत्तरी भाग की जलवायु शुष्क प्रकृति की है और दक्षिणी भाग की जलवायु उप–आर्द्र प्रकार की है। शेष प्रदेश की जलवायु अर्द्ध शुष्क है। प्रदेश में वर्षा के आधार पर राज्य पश्चिमी कच्छ क्षेत्र में कम बरसात (30.0 सेन्टी मीटर) होती है तथा दक्षिणी क्षेत्र के बलसाद डाँग्स क्षेत्रों में बरसात का औसत 150.0 सेन्टी मीटर से अधिक है। इन क्षेत्र के अन्तर्गत चौथा प्रमुख राज्य हरियाणा है। हरियाणा का पूरा भाग सिन्धु–गंगा के मैदानी क्षेत्र के अन्तर्गत आता है। यहाँ की मृदा संरचना को 3 भागों में बाँटा गया है–

1. एरिडी मृदायें (Aridisols)
2. अस्टिक मृदायें (Usticsols)
3. यूडिक मृदायें (Udicsols)

एरिडि मृदा, जो क्षेत्र राजस्थान की सीमा में लगता है, वहाँ पायी जाती है। अस्टिक मृदा कुरु क्षेत्र, रोहतक, जिन्द, करनाल, गुड़गाँव तथा हिसार जिलों में पायी जाती है। यूडिक मृदायें अम्बाला जिले में पायी जाती हैं, जहाँ वर्षा का औसत अधिक है। प्रदेश की जलवायु दक्षिणी पश्चिमी भाग में अर्द्ध शुष्क प्रकृति की है, जबकि शेष प्रकृति की जलवायु में गंगा के मैदानी क्षेत्र की जलवायु पायी जाती है। ग्रीष्म ऋतु में यहाँ का तापक्रम काफी ऊँचा (45.0 डिग्री सेल्सियस) होता है। जाड़े में तापक्रम काफी नीचे चला जाता है। इस प्रदेश का जो भाग राजस्थान से स्पर्श करता है वहाँ वर्षा कम (30.0 सेन्टी मीटर) और जो भाग हिमाचल प्रदेश और पंजाब में लगता है, वहाँ अधिक (120.0 सेन्टी मीटर) होती है। प्रदेश में सब्जी अनुसंधान का कार्य चौ0 चरण सिंह हरियाणा कृषि विश्वविद्यालय, हिसार (हरियाणा) और भारतीय कृषि अनुसंधान संस्थान के क्षेत्रीय केन्द्र, करनाल पर होता है। चौ0 चरण सिंह हरियाणा कृषि विश्वविद्यालय, हिसार (हरियाणा) अखिल भारतीय समन्वित अनुसंधान परियोजना (सब्जी फसल) का उपकेन्द्र है।

सारिणी (1.22) कृषि जलवायु क्षेत्र–VI के लिए विकसित किस्में

सब्जी	किस्में	वर्ष	स्रोत
टमाटर (सीमित बढ़वार)			
	एच0एस0–101	1975	चौधरी चरण सिंह हरियाणा कृषि विश्वविद्यालय, हिसार (हरियाणा)
	पंजाब छुहारा	1979	पंजाब कृषि विश्वविद्यालय, लुधियाना (पंजाब)
	पूसा गौरव (सेलेक्शन–152)	1979	भारतीय कृषि अनुसंधान संस्थान, नई दिल्ली

	आजाद टमाटर–2 (के0एस0–2)	1985	चन्द्रशेखर आजाद कृषि एवं प्रौद्योगिकी विश्वविद्यालय, कल्याणपुर, कानपुर (उत्तर प्रदेश)
	मुराथम (को0–3)	1987	तमिलनाडु कृषि विश्वविद्यालय, कोयम्बटूर (तमिलनाडु)
	पंजाब केशरी	1987	पंजाब कृषि विश्वविद्यालय, लुधियाना (पंजाब)
	अर्का विकास (सेलेक्शन–22)	1987	भारतीय बागवानी अनुसंधान संस्थान, बैंग्लुरु (कर्नाटक)
	सेलेक्शन–32	1996	चौधरी चरण सिंह हरियाणा कृषि विश्वविद्यालय, हिसार (हरियाणा)
	बी0टी0–116–3–2	2001	ओडिशा कृषि एवं प्रौद्योगिकी विश्वविद्यालय, भुवनेश्वर (ओडिशा)
	डी0वी0आर0टी0–2	2001	भारतीय सब्जी अनुसंधान संस्थान, वाराणसी (उत्तर प्रदेश)
	पंत टी0–10	2010	गोविन्द बल्लभपंत कृषि एवं प्रौद्योगिकी विश्वविद्यालय, पंतनगर, उधम सिंह नगर, (उत्तराखण्ड)
संकर	पूसा हाइब्रिड–2	1993	भारतीय कृषि अनुसंधान संस्थान, नई दिल्ली
	अविनाश–2	1998	नोवार्टिस सीड कम्पनी
	टी0एच0–01462	2005	सिंजेण्टा सीड कम्पनी
	टी0एल0वी0 आर0एच0–9	2005	भारतीय बागवानी अनुसंधान संस्थान, बैंग्लुरु, (कर्नाटक)
टमाटर (असीमित बढ़वार)			
	पूसा रुबी	1975	भारतीय कृषि अनुसंधान संस्थान, नई दिल्ली
	सेलेक्शन–120	1975	भारतीय कृषि अनुसंधान संस्थान, नई दिल्ली
	शू	1977	भारतीय कृषि अनुसंधान संस्थान, नई दिल्ली
	पंत टमाटर–3 (ए0सी0–234)	1987	गोविन्द बल्लभपंत कृषि एवं प्रौद्योगिकी विश्वविद्यालय, पंतनगर, उधम सिंह नगर, (उत्तराखण्ड)
	पंत बहार (ए0सी0–238)	1985	गोविन्द बल्लभपंत कृषि एवं प्रौद्योगिकी विश्वविद्यालय, पंतनगर, उधम सिंह नगर, (उत्तराखण्ड)
	अर्का सौरभ (सेलेक्शन–4)	1987	भारतीय बागवानी अनुसंधान संस्थान, बैंग्लुरु (कर्नाटक)
	डी0टी0–10	1996	भारतीय कृषि अनुसंधान संस्थान, नई दिल्ली
	अर्का सौरभ	1987	भारतीय बागवानी अनुसंधान संस्थान, बैंग्लुरु (कर्नाटक)
संकर	बी0एस0एस0–488	2009	बीजो शीतल सीड कम्पनी
बैंगन (लम्बा)			
	पूसा पर्पल लाँग	1975	भारतीय कृषि अनुसंधान संस्थान, नई दिल्ली
	पूसा पर्पल क्लस्टर	1975	भारतीय कृषि अनुसंधान संस्थान, नई दिल्ली
	पी0एच0–4	1975	पंजाब कृषि विश्वविद्यालय, लुधियाना (पंजाब)

	पंत सम्राट	1981	गोविन्द बल्लभपंत कृषि एवं प्रौद्योगिकी विश्वविद्यालय, पंतनगर, उधम सिंह नगर, (उत्तराखण्ड)
	आजाद क्रांति	1983	चन्द्रशेखर आजाद कृषि एवं प्रौद्योगिकी विश्वविद्यालय, कल्याणपुर, कानपुर (उत्तर प्रदेश)
	ए0आर0यू0 2–सी0	1987	डिफेन्स एग्रीकल्चरल रिसर्च लैबोरेटीज (डी0ए0आर0एल0), पिथौरागढ़ (उत्तराखण्ड)
	एच0–7	1990	चौधरी चरण सिंह हरियाणा कृषि विश्वविद्यालय, हिसार (हरियाणा)
	डी0वी0एस0आर0–31	1995	भारतीय कृषि अनुसंधान संस्थान, नई दिल्ली
	पंजाब सदाबहार	2001	पंजाब कृषि विश्वविद्यालय, लुधियाना (पंजाब)
	डी00बी0एल0–02	2010	भारतीय कृषि अनुसंधान संस्थान, नई दिल्ली
संकर	ए0आर0बी0एच0–201	1993	अंकुर सीड कम्पनी
	ए0आर0बी0एच0–541	2001	अंकुर सीड कम्पनी
	पी0बी0एच0–6	2001	पाण्डेय बीज कम्पनी, फैजाबाद (उत्तर प्रदेश)

बैंगन (गोल)

	टी0–3	1975	चन्द्रशेखर आजाद कृषि एवं प्रौद्योगिकी विश्वविद्यालय, कल्याणपुर, कानपुर (उत्तर प्रदेश)
	जमुनी गोल (एच0–4 या पी0एच0–4)	1975	पंजाब कृषि विश्वविद्यालय, लुधियाना (पंजाब)
	पंत ऋतुराज (पी0बी0आर0–91–2)	1985	गोविन्द बल्लभपंत कृषि एवं प्रौद्योगिकी विश्वविद्यालय, पंतनगर, उधम सिंह नगर, (उत्तराखण्ड)
	के0–202–9	1987	गुजरात कृषि विश्वविद्यालय, आनन्द (गुजरात)
	हिसार श्यामल (एच0–8)	1990	चौधरी चरण सिंह हरियाणा कृषि विश्वविद्यालय, हिसार (हरियाणा)
	डी0बी0आर0–8	1995	भारतीय कृषि अनुसंधान संस्थान, नई दिल्ली
	ए0बी0–1	1996	गुजरात कृषि विश्वविद्यालय, आनन्द (गुजरात)
	डी0बी0आर0–31	1995	भारतीय कृषि अनुसंधान संस्थान, नई दिल्ली
संकर	अर्का नवनीत	1981	भारतीय बागवानी अनुसंधान संस्थान, बैंग्लुरु (कर्नाटक)
	नरेन्द्र संकर–1 (एन0डी0बी0एच0–1)	1993	नरेन्द्र देव कृषि एवं प्रौद्योगिकी विश्वविद्यालय, फैजाबाद (उत्तर प्रदेश)
	जे0बी0एच0–1	2001	जूनागढ़ कृषि विश्वविद्यालय, जूनागढ़ (गुजरात)
	काशी संदेश (वी0आर0बी0एच0–1)	2002	भारतीय सब्जी अनुसंधान संस्थान, वाराणसी (उत्तर प्रदेश)
	बी0डब्ल्यू0बी0एच0–3	2005	भारतीय बागवानी अनुसंधान संस्थान, बैंग्लुरु, (कर्नाटक)

बैंगन (छोटा गोल)

	अरुणा	1988	डॉ0 पंजाबराव देशमुख कृषि विद्यापीठ (पी0डी0के0वी0), अकोला (महाराष्ट्र)
	डी0बी0एस0आर0–44	1995	भारतीय कृषि अनुसंधान संस्थान, नई दिल्ली
	पी0एल0आर0–1	1996	तमिलनाडु कृषि विश्वविद्यालय, कोयम्बटूर (तमिलनाडु)
संकर	ए0बी0एच0–1	1993	गुजरात कृषि विश्वविद्यालय, आनन्द (गुजरात)
	कल्पतरु (एम0एच0बी0–10)	1993	महिको सीड कम्पनी (महाराष्ट्र)
	एम0एच0बी0–39	1993	महिको सीड कम्पनी
	ए0बी0एच0–2	1995	गुजरात कृषि विश्वविद्यालय, आनन्द (गुजरात)
	वी0एन0आर0–51	2005	वी0एन0आर0 सीड कम्पनी
	पी0बी0एच0एस0 आर0–31	2012	पंजाब कृषि विश्वविद्यालय, लुधियाना (पंजाब)

बैंगन (हरा)

	अर्का कुसुमाकर	1981	भारतीय बागवानी अनुसंधान संस्थान, बैंग्लुरु, (कर्नाटक)
	पी0बी0–70	2010	गोविन्द बल्लभपंत कृषि एवं प्रौद्योगिकी विश्वविद्यालय, पंतनगर, उधम सिंह नगर, (उत्तराखण्ड)

मिर्च

	आन्ध्र ज्योति (जी0–5)	1975	आचार्य एन0जी0 रंगा कृषि विश्वविद्यालय, रिजनल एग्रीकल्चर रिसर्च स्टेशन, लाम, गून्टूर (आन्ध्र प्रदेश)
	भाग्य लक्ष्मी (जी0–4)	1975	आचार्य एन0जी0 रंगा कृषि विश्वविद्यालय, रिजनल एग्रीकल्चर रिसर्च स्टेशन, लाम, गून्टूर (आन्ध्र प्रदेश)
	को0–2	1985	तमिलनाडु कृषि विश्वविद्यालय, कोयम्बटूर, क्षेत्रीय शोध केन्द्र, कोविलपट्टी (तमिलनाडु)
	जे0–218	1987	जवाहरलाल नेहरु कृषि विश्वविद्यालय, जबलपुर (मध्य प्रदेश)
	एल0सी0ए0–235	1987	आचार्य एन0जी0 रंगा कृषि विश्वविद्यालय, रिजनल एग्रीकल्चर रिसर्च स्टेशन, लाम, गून्टूर (आन्ध्र प्रदेश)
	एल0सी0ए0 206–बी0	1990	आचार्य एन0जी0 रंगा कृषि विश्वविद्यालय, रिजनल एग्रीकल्चर रिसर्च स्टेशन, लाम, गून्टूर (आन्ध्र प्रदेश)
	बी0सी0–14–2	2001	ओडिशा कृषि एवं प्रौद्योगिकी विश्वविद्यालय, भुवनेश्वर (ओडिशा)
	बी0सी0–25	2007	ओडिशा कृषि एवं प्रौद्योगिकी विश्वविद्यालय, भुवनेश्वर (ओडिशा)
संकर	ए0आर0सी0एच0–228	2002	अंकुर सीड कम्पनी

शिमला मिर्च			
	के0टी0सी0पी0 एच0–3	2005	भारतीय कृषि अनुसंधान संस्थान, नई दिल्ली, क्षेत्रीय शोध केन्द्र कटराईं (हिमाचल प्रदेश)
मटर (अगेती)			
	वी0एल0–3	1987	विवेकानन्द पर्वतीय कृषि अनुसंधानशाला, अल्मोड़ा (उत्तराखण्ड)
	वी0एल0–7	1992	विवेकानन्द पर्वतीय कृषि अनुसंधानशाला, अल्मोड़ा (उत्तराखण्ड)
	अगेता–6	1993	पंजाब कृषि विश्वविद्यालय, लुधियाना (पंजाब)
	काशी कनक (वी0आर0पी0–2)	2001	भारतीय सब्जी अनुसंधान संस्थान, वाराणसी (उत्तर प्रदेश)
मटर (मध्य)			
	बोनविले	1975	भारतीय कृषि अनुसंधान संस्थान, नई दिल्ली
	पी0–88	1985	पंजाब कृषि विश्वविद्यालय, लुधियाना (पंजाब)
	वी0एल0–6	1993	विवेकानन्द पर्वतीय कृषि अनुसंधानशाला, अल्मोड़ा (उत्तराखण्ड)
	एफ0सी0–1	1990	भारतीय बागवानी अनुसंधान संस्थान, बैंग्लुरु (कर्नाटक)
	पी0आर0एस0–4	1990	चन्द्रशेखर आजाद कृषि एवं प्रौद्योगिकी विश्वविद्यालय, कल्याणपुर, कानपुर (उत्तर प्रदेश)
	सी0एच0पी0–2	2005	हार्टीकल्चर एण्ड एग्रोफारेस्ट्री रिसर्च प्रोग्राम, राँची (झारखण्ड)
प्रतिरोधी			
	पी0आर0एस0–4 (चुर्णिल आसिता)	1990	चन्द्रशेखर आजाद कृषि एवं प्रौद्योगिकी विश्वविद्यालय, कल्याणपुर, कानपुर (उत्तर प्रदेश)
लोबिया			
	पूसा कोमल (सेलेक्सन–1552)	1983	भारतीय कृषि अनुसंधान संस्थान, क्षेत्रीय शोध केन्द्र, करनाल (हरियाणा)
फराश बीन	एच0ए0फ0बी0–3	2009	हार्टीकल्चर एण्ड एग्रोफारेस्ट्री रिसर्च प्रोग्राम, राँची (झारखण्ड)
प्याज (लाल)			
	पूसा रेड	1975	भारतीय कृषि अनुसंधान संस्थान, नई दिल्ली
	एन0–2–4–2	1985	महात्मा फूले कृषि विद्यापीठ, राहुरी (महाराष्ट्र)
	एन0–257–9–1	1985	महात्मा फूले कृषि विद्यापीठ, राहुरी (महाराष्ट्र)
	लाइन–102	1987	भारतीय कृषि अनुसंधान संस्थान, नई दिल्ली
	अर्का कल्याण (सेलेक्सन–14)	1987	भारतीय बागवानी अनुसंधान संस्थान, बैंग्लुरु (कर्नाटक)

	एग्रीफाउण्ड लाइट रेड	1995	राष्ट्रीय बागवानी अनुसंधान एवं विकास प्रतिष्ठान, नासिक (महाराष्ट्र)
	पंजाब नरोया (पी0बी0आर0–5)	1997	पंजाब कृषि विश्वविद्यालय, लुधियाना (पंजाब)
	एच0ओ0एस0–1	2006	चौधरी चरण सिंह हरियाणा कृषि विश्वविद्यालय, हिसार (हरियाणा)
प्याज (सफेद)			
	पूसा व्हाइट राउण्ड	1975	भारतीय कृषि अनुसंधान संस्थान, नई दिल्ली
	पूसा व्हाइट फ्लैट	1975	भारतीय कृषि अनुसंधान संस्थान, नई दिल्ली
लहसुन			
	यमुना सफेद–1 (जी–1)	1990	राष्ट्रीय बागवानी अनुसंधान एवं विकास प्रतिष्ठान, नासिक (महाराष्ट्र)
	यमुना सफेद–3 (जी–282)	1998	राष्ट्रीय बागवानी अनुसंधान एवं विकास प्रतिष्ठान, नासिक (महाराष्ट्र)
	जी–323	2002	राष्ट्रीय बागवानी अनुसंधान एवं विकास प्रतिष्ठान, नासिक (महाराष्ट्र)
खरबूजा			
	पूसा मधुरस (सेलेक्शन–45)	1985	भारतीय कृषि अनुसंधान संस्थान, नई दिल्ली
	अर्का जीत	1975	भारतीय बागवानी अनुसंधान संस्थान, बैंग्लुरु (कर्नाटक)
	दुर्गापुर मधु	1975	राजस्थान कृषि विश्वविद्यालय (ए0आर0एस0), दुर्गापुरा (राजस्थान)
प्रतिरोधी			
	डी0एम0डी0आर0–1 (सी0जी0एम0वी0)	2001	भारतीय कृषि अनुसंधान संस्थान, नई दिल्ली
	डी0एम0डी0आर0–2 (सी0जी0एम0वी0 + चुर्णिल आसिता)	2001	भारतीय कृषि अनुसंधान संस्थान, नई दिल्ली
तरबूज			
	दुर्गापुर मीठा	1975	राजस्थान कृषि विश्वविद्यालय (ए0आर0एस0), दुर्गापुरा (राजस्थान)
चिकनी तोरी			
	सेलेक्शन–99	1995	भारतीय कृषि अनुसंधान संस्थान, नई दिल्ली
भिण्डी			
	पी0–7	1990	पंजाब कृषि विश्वविद्यालय, लुधियाना (पंजाब)
	परभनी क्रांति (पी0वी0–57)	1990	हार्टीकल्चर रिसर्च स्टेशन सब कैम्पस, एम0ए0यू0, परभणी (महाराष्ट्र)

	अर्का अनामिका (सेलेक्शन–10)	1990	भारतीय बागवानी अनुसंधान संस्थान, बैंग्लुरु (कर्नाटक)
	एच0आर0बी0–55	1995	चौधरी चरण सिंह हरियाणा कृषि विश्वविद्यालय, हिसार (हरियाणा)
	वर्षा उपहार (एच0आर0बी0 9–2)	1996	चौधरी चरण सिंह हरियाणा कृषि विश्वविद्यालय, हिसार (हरियाणा)
	काशी विभूति (वी0आर0ओ0–5)	2002	भारतीय सब्जी अनुसंधान संस्थान, वाराणसी (उत्तर प्रदेश)
	एच0आर0 वी0–107–4	2005	चौधरी चरण सिंह हरियाणा कृषि विश्वविद्यालय, हिसार (हरियाणा)
	आई0आई0वी0 आर0–11	2005	भारतीय सब्जी अनुसंधान संस्थान, वाराणसी (उत्तर प्रदेश)
प्रतिरोधी			
	शीतला ज्योति (डी0वी0आर0–2)	1998	भारतीय सब्जी अनुसंधान संस्थान, वाराणसी (उत्तर प्रदेश)
	काशी भैरव (डी0वी0आर0–2)	2001	भारतीय सब्जी अनुसंधान संस्थान, वाराणसी (उत्तर प्रदेश)
	जे0ओ0एच0–05–9	2010	जूनागढ़ कृषि विश्वविद्यालय, जूनागढ (गुजरात)
लौकी			
	पी0बी0ओ0जी0–61	2001	गोविन्द बल्लभपंत कृषि एवं प्रौद्योगिकी विश्वविद्यालय, पंतनगर, उधम सिंह नगर, (उत्तराखण्ड)
	एन0डी0बी0जी0–132	2004	नरेन्द्र देव कृषि एवं प्रौद्योगिकी विश्वविद्यालय, फैजाबाद (उत्तर प्रदेश)
संकर	पी0बी0ओ0जी0–01	1999	गोविन्द बल्लभपंत कृषि एवं प्रौद्योगिकी विश्वविद्यालय, पंतनगर, उधम सिंह नगर, (उत्तराखण्ड)
	एन0डी0बी0एच0–4	2001	नरेन्द्र देव कृषि एवं प्रौद्योगिकी विश्वविद्यालय, फैजाबाद (उत्तर प्रदेश)
	पूसा हाइब्रिड–2	2002	भारतीय कृषि अनुसंधान संस्थान, नई दिल्ली
करेला			
	पूसा संकर–2	2002	भारतीय कृषि अनुसंधान संस्थान, नई दिल्ली
खीरा			
	पी0सी0यू0सी0 एच0–1 (संकर)	2001	गोविन्द बल्लभपंत कृषि एवं प्रौद्योगिकी विश्वविद्यालय, पंतनगर, उधम सिंह नगर, (उत्तराखण्ड)
कुम्हण			
	एन0डी0पी0के0–24	2001	नरेन्द्र देव कृषि एवं प्रौद्योगिकी विश्वविद्यालय, फैजाबाद (उत्तर प्रदेश)
पत्ता गोभी			
	नाथ–401	1993	नाथ सीड कम्पनी

7. क्षेत्र–VII अर्द्ध शुष्क पठारी क्षेत्र और मध्य ऊँचाई वाले क्षेत्र (Semi Arid Lava Plateau and Central High Lands)

अर्द्ध शुष्क पठारी क्षेत्र और मध्य ऊँचाई वाले क्षेत्र के अन्तर्गत मध्य प्रदेश व महाराष्ट्र प्रान्त आता है। मध्य प्रदेश के अन्तर्गत निम्नलिखित क्षेत्र आते हैं–

1. केमोर के पठारी तथा सत्पुड़ा के पहाड़ी क्षेत्र (जबलपुर)
2. विन्ध्य के पठारी क्षेत्र (सिहोर)
3. नर्मदा का मध्य घाटी क्षेत्र (पवार खेड़ा)
4. गिर्द क्षेत्र (मोरीना)
5. बुन्देलखण्ड क्षेत्र (टिकमगढ़)
6. सतपुड़ा का पठारी क्षेत्र (छिंदवाड़ा)
7. मालवा पठारी क्षेत्र (इंदौर)
8. निमर घाटी क्षेत्र (खरगोन)
9. झाबुआ पठारी क्षेत्र (झाबुआ)

मध्य प्रदेश के विभिन्न क्षेत्रों की भूमियों में काफी विभिन्नता है। उदाहरण के लिए केमोर के पठारी क्षेत्र की मृदायें लाल तथा मध्यम काली से गहरी काली हैं। यहाँ पर औसतन 100.0–120.0 सेन्टी मीटर वार्षिक वर्षा होती हैं। नर्मदा घाटी क्षेत्र की मृदाएं गहरी काली हैं, जिसमें 40.0–50.0 प्रतिशत क्ले (clay) की मात्रा होती हैं। गिर्द क्षेत्र की मृदाएं जलोढ़ प्रकृति की हैं। बुन्देलखण्ड की मृदायें चिकनी, चिकनी दोमट तथा दोमट प्रकृति की है, जिसमें क्ले (clay) की मात्रा अधिक होता है। निमर घाटी क्षेत्र की मृदायें भिण्डी की खेती के लिए उपयुक्त हैं। झाबुआ के पठारी क्षेत्र की मृदाएं काले रंग की हैं तथा यहाँ धरातल ऊँची–नीची सतह वाला है। मध्य प्रदेश के इस भाग में सब्जियों के उपर शोध कार्य अखिल भारतीय समन्वित अनुसंधान परियोजना (सब्जी फसल) के उपकेन्द्र जबलपुर में होता है, जो जवाहरलाल नेहरु कृषि विश्वविद्यालय, जबलपुर (मध्य प्रदेश) का अंग है। इस क्षेत्र के अन्तर्गत आने वाला दूसरा प्रमुख राज्य महाराष्ट्र है। महाराष्ट्र के भू–भौगोलिक संरचना के आधार पर पूरे प्रदेश को 3 प्राकृतिक क्षेत्रों में बाँटा जा सकता है–

1. कोंकन क्षेत्र (जिनके अन्तर्गत तटवर्ती क्षेत्र आते हैं।)
2. सहादरी पठारी क्षेत्र, जिसे पश्चिमी घाट कहते हैं। यह भाग कोंकण और डकन के पठारी क्षेत्र के बीच की पट्टी है तथा
3. डकन का पठारी क्षेत्र।

पूरे प्रदेश की जलवायु उपोष्ण तथा अ–मानसुनी (non-monsoonic) हैं। प्रदेश में वर्षा का औसत 100.0 सेन्टी मीटर है। यह सत्य है कि इस प्रदेश के घाट एवं तटवर्ती क्षेत्र में वर्षा काफी अधिक होती है, जबकि अन्य क्षेत्रों में वर्षा का औसत बहुत कम है। महाराष्ट्र में 7 प्रकार की मृदा संरचनाएं पायी जाती हैं–

1. काली मृदायें
2. लैटेराइट तथा लैटेरिटिक मृदायें
3. तटवर्ती जलोढ़ मृदायें
4. लवणीय क्षारीय मृदायें
5. लाल और काली मिश्रित मृदायें
6. पर्वतीय क्षेत्र की खुरदुरी मृदायें
7. तटवर्तीय लवणीय मृदायें।

महाराष्ट्र राज्य शुष्क बागवानी के लिए प्रसिद्ध है। यहाँ पर अखिल भारतीय समन्वित अनुसंधान परियोजना (सब्जी फसल) के अन्तर्गत एक मुख्य केन्द्र राहुरी में स्थित है, जो महात्मा फुले कृषि विद्यापीठ, राहुरी (महाराष्ट्र) के अन्तर्गत है और दूसरा अखिल भारतीय समन्वित अनुसंधान परियोजना (सब्जी फसल) का उपकेन्द्र अम्बाजोगई है, जो मराठवाड़ा कृषि विश्वविद्यालय के अन्तर्गत है। परीक्षण के उपरान्त कृषि जलवायु क्षेत्र–VII के लिए विकसित क़िस्मों को नीचे की सारिणी में दिया गया है।

सारिणी (1.23) कृषि जलवायु क्षेत्र–VII के लिए विकसित सब्जियों की किस्में

सब्जी	किस्में	वर्ष	स्रोत
टमाटर (सीमित)			
	सेलेक्शन–12	1975	पंजाब कृषि विश्वविद्यालय, लुधियाना (पंजाब)
	स्वीट–72	1975	ग्वालियर (मध्य प्रदेश)
	पंजाब छुहारा	1979	पंजाब कृषि विश्वविद्यालय, लुधियाना (पंजाब)
	पूसा गौरव	1979	भारतीय कृषि अनुसंधान संस्थान, नई दिल्ली
	मारुथम (सी0ओ0–3)	1987	तमिलनाडु कृषि विश्वविद्यालय, कोयम्बटूर (तमिलनाडु)
	हिसार अरुण (सेलेक्शन–7)	1990	चौधरी चरण सिंह हरियाणा कृषि विश्वविद्यालय, हिसार (हरियाणा)
	सेलेक्शन–32	1996	चौधरी चरण सिंह हरियाणा कृषि विश्वविद्यालय, हिसार (हरियाणा)
	एन0डी0टी0–3	2001	नरेन्द्र देव कृषि एवं प्रौद्योगिकी विश्वविद्यालय, फैजाबाद (उत्तर प्रदेश)
	आई0आई0वी0आर0 (सेलेक्शन–1)	2005	भारतीय सब्जी अनुसंधान संस्थान, वाराणसी (उत्तर प्रदेश)
संकर	ए0आर0टी0एच0–3	1992	अंकुर सीड कम्पनी
	पूसा हाइब्रिड–2	1993	भारतीय कृषि अनुसंधान संस्थान, नई दिल्ली
	एन0ए0–501	1995	नाथ सीड कम्पनी

	डी0टी0एच0–4	1995	भारतीय कृषि अनुसंधान संस्थान, नई दिल्ली
	टी0एल0बी0 आर0एच0–9	2005	भारतीय बागवानी अनुसंधान संस्थान, बैंग्लुरु (कर्नाटक)
टमाटर (असीमित)			
	पूसा रुबी	1975	भारतीय कृषि अनुसंधान संस्थान, नई दिल्ली
	सेलेक्शन–120	1975	भारतीय कृषि अनुसंधान संस्थान, नई दिल्ली
	टी0–1	1975	गोविन्द बल्लभपंत कृषि एवं प्रौद्योगिकी विश्वविद्यालय, पंतनगर, उधम सिंह नगर, (उत्तराखण्ड)
	शू	1977	भारतीय कृषि अनुसंधान संस्थान, नई दिल्ली
	पंत टी0–3	1987	गोविन्द बल्लभपंत कृषि एवं प्रौद्योगिकी विश्वविद्यालय, पंतनगर, उधम सिंह नगर, (उत्तराखण्ड)
संकर	एम0टी0एच0–6	1992	महिको सीड कम्पनी
रोग प्रतिरोधी			
	अर्का वरदान (एफ0एम0एच0–1)	1993	भारतीय बागवानी अनुसंधान संस्थान, बैंग्लुरु (कर्नाटक)
	बी0आर0एच0–2	1998	भारतीय बागवानी अनुसंधान संस्थान, बैंग्लुरु (कर्नाटक)
	एन0ए0–601	1995	नाथ सीड कम्पनी
	सन–496	1999	सन सीड कम्पनी
	बी0एस0एस0–20	2001	बीजोशीतल सीड कम्पनी
	टी0एच0–01462	2005	सिंजेण्टा सीड कम्पनी
	ए0आर0टी0एच0-128	2001	अंकुर सीड कम्पनी
टमाटर (अर्द्ध सीमित)			
	लेबोनिता	1987	राष्ट्रीय पादप आनुवंशिक संसाधन ब्यूरो, नई दिल्ली
	अर्का विकास (सेलेक्शन–22)	1987	भारतीय बागवानी अनुसंधान संस्थान, बैंग्लुरु (कर्नाटक)
	अर्का सौरभ (सेलेक्शन–4)	1987	भारतीय बागवानी अनुसंधान संस्थान, बैंग्लुरु (कर्नाटक)
बैंगन (लम्बा)			
	पूसा पर्पल लाँग	1975	भारतीय कृषि अनुसंधान संस्थान, नई दिल्ली
	पूसा पर्पल क्लस्टर	1975	भारतीय कृषि अनुसंधान संस्थान, नई दिल्ली
	एन0डी0बी0–25	1990	नरेन्द्र देव कृषि एवं प्रौद्योगिकी विश्वविद्यालय, फैजाबाद (उत्तर प्रदेश)
	बी0बी0–26	1995	ओडिशा कृषि एवं प्रौद्योगिकी विश्वविद्यालय, भुवनेश्वर (ओडिशा)

	पी0बी0–66	2007	गोविन्द बल्लभपंत कृषि एवं प्रौद्योगिकी विश्वविद्यालय, पंतनगर, उधम सिंह नगर, (उत्तराखण्ड)
मध्यम लम्बा	एस0एम0–6	1996	केरल कृषि विश्वविद्यालय, वेल्लानिकारा (केरल)
	बी0बी0–44	1996	ओडिशा कृषि एवं प्रौद्योगिकी विश्वविद्यालय, भुवनेश्वर (ओडिशा)
छोटा लम्बा	ए0बी0एस0आर0–2	2004	गुजरात कृषि विश्वविद्यालय, आनन्द (गुजरात)
हरा	पी0बी0–70	2010	गोविन्द बल्लभपंत कृषि एवं प्रौद्योगिकी विश्वविद्यालय, पंतनगर, उधम सिंह नगर, (उत्तराखण्ड)
संकर	पूसा हाइब्रिड–5	1992	भारतीय कृषि अनुसंधान संस्थान, नई दिल्ली
	ए0आर0बी0एच0-541	2001	अंकुर सीड कम्पनी
	पी0बी0एच0–6	2001	पाण्डेय सीड कम्पनी, फैजाबाद (उत्तर प्रदेश)
बैंगन (गोल)			
	पंत ऋतुराज (पी0बी0आर0–91–2)	1985	गोविन्द बल्लभपंत कृषि एवं प्रौद्योगिकी विश्वविद्यालय, पंतनगर, उधम सिंह नगर, (उत्तराखण्ड)
	ए0बी0–1	1996	गुजरात कृषि विश्वविद्यालय, आनन्द (गुजरात)
	के0एस0–235	2004	चन्द्रशेखर आजाद कृषि एवं प्रौद्योगिकी विश्वविद्यालय, कल्याणपुर, कानपुर (उत्तर प्रदेश)
संकर	पूसा हाइब्रिड–6	1992	भारतीय कृषि अनुसंधान संस्थान, नई दिल्ली
	ए0आर0बी0एच0-201	1993	अंकुर सीड कम्पनी
बैंगन (छोटा गोल)			
	अरुणा	1988	डॉ0 पंजाबराव देशमुख कृषि विद्यापीठ (पी0डी0के0वी0), अकोला (महाराष्ट्र)
	पी0एल0आर0–1	1996	तमिलनाडु कृषि विश्वविद्यालय, कोयम्बटूर (तमिलनाडु)
	डी0बी0एस0आर0–91	1998	भारतीय कृषि अनुसंधान संस्थान, नई दिल्ली
	जे0बी0–64–1–2	1998	जवाहरलाल नेहरु कृषि विश्वविद्यालय, जबलपुर (मध्य प्रदेश)
संकर	ए0बी0एच0–1	1993	गुजरात कृषि विश्वविद्यालय, आनन्द (गुजरात)
	कल्पतरु (एम0एच0बी0–10)	1993	महिको सीड कम्पनी
	एम0एच0बी0–39	1993	महिको सीड कम्पनी
	ए0बी0एच0–2	1996	गुजरात कृषि विश्वविद्यालय, आनन्द (गुजरात)
	फूले हाइब्रिड–2	1997	महात्मा फूले कृषि विद्यापीठ, राहुरी
	अर्का नवनीत	1981	भारतीय बागवानी अनुसंधान संस्थान, बैंग्लुरु, (कर्नाटक)
	नरेन्द्र हाइब्रिड–1 (एन0डी0बी0एच0–1)	1993	नरेन्द्र देव कृषि एवं प्रौद्योगिकी विश्वविद्यालय, फैजाबाद (उत्तर प्रदेश)
	जे0बी0एच0–1	2001	जूनागढ़ कृषि विश्वविद्यालय, जूनागढ़ (गुजरात)

प्रतिरोधी			
	सी0एच0ई0एस0–1	2001	हार्टीकल्चर एण्ड एग्रोफारेस्ट्री रिसर्च प्रोगांम, राँची (झारखण्ड)
	बी0बी0–64	2004	ओडिशा कृषि एवं प्रौद्योगिकी विश्वविद्यालय, भुवनेश्वर (ओडिशा)
मिर्च			
	आन्ध्र ज्योति (जी0–5)	1975	आचार्य एन0जी0 रंगा कृषि विश्वविद्यालय, रिजनल एग्रीकल्चर रिसर्च स्टेशन, लाम, गून्टूर (आन्ध्र प्रदेश)
	भाग्य लक्ष्मी (जी0-4)	1975	आचार्य एन0जी0 रंगा कृषि विश्वविद्यालय, रिजनल एग्रीकल्चर रिसर्च स्टेशन, लाम, गून्टूर (आन्ध्र प्रदेश)
	जे0–218	1987	जवाहरलाल नेहरु कृषि विश्वविद्यालय, जबलपुर (मध्य प्रदेश)
	भास्कर	1987	आचार्य एन0जी0 रंगा कृषि विश्वविद्यालय, रिजनल एग्रीकल्चर रिसर्च स्टेशन, लाम, गून्टूर (आन्ध्र प्रदेश)
	मुसलवादी	1987	महात्मा फूले कृषि विद्यापीठ, राहुरी (महाराष्ट्र)
	अर्का लोहित (सेलेक्शन–1)	1990	भारतीय बागवानी अनुसंधान संस्थान, बैंग्लुरु (कर्नाटक)
	एल0सी0ए0–206–बी	1990	आचार्य एन0जी0 रंगा कृषि विश्वविद्यालय, रिजनल एग्रीकल्चर रिसर्च स्टेशन, लाम, गून्टूर (आन्ध्र प्रदेश)
	फूले सी0–5	1996	महात्मा फूले कृषि विद्यापीठ, राहुरी (महाराष्ट्र)
	ए0के0सी0–86–39	2001	डॉ0 पंजाबराव देशमुख कृषि विश्वविद्यालय (पी0डी0के0वी0), अकोला (महाराष्ट्र)
	आर0एच0आर0 सी0 क्लस्टर	2001	महात्मा फूले कृषि विद्यापीठ, राहुरी (महाराष्ट्र)
	पी0एम0आर0–57रु/88के0	2002	भारतीय बागवानी अनुसंधान संस्थान, बैंग्लुरु (कर्नाटक)
	एल0सी0ए0–334	2002	आचार्य एन0जी0 रंगा कृषि विश्वविद्यालय, रिजनल एग्रीकल्चर रिसर्च स्टेशन, लाम, गून्टूर (आन्ध्र प्रदेश)
	ए0एस0सी0–2000–02	2004	गुजरात कृषि विश्वविद्यालय, आनन्द (गुजरात)
	एल0सी0ए0–353	2007	आचार्य एन0जी0 रंगा कृषि विश्वविद्यालय, रिजनल एग्रीकल्चर रिसर्च स्टेशन, लाम, गून्टूर (आन्ध्र प्रदेश)
	बी0सी0–25	2007	ओडिशा कृषि एवं प्रौद्योगिकी विश्वविद्यालय, भुवनेश्वर (ओडिशा)
	पी0सी0–56	2010	गोविन्द बल्लभपंत कृषि एवं प्रौद्योगिकी विश्वविद्यालय, पंतनगर, उधम सिंह नगर, (उत्तराखण्ड)
(संकर)	ए0न0 सी0एच0–587	2010	निर्मल सीड कम्पनी
(संकर)	बी0एस0एस0–337	2012	बीजोशीतल बीज कं0

शिमला मिर्च

के0टी0सी0पी0 एच0–3	2005	भारतीय कृषि अनुसंधान संस्थान, क्षेत्रीय शोध केन्द्र, कटराईं, (हिमाचल प्रदेश)

मटर (अगेती)

अर्केल	1975	भारतीय कृषि अनुसंधान संस्थान, नई दिल्ली
जवाहर मटर–4	1975	ग्वालियर (मध्य प्रदेश)
जवाहर मटर–3 (अर्ली दिसम्बर)	1975	ग्वालियर (मध्य प्रदेश)

मटर (मध्य)

बोनविले	1975	भारतीय कृषि अनुसंधान संस्थान, नई दिल्ली
जवाहर मटर–1 (अर्ली दिसम्बर)	1975	ग्वालियर (मध्य प्रदेश)
लिंकन	1987	भारतीय कृषि अनुसंधान संस्थान, नई दिल्ली
पी0सी0–531	2007	पंजाब कृषि विश्वविद्यालय, लुधियाना (पंजाब)

प्रतिरोधी

पी0आर0एस0–4	1990	चन्द्रशेखर आजाद कृषि एवं प्रौद्योगिकी विश्वविद्यालय, कल्याणपुर, कानपुर (उत्तर प्रदेश)
जे0पी0–83	1992	जवाहर लाल नेहरु कृषि विश्वविद्यालय, जबलपुर (मध्य प्रदेश)

लोबिया

पूसा कोमल	1983	भारतीय कृषि अनुसंधान संस्थान, क्षेत्रीय शोध केन्द्र, करनाल (हरियाणा)
अर्का गरिमा (सेलेक्शन 61–बी)	1992	भारतीय बागवानी अनुसंधान संस्थान, बैंग्लुरु (कर्नाटक)
आई0आई0एच0 आर0–16	1998	भारतीय बागवानी अनुसंधान संस्थान, बैंग्लुरु (कर्नाटक)
एन0डी0सी0पी0–13	2002	नरेन्द्र देव कृषि एवं प्रौद्योगिकी विश्वविद्यालय, फैजाबाद (उत्तर प्रदेश)

फराश बीन

अर्का कोमल (सेलेक्शन–9)	1987	भारतीय बागवानी अनुसंधान संस्थान, बैंग्लुरु, (कर्नाटक)
आई0वी0एफ0बी0–1	2005	भारतीय सब्जी अनुसंधान संस्थान, वाराणसी (उत्तर प्रदेश)
पंत अनुपमा (यू0पी0एफ0–191)	1987	गोविन्द बल्लभपंत कृषि एवं प्रौद्योगिकी विश्वविद्यालय, पंतनगर, उधम सिंह नगर, (उत्तराखण्ड)

सेम			
	दीपालीवाल	1987	डॉ0 पंजाबराव देशमुख कृषि विद्यापीठ (पी0डी0के0वी0), अकोला (महाराष्ट्र)
भिण्डी			
	पी0–7	1990	पंजाब कृषि विश्वविद्यालय, लुधियाना (पंजाब)
	अर्का अनामिका	1990	भारतीय बागवानी अनुसंधान संस्थान, बैंग्लुरु (कर्नाटक)
	परभनी क्रांति (पी0वी0–7)	1990	हार्टीकल्चर रिसर्च स्टेशन सब कैम्पस, एम0ए0यू0, परभणी (महाराष्ट्र)
संकर	शीतला उपहार (डी0वी0आर0–1)	1998	भारतीय सब्जी अनुसंधान संस्थान, वाराणसी (उत्तर प्रदेश)
	काशी भैरव (डी0वी0आर0–3)	2001	भारतीय सब्जी अनुसंधान संस्थान, वाराणसी (उत्तर प्रदेश)
	काशी महिमा (डी0वी0आर0–4)	2001	भारतीय सब्जी अनुसंधान संस्थान, वाराणसी (उत्तर प्रदेश)
	एच0बी0एच0–142	2005	चौधरी चरण सिंह हरियाणा कृषि विश्वविद्यालय, हिसार (हरियाणा)
	एस0ओ0एच0–152	2005	सिंजेण्टा सीड कम्पनी
	एस0ओ0एच0–1016	2007	सिंजेण्टा सीड कम्पनी
	एन0बी0एच0–180	2007	नूजीवेडु सीड कम्पनी
	ओ0एच0–597	2012	सिजेण्टा सीड कम्पनी
	ए0आर0ओ0च0–631	2012	अंकुर सीड कम्पनी
प्रतिरोधी			
	आई0आई0वी0 आर0–11	2005	भारतीय सब्जी अनुसंधान संस्थान, वाराणसी (उत्तर प्रदेश)
	जे0एन0डी0ओ0 एल0–3–1	2007	जूनागढ़ कृषि विश्वविद्यालय, जूनागढ़ (गुजरात)
प्याज लाल			
	पंजाब सेलेक्शन	1975	पंजाब कृषि विश्वविद्यालय, लुधियाना (पंजाब)
	पूसा रत्नार	1975	भारतीय कृषि अनुसंधान संस्थान, नई दिल्ली
	पूसा रेड	1975	भारतीय कृषि अनुसंधान संस्थान, नई दिल्ली
	एन0–2–4–1	1985	महात्मा फूले कृषि विद्यापीठ, राहुरी (महाराष्ट्र)
	अर्का कल्याण	1987	भारतीय बागवानी अनुसंधान संस्थान, बैंग्लुरु (कर्नाटक)
	लाइन–102	1987	भारतीय कृषि अनुसंधान संस्थान, नई दिल्ली
	अर्का निकेतन	1987	भारतीय बागवानी अनुसंधान संस्थान, बैंग्लुरु (कर्नाटक)
	पंजाब रेड राउण्ड	1985	पंजाब कृषि विश्वविद्यालय, लुधियाना (पंजाब)

प्याज सफेद			
	पूसा ह्वाइट	1975	भारतीय कृषि अनुसंधान संस्थान, नई दिल्ली
लहसुन			
	जी0–41	1988	राष्ट्रीय बागवानी अनुसंधान एवं विकास प्रतिष्ठान, नासिक (महाराष्ट्र)
	जी0–1	1990	राष्ट्रीय बागवानी अनुसंधान एवं विकास प्रतिष्ठान, नासिक (महाराष्ट्र)
खरबूजा			
	हरा मधु	1975	पंजाब कृषि विश्वविद्यालय, लुधियाना (पंजाब)
	पूसा मधुरस	1985	भारतीय कृषि अनुसंधान संस्थान, नई दिल्ली
	दुर्गापुरा मधु	1975	एग्रीकल्चरल रिसर्च स्टेशन, राजस्थान कृषि विश्वविद्याल, दुर्गापुरा (राजस्थान)
तरबूज			
	दुर्गापुरा मीठा	1975	एग्रीकल्चरल रिसर्च स्टेशन, राजस्थान कृषि विश्वविद्यालय, दुर्गापुरा (राजस्थान)
	सुगर बेबी	1975	भारतीय कृषि अनुसंधान संस्थान, नई दिल्ली
	अर्का मानिक	1987	भारतीय बागवानी अनुसंधान संस्थान, बैंग्लुरु (कर्नाटक)
करेला			
	प्रिया	1992	केरल कृषि विश्वविद्यालय, वेल्लानिकारा (केरल)
	एम0सी0–84	1986	केरल कृषि विश्वविद्यालय, वेल्लानिकारा (केरल)
लौकी			
	पूसा नवीन	1992	भारतीय कृषि अनुसंधान संस्थान, नई दिल्ली
	एन0डी0बी0जी0–619	2009	नरेन्द्र देव कृषि एवं प्रौद्योगिकी विश्वविद्यालय, फैजाबाद (उत्तर प्रदेश)
	पी0बी0ओ0जी0–89	2010	गोविन्द बल्लभपंत कृषि एवं प्रौद्योगिकी विश्वविद्यालय, पंतनगर, उधम सिंह नगर, (उत्तराखण्ड)
सेम (पोल टाइप)			
	काशी हरिता (आई0आई0वी0आर0 सेम–8)	2010	भारतीय सब्जी अनुसंधान संस्थान, वाराणसी (उत्तर प्रदेश)

8. क्षेत्र–VIII पश्चिमी घाट के उपार्द्र से आर्द्र क्षेत्र तथा कर्नाटक के पठारी क्षेत्र (Humid to Semi-arid Western Ghats and Karnataka Plateau)

पश्चिमी घाट के उपार्द्र से आर्द्र क्षेत्र तथा कर्नाटक के पठारी क्षेत्र के अन्तर्गत 3 राज्यों कर्नाटक, तमिलनाडु और केरल को रखा गया है। कर्नाटक की जलवायु उपोष्ण प्रकृति की है तथा यहाँ मानसूनी बरसात होती है। पूरे प्रदेश में 3 प्रकार की मृदीय संरचनाएं पायी जाती है–

1. नदी घाटियों एवं तटवर्ती क्षेत्र की जलोढ़ मृदाएं
2. उत्तरी मैदानी क्षेत्र की काली मृदाएं
3. पश्चिमी पहाड़ी क्षेत्रों की लैटेराइट और लैटेराइटिक मृदा।

कर्नाटक में सब्जियों पर गहन शोध कार्य हेतु अखिल भारतीय समन्वित अनुसंधान परियोजना (सब्जी फसल) का मुख्य केन्द्र भारतीय बागवानी अनुसंधान संस्थान, बैंग्लुरु (कर्नाटक) है। इस प्रान्त में अखिल भारतीय समन्वित अनुसंधान परियोजना (सब्जी फसल) का एक उपकेन्द्र धारवाड़ में है, जो कृषि विश्वविद्यालय धारवाड़ (कर्नाटक) के अन्तर्गत आता है।

पश्चिमी घाट के उपार्द्र से आर्द्र क्षेत्र के अन्तर्गत दूसरा राज्य केरल है। इस प्रान्त का पूरा क्षेत्र पालघाट क्षेत्र को छोड़कर आर्द्र जलवायु के अन्तर्गत आता है। यहाँ वर्षा दक्षिणी मानसून के कारण होती है। यहाँ की 65.0 प्रतिशत से अधिक मृदाएं लैटेराइट प्रकृति की हैं। इस प्रदेश का जो भाग कोयम्बटूर क्षेत्र से जुड़ता है, वहां की मृदाएं कपास की काली मृदाएं हैं। यहाँ पर सब्जियों पर अनुसंधान कार्य केरल कृषि विश्वविद्यालय, वेल्लानिकारा (केरल) में होता है, जो अखिल भारतीय समन्वित अनुसंधान परियोजना (सब्जी फसल) का महत्वपूर्ण केन्द्र है।

इस क्षेत्र का तीसरा राज्य तमिलनाडु है। इस राज्य की भू–भौगोलिक बनावट के आधार पर प्रदेश को चार भागों में बाँटा जा सकता है–

1. तटवर्ती मैदानी क्षेत्र
2. पूर्वोत्तर घाट
3. मध्यवर्ती पठारी क्षेत्र
4. पश्चिमी घाट

तमिलनाडु के मृदाओं को 4 भागों में बाँटा जा सकता है–

1. काली मृदाएं
2. लाल मृदाएं
3. लैटेराइट मृदाएं
4. जलोढ़ मृदाएं

उपर्युक्त मृदाओं में सबसे अधिक प्रतिशत (61.0 प्रतिशत) लाल मृदाओं का है। इसके बाद जलोढ़ मृदाएं आती हैं। प्रदेश की जलवायु उपोष्ण प्रकृति की है तथा वर्षा का औसत 94.0 सेन्टी मीटर है। इस प्रदेश में सब्जियों पर अनुसंधान कार्य तमिलनाडु कृषि विश्वविद्यालय, कोयम्बटुर (तमिलनाडु) के अन्तर्गत किया जाता है, जो अखिल भारतीय समन्वित अनुसंधान परियोजना (सब्जी फसल) का मुख्य केन्द्र है। कृषि जलवायु क्षेत्र–VIII के लिए विकसित सब्जियों की किस्मों को नीचे की सारिणी में दिया गया है–

सारिणी (1.24) कृषि जलवायु क्षेत्र–VIII के लिए विकसित सब्जियों की किस्में

सब्जी	किस्में	वर्ष	स्रोत
टमाटर (सीमित)			
	एच0एस0–101	1975	चौधरी चरण सिंह हरियाणा कृषि विश्वविद्यालय, हिसार (हरियाणा)
	एस0–12	1975	पंजाब कृषि विश्वविद्यालय, लुधियाना (पंजाब)
	स्वीट–72	1975	ग्वालियर (मध्य प्रदेश)
	पूसा अर्ली ड्वार्फ	1977	भारतीय कृषि अनुसंधान संस्थान, नई दिल्ली
	पंजाब छुहारा	1979	पंजाब कृषि विश्वविद्यालय लुधियाना (पंजाब)
	पूसा गौरव (सेलेक्शन–152)	1979	पंजाब कृषि विश्वविद्यालय, लुधियाना (पंजाब)
	ले बोनिता	1987	राष्ट्रीय पादप आनुवंषिक संसाधन ब्यूरो, नई दिल्ली
	हिसार अरुण (सेलेक्शन–7)	1990	चौधरी चरण सिंह हरियाणा कृषि विश्वविद्यालय, हिसार (हरियाणा)
संकर	ए0आर0टी0एच0–3	1992	अंकुर सीड कम्पनी
प्रतिरोधी			
	एच0–86 (टी0एल0सी0वी0)	2005	चौधरी चरण सिंह हरियाणा कृषि विश्वविद्यालय, हिसार (हरियाणा)
	एल0ई0–415 (जीवाणु उकठा)	2004	केरल कृषि विश्वविद्यालय, वेल्लानिकारा (केरल)
टमाटर (असीमित)			
	पूसा रुबी	1975	भारतीय कृषि अनुसंधान संस्थान, नई दिल्ली
	सेलेक्शन–120	1975	भारतीय कृषि अनुसंधान संस्थान, नई दिल्ली
	टी0–1	1975	गोविन्द बल्लभपंत कृषि एवं प्रौद्योगिकी विश्वविद्यालय, पंतनगर, उधम सिंह नगर, (उत्तराखण्ड)
	अर्का विकास (सेलेक्शन–22)	1987	भारतीय बागवानी अनुसंधान संस्थान, बैंग्लुरु (कर्नाटक)
	अर्का सौरभ (सेलेक्शन–4)	1987	भारतीय बागवानी अनुसंधान संस्थान, बैंग्लुरु (कर्नाटक)
	पंत टी0–3	1987	गोविन्द बल्लभपंत कृषि एवं प्रौद्योगिकी विश्वविद्यालय, पंतनगर, उधम सिंह नगर, (उत्तराखण्ड)
संकर	ए0आर0टी0एच0–4	1992	अंकुर सीड कम्पनी
	एम0पी0एच0–6	1992	महिको सीड कम्पनी
	बी0एस0एस0–20	2001	बीजोशीतल सीड कम्पनी

बैंगन (लम्बा)

	पूसा परपल लांग	1975	भारतीय कृषि अनुसंधान संस्थान, नई दिल्ली
	अर्का शील	1981	भारतीय बागवानी अनुसंधान संस्थान, बैंग्लुरु (कर्नाटक)
	पंत ऋतुराज (पी0बी0आर0–91–2)	1987	गोविन्द बल्लभपंत कृषि एवं प्रौद्योगिकी विश्वविद्यालय, पंतनगर, उधम सिंह नगर, (उत्तराखण्ड)
	ए0आर0यू0–2सी0	1987	डिफेन्स एग्रीकल्चरल रिसर्च लैबोरेटरीज, पिथौरागढ़ (उत्तराखण्ड)
	ए0आर0यू0–2सी0	1987	विवेकानन्द पर्वतीय कृषि अनुसंधानशाला, अल्मोड़ा (उत्तराखण्ड)
	के0टी0–2	1987	भारतीय कृषि अनुसंधान संस्थान, क्षेत्रीय शोध केन्द्र कटराईं, (हिमाचल प्रदेश)
	बी0बी0–13	1997	ओडिशा कृषि एवं प्रौद्योगिकी विश्वविद्यालय, भुवनेश्वर (ओडिशा)
हरा	पी0बी0–70	2010	गोविन्द बल्लभपंत कृषि एवं प्रौद्योगिकी विश्वविद्यालय, पंतनगर, उधम सिंह नगर, (उत्तराखण्ड)
संकर	अर्का कुसुमाकर	1981	भारतीय बागवानी अनुसंधान संस्थान, बैंग्लुरु (कर्नाटक)
	पूसा हाइब्रिड–5	1992	भारतीय कृषि अनुसंधान संस्थान, नई दिल्ली
	ए0आर0बी0एच0-541	2001	अंकुर सीड कम्पनी
	पी0बी0एच0–6	2001	पाण्डेय बीज कम्पनी, फैजाबाद (उत्तर प्रदेश)

बैंगन (गोल)

	टी0–3	1975	चन्द्रशेखर आजाद कृषि एवं प्रौद्योगिकी विश्वविद्यालय, कल्याणपुर, कानपुर (उत्तर प्रदेश)
	पंत ऋतुराज	1985	गोविन्द बल्लभपंत कृषि एवं प्रौद्योगिकी विश्वविद्यालय, पंतनगर, उधम सिंह नगर, (उत्तराखण्ड)
संकर	जे0बी0एच0–1	2001	जूनागढ़ कृषि विश्वविद्यालय, जूनागढ़ (गुजरात)
संकर	एच0ए0बी0एच0–8	2009	हार्टीकल्चर एण्ड एग्रोफारेस्ट्री रिसर्च प्रोग्राम, रांची

बैंगन (हरा)

	अर्का कुसुमाकर	1981	भारतीय बागवानी अनुसंधान संस्थान, बैंग्लुरु (कर्नाटक)

बैंगन (छोटा)

	सी0ओ0बी0एच0–3	2005	तमिलनाडु कृषि विश्वविद्यालय, कोयम्बटूर (तमिलनाडु)

प्रतिरोधी

	बी0डब्ल्यू0आर0–14	1990	भारतीय बागवानी अनुसंधान संस्थान, बैंग्लुरु (कर्नाटक)
	एस0एम0–6–6	1996	केरल कृषि विश्वविद्यालय, वेल्लानिकारा (केरल)
	एस0एम0–6–7	1992	केरल कृषि विश्वविद्यालय, वेल्लानिकारा (केरल)
	बी0बी0–64	2004	ओडिशा कृषि एवं प्रौद्योगिकी विश्वविद्यालय, भुवनेश्वर (ओडिशा)

मिर्च			
	आन्ध्र ज्योति (जी0–5)	1975	आचार्य एन0जी0 रंगा कृषि विश्वविद्यालय, रिजनल एग्रीकल्चर रिसर्च स्टेशन, लाम, गून्टूर (आन्ध्र प्रदेश)
	भाग्य लक्ष्मी (जी0-4)	1975	आचार्य एन0जी0 रंगा कृषि विश्वविद्यालय, रिजनल एग्रीकल्चर रिसर्च स्टेशन, लाम, गून्टूर (आन्ध्र प्रदेश)
	भास्कर	1987	आचार्य एन0जी0 रंगा कृषि विश्वविद्यालय, रिजनल एग्रीकल्चर रिसर्च स्टेशन, लाम, गून्टूर (आन्ध्र प्रदेश)
	मुसलवादी	1987	महात्मा फूले कृषि विद्यापीठ, राहुरी (महाराष्ट्र)
	एल0सी0ए0–235	1987	आचार्य एन0जी0 रंगा कृषि विश्वविद्यालय, रिजनल एग्रीकल्चर रिसर्च स्टेशन, लाम, गून्टूर (आन्ध्र प्रदेश)
	सेलेक्शन–1	1990	भारतीय बागवानी अनुसंधान संस्थान, बैंग्लुरु (कर्नाटक)
	एल0सी0ए0–206बी	1990	आचार्य एन0जी0 रंगा कृषि विश्वविद्यालय, रिजनल एग्रीकल्चर रिसर्च स्टेशन, लाम, गून्टूर (आन्ध्र प्रदेश)
	जे0सी0ए0–283	1996	जवाहर लाल नेहरु कृषि, विश्वविद्यालय जबलपुर (मध्य प्रदेश)
फूल गोभी (ग्रुप–2)			
	पूसा दीपाली	1975	भारतीय कृषि अनुसंधान संस्थान, नई दिल्ली
	पी0सी0–56	2010	गोविन्द बल्लभपंत कृषि एवं प्रौद्योगिकी विश्वविद्यालय, पंतनगर, उधम सिंह नगर, (उत्तराखण्ड)
संकर	एच0ओ0ई0–888	1997	सैण्डोज सीड कम्पनी
	संग्रो–86–235	2001	संग्रो सीड कम्पनी
	वी0एन0आर0–332	2010	डी0ए0आर0 सीड कम्पनी
लोबिया			
	पूसा कोमल	1983	भारतीय कृषि अनुसंधान संस्थान, नई दिल्ली, क्षेत्रीय शोधकेन्द्र, करनाल (हरियाणा)
	अर्का गरिमा (सेलेक्शन–61बी0)	1992	भारतीय बागवानी अनुसंधान संस्थान, बैंग्लुरु (कर्नाटक)
	सी0एच0सी0पी0–2	2005	हार्टीकल्चर एण्ड एग्रोफारेस्ट्री रिसर्च प्रोग्राम, रांची (झारखण्ड)
फराश बीन			
	अर्का कोमल (सेलेक्शन–9)	1987	भारतीय बागवानी अनुसंधान संस्थान, बैंग्लुरु (कर्नाटक)
	पंत अनुपमा (यू0पी0एफ0–191)	1987	गोविन्द बल्लभपंत कृषि एवं प्रौद्योगिकी विश्वविद्यालय, पंतनगर, उधम सिंह नगर, (उत्तराखण्ड)
	अर्का अनुप	2009	भारतीय बागवानी अनुसंधान संस्थान, बैंग्लुरु (कर्नाटक)
फराश बीन (पोल टाइप)	एच0ए0पी0बी0–4	2009	हार्टीकल्चर एण्ड एग्रोफारेस्ट्री रिसर्च प्रोग्राम, रांची (झारखण्ड)

प्याज (लाल)			
	पंजाब सेलेक्षन	1975	पंजाब कृषि विश्वविद्यालय, लुधियाना (पंजाब)
	पूसा रतनार	1975	भारतीय कृषि अनुसंधान संस्थान, नई दिल्ली
	अर्का कल्याण (सेलेक्शन–14)	1987	भारतीय बागवानी अनुसंधान संस्थान, बैंग्लुरु (कर्नाटक)
	पंजाब रेड राउण्ड	1995	पंजाब कृषि विश्वविद्यालय, लुधियाना (पंजाब)
	पूसा रेड	1975	भारतीय कृषि अनुसंधान संस्थान, नई दिल्ली
प्याज (सफेद)			
	पूसा ह्वाइट फ्लैट	1975	भारतीय कृषि अनुसंधान संस्थान, नई दिल्ली
खरबूजा			
	पूसा मधुरस (सेलेक्शन–45)	1975	भारतीय कृषि अनुसंधान संस्थान, नई दिल्ली
	अर्का राजहंस	1985	भारतीय बागवानी अनुसंधान संस्थान, बैंग्लुरु (कर्नाटक)
	अर्का जीत	1975	भारतीय बागवानी अनुसंधान संस्थान, बैंग्लुरु (कर्नाटक)
	दुर्गापुरा मधु	1975	एग्रीकल्चरल रिसर्च स्टेशन, राजस्थान कृषि विश्वविद्यालय, दुर्गापुरा (राजस्थान)
तरबूज			
	दुर्गापुरा मीठा	1975	एग्रीकल्चरल रिसर्च स्टेशन, (आर0ए0आर0एस0), दुर्गापुरा (राजस्थान)
	शुगरबेबी	1975	भारतीय कृषि अनुसंधान संस्थान, नई दिल्ली
	अर्का मानिक	1987	भारतीय बागवानी अनुसंधान संस्थान, बैंग्लुरु (कर्नाटक)
संकर	एम0एच0डब्ल्यू0–6	1999	महिको सीड कम्पनी (महाराष्ट्र)
करेला			
	प्रिया (वी0के0–1)	1992	केरल कृषि विश्वविद्यालय, वेल्लानिकारा (केरल)
	एम0सी0–84	1996	केरल कृषि विश्वविद्यालय, वेल्लानिकारा (केरल)
कद्दू			
	सी0एम0–14	1987	केरल कृषि विश्वविद्यालय, वेल्लानिकारा (केरल)
	अर्का चन्दन	1987	भारतीय बागवानी अनुसंधान संस्थान, बैंग्लुरु (कर्नाटक)
	अर्का सूर्यमुखी	1987	भारतीय बागवानी अनुसंधान संस्थान, बैंग्लुरु (कर्नाटक)
	पूसा विश्वास	1987	भारतीय कृषि अनुसंधान संस्थान, नई दिल्ली
	सी0एम0–350	2001	केरल कृषि विश्वविद्यालय, वेल्लानिकारा (केरल)
भिण्डी			
प्रतिरोधी	पी0–7	1990	पंजाब कृषि विश्वविद्यालय, लुधियाना (पंजाब)
	परभनी क्रांति (पी0बी0–7)	1990	हार्टीकल्चर रिसर्च स्टेशन सब कैम्पस, एम0ए0यू0, परभणी (महाराष्ट्र)

	अर्का अनामिका (सेलेक्शन–10)	1990	भारतीय बागवानी अनुसंधान संस्थान, बैंग्लुरु (कर्नाटक)
	एच0आर0बी0-107-4	2005	चौधरी चरण सिंह हरियाणा कृषि विषविद्यालय, हिसार (हरियाणा)
	जे0एन0डी0ओ0 एल0–03–1	2007	जूनागढ़ कृषि विश्वविद्यालय, जूनागढ़, (गुजरात)
	जे0ओ0एच0–5–9	2010	जुनागढ़ कृषि विश्वविद्यालय, जुनागढ (गुजरात)
मटर			
	वी0आर0पी0–5 (अगेती)	2005	भारतीय सब्जी अनुसंधान संस्थान, वाराणसी (उत्तर प्रदेश)
प्रतिरोधी			
	जे0पी0–4	1990	जवाहर लाल नेहरु कृषि विश्वविद्यालय, जबलपुर (मध्य प्रदेश)
	एफ0सी0–1	1993	भारतीय बागवानी अनुसंधान संस्थान, बैंग्लुरु (कर्नाटक)
फूल गोभी			
अगेती सिंथेटिक	पूसा अर्ली सिंथेटिक	1990	भारतीय कृषि अनुसंधान संस्थान, नई दिल्ली
लौकी			
संकर	एन0डी0बी0एच0–4	2001	आचार्य नरेन्द्र देव कृषि एवं प्रौद्योगिकी विश्वविद्यालय, कुमारगंज, फैजाबाद (उत्तर प्रदेश)
खीरा			
	पी0सी0यू0सी0–28	2001	गोविन्द बल्लभ पंत कृषि एवं प्रौद्योगिकी विश्वविद्यालय, पंतनगर, उधम सिंह नगर, (उत्तराखण्ड)
संकर	पी0सी0यू0सी0एच0-1	2001	गोविन्द बल्लभ पंत कृषि एवं प्रौद्योगिकी विश्वविद्यालय, पंतनगर, उधम सिंह नगर, (उत्तराखण्ड)
नसदार तोरी			
	आई0आई0 एच0आर0–7	2001	भारतीय बागवानी अनुसंधान संस्थान, बैंग्लुरु (कर्नाटक)
पेठा			
	आई0वी0ए0जी0–90	2006	भारतीय सब्जी अनुसंधान संस्थान, वाराणसी (उत्तर प्रदेश)
	पी0ए0जी0–72	2006	गोविन्द बल्लभ पंत कृषि एवं प्रौद्योगिकी विश्वविद्यालय, पंतनगर, उधम सिंह नगर, (उत्तराखण्ड)
	पूसा उज्ज्वल	2007	भारतीय कृषि अनुसंधान संस्थान, नई दिल्ली

आधुनिक प्रौद्योगिकी का उपज वृद्धि में योगदान : वर्तमान में विश्व के प्रत्येक देश सब्जी उत्पादन बढ़ाने के लिये नवीनतम प्रौद्योगिकी का विकास एवं उपयोग पर ध्यान दे रहे हैं। मशीन के द्वारा बीजों की बुआई, पौधों प्रतिरोपण, उर्वरक प्रयोग, जल प्रबन्धन, खरपतवार प्रबन्धन, कीट/रोग प्रबन्धन पर विशेष शोध किये जा रहे हैं। आज कृषकों के बीच निर्वात बीज बुआई यन्त्र

(vaccum seedon) बेल्ट बीज बुआई यन्त्र (belt seeder), इलेक्ट्रो हाइड्रोलिक वेजिटेबल सिडलिंग ब्लॉक (electro hydraulic vegetable seedling block) पंच प्लाटिंग (punch planting) रोटा वेटर, बेड मेकर, हार्बेस्टर, ड्रिप सिंचाई सुविधा आदि का प्रयोग आम बात हो गयी है।

भारतीय वातावरण में सब्जियों की उत्पादन व उत्पादकता बढ़ाने में निम्नलिखित घटकों का समावेश प्रबल रहा है।

i) उपयुक्त कृषि जलवायु की उपलब्धता
ii) नवीनतम जीन का सब्जी प्रजनन में उपयोग
iii) उन्नतिशील प्रजातियों/संकरों का विकास
iv) प्रजातियों के बीजों की उपलब्धता
v) प्रसंस्करण एवं निर्यात को बढ़ावा
vi) नवीनतम कृषि उत्पादन तकनीकी का समावेश
vii) बाजार एवं भण्डारण की व्यवस्था
viii) सहकारी योगदान एवं योजनायें
ix) वृहद स्तर पर वैज्ञानिकों द्वारा प्रशिक्षण
x) कृषकों को वित्तीय उपलब्धता

सारिणी (1.25) आधुनिक प्रौद्योगिकी का उपज वृद्धि में योगदान

तकनिकी प्रौद्योगिकी	फसल	औसत उपज	आतीकि उपज	प्रतिशत वृद्धि
आपसी दूरी एवं उर्वरक प्रयोग	बैंगन	28.0	6.5	23.0
	पत्ता गोभी	20.0	9.0	45.0
	प्याज	30.0	8.5	28.3
	भिण्डी	10.0	2.3	23.0
उर्वरक	फूल गोभी	20.0	9.0	45.0
	टमाटर	25.0	12.0	50.0
सिंचाई एवं पलवार	टमाटर	25.0	8.0	32.0
खरपतवार प्रबन्धन	प्याज	30.0	6.0	20.0
	मटर	15.0	4.5	30.0
रोग प्रबन्धन	बैंगन	28.0	6.0	21.4
	प्याज	30.0	14.5	48.3
	मटर	15.0	2.5	16.6
	टमाटर	25.2	3.2	13.0
कीट प्रबन्धन	बैंगन	28.0	5.5	19.6
	पत्ता गोभी	20.0	4.5	22.6
	भिण्डी	10.0	5.5	55.5
	प्याज	30.0	7.5	25.5
	टमाटर	25.0	11.0	44.4

9. सब्जियों की खेती की बाध्यतायें (Major constraints of vegetable cultivation)

सब्जियों की खेती करने में अनेक चुनौतियों का सामना करना पड़ता है। इसकी कुछ बाध्यतायें इस प्रकार हैं –

- विभिन्न परिस्थितियों (नदियें के किनारे, संरक्षण खेती, समुद्रों के आस पास खेती, लवणीय/क्षारीय, अम्लीय दशा में खेती आदि) के अनुरूप उन्नतिशील प्रजातियों की कमी।
- गुणवत्तायुक्त बीज (रोग/कीट प्रतिरोधी, विशिष्ट गुणों जैसे – सुगन्ध, रंग स्वाद आदि) का सही समय में उपलब्ध न होना।
- सब्जी उत्पादकों का कम पढ़ा लिखा होना तथा तकनीकी सहयोग के लिये दक्ष एवं सुयोग्य लोगों की कमी।
- उपलब्ध आधुनिक उत्पादन तकनीकों का सब्जी उत्पादन में कम समावेश।
- संकर बीजों का कम उत्पादन, कम उपलब्धता तथा प्रचार प्रसार की कमी से कम प्रयोग।
- बीजों का महंगा होने से स्थानीय प्रजातियों पर आश्रित होना।
- सब्जियों में लगने वाले निवेश (input) का महंगा होना।
- नवीनतम प्रजातियों तथा संसाधनों का सब्जी उत्पादकों के बीज कम प्रचार–प्रसार।
- सिंचाई के नवीनतम विधियों का कम उपयोग।
- संरचनात्मक ढाँचा में कमी, तथा विपणन की निश्चित व्यवस्था का अभाव।
- सब्जियों में तुड़ाई पूर्व तथा उपरान्त प्रबन्धन में कमी के कारण उत्पाद का नष्ट होना।
- तुड़ाई उपरान्त हस्तान्तरण की प्रक्रिया का कम ज्ञान।
- गुणवत्ता प्रबन्धन की जानकारी का अभाव।
- सब्जियों की छँटाई, श्रेणीकरण, पैक हाउस, पूर्व–शीतन, शीत भण्डार गृह की कमी।
- उत्पादक, विपणन तथा प्रसंस्करण से जुड़े लोगों के बीज ताल मेल की कमी।
- शोध संस्थानों तथा प्रसारकर्त्ता के बीच वैज्ञानिक संवाद की कमी।
- सफलता की पराकाष्ठा प्राप्त करने वाले तकनीक एवं उत्पादक को प्रोत्साहन मूल्यांकन एवं विश्लेषण का अभाव।
- सब्जी उत्पादन, विपणन, प्रसंस्करण सम्बन्धी आँकड़ों की उपलब्धता में कमी।
- सहकारी योजनाओं से सम्बन्धित कायक्रमों की शीथिलता।
- प्रसंस्करण एवं अन्य घटकों पर ज्यादा शुल्क।
- उपयोग होने वाले कच्चे माल की आपूर्ति कम तथा समय से न होना।
- सभी सब्जी फसलों में जननद्रव्यों की अप्रचुरता में उपलब्धता।
- मौसम, कीट, रोग आदि की पुर्वानुमान आँकलन में कम पहल।

- उन्नतिशील मुक्त परागित किस्मों, संकर किस्मों, संश्लेषित, संकुल, उत्परिवर्तित किस्मों का व्यापक क्षेत्र में अनुकूलन के गुणों का अभाव।
- कम समय व कम लागत पर अधिक उपज देने वाली प्रजातियों का अभाव।
- संरक्षित दशा में उत्पादन करने की तकनीक पर कम शोध।

प्रतिबल क्षेत्र (Thrust areas) तथा नीति (Strategy)

- विशिष्ट फसलों व उनकी समस्या जैसे – टमाटर (पत्ती मरोड़ विषाणु, टोमैटो मोजैक वायरस, जीवाणु उकठा, फाइटोफ्थेरा ब्लाइट, फल छेदक) बैंगन (फल व तना भेदक, जीवाणु उकठा, लिटिल लीफ), भिण्डी (पित्त शीरा विषाणु, फल भेदक) मिर्च व शिमला मिर्च (विषाणु बीमारी), प्याज (पर्पल ब्लाच, स्टेमफिलियम, सूंडी एवं थ्रिप्स), कद्दू वर्गीय सब्जियाँ (चूर्णील व मृदरोमिल आसिता, कुकुम्बर मोजैक वायरस, फल मक्खी), ब्रेसिका कुल की सब्जियाँ (स्केलेरोटिनिया, आल्टरनेरिया व साफ्ट राट), मटर (चूर्णील आसिता) व बीन्स (सेप्टोरिया, विषाणु व ब्रुकान) पर ज्यादा शोध की आवश्यकता है।
- विषम परिस्थितियों/दशाओं जैसे – लवणता, क्षारीयता, अम्लीयता के प्रति अनुकूलन रखने वाली प्रभेदों का चयन तथा प्रतिकूल मौसम जैसे – गर्मी में फल धारण, ठण्डी में फल धारण (टमाटर), गर्मी में पत्ता गोभी की अनुकूलित प्रजाति तथा इसी प्रकार अन्य फसलों हेतू शोध कार्यक्रम चलाने की आवश्यकता है।
- संकर ओज का प्याज, टमाटर, पत्ता गोभी, फूल गोभी, कद्दूवर्गीय सब्जियों, मिर्च व शिमला मिर्च में ज्यादा उपयोग को बढ़ाना।
- गुण आधारित प्रजातियों (प्रसंस्करण, भण्डारण, यातायात आदि) का विकास एवं पहल करने की आवश्यकता है।
- नवीनतम तकनीकों जैसे – जैव प्रौद्योगिकी के द्वारा रोग प्रतिरोधी, मौसम प्रतिरोधी, आदि पर गहन शोध की आवश्यकता।
- बीज गुणों तथा बीज उत्पादन पर प्रबल शोध पर बल देना आवश्यक।
- नाशक अवशेष (residue) पर शोध कर उसकी निम्नतम मात्रा का निर्धारण।
- प्रसंस्करण सम्बन्धी शोध पर विशेष बल देने की आवश्यकता।
- संरक्षित खेती को बढ़ावा देने के लिए शोध एवं योजना पर बल।
- सूचना एवं संचार तकनीकी का प्रयोग
- "माइक्रो इर्रीगेशन" को बढ़ावा देना
- तार्किक कृषि (precision farming) का समावेश
- संरक्षित खेती को बढ़ावा
- तुड़ाई उपरान्त प्रबन्धन तकनीकी पर विशेष बल देना

□□□

अध्याय 2

सब्जियों का पोषकीय महत्व

(Nutritional Importance of Vegetables)

प्रसिद्ध उद्यान वैज्ञानिक डॉ0 केली के अनुसार प्रकृति में लगभग 247 किस्म की सब्जियाँ हैं, वर्तमान में यह संख्या 400 है। उनमें लगभग 60–70 ऐसी सब्जियाँ है, जिनकी खेती व्यावसायिक रूप में की जाती है। भारत एक ऐसा देश है जिसमें हर प्रकार की जलवायु (उष्ण, उपोष्ण और शीतोष्ण) पायी जाती है जिससे हर प्रकार की सब्जियाँ कही न कही पूरे वर्ष उगाई जाती हैं। अधिक स्वास्थ्यवर्धक एवं लाभप्रद होने के कारण सब्जियों का प्रयोग दिन प्रति दिन बढ़ता ही जा रहा है और साथ ही साथ इनकी खेती में (क्षेत्रफल) वृद्धि हो रही है। नये–नये अनुसन्धानों एवं विकसित किस्मों के कारण इनकी पैदावार में निरन्तर वृद्धि हो रही है लेकिन वर्तमान मे भी 32 मिलियन टन सब्जी की कमी हैं। सब्जियों के महत्व को देखते हुए इनके विकास में एक नयी क्रान्ति आ रही है। भारतीय जलवायु में 40–50 किस्म की सब्जियाँ उगाई जाती हैं। सब्जियों के खाने योग्य पौधे या उनके भाग जैसे जड़ (मूली, गाजर, शलजम, चुकन्दर आदि), तना (ऐस्परागस), पत्तियाँ (पालक, चौलाई, पत्ता गोभी, मेथी, बथुआ), फूल (फूल गोभी, ब्रोकली), फल (टमाटर, बैंगन, मिर्च आदि) या बीज होते हैं, जिसका प्रयोग पकाने या सलाद (खीरा, ककड़ी आदि) के रूप में किया जाता है। कृषि एवं खाद्य संघठन (एफ0 ए0 ओ0) ने स्पष्ट किया है कि सन् 2025 तक विश्व की लगभग 83 प्रतिशत जनसंख्या (कुल जनसंख्या 8.5 बिलियन) विकासशील देशों में होगी और सन् 2030 में कई मिलियन लोग भूखमरी से प्रभावित होगें। विश्व में लगभग 46.0 करोड़ लोग कुपोषण की समस्या से जूझ रहे हैं और विशेषकर भारतवर्ष की

जनसंख्या का काफी बड़ा हिस्सा कुपोषण बीमारियों (महिलाएँ तथा बच्चे) से ग्रस्त हैं। यहाँ कुपोषण के कारण 3 वर्ष से कम आयु के 47.0 प्रतिशत बच्चे ठिंगने (dwarf) और कम वजन (less weight) के 16.0 प्रतिशत बच्चे दुर्बल है।

सारिणी (2.1) विकासशील देशों में कुपोषण ग्रसित बच्चों का प्रतिशत

देश	कुपोषण ग्रसित बच्चों का प्रतिशत
बांग्लादेश	67
चीन	16
इथियोपिया	48
भारत	53
केनिया	23
नेपाल	49
नाइजेरिया	36
पाकिस्तान	40
श्रीलंका	36
तन्जानिया	29
जम्बिया	25
जिम्बावे	16

स्रोतः यूनेसेफ – 1999

लगभग 49 साल आयु समूह की 36 प्रतिशत महिलाएँ ऊर्जा की अत्यधिक कमी की शिकार हैं, जबकि 70.0–75.0 प्रतिशत महिलाओं को पर्याप्त लौह तत्व (आयरन) नहीं मिल पाता। गर्भावस्था के दौरान केवल 58.0 प्रतिशत महिलाओं को ही समुचित खुराक मिल पाती है।

सारिणी (2.2) विश्व में अनुमानित भूखे लोगों (मिलियन में) का क्षेत्रवार विवरण (वर्ष 2008 की तुलना में 2009 की स्थिति)

क्षेत्र	भूखे की संख्या	प्रतिशत वृद्धि
एशिया एण्ड द पैशिफिक	642	+10.5
सब सहारन अफ्रीका	265	+11.8
लैटिन अमेरिका एण्ड द कैरीबियन	53	+12.8
नियर ईस्ट एण्ड नार्थ अमेरिका	42	+13.5
विकसित देश	15	+15.4
विश्व (कुल)	**1017**	–

स्रोतः कृषि खाद्य संघटन, 2009

सब्जियों का प्रयोग पकाकर, कच्चा, सलाद, जूस या चटनी बनाकर किया जाता हैं। मानव जीवन में सन्तुलित आहार के रूप में सब्जियों का स्थान अत्यन्त महत्वपूर्ण हैं लेकिन वर्तमान समय में मात्र 227 ग्राम सब्जी प्रतिदिनं प्रति व्यक्ति उपलब्ध है जबकि प्रति व्यक्ति प्रतिदिन 300 ग्राम सब्जियाँ उपलब्ध होनी चाहिए। सामान्यतः सब्जियों से 14 आवश्यक तत्व मिलते हैं, जिनमें लौह, आयोडिन, कैल्शियम, फास्फोरस, सोडियम, पोटैशियम, क्लोरिन, सल्फर, मैगनीज, ब्रोमिन, कापर, कोबाल्ट, जिंक तथा आक्सीजन आते हैं, जो स्वास्थ्य की दृष्टि बहुत ही आवश्यक हैं। इनसे प्रचुर मात्रा में कार्बोहाइड्रेट, प्रोटीन (4.0 प्रतिशत) एवं ऊर्जा (10.0 प्रतिशत) मिलता हैं। इसके अलावा विटामिन 'ए', विटामिन 'सी', विटामिन बी–6 व विटामिन 'ई' प्राप्त होते हैं। हमें खाद्य रेशा, विटामिन, कार्बोहाइड्रेट, वसा, प्रोटीन, विटामिन व खनिज पदार्थ जैसे आवश्यक पौष्टिक तत्व सब्जियों से मिलते हैं। सब्जियाँ हमारे भोजन को सरस, स्वादिष्ट व पौष्टिक बनाने में मदद करती हैं।

सब्जियों में पाये जाने वाले कुछ विशेष प्रकार के यौगिक जैसे–बीटा कैरोटीन, विटामिन 'सी', विटामिन 'ई' (टोकोफेराल) तथा ग्लूकोसिनोलेट इत्यादि हमें बीमारियों से लड़ने में सहायता करते हैं। अतः सब्जियों को ''रक्षात्मक भोजन'' (protective food) भी कहा जाता है। इनसे पौष्टिक आहार के उन अनिवार्य तत्वों की पूर्ति होती है, जो दैनिक क्रियाओं के लिए आवश्यक हैं। इनकी कमी से लोग मानसिक विकार के साथ–साथ कई प्रकार के भयंकर रोगों के शिकार हो जाते हैं। भोजन शास्त्रियों व वैज्ञानिकों के अनुसार हमें अपने भोजन को पौष्टिक व संतुलित बनाने हेतु लगभग 300.0 ग्राम सब्जियाँ प्रतिदिन खानी चाहिए, जिसमें लगभग 100.0–125.0 ग्राम हरी पत्तीदार सब्जियाँ, 85.0–100.0 ग्राम जड़ वाली तथा 80.0–120.0 ग्राम अन्य सब्जियों का सेवन आवश्यक है।

सारिणी (2.3) सन्तुलित आहार में सब्जियों की मात्रा (ग्राम प्रति दिन)

मनुष्य	पत्तीवाली सब्जियाँ (ग्राम)	जड़वाली सब्जियाँ (ग्राम)	अन्य सब्जियाँ (ग्राम)
युवा आदमी के लिये	125.0	100.0	75.0
युवा औरत के लिये	125.0	75.0	75.0
नौ वर्ष से कम आयु के बच्चों के लिये	75.0	50.0	50.0
नौ से बारह वर्ष की आयु के बच्चों के लिए	100.0	75.0	75.0

संतुलित आहार में कच्ची शाक–सब्जियों को सलाद के रूप में (गाजर, टमाटर, धनिया, पुदीना, प्याज, खीरा, ककड़ी, हरी मिर्च, चुकन्दर, मूली, पत्ता गोभी) ज्यादा प्रयोग करना चाहिए। सलाद, शरीर को ताजगी प्रदान करता है, भूख को बढ़ाता है तथा पेट की पाचन शक्ति को ठीक रखने में सहायता प्रदान करता है। इससे शरीर का मोटापापन भी कम होता है।

सारिणी (2.4) युवा लोगों के लिये प्रतिदिन पोषक तत्वों की आवश्यकता

पोषक तत्व	मात्रा
प्रोटीन	70.0 ग्राम
कैल्सियम	0.8 ग्राम
लौह	12.0 मिली ग्राम
आयोडिन	0.1 मिली ग्राम
विटामिन ए	5000 अ0यू0
विटामिन बी	1.8 मिली ग्राम
विटामिन बी–2	2.7 मिली ग्राम
विटामिन	7.5 मिली ग्राम
निकोटिनिक एसीड	12.0 मिली ग्राम
पोटैशियम	3.0 ग्राम
मैग्नीशियम	0.35 मिली ग्राम
कापर	2.0 मिली ग्राम
मैगनीज	15.0 मिली ग्राम
जिंक	बहुत सक्ष्म मात्रा
कोबाल्ट	बहुत सक्ष्म मात्रा
	3000 किलो कैलोरी

स्रोतः इन्डियन हार्टिकल्चर, जनवरी–मार्च, 2001, पृ0 32

गर्मी के मौसम में जब तापमान 40.0–42.0 डिग्री सेल्सियस के आस–पास होता है, तब खीरा वर्गीय सब्जियों का सेवन स्वास्थ्य के लिए बहुत लाभप्रद होता है। खरबूजा और तरबूज के फलों को खाने से प्यास कम लगती है और प्रचण्ड धूप में 'लू' (sun stroke) का प्रभाव भी नही होता है। खरबूजा और तरबूज के रस में नमक, जीरा व चीनी डालकर प्रयोग करने से गर्मी का प्रभाव बिल्कुल कम हो जाता है। खरबूजा, खीरा व ककड़ी के बीज को मिठाई, ठंडई व शर्बत आदि में प्रयोग किया जाता है। लौकी के बीज से पर्याप्त तेल (40 प्रतिशत) व प्रोटीन (30–40 प्रतिशत) प्राप्त होता है। वर्तमान समय में मटर के पौधे के अग्रभाग (shoot), लौकी का कोमल तना, कुम्हण का फूल तथा चिकनी तोरी की पुष्प कलिका का ज्यादा प्रयोग हो रहा है।

सब्जियों के गुण

सब्जियों के गुण का विवरण नीचे दिया गया है–

1. सब्जियाँ क्षारीय होने के कारण पाचन क्रिया के समय पैदा हुए अम्ल को निष्क्रिय करती हैं।
2. सब्जियाँ पाचन क्रिया बढ़ाती हैं तथा कब्ज को दूर करती हैं।
3. सेम, मटर, शकरकंद, अरवी, प्याज, लहसुन, टैपियोका में पोषक तत्वों की भरपूर मात्रा पायी जाती है।

4. शारीरिक क्रियाओं में शिथिलता होने पर ऊर्जादायक तत्व व उपयोगी चिकनाई प्राप्त होती है।
5. सब्जियों से दूध तैयार किया जाता है, मटर की फलियों तथा बन्द गोभी की बाहरी पत्तियों से दूध तैयार किया जाता है।
6. सब्जियों से अन्य फसलों की अपेक्षा अधिक पैदावार मिलती है।
7. एक ही क्षेत्रफल में पूरे साल तक कई सब्जियाँ उगाई जा सकती हैं।
8. सब्जियों से अन्य फसलों की अपेक्षा अधिक आय मिलती है, क्योंकि सब्जियों का बाजार मूल्य सर्वदा अधिक होता है।
9. सब्जियों के उत्पादन एवं उपभोग से प्रसन्नता होती है, जो स्वास्थ्य के लिए लाभप्रद होता है।

सब्जियों में पाये जाने वाले पोषक तत्व

सामान्य जीवन व्यतीत करने वाले मानव के लिए अनेकों प्रकार के पोषक तत्वों की आवश्यकता पड़ती है। कुछ तत्व शरीर को ऊर्जा प्रदान करते हैं कुछ विकास एवं वृद्धि में सहायक हैं, तो कुछ उपापचय क्रियाओं के लिए जिम्मेदार हैं। संतुलित आहार में सभी पौष्टिक तत्व रहते हैं, जो मानव शरीर में विभिन्न प्रकार की जैव रासायनिक क्रियाओं हेतु आवश्यक हैं।

सारिणी (2.5) सब्जियों में विद्यमान आवश्यक पोषक तत्व

पोषक तत्व समूह	शरीर को प्राप्त होने वाले तत्व	सब्जियाँ
प्राथमिक समूह	शरीर को ऊर्जा प्रदान करना	आलू शकरकंद, चुकन्दर, मटर, सेम का बीज एवं अरवी
द्वितीयक समूह	शरीर के निर्माण, विकास मरम्मत की व्यवस्था–प्रोटीन	ग्वार, सेम, मटर, आलू, बंद गोभी, सलाद, फराश बीन, लोबिया, चौलाई
अन्य पोषक तत्व	हड्डियों का अपूर्ण विकास–कैल्शियम	गाजर, फूल गोभी, सलाद, चुकन्दर, धनिया, शलजम पत्ती, मेथी, चौलाई, प्याज, पालक, मटर, टमाटर, कुम्हण
	रक्त की कमी (एनीमिया)–लौह	करेला, पालक, सलाद, बंद गोभी, चौलाई, पुदीना, मेथी, मटर, सेम, टमाटर, पोई, पालक
	हड्डी का निर्माण एवं जैविक क्रियाएँ प्रभावित–फास्फोरस	मटर, लहसुन, आलू, गाजर, टमाटर, खीरा, करेला, पालक, फूल गोभी, एवं सलाद।
	पोटैशियम	शकरकंद आलू, करेला, मूली एवं सेम

संतुलित आहार में प्रोटीन, कार्बोहाइड्रेट, वसा, पानी, विटामिन खाद्य रेशा एवं खनिज पदार्थ में 15 पदार्थों का होना आवश्यक माना गया है, जिनमें लौह, आयोडिन, कैल्शियम, मैग्नीशियम, फास्फोरस, सोडियम, पोटैशियम, क्लोरिन, गंधक, मैग्नीज, ब्रोमीन, कापर, कोबाल्ट, जस्ता तथा आक्सीजन आते हैं।

सारिणी (2.6) विभिन्न पोषक घटकों के स्रोत

पोषक घटक	सब्जी
कार्बोहाइड्रेट	आलू, मटर, कसावा
प्रोटीन	मटर, बीन्स, पत्ता गोभी, चौलाई. पालक
पोटैशियम	आलू, शकरकन्द, पत्तीदार सब्जियाँ, स्क्वाश, खरबूजा
कैल्सियम	पालक, मेथी, रुहर्ब, चुकन्दर की पत्ती, भिण्डी, टमाटर, हरा मटर
लोहा	प्याज, लहसुन, गाजर, करेला, टमाटर एवं पत्तीदार सब्जियाँ
खाद्य रेशा	मूली, चुकन्दर, पत्ता गोभी, गाजर, खीरा, हरा मटर एवं बीन्स

पोषक तत्वों की कमी से मानसिक विकास के साथ–साथ लोग कई प्रकार के भयंकर रोगों के शिकार हो जाते हैं। इसलिए दैनिक आहार में शाक–सब्जियाँ (गाजर, टमाटर, धनिया, प्याज, खीरा, पुदीना, हरी मिर्च, चुकन्दर, मूली, पत्ता गोभी आदि) का प्रयोग करना चाहिए, जिससे सभी विटामिन और खनिज लवण प्राप्त हो सके। सलाद शरीर को ताजगी प्रदान करता है, भूख को बढ़ाता है, मोटापा भी कम करता है तथा पेट की पाचनशक्ति को ठीक रखने में भी सहायता प्रदान करता है।

सारिणी (2.7) सब्जियों में पोषक तत्वों की मात्रा (प्रति 100 ग्राम खाने योग्य भाग में)

सब्जी	खाने योग्य भाग की मात्रा	नमी	प्रोटीन	चिकनाई	खनिज तत्व	रेशा	कार्बोहा– इड्रेट	कैलोरी	विटामिन 'ए' (आई0यू0)	विटामिन 'सी' (मिली ग्राम)
बथुआ	–	89.6	3.7	0.4	2.6	0.8	2.9	30	2900	35.0
ब्रुसेल्स स्प्राउट	100	85.5	4.7	0.5	1.0	1.2	7.1	52	210	72.0
बंद गोभी	88	91.9	1.8	0.1	0.6	1.0	4.6	27	2000	124.0
चौलाई	39	85.7	4.0	0.5	2.7	1.0	6.3	46	10120	4.0
अरवी (पत्तियाँ)	89	87.9	4.0	1.2	1.7	1.0	4.2	44	17130	12.0
धनिया	70	86.3	3.3	0.6	2.3	1.2	6.3	44	11530	135.0
मेथी	59	86.1	4.4	0.9	1.5	1.1	6.0	49	3900	52.0
चने की साग	–	68.0	8.2	0.5	3.5	–	27.2	146	6700	–
सलाद	6	93.4	2.1	0.3	1.2	0.5	2.5	21	1650	10.0

पुदीना	45	84.9	4.8	0.6	1.9	2.0	5.8	48	2700	27.0
सरसों की साग	–	89.8	4.0	0.6	1.6	0.8	3.2	34	4370	33.0
हरी प्याज	–	90.3	1.2	0.8	1.0	1.4	5.3	33	–	–
मूली की पत्तियाँ	–	90.3	2.7	0.6	2.1	0.9	3.4	30	18660	103.0
पालक	87	92.1	2.0	0.7	1.7	0.6	2.9	26	9300	28.0
सोया	–	85.2	3.4	0.7	2.5	1.5	6.7	46	–	–
शलजम की पत्तियाँ	51	81.9	4.8	1.5	2.2	1.0	9.4	67	15060	180.0
गाजर	95	86.0	0.9	0.2	1.1	1.2	10.6	48	3150	3.0
अरवी	–	73.1	3.0	0.1	1.7	1.0	21.1	97	40	3.0
प्याज	–	84.3	1.8	0.1	0.5	0.6	12.6	59	0	0.0
आलू	100	74.7	1.6	0.1	0.6	0.4	22.6	97	40	11.0
मूली	99	94.40	0.7	0.1	0.6	0.8	3.4	17	5	17.0
शकरकंद	–	68.5	1.2	0.3	1.0	0.8	28.2	120	10	15.0
कसावा	–	59.4	0.7	0.2	1.0	0.6	38.1	157	–	24.0
शलजम	65	91.6	0.5	0.2	0.6	0.9	6.2	29	–	25.0
सूरन	–	78.7	1.2	0.1	0.8	0.8	18.4	79	434	43.0
पेठा (मिठाई)	67	96.5	0.4	0.1	0.3	0.8	1.9	10	–	–
करेला	97	92.4	1.6	0.2	0.8	0.8	4.2	25	210	1.0
बैंगन	91	92.7	1.4	0.3	0.3	1.3	4.0	24	124	38.0
फूल गोभी	70	90.8	2.6	0.4	1.0	1.2	4.0	30	51	12
ग्वार	–	81.0	3.2	0.4	1.4	3.2	10.8	60	30	56.0
अरवी	86	94.0	0.3	0.3	1.2	0.6	3.6	18	174	49.0
लोबिया	–	85.9	2.6	0.2	0.8	2.0	8.5	46	941	3.0
खीरा	83	96.3	0.4	0.1	0.3	0.4	2.5	13	–	7.0
सेम	93	86.1	3.8	0.7	0.9	1.8	6.7	48	312	9.0
फराश बीन	94	91.4	1.7	0.1	0.5	1.8	4.5	26	221	14.0
मिर्च	97	92.4	1.3	0.3	0.7	1.0	4.3	25	712	137.0
गांठ गोभी	74	92.7	1.1	0.2	0.7	1.5	3.8	21	36	85.0
भिण्डी	84	89.6	1.9	0.2	0.7	1.2	6.4	35	88	13.0
लीक	–	78.9	1.8	0.1	0.7	1.3	17.2	77	30	11.0
परवल	95	92.0	2.0	0.3	0.5	3.0	2.2	20	225	29.0
पेठा (सब्जी)	97	92.6	1.4	0.1	0.6	0.7	4.6	25	84	2.0
तोरी (नसदार)	82	95.2	0.5	0.1	0.3	0.5	3.4	17	56	5.0
चिचिण्डा	98	94.6	0.5	0.3	0.5	0.8	3.3	18	160	–
टिण्डा	9	93.5	1.4	0.2	0.5	1.0	3.4	21	23	18.0

टमाटर	98	93.1	1.9	0.1	0.6	0.7	3.6	23	320	31.0
अदरक	–	80.9	2.3	0.9	1.2	2.4	12.3	67	67	6.0
हल्दी	–	13.1	6.3	5.1	3.5	2.6	69.4	349	50	–
तरबूज	98	95.8	0.2	0.2	0.3	0.2	3.3	16	–	1.0
फूट	–	95.7	0.3	0.1	0.4	0.5	3.0	14	265	10.0
खरबूजा	80	92.8	0.6	0.1	0.6	0.5	5.4	25	450	32.0

स्रोत : इण्डियन कौंसिल आफ मेडिकल रिसर्च, 2004

सब्जियों का जैव रासायनिक क्रियाओं में योगदान (Role of vegetable in bio-chemical reaction)

सब्जियों में उपलब्ध पोषक तत्वों का विभिन्न जैव रासायनिक क्रियाओं में योगदान निम्नवत है–

खाद्य रेशा (Dietary fiber)

भोजन में उपस्थिति कार्बोहाइड्रेट का वह रूप जिसका पाचन व अवशोषण नहीं होता है आहारीय रेशा या खाद्य रेशा (fiber) कहलाता है। यह वनस्पति जगत में प्राप्त होने वाले खाद्य पदार्थ पोषक तत्वों की श्रेणी में नहीं आता, परन्तु स्वास्थ्य के लिए अत्यन्त आवश्यक घटक है। रेशायुक्त भोज्य पदार्थों को अच्छे से चबाकर खाना चाहिए। सामान्यतः एक स्वस्थ व्यक्ति को प्रतिदिन आहार में 35.0–40.0 ग्राम आहारीय रेशा अवश्य लेना चाहिए। इसमें 5.0–10.0 ग्राम घुलनशील रेशा अवश्य होना चाहिए।

- आहारीय रेशा शर्करा को नियंत्रित करता है।
- कोलेस्ट्रॉल (cholesterol) नियंत्रित कर ह्रदय रोग की आशंका कम करता है।
- आँतों की सुरक्षाकर कोलन कैंसर का खतरा कम करता है।
- भोजन में आहारीय रेशा मोटापा घटाने की निरापद औषधि है, क्योंकि रेशा अतिरिक्त ऊर्जा की मात्रा को नियंत्रित करता है और भोजन की अतिरिक्त मात्रा को भी नियंत्रित करता है।
- पर्याप्त मात्रा में आहारीय रेशा का सेवन करने से पेट अच्छे से साफ होता है और कब्ज से निजात मिलती है।
- रेशायुक्त भोज्य पदार्थों को अच्छे से चबाकर खाना चाहिए, जिससे मुँह में लार का उत्पादन पर्याप्त मात्रा में हो व भोजन का पाचन सुचारू रूप से हो।
- रक्त कोलेस्ट्रॉल (blood cholesterol) नियंत्रित कर ह्रदय रोग की आशंका कम करता है।

आहारीय रेशा दो प्रकार का होता है।

1 घुलनशील रेशा (Soluble fiber)

इसमें जल ग्रहण की क्षमता होती है। यह वसीय पदार्थों को शरीर से बाहर कर रक्त कोलेस्ट्रॉल (blood cholesterol) की मात्रा नियंत्रित करता है। हरी पत्तीदार एवं दलहनी सब्जियाँ घुलनशील रेशा की अच्छी स्रोत हैं।

2 अघुलनशील रेशा (Insoluble fiber)

यह अघुलनशील अवस्था में ही पाचन संस्थान में जाकर व्यर्थ पदार्थों को शरीर से बाहर निकालते हैं। इसकी अच्छे स्रोत आलू, गोभी व फलीदार सब्जियाँ हैं।

(अ) प्रमुख पोषक तत्व

कार्बोहाइड्रेट (Carbohydrate)

कार्बोहाइड्रेट शरीर में ऊर्जा का प्रमुख स्रोत हैं। साधारण शर्करा जैसे–ग्लूकोज और जटिल कार्बोहाइड्रेटस जैसे–स्टार्च का शरीर में पूर्ण पाचन होता है। इसके अतिरिक्त अपचनीय कार्बोहाइड्रेट जैसे–सेलूलोज, हेमीसेल्यूलोज, गोंद, पेक्टीन और लिग्नीन इत्यादि का मानव शरीर में पूर्णरुप से पाचन नहीं हो पाता है, लेकिन खाद्य रेशा एवं स्थूल खाद्य पदार्थ का मानव शरीर में अलग उपयोगिता है। आहार में रेशे की कमी होने से कब्ज और आंत के कैंसर होने की सम्भावना बढ़ जाती है। इसके अतिरिक्त भोजन में कुछ रेशे से गोंद एवं म्यूसिलेज रक्त में कोलेस्ट्राल शर्करा की मात्रा को नियंत्रित करते हैं। सब्जियों में कार्बोहाइड्रेट के प्रमुख स्रोत आलू, शकरकंद, चुकन्दर, हरी मटर, सेम, अरवी, ग्वार, गाजर आदि हैं। पत्तीदार सब्जियों में सेलूलोज अधिक होता है। अतः दैनिक आहार में सब्जी व सलाद के रुप में हरी पत्तेदार सब्जियों की अधिक से अधिक मात्रा का समावेश आवश्यक है।

सारिणी (2.8) सब्जियों में इनुलिन (फ्रक्टोओलिगोसैकराइड) की मात्रा

स्रोत	खाने योग्य भाग	शुष्क पदार्थ की मात्रा (मिली ग्राम)	इनुलिन (क्टोओलिगोसैकराइड) की मात्रा (मिली ग्राम)
प्याज	शल्क कन्द	6.0–11.0	2.0–6.0
जेरूसलेम आर्टीचोक	कन्द	19.0–25.0	14.0–19.0
चिकोरी	जड़	20.0–25.0	15.0–20.0
लीक	शल्क पौध	15.0–20.0	3.0–10.0
लहसुन	शल्क कन्द	40.0–45.0	9.0–16.0
आर्टीचोक	पत्तियाँ	14.0–16.0	3.0–10.0
केला	फल	24.0–26.0	0.3–0.7
डंडेलियन	पत्तियाँ	50.0–55.0	12.0–15.0
बरडाक	जड़	21.0–25.0	3.5–4.0

कमास	शल्क कन्द	31.0—50.0	12.0—22.0
मरनाग	जड़	25.0—28.0	8.0—13.0
एकान	जड़	13.0—31.0	3.0—19.0

स्रोतः वान लु एवं सहयोगी, 1995

प्रोटीन (Protein)

प्रोटीन एक महत्वपूर्ण पौष्टिक तत्व है तथा शरीर को शक्ति प्रदान करता है। नये तन्तुओं तथा टुटे तन्तुओं का निर्माण भी करता है तथा शरीर वृद्धि करता है। प्रोटीन का प्राथमिक कार्य एमीनो एसीड का निर्माण करना है, जिससे शरीर हेतु प्रोटीन संश्लेषण होता है। अतः प्रोटीन को शरीर विकास और शरीर निर्माण तत्व के रूप में भी जाना जाता है। एक ग्राम प्रोटीन से शरीर को 4.0 किलो कैलोरी ऊर्जा मिलती है। इसके अलावा यह तत्व कोशिकाओं, ऊतकों व रक्त के द्रव का प्रमुख घटक है। इन्जाइम एवं हार्मोन के रूप में प्रोटीन कई उपापचयी क्रियाओं को नियंत्रित करता है। एन्टीबाडीज के रूप में यह तत्व कई संक्रमणों के लिए सुरक्षा कवच है। विभिन्न प्रकार के एमीनो एसीड शरीर द्वारा उपयोग किये जाते हैं, जिनसे ऊतक निर्माण व प्रोटीन के निकाले जाने पर पूर्ति करता है। मानव में प्रोटीन तत्व की अधिक कमी होने से क्वाशीरकोर (kwashiorkor) नामक बीमारी हो जाती है, जो पफी (puffy) एवं पोट्बेली (potbelly) से सम्बन्धित है। यद्यपि सब्जियाँ प्रोटीन का मुख्य स्रोत नही हैं, फिर भी चौलाई, फूल गोभी, फराश बीन, हरी मटर, ग्वार एवं लोबिया से समुचित मात्रा में प्रोटीन प्राप्त हो जाता है। सब्जियाँ विभिन्न प्रकार की एमीनो एसीड भी प्रदान करती हैं। सब्जियाँ प्रोटीन युक्त खाद्य पदार्थ जैसे—मांस, पनीर, अण्डों आदि के हानिकारक प्रभाव से मुक्त करती है।

वसा (Fat)

ऊर्जादायक चिकनाई / वसा विशेषतः सब्जी—तेल एक सान्द्र ऊर्जा का स्रोत (1 ग्राम चिकनाई से 9.0 किलो कैलोरी ऊर्जा) है, लेकिन इससे आवश्यक फैटी एसीड्स प्राप्त होते हैं। यही नहीं घुलनशील विटामिन के अवशोषण में भी सहायक है। कई उपापचयी क्रियाओं को नियंत्रित करते हैं। इनकी कमी से शारिरिक क्रियाओं में शिथिलता आ जाती है। सेम, मटर, शकरकंद, चुकन्दर, अरवी, प्याज, लहसुन, टैपियोका आदि में ऊर्जादायक चिकनाई ज्यादा होती है।

सारिणी (2.9) काब्रोहाइड्रेट, प्रोटीन व ऊर्जादायक चिकनाई उपापचयी क्षमता

पोषक तत्व	शरीर उपापचयन उष्मा (किलो कैलोरी / ग्राम)	उपापचयी ऊर्जा (किलो कैलोरी / ग्राम)
कार्बोहाइड्रेट	4.1	4.0
चिकनाई	9.4	9.0
प्रोटीन	5.6	4.0

स्रोतः राबाताज्की, वी0ई0 एण्ड यामागुची, एम0 (1996): वर्ल्ड वेजिटेबुल—प्रिंसपल्स, प्रोडक्शन एण्ड न्यूट्रीशनल वैल्यूज पृष्ठ 34—41।

खनिज लवण एवं गौण तत्व (Minerals and secondary elements)

रक्षात्मक आहार में खनिज लवण एवं गौण तत्व का विशिष्ट स्थान है, क्योंकि मानव आहार में बहुत से खनिज एवं सूक्ष्म तत्व आवश्यक होते हैं। इनके अभाव में मानव शरीर में विभिन्न प्रकार के विकार आ जाते हैं। इनमें से कुछ मानव शरीर के अंगों के निर्माण में सहयोग प्रदान करते हैं तथा उत्प्रेरक के रुप में जैव रसायनिक क्रियाओं में सहायक होते हैं। दांत एवं हड्डियों के निर्माण में कैल्शियम, मैग्नीशियम एवं फास्फोरस का योगदान संयुक्त रूप से होता है, जबकि लोहा रक्त का प्रमुख अवयव है। इसके अतिरिक्त जिंक, मालिब्डेनम, तांबा, मैग्नीज तथा मैग्नीशियम शरीर में इंजाइम के उत्प्रेरक के रुप में विभिन्न जैव रासायनिक क्रियाओं को सम्पन्न करते हैं। आयोडिन, थायराक्सिन का प्रमुख अवयव है। इसकी कमी से घेंघा रोग हो जाता है तथा बच्चों का मानसिक विकास रुक जाता है। सोडियम व पोटैशियम शरीर में उपलब्ध द्रव्यों के प्रमुख अंग हैं तथा ये क्लोराइड तथा कार्बोनेट व बाइकार्बोनेट आयन्स के साथ मिलकर जल एवं अम्ल क्षार के संतुलन को ठीक रखते हैं। मानव शरीर से 20.0–30.0 ग्राम खनिज पदार्थ का उत्सर्जन होता है, जिनकी पूर्ति उन्हें भोज्य पदार्थों जिनमें सब्जियों का प्रमुख योगदान है, के माध्यम से करना चाहिए। मुख्य रुप से बढ़ते बच्चों में खनिज एवं लवणों की ज्यादा मात्रा की आवश्यकता पड़ती है, जो उनके ऊतकों के वृद्धि में सहायक होते हैं। कुछ महत्वपूर्ण खनिज–लवणों से सम्बन्धित विवरण निम्नवत है।

कैल्सियम (Calcium)

शरीर के विकास के लिए कैल्सियम एक अत्यन्त महत्वपूर्ण पोषक तत्व है। इसकी कमी से हड्डियों का अपूर्ण विकास होता है। अतः रचनात्मक दृष्टिकोण से यह तत्व शरीर के ढाँचा एवं दाँतों के लिए बहुत आवश्यक है। मांसपेशियों के संकुचन व चक्रमण के लिए ह्रदय की सामान्य गति, तंत्रिका तंत्र की गतिशीलता एवं रक्त के थक्का बनने में सहायक है। कोशिका भित्ती की पारदर्शिता को बनाये रखने के लिए भी आवश्यक है। इसकी उपस्थिति में शरीर द्वारा फास्फोरस तत्व का अवशोषण सुगमता से होता है। प्रतिदिन प्रति व्यक्ति 0.4–0.6 ग्राम की मात्रा तथा गर्भवती एवं बच्चों को दूध पिलाने वाली माताओं के लिए 1.0 ग्राम प्रति दिन की मात्रा संस्तुत की गयी है। सेम, गाजर, फूल गोभी, सलाद, चुकन्दर, धनिया, शलजम, मेथी, चौलाई, प्याज, पालक, मटर, टमाटर, कुम्हण आदि कैल्सियम के प्रमुख स्रोत हैं।

फास्फोरस (Phosphorus)

शरीर में फास्फोरस की कमी से हड्डी का निर्माण व जैविक क्रियाएं पूर्णतया प्रभावित होती है। कैल्शियम तत्व की उपयोगिता पूर्णरूपेण फास्फोरस तत्व के साथ जुड़ी हुई है। शरीर में कैल्शियम मुख्यतः कैल्शियम फास्फेट के रूप में हड्डियों एवं दाँतों में मौजूद रहता है। फास्फोरस न्यूक्लिक एसीड का प्रमुख घटक है और फास्फेट इस्टर्स के रूप में सेलूलोज के अलावा कार्बोहाइड्रेट व वसा उपापचयन में सहायक है। ऊर्जा निर्गत करने वाले शर्करा के आक्सीकरण में भी सहयोग प्रदान करते हैं। मटर, लहसुन, गाजर, टमाटर, खीरा, करेला, पालक, फूल गोभी एवं सलाद, आलू, फास्फोरस उपलब्धता के प्रमुख स्रोत हैं।

लौह तत्व (Iron)

लौह तत्व की कमी से रक्ताल्पता (एनीमिया) हो जाती है, जिससे शरीर में अनेकों बीमारियों के संक्रमण की सम्भावना बढ़ जाती है। लाल रक्त कोशिकाओं के लिए हीमोग्लोबिन का निर्माण लौह तत्व से ही होता है जिससे शरीर में आक्सीजन का संचार होता है। टूट–फूट व निर्माण की प्रक्रिया में ऊतकों को प्रचुर मात्रा में लौह तत्व की आवश्यकता पड़ती है। प्रतिदिन 1.0–3.0 मिली ग्राम लौह तत्व की आवश्यकता शरीर को पड़ती है, परन्तु इतनी मात्रा के अवशोषण हेतु कुल 20.0–30.0 मिली ग्राम लौह की आवश्यकता होती है, क्योंकि शरीर में मात्र 2.0–5.0 प्रतिशत ही अवशोषित हो पाता है। प्रत्येक दिन लगभग 50.0–100.0 ग्राम ही सब्जियों के उपयोग में लौह की मात्रा पूरी की जा सकती है। शिमला मिर्च, करेला, पालक, सलाद, बंद गोभी, चौलाई, पुदीना, मेथी, हरी मटर, सेम, टमाटर, पोई आदि लौह तत्व के प्रमुख स्रोत है।

सारिणी (2.10) विभिन्न सब्जियों में लौह तत्व की मात्रा

सब्जी फसल	लौह तत्व की मात्रा (मिली ग्राम)
चौलाई	38.5
बथुआ पत्ती	4.2
मेथी पत्ती	1.93
गार्डेन केस	28.6
बासेला	10.0
पुदीना	15.6
सरसों पत्ती	16.3
पार्सले	17.9
मूली	18.0
दाल	17.4
केला (कच्चा)	6.27
तरबूज	7.9

स्रोत : इन्डियन हार्टिकल्चर, मई–जून, 2011, पृ0 22

इलेक्ट्रोलाइट्स (Electrolytes)

सब्जियों में जैव रासायनिक क्रियाओं भाग में भाग लेने वाले इलेक्ट्रोलाइट्स (electrolytes) निम्नवत हैं–

1. सोडियम (Sodium)

सोडियम तत्व प्रमुख रूप से कोशिका द्रव्यी पदार्थों के संगठन के लिए आवश्यक है। शरीर में ऊतक अपने आकार–प्रकार को इसी तत्व की सहायता से नियंत्रित करता है। सोडियम की उपस्थिति से कोशिकाओं की पारगम्यता बनी रहती है। करेला, हरी प्याज व शिमला मिर्च में सोडियम प्रचुरता से पाया जाता है।

2. पोटैशियम (Potassium)

कोशिकाओं के अन्दर व बाहर के द्रव का मुख्य घटक पोटैशियम है, जिससे कोशिकायें उचित आकार में रहती हैं तथा संतुलित होकर सूचनाओं का आदान–प्रदान करती है। इस तत्व से तंत्रिका तंत्र को उत्तेजना प्राप्त होती है। शकरकंद, आलू, करेला, मूली एवं सेम पोटैशियम तत्व के प्रमुख स्रोत हैं।

3. मैग्नीशियम (Magnesium)

मैग्नीशियम तत्व सभी कोशिकाओं में सूक्ष्म मात्रा में पाया जाता है और कोशिकीय उपापचयन की प्रक्रिया में सहायक है। शरीर की हड्डियों में कैल्शियम के साथ इसकी उपस्थिति देखी जा सकती है। हृदय सम्बन्धी बीमारियों को कम करने में मैग्नीशियम तत्व की भूमिका ज्यादा होती है।

4. आयोडीन (Iodin)

आयोडीन एक सूक्ष्म पोषक तत्व है लेकिन थाइराइड हार्मोन्स जैसे–थायरोक्सिन एवं ट्राइआयोडोथायरोनिन के विकास के लिए महत्वपूर्ण है। आयोडीन की कमी से थाइरायड ग्रन्थि में सूजन आ जाने के कारण गले में घेंघा रोग (goiter) हो जाता है। इस तत्व की कमी के कारण भ्रूणावस्था में ही मानसिक विकास कम होता है, जो बाद में चलकर मंद बुद्धि में परिणित हो जाता है। साथ ही साथ शरीर के अन्य अंगों का विकास भी बाधित होता है। आयोडीन की प्रचुरता भिण्डी, समर स्क्वाश, ऐस्परागस आदि में पाया जाता हैं।

5. जस्ता (Zinc)

मानव शरीर में जिंक का महत्व सूक्ष्म तत्व के रूप ज्यादा है क्योंकि इस तत्व की उपस्थिति से अनेकों इन्जाइम सक्रिय होते हैं। यह इन्सूलिन (insulin) का भी एक प्रमुख घटक है। शरीर ढाँचा के विकास के साथ–साथ ऊतकों के टूट–फूट की मरम्मत में भी सहायक है। इसकी कमी से शरीर का विकास मंद व जननांगों में जटिलता आती है।

6. ताँबा (Copper)

कापर का प्रमुख कार्य अन्य पोषक तत्वों के अवशोषण में वृद्धि करना है। इससे कोशिकाओं व ऊतकों के बीच न्यूरो–ट्रान्समिशन (neuron-transmission) बना रहता है। लिपीड के उपापचयन में काफी सहायक है। विघटनकारी इन्जाइम–साइट्रोक्रोम आक्सीडेज में ताँबे की उपस्थिति देखी जा सकती है।

7. क्रोमियम (Chromium)

क्रोमियम तत्व की उपयोगिता सामान्य उपापचयी क्रियाओं के गति को बनाये रखना है। सम्भवतः यह तत्व इन्सुलिन (insulin) का सह–घटक है। क्रोमियम तत्व की कमी का प्रभाव ग्लूकोज सहन के असंतुलित प्रवृत्ति के रुप में पड़ता है।

8. मैग्नीज (Magnese)

यह एक आवश्यक तत्व है, जो कई उपापचयी क्रियाओं को मेटल इन्जाइम या इन्जाइम सह घटक के रूप में नियंत्रित करता है। ग्लूकोसिल ट्रान्सफरेज के रूप में इसकी पहचान है। लीपीड व कार्बोहाइड्रेट के उपापचयन (metabolism) में सहायक है। इसकी कमी से (शरीर की हड्डी में) ढाँचे हेतु असामान्य प्रवृत्ति उत्पन्न होती है।

9. मालीब्डेनम (Molybdenum)

यह तत्व जेन्थेन्स व एल्डीहाइड आक्सीडेज (aldehide oxidase) का प्रमुख घटक है और यह यूरिक एसीड के उपापचय में सम्मिलित रहता है। हमारे भोजन में इस तत्व की कमी देखने को मिलती है। मालीब्डेनम की अधिकता के कारण "गाउट" (gout) यानी गठिया नामक बीमारी हो जाती है।

10. फ्लोराइड (Fluoride)

इस तत्व की सूक्ष्म मात्रा ही दाँतों की कैरिज होने से बचाता है। दाँतों की पूर्ण सुरक्षा के साथ शरीर की हड्डियों को सुदृढ़ बनाये रखने में सहायक है, अगर इस तत्व की अधिकता विशेषकर पानी में होने के कारण (2–3 पी0पी0एम0) फ्लूओरोसिस (हड्डी का सख्त होना) हो जाती है।

11. सेलेनियम (Selenium)

सेलेनियम व विटामिन 'ए' के संयुक्त प्रभाव से यकृत (लीवर) सुदृढ़ व कार्यशील बना रहता है। इस तत्व की कमी से शरीर में "न्यूरोसिस" व विघटनकारी नुकसान की पूर्ति करता है।

12. कोबाल्ट (Cobalt)

कोबाल्ट विटामिन बी–12 का महत्वपूर्ण घटक है। यह मानव शरीर में आयोडिन के न्यून मात्रा के अवशोषण व अधिकता के उपयोग को बढ़ावा देता है।

13. गंधक (Sulfur)

गंधक मानव शरीर के वृद्धि, नवीन त्वचा, बाल एवं नाखून के बनने में सहायक है। इसके अलावा गन्धक आधारित एमीनो एसीड के निर्माण में सहायक है।

14. क्लोराइड (Chloride)

शरीर के कोशिका द्रव्य के निर्माण में सहायक होता है और पित्ताशय से निकलने वाले "गैस्ट्रीक जूस" के निर्माण में सहायक है। शरीर में द्रव्य एवं इलेक्ट्रोलाइट के अनुपात को संतुलित करता है।

सारिणी (2.11) भारी धातुओं की सान्द्रता

धातु	लिथोस्फियर	मृदा रेन्ज	पौध
कैडमियम (Cd)	0.2	0.01–0.7	0.2–0.8
कोबाल्ट (Co)	40.0	1.0–40.0	0.05–0.5
क्रोमियम (Cr)	200.0	5.0–3000.0	0.21–1.0
कापर (Cu)	70.0	2.0–100.0	4.0–15.0
आयरन (Fe)	50,000.0	7000.0–5,50000.0	140.0
मर्करी (Hg)	0.5	0.01–0.3	0.015
मैग्नीज (Mn)	1000.0	100.0–4000.0	15.0–100.0
मालीब्डेनम (Mo)	2.3	02–5.0	1.0–10.0
निकल (Ni)	100.0	10.0–1000.0	1.0
पीबी (Pb)	16.0	2.0–200.0	0.1–10.0
एस एन (Sn)	40.0	2.0–200.0	0.3
जिंक (Zn)	80.0	10.0–300.0	8.0–100.0

स्रोत : बरुआह, 2013

सब्जियों में पाये जाने वाले प्रमुख विटामिन्स (Availability of vitamins in vegetables)

विटामिन्स मुख्यतः जटिल कार्बनिक पदार्थ हैं, जिसकी आवश्यकता शरीर के लिए अत्यन्त सूक्ष्म मात्रा में होती है। विटामिन्स शरीर के अनेकों महत्वपूर्ण प्रक्रिया में भाग लेते हैं। इनमें कुछ विटामिन्स प्रमुख पोषक तत्वों जैसे–प्रोटीन, वसा एवं कार्बोहाइड्रेट के उपयोग में भी सहायता करते हैं। प्रकृति में पाये जाने वाले विटामिन्स को उनकी घुलनशील प्रवृत्ति के अनुसार दो समूहों में बाँटा जा सकता है–

1. जल घुलनशील विटामिन्स (Water soluble vitamins)
2. वसा घुलनशील विटामिन्स (Fat soluble vitamins)

1. जल घुलनशील विटामिन्स

विटामिन 'सी' (Ascorbic acid)

विटामिन 'सी' एक जल विलेय तत्व है तथा अच्छे स्वास्थ्य के लिए अनिवार्य है। एस्कार्बिक एसीड एक प्रबल ''रेड्यूसींग एजेन्ट" (reducing agent) है। यह कोलेजन संश्लेषण, हड्डी व दाँत के कैल्सीफिकेशन और अनेकों शारीरिक प्रक्रियाओं में भाग लेता है। यह खाद्य रेशा के अवशोषण में भी सहायक है। इसकी उपस्थिति से रक्त कैपीलरी में ऊतकों की संयोजकता में वृद्धि होती है, जिससे चोट व मोच में घाव जल्द भर जाता है और छोटे रक्त पात्रों (blood vessels) के टूट–फूट से बचाता है। इसकी कमी से ''स्कर्वी'' नामक बीमारी हो जाती है जिससे कमजोरी, मँसूड़ों में रक्त आना व दोषपूर्ण हड्डियों का विकास जैसे सामान्य लक्षण हो जाते हैं लेकिन वातावरणीय प्रजारण

(oxidation) के कारण एस्कार्बिक एसीड जल्द विघटित हो जाता है। अतः विटामिन 'सी' की अधिकतम मात्रा प्राप्त करने के लिए जहाँ तक सम्भव हो कच्ची सब्जियों का प्रयोग करना चाहिए। अगाथी, फूल गोभी, टमाटर, शलजम, केल, आलू, शकरकन्द, सहजन की पत्ती, पार्सले, धनिया की पत्ती, मेथी, चौलाई, हरी मिर्च, पालक, सलाद पत्ती, पत्ता गोभी इत्यादि इसके प्रमुख स्रोत हैं।

विटामिन 'बी' समूह (Vitamin B group)

विटामिन 'बी' समूह जल घुलनशील विटामिन्स का एक समूह है, जिनमें विटामिन बी–1, बी–2, बी–3, पेंटाथेनिक अम्ल, पायरीयडाक्सीन, फोलिक अम्ल, बायोटिन, बी–13 आदि आते हैं।

विटामिन बी–1 (Thiamine or Vitamin B1)

यह स्वेतासार वसा वाले आहारीय पदार्थों के पूर्ण पाचन, शोषण व ज्वलन कार्य में सहायता प्रदान करता है। इसके द्वारा पाचन क्रिया ठीक ढंग से होती है। यह स्नायुतंत्र और हृदय सम्बन्धी रोगों से सुरक्षा प्रदान करता है। इसकी कमी से बेरी–बेरी नामक रोग हो जाता है तथा ऊर्जा के प्रमुख स्रोत शर्करा तथा स्टार्च की उपयोगिता नहीं हो पाती है। इसके अलावा मानव शरीर में सुस्तीपन, चिड़चिड़ापन, याद्दाष्त की कमी, भूख का न लगना, अनिद्रा तथा शारीरिक वजन में कमी आती है। प्रत्येक व्यक्ति को उनकी उम्र, शारीरिक क्षमता, श्रम के अनुसार लगभग 0.5–2.0 मिली ग्राम प्रति दिन तक थायमिन की आवश्यकता होती है। अगाथी, पालक, घुइया की पत्ती, सलाद, हरी मिर्च, टमाटर, प्याज, बैंगन, गाजर, शकरकन्द इत्यादि इसके प्रमुख स्रोत हैं।

विटामिन बी–2 (Riboflavin or Vitamin B2)

यह को–इन्जाइम का घटक है और कोशिकाओं के अन्दर अनेकों प्रजारण (oxidation) प्रक्रिया में भाग लेता है, जिससे ऊर्जा बनती है। प्रोटीन उपापचय में यह ज्यादा सक्रिय भूमिका निभाता है। अपर्याप्त उपयोग के कारण जिह्वा में सूजन (ग्लोसैटिस) मुँह के कोणीय फटन विकृति (एंगुलर स्टोमैटाइटिस) आँख का लाल होना व जलन की अनुभूति होना इत्यादि लक्षण प्रकट होते हैं। इसके अलावा नाक व होठ के बीच की त्वचा का फटना (सेबोरहीक डरमैटाइटिस) भी सामान्य लक्षण है। बच्चों में मानसिक बुद्धिहीनता इस विटामिन की कमी के कारण पाया गया है। चौलाई, पालक, घुइया की पत्ती, मूली की पत्ती, बीन्स आदि इसके प्रमुख स्रोत हैं।

नियासिन या निकोटिनीक एसीड या विटामिन बी–3 (Niacin or nicotinic acid or Vitamin B3)

यह को–इन्जाइम का घटक है और प्रजारण (oxidation) क्रिया में महत्वपूर्ण भूमिका निभाता है। यह कार्बोहाइड्रेट, वसा व प्रोटीन के उपापचय में सहायक है। शरीर में इस विटामिन का संश्लेषण एमीनो एसीड ट्रिप्टोफेन से होता है, जो सभी खाद्य प्रोटीन में समाहित होता है। खाद्य पदार्थों में इस विटामिन की कमी से "पेलाग्रा" (pellagra) नामक बीमारी हो जाती है, जिसमें जिह्वा में सूजन, त्वचा में रंग आना व डायरिया जैसे–रोग उत्पन्न होते है। प्रति व्यक्ति प्रति दिन 8.0–26.0 मिली ग्राम

नियासिन या निकोटिनीक एसीड या विटामिन बी–3 की आवश्यकता होती है। इसका प्रमुख स्रोत अगाथी, चौलाई, पालक, घुइया की पत्ती, करी पत्ता, मूली की पत्ती आदि हैं।

विटामिन बी–5 (Pantothenic acid or Vitamin B5)

यह विटामिन शारीरिक वृद्धि में सहायक एवं को एन्जाइम 'ए' का आवश्यक अंग है। यह बालों को भूरा होने से रोकता है। यह विटामिन ऐसे हार्मोन्स को बनाता है, जिससे खाद्य उपापचय, रोग प्रतिरोधिता तथा हिमोग्लोबिन के उत्पादन में सहायता मिलती है। इसकी कमी से शरीर में सुस्तीपन, सिर दर्द, जुकाम, अवसाद एवं ह्रदय सम्बन्धी समस्या होती है। विटामिन बी–2 तथा विटामिन बी–6 के साथ मिलकर तन्तुओं की टूट–फूट में सहायता करता है।

पायरोडाक्सीन या विटामिन बी–6 (Pyridoxine or Vitamin B6)

एमीनो एसीड के उपापचयन व निकोटिनीक एसीड से ट्रिप्टोफेन में परिवर्तन हेतु पायरोडोक्साल फास्फेट इस विटामिन से प्राप्त होते हैं। इसका महत्वपूर्ण योगदान आवश्यक वसीय अम्ल, प्रोटीन एवं कार्बोहाइड्रेट के उपापचयन में पाया गया है। विटामिन बी–6 के कमी का लक्षण पूरी तरह चिकित्सा पद्धति में प्रतिपादित नहीं किया गया है। कुछ कोणीय "स्टोमैटाइटिस" (होंठों का फटना), डरमेटाइटिस एवं रक्त अल्पता के लक्षण मानव शरीर में पाया जाता है। नवजात में इस विटामिन की प्रचुर मात्रा न होने से पेट दर्द व उल्टी की शिकायत रहती है।

फोलिक एसीड या फोलेट या फोलासिन या विटामिन बी–9 (Folic acid/ Folacin /Folate or Vitamin B9)

यह लाल रक्त कोशिकाओं के निर्माण एवं विभाजन में सहायक है। इसकी कमी से "मेगालोब्लास्टीक एनीमिया" नामक बीमारी नवजात शिशुओं एवं गर्भवती महिलाओं में देखने को मिलती है। रक्त निर्माण हेतु लौह तत्व, विटामिन 'सी' एवं विटामिन बी–12 के साथ–साथ फोलिक एसीड की आवश्यकता पड़ती है। इसकी उचित मात्रा से बोन मैरो (हड्डी मज्जा) में वृद्धि होती है। यह पालक में 123.0 माइक्रोग्राम / 100.0 ग्राम, अन्य पत्तीदार सब्जियों में 149.0 माइक्रोग्राम / 100.0 ग्राम तथा बीन्स में 144.0 माइक्रोग्राम / 100.0 ग्राम पाया जाता है। इसके उपयोग से ह्रदयाधात की सम्भावना कम रहती है तथा कोलन कैंसर में कमी करता है। फोलिक एसीड्स होमोसीस्टीन के निर्माण में कमी करते हैं, जिससे धमनियों में रक्त के थक्के नहीं बनते हैं। गर्भावस्था के प्रारम्भ में फोलिक एसीड की आवश्यकता भ्रूण विकास के लिए जरूरी है। एक स्वस्थ व्यक्ति को प्रतिदिन 200.0 माइक्रोग्राम उम्र के अनुसार आवश्यकता पड़ती है। बच्चा जनने वाली महिलाओं को प्रतिदिन 400.0 माइक्रोग्राम फोलिक एसीड लेने चाहिए।

साइनोकोवामिन / कोबालएमिन / विटामिन बी–12 (Cyanocovamin/Cobalamin or Vitamin B12)

विटामिन बी–12, हीमोसिस्टीन से मिथाइलेशन क्रिया कर मेथियोसिन में बदलता है, जिससे मिथाइल मैलोनिल–को–इन्जाइम "ए" से सक्सीनायल को–इन्जाइम "ए" बनता है। यह पालीग्लूटामिल एक प्रकार का फोलासिन, के संश्लेषण में अपनी भूमिका निभाता है। यह लाल रक्त कोशिकाओं के

निर्माण में सहायक है और इसकी कमी से ''मेगालोब्लास्टीक'' एनीमिया नामक बीमारी हो जाती है। यह केन्द्रीय तंत्रिका तंत्र के कार्य प्रणाली को बढ़ाता है और फोलिक एसीड एवं डी0एन0ए0 संश्लेषण में भी सहायक है। इसकी कमी के लक्षण जीह्वा का फटना, सुस्तीपन, वजन में कमी तथा पीठ दर्द के रुप में भी देखा जा सकता है। इसकी कमी का सम्बन्ध मैक्रोसाइटिक तथा परनिसियस रक्ताल्पता, स्नायुतंत्रों में सूजन तथा पागलपन से भी होता है। इसके सेवन से भूख में बढ़ोत्तरी तथा शारीरिक वृद्धि होती है। शरीर के लिए आवश्यक ऊर्जा प्राप्त होती है।

अन्य अम्ल (Other acid)

सब्जियों में मुख्यतः साइटरिक एसीड (citric acid) जो टमाटर, चुकन्दर, पत्तीदार सब्जियों, आलू एवं दलहनी सब्जियों तथा मैलिक एसीड (mallic acid) जो गाजर, सेलरी लेट्यूस, प्याज तथा ब्रोकली में प्रचुरता से पाया जाता है।

2 वसा घुलनशील विटामिन्स (Fat soluble vitamins)

विटामिन ''ए'' (रेटीनॉल) (Vitamin A-Retinol)

वसा विलेय विटामिन 'ए' धुंधली प्रकाश में भी आँख के स्पष्ट रूप से देखने में सहायक होता है। इसकी कमी से रात्रि दृष्टि दोष (night blindness) एवं आँख की शुष्कता (eye dryness) की बीमारी हो जाती है। इस विटामिन की उपलब्धता से एपीथीलियल ऊतकों (epithelial tissues) की एकात्मकता व स्वस्थ द्रव्यी झिल्ली (आँख, मुँख, आँतशोथ, श्वसन एवं जननकीय प्रणाली) के लिए भी उपयोगी है। अगर प्रचुर मात्रा में विटामिन 'ए' का उपभोग न किया जाये तो पुतली के बाहरी परत पर नमी की कमी होने पर सुखने लगती है, जो बाद में लाल होकर सुजने लगती है। अन्तः में दृष्टि दोष (रतौंधी) उत्पन्न हो जाता है। यह आँख की रंजक (रोहडाप्सिन) से भी संबन्धित है, जिससे आँख प्रकाश रात्रि में अनुकूलन स्थापित करने में सहायक होता हैं। इस विटामिन की उपलब्धता से एक रसायन उत्पन्न होता है, जिसे ''विजुअल परपल'' (visual purple) या रेटीनाल (retinol) कहते हैं, जो प्रकाश के प्रति संवेदनशील रंजक है। यह रात्रि दृष्टि में सहायक है व गर्भावस्था में भ्रूण के विकास में भी सहायक है। विटामिन 'ए' को एन्टीइन्फेक्टिव विटामिन (anti-infective vitamin) के नाम से भी जाना जाता है। इससे स्वस्थ कोशिकाओं का विकास होता है और शरीर में संक्रमण के प्रतिरोधक क्षमता की वृद्धि करता है। सब्जियों में विटामिन 'ए' कैरोटिन एन्टीआक्सीडेण्ट (antioxidant) का कार्य करता है, जिससे ह्रदय रोग तथा कैंसर होने की सम्भावनाएं कम हो जाती हैं। एक प्रौढ़ पुरुष को प्रतिदिन लगभग 750.0 माइक्रोग्राम (2500 आई0यू0) विटामिन 'ए' की आवश्यकता होती है। यह विटामिन प्रमुख रुप से गाजर, मटर, चुकन्दर, शलजम, टमाटर, पालक, चौलाई, कुम्हण, सलाद, मेथी, हरी प्याज, हरी मिर्च, धनिया, पत्ता गोभी आदि में पाया जाता है।

विटामिन 'डी' (कोलेकैल्सीफेराल) (Vitamin 'D')

विटामिन 'डी' को सनसाइन विटामिन (sunshine vitamin) के नाम से भी जानते हैं क्योंकि सूर्य के प्रकाश में इस विटामिन का संश्लेषण शरीर में होता है। विटामिन ''डी'' के द्वारा हड्डियों का विकास एवं कैल्शियम के उपापचय में सहायता मिलती है। विटामिन 'डी' की कमी से ''रिकेट्स''

व आस्ट्रोमलेसिया नामक बीमारी हो जाती है। इस विटामिन के द्वारा आँत में उपस्थिति खाद्य कैल्शियम की अवशोषण में वृद्धि होती है और हड्डियों में एकत्रित होता है। सामान्यतः विटामिन 'डी' सीधे तौर पर कोई काम नहीं करता बल्कि यह पहले यकृति (लीवर) में 25–हाइड्रोआक्सी कोलीकैल्सीफेराल में परिवर्तित करता है और उसके बाद 1–25 हाइड्रोआक्सी कोलीकैसीफेराल गूर्दे (kidney) में परिवर्तित होता है, जो विटामिन का सक्रिय भाग शरीर निर्माण के काम आता है। अल्ट्रावायलेट किरण (ultraviolet rays) जो सूर्य की रोशनी से आता है, शरीर की त्वचा में विटामिन 'डी' की मात्रा को बढ़ाता है, और यही कोलेस्ट्राल परिवर्तित (बिटा–डीहाइड्रो–कोलेस्टाल) बदलकर त्वचा में विटामिन 'डी' का निर्माण करता है। अतः सूर्य की रोशनी में रहना विटामिन डी की प्राप्ति का प्रमुख स्रोत हैं। यह हृदय तथा स्नायुतंत्र को मजबूती प्रदान करता है।

विटामिन 'ई' (अल्फा टोकोफेराल) (Vitamin `E' or α Tocopherol)

विटामिन 'ई' वसा विलेय एन्टीआक्सीडेन्ट है, जो विशेष रुप से प्रजनन के लिए अनिवार्य है। इसलिए इसे बन्धयता रोधी विटामिन भी कहा जाता है। विटामिन 'ई' में "एन्टी आक्सीडेन्ट" का गुण धर्म होता है जो आँत में बिटा–कैरोटिन एवं विटामिन 'ए' के प्रजारण (oxidation) में सहायक है। यह तत्व पाली अनसैचुरेटेड फैटी एसीड के लीपीड पराक्सीडेशन प्रक्रिया से कोशिकातंत्र को नियंत्रित करता है और कोशिका झिल्ली की एकात्मकता को समरूप बनाये रखता है। प्राकृतिक रूप से आइसोमेरिक स्वरूप (डी–अल्फा–टोकोफेराल) होते हैं। इसके उपभोग से हृदय सम्बन्धी बीमारियाँ, कैंसर, गठिया तथा मधुमेह जैसे रोगों से छुटकारा मिलती है। विटामिन 'ई' की कमी का लक्षण सुस्तीपन, सूजन, देर से घाव का भरना व शीघ्र उम्रदराज बन जाना, के रुप में देखा जा सकता है। गोभी वर्गीय सब्जियों में सबसे ज्यादा विटामिन 'ई' पाया जात है। कच्चे केले में सबसे ज्यादा मात्रा व ब्रोकोली तथा ब्रुसेल्स स्प्राउटस इसके बाद की श्रेणी है।

विटामिन 'के' (Vitamin 'K')

विटामिन 'के' की आवश्यकता रक्त के थक्के (प्रोन्थ्रोम्बिन) बनने व यकृत (लीवर) के सामान्य क्रियाकलाप में होती है। इसके उचित उपभोग से हड्डियों को मजबूती मिलती है और साथ ही साथ आँख के रक्तस्राव में कमी करने में सहायक है।

सारिणी (2.12) प्रमुख विटामिन्स एवं उनके प्राप्ति के स्रोत

विटामिन्स	सब्जियाँ
कैरोटिन	गाजर, टमाटर, शकरकन्द, कुम्हण, खरबूजा, पालक, ब्रोकोली, कोलार्ड
विटामिन बी–1 (थायमिन)	शिमला मिर्च, शलजम की पत्ती, अरवी, मूली की पत्ती, खरबूजा, आलू
विटामिन बी–2 (रिबोफ्लेविन)	पत्ता गोभी, पालक, चौलाई
विटामिन बी–3 (निकोटिनिक एसीड)	पत्ता गोभी, पालक, चौलाई, सेलेरी, आलू
विटामिन बी–5 (पैण्टोथेनिक एसीड)	ब्रोकोली, फूल गोभी
विटामिन बी–6 (पाइरीडाक्सीन)	पालक, ब्रूसेल्स स्प्राउट्स, आलू, फूल गोभी, शकरकन्द

विटामिन बी–8	फूल गोभी
विटामिन बी–9 (फोलिक एसीड)	पालक, चौलाई, पत्ता गोभी, ब्रूसेल्स स्प्राउट्स, भिण्डी, हरा मटर एवं बीन्स
विटामिन 'सी' (एस्कार्बिक एसीड)	खरबूजा, करेला, ब्रोकोली, शिमला मिर्च, टमाटर, पत्ता गोभी, आलू, चौलाई, पालक
विटामिन 'डी'	गहरी हरी पत्तेदार सब्जियाँ
विटामिन 'ई' (टोकोफेराल)	पत्तीदार सब्जियाँ, एस्पेरागस, गाजर, सेलेरी
विटामिन 'के'	पत्तीदार सब्जियाँ, हरा प्याज, पत्ता गोभी, ब्रोकोली, ब्रुसेल्स स्प्राउट्स

सब्जियों का औषधीय महत्व (Medicinal Importance of Vegetables)

जब से मानव ने धरती पर आँखें खोली है, तब से मानसिक एवं शारीरिक बीमारियों को दूर करने तथा बचाव के लिये प्राकृतिक धरोहरों में उपयुक्त स्रोत की खोजबीन प्रारम्भ कर दी है। ''मेडिकल बॉटनी'' (Medical Botany) का इतिहास सभ्यता के प्रादुर्भाव से भी पुराना है। आज से लगभग 2000 ईसा पूर्व ''सुमेरियन आडियोग्राम्स'' से पादप उत्पत्ति दवाओं की व्याख्या मिलती है, जो सदियों पुराना है। ''आश्रियन्स'' तथा 'मेसोपोटामियन' में इसकी की विवेचना की गयी है। इसमें पोपी (poppy), बेलाडोना, सनई, केसर, लहसुन, प्याज, अरवी आदि के महत्व को विस्तृत रूप से व्यक्त किया गया है। सब्जियों में कुछ तत्व जैसे – एलीसीन (allicin), गार्लीसीन (garlicin), डाई एलिल डाई सल्फाइड (diallyl disulphide) लहसुन में तथा डाई एलिल ट्राईसल्फाइड (diallye trisulphide) व एलिल प्रोपिल डाईसल्फाइड (allyl propyl disulphide) प्याज में पाये जाते हैं जो गंधक घटक गुण के कारण हृदयाघात (heart attack) से सुरक्षा प्रदान करता है। करेला में पाया जाने वाला चेराटीन (cheratin) तथा प्याज में उपलब्ध डाईफिनायल एमीन (diphenylamine) मधुमेह (diabetes) को कम करने में सहायक है। इसी प्रकार सेलरी में पाया जाने वाला 3–एस0 ब्यूटाइल एल्डिहाइड (3-n-butyl aldehyde) से उच्च रक्तचाप (hypertension) में कम करने में सहायक है।

कुछ प्रमुख सब्जियाँ एवं उनकी जंगली प्रभेद भी औषधीय गुणों की भण्डार हैं, जिन्हें सारिणी में दिया गया है–

सारिणी (2.13) सब्जी फसलों की विभिन्न स्पीशीज में पाये जाने वाले औषधीय गुण

सब्जी	वानस्पतिक नाम	सब्जी के भाग	औषधीय गुण
प्याज	एलियम सेपा	कंद	यह रक्त में एच0डी0एल0 की मात्रा को बढ़ाता है तथा कोलेस्ट्राल की मात्रा को कम करता है। यह रक्त के थक्का बनने में सहायक है।
लहसुन	एलियम सटाइवम	कंद	लहसुन के सेवन से घाव तेजी से भरते हैं तथा अल्सर जैसी बीमारी से छुटकारा मिलती है। गुर्दा तथा मूत्राशय सम्बन्धी रोग को दूर करता है। उच्च रक्तचाप तथा शर्करा के स्तर को कम करता है।

भिण्डी	एबेल्मास्सकस एस्कूलेन्टस	पत्ती व कोमल भिण्डी की फली	इसमें प्रचुर मात्रा में खाद्य रेशा होने के कारण पाचन सम्बन्धी बीमारी में सहायक है।
जाइण्ट तारो	कोलोकैशिया मैकोराइजा	परिवर्तित तना	उपापचय में सहायक है।
सूरन	एमार्फोफैलस कम्पानुलैटस	जड़	मधुमेह को नियंत्रित करता है तथा उपापचय में सहायक है।
मिर्च/शिमला	कैप्सिकम फ्रूटीसेन्स	फल	उत्तेजक, अतिसार के प्रति रोधक, जोड़ों व कमर के दर्द को दूर करने वाला तथा अजीर्ण/मन्दाग्नि को दूर करने में सहायक है।
मिर्च/लाल मिर्च	कैप्सिकम एनम	फल	शरीर दर्द निवारक है।
बर्ड बीन	कैनावलिया इन्सूफार्मिस	फल	जलन/उद्‌दीपन में सहायक, घाव को शीघ्र भरता है तथा चिडचिड़ापन को दूर करता है।
तुम्बा	सिट्रलस कोलोसिन्थीस	जड़	जोड़ों के दर्द में सहायक, मूत्र विकार को दूर करता है तथा सर्प के विष को कम करता है।
तरबूज	सिट्रलस लनेटस	बीज	यौनाचार में सहायक व मूत्रवर्धक
		बीज तेल	बादाम के तेल जैसा उपयोगी
ग्वार	सयमोप्सिस टेट्रागोनोलोबा	फल	दस्तावर व चिड़चिड़ापन को दूर करता है।
		गूदा	वमन कराने वाली तथा पेट को साफ करने वाली 'रेचक'
करेला	मोमार्डिका करेन्शिया	पत्तियाँ	सत्व मधुमेह बीमारी में सहायक, उच्च रक्त चाप, दस्त, पेट के कीड़े को कम करता है।
		फल का रस	मधुमेह सम्बन्धी/बहुमूत्र बीमारी में सहायक
केवाँच	मकुना प्यूरिएन्स	जड़	दस्त व मूत्र सम्बन्धी बीमारियों में सहायक
		पत्ती व बीज	यौनाचार में सहायक, सूजाक, स्नायु सम्बन्धी बीमारी में सहायक
बैंगन	सोलेनम मेलान्जेना	जड़	श्वास सम्बन्धी बीमारी में सहायक, उत्तेजक, दर्द निवारक व दाँत दर्द में सहायक
		फल	प्रजनन क्षमता में वृद्धि करने वाले तत्व (सीफीलाइडीन) से भरपूर
चिचिण्डा	ट्राइकोसैन्थस अन्गुइना	जड़ व बीज	कृमि नाशक, दस्त रोकने में कारगर व एन्टीसीफलीलाइटीक
	ट्राइकोसैन्थस कोरडाटा	फल	पेट साफ करने वाली/रेचक, वमन कराने वाला
परवल	ट्राइकोसैन्थस डायोका	पत्ती व कोमल फल	दस्तावर, बुखार को कम करने वाला
		जड़	ज्वर कम करने वाला औषधि

मेथी	ट्राइगोनेल्ला फोइनम	पत्ती व फल	एस्ट्रीन्जेन्ट व सूजन को कम करने में सहायक
	ट्राइगोनेल्ला कार्नीकुलाटा, ट्राइगोनेल्ला इनसाइसे, ट्राइगोनेल्ला आकुल्टा	पौध व बीज	एमोलिएयन्ट, पोषक, दस्त को रोकने वाला व रक्त में कोलेस्ट्राल को कम करता है। हाइपोग्लाइसैमिक व एन्टी पाइरेटिक, जलोदर, प्लीहा व गूदा वृद्धि

स्रोत:आई0एफ0डी0, फरवरी 2004, ''एग्रोबायोस न्यूज लेटर'' मार्च 2006, 4(10), साइन्स रिपोर्टर, अप्रैल 1998

प्रतिआक्सीकारक पोषक तत्व (Antioxidant nutrients)

एन्टीआक्सीडेन्ट (antioxidant) का तात्पर्य ऐसे पोषक तत्वों से है, जिनमें विटामिन व खनिज लवण के साथ–साथ इन्जाइम (प्रोटीन जो मानव शरीर में रासायनिक क्रियाओं में सहायक होता है) सम्मिलित है। ऐसा विश्वास किया जाता है कि इनका महत्वपूर्ण योगदान जटिल रोगों जैसे कैन्सर, ह्रदय रोग, आघात, अल्जाइमर्स, जोड़ों की पीड़ा एवं मोतियाबिन्द नामक आँख के रोग आदि को कम करने में पाया गया है। शरीर में अनावश्यक तनाव तभी बढ़ता है जब नुकसानदायक कणों, जिसे फ्री रेडिकल्स कहते हैं का उत्पादन स्तर बचाव करने वाले एन्टी आक्सीडेन्ट से ज्यादा हो जाता है। ''फ्री रेडिकल्स'' (free radicals) रासायनिक रूप से सक्रिय खण्डयुक्त अणु या कण जिसमें एक इलेक्ट्रॉन की अधिकता या कमी के परिणाम से होता है। उदाहरण के लिए सुपर आक्साइड एनायन, हाइड्रोक्सिल रेडिकल्स, परिवर्तित धातु जैसे–लोहा, ताँबा, नाइट्रिक एसीड व ओजोन/फ्री रेडिकल्स (मुक्त तत्व रूप) घटित आक्सीजन, जिसे रिएक्टीव आक्सीजन स्पिसीज (आई0ओ0एस0) कहते हैं; जैविक आक्साइड एवं हाइड्रोक्सिल तत्व रूप के साथ–साथ आक्सीजन की गौण उपस्थिति भी होता है, जिसमें अयुग्मित इलेक्ट्रान नही होता है। जैसे–हाइड्रोजन पेराक्साइड, सिंग्लेट, आक्सीजन तथा हाइपोक्लोरस अम्ल होता है। एक या अधिक अयुग्मित इलेक्ट्रान के कारण फ्री रेडिकल्स ज्यादा अस्थिर होते हैं। ये शरीर में स्वतंत्र रूप से सफाई कर इलेक्ट्रान को झपटकर धारण कर लेते हैं या किसी विशिष्ट कार्य के लिए उपहार स्वरूप देते हैं, जिससे कोशिकाओं, प्रोटीन्स एवं डी0एन0ए0 (अनुवांशिक पदार्थ) का ह्वास होता है। इसी प्रकार की आक्सीकारक प्रक्रिया से तेल बदबूदार हो जाता है। सेव का छिलका भूरा हो जाता है तथा लोहे में जंग लग जाता है। अतः यहा कहा जा सकता है कि फ्री रेडिकल्स (free radicals) के नुकसान से बचना मुश्किल है। फ्री रेडिकल्स शरीर में स्वतः इन्डोजिनस (endogenous) व बाह्य रूप इक्सोजिनस (exogenous) में उत्पन्न होते रहते हैं।

एन्टी आक्सीडेन्ट की कार्य प्रणाली

एन्टी आक्सीडेन्ट आक्सीकरण की प्रक्रिया द्वारा मुक्त तत्व रूप (फ्री रेडिकल्स) को उदासीन कर रोक देता है। इस प्रक्रिया को दूर करने में एन्टी आक्सीडेन्ट स्वतः प्राणवायु से संयुक्त (आक्सीडाइजड) हो जाता है, यह दो प्रकार का होता है–

1. जब फ्री रेडिकल्स बाहर निकलकर या चुपके से किसी इलेक्ट्रान से जुड़ जाता है, एक दूसरे तत्वरूप (रेडिकल्स) का निर्माण होता है। इसके बाद यही कण अन्य से प्रक्रिया कर तीसरे तत्व या लगातार अन्य तत्व रूप को उत्पन्न करता रहता है। यह प्रक्रिया तब तक चलती रहती है जब तक स्वतः समाप्त न हो जाये। इसमें या तो तत्व एन्टीआक्सीडेन्ट क्रमागत विघटित प्रक्रिया को पूरी करता है। जैसे–बिटा कैरोटिन और विटामिन 'सी' व 'ई' या यह साधारण रूप से नुकसानदायक उत्पाद को समाप्त करता है।

2. एन्टी आक्सीडेन्ट बचाव स्वरूप एन्टीआक्सीडेन्ट इन्जाइम्स जैसे–सुपर आक्साइड, डिसम्यूटेज, कैटालेज तथा ग्लूटाथियोन पेराक्सीडेज, क्रमागत आक्सीकारक प्रक्रिया की दर को कम करता है। इस प्रकार तत्व रूप की सफाई करता है। जैसे–एन्टीआक्सीडेन्ट क्रमागत आक्सीकरण की प्रक्रिया को हमेशा चलने वाले रूप में उस पार ले जाता है। इसके अलावा कुछ पदार्थों जैसे–ताँबा व लौह तत्व को स्थिर करने में भी सहायक होता है।

एन्टी आक्सीडेन्ट के प्रकार

एन्टी आक्सीडेन्ट तीन प्रकार के होते हैं–

1. पोषक तत्व के रूप में एन्टी आक्सीडेन्ट (एन्टी आक्सीडेन्ट न्यूट्रिएन्ट्रस)
2. एन्टी आक्सीडेन्ट इन्जाइम के रूप में
3. अन्य एन्टी आक्सीडेन्ट

अल्फा लिपोइक अम्लः महत्वपूर्ण प्रति ऑक्सीकारक

मानव शरीर में बहुत सारी बीमारियों जैसे जरा प्रक्रिया रूप से फ्री रेडिकल को हानि पहुँचने की वजह से होती है। विटामिन 'सी', 'बी' तथा बीटा केरोटीन, प्रति ऑक्सीकारक के रूप में कार्य करते हुये फ्री रेडिकल को पकड़कर रखते हैं तथा आँखों के स्वास्थ्य को बनाये रखने के लिये सबसे शक्तिशाली पोषक तत्व के रुप में होते हैं। हाल ही में अल्फा लिपोइक अम्ल (ए0एल0ए0) एक नए प्रति ऑक्सीकारक की खोज की गई है, जो सभी पुराने प्रति ऑक्सीकारकों के साथ अपनी खास जगह बना ली। अल्फा लिपोइक अम्ल (ए0एल0ए0) की गुणवत्ता अन्य प्रति ऑक्सीकारकों की अपेक्षा अधिक व विशेष होती है। यह पानी तथा वसा में घुलनशील दोनों प्रकार के फ्रीरेडिकल्स को उदासीन (neutralized) कर देता है तथा अन्य प्रति ऑक्सीकारकों को उत्प्रेरित कर वापस उनको सक्रिय तथा सुरक्षात्मक अवस्था में वापस ले आता है। अल्फा लिपोइक अम्ल (ए0एल0ए0) शक्कर के चयापचय तथा ऊर्जा उत्पादन में महत्वूपर्ण भूमिका निभाता है। अल्फा लिपोइक अम्ल का उपयोग, अब एक पोषक तत्वों की श्रेणी में भी हो गया है। यह डायबिटीज/मेलिटस के रोगियों की चिकित्सा का अनिवार्य अंग बन गया है। इसका उपयोग यकृत, आँखों, मस्तिष्क, स्नायुओं संबंधी, हृदय की बीमारियों तथा ऐसी अन्य कोई भी बीमारी अथवा परेशानी जिससे फ्री रेडिकल द्वारा नुकसान देखा गया हो, में भी किया जाता है। अल्फा लिपोइक अम्ल (ए0एल0ए0) का उपयोग कभी भी अकेले नहीं करना चाहिये, या इसका उपयोग ऐसे अन्य तत्वों के साथ किया जाना चाहिए, जिनके द्वारा इससे होने वाले लाभों को बढ़ाया जा सके। अल्फा लिपोइक अम्ल (ए0एल0ए0) को विटामिन का

दर्जा नहीं दिया गया है क्योंकि या तो शरीर इसे आवश्यक मात्रा में उत्पन्न कर लेता है अथवा भोजन के द्वारा इसकी संतोषजनक मात्रा प्राप्त हो जाती है। लेकिन तब भी कई परिस्थितियाँ शरीर में इसकी कमी पैदा कर देती है, जब इसे मौखिक रूप से लिया जाता है। तब यह अपनी क्षमता से भी अधिक लाभ प्रदान करता है तथा कई आश्चर्यजनक परिणाम शरीर में प्रदान करता है। अल्फा लिपोइक अम्ल (ए0एल0ए0) के अनोखे गुणों के बारे में स्पष्ट रूप से सन् 1998 में पता चला तथा तब से इसकी लोकप्रियता तेजी से बढ़ रही है। अल्फा लिपोइक अम्ल (ए0एल0ए0) मानव कोशिका के लिए एक बहुत ही अच्छे "फ्री रेडिकल प्रोटेक्टेन्ट" के रूप में कार्य करता है क्योंकि यह एकमात्र ऐसा प्रति ऑक्सीकारक है जो पानी तथा वसा दोनों में घुलनशील है। इसकी पानी तथा वसा दोनों में घुलनशीलता होने के कारण सभी झिल्लियों द्वारा आसानी से अवशोषित कर लिया जाता है व झिल्लियों के बाहर पारगतिम भी हो जाता है। अतः यह कोशिका के अंदर तथा बाहर दोनों तरफ फ्री रेडिकल डैमेज को रोकने में सक्षम है। अल्फा लिपोइक अम्ल (ए0एल0ए0) पौधों की उन पत्तियों में पाया जाता है, जिनमें माइट्रोकॉन्ड्रिया उपस्थित हो तथा अप्रकाश संश्लेषण पादप ऊतकों में पाया जाता है, जैसे आलू, पालक, ब्रोकोली, टमाटर, गाजर, तथा शकरकंद आदि।

अल्फा लिपोइक अम्ल (ए0एल0ए0) का उपयोग निम्न कार्य में किया जाता है–

1. डायबिटीज मेलिटस की स्थिति में रक्त शर्करा के नियंत्रण में तथा डायबिटीज में होने वाली जटिलताओं की रोकथाम व इलाज में जैसे रेटिनोथिरेपी, न्यूरोथिरेपी, गुर्दा में व मूत्र संबंधी बीमारियों तथा आर्थोस्कलेरोसिस में उपयोगी है।
2. यकृत (liver) की बीमारियों में जो विषैले पदार्थों, वायरस जैसे हेपेटाइटिस ए0बी0सी0 अल्कोहल तथा ड्रग्स आदि से होती है, में ज्यादा उपयोगी है।
3. आँखों की विभिन्न बीमारियों जैसे मस्कूलर डिजनरेशन तथा मोतियाबिंद में सहायक है।
4. अस्थमा, एलर्जी, साइन्यूसाइटिस, हाइव्स, गठिया (arthritis) आदि के दुष्प्रभावों की रोकथाम में रामवाण सिद्ध हुआ है।
5. कैंसर से सुरक्षा, डी0एन0ए0 कोशिकीय झिल्लियों, लिपिड, प्रोटीन आदि की रेडिकल एजेन्ट्स द्वारा होने वाले नुकसान से बचाव करता है।
6. पेरोफेरल न्यूरोपेथी का विशेष अंग है।
7. तंत्रिका तंत्र से संबंधित बीमारियों जैसे मल्टीपल स्कलेरोसिस, स्ट्रोक तथा रीढ़ की हड्डी की चोट में सहायक है।
8. वेस्कूलर प्रोटेक्टिव एजेन्ट जैसे वेरीकोस वेन, पैर की जकड़न तथा हीमोरॉइड्स में महत्वपूर्ण भूमिका अदा करता है।
9. समय पूर्व जरावस्था से बचाता है।
10. एच0आई0वी0 तथा अन्य वायरसों के गुणन को रोकता है।
11. कोरोनरी आर्टरी रोग तथा 'कोन्जेस्टीव हार्ट फेल्यूअर' में सहायक है।
12. शरीर से भारी धातुओं को बाहर निकालता है।

13. विकिरण से होने वाले नुकसान से बचाव जैसे–सूर्य अथवा एक्स किरणों से।
14. रक्त परिवहन को सुचारू रूप से गति प्रदान करने में सहायक है।
15. सामान्य परिस्थितियों के अंतर्गत भोजन के पाचन तथा चयापचय क्रिया द्वारा खाद्य पदार्थों को उनकी रासायनिक ऊर्जा (ए0एल0ए0) के उत्पादन में सहायक कारक का काम करता है।

यह शरीर में विटामिन 'ए' तथा 'ई' की कमी को भी कुछ हद तक पूरा करता है। यह इन दो विटामिनों के लिये प्रति आक्सीकारक का भी कार्य करता है। अल्फा लिपोइक अम्ल अन्य प्रति ऑक्सीकारकों की अपेक्षा निम्नकारणों से विशेष महत्व रखता है।

1. अल्फा लिपोइक अम्ल (ए0एल0ए0) की संरचना अत्यन्त सूक्ष्म है अतः कोशिका झिल्ली में आराम से आर–पार जा सकता है। अतः कोशिका के अंदर व बाहार दोनों ओर कार्य कर सकता हैं जबकि अन्य कई प्रति आवसीकारक आकार में बड़े होते हैं जो वे कोशिका के केवल बाहार ही कार्य सकते हैं।
2. यह अपने सामान्य रूप तथा अपचयित रूप दोनों में प्रति आक्सीकारक गुण दर्शाता है जबकि अधिकतर दूसरे पदार्थ मात्र उपचयति रूप में ही प्रति ऑक्सीकारक का गुण दर्शाते हैं।
3. अपने अपचयित रूप से यह और भी अधिक प्रभावशाली प्रति ऑक्सीकारक का कार्य करता है। उपापचय प्रक्रिया में यह को–एन्जाइम का कार्य करता है। यह कई उत्प्रेरकों हेतु सक्रिय कार्यस्थल का भी कार्य करता है।

अल्फा लिपोइक अम्ल (ए0एल0ए0) के उपचार के तहत रोजना 350.0–600.0 मिली ग्राम मात्रा में दिया जा सकता है। उच्च मात्रा पर भी इसका कोई खास विपरीत प्रभाव देखने को नहीं मिलता हैं। सामान्य व्यक्ति इसकी 50.0–100.0 मिली ग्राम मात्रा प्रति दिन ले सकता है। इसका मनुष्य में एकमात्र दुष्प्रभाव जो देखा गया है वह है कि इसमें त्वचा संबंधी परेशानियाँ हो सकती है।

सारिणी (2.14) सब्जियों में उपलब्ध प्रति आक्सीकारक पोषक तत्व

प्रति आक्सीकारक पोषक तत्व	सब्जियाँ
बिटा कैरोटिन	गाजर, फेनेल, केल, सरसों पत्ता, कुम्हण, लाल मिर्च, लेट्यूस, पालक, शकरकन्द, स्वीस चार्ड, विण्टर स्क्वाश
विटामिन 'सी' (एस्कार्बिक एसीड)	ब्रोकोली, ब्रुसेल्स स्प्राउट्स, तरबूज, फूल गोभी, हरी मिर्च, लाल पत्ता गोभी, लाल मिर्च, आलू
ल्यूटिन/जियाजैन्थिन	कैल, ब्रोकोली, पालक, विण्टर स्क्वाश, ब्रुसेल्स स्प्राउट्स, लीक, सेलेरी, सरसों पत्ता, हरा मटर, हरी प्याज, समर स्क्वाश
लाइकोपीन	टमाटर, तरबूज
विटामिन 'ई'	हरी पत्तीदार सब्जियाँ, शकरकन्द
लिपोइक अम्ल	हरी पत्तीदार सब्जियाँ (पालक, ब्रोकोली, चुकन्दर पत्ती)
फ्लेवोनायड्स	प्याज, सोयाबीन
पोलीफिनाल	हरा मटर

सब्जियों में विषाक्त मेटाबोलाइट एवं विपरीत पोषकीय घटक (Toxic metabolites & anti-nutritional compounds in vegetables)

पोषकीय गुणों के साथ–साथ सब्जियों में विषाक्त मोटाबोलाइट एवं विपरीत पोषकीय घटक भी पाये जाते हैं, जो मानव स्वास्थ्य एवं जानवरों के लिए नुकसानदायक होते हैं। विषाक्त मेटाबोलाइट एवं विपरीत पोषक घटक जैसे एल्केनील बेन्जेन्स (alkenyl benzenes), एस0 एल्केन (s-alk(en)yl) सिस्टेन सल्फाक्सीडेस (cysteine sulphoxides), बायोजेनिक एमाइंस (biogenic amines), सिनामिक एसीड्स (cinnamic acids), साइनोजेनिक ग्लाइकोसाइड्स (cyanogenic glycosides), कुकरबिटेसिन्स (cucurbitacins), फ्लेवनाइड्स (flavonoids), लाइकोएल्कलायड्स (glycoalkaloids), ग्लूकोसिनोलेट्स (glucosinolates), लेक्टिन्स (lectins), हाइड्राजीन्स (hydrazines), आइसोफ्लेवोन्स (isiflavones), लैथायरोजेन्स (lathyrogens), लिग्नान्स (lignans), ओलिगोसैकराइड्स (oligosaccharides) कुल का रैफिनोज (raffinose), आक्सेलेट (oxalate), पाइरोलिजीडीन एक्कलायड (pyrrolizidine alkaloids), फ्यूरानौकौमरीन्स (furanocoumarins), क्यूनोलीजीडीन एल्कलायड्स (quinolizidine alkaloids), सेस्क्वीटरर्पेन लैक्टोन्स (sesquiterpene lactones), सैपोनिन्स (saponins), ट्रिप्सीन इन्हीवीटर्स (trypsin inhibitors), जैन्थीन एल्कलायड्स (xanthine alkaloids), मिनरल टाक्सिन्स (mineral toxins), रेसीनोयड्य (resinoids), फिनाल्स (phenols), नान–एमिनो आर्गेनिक एसीड्स (non-amino organic acids), एल्कोहल्स (alcohols) तथा टर्पीनोयड्य (terpenoids) प्रमुख हैं। ये यौगिक मुख्यतः स्नायुतंत्र को प्रभावित करते हैं। अतः ध्यान देने की आवश्यकता है कि किसी व्यक्ति विशेष को कौन–सी सब्जी क्रियाकारी है। नीचे की सारिणी में कुछ सब्जियाँ जिनमें विद्यमान विषाक्त पदार्थ पाये जाते हैं, की सूची दी जा रही है–

सारिणी (2.15) सब्जियों में उपलब्ध विषाक्त पदार्थ

विषाक्त तत्व	प्रभाव/लक्षण	स्रोत
कैरोटाक्सिन (Carrotoxin) पालिएसिटिलिन एल्कोहल	न्यूरोटाक्सिक (Neurotoxic)	गाजर, लेट्यूस, ब्रेसिका प्रजाति, पर्सले, सेलेरी, चुकन्दर, पालक, शकरकन्द
नाइट्रेट्स एल्कलायड्स ग्लूकोसिनोलेट्स (Nitrate alkaloids Glucosinolates)	मेथेमोग्लोबिनैमिया (Methemoglabonemia)	लेट्यूस
कोलिनस्टरेज इन हिबिटर्स–एस0 मिथाइल सिस्टिन सल्फाक्सिडेस	ग्वायटर, पाचन सम्बन्धी विकार	सरसों कुल की सब्जियाँ
आक्सलेट्स, नाइट्रेट्स, फाइटेट, टैनिन्स, सैपोनिन्स, नाइट्रोसैमाइन	मेथेमोग्लोबिनैमिया– कैल्शियम, आयरन तथा जिंक की उपलब्धता में कमी, कार्सिनोजेनिक	चुकन्दर, पालक
आइपोमियामारोने	इन्जाइम इनहिबिटर्स	शकरकन्द
सेरोटोनिन	रक्तचाप में वृद्धि	तरबूज

कोलिन–स्टरेस इन्हीवीटर्स	न्यूरोटाक्सिक (Neurotoxic)	कुम्हण, स्क्वाश
अपीन (apiin)	----	सेलरी
कैल्सियम आकसलेट	----	कोलोकेशिया, जिमीकन्द (सूरन)
कुकरबिटासिन	----	कद्दू वर्गीय सब्जियाँ
डायसकोरिन	----	याम
हिमाग्लूटीन	----	फराश बीन
लिनानैरिन सी0एन0 ग्लूकोसाइड	----	कसावा
आक्जैलिक एसीड	----	चौलाई, पार्चुलाका, बासेला, सिलोसिया
सोलेनीन, चाकोनीन, सोलानिन	----	आलू
सोलासोडिन	----	बैंगन
ट्रिप्सीन रोधक, फाइटिक एसीड, एन्टी विटामिन 'ई' घटक	----	मटर, बीन्स
सेरोटोनिन	----	तरबूज
सिनीग्रीन	----	ब्रेसिका कुल की सब्जियाँ
लेक्टिन्स, साइनोजेनिक ग्लूकोसाइट्स, हिमाग्लूटिनिन्स, ट्रिप्सिन, एमाइलेस, ग्लूकोज–6–पी0–डीहाइड्रोजिनेस इन्हीवीटर्स, ऐसे यौगिक जो विटामिन विरोधी गुण रखते हैं ('विटामिन 'ए', 'ई' तथा 'डी')	एलरजेन्स (Allergins)	दलहन कुल की सब्जियाँ
सैपोनिन्स, कोलिन–स्टरेस इन्हीवीटर्स	न्यूरोटाक्सिक	एस्पेरागस, पालक, टमाटर
एल्कलायड	प्रजनन विसंगति, प्रोटिएस इनहिबिटर	सोलेनेसी कुल की सब्जियाँ
सोलेनाइन तथा चाकोनाइन	इनवर्टेस इनहिबिटर	टमाटर
टोमाटिन	गैस्ट्रिक की समस्या	टमाटर
कैप्सैसिन	त्वचा में खुजली, गैस्ट्रिक की समस्या	तीखा मिर्च
सोरालेन्स, टर्पेन्वायड्स, एल्कलायड, कोलिन–स्टरेस इन्हीवीटर्स	त्वचा सम्बन्धी समस्या	पार्सले, सेलेरी

सब्जी का सेवन करने के बाद अनेकों प्रकार के विषाक्त पदार्थ दैहिक क्रिया को प्रभावित करते हैं। कुछ ऐसे तत्व जो सब्जियों द्वारा प्राप्त होते हैं, उनमें एलर्जी, इन्जाइम निरोधक (inhibitor), श्वसन की समस्या, स्नायुतंत्र की समस्या, सुस्तीपन, त्वचा सम्बन्धी विकार, हार्मोन का असंतुलन, उपापचय प्रक्रिया का बाधापन, कार्सिनोजेन्स आदि महत्वपूर्ण हैं।

विषाक्त घटक	विवरण
ट्रिप्सिन निरोधक	इस प्रकार के विषाक्त घटक दलहनी कुल की सब्जियों में पायी जाती है और आँत (gut) में होने वाली ट्रिप्सिन प्रक्रिया को बाधित करता है। परिणामतः भोजन पचने तथा शरीर में शोषण की समस्या होती है।
फाइटेट	इनोसिटाल समूह का हेक्साफास्फेट है। यह आयरन, जिंक, कैल्शियम तथा मैग्नीशियम को बाँधकर रखता है। कैल्शियम तथा मैग्नीशियम की उपस्थिति में यह अघुलनशील अवयवों का लौह तत्व के साथ यौगिक बनाता है और शरीर में लौह तत्व का शोषण नहीं हो पाता है। अंकुरित अनाजों में फाइटेट, इन्जाइम के द्वारा टूट जाता है, जिससे लौह तत्व का अवशोषण प्रारम्भ हो जाता है।
टैनिन्स	यह पालिफिनॉल यौगिक है, जो दलहन समूह के बीजों के बीजकवच में पाया जाता है। टैनिन आयरन के साथ बाँधकर लौह तत्व की उपलब्धता को कम करता है।
नाइट्रेट	शरीर में नाइट्रेट एकत्रीकरण एक भयंकर प्रभाव डालने वाला यौगिक बनता है। गैस्ट्रोइन्टेस्टाइनल नलिका में नाइट्रेट टूटकर नाइट्राइट बनाता है और रक्त में शोषित कर लिया जाता है। यह हिमोग्लोबिन से मिलता है और आक्सीकृत होकर फेरिक बनाता है, जो मेथीमोग्लोविन के लिए जिम्मेदार है, जिससे हिमोग्लोविन आक्सीजन को प्रवाहित नहीं कर पाता है।
आक्जलेट्स	यह घुलनशील व अघुलनशील दोनों प्रकार का होता है। हरी पत्तीदार एवं दलहनी सब्जियों में आक्जलेट की मात्रा ज्यादा होती है। सबसे अधिक मात्रा चौलाई व पालक (658.0–772.0 मिली ग्राम / 100 ग्राम भार) में पाया जाता है, जिसमें से 39–48 प्रतिशत तक पानी में घुलनशील होता है। नाइट्रेट उर्वरक से पालक में आक्जलेट ज्यादा बनता है, जबकि अमोनियम नत्रजन से कम। अगर खेत में फास्फेट उर्वरक का प्रयोग किया जाये तो पालक में आक्जलेट कम बनता है, लेकिन पोटैशियम का प्रभाव कम होता है। कैल्शियम अवशोषण अघुलनशील लवण कैल्शियम से जुड़कर शरीर में शोषण में बाधा उत्पन्न करता है।

सारिणी (2.16) चौलाई के विभिन्न प्रजातियों में मौजूद आक्जलेट व नाइट्रेट का प्रतिशत

प्रजातियाँ	आक्जलेट (प्रतिशत)	नाइट्रेट (प्रतिशत)
एमरेन्थस ट्राइकलर	4.61	0.68
एमरेन्थस लिवीडस	4.30	0.33
एमरेन्थस वीरीडीस	4.27	0.63
एमरेन्थस डुबियस	3.77	0.20
एमरेन्थस हाइपोकोन्ड्रियाकस	3.66	0.55
एमरेन्थस क्रुएन्टस	3.94	0.53
एमरेन्थस कौडेट्स	3.80	0.48

सब्जियों में सुगन्ध (Aroma in Vegetables)

सब्जियों में सुगन्ध कुछ घटकों जैसे – नान–एडेनाल (non-adienal) जो खीरा, एलिल आयसोथायोसाइनेट (isothiocyanate) जो कच्चा पत्ता गोभी, डाइमिथाइल डाइसल्फाइड (dimethyl disulphide) पकाये हुए पत्ता गोभी, डाइमिथाइल पायराजीन (dimethyl pyrazine) आलू तथा आयसोथायो साइनेट (isothiocyanate) मूली में पाया जाता है।

सब्जियों के गुणवत्ता संबंधी कुछ सुझाव

सब्जियों में पाये जाने वाले पोषक तत्व शरीर की अनेक जैविक क्रियाओं के लिए पर्याप्त हैं। नीचे कुछ सुझाव दिए जा रहे हैं, जिनके अनुसार सब्जी प्रयोग करने से उनमें उपलब्ध पौष्टिक तत्वों की पूर्ण प्राप्ति सुनिश्चित की जा सकती है।

- जहाँ तक संभव हो सके सब्जियों को छिलके सहित या बहुत महीन छिलके को उतारकर ही पकाना चाहिए क्योंकि पोषक तत्व, विटामिन व खनिज लवण छिलके के ठीक नीचे ही एकत्र रहते हैं।
- जहाँ तक हो सके ताजी सब्जियाँ (तुरन्त कटी हुई, विशेषतः तुड़ाई सूर्योदय के समय की गयी हो) ही प्रयोग में लाना चाहिए, क्योंकि ताजी सब्जियों में पोषक तत्व परिरक्षित एवं प्रसंस्कृति सब्जियों से अधिक होते हैं।
- सब्जियों को पकाने से ठीक पहले हमेशा बड़े–बड़े टुकड़ों में काटें, उससे उनमें पोषक तत्वों की हानि न्यूनतम होती है।
- सब्जियों को कभी भी काटने के बाद नही धोना चाहिए। अतः हमेशा उन्हें धो कर ही काटना चाहिए।
- सब्जी पकाने में कम से कम पानी का उपयोग करें, जिससे सब्जियों या साग से निकले पानी को कभी भी फेंकना न पड़े क्योंकि उस पानी में सब्जियों से निकले हुए उपयोगी खनिज लवणों की पर्याप्त मात्रा होती है।
- पूरी तरह पक जाने के बाद ही सब्जियों को खाना चाहिए और एक बार पक जाने के बाद सब्जियों को बार–बार गर्म नही करना चाहिए। इससे इनकी पौष्टिकता (विटामिन एवं अन्य खनिज लवण) का ह्वास होता है।
- सब्जियों को पकाते समय अधिक मिर्च–मसाले, खाने का सोडा और रंग आदि का प्रयोग नहीं करना चाहिए। इससे भी काफी हद तक पोषक तत्व नष्ट हो जाते हैं।
- सब्जियों को उबालने के लिए हमेशा छोटे मुँह वाले बर्तनों का प्रयोग करना चाहिए और बर्तन का मुँह ढक्कन से बन्द रखना चाहिए। इससे सब्जियों में उपस्थित विटामिन एवं अन्य पोषक तत्वों का कम ह्रास होता है। इसलिए प्रेशर कुकर से बना खाना अधिक पौष्टिक होता है।
- उबली हुई तथा सुखाई हुई सब्जियों में विटामिन 'सी' की काफी मात्रा नष्ट हो जाती है। अतः जहाँ तक सम्भव हो सके सब्जियों को ताजा, अर्द्ध पका एवं कच्चा खाना चाहिए, जिससे विटामिन 'सी' की अधिकतम मात्रा मिल सके।

पोषण स्रोत में अंकुरित अनाज एवं दालें (Sprouting grain and pulses: Source of nutrients)

अनाज एवं दालें मनुष्य के भोजन का मुख्य अंग है। इनमें विभिन्न प्रकार के उपयोगी पोषक तत्व जैसे–प्रोटीन, कार्बोहाइड्रेट, एमिनो एसिड इत्यादि प्रचुर मात्रा में पाये जाते हैं। सभी प्रकार के खाद्य पदार्थ हमारे शरीर के लिए विभिन्न कार्य करते हैं, जैसे–अनाज व घी से ऊर्जा मिलती है और दालों से मुख्यतः प्रोटीन मिलती है। प्रोटीन हमारे शरीर की बढ़ोत्तरी में सहायक होती है तथा शरीर की कोशिकाओं की टूट–फूट की मरम्मत भी करती हैं। रक्त जैसे महत्वपूर्ण द्रव्यों का निर्माण प्रोटीन द्वारा होता है। प्रोटीन के अलावा दालों में कार्बोहाइड्रेट्स तथा विटामिन 'बी' समूह भी उचित मात्रा में पाये जाते हैं। विटामिन 'सी' जो हमारे शरीर को स्वस्थ रखने के लिए एक आवश्यक पोषक तत्व है लेकिन दुर्भाग्यवश यह तत्व कुछ लोगों को प्रचुर मात्रा में नही मिल पाता हैं। इसकी उपलब्धता मुख्यतः अमरूद, नीबू वर्गीय फल, बारवेडास चेरी इत्यादि में ज्यादा होती है, लेकिन ये महंगे स्रोत हैं। दालों में विटामिन 'सी' की उपलब्धता न के बराबर ही पाया जाता है, परन्तु अंकुरित अनाजों एवं दालों से काफी हद तक विटामिन 'सी' तथा अन्य महत्वपूर्ण पोषक तत्वों में वृद्धि कर सकते है। अतः आवश्यकता इस बात की है कि हम अपने भोजन में प्रचुर मात्रा में अंकुरित अनाजों व दालों को समाहित करें। प्राचीन काल से ही हमारे देश में भोजन में अंकुरित अनाज व दालों का उपयोग करने की परम्परा चली आ रही है। हमारे कई त्याहारों पर अंकुरित अनाज व दालों का प्रयोग किया जाता है। अंकुरण से दालों व अनाजों की पोषकीय गुणवत्ता में ज्यादा वृद्धि होती है। पके व सूखे बीजों में सभी प्रकार के भोज्य पदार्थ होते है, जो नवोद्भिद पौध (seedling) के जड़े व पत्तियाँ विकसित होने के पहले जीवित रहने के लिए आवश्यक है। जमाव के बाद नवोद्भिद आसानी से बीज–पत्रों एवं छोटी पत्तियों में संचित व बनने वाले भोजन को सुगमता से अवशोषण करता है, इसी प्रकार मानव भी कोमल, सरल तत्वों को शरीर में अवशोषण के लिए नवोद्भिद का उपयोग कर सकता है। अंकुरित दालें व अनाज एक आसान व अच्छी स्रोत के रूप में सब्जियों में अपना स्थान बना रखी हैं, जिसका उपयोग मौसम व बेमौसम में किया जा सकता है। सामान्यतया सोयाबीन की कोई भी किस्म अंकुरण के लिए काम में ली जा सकती है लेकिन इसके लिए छोटे दाने ज्यादा पसंद किए जाते हैं। अंकुरण के लिए 5–10 दिनों का समय लगता है। अंकुरण के समय ज्यादातर अनचाहे कार्बोहाइड्रेट उपयोगी हो जाते हैं, प्रोटीन पाचन योग्य एवं ट्रीपसीन (tripsin) के रूकावट वाले कारक समाप्त हो जाते हैं। अंकुरण से एक बहुत ही उपयोगी पदार्थ एसकोर्बिक अम्ल (विटामिन–सी) का निर्माण होता है। इसलिए अंकुरित सोयाबीन प्रोटीन एवं विटामिन का एक बहुत ही उत्तम स्रोत है। अंकुरित सोयाबीन को जल्दी ही धीमी आँच में पका लेना चाहिए, जिससे ये लुगदी (pulp) जैसा न हो जाएं। सामान्यतया 85.0 ग्राम अंकुरित सोयाबीन से करीब 300 कैलोरी ऊर्जा प्राप्त होती है। विभिन्न अनुसंधानों में यह पाया गया है कि अंकुरण से दालों में विटामिन ''ए'' औसतन 300 प्रतिशत एवं विटामिन ''सी'' 500–600 प्रतिशत तक बढ़ जाता है। यानी करीब आधा कप अंकुरित दालों से हमें उतना ही विटामिन ''सी'' प्राप्त हो सकता है, जितना कि 6 गिलास संतरे के रस से। इतना ही नहीं, अंकुरण से स्टार्च साधारण शर्करा में बदल जाती है, जिससे अंकुरित दालें पचनें में बहुत ही आसान हो जाती हैं।

अंकुरण (Germination)

अंकुरण एक महत्वपूर्ण जैव–रासायनिक प्रक्रिया है, जिनमें साबूत अनाज व दालों जैसे– गेंहूँ, चना, मूंग, मोठ, मटर, सोयाबीन इत्यादि को साफ कर स्वच्छ पानी में 8–12 घन्टे तक भिगोया जाता है, फिर इन्हें किसी गीले कपड़े में बाँधकर 12–24 घण्टे तक रखा जाता हैं, जिससे इनमें अंकुर निकल आते हैं।

अंकुरित अनाज़ व दालों की उपयोगिता

मानव को स्वस्थ बनाये रखने में अंकुरित अनाज व दालों की उपयोगिता ज्यादा है।

1. अंकुरित अनाज एवं दालों में एन्जाइम बनते रहते हैं तथा इनमें निरन्तर वृद्धि के कारण कार्बोहाइड्रेट्स एवं प्रोटीन अपने सरल रूप में बदल जाता है। अतः ऐसा भोजन सुपाच्य होता है। शीघ्र पाचनशील होने के कारण इनका उपयोग सामान्य व्यक्तियों के अलावा बच्चों, युवा बूढ़ों व रोगी व्यक्तियों के आहार में किया जा सकता है। इन एन्जाइम के विशेष रुप से कार्बोहाइड्रेट पर क्रिया करने वाले एमाइलेज, प्रोटीन पर क्रिया करने वाले प्रोटीएज, फाइटेज, केटालेज इत्यादि की क्रियाशीलता बढ़ती है।
2. अंकुरित अनाज एवं दालों में उपस्थित फास्फोरस की उपलब्धता बढ़ जाती है। यह सर्वविदित है कि फास्फोरस शरीर में कैल्शियम के साथ मिलकर हड्डियों एवं दालों को मजबूत बनाए रखने में मदद करता है।
3. साबूत अनाज व दालों में लौह तत्व पर्याप्त मात्रा में पाया जाता है, किन्तु इसके बाहरी छिलके में "फाइटेट" नामक पदार्थ पाये जाने के कारण आँतों द्वारा लौह तत्व का पूर्णरूपेण अवशोषण नहीं हो पाता है, लेकिन अंकुरण के द्वारा यह घुलनशील एवं मुक्त रूप में बदल जाता है और मुक्त लौह व फास्फोरस तत्व के आँतों द्वारा अवशोषण में बाधा उत्पन्न नही होता है। इस प्रकार हमारे शरीर में इन तत्वों की उपलब्धता बढ़ जाती है।
4. लौह तत्व मुख्य रूप से शरीर में हीमोग्लोबिन जो कि रक्त में पाया जाता है, के निर्माण में मदद करता है। अतः रक्त की कमी से पीड़ित व्यक्ति लौह तत्व के लिए अनाज तथा अंकुरित दालों का प्रयोग कर सकते हैं। गर्भवती महिलाओं, जिन्हें लौह तत्व की अधिक जरूरत होती है, के लिये भी ये बहुत लाभदायक हैं।
5. अंकुरण के दौरान विटामिन 'बी' समूह विशेष रूप से राइबोफ्लेविन, कोलिन, बायोटिन, नियासिन की मात्रा में वृद्धि होती है तथा विटामिन 'सी' का निर्माण होता है। विटामिन 'बी' समूह शरीर में ऊर्जा, चयापचय/समन्वय में मदद करते हैं। विटामिन 'सी' मसूड़ों के स्वास्थ्य को बनाये रखता है तथा शरीर में संक्रामक रोगों से लड़ने की शक्ति उत्पन्न करता है। अंकुरित दालों व अनाजों में पोषक तत्व व विभिन्न प्रकार के विटामिन में 600 प्रतिशत तक की वृद्धि पायी गयी है।
6. सामान्यतया विटामिन 'बी' समूह एवं विटामिन 'सी' ताजे फल, सभी प्रकार की ताजी सब्जियों, दालों एवं मूँगफली से मिलते हैं, किन्तु ऐसी जगह जहाँ ताजे फल एवं सब्जियाँ पर्याप्त मात्रा

में उपलब्ध नहीं होते हैं अथवा ऐसे समय में जब इनका सेवन सम्भव नही हो तो अंकुरित अनाज व दालों का सेवन करने से शरीर हेतु उपयोगी तत्वों को अधिक मात्रा में प्राप्त किया जा सकता है। विटामिन 'सी' की उपस्थिति से लौह तत्व का अवशोषण ज्यादा होता है अतः नसों में रक्त कोशिकाओं की मजबूती व रक्त बहाव ज्यादा होता है।

7. अंकुरण के दौरान दालों में उपस्थित विषाक्त पदार्थ जैसे–'ट्रिप्सीन इन्हिबीटर' नष्ट हो जाते हैं। दालों की प्रोटीन की गुणवत्ता में वृद्धि हो जाती है। इस प्रकार अंकुरित अनाज व दालों का प्रयोग करने से हमारे शरीर पर अनुकूल प्रभाव पड़ता है, जिसके लिए हमे अतिरिक्त मूल्य भी नहीं चुकाना पड़ता है।
8. अंकुरण से अनाज एवं दालों को पकाने में लगने वाला समय कम हो जाता है, जिससे समय व ईंधन की बचत होती है। इसके अतिरिक्त कम समय तक पकाने की वजह से विटामिन 'बी' समूह तथा विटामिन 'सी' कम मात्रा में नष्ट होते हैं तथा ये भोजन में सुरक्षित बने रहते हैं।
9. अंकुरित अनाज व दालें शरीर में सुगमता से पच जाती है और गैस, पेट दर्द, पेट मरोड़ इत्यादि की शिकायत नही रहती है, जबकि सूखे अनाज व दालों से गैस, पेट दर्द, अपच इत्यादि की समस्या उत्पन्न होती है।
10. अंकुरित अनाज व दालें अंकुरित होने पर ज्यादा फैलते (stretches) हैं। सामान्यतः फूलकर 2–6 गुना हो जाते हैं, जिससे अन्य भोज्य पदार्थ के ज्यादा खाने की प्रकृति में कमी की जा सकती है। अतः सकल घरेलू खर्च में कमी आती है।
11. भारतवर्ष में बच्चों के लिए अंकुरित मूंग से अनेकों पोषकीय खाद्य पदार्थ तैयार किए जाते हैं।
12. चटपटी चाट खाने का प्रत्येक का मन करता है, परन्तु चाट प्रायः तेल में तली हुई, हाजमा खराब करने वाली व अस्वस्थकारी होती है। अतः स्वास्थ्यवर्धक अंकुरित दाल व अनाज की चाट बनाकर खाया व खिलाया जा सकता है।
13. अंकुरित अनाज व दाल को स्वरोजगार के रूप में अपनाया जा सकता है। वर्तमान समय में बाजार में अंकुरित पदार्थों से तैयार होने वाले उत्पाद की ज्यादा माँग है।
14. अंकुरित अनाज व दालों का उपयोग सलाद, सैण्डविच, सूप व अन्य भोज्य पदार्थों में क्रंच (crunch) के रूप में व पोषक तत्व के रूप में किया जाता है।
15. अगर 100.0 ग्राम से ज्यादा अंकुरित सब्जियों का उपयोग किया जाये तो मानव शरीर के रक्त में नकारात्मक डी आक्सीराइबोस न्यूक्लिक एसीड (DNA) के परिवर्तन में कमी आती है। कभी–कभी खाद्य पदार्थों में ''कारसेनोजेन्स'' (carcenogenes) पाया जाता है या उपापचय से उत्पन्न होती है, जिससे कैन्सर (cancer) होने का खतरा होता है। इसके बचाव के लिए अंकुरित सब्जियाँ उत्तम स्रोत हैं। उदाहरण के लिए अगर 113.0 ग्राम प्रतिदिन ब्रोकली, मूली, अल्फाल्फा व क्लोवर के अंकुरण का सेवन करने से पूर्ण बचाव होता है।
16. अंकुरित सब्जियों के रस (juice) बाजार में बिक रहे हैं। उदाहरण के लिए अल्फाल्फा या मूली का अंकुरण, गाजर तथा हरा व लाल शिमला मिर्च के साथ मिश्रित कर पेय पदार्थ बनाते हैं।
17. अंकुरित अनाज व दालें कम कैलोरी देती हैं और स्वाद में हल्की मीठी लगती हैं।

18. अंकुरित अनाज व दालों में किसी प्रकार का रक्षक (preservative) नहीं प्रयोग होता है।
19. अंकुरण से अनाज व दालों को पकाने में लगने वाला समय व ईधन शक्ति कम हो जाता है। साथ ही अंकुरित अनाज व दालों को उच्च तापक्रम पर थोड़ी देर के लिए पकाने से कुछ पोषक तत्व जैसे विटामिन "बी" समूह तथा विटामिन "सी" का विनाश कम होता है तथा ये भोजन में सुरक्षित बने रहते है।

सावधानियाँ

अंकुरित अनाज एवं दालों को उपयोग करते समय निम्नलिखित बातों को ध्यान में रखना चाहिए–

1. अंकुरण के लिये बिना शोधित (रासायनिक या अन्य पदार्थ) बीज का प्रयोग करना चाहिए। रासायनिक दवाओं से शोधित बीज का अंकुर खाने के लिए उपयोग नही करना चाहिए क्योंकि यह शरीर के लिए नुकसानदेय होते हैं।
2. उच्च तापक्रम, तेज धूप अथवा हवा के सम्पर्क में आने से अंकुरित दालों एवं अनाजों में महत्वपूर्ण विटामिनों का ह्वास हो जाता है।
3. अधिक पकाने पर इनमें उपस्थित 'एन्जाइम' भी नष्ट हो जाते हैं तब यह ज्यादा उपयोगी नहीं रहते हैं। इसलिए जहाँ तक सम्भव हो, इन्हे कच्चा ही सलाद अथवा चाट के रूप में प्रयोग करना चाहिए। यदि पकाना जरूरी है तो प्रेशर कुकर में बहुत कम समय के लिए पकाकर उपयोग किया जाना चाहिए।
4. अंकुरण के लिए केवल जीवित बीज का प्रयोग किया जाना चाहिए।
5. अत्यधिक उष्मा (heat) द्वारा शोधित बीज का अंकुरण नही होता हैं। इसी प्रकार ब्लांचिंग (blanching) व अतिन्यून तापक्रम (chilling) पर भी शोधित बीज का जीवन समाप्त हो जाता है, अतः जमाव नही होता है। हालांकि अन्य उद्देश्य से उपयोग किया जा सकता है। ऐसे बीजों में वृद्धि एवं विकास नही होता है।
6. अगर कम जगह में ज्यादा अंकुर विकसित होगें तो अंकुर सड़ने लगते है।
7. भिगोयी एवं अंकुरित दालों, विशेष रूप से सोयाबीन एवं केसरी दाल के पानी फेंकने के बाद पकाने से इनमें उपस्थित ट्रिप्सीन इन्हिबिटर नष्ट हो जाता है, जिससे प्रोटीन का जैविक मूल्य बढ़ जाता है।

अंकुरित अनाज व दालों में सुगन्ध

प्रत्येक प्रकार के अंकुरित अनाज व दालों में विशेष प्रकार का सुगन्ध होता है। कुछ अंकुरित बीज मसालें जैसी सुगन्ध देती है जैसे–मूली का अंकुर, इसी प्रकार कड़े छिलके वाली मसूर (lentil) से सगुन्ध प्राप्त होती है।

अंकुरित अनाज व दालों के उपयोग सम्बन्धी मुश्किलें

अगर अंकुरित अनाज व दालें सुगमतापूर्वक शरीर में बिना गैस उत्पन्न किये पच जाती है, तो स्वास्थ्य के लिए किसी प्रकार से नुकसानदायक नही हैं। दालों के बीज में प्रोटीन बहुत ज्यादा होती

है और पचने में मुश्किलें आती है, इतना ही नही ये शरीर में गैस उत्पन्न करती हैं। सामान्यतया अल्फाल्फा को छोड़कर अल्प मात्रा में दाल वाले अंकुर का प्रयोग प्याज, अदरक, हरी मिर्च आदि के साथ मिश्रित रूप से करने की सलाह दी जाती है। मूँग व एडजुकी बीन के अंकुर शरीर में आसानी से पच जाते है।

किस अनाज व दाल को अंकुरित करें?

किसी भी साबुत दानें जो सूखे रूप से उपयोग होते है, का अंकुरण किया जा सकता हैं। उदाहरण के लिए अनाजों में गेंहूँ, जौ, अल्फाल्फा इत्यादि व दालों में किडनी बीन, सेम, मूँग, लोबिया, चना, मटर इत्यादि को अंकुरित किया जा सकता है। इसके अलावा सोयाबीन, मूंगफली एवं मेथी के दाने को भी अंकुरित किया जा सकता है। अल्फाल्फा के अंकुरण की माँग दिन प्रतिदिन बाजर में बढ़ रही है। मूंग के अंकुरण पूरे विश्व के बाजार में बिकते हैं विशेषतः चीन में। कहीं–कहीं पर राई (rye), कुम्हण (pumpkin), तिल (sesame) के बीज भी अंकुरण के रूप में प्रयोग किया जाता है। बाजार में बादाम (almond) व बक ह्वीट (buck wheat) भी अंकुरित रूप में अपना स्थान बना रहा है। नीचे कुछ अंकुरित होने वाले अनाजों, दालों व सब्जी बीजों का वर्णन दिया जा रहा है–

1. चौलाई (Amaranth)

चौलाई के बीज बहुत छोटे–छोटे होते हैं। इसके अंकुर कड़ुवे होते हैं, लेकिन औषधीय गुणों के कारण उचित प्रजाति के उपलब्ध होने पर अंकुरित किया जा सकता है।

2. जौ (Barley)

जौ के छिलके कठोर होंते है, लेकिन अंकुर बहुत स्वादिष्ट होते हैं। सबूत व छिलकायुक्त जौ के अंकुरण के लिए भिगोते हैं।

3. बक ह्वीट (Buck Wheat)

सामान्यतया बक व्हीट को पूर्ण अंकुरण के लिए नही रखते हैं। केवल 20 मिनट तक भिगोकर उपयोग करते हैं। ज्यादा देर तक भिंगोने से बीज में सड़न होने लगती है और बदबूदार हो जाता है। अंकुर में हल्की सुगन्ध आती है। बक व्हीट के अंकुर तेजी से बढ़ते हैं।

4. मक्का (Maize)

स्वीट कार्न का अंकुरण बहुत अच्छा होता है। पापकार्न (pop corn) का अंकुर भी मीठा होता है, लेकिन बीज का छिलका सख्त होता है, जो खाने के लिए उपयुक्त नहीं होता हैं।

5. ज्वार (Sorghum)

ज्वार के कुछ बीज तो अंकुरित होते हैं, लेकिन कुछ बीजों में किडवन (fermentation) प्रारम्भ हो जाता है। इसके अंकुर स्वादिष्ट, क्रंच (crunchy) करने वाले और कोमल होते हैं, अतः इनका प्रयोग अन्य व्यंजनों के साथ किया जाता है। बाजरा (Pearl millet) का अंकुरण न करें क्योंकि बीज में साइनामाइड (cynamide) की सान्द्रता होती है।

6. जई (Oat)

जई का अंकुरण बहुत अच्छा होता है, लेकिन छिलका सख्त होने के कारण खाने में उपयोग कम करते है, लेकिन अन्य व्यंजन के साथ मिश्रित करते हैं।

7. धान (Paddy)

धान की जड़ें विकसित होने के पूर्व कोमल अंकुर को खाया जा सकता है, लेकिन मुश्किल होता है। अगर जड़ विकसित हो गया तो कडुवा हो जाता है। अन्य व्यंजनों में उपयोग होता है।

8. राई (Rye)

राई का अंकुर स्वास्थ्य की दृष्टि से काफी अच्छा होता है।

9. गेंहूँ (Wheat)

गेंहूँ के 2 दिन वाले अंकुर बहुत कोमल व मीठे होते हैं। इसके उपयोग से ज्यादा ऊर्जा मिलती है।

10. बादाम (Almond)

ऊर्जा प्रदान करने वाले अंकुरणों में बादाम के अंकुर सबसे उत्तम माना जाता है। केवल 2 दिन के अंकुर का उपयोग किया जाता है, ज्यादा दिन तक रखने में बदबू आने लगती है। अंकुरण आने पर छिलका हटाकर खाना चाहिए। छिलका हटाने के लिए गर्म पानी में 15–30 सेकेण्ड तक रखने में स्वतः छिलका निकल जाता है।

11. पत्ता गोभी व केल (Cabbage and Kale)

पत्ता गोभी व केल के अंकुर जल्दी तैयार होते हैं, लेकिन इसमें तीखी सुगन्ध/महक होती है। अतः मिश्रित व्यंजन तैयार करने में सुगन्ध वृद्धि के लिए ज्यादा उपयोग करते हैं, लेकिन बीज ज्यदा महंगे होते हैं। अतः अंकुरण के लिए कम उपयोग होता है।

12. मेथी (Fenugreek)

मेथी के अंकुर काफी तीखे होते हैं, लेकिन औषधीय गुणों का भण्डार माना जाता है। इसके अंकुर का ज्यादा उपयोग अन्य व्यंजनों के मिश्रण में होता है। वैज्ञानिक लैड–फ्रावली द्वारा लिखित पुस्तक "दी योगा ऑफ हर्ब्स" (The Yoga of Herbs) में स्पष्ट किया गया है कि मेथी के अंकुर बहुत ज्यादा पाचक व यकृत (liver) के लिए ज्यादा लाभदायक है।

13. म्यूसीलेज युक्त बीज (Mucilaginous seeds)

फ्लैक्स (flax), सिलियम (psyllium), चिया (chia) आदि के अंकुरण अन्य व्यंजनों के मिश्रण में सुगन्ध उत्पन्न करने के लिए किया जाता है। जैसा कि अल्फाल्फा (alfalfa) व क्लोवर (clover) द्वारा सुगन्ध उत्पन्न की जाती है। चूँकि अंकुर अच्छे व स्वादिष्ट नहीं होते हैं, अतः कोई अंकुरित नहीं करता है।

14. सरसों (Mustard)

सरसों के अंकुर बहुत कोमल होते हैं, जिसमें एक विशेष प्रकार की सुगन्ध होती है। महक के कारण कुछ लोग इसके अंकुर को पसन्द नही करते हैं।

15. कुम्हण (Pumpkin)

कुम्हण के बीज का अंकुरण बहुत मुश्किल है, जब अंकुरण करते है तो जीवाणुओं के संक्रमण से सड़ जाता है और बदबूदार हो जाता है। अतः केवल इसे भिगोकर ही उपयोग करते हैं।

16. मूली (Radish)

मूली के अंकुर में काफी तेज (hot) महक / गन्ध होती है। अतः अन्य व्यंजन में सुगन्ध वृद्धि के लिए इनका उपयोग किया जाता है। काफी तीखा व्यंजन बनाने के लिए भी उपयोगी है।

17. तिल (Sesame)

आयुर्वेद के अनुसार काले तील का अंकुरण सुगन्ध व पाचन की दृष्टि से अति उत्तम है। एक बार अंकुरण होने पर रेफ्रीजरेटर (refrigerator) में भण्डारण करने पर भी वृद्धि करता रहता है। इसके अंकुरण को 1.5–2.0 दिन से ज्यादा नहीं रखा जा सकता है। इसके बाद अंकुर काफी कड़े हो जाते हैं तिल के अंकुर के साथ शहद के प्रयोग से स्वाद वृद्धि के साथ पाचकता और ओज वृद्धि करता है।

18. सूर्यमुखी (Sunflower)

सूर्यमुखी के अंकुरित बीजों का महत्व बहुत ज्यादा है, क्योंकि इनका स्वाद अच्छा व सोंधी–सोंधी सुगन्ध प्रदान करता है। छिलका उतारकर अंकुरण करना चाहिए या भिगोने के बाद छिलका अवश्य निकाल दें, अन्यथा अंकुर जल्दी खराब होकर महक जायेगें।

19. अल्फाल्फा (Alfalfa) व क्लोवर (Clover)

सब्जी उपभोक्ता अल्फाल्फा व क्लोवर को हरी सब्जी के रूप में ज्यादा महत्व देते हैं। इसके अंकुर को एक उत्तम एवं प्राचीन पोषकीय पदार्थ माना जाता है। इसका उपयोग अन्य व्यंजनों के मिश्रण एवं सुगन्ध के लिये किया जाता हैं। अल्फाल्फा में एल्कलायड का स्तर काफी ज्यादा होता है। इसका अंकुरण केवल मर्तबान में किया जाना चाहिए, अन्य विधियों में बीज व अंकुर सड़ने की सम्भावना ज्यादा होती है।

20. चना (Chick Pea)

जब अंकुरण की बात की जाती है तब चने की बात पहले की जाती है। इसका सबसे बड़ा कारण चना का जल्द अंकुरित होना एवं अनेक पोषक तत्वों की अधिकता है। यह बात सही है कि चना जितनी जल्द अंकुरित होता है, उतनी जल्द खराब होने लगता है। चना के अंकुर खराब होने में जीवाणु (bacteria) व कवक (mold) का योगदान होता है। बाजार में चना दो प्रकार का उपलब्ध होता है– काला चना व हरा चना। भारतीय खाद्य भण्डारों में काला चना की अधिकता होती

है। यह चना धीरे–धीरे अंकुरित होता हैं अर्थात् अंकुरण में समय लगता है। हरा चना प्राकृतिक रूप से हरा होता है और बहुत जल्द अंकुरित हो जाता है। हरे चने के अंकुरण में तेज सुगन्ध विकसित होता है।

21. मसूर (Lentils)

मूसर के अन्तर्गत लाल/भूरा/हरा रंग के बीज छोटे–बड़े आकार में उपलब्ध होते हैं। यह देखा गया है कि छोटे आकार वाले मसूर बहुत शीघ्र अंकुरित होते हैं। भूरे व लाल रंग के बड़े आकार वाले दाने में अंकुर मोटे निकलते हैं। मसूर के अंकुर में मसाले जैसी सुगन्ध विकसित होती है। उपभोक्ता के बीच मसूर के अंकुर काफी प्रचलित है।

22. मूँग बीन (Mung Bean), उरद बीन (Urid Bean), एडजुकी बीन (Adzuki bean) व मोठ बीन (Moth Bean)

भारतीय बाजार में अंकुरित मूँग पोषक तत्व की अधिकता के कारण ज्यादा प्रचलित है जबकि अन्य देशों में उरद, एडजुकी व मोठ बीन ज्यादा प्रचलित है। मूँग व उरद के छिलके ज्यादा सख्त होते हैं। गोठ की उपलब्धता भी भारतीय खाद्य भण्डारों में उपलब्ध है। उसमें अंकुर तेजी से विकसित होते है। अंकुर में हल्का सुगन्ध होता है।

23. मूँगफली (Peanuts)

साबूत मूँगफली को अंकुरित करने से वह पाचक हो जाता है। अंकुरित मूंगफली का अभी ज्यादा उपभोग नही किया जाता है।

24. मटर (Peas)

भारतीय व्यंजनों में एक रात तक मटर को पानी में भिगोकर "छोला" बनाते है जो काफी प्रचलित है। विगत कुछ वर्षों से अंकुरित मटर का प्रयोग बढ़ा है। मटर की दो प्रजातियाँ अंकुरण के लिए उपयुक्त मानी जाती है। पीला मटर व हरा मटर। पीले मटर में अंकुरण धीरे–धीरे होता है, लेकिन इसमें हरे मटर की तुलना में सुगन्ध तेज होता है।

अंकुरण कैसे करे?

अनाज व दालों के अंकुरण के लिए विशेष दक्षता (skills) व मशीन (tools) की आवश्यकता नही होती है। बीज के अंकुरण के लिए 3 घटकों की उपलब्धता आवश्यक है।

1. नमी (Water)
2. उष्मा या गर्मी (Temperature)
3. हवा या आक्सीजन (Oxygen)
4. प्रकाश (Light)

1. नमी (Water)

पानी महत्वूपर्ण घटक है जो बीज के जमाव में आवश्यक है इससे सूक्ष्म भ्रूण में जैविक प्रक्रिया शुरू होती है। बीज में संचित लवण व कार्बनिक पदार्थ, बीज पत्रों व इण्डोस्पर्म (endosperm) के रूप में होती है। सर्वप्रथम बीज में उपस्थित सूक्ष्म छिद्र (micropyle) द्वारा पानी का अवशोषण होता है जिससे बीज में फुलाव (swollen) हो जाता है। बीज कवच मुलायम पड़ जाते हैं और अधिक नमी की मात्रा व जैविक प्रक्रिया से भ्रूण आसानी से बाहर आ जाता है। अंकुरण तैयार करने के लिए स्वच्छ जल में कई बार बीज को धोकर डुबोना चाहिए और 8–24 घन्टे बाद निकाल कर स्वच्छ जल से गीले साधन में रखना चाहिए। दूषित जल में रखने से अंकुर दूषित जल का अवशोषण कर लेता है जो हानिकारक है। अतः कम गर्म या कमरे के तापमान पर गर्म पानी, पूर्ण ठण्डा, गर्म की तुलना में उत्तम होता है।

2. तापमान (Temperature)

जमाव के लिए तापमान दूसरा महत्वपूर्ण घटक है। जब बीज पानी का अवशोषण कर लेता है तब फूला हुआ बीज तापमान के प्रति ज्यादा संवेदन् शील हो जाता है। विभिन्न प्रकार के बीजों के जमने में अलग–अलग तापमान की आवश्यकता पड़ती है। प्रयोग में यह पाया गया है कि तापमान की अधिकता व न्यूनता की स्थिति में अंकुरों में एक समान वृद्धि नही होती है, जो उपभोग के लिए उपयुक्त नही माना जाता है।

3. हवा या आक्सीजन (Oxygen)

अंकुरण के लिए प्रचुर मात्रा में हवा या आक्सीजन की उपस्थिति आवश्यक है। यद्यपि बीज के प्रारम्भिक जमाव में एनएरोबिक श्वसन (anaerobic respiration) होता हैं, जबकि तुरन्त ही एरोबिक श्वसन (aerobic respiration) प्रारम्भ हो जाता है।

4. प्रकाश (Light)

बीज जमाव में प्रकाश की भूमिका महत्वपूर्ण है। कुछ बीजों का अंकुरण प्रकाश की उपस्थिति में होता है जबकि कुछ बीजों के अंकुरण में प्रकाश की आवश्यकता नही होती है। कुछ बीज की प्रारम्भिक जमाव अन्धेरे में होता है।

आधारभूत अंकुरण विधियाँ (Basic sprouting methods)

अंकुरण के लिए कई प्रकार के साधन का प्रयोग किया जा सकता है, लेकिन प्रमुख रुप से जार या मर्तबान तथा कपड़े या तौलिया का प्रयोग ज्यादा किया जाता है।

1. मर्तबान (Jar)
2. तस्तरी (Tray)
3. तौलिया (Towel)
4. मिट्टी के छिछले तस्तरी (Shallow clay saucer)
5. मिट्टी की बहुत पतली सतह (Thin layer of soil)

1. मर्तबान (Jar)

चौड़े मुँह वाला मर्तबान जो शीशे का बना हो, अंकुरण के लिए उपयुक्त होता है। मर्तबान में बीज अंकुरण कराने के लिए एक चौथाई भाग तक साफ बीज को भरना चाहिए और बचे भाग में पानी डाल दें। ढक्कन हमेशा छिद्रयुक्त होना चाहिए। रात्रि भर बीज को पानी में भिगोकर रखें और सुबह पानी को उल्टाकर छिद्रयुक्त मुँह से बाहर निकाल देवें। बीज को बहते पानी में धोकर साफ कर लें। मर्तबान को उल्टा कर थोड़े समय तक रखें, जिससे बीजों के बीच में तथा अन्दर की सतह में हवा प्रवेश कर जाये। इसी प्रकार की पुनरावृत्ति सांयकाल भी करनी चाहिए। पुनः दो दिनों तक निकालकर साफ करने तथा पानी को निकाल देने से अच्छे अंकुर विकसित होते हैं। सामान्यतया 3–4 दिनों में अंकुर खाने योग्य हो जाते हैं। अगर बीज को पहले छोटे मर्तबान में रखा है तो 2–3 दिन बाद बड़े मर्तबान में स्थानान्तरित कर देना चाहिए। जार को सीधे रोशनी में नहीं रखना चाहिए। मर्तबान में अंकुरित बीज को ज्यादा दिनों तक रखा जा सकता है। इसमें कवक (mold) इत्यादि विकसित नहीं होते हैं।

2. तस्तरी (Tray)

आजकल अच्छी गुणवत्ता वाले स्टेनलेस स्टील के छिछले तस्तरी बाजार में उपलब्ध हैं, जिसका उपयोग बीज अंकुरण के लिए सुगमता से किया जा सकता है। इस तकनीक में एक बार बीज को धोकर रात्रि भर भिगोते हैं और पुनः स्टील की छिद्रयुक्त तस्तरी पर बिछा देते है। दो सतही तस्तरी का उपयोग भी किया जा सकता है, जिसके नीचे की सतह में पानी होता है और पानी भाप बनकर बीजों को नमी पहुँचाता है। इस तकनीक से जमाव अच्छा होता है और अंकुर में महक भी नही होती है।

3. तौलिया (Towel)

तौलिया में बीजों को अंकुरित करना एक प्राचीन एवं प्रभावी तकनीक है। इसके अन्तर्गत साफ बीजों को अच्छी प्रकार धोकर रातभर पानी में डुबोकर रखते हैं और दूसरे दिन बाहर निकाल कर बीजों का परीक्षण करते हैं। एक समान फुलाव लिए बीजों को ही अंकुरित करने के लिए तौलिया पर फैला देते है और किसी गीले कपड़े से ढक देते है। कभी–कभी तौलिया की पोटली भी बना लेते है। चूँकि तौलिया में सूक्ष्म छिद्र होते है अतः वातायन पूरी तरह से होता है और साथ ही साथ आवश्यक नमी भी एक समान बीजों को मिलती है। इतना ही नहीं तौलिया अन्य महीन कपड़ों की तुलना में ज्यादा गर्मी देता है अतः बीज एक समान अंकुरित होते हैं। अंकुर तेज बढ़ता है। अगर कपड़ा या तौलिया सूख रहा हो तो पानी का छिटा देना चाहिए, जिससे तौलिया या कपड़ा पुनः गीला हो जाये।

4. मिट्टी की बहुत पतली सतह (Thin layer of soil)

मिट्टी की पतली सतह पर बीजों को अंकुरित कराना एक पुरानी पद्धति है। इस विधि में अंकुरण के साथ अन्य रोग कारकों का संक्रमण भी हो सकता है अतः इसे अब नहीं अपनाया जाता है। इसमें ऐसे बीजों को अंकुरित कराया जाता है जिसमें म्यूसीलेज (लबलबा पन) ज्यादा होता है जैसे फ्लैक्स (flax), सिलियम (psyllium) इत्यादि।

अन्य तकनीक (Other methods for sprouting)

1. प्लास्टिक ट्यूब (Plastic tube)

यह जार व मर्तबान का परिवर्तित स्वरूप है। अन्तर सिर्फ इतना है कि यह दोनों तरह से खुला होता है। इस प्रकार के ट्यूब में वृद्धि किये लम्बे अंकुर को सुगमता से बाहर निकाला जा सकता है।

2. अंकुरण थैला (Sprouting bag)

अनाज व दालों के अंकुरण के लिए सूती या लाइनेन के कपड़े या प्लास्टिक के छिद्र युक्त कपड़ों के थैले का प्रयोग किया जा सकता है। इस विधि में बीज से भरे कपड़ों के थैलों को पानी में डुबो देते हैं। निर्धारित समय पर निकालकर प्लास्टिक के थैलों में लटका देते हैं। एक प्रकार से छोटा ग्रीन हाउस बन जाता है।

3. व्यावसायिक अंकुरण करने वाले साधन

छोटे स्तर पर स्थानीय साधनों से अनाज व दालों का अंकुरण कराया जा सकता है लेकिन व्यावसायिक स्तर अंकुरण हेतु वृहद् संरचना की आवश्यकता पड़ती है, जो बाजार में अनेकों नाम तथा आकार–प्रकार में उपलब्ध है। ये काफी महँगे होते हैं।

अंकुरण प्राप्त करने के विभिन्न चरण

अनाज व दालों से उत्तम गुणवत्ता वाले अंकुरण प्राप्त करने के लिए निम्न चरणों को अपनाना चाहिए–

1. प्रथम चरण (Step-1)

अपने परिवार की आवश्यकतानुसार अंकुरण प्राप्त करने के लिए अनाज व दालों की मात्रा का निर्धारण कर लें। यह ध्यान रहे कि प्रयोग किये जाने वाली बीज, पानी सोखकर सामान्यतया दो गुना से ज्यादा भार वाले हो जाते हैं। निर्धारित बीज को लेकर अच्छी प्रकार साफ कर लें तथा मिट्टी, खरपतवार, कूड़ा–करकट, कंकड़ तथा टूटे–फूटे बीज को अलग कर लें। विभिन्न अनाज व दालों के अंकुरण हेतु निम्न प्रकार जगह चाहिए।

सारिणी (2.17) अंकुरित होने वाले अनाज व दालों के लिए जगह की आवश्यकता

अंकुरित होने वाले अनाज व दाल	मात्रा	जगह की आवश्यकता
एड्जूकी बीन	½ कप	1.0–1.5 इंच
अल्फाल्फा	2 चम्मच	1.5–2.0 इंच
कार्न	1½ कप	0.5 इंच
गारवेन्जो	1 कप	1.0 इंच
मसूर	¾ कप	0.25–1.0 इंच
मूँग बीन	1/3 कप	1.0–3.0 इंच
मूली	3 चम्मच	1.0–2.0 इंच

2. द्वितीय चरण (Step-2)

बड़े बीजों को स्वच्छ पानी में धुलाई कर लें। अगर छोटे बीज हैं, तो पानी में डुबोकर साफ कर लें और एक गहरे बर्तन में रख दें। बर्तन में इतना पानी डालें (लगभग 4 गुना) कि पूरे बीज से 2.0 सेन्टी मीटर ऊपर पानी आ जाये। अब छिद्रयुक्त मर्तबान में बीज को रखकर ढक्कन से साफ–सुथरे कपड़े से ढक दें और इन्हें गर्म (लेकिन अधिक तापमान नहीं) जगह पर रात्रि भर के लिए भिगों दें। इसके लिए चौड़े या धातु के छल्ले का प्रयोग न करें। अच्छा होगा कि ढक्कन ''रबर बैन्ड'' से कस दें। बीन्स को 8 घन्टे तक या रातभर भिगोंकर रखें। अतः मर्तबान को अंकुरण के लिए उपयुक्त वातावरण में रखते हैं जिससे नमी के कारण बीज कवच ढीले पड़ जाते हैं।

3. तृतीय चरण (Step-3)

दूसरे दिन भिगोई हुई अनाज व दाल के बीजों को पानी से बाहर निकाल लें। पानी में भी पोषक तत्व होते है, जिसे घर में लगे पौधों को देना चाहिए। अब छिछले मिट्टी के बर्तन या टोकरी के ऊपर पतले कपड़े फैला दें तथा इसमें बीज का पुनः परीक्षण कर रख दें। जार व पैन को अन्धेरों में रख दें या तौलिया से ढक दें। महीन कपड़े (मलमल) के पोटली बना लें और किसी खूँटी पर या नल के साथ लटका दें। इस पोटली पर पानी का छिड़काव करते रहें जिससे वह नम बना रहे। ध्यान रहे कि पोटली हमेशा गीली न बनी रहे। इसे 24–48 घंटे ऐसे ही पड़े रहने दें, पोटली का कपड़ा सूखे नहीं। बीच–बीच में स्वच्छ जल से धो देने से महक उत्पन्न नही होती है।

4. चतुर्थ चरण (Step-4)

सामान्यतया 24 या 48 घन्टे बाद पोटली खोलकर परीक्षण करना चाहिए। जब सभी बीजों में छोटे–छोटे अंकुर निकल आये तो पोटली में से अंकुरित बीज बाहर निकाल लेना चाहिए। अगर अंकुर की लम्बाई 2.0 मिली मीटर तक लम्बी है, तो उपयोग के लिए तैयार है। तैयार अंकुर को फ्रीज में भण्डारित किया जा सकता है। अगर तुरन्त उपयोग नही करना है तो अंकुर को पहले 12 घण्टे बाद तथा बाद में 24 घण्टे बाद पुनः धुलाई करें। अच्छा होगा तैयार अंकुर का उपयोग शीघ्र कर लिया जाये।

अंकुरण में लगने वाले समय व लम्बाई

विभिन्न प्रकार के अनाज व दालों में अंकुरण में लगने वाला समय अलग–अलग है। उदाहरण के लिए मूँग में अंकुरण एक दिन में ही हो जाता है लेकिन चना, गेंहूँ, मटर व अन्य दानें में 2–3 दिन का समय लगता है, क्योंकि इनके बीज कवच मोटे होते है। अंकुरण में लगने वाला समय मौसम पर भी निर्भर करता है। सामान्यतया दानें गर्म (wormth) व आर्द्र (humid) दशा में जल्दी अंकुरण करते हैं जबकि ठण्डे वातावरण में जमाव देर से होता है। बीजों में जब अंकुर 2.0–5.0 मिली मीटर लम्बे हो जायें, उपभोग के लिए उत्तम होते हैं। गर्मी के मौसम में 24 घन्टों में ही दालों के छोटे–छोटे अंकुर फूटने लगते हैं। सर्दी के मौसम में अंकुरण के लिए अधिक समय लगता है।

सारिणी (2.18) अनाज व दालों के अंकुरण में लगने वाला समय

अनाज व दालें	अंकुरित करने की विधि	भिगोने का समय	पूर्ण अंकुरण का समय (दिन में)
चौलाई	कपड़ा विधि	24.0 घण्टे	1.0—1.5
बक व्हीट	कपड़ा विधि	15.0—20.0 मिनट	1.0—1.5
फिल्ड कार्न	जार, कपड़ा विधि	8.0—14.0 घण्टे	2.0 +
पाप कार्न	जार, कपड़ा विधि	8.0—14.0 घण्टे	1.5 +
जौ	जार, कपड़ा विधि	8.0—14.0 घण्टे	1.25—1.5
मिलेट	जार, कपड़ा विधि	8.0—14.0 घण्टे	1.0—1.5
ओट	जार, कपड़ा विधि	8.0—14.0 घण्टे	1.25—1.5
क्विनोवा	जार, कपड़ा विधि	2.0—4.0 घण्टे	12.0 घन्टे
धान	जार, कपड़ा विधि	12.0—18.0 घण्टे	1.0 + दिन
राई	जार, कपड़ा विधि	8.0—14.0 घण्टे	1.0—1.5 दिन
गेंहूँ	जार, कपड़ा विधि	8.0—14.0 घण्टे	1.0—1.5 दिन
बादाम	कपड़ा विधि	10.0—14.0 घण्टे	1.0 दिन
पत्ता गोभी	जार, कपड़ा विधि	6.0—14.0 घण्टे	1.0 + दिन
केल	जार, कपड़ा विधि	6.0—14.0 घण्टे	1.0 + दिन
मेथी	जार, कपड़ा विधि	8.0—14.0 घण्टे	18 घन्टे
सरसों	जार, ट्रे विधि	6.0—14.0 घण्टे	1.0 + दिन
कुम्हण	कपड़ा विधि	8.0—14.0 घण्टे	1.0 दिन
मूली	जार, कपड़ा, ट्रे विधि	8.0—14.0 घण्टे	1.0 + दिन
तिल	जार, कपड़ा विधि	8.0—14.0 घण्टे	1.0—1.5 दिन
सूर्यमुखी	जार, कपड़ा विधि	8.0—14.0 घण्टे	18.0 घन्टे
अल्फाल्फा	जार, ट्रे विधि	4.0—6.0 घण्टे	6.0—8.0 दिन
काला चना	जार, कपड़ा विधि	8.0—14.0 घण्टे	1.5 दिन
हरा चना	जार, कपड़ा विधि	8.0—14.0 घण्टे	1.0 दिन
मसूर (भूरा, हरा, लाल)	जार, कपड़ा विधि	8.0—14.0 घण्टे	1.0 दिन
मूँग बीन	जार, कपड़ा विधि	8.0—14.0घण्टे	18 घन्टे से 1 दिन
उरीद बीन	जार, कपड़ा विधि	8.0—14.0 घण्टे	1.0 दिन
एडजूकी बीन	जार, कपड़ा विधि	8.0—14.0 घण्टे	1.0 दिन
मोठ बीन	जार, कपड़ा विधि	8.0—14.0 घण्टे	12—18 घन्टे
मूँगफली	जार, कपड़ा विधि	12.0—14.0 घण्टे	1.5 दिन
मटर (काली आँख)	जार, कपड़ा विधि	12.0—14.0 घण्टे	1.0 दिन
सामान्य मटर	जार, कपड़ा विधि	12.0—14.0 घण्टे	1.5 दिन

अंकुरित दालों व अनाजों से तैयार होने वाले व्यंजन

1. अंकुरित दाल चाट

सामग्री	:	मात्रा
अंकुरित दाल	:	250.0 ग्राम
उबले आलू	:	50.0 ग्राम
अमरूद	:	100.0 ग्राम
टमाटर	:	100.0 ग्राम
गाजर	:	50.0 ग्राम
खीरा	:	50.0 ग्राम
केला	:	1
नींबू	:	1
भुना हुआ जीरा	:	1 चम्मच
गर्म मसाला	:	1 चम्मच
नमक	:	स्वादानुसार
लाल मिर्च/हरी मिर्च	:	स्वादानुसार

विधि

- मूंग या मोठ दाल को अंकुरित करके भाप में पका लें।
- इसमें बारीक कटा हुआ आलू, टमाटर, खीरा, हरी मिर्च, फल आदि डाल लें।
- अपने स्वादानुसार सभी मसाले इस पर डालकर अच्छी तरह मिला लें।
- इस अंकुरित दाल को सुबह या शाम के नाश्ते में परोसें।

2. मिश्रित अंकुरित दाल चाट

सामग्री	:	मात्रा
अंकुरित दालें मूंग/मोठ अथवा मिश्रित	:	250.0 ग्राम
मूंग	:	100.0 ग्राम
मोठ	:	50.0 ग्राम
चना	:	50.0 ग्राम
मूँगफली	:	50.0 ग्राम
सोयाबीन	:	50.0 ग्राम
टमाटर कटे हुए	:	100.0 ग्राम
प्याज बारीक	:	50.0 ग्राम
हरी मिर्च	:	20.0 ग्राम
हरा धनिया	:	10.0 ग्राम
नींबू	:	1
भुना जीरा	:	एक चुटकी
काला नमक		स्वादानुसार
नमक		स्वादानुसार

विधि

- अंकुरित दाल/दालों में टमाटर, प्याज, हरी मिर्च, धनिया मिला लें।
- काला नमक, सादा नमक व भुना जीरा डालें, तत्पश्चात् उस पर नींबू का रस निचोड़े। पोहे अथवा भेलपुड़ी की तरह सुबह के नाश्ते में प्लेट में परोसें।

3. अंकुरित दाल का कोफ्ता

सामग्री	:	**मात्रा**
अंकुरित मूंग दाल	:	200.0 ग्राम
उबले आलू	:	200.0 ग्राम
प्याज	:	100.0 ग्राम
बेसन	:	100.0 ग्राम
दही	:	150.0 ग्राम
अदरक	:	4.0 ग्राम
लहसुन	:	4.0 ग्राम
नमक	:	स्वादानुसार
मिर्च	:	स्वादानुसार
गर्म मसाला	:	स्वादानुसार
धनिया पाउडर	:	स्वादानुसार
हल्दी	:	1/2 चम्मच
घी		50.0–100.0 ग्राम

विधि

- मूंग दाल को अंकुरित करके दरदरा पीस लें।
- आलू उबालकर, छिलकर मसल लें।
- अब बेसन, आलू, दाल का आटा गूंथ लें।
- इसमें नमक व मसाले भी मिलाएं।
- अब इस गूँथें हुए आटे के गोले बनाकर तल लें।
- सारे कोफ्ते तैयार हो जाने पर प्याज, अदरक, लहसुन का पेस्ट बनाकर भून लें। सारा मसाला सुनहरे रंग का होने पर इसमें हल्दी, नमक, मिर्च, दही (फेंटा हुआ) मिला लें।
- इसमें आवश्यकतानुसार पानी डालकर अच्छी तरह से उबाल लें और फिर धीमी आँच पर तरी पकने दें।
- तरी तैयार हो जाने पर इसमें तले हुए कोफ्ते डालकर कुछ देर और पकायें।
- अंकुरित दाल कोफ्ता परोसने से पहले (लगभग एक घंटा पहले) सब्जी तैयार कर लें। इससे कोफ्तों में भी तरी अच्छी तरह मिल जाएगी और अच्छा स्वाद बन जाएगा।

4. अंकुरित बीन का उत्पाद–1

सामग्री	:	मात्रा
अंकुरित बीन	:	0.5 किलो ग्राम
सोया सास	:	2 चम्मच
चीनी	:	1 चम्मच
तिल का तेल	:	3 बूँद

उपरोक्त सभी समानों को आपस में मिलाकर स्वास्थ्य वर्धक खाद्य पदार्थ बनाते हैं।

5. अंकुरित बीन का उत्पाद –2

सामग्री	:	मात्रा
ताजा अंकुरित बीज	:	2 कप
कटा टमाटर	:	एक बड़ा
कटा प्याज	:	4
सिरका	:	2 चम्मच
ओलिव तेल	:	1 चम्मच
सोया सास	:	1 चम्मच
चीनी या शहद	:	1 चम्मच
लहसुन की सतह (garlic flakes)	:	0.50 चम्मच
प्याज का पाउडर	:	0.50 चम्मच
अदरक	:	0.25 चम्मच

6. अंकुरित सोयाबीन की चाट

सामग्री	:	मात्रा
अंकुरित सोयाबीन	:	100.0 ग्राम
पिसी हुई लाल मिर्च	:	5.0–7.0 ग्राम
इमली	:	15.0 ग्राम
हरी मिर्च	:	5.0 ग्राम
हरा धनिया	:	5.0 ग्राम
आलू	:	100.0 ग्राम
टमाटर	:	100.0 ग्राम
खीरा	:	1
पिसी चीनी	:	1 छोटा चम्मच
प्याज	:	1–2

विधि

- सोयाबीन को रात भर भिगोकर रखें। इसके पश्चात् पानी निकालकर अंकुरित होने तक कपड़े में बाँध कर लटका दें।
- अंकुरित होने के पश्चात् 5–10 मिनट तक पकायें।
- उबली हुई सोयाबीन को ठंडा कर लें व उसमें उबला हुआ आलू, प्याज, खीरा व टमाटर को छोटे–छोटे टुकड़ों में काटकर मिला दें।
- इमली को धोकर आधा कप पानी में भिगों दें और बीज निकाल कर गूदा तैयार कर लें।
- अब सभी सामग्री को खुले बर्तन में डालकर मिलायें।
- ऊपर से कटा हुआ हरा धनिया व हरी मिर्च भी डाल दें व परोसें।

7. अंकुरित सोया पुलाव

सामग्री	:	**मात्रा**
चावल	:	100.0
सोयाबीन	:	50.0 ग्राम
गाजर	:	50.0 ग्राम
आलू	:	50.0 ग्राम
प्याज	:	100.0 ग्राम
हल्दी व मिर्च	:	इच्छानुसार
राई व जीरा	:	इच्छानुसार
हरी धनिया	:	50.0 ग्राम
घी	:	50.0 ग्राम

विधि

- सोयाबीन को रात भर पानी में भिगों कर अंकुरित कर लें ।
- चावल में दुगुना पानी डालकर पका लें।
- सभी सब्जियों को लम्बा–लम्बा काट कर 2 मिनट के लिए उबाल लें।
- अब अंकुरित सोयाबीन को भी उबाल लें।
- कढ़ाई में घी डालकर सभी मसालें (प्याज, राई, जीरा) भून लें।
- फिर उसमें उबले चावल, सोयाबीन व सभी सब्जियाँ डालकर 2 मिनट के लिए ढ़क दें। सोयाबीन चावल तैयार हो गये। अब ऊपर से हरा धनिया डालकर गर्म–गर्म परोसें।

□□□

अध्याय 3

सब्जियों की पोषण वाटिका

(Nutrient Garden of Vegetables)

पोषण सुरक्षा की दृष्टि से सब्जियों का योगदान हमारे पौष्टिक भोजन में सर्वोपरी हैं। सब्जियाँ बहु पौष्टिक तत्वों युक्त खाद्य पदार्थ हैं। इन्हें कम जगह, कम लागत व कम समय में सुगमतापूर्वक उगाया जा सकता है। गुणवत्तायुक्त व स्वस्थ सब्जियों की उपलब्धता, अधिक उत्पादन के बाद भी बाजार में प्राप्त करना मुश्किल हो गया है। कभी मौसम की मार तो कभी परिवहन में ट्रकों की हड़ताल, ऐसे कई कारण हैं, जिसके चलते अन्य उपभोक्ता वस्तुओं के साथ–साथ सब्जियाँ भी मध्यम वर्गीय शहरी व्यक्ति की पहुँच से कोसों दूर हो जाती हैं। हमारे भारतीय भोजन परम्परा में हरी सब्जियों का प्रचलन वैसे भी ज्यादा है लेकिन दुनिया के अधिकांश देशों में ताजी सब्जियों के उपभोग (औसत खपत) के आगे कही नहीं टिकता है। अक्सर बाजार में हरी सब्जियों के आसमान छूते दाम आम निवासियों को उन्हें मात्र आँखों से देखने भर की इजाजत देते हैं। वह दिन गए जब सब्जी वाले अपनी सब्जी का भाव कुन्तल, मन या किलो के भाव से बताया करते थे। यदि आपने पूछने की धृष्टता कर ही ली कि अमुक सब्जी कितने रूपये किलो है, तो भी सब्जी विक्रेता अपनी सब्जियों के दाम प्रति पाव या प्रति 100.0 ग्राम की ही दर से बताएगा। इससे पता चलता है कि ताजी सब्जियाँ आम आदमी की जिन्दगी से कितनी दूर होती जा रही हैं। इसलिए हर परिवार अपने इस्तेमाल के लिए अपनी गृह वाटिका में साग सब्जी स्वयं उगायें, तभी इस राष्ट्रीय समस्या का कारगर हल निकाला जा सकेगा। आप भी अपने घर के आस–पास उपलब्ध जमीन में एक पोषक वाटिका बनायें और उसमें सभी मौसमी साग सब्जियाँ उगाएं, तभी परिवार के सदस्यों का स्वास्थ्य अच्छा होगा। आवास के आगे–पीछे पर्याप्त जमीन होती है और घरेलू काम काज से निकला पानी सिंचाई के लिए प्रयोग किया जा सकता हैं। किचन गार्डेन (kitchen garden) से अभिप्राय मुख्यतया आवासीय परिसर में रिक्त पड़ी

रहने वाली जमीन पर की जाने वाली बागवानी (gardening) से है, जबकि सब्जियों की पोषण वाटिका (nutrient garden) का तात्पर्य आवास के आस–पास उपलब्ध सीमित जमीन पर पूरे वर्ष मौसम के अनुरूप सब्जियों को उत्पादित कर उपभोग करने से है। उपरोक्त स्थानों पर सब्जी की खेती करने से जहाँ आर्थिक फायदे हैं, वहीं इसका दूसरा मानवीय पक्ष भी है और वह है सृजन का।

सब्जियों की पोषण वाटिका के लाभ

सब्जियों की पोषण वाटिका से अनेकों लाभ है–

1. प्रतिदिन सब्जियों के लिए होने वाले खर्च में बचत कर सकते हैं।
2. गुणवत्तायुक्त व स्वस्थ सब्जियों की प्राप्ति की जा सकती है।
3. कीटाणुओं व रोगों से मुक्त सब्जियाँ उपलब्ध होती हैं।
4. ताजी सब्जियाँ ज्यादा स्वादिष्ट एवं पौष्टिक होती है।
5. ताजी सुरक्षित व पोषक गुणों वाली सब्जियाँ किसी भी समय प्राप्त की जा सकती है।
6. प्रतिदिन सुबह व सांयकाल कुछ समय हरे–भरे पौधों के बीच रहते हुए उनके सृजन का अवर्चनीय आनन्द प्राप्त कर सकते हैं। वेकंटरमन (1963) ने स्पष्ट किया कि यदि कोई 1.0–2.0 घण्टे सुबह या सांयकाल पोषण वाटिका में कार्य करे तो शरीरिक व्यायाम होता है, जिससे शरीर व मन दोनों स्वस्थ रहता है। चौधरी (1975) ने बताया कि पोषण वाटिका में थोड़ा समय लगाने से कार्यालय या कारखानों से उत्पन्न थकान से छुटकारा मिलती है। इसी प्रकार डा0 मेहता (1959) ने स्पष्ट किया कि पोषण वाटिका से बच्चों को स्वस्थ रहने के तरीके व सब्जियों की सुन्दरता से अवगत कराया जा सकता है।
7. अपनी अगली पीढ़ी को जीवंत रचना व शीतलता का सुमधुर सन्देश दे सकते हैं।
8. परिवार के अन्य सदस्यों के उपलब्ध समय का उपयोग, इस प्रकार की क्रियाकलापों में किया जा सकता है।
9. भूमिहीन कृषक, सीमान्त व लघु कृषक घर आगन में साग सब्जियाँ उगाने के लिए घर की महिलाओं व बच्चों की सहभागिता एक उचित कदम के रूप में उठा सकते हैं।
10. इससे घर के आस–पास का परिवेश भी सौहार्द्रपूर्ण बना रहता है।
11. पोषण वाटिका से पूरे वर्ष तक प्रतिदिन सब्जियाँ प्राप्त होती हैं।
12. निवास के समीप जमीन के छोटे टुकड़े पर स्वयं की आवश्यकतानुसार सब्जी उत्पन्न कर सकते हैं।
13. जब आप आने हाथ से उगाये धनिया या पुदीना की पत्ती से चटनी बनाते हैं या करी पत्ता को सब्जी व दाल में डालते हैं, तो उसका स्वाद आपको आनन्द से भर देता है।

पोषण वाटिका बनाने की योजना

पोषण वाटिका बनाने से गुणवत्तायुक्त ताजी सब्जियों की उपलब्धता के साथ–साथ भोजन पर होने वाले व्यय में कमी हो जाती है। कुछ लोग गृह वाटिका को शौक के रूप में लगाते हैं। सामान्यतः पोषण वाटिका बनाने के मुख्य तीन कारण हैं–

1. ताजी सब्जियों के लिए।
2. शौक के लिए।
3. भोजन पर होने वाले व्यय को कम करने के लिए।

पोषण वाटिका की सब्जियों का स्वाद एवं सुगन्ध बाजार से प्राप्त होने वाली सब्जियों की तुलना में अच्छा होता है। जैसे–एस्परागस, स्वीट कार्न, मशरूम आदि। पोषण वाटिका की योजना बनाते समय निम्नलिखित आवश्यकताओं की पूर्ति करना आवश्यक है

1. पोषण वाटिका में उपयोग किये जाने वाले उपयुक्त औजार, उपकरण एवं उनकी लागत।
2. सब्जियों को तैयार होने में लगने वाले समय का विवरण।
3. ऐसी सब्जियों को अधिक स्थान उपलब्ध होना चाहिए जो महंगी हैं और जिनकी प्रतिदिन की दिनचर्या में ज्यादा जरूरत पड़ती है।
4. पोषण वाटिका की योजना बनाने की पूर्ण जानकारी।

पोषण वाटिका की संरचना

पोषण वाटिका कहाँ तैयार की जाये, यह एक आवश्यक पहलू है। सामान्यतयः आवास के पीछे का हिस्सा जहाँ पर प्रचुरता से सूर्य की रोशनी उपलब्ध हो उत्तम माना जाता है। संरचना बनाते समय ध्यान देना चाहिए कि घर के उपयोग के बाद बहने वाला पानी व घर का कूड़ा–करकट का पूर्ण उपयोग हेतु एक किनारे में बिना प्रयोग में होने वाली जमीन में एकत्रित करना चाहिए। अगर पानी के लिए टोंटी लगी है तो अति उत्तम। यहाँ पर यह बताना आवश्यक है कि पोषण वाटिका की क्यारियों का आकार उपलब्ध स्थान के अनुसार निर्धारित करना चाहिए। एक आयताकार क्यारी चौकोर क्यारी से उत्तम होता है। अगर क्यारियों पर बड़े वृक्ष की छाया न पड़े तो उत्तम है। अच्छा होगा छायादार जगह पर कूड़ा–करकट रखने के लिए 2 गड्ढे बना लिये जायें, जिससे खेत से निकलने वाली जड़, तना, पत्ती आदि को सड़ाकर खाद बना सके। पोषण वाटिका में ज्यादा जगह की उपलब्धता होने पर बाग के उत्तरी छोर पर एक कतार में पपीता, केला, नीबू, अंगूर व अमरूद लगाना चाहिए जिससे अन्य सब्जियों को छाया से मुक्त रखा जा सके। जगह की भरपूर उपयोग के लिए लौकी, खीरा, करेला, सेम व मटर आदि को मचान या बाँस के सहारे दीवार की तरफ लगाना चाहिए। दो क्यारियों को अलग करने के लिए मेड़ इस प्रकार बनाना चाहिए, जिससे उन पर जड़ वाली सब्जियों जैसे–मूली, शलजम, चुकन्दर आदि को सीधे रूप में उगाया जा सके। इससे अन्य फसलों को प्रभावित किये बिना अतिरिक्त जगह लिए उपरोक्त सब्जियाँ उगाई जा सकती हैं। कतारों

के बीच में उपलब्ध जमीन में धीरे–धीरे वृद्धि करने वाली फसलों जैसे– काशीफल व पेठा तथा तेज गति से वृद्धि करने वाली सब्जियाँ जैसे– मूली, शलजम, चौलाई, पार्चुलाका आदि को उगाना चाहिए। पोषण वाटिका की योजना बनाते समय वर्षा, सूखा, पाला या जरूरत से ज्यादा सूर्य के प्रकाश आदि का ध्यान रखना चाहिए। पोषण वाटिका के शुरूआत में पौध समस्याएं जैसे–खरपतवार, कीट एवं बिमारियों का ज्ञान प्राप्त कर लेना चाहिए। बहुवर्षीय सब्जियों एवं फलों की वाटिका को एकतरफ लगाना चाहिए। इसमें सूर्य का प्रकाश, व सस्य क्रियाओं का ध्यान रखना आवश्यक है। बहुत कम समय में तैयार होने वाली सब्जियों को लगाने में एक सप्ताह का अन्तर रखना चाहिए, जैसे–सलाद, मूली, पालक आदि। ऐसा करने से पूरे वर्ष मौसम की ताजी हरी सब्जियाँ प्राप्त होती हैं। देर से तैयार होने वाली सब्जियाँ जैसे–टमाटर एवं स्वीट कार्न लगाने में एक महीने का अंतर होना चाहिए। ऐसी सब्जियाँ जो आपस में पोषण के लिए प्रतिस्पर्धा नहीं करती, उस तरह की दो से अधिक सब्जियाँ एक साथ लगायी जा सकती हैं।

पोषण वाटिका हेतु स्थान का चुनाव

पोषण वाटिका को कम से कम 6 घण्टे सूर्य का प्रकाश आवश्यक है। सूर्य के प्रकाश से पौधों की वृद्धि तेज होती है, प्रकाश संश्लेषण से उपज में वृद्धि होती है तथा रोग एवं कीट का प्रकोप भी कम होता है। पोषण वाटिका बनाते समय ध्यान रखना चाहिए कि बड़े वृक्षों की छाया छोटे पौधों पर कदापि न पड़े। कुछ सब्जियों को अर्द्ध छाया में उगाया जा सकता है जैसे–चुकन्दर, पत्ता गोभी, सलाद, सरसों, पालक, शलजम आदि। यदि उर्वर मृदा, पर्याप्त सूर्य की रोशनी एवं पर्याप्त जल उपलब्ध हो तो पोषण वाटिका कही पर भी बनायी जा सकती है। समान्यतः पोषण वाटिका आवास/घर के पीछे बनाई जाती है, जबकि कभी–कभी स्थिति अच्छी होने पर घर के आगे का हिस्सा भी प्रयोग में लाया जाता है। यह सही है कि घर के आगे का भाग फूल एवं सौन्दर्य वृद्धि करने वाले पौधों को लगाया जाता है। सब्जियों में सलाद, मटर, गाजर, चुकन्दर, आलू, टमाटर, मूली, लहसुन आदि को घर के आगे सुगमता पूर्वक लगाया जा सकता है।

पोषण वाटिका में स्थान का उचित उपयोग

पोषण वाटिका में स्थान का परी तरह उपयोग करना एक कला व सोच है। इसे निम्न प्रकार उपयोग कर सकते हैं–

1. मकान के तीनों तरफ बनी चहार दिवारी का उपयोग गर्मी व वर्षा ऋतु में कद्दूवर्गीय सब्जियों (लौकी, करेला, परवल, कुन्दरू आदि) को उगाने के लिए करना चाहिए और चौथी तरफ दलहनी कुल की सब्जियों (बीन्स, सेम आदि) की खेती उपयुक्त रहती है।
2. सहायक व सहवर्ती फसल प्रणाली का प्रयोग हमेशा करना चाहिए।
3. मेड़ों पर जड़ वाली सब्जियों का लगाना चाहिए।
4. हमेशा खूँटी के सहारे प्रत्येक पौधे को ऊपर की दिशा में चढ़ाना चाहिए।
5. आने व जाने के रास्ते के तरफ चौलाई या अन्य पत्ती दार सब्जियों को लगाना चाहिए।

6. सिंचाई की पाइप हमेशा जमीन के अन्दर से ले जाना चाहिए, जिससे नाली में बर्बाद होने वाली जगह का उपयोग हो सके। ध्यान रखना चाहिए की पोषण वाटिका के प्रत्येक भाग की सिंचाई सुगमता से की जा सके।
7. यदि पोषण वाटिका में जल भराव होता हो तो जल निकास की नाली अवश्य बनावें। ऐसी नाली पोषण वाटिका के किनारे घेरा की तरफ बनायें, जिससे वर्षा जल सरलता से निकल जाये।
8. पोषण वाटिका एवं घरेलू कचरे को एकत्रित करने के लिए वाटिका के एक कोने में एक या दो गड्ढों का आकार आवश्यकतानुसार बनाया जा सकता हैं। इन गड्ढों में पोषण वाटिका हेतु कम्पोस्ट तैयार किया जा सकता है।
9. पोषण वाटिका में उपयोग किये जाने वाले औजार, बीज, खाद, उर्वरक, कीटनाशक, रसायन, छिड़काव यंत्र आदि रखने के लिए छोटा सा भण्डारगृह भी बनाना चाहिए, इससे बच्चों की पहुँच इन तक नहीं होगी।
10. पोषण वाटिका में लगाये जाने वाले सब्जियों की पौध तैयार करने के लिए एक छोटी पौधशाला (नर्सरी) जिसका आकार 3.0 X 2.0 मीटर उपयुक्त होता है।
11. पोषण वाटिका का महत्वपूर्ण अंग गमले होते हैं। गमले में लगाये पौधे किसी भी स्थान पर सुगमतापूर्वक रखे जा सकते हैं। गमले रास्ते के दोनों ओर, सीढ़ियों, बालकनी या अन्य स्थानों पर रखे जा सकते हैं।

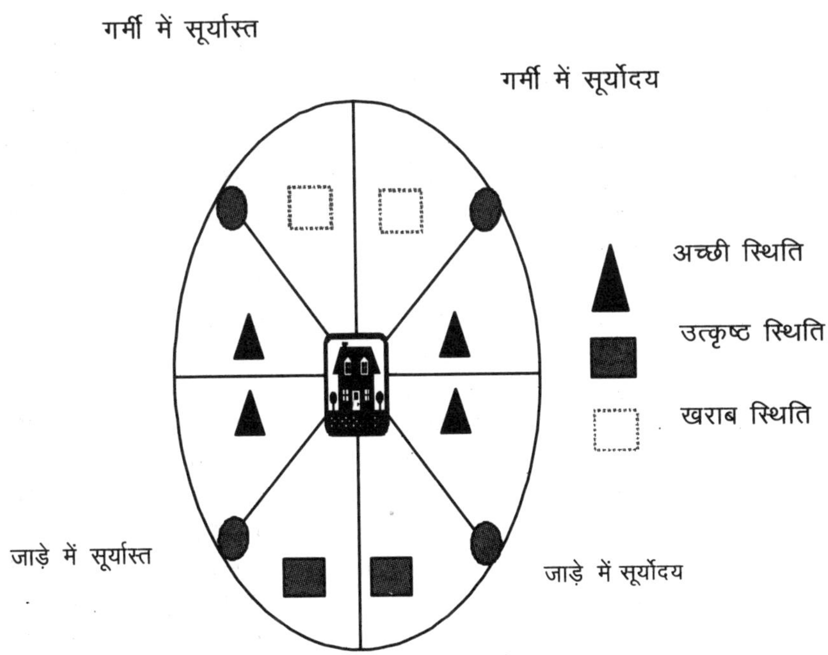

चित्र : पोषण वाटिका की रूपरेखा

सब्जी बीज की उपलब्धता एवं बुआई/रोपण

पोषक वाटिका के लिए सब्जी बीज गुणावत्तायुक्त होनी चाहिए। बीज की गुणवत्ता ही फसल की उत्पादकता निर्धारित करती है। साधारणतः जड़ वाली (चुकन्दर, गाजर, मूली, शलजम) बीन्स, मटर, खीरा, पालक, स्वीट कार्न, तरबूज, खरबूजा, लौकी, करेला, तोरई आदि सब्जियाँ सीधे बीज से उगाई जाती हैं, लेकिन टमाटर, बैंगन, गोभी वर्गीय सब्जियाँ, शकरकन्द, सेलरी आदि को रोपित किया जाता है। सब्जियों को लगाने के लिए बीज को उचित स्रोत से खरीदना चाहिए। फसल की उपज/सब्जी बीज का शोधन हमेशा 20.0–40.0 ग्राम ट्राइकोडर्मा पाउडर (*Trichoderma* powder) प्रति 1.0 किलोग्राम बीज में मिलाकर शोधन करना चाहिए। सब्जियों को लगाने की दूरी, गहराई एवं बीज दर को नीचे की सारिणी में दिया गया है–

सारिणी (3.1) सब्जियों की बुआई/रोपण

सब्जियाँ	पंक्ति से पंक्ति की दूरी (सेन्टी मीटर)	पौध से पौध की दूरी (सेन्टी मीटर)	बुआई/ रोपण की गहराई (सेन्टी मीटर)	बीज दर (प्रति 10.0 वर्ग मीटर)
सेम	100.0	75.0–100.0	2.5–3.5	20.0–30.0 ग्राम
फराश बीन	60.0	15.0	2.5–3.5	40.0 ग्राम
लोबिया	60.0	15.0	2.5–3.5	20.0 ग्राम
मटर	22.5	5.0	2.0–3.0	160.0 ग्राम
ब्रोकोली	60.0	30.0	रोपण	0.4 ग्राम
ब्रुसेल्स स्प्राउट	60.0	45.0	रोपण	0.4 ग्राम
पत्ता गोभी	45.0	45.0	रोपण	0.4 ग्राम
गाजर	45.0	30.0	1.2	4.0 ग्राम
फूल गोभी	60.0	45.0	रोपण	0.4 ग्राम
सेलरी	60.0	15.0	रोपण	0.1 ग्राम
चायनीज पत्ता गोभी	60.0	30.0	रोपण	0.4 ग्राम
स्वीट कार्न	60.0	30.0	2.0–3.0	25.0 ग्राम
खीरा	150.0	50.0	1.0–2.0	2.0 ग्राम
बैंगन	90.0	60.0	रोपण	0.4 ग्राम
केल	60.0	30.0	रोपण	0.4 ग्राम
सलाद	30.0	10.0	1.2	0.1 ग्राम
प्याज	45.0	5.0	रोपण	8.0 ग्राम
मिर्च	60.0	30.0	रोपण	0.8 ग्राम
कुम्हण	150.0	50.0	3.0–4.0	4.0 ग्राम
मूली	30.0	2.0–5.0	3.0–5.0 1.0–2.0	8.0 ग्राम
पालक	30.0	5.0–10.0	1.0–2.0	20 ग्राम
टमाटर	60.0	30.0	रोपण	0.4 ग्राम
शलजम	45.0	5.0–10.0	1.0–2.0	8 ग्राम

स्रोतः राय एवं सहयोगी (2007) सब्जी किरण, वर्ष–1 अंक–2

पोषण वाटिका के लिए फसलों का चयन

पोषण वाटिका के लिए फसलों का चयन उपलब्ध स्थान के आधार पर किया जाता है। वर्तमान समय में यह सत्य है कि परिवार की संरचना के अनुसार घर–आँगन एवं आस–पास की जमीन की उपलब्धता भिन्न–भिन्न होती है। तदनुसार उसमें भिन्न–भिन्न प्रकार की साग–सब्जियों को उगाया जा सकता है। इन्हें निम्न प्रकार वर्गीकृत किया जा सकता है।

1. छाया में उगने वाली सब्जियाँ
2. खुले स्थान में उगने वाली सब्जियों
3. मचान पर उगने वाली सब्जियाँ
4. अनुपयोगी कार्बनिक पदार्थों पर उगने वाली सब्जियाँ
5. बड़े पेड़ों पर फलने वाली सब्जियाँ

1. छाया में उगने वाली सब्जियाँ

बड़े–बड़े पेड़ों की कतार के बीच में फसल उगाने को कृषि वानिकी कहते हैं। नव–विकसित उद्यान के साथ प्रायः सभी प्रकार की फसलें उगायी जा सकती हैं, परन्तु छायादार होने के बाद कुछ विशेष फसलों को ही लिया जा सकता है। इसमें प्रमुख हैं–हल्दी, अदरक, अरवी एवं सूरन।

हल्दी एवं अदरक (Turmeric and Ginger)

इसके लिए गर्म नम जलवायु अच्छी होती है। बुआई के समय कम वर्षा, पौधों की बढ़वार के समय अधिक वर्षा तथा फसल पकने के समय शुष्क वातावरण उत्तम होता हैं इसके लिए बलुई–दोमट मिट्टी की तैयारी कर 2.0–3.0 किलो ग्राम / वर्ग मीटर की दर से सड़ी गोबर की खाद प्रयोग करें। इसके अतिरिक्त प्रति वर्ग मीटर 10.0 ग्राम नाइट्रोजन, 8.0 ग्राम फास्फोरस एवं 8.0 ग्राम पोटाश का प्रयोग करें। हल्दी या अदरक की पुत्तियों की बुआई अप्रैल से मई तक कर लेते हैं। कच्ची हल्दी व अदरक की 50.0 ग्राम वजन तथा 3 आंखों वाली पुत्तियों की बुवाई 8–10 पुत्ती / वर्ग मीटर की दर से करते हैं। पौध से पौध की दूरी 20.0 सेन्टी मीटर रखनी चाहिए। इसे मिट्टी से पूर्णतया ढककर नमी बनाये रखने के लिए पुआल, भूसा अथवा सूखी पत्तियों की तह लगाने से 15–20 दिनों में अंकुरण हो जाता है। बीच–बीच में निकाई, गुड़ाई तथा उर्वरक प्रयोग करना अच्छा होता है। बुआई के 9–10 महीने बाद जब पत्तियाँ पीली पड़कर गिरने लगें तो मिट्टी खोदकर अदरक, हल्की के कंदों को बाहर निकाल लिया जाता है। अदरक व हल्दी को मसाले और औषधि के रूप में भी प्रयोग किया जाता है।

अरवी (Colocasia)

अरवी ओडिशा वासियों की एक प्रमुख सब्जी है, जिसे मिश्रित सब्जी (दालमा) हेतु अधिकतर प्रयोग किया जाता है। इसकी पत्तियों से पकौड़े बनाए जाते हैं। अरवी के बीज–कंदों को धान के पुआल एवं बोरे से 8–10 दिनों तक ढक देते हैं। जब ये कंद अंकुरित हो जाएं तो 20–25 कंद / वर्ग

मीटर की दर से मई माह में बुआई करें। इसे 30.0 x 30.0 सेन्टी मीटर की दूी पर लगाते हैं और नवम्बर–जनवरी तक फसल काट ली जाती है।

जिमीकंद / सूरन (Elephant Foot Yam)

जिमीकंद के कंदों में 1.2 प्रतिशत प्रोटीन, 0.1 प्रतिशत वसा व 16.2 प्रतिशत कार्बोहाइड्रेट्स पाया जाता है। इसमें विटामिन 'ए', थाइमिन, राइबोफ्लेविन एवं निकोटीन भी पाया जाता है। सूरन की सब्जी एवं भुरता अथवा अचार बनाकर प्रयोग किया जाता है। इसे अपने घर के पिछवाड़े उगा सकते हैं। पहले मिट्टी में खाद व उर्वरक मिलाकर उपजाऊ बना देते हैं। उसके बाद 300.0–400.0 ग्राम वाले सूरन (ओल) के घनकन्द को 10.0 सेन्टी मीटर नीचे जमीन में रखकर पूर्णतया ढक देते हैं। प्रति वर्ग मीटर 4–5 घनकन्द रोपे जा सकते हैं। जब पौधे की पत्तियाँ पीली पड़ने लगे तो कंदों को खोदकर निकाल लिया जाता है। प्रति पौधे 8–9 माह में 1.5–2.0 किलो ग्राम घनकन्द प्राप्त हो सकता है।

2. खुले स्थान में उगने वाली सब्जियाँ

घर–आँगन के खुल स्थानों में उगने वाली प्रमुख सब्जियों में पत्तीदार सब्जियाँ (पुदीना, धनिया, पालक, पोई, मर्शा, चौलाई) व मिर्च, मूली, प्याज, लहसुन, पत्ता गोभी, फूल गोभी, टमाटर, बैंगन, भिण्डी आदि ली जा सकती हैं। उपरोक्त सब्जियों का चयन उपलब्ध स्थान एवं मौसम के अनुसार करते हैं। ये सभी सब्जियाँ परिवार के पोषण हेतु अति आवश्यक हैं। अतः मौसम के अनुसार इन्हें उगाकर ताजी सब्जी के रूप में प्रयोग कर सकते हैं।

पुदीना (Mint)

पुदीना में 0.4–0.6 प्रतिशत तेल मिलता है, जिस में 5.00–70.00 प्रतिशत मेन्थाल तथा 35.00–50.00 प्रतिशत मिथाइल एसिटेट होता है। इसका तेल क्षुधावर्धक, उत्तेजक, वायु एवं विकार नाशक होता है। हरे पुदीना का प्रयोग लू, उल्टी, दस्त, सिरदर्द, खाँसी एवं दाँत दर्द में किया जाता है। इसकी खेती लिए बलुई–दोमट, दोमट या मटियार दोमट मिट्टी अच्छी होती है। क्षारीय तथा लवण युक्त जमीन उपयुक्त नहीं मानी जाती है। मिट्टी को तैयार करके 2.5–5.0 सेन्टी मीटर के पौधे के साथ जड़ों की रोपण की जाती है। पंक्ति से पंक्ति की दूरी 40.0–50.0 सेन्टी मीटर तथा पौध से पौध की दूरी 20.0 सेन्टी मीटर रखते हुए सकर्स (suckers) की रोपण की जाती है। अधिक उत्पादन हेतु आवश्यकतानुसार खाद एवं उर्वरक का प्रयोग करें। बरसात में सिंचाई की जरूरत नहीं होती। परन्तु जाड़े एवं गर्मियों में आवश्यकतानुसार सिंचाई करते हैं। फसल तैयार होने के बाद परिवार की आवश्यकतानुसार उपयोग करें।

धनिया (Coriander)

व्यंजनों के स्वाद बढ़ाने में धनिया की एक महत्वपूर्ण भूमिका है। धनिया श्वास, खाँसी एवं कृमि रोग में हितकर होता है। ताजी धनिया प्राप्त करने के लिए घर–आँगन की थोड़ी–सी जगह में इसे

जरूर उगाएं। इसके लिए मिट्टी को भुरभुरी बना लें और उसमें आवश्यकतानुसार सड़ी गोबर की खाद एवं उर्वरक मिला लें। शुद्ध धनिया के बीज को 8–10 घण्टे पानी में भिगोएं। उसके बाद बीज को छाया में कुछ समय तक फैला दें। अब इसमें राख मिलाकर नम अवस्था में एक कपड़े में बाँध कर बंद जगह में रखें। जब बीजों से अंकुर निकलना शुरू हो जाएं तो तैयार क्यारी में पंक्तियों में बुआई करें। प्रति वर्ग मीटर 1.0–2.0 ग्राम धनिया का बीज लगता है। समय–समय पर निकाई–गुड़ाई एवं खाद देने से अच्छी फसल मिलती है। बीज बोने के लगभग एक माह बाद ताजी धनिया खाने के लिए तैयार हो जाती है।

चौलाई (Amaranth)

चौलाई एक बहुप्रचलित देशी साग है। यह सुपाच्य शीतवीर्य, मल–मूत्र कारक व पित्त–कफ नाशक होता है। इसे सालभर उगाया जा सकता है। परन्तु गर्मियों में उगाई गयी चौलाई अधिक स्वादिष्ट होती है। इसकी मार्च–अप्रैल में बुआई करते हैं। इसके लिए मिट्टी को भली भाँति भुरभुरी बनाकर आवश्यकतानुसार रसायनिक उर्वरक मिलाकर मिट्टी को पूर्णतया समतल बना लें। अब चौलाई के बीज को राख या धूल के साथ मिलाकर अलग–अलग क्यारियों में बोते हैं ओर समान रूप से मिलाते हैं। बोने के 5–7 दिन बाद सिंचाई करें। उसके 8–10 दिन के बाद चौलाई खाने के लिए तैयार हो जाता है। इसकी पहली कटाई के बाद उर्वरक देकर सिंचाई कर देते हैं। इस प्रकार प्रत्येक सप्ताह एक बार कटाई कर चौलाई का साग प्राप्त कर सकते हैं।

मर्शा (Wild amaranth)

यह हरा एवं लाल रंग का होता है। इसकी कई प्रजातियाँ होती हैं। इसे जड़ से उखाड़कर साग के रूप में प्रयोग करते है। इसकी बुआई चौलाई की तरह मिट्टी तैयार करके दिसम्बर–जनवरी में गर्मियों के लिए एवं अप्रैल–मई में वर्षा काल के लिए करते हैं। खड़ा साग प्राप्त करने के लिए, छोटे–छोटे पौधों की अन्य स्थानों पर रोपण की जाती है, जिससे पौधों की लम्बाई 100.0–130.0 सेन्टी मीटर तक हो जाती है। इससे उत्पादन अधिक मिलता है। इसकी पत्तियाँ एवं तने साग के रूप में प्रयोग किये जाते हैं।

पालक (Spinach beet)

पालक देश के हर भाग में उगायी जाती है। प्रति वर्ग मीटर 2.0–3.0 ग्राम बीज की जरूरत होती है। अन्य सब्जियों की भाँति इसमें भी मिट्टी की तैयारी कर ली जाती है और बुआई प्रायः सितम्बर–दिसम्बर में करते हैं। शीघ्रता से फसल पाने के लिए बीज को दो–तीन दिन तक कपड़े में बाँधे और अंकुरित होने पर बुआई करें। बुआई के तीस दिन बाद प्रथम कटाई करते हैं। कटाई के बाद उर्वरक देकर सिंचाई करना लाभप्रद होता है।

पोई (Indian spinach)

प्रोटीन एवं विटामिनों से भरपूर पोई स्वादिष्ट, पौष्टिक एवं रूचिकर होता है। इसलिए कहा गया है कि मछली का राजा रोहू (रोई) एवं साग का राजा पोई। यह शुक्रवर्धक, नीदकारी, वात एवं

पित्त नाशक गुणों वाला होता है। अतः इसके कुछ पौधों को घर–आँगन में अवश्य लगाएं। इसकी पौध रोपण फरवरी–मार्च अथवा अप्रैल–मई में की जाती है। इसकी रोपण के दौरान पौधों के बीच 30.0 सेन्टी मीटर तथा पंक्तियों के बीच 90.0 सेन्टी मीटर की दूरी रखते हैं। वर्षा काल में इसकी वृद्धि अधिक होती है और ग्रीष्म काल में कम होती है। पोई की फसल तैयार हो जने पर समय–समय पर काटकर आवश्यकतानुसार उपयोग किया जा सकता है।

मेथी (Fenugreek)

मेथी का पौधा, पत्ता एवं बीज मसाला और साग के रूप में प्रयोग किया जाता है। औषधीय गुणों से भरपूर मेथी क्षुधावर्धक, मूत्रवर्धक, पाचक एवं शक्तिवर्धक होती है। इससे प्लीहा एवं यकृत की कार्य क्षमता बढ़ती है। इसकी पत्ती प्रोटीन, विटामिन व खनिज पदार्थों से भरपूर है। इसलिए इसे अपने घर–आँगन की बागवानी में जरूर शामिल करें।

बथुआ (*Chenopodium*)

यह एक सुस्वाद शीतकालीन साग है। इसकी लम्बाई 60.0–90.0 सेन्टी मीटर तक होती है। इसमें विटामिन एवं खनिजों की अधिकता होती है। यह क्षुधावर्धक, साफ दस्त करने वाला, वायु, पित्त एवं कफनाशक गुणों से युक्त होता हैं। बथुआ को अकेले अथवा अन्य साग–सब्जियों के साथ मिलाकर जायकेदार सब्जी तैयार की जाती है। इसका बीज बहुत छोटा होने के कारण धूल या राख के साथ मिलाकर तैयार की गयी क्यारियों में अक्टूबर–नवम्बर के महीने में बोते हैं। एक माह बाद बथुआ को उखाड़कर या काटकर प्रयोग करें।

सरसों के पत्ते (Mustard leaves)

सरसों की अनेक प्रजातियाँ होती हैं, जिसमें राई सरसों के पत्ते बड़े चाव से सब्जी के रूप में खाए जाते हैं। यह प्रोटीन, खनिज एवं विटामिन से भरपूर होती है। जापानी सरसों, जिसका पत्ता अपेक्षाकृत बड़ा होता है, साग के रूप में पसंद किया जाता है। सरसों के बीज अक्टूबर–नवम्बर में बोए जाते हैं। बीज से बीज की दूरी 10.0 सेन्टी मीटर तथा पंक्ति से पंक्ति 25.0 सेन्टी मीटर की दूरी रखने से सरसों से अधिक लाभ होता है। प्रति वर्ग मीटर मात्र 1.0 ग्राम बीज की आवश्यकता होती है। बुआई के 25–30 दिन बाद सरसों के पत्तों को साग के रूप में प्रयोग किया जा सकता हैं।

मूली (Radish)

कहते हैं मूली ममूली नही है। बहुत कम समय में पैदा होने वाली एवं अधिक उपज देने वाली सब्जी है। इसकी पत्तियाँ व जड़ें दोनों प्रयोग में आती हैं। यह अकेले अथवा अन्य सब्जियों के साथ लगाई जा सकती है। यह क्षुधावर्धक, दस्तकारक, बवासीर एवं यकृत रोगों में हितकारी है। पीलिया में मूली के अर्क को औषधि के रूप में प्रयोग करते हैं। अतः अपने घर–आँगन में मूली लगाने की कोशिश अवश्य करें। मूली के बीज को तैयार की गयी एक क्यारी में अलग से बुआई करते हैं।

प्याज (Onion)

सलाद एवं सभी प्रकार की सब्जियों में प्याज का अपना अलग महत्व है। पूसा रेड, पटना हवाइट, पूसा रत्नार इत्यादि किस्में पोषा वाटिका में लगाते हैं। यह प्रायः शीतकाल की सब्जी है। परन्तु वातावरण अनुकूल होने से ग्रीष्म ऋतु में भी उगायी जा सकती हैं। इसे 10.0x15.0 सेन्टी मीटर की दूरी पर लगाते हैं। इसके 6–7 सप्ताह के पौधों का रोपण करते हैं। छोटे कन्द (bulb) लगाने के लिए 100.0 ग्रा/वर्ग मी0 की आवश्यकता है। सामान्यतः 10.0–15.0 सेन्टी मीटर दूरी पर पंक्तियों में लगाते हैं। सितम्बर–अक्टूबर में बीज बोते हैं तथा नवम्बर–दिसम्बर में पौध रोपण की जाती है। समय–समय पर निकाई, गुड़ाई, खाद देने एवं सिंचाई करते रहने से अच्छी पैदावार मिलती है।

लहसुन (Garlic)

यह मसाले के रूप में प्रयुक्त होता है। इसमें आँख, कान, पाचन तंत्र के रोग हेतु औषधीय गुण होते हैं। पोषण वाटिका में लगाने हेतू कार्बनिक खादों से युक्त दोमट, बलुई दोमट एवं मटियार दोमट मिट्टी को भुरभुरी बनाएं एवं उसमें सड़ी गोबर की खाद एवं उर्वरक का प्रयोग करें। लहसुन के प्रत्येक क्लोव (clove) को अलग करके बोया जाता है। पौधे से पौधे की दूरी 7.5 सेन्टी मीटर तथा पंक्ति से पंक्ति की दूरी 15.0 सेन्टी मीटर होनी चाहिए। प्रति वर्ग मीटर में 40.0–50.0 ग्राम बीज (जवा) की आवश्यकता होती है। इसकी सितम्बर–नवम्बर में बुआई करते हैं। इसकी पत्तियों, तनों एवं कन्दों (bulbs) को खाने के लिए प्रयोग किया जाता है।

फूल गोभी (Cauliflower)

फूल गोभी एक लोकप्रिय सब्जी है। फूल गोभी में विटामिन 'बी' एवं खनिज पदार्थ अधिक मात्रा में मिलते हैं। इसमें प्रोटीन, कार्बोहाइड्रेट के अलावा फोलिक एवं साइट्रिक अम्ल भी मिलता है। आप भी अपने घर–आँगन के खुले स्थान में इसे लगाकर लाभ उठाएं। इसकी अगेती फसल मई–जून, मध्यवर्ती फसल जुलाई–अगस्त एवं पिछेती फसल अक्टूबर–नवम्बर में लगायी जाती है। इसकी खेती के लिए बलुई–दोमट मिट्टी उपयुक्त होती हैं परन्तु अम्लीय एवं क्षारीय मिट्टी अनुपयुक्त होती है। कार्बनिक खाद युक्त मिट्टी जिसमें से पानी का निकास आसानी से किया जा सके, इसके लिए उपयुक्त होती है। मिट्टी को उपजाऊ बनाने के लिए प्रति वर्ग मीटर मिट्टी में 2.0–3.0 किलो ग्राम सड़ी गोबर की खाद अथवा कम्पोस्ट, 2.0–3.0 ग्राम एग्रीमिन, 10.0 ग्राम नाइट्रोजन व फास्फोरस, 8.0 ग्राम म्यूरियेट ऑफ पोटाश का प्रयोग करें। तीन–चार पत्तों वाले 8.0–10.0 सेन्टी मीटर ऊँचे पौधे रोपण के लिए उपयुक्त होते हैं। पौधे से पौधे की दूरी 40.0–45.0 सेन्टी मीटर एवं पंक्ति से पंक्ति की दूरी 45.0 सेन्टी मीटर रखें। प्रति वर्ग मीटर जमीन में 4–5 पौधे की रोपण की जाती है। समय–समय से निकाई, गुड़ाई, सिंचाई तथा उर्वरकीकरण करें। जब फूल (शीर्ष) 700.0–800.0 ग्राम के हो जाएं, तो उन्हें काट कर सब्जी या सलाद के रूप में प्रयोग करें।

पत्ता गोभी (Cabbage)

फूल गोभी की भाँति पत्ता गोभी भी एक लोकप्रिय सब्जी है। इसके लिए मिट्टी एवं लगाने की विधि फूल गोभी जैसी है। इतना जरूर है कि इसकी पंक्तियों एवं पौधों के बीच दूरी थोड़ी अधिक होनी चाहिए।

बीन (Bean)

बीन एक अत्यन्त स्वादिष्ट एवं लाभकारी सब्जी है। इसमें प्रोटीन, फास्फोरस, कैल्शियम, लौह व विटामिन 'ए' मिलता है। बौनी बीन (फराश बीन) एवं लतादार बीन घर–आँगन की खुली जगह में सुगमता से उगायी जा सकती है। बौनी बीन की अर्का कोमल, पूसा पार्वती, कन्टेण्डर एवं टाप क्राप प्रजातियाँ तथा लतादार बीन की, केंतुकी वण्डर (Kentuki Wonder) एवं ब्ल्यू लेक (Blue Lake) प्रजाति उगायी जा सकती है। लतादार बीन हेतु लताओं को ऊपर चढ़ने के लिए सहारे की आवश्यकता होती है। इसकी बुआई से पूर्व मिट्टी को तैयार कर लेते हैं। बीजों को 30.0–35.0 सेन्टी मीटर की दूरी पर सितम्बर–अक्टूबर में बोते हैं। बुआई करने के 50–60 दिन बाद बीन की सब्जी तोड़ी जा सकती है।

बैंगन (Brinjal)

बैंगन स्वदेशी पौधा है। इसका फल लम्बा, गोल, छोटा या बड़ा होता है। इसकी उन्नतिशील प्रजाति काशी संदेश, पूसा परपल राउंड, पूसा क्रांति इत्यादि हैं। यह बारहमासी फसल है। एक से डेढ़ महीने की पौध (3–4 पत्तियों वाला) को घर–आँगन के खुले स्थान में लगाया जाता है। दो कतारों के बीच की दूरी 60.0–90.0 सेन्टी मीटर तथा दो पौधों के बीच की दूरी 50.0–60.0 सेन्टी मीटर होनी चाहिए।

टमाटर (Tomato)

घर में टमाटर सब्जी, सूप, सॉस, चटनी तथा सलाद के रूप में प्रयोग किया जाता है। यह स्वास्थ्य के लिए लाभप्रद है। अपने घर–आँगन के खुले स्थानों में टमाटर उगाया जा सकता है। इसके लिए मटियार अथवा मटियार दोमट मिट्टी अच्छी होती है। मिट्टी को भुरभुरी बनाकर प्रति वर्ग मीटर 2.0–3.0 किलो ग्राम सड़ी गोबर की खाद, 25.0 ग्राम अमोनियम सल्फेट, 50.0 ग्राम सिंगल सुपर फास्फेट एवं 15.0 ग्राम म्यूरिएट ऑफ पोटाश अच्छी तरह मिलाते हैं। पौधों की क्यारियों में इस प्रकार रोपण की जाती है कि पौधे से पौधे की दूरी 70.0–75.0 सेन्टी मीटर बनी रहे। पौधों को बड़े होने के साथ समय–समय पर निकाई, गुड़ाई, उर्वरकीकरण व सिंचाई करते रहते हैं। प्रति वर्ग मीटर 20.0–25.0 किलो ग्राम टमाटर अपने परिवार के लिए उगा सकते हैं।

मिर्च (Chillies)

मिर्च प्रायः रोजाना प्रयोग की जाती है और बिना मिर्च खाने का स्वाद फीका पड़ जाता है। यह अक्सर मसाले के रूप में प्रयोग की जाती है। हरी मिर्च में प्रोटीन, विटामिन–बी एवं सी, फास्फोरस, पोटैशियम एवं अनेकों अन्य खनिज पदार्थ मिलते हैं। 100.0 ग्रा0 हरी मिर्च में 111.0 मि0 ग्रा0 विटामिन 'सी' मिलता है। इसकी काशी अनमोल, आन्ध्र ज्योति, पंत मिर्च–1 इत्यादि प्रजातियाँ घर–आँगन में उगाने हेतु उपयुक्त होती हैं। इसकी पौध मई–जून अथवा अक्टूबर–नवम्बर में बनाते हैं। सामान्यतः 22–25 दिन के चार–छः सेन्टी मीटर ऊँची पौध को क्यारियों में इस प्रकार रोपण करते हैं कि पौधे से पौधे एवं पंक्ति से पंक्ति की दूरी 40.0–50.0 सेन्टी मीटर बनी रहे। समय–समय से निकाई, गुड़ाई, उर्वरकीकरण एवं सिंचाई करते रहने से लगाने के 30–40 दिन बाद मिर्च की फसल मिलने लगती है। विभिन्न प्रजातियों के अनुसार मिर्च की लम्बाई 1.0–10.0 से0मी0 तक होती है।

3. मचान या छप्पर (bower) पर फैलने वाली सब्जियाँ

करेला (Bitter gourd)

सब्जी के रूप में यह काफी उपयोगी होता है। इसका स्वाद तीखा होता है, जो पेट रोग, वात, (रिह्यूमेटिज्म) एवं उल्टी के लिए उपयोगी है। इसके रस का सेवन खाली पेट करने से मधुमेह के रोगियों को लाभ पहुँचता है। इसकी उन्नतिशील प्रजातियों को ग्रीष्म एवं वर्षा ऋतु में लगाया जाता है। बीज लगाने के 2 महीने में ही यह फल देने लगता है। ग्रीष्म काल के लिए फरवरी–मार्च एवं वर्षा काल के लिए जून–जुलाई में इसकी बुआई की जाती है। इसको लगाने के लिए घर–आँगन में मिट्टी के थाले बनाकर खाद लगा दें। करेले के 2 बीजों को एक थाले में लगाएं। इसके पौधों की रोपण भी की जाती है। पौधे को सहारा देकर बांस या लकड़ी के बने मचान पर चढ़ने दें। इसके फल 2–3 दिन के अन्तराल पर तोड़ लेना चाहिए अन्यथा पौधे में रहने से फल के गुणवत्ता नष्ट होने की सम्भावना बनी रहती है।

सेम (Indian bean)

सेम का फल, बीज एवं पत्ते ज्वर, फोड़ा–फुँसी एवं रक्तपात में प्रयोग किये जाते हैं। इसमें प्रोटीन, खनिज तत्व, विटामिन 'ए' एवं 'सी' की बहुतायत होती है। इसकी सब्जी बहुत ही स्वादिष्ट एवं लोकप्रिय है। अपने घर–आँगन में 2–4 पौध लगाकर परिवार के लिए ताजी सब्जी ले सकते हैं। इसके बीज बोने का समय जून–जुलाई एवं नवम्बर–दिसम्बर है। बीज को 8–10 घंटे पानी में भिगोने के बाद बोने से 7–8 दिन बाद अंकुर निकल आता है। मिट्टी के एक थाले में 2–3 बीज लगाते हैं। बलुई–दोमट एवं मटियार–दोमट मिट्टी में अच्छी वृद्धि होती है। बौनी प्रजातियों के पौधे की लम्बाई 45.0–50.0 सेन्टी मीटर होते ही मचान पर चढ़ाने के लिए सहारा प्रदान किया जाता है। इसे पुआल के ढेरों, पीछे के बाड़ों अथवा घर के छप्परों पर चढ़ाकर अच्छी सब्जियाँ परिवार की जरूरत हेतु ले सकते हैं। बीज भी बाजार में आसानी से मिल जाते हैं पौधों की लम्बाई मात्र 3.0–4.0 मीटर होती है।

खीरा (Cucumber)

खीरे का प्रयोग सलाद के रूप में किया जाता हैं। यह बारहमासी फसल है लेकिन ग्रीष्म काल में इसकी अच्छी पैदावार होती है, परन्तु शीतकाल में अच्छी पैदावार नहीं होती। मिट्टी में गोल या वर्गाकार थाला बनाकर उसकी मिट्टी भुरभुरी कर लेते हैं। प्रत्येक थाले में दो से तीन बीज की बुआई करते हैं तथा 2 थाले के बीच की दूरी 60.0–90.0 सेन्टी मीटर तथा पंक्ति से पंक्ति की दूरी 1.5–2.0 मीटर होनी चाहिए। ग्रीष्म काल में जनवरी–फरवरी एवं वर्षा काल में जुलाई–अगस्त में तथा उच्च भूमि में अप्रैल महीने में इसकी बुआई की जानी चाहिए। जब पौधे बड़े हो जाते हैं तो लताओं को चढ़ने के लिए घर–आँगन में ढाँचे या मचान बनाकर चढ़ा देते हैं।

लौकी (Bottle gourd)

लौकी के पौधे लतादार होते हैं। इसकी खेती करने में परिश्रम कम लगता है, परन्तु पैदावार अधिक होती है। पौधे का प्रत्येक भाग खाया जा सकता है, परन्तु तीखी लौकी जहरीली होती है,

इसे नहीं खाना चाहिए। लौकी की उन्नतिशील प्रजाति पूसा समृद्धि, काशी गंगा, नरेन्द रश्मि इत्यादि हैं। लौकी की लताओं को बाँस के बने ढाँचें/मचान अथवा घर की छप्पर/छत पर चढ़ा दिया जाता है। इसमें फलत अधिक होती है। बीज बुआई के 2 महीने बाद से ही पौध फल देने लगता है। यदि घर–आँगन में कई थाले बनाकर लगाने हों तो इनकी दूरी 60.0–90.0 सेन्टी मीटर होनी चाहिए। प्रत्येक गड्ढे में 2–3 पौध लगाई जानी चाहिए। पत्ते और डंठल के रस के सेवन से पेशाब साफ होता है और पीलिया की बीमारी के निदान में यह मददगार साबित होती है। लौकी के बीज के चूर्ण को शहद एवं भैंस के दूध के साथ प्रयोग करने से पथरी की बीमारी से निजात पाया जा सकता है। पके हुए फल से कई वाद्य यंत्र जैसे इकतारा, तानपुरा, सितार आदि तैयार किया जाता है एवं कई रोगों (कफ, पित्तजनक, कृमि, श्वास, खाँसी एवं मूत्र रोग) को दूर करता है। इसके अर्क का सेवन करने से हृदय रोगियों को लाभ मिलता है। अतः इसकी महत्ता को ध्यान में रखते हुए एक या दो थाले घर के बगल में अवश्य लगाएं।

कुम्हण/सीताफल (Pumpkin)

पूरे भारत में इसकी खेती की जाती है। कुम्हण के फल (कच्चे या पके) के अलावा नए पत्ते, डंठल एवं फूल को खाया जाता है। इसकी उन्नतिशील प्रजातियाँ काशी हरित, अर्का चन्दन, पूसा अलंकार इत्यादि हैं। आर्द्र एवं शुष्क जलवायु में इसकी खेती की जा सकती है। कुम्हड़े की उन्नतिशील प्रजाति की एक या दो थाले घर की दीवार के बगल में लगा सकते हैं। प्रत्येक थाले में 2–3 बीज लगाते हैं। पौधे उगने पर इन्हें सहारा देकर घर की छतों व छप्परों पर चढ़ा दिया जाता है। इसकी फसल वर्षा काल अथवा ग्रीष्म काल में ली जा सकती है।

पेठा (Ash gourd)

पेठा के छोटे कच्चे फल को पकाकर खाया जाता है एवं पके हुए फल से पेठा बनाया जाता है। इसके गूदे को मूंग एवं उड़द के साथ मिलाकर बड़ी तैयार की जाती है एवं इसके बीज से तेल भी तैयार किया जाता है। इसको लगाने के लिए मिट्टी के थाले बनाकर 3–4 बीज प्रति थाले, मार्च–अप्रैल में बो सकते हैं। यदि सभी बीज उग जाते हैं तो अंकुरण के बाद केवल 2 पौधों को ही रखा जाता है। जुलाई–अगस्त में इससे फल मिलने लगता है। ग्रामीण क्षेत्रों में इसके पौधें को छप्परों के ऊपर चढ़ा दिया जाता है अथवा बाँस या लकड़ी के बने मचान पर चढ़ा दिया जाता है।

चिचिन्डा (Snake gourd)

चिचिन्डा देखने में साँप की तरह बड़ा फल होता है लेकिन छोटे फल वाली प्रजातियाँ भी उपलब्ध है। इसे पकाकर खाया जाता है। यह ठण्डा, स्वादिष्ट, पौष्टिक, पित्तविकार के रोगियों के लिए औषधि का काम करता है। इसके लिए मिट्टी के थाले लगभग 90.0 सेन्टी मीटर की दूरी पर बनाकर बीज की बुआई की जाती है। प्रत्येक थालें में केवल 2–3 बीज बोते हैं। अंकुरण होने के बाद इसे सहारा देकर बाँस या लकड़ी के बने हुए मचान या ढाँचे पर चढ़ा देते हैं। इनके फल मचान के नीचे लटकते हुए दिखाई देते हैं। चिचिन्डा की अधिक वृद्धि एवं उसको सीधा करने के लिए उसके अन्तिम छोर पर धागे से बँधा हुआ पत्थर लटका देते हैं। वर्तमान में ''बेबी'' नाम की छोटे फल देने वाली उन्नतिशील प्रजाति उपलब्ध है।

कुन्दरू (Ivy gourd)

यह फल परवल से मिलता–जुलता है। इसका पौधा बहुवर्षीय होता है। यह ग्रीष्म एवं वर्षा ऋतु में फल देता है। इसके कच्चे फलों का सेवन मधुमेह के रोगियों के लिए लाभप्रद होता है। इसकी पौध रोपाण का समय अप्रैल–मई अथवा जून–जुलाई उपयुक्त है। इसके पौधे को 90.00–120.00 सेन्टी मीटर की दूरी पर तना कर्त्तन कर लगाया जाता है। इसे घर–आँगन में जहाँ पानी की सुविधा हो, लगाकर मचान पर चढ़ा देते हैं। उचित देख–रेख में पूरे वर्ष सब्जी देता रहता है।

4. अनुपयोगी कार्बनिक पदार्थों पर उगने वाली सब्जियाँ

मशरूम (Mushroom)

मशरूम प्रोटीन बाहुल्य एवं विटामिन युक्त होता है। इसमें कैल्शियम, फास्फोरस, लौह एवं फोलिक अम्ल होता है। फोलिक अम्ल से रक्त का निर्माण होता है। यह प्रोटीन की अधिकतम तथा न्यूनतम कैलोरी वाला होने के कारण मधुमेह एवं ह्रदय रोगियों के लिए श्रेष्ठ माना जाता है। इसे अपने घर–आँगन में उगाकर परिवार की जरूरतों को पूरा कर सकतें हैं। यह गेंहूँ का भूसा, धान का पुआल, कोल्ड स्टोरेज से निकला बेकार आलू जैसे अनुपयोगी पदार्थों पर उगाया जा सकता है। घर–आँगन में उगाने लायक पुआल–मशरूम एवं ढींगरी प्रजातियाँ उपयुक्त होती हैं। पुआल–मशरूम 30.0–35.0 डिग्री सेल्सियस पर सुगमता से उगाया जा सकता है। इसके लिए पुआल के निचले एवं शीर्ष का भाग निकालकर सड़ती–गलती पत्तियों को झाड़कर बाहर करें। सामान्यतः 90.0–120.0 x 90.0–120.0 सेन्टी मीटर लम्बे धान के पुआल का बैड़ा बनाने के लिए लगभग 25.0–30.0 किलो ग्राम पुआल की आवश्यकता होती है। पुआल का 1.1–1.5 किलो ग्राम का बैड़ा बनाकर गर्म पानी से कीटाणु नाशन करें। बैड़ों को तह–दर–तह लगाते हुए स्पान (spawn) की बुआई करें। बैड़ा तैयार हो जाने पर पूर्णतया पॉलीथीन से ढ़क दें। सही देखरेख के साथ 10–15 दिन में माइसिलियम (mycelium) की वृद्धि देखी जा सकती है। इसके 2–4 दिन बाद सब्जी हेतु ताजा मशरूम की तुड़ाई करें और पुनः पॉलीथीन से ढ़क दें। एक बैड़ा से कम से कम 3 बार तुड़ाई करके 2.0–2.5 किलो ग्राम ताजा मशरूम प्राप्त कर सकते हैं। ढींगरी मशरूम हेतु 3.0–5.0 सेन्टी मीटर आकार के पुआल को बेविस्टीन से कीटाणु नाशन करते हैं। पुआल मशरूम की भाँति इसे भी गरम पानी से शोधित करते हैं और 18'' x 24'', 150 गेज के पॉलीथीन थैलियों में पोषक तत्व मिले पुआल को भरते हुए स्पान (spawn) की बुआई करते हैं। सामान्यतः 15–18 दिन में कवकों (fungus) की वानस्पतिक वृद्धि हो जाती है। अब पुआल पिण्डों को सावधानीपूर्वक पॉलीथीन की थैलियों से बाहर कर दिन में 1–3 बार पानी का छिड़काव करें। इसके 4–5 दिन बाद ताजा मशरूम तोड़कर सब्जियाँ बनाएं। प्रति पिण्ड से 1.0–1.5 किलो ग्राम मशरूम प्राप्त की जा सकती है।

5. बड़े पेड़ों से प्राप्त होने वाली सब्जियाँ

घर–आँगन एवं पिछवाड़े के खुले स्थान में बड़े पेड़ वाली सब्जियों के लिए पपीता, सहजन, ब्रेडफ्रूट, केला, कटहल आदि को लिया जा सकता है। ये सब्जियाँ ओडिशा वासियों द्वारा बड़े चाव से खायी जाती है। यहाँ प्रतिवर्ष कार्तिक मास में इन सब्जियों को ऊँचे दामों पर बेचा जाता है। अतः अपने घर–आँगन में एक या दो पेड़ लगाकर अपने परिवार की जरूरत को पूरा कर सकते हैं।

पपीता (Papaya)

पपीता की रोपण 45.0 x 45.0 x 45.0 सेन्टी मीटर मिट्टी के थाले में की जाती है। मिट्टी भुरभुरी करके प्रत्येक थाले में एक टोकरी खाद, 25.0 ग्राम सिंगल सुपर फास्फेट, 25.0 ग्राम कैल्शियम अमोनियम नाइट्रेट एवं 5.0 ग्राम फ्यूराडान मिट्टी में मिलाकर कुछ दिन के लिए धूप में छोड़ दें। दो माह पुराना स्वस्थ पपीता का पौधा इन थालों में लगाएं। ध्यान रहे कि इसमें पानी का जमाव नहीं होना चाहिए। दो–तीन माह बाद इसकी गुड़ाई करके उर्वरकीकरण एवं सिंचाई करें। पौध रोपण के 7–8 माह बाद फल लगना शुरू हो जाता है। इसके 4–5 माह बाद फल तोड़कर सब्जी बनाएं। एक बार पेड़ लगा देने से लगातार 2–3 वर्ष तक पपीते की सब्जियाँ मिलती रहती है।

केला (Banana)

केला मुख्यतः पके फल एवं हरी सब्जी के रूप में प्रयोग किया जाता है। दक्षिण भारत में इसके पत्तों पर खाना खाया जाता है। सूखे तने के रेशों से दस्तकारी का काम किया जाता है। तने के बीच के गूदे, कच्चे फल एवं इसके छिलके की सब्जी बनती है। घर के पिछवाड़े आवश्यकतानुसार 2–3 पेड़ लगाये जा सकते हैं। इसको लगाने के लिए 30.0 सेन्टी मीटर व्यास एवं 30.0 सेन्टी मीटर गहरा गड्ढा बनाकर एक टोकरी कम्पोस्ट/गोबर की खाद मिट्टी में मिलाकर 2 सप्ताह के लिए धूप में छोड़ दें। इसमें बंतन, पाटकपुरा एवं चम्पा प्रजाति के केले के स्वर्ड सकर्स (sword suckers) लगाएं। जब नई पत्ती आ जाए तो पेड़ के आधार की मिट्टी की गुड़ाई, उर्वरकीकरण एवं सिंचाई करें। पौध लगाने के 9–10 माह बाद फल लग जाता है। एक बार केला लगा देने के बाद लगातार 3–4 वर्षों तक केले की ताजी सब्जी परिवार के लिए ली जा सकती है क्योंकि पौधे के पास से अन्य पौधे विकसित होकर फल धारण करते है। एक केले के पौधे पर केवल एक ही बार फल लगता है।

सहजन (Drumstick)

सहजन का फूल, पत्तियाँ एवं फली खायी जाती है किन्तु जड़ जहरीली होती है। यह स्वादिष्ट, वात एवं खाँसी नाशक, आँख के लिए लाभप्रद, मुहांसे, प्लीहा तथा घेंघा के रोग में उपयोगी है। कृमि एवं वायुनाशक है। गाजर की भाँति विटामिन 'ए' एवं विटामिन 'सी' अधिक होता हैं इसमें कैल्शियम एवं फास्फोरस अधिक होता है, फली में फास्फोरस, लौह, विटामिन 'ए', 'सी' प्रचुर मात्रा में पाया जाता है। सहजन का फूल, पॉक्स रोग (pox disease) कम करता है। घर के पीछे अथवा बाड़े के साथ बीज अथवा कलम लगायी जा सकती हैं। कलम लगाने से शीघ्र ही फल मिलता है। मई–जून में कलम लगाते हैं। ऊपरी सिरे पर गोबर लगाना लाभप्रद है। लगाने के दूसरे साल फल मिलने लगता है। यह कई वर्षों तक लगातार फल एवं पत्तियाँ सब्जी के लिए देता रहता हैं। इसकी एक वर्षीय प्रजाति भी उपलब्ध है।

करी पत्ता (Curry leaf)

करी पत्ता पोषण वाटिका का सबसे महत्वपूर्ण पौधा है। इसके सेवन से स्वास्थ्य अच्छा रहता है एवं अनेको व्यंज्जनों में सुगन्ध हेतु प्रयोग किया जा सकता है। कटाई–छँटाई करते रहने पर यह पौधा कम बढ़ता है।

पोषण वाटिका के लिए उन्नतिशील प्रजातियों का चुनाव

पोषण वाटिका के लिए सब्जियों की ऐसी प्रजातियों का चुनाव करना चाहिए, जिनमें वाँछित गुण जैसे रंग, सुगन्ध, स्वाद व आकार के साथ अधिक उत्पादन हो तथा रोग एवं कीट के आक्रमण से कम प्रभावित हो। पोषण वाटिका में चूँकि जगह कम होती हैं अतः फैलने वाली प्रजातियों के स्थान पर सीधे व कम जगह लेने वाली प्रजातियों का चुनाव करना चाहिए। कुछ सब्जियों की प्रमुख प्रजातियों को नीचे की सारिणी में दिया गया है–

सारिणी (3.2) पोषण वाटिका के लिए सब्जियों की उन्नतिशील प्रजातियाँ

सब्जी फसल	उन्नतिशील प्रजातियाँ
आलू	कुफरी चन्द्रमुखी, कुफरी चमत्कार, कुफरी बादशाह, कुफरी शीतमान, कुफरी किसान, कुफरी सिन्धूरी, कुफरी जवाहर, कुफरी अशोक, कुफरी लालिमा
टमाटर	काशी अमृत, पूसा गौरव
बैंगन	काशी सन्देश, पूसा पर्पल लांग, पंजाब सदाबहार, नरेन्द्र संकर बैंगन–1, पूसा हाईब्रिड–9
मिर्च	काशी अनमोल, पूसा सदाबहार, कल्यानपुर चंचल
शिमला मिर्च	इन्दिरा, लैरियो, कैलिफोर्निया वण्डर, योलो वण्डर, अर्का मोहिनी, हीरा
फूल गोभी	पूसा दिपाली, पूसा स्नोबाल–1, पूसा स्नोबाल–16, पंत गोभी–2
पत्ता गोभी	क्विस्टो, पूसा मुक्ता, पूसा ड्रमहेड, प्राइड आफ इण्डिया, श्री गणेश गोल, सुरेखा
गांठ गोभी	ह्वाइट वियना, परपल वियना
मूली	काशी हंस, पूसा चेतकी, पूसा हिमानी, जापनीज ह्वाइट
शलजम	पूसा स्वेती, पूसा चन्द्रिमा, स्नोबाल, गोल्डेन बाल, पूसा स्वर्णिमा
गाजर	पूसा केसर, पूसा मेघाली, नैन्टस, पूसा यमदग्नि
चुकन्दर	डेटराइट डार्क रेड, क्रीमसन ग्लोब
शकरकन्द	पूसा सफेद, पूसा लाल
प्याज	एग्रीफाउण्ड लाइट रेड, पूसा माधवी, एग्रीफाउण्ड डार्क रेड, बसन्त–780, पूसा रेड, एग्रीफाउण्ड व्हाइट
लहसुन	एग्रीफाउण्ड व्हाइट (जी0–41), यमुना सफेद (जी0–1), यमुना सफेद–2 (जी0–50), यमुना सफेद–3 (जी0–282),यमुना सफेद–4 (जी0–323), एग्रीफाउण्ड पार्वती (जी0–313)
फराश बीन	कन्टेन्डर, पूसा पार्वती, अर्का कोमल
सेम	पूसा अर्ली प्रोलिप्रिक, रजनी, काशी हरिता
लोबिया	काशी कंचन, काशी उन्नत, अर्का समृद्धि, पूसा कोमल, पूसा दो फसली, पूसा फाल्गुनी
ग्वार	पूसा सदाबहार, पूसा नवबहार
लौकी	काशी गंगा, नरेन्द्र रश्मि, काशी बहार (संकर)

करेला	पूसा दो मौसमी, पूसा विशेष, अर्का हरित, काशी उर्वशी
कुम्हण	काशी हरित, पूसा विश्वास, अर्का चन्दन
टिण्डा	पंजाब टिण्डा, अर्का टिण्डा
खीरा	स्वर्ण अगेती, जापानीज लांग ग्रीन
चिकनी तोरई	काशी दिव्या, पूसा चिकनी, पूसा सुप्रिया
नसदार तोरई	पूसा नसदार, अर्का सुमित, अर्का सुजात
सतपुतिया	स्थानीय किस्म
स्क्वाश	पूसा अलंकार, आस्ट्रेलियन ग्रीन
खरबूजा	काशी मधु, हरा मधु
तरबूज	सुगर बेबी, अशाही यमाटो, इम्प्रूव्ड शीपर
भिण्डी	काशी प्रगति, परभनी क्रांति, पंजाब पद्मिनी, वर्षा उपहार, वैशाली बधु
पालक	आलग्रीन, पूसा ज्योति
ब्रोकली	फियस्टा, फ्यूट्रा, टापर, प्रिमियम क्राप
स्पिनाश	वर्जिनिया सेवाय
ब्रुसेल्स स्प्राउट	हिल्डस आइडियल
चायनीज कैबेज	क्रिस्पी चोय, पैक चोय, वॉग बोक
लीक	ब्राड लन्दन, लार्ज अमेरिकन फ्लैग, इलिफैन्ट
पार्सले	मेस कर्ल्ड, हम्बर्ज, कर्ल्ड लीफ
ऐस्परागस	परफेक्शन
सेलरी	क्लीन कट, गोल्डेन सेल्फ, ब्लेन्डिग फोर्ड फ्लूक
पोई	लाल रंग व हरे रंग की प्रजाति
मटर	मटर अगेता–6, आजाद पी.–3, काशी शक्ति, काशी मुक्ति, काशी समरथ
केला	स्थानीय किस्म
पपीता	कुर्ग हनी ड्यू
सहजन	को–1, को–2

पोषण वाटिका के प्रकार

बहुत समय पूर्व से ही सब्जियाँ घरों के आस–पास उगायी जाती थी, जिससे ताजी एवं स्वच्छ सब्जियाँ खाने के लिए परिवार के सदस्यों को उपलब्ध होती थी। वर्तमान में उसी को पोषण वाटिका, गृह वाटिका, किचेन गार्डेनिंग, मिनी गोर्डेनिंग, कन्टेनर गोर्डेनिंग आदि नामों से पुकारा जाता है। उदाहरण के लिए जड़ वाली, पत्ती वाली एवं अन्य सब्जियों के उत्पादन का औसत प्रति हेक्टेयर लगभग 250.0 कुन्तल है। अगर इसे आधार मानकर एक औसत परिवार के सदस्यों के लिए सब्जियों की प्रति दिन की आवश्यक मात्रा की पूर्ति हेतु 240.0 वर्ग मीटर क्षेत्रफल की आवश्यकता होती है।

एक आर्दश पोषण वाटिका में सब्जियों के अलावा मौसमी फलों एव बहुवर्षीय बेल वाले फल एवं सब्जियों के पौधों के लिए भी क्रमशः 120.0 एवं 57.0 वर्ग मीटर स्थान रखा जाता है, जिससे वर्ष के अधिकांश समय में सब्जियों के अलावा ताजे फल भी प्राप्त होते रहते हैं। पोषण वाटिका में सब्जियों को सीमित एवं गमलों में उगाया जा सकता है। गमलों को चहार दीवारी, खिड़कियों के उपर द्वारमण्डप (porch) एवं छज्जा (balcony) में रखते हैं। सामान्यतः पोषण वाटिका निम्न प्रकार के होते हैं–

- बड़े आकार की पोषण वाटिका
- मध्यम आकार की पोषण वाटिका
- छोटे स्तर की पोषण वाटिका
- अत्यन्त छोटे स्तर की पोषण वाटिका
- टेरेस व कन्टेनर पोषण वाटिका

बड़े आकार की पोषण वाटिका

जहाँ पर स्थान की उपलब्धता ज्यादा है वहाँ पर सभी प्रकार की सब्जियाँ उगाई जा सकती हैं। उदाहरण के लिये चयनित वाटिका के चारों तरफ सहजन, कहीं–कहीं पर करी पत्ता तथा अनेकों वृक्षों के उपयोगी फल जो सब्जी के रूप में प्रयुक्त होते हैं को उगाया जा सकता है। मुख्यतः अरवी, लता वाली सब्जियाँ, आलू आदि की भी खेती की जा सकती है। फलदार वृक्ष जैसे–केला, नीबू, पपीता व अमरूद आदि भी लगा सकते हैं।

मध्यम आकार की पोषण वाटिका

मध्यम आकार की पोषण वाटिका 3.0 × 2.0 मीटर या 3.0 × 1.5 मीटर के आकार में तैयार कर उपयोगी सब्जियों को सुगमता पूर्वक उगाया जा सकता है। ऐसी वाटिका में अरवी, शकरकन्द, आलू, प्याज, काशीफल, लौकी, खरबूजा व तरबूज की खेती करना आसान होता है। फलदार वृक्षों में छोटे आकार के केला, पपीता, नीबू, अँगूर आदि लगा सकते है और सब्जी के रूप में बैंगन, अदरक, टमाटर, भिण्डी, लोबिया उगाया जा सकता है।

छोटे स्तर की पोषण वाटिका

ऐसे छोटे आवास जिसके अन्दर 2.0 x 3.0 मीटर स्थान वाले 2–3 क्यारियाँ बनने की जगह हो, वहाँ पर छोटे स्तर की पोषण वाटिका तैयार की जा सकती है। इस प्रकार की वाटिका में टमाटर, बैंगन, मिर्च, शिमला मिर्च, फराश बीन, सेम, करेला, पालक, मेथी, चौलाई, सरसों, मेथी, धनिया, लहसुन, अदरक, मूली, बथुआ, शलजम, गाजर, लेट्यूस, ब्रोकली, स्क्वाश, भिण्डी, ग्वार, सेलरी, पार्सले इत्यादि सुगमता से उगाई जा सकती है।

अत्यन्त छोटे स्तर की पोषण वाटिका

कभी–कभी आवास के अन्दर मात्र 2.0 x 3.0 मीटर या 2.5 x 1.5 मीटर का आकार वाली क्यारी बनाकर पोषण वाटिका तैयार की जा सकती है। ऐसी स्थिति में कुछ चुनिन्दा एवं पोषक गुणों से

भरपूर सब्जियों को उगाया जा सकता है, उदाहरण के लिए पालक, मूली, गाजर, टमाटर, शिमला मिर्च, पुदीना, मिर्च, शलजम, मेथी, एवं हरी धनिया आसानी से उगाई जा सकती हैं। क्यारियों का आकार छोटा रखना अच्छा रहता है, इससे सिंचाई करने में सरलता रहती है।

टेरेस (Terrace) व कन्टेनर (Container) पोषण वाटिका

सामान्यतया टेरेस व कन्टेनर पोषण वाटिका का महत्व बहुमंजली इमारतों में रहने वाले लोगों के लिए ज्यादा है, जिनके मकान ग्राउण्ड फ्लोर (ground floor) पर नहीं हैं तथा जिनके पास एक अदद छत ही है। यह जानकारी उनके लिए भी काम आ सकती है, जिनके पास सिंगल स्टोरी के रिहायशी मकान हो तथा नीचे की जमीन के साथ छत का हिस्सा भी हो। सदियों से गाँवों में बाँस या लकड़ी के मचान/ढाँचें पर तथा घर के छत/छप्परों पर लता वाली सब्जियाँ उगाई जा रही हैं। इसमें सेम, कुम्हण, लौकी, पेठा, तोरई, चिचिण्डा, करेला, पोई आदि उगाई जा रही हैं। घर के बरामदे या अन्य बन्द स्थानों में मशरूम भी ढाँचें/मचान बनाकर पैदा किया जा सकता है। अगर आपके आस–पास रिक्त जगह पर छाया रहती है, तो छाया के लिए उपयुक्त विशेष सब्जियों जैसे–हल्दी, अदरक, अरवी, सूरन आदि को उगाया जा सकता है। जिन सब्जियों की गुणवत्ता व ताजापन जल्दी समाप्त हो जाता है, उन्हे पोषण वाटिका में प्राथमिकता के रूप में जगह देनी चाहिए। छत पर सब्जी की खेती के अपने फायदे भी हैं। छत पर सब्जी की खेती करने से अनावश्यक खरपतवार की समस्या से मुक्त रखा जा सकता है। सिंचाई के लिए कम पानी की आवश्यकता पड़ती है तथा उपयोग की जाने वाली सामग्री जैसे खाद, दवा, पानी का पूरा–पूरा उपयोग होता है। अतः ऐसी पद्धति को अपनाकर कम लागत में अधिक फायदा उठाया जा सकता है। टैरेस गार्डन (terrace garden) में ली जाने वाली सब्जियों में प्रमुख स्थान बेल वाली सब्जियों का है। कद्दू, लौकी, गिलकी, तोरई, खीरा, बरबटी, करेला, सेम इत्यादि प्रमुख हैं, जिनका उत्पादन छत पर लिया जा सकता है। इसके लिए बड़े आकार के गमले 22.0 सेन्टी मीटर या खाली टिन उपयुक्त रहते हैं। काली मिट्टी में कार्बनिक तत्वों की कमी रहती है। अतः पौधों की अच्छी बढ़वार के लिए उचित होगा की अच्छी सड़ी हुई कम्पोस्ट खाद का भरपूर प्रयोग किया जाए। इसके दो फायदे हैं। एक तो रासायनिक खाद का उपयोग कम करना पड़ता है, दूसरा गमले के सीमित आकार के चलते कम्पोस्ट खाद के प्रयोग से मिट्टी की जल धारण क्षमता बढ़ाई जा सकती है। बैंगन के लिए थोड़े–बड़े गमले (20.0 सेन्टी मीटर) का उपयोग ठीक रहता है, लेकिन गमले के आधार में छेद अवश्य बना हो।

दूसरे वर्ग की सब्जियों जैसे चौलाई, मेथी, पालक इत्यादि के उत्पादन के लिए आप चाहें तो छत पर भी क्यारी बना सकते हैं। इसके लिए 8.0 x 3.0 फुट की क्यारी उपयुक्त रहती है। छत में से जल का रिसाव (leakage) न हो इसके लिए आवश्यक है कि सर्वप्रथम क्यारी की साइज से थोड़ी बड़ी प्लास्टिक शीट पहले जमीन पर बिछा लें फिर 5.0 सेन्टी मीटर मिट्टी एवं खाद के मिश्रण की एक तह बिछा दें। इसमें मेथी, पालक इत्यादि की बुवाई करें। इसके अतिरिक्त 5.0 सेन्टी मीटर मिट्टी की तह भिण्डी की फसल के लिए भी पर्याप्त है। इस तरह यदि आप चाहें तो एक समय में एक छोटे परिवार की आवश्यकता के हिसाब से 30–30 थैलियों या गमलों में फूल गोभी, पत्ता गोभी, 10 गमलों में शिमला मिर्च, 10 गमलों में फराश बीन, टमाटर तथा 5 गमलों में लोबिया का

उत्पादन ले सकते हैं। फूल गोभी एवं पत्ता गोभी का रोपण एक साथ न कर अलग–अलग समय पर कुछ दिनों के अन्तराल से करना चाहिए ताकि उनके फूल एक साथ न तैयार होकर अलग–अलग समय पर तैयार हों। फसल तैयार होने के उपरान्त उसका उपयोग पुनः दूसरी फसल के लिए किया जा सकता है।

टेरेस पर सब्जी उत्पादन के लाभ

1. सीमित जगह में आप अधिक से अधिक उत्पादन ले सकते हैं। शुरू में जब पौधे छोटे हों, उनके गमले सीमित जगह में एक–दूसरे से सटाकर रखे जा सकते हैं। बाद में जैसे–जैसे पौधे बढ़ते हैं, उन्हें अलग–अलग रख सकते हैं।
2. थैलियों या गमलों में तुरन्त रोपण के उपरान्त धूप से बचाव के लिए आप इनहें कहीं भी उठा कर छाये में रख सकते हैं। जब पौधे भली–भाँति स्थिर हो जावें तो उन्हें आवश्यकतानुसार धूप वाली जगह में रख सकते हैं।
3. घर बैठे ताजी सब्जियों का उपयोग कर सकते हैं।
4. इसके माध्यम से बच्चों को प्रयोग एवं रचनाशीलता का बोध कराया जा सकता हैं

टेरेस (Terrece) पर सब्जी उत्पादन में सावधानियाँ

1. छत पर रोपण की जाने वाली सब्जियों की प्रतिदिन देखभाल आवश्यक है।
2. सिंचाई थोड़ी–थोड़ी मात्रा में कई बार करनी पड़ती है। बरसात को छोड़कर जाड़ें में 2–3 बार तथा गर्मियों में 4–5 बार करनी पड़ सकती है।
3. छत पर क्यारी तैयार करते समय मिट्टी की ऊँचाई डेढ़ से दो इंच तक ही रखें। क्यारी बनाने से पूर्व रिसाव से होने वाले छत के नुकसान से बचाव के लिए नीचे पोलिथीन शीट आवश्यक रूप से बिछावें।

टैरेस गार्डन में गमले में लगाई जाने वाली सब्जियों के प्रकार

(अ) बेल वाली सब्जियाँ

लौकी, खीरा, कद्दू, करेला, बरबटी, सेम, तोरई।

(ब) बिना बेल वाली सब्जियाँ

इसमें दो तरह की सब्जियाँ आती हैं–

1. पहले वर्ग की सब्जियों के रोपण के लिए पोलिथीन के थैले या 20.0 X 25.0 सेन्टी मीटर अकार के गमले की आवश्यकता पड़ती हैं। फूल गोभी, पत्ता गोभी, शिमला मिर्च, टमाटर, लोबिया, फराश बीन, बैंगन चौलाई, मेथी, धनिया, पालक इत्यादि (22.0 सेन्टी मीटर के गमले में) सुगमता से लगाया जा सकता है।

1. ज्यादा मिट्टी चढ़ाई जाने वाली सब्जी

फूल गोभी, पत्ता गोभी, गांठ गोभी, फराश बीन, लोबिया आदि।

2. कम मिट्टी चढ़ाई जाने वाली सब्जी

बैंगन, टमाटर, मिर्च, शिमला मिर्च, फराश बीन आदि।

3. अन्य

धनिया, मेथी, पालक, गाजर, मूली इत्यादि

पोषण वाटिका के लिये आवश्यक सामग्री

1. 40–50 गमले, कुछ पुरानी प्लास्टिक व सीमेन्ट की बोरी इत्यादि।
2. 1/3 ट्रैक्टर ट्रॉली मिट्टी।
3. 1/4 ट्रैक्टर ट्रॉली कम्पोस्ट खाद।
4. रासायनिक खाद।
5. कीटनाशक एवं फफूँदनाशक दवा।
6. आवश्यक बीज एवं पौध।
7. हजारा एवं दवा छिड़काव हेतु प्लास्टिक का हैंड स्प्रेयर (hand sprayer)।
8. ड्राँपर।
9. 2.0 किलो ग्राम क्षमता का पाली बैग्स (20.0 X 25.0 सेन्टी मीटर)
10. 1.0 मीटर चौड़ाई की पोलिथीन शीट (आवश्यकतानुसार)

उपरोक्त सामग्री की मदद से बड़े गमलों में खाद मिट्टी का मिश्रण भर कर बेल वाली सब्जियों का उत्पादन लिया जा सकता हैं। मध्यम आकार के गमलों एवं पोलिथिन के थैलों में फूल गोभी, पत्ता गोभी, शिमला मिर्च, फराश बीन एवं अन्य सब्जियों का उत्पादन लिया जा सकता है। सब्जियों की प्रत्येक किस्मों के लिए 2–3 बड़े गमलों में पौध रोपण किया जाना पर्याप्त है।

मिट्टी के विभिन्न अकार वाले गमले

पोषण वाटिका में मिट्टी के गमलों का उपयोग अधिकता से किया जाता है। मिट्टी के गमले विभिन्न आकाए व क्षमता के बनाये जाते हैं, जो पौधों की प्रकृति के अनुसार उपयोग किये जाते हैं। मिट्टी के गमले वातावरण के प्रति मित्रवत होते हैं लेकिन 2–3 वर्षों बाद टूट जाते हैं।

सीमेन्ट के गमले

सीमेन्ट के गमले स्थाई होते हैं और शीघ्रता से नहीं टूटते हैं। इन्हें विभिन्न सुन्दर आकारों में बनाया जाता है। सीमेन्ट के गमले शीघ्रता से गर्म एवं ठण्डे हो जाते हैं अतः पौध अनुकूलन के प्रति सावधानी रखना आवश्यक है।

पॉलीथीन के थैले

पॉलीथीन के थैले मोटी पॉलीथीन से तैयार किये जाते हैं। ये अस्थाई होते है और इनका प्रयोग बीज से पौध तैयार करने में किया जाता हैं।

लकड़ी के खोकें

ये वातावरण के प्रति मित्रवत एवं अस्थाई होते हैं व पत्तीदार सब्जियाँ उगाने के काम आते हैं।

बाँस की टोकरी

छोटे या कोमल किस्म के पौधे उगाने व प्रवर्धन के लिये बाँस की टोकरी का उपयोग किया जाता है।

टिन या अन्य डिब्बे

मोटे किस्म के टिन के डिब्बों या कोलतार ड्रम का उपयोग सब्जी पौधों को उगाने के लिये किया जाता है।

गमलों में पौधे लगाना

ऐसे पात्र जिसमें मिट्टी तथा खाद भरकर पौधे उगाये जाते हैं, गमले कहलाते हैं।

गमलों का चुनाव

उचित गमलों का चुनाव पौधे के आकार–प्रकार व बढ़ने की प्रवृत्ति पर निर्भर करता है। मौसमी सब्जियों के लिये मिट्टी के छोटे गमले तथा बहुवर्षीय सब्जियों जैसे सूरन बण्डा आदि के लिये सीमेन्ट के बड़े गमले उपयोग में लाये जाते हैं। गमले अधिक बड़े भी प्रयोग न करें, इससे इन्हें उठाने तथा रखने में परेशानी होती है। सब्जियों के लिये लकड़ी के खोखे प्रयोग में लाये जा सकते हैं। चुकन्दर, सलाद, प्याज एवं मूली के लिए गमले जिनमें 5.0–6.0 किलो ग्राम मृदा का मिश्रण आ जाये तथा चार्ड, मिर्च एवं छोटे टमाटर के लिए ऐसे गमले जिनमें 4.0–5.0 किलो ग्राम मृदा मिश्रण आ जाये उपयुक्त होते हैं। बड़े पौधे जैसे–खीरा, बैंगन, स्वीट कार्न एवं टमाटर के लिए ऐसे गमले जिनमें 8.0–10.0 मृदा मिश्रण आ जाये, आवश्यक होते हैं।

गमलों हेतू मिट्टी–खाद का मिश्रण

गमले में भरने के लिए बराबर भाग में अच्छी मिट्टी, धुला हुआ मोटा बालू एवं कार्बनिक पदार्थ जैसे–पीटमास (peat moss), लीफ मोल्ड (leaf mould) या सा डस्ट (saw dust) मिलाना चाहिए। मिश्रण को कीट एवं बीमारियों से रहित करने के लिए कम तापमान पर ओवेन (oven) में गर्म करना चाहिए।

गमले में पौध लगाना

गमले के बीचो–बीच पौधे को सीधा लगाना चाहिये। यदि दूसरे स्थान से पौध उखाड़कर लगा रहे हों तो नये गमले में उतना ही गहराई पर लगायें जितना पहले था। पौधा लगाने के बाद हाथ से चारों और मिट्‌टी को दबा देवें व खाली जगह में मिश्रण भरें।

सिंचाई व जल निकास

गमले का क्षेत्र सीमित होने की वजह से नमी की उचित मात्रा बनाये रखना जरूरी है। सिंचाई का समय पौधे व ऋतु पर निर्भर करता है। ग्रीष्म ऋतु में प्रत्येक दूसरे दिन तथा शीतकाल में 4–5 दिन के अन्तराल पर सिंचाई करें। गमलों में पानी उतनी ही मात्रा में देवें जितना कि गमले सोख सकें। वर्षा ऋतु में अधिक पानी से गमलों को बचायें। गमले में पानी रूकना नहीं चाहिये, यदि ऐसा हो तो तले का छिद्र देख लेना चाहिए।

गमला परिवर्तन (Repotting)

गमलों में लगाये बहुवर्षीय पौधों को प्रतिवर्ष दूसरे गमले अथवा नया मिश्रण डालकर फिर से पौध लगाने को गमला परिवर्तन या रिपाटिंग (repotting) कहते हैं। मीठी नीम, पोई, एस्परागस आदि का गमला परिवर्तन आवश्यक होता है। इससे पौधे की जड़ों में क्रियाशीलता बढ़ती है। नयी मिट्‌टी में पोषक तत्वों की मात्रा पर्याप्त हो जाती हैं। गमला परिवर्तन के लिये वर्षा का समय ठीक रहता है व वसन्त ऋतु में भी यह कार्य किया जा सकता है। गमला बदलने से पहले हल्की सिंचाई करें। पौधे को दो उंगलियों में फंसाकर गमले को उल्टा कर हल्का झटका देवें, जिससे मिट्‌टी पिण्ड सहित पौधा गमले से निकल जाये। मिट्‌टी के पिण्ड की बाहरी मिट्‌टी लकड़ी से झाड़कर अलग कर देवें तथा ऐसा करते समय जड़ों को क्षति न हो इसका ध्यान रखें। जड़ों की हल्की छँटाई भी कर देनी चाहिये। गमले में पौधा लगाते समय इसे बीच में रखकर चारों ओर मिश्रण भरकर हल्की सिंचाई कर देवें। गमले को छाया में रखना चाहिये। गमला परिवर्तन के समय पौधों की जड़ों के साथ लगा हुआ पिण्ड टूटने नहीं पाये।

पौधों की कटाई–छँटाई

गमले में लगे हुए पौधे जैसे–करी पत्ता, पोई आदि अनावश्यक रूप से नहीं बढ़ें, इसलिये कटाई–छँटाई हल्के रूप से होनी चाहिये। गमले में लगे पौधे का आकार संतुलित और सीमित हो तथा उनमें एक ही मुख्य तना रहना चाहिये। छँटाई का कार्य वसन्त काल में करना चाहिये।

उर्वरक प्रयोग

गमले में उर्वरक की मात्रा कम देनी पड़ती है, क्योंकि इनमें रिसाव कम होता है तथा जड़ें सीमित क्षेत्र में फैली रहती हैं। सामान्यतः 10.0–15.0 ग्राम नाइट्रोजन, 5.0–10.0 ग्राम फास्फोरस, व 15.0–25.0 ग्राम पोटाश तत्व प्रति पौधा किसी भी उर्वरक के रूप में देना चाहिये। यूरिया का 0.5–1.0 प्रतिशत घोल बनाकर पौधों पर पर्णीय छिड़काव करना लाभकारी रहता है।

पौध संरक्षण

पौधों को कीटों से रक्षा के लिये कीटनाशक तथा रोगों से रक्षा के लिये कवक जीवाणु नाशक दवाओं का समय–समय पर उपयोग करना चाहिये। गर्मियों में नीम की निम्बोली एकत्र कर उन्हें सुखा लें व पीस कर इस चूर्ण को गमलों एवं क्यारियों में मिलाने से मृदा जनित कीट व सूत्रकृमि से बचाव होगा व समय–समय पर निम्बोली पाउडर को पानी में घोल बनाकर पत्तियों पर छिड़काव करने से कीटों को खत्म करने में सहायता मिलेगी।

अन्य देखभाल

गमलों में लगे कमजोर तने वाले पौधों को लकड़ी का सहारा देना भी आवश्यक है। जैसे कद्दू वर्गीय सब्जियों, लता वाली फराश बीन, टमाटर व मटर आदि। तेज गर्मियों में पौधों को छाया में रखें तथा सर्दियों में भी पौधों का खास ध्यान रखें।

पोषण वाटिका के लिए फसल चक्र

सब्जियों को पोषण वाटिका में लगाते समय इस बात का ध्यान भी देना आवश्यक है कि सब्जियों की उपलब्धता वर्ष भर नियमित रूप से बनी रहें। पोषण वाटिका में ध्यान देना चाहिए कि जिस जगह पर एक बार फसल लग जाये, तो उस जगह पर पुनः वहीं फसल नहीं उगानी चाहिए। फसल परिवर्तन की वजह से कीड़ों व रोगों की जमावड़ा को सुगमता पूर्वक कम किया जा सकता है। फसल चक्र का विवरण नीचे दिया जा रहा है–

1. टिण्डा (फरवरी)–मूली (जून)–आलू (अक्टूबर)–गाजर (नवम्बर)
2. बैंगन (जून)–मूली (अप्रैल)
3. मिर्च (जून)–प्याज (फरवरी)
4. भिण्डी (जून)–आलू (अक्टूबर)–कुम्हण (फरवरी)
5. कुम्हण (जून)–मिर्च (अक्टूबर)–भिण्डी (फरवरी)
6. लौकी (जून)–फूल गोभी (नवम्बर)–लोबिया (फरवरी)
7. मूली (जून)–पालक (अगस्त)–करेला (जनवरी)
8. भिण्डी (जुलाई)–चुकन्दर (नवम्बर)–चौलाई (मार्च)
9. बैंगन (जुलाई)–टिण्डा (अप्रैल)
10. कुम्हण (जुलाई)–आरा तोरई (मार्च) फराश बीन (नवम्बर)
11. करेला (जुलाई)–धनिया (मार्च) पालक
12. टिण्डा (फरवरी)–ग्वार (जूलाई) पत्ता गोभी (नवम्बर)

13. लोबिया (फरवरी)–टमाटर (जूलाई)
14. लोबिया (फरवरी)–मूली (अगस्त) सब्जी मटर (अगस्त)
15. भिण्डी (मार्च)–ग्वार (अगस्त)
16. चिकनी तोरी (अप्रैल)–शकरकन्द (अगस्त)–सब्जी मटर (नवम्बर)
17. धनिया (जून)–खीरा (अगस्त)–संकर टमाटर (दिसम्बर)
18. खीरा (अप्रैल)–भिण्डी (अगस्त) फराश बीन (दिसम्बर)
19. धनिया (मार्च)–खीरा (जून)–पालक (सितम्बर)
20. चौलाई (मई)–टमाटर (दिसम्बर)
21. खीरा (मार्च)–आलू (सितम्बर) प्याज (दिसम्बर)
22. करेला (मई)–ब्रोकोली (जून)–आलू (सितम्बर)
23. लोबिया (मार्च)–मूली (जूलाई)–फूल गोभी (सितम्बर
24. भिण्डी (मार्च)–धनिया (जूलाई)–पत्ता गोभी (सितम्बर)

पोषण वाटिका में सस्य प्रबन्धन

अनेकों सब्जियों को बीज द्वारा क्यारियों में बुआई कर उत्पादित किया जाता है या छोटे–बड़े गमले में अदल बदलकर बीज बुआई कर सब्जी उत्पादन करते हैं। कुछ सब्जियों के पौध तैयार कर उनका रोपण कर सब्जी उत्पादन करते हैं। बीज की बुआई व पौध प्रतिरोपण हमेशा कतारों में किया जाना चाहिए, जिससे पौधों की आपसी दूरी एक समान रखते हुए पूरे पोषण वाटिका में निश्चित पौध संख्या सुनिश्चित किया जा सके। अगर क्यारियों में पौधे ज्यादा उग गये हों तो कुछ को निकाल देना उत्तम रहता है। अगर कहीं पौधे किन्ही कारणों से समाप्त हो गये हैं, तो कुछ स्वस्थ पौधों को लगा देना चाहिए व हल्का पानी समय–समय पर देना चाहिए। पौध रोपण के तुरन्त बाद पौधे को हल्का पानी अवश्य देना चाहिए जिससे पौधे स्थापित हो जायें। अगर थोड़ा सा ध्यान व सम–सामयिक प्रबन्धन किया जाये तो पोषण वाटिका के माध्यम से दिन–प्रतिदिन भोजन हेतु ताजी, स्वाद युक्त, सुगन्धित व पोषकीय गुणों से भरपूर सब्जियाँ प्राप्त की जा सकती हैं।

पोषक तत्व प्रबन्धन

मृदा परीक्षण एवं उपयोग किये गये उर्वरकों का लेखा–जोखा हमेशा रखना चाहिए। अगर खेत में कार्बनिक खाद का प्रयोग किया जा रहा है, तो उसके स्रोत की जानकारी लिख लेनी चाहिए। पी0एच0 मान कम या अधिक होने पर मिलाये गये चूना या सल्फर की मात्रा का लेख रखना आवश्यक है। इससे मृदा में पोषक तत्वों के संतुलन बनाये रखने में सहायता मिलती है।

सारिणी (3.3) पोषण वाटिका में सूक्ष्म पोषक तत्वों का रासायनिक स्वरूप एवं कमी के लक्षण

सूक्ष्म तत्व	कमी के लक्षण	स्रोत	संस्तुति मात्रा (पी0पी0एम0)
आयरन	पौधे के उपरी भाग की पत्तियाँ पीली पड़ जाती हैं।	आयरन सल्फेट (आयरन 20.09 प्रतिशत)	50
मैंग्नीज	पत्तियों का मध्य शिरा हरितहीन हो जाती हैं।	मैंग्नीज सल्फेट (मैंग्नीज 32 .5 प्रतिशत)	50
जस्ता	पत्तियों में शिरा के बीच पीली धारियाँ दिखाई पड़ती हैं।	जिंक सल्फेट (जिंक 22.74 प्रतिशत)	50
ताँबा	सब्जियों में इसकी कमी से डाई बैंक (die back) और लीफ कर्ल (leaf curl) जैसे लक्षण उत्पन्न होते हैं।	कापर सल्फेट (कापर 25.45 प्रतिशत)	50
बोरान	बौनापन, तना मोटा व कड़ा तथा पौधा झाड़ीनुमा हो जाता है।	बोरिक अम्ल (बोरान 17.48 प्रतिशत)	25
मालीब्डेनम	फूल गोभी की नयी पत्तियों में सामान्यतः क्लैम्प हर्ट (clamp heart) के लक्षण दिखाई पड़ता है।	सोडियम मालीब्डेड (मालीब्डेड 36.65 प्रतिशत)	25

स्रोतः राय एवं सहयोगी (2007) सब्जी किरण वर्ष–1 अंक–2

पोषण वाटिका में 1–2 बार नत्रजनधारी उर्वरकों जैसे यूरिया की सूक्ष्म मात्रा खड़ी फसल में देना आवश्यक है। यूरिया या अमोनियम सल्फेट को जमीन की नम अवस्था में ही प्रयोग श्रेयष्कर होता है। अगर नमी की कमी हो तो उर्वरक उपयोग के बाद सिंचाई करना चाहिए। सब्जियों में प्रयोग किये जाने वाले खाद एवं उर्वरकों का प्रति 10.0 वर्ग मीटर के लिए आवश्यक मात्रा को सारिणी में दिया गया है–

सारिणी (3.4) खाद एवं उर्वरक की संस्तुति मात्रा (प्रति 10.0 वर्ग मीटर)

फसल	कम्पोस्ट (किलो ग्राम)	यूरिया (ग्राम)	सिंगल सुपर फास्फेट (ग्राम)	म्यूरेट आफ पोटाश (ग्राम)
टमाटर	30.0–40.0	200.0	500.0	100.0
बैंगन	30.0–40.0	300.0	400.0	100.0
मिर्च	30.0–40.0	300.0	500.0	100.0
शिमला मिर्च	30.0–40.0	200.0	500.0	100.0

फूल गोभी	50.0	300.0	750.0	200.0
पत्ता गोभी	80.0	250.0	400.0	100.0
गांठ गोभी	30.0	100.0	300.0	100.0
मूली	50.0	100.0	300.0	100.0
गाजर	100.0	200.0	250.0	65.0
शलजम	100.0	200.0	250.0	60.0
चुकन्दर	50.0	300.0	300.0	50.0
प्याज	100.0	375.0	450.0	100.0
लहसुन	40.0	200.0	300.0	100.0
भिण्डी	30.0	300.0	600.0	150.0
लौकी	40.0	200.0	500.0	100.0
कुम्हण	30.0	200.0	200.0	100.0
चिकनी तोरी	20.0	110.0	500.0	100.0
नसदार तोरी	20.0	160.0	250.0	50.0
टिण्डा	20.0	100.0	250.0	50.0
मटर	20.0	60.0	375.0	70.0
फराश बीन	20.0	200.0	600.0	50.0
लोबिया	20.0	50.0	400.0	100.0
सेम	20.0	50.0	400.0	100.0
पालक	50.0	100.0	500.0	100.0
विलायती पालक	50.0	100.0	500.0	100.0
सोआ	50.0	50.0	250.0	50.0
मेथी	30.0	150.0	300.0	50.0
चौलाई	50.0	50.0	100.0	50.0
धनिया	50.0	50.0	250.0	100.0
ब्रोकोली	50.0	150.0	500.0	150.0
ब्रुसेल्स स्प्राउट	50.0	200.0	500.0	200.0
चायनीज पत्ता गोभी	50.0	150.0	300.0	50.0
स्वीट कार्न	50.0.0	100.0	350.0	100.0
आलू	50.0	250.0	300.0	100.0
शकरकन्द	30.0	150.0	400.0	100.0

स्रोतः राय एवं सहयोगी (2007) सब्जी किरण वर्ष–1 अंक–2

जल प्रबन्धन

सामान्यतः हरी–भरी सब्जियों को हमेशा पानी की आवश्यकता पड़ती है, अतः क्यारियों या गमलों को आवश्यकतानुसार नम बनाये रखना चाहिए। ठण्ड के मौसम में 4–5 दिनों के अन्तराल पर व गर्मी में 2–3 दिनों के अन्तराल पर पानी देना चाहिए। पाला व कुहरा पड़ने की स्थिति में कुछ फसलों को ज्यादा पानी की आवश्यकता होती है। विशेषतः, जैसे आलू, हरी मटर, टमाटर एवं बैंगन।

मिट्टी चढ़ाना

आलू, शकरकंद, अरवी, मूली, शलजम, गाजर एवं चुकन्दर में कम से कम एक बार जड़ों पर मिट्टी चढ़ाना चाहिए। इससे जड़ एवं कन्दों का विकास उचित प्रकार से होता है और इससे खरपतवार भी समाप्त हो जाते हैं।

खरपतवार प्रबन्धन

खरपतवार नियंत्रण के लिए खुर्पी की सहायता से खरपतवार को बाहर निकाल देना चाहिए, जिससे उग रहे पौधों को प्रकाश, स्थान पोषक तत्व आदि की प्रतिस्पर्धा को कम किया जा सके। कुदाली की सहयता से हल्की गुड़ाई करनी चाहिए, लेकिन ध्यान रहे कि जड़ों को नुकसन न हो।

पौधों को सहारा देना

टमाटर, सेम, चढ़ने वाले फराश बीन एवं कद्दू वर्गीय सब्जियों को सहारा देने की आवश्यकता पड़ती है, अतः प्रत्येक पौधे बाँस के खम्भें, सीमेन्ट के खम्भें, एवं एंगिल आयरन के सहारे चढ़ा देना चाहिए, इससे गुणवत्तायुक्त सब्जियाँ प्राप्त की जा सकती हैं। फलों का जमीन से सम्पर्क न होने के कारण फल सड़ते नही हैं। मचान पद्धति (bower system) बनाकर जगह का पूरा सदुपयोग तो होता ही है और साथ ही साथ पौध प्रबन्धन एवं फलों की तुड़ाई में सुविधा होती है।

कीट प्रबन्धन (Insect management)

सब्जियों के रस चूसक कीट जैसे–एफीड्स (aphids) व जैसिड्स (jassids) फसलों को ज्यादा नुकसान पहुँचाते हैं। ऐसी अवस्था में पौधों पर मैलाथियान या इण्डोसल्फान की 2.0 मिली लीटर प्रति लीटर मात्रा पानी में घोलकर पौधों पर छिड़काव करना आवश्यक है। फल मक्खी व फल छेदक ज्यादातर कोमल फलों को नुकसान करते हैं, अतः इन कीड़ों को पहचान कर एक जगह एकत्रित करना और पोषण वाटिका से बाहर निकाल कर जला देना चाहिए। अगर इनको नियंत्रित करने के लिए कीटनाशी का प्रयोग किया जा रहा है, तो फल, फलियाँ, पत्तियाँ या पौधे के अन्य उपयोगी भाग 5–7 दिनों तक छोड़कर ही उपयोग करना चाहिए।

सारिणी (3.5) पोषण वाटिका में लगने वाले कीट एवं उनका प्रबंधन

फसल	रोग	नियंत्रण
टमाटर	फल छेदक	इण्डोसल्फान 0.07 प्रतिशत का छिड़काव
	सफेद मक्खी	इमिडाक्लोरोप्रिड (70 डब्ल्यू0एस0) 2.5–3.0 ग्राम/ किलो ग्राम) से बीज उपचार
	पर्ण सुरंगक (लीफ माइनर)	4.0 प्रतिशत नीमगिरी का छिड़काव
बैंगन	तना एवं फल वेधक	4.0 प्रतिशत नीमगिरी का छिड़काव + ग्रसित भाग को तोड़कर फेकना

	तना छेदक	नीम की खली 500.0 किलो ग्राम/हेक्टेयर रोपण पूर्व प्रयोग।
	एपीलैकना बिटिल	
	ग्रीन जैसिड्स	
भिण्डी	तना एवं फल वेधक	4.0 प्रतिशत नीमगिरी का छिड़काव एव 0.035 प्रतिशत इण्डोसल्फान का छिड़काव
	ग्रीन जैसिड्स	इमिडाक्लोराप्रिड (70 डब्ल्यू0एस0) का 2.5–3.0 ग्राम बीज उपचार
	पीली मकड़ी	डायकोफाल 18.5 ई0सी0 2.5 मिली लीटर/लीटर छिड़काव
कद्दू वर्गीय सब्जियाँ	रेड पम्पकिन बिटिल	करबेरिल 0.1 प्रतिशत का छिड़काव
	फ्रूट फ्लाई	20.0 मिली लीटर मैलाथियान (50ई0) सी0 + 200 गुड़ + लीटर पानी + 250 पौधे चुने हुए प्रति हेक्टेयर छिड़काव से वयस्क आकर्षित होकर मर जाते हैं।
गोभी वर्गीय सब्जियाँ	मांहूँ	4.0 प्रतिशत नीमगिरी का छिड़काव एवं 0.035 प्रतिशत इण्डोसल्फान का छिड़काव
	डायमण्ड बैक माथ	मैलाथियान 0.07 प्रतिशत का छिड़काव

स्रोत: राय एवं सहयोगी (2007) सब्जी किरण, वर्ष–1 अंक–2

रोग प्रबन्धन (Disease management)

पोषण वाटिका में कवक जनित बीमारी जैसे–डैम्पिंग आफ (daming off), मिल्ड्यू (mildew) व उकठा (wilt) बीमारी सामान्यतः वर्षा ऋतु में ज्यादा प्रभावित करते हैं। डैम्पिंग आफ व उकठा बीमारी के रोगकारक सामान्यतः मृदा के साथ जुड़े होते हैं, जिससे पौधे ज्यादातर मरते हैं। अतः बचाव के लिए कैप्टाफ घोल (2.0 ग्राम/लीटर पानी में) डालकर छिड़काव करना चाहिए। अगर पौधों में तुलासिता (मृदुरोमिल व चूर्णिल आसिता) का प्रकोप हो तो कैराथेन या वाबिस्टीन की 2.0 ग्राम मात्रा प्रति लीटर पानी में घोलकर छिड़काव करने से रोग नियंत्रण में सफलता मिलती है। अगर क्यारी में पौधे विषाणु रोग से ग्रसित हों तो उखाड़कर समूल नष्ट कर देना चाहिए।

सारिणी (3.6) पोषण वाटिका में लगने वाले प्रमुख रोग एवं उनका नियंत्रण

फसल	रोग	नियंत्रण
बैंगन	फोमोप्सिस झुलसा	1. बीजोपचार (बाविस्टिन 2.0 ग्राम/किलोग्राम)
	राइजोक्टोनिया जड़ गलन	2. रोपण में 10–15 दिनों बाद वाविस्टिन 2 ग्राम/लीटर पानी का छिड़काव
	स्केलोरोटिनिया गलन	पौध रोपण के पूर्व 5.0–6.0 किलो ग्राम ट्राइकोडर्मा/हेक्टेयर का प्रयोग

	स्यूडोसरकोस्पोरा पर्ण झुलसा	ट्राइकोडर्मा पौध रोपण के पूर्व 5.0–6.0 किलोग्राम/हेक्टेयर का प्रयोग
	जीवाणु झुलसा	हेक्सा कोनाजोल की 0.057 प्रतिशत मात्रा का छिड़काव
	लिटिल लीफ	प्रतिरोधी किस्मों का चुनाव
	पत्ती झुलसा	ग्रसित पौधों को जड़ सहित निकाल कर नष्ट कर दें क्लोरोथेलोनील 2.0 ग्राम/लीटर का छिड़काव
टमाटर	अल्टरनेरिया ब्लाइट	क्लोरोथेलोनील की 2.0 ग्राम/लीटर का घोल बनाकर छिड़काव
	लेट ब्लाइट	मैन्कोजेब की 0.25 प्रतिशत का छिड़काव
	कालर राट	रोपण पूर्व ट्राईकोडर्मा का 5.0–6.0 किलोग्राम/हेक्टेयर का प्रयोग
	बैक्टीरियल लीफ स्पाट	स्ट्रैप्टोसाइक्लिन की 6.0 ग्राम/30.0 लीटर पानी में घोल बनाकर छिड़काव
	लीफ कर्ल	रोग सहनशील किस्में एच0–24, एच0–86, अविनाश–2 का रोपण
पत्ता गोभी	डाउनी मिल्ड्यू	मैन्कोजेब की 0.25 प्रतिशत का छिड़काव
	अल्टरनेरिया लीफ स्पाट	क्लोरोथेलोनील की 0.2 प्रतिशत का छिड़काव
	ह्वाइट राट	मैन्कोजेब की 0.25 प्रतिशत का छिड़काव
	ब्लैक राट	स्ट्रैप्टोसाइक्लिन की 200 पी0पी0एम0 का छिड़काव

स्रोतः राय एवं सहयोगी (2007) सब्जी किरण वर्ष–1 अंक–2

सब्जियों की तुड़ाई/कटाई

सब्जियों की तुड़ाई/कटाई कोमल अवस्था में करने से सब्जियों से स्वादिष्ट, सुपाच्य तथा ज्यादा उर्जा की प्राप्ति होती है। अगर सब्जियों की तुड़ाई सुबह (सूर्यादय के समय) की जाये तो उनमें पोषक तत्वों की मात्रा ज्यादा मिलती हैं। जैसे विश्व में सभी माताएं अपने बच्चों की मालिश सूर्योदय के समय करती हैं, क्योंकि सूर्य की अल्ट्रावायलेट किरणों से संश्लेषित कुछ उत्पाद शरीर में बनते है, जो हड्डियों के विकास में सहायक होते हैं। इसी प्रकार पौधों में भी संश्लेषण होने के कारण पोषकीय गुण ज्यादा विद्यमान हो जाते हैं। जड़ वाली सब्जियों को मुलायम अवस्था में खुदाई करनी चाहिए। देर से खुदाई करने पर जड़ें रेशेदार हो जाती हैं, जैसे–मूली, गाजर आदि। केवल टमाटर, खरबूजा, तरबूज, फूट एवं पेठा को छोड़कर सभी की तुड़ाई उचित आकार व कोमल अवस्था में ही करना उत्तम है। पत्तीदार सब्जियों को पुष्पन पूर्व बार–बार कटाई करनी चाहिए। कद्दू, मिर्च, अरवी एवं प्याज की खुदाई तुड़ाई पकने व पकने के पूर्व दोनों अवस्था में की जा सकती है।

फसल उपज (Yield)

पोषण वाटिका से गुणवत्तायुक्त उत्पाद परिवार के उपभोग के लिए हमेशा प्राप्त होता है। इसके लिए आवश्यक है कि कुल उत्पादन, कुल उपयोग, एवं संसाधित सब्जियों का विवरण पूर्ण

रूप से रखा जाये। इसके साथ–साथ यह भी आवश्यक है कि तुड़ाई का समय एवं समाप्त होने का समय भी लिखें। इससे स्पष्ट होगा कि सब्जी फसलों को किस समय लगाना सबसे उपयुक्त होगा और कितने समय तक उपलब्धता होगी। इसके अलावा इससे सब्जी विशेष के क्षेत्रफल को घटाने बढ़ाने का निर्णय भी सुगमता से लिया जा सकता है। पोषण वाटिका में 10.0 वर्ग मीटर क्षेत्रफल से अनुमानित उपज का विवरण नीचे की सारिणी में दिया गया है–

सारिणी (3.7) पोषण वाटिका में विभिन्न सब्जियों की प्रति 10.0 वर्ग मीटर से प्राप्त उपज

सब्जी	उपज	सब्जी	उपज
टमाटर	60.0 किलो ग्राम	टिण्डा	15.0 किलो ग्राम
बैंगन	60.0 किलो ग्राम	मटर	20.0 किलो ग्राम
मिर्च	30.0 किलो ग्राम	फराश बीन	30.0 किलो ग्राम
शिमला मिर्च	20.0 किलो ग्राम	लोबिया	30.0 किलो ग्राम
फूल गोभी	30.0 किलो ग्राम	सेम	40.0 किलो ग्राम
पत्ता गोभी	30.0 किलो ग्राम	पलक	30.0 किलो ग्राम
गांठ गोभी	20.0 किलो ग्राम	विलायती पालक	20.0 किलो ग्राम
मूली	20.0 किलो ग्राम	सोआ	10.0 किलो ग्राम
गाजर	20.0 किलो ग्राम	मेथी	15.0 किलो ग्राम
शलजम	20.0 किलोग्राम	चौलाई	15.0 किलोग्राम
चुकन्दर	20.0 किलो ग्राम	धनिया	15.0 किलोग्राम
प्याज	40.0 किलो ग्राम	ब्रोकोली	30.0 किलोग्राम
लहसुन	20.0 किलो ग्राम	ब्रुसेल्स स्प्राउट	10.0 किलोग्राम
भिण्डी	20.0 किलो ग्राम	चायनीज पत्ता गोभी	30.0 किलोग्राम
लौकी	30.0 किलो ग्राम	स्वीट कार्न	6.0 किलोग्राम
कुम्हड़ा	30.0 किलो ग्राम	आलू	50.0 किलोग्राम
चिकनी तोरी	20.0 किलो ग्राम	शकरकन्द	50.0 किलोग्राम
आरा तोरी	20.0 किलो ग्राम		

स्रोत: राय एवं सहयोगी (2007) सब्जी किरण वर्ष–1 अंक–2

गृह वाटिका के लिये उपयोगी यंत्र व उपकरण

गृह वाटिका की उद्यानिकी क्रियाओं को पूरा करने में विशेष उपकरण व यंत्रों की आवश्यकता होती है, इन्हें उद्यान उपकरण भी कहते हैं। रेखांकन, निकाई–गुड़ाई, क्यारी तैयार करना, रोपण, कटाई, छँटाई, सिंचाई, छिड़काव, भुरकाव, व पैंकिग के लिए इन उपकरणों की आवश्यकता पड़ती है। इन औजारों से मानव श्रम में गतिशीलता आती हैं व श्रम बचत होती हैं।

1. रेखांकन के लिये उपयोगी उपकरण

फीता या टेप

फीता या टेप धातु, प्लास्टिक या रेशे का बना होता है, जिसमें मीटर, सेन्टी मीटर, फीट व इंच के निशान होते हैं। यह लम्बाई व चौड़ाई नापने के काम आता हैं।

खूटियाँ

खूटियाँ लकडी, बाँस या लोहे की होती हैं। आधा से एक मीटर लम्बी हो सकती है। रेखांकन में स्थान निश्चित करने हेतु इनका प्रयोग होता है।

रस्सी

रस्सी नायलॉन या रेशे की बनी होती है व सीधी रेखा बनाने के काम आती है।

2. निकाई–गुड़ाई, खुदाई व क्यारियाँ बनाने हेतु उपकरण

गैंती

लोहे से बनी, दोनों ओर नुकीली होती है। पथरीली मिट्टी की खोदने के काम लेते हैं।

फावड़ा

लोहे का बना चौड़ा होता हैं। इसमें लकड़ी का बेंट या मूठ लगाकर क्यारी खोदने या नालियाँ बनाने के काम लेते हैं। यह उपयोगी उपकरण है।

गार्डन रेक

लोहे की पटरी में झुकी हुई, कील के आकार के दाँतें होते हैं। इस प्रकार यह पंजे के समान होता है। इसमें लम्बा लकड़ी का बेंट या मूठ लगाकर भूमि समतल करने व घास इकट्ठा करने के काम आता है। यह उपयोगी उपकरण है।

खुरपी

यह बहुपयोगी औजार है, जो चौड़ी पट्टी के आकार के लोहे की बनी होती है। इसमें 10.0–15.0 सेन्टीमीटर लकड़ी का बेंट या मूठ लगा होता हैं। यह निकाई–गुड़ाई करने व पौध लगाने में उपयोगी होता है।

हैण्ड हो

यह नुकीला पंजे (claw) के समान लोहे का बना होता है। यह निकाई, हल्की गुड़ाई तथा सिंचाई के बाद बनी पपड़ी को तोड़ने के काम आता है।

गोर्डन फोर्क (Garden fork)

यह पंजे के समान लोहे का बना होता है। बैठकर गुड़ाई करने के काम आता है।

कुदाली फोर्क

यह फावड़े के आकार का दाँतेदार व लम्बी मूठ वाला होता है, जो खड़े होकर निराई–गुड़ाई, मिट्टी खींचने व पपड़ी तोड़ने के काम आता है।

शर्मा–हो

यह काँटे वाला मुड़ा हुआ फावड़े के समान होता है। इसमें लम्बा बाँस का मूठ लगा होता है, जो पौधों के समीप खड़े रहकर निकाई गुड़ाई में उपयोग होता है।

मिश्रित हो व रेक

यह हो व रेक का मिश्रित उपकरण है। एक ओर पंजे के समान काँटें व दूसरी ओर फावड़े के समान बना हुआ होता है। इसमें लकड़ी का बेंट या मूठ लगाकर निकाई–गुड़ाई, भूमि समतल करने का कार्य किया जाता है।

3. पौधे लगाने तथा बीज बोने हेतु उपकरण

गार्डेन ट्रावल

यह पूरा लोहे या एल्यूमिनियम का बना होता है। पौधे लगाने तथा मिट्टी चढ़ाने के काम आता हैं।

प्रतिरोपण ट्रावल

यह नुकीला खूँटी के समान होता है। इसमें लकड़ी का छोटा बेंट या मूठ लगाकर पौधे लगाने व बीज बुआई के काम आता है।

डिब्लर

यह खूँटी वाला, नुकीला व खूँटे के समान होता है। बड़े डिब्लर में 8 से 9 खूटियाँ लोहे के फ्रेम में लगी होती हैं। इसका उपयोग भूमि में छेद कर पौधे लगाने या बीज बोने के लिये किया जाता है।

4. कटाई–छँटाई व पौध प्रवर्धन के लिये उपकरण

कलिकायन या बडिंग चाकू (Budding knife)

यह लोहे का बना तेज धार का चाकू है। इसके दूसरे सिरे पर पतला काँटा या हुक (hook) लगा रहता है, जो काटने व छिलने के बाद छाल उठाने के काम आता है।

ग्राफ्टिंग चाकू (Grafting knife)

यह कलिकायन चाकू से बड़ा होता है। इसका उपयोग पौधों में ग्राफ्टिंग करने के काम आता है।

कृन्तन या काँट–छाँट चाकू (Pruning knife)

यह मजबूत, आगे की ओर मुड़ा हुआ, नुकीला व तेज होता है। इसका प्रयोग वृक्षों तथा पौधों की पतली शाखाओं को काटने के लिये किया जाता है।

कतरनी या सिकेटियर (Secateur)

यह एक प्रकार की कैंची होती है, जिसका उपयोग कटाई–छँटाई के लिये किया जाता है। यह बहुपयोगी उपकरण है। इससे एक सेन्टी मीटर से कम मोटी शाखाओं को काटना चाहिये।

कृन्तन आरी (Saw)

यह तलवार के समान, मध्य में झुकी हुई लोहे की बनी होती है। इसके एक तरफ दाँते होते हैं व पकड़ने के लिये लकड़ी की मूठ (handle) लगी रहती है। इसका उपयोग मोटी शाखाओं को काटने में होता है।

बिल हो या गंडासा

यह मजबूत लोहे की प्लेट का बना होता है। मोटी शखाओं को काटने के काम आता है।

हंसिया या दराँती (Sickle)

अर्द्धचंद्राकार लोहे की चादर से बनी होती है। इसमें हत्था लगा होता है व यह विभिन्न आकार की होती है। घास काटने व निकाई के काम आता हैं।

5. उद्यान टूल किट (Garden tool kit)

यह एक पेटी होती है जिसमें सिकेटियर, चाकू, आरी, लेबल आदि रखने के लिये खाँचे बने होते हैं।

6. सिंचाई के लिए

हजारा

यह लोहे अथवा प्लास्टिक का बना होता है, जिसमें पानी निकलने के लिये फुहारा लगा हुआ होता है। इसमें छोटे–छोटे छिद्र होते हैं। गमलों तथा नर्सरी में सिंचाई करने के काम आता हैं।

फुहारा

यह विद्युत चालित सिंचाई का उपकरण है, जिसे माइक्रो स्प्रिंकलर (micro sprinkler) कहते हैं। इसमें पानी फुहार की तरह चलता है।

6. छिड़काव व भुरकाव के लिए

स्प्रेयर (Sprayer)

विभिन्न आकार व क्षमता के यह उपकरण कीटनाशक दवाओं के छिड़काव हेतु उपयोग में लाये जाते हैं।

डस्टर (Duster)

जो कीटनाशक पाउडर रूप में होते हैं, उनके भुरकाव करने के लिये ऐसे उपकरणों का प्रयोग किया जाता है।

अन्य कार्यों के लिए उपकरण

गार्डन शावेल या बैलचा

यह लोहे की एक बड़ी चम्मच की तरह होता है, इसमें लकड़ी का बेंट या मूठ लगा होता है। पौधे खोदकर उठाने तथा खाद या मिट्टी उठाने के काम आता हैं।

तसला/तगारी (Basket)

यह बड़े कटोरे के समान लोहे या प्लास्टिक का बना होता है। मिट्टी, खाद आदि भरने तथा ढोने के काम आता हैं।

नाम पट्टी (Label)

पौधों पर पहचान रखने के लिये एल्यूमिनियम की 7.0–10.0 सेन्टी मीटर लम्बी व 3.0–5.0 सेन्टी मीटर चौड़ी पट्टी होती है, जिसमें तार से बाँधने हेतु छिद्र होता है।

लॉन मोअर (Lawn mower)

यह लॉन (lawn) की घास काटने की मशीन होती है।

छोटी ट्राली

यह एक या दो पहिये वाली छोटी ट्रॉली होती है, जिसका उपयोग खाद, बीज, मिट्टी आदि की ढुलाई में होता है।

गार्डेन लोडर (Garden loader)

यह विशेष रूप से बनी सीढ़ी है जिसके ऊपर स्टूल जैसा स्थान होता है। ऊँचे वृक्षों में काम करने में इसका उपयोग होता हैं।

गार्डेन ट्रैक्टर (Garden tractor)

यह 15–20 हार्स पावर का छोटा ट्रैक्टर है, जो कल्टीवेटर के साथ होता है। यह जुताई करने में बहु उपयोगी है।

□□□

अध्याय 4

सब्जी बागवानी के प्रकार एवं सब्जियों का वर्गीकरण

(Types of Vegetable Gardens and Classification of Vegetables)

विज्ञान का क्षेत्र बहुआयामी है और आज के संदर्भ में विज्ञान की उपादेयता को कोई भी अस्वीकार नहीं कर सकता है। वनस्पति विज्ञान भी विज्ञान के अनेकानेक आयामों में से एक है और सम्भवतः यह कहना उचित न होगा कि वनस्पति विज्ञान अनिवार्यतः महत्वपूर्ण है, क्योंकि वनस्पतियों के बिना तो मानव की जीवितता पर ही प्रश्न चिन्ह लग जाता है। हमारी पृथ्वी का 2/3 भाग जलप्लावित है तथा शेष भाग अधिकांशतः किसी न किसी प्रकार की वनस्पतियों से परिपूर्ण हैं, चाहे वह वनआच्छादित क्षेत्र हों, फसलें हों या बाग–बगीचे हों। मानव समाज को 4,00000 से ज्यादा जीव एवं वनस्पतियों की जानकारी है, लेकिन उपयोग के आधार पर उनका विश्लेषण समूह के बिना उपयोग सम्भव नहीं है। वनस्पति विज्ञान के अन्तर्गत वनस्पतियों को उनके गुणों के अनुसार कई वर्गों में बाँटा गया है। जैसे आवृतबीजी, अनावृतबीजी, अपुष्पी आदि। वह समस्त पौधे जिनके बीजों पर आवरण होता है और जो सामान्य रुप से फूलते–फलते हैं, आवृतबीजी कहलाते हैं। हमारे समस्त कृषि योग्य पौधे जिनमें सब्जियाँ भी सम्मिलित हैं, आवृतबीजी के अन्तर्गत आते हैं। ऐसा माना जाता है कि समस्त आवृतबीजी करीब 6.5 करोड़ साल पहले के क्रिटेश्यिस काल में उत्पन्न हुए, यद्यपि इस विषय में वानस्पतिक वैज्ञानिकों के बीच कुछ वैचारिक मतभेद हैं। वनस्पति विज्ञान का क्षेत्र अत्यन्त व्यापक है। इसके अन्तर्गत पौधों से सम्बन्धित सभी प्रकार के अध्ययन आते हैं। जैसे पौधों में प्रजनन, विकास, वातावरणीय अनुकूलन, आनुवंशिकी, पौधों में रोग के कारक तथा उपचार आदि। आवृतबीजी पौधों को भलि भाँति–समझने के लिए वनस्पति विज्ञान के विभिन्न विधाओं जैसे वर्गिकी (taxonomy), शारीरिकी कार्यिकी (physiology), भ्रौणिकी

(embryology) तथा आर्थिक वनस्पति विज्ञान (economic botany) में विभक्त करके उनका अध्ययन किया जाता है। एकबीजपत्री (monocotyledon) तथा द्विबीजपत्री (dicotyledon), दो बड़े समूहों को मिलाकर समस्त आवृतबीजी पौधे बनते हैं। वनस्पति विज्ञान के अनुसार सब्जी सामान्यतः उन पौधों को कहते हैं, जो अपने जड़ों, तनों, पत्तियों फूलों तथा फलों में भोज्य पदार्थ संग्रह करते हैं तथा जिन्हें पकाकर अथवा सलाद के रुप में कच्चा ही खाया जाता है। सामान्यतः सब्जियाँ इन दोनों ही समूहों में आती हैं किन्तु अधिकतर सब्जियाँ द्विबीजपत्री समूह के अन्तर्गत आती हैं। प्रकृति में 10,000 से ज्यादा पौधे सब्जी के रुप में पूरे विश्व में उगाये जाते हैं लेकिन इनमें से केवल 60–70 फसलें ही ऐसी हैं, जो व्यावसायिक रुप से महत्व रखती हैं। उत्पादकों के बीच देखा जाये तो मात्र 40–45 सब्जियाँ ही ज्यादा महत्वपूर्ण होती हैं, किन्तु गंभीरता से चिन्तन करने पर इस सूचि में नामों की संख्या बढ़ती जाती है। कहने का तात्पर्य यह है कि वनस्पति विज्ञान की सहायता के बिना सुचारू रुप से इतने बड़े समूह का अध्ययन कर पाना सम्भव ही नहीं होगा। वर्गीकी (taxonomy) की सहायता से पौधों को उनके गुणों के आधार पर विभिन्न कुलों में बाँटा जाता है। अतः वर्तमान समय में यह आवश्यक है कि सब्जियों का समूह बनाकर उसे विभाजित किया जाये, जिससे गुणधर्म के आधार पर एक निश्चित समूह निर्धारित किया जा सके। वैसे सब्जियों के वर्गीकरण के लिए अनेकों विधियों जैसे कृषक के दृष्टिकोण से, वैज्ञानिक अध्ययन के दृष्टिकोण से, प्रयोग के तौर तरीके के दृष्टिकोण आदि से किया जाता है।

सब्जी उत्पादन के प्रकार (Types of vegetable gardens)

सब्जी उत्पादन की उपयोगिता के आधार पर छः प्रकार के समूहों में बाँटा जा सकता है–

1. गृह वाटिका (Kitchen garden)
2. बाजार के पास सब्जी उत्पादन (Market garden)
3. बाजार से दूर सब्जी उत्पादन (Truck garden)
4. प्रसंस्करण के लिए सब्जी उत्पादन (Vegetable garden for processing)
5. मौसम के प्रतिकूल सब्जी उत्पादन (Vegetable forcing)
6. बीज के लिये सब्जी उत्पादन या सब्जी–बीज उत्पादन (Vegetable gardening for seed production)
7. कंटेनर गार्डेनिंग (Container gardening)

1. गृह वाटिका (Kitchen garden)

थोड़े या सीमित स्थान जो घर के आस–पास उपलब्ध हों उसमें परिवार के सदस्यों के उपयोग के लिए सब्जी उत्पादन को गृह वाटिका कहते हैं। यह अत्यन्त ही प्राचीन विधि है जिसका प्रारम्भ जब से मनुष्य खेती करना सीखा, उस समय से हुआ है। इससे बहुत ही लाभ है।

- गृह वाटिका से परिवार को ताजी और अच्छी सब्जियाँ पूरे वर्ष उपलब्ध होती हैं।
- परिवार के सदस्यों के लिए एक मनोरंजन का साधन है, जिससे यूवा और वृद्ध अपना अतिरिक्त समय आसानी से व्यतीत कर सकते हैं।

- सब्जियों के उपर होने वाले पारिवारिक खर्च को कम करता है।
- बच्चों को अच्छी आदतें सिखाने का एक अच्छा साधन है जिससे वे स्वस्थ रहें।
- गृहवाटिका में उगाई गई सब्जियाँ बाजार से खरीदी गई सब्जियों से सस्ती एवं कृषि रसायन से मुक्त होती हैं।
- गृह वाटिका में उगाई गई सब्जियाँ ताजी, रोग एवं कीटाणुरहित होती है जिनका प्रयोग हम बिना झिझक कर सकते हैं।

गृहवाटिका बनाते समय निम्नलिखित बिन्दुओं पर ध्यान देना चाहिए–

- गृहवाटिका घर के आसपास ही बनाया जाना चाहिए, जिससे परिवार के सभी सदस्य अपना अतिरिक्त समय देकर गुणवत्तायुक्त सब्जी उत्पादन कर सकें।
- गृहवाटिका जलस्रोत के पास ही बनाया जाना चाहिए, जिससे सिंचाई हेतु जल सुगमता से मिल जाये।
- गृहवाटिका हमेशा खुले वातावरण में होना चाहिए जिससे उगने वाले पौधों को हमेशा सूर्य की रोशनी मिलती रहे और पौधों पर किसी प्रकार का छाया न पड़े।

2. बाजार के पास सब्जी उत्पादन (Market garden)

बाजार की माँग एवं उपयोगिता के आधार पर बाजार से 15–20 किलोमीटर की दूरी तक उगाई जाने वाली सब्जियाँ मार्केट गार्डेन (market garden) के अन्तर्गत आती हैं। यातायात की सुविधा के कारण मार्केट गार्डेन के अन्तर्गत 30.0–40.0 किलोमीटर दूर तक उगायी जाने वाले क्षेत्र आता है। परिभाषा के तौर पर ऐसे प्रक्षेत्र जहाँ से उत्पादित सब्जियाँ स्थानीय बाजार के लिए भेजी जाती हैं, मार्केट गार्डेन के अन्तर्गत आती हैं। शहरों में निवास करने वाले लोगों को न तो उतने स्थान उपलब्ध होते हैं और न ही ऐसी खेती करने के लिए समय मिलता है। परिणामतः शहरों में सब्जियों की माँग हमेशा बनी रहती है। अतः उत्पादित सब्जियाँ बहुत शीघ्रता से उपभोक्ता के पास पहुँचती हैं। शहरों के पास उपलब्ध कुड़े कचरे से तैयार कम्पोस्ट खाद और सिंचाई के लिए शोधित पानी सब्जियों के उत्पादन में प्रयोग किया जाता है। विभिन्न सब्जियों का उत्पादन बाजार के माँग के उपर निर्भर करता है। अगेती और पिछेती किस्मों को उगाकर अधिक आय प्राप्त की जा सकती है। अन्य संसाधनों की उपलब्धता के साथ–साथ आवागमन का साधन भी होना आवश्यक है जिससे सब्जियाँ अति शीघ्र बाजार तक पहुँचायी जा सके। उत्पादक सब्जी की माँग व आपूर्ति के अनुसार तुड़ाई करता है, जिससे वह अपनी सब्जियाँ अच्छे भाव में बेच लेता है। इस प्रकार उत्पादक पूरे साल कई सब्जियों को उगाता रहता है। मार्केट गार्डेन के अन्तर्गत सघन खेती अल्प एवं मध्यम जमीन वाले उत्पादक करते हैं। उत्पादक अच्छा मूल्य प्राप्त करने के लिए बेमौसमी सब्जियों के साथ–साथ अगेती या देर से उगने वाले सब्जियों की खेती करते हैं। यह बात सही है कि मार्केट गार्डेनिंग सघनता से होने के कारण मृदा की उर्वरता दिन–प्रतिदिन घटती जाती है और अम्लता में वृद्धि भी सामान्य बात है। अतः उत्पादकों को 3–4 वर्षों बाद अपने खेत का मृदा परीक्षण अवश्य कराना चाहिए।

3. बाजार से दूर सब्जी उप्पादन (Truck garden)

ट्रक (truck) शब्द फ्रेंच भाषा के ट्रोकर (troquer) से लिया गया है, जिसका अर्थ लेन–देन (barter) है! इस पद्धति में सब्जियों का उत्पादन शहर से बहुत दूर किया जाता है। जहाँ पर भूमि सस्ती एवं श्रमिक आसानी से मिलते हों और यातायात का उत्तम साधन हो। इसमें सब्जियों का उत्पादन विस्तृति रूप में उत्पादक स्वयं करता है या किसी मध्यस्थ द्वारा किया जाता है। ट्रक गार्डेनिंग विस्तृत पैमाने पर की जाने वाली सब्जियों की खेती है, जिनमें एक या दो सब्जियाँ सम्मिलित होती हैं। इन उत्पादित सब्जियों का पूरा बिक्रय दूर के बाजारों में किया जाता है। इस प्रकार की खेती में मध्यस्थ सब्जी बिक्रय में अपनी भूमिका ज्यादा निभाते हैं। व्यापक पैमाने पर खेती होने के कारण ज्यादातर कार्य मशीनों के द्वारा सम्पादित होते हैं। यह बात सही है कि किसी बाजार में सब्जियों के उपयुक्त गुण माँग के अनुसार ही खेती होती है। उदाहरण के लिए टमाटर की प्रजाति पंजाब छुहारा का मुम्बई जैसे शहरों में भेजा जाता है। इसी प्रकार खरबूजा की प्रजाति पंजाब सुनहरी, पंजाब से सीधे श्रीनगर व जम्मू–कश्मीर को भेजा जाता है। सोलन एवं शिमला के वातावरण में उगाये जाने वाले मटर, टमाटर, फूल गोभी को पंजाब हरियाणा एवं दिल्ली में भेजा जाता है। नासिक में उगाई गई प्याज, दिल्ली, हरियाणा, उत्तर प्रदेश आदि प्रान्तों में बिक्रय के लिए भेजी जाती है।

4. प्रसंस्करण के लिए सब्जी उत्पादन (Vegetable garden for processing)

सब्जियाँ जो विशेषतः प्रसंस्करण के लिए (मुख्य उद्देश्य) उगायी जाती हैं, उन्हें सब्जी प्रसंस्करण की सब्जियाँ बोलते हैं। कुछ विशिष्ट सब्जियाँ व्यावसायिक रूप में परिरक्षण या प्रसंस्करण के लिए उगाई जाती हैं, जिनकी आपूर्ति कारखानों में की जाती है। प्रसंस्करण के लिए सब्जियों की उन्हीं किस्मों का चयन किया जाता है जो परिरक्षण के लिए उपयुक्त होती हैं। ऐसे व्यावसाय का का प्रचार–प्रसार भारत सहित अन्य देशों में तेजी से हो रहा है। उदाहरण के लिए हरी मटर को सुखाना, फूल गोभी को सुखाना, भिण्डी को सुखाना, हरी मटर की डिब्बाबन्दी करना, टमाटर के उत्पाद जैसे प्यूरी, चटनी, सॉस केचप आदि बनाना इसमें शामिल है। प्रसंस्करण के लिए सब्जियों का उत्पादन प्राकृतिक दशा में बड़े पैमाने पर की जाती हैं लेकिन जहाँ पर खेती करना खुले वातावरण में सम्भव नहीं है, वहाँ पर ग्रीन हाउस में खेती कर प्रसंस्करण उद्योग को उपलब्ध कराया जाता है। उदाहरण के लिए टमाटर, शिमला मिर्च, खीरा व लेट्यूस की खेती अनेकों उत्पाद बनाने के लिए किया जाता है। इस प्रकार की खेती में मशीनों का उपयोग ज्यादा होता है और एक या दो ही प्रजातियों का चयन किया जाता है। उदाहरण के लिए टमाटर में कुल विलेय शर्करा कितना है उसके आधार पर प्रसंस्कृत उत्पाद बनाये जाते हैं। टमाटर में यह भी देखा गया है कि उच्च लाइकोपिन की मात्रा वाली प्रजाति होने के कारण उत्पाद में आकर्षक रंग विकसित होता है। भारतवर्ष के पंजाब प्रान्त में टमाटर की व्यापक पैमाने पर खेती प्रसंस्करण उद्योग को बढ़ावा देने के लिए किया जाता है। संयुक्त रुप से उत्पादक अपने उत्पाद हिन्दुस्तान लि0, जहुरा (टमाटर), निजर एग्रो, निजरपुरा (टमाटर एवं मिर्च) व पेप्सीको, चन्नो (मिर्च) को देते हैं।

5. मौसम के प्रतिकूल सब्जी उत्पादन (Vegetable forcing)

सब्जी उत्पादन की यह एक विशिष्ट एवं आधुनिक पद्धति है जिसमें सब्जियाँ अपने मौसम से अलग दूसरे मौसमों (प्रतिकूल वातावरण) में उगाई जाती हैं। जैसे कि ग्रीन हाउस, पाली हाउस आदि में सब्जी उत्पादन करना है। विकसित देश जैसे संयुक्त राज्य अमेरिका, जापान, कनाडा एवं यूरोप के कुछ भागों में काँच घर (glass house) बनाकर बे–मौसमी सब्जियों की खेती व्यापक पैमाने पर करते हैं। काँच घर के अन्तर्गत तापमान, प्रकाश, कार्बन डाई आक्साइड एवं सापेक्ष आर्द्रता संतुलित की जाती है। इसमें मुख्य रूप से ऐसी सब्जी की खेती की जाती है जिनका बाजार मूल्य ज्यादा होता है जैसे रंगीन शिमला मिर्च। यह पद्धति काफी खर्चीली है लेकिन गुणवत्तायुक्त उत्पाद, एकरुपता वाले फल व लम्बे समय तक उपज प्राप्त होने जैसे गुण रखते हैं। वर्तमान समय में पाली हाउस का निर्माण कर बे–मौसमी सब्जियों की खेती व्यापक पैमाने पर होने लगी है। यहाँ तक की जाड़े के मौसम में 4–6 डिग्री सेल्सियस से ज्यादा तापमान पाली हाउस के अन्तर्गत बरकरार रखा जा सकता है जिससे पौधों का विकास एवं फलत सुनिश्चित होती है। इसी प्रकार गर्मी के मौसम में सामान्य कुलर व फौब्बारे (sprinkler) की सुविधा बनाकर 5–10 डिग्री सेल्सियस तापमान कम किया जा सकता है। सुचाररुप से परागण के लिए मधुमक्खी के सन्दूक (box) पाली हाउस के अन्दर रखते हैं। उदाहरण के लिए टमाटर और खीरा, भारतवर्ष में यह कम प्रचलित है क्योंकि भारतवर्ष के किसी न किसी भाग में पूरे वर्ष ये सब्जियाँ उपलब्ध रहती हैं और उत्पाद देश के दूसरे भागों में भेजी जाती है। उदाहरण के तौर पर ग्रीष्म काल में मटर, टमाटर, फराश बीन, शिमला मिर्च, फूल गोभी, मूली, शलजम, गाजर, चुकन्दर और पत्ते वाली सब्जियाँ हिमाचल या उत्तर प्रदेश की पहाड़ियों में पैदा की जाती हैं और मैदानी भागों में उपलब्ध करवायी जाती हैं। बे–मौसमी सब्जी उत्पादन से कृषकों को अधिक आमदनी प्राप्त होती है जिसके फलस्वरूप उनका जीवन स्तर ऊँचा उठ रहा है।

कद्दू वर्गीय सब्जियों को बे-मौसम में उगाना (Off-season cucurbits production)

कद्दूवर्गीय सब्जियाँ जैसे–खरबूजा, तरबूज, खीरा आदि को बे–मौसम में उगाने के लिए उनकी पौधों की नर्सरी 10.0×15.0 सेन्टी मीटर आकार वाले 100 गेज मोटे पाली इथिलिन के थैले में तैयार करते हैं। इसके लिए जनवरी के महीने में बीजों की बुआई उत्तर भारत में की जाती है। सामान्यतः 25–26 दिन पुराने पौधों को मुख्य खेत में रोपण करते हैं, जिससे सामान्य मौसम की तुलना में 20–25 दिन पहले सब्जियाँ बाजार में भेजने योग्य तैयार हो जाती हैं। इतना ही नहीं ऐसी फसल से उपज भी ज्यादा मिलती है और रोपण करने से कद्दू के लाल कीट जैसे भयानक कीड़े से छुटकारा भी मिलता है। यह सही है कि भारतवर्ष में बे–मौसमी कद्दू वर्गीय सब्जियों की खेती नदियों के किनारे प्राचीनकाल से होती चली आ रही है क्योंकि नदियों के किनारे की जमीन काफी उर्वर होती है तथा मिट्टी में खरपतवार भी कम उगते हैं। वर्तमान समय में नदियों के किनारे खरबूजा, तरबूज, ककड़ी, खीरा, करेला, पेठा, कुम्हण, लौकी व चिकनी तोरी की अगेती व बे–मौसमी खेती की जा रही है। इतना ही नहीं अब तो टमाटर, बैंगन, गाजर, मूली व पालक की खेती भी सफलतापूर्वक की जा रही है। इसके लिए 2–3 मीटर की आपसी दूरी पर अक्टूबर के महीने में गड्ढे खोदे जाते हैं और इन गड्ढों में नवम्बर व दिसम्बर में बीजों की बुआई की जाती है। तापमान कम होने के कारण पहले

से उगे हुए बीजों को लगाया जाता है तथा नवोद्भिद पौधों को पाला से बचाया जाता है। नदियों के किनारे टमाटर, बैंगन व मिर्च का पौध रोपण सितम्बर व अक्टूबर के महीनों में किया जाता है।

बे–मौसम में टमाटर की खेती (Off- season tomato production)

सामान्यतः टमाटर की बे–मौसमी खेती अक्टूबर के अन्त में पौध तैयार करके उनका रोपण दिसम्बर के अन्त में करते हैं। पौधों को ज्यादा ठण्ड व कुहरा से बचाने के लिए स्थानीय स्तर पर उपलब्ध सरकण्डा आदि का उपयोग करते हैं। कहीं–कहीं पर इसे पालिथिन की चादरों से ढक देते हैं। ज्यों ही कुहरा की आशंका समाप्त हो हाती है उपर से चादर व सरकण्डा को हटा देते हैं। ऐसी प्रक्रिया से फलों की उपलब्धता ही नहीं बढ़ती बल्कि लम्बे समय तक पौधों में फलत होती रहती है। वर्तमान समय में सब्जी उत्पादक सीधे बीज की बुआई फरवरी के महीने में आलू के खेत में लगाते हैं जिससे बाजार के लिये टमाटर अप्रैल व मई तक उपलब्ध रहता है।

खरीफ प्याज की खेती (Kharif season onion production)

वर्तमान समय में खरीफ प्याज की खेती का क्षेत्रफल बढ़ रहा है क्योंकि उत्पादकों के बीच अब उन्नतिशील बीज व तकनीक उपलब्ध है। खरीफ मौसम में प्याज की खेती के लिए उपयुक्त प्रजाति एन0–53/नासिक रेड व एग्री फाउण्ड डार्क रेड है। खरीफ मौसम में प्याज उगाने के लिए बीज की बुआई मार्च के मध्य में किया जाता है और तैयार पौध को जून के अन्त में उखाड़ा जाता है, जिसमें पेंसिल के आकार के कन्द बने होते हैं। इन कन्दों को हवादार कमरे में संरक्षित करते हैं और पुनः अगस्त के महीने में रोपण करते हैं। इस प्रकार दिसम्बर के प्रथम सप्ताह में ही प्याज की खुदाई कर ली जाती है।

6. सब्जी–बीज उत्पादन या बीज के लिए सब्जी उत्पादन (Vegetable garden for seed production)

यह भी सब्जी उत्पादन की एक विशिष्ट पद्धति है, इसमें सब्जियाँ बीज उत्पादन के लिए ही उगाई जाती हैं। उत्पादक को सब्जी बीज उत्पादन से अच्छी आय प्राप्त होती है। भारत के विभिन्न क्षेत्रों की जलवायु सभी प्रकार की सब्जियों के उच्च गुणवक्ता वाले बीजोत्पादन के लिए उत्तम है।

7. पात्र वाटिका/कंटेनर गार्डनिंग (Container gardening)

वर्तमान समय में सब्जी का उत्पादन अधिकाधिक रासायनिक उर्वरकों के प्रयोग से हो रहा है। जबकि उत्तम स्वास्थ्य के लिए कार्बनिक खेती को बढ़ावा देने का प्रयास किया जा रहा है। रासायनिक पदार्थों के उपयोग से उत्पादित सब्जियाँ मानव स्वास्थ्य के लिए बहुत ही हानिकारक हैं। पात्र वाटिका (container gardening) से हमारे घरों के चारों तरफ हरियाली बरकरार रखी जा सकती है। यह सब्जी उत्पादन का एक नवीनतम सोपान है, जिसमें हम घर में उपस्थित रहकर घरों को सजावट के लिए विभिन्न प्रकार के पात्रों में सब्जियों एवं अन्य सुगंधित फसलें जिन्हें भोजन में महत्वपूर्ण स्थान प्राप्त है, उत्पादित कर सकते हैं। सब्जी उत्पादन के लिए विभिन्न प्रकार के पात्र

जैसे सीमेण्ट से बना गमला, पत्थर के गमले, लकड़ी के बक्से, प्लास्टिक के मग, डिब्बा, टब, टिन के बक्से आदि का प्रयोग किया जा सकता है। पात्र में पर्याप्त जगह होनी चाहिए, ताकि पौध जब बड़े हों तो उनको जगह की कमी नहीं होनी चाहिए। जल निकास की उचित व्यवस्था हो, इसके लिए पात्र की निचली सतह पर बीज में एक छिद्र होना आवश्यक हैं। पात्रों को पटनी, छत, खिड़की, छज्जा (बालकनी), बरामदे या स्टैण्ड पर टाँगकर रखे जा सकते हैं। पात्र रखते समय यह ध्यान रखना चाहिए कि उन्हें पूर्ण प्रकाश मिलता रहे। पात्रों में भरने के लिए हल्की मिट्टी का प्रयोग करना चाहिए, जो सीधे खेतों से न ली गयी हों, क्योंकि सीधे खेत से लाई गयी मिट्टी में मृदा जनित रोग कारक के साथ–साथ क्ले की मात्रा अधिक होती है। क्ले कम मात्रा में हो ताकि उसमें छोटे–छोटे कण हो। अधिक नमी वाले क्ले जब सूखती हैं तो जड़ें पात्र से बाहर निकलने लगती है। पात्र का माध्यम भुर–भुरा हो, जो पर्याप्त मात्रा में पानी शोषित कर सके एवं कार्बनिक पदार्थ अधिक हो, जिससे जड़ के पास नमी व हवा उपलब्ध रहे। इसकी मात्रा 30 प्रतिशत या अधिक बलुई मिट्टी हो। यदि मृदा की जगह पीट लाइट हो तो उसको कार्बनिक पदार्थ से मिलाकर मिश्रण तैयार कर लें और गमले में भरकर वजनदार बना लें अन्यथा पात्र अपने जगह से हट जायेंगे। पीट लाइट संशोधित हो एवं उसमें पोषक तत्व मौजूद हो ताकि जब खाद व उर्वरक मिलाये तो आवश्यक खनिज पदार्थ उपलब्ध रहें। मिश्रण तैयार करने के लिए एक हिस्सा पीट मास, एक हिस्सा मिट्टी एवं एक हिस्सा मोटी बालू, इसके साथ उर्वरक जो स्लो रिलीज हो की मात्रा के अनुसार घटा–बढ़ाकर रखना चाहिए। अम्लीय मिट्टी में पी0एच0 मान को बढ़ाने के लिए चूना का प्रयोग करना चाहिए। कण्टेनर गार्डेनिंग के लिए कुछ आवश्यक उपकरण जैसे खुरपी, हजारा, छोटा हाथ वाला स्प्रेयर, बाँस के टूकड़े, सुतली आदि का प्रयोग करना अत्यन्त आवश्यक है। पात्र में बीज की सीधे बुआई की जाती है या पौधशाला में तैयार पौधे जैसे टमाटर, मिर्च, बैंगन, शिमला मिर्च, ब्रोकली, प्याज आदि लगाते हैं। पौध तैयार करने के लिए बीज को सीधे गमले या डिब्बे में बुआई करते हैं। पौधे स्वस्थ एवं अच्छी प्रकार से उम्र प्राप्त हों। सीधी बुआई के लिए समर स्क्वास, खीरा, ककड़ी, लौकी आदि के 2–2 बीज लगाते हैं जबकि ग्वार, लोबिया, भिण्डी एवं फराश बीन की 4–5 बीज लगाते हैं। पात्र में शलजम, मूली एवं चुकन्दर के ज्यादा बीज लगाये जा सकते हैं। पौध जमाव के बाद केवल पात्र में 3–5 स्वस्थ पौधे ही रहने देना चाहिए। पालक, चौलाई, मेथी, बथुआ, कुल्फा, सौंफ के ज्यादा पौध पात्र में रखना चाहिए।

सब्जियों का वर्गीकरण (Classification of vegetable crops)

सब्जियाँ पोषक तत्वों की खजाना है लेकिन सभी पोषक तत्व एक ही सब्जी में उपलब्ध होना मुश्किल है।

1. पोषकीय दृष्टि एवं रंग के आधार पर वर्गीकरण

सब्जियों को पोषकीय दृष्टि एवं रंग के आधार पर निम्नलिखित समूहों में बाँटा जा सकता है–

- **सफेद रंग की सब्जियाँ**–इस समूह के सब्जियों में मुख्यतः मशरूम, शलजम, लहसुन और प्याज आते हैं। सफेद रंग की सब्जियाँ कोलेस्ट्राल को नियंत्रित करने में मदद करती हैं। साथ ही कैंसर के खतरे से बचाती हैं और रक्तचाप (blood pressure) को नियत्रंण में रखती हैं।

लहसुन और प्याज में ऐलिसिन (alicin) नामक तत्व पाया जाता है, जो शरीर में ट्यूमर नहीं बनने देता।

- **हरे रंग की सब्जियाँ**–प्रकृति में पाये जाने वाली ज्यादातर सब्जियाँ हरे रंग की होती हैं। इनमें मुख्यतः बन्द गोभी, खीरा, पालक, मटर, सेम, हरी मिर्च, बथूआ, फराश बीन, सरसों का साग आदि महत्वपूर्ण है। हरे रंग की खाद्य वस्तुओं में लौह तत्व के अलावा ल्यूटिन और जियोजिन्थन नामक तत्व पाये जाते हैं, जो नेत्रों को स्वस्थ रखने में सहायक हैं। इनमें प्रचुर मात्रा में एंटीआक्सीडेंट (anti-oxidant) पाये जाने के कारण रोग प्रतिरोधक क्षमता (immunity) बढ़ाती हैं।
- **लाल रंग की सब्जियाँ**–प्रकृति में लाल रंग की सब्जियाँ कम मात्रा में उपलब्ध हैं लेकिन इन सब्जियों में कैंसर से लड़ने वाले एंन्टीआक्सीडेंट प्रचुर मात्रा में पाये जाते है। इनमें से तरबूज, टमाटर, लाल रंग का शिमला मिर्च आदि महत्वपूर्ण हैं। इनके नियमित सेवन करने से यूरिनरी इंफेक्शन (urinary infection), दिल की बीमारी और कैंसर से बचाव होता है।
- **पीले रंग की सब्जियाँ**–प्रकृति में पीले रंग की सब्जियाँ कम पायी जाती हैं। इनमें कद्दू, स्वीटकार्न व बेबी कार्न प्रमुख है। पीले रंग की सब्जियों में विटामिन 'सी' एवं खाद्य रेशा पर्याप्त मात्रा में पाया जाता है जो शरीर के रोग–प्रतिरोधक तंत्र को मजबूत करते हैं।

उपरोक्त के अलावा सब्जियों का वर्गीकरण निम्न प्रकार से किया जा सकता है:–

2. कृषि सस्य क्रियाओं के आधार पर (On the basis of agricultural operation)

कुछ सब्जियाँ ऐसी हैं जिनकी कृषि क्रियायें एक जैसी हैं जैसे–फूल गोभी, बंद गोभी, गांठ गोभी आदि की खेती एक तरह से की जाती है।

कृषि क्रियाओं के आधार पर सब्जियों का वर्गीकरण निम्न प्रकार किया जा सकता है–

1. टमाटर, मिर्च व बैंगन।
2. आलू।
3. जड़ वाली सब्जियाँ–मूली, गाजर, शलजम।
4. फूल गोभी, बन्द गोभी, गांठ गोभी, ब्रोकली, ब्रुसेल्स स्प्राउट, चीनी पत्ता गोभी।
5. गांठ वाली सब्जियाँ–प्याज, लहसुन।
6. कद्दू वर्गीय सब्जियाँ–लौकी, तोरई, खरबूजा, तरबूज, खीरा, करेला, टिण्डा, पेठा इत्यादि।
7. शकरकन्द।
8. भिन्डी।
9. मटर, ग्वार, लोबिया, सेम, बाकला, फराश बीन इत्यादि।
10. पत्ती वाली सब्जियाँ– पालक, मेथी, धनिया, चौलाई।
11. सलाद।
12. बहुवर्षीय सब्जियाँ–परवल, कुन्दरू, ककरोल, करतोली, एस्परागस, अरवी, जिमीकन्द।

3. मौसम के आधार पर (On the basis of climate)

मौसम के आधार पर सब्जियों को दो वर्गों में बाँट सकते हैं।

(क) ग्रीष्म कालीन या गर्मी वाली सब्जियाँ (Summer season vegetables)

इन सब्जियों में अधिक तापक्रम सहन करने की शाक्ति होती है, लेकिन पाला सहन नहीं कर सकती हैं। इस समूह की मुख्य सब्जियाँ–टमाटर, बैंगन, मिर्च, ग्वार, लोबिया, भिण्डी, सेम, कद्दू वर्गीय सब्जियाँ इत्यादि।

इन सब्जियों को दो मौसमों में उगाया जाता है:–

वर्षाकालीन सब्जियाँ (Rainy season vegetables)

इस समूह के सब्जियों की खेती जुलाई के महीने में जब वर्षा प्रारम्भ होती है, तब की जाती है।

बसन्तकालीन या जायद की सब्जियाँ (Spring season vegetables or Zaid season vegetables)

इस समूह के सब्जियों की खेती फरवरी–मार्च में जब गर्मी प्रारम्भ होती है, तब की जाती है।

ग्रीष्मकाल (Summer or spring season) सब्जियाँ निम्नलिखित हैं –

कद्दू वर्गीय सब्जियाँ	खबूजा, तरबूज, ककड़ी, फूट, टिण्डा, लौकी, करेला, चिचिण्डा, पेठा, नसदार, तोरी, चिकनी तोरी, कुम्हण, समर रक्वाश, खीरा, चो–चो
सोलेनेसी कुल की सब्जियाँ	टमाटर, बैंगन, शिमला मिर्च, लोबिया
दलहनी सब्जियाँ	फराश बीन, ग्वार, लाइमा बीन, लोबिया
अन्य	भिण्डी, शकरकन्द, न्यूजीलैण्ड स्पिनाच, कोलोकेसिया, कसावा

(ख) भारद कालीन या जाड़े वाली सब्जियाँ (Winter season vegetables)

इस मौसम में उगाई जाने वाली सब्जियों को कम तापक्रम की आवश्यकता होती है तथा पाला सहन करने की क्षमता भी होती है। इन सब्जियों में गर्मी या अधिक तापक्रम सहन करने की क्षमता नहीं होती है। इस मौसम में उगाई जाने वाली सब्जियाँ आलू, मटर, मेथी, फूल गोभी, बंद गोभी, गांठ गोभी, प्जाज, लहसुन, सलाद, मूली, गाजर, शलजम इत्यादि हैं।

शीतकाल (Cool or Winter or Rabi season) सब्जियाँ निम्नलिखित हैं –

मूलवाली फसलें (root crops)	चुकन्दर गाजर, मूली, शलजम
ब्रेसिका कुल की सब्जियाँ (Cole crops)	पत्ता गोभी, गांठ गोभी
पोथर्ब्स (Potherbs)	सेलरी, केल, लेट्यूस, मेथी, पालक
शल्क कन्दीय फसलें	प्याज, लहसुन
कन्दीय फसलें	झालू

तापमान की आवश्यकता के अनुसार सब्जियों का वर्गीकरण नीचे की सारिणी में दिया गया है–

सारिणी (4.1) तापमान की आवश्यकता के अनुसार सब्जियों का वर्गीकरण

समूह	तापमान की आवश्यकता (डिग्री सेल्सियस)			सब्जी फसलें
बहुत गर्म वृद्धि	18	25–27	35	भिण्डी, रोसेल, तरबूज, खरबूजा, मिर्च, याम, कसावा, शकरकन्द, चौलाई, विंग्ड बीन, ग्वार
साधारण गर्म वृद्धि	12	20–25	35	टमाटर, शिमला मिर्च, बैंगन, लाइमा बीन, फराश बीन, लोबिया, सेम, स्वीट कार्न, पालक, न्यूजीलैण्ड पालक, खीरा, कुम्हण, परवल, करेला, नसदार तोरई, सहजन, बासेला, पार्चूलाका, जीमीकन्द
ठंडा–बहुत गर्म वृद्धि	7	20–25	30	प्याज, लीक, लहसुन, शैलट, चिकोरी, चिव्स, पाकचोई, सैल्सीफाई, स्कोंजो नेरा, ग्लोब आर्टीचोक, तारो
ठंडा–साधारण गर्म वृद्धि	7	18–25	25	मटर, बाकला, फूल गोभी, पत्ता गोभी, चीनी पत्ता गोभी, ब्रोकोली, ब्रुसेल्स स्प्राउट्स, केल, गांठ गोभी, शलजम, मूली, पार्सनीप, आलू, पार्सले, फेनेल, सोआ, स्वीस चार्ड, पालक, लेट्यूस, सेलेरी, सेलेरिक, एसपरागस, गार्डन क्रेस, सरसों का पत्ता

स्रोतः क्रुग (1970)

4. बुआई के आधार पर वर्गीकरण (Classification on basis of sowing)

बुआई के आधार पर सब्जियों को दो समूहों में बाँट सकते हैं–

(क) बीज की बुआई सीधे खेत में (Direct seeding in the field)

मटर, मूली, गाजर, शलजम, मेथी, पालक, धनिया, ग्वार, लोबिया, भिन्डी, कद्दू वर्गीय सब्जियाँ इन्यादि। इन सब्जियों का बीज सीधे खेत में बोया जाता है।

(ख) पौध तैयार करके रोपण (Nursery raising and transplanting)

कुछ सब्जियों जैसे–टमाटर, बैंगन, मिर्च, प्याज, सलाद, फूल गोभी, बंद गोभी, गांठ गोभी इत्यादि का बीज पहले पौध घर में पौध तैयार करने के लिए बोया जाता है और पौध तैयार हो जाने पर पौधों की रोपाण खेत में की जाती है।

5. सब्जियों के प्रसारण के आधार पर वर्गीकरण (Classification on the basis of propagation)

प्रसारण के आधार पर सब्जियों को दो वर्गों में बाँटा जा सकता है –

1. **वानस्पतिक रूप से प्रसारण (Vegetative propagation)-** वे सब्जियाँ जिनका प्रसारण वानस्पतिक रूप से होता है। इन सब्जियों को आगे निम्न वर्गों में बाँटा जा सकता है।

- कलम द्वारा (Cutting)

  तना या जड़ से कलम तैयार करके लगाया जाता है। उदाहरण–परवल, कुंदरू, शकरकन्द।
- बल्ब या क्लोव (Bulb or Clove) - लहसुन, प्याज
- धनकन्द (Corm) – अरवी, जिमीकन्द
- कन्द (Tuber) – आलू

2. **बीज द्वारा प्रसारण (Seed propagation)**–इस समूह की सब्जियों का प्रसारण (propagation) बीज द्वारा किया जाता है। उदाहरण के लिए टमाटर, बैंगन, मिर्च, मटर, मेथी, धनिया, फूल गोभी, बंद गोभी, लीक, गांठ गोभी, मूली, गाजर, शलजम, पालक, सेम, इत्यादि।

6. अम्लीयता सहन करने के आधार पर वर्गीकरण (Classification on the basis of acidity tolerance)

सब्जियों को अम्लीयता सहन करने के आधार पर तीन वर्गों में बाँटा जा सकता है।

- वे सब्जियाँ जो अधिक अम्लीयता सहन कर सकती हैं।
- वे सब्जियाँ जो मध्यम अम्लीयता सहन करती हैं।
- वे सब्जियाँ जो अल्प मात्रा में अम्लीयता सहन करती हैं।

सारिणी (4.2) अम्लता सहन करने के आधर पर सब्जियों का वर्गीकरण

अधिक अम्लीयता	मध्यम अम्लीयता	अल्प अम्लीयता
(पी0एच0 <4.5 सहन करने वाली सब्जियाँ)	**(पी0एच0 4.5–5.5 सहन करने वाली सब्जियाँ)**	**(पी0एच0 5.5-6.5 सहन करने वाली सब्जियाँ)**
आलू	मूली	फूल गोभी
शकरकन्द	शलजम	बन्द गोभी
तरबूज	गाजर	ब्रोकली
चिकोरी	सेम	पालक
बिग्ड बीन	खीरा	सलाद
रूहर्ब	बैंगन	खरबूजा
	लहसुन	भिन्डी
	गांठ गोभी	प्याज
	मटर	सेलरी
	मिर्च	चुकन्दर
	टमाटर	सतावर
	कुम्हण	
	पार्सले	

उपरोक्त वर्गीकरण के अलावा नाट (1980) ने पी0एच0मान के आधार पर निम्न प्रकार से सब्जियों को वर्गीकृत किया है–

सारिणी (4.3) पी0एच0 मान सहनशीलता के आधार पर सब्जियों का वर्गीकरण

हल्का सहनशील (पी0एच0 6.8–6.0)	मध्यम सहनशील (पी0एच0 6.8–5.5)	उच्च सहनशील (पी0एच0 6.8–5.0)
एसपरागस	फराश बीन	चिकोरी
चुकन्दर	लाइमा बीन	डंडेलियन
ब्रोकली	ब्रुसेल्स स्प्राउट	इंडीव
पत्ता गोभी	गाजर	फेनेल
फूल गोभी	कोलार्ड	आलू
सेलेरी	खीरा	रूहर्ब
पालक	बैंगन	शैलट
स्वीस चार्ड	लहसुन	सोरेल
क्रेस	हार्स रैडिस	शकरकन्द
चीनी पत्ता गोभी	केल	तरबूज
लीक	गांठ गोभी	
प्याज	पर्सले	
लेट्यूस	मटर	
खरबूजा	मिर्च	
ओरेक	कुम्हण	
पार्सनिप	मूली	
सैल्सीफाई	रूटाबगा	
पालक	स्मर स्क्वाश	
वाटर क्रेस	विण्टर स्क्वाश	
	टमाटर	
	शलजम	

लवणता सहनशीलता (Salt tolerance) के आधार पर निम्न प्रकार वर्गीकरण किया जा सकता है।

सारिणी (4.4) लवण सहनशीलता के आधार पर सब्जियों का वर्गीकरण

लवणता सहनशीलता का स्तर	सब्जियाँ
4 डी0एस0/एम0ई0सी0ई0	मटर, मेथी बीन्स, मूली
4–6 डी0एस0/एम0ई0सी0ई0	स्वीट पी, खरबूजा, टमाटर, प्याज, भिण्डी, लहसुन, आलू, बैंगन, लेटयूस, शिमला मिर्च, फूल गोभी, मेथी, आर्टीचोक, मिर्च
6–8 डी0एस0/एम0ई0सी0ई0	पालक, शलजम, मूली, पत्ता गोभी

7. दिनमान के आधार पर वर्गीकरण (Classification on the basis of day length)

वनस्पति विज्ञान की एक अन्य विधा कार्यिकी के अन्तर्गत प्रकाश की आवश्यकता के अनुसार पौधों को विभिन्न श्रेणियों में विभक्त किया गया है। वर्तमान समय में अनेकों लोबिया व सेम की प्रकाश असंवेदनशील प्रजाति (day neutral varieties) विकसित की गयी हैं। प्रयास किया जा रहा है कि प्रकाश असंवेदनशील किस्मों का विकास बहुतायत से प्रत्येक सब्जियों में हो।

सारिणी (4.5) प्रकाश की आवश्यकता के आधार पर सब्जियों का वर्गीकरण

प्रकाश की आवश्यकता	सब्जियाँ
लम्बे दिन मान वाली सब्जियाँ	कुम्हण, पेठा, लौकी, लोबिया, ग्वार
छोटे दिन मान वाली सब्जियाँ	गाजर, मटर, फराश बीन, पत्ता गोभी
प्रकाश अवधि के प्रति उदासीन	मूली, आलू, करेला, भिण्डी

8. मृदा लवणता के आधार पर वर्गीकरण (Classification on the basis of soil salinity)

अधिक लवणता को सहन करने वाली प्रमुख फसलें—गार्डेन बीट, ऐस्परगस एवं स्पिनाच हैं।

9. खाने योग्य भागों के आधार पर वर्गीकरण (Classification on the basis of edible parts)

अलग—अलग सब्जियों के अलग—अलग भाग खाने योग्य होते हैं। कुछ सब्जियों का पूरा पौधा ही खाने के लिये प्रयोग में लाया जाता है। कुछ सब्जियों का फल, कुछ का फूल, कुछ की पत्तियाँ, कुछ की टहनियाँ तथा कुछ की जड़ें खाने योग्य होती हैं। इन भागों के आधार पर सब्जियों का वर्गीकरण निम्न प्रकार किया जा सकता है।

सारिणी (4.6) खाने योग्य भाग के आधार पर सब्जियों का वर्गीकरण

पौधों का खाने योग्य भाग	सब्जियाँ
1. फल वाली सब्जियाँ	टमाटर, बैंगन, मिर्च, शिमला मिर्च, खीरा, ककड़ी, खरबूजा, लौकी, तोरई, टिंडा, करेला, पेठा, चिचिण्डा, कुन्दरु, परवल, कुम्हण इत्यादि।
2. फलियों वाली सब्जियाँ	मटर, भिन्डी, ग्वार, लोबिया, सेम, बाँकला इत्यादि।
3. पत्तियों वाली सब्जियाँ	पालक, मेथी, धनिया, पत्ता गोभी, चौलाई, कुल्फा, बथुआ, केल, पोई, अगाथी, करी पत्ता, लेट्यूस।
4. तना वाली सब्जियाँ	गांठ गोभी, सतावर, फूल गोभी, चौलाई इत्यादि।
5. पुष्प पुंज/फूल वाली सब्जियाँ	ब्रोकोली, फूल गोभी
6. भूमि के अन्दर पाये जाने वाले व खाने योग्य भाग	मूली, शलजम, गाजर, चुकन्दर, प्याज, लहसुन, आलू, शकरकन्द इत्यादि।

10. वानस्पतिक आधार पर वर्गीकरण (Botanical classification)

वानस्पतिक आधार पर सब्जियाँ पौधे के उपसमुदाय या जाति (Sub community) स्पर्मेटोफाइटा (Spermatophyta) के अन्तर्गत उपभाग एन्जिस्पर्मी (Angiospermae) में आती है। इस उपभाग के दो वर्ग हैं।

1. एक बीजपत्री (Monocotyledonae) और 2. द्वि बीजपत्री (Dicotyledonae)

इस वर्ग में आने वाले कुल (family), जीनस (genus), स्पीसीज (species) और वानस्पतिक किस्मों में विभाजित होते हैं। यह विभाजन इस प्रकार हैः

(क) एक दलीय (Monocotyledonae) सब्जियाँ

कुल	विशिष्ट गुण	सब्जियाँ
एरेसी (Araceae)	राइजोमेटस या ट्यूबरस शाक, पुष्पक्रम स्पैडिक्स, फूल–छोटा एवं बदबूदार, असहपत्री, प्रायः एकलिंगी, त्रिज्या सममित अधोजाय, फल–बेरी (berry)	अरवी / तारो (*Calocasia esculenta*), सुरन (*Amorphophallus paeoniifolius*)
डायसकोरेसी (Dioscoreaceae)	–	रतालू (Yam)-डायसकोरिया एलाटा (*Dioscorea alata*), सुथनी (Lesser yam) डायसकोरिया एस्कुलेण्टा (*Dioscorea esculenta*), ह्वाइट याम (White yam)-डायसकोरिया रोटण्डाटा (*Dioscorea rotundata*)
लिलिएसी (Liliaceae)	प्रायः बहुवर्षीय साक जिसमें सिम्पोडियल बल्ब या क्लेडोड बनता है। पत्तियाँ छोटी होकर शल्क बनाती हैं। पुष्पक्रम–ससीमाक्षी, द्विलिंगी, त्रिज्या सममित अधोजाय। फल–कैप्सूल या बेरी (capsule berry)	सतावर (Asparagus) - एस्पेरागस अफिसनेलिस (*Asparagus officinalis*)
एलिएसी (Alliaceae) या एमारिल्डीएसी (Amaryllidaceae)	बल्वस, राइजोमेटस, बहुवर्षीय शाक, पुष्पक्रम–अम्बेल, परिदल पुंज, गैमोफिलस, अण्डाशय–अधोवर्ती, फूल–सहपत्री, पूर्ण रुप से द्विलिंगी, त्रिज्या सममित, प्रायः सुगंधित, फल–कैप्सूल या बेरी (capsule or berry)	प्याज–एलियम सेपा (*Allium cepa*), लहसुन–एलियम सटाइवम (*Allium sativum*) एलियम सेपा वार० एग्रीगैटम (Alliam *Cepa* var. aggregatum)
पोएसी (Poaceac)	गोलाकार तना (culm), खोखला पोर (इण्टरनोड), पत्तियाँ चपटी, प्रायः लिग्यूल, उपस्थित ग्लूम, लेमा, पीलिया के सहपत्र उपस्थित, पुष्पक्रम–इकाई स्पाइकलेट, एक स्पाइकलेट में एक फूल, द्विलिंगी, एक व्यास सममित अधोजाय। फल–कैरियोप्सिस (caryopsis)	बेबी कार्न, स्वीट कार्न

(ख) द्वि बीजपत्री या द्विदलीय (Dicotyledonae) सब्जियाँ

कुल	विशिष्ट गुण	सब्जियाँ
ऐजोएसी (Aizoaceae)		न्यूजीलैन्ड पालक–टेट्रागोनिया इक्सपैन्सा (*Tetragonia expansa*)
चेनोपोडिएसी (Chenopodiaceae)	रसदार, एकवर्षीय या बहुवर्षीय शाक, पुष्पक्रम–ससीमाक्षी गुच्छा, फल–सहपत्री द्विलिंगी या एकलिंगी, त्रिज्या सममित, अधोजाय, कभी–कभी परिजाय, फल–अर्टिकल	पालक–बेटा वल्गैरिस वार0 बेंगालेन्सिस (*Beta vulgaris* var. *bengalensis*) विलायती पालक (*Spinacea oleracea*) स्वीस चार्ड (*Beta vulgaris* var. *cicla*) बथुआ (*Chenodium album*)
अमरन्थेसी (Amaranthaceae)	शाक, फूल–सहपत्री, सहपत्र–स्केली जालिकावत, त्रिज्या सममित, पेण्टामेरस, अधोजाय, फल–आर्टिकल या कैप्सूल	चौलाई–एमरेन्थस स्पीशीज (*Amaranthus* species)
ब्रेसीकेसी (Brassicaceae)	शाक (सुगंधित रस से भरा), मूसला जड़ जो सब्जियों में फूल जाती है, जैसे मूली (फ्यूजीफार्म) एवं शलजम (नेपीफार्म) पुष्पक्रम–कोरिम्ब, फूल–असहपत्री, द्विलिंगी, त्रिज्या सममित, टेट्रामेरस, अधोजाय। फल–सिलिकुआ (siliqua)	फूल गोभी–ब्रेसिका ओलेरेसिया वार0 बोटरायटिस (*Brassica oleracea* var. *botrytis*) बन्द गोभी– ब्रेसिका ओलेरेसिया वार0 कैपिटाटा (*Brassica oleracea* var. *capitata*) गांठ गोभी–ब्रेसिका ओलेरेसिया वार0 गोंगीलोड्स (*Brassica oleracea* var. *gongylodes*) केल– ब्रेसिका ओलेरेसिया वार0 ए सेप्ला (*Brassica oleracea* var. *acephla*) स्प्राउटींग ब्रोकली– ब्रेसिका ओलेरेसिया वार0 इटैलिका (*Brassica oleracea* var. *italica*) बुसेल्स स्प्राउट– ब्रेसिका ओलेरेसिया वार0 गेमीफेरा (*Brassica oleracea* var. *gemmifera*) सरसों–ब्रेसिका जंसिया (*Brassica juncea*)

		शलजम–ब्रेसिका कम्पेस्ट्रिस वार० रापा (*Brassica compestris* var. *rapa*)
		चिनी गोभी– ब्रेसिका कम्पेस्ट्रिस स्पीशीज (*Brassica compestris* spp. *pekiensis*)
		मूली– रफैनस सटाइवस (*Raphanus sativus*)
कम्पोजिटी (Compositae)	शाक, पुष्पक्रम–कैप्टिुलम, अण्डाशय–अधोवर्ती, फूल–त्रिज्या सममित, द्विलिंगी, पेण्टामेरस, इपीगाइनस, फल–सिप्सेला	लेट्यस / सलाद–लैक्टुका सटाइवा (*Lactuca sativa*)
		चिकोरी– चिकोरम इंटाइबस (*Chichorum intybus*)
कानवालवुलेसी (Convolvula ceae)	आरोही (जिसमें दूधिया रस भरा रहता है), पुष्पक्रम–एक्जीलरी डायचेसियल साइम, फूल–सहपत्री, उभयलिंगी, त्रिज्या सममित, पेण्टामेरस, अधोजाय	शकरकन्द–आइपोमिया बटाटास (*Ipomea batatas*)
फाबेसी (Fabacae)	शाक या झाड़ी, पुष्पक्रम–असीमाक्षी, फूल– सहपत्री, उभयलिंगी, एक व्यास सममित, पेण्टामेरस, अधोजाय, फल–लेग्यूम	मटर–पाइसम सटाइवम (*Pisum sativum*)
		फराश बीन–फैसिओलस वल्गैरिस (*Phaseolus vulgaris*)
		बाँकला–विसिया फाबा (*Vicia faba*)
		लोबिया–विग्ना अगुइकुलाटा (*Vigna unguiculata*)
		सेम–लबलब परप्यूरियस (*Lablab purpureus*)
		सोयाबीन–ग्लाइसिन मैक्स (*Glycine max*)
		ग्वार–साइमोप्सिस टेट्रागोनोलोबा (*Cyamopsis tetragonoloba*)
		देशी–मेथी–ट्राइगोनेल्ला फोइनम ग्रीकम (*Trigonella foenum-graecum*)
		कसुरी–मेथी– ट्राइगोनेल्ला कार्निकुलाटा (*Trigonella caurniculata*)
मालवेसी (Malvaceae)	शाक या झाड़ी, शाखित, मूसला जड़, पुष्पक्रम–ससीमाक्षी, फूल–सहपत्री,	भिन्डी–एबलमास्कस एस्क्यूलन्टस (*Abelmoschus esculentus*)

	उभयलिंगी, एक व्यास सममित, पेण्टामेरस अधोजाय, फल कैप्सूल	
एपिएसी/अम्बल बैलीफेरी (Apiaceae/Umbelliferae)	सुगंधित शाक, पत्तियों के आधार पर शीथ (sheeth) लगा रहता है। पुष्पक्रम–ससीमाक्षी, अम्बेल, अण्डाशय–अधोवर्ती, फूल–द्विलिंगी, त्रिज्या सममित, पेन्टामेरस, इपिगाइनस, फल–सीजोकार्प	गाजर–डौकस कैरोटा (*Daucus carota*)
		सेलरी–एपियम ग्रेवियोलेन्स (*Apium graveolens*)
सोलेनेसी (Solanaceae)	शाक, पुष्पक्रम–ससीमाक्षी, फूल–द्विलिंगी, त्रिज्या सममित, पेन्टामेरस, फल बेरी या कैप्सूल (berry or capsule)	टमाटर–सोलैनम एस्कुलैण्टम (*Solanum esculentum*)
		बैंगन–सोलेनम मेलान्जेना (*Solanum melongena*)
		मिर्च–कैप्सिकम एनम (*Capsicum annuum*)
		शिमला मिर्च–कैप्सिकम एनम वार0 ग्रोसम (*Capsicum annuum* var. *grossum*)
		आलू–सोलेनम ट्यूबेरोसम (*Solanum tuberosum*)
कुकरबिटेसी (Cucurbitaceae)	आरोही शाक, टेन्ड्रिल आते हैं, पुष्पक्रम–ससीमाक्षी, एकलिंगी या द्विलिंगी, फूल–त्रिज्या सममित, पेन्टामेरस, इपीगाइनस, फल–पेपो (pepo)	ककड़ी–कुकुमिस मेलो वार0 फ्लेक्सुओसस (*Cucumis melo* var. *flexuosus*)
		खरबूजा–कुकुमिस मेलो (*Cucumis melo*)
		तरबूज–सिट्रूलस लनेटस (*Citrullus lanatus*)
		खीरा–कुकुमिस सटाइवस (*Cucumis sativus*)
		चिकनी तोरई–लूफा सिलिण्ड्रीका (*Luffa cylindrica*)
		नसदार तोरई–लूफा एक्यूटांगुला (*Luffa acutangula*)

		घीया या लौकी–लैजिनेरिया साइसेरैरिया (*Lagenaria siceraria*) करेला–मोमोर्डिका करंशिया (*Momordica charantia*) ककरोल–मोमोर्डिका कोचिनचाइनेन्सिस (*Momordica cochinchinensis*) करतोली–मोमोर्डिका डाइयोका (*Momordica dioica*) टिन्डा–प्रीसिट्रलस फिस्टूलोसस (*Praecitrullus fistulosus*) परवल–ट्राइकोसेन्थस डाइयोका (*Trichosanthes dioica*) चिचिन्डा–ट्राइकोसेन्थस कुकुमेरिना (*Trichosanthes cucumerina*) कुन्दरू–काक्सिनिया कोर्डिपोलिया (*Coccinia cordifolia*) चम्पन कद्‌दू–कुकुरबिटा पेपो (*Cucurbita pepo*) कुम्हण–कुकुरबिटा मोस्चाटा (*Cucurbita moschata*) पेठा–बेनिनकासा हिस्पीडा (*Benincasa hispida*) चो–चो–सिचियम इड्‌यूल (*Sechium edule*)
यूफोरबिएसी (Euphorbia-ceae)	शाक (जिसमें दूधिया रस भरा रहता है।), पुष्पक्रम सिएथियम, फूल–सहपत्री, एकलिंगी, त्रिज्या सममित, अधोजाय। फल–कैप्सूल या रेग्मा	कसावा / कन्दमूल–(*Manihot esculenta*)
पालीगोनेसी (Polygonaceae)	फूली हुई गाँठों वाला, शाक, पुष्पक्रम–ससीमाक्षी, फूल–सहपत्री, पेडीसीलेट, फल–लेस के आकार का।	रुहार्ब

11. परागण प्रक्रिया के आधार पर वर्गीकरण (Classification on the basis of pollination)

सब्जियों में परागण एक महत्वपूर्ण प्रक्रिया है, जिसके आधार पर वर्गीकरण निम्न प्रकार किया जा सकता है–

1. स्वपरागित सब्जियाँ (Self pollinated vegetables)
2. परपरागित सब्जियाँ (Cross pollinated vegetables)
3. बहुधा परपरागित सब्जियाँ (Often cross pollinated vegetables)

1. स्वपरागित सब्जियाँ (Self pollinated vegetables)

जब पुष्प में अण्डज उसी पुष्प के परागकण से परागित होता है तो उसे स्वपरागण (self-pollination or autogamous) कहते हैं। आनुवंशिक रुप से ऐसी सब्जियाँ समरुप (homozygous) होती हैं, जो होमोमार्फिजम (homomorphism), क्लिस्टोगैमी (cleistogamy) तथा चास्मोगैमी (chasmogamy) के कारण होती हैं। होमोमार्फिजम (homomorphism) का तात्पर्य पुष्पांगों (androecium and gynoecium) का एक समान दशा का होना है। क्लिस्टोगैमी (cleistogamy) का तात्पर्य पुष्प खुलने से पहले ही परागण का होना है। पुष्प खुलने से पहले परागण झड़कर वर्तिकाग्र पर पहुँच जाते हैं। चास्मोगैमी (chasmogamy) का तात्पर्य पुष्प खुलने के समय परागण का होना है। इस स्थिति में पुष्प खुलते ही परागकण झड़कर वर्तिकाग्र पर पहुँच जाते हैं। क्लिस्टोगैमी तथा चास्मोगैमी संयुक्त रुप हार्माप्रोडाइट (hermaphrodite) पुष्प में परिवर्तित होते हैं। परिणामतः आटोगैमी (autogamy) बनाता है।

सारिणी (4.7) स्वपरागित सब्जियाँ, उनका वानस्पतिक नाम एवं कुल

सब्जियाँ (Vegetables)	**वानस्पतिक नाम (Botanical name)**	**कुल (Family)**
टमाटर (Tomato)	सोलैनम एस्कुलैण्टम (*Solanum esculentum*)	सोलेनेसी (Solanaceae)
बैंगन (Brinjal)	सोलेनम मेलान्जेना (*Solanum melongena*)	सोलेनेसी (Solanaceae)
मिर्च (Chilli)	कैप्सिकम एनम (*Capsicum annuum*)	सोलेनेसी (Solanaceae)
शिमला मिर्च (Capsicum)	कैप्सिकम एनम वार0 ग्रोसम (*Capsicum annuum* var. *grossum*)	सोलेनेसी (Solanaceae)
आलू (Potato)	सोलेनम ट्यूबेरोसम (*Solanum tuberosum*)	सोलेनेसी (Solanaceae)
मटर (Peas)	पाइसम सटाइवम (*Pisum sativum*)	फाबेसी (Fabacae)
फराशबीन (French bean)	फैसिओलस वल्गैरिस (*Phaseolus vulgaris*)	फाबेसी (Fabacae)
बाकला (Faba bean)	विसिया फाबा (*Vicia faba*)	फाबेसी (Fabacae)
लोबिया (Cowpea)	विग्ना अन्गुइकुलाटा (*Vigna unguiculata*)	फाबेसी (Fabacae)
सेम (Lablab bean)	लबलब परप्यूरियस (*Lablab purpureus*)	फाबेसी (Fabacae)
सोयाबीन (Soybean)	ग्लाइसिन मैक्स (*Glycine max*)	फाबेसी (Fabacae)
ग्वार (Cluster bean)	साइमोप्सिस टेट्रागोनोलोबा (*Cyamopsis tetragonoloba*)	फाबेसी (Fabacae)
देशी मेथी (Fenugreek)	ट्राइगोनेल्ला फोइनम ग्रीकम (*Trigonella foenum-graecum*)	फाबेसी (Fabacae)
कसुरी मेथी (Fenugreek)	ट्राइगोनेल्ला कार्निकुलाटा (*Trigonella caurniculata*)	फाबेसी (Fabacae)

2. परपरागित सब्जियाँ (Cross pollinated vegetables)

जब अण्डज उसी पौधे पर बने पुष्प से परागित न होकर अन्य से परागित होते हैं, उसे परपरागित फसल कहलाते हैं। इसके अन्तर्गत अन्य पौधों पर बनने वाले पुष्प से परागण या उसी पौधे पर बनने वाले अन्य पुष्प से परागण सम्मिलित है। परपरागित सब्जियाँ स्वभावतः विषमयुग्मजी होती हैं।

सारिणी (4.8) परपरागित सब्जियाँ, उनका वानस्पतिक नाम एवं कुल

सब्जियाँ (Vegetables)	वानस्पतिक नाम (Botanical name)	कुल (Family)
फूल गोभी (Cauliflower)	ब्रेसिका ओलेरेसिया वार0 बोटरायटिस (*Brassica oleracea* var. *botrytis*)	ब्रेसिकेसी (Brassicaceae)
बन्द गोभी (Cabbage)	ब्रेसिका ओलेरेसिया वार0 कैपिटाटा (*Brassica oleracea* var. *capitata*)	ब्रेसिकेसी (Brassicaceae)
गांठ गोभी (Knoll-khol)	ब्रेसिका ओलेरेसिया वार0 गोंगीलोड्स (*Brassica oleracea* var. *gongylodes*)	ब्रेसिकेसी (Brassicaceae)
केल (Kale)	ब्रेसिका ओलेरेसिया वार0 एसेफ्ला (*Brassica oleracea* var. *acephla*)	ब्रेसिकेसी (Brassicaceae)
स्प्राउटींग ब्रोकली (Sprouting broccoli)	ब्रेसिका ओलेरेसिया वार0 इटैलिका (*Brassica oleracea* var. *italica*)	ब्रेसिकेसी (Brassicaceae)
बुसेल्स स्प्राउट (Brussels sprout)	ब्रेसिका ओलेरेसिया वार0 गेमीफेरा (*Brassica oleracea* var. *gemmifera*)	ब्रेसिकेसी (Brassicaceae)
सरसों (Mustered)	ब्रेसिका जंसिया (*Brassica juncea*)	ब्रेसिकेसी (Brassicaceae)
शलजम (Turnip)	ब्रेसिका कम्पेस्ट्रिस वार0 रापा (*Brassica compestris* var. *rapa*)	ब्रेसिकेसी (Brassicaceae)
चिनी गोभी (Chinese cabbage)	ब्रेसिका कम्पेस्ट्रिस स्पीशीज (*Bracsica compestris* spp. *pekiensis*)	ब्रेसिकेसी (Brassicaceae)
मूली (Radish)	रफैनस सटाइवस (*Raphanus sativus*)	ब्रेसिकेसी (Brassicaceae)
लेट्यस/सलाद (Lettuce)	लैक्टुका सटाइवा (*Lactuca sativa*)	ब्रेसिकेसी (Brassicaceae)
चिकोरी (Chicori)	चिकोरम इंटाइबस (*Chichorum intybus*)	ब्रेसिकेसी (Brassicaceae)
गाजर (Carrot)	डौकस करोटा (*Daucus carota*)	अम्बलीफेरी (Umbelliferae)
प्याज (onion)	एलियम सेपा (*Allium cepa*)	एलिएसी (Alliaceae)
ककड़ी (Long melon)	कुकुमिस मेलो वार0 फ्लेक्सुओसस (*Cucumis melo* var. *flexuosus*)	कुकुरबिटेसी (Cucurbitaceae)
खरबूजा (Musk melon)	कुकुमिस मेलो (*Cucumis melo*)	कुकुरबिटेसी (Cucurbitaceae)
तरबूज (Water melon)	सिट्रूलस लनेटस (*Citrullus lanatus*)	कुकुरबिटेसी (Cucurbitaceae)

खीरा (Cucumber)	कुकुमिस सटाइवस (*Cucumis sativus*)	कुकुरबिटेसी (Cucurbitaceae)
चिकनी तोरई (Sponge gourd)	लूफा सिलिण्ड्रीका (*Luffa cylindrica*)	कुकुरबिटेसी (Cucurbitaceae)
नसदार तोरई (Ridge gourd)	लूफा एक्यूटांगुला (*Luffa acutangula*)	कुकुरबिटेसी (Cucurbitaceae)
घीया या लौकी (Bottle gourd)	लैजिनेरिया साइसेरैरिया (*Lagenaria siceraria*)	कुकुरबिटेसी (Cucurbitaceae)
करेला (Bitter gourd)	मोमोर्डिका करंशिया (*Momordica charantia*)	कुकुरबिटेसी (Cucurbitaceae)
ककरोल (Sweet gourd)	मोमोर्डिका कोचिनचाइनेन्सिस (*Momordica cochinchinensis*)	कुकुरबिटेसी (Cucurbitaceae)
करतोली (Spine gourd)	मोमोर्डिका डाइयोका (*Momordica dioica*)	कुकुरबिटेसी (Cucurbitaceae)
टिन्डा (Roud melon)	प्रीसिट्रलस फिस्टूलोसस (*Praecitrullus fistulosus*)	कुकुरबिटेसी (Cucurbitaceae)
परवल (Pointed gourd)	ट्राइकोसेन्थस डाइयोका (*Trichosanthes dioica*)	कुकुरबिटेसी (Cucurbitaceae)
चिचिन्डा (Snake gourd)	ट्राइकोसेन्थस कुकुमेरिना (*Trichosanthes cucumerina*)	कुकुरबिटेसी (Cucurbitaceae)
कुन्दरू (Ivy gourd)	काक्सिनिया कोर्डिफोलिया (*Coccinia cordifolia*)	कुकुरबिटेसी (Cucurbitaceae)
चम्पन कद्दू (Summer squash)	कुकुरबिटा पेपो (*Cucurbita pepo*)	कुकुरबिटेसी (Cucurbitaceae)
कुम्हण (pumpkin)	कुकुरबिटा मोस्चाटा (*Cucurbita moschata*)	कुकुरबिटेसी (Cucurbitaceae)
पेठा (Ash gourd)	बेनिनकासा हिस्पीडा (*Benincasa hispida*)	कुकुरबिटेसी (Cucurbitaceae)
चोचो (Cho-cho)	सिचियम इड्यूल (*Sechium edule*)	कुकुरबिटेसी (Cucurbitaceae)
भिन्डी (Okra)	एबलमास्कस एस्क्यूलेन्टस (*Abelmoschus esculentus*)	मालवेसी (Malvaceae)

3. बहुधा परपरागित सब्जियाँ (Often cross pollinated vegetables)

इस समूह की सभी सब्जियाँ मुख्यतः स्वपरागित होती हैं, जिसमें हर्माफ्रोडाइड (hermaphrodite) पुष्प बनते हैं। इसमें पुष्प अंग रुपान्तरण विशेषतः डाइकोगैमी (dichogamy) दशा परपरागण के लिए जिम्मेदार है। उदाहरण के लिए भिण्डी, मिर्च, बैंगन, रोजले (rozelle) आदि।

सारिणी (4.9) बहुधा परपरागित सब्जियाँ, उनका वानस्पतिक नाम एवं कुल

सब्जियाँ (Vegetables)	वानस्पतिक नाम (Botanical name)	कुल (Family)
मिर्च (Chilli)	कैप्सिकम एनम (*Capsicum annuum*)	सोलेनेसी (Solanaceae)
शिमला मिर्च (Capsicum)	कैप्सिकम एनम वार0 ग्रोसम (*Capsicum annuum* var. *grossum*)	सोलेनेसी (Solanaceae)
बैंगन (Brinjal)	सोलेनम मेलान्जेना (*Solanum melongena*)	सोलेनेसी (Solanaceae)
भिन्डी (Okra)	एबलमास्कस एस्क्यूलेन्टस (*Abelmoschus esculentus*)	मालवेसी (Malvaceae)
लाइमाबीन (Lima bean)	फैसिओलस लनेटस (*Phaseolus lunatus*)	फाबेसी (Fabacae)

सारिणी (4.10) पुष्पक्रम के आधार पर सब्जियों का वर्गीकरण

रेसिम (Raceme)	मूली
स्पाइक (Spike)	चौलाई, पालक, बीट
अम्बेल (Umbel)	धनिया, गाजर
स्पाडिक्स (Spadix)	अरवी, सूरन
शीर्ष (Head)	लेट्यूस
पैनीकील (Panickle)	कसावा, सहजन
कैपिटुलेटम (Capitulatum)	ग्लोब आर्टीचोक
कैटकिन (Catkin)	पत्ता गोभी
रेसीमोस (Racemose)	मटर, बीन्स, टमाटर

सारिणी (4.11) लिंग विभिन्नता के आधार पर सब्जियों का वर्गीकरण

मोनोसियस (Monoecious)	कद्द वर्गीय सब्जियाँ, चौलाई, स्वीट कार्न, कसावा
डायोसियस (Dioecious)	परवल, स्कारलेट गोर्ड या कुन्दरू, करतोली, ककरोल, ऐरुपरागस, पालक, याम, चुकन्दर
हर्माफ्रोडाइट (Hermaphrodite)	सतपुतिया
एन्ड्रोमोनोसियस (Andromonoecious)	खरबूजा
गायनोसियस (Gynoeious)	खीरा एवं करेला की कुछ लाइन
ट्राइमोनोसियस (Trimonoecious)	खीरा, खरबूजा, नसदार तोरी

सारिणी (4.12) पुष्प परिपक्वता (Sex oregans maturity) के आधार पर वर्गीकरण

क्लिस्टोगैमी (Cleistogamy)	लेट्यूस
चास्मोगैमी (Chasmogamy)	टमाटर, शिमला मिर्च
हरकोगैमी (Herkogamy)	लाइमा बीन
प्रोटोगैमी (Protogamy)	ब्रेसिका कुल की सब्जियाँ
प्रोटोएन्ड्री (Protoandry)	प्याज, गाजर

सारिणी (4.13) श्वसन (Respiration) के आधार पर वर्गीकरण

दर्जा (class)	श्वसन सघनता 10°C (मिलीग्राम कार्बन डाई आक्साइड / किलोग्राम / घन्टा	सब्जियाँ
अतिन्यून (very low)	<.10	प्याज, आलू
अल्प (low)	0–20	शकरकन्द, पत्ता गोभी, खीरा, मेलन, शलजम
मध्यम (moderate)	20–40	गाजर, सेलटिक, सेलरी, चायनीज पत्ता गोभी, घरकीन, लीक, रूहर्ब
उच्च (high)	4.–70	ऐस्परागस, चिकोरी, बैंगन, इन्डीव, लेट्यूस, मूली
अधिक उच्च (very high)	70–100	बीन, ब्रुसेल स्प्राइट, मशरूम, पालक
अत्यन्त उच्च (extremely high)	>100	ब्रोकली, चिकोरी, मटर, पार्सले, स्वीट कार्न

सारिणी (4.14) बहुगुणिता के आधार पर वर्गीकरण

बहुगुणिता	सब्जियाँ
डिप्लायड (diploid)	मटर, फराशबीन, लाइमा बीन, लोबिया, ऐस्परागस बीन
ट्रिप्लायड (triploid)	बीज रहित तरबूज, दशीन (dasheen), अरवी, कुन्दरू की कुछ प्रजातियाँ, चिव (chive)
टेट्रप्लायड (tetraploid)	(अ) आटो टेट्राप्लायड (autotetraploid) – लीक, कुराट, चायनीज चिव, ट्री ओनियन (tree onion), इन्डीव, अमरैन्थस डुबियस, नास्ट्रीयम् माइक्रोफिल्लम, कुछ कसावा (ब) एल्लो टेट्राप्लयायड (allotetraploid) – आलू, भिण्डी, रेकियो
हेक्साप्लायड (hexaploid)	शकरकन्द, ग्रेट हेडेड गार्लिक

सारिणी (4.15) प्रकाशकाल (Photoperiodism) के आधार पर वर्गीकरण

प्रकाश काल	सब्जियाँ
लम्बा प्रकाश काल (long day)	आलू, लोबिया, लेट्यूस, मूली, पालक, प्याज, पत्ता गोभी, चुकन्दर, फूल गोभी, गाजर, शलजम
कम प्रकाश काल (short day)	लोबिया, सेम, ग्वार, विंग्ड बीन, शकरकन्द, खीरा, मटर
प्रकाश असंवेदन शील (day neutral)	बीन्स, लोबिया, टमाटर, बैंगन, भिण्डी, चौलाई, कद्दू वर्गीय सब्जियाँ, फराश बीन, मिर्च

सारिणी (4.16) प्रकाश संश्लेषण (Photosynthesis) के आधार पर वर्गीकरण

प्रकाश संश्लेषण के प्रकार	सब्जियाँ
सी–3 फसलें (C3 crops)	लेट्यूस, गाजर, आलू, टमाटर, सुगर बीट
सी–4 फसलें (C4 crops)	चौलाई, ग्लोब आर्टीचोक

13. जड़ की गहराई के आधार पर सब्जियों का वर्गीकरण

सब्जियों की विभिन्न बढ़वार की अवस्था में पौधों की जड़ों की गहराई एवं अन्तराल में वाँछित परिवर्तन किया जा सकता है। उथली जड़ वाली फसलों में जमीन में आंशिक गहराई से ही मृदा नमी का अवशोषण कर पाते हैं, जिससे उन्हें कम अन्तराल पर पानी देने की आवश्यकता होती है। अधिक गहरी जड़ वाली फसलें जमीन में काफी नीचे से नमी को शोषित करने में समर्थ होती हैं, लेकिन अन्तः मृदा में नमी की अधिकता होने पर जड़ सम्बन्धी रोगों की बहुत अधिक समस्या उत्पन्न होती है। बीन्स, सलाद, प्याज, मूली आदि उथली जड़ वाली (30.0–50.0 सेन्टी मीटर) जबकि गोभी वर्गीय, कद्दू वर्गीय एवं बैंगन मध्यम जड़वाली फसल है। जड़ों की गहराई के अनुसार सब्जियों का वर्गीकरण निम्न प्रकार है।

सारिणी (4.17) जड़ों की गहराई के अनुसार सब्जियों का वर्गीकरण

जड़ के प्रकार	फसल	जड़ की गहराई (सेन्टी मीटर)
उथली जड़ वाली	प्याज	30.0–50.0
	लहसुन	30.0–50.0
	पालक	30.0–50.0
	सेलरी	30.0–50.0
मध्यम जड़ वाली	ब्रोकली	40.0–60.0
	ब्रुसेल्स स्प्राउट	40.0–60.0
	पत्ता गोभी	50.0–80.0
	आलू	40.0–60.0

	बैंगन	70.0–120.0
	गाजर	50.0–100.0
	फूल गोभी	40.0–70.0
गहरी जड़ वाली	खरबूजा	90.0–150.0
	टमाटर	70.0–150.0
	भिण्डी	80.0–150.0
	एस्परगस	120.0–180.0
	शकरकन्द	100.0–150.0
	शिमला मिर्च	70.0–120.0
	खीरा	100.0–150.0
	लौकी	80.0–150.0
	मटर	120.0–180.0

14. जल माँग के आधार पर सब्जियों का वर्गीकरण

वाष्पोत्सर्जन के आधार पर सब्जियों को चार वर्गों में विभाजित किया जा सकता है। पत्ती वाली सब्जियों को 1.0 ग्राम शुष्क पदार्थ बनाने के लिए कद्दू वर्गीय सब्जियों की तुलना में अधिक पानी की आवश्यकता होती है। सब्जियाँ जिनका वाष्पोत्सर्जन दर अधिक होती है। वे सूखे का दबाव अधिक सहन नही कर पाती हैं और पानी की कमी होने पर उनकी बढ़वार एवं उपज पर प्रतिकूल प्रभाव पड़ता है। इसके विपरीत ऐसी सब्जियाँ जिनका वाष्पोत्सर्जन कम होता है, वह नमी की कमी को सहन कर लेती है। जल माँग के आधार पर सब्जियों को निम्न समूहों में बाँटा जा सकता है।

सारिणी (4.18) जल माँग के आधार पर सब्जियों का समूह

अधिक जल माँग	सामान्य जल माँग	कम जल माँग	न्यनूतम/बहुत कम जल माँग
पालक	बैंगन	एस्परागस	लौकी
चौलाई	मिर्च	बाकला	खरबूजा
पत्ता गोभी	गाजर	चुकन्दर	तरबूज
ब्रोकली	खीरा	ग्वार	फूट
ब्रुसेल्स स्प्राउट	प्याज	लोबिया	काचरी
फूल गोभी	आलू	फराश बीन	केवांच
सेलरी	टमाटर	मटर	ककरोल
मूली		तोरई	करतोली
शलजम		नेनुआ	सहजन
हरी धनिया		सतपुतिया	
		बथुआ	
		पोई	

□□□

अध्याय 5

पौधशाला प्रबन्धन तकनीकी
(Nursery Management Technique)

सब्जियों के उत्पादन एवं उत्पादकता को बढ़ाने के लिए आवश्यक घटकों का सन्तुलित समन्वयन एवं उपयोग अति आवश्यक है। सब्जियों की स्वस्थ पौध तैयार कर रोपण करना भी उन्हीं महत्वपूर्ण घटकों में से एक है। कुछ सब्जियों जैसे–टमाटर, बैंगन, मिर्च, शिमला मिर्च, प्याज, पत्ता गोभी, फूल गोभी व गांठ गोभी आदि की स्वस्थ नर्सरी तैयार करना व खेत में प्रतिरोपण (transplanting) करना अपने आप में एक विशेष तकनीकी है और उत्पादन में ज्यादा महत्व रखता है। इन सब्जियों के अतिरिक्त कुछ कद्दू वर्गीय सब्जियों जैसे–लौकी, खीरा, करेला, परवल, कुन्दरु, करतोली, ककरोल आदि की भी नर्सरी तैयार की जाती है। क्षेत्र विशेष एवं मौसम के अनुसार विभिन्न सब्जियों में नर्सरी उत्पादन का कार्य लगभग पूरे वर्ष तक चलता रहता है। इनमें से कुछ सब्जियों की नर्सरी जमीन पर, छप्पर के नीचे, प्रतिकूल मौसम, पाली हाउस या ग्रीन हाउस में किया जाता है। वर्तमान समय में सब्जियों की तैयार स्वस्थ नर्सरी पौध एवं प्रजातियों की माँग बाजार में काफी रहती है। यह भी सत्य बात है कि सभी सब्जी उत्पादक अच्छी नर्सरी का उत्पादन नहीं कर सकते हैं। अतः छोटे–छोटे उत्पादक अपनी आवश्यकता पूर्ति के लिए प्रगतिशील किसानों या संस्थानों द्वारा तैयार नर्सरी से पौधों को खरीदते हैं। महंगे मुक्त परागित व संकर बीज खरीदकर बड़े उम्मीद के साथ उत्पादक पौधशाला में बीज की बुआई करते हैं कि पौधे तैयार हो जायेंगे तो मुख्य खेत में रोपण करेंगे और अगेती व गुणवत्तायुक्त उपज से अधिक आमदनी प्राप्त करेंगे, परन्तु पूरे उम्मीद पर पानी फिर जाता है, जब पौधशाला में बीजों का जमाव कम होता है, नवोद्‌भिद पौधे (seedlings) गल जाते हैं या जमाव के कुछ दिनों बाद पौधे विषाणु रोगों से संक्रमित हो जाते हैं या पौधों पर हानिकारक कीट जैसे पर्ण सुरंगक (सर्पेन्टाइन लीफ माइनर) का

आक्रमण हो जाता है। ऐसी हालत में न तो उनके पास समय रहता है कि पुनः पौध तैयार कर लें और न ही कहीं तैयार पौध उपलब्ध हो पाती है। यदि सब्जी उत्पादक जिस प्रकार वैज्ञानिकों के सुझाव पर नवीनतम उन्नतिशील प्रजातियों के मँहगें बीज खरीदकर लाते हैं, उसी प्रकार पौध तैयार करने के विभिन्न पहलुओं पर वैज्ञानिक दृष्टि से विचार करें तो उन्हे आशातीत सफलता कुल उत्पादन बढ़ाने में अवश्य मिल सकती है।

पहले हमारे देश में सब्जियों की नर्सरी उत्पादन का व्यवसाय धीमी गति से चल रहा था, लेकिन वर्तमान समय में सरकारी संस्थानों एवं व्यक्तिगत बीज कम्पनियों की रुचि इसे व्यावसाय के रुप में बढ़ाने के लिए प्रयासरत हैं। भारतवर्ष में सब्जियों की उत्पादित पौधों को लगाने तथा व्यावसाय का आँकड़ा अभी तक ज्ञात नहीं है। एक सर्वेक्षण के मुताबिक ताइवान (Taiwan) में लगभग 85,000 हेक्टेयर से ज्यादा क्षेत्रफल में पत्ता गोभी, फूल गोभी, गांठ गोभी, लाइ पत्ता, टमाटर, बैंगन, मिर्च, शिमला मिर्च, लौकी, खीरा, करेला, कुम्हण व स्क्वाश की 1.5 बिलियन नर्सरी उत्पादित पौधों की आवश्यकता प्रति वर्ष पड़ती है। इसी प्रकार जापान में ग्रेफ्टिंग (grafting) से तैयार तरबूज की पौध 95.0 प्रतिशत क्षेत्रफल में उगाया जाता है। विभिन्न सब्जियों में 600.0 मिलियन पौध कोरिया व 950.0 मिलियन पौध जापान को प्रति वर्ष ग्रेफ्टिंग से तैयार नर्सरी पौधों की आवश्यकता पड़ती है।

सब्जियों की नर्सरी उत्पादन का लाभ

अब सब्जियों की नर्सरी उत्पादन एक व्यावसाय के रुप में जाना जाता है, इसके कई लाभ हैं–

- छोटे–छोटे क्षेत्रफल वाले किसान पूरे वर्ष सब्जियों की स्वस्थ पौध तैयार कर बेच सकते हैं।
- प्रतिकूल मौसम में नर्सरी केवल विकसित संसाधनों के माध्यम से ही सम्भव है। अतः सम्पन्न एवं प्रगतिशील उत्पादक बड़े क्षेत्र में हाई टेक नर्सरी (hi-tech nursery) उगाकर क्षेत्र विशेष की माँग पूरा कर सकते हैं।
- शहरों के आस–पास गृह वाटिका या बाड़ों में सब्जियाँ उगाने हेतु किसानों द्वारा उत्पादित नर्सरी पर ही आश्रित रहते हैं और ऊँचे दामों पर खरीदतें हैं।
- व्यक्तिगत बीज कम्पनियाँ नर्सरी में तैयार पौधों को बहुत ही ऊँचे दामों पर बेचती हैं। उदाहरण के लिए टमाटर के एक पौध की कीमत 1.00–2.00 रु0 या ज्यादा लिया जाता है।
- वृहद स्तर पर नर्सरी उत्पादन से लागत दर कम आती है और शुद्ध लाभ बढ़ जाता है।
- किसानों को स्वस्थ, ओजपूर्ण, कीट एवं रोगों से मुक्त पौध प्राप्त होता है।
- व्यावसायिक विधि से नर्सरी में उत्पादित पौध एक समान ऊँचाई, रंग व आकार के होते हैं।

आर्थिक पहलू की विवेचना करते समय उसमें लाभ के साथ–साथ हानि की भी विवेचना आवश्यक है, जो निम्न हैं–

- वर्षा, सूखा या मुख्य खेत में अन्य फसल होने की स्थिति में नर्सरी में तैयार पौध को नहीं लगाते हैं, जिससे बिक्रय नहीं हो पाती है।

- बिक्रय न होने के कारण नर्सरी में ही पौध ज्यादा उग्र हो जाते हैं, जिससे सीधे उत्पादन पर प्रभाव पड़ता है।
- उचित रुप से देखभाल न करने पर आशाओं के अनुकूल पौध तैयार नहीं हो पाते हैं।
- बीज की शुद्धता व जमाव प्रतिशत कम होने के कारण हानि हो सकती है।
- वृहद स्तर पर पौध तैयार करने के लिए उच्च तकनीकी आधारित मशीनों का प्रयोग न करने पर गुणवत्ता युक्त नर्सरी तैयार करना सम्भव नही है।

सामान्यतः सब्जियों की फसल दो प्रकार से सवंर्धित एवं उत्पादित की जाती है।

1. बीज द्वारा
2. वानस्पतिक प्रवर्धन द्वारा

(1) बीज द्वारा

अधिकांश सब्जियों की फसल बीज द्वारा उत्पादित की जाती है। बीज से सवंर्धित सब्जी की फसल को दो वर्गों में विभाजित किया जाता है।

1. बीज को सीधे खेत में बुआई करना
2. बीज द्वारा पौघ तैयार कर खेत में रोपण करना

1. बीज को सीधे खेत में बुआई करना (Direct seeding)

कुछ सब्जियों जैस–लौकी, करेला, खीरा, ककड़ी, खरबूजा, तरबूज, कुम्हण, पेठा, पेपो, मटर, सेम, ग्वार, लोबिया, भिण्डी, मूली, गाजर, चुकन्दर, पालक, सोया, धनिया, मेथी, शलजम, चौलाई इत्यादि की सीधे खेत में बुआई की जाती है।

2. बीज द्वारा पौघ तैयार कर रोपण करना (Nursery raising and transplanting)

कुछ सब्जियों जैसे–फूल गोभी, पत्ता गोभी, गांठ गोभी, सलाद, ब्रोकली, बुसेल्स स्प्राउट, चायनीज पत्ता गोभी, केल, प्याज, टमाटर, बैंगन, मिर्च, शिमला मिर्च, लेट्यूस, सेलरी, पार्सले इत्यादि के बीज महंगे एवं छोटे होने के कारण सीधे खेत में बुआई न करके पहले पौधशाला में पौध तैयार करते हैं, फिर उनका खेत में प्रतिरोपण (transplanting) करते हैं। यद्यपि कद्दू वर्गीय सब्जियों का बीज सीधे मुख्य खेत में ही बुआई की जाती है परन्तु वर्तमान समय में पौध पालीथीन की थैलियों में तैयार कर रोपण करने से अधिक उपज के साथ–साथ गुणवत्तायुक्त फल प्राप्त होते हैं।

(2) वानस्पतिक प्रवर्धन द्वारा (Vegetative means of propagation)

सब्जियों का ऐसा समूह जिसकी पौध वानस्पतिक संवर्धन द्वारा तैयार की जाती है। उदाहरण के लिए लता की कतरन से परवल, शकरकन्द व कुन्दरु, जड़ से एस्पैरागस, जवों से लहसुन, तने से आलू तथा कन्द से प्याज में संवर्धन किया जाता है। इसी प्रकार जड़कन्द से अरवी, बण्डा,

जिमीकन्द (सूरन) इत्यादि का प्रसारण किया जाता है। सब्जियों की पौध तैयार करना एक महत्वपूर्ण पहलू है, जिससे फसल की पैदावार व गुणवत्ता निर्धारित होती है। इसके लिए गोबर की सड़ी हुई खाद, मिट्टी व बालू बराबर मात्रा में मिलाकर तैयार किये गये मिश्रण जो फफूँदनाशक दवाओं जैसे कैप्टान या थिरम से उपचारित हों, को पालिथिन की 20.0×10.0 सेन्टी मीटर की आकार की थैलियों (planting tube) में भरकर उसमें कुंदरु की 15.0–30.0 सेन्टी मीटर लम्बे तने की कलम जिसमें 2–3 गाँठें हों, का दो–तिहाई भाग इस थैली के अन्दर व एक–तिहाई भाग बाहर करके लगाया जा सकता है। इसी प्रकार अन्य सब्जियों की कलम भी लगायी जाती है। सिंचाई करने के उपरान्त इन थैलियों को पाली हाउस, छप्पर के नीचे या खाई बनाकर रखते हैं। सामान्यतः 30–45 दिन बाद जब इनमें नई शाखाएँ निकल आती हैं तो इनका मुख्य खेत में रोपण किया जाता है। पौध प्रसारण का कार्य कुंदरु में फरवरी–मार्च या फिर जुलाई तथा ककरोल में जुलाई–अगस्त (तना द्वारा), फरवरी–मार्च (कन्दों द्वारा) माह में करना अच्छा होता है।

पौधशाला में बीज बुआई कर पौध तैयार करने से लाभ

पौधशाला में बीज बुआई कर पौध तैयार करने से निम्नलिखित लाभ होते हैं–

1. सूक्ष्म बीज वाली सब्जियों को बड़े क्षेत्र में सीधे बुआई कर उनकी देखभाल एवं एक साथ उगे घने पौधों की निश्चित दूरी पर स्थापन करना बहुत ही मुश्किल है। अतः पौधशाला में पौध तैयार कर प्रतिरोपण कर ऐसी समस्या से मुक्ति मिलती है।
2. पौधशाला में पौध तैयार करने से बीज कम लगते हैं एवं नवोद्भिद पौधों (seedlings) की देखभाल सुविधाजनक तरीके से होती है। अतः श्रम व उत्पादन लागत में बचत हो जाती है।
3. पौधशाला में कम व निश्चित जगह पर उग रहे कोमल पौधों को उचित समय पर रोग एवं कीट से उचित सुरक्षा व्यवस्था प्रदान कर बचाया जा सकता है।
4. अगर खेत में कोई खड़ी फसल है तो पौधशाला में तैयार हो रहे पौधे का जो समय लग रहा है, वह फसल के लिए उपलब्ध हो जाती है। इस प्रकार अतिरिक्त लाभ मिल जाता है।
5. जब तक पौधशाला में पौध वृद्धि हो रही है, उस समय तक खेत की तैयारी का समय मिल जाता है।
6. प्रतिकूल मौसम में पौध उगाने के लिए उपयुक्त वातावरण कम जगह में होने के कारण प्रदान की जा सकती है।
7. पौधशाला में पौधे सुरक्षित दशा व स्थान में होते हैं अतः खेत में आवश्यकतानुसार रोपण कर शीघ्र या देर से फसल ली जा सकती है।
8. पौधशाला में तैयार स्वस्थ पौधों को बेचकर आय प्राप्त की जा सकती है।
9. व्यावसाय के रुप में अपनाकर एक ही प्रजाति के पौध तैयार कर बेचने से प्रजाति के विशेष गुणधर्म के कारण उचित, विपणन, निर्यात, यान्त्रिक तुड़ाई, प्रसंस्करण, पैकिंग आदि को बढ़ावा दिया जा सकता है।

स्वस्थ पौध उत्पादन तकनीकी

सब्जियों की पौध उत्पादन निम्न दशाओं में की जाती है।

1. अनुकूल मौसम में पौध तैयार करना
2. प्रतिकूल वातावरण में पौध तैयार करना
3. प्रयोगशाला में ऊतक संवर्धन द्वारा पौध तैयार करना

(1) अनुकूल मौसम में पौधे तैयार करना

सब्जियों की स्वस्थ पौध तैयार करने के लिए आवश्यक क्रियाएँ

सब्जियों की स्वस्थ पौध तैयार करने के लिए निम्नलिखित बिन्दुओं पर ध्यान देकर आवश्यक क्रियाएँ सम्पादित करनी चाहिए।

(1) स्थान एवं मिट्टी का चुनाव

सब्जियो की पौध तैयार करने के लिए उपयुक्त स्थान व मिट्टी का चुनाव महत्वपूर्ण है। पौधशाला के लिए ऐसी जगह का चुनाव करनी चाहिए। जहाँ पर पूरे दिन सूर्य का प्रकाश मिलता रहे। इसके साथ ही यह भी ध्यान देने की बात है कि चयनित जगह, अन्य स्थानों से ऊँची तथा ढलान वाली (5–10 प्रतिशत ढलान) हो, जिससे वर्षा या ज्यादा पानी लग जाने की अवस्था में पानी जल्द से निकल जाये। पौधशाला बनाने के लिए हल्की भुरभुरी, नमी युक्त बलुई दोमट या दोमट जिसका पी0एच0 मान 7.0 के आसपास हो उपयुक्त होती है। इस प्रकार की मिट्टी में बीजों का अंकुरण तथा पौधों को उखाड़ने में जड़ों को कम नुकसान होता है।

सारिणी (5.1) प्रति हेक्टेयर पौध रोपण के लिए आवश्यक पौधशाला का क्षेत्रफल

सब्जी का नाम	पौधशाला के लिए आवश्यक क्षेत्रफल (वर्गमीटर)
प्याज	500.0
टमाटर	225.0
बैंगन	275.0
मिर्च	375.0
शिमला मिर्च	475.0

(2) पौधशाला की तैयारी

पौधशाला तैयार करने के लिए चयनित स्थान की गर्मी के महीने में गहरी जुताई आवश्यक है अगर स्थान सीमित हो तो 2–3 बार फावड़े से गहरी खुदाई करनी चाहिए। इसके बाद सिंचाई करके पुनः फावड़े से खुदाई करके मिट्टी भुरभुरी बना लेते हैं। यदि चयनित जगह में फसल के अवशेष, कंकड़ जड़ें आदि हो तो निकाल देना चाहिए। पौधशाला में बोये गये बीजों के सुगमता से जमाव व जमने पर जड़ों का उचित विकास हो, इसके लिए 2.00 किलो ग्राम प्रति वर्गमीटर की दर से अच्छी

प्रकार सड़ी हुई गोबर की खाद या कम्पोस्ट या 500.0 ग्राम केंचुए की खाद डालकर मिट्टी में अच्छी प्रकार मिला देनी चाहिए। पौधशाला की मिट्टी सख्त व भारी होने की दशा में 4.0–5.0 किलो ग्राम बालू प्रति वर्ग मीटर की दर से मिलाना आवश्यक है।

(3) चयनित पौधशाला की मिट्टी का शोधन

सब्जियों की रोगरहित एवं स्वस्थ पौध तैयार करने के लिए चयनित पौधशाला की मिट्टी को रोगाणु व कीटरहित करना अत्यन्त आवश्यक है। सामान्यतः मिट्टी में अनेकों प्रकार के फफूँद, जीवाणु, कीड़ों के अण्डे, सुडियाँ आदि विद्यमान होती हैं, जो बीज जमाव, नवोद्भिद पौधे व तैयार पौधों को न केवल पौधशाला में नुकसान पहुँचाते हैं बल्कि मुख्य खेत में प्रतिरोपण के बाद ज्यादा नुकसान पहुँचाते हैं। अतः चयनित पौधशाला की मिट्टी का शोधन निम्न विधियों द्वारा किया जाना चाहिए–

1. मृदा सौरीकरण
2. फार्मलीन रसायन द्वारा
3. फफूँदनाशक दवाओं द्वारा
4. कीटनाशक दवाओं द्वारा
5. भाप द्वारा

1. मृदा सौरीकरण (Soil solarization)

उत्तर भारत के मैदानी क्षेत्रों में चयनित पौधशाला की मिट्टी में क्यारियाँ, बीज बुआई से 6–8 सप्ताह पूर्व गर्मी के महीने में ही तैयार कर ली जानी चाहिए क्योंकि गर्मी के महीने में (मई–जून) जब सूर्य की ताप बढ़ती है और वायुमण्डलीय तापमान 42.0 डिग्री सेल्सियस से ज्यादा हो जाता है, इसी समय बनी क्यारियों की सिंचाई कर देते हैं और इसके पश्चात् 200–300 गेज मोटी पारदर्शी पालीथीन की चादर से ढक देते हैं। पालीथीन की चादर तेज हवा से न उड़ सके इसके लिए चादर के किनारों पर मिट्टी रखकर दबा देना चाहिए। चारो तरफ से ढका होने के कारण चयनित पौधशाला की मिट्टी द्वारा उत्सर्जित गर्मी व भाप बाहर नही निकल पाती और चादर के अन्दर सामान्य वायुमण्डलीय ताप से 4.0–5.0 डिग्री सेल्सियस तापमान ज्यादा (48.0–52.0 डिग्री सेल्सियस) हो जाता है, जिससे मिट्टी में मौजूद फफूँद, जीवाणु, कीड़ों के अण्डे, सूडियाँ आदि नष्ट हो जाते हैं और खरपतवार के बीज भी सूखकर नष्ट हो जाते हैं। जब पौधशाला में बीज बुआई करनी हो (5–6 सप्ताह के बाद) पालीथीन की चादर हटाकर मिट्टी की गुड़ाई कर भुरभुरी कर लेते हैं। ध्यान रहे कि बीज बुआई से 2–3 दिन पूर्व ही चादर को हटा लेना चाहिए। तुरन्त हटाने के बाद बीज की बुआई करने से क्यारियों में ज्यादा गर्मी के करण कभी–कभी बीज का जमाव प्रभावित होता है। सौरीकरण से मूलग्रन्थि सूत्रकृमि की संख्या में कमी होती है। इसके अलावा द्विबीजपत्रीय खरपतवार 15 दिन तक नही उगते हैं। मृदा सौरीकरण उसी दशा में पूर्णतया प्रभावकारी होता है जब दिन का तापमान 35.0 डिग्री सेल्सियस से अधिक हो एवं मौसम शुष्क एवं धूप उपलब्ध रहे। मृदा सौरीकरण (solarization) से टमाटर में कार्की जड़ सड़न बीमारी कम हुई व कुल उपज में 100–350 प्रतिशत

की वृद्धि पाई गई। पौधों पर जीवाणु धब्बा बीमारी, सौरीकरण से बिल्कुल समाप्त हो जाती है। इसके अलावा आवश्यक मृदा पोषक तत्व (नत्रजन, फास्फोरस, पोटाश व सूक्ष्म तत्व) पौधशाला में उग रहे पौधों को मिल जाते हैं।

2. रसायन द्वारा शोधन (Chemical treatment)

पौधशाला के लिए भूमि शोधन फार्मलीन (फार्मेल्डीहाइड 40 प्रतिशत) रसायन द्वारा भी किया जा सकता है। इससे जमीन में उपस्थित जीवाणु, फफूँद आदि नष्ट हो जाते हैं। उपचार के लिए बीज बुआई के 15–20 दिन पूर्व 1.5–2.0 प्रतिशत फार्मलीन के घोल की 4.5 लीटर मात्रा प्रति वर्ग मीटर की दर से चयनित क्यारी में घोल बनाकर इस प्रकार छिड़काव करते हैं कि पौधशाला की मिट्टी 15.0–20.0 सेन्टी मीटर की गहराई तक गीली हो जाये। तुरन्त इन क्यारियों पर पालीथीन की चादर बिछाकर ढक देना चाहिए और चादर के किनारे भूमि में मिट्टी से दबाकर वायुरोधित कर देते हैं। फार्मलिन द्वारा उपचार के 24 घण्टे बाद पालीथीन चादर हटाकर 10–12 दिनों तक मिट्टी को खुला छोड़ देते हैं जिससे हानिकारक गैस बाहर निकल जाये और बीज के जमाव पर रसायन अपना प्रभाव न डाले। इसके बाद चयनित जगह पर मिट्टी भुरभुरी करके बीज की बुआई करते हैं। अगर उपरोक्त प्रक्रिया द्वारा शोधन करने में समयाभाव हो तो फार्मलीन धूल की 15 भाग व 85 भाग सड़ी गोबर की खाद या कम्पोस्ट में मिश्रितकर 400.0–500.0 ग्राम प्रति वर्गमीटर की दर से चयनित मिट्टी में 15.0–20.0 सेन्टी मीटर गहराई तक मिलाते हैं और क्यारी बनाकर बीज की बुआई करते हैं।

3. फफूँदनाशक दवाओं द्वारा शोधन

पौधशाला की मिट्टी का उपचार अगर फफूँदनाशक दवाओं जैस–कैप्टान या थिरम की 5.0–6.0 ग्राम मात्रा प्रति वर्ग मीटर में डालकर किया जाये, तो स्वस्थ पौध तैयार होते हैं। सुविधा के अनुसार मिट्टी उपचार हेतु फफूँदनाशक को कम्पोस्ट या गोबर की सड़ी खाद के साथ मिश्रित कर एक समान मिट्टी में मिला देना चाहिए या दवा की 5.0–6.0 ग्राम मात्रा प्रति लीटर पानी में डालकर पौधशाला की उपरी सतह की मिट्टी को तर कर देना चाहिए। बाद में मिट्टी की गुड़ाई करके भुरभुरी बनाकर बीज बोने से जमाव अच्छा होता है एवं रोगकारक कम लगते हैं। पेरेबेक्स जैसे फफूँदनाशक के घोल से पौधशाला को जीवाणुरहित किया जा सकता है।

4. कीटनाशक दवाओं द्वारा शोधन

सामान्यतः यह देखा गया है कि पौधशाला की मिट्टी में कीड़े, सुड़ियों, घोंघे आदि विद्यमान रहते हैं और बीज डालने के बाद जैसे ही अनुकूल वातावरण मिलता हैं, कीट एवं रोगकारक सक्रिय हो जाते हैं, जो बीज जमाव व पौधों को प्रभावित करते हैं। इनसे बचाव के लिए पौधशाला की मिट्टी का उपचार फ्यूराडान नामक दवा की 3.0 ग्राम मात्रा प्रति वर्ग मीटर पौधशाला की क्यारी में डालकर करना चाहिए। उपचार के 3–4 दिनों बाद पौधशाला की मिट्टी की गुड़ाई कर बीज की बुआई करना चाहिए।

5. गर्म भाप द्वारा शोधन

गर्म भाप द्वारा पौधशाला उपचार काफी महंगा है। भाप द्वारा शोधन के लिए पौधशाला की तैयार क्यारी को पालीथीन की 300 गेज मोटी चादर से ढककर वायु रोधी बनाना पडता है। पालीथीन के किनारे मिट्टी रख कर दबा देते हैं, जिससे ढकी क्यारी के अन्दर कहीं से हवा प्रवेश न कर सके। वायुरोधी संरचना के अन्दर मशीन द्वारा पाइप की सहायता से गर्म भाप 4–6 घण्टे तक लगातार प्रवाहित करते हैं। भाप में गुप्त ऊष्मा इतनी ज्यादा होती है कि जीवाणु, फफूँद व कीड़े आदि मर जाते हैं। शोधन के 4–5 घण्टे बाद चादर हटाकर पौधशाला की मिट्टी तैयार कर बीज की बुआई करते हैं। इस विधि द्वारा कम समय में पौधशाला की मिट्टी का शोधन किया जा सकता है।

6. जैविक विधि द्वारा शोधन

वर्तमान समय में जैविक विधि का प्रयोग न केवल सब्जियों की उपज बढ़ानें बल्कि गुणवत्ता प्राप्त करने के लिए आवश्यक है कि पौधशाला की मिट्टी में सूक्ष्मजीव की स्थिति कैसी है। पौधशाला की मिट्टी का शोधन/उपचार जैविक विधि से करने हेतु सूक्ष्मजीवों जैसे– स्यूडोमोनास फ्लोरोसेन्स व एस्परजिलस नाइजर का प्रयोग किया जाता है। इनके प्रयोग से पौधशाला में विकसित हो रहे पौधों में आर्द्रगलन बीमारी से बचाव होता है। परीक्षण के दौरान पाया गया है कि अगर पौधशाला में सौरीकरण के समय पालीथीन चादर ढकने से पहले सरसों वर्गीय पौधों को टुकड़े–टुकड़े करके मिट्टी में मिला दिया जाये तो नुकसान पहुँचाने वाले रोगकारक जैसे–फ्यूजेरियम, पिथियम तथा स्क्लेरोसियम का प्रभाव कम हो जाता है। इसका सबसे ज्यादा लाभ पौधशाला में खरपतवार नियन्त्रण में भी होता है। ध्यान देना चाहिए कि जैविक विधि से उपचार करते समय पौधशाला में नमी की मात्रा, जीवांश की मात्रा तथा उपयोगी प्रभेद उसी क्षेत्र विशेष का होना चाहिए। जैविक विधि से उपचार के बाद वर्षा व धूप से बचाना आवश्यक है। वर्तमान समय में मिश्रित जैव नियन्त्रक पदार्थ बाजार में उपलब्ध हैं जिनकी 20.0–25.0 ग्राम मात्रा प्रति वर्ग मीटर क्षेत्रफल के अनुसार मिलाकर 2 दिन बाद बीज की बुआई करते हैं।

बीज शोधन (Seed treatment)

पौधशाला में सब्जियों के स्वस्थ पौधे तैयार हों, इसके लिए आवश्यक है कि बीज का शोधन बुआई पूर्व जरुर किया जाये। साधारणतया बीज उपचार के लिए कैप्टान या थिरम नामक दवा की 3.0–4.0 ग्राम मात्रा प्रति किलो ग्राम बीज में मिलाकर करते हैं। मिर्च तथा बैंगन के बीज का शोधन कार्बेण्डाजिम (बाविस्टिन 2.5 ग्राम/किलो ग्राम बीज) बहुत लाभकारी है। बीजोपचार के लिए मिट्टी के ढक्कनदार पात्र का प्रयोग उपयुक्त पाया गया है। दवा व बीज को अच्छी प्रकार मिलाकर बन्द पात्र में रखते हैं व हिलाकर मिश्रित करते हैं, जिससे बीज कवच (seed coat) पर दवा की एक परत बन जाये। बीज शोधन के तुरन्त बाद पौधशाला में बीज की बुआई करनी चाहिए। जैव नियन्त्रक पदार्थ से भी बीज उपचार किया जाता है। इसके लिए बाजार में उपलब्ध 6.0–10.0 ग्राम मिश्रित जैव पदार्थ प्रति किलो ग्राम बीज दर से इस तरह बीज में मिलाते हैं कि बीज पर दवा पूरी तरह चिपक जाये। उपचार के बाद बीज को ठण्डे व छायादार जगह पर सुखाकर बीज की बुआई करनी चाहिए। कुछ सब्जियाँ जैसे टिण्डा, करेला, तरबूज इत्यादि के छिलके सख्त (कठोर) होते हैं, अतः

इसको कैप्टान के 0.25 प्रतिशत (2.5 ग्राम/लीटर पानी) घोल में भिंगोकर बुआई करने से फफूँद जनित बीमारियों का प्रकोप कम हो जाता है। बीज भिंगोने की अवधि करेला में 24–36 घण्टे, चिचिण्डा, तरबूज व टिण्डा में 10–12 घण्टे, खीरा, ककड़ी, खरबूजा, कुम्हण इत्यादि में 3–4 घण्टे, लौकी, चिकनी व नसदार तोरई एवं पेठा में 6–8 घण्टे है। जैव नियंत्रक फफूँदों जैसे–ट्राइकोडर्मा प्रजाति या ऐस्परजिलस नाइजर से सब्जियों के बीजों (टमाटर, मिर्च, शिमला मिर्च, गोभी इत्यादि) को 10.0 ग्राम/किलो ग्राम की दर से बीजों को अच्छी तरह शोधन करना चाहिए। बीज शोधन से बीज जनित रोगों जैसे–गोभी को आल्टरनेरिया धब्बा, बैंगन को फोमोप्सिस झुलसा व मिर्च को एन्थ्रेक्नोज के संक्रमण से बचाया जा सकता है।

7. बीज की मात्रा व क्षेत्रफल की आवश्यकता

पौधशाला में पौध तैयार करने हेतु बीज की मात्रा व क्षेत्रफल की आवश्यकता बीज के आकार–प्रकार, उसकी गुणवत्ता, जमाव की क्षमता, मिट्टी की दशा व बीज बोने के समयानुसार अलग–अलग होती है। सामान्यतया संस्तुति तथा आवश्यक बीज (वास्तविक) में काफी अन्तर होता है।

सारिणी (5.2) पौध तैयार करने के लिए आवश्यक बीज की मात्रा व क्षेत्रफल

सब्जी	बीज की मात्रा (ग्राम में)		क्षेत्रफल की आवश्यकता (वर्ग मीटर)	
	वास्तविक	संस्तुति	वास्तविक	संस्तुति
टमाटर (संकर)	200.0–250.0	300.0	50.0–60.0	75.0–100.0
टमाटर (मुक्त परागित)	300.0–350.0	500.0–700.0	50.0–60.0	100.0–125.0
बैंगन	200.0–250.0	400.0–700.0	50.0–60.0	100.0–125.0
मिर्च	200.0–300.0	500.0–600.0	50.0–60.0	100.0–150.0
शिमला मिर्च	300.0–400.0	500.0–1000.0	60.0–80.0	100.0–150.0
फूल गोभी (अगेती)	300.0–400.0	700.0–900.0	60.0–80.0	100.0–150.0
फूल गोभी (समय से)	250.0–300.0	400.0–500.0	60.0–80.0	100.0–150.0
पत्ता गोभी	250.0–300.0	400.0–800.0	60.0–80.0	100.0–150.0
गांठ गोभी	600.0–800.0	750.0–1000.0	80.0–100.0	150.0–200.0
प्याज	500.0–700.0	8000.0–10000.0	200.0–250.0	400.0–500.0
ब्रोकली	300.0–400.0	500.0–700.0	60.0–80.0	100.0–150.0
ब्रुसेल्स स्प्राउट	300.0–400.0	500.0–700.0	60.0–80.0	100.0–150.0
केल	300.0–400.0	500.0–700.0	60.0–80.0	100.0–150.0
लीक	250.0–300.0	400.0–800.0	60.0–80.0	100.0–150.0
लेट्यूस	250.0–300.0	400.0–800.0	60.0–80.0	100.0–150.0
सेलरी	250.0–300.0	400.0–800.0	60.0–80.0	100.0–150.0
पार्सले	250.0–300.0	400.0–800.0	60.0–80.0	100.0–150.0
चायनीज पत्ता गोभी	250.0–300.0	400.0–800.0	60.0–80.0	100.0–150.0

प्रति हेक्टेयर आवश्यक पौधों की संख्या का विवरण निम्नवत है–

सारिणी (5.3) प्रति हेक्टेयर अनुमानित पौधों की आवश्यकता

फसल	रोपण की दूरी (सेन्टी मीटर)	प्रति हेक्टेयर पौधों की आवश्यकता
टमाटर (सीमित बढ़वार)	60.0 × 45.0	33,333
टमाटर (असीमित बढ़वार)	90.0 × 45.0	22,222
बैंगन (लम्बा)	60.0 × 45.0	33,333
बैंगन (गोल)	90.0 × 60.0	16667
मिर्च	45.0 × 45.0	45000
शिमला मिर्च	60.0 × 45.0	33,333
फूल गोभी	60.0 × 60.0	25000
पत्ता गोभी	45.0 × 45.0	45000
गांठ गोभी	30.0 × 25.0	120,000
चीनी पत्ता गोभी	45.0 × 30.0	66,669
प्याज	15.0 × 10.0	6,00,000

नर्सरी डालने का समय

उचित समय पर बीज बुआई कर स्वस्थ पौधों का रोपण करना अच्छी फसल लेने के लिए प्रथम सोपान माना जाता है।

सारिणी (5.4) नर्सरी तैयार करने के लिए बीज बुआई का समय व पौध तैयार होने के दिन

सब्जी फसल का नाम	बीज बुआई का उपयुक्त समय	रोपण के लिए पौधों की आयु (दिनों में)
प्याज (वर्षाकालीन)	जून का अन्तिम सप्ताह	36–42 दिन
टमाटर	जुलाई–नवम्बर	21 दिन
बैंगन	मई–जून	21 दिन
फूल गोभी	मई–अगस्त	21 दिन
पत्ता गोभी	अगस्त	21 दिन
मिर्च	जून–जुलाई	21 दिन
शिमला मिर्च	अगस्त–सितम्बर	21 दिन

क्यारियाँ बनाना

पौधशाला में बीज बुआई के लिए क्यारियाँ निम्न प्रकार से बनाई जाती है–

1. ऊँची उठी हुई क्यारी (Raised bed)
2. समतल क्यारी (Flat bed)

(1) ऊँची उठी हुई क्यारी (Raised bed)

वर्षा ऋतु में सब्जियों की पौध तैयार करने के लिए ऊँची उठी हुई क्यारी जिसकी लम्बाई 3.0–5.0 मीटर, चौड़ाई 1.0 मीटर तथा जमीन की सतह से ऊचाई 15.0–20.0 सेन्टी मीटर हो, बनाई जाती हैं। दो क्यारियों के बीच में 30.0 सेन्टी मीटर स्थान अवश्य छोड़ना चाहिए, जिससे वर्षा का पानी इस स्थान (नाली) से बाहर निकल जाये। क्यारी बनाते समय दो क्यारियों के बीच की एवं हर क्यारी के चारों तरफ की मिट्टी मुख्य क्यारी के उपर डालकर ऊँचा किया जाता है। आवश्यकता पड़ने पर उन्हीं नालियों का उपयोग सिंचाई करने के लिए भी करना चाहिए। ध्यान रहे कि क्यारी के चारों तरफ की मिट्टी दबाकर मजबूत कर दें, जिससे वर्षा एवं सिंचाई से क्यारी की मिट्टी बह न जाये। ऊँची उठी हुई एवं कम चौड़ी क्यारियाँ बनाने से खरपतवार निकालने तथा कीट एवं फफूँदनाशक दवा के प्रयोग करने में सुविधा होती है।

(2) समतल क्यारी (Flat bed)

मुख्यतया शरद व ग्रीष्म ऋतु में पौध तैयार करने हेतु समतल क्यारियाँ बनाते हैं। समतल क्यारी 5.0 मीटर लम्बी व 1.0 मीटर चौड़ी बनाते हैं। दो क्यारियों के बीच में 30.0–40.0 सेन्टी मीटर स्थान अवश्य होना चाहिए। क्यारी के चारों तरफ 15.0 सेन्टी मीटर ऊँची व 10.0 सेन्टी मीटर चौड़ी छोटी मेड़ बना दें, जिससे क्यारियों को पानी दिया जा सकें। इसके अलावा विकसित हो रहे पौधों की देखभाल एवं पौध सुरक्षात्मक दवाओं के छिड़काव करने में सुगमता रहें।

8. बीज की बुआई

पौधशाला में पौध तैयार करने हेतु बीजों की बुआई निम्न विधियों से किया जाता है–

1. छिटकवा विधि (Broad casting)
2. कतारों में बीज की बुआई (Line sowing)

1. छिटकवा विधि (Broad casting)

अधिकांशतः पौधशाला की क्यारियों में बीज को छिटकवा विधि से बुआई करते हैं जिससे क्यारी में एक समान बीज नहीं गिरते हैं (कहीं ज्यादा घना तथा कहीं बिरल) परिणामतः घने जगह पर पौध लम्बे व कमजोर हो जाते हैं तथा कहीं–कहीं पर पौधों की आपसी दूरी ज्यादा हो जाती है। कमजोर व लम्बे पौधे मुख्य खेत में बढ़वार कम करते हैं। अतः छिटकवा विधि से खेत में बीज की बुआई नहीं करना चाहिए। अगर आवश्यकता हो तो छिटकवा विधि से बुआई के बाद जमाव होने पर पौधों को 1.0 सेन्टी मीटर की दूरी पर विरलीकरण कर देना चाहिए।

2. कतारों में बीज की बुआई (Line sowing)

पौधशाला में तैयार क्यारियों पर कतार बनाकर बीज बोने की विधि पूर्णतया वैज्ञानिक एवं सर्वोत्तम है। चूँकि कतारों में बीज एक समान दूरी पर होने के कारण एक समान बढ़ाव के साथ–साथ

स्वस्थ होते हैं। इस विधि में क्यारी के समानान्तर 5.0 सेन्टी मीटर की दूरी पर 0.5 सेन्टी मीटर गहरी पक्तियाँ बना लेते हैं। यह कार्य लकड़ी के पट्टे की सहायता से भी किया जा सकता है। इन्हीं पक्तियों में बीज 1.0 सेन्टी मीटर की दूरी पर बुआई करते हैं। अगर फसल के बीज बहुत छोटे हों तो बालू के साथ मिलाकर बुआई करना चाहिए। बीज की बुआई के बाद कम्पोस्ट, मिट्टी व रेत के मिश्रण (1:1:1) से ढक देते हैं, लेकिन ध्यान रहे कि हल्की मिट्टी की अपेक्षा भारी मिट्टी में बीजों को बहुत हल्का ढकना चाहिए।

बुआई उपरान्त बीज व बीजशैय्या को ढकना

पौधशाला में बीज बुआई के बाद उनको ढकना आवश्यक है, क्योंकि असामयिक वर्षा, चिड़ियाँ आदि से नुकसान हो सकता है। बीजों को ढकने के लिए मिट्टी, सड़ी गोबर की खाद व बालू (1:1:1) को बराबर अनुपात में मिलाकर क्यारी में बनी पक्तियों में इस प्रकार डालें कि सभी बीज ढक जायें और कोई बीज खुला न दिखाई दें। ढकने का काम प्रायः धीरे–धीरे अंगुलियों से या लकड़ी के टुकड़े से करना चाहिए। बीजों को कभी भी केवल मिट्टी से नहीं ढकना चाहिए क्योंकि मिट्टी सिंचाई में प्रयुक्त पानी से सख्त हो जाती है और बीज का जमाव ठीक ढंग से नही होता है। अच्छा होगा कि बीज को ढकने वाले उपरोक्त मिश्रण को कैप्टान या थिरम की 5.0–6.0 ग्राम मात्रा प्रति किलो ग्राम मिलाकर उपचारित कर लें।

9. क्यारी को पुआल, सरपत आदि से ढकना व जमाव के बाद पलवार हटाना

पौधशाला में बीज बुआई व मिट्टी, खाद, बालू से ढ़कने के बाद यह आवश्यक है कि पूरी क्यारी को पुआल, सरपत, सूखे घास–फूस आदि से ढक दिया जाये ताकि सिंचाई करते समय बीज पानी के साथ न बह जाये तथा पूरी क्यारी में काफी समय तक नमी बनी रहें। इतना ही नहीं क्यारी को ढकने से बीज तेज धूप से भी बच जाते हैं। वर्षा ऋतु के समय तैयार होने वाली पौधशाला में क्यारियों को प्रारम्भ के 5–6 दिनों तक पालीथीन के चादर से ढककर रखने से वर्षा का पानी सीधे क्यारियों पर नहीं पड़ेगा। वर्षा समाप्त होने पर तुरन्त पालीथीन के चादर को हटा देना चाहिए। पालीथीन चादर को क्यारी से 2.5–3.0 फीट की ऊँचाई पर बाँस की खुटियों के सहारे रखना उत्तम रहता है। कभी–कभी आसमान साफ होने के कारण क्यारी पर तेज धूप पड़ती है अतः नवोद्‌भित पौधों को बचाने के लिए छाया प्रदान करने वाले हरी जाली "एग्रो–शेड–नेट" (Agro-Shed-Net) खम्भे के सहारे लगाने से स्वस्थ पौध तैयार होते हैं। जब बीज में 50 प्रतिशत जमाव हो जाये तो सावधानी से घास, फूस की परत, सरपत आदि को हटा देना चाहिए। जमाव होने के बाद पलवार हटाने से कभी कभी पलवार के साथ उगते बीज भी उखड़ जाते हैं या पलवार देर तक रखने से अंकुरित बीज सड़ने लगते हैं। सामान्यतः मिर्च में 6–7 दिन, बैंगन में 5–6 दिन, मिर्च में 7–8 दिन, गोभी वर्गीय सब्जियों में 3–4 दिन बाद तथा प्याज में 7–10 दिन में अंखूआ (प्रांकुर) निकल आता है।

10. सिंचाई

क्यारियों में बीज बुआई के 5–6 दिन तक बहुत सावधानी के साथ और एक समान फौव्वारे (rose cane) की सहायता से बहुत हल्की सिंचाई करनी चाहिए ताकि क्यारियों की सतही मिट्टी

संग्रह न हों अथवा बहकर बाहर न चली जाये। बीज जमाव के बाद आवश्यकतानुसार सिंचाई की जानी चाहिए। लगातार वर्षा होने की स्थिति में दो क्यारियों के बीच नालियों द्वारा अधिक पानी बाहर निकाल देना चाहिए। जब पौधे बड़े हो जायें तो उन्हें अधिक धूप तथा कम पानी देकर मोटा और बौना बनाना चाहिए। पौध उखाड़ने के 4–5 दिन पूर्व क्यारियों की सिंचाई नही करनी चाहिए। ऐसा करने से पौधों में प्रतिकूल वातावरण सहन करने की क्षमता विकसित हो जाती है लेकिन पौध उखाड़ने से पहले हल्की सिंचाई आवश्यक है, क्योंकि इससे पौधे आसानी से उखड़ जाते हैं एवं जड़ों को कम नुकसान होता है।

बीजों का जमाव

सामान्यतः बीजों का जमाव (मूलांकुर विकास) 6–10 दिनों में हो जाता है। इसकी पहचान बीजों से सफेद धागेनुमा संरचना के निकलने से की जा सकती है।

सारिणी (5.5) बीज बुआई के बाद प्रांकुर का विकास

सब्जी का नाम	प्रांकुर विकास का समय
टमाटर	6–7 दिन
बैंगन	5–6 दिन
मिर्च	7–8 दिन
फूल गोभी	3–4 दिन
पत्ता गोभी	3–4 दिन
ब्रोकली	3–4 दिन
वुसेल्स स्प्राउट	3–4 दिन
केल	3–4 दिन
प्याज	7–10 दिन
शिमला मिर्च	8–9 दिन

बीज अंकुरण के लिए सामान्य तापक्रम

बीज अंकुरण के सामान्य तापक्रम का विवरण नीचे की सारिणी में दिया गया है–

सारिणी (5.6) बीज अंकुरण के लिए सामान्य तापक्रम (डिग्री सेल्सियस में)

सब्जी	न्यूनतम	अधिकतम	सीमा (range)	औसत (average)
पत्ता गोभी	4.44	37.80	8.34–35.00	29.65
फूल गोभी	4.44	37.80	8.34–29.65	26.68
सेलेरी	4.44	29.65	15.56–21.11	21.11
बैंगन	15.56	35.00	23.88–32.24	29.65
सलाद	1.67	29.65	4.44–26.68	23.88

प्याज	1.67	35.00	10.00–35.00	23.88
शिमला मिर्च	15.56	35.00	18.34–35.00	29.65
मिर्च	15.56	35.00	18.34–35.00	29.65
टमाटर	10.00	35.00	15.56–29.65	29.65

बीजों के जमाव पर बाह्य वातावरणीय तापक्रम के साथ–साथ मृदा तापक्रम का भी प्रभाव पड़ता है। प्रायः बहुत कम तापक्रम पर बीज जमाव की प्रक्रिया धीरे–धीरे होती है और जैसे–जैसे तापक्रम में वृद्धि होती है, इसी प्रकार अंकुरण शीघ्र होता है। कुछ सब्जियाँ कम तापक्रम पर अंकुरण की क्षमता रखती है जबकि कुछ सब्जियों में बहुत कम तापक्रम पर अंकुरण नहीं होता। मृदा तापक्रम के अंकुरण अवधि से सीधा सम्बन्ध होता है।

सारिणी (5.7) बीज अंकुरण पर मृदा तापक्रम का प्रभाव

	मृदा तापक्रम (डिग्री सेल्सियस)								
सब्जी	0	5	10	15	20	25	30	35	45
	अंकुरण अवधि								
पत्ता गोभी	–	–	15	9	6	5	4	–	–
फूल गोभी	–	–	20	10	6	5	5	–	–
सेलेरी	अ न	41	16	12	7	अ न	अ न	अ न	–
बैंगन	–	–	–	–	13	8	5	–	–
लेट्यूस	49	15	7	4	3	2	3	अ न	अ न
प्याज	136	31	13	7	5	4	4	13	अ न
शिमला मिर्च	अ न	अ न	अ न	25	13	8	8	9	अ न
मिर्च	अ न	अ न	अ न	25	13	8	8	9	अ न
टमाटर	अ न	अ न	अ न	14	8	6	6	9	अ न

संकेत–अ न= अंकुरण नहीं

क्यारियों में बीजों के उपर से पलवार को हटाना

सब्जी पौध उत्पादन में यह महत्वपूर्ण घटक है। इस प्रक्रिया के द्वारा क्यारियों में उगते बीजों के उपर से पलवार (घास फूस) को हटाया जाता है, जिससे नवोद्भिद पौधों के विकास में किसी प्रकार की रुकावट न आये। सामान्यतः 50 प्रतिशत बीजों के जमाव के बाद पलवार को हटा देना चाहिए अन्यथा विकसित हो रहे मूलांकुर, पुआल सरपत आदि जैसे पलवार में फस जाते हैं और उनकी असमान्य वृद्धि होने लगती है, जिससे पौधे पतले, कमजोर व पीले पड़ जाते हैं। कभी–कभी पौधों के जड़ में गलने वाली बीमारी लग जाने के कारण नुकसान हो जाता है।

पौधो की आपसी दूरी सुनिश्चित करना

पौधशाला में बीजों की बुआई ज्यादा हो जाने के कारण पौधे घने हो जाते हैं जिससे ओजपूर्ण पौध का विकास नहीं हो पाता है। अतः कतारों में पौधों की आपसी दूरी कुछ पौधों को सावधानीपूर्वक उखाड़कर एक समान रखना आवश्यक है।

"शेडनेट" व "एग्रोनेट" से पौधों को ढकना

बीजों के जमाव के बाद पौधों को "शेडनेट" (shed net) व "एग्रोनेट" (Agronet) से ढकने से स्वस्थ पौधों का विकास होता है। शेडनेट (छायादार जाली) के द्वारा तेज धूप से कोमल पौधों की सुरक्षा होती है बाजार में छायादार जाली विभिन्न छाया प्रतिशत (60 व 70 प्रतिशत) के अनुसार उपलब्ध हैं, का प्रयोग करना चाहिए। इसी प्रकार "एग्रोनेट" के प्रयोग करने से कीट व कीट जनित रोगों से पौधे बचे रहते हैं। उदारण के लिए टमाटर में "पत्ती मरोड़" बीमारी का प्रसार कीड़ों के द्वारा होता है। अतः पौधशाला में स्वस्थ पौधे उगें इसके लिए इनकी उपलब्धता अवश्य होनी चाहिए जिससे आवश्यकता के अनुसार इनका उपयोग किया जा सकें।

(2) प्रतिकूल मौसम व नियन्त्रित दशा में पौध तैयार करना

प्रतिकूल मौसम जैसे–अल्प वृष्टि, अति वृष्टि एवं कई दिनों तक रुक–रुककर वर्षा होने के कारण क्यारी तैयार करने में असुविधा, अधिक धूप व ठण्ड में बीज की बुआई तथा जमाव की समस्या, ओले पड़ने आदि में समय से खेती करने के लिए पौधे तैयार नहीं हो पाते हैं। कहीं–कहीं पर प्रतिकूल वातावरण का तात्पर्य अनुकूल मौसम से पहले पौधे तैयार करने की व्याख्या मिलती है।

प्रतिकूल मौसम में सब्जियों के पौध तैयार करने के कई लाभ हैं–

1. प्रतिकूल मौसम जैसे–अल्प वृष्टि एवं अति वृष्टि आदि के प्रभाव से बचा जा सकता है।
2. उपयुक्त वातावरण प्रदान कर बीजों के जमाव हेतु प्रेरित किया जा सकता है।
3. बीजों के महंगें होने के कारण खुले वातावरण में पौध उत्पादन व देख–भाल में लागत ज्यादा होती है और स्वस्थ पौधे भी प्राप्त नहीं होते हैं।
4. प्रतिकूल मौसम में उपयुक्त वातावरण की सुविधा उत्पन्न कर व्यावसायिक स्तर पर माँग के अनुसार पौध तैयार कर बिक्रय की जा सकती है।

नियन्त्रित दशा/पाली हाउस में सब्जियों की पौध तैयार करने का अभिप्राय नवोद्भिद व विकसित हो रहे पौधों को तेज धूप व वर्षा तथा अन्य विषम अवस्थाओं से बचाना है। वर्तमान समय में कम लागत से निर्मित होने वाले पाली हाउस, कांच घर, ग्रीन हाउस आदि काफी प्रचलित हो रहे हैं। उदाहरण के लिए "लो टनेल पाली हाउस"/पाली हाउस बड़े पैमाने पर तैयार कर अनेक स्तरीय सब्जी पौध तैयार की जा सकती है। नियन्त्रित पौधशाला में पौध गुणवत्तायुक्त ओजस्वी व रोपण के पश्चात् शीघ्र वृद्धि एवं विकास करने लगती हैं।

नियन्त्रित या संरक्षित दशा में पौध तैयार करने हेतु संरचनाएँ

नियन्त्रित दशा में सब्जियों की पौध तैयार करने के लिए निम्नलिखित संरचनाओं का प्रयोग किया जाता है।

1. पालीहाउस (पालीइथीलीन चादर से निर्मित)
   - दो स्तरीय पाली हाउस (कीट रोधी + पालीइथीलीन से निर्मित)
   - बहुस्तरीय पालहाउस (कीटरोधी + प्रकाशरोधी जाली + पालीइथीलीन निर्मित)
2. ग्लास हाउस (शीशे या फाइबर ग्लास से निर्मित)
3. हाट बेड
4. लथ हाउस
5. मिस्ड बेड
6. मिस्ड चैम्बर
7. नर्सरी बेड
8. फ्लोर सेटलाइट बाक्स
9. सवंर्धित केज
10. पालीटनल
11. कीट रोधी पालीटनल
12. प्रकाश रोधी पालीटनल
13. कीटरोधी जाली घर
14. छायारोधी जाली घर
15. छप्पर पाली हाउस

सारिणी (5.8) कीटरोधी जाली घर में पौध तैयार करना

सब्जी	पौध रोपण का समय	पौध तैयार करने का उद्देश्य
टमाटर	15 जून–15 जुलाई	विषाणु मुक्त स्वस्थ नर्सरी पौध उत्पादन
मिर्च	15 जून–15 जुलाई	विषाणु मुक्त स्वस्थ नर्सरी पौध उत्पादन
शिमला मिर्च	15 अगस्त–15 सितम्बर	विषाणु मुक्त स्वस्थ नर्सरी पौध उत्पादन
फूल गोभी	15 मई–20 जून (40 प्रतिशत काले छायाघर का प्रयोग)	मृदा जनित समस्याओं को कम कर स्वस्थ नर्सरी पौध उत्पादन
टमाटर, मिर्च बैंगन	15–30 दिसम्बर	जाडें में पाला से बचाव कर स्वस्थ नर्सरी पौध उत्पादन
कद्दू वर्गीय सब्जियाँ	25 दिसम्बर –10 जनवरी	प्लग ट्रे का प्रयोग कर बे–मौसम नर्सरी पौध उत्पादन

प्रतिकूल मौसम व नियन्त्रित दशा में पौध तैयार करने के साधन

सब्जियाँ अनेकों जैविक व अजैविक घटकों से प्रभावित होती हैं तथा इनके संकर बीज भी मंहगें होते हैं। अतः प्रत्येक बीज से स्वस्थ पौधे बन सके इसके लिए पौधशाला का उत्तम प्रबन्धन करना चाहिए। इजराइल, जापान, स्पेन व अमेरिका पूर्णतया व्यावसायिक रुप से पौध तैयार करता हैं। अतः नियंत्रित दशा में पौध उगाना आज की आवश्यकता है।

प्रतिकूल मौसम में सब्जियों के पौध तैयार करने के लिए, साधनों का निर्धारण आवश्यकता के अनुसार अलग–अलग होती है। कुछ साधन जैसे पाली हाउस के अन्दर या पाली हाउस के बाहर प्रयोग होता है, इस प्रकार हैं–

1. समतल/ऊँची क्यारी विधि
2. कप/कुल्हण/दोने
3. गमले
   - मिट्टी के गमले
   - प्लास्टिक के गमले
4. अण्डे की ट्रे
5. मिट्टी/दही के ट्रे
6. पालीथीन की थैलियाँ (पाली बैग)
7. लकड़ी या गत्ते की कम ऊँचाई वाले बक्से
8. पॉटिंग प्लग/तस्तरी विधि
   - दो तल छत पद्धति
   - हैगिंग ट्यूब विधि
   - हैगिंग वास्केट विधि
   - स्टैण्ड विधि
   - सीढ़ी विधि

इस विधि में प्लास्टिक की बनी टोकरियाँ या तस्तरियों का प्रयोग करते हैं। इनमें मिश्रण भरकर समान दूरी व गहराई में बीज बुआईकर, छत पर बने संरचना से लटका देते हैं। विदेशों में यह विधि ज्यादा प्रचलित है। इसे स्पेस पद्धति (space method) भी कहते हैं।

1. समतल/ऊँची क्यारी विधि

पाली हाउस के अन्दर सामान्यतः 15.0–20.0 सेन्टी मीटर ऊँची तथा 2.00 × 1.00 या 3.00 × 1.00 मीटर आकार की क्यारी में 5.0 सेन्टी मीटर आपसी कतार रखकर 2.0 सेन्टी मीटर की दूरी पर बीज डालते हैं। इन कतारों में बीज की गहराई 1.0 सेन्टी मीटर रखा जाता है।

2. कप/कुल्हण/दोने

कप/कुल्हण/दोने में पौध केवल कम संख्या में घरेलू उपयोग के लिए सब्जी शौकिया तौर पर उगाते हैं। इन साधनों में सड़ी गोबर या कम्पोस्ट खाद, मिट्टी व बालू 1:1:1 के अनुपात में मिश्रण तैयार कर भर लेते हैं और दोने/कप/कुम्हण में चौड़ाई के अनुसार बीज की संख्या निर्धारित कर बुआई करते हैं।

3. मिट्टी के गमले (Earthen pot)

मिट्टी के गमले का प्रयोग कम स्तर पर पौध तैयार के लिए किया जाता है। प्राकृतिक दृष्टि से यह एक उत्तम साधन है। आवश्यकतानुसार गमले का व्यास (मुँह की चौड़ाई) व ऊँचाई रखते हैं। चयनित मिट्टी के गमलों में सड़ी गोबर या कम्पोस्ट खाद मिट्टी व बालू 1:1:1 अनुपात में मिश्रण भरकर तैयार करते हैं। गमले में पौधे तैयार करने के लिए उचित दूरी पर बीज की बुआई करते हैं।

4. प्लास्टिक के गमले (Plastic pot)

प्लास्टिक के गमले केवल नियन्त्रित दशा में पौध तैयार करने के लिए उपयुक्त पाये गये हैं। सामान्य दशा में इनके अन्तर्गत गर्मी जल्दी विकसित होने के कारण पौधे मुर्झाने लगते हैं। अतः गर्मी कम करने के लिए मिश्रण में गोबर या कम्पोस्ट की मात्रा ज्यादा रखनी चाहिए और सिंचाई की बारम्बारता बढ़ा देनी चाहिए।

5. अण्डे की ट्रे (Egg tray)

अण्डे की ट्रे चौकोर व हल्का होने के कारण ज्यादा प्रचलन में आ रही है। साथ ही प्राकृतिक सामानों से बने होने के कारण वातावरण में अनुकूलन कर पौधों को उचित वृद्धि एवं विकास में सहायक है।

6. मिट्टी के दही ट्रे

मिट्टी के दहीं ट्रे पौध उगाने के लिए सबसे उत्तम माने जाते हैं क्योंकि कम गहराई (छिछले) होने के कारण मिश्रण कम लगता है व चौड़ाई ज्यादा होने के कारण ज्यादा संख्या में पौध तैयार होते हैं। लेकिन ध्यान देना चाहिए कि ट्रे के नीचे तली में 32–3 छिद्र बने हों।

7. पालीथीन की थैलियाँ (Poly bags)

पालीथीन की थैलियों में कद्दू वर्गीय सब्जियों, सहजन, करी पत्ता आदि के पौधों को तैयार किया जाता है। विभिन्न प्रकार की पालीथीन की थैलियाँ 8.0–10.0 सेन्टी मीटर लम्बी व 3.0–5.0 सेन्टी मीटर चौड़ी उद्देश्य के अनुसार उपयोगी होती हैं। थैलियों में तैयार हो रहे पौधों को सामान्यतः ज्यादा दिन तक रखने की आवश्यकता पड़ती है। अतः इसमें मिश्रण (मिट्टी व जड़ विकसित करने वाले संवर्ध) के साथ–साथ कुछ आवश्यक पोषक तत्वों को देना चाहिए।

8. लकड़ी या गत्ते की कम ऊँचाई वाले बाक्स

आधुनिक पौध उत्पादन तकनीक की साधनों में लकड़ी या गत्ते की कम ऊँचाई वाले बाक्स ज्यादा उपयोगी हो रहे हैं। इसमें मिश्रण कम लगता है तथा प्रति इकाई पौधों की संख्या ज्यादा प्राप्त होती है। प्राकृतिक वातावरण के अनुरुप होने के कारण पौधों को असामान्य परिस्थिति से संघर्ष नहीं करना पड़ता है। इसके अलावा सुगमतापूर्वक मुख्य खेत तक रोपण हेतु ले जाया जा सकता है।

9. पाटिंग प्लग (Potting plug)

व्यावसायिक रुप से सब्जियों की पौध तैयार करने के लिए प्लास्टिक के बने पाटिंग प्लग (प्रो ट्रे, नर्सरी ट्रे या प्लग ट्रे) बाजार में उपलब्ध हैं। ये पाटिंग प्लग (potting plug) जड़ों के विकास की स्थिति व पौध वृद्धि के अनुसार बनाये गये हैं। इसका आकार इस प्रकार होता है–

1. 52.0 × 27.0 सेन्टी मीटर (98 छिद्रों वाली) आकार
2. 52.0 × 27.0 सेन्टी मीटर (50 छिद्रों वाली) आकार
3. 55.0 × 30.0 सेन्टी मीटर (120 छिद्रों वाली) आकार

इसमें जड़ों का विकास अच्छी प्रकार से होती है क्योंकि पानी निकास व वातायन अच्छा होता है और प्रत्येक बीज एक निश्चित दूरी व गहराई (3.0–4.0 सेन्टी मीटर) पर बुआई के कारण आपस में प्रकाश व पोषण तत्वों की वृद्धि के लिए प्रतिस्पर्धा नहीं करते हैं। इसमें उपयोग होने वाला मिश्रण बाजार में उपलब्ध है। मिश्रण में आवश्यक पोषक तत्व (1 भाग परलाइट + 1 भाग वर्मी कुलाइट + 1 भाग वर्मीकम्पोस्ट + 1/4 भाग नीम की खली + 3 भाग कोक पीट) पौधे के वृद्धि काल के अनुसार होता है। अतः अलग से किसी प्रकार के तत्वों के प्रयोग की आवश्यकता नहीं पड़ती है। बीज बुआई के बाद हल्की सिंचाई कर 100 माइक्रान मोटी पारदर्शी या काली पालीथीन चादर से ट्रे को ढक देते हैं। बीज अंकुरित होने पर पालीथीन चादर को तुरन्त हटा देते हैं। वर्तमान समय में पूरे ट्रे की भराई मशीन द्वारा सुगमतापूर्वक की जाती है। उपरोक्त सभी साधनों में सबसे महत्वपूर्ण यह है कि व्यावसायिक रुप से तैयार ''पॉटिंग प्लग'' को छोडकर किसी में भी नीचे की सतह में (पेंदी) में छिद्र नहीं होता है। अतः प्रत्येक साधन प्रयुक्त होने वाले बर्तन में कम से कम 2–3 छिद्र अवश्य बना देना चाहिए।

सारिणी (5.9) संस्तुति प्लास्टिक प्रो–ट्रे का आकार (स्टायरोफोम में स्थिर)

सब्जियाँ	कोशिका का आकार (इंच में)	अगेती पौध उत्पादन हेतु उपयुक्त कोशिका आकार (इंच में)
टमाटर	1.5–4.0	3.0
बैंगन	1.5–4.0	3.0
शिमला मिर्च	1.0–4.0	2.0
मिर्च	1.0–3.0	2.0
तरबूज	1.5–4.0	3.0

खरबूजा	1.5–4.0	3.0
खीरा	1.5–4.0	2.0
समर स्क्वाश	1.5–3.0	2.0
करेला	1.5–3.0	2.0
लौकी	1.5–4.0	2.0
पेठा	1.5–4.0	3.0
कुम्हण	1.5–4.0	3.0
पत्ता गोभी	1.0–2.5	1.5
फूल गोभी	1.0–3.0	2.0
ब्रोकली	1.0–3.0	2.0
लैट्यूस	1.0–2.0	1.5
नसदार तोरी	1.5–4.0	3.0
चिकनी तोरी	1.5–4.0	3.0
टिण्डा	1.5–4.0	3.0
ककड़ी	1.5–3.0	2.0
ब्रूसेल्स स्प्राउट्स	1.0–3.0	2.0
गांठ गोभी	1.0–3.0	2.0
चुकन्दर	1.5–3.0	2.0
भिण्डी	1.0–3.0	1.5
सेलेरी	1.0–2.5	1.0
पार्सले	1.0–2.5	1.0

स्रोतः इण्यिन हार्टीकल्चर, जनवरी–मार्च–2005, पृष्ठ–10–12

प्लग ट्रे के लाभ (Advantage of plug tray)

प्लग ट्रे के निम्नलिखित लाभ हैं–

1. विपरीत परिस्थितियों में भी नर्सरी पौध सुगमतापूर्वक उगाया जा सकता है, जबकि खुले वातावरण में पौध उगाना मुश्किल होता है।
2. कम समय में स्वस्थ पौध उगाया जा सकता है।
3. इस विधि से पौध उगाने पर मृदाजनित कवक और विषाणु संक्रमण का भय नहीं रहता है क्योंकि कीट एवं रोग नियंत्रित दशा होने के कारण पौध तक पहुँच नहीं पाते हैं।
4. मुख्य खेत में पौधों का स्थापन साधारण विधि से उत्पादित नर्सरी की तुलना में ज्यादा होता है।
5. इस विधि से उगाये गये पौधे कम मरते हैं एवं रोपण का झटका (transplanting shock) कम लगता है। जड़ पूर्ण विकसित होने के कारण बहुत जल्द लगते हैं और वृद्धि विकास करने लगते हैं।

6. इस विधि से लैंगिक व अलैंगिक प्रवर्धित दोनों फसलों के पौध तैयार किये जा सकते हैं।
7. हानिकारक रोग व कीट से बचाव नियंत्रित दशा में ज्यादा प्रभावी होता है, विशेषकर विषाणु रोगों से।

पाटिंग प्लग रखने के साधन

पाटिंग प्लग (potting plug) पूर्णतया मिश्रण से भर लेने के बाद निम्नलिखित विधि से जमाव हेतु रखा जाता है–

1. स्टैण्ड विधि

सामान्यतः लोहे के छड़ों/बाँस या लकड़ी के स्टैण्ड जमीन से 1.00–2.00 फीट की ऊँचाई पर 2.00 मीटर चौड़ी बनाते हैं। इन्हीं स्टैण्डों पर आवश्यकतानुसार "ट्रे" बनाकर रखते हैं।

2. सीढ़ी विधि

इस प्रकार की विधि में मकानों में बनने वाले सीढ़ीनुमा 2–4 पावदान वाली संरचना तैयार करते हैं। इसी पावदान पर प्रो ट्रे या पाली बैग में नर्सरी पौध को तैयार करते है। इससे सबसे बड़ा लाभ यह है कि निश्चित स्थान से पाँच गुना ज्यादा पौध तैयार किया जा सकता है।

3. दो छत पद्धति

इस पद्धति में छत का निर्माण इस प्रकार करते हैं जिनमें उपर व नीचे दोनों छतों पर पौध उत्पन्न कर सकते हैं। दो छत की संरचना तैयार करने के लिए बाँस या लोहे के छड़ों (एंगिल) से तैयार करते हैं लेकिन ध्यान देना चाहिए कि प्रथम व द्वितीय तल के आपस की दूरी कम से कम 1.0–1.5 मीटर हों।

4. हैगिंग पाइप

हैगिंग पाइप खोखला व मोटा पाइप होता है जिनमें पौधे उगने के लिए निश्चित दूरी पर साँचा/ढाँचा बना होता है। खोखली पाइप की आपसी दूरी 1.00–2.00 फीट तथा जमीन से 1.00–2.00 मीटर ऊँचाई तक रखते हैं। लटकाने के लिए प्लास्टिक की रस्सी का उपयोग करते हैं।

बीज अंकुरण के लिए उपयोगी वातावरण, जड़ विकास (rooting) व पौध वृद्धि माध्यम (growing medium)

सामान्यतः नर्सरी में बीज का जमाव 25.0–30.0 डिग्री सेल्सियस पर सबसे अच्छा होता है। जिस मिट्टी में नमी 60–70 प्रतिशत तथा मुक्त वातावरण में सापेक्ष आर्द्रता 60–80 प्रतिशत हो, उत्तम माना जाता है। बीज जमाव के बाद पौध अच्छी हो इसके लिए आवश्यक घटक जैसे मिट्टी (भुर–भुरी पोषक तत्व युक्त), बालू (0.05 मिली मीटर मोटी), पीट, स्फैगनम मास, वर्मीकुलाइट (हल्की,

6.0–6.5 पी0एच0 मान व पानी अवशोषण), प्यूरिका (एल्यूमिनियम सिलिकेट युक्त, पोटाश तथा सोडियम मिश्रण युक्त) लीफ मोल्ड (ओक व इलम की पत्तियों से बना, बल्कडे सी0टी0 0.1–0.25 ग्राम प्रति घन सेन्टी मीटर) कोकोपीट (नारियल के रेशों से तैयार पोटैशियम युक्त, 15–20 प्रतिशत वातायन) लकड़ी का बुरादा (गर्मी व हवा प्रदान करने वाला), भूसा (गद्देदार संचरना) जिसमें जड़ों का विकास अच्छा होता है। उपयुक्त जड़ विकास माध्यम में कम से कम 80 प्रतिशत पानी शोषण की क्षमता होनी चाहिए। अगर कुल मिश्रण का विश्लेषण किया जाये तो उसमें जैविक/शुष्क पदार्थों की मात्रा सामान्यतया नियन्त्रित दशा में कृत्रिम मृदा विहिन साधन का उपयोग पौध उत्पादन के लिए किया जाता है, जिससे सब्जियों की ओजपूर्ण व स्वस्थ पौध प्लास्टिक प्रो ट्रेज में तैयार किया जा सके। इसमें निम्नलिखित अवयव (ingredients) होते हैं, जो जड़ विकास के साधन रुप में अपनाये जाते हैं।

1. कोकोपिट
2. वर्मीकुलाइट
3. परलाइट

(1) कोकोपिट (Coco-peat)

कोकोपिट किसी कीट या रोग कारक के संक्रमण से पूर्णतया मुक्त होता है। नियन्त्रित दशा में इसका उपयोग सब्जियों की नर्सरी तैयार करने में की जाती है। यह नारियल के रेशे से तैयार किया जाता है जिसमें पोटैशियम की मात्रा ज्यादा होती है। कोकोपिट में 20 प्रतिशत तक वातायन, जड़ों के लिए सुनिश्चित होता है।

(2) वर्मीकुलाइट (Vermiculite)

यह माध्यम गर्मी से प्रवर्धित/शोधित माइका (mica) है। इसे तैयार करने के लिए माइका को 760 डिग्री सेल्सियस तापमान तक गर्म किया जाता है जिससे सम्बन्धित पदार्थ में तह (folded) किया हुआ, जैसी संचरना बनती है। यह वजन में हल्का तथा खनिज लवण (मैग्नेशियम व पोटैशियम) से युक्त होने के कारण मिश्रण में पोषण पदार्थ तथा जल धारण क्षमता में वृद्धि करते हैं। पी0एच0 मान क्रिया में तटस्थ/उदासीन होते हैं जो आकार के अनुसार ये बाजार में उपलब्ध हैं। आकार के अनुसार ग्रेड–1 में बड़े आकार वाले कण आते हैं जबकि ग्रेड 4 व 5 महीन संरचना वाले होते हैं। महीन संरचना होने के कारण मिश्रण में सुगमता से दबाव देकर भरा जा सकता है। क्षमता को कम करने के हिसाब से वर्मीकुलाइट को नीचे की तरफ कभी दबाकर नही भरना चाहिए।

(3) परलाइट (Perlite)

परलाइट ज्वालामुखी से निकला हुआ लावा होता हैं, जो बहुत ही हल्का होता है। यह गर्मी से प्रवर्धित/शोधित एल्यूमिनियम सिलीकेट पत्थर है, जब ज्वालामुखी से प्राप्त कच्चे खनिज पदार्थों को ज्यादा गर्मी देकर (1800 डिग्री फारेनहाइट) जलाया जाता है, तब पत्थर के कण फैल जाते हैं

और सफेद संरचना प्राप्त होती है। इससे वातायन व जल निकास में सहायता मिलती है। जब इस अवयव/अंश का उपयोग मिश्रण में किया जाता है तो औद्यानिक फसलों हेतु बड़े आकार के कणों का चुनाव करना चाहिए। परलाइट क्रिया में तटस्थ/उदासीन होते हैं। यह मिश्रण किसी प्रकार का पोषण नहीं प्रदान करता है केवल अति सूक्ष्म मात्रा में सोडियम और एल्यूमिनियम प्रदान करता है। परलाइट का सबसे बड़ा नुकसान यह है कि उपयोग में काफी हल्का होता है, जिससे साधन में पानी देने पर सतह के उपर तैरने लगता है। मिश्रण के समय धूल जैसा व्यवहार करता है अतः प्रयोग करने के पूर्व इसे गीला करना आवश्यक है।

बीज की बुआई

अच्छी गुणवत्ता वाला बीज (जमाव का प्रतिशत 95 से उपर) जो पिछली फसल से ली गयी हो, का प्रयोग करना चाहिए। बीज (1–2 बीज) की बुआई कम गहराई पर करना आवश्यक है और हल्के अंगुलियों से मिश्रण में दबा देना चाहिए। बुआई करने के बाद बीज को वर्मीकुलाइट की मोटी सतह से ढक देना चाहिए जिससे जल धारण करने वाले मिश्रण में बीज का सुगमता से जमाव हो सके। इसके बाद प्रो–ट्रेज को जमाव कक्ष में उचित तापक्रम पर रख देना चाहिए। जमाव के बाद एक खाने (कोशिका) में केवल एक ही पौध रखना चाहिए। खाने का आकार फसलानुसार अलग–अलग होता है। खीरा, खरबूजा, टमाटर व बैंगन के लिए जिससे ट्रेज में 187 खाने हों तथा प्रत्येक खाने 3.75 सेन्टी मीटर के आकार के हों, उत्तम होती है जबकि लेट्यूस, पत्ता गोभी, फूल गोभी व शिमला मिर्च हेतु 345 खाने वाले हो तथा आकार 2.5 सेन्टी मीटर होना चाहिए। नवोद्भिद पौध के विकसित होने के लिए प्रयोग किये जाने वाले जल की उपयुक्त इलेक्ट्रिकल कन्डक्टीवीटी (ई0सी0) 1.6 होना चाहिए और उसका पी0एच0 मान 6.6–6.7 के मध्य उत्तम रहता है। इसके लिए रात्रि का तापमान लगभग 20.0 डिग्री सेल्सियस होना चाहिए लेकिन गर्मी के मौसम में पौध उत्पादन के लिए तापमान 30 डिग्री सेल्सियस होना चाहिए। बीज बुआई के बाद प्रो–ट्रेज में पानी ''स्प्रीकलर'' बूम'' के माध्यम से एक सार देना चाहिए और शत प्रतिशत आर्द्रता बनाये रखना आवश्यक है। जब नमी का स्तर कम हो, तुरन्त सिंचाई करनी चाहिए। आवश्यक हो तो पादप वृद्धि नियामक जैसे ''बर्धक'' 14.0 पी0पी0एम0 के दर से जमाव के तुरन्त बाद प्रयोग किया जा सकता है। पोषक तत्वों का प्रयोग नत्रजन, फास्फोरस, पोटाश (1:1:1) की 140 पी0पी0एम0 प्रत्येक सप्ताह स्प्रिंकलर के माध यम से प्रयोग किया जा सकता है। ठण्डक के मौसम में जब तापमान 20.0 डिग्री सेल्सियस के नीचे आ जाये तब किसी प्रकार से पौधों का शोधन न करें।

रोपण से पूर्व पौधों का उपचार

रोपण के लिए पौध उखाड़ने से एक दिन पूर्व पौधशाला की क्यारी में कीटनाशक एवं फफूँदनाशक दवा का छिड़काव अवश्य कर देना चाहिए ताकि रोपण के तुरन्त बाद पौधों को कीड़े व बीमारियों से बचाया जा सके। इसके लिए 1.5 मिली लीटर रोगर या मेटासिस्टाक्स और 2.5 ग्राम मैंकोजेब प्रति लीटर पानी की दर से घोल बनाकर पौधों के उपर छिड़काव कर देना चाहिए। उदाहरण के लिए टमाटर में इमिडाक्लोप्रिड का छिड़काव उत्तम पाया गया है।

नर्सरी पौधों का कठोरीकरण (Hardening of seedlings)

नर्सरी पौधे चाहे मुक्त वातावरण में उग रहे हों या नियन्त्रित वातावरण में उग रहे हों, कुछ समय तक (एक सप्ताह) उन्हें ऐसी वातावरण व परिस्थिति प्रदान की जाती है जिससे वे मुख्य खेत में रोपण के बाद सुगमता से स्थापित हो जायें, उसे कठोरीकरण की क्रिया कहते हैं। यह बात सही है कि मुक्त वातावरण की तुलना में पाली हाउस, रोकवर, लोनेल हाउस में उत्पादित नर्सरी पौध को ज्यादा ध्यान देकर कठोरीकरण करने की आवश्यकता पड़ती है। कठोरीकरण क्रिया के अन्तर्गत पालीहाउस, गमले, पालीथीन के थैले, ट्रे, टोकरी, तस्तरी आदि में तैयार पौधों के रोपण के 2–3 दिन पूर्व पानी देना बन्द कर देना चाहिए। इससे पौधों के जड़ों के आसपास का वातावरण गर्म हो जाता है और नमी की तलाश में अनेकों द्वितीयक जड़ें पौधे में विकसित होती हैं और मुख्य जड़ में मजबूती आ जाती है। इससे पौधों से वाष्पोत्सर्जन कम होने के कारण तना व पत्तियों की सतह पर विशेष रासायनिक सतह चढ़ जाती है और पौधे मजबूती प्राप्त कर लेते है जिससे खेत में स्थापन ज्यादा होता है और मृत्युदर कम हो जाता है। पौधे स्वयं अति ठण्डक (chilling), शुष्क हवाएँ (drying winds), पानी की कम उपलब्धत या उच्च तापमान आदि में पूर्णतया अतिजीवन करते हैं। सामान्यतया पत्ता गोभी, लेट्यूस तथा प्याज के पौधों का कठोरीकरण पाला (frost) से बचाव के लिये किया जाता है। पानी न देने या कम पानी देने से कठोरीकरण करना सबसे उत्तम, आसान व सस्ती पद्धति है। पौधशाला में ज्यादातर सब्जियों के पौध 28–30 दिन में प्रो–ट्रेज में तैयार हो जाते हैं। ग्रीन हाउस में खीरा के पौध बीज बुआई के 25–30 दिन बाद शरद ऋतु में तैयार होते हैं जबकि खरबूजा 30–35 दिन में तैयार होते हैं। गर्मियों में कद्दू वर्गीय सब्जियों के पौधे 20 दिन में ही रोपण हेतु तैयार हो जाते हैं। जाड़े के मौसम में टमाटर व बैंगन के पौधे 30–32 दिन में तैयार होते हैं। बीज जमाव के लिए सामान्य तापमान 24–25 डिग्री सेल्सियस होना चाहिए जिसे इलेक्ट्रिक हीटर के माध्यम से जाड़े में यथावत बनाये रखा जा सकता है।

पौध रोपण के समय सावधानियाँ

पौधों का रोपण सदैव दोपहर बाद ही करना चाहिए। पौध उखाड़ने के बाद जड़ों में गीली मिट्टी का लेप लगाकर रोपण हेतु ले जाना चाहिए ताकि जड़ें सूखने न पायें। सभी कीटनाशक व फफूँदनाशक दवाएँ बच्चों की पहुँच से दूर रखना चाहिए। छिड़काव करते समय यह ध्यान रहे कि तेज धूप व तेज हवा न चलती हो। छिड़काव करते समय नाक व मुँह कपड़े से ढककर रखना चाहिए व आँखों पर चारों तरफ से बन्द चश्मा पहनना चाहिए। पौधशाला की सिंचाई हमेशा फौब्बारे/हजारे से करना चाहिए ताकि अधिक पानी न लगे। रोपण से पूर्व पौधों का अनुकूलन करना चाहिए। सम्भव हो तो रोपण पूर्व जड़ों को ट्राइकोडर्मा के पाउडर का लेप लगाना चाहिए।

पौधशाला के लिए अन्य आवश्यक सामग्री एवं यंत्र

यह आवश्यक है कि सब्जियों की स्वस्थ पौध तैयार करने के लिए अनेकों सामग्री एवं यंत्र की आवश्यकता पड़ती है। यह अलग बात है कि छोटे पैमाने पर पौध तैयार करने के लिए उत्पादक अपने पास उपलब्ध साधनों से ही कार्य सम्पन्न कर लेते हैं लेकिन व्यावसायिक स्तर पर वैज्ञानिक तरीके से स्वस्थ पौध तैयार करना एक चुनौती भरा कार्य है। अतः वैज्ञानिक तरीके व संसाधनों को अपनाकर

स्वस्थ एवं निरोगी पौध उगाकर कम लागत से अच्छा लाभ प्राप्त किया जा सकता है। इसे दो भागों में बाँट सकते हैं–

1. आवश्यक सामग्री
2. आवश्यक यंत्र

(1) आवश्यक सामग्री

सब्जियों की पौध तैयार करने के लिए पौधशाला में सिंचाई की उत्तम व्यवस्था अति आवश्यक है। इसके लिए ट्यूबेल, पम्प्, तालाब, नदी, कूआँ इत्यादि में से कोई भी साधन जल आपूर्ति के लिए अवश्य उपलब्ध होना चाहिए। इसके अलावा सड़ी हुई गोबर या कम्पोस्ट खाद, बीज ढकने के लिए सरपत, पुआल, घास–फूस, तेज हवा से बचाव के लिए टाटी, छायादार जाली (sheding net), पालीथीन चादर, चहार दीवारी बनाने की सामग्री (स्थायी या अस्थायी), पाली हाउस, लोहे की मुड़ी अर्द्ध चन्द्राकार (2.00 मिली मीटर मोटी), पालीथीन की पारदर्शी चादर इत्यादि अवश्य होनी चाहिए। कीटनाशी, खरपतवार नाशी, फफूँदनाशी, वृद्धि नियामक/नियन्त्रक को रखना चाहिए। जहाँ व्यावसायिक पौधशाला बनाई जा रही हो वहाँ छायादार स्थान (बरामदायुक्त 2–3 कमरे) होना आावश्यक है, जिससे आवश्यक सामग्री रखने के साथ–साथ पौधों की कठोरीकरण (hardening) किया जा सके व विपणन के लिए बण्डल आदि बनाये जा सकें। जहाँ पर पौध (नर्सरी) तैयार की जा रही हो पौधशाला का नाम, फसल व प्रजाति का नाम, मूल्य, विपणन का समय आदि सूचना को बोर्ड (board) पर लिख देना चाहिए।

सारिणी (5.10) पौधशाला के लिए आवश्यक कृषि यन्त्र

कृषि यन्त्र	संख्या (प्रति हेक्टेयर)
फावड़ा	8–10
कुदाल	8–10
खुरपी	15–20
फूट स्प्रेयर	1
नैपसेक (बैक) स्प्रेयर	1
हैण्ड स्प्रेयर	5–6
पावर टिलर	1
स्प्रिंकलर सेट	1
हैण्ड ट्राली	2–4
फौब्बारा/हजारा	8–10
रबर पाइप (सिंचाई हेतु)	50–100 मीटर
बेड मेकर	1
लेवलर	1
जेट पम्प/सबमर्सीबल	1

(2) आवश्यक यन्त्र

सब्जियों के पौध तैयार करने के लिए कई छोटे–बड़े कृषि यन्त्रों की आवश्यकता पड़ती है। छोटे स्तर पर पौध उत्पादन के लिए ज्यादा मंहगें यन्त्रों की आवश्यकता नही पड़ती है लेकिन व्यावसायिक दृष्टि से पौध तैयार करने के लिए अनेकों यन्त्रों की आवश्यकता होती है। इन यन्त्रों की सहायता से कम लागत पर ज्यादा व गुणवत्तायुक्त पौध तैयार की जा सकती है। वर्तमान समय में बीज बुआई से पौध उखाड़ने तक के यन्त्र मौजूद हैं। पौध सुरक्षा, सिंचाई आदि के लिए पौध अवस्था के अनुरुप यन्त्रों की महत्ता को समझा जा सकता है। आधुनिक कृषि यन्त्रों के माध्यम से एक दिन में ही एक हेक्टेयर से भी अधिक क्षेत्रफल में पौधशाला की क्यारी बना सकते हैं। इस प्रकार समय को बचाया जा सकता है। उदाहरण के लिए कृषि यन्त्रों के द्वारा कम समय में अनेकों क्यारी बनाकर लागत कम किया जा सकता है।

(3) प्रयोगशाला में ऊतक संवर्धन द्वारा पौध तैयार करना

जैव प्रौद्योगिकी के अन्तर्गत ऊतक संवर्धन (tissue culture) से पौधों के विकास की तकनीक बहुपयोगी एवं पूर्ण रुपेण व्यावहारिक है। ऊतक संवर्धन की प्रक्रिया में परखनली में पौधे उगाने का कार्य 19वीं सदी के प्रारम्भ में हुआ एवं सर्वप्रथम हैवरलैण्ड नामक वैज्ञानिक ने जर्मनी में परखनली में पौध उगाने का प्रयोग किया लेकिन उचित सुविधाओं के अभाव एवं अन्य तकनीकी कारणों से उन्हें सफलता नही मिली। वर्ष 1960 में इस पर ज्यादा शोध हुए एवं सन् 1962 में मुराशिगे एवं स्कूग ने दुनिया के सामने तम्बाकू के पौधों को परखनली में पूर्णरुपेण उगाकर दिखा दिया। ऊतक संवर्धक में पौधों से लिए गये अंगों/भाग एवं कार्य के प्रकार से कई विधियाँ है–

1. भ्रूण संवर्धन
2. कोशिका संवर्धन
3. अंग संवर्धन
4. पुकेंसर संवर्धन
5. प्रोटोप्लास्ट संवर्धन

वर्तमान समय में ऊतक संवर्धन के द्वारा तैयार सब्जियों के पौधे जैसे एस्पेरागस, परवल, हल्दी, अदरक आदि बाजार में उपलब्ध होने लगे हैं।

पौधशाला में पोषण प्रबन्धन एवं पौध सुरक्षा

वर्तमान समय में सब्जियों के बीज काफी महगें हो गये हैं अतः आवश्यकता इस बात की है कि बीजों को ऐसा वातावरण दिया जाये जिससे उनका जमाव व पौध तैयारी शत–प्रतिशत सुनिश्चित किया जा सके। कभी–कभी उत्पादक बिना तकनीकी जानकारी प्राप्त किये अपने अनुभवों के आधार पर पौधशाला तैयार कर पौध उगाते हैं। परिणामतः बीज जमाव के एक सप्ताह के अन्दर ही 50 प्रतिशत रोग ग्रसित व सड़–गलकर समाप्त हो जाते हैं और पौध रोपण की अवस्था में बहुत ही कम पौधे बच पाते हैं। उदाहरण के लिए वर्षा ऋतु में लगातार वर्षा होने या कम तापमान पर बीज

न जमने की जोखिम बना रहता है। अतः वैज्ञानिक विधि से पौधशाला में पौध उगाना एवं उनकी सुरक्षा करना आवश्यक है।

(1) जल प्रबन्धन (Water management)

पौधशाला में सबसे महत्वपूर्ण नुकसान पहुँचाने वाला घटक अधिक जल संग्रह है अतः वर्षा या सिंचाई जल किसी भी दशा में पौधशाला के आस–पास नहीं रुकने देना चाहिए। अतः सिंचाई फौब्बारे, मिस्ट (mist) या बूमर के माध्यम से 2–3 दिन के अन्तराल पर करते रहना चाहिए।

(2) पोषण प्रबंधन (Nutrient management)

नर्सरी में पौध उगाने के लिए मिश्रण के साथ ही कम मात्रा में उर्वरक दिया जाता है। वृद्धि कर रहे पौधों को 3–4 दिन के अन्तराल पर नत्रजन, फास्फोरस व पोटाश को 9:19:19 या 20:20:20 के अनुपात में प्रति 5 लीटर पानी में घोल तैयार कर छिड़काव करते हैं। इससे स्वस्थ पौधे का विकास होता है।

(3) खरपतवार प्रबन्धन (Weed management)

सामान्यतः यह देखा जाता है कि क्यारियों में बीज अंकुरण के साथ ही साथ ज्यादा संख्या में खरपतवार उग आते हैं। अतः पौधों को बिना नुकसान पहुँचाये खुरपी की सहायता से उन्हें खेत से बाहर निकाल देना चाहिए। व्यावसायिक स्तर पर पौधशाला तैयार करते समय खरपतवारनाशी जैसे–स्टाम्प (पेन्डीमीथेलिन) की 3.00 मिली लीटर मात्रा/लीटर पानी की दर से घोलकर बीज बुआई के 48 घण्टे के अन्दर अच्छी तरह छिड़क देते हैं। इस प्रकार खरपतवार की समस्या से छुटकारा पाया जा सकता है।

(4) घने पौधों को निकालना (Thining)

पौधशाला में बनी क्यारियों में बीज बुआई के समय ध्यान न देने के कारण ज्यादा बीज गिर जाते हैं या अत्यन्त महीन बीज होने के कारण उचित दूरी पर बोना मुश्किल होता है, जिससे पौधे घने उगते हैं। अतः स्वस्थ पौध तैयार करने के लिए 1.0–2.0 सेन्टी मीटर की दूरी पर पौधे छोड़कर अन्य पौधों को सावधानीपूर्वक निकालकर (उखाड़कर) बाहर कर देना चाहिए अन्यथा पौधे पतले व कमजोर हो जायेगें। ज्यादा घने होने की स्थिति में पौधों में जड़ गलन/पद गलन नामक बीमारी की सम्भावना बढ़ जाती है। घने पौधों को निकाल देने से प्रत्येक पौधे को उचित रुप से सूर्य का प्रकाश पोषक तत्व व वायु संचरण पर्याप्त मात्रा में होता रहता है। अगर उचित दूरी पर पौधे विकसित हो रहे हैं तो अचानक एक पौधे पर आयी बीमारी दूसरे पौधे पर आसानी से नहीं पहुँचती है और सुरक्षात्मक उपाय ज्यादा प्रभावी ढंग से प्रयोग किया जा सकता है।

(5) पौध सुरक्षा (Plant protection)

पौध सुरक्षा के अन्तर्गत कीट व रोग प्रबन्धन ज्यादा महत्वपूर्ण है। इसके अलावा पोषक तत्व की कमी से उत्पन्न कारणों की जानकारी कर सुरक्षा प्रदान करना भी आवश्यक होता है। सामान्यतः पाली हाउस में कीट व रोग का प्रकोप कम होता है।

कीट प्रबन्धन (Insect management)

कीटों से पौधशाला में ज्यादा नुकसान उनके खाने के साथ–साथ रोगों के प्रवाहन (transmission) से भी होता है। पौधशाला में उग रहे पौधों को निम्न कीटों से नुकसान होता है।

सफेद मक्खी (White fly)

कीट का रंग सफेद होता है तथा इनके शिशु बहुत ही गतिशील होते हैं। इस कीट का जीवनकाल, तापक्रम, मौसम और जलवायु पर निर्भर करता है। सफेद मक्खी के गतिशील शिशु तथा वयस्क दोनों ही पौधों की कोमल पत्तियों के रस चूसकर नुकसान पहुँचाते हैं। इसके अलावा गुरचा विषाणु रोग का संचरण कर नुकसान पहुँचाते हैं। परिणामतः पौधशाला में ही पौधे की वृद्धि रूक जाती है तथा विषाणु रोग फैल जाने के कारण मुख्य खेत में पौध वृद्धि कम होने के कारण पुष्पन व फल धारण कम होता है।

प्रबन्धन

- पौधशाला में पौधे घने नहीं होनी चाहिए।
- एग्रोनेट (agronet) का प्रयोग कर सफेद मक्खी के प्रवेश पर नियन्त्रण करें।
- कुछ रसायन जैसे इमिडाक्लोरोपिड 70 डब्ल्यू0पी0 (2.5–3.00 ग्राम प्रति किलो ग्राम) से बीज शोधन करना चाहिए।
- इमिडाक्लोरोपिड 200 एस0एल0 की 1.0 मिली लीटर दवा 3.0 लीटर पानी में मिलाकर या डाइमेथोएट 30 ई0सी0 नामक दवा की 1.0 मिलीटर मात्रा प्रति लीटर पानी या इण्डोसल्फान (2.0 मिली लीटर) या रोगार (1.5 मिली लीटर प्रति लीटर) के घोल का 15 दिन के अन्तराल पर छिड़काव या कानफिडोर (0.3 मिली लीटर प्रति लीटर) का छिड़काव करने से स्वस्थ पौध प्राप्त किये जा सकते हैं।

पर्ण सुरंगक (Leaf miner)

पौधशाला में विकसित हो रहे पौधों की पत्तियों पर मादा पर्ण सुरंगक कीट द्वारा रंगहीन अण्डा (250–300 अण्डे) दे देने से 2–3 दिनों बाद मैगट (maggot) निकलकर पत्तियों में टेड़े–मेढ़े सुरंग बनाकर पत्तियों के हरे भागों को खाकर नष्ट कर देते हैं। प्रभावित पत्तियाँ सूखकर गिर जाती हैं।

प्रबन्धन

- पौधशाला में नत्रजनयुक्त उर्वरक का कम प्रयोग करनी चाहिए।
- पोधशाला में पौधे घने नहीं होनी चाहिए व प्रभावित पत्तियों को निकालकर जला देना चाहिए।
- नियन्त्रण के लिए 4 प्रतिशत नीम गिरी का छिड़काव (40.0 ग्राम नीम गिरी प्रतिलीटर पानी में) करना चाहिए।

- कुछ रसायन जैसे कान्फिडोर (0.3 मिली लीटर) या इण्डोसल्फान (2.00 मिली लीटर) या डेमाक्रान (0.5 मिली लीटर) प्रतिलीटर पानी में घोकर छिड़काव करने से नियन्त्रण की जा सकती है।

हरा फुदका (Jassid)

हरा फुदका सामान्यतः गोभी वर्गीय सब्जियों व बैंगन के पौधों को नुकसान पहुँचाता है। इस कीट के शिशु एवं वयस्क दोनों हरे रंग के व दो मिली मीटर लम्बे होते हैं। शिशु के अगले दोनों पंखों पर दो काले धब्बे पाये जाते हैं। ये सामान्यतः बैंगन की निचली सतह से रस चूसते हैं। साथ ही साथ अपना जहरीला लार उसमें छोड़ते हैं। ग्रसित पौधा पीला पड़ जाता है तथा पत्ती किनारे से अन्दर की ओर मुड़ जाती है। धीरे–धीरे पूरी पत्ती पीले धब्बों से भर जाती है।

प्रबन्धन

- पौधशाला में धने पौधे नहीं होने चाहिए।
- रोपण पूर्व पौधों की जड़ों को कान्फिडोर (1.0 मिली लीटर/लीटर पानी में) के घोल में 1 घंटे तक डुबोने के बाद रोपण करना चाहिए।
- नीमगिरी 4 प्रतिशत का प्रयोग 10 दिन के अन्तराल पर पौधशाला में दो बार करनी चाहिए।
- इमिडाक्लोप्रिड 70 डब्ल्यू0पी0 का 3.0 ग्राम 1.0 किलो ग्राम बीज उपचारित करके बोने से इस कीट का प्रकोप 40–45 दिनों तक नहीं होता है।
- इमिडाक्लोप्रिड 200 एस0एल0 का 0.3 मिली लीटर/लीटर पानी में घोल बनाकर छिड़कने के 30 दिनों तक इस कीट का प्रकोप नहीं होता है।

लाल मकड़ी (Red mite)

कभी–कभी पौधशाला में बढ़ रहे पौधों पर लाल मकड़ी या अष्टपदी का प्रकोप होता है, जिससे पौधे कमजोर हो जाते हैं। मकड़ी के शिशु तथा प्रौढ़ दोनों पत्तियों की निचले सतह से रस चूसते हैं। अत्यधिक रस चूसने के कारण उपरी सतह पर पीली चित्तियाँ उभर आती हैं और धीरे–धीरे पौधे से पत्तियों का निष्पत्रण हो जाता है।

प्रबन्धन

- पौधशाला की क्यारियों में समय–समय पर पानी की फुहार करने से माइट जाल नहीं बन पाती है, अतः संख्या कम रहती है।
- डाइकोफाल (18.5 ई0सी0 का 2.5 मिली लीटर/लीटर पानी में) का घोल बनाकर छिड़काव करना चाहिए।
- क्वीनालफास (30 ई0सी0 का 1.0 मिली लीटर प्रति लीटर पानी में) घोलकर छिड़काव करने से लाल मकड़ी या अष्टपदी का नियन्त्रण होता है।

थ्रिप्स (Thrips)

थ्रिप्स के शिशु एवं प्रौढ़ दोनों पत्तियों से रस चूसकर क्षति पहुचाते हैं। इनके प्रकोप से पत्तियाँ सूख जाती हैं।

प्रबन्धन

क्यारियों में बीज बोने के पूर्व बीज शोधन करनी चाहिए। उदाहरण के लिए मिर्च के बीज को एमिडाक्लोरपिड या गाउच (70 डब्लू0एस0) 2.5 ग्राम/किलो ग्राम की दर से उपचारित कर पौधशाला में बुआई करें।

हीरक पृष्ठ पतंगा कीट (Dimond back moth)

यह हरे रंग की सूंडी होती है जो फूल गोभी, पत्ता गोभी आदि की पत्तियों के निचली सतह पर अधिक मात्रा में पायी जाती है और पत्तियों के हरे भाग को खुरच–खुरच कर खाती हैं, जिससे पौधे कमजोर हो जाते हैं। इस कीट के वयस्क का रंग धूसर होता है। जब यह बैठता है तो इसके पीठ वाले भाग पर तीन हीरे की तरह चमकीले चिन्ह दिखाई देते हैं।

प्रबंधन

- नीमगिरीके 4 प्रतिशत सत का प्रयोग लाभकारी होता है।
- पालिट्रीन सी0 44 ई0सी0 नामक रसायन का 1.5 मिली लीटर दवा प्रति 2.0 लीटर पानी में मिलाकर छिड़काव करने से फूल गोभी एवं पत्ता गोभी पौधा को क्षति होने से बचाया जा सकता है।
- शुरु की अवस्था में कीटों की संख्या कम होती है, उस समय सूंडी को पकड़कर नष्ट किया जा सकता है।

तम्बाकू की सूंडी (Spodoptera Larva)

तम्बाकू की सूंडी (larva) हरे रंग की होती है, जिसके अग्र भाग पर दो काले धब्बे पाये जाते हैं। इसका प्रकोप टमाटर, बैंगन एवं फूल गोभी के पौधों पर होता है। प्रमुख रुप से यह पत्तियों को खाकर क्षति पहुँचाता है।

प्रबंधन

- पत्तियों के निचले हिस्से पर समूह में दिये गये अण्डों को पत्तियों से तोड़कर नष्ट कर देना चाहिए।
- इण्डोसल्फान 35 ई0सी0 की 2.0 मिली लीटर मात्रा प्रति लीटर पानी में मिलाकर छिड़काव करना चाहिए।

हड्डा भृंग (*Epilachna* beetle)

हड्डा भृंग शिशु एवं प्रौढ़ अवस्थाएं पौधशाला के पौधों को क्षति पहुँचाती हैं। इसके प्रकोप से पत्तियों में जालीनुमा शिराएं ही दिखाई देती हैं, जिसमें हरा भाग कीट खा जाते हैं। परिणामतः पत्तियाँ सूख जाती हैं एवं पौधा रोपण के लिए अनुपयुक्त हो जाता है।

प्रबंधन

- सूखी पत्तियों को एकत्र करके जला देना चाहिए।
- कार्बेरिल 50 डब्ल्यू0पी0 नामक दवा की 2.0 ग्राम मात्रा प्रति लीटर पानी में मिलाकर छिड़काव करना चाहिए।

माँहू (Aphid)

इस कीट के शिशु एवं वयस्क दोनों नर्सरी के पौधों को क्षति पहुँचाते हैं। ये पत्तियों से रस चूसकर पौधों को कमजोर कर देते हैं। ज्यादा प्रकोप होने पर यह एक विशेष प्रकार का मधु स्राव पौधों पर छोड़ते हैं, जिससे पौधों के प्रत्येक भाग पर काले रंग का फफूँद (सूटी मोल्ड) जमा हो जाता है। ग्रसित पौधा भोज्य पदार्थ बनाने में असमर्थ होता है और पौधे धीरे–धीरे कमजोर हो जाते हैं। इस कीट से ग्रसित पौधे आगे चलकर कम उपज के लिए जिम्मेदार होते हैं।

प्रबंधन

इस कीट के नियंत्रण के लिए डाईक्लोरोवास 76 ई0सी0 1.0 मिली लीटर दवा प्रति लीटर पानी में मिलाकर छिड़काव करना चाहिए।

दीमक (Termite)

यह सफेद रंग का कीट होता है, जो मृदा के अंदर पाया जाता है। इस कीट से नुकसान पौधों की जड़ों को खाने से होता है। ग्रसित पौधे बहुत जल्द ही सूख जाते हैं।

प्रबंधन

इस कीट के नियंत्रण के लिए डाईक्लोरोवास 20 ई0सी0 2.5 मिली लीटर दवा प्रति लीटर पानी में मिलाकर छिड़काव करना चाहिए। नर्सरी तैयार करने के पूर्व अगर खेत में क्लोरोपाइरीफास का प्रयोग किया जाये तो दीमक की रोकथाम आसानी से हो जाता है।

रोग प्रबंधन (Disease management)

पौधशाला में उग रहे पौधों को कीटों से ज्यादा नुकसान बीमारियों के द्वारा होता है। सब्जियों की पौध में अधिकांशः रोग बीज एवं मिट्टी से फैलते हैं। इनमें भी ज्यादा रोग कवकों (फफूँद) द्वारा उत्पन्न होते हैं। यदि समय पर इन रोग–ब्याधियों का नियन्त्रण न किया जाये तो पौधशाला में पूरी पौध नष्ट हो जाती है। पौधशाला में लगने वाले प्रमुख रोग–व्याधि एवं उनका प्रबन्धन निम्नवत है–

पदगलन (Damping off)

यह कमरतोड़ बीमारी के नाम से भी जानी जाती है। पदगलन नामक बीमारी मुख्यतः टमाटर, बैंगन, मिर्च, शिमला मिर्च, पत्ता गोभी, फूल गोभी, प्याज आदि में व्यापक रुप से लगती है। यह बीमारी पिथियम, राइजोक्टोनिया, फाइटोफ्थोरा, फ्यूजेरियम आदि कवकों से होती है। पौधे जमीन की सतह से गलकर नीचे गिरने लगते हैं और प्रकोप के 2–3 दिनों के अन्दर ज्यादातर पौधे जड़ों के पास से गलकर समाप्त हो जाते हैं। यह बीमारी वर्षा ऋतु में जब मौसम में आर्द्रता अधिक होती है, तो ज्यादा तेजी से फैलती है।

प्रबन्धन

- थीरम या कैप्टान (3.0 ग्राम/किलो ग्राम बीज) द्वारा बीज शोधन तथा 5.00–6.00 ग्राम/वर्गमीटर पौधशाला की मिट्टी का शोधन करना चाहिए।
- बीज जमाव के बाद कैप्टान या थीरम की 2.5 ग्राम दवा प्रति लीटर पानी में घोल बनाकर पौधशाला की मिट्टी को तर करें।
- मिट्टी, गोबर की सड़ी खाद व बालू 1:1:1 अनुपात में थिरम या कैप्टान में मिश्रित कर क्यारियों में पौधा जिस ऊँचाई से गिर रहा हो, उससे थोड़ा उपर तक डाल देवें। इससे पदगलन (damping off) रुक जायेगी और नवीन जड़ों का विकास भी होगा।
- भूमि माध्यम को बाविस्टीन, ट्राइकोडर्मा विरडी या नीम की खली से शोधित करना चाहिए व शोधित बीज को लगाना चाहिए।
- पौध बचाव के लिए दो बार डाइथेन एम0–45 की 0.5–1.0 ग्राम प्रति लीटर पानी में घोल बनाकर छिड़काव करें।

जीवाणु धब्बा (Bacterial blight)

जीवाणु धब्बा नामक बीमारी मुख्यतः वर्षा ऋतु के मौसम (जुलाई–अक्टूबर) में उगाई जाने वाली पौधशाला को ज्यादा प्रभावित करता है। पत्तियों पर काले धब्बे बनते हैं।

प्रबन्धन

- स्ट्रेप्टोसाइक्लिन की 100 पी0पी0एम0 के घोल से 30 मिनट तक बीज शोधन करें।
- पौधशाला की मिट्टी का सौरीकरण (solarization) करें।
- स्ट्रेप्टोसाइक्लिन दवा की 150 पी0पी0एम0 का घोल बनाकर पौधशाला में बढ़ रहे पौधों पर छिड़काव करें।

पत्ती मरोड़ विषाणु (Leaf curl virus)

पौधों में विषाणु रोग का संचरण अत्यन्त छोटे सफेद मक्खी नामक वाहक से नर्सरी पौध में होता है जो विषाणु रोग के कीटाणु को एक पौधे से दूसरे पौधे पर फैलाती है। पौधों की पत्तियाँ सिकुड़कर टेड़ी–मेढ़ी, मोटी, घुमावदार व छोटी हो जाती है।

प्रबन्धन

- सफेद मक्खी से बचाव हेतु पौधशाला में क्यारी को एग्रोनेट (नायलान जाली) से ढककर पौध तैयार करना चाहिए।
- रोगरोधी प्रजातियों को उगाना चाहिए। उदाहरण के लिए टमाटर, की एच0–86, डी0टी0 आर0टी0–1, डी0वी0आर0टी0–2 व मिर्च की के0 ए0–2 विषाणु रोग मुक्त हैं।
- पौधशाला में बीज बुआई के पहले फ्यूराडान (3–जी0) की 5.00 ग्राम मात्रा प्रति वर्ग मीटर की दर से पौधशाला की मिट्टी में डालकर मिला देते हैं।
- बीज जमाव के बाद मोनोक्रोटोफास या मेटासिस्टाक्स दवा की 1.5 मिली लीटर मात्रा प्रति लीटर पानी में घोलकर छिड़काव करने के बाद एग्रोनेट से ढ़क देते हैं।
- पतली लोहे (2 सूत मोटी) या डालियों को उलटे यू (U) के आकार में धनुषाकार मोड़कर 1.0 मीटर की दूरी पर क्यारियों के किनारे पर गाड़ दें तथा उसके उपर एग्रोनेट को फैलाकर चारों तरफ से किनारों को मिट्टी से दबा देना चाहिए ताकि कोई कीट या मक्खी जाली के अन्दर प्रवेश न कर सके।
- अगर सम्भावना हो तो जाली के अन्दर कीटनाशी का 2–3 दिन बाद एक बार छिड़काव करनी चाहिए।

आल्टरनेरिया झुलसा (Alternaria blight)

टमाटर की पौधशाला में इस बीमारी का कारक आल्टरनेरिया सोलेनाई (*Alternaria solanii*) और आल्टनेरिया अल्टरनाटा प्रजाति लाइकोपरसिकी (*Alternaria alternata* sp. *persicae*) है। प्रभावित पत्तियों के किनारे के भाग पर अनियमित एवं त्रिकोणीय धब्बे बनते हैं। इन धब्बों के बाहरी किनारे पीलापन लिए होते हैं जो कि रोग कारक द्वारा विष उत्पन्न होने के कारण होता है।

प्रबन्धन

- कैप्टान दवा की 3.0 ग्राम/किलो ग्राम बीज में मिलाकर शोधन करना चाहिए।
- प्रभावित पौधों व पत्तियों को निकाल देना चाहिए।
- रोकथाम के लिए क्लोरोथैलोनिल की 0.2 प्रतिशत का छिड़काव पौधशाला में दो बार करनी चाहिए।

पत्ती का काला चूर्णी झुलसा

इस बीमारी का रोग कारक स्यूडोसर्कोस्पोरा फ्यूलीजेना (*Pseudocercospora fuligena*) है। प्रभावित पत्तियों के उपरी सतह पर गहरे काले रुप में कवक की वृद्धि होता है। प्रभावित पत्तियों के ठीक निचली सतह पर हल्के पीले से गहरे धब्बे बनते हैं। संक्रमण के बाद पत्तियाँ जल्द ही पौधे से गिर जाती हैं।

प्रबन्धन

- संक्रमित पौधों व पत्तियों को निकाल कर जला देना चाहिए।
- हेक्साकोनाजोल, ट्राइडेनिफान या विटरेटेलान का 0.5 प्रतिशत (0.5 ग्राम प्रति लीटर पानी में) की दर से सात दिन के अन्तराल पर पर्णीय छिड़काव करें।

सब्जियों की नर्सरी उत्पादन का आर्थिक विश्लेषण

सारिणी (5.11) सब्जियों की नर्सरी उत्पादन का एक अवलोकन

सब्जियाँ	बीज मूल्य (रु0/किलो ग्राम)		बीज सं0/ग्राम	क्यारियों का आकार (मीटर)	रोपण क्षे0/हेक्टेयर (वर्ग मीटर)	क्यारियों की संख्या	बीज दर/क्यारी (ग्राम)	गोबर की खाद/क्यारी (किलोग्राम)
	मुक्त परागित	संकर						
टमाटर	2,000	30,000	300.0	3.0×1.0×0.15	150.0	50	20.0	20.0
मिर्च	600	9,000	250.0	3.0×1.0×0.15	150.0	50	20.0	20.0
शिमल मिर्च	5,000	8500	140.0	3.0×1.0×0.15	150.0	50	20.0	20.0
बैंगन	900	8,000	250.0	3.0×1.0×0.15	150.0	50	20.0	20.0
फूल गोभी	1,500	3,000	300.0	3.0×1.0×0.15	150.0	50	20.0	20.0
पत्ता गोभी	1,000	25,000	300.0	3.0×1.0×0.15	150.0	50	20.0	20.0
गांठ गोभी	1,500	12,000	300.0	3.0×1.0×0.15	150.0	50	20.0	20.0
प्याज	1,000	6,000	400.0	3.0×1.0	1,000.0	334	100.0	20.0

सारिणी (5.12) सब्जियों की नर्सरी उत्पादन में लागत व लाभ का अवलोकन

सब्जियाँ	खाद का मूल्य (रु0)	क्यारी बनाने का खर्च (रु0)	बीज बुआई तीन श्रमिक (रु0)	सिंचाई खर्चा (रु0)	पौध उखाड़ने तथा पैक खर्च (रु0)	पौध संरक्षण खर्च (रु0)	एग्रोनेट पालीथीन एंगल आयरन खर्च (रु0)	कुल खर्च (रु0)	
								संकर	मुक्त
टमाटर	500	700	210	1,750	280	250	2,500	36,190	8,190
मिर्च	500	700	210	1,750	280	250	2,500	15,190	670
शिमल मिर्च	500	700	210	1,750	280	250	2,500	14,690	11,190
बैंगन	500	700	210	1,750	280	250	2,500	14,190	7,090
फूल गोभी	500	700	210	1,750	280	250	2,500	9,190	7,690
पत्ता गोभी	500	700	210	1,750	280	250	2,500	31,190	7,190
गांठ गोभी	500	700	210	1,750	280	250	2,500	18,190	7,690
प्याज	500	5,000	250	3,000	800	100	—	9,950	4,950

सारिणी (5.13) सब्जियों की नर्सरी उत्पादन में लागत व लाभ का अवलोकन

सब्जियाँ	कुल पौध (लाख)	शुद्ध रुप से तैयार पौध (लाख)	प्रति पौध उत्पादन खर्च (रु0 में)		प्रति पौध विक्रय (रु0 में)		कुल मुल्य (रु0 में)		शुद्ध लाभ (रु0 में)	
			संकर	मुक्त	संकर	मुक्त	संकर	मुक्त	संकर	मुक्त
टमाटर	3.0	2.10	0.17	0.03	0.50	0.15	1,05,000	31,500	68,810	23,310
मिर्च	2.5	1.75	0.08	0. 003	0.20	0.10	35,000	17,500	19,810	16,830
शिमल मिर्च	1.4	0.95	0.15	0.11	0.60	0.50	57,000	47,500	42,310	36,310
बैंगन	2.5	1.75	0.08	0.04	0.20	0.10	35,000	17,500	20,810	10,410
फूल गोभी	3.0	2.10	0.04	0.03	0.50	0.10	52,500	21,000	43,310	13,310
पत्ता गोभी	3.0	2.10	0.15	0.03	0.25	0.10	1,05,000	21,000	73,810	13,810
गांठ गोभी	3.0	2.10	0.08	0.03	0.20	0.10	42,000	21,000	40,181	13,310
प्याज	4–6	4.20	—	—	—	—	—	21,000	—	—

सारिणी (5.14) पाली हाउस में कद्दू वर्गीय सब्जियों की नर्सरी में पौध तैयार करने के लागत व लाभ का आँकलन

सामग्री	विवरण	सामग्री	मूल्य (रु0)	लागत (रु0)	सामग्री का जीवन (वर्ष)
बाँस	2.35 मीटर ×7.5 सेन्टी मीटर	18	12.00	216.00	3–4
	3.6 मीटर ×7.5 सेन्टी मीटर	38	18.00	684.00	3–4
पालीथीन	400 गेज मोटा, 3.6 मीटर चौड़ा	10.0 किलो ग्राम	60 रु0/किलो ग्राम	600.00	2–3
सुतली	नारियल सुतली (बाँस बाधने हेतु)	3.0 किलो ग्राम	15 रु0 प्रति किलो ग्राम	45.00	–
लोहे के पतले तार	15.0 सेन्टी मीटर लम्बे (बाँस से पालीथीन चादर बाधने हेतु)	200 टुकड़े	20.00 रु0	20.00	–
कार्ड बोर्ड	टुकड़े 2.5 × 2.0 सेन्टी मीटर	250 टुकड़े	22.00 रु0	22.00	–
लोहे की कीलें	1.5 सेन्टी मीटर लम्बा (बाँस पर पालथीन चादर लगाने हेतु, कार्ड बोर्ड सहित)	250.0 ग्राम	20.00	20.00	–
फाटक	प्रवेश द्वार को बन्द करने हेतु	1	60.00	60.00	–
श्रमिक	पाली हाउस बनाने हेतु	4	150.00	600.00	–
पालीथीन थैले	300 गेज मोटे (16.5 × 10.0 सेन्टी मीटर)	20.00 किलो ग्राम	70.00 रु0/किलो ग्राम	1400.00	–
कर्तन/कन्द की कीमत/	फसलानुसार	–	–	400.00	–
सिंचाई व देखभाल	20–28 दिनों तक	–	–	200.00	–
बुआई व पौध संरक्षण				300.00	–
कुल खर्च (रु0)			4567.0		
कुल तैयार पौध			12,000		
लागत प्रति पौध (रु0)			0.39		
विक्रय मूल्य/पौध			1.00		
कुल बिक्रय मूल्य (रु0)			12,000		
शुद्ध लाभ = कुल विक्रय–कुल लागत			12,000.0–4567.0 = 7433		
कुल शुद्ध लाभ			**रु0 7433**=0		

□□□

अध्याय 6

सब्जी जननद्रव्य एवं बौद्धिक सम्पदा अधिकार

(Vegetable Germplasm and Intellectual Property Right)

प्रकृति ने मनुष्य के अनुकूलतम विकास एवं जीविकोपार्जन के लिए जंगल तथा उसमें जैव विविधता उत्पन्न की है। जैव विविधता के अनुरक्षण से प्राकृतिक सम्पदा का भली–भाँति संरक्षण होता है, जिससे वे सभी वस्तुएं प्राप्त होती हैं, जिनकी आवश्यकता मानव व अन्य जीव जन्तुओं को है और प्रकृति हमें स्वेच्छा से देना चाहती है। प्रकृति का संरक्षण करके हम अपने आधुनिक विकास को आधार दे सकते हैं, परन्तु उसका विनाश करके कोई विकास नहीं कर सकते हैं। इस लिए प्राकृतिक संसाधन, वन, वनस्पतियाँ, जीव–जन्तु, जलाशय, पशु सम्पदा, खेत–खलिहान, वन्य अधिवास, दलदली क्षेत्रों आदि को कैसे बचायें, हमें गम्भीरता से सोचना होगा, क्योंकि इससे हमारा आर्थिक व समाजिक हित भी जुड़ा हुआ है। प्रकृति सभी जीव जन्तुओं/प्रजातियों को जीने का अवसर प्रदान करती है, किन्तु मानव अपने स्वार्थवश उसमें व्यवधान उत्पन्न करते हैं। पर्यावरण संतुलन बनाये रखने में प्रत्येक प्रजाति की एक विशिष्ट भूमिका होती है किन्तु मानव इसमें बाधा उत्पन्न करके पर्यावरण को असंतुलित कर रहे हैं। जैव विविधता द्वारा वैज्ञानिक समुदाय को भी सम्भावित उपयोग एवं शोध की विस्तृत जानकारी प्राप्त होती है, किन्तु मानव अवसरों और परिस्थितियों को कम करके इस जानकारी पर विराम लगाना चाहते हैं जिससे कृषि विकास में अवरोध पैदा हो रहे हैं। पादपों का संरक्षण उनके प्राकृतिक अधिवास (habitat) में बेहतर तरीके से किया जा सकता है, किन्तु आवश्यकता पड़ने पर स्थलीय संरक्षण के द्वारा भी यह कार्य कर सकते हैं, जिसमें अनुसधान हेतु चयनित प्रभेदों को यथावत स्थापित करना, राष्ट्रीय उद्यानों, अभ्यारणों को विकसित व संरक्षित करना एवं सामुदायिक रिजर्व, आरक्षित एवं सुरक्षित वन क्षेत्रों का विकास

आदि शामिल हैं। बाह्य स्थलीय संरक्षण में जन्तुआलयों का स्थापना, एक्वेरियम, जैविक उद्यानों, उद्यानों (वानस्पतिक बागवानी, सार्वजनिक उद्यानों) वृक्ष उद्यानों, जीवों व पादपों का पुनर्वास करके इनका संरक्षण कर सकते हैं। जैव विविधता के विनाश, विवेकहीन शोषण तथा कुप्रबन्धन से मानव वर्तमान समय में कई प्रकार के संकट झेल रहे हैं, चाहे वह शोध सम्बन्धी हो या हमारी भावी पीढ़ियों को कुछ देने की हो। मानव देने के वजाय अनेकों समस्याओं का अम्बार लगा रहे हैं। विज्ञान एवं तकनीकी के सहारे मानव भले ही प्रगति करने का दंभ भरें, लेकिन प्रकृति के प्रतिशोध से बच नहीं पायेंगे। प्रकृति का विनाश मानव के अपने भविष्य का विनाश है। सामाजिक संस्थाओं में चेतना लाकर जैव विविधता के अनुरक्षण में हमें सहयोग करना चाहिए। राष्ट्रीय कृषि अनुसंधान व्यवस्था में कृषि के बारे में काफी हद तक संशोधन और विकास का काम हो रहा है। कृषि उत्पादन में बढ़ोत्तरी हो, कृषि अध्ययन को बढ़ावा देना हो और नई तकनीकों का विकास हो, जैव सम्पदा संरक्षण से ही सम्भव इसका नतीजा यह है कि भारत कृषि उत्पादन में स्वयंपूर्ण हुआ। इतना ही नहीं कई धान्य फसलों, सब्जियों और फलों के उत्पादन में भारत विश्व स्तर पर प्रथम स्थान पर आ चुका है। अब प्रश्न यह है कि क्या इस विकास को भारतवर्ष कायम (sustain) रख पायेगा?

पादप आनुवंशिक संसाधन का तात्पर्य पूर्णरूपेण परम्परागत खेती योग्य प्रजातियों, दुर्लभ प्रजातियों एवं सम्बन्धित जंगली (wild relatives) प्रभेदों से प्रजनन द्वारा विकसित वाँछित गुणों वाली प्रजातियों की आनुवंशिकी विविधता से है (फोर्ड लायड्, 2001), जबकि जैविक विविधता (biological diversity) का तात्पर्य उसमें प्रत्येक स्रोत से उत्पन्न सभी जीवधारी, जो इन्टर एलिया (inter alia) सतही, समुद्री एवं अन्य जलीय वातावरणीय तथा वाह्य वातावरणीय जीव समाहित होने से है। ये उनके एक भाग के रूप में भी हो सकते हैं, जिनमें प्रजातियों के अर्न्तगत विभिन्नता, प्रजातियों के मध्य विभिन्नता या वातावरण के कारण उत्पन्न विभिन्नता समाहित होती है (Article-2, Convention on Biological Diversity), जबकि विविधता एक निश्चित परिदृश्य में गुणवत्ता स्तर या विभिन्नता की स्थिति को समाहित करते हैं। प्रकृति में लगभग 75000 खाद्य फसलें हैं, जिनमें केवल 3000 की खेती होती है। इसमें से केवल 150 की खेती व्यावसायिक रूप से वृहद् स्तर पर होती है, जिनमें 90 प्रतिशत भोजन केवल 20 फसलों से प्राप्त होता है।

आनुवंशिक संसाधन की उपयोगिता (Utility of genetic resources)

जैविक विविधता के बिना आधुनिक फसल सुधार एवं स्थायित्व सम्भव नही हैं। अतः फसल सुधार के लिए आनुवंशिक संसाधन एक अत्यन्त महत्वपूर्ण बुनियादी आधार है। इस प्रकार जैव विविधता का असीमित महत्व मानव के प्रतिदिन पोषण आहार के साथ जुड़ा है, जो पौधों के छाल, नवीन तने का अग्र भाग या प्ररोह, कलिकाएँ, पुष्प, फल, पत्तियाँ, जड़कन्द एवं खुम्भ पर आधारित है। कम उपयोग की जाने वाली अति महत्वपूर्ण फसलों का महत्व अकाल के समय ज्यादा देखने को मिलता है, जब प्रमुख खाद्य फसलों को उगाना मुश्किल होता है। पुराने एवं जंगली जननद्रव्यों में वाँछित एवं लाभदायक गुण होते हैं, जैसे कीट एवं अन्य अवरोधक गुण आदि। आनुवंशिक संसाधनों के संरक्षण से वर्तमान एवं भविष्य के लिए खाद्य, पोषण एवं स्वास्थ्य सुरक्षा की कुँजी प्राप्त की जा सकती है। इस प्रकार उत्पन्न विविधता से नई फसलें विकसित की जाती हैं।

नवीन फसल (New crops)

वर्तमान में लगभग 2,50,000 पादप प्रजातियों की विस्तृत व्याख्या की जा चुकी है, जबकि बहुत ज्यादा संख्या की व्याख्या करना शेष है। आज से 10 हजार वर्ष पूर्व कृषि की शुरूआती दौर में केवल 3,000 पादप प्रजातियों को जंगली अवस्था से निकाल कर मानव उपयोग हेतु प्रयोग में लाया गया। आज मानव कल्याण के लिए केवल 30 खाद्य फसलों पर ज्यादा निर्भरता है, जो विश्व को खाद्य सुरक्षा प्रदान करती हैं (हर्लान, 1975)। सब्जी फसलों के रूप में 400 प्रजातियों का उपयोग किया जाता हैं। वर्तमान में टमाटर, आलू, खरबूजा, बैंगन आदि उपस्थापित फसलें हैं। जिनका महत्व पोषण सुरक्षा में सबसे ज्यादा है।

नवीन प्रजाति जो पहले से खेती में हैं (New varieties of crops already in cultivation)

मानव उपयोग हेतु अनकों सब्जी फसलों (टमाटर, मिर्च, तरबूज, फूल गोभी, प्याज, लहसुन, शिमला मिर्च आदि) की प्रजातियों को विदेशों से भारत में लाया गया जिसकी खेती योग्य प्रजातियों के विकास में उपयोग किया गया।

सारिणी (6.1) विभिन्न फसलों में उपस्थापित जननद्रव्य एवं स्रोत

सब्जी फसल	ई0सी0 संख्या	गुण	देश
फूल गोभी	ई0सी0 348166	अधिक उपज	सं0 रा0 अमेरिका
	ई0सी0 164414–16	सूखा रोधी	सं0 रा0 अमेरिका
	ई0सी0175800–06	बहु रोगरोधी	सं0 रा0 अमेरिका
मिर्च	ई0सी0 391073	अधिक तीखापन	ताईवान
	ई0सी0 391089–92	अगेती पकाव व समूह फलत	ताईवान
	ई0सी0 347263	अधिक तीखापन	ताईवान
	ई0सी0 32333	बहु रोगरोधी	सं0 रा0 अमेरिका
	ई0सी0–054628	मिर्च पेस्ट के योग्य	–
	ई0सी0–052062	मिर्च पेस्ट के योग्य	–
खीरा	ई0सी0 398030	अगेती व सीमित बढ़वार	चीन, सं0 रा0 अमेरिका
	ई0सी0382737–39	गाइनोसियस लाईन	सं0 रा0 अमेरिका
	ई0सी0 329300	गाइनोसियस लाईन (जी04)	सं0 रा0 अमेरिका
	ई0सी0 320526	बहु रोगरोधी	सं0 रा0 अमेरिका
लहसुन	ई0सी0 367655–58	अधिक उपज व ओजपूर्ण जवा	इजराइल
	ई0सी0 378476–77	पिंक (pink) रोगरोधी	
प्याज	ई0सी0 30802–11	अधिक कंद उपज	सं0 रा0 अमेरिका
	ई0सी0 378476–77	अधिक मिठास (high TSS) व अधिक समय तक रखने का गुण (longer shelf life)	युनाईटेड किंगडम
टमाटर	ई0सी0 3911024	अधिक समय तक रखने का गुण (longer shelf life)	आस्ट्रेलिया

	ई0सी0 310299	मंद पकाव	सं0 रा0 अमेरिका
	ई0सी0 321425–26	पेस्ट के योग्य	ताईवान
	ई0सी0 347359–68	संकर (F_1)	ताईवान
	ई0सी0 343391–95	संकर (चेरी टाईप)	सं0 रा0 अमेरिका
	ई0सी0 346011	पुमंग विहिन लाईन (stamenless line-F_2)	सं0 रा0 अमेरिका
	ई0सी0 346013–14	हरा मादापन टाईप (green pistillate type)	सं0 रा0 अमेरिका
	ई0सी0 399828–38	सूखा रोधी	सं0 रा0 अमेरिका
	ई0सी0 347359–68	सूखा रोधी	ताईवान
	ई0सी0 321425–26	सूखा रोधी	ताईवान
	ई0सी0 378682–83	कम पानी माँग	आस्ट्रेलिया
	ई0सी0 399828–38	बहु रोगरोधी	सं0 रा0 अमेरिका
	ई0सी0 347369–90	टमाटर विषाणु व जीवणु रोगरोधी	ताईवान
	ई0सी0321890–982	टमाटर विषाणु रोगरोधी	ताईवान
तरबूज	ई0सी0 380989–92	पीला गूदा, अगेती पकाव	सं0 रा0 अमेरिका
	ई0सी0 393240–43	लाल गूदा, गोल व छोटा	सं0 रा0 अमेरिका
	ई0सी0 384809	फ्यूजेरियम उकठा रोगरोधी	सं0 रा0 अमेरिका
	ई0सी0 378523–24	फ्यूजेरियम उकठा रोगरोधी	सं0 रा0 अमेरिका
	ई0सी0 333659–69	उकठा रोगरोधी	सं0 रा0 अमेरिका
	ई0सी0 217073–74	फ्यूजेरियम व गमी ब्लाइट (gummy blight) रोगरोधी	सं0 रा0 अमेरिका
पत्ता गोभी	ई0सी0 304718–25	कोशिकाद्रव्यी नर वन्ध्यता व रेस्टोरर लाईन (CMS and restorer lines)	सं0 रा0 अमेरिका
	ई0सी0 187228–30	नर वन्ध्य लाईन	कनाडा
	ई0सी0 350918–28	सूखा सहनशील	सं0 रा0 अमेरिका
	ई0सी0 168041–42	सूखा सहनशील, क्लब राट व ब्लैक राट रोगरोधी	सं0 रा0 अमेरिका
खरबूजा	ई0सी0 348140–43	संकर (F_1) अगेती पकाव व मीठा	सं0 रा0 अमेरिका
	ई0सी0382726–36	नर वन्ध्य जीन (MS 2 to MS 5)	फ्रांस
	ई0सी0 350603	गंधक व तरबूज मोजैक विषाणु सहनशील	सं0 रा0 अमेरिका
	ई0सी0 342751–54	सूखा सहनशील	जापान
	ई0सी0 350602	एफीड रोधी	सं0 रा0 अमेरिका
	ई0सी0 3309956	बहु रोगरोधी	सं0 रा0 अमेरिका
शिमला मिर्च	ई0सी0 334206	जल जमाव (water submergence)	सं0 रा0 अमेरिका
भिण्डी	ई0सी0 305616	पित्त शीरा मोजैक विषाणु रोगरोधी (YVMV resistance)	बांग्लादेश

आनुवंशिक भण्डार (Genetic stock)

वाँछित जीन युक्त प्रजातियों व जंगली प्रभेदों को सीधे प्रयोग नही किया जा सकता है। यह सत्य है कि अच्छी गुणवत्तायुक्त एवं वांछित जीन (गुणवत्ता, रोग रोधीपन, कीट रोधीपन व विषम जलवायु/मौसम में समायोजन योग्य) इन्हीं प्रभेदों में पायी जाती है। उदाहरण के लिये टमाटर की सोलेनम पिंपेन्नीफोलियम (*Solanum pimpinellifolium*) जीवाणु इकठा रोगरोधी, फ्यूजेरियम उकठा रोगरोधी, विटामिन सी व बीटा कैरोटीन के लिये एवं सोलेनम चिजमानी (*Solanum cheesmani*) लवण सहनशीलता के लिये आनुवंशिक भण्डार हैं। इसी प्रकार आलू की पिछेती झुलसा के लिये सोलेनम डेमिसम, सोलेनस एन्टीपूवीक्जी (*Solanum demissum, Solanum antipoviczii*), अगेती झुलसा (*Solanum saltense*) एवं विषाणु एक्स0, पाला, सूँड़ी व सूत्रकृमि के लिये सोलेनम स्टोलोनीफेरम (*Solanum stoloniferum*) आनुवंशिक भण्डार हैं।

आनुवंशिक संसाधनों से उन्नति/विकास की ओर लीनता (Genetic resources as evolution trend setter)

कुल, विविध प्रजातियों व जंगली प्रभेदों में समाहित मुख्य जीन स्वरूप आनुवंशिक विकास की लीनता की ओर संकेत करते हैं।

जाति संबंधी मूल्य (Ethinic value)

जैव विविधता मानव के लिये प्रमुख भूमिका निभाती है। जंगलों में विविधता, भोजन या अन्य उपयोग में आती हैं। रूसी पादप अन्वेषक एवं आनुवंशिकविद (explorer and geneticist) वैज्ञानिक निकोलाई आई0 वैविलोव (Nikolai I. Vavilov) ने जैव विविधता के महत्व एवं उपयोग का विश्लेषण किया।

आनुवंशिक संसाधन के प्रकार (Types of genetic resources)

किसी प्रजाति में समग्र जीन उपलब्धता को आनुवंशिक संसाधन कहते हैं। अब इसमें दूर से संबन्धित वंश (related genera) एवं असंबन्धित वंश (unrelated genera) को समाहित करते हैं। आनुवंशिक संसाधन कई प्रकार के होते हैं।

जंगली आनुवंशिक संसाधन (Wild Genetic Resources)

जंगली आनुवंशिक संसाधन में समग्र जंगली प्रजातियाँ (प्रकृति में) जिनमें वाँछित जीन उपलब्ध हैं, को समाहित करते हैं। ये समूह, खेती की जाने वाली प्रजाति से दूर प्रकृति में स्वयं विकास एवं संकरण करते रहते हैं। अनेकों जंगली जातियाँ खरपतवार (crop weeds) का रूप ले रही हैं जैसे कुन्दरू। वर्तमान में जंगली आनुवंशिक संसाधन, प्राकृतिक वातावरण की कमी (habitat reduction), खेत का विभाजन (fragmentation), शहरीकरण आदि करणों से घट रहे हैं।

खेती योग्य आनुवंशिक संसाधन (Cultivated genetic resources)

खेती योग्य आनुवंशिक संसाधन में समग्र प्रजातियाँ जो प्रयोग हो चूँकी हैं या प्रयोग हो रही हैं, को समाहित करते हैं। आर्थिक उपयोगिता के आधार पर इन्हें निम्न समूहों में बाँटा जा सकता है–

1. खाद्य फसलें (अन्न फसलें, दाल फसलें, तेल फसलें)
2. व्यावसायिक फसलें (गन्ना, कपास, जूट)
3. सब्जी फसलें (कद्दू वर्गीय सब्जियाँ, टमाटर कुल की सब्जियाँ, पत्तीदार सब्जियाँ आदि)
4. औषधीय एवं सगंधीय फसलें
5. सजावटी एवं शोभाकारी फसलें
6. जंगल एवं ईंधनकारी फसलें
7. मसालें एवं चटनी फसलें (Spices and condiments)
8. जैव–डीजल (Bio-diesel yielding plants)

खेती योग्य फसलों में आनुवंशिक संसाधन उत्पन्न (Generation of genetic resources in cultivated plants)

प्रजातियों का विकास एवं संकरण, शोध संस्थान की प्राथमिकता होती है। संकरण से अनेकों आनुवंशिक संसाधन उत्पन्न होते हैं। उदाहरण के लिये–

1. नवीन प्रजातियाँ (New varieties)
2. पुरानी एवं खेती न होने वाली प्रजातियाँ (Old or obsolete varieties)
3. वाँछित जीन वाली प्रजनन लाईन (Breeding line with specific genes)
4. ट्रांसग्रेसिव लाईन (Transgressive line)
5. ट्रांसजेनिक लाईन (Transgenic line)
6. आनुवंशिक भण्डार (Genetic stock)
7. उत्परिवर्तित लाईन (Mutants)

आनुवंशिक संसधनों का उद्भव एवं विकास (Origin and evolution of genetic resources)

1. ग्राम्यन (Domestication)

जंगली सब्जी की प्रजातियाँ मानव आहार में प्रमुख भूमिका निभाती हैं, क्योंकि इनमें प्रचुर मात्रा में पोषक तत्व पाया जाता है, जो मुख्य फसलों में कम होता है। इसके अलावा विभिन्न परिस्थितियों के लिए नवीन प्रजातियों का विकास जंगली प्रभेदों को समाहित कर किया जाता है। ग्राम्यन (domestication) का तात्पर्य जंगली प्रजातियों का खेती के लिये उपस्थापित करना है।

"Domestication is the process of bringing wild species under cultivation."

सामान्यतः 20000 वर्ष पूर्व यह पाया गया है कि इन्हीं जंगली प्रजातियों से लोगों ने अपनी आवश्यकतानुसार चयन कर कुछ फसलों का ग्राम्यन (domestication) किया और समय के साथ उनकी खेती प्रारम्भ कर दी। यहीं जंगली जातियाँ जो अस्थायी रूप से ग्राम्यन की गयी तथा अन्य जो जंगलों में बची रह गयीं, प्रकृति में आपसी संकरण करके नयी प्रजातियों को जन्म दिया। आज देश में 60 से ज्यादा विभिन्न प्रकार की सब्जियों (देशी एवं आयातित) की खेती की जाती है, जो विभिन्न भौगोलिक क्षेत्रों हेतु उपयुक्त हैं। सब्जियों में अधिकतर प्रजातियाँ सीधे जननद्रव्य से विकसित की गयी हैं। दूसरे शब्दों में यह कहना गलत नहीं होगा कि आज तक जितनी भी अच्छी एवं वाँछित गुणों वाली किस्में विकसित की गयी हैं, उनमें पादप आनुवंशिक संसाधनों का प्रत्यक्ष या अप्रत्यक्ष रूप में महत्वपुर्ण योगदान है। भविष्य में भी सब्जी फसल सुधार कार्यक्रमों में आनुवंशिक संसाधनों का महत्वपूर्ण योगदान रहेगा क्योंकि इसके बिना फसल सुधार कार्यक्रम सम्भव नहीं है। कभी–कभी प्राकृतिक कारणों से महत्वपूर्ण आनुवंशिक संसाधन बहुत तेजी से नष्ट हो जाते हैं और इन्हें बचाने का अवसर ही नही मिलता। उदाहरण के लिए ओडिशा में भयंकर समुद्री तुफान से परवल, बैंगन, मिर्च आदि के महत्वपूर्ण जननद्रव्यों को नुकसान पहुँचा। इसी प्रकार सन् 2002 में भयानक सूखे की स्थिति से अनेकों अल्प उपयोगी कद्दू वर्गीय जननद्रव्य समाप्त हो गये। अतः आनुवंशिक विनाश होने से पहले ही इनको बचाना जरूरी है, अगर हम अपने देश में मूल्यवान जैव सम्पदा जैसे करेला परवल आदि का संरक्षण नहीं किया तो दूसरे देश एकाधिकार/पेटेन्ट (patent) करा लेगें। अतः अपनी जैविक सम्पदा की चोरी रोकने एवं सुरक्षा के लिए इनका संरक्षण जरूरी है। आनुवंशिक संसाधनों की अनुपलब्धता आधुनिक उन्नतिशील किस्मों के विकास प्रक्रिया में आनुवंशिक संकीर्णता पैदा कर सकती हैं, जिससे किसी भी फसल के लिए किसी भी समय असफल होने का खतरा बना रहता है। इस प्रकार कीड़ों या बीमारियों का आक्रमण होने की स्थिति में पूरे क्षेत्र की फसल पूर्ण रूप से बरबाद होने की संभावना बनी रहती है, क्योंकि कीड़ों या जीवाणुओं में आनुवंशिक भेद्यता की क्षमता होती है। आनुवंशिक संकीर्णता के कारण सन् 1850 में आयरलैण्ड़ में आलू की फसल पर पिछेती अंगमारी (late blight) बीमारी के कारण भीषण अकाल पड़ गया। सब्जियों में सर्व प्रथम उपस्थापित फसलें बीन्स, प्याज, मटर, मूली, खरबूजा, तरबूज, याम, आदि हैं।

ग्राम्यन/उपस्थापन में आनुवंशिक परिवर्तन (Genotypic changes under domestication)

ग्राम्यन (domestication) के समय जंगली प्रभेदों को समाहित/उपस्थापित करने में आनुवंशिक परिवर्तन होते हैं।

- **फल आकार एवं फल भार वृद्धि (Increase of fruit size and weight)**—उदाहरण के लिये—टमाटर में 10–20 गुणा फल आकार एवं फल भार में वृद्धि हुई। इसके अलावा आलू, प्याज, कद्दू वर्गीय सब्जियों आदि में फल आकार एवं फल भार में वृद्धि हुई है।
- **छितराव में कमी (Reduction of shattering)**—बीन्स, मटर आदि के पके फलों से बीज छितराव में कमी हुई है।
- **सुप्तावस्था का समापन (Elimination of dormancy)**—जंगली प्रभेदों में लम्बी सुप्तावस्था होती है, जिससे दो मौसमों की विपरीत परिस्थिति को सहन कर लें।

- **नुकसानदायक तत्वों में कमी (Reduction of toxic compounds)**—कद्दू वर्गीय सब्जियों में तीखापन (bitterness), ब्रेसिका में यरुसिक एसीड (erucic acid) तत्वों में कमी हुई है।
- **पौध आकार में परिवर्तन (Plant canopy modification)**—पौध ऊँचाई, शाखा विकास, पत्ती आदि में परिवर्तन हुई है।
- **फल पकाव के समय में कमी (Short maturity duration)**—बीन्स, प्याज, मटर, मूली, खरबूजा, तरबूज, ब्रेसिका कुल की सब्जियों आदि में फसल व फल पकाव के समय में कमी हुई है।
- **परपरागण से स्व परागण में परिवर्तन (Shift from cross pollination to self pollination)**—परपरागण से स्वपरागण में परिवर्तन का सटीक उदाहरण टमाटर, मिर्च व बैंगन हैं, जिसमें मूलतः परपरागण होने के बावजूद स्वपरागित रूप में उगाया जाता है।

उद्‌भव केन्द्र एवं विविधता के क्षेत्र (Centre of origin and regions of diversity)

रूसी पादप अन्वेषक एवं आनुवंशिकविद (explorer and geneticist) निकोलाई आई0 वैविलोव (Nikolai I. Vavilov) पहले वैज्ञानिक थे, जिन्होने प्रकृति में पादप आनुवंशिक विविधता के महत्व को मानव कल्याण के लिए समझा था। भौगोलिक सर्वेक्षण से उन्होंने स्पष्ट किया कि खेती योग्य पौधों का उद्‌भव स्थल आठ (8) भौगोलिक उद्‌भव केन्द्रों एवं दो उपकेन्द्रों से हुआ है (वैविलोव, 1951)। उन्होंने अपने अध्ययन से यह भी स्पष्ट किया कि विश्व में वृहद् स्तर पर पादप विभिन्नता उष्ण कटिबन्धीय और उप–उष्ण कटिबन्धीय क्षेत्रों के उच्च पर्वतीय घाटियों जो एक दूसरे से पर्याप्त दूरी पर हैं, असीम विविधता को समाहित करते हैं, से हुआ है। विश्व की सम्पूर्ण जैव विविधता का वितरण प्रमुख रूप से 12 जलवायु क्षेत्रों में पाया जाता है (जीवेन एवं डेट, 1982)। यह सत्य है कि 90 प्रतिशत से ज्यादा पौध प्रजातियों की विविधता जो भोजन या अन्य उपयोग में आती हैं, विश्व के आर्थिक रूप से विकासशील देशों जैसे–अफ्रीका, एशिया एवं लैटिन अमेरिकी देश तथा फार इस्ट आइलैण्ड में प्रमुखता से उपलब्ध हैं (मैडले, 1996)। खेती योग्य अल्प उपयोगी अस्वीकृत तथा कम महत्व वाली सब्जियों की कुल 400 प्रजातियों की विविधता मुख्यतः सात क्षेत्रों–चायनीज–जापानीज, इण्डो–चायनीज, इण्डोनेशियन, हिन्दुस्तानी, मेडिटैरेनियन, यूरोपियन–साइबेरियन, अफ्रीकन तथा दक्षिण अमेरिका में ज्यादा मिलती है (अरोरा, 1985)। इन क्षेत्रों में कुल 540 प्रजातियों में से 495 प्रजातियाँ पायी जाती हैं। इन भौगोलिक क्षेत्रों में सबसे ज्यादा विविधता उष्ण कटिबन्धीय अमेरिका, उष्ण कटिबन्धीय एशिया तथा मेडिटैरेनियन के क्षेत्रों में पाया जाता है। उष्ण कटिबन्धीय एशिया के क्षेत्रों में भारत व चीन में सबसे ज्यादा जैव विविधता (biodiversity) पायी जाती है। भौगोलिक विभिन्नता के कारण भारतीय उपक्षेत्र साब्जियों के उद्‌भव एवं आनुवंशिक विविधता के लिए प्रमुख रूप से जाना जाता है। यहाँ पर जंगली एवं स्थानीय प्रजातियों के अलावा 80 प्रमुख एवं अल्प उपयोगी सब्जियों की प्रजातियाँ पायी जाती हैं (चौधरी, 1964 एवं शेशाद्री, 1987)। अरोरा (1991) ने स्पष्ट किया कि भारतवर्ष 167 खेती योग्य और 329 जंगली प्रजातियों का गृह क्षेत्र है। भारत वर्ष की सब्जियों में बैंगन, चिकनी तोरी, नसदार तोरी, खीरा आदि सब्जियों का प्राथमिक उद्‌भव स्थल तथा लोबिया, भिण्डी, मिर्च, कुम्हण और गोभी वर्गीय सब्जियों का द्वितीयक उद्‌भव स्थल है।

सारिणी (6.2) प्रमुख सब्जियों के उद्भव स्थल एवं क्षेत्रीय विविधता

जीन केन्द्र (Gene Centre)	**प्राथमिक केन्द्र** (Primary Centre)	**द्वितीयक केन्द्र** (Secondary Centre)
चायनीज–जापानीज	बैंगन, पेठा, चायनीज, कैबेज, कॉग–कॉग वेल्श–प्याज	तरबूज, चौलाई
इण्डो–चायनीज	पेठा, चिकनी तोरी, नसदार तोरी, करेला, स्वार्ड बीन, विंग्ड बीन, तारो, चो–चो, खीरा, लौकी, याम	चायनीज कैबेज, लौकी, खीरा, याम, बीन्स, चौलाई, यार्ड लौंग बीन्स, कांग–कांग
हिन्दुस्तानी केन्द्र	बैंगन, पेठा, खीरा, नसदार तोरी, करेला, चिकनी तोरी, ह्यासिन्थ बीन, सहजन, भिण्डी, कॉग –कॉग,	तरबूज, रोसेल, लौकी, चौलाई, खरबूजा
सेन्ट्रल एशिया	प्याज, लहसुन, गाजर, स्पीनाच,	बैंगन, तरबूज, फूल गोभी, खरबूजा
नियर इस्ट	प्याज , लहसुन, लीक, बीट	भिण्डी
मेडीटेरैनियन	व्हाइट कैबेज, फूल गोभी, तरबूज, ब्रोकली, मूली	स्वीट पेपर, लहसुन, भिण्डी
अफ्रीकन	बैंगन, तरबूज, अन्य मेलन, लोबिया, भिण्डी, रोसेल, लोकस्ट बीन	प्याज, शैलट, लाइमा बीन, व्हाइट कैबेज, चौलाई
यूरोपियन–साइबेरियन	लेट्यूस	प्याज, व्हाइट कैबेज, कामन बीन्स, फूल गोभी , स्पिनाच, गाजर
सेन्ट्रल अमेरिका	टमाटर, तीखा मिर्च, कुम्हण, स्क्वाश, याम, बीन्स, कामन बीन, स्वीट पोटैटो	–
मेक्सिकन क्षेत्र	टमाटर, तीखा मिर्च, कुम्हण,स्क्वाश, याम, बीन्स, कामन बीन, स्वीट पोटैटो	–
दक्षिण अमेरिका क्षेत्र	टमाटर, तीखा मिर्च, कसावा, कुम्हण, लाइमा बीन, चो–चो, चौलाई , चुकन्दर	कामन बीन
उत्तरी अमेरिका क्षेत्र	–	टमाटर, बैंगन, खरबूजा, तरबूज, मिर्च, स्क्वाश, प्याज, लेट्यूस, लाइमा बीन, भिण्डी, कुम्हण

स्रोतः गुप्ता एवं सहयोगी, 1995

भारतीय भौगोलिक क्षेत्र की जैव विविधता (Biodiversity in Indian geographic condition)

भारतवर्ष 8 डिग्री उत्तर से 38 डिग्री उत्तर अक्षांश और 68 डिग्री पूर्व से 97.5 डिग्री पूर्व के बीच स्थित है, जिससे जलवायु एवं मृदीय विभिन्नता उच्च स्तर तक पायी जाती है। इन क्षेत्रों में अनेकों प्रकार की वानस्पतिक विभिन्नता का अनुकूलन पाया जाता है। विभिन्नता का स्तर समुद्र के किनारे से हिमालय की 3,500 मीटर की ऊँची पहाड़ियों तक देखा जा सकता है। यहाँ पर उष्ण कटिबन्धीय, उप–उष्णकटिबन्धीय तथा उपोष्ण जलवायु के पौधों में विभिन्नता पायी जाती है।

सेहगल एवं सहयोगी (1992) ने भारतवर्ष के कृषि जलवायु क्षेत्र को 20 भागों में बाँटा है, जिसका आधार भूखण्डीय बनावट, जलवायु एवं सांस्कृतिक विरासत को माना है। ज्यादातर जैव विविधता की सघनता चाहे वह खेती योग्य प्रजातियों की हो या स्थानीय प्रजातियों (land races) की हो, पश्चिमी घाट और उत्तर–पूर्व हिमालय के क्षेत्रों में पायी जाती है। कुछ प्रमुख फसलें जिनमें विविधता ज्यादा मिलती हैं, वे हैं लोबिया, सेम, गोभी वर्गीय सब्जियाँ, भिण्डी एवं उनकी जंगली प्रजातियाँ, बैंगन एवं उनकी जंगली प्रजातियाँ, शकरकन्द, कोलोकेशिया, एलोकेशिया, याम, कसावा, स्वार्ड बीन, वेलवेट बीन तथा सूरन या जिमी कन्द। सोलेनम प्रजातियों का ज्यादा वितरण उत्तर–पूर्वी क्षेत्र, याम का पश्चिम घाट एवं उत्तर–पूर्वी क्षेत्र, चीव्स, लीक एवं अन्य एलियम प्रजातियाँ कुमायुँ तथा गढ़वाल–हिमालय, ग्वार हेतु, पश्चिमी शुष्क क्षेत्र, सेम हेतु, डेकन प्लेटू, कद्दू वर्गीय सब्जियों हेतु राजस्थान एवं मध्य प्रदेश, पत्तीदार सब्जियों जैसे–चौलाई और फाइगोपायरम प्रजाति हेतु पश्चिम हिमालय के क्षेत्र उपयुक्त पाये गये हैं।

क्षेत्र के अनुसार प्रजातियों का विवरण इस प्रकार है–

1. उत्तर–पश्चिम और पूर्वी हिमालय का क्षेत्र (North Western & Eastern Himalayan Region)

साधारणतया उत्तर–पश्चिम पूर्वी हिमालय के क्षेत्रों में उपोष्ण यानी ठण्डी वातावरण को सहन करने वाली सब्जियों का अनुकूलन होता है। वंश एलियम (*Allium*) की अनेकों प्रजातियों जैसे–लीक, शैलट, लहसुन, प्याज आदि में व्यापक विविधता पायी जाती है। विरल सघनता ऐस्पैरागस, स्पीनाच, बथुआ, चौलाई एवं बेटा वुल्गैरिस (*Beta vulgaris*) में देखने को मिलती है। अन्य सब्जियों जैसे गोभी वर्गीय, स्क्वाश, कुकुरबिटा प्रजाति, कुकुमिस, मिर्च, शिमला मिर्च, मटर, बाकला, लोबिया, हार्सरैडिस, आर्टीचोक, आलू, कोलोकेशिया, टमाटर, पार्सले, धनिया, अदरक, चो–चो एवं मीठा करेला (*Cyclanthera pedata*) में भी ज्यादा विविधता मिलती है।

2. उत्तर–पूर्वी क्षेत्र (आसाम सहित) (North Eastern Region including Assam)

उत्तर–पूर्वी क्षेत्र (आसाम सहित) क्षेत्र में भी उपोष्ण सब्जियों की बहुलता होती है। सबसे ज्यादा विविधता पत्तीदार सब्जियों जैसे–चौलाई, बथुआ एवं गोभी वर्गीय फसलों में देखने को मिलती है। अन्य महत्वपूर्ण सब्जियों जैसे–बैंगन, मिर्च, टमाटर, भिण्डी, तारो, याम एवं कद्दू वर्गीय फसलों में विविधता पायी जाती है। भू–भौगोलिक एवं वातावरणीय विभिन्नता के कारण अनेकों प्रकार के बीन्स (दलहनी सब्जियाँ) जैसे–बिंग्ड बीन, फराश बीन और लाइमा बीन की विविधता प्रचुर मात्रा में पायी जाती है। क्षेत्र के निचले हिस्सों में खीरा, परवल, चो–चो, करेला, खेक्सा एवं मीठा करेला में विविधता पायी जाती है। सब्जियों की जंगली प्रभेदों में एबलमास्कस मैनिहाट, एलोकेशिया मैक्रोरीजा, एमार्फोफैलस बल्बीफेरा, कोलोकेशिया एस्कूलेन्टा, कुकुमिस हिस्ट्रीक्स, कुकुमिस ट्राइगोनस, डायोस्कोरिया एलाटा, लूफा ग्रैवोलेन्स, मोघानिया वेस्टीडा, मोमोर्डिका कोचीनचाइनेन्सिस, मोमोर्डिका मैक्रोफिला, मोमोर्डिका सबएंगुलाटा, ट्राइकोसैन्थस कुकुमेरिना, ट्राइकोसैन्थस डायोका, ट्राइकोसैन्थस डाइकिलोस्पर्मा, ट्राइकोसैन्थस खासियाना, ट्राइकोसैन्थस ओवाटा, ट्राइकोसैन्थस ट्रंकाटा और सोलेनम इण्डिकम की बहुलता पायी जाती है।

3. उत्तर मैदानी/गंगा का मैदानी क्षेत्र (तराई क्षेत्र सहित) (The Nothern Plains/Gangetic Plains including Tarai Region)

उत्तर मैदानी/गंगा का मैदानी क्षेत्र (तराई क्षेत्र सहित) में प्रमुख सब्जियों जैसे–टमाटर, बैंगन, मिर्च, भिण्डी आदि में व्यापक विभिन्नता मिलती है क्योंकि इनकी खेती लगातार उत्पादकों द्वारा की जा रही है। लगातार खेती करने से प्रकृति में प्राकृतिक संकरण से स्वयं विविधता उत्पन्न होती रहती है। सघन विभिन्नता सामान्यतः कुकुमिस प्रजातियों, लूफा प्रजातियों, कुकरबिटा प्रजातियों, पेठा, लौकी, मोमोर्डिका प्रजातियों, ट्राईकोसैन्थस प्रजातियों, सोलेनम प्रजातियों, कैप्सिकम प्रजातियों, एबलमास्कस प्रजातियों, ब्रेसिका प्रजातियों तथा कन्दीय फसलों में पाया जाता है।

4. उत्तर–पश्चिम/इण्डस मैदानी क्षेत्र (North Western/Indus Plains)

इस क्षेत्र में सबसे ज्यादा विविधता कुकुमिस, मोमार्डिका, कैप्सिकम एवं एलियम प्रजातियों में पाया जाता है। इसके अलावा भारतीय मूल में विकसित कद्दू वर्गीय सब्जियों, भिण्डी, बैंगन एवं लहसुन में देखा जा सकता है। विशेष तौर पर कैरालूमा प्रजातियों (*Caralluma* species) में विविधता सबसे ज्यादा मिलती है। इन्हीं क्षेत्रों में मोमोर्डिका बालसैमिना (*Momordica balsamina* L.), सिट्रूलस कोलोसिन्थिस (*Citrullus colocynthis*) एवं कुकुमिस प्रोफिटैरम (*Cucumis prophetarum*) की जंगली प्रजातियों को प्राप्त किया जा सकता है।

5. केन्द्रीय क्षेत्र/पठार (The Central Region/ Plateau)

केन्द्रीय पठार क्षेत्र में सबसे ज्यादा विविधता कुकुरबिटा प्रजातियों, पेठा, टिण्डा, करेला, परवल, नसदार तोरी, भिण्डी, बैंगन, मिर्च, टमाटर, कन्दीय एवं शल्कीय फसलों में होता है। भारतीय मूल की सब्जियों जैसे कद्दू वर्गीय, बैंगन, भिण्डी एवं मिर्च में भी विभिन्नता वातावरणीय परिस्थितियों के कारण होती है। कुछ जंगली प्रजातियों जैसे–कुकुमिस सिटोसस, कुकुमिस ट्राइगोनस, लूफा एक्यूटांगुला, वार0 अमारा, मोमोर्डिका सिम्बालैरिया की उपस्थिति देखी जा सकती है।

6. पश्चिम एवं पूर्वी प्रायद्वीपीय क्षेत्र (The Western and Eastern Peninsular Region)

पश्चिम एवं पूर्वी प्रायद्वीपीय क्षेत्र में ज्यादा विविधता कद्दू वर्गीय सब्जियों (खीरा, करेला, लौकी एवं स्क्वाश) बैंगन, भिण्डी एवं मिर्च (एकवर्षीय एवं बहुवर्षीय) में पाया जाता है। चिचिण्डा एवं लूफा (*Luffa*) की प्रजातियों में विविधता पश्चिम क्षेत्र में तथा लूफा प्रजातियों एवं बैंगन में विविधता पूर्वी क्षेत्र में ज्यादा मिलती है। इस क्षेत्र के निचले भागों में कम मात्रा में जैव विविधता का वितरण पत्तीदार सब्जियों जैसे–चौलाई, बथुआ, पालक, पोय (बासेला एल्बा तथा बासेला रुब्रा), स्पीनाच तथा गोभीय वर्गीय सब्जियों में पाया जाता है। जंगली प्रजातियों के रुप में एबलमास्कस एन्गुलोसस (*Abelmoschus angulosus*), एबलमास्कस मास्कैटस (*Abelmoschus moschatus*), एबलमास्कस मैनिहाट (*Abelmoschus manihot*), एबलमास्कस फिकलनियस (*Abelmoschus feculneous*), एमार्फोफैलस कम्पानुलैट्स (*Amorphophalus campanulatus*), कोलोकेशिया एन्टीकोरम (*Colocasia anticorum*), कुकुमिस हिस्ट्रीक्स (*Cucumis histrix*), कुकुमिस सिटोसस (*Cucumis setosus*), कुकुमिस ट्राइगोनस

(*Cucumis trigonus*), लूफा एक्यूटांगुला वार0 अमारा, (*Luffa acutangula* var. *amara*) लूफा ग्रैवियोलेन्स (*Luffa graveolens*), लूफा अम्बेराटा (*Luffa umberata*), मोमोर्डिका सिम्बालेरिया (*Momordica symbalaria*), मोमोर्डिका डेन्टीकुलेट (*Momordica denticulata*), मोमोर्डिका डायोका (*Momordica dioica*), मोमोर्डिका कोचीनचाइनेन्सिस (*Momordica cochinchinensis*), मोमोर्डिका सबएंगुलाटा (*Momordica subangulata*), सोलेनम इण्डिकम (*Solanum indicum*), सोलेनम मेलाजेना (*Solanum melongena*), ट्राइकोसेन्थस एनामालैन्सिस (*Trichosanthes anamalensis*), ट्राइकोसेन्थस ब्रेक्टियेटा (*Trichosanthes bracteata*), ट्राइकोसेन्थस कोरडाटा (*Trichosanthes cordata*), ट्राइकोसेन्थस कसपिडेट (*Trichosanthes cuspidate*), ट्राइकोसेन्थस हार्सफिल्डी (*Trichosanthes horsefildi*), ट्राइकोसेन्थस पिनीयाना (*Trichosanthes piniana*), ट्राइकोसेन्थस पेरोटीटियाना (*Trichosanthes perotiana*), ट्राइकोसेन्थस नेरीफोलिया (*Trichosanthes nerifolia*), ट्राइकोसेन्थस हिमालेन्सिस (*Trichosanthes himalensis*), ट्राइकोसेन्थस मल्टिलोबा (*Trichosanthes multiloba*) और ट्राइकोसेन्थस विलोसा (*Trichosanthes vilosa*) वृहद् रुप से इस क्षेत्र में विद्यमान है। भारतीय वातावरणीय क्षेत्र में प्रमुख सब्जियों की विविधता को नीचे दिया जा रहा है–

सारिणी (6.3) वातावरणीय क्षेत्र तथा उच्च विविधता प्रदर्शित करने वाली सब्जियाँ

क्रम संख्या	कृषि जलवायु क्षेत्र	भू–भौगोलिक स्थिति	उच्च विविधता प्रदर्शन करने वाली प्रजातियाँ
1.	आर्द्र पश्चिम हिमालय का क्षेत्र (Humid Western Himalayan Region)	जम्मू–कश्मीर, हिमाचल प्रदेश, उत्तरप्रदेश व उत्तराखण्ड का कुछ भाग	कद्दू वर्गीय सब्जियाँ, गाजर, शलजम, मटर, लोबिया, मिर्च, बैंगन, भिण्डी, स्पीनाच, मेथी, चौलाई, सोलेनम खासिएनम, सोलेनम हिर्सूटम, चो–चो, बासेला रुब्रा
2.	आर्द्र बंगाल/आसाम का बेसिन (Humid Bengal Assam Basin)	पश्चिम बंगाल एवं आसाम	कद्दू वर्गीय सब्जियाँ मूली, लोबिया, मिर्च, बैंगन, भिण्डी, स्पीनाच, चुकन्दर, एबलमास्कस मैनिहाट सब–प्रजाति मैनिहाट, चौलाई, सोलेनम इण्डिकम, सोलेनम खासिएनम, सोलेनम सूराटेन्स, कुकुमिस सटाइवस वार0 सिकिमेन्सिस, इडगेरिया, दार्गेलिंगेसिस, मेलोथ्रिया असामिका, मोमोर्डिका कोचीन–चाइनेन्सिस, सिचियम इड्यूल, तुलाडियन्था कोर्डिफोलिया एवं बासेला रुब्रा
3.	आर्द्र पूर्वी हिमालय का क्षेत्र/बंगाल की खाड़ी (Humid Eastern Himalayan Region/Bay lands)	अरुणाचल प्रदेश, नागालैण्ड, मणिपुर, मिजोरम, त्रिपुरा, मेघालय, अण्डमान एवं निकोबार द्वीप समूह	कद्दू वर्गीय सब्जियाँ, लोबिया, मटर, मिर्च, बैंगन, भिण्डी, स्पीनाच, एबलमास्कस मैनिहाट सब–प्रजाति टेट्राफाइलस, चौलाई, सोलेनम खासिएनम, सोलेनम तोरवम, सोलेनम सिसिम्बरीफोलियम, सोलेनम फेराक्स, सोलेनम रवासीफोलियम, कुकुमिस हिस्ट्रीक्स, लूफा इकीनाटा एवं चो–चो

4.	उप–आर्द्र सतलज गंगा का एल्यूवियल मैदानी क्षेत्र (Sub-humid Sutlej Ganga Alluvial Plains)	पंजाब, उत्तरप्रदेश एवं बिहार	कद्दू वर्गीय सब्जियाँ मूली, मटर, लोबिया, मिर्च, बैंगन, भिण्डी, पालक, मेथी, प्याज, लहसुन, स्पीनाच, चुकन्दर, एबलमास्कस मैनिहाट सब–प्रजाति टेट्राफाइलस वार0 पंजेन्स, एबलमास्कस ट्यूबरकुलैट, सोलेनम इण्डिकम, सोलेनम खासिएनम, सोलेनम सूराटेन्स, सोलेनम तोरवम, सोलेनम हिस्पीडम, कुकुमिस हार्डविक्की एवं कुकुमिस ट्राइगोन्स
5.	आर्द्र पूर्वी एवं दक्षिण पूर्वी उच्च स्थल (Humid Eastern and South Eastern Uplands)	पूर्वी मध्य प्रदेश, ओडिशा एवं आन्ध्र प्रदेश	कद्दू वर्गीय सब्जियाँ गाजर, लोबिया, मिर्च, बैंगन, भिण्डी, स्पीनाच, चौलाई, लहसुन, एबलमास्कस मैनिहाट उप–प्रजाति मैनिहाट, सोलेनम सूराटेन्स एवं सोलेनम तोरवम
6.	शुष्क पश्चिम क्षेत्र (Arid Western Plains)	हरियाणा, राजस्थान एवं गुजरात	कद्दू वर्गीय सब्जियाँ मूली, गाजर, मटर, लोबिया, मिर्च, बैंगन, भिण्डी, स्पीनाच बीट, मेथी, प्याज, लहसुन, चौलाई, एबलमास्कस ट्यूबरकुलेटस, एबलमास्कस फिकलनियस, एबलमास्कस मैनिहाट उप प्रजाति टेट्राफाइलस, सोलेनम तोरवम, सोलेनम निग्रम, सिट्रूलस कोलोसिन्थिस
7.	अर्द्ध शुष्क लावाप्लेट्यू एवं केन्द्रीय उच्च क्षेत्र (Semi Arid Lava Plateau & Central High Lands)	महाराष्ट्र एवं पश्चिम मध्य प्रदेश	कद्दू वर्गीय सब्जियाँ फूल गोभी, मूली, गाजर, लोबिया, मिर्च, बैंगन, भिण्डी, मेथी, पालक, चौलाई, प्याज, सोलेनम सूराटेन्स, सोलेनम तोरवम, सोलेनम निग्रम, सोलेनम खासिएनम, कुकुमिस सेटोसस, लूफा एक्यूटांगुला वार0 एक्यूटांगुला
8.	आर्द्र से अर्द्ध शुष्क पश्चिमी घाट एवं कर्नाटक क्षेत्र (Humid to Semi Arid Western Ghats and Karnataka Plateau)	कर्नाटक, तमिलनाडु, केरल एवं लक्षद्वीप समूह	कद्दू वर्गीय सब्जियाँ मिर्च, बैंगन एबलमास्कस, क्रीनीटस, एबलमास्कस एन्गूलोसस, एबलमास्कस फिकलनियस, एबलमास्कस मोस्चैटस, एबलमास्कस मैनिहाट प्रजाति टेट्राफाइलस, सोलेनम ट्राइलेबेटम, सोलेनम इण्डिकम, सोलेनम इनसैनम, सोलेनम प्यूबीसेन्स, सोलेनम सूराटेन्स, सोलेनम तोरवम, लूफा एक्यूटान्गुला प्रजाति एक्यूटान्गुला, मेलोथ्रिया एन्गूलाटा, बासेला रुब्रा

स्रोतः गुप्ता एवं सहयोगी 1995

सब्जियों में जैव विविधता एवं आनुवंशिक अपरदन (Variability and genetic erosion in vegetable crops)

किसी प्रजाति (species) के पौधों या कतारों (lines) में किसी गुण के विभिन्न परिमाण में उपस्थित होने को विविधता कहते हैं। यह सत्य है कि विविधता के कारण किसी प्रजाति के

पौधे एक समान नहीं होते हैं। सब्जी प्रजनन में इसी विविधता का व्यापक उपयोग कर मनोवाँछित प्रजातियों का विकास किया जा रहा है। यही नहीं अगर लक्षण में विविधता न होने पर कृत्रिम रूप से विविधता उत्पन्न की जाती है जिसके लिए संकरण, उत्परिवर्तन, बहुगुणिता, कायिक/क्लोनीय विविधता, आनुवंशिक अभियन्त्रण आदि विधियों का उपयोग किया जाता है। पौधों के लक्षणों को वंशागतित्व के आधार पर गुणात्मक (qualitative) एवं मात्रात्मक (quantitative) दो भागों में बाँटा जाता है। गुणात्मक लक्षण जैसे–रंग, सुगन्ध आदि एक या कुछ अल्प जीनों (oligo gene) द्वारा नियन्त्रित होते हैं, जबकि मात्रात्मक लक्षण जैसे–उपज, पौधे की लम्बाई, फल की लम्बाई, फल व्यास आदि बहुजीनों (poly gene) द्वारा नियन्त्रित होते हैं। वातावरणीय विविधता (मृदा, तापमान, प्रकाश, जल, जैविक घटक आदि) के कारण एक ही किस्म को कई स्थानों पर उगाने से अलग–अलग बाह्यदृश्यरूप (phenotype) प्रदर्शित करतें हैं। यही स्थिति कई वर्षों तक उगाने पर भी प्राप्त होती है। यही नहीं उर्वरता एवं सिंचाई के स्तरों में विविधता के कारण भी निष्पादन भिन्न–भिन्न होता है। इस प्रकार प्रदर्शित विविधता वातावरण के कारण है और वातावरणीय विविधता वंशागत (heritable) नहीं होती है। अतः यह कहा जा सकता है कि जीन रूप × वातावरण अन्योन्यकरण विविधता (genotype environment variation) वंशागत नहीं होते हैं।

"किसी सब्जी फसल और उसकी सम्बन्धित जंगली प्रजातियों (wild species) में उपस्थित आनुवंशिक विविधता में क्रमशः कमी होते जाना आनुवंशिक अपरदन (genetic erosion) कहलाता है।" वर्तमान में सब्जियों के मूल्यवान जननद्रव्यों का अपरदन नई प्रजातियों (मुक्त परागित एवं संकर) की उपलब्धता एवं प्राचीन स्थानीय किस्मों के गुणों के प्रति अज्ञानता के कारण तेजी से हो रहा है। जैव विविधता के विनाश के लिए मुख्यतः तीन घटक क्रमशः जिम्मेदार हैं–

- आनुवंशिक अपरदन (genetic erosion)
- आनुवंशिक भेद्य (genetic vulnerability) एवं
- आनुवंशिक मिटाव (genetic wipe out)

प्राकृतिक संसाधनों का सिकुड़ना, जनसंख्या का दबाव, शहरी करण, जंगलों की कटाई, एक ही फसल की बार–बार खेती और बदलती फसल पद्धति के साथ उन्नतिशील संकर/मुक्त परागित प्रजातियों का समावेश आदि जैव विविधता को समाप्त करने के लिए जिम्मेदार घटक हैं। ये घटक अकेले नहीं बल्कि संयुक्त रूप से जिम्मेदार होते हैं। वर्तमान समय में जैव विविधता को बचाने के लिए सरकार एवं वैज्ञानिकों द्वारा विस्तृत रूप से पहल की जा रही है।

सारिणी (6.4) सब्जी फसलों में फसल स्थिति, वितरण स्थिति, विभिन्नता स्थिति, अपरदन स्थिति एवं फसल बचाव की प्राथमिकता

क्रम सं0	फसल	वंश	फसल स्थिति	वितरण स्थिति	फसल विभिन्नता स्थिति	आनुवंशिक अपरदन स्थिति	सामान्य फसल बचाव की प्राथमिकता
1.	बैंगन	सोलेनम	खेती योग्य	विस्तृत वितरण	मध्यम	मध्यम	उच्च
2.	मिर्च	कैप्सिकम	खेती योग्य	विस्तृत वितरण	उच्च	मध्यम	उच्च
3.	टमाटर	सोलेनम	खेती योग्य	विस्तृत वितरण	उच्च	मध्यम	उच्च
4.	ग्वार	साइमोप्सिस	खेती योग्य	क्षेत्रीय वितरण	मध्यम	मध्यम	मध्यम
5.	लोबिया	विग्ना	खेती योग्य	विस्तृत	उच्च	मध्यम	उच्च
6.	फराश बीन	फैजियोलस	खेती योग्य	विस्तृत	मध्यम	मध्यम	मध्यम
7.	सेम	लब–लब	खेती योग्य	विस्तृत	उच्च	मध्यम	मध्यम
8.	केवांच	मकुना	खेती योग्य	क्षेत्रीय वितरण	उच्च	मध्यम	मध्यम
9.	मटर	पाइसम	खेती योग्य	क्षेत्रीय वितरण	मध्यम	मध्यम	उच्च
10.	गाजर	डाकस	खेती योग्य	क्षेत्रीय वितरण	मध्यम	मध्यम	उच्च
11.	सूरन	एमार्फोफैलस	खेती योग्य	क्षेत्रीय वितरण	उच्च	मध्यम	मध्यम
12.	जाइन्ट तारो	एलोकेशिया	जंगली	क्षेत्रीय वितरण	उच्च	मध्यम	मध्यम
13.	मूली	रैफैनस	खेती योग्य	विस्तृत	उच्च	मध्यम	उच्च
14.	तारों	कोलोकेशिया	जंगली	विस्तृत	उच्च	मध्यम	मध्यम
15.	याम	डायसकोरिया	जंगली	क्षेत्रीय वितरण	उच्च	मध्यम	मध्यम
16.	लहसुन	एलियम	खेती योग्य	विस्तृत	मध्यम	मध्यम	उच्च
17.	प्याज	एलियम	खेती योग्य	क्षेत्रीय वितरण	मध्यम	मध्यम	उच्च
18.	भिण्डी	एबलमास्कस	खेती योग्य	विस्तृत	उच्च	मध्यम	उच्च
19.	चौलाई	एमरैन्थस	खेती योग्य	विस्तृत	उच्च	मध्यम	मध्यम
20.	पोई	बसेला	खेती योग्य	विस्तृत	मध्यम	मध्यम	मध्यम
21.	मेथी	ट्राइगोनेला	खेती योग्य	क्षेत्रीय वितरण	मध्यम	मध्यम	मध्यम

22.	पालक	बीटा	खेती योग्य	क्षेत्रीय वितरण	मध्यम	मध्यम	उच्च
23.	करेला	मोमोर्डिका	खेती योग्य	विस्तृत	उच्च	मध्यम	उच्च
24.	लौकी	लेजिनेरिया	खेती योग्य	विस्तृत	उच्च	मध्यम	मध्यम
25.	खीरा	कुकुमिस	खेती योग्य	विस्तृत	उच्च	मध्यम	मध्यम
26.	परवल	ट्राइकोसेन्थस	खेती योग्य	स्थानीय	उच्च	उच्च	मध्यम
27.	कुम्हण	कुकुरबिटा	खेती योग्य	विस्तृत	उच्च	मध्यम	उच्च
28.	लूफा	लूफा	खेती योग्य	विस्तृत	उच्च	उच्च	उच्च
29.	टिण्डा	प्री–सिट्रूलस	खेती योग्य	स्थानीय	मध्यम	मध्यम	मध्यम
30.	तरबूज	सिट्रूलस	खेती योग्य	क्षेत्रीय वितरण	उच्च	मध्यम	मध्यम
31.	पेठ	बेनिनकासा	खेती योग्य	विस्तृत	उच्च	मध्यम	मध्यम
32.	चिचिण्डा	ट्राइकोसेन्थस	खेती योग्य	विस्तृत	उच्च	मध्यम	उच्च

स्रोतः गुप्ता एवं सहयोगी, 1995

सब्जी जननद्रव्य वृद्धि एवं एकत्रीकरण (Augmentation/collection of vegetable germplasm)

पौध प्रवेशन/पुरःस्थापन (Plant Introducation)

पौध प्रवेशन/उपस्थापन का तात्पर्य किसी किस्म या जाति को ऐसे क्षेत्र में ले जाना है, जहाँ पर उसे पहले नहीं उगाया गया है। सामान्यतः सभी देशों में पौध प्रवेशन/उपस्थापन के द्वारा सब्जियों की नवीन फसलें एवं नई–नई किस्मों को विभिन्न स्थानों से अपने देश में लाया जाता है।

"Plant introduction comprises the shifting of a species or its variety to a location where it was not cultivated before."

पौध उपस्थापन को राजनीतिक, भौतिक एवं वातावरणीय आधार पर निम्न भागों में विभक्त किया जा सकता है–

- अन्तर्राष्ट्रीय/अन्तर–देशीय पुरूःस्थापन (Intercontinental introduction)
- अन्तर–राज्य पुरूःस्थापन (Interstate introduction)
- अन्तर–जिला पुरूःस्थापन (Interdistrict introduction)
- अन्तर–स्थानीय पुरूःस्थापन (Interlocality introduction)
- अन्तर–वातावरणीय पुरूःस्थापन (Interclimatic introduction)

1. प्रजातियों (species) का उष्ण से उप–उष्ण में पुरूःस्थापन (Introduction of a species from tropical to sub tropical or vice versa)
2. प्रजातियों (species) का उपोष्ण से उप–उष्ण में पुरूःस्थापन (Introduction of a species from temperate tropical to sub tropical or vice versa)

पादप पुरःस्थापन के प्रकार (Types of Plant Introduction)

पौध प्रवेशन या पुरःस्थापना को दो भागों में विभक्त किया जा सकता है–

(1) प्राथमिक पुरूःस्थापन (Primary Introduction)

(2) द्वितीयक पुरूःस्थापन (Secondary Introduction)

(1) प्राथमिक पुरूःस्थापन (Primary Introduction)

जैव पुरूःस्थापित किस्म को बिना किसी चयन या परिवर्तन के नवीन प्रजाति के रूप में किसी क्षेत्र विशेष के लिए संस्तुत किया जाता है, तो इसे प्राथमिक पुरूःस्थापन कहा जाता है। प्राथमिक पुरूःस्थापन के लिए मँगाई गयी प्रजाति का क्षेत्र में मूल्यांकन अन्य उपलब्ध प्रजातियों की उत्पादन क्षमता या उनके गुण धर्म के आधार पर प्रजनक के द्वारा किया जाता है।

(2) द्वितीयक पुरूःस्थापन (Secondary Introduction)

जब पुरूःस्थापित किस्मों में चयन करके या उस प्रजाति का संकरण क्षेत्र विशेष में उपलब्ध स्थानीय किस्मों से करके उन्नतिशील किस्मों के रूप में किया जाता है, तो उसे द्वितीयक पुरूःस्थापन कहा जाता है। द्वितीयक पुरूःस्थापन वर्तमान समय में ज्यादा महत्वपूर्ण है, क्योंकि बदलते जलवायु परिवर्तन एवं गुणों के आधार पर प्रजातियों का विकास आवश्यक हो गया है। हमारे देश में भी इस प्रक्रिया के द्वारा कई प्रमुख सब्जियाँ जैसे–टमाटर, आलू, मिर्च, शकरकन्द, मटर आदि को लाया गया है। सब्जियों की अनेक किस्में जैसे मटर की बोनविल और अर्कल, टमाटर की शू तथा तरबूज की सुगर बेबी आदि किस्में बाहर के देशों से मंगाकर सीधे उगायी जा रही है।

कुछ प्रमुख सब्जियों की किस्में जो सीधे प्रवेशन/उपस्थापन के द्वारा हमारे देश में लायी गयी तथा उन प्रजातियों का उपयोग आज भी किया जा रहा हैं, उनका विवरण इस प्रकार है–

सारिणी (6.5) पौध प्रवेशन/उपस्थापन द्वारा सीधे विकसित की गयी सब्जियों की प्रजातियाँ

सब्जी	प्रजातियाँ/किस्में	देश जहाँ से आयात की गई
टमाटर	शू	संयुक्त राज्य अमेरिका
	रोमा	संयुक्त राज्य अमेरिका
	ले बोनिता	संयुक्त राज्य अमेरिका
	ड्वार्फ मनीमेकर	इजरायल
	बाल्कन	बुल्गेरिया
	मारग्लोब	स0रा0 अमेरिका
	फायर बाल	कनाडा
	अर्ली क्विन्टे	कनाडा
	स्कोटिया	कनाडा
भिण्डी	घाना (एबलमास्कस मैनिहाट उप प्रजाति मैनिहाट)	घाना (अफ्रीका)

मटर	अर्केल	इंग्लैण्ड
	मेटिओर	इंग्लैण्ड
	लिटिल मार्वेल	इंग्लैण्ड
	अर्ली बैड्जर	विसकांसिन (संयुक्त राज्य अमेरिका)
	बोनविल	संयुक्त राज्य अमेरिका
	डेलविच कमाण्डो	विसकांसिन (संयुक्त राज्य अमेरिका)
	सिल्विया	स्वीडेन
	हरभजन (इ.सी. 033866)	पुर्तगाल
प्याज	अर्ली ग्रानो	अमेरिका
	बरमूडा येलो	फिलीपीन्स
	रेड ग्रानो	अमेरिका
फूल गोभी	स्नोबॉल–16	हालैण्ड
	इम्प्रूब्ड जापानी	इजराइल
फराश बीन	केन्टूकी वण्डर	संयुक्त राज्य अमेरिका
	कंटेण्डर	संयुक्त राज्य अमेरिका
	वेट्स	संयुक्त राज्य अमेरिका
	बाउण्टी फूल	संयुक्त राज्य अमेरिका
	टापक्राप	संयुक्त राज्य अमेरिका
	जम्पा	मैक्सिको
	प्रीमियर	स्वीडेन
	जाइण्ट स्ट्रिंगलेस	स्वीडेन
	वी0के0डब्ल्यू0–74	स्वीडेन
तरबूज	आशाही यामातो	जापान
	न्यूहैम्पशायर मिड्जेट	संयुक्त राज्य अमेरिका
	सुगर बेबी	संयुक्त राज्य अमेरिका
	इम्प्रूब्ड शिपर	संयुक्त राज्य अमेरिका
	डेक्सैल्सी	संयुक्त राज्य अमेरिका
खीरा	प्वाइन सेट	संयुक्त राज्य अमेरिका
	जापानीज लांग ग्रीन	जापान
	स्ट्रेट एट	संयुक्त राज्य अमेरिका
समर स्क्वाश	पैटी पैन	संयुक्त राज्य अमेरिका
	आस्ट्रेलियन ग्रीन	आस्ट्रेलिया
गाजर	झेनो	जर्मन डिमोक्रेटिक रिपब्लिक
	नैन्टस हाफ लांग	–
पत्ता गोभी	बेटा–III	–
	प्राइड आफ इंडिया	यूनाईटेड किंगडम

	कोपेन हेगेन मार्केट	यूनाईटेड किंगडम
	सितम्बर	जर्मन डिमोक्रेटिक रिपब्लिक
शिमला मिर्च	येलो वण्डर	संयुक्त राज्य अमेरिका
	कैलिफोर्निया वण्डर	संयुक्त राज्य अमेरिका
	चायनीज जाइण्ट	संयुक्त राज्य अमेरिका
	वर्ल्ड बीटर	–
	आर–449	सोवियत रूस
लोबिया	पूसा बरसाती	फिलीपीन्स
	पूसा फाल्गुनी (डालीक्यू डी टोन्कीन)	कनाडा
	फिलीपाइन अर्ली	फिलीपीन्स
मूली	पूसा चेतकी	डेनमार्क
शकरकन्द	एफ0ए0 17 व्हाइट	चीन
खरबूजा	ए0सी0 70–54	–

स्रोतः गौतम एवं सहयोगी, 2001

पूरुःस्थापित प्रविष्टियों में चयन कर विकसित किस्में

सब्जियों की पूरुःस्थापित प्रविष्टियों में चयन प्रक्रिया को अपनाकर अनेकों उन्नतिशील प्रजातियों का विकास किया गया है। उदाहरण के लिए शकरकन्द की पूसा लाल एवं पूसा सुनहरी, सब्जी के लिए लोबिया की पूसा बरसाती तथा मूली की जापानी श्वेत तथा 40–डेज आदि। इन जननद्रव्यों से चयन कर अनेक उन्नतिशील प्रजातियों का विकास किया गया है।

सारिणी (6.6) जननद्रव्यों से चयन कर विकसित किस्में

सब्जी फसल	महत्वपुर्ण किस्में
टमाटर	एच0 एस0–101, एच0एस0–102, एस–12, पंजाब केशरी, कल्यानपुर टी–1, के0एस0–1, के0एस0–2, अंगूरलता, को0–1, को0–2 एवं को0–3
बैंगन	पूसा परपल लॉग, पूसा परपल राउण्ड, पूसा परपल क्लस्टर, पूसा भैरव, अर्का शील, अर्का कुशमाकर, अर्का नवनीत, को0–1, एम0 डी0यू0–1, जूनागढ़ लॉग
मिर्च	एन0 बी0–34 से एन0बी0–41, एन0पी0–46 ए से एन0पी0–51, पूसा ज्वाला, पूसा रेड, कल्यानपुर रेड, एलो कल्यानपुर, पंत सी0–1, पंत सी0–2, जी0–2 से जी0–5

स्रोतः गौतम एवं सहयोगी, 2001

इस प्रकार पौध प्रवेशन/उपस्थापन के महत्व को देखते हुए सन् 1961 में भारतीय कृषि अनुसंधान संस्थान, नई दिल्ली में पौध प्रवेशन अनुभाग (Division of Plant Introduction) की

स्थापना की गयी, जिसे सन् 1976 में राष्ट्रीय पादप आनुवंशिक संसाधन ब्यूरो, (National bureau of Plant Genetic Resources) का रुप दिया गया, जो नई दिल्ली में स्थित है। इस संस्थान में विभिन्न पादप जननद्रव्यों का योजनाबद्ध तरीके से एकत्रीकरण, मूल्यांकन, संरक्षण, प्रबन्धन, आदान–प्रदान तथा सूचीबद्ध कार्य वैज्ञानिक ढंग से किया जाता है। इस ब्यूरो द्वारा एकत्रित एवं आयातित बहुमूल्य जननद्रव्यों का नई किस्मों के विकास में काफी योगदान है।

पादप पुरःस्थापन के गुण

- इस प्रकिया के द्वारा नवीन सब्जी फसल को प्राप्त किया जा सकता है।
- नवीन प्रजातियों को सीधे मंगाकर उगाया जा सकता है, जिससे समय धन एवं श्रम की बचत होती है।
- विविधता ह्वास (diversity loss) को रोकने एवं जननद्रव्य संग्रंह में मदद मिलती है।
- आवश्यक पादप स्पीशीज एवं प्रभेदों को दूसरे स्थान से प्राप्त किया जा सकता है। वरण एवं संकरण करके नवीन उन्नतिशील किस्मों का विकास किया जा सकता है।

पादप पुरःस्थापन के अवगुण (Merits of plant introduction)

- पुरःस्थापित प्रभेदों के साथ अनेक हानिकारक खरपतवारों का नये क्षेत्र में प्रवेश हो जाता है।
- फसलों की नवीन पुरःस्थापित किस्मों के नए रोगों के रोगजनक व जीव प्ररूप आ जाते है। उदाहरण के लिए यूरोप से आलू के साथ "पिछेती झुलसा"(potato late blight) का प्रवेश काफी नुकसान दायक सिद्ध हुआ।
- पुरःस्थापित प्रजातियों के साथ नवीन कीटों का प्रवेश हो जाता है। उदाहरण के लिए इटली से आलू के साथ आलू कन्द शलभ (potato tuber moth) आया।
- कभी–2 पुरःस्थापित किस्में देश में स्थापित तो हो जाती हैं, लेकिन पोषण तत्वों, जल, आदि का ज्यादा शोषण करती है।

पुरुःस्थापित प्रविष्टियों का दत्तक पितृ के रूप में उपयोग

सब्जियों की उन्नतिशील किस्मों के विकास में पुरुःस्थपित विभेदों या किस्मों का पितृ रूप में बहुत महत्वपूर्ण योगदान है। पुरूःस्थापित तथा स्थानीय विभेदों के मध्य संकरण करके अनेकों उपयोगी प्रजातियों को विकसित किया गया है। उदाहरण के लिए टमाटर की प्रजाति पूसा मेरठी का विकास मेरठी (स्थानीय प्रभेद) × सियोक्स (पुरूःस्थापित प्रभेद) के संकरण से विकसित किया गया है। इसी प्रकार टमाटर की ही पूसा अर्ली ड्वार्फ का विकास मेरठी (स्थानीय प्रभेद) × रेड क्लाउड (पुरूःस्थापित प्रभेद) के संकरण से किया गया है। सब्जी जननद्रव्य का दत्तक पितृ के रूप में भी अनेकों गुणों के लिए काफी उपयोगी पाया गया है। उदाहरण के लिए लोबिया की "असीम" प्रजाति का विकास पूसा फाल्गुनी × ई0सी0 021622 (फिलीपीन्स से आयातित) क संकरण से किया

गया, जिसमें मैक्रोफोमिना विल्ट (wilt) और सूत्रकृमि (nematode) के लिए प्रतिरोधी है। इसी प्रकार लोबिया की रितुराज प्रजाति का विकास पूसा दो फसली × ई0 सी0 026410 के संकरण से हुआ, जिसमें प्रकाश असंवेदी गुण के साथ अधिक हरी फल की उपज क्षमता है। भिण्डी की सेलक्शन–2, सेलेक्शन–6–2 एवं जी0–2 का विकास पूसा सावनी × घाना रेड से किया गया जिसमें पीला पित्तशीरा विषाणु का प्रकोप नहीं होता है। टमाटर की प्रजाति पूसा रूबी का विकास सियौक्स × इम्प्रूव्ड मेरठी के संकरण से हुआ, जिनमें अधिक उपज क्षमता है एवं विषाणु रोग से मुक्त है। बैंगन की प्रजाति पूसा क्रांति का विकास तीन पितृों पूसा पर्पल लांग × हैदरपुर × विनाड जाइण्ट के संकरण से किया गया है।

सारिणी (6.7) आयातित सब्जी जननद्रव्य का दत्तक पितृ (donar parent) के रूप में उपयोग

सब्जी फसल	ई0 सी0 संख्या	स्रोत (देश)	विशेष गुण धर्म
एलियम सेपा	ई0सी0 177284–85	हालैण्ड	पीला शल्क कन्द, भण्डारण क्षमता, बहुरोग प्रतिरोधी
	ई0सी0 187221–25	जर्मनी	पीला शल्क कन्द, भण्डारण क्षमता, बहुरोग प्रतिरोधी
ब्रेसिका चाइनेन्सिस	ई0सी0 260643	नीदरलैण्ड	एल–3 जीन युक्त
ब्रेसिका ओलिरेसिया वार0 कैपिटाटा	ई0सी0 175800–06	संयुक्त राज्य अमेरिका	बहुरोगी प्रतिरोधी
	ई0सी0 187228–30	कनाडा	क्लब रूट रोग प्रतिरोधी
	ई0सी0 243384	ताइवान	ब्रोकली जैसा सुगन्ध, हरा शीर्ष
ब्रेसिका रापा	ई0सी0 303475	यूनाइटेड किंगडम	क्लब रूट रोग प्रतिरोधी
कैप्सिकम एनम	ई0सी0 175959–66	हंगरी	एल. जीन युक्त रेड स्पाइडर माइट प्रतिरोधी
	ई0सी0 359024–28	ताइवान	फाइटोफ्थोरा रोग प्रतिरोधी
	ई0सी0 359039–43	ताइवान	कोलेक्टोट्राइकम रोग प्रतिरोधी
कैप्सिकम फ्रूटीसेन्स	ई0सी0 280642	नीदरलैण्ड	एल–2 जीन युक्त
सिट्रूलस वुल्गेरिस	ई0सी0 217073–74	संयुक्त राज्य अमेरिका	एन्थ्रेक्नोज एवं फ्यूजेरियम रोग प्रतिरोधी
सिट्रूलस लैनेटस	ई0सी0 333659–69	संयुक्त राज्य अमेरिका	विल्ट प्रतिरोधी
कुकुमिस मेलो	ई0सी0 178496	संयुक्त राज्य अमेरिका	वाटर मेलन मोजैक वाइरस 1 एवं 2 के लिए प्रतिरोधी, गन्धक के लिए सहनशील, ब्लाइट मुक्त

	ई0सी0 329300	संयुक्त राज्य अमेरिका	जी वाई –4 बहुरोग प्रतिरोधी
	ई0 सी0 350602	संयुक्त राज्य अमेरिका	एफिड प्रतिरोधी
कुकुमिस सटाइवस	ई0सी0 178495	संयुक्त राज्य अमेरिका	स्केब एवं मोजैक प्रतिरोधी
कुकुमिस सागीटैटस	ई0सी0 222198–201	नीदरलैण्ड	फल मक्खी प्रतिरोधी
कुकुरबिटा मोस्चाटा	ई0सी0 329323–24	संयुक्त राज्य अमेरिका	उच्च शर्करायुक्त
डाकस कैरोटा	ई0सी0 178385	इटली	उच्च विटामिन "ए"
	ई0सी0 187201	संयुक्त राज्य अमेरिका	उच्च विटामिन "ए"
	ई0सी0 274883–86	नीदरलैण्ड	क्लब रूट प्रतिरोधी, नरवन्ध्य एवं रिस्टोरर लाइन
सोलेनम (लाइकोपार्सिकान) इस्कुलेन्टम	ई0सी0 179189	संयुक्त राज्य अमेरिका	गहरा लाल रंग
	ई0सी0 179883	संयुक्त राज्य अमेरिका	सूत्रकृमि प्रतिरोधी
	ई0सी0 173859	ताइवान	टोमैटोमोजैक वाइरस प्रतिरोधी
	ई0सी0 182761–874	ताइवान	अर्ली ब्लाइट, बैक्टेरियल विल्ट,
			पाउड्री मिल्ड्यू एवं लीफ मोल्ड प्रतिरोधी
	ई0सी0 198416–200769–76	ताइवान	विल्ट प्रतिरोधी एवं शुष्क /सूखा सहनशील
	ई0सी0 204194–98	संयुक्त राज्य अमेरिका	वर्टिसीलियम विल्ट, टोमैटो मोजैक वाइरस, फ्यूजेरियम रेस 1 एवं 2 प्रतिरोधी
	ई0सी0 248282–311	ताइवान	प्रसंस्करण के लिए
	ई0सी0 243066–69	ताइवान	लीफ कर्ल वाइरस प्रतिरोधी
	ई0 सी0 260637	नीदरलैण्ड	वर्टिसीलियम विल्ट प्रतिरोधी
	ई0सी0 310299–301	संयुक्त राज्य अमेरिका	स्लो राइपेनिंग जीन युक्त
	ई0सी0 346011–13	संयुक्त राज्य अमेरिका	स्टेमेनलेस

स्रोतः गुप्ता एवं सहयोगी, 1995

सब्जियों के जननद्रव्य पुरूःस्थापन संस्थाएँ (Vegetable Germplasm Introducing Centres)

वर्तमान समय में विश्व के अनेकों देश सब्जी जननद्रव्य का पुरूःस्थापन एवं आयात कर रहे हैं जिससे मौसम परिवर्तन के अनुरूप अनुकूलन, कीट व्याधियों से मुक्ति, अधिक उपज की प्राप्ति आदि उद्देश्य पूरे हो रहे हैं। भारत वर्ष में अनेकों परियोजनाओं के माध्यम से अन्तर्राष्ट्रीय स्तर पर बहुमूल्य जननद्रव्यों का आदान–प्रदान कर वैज्ञानिकों द्वारा अनकों जननद्रव्यों का एकत्रीकरण किया गया है। सब्जी जननद्रव्य की वृद्धि कई प्रकार से की जाती है।

सब्जी जननद्रव्यों का पुरूःस्थापन एवं आयात (Introduction and Import of Vegetable Germplasm)

सब्जी जननद्रव्यों का आयात बहुत सीमित होता है। अगर भारतवर्ष की स्थिति को देखा जाये तो कुल 4881 प्रविष्टि 44 स्पीशीज के अन्तरर्गत 12 वंशों में कुल 14 देशों से किया गया है। ज्यादातर सब्जी जननद्रव्यों का पुरूःस्थापन एवं आयात संयुक्त राज्य अमेरिका, ताईवान एवं यूरोप से किया गया। कुछ वर्षों बाद लैटिन अमेरिका, अफ्रीका, एशियाई देशों और आस्ट्रेलिया से किया गया।

सारिणी (6.8) सब्जी जननद्रव्यों के आयात में लगे देश

फसल	देश
सब्जी फसलें	आस्ट्रेलिया, बांग्लादेश, बुल्गारिया, कनाडा, चीन, कोलम्बिया, कोस्टारिका, क्यूबा, डेनमार्क, इजिप्ट, फ्रान्स, जर्मनी, हंगरी, इजराइल, इटली, जापान, कोरिया, नेपाल, नीदरलैण्ड, न्यूजीलैण्ड, फिलीपीन्स, रूस, सिंगापुर, दक्षिण अफ्रीका, स्पेन, श्रीलंका, सुडान, सिरिया, ताइवान, तंजानिया, थाईलैण्ड, टर्की, यूनाइटेड किंगडम, संयुक्त राज्य अमेरिका, सोवियत रुस, वेनेजूयेला,
कन्दीय फसलें	अर्जेन्टीना, आस्ट्रेलिया, बांग्लादेश, भुटान, ब्राजील, कनाडा, कोलम्बिया, इजिप्ट, फ्रांस, फिजी, जापान, नेपाल, नीदरलैण्ड, न्यूजीलैण्ड, पेरू, फिलीपीन्स, पोलैण्ड, रिपब्लिक आफ यमन, सिंगापुर, श्रीलंका, स्वीडेन, स्विटजरलैण्ड, ताइवान, यूनाइटेड किंगडम, सोवियत रुस, वियतनाम

स्रोतः गुप्ता एवं सहयोगी, 1995

सब्जी जननद्रव्यों का निर्यात (Export of Vegetable Germplasm)

वर्तमान समय में सब्जी जननद्रव्यों का बहुत ज्यादा संख्या में निर्यात दूसरे देशों को किया जा रहा है।

सारिणी (6.9) भारतवर्ष से निर्यात किये गये जननद्रव्य

फसलें	प्रभेद
सब्जियों के जननद्रव्य	एबलमास्कस एस्क्यूलेन्टस, एमरेंथस कौडेट्स, एलिएम सेपा, एलिएम सटाइवम, ब्रेसिका ओलेरेसिया वार0 बोटराइटिस, ब्रेसिका ओलेरेसिया वार0 कैपिटाटा, ब्रेसिका रापा, कैप्सिकम एनम, कैप्सिकम फ्रूटीसेन्स, सिट्रूलस स्पीशीज, कुकुमिस मेलो, कुकुमिस सटाइवस, कुकुरबिटा पेपो, कुकुरबिटा मोस्चाटा, साइमोप्सीस ट्रेटागोनोलोबा, डॉकस कैरोटा, लबलब परप्यूरियस, लेजिनेरिया साइसेरेरिया, लूफा एक्यूटान्गुला, लूफा सिलिण्ड्रीका, सोलेनम एस्कूलेन्टम, मोमोर्डिका करंशिया, मोमोर्डिका डाइओका, फैजियोलस वुल्गेरिस, पाइसम सटाइवम, रैफनस सटाइवम, सेसबैनिया ग्रान्डीफ्लोरा, सोलेनम इन्कैनम, सोलेनम इन्टेग्रीफोलिया, सोलेनम मेलान्जेना, सोलेनम तोरवम, स्पीनेशिया ओलेरेसिया, ट्राइकोसेन्थस डाइओका
कन्दीय फसलें के जननद्रव्य	एमार्फोफैलस स्पीशीज, बेटा बुल्गेरिस, कोलोकेशिया स्पीशीज, मैनिहाट एस्कूलेन्टा सोलेनम ट्यूबेरोसम, पैकिराइजस क्रोसस

स्रोतः गुप्ता एवं सहयोगी, 1995

निर्यात निम्नलिखित परिस्थितियों में की जाती है–

1. जब राष्ट्रीय पादप आनुवंशिक संसाधन ब्यूरो, नई दिल्ली या भारतीय कृषि अनुसंधान परिषद, नई दिल्ली को कहीं से निवेदन किया जाता है।
2. शोध कार्य में लगे वैज्ञानिक (भारतीय कृषि अनुसंधान परिषद के अन्तर्गत आने वाले संस्थान, राज्य के कृषि विश्वविद्यालय तथा भारत के अन्य शोध संस्थान) जब निवेदन करते हैं।
3. किसी भी देश से जननद्रव्य अदलने–बदलने के लिए किया गया अनुबन्ध।

निर्यात के अन्तर्गत भेजे जाने जननद्रव्य को निर्धारित स्रोत (भारत वर्ष के संस्थान) से प्राप्त कर "फाइटोसैनीटैरी सर्टीफिकेट" (Phytosanitary certificate) जो "प्लान्ट क्वैरैन्टाइन" विभाग (Division of Plant Qarantine) से निर्गत हो के साथ लगाकर भेजे जाते हैं। राष्ट्रीय पादप आनुवंशिक संसाधन ब्यूरो, नई दिल्ली सब्जियों के अनेकों जननद्रव्यों को कई देशों में सन् 1986 से निर्यात कर रहा है। सब्जी जननद्रव्यों की 2365 प्रविष्टियाँ जो 16 वंशों एवं 23 स्पीशीज की थी, 9 देशों को सन् 1992–93 में भेजी गयी, जबकि सन् 1988 में भी 23 स्पीशीज भेजी गयी थी, लेकिन सन् 1993–94 में निर्यात की दर घट गयी, क्योंकि जनरल एग्रीमेंट ट्रेड एण्ड टैरिफ (GATT) एवं इन्टेलेक्चुअल प्रापर्टी राइट (Intllectual Property Right or IPR) का समझौता अपूर्ण था।

सारिणी (6.10) भारतवर्ष से सब्जी जननद्रव्यों का निर्यात

निर्यात	1986	1987	1988	1989–90	1990–91	91–92	92–93	93–04
प्रविष्टियो की संख्या	670	122	79	94	59	100	2365	18
वंशों की संख्या	12	13	14	15	11	19	16	5
स्पीशीज की संख्या	14	14	23	18	20	21	32	5
देशों की संख्या	17	22	15	12	17	12	9	6

स्रोतः गुप्ता एवं सहयोगी, 1995

सारिणी (6.11) जननद्रव्यों के निर्यात में लगे देश

फसलें	निर्यात में लगे देश
सब्जी फसलें	अफगानिस्तान, अंगोला, अर्जेन्टिना, ब्राजील, बांग्लादेश, बुल्गारिया, कनाडा, चीन, कोस्टारिका, चेकोस्लोवाकिया, डी.पी.आर. कोरिया, इजिप्ट, इथीओपिया, फिजी, फ्रान्स, ग्रीस, हंगरी, इण्डोनेशिया, इरान, इराक, इटली, जापान, कुवैत, लिबेरिया, मलेशिया, मैक्सिको, मंगोलिया, नीदरलैण्ड, नेपाल, न्यूगुनिया, निकारागुआ, फिलीपिन्स, पोलैण्ड, रिपब्लिक आफ यमन, सऊदी अरब, सेनेगल, सिंगापुर, सोलोमान, श्रीलंका, सुरीनाम, ताइवान, तंजानिया, थाइलैण्ड, ट्यूनेशिया, टर्की, यूनाइटेड किंगडम, संयुक्त राज्य अमेरिका, सोवियत रुस, वियतनाम, यमन, जिम्बाम्बे, पश्चिमी जर्मनी, वेस्ट इण्डिज।
कन्दीय फसलें	आस्ट्रेलिया, बांग्लादेश, बेल्जियम, भुटान, बुल्गारिया, इजिप्ट, फ्रान्स, मंगोलिया, नेपाल, पाकिस्तान, फिलीपिन्स, श्रीलंका, सुरीनाम, यूनाइटेड किंगडम, संयुक्त राज्य अमेरिका

स्रोतः गुप्ता एवं सहयोगी, 1995

सारिणी (6.12) भारतवर्ष से कन्दिल फसलों के जनन द्रव्यों का निर्यात

निर्यात	1986	1987	1988	1989–90	1990–91	91–92	92–93	93–04
प्रविष्टियों की संख्या	39	3	5	13	7	31	180	8
वंशों की संख्या	5	3	1	1	2	2	3	1
स्पीशीज की संख्या	6	3	1	1	2	2	3	1
देशों की संख्या	9	2	1	5	2	2	4	1

सब्जियों की महत्वपूर्ण जंगली प्रभेद (Important wild species of vegetable crops)

सब्जियों की अनेकों जंगली प्रभेद प्रकृति में उपलब्ध हैं, जिनका उपयोग उन्नतिशील प्रजातियों के विकास में व्यापक रुप से किया जा रहा है। फसलानुसार जंगली/सम्बन्धित प्रभेदों को नीचे दिया जा रहा है।

सारिणी (6.13) सब्जियों की जंगली / सम्बन्धित प्रभेद

फसल	जंगली / सम्बन्धित प्रभेद
जंगली खीरा	कुकुमिस हार्डविक्की (*Cucumis hardwickii*), कुकुमिस अन्गुरिया वार0 अन्गुरिया (*Cucumis anguria* var. *anguria*)
खरबूजा	कुकुमिस मेलो वार0 कैन्टालूपेन्सिस (*Cucumis melo* var. *cantalupensis*), कुकुमिस मेलो वार0 रेटीकुलेटस (*Cucumis melo* var. *reticulatus*), कुकुमिस मेलो वार. इनोडेरस (*Cucumis melo* var. *enoderus*), कुकुमिस मेलो वार0 मोमोर्डिका (*Cucumis melo* var. *momordica*), कुकुमिस मेलो वार0 चीटो (*Cucumis melo* var. *chitto*), कुकुमिस मेलो वार0 कोनोमान (*Cucumis* melo var. *conomon*), कुकुमिस मेलो वार0 डुडैन (*Cucumis melo* var. *dudain*), कुकुमिस मेलो वार0 माकुवा (*Cucumis melo* var. *makuwa*), कुकुमिस मेलो वार0 कल्टस (*Cucumis melo* var. *cultus*), कुकुमिस मेलो वार0 यूटीलिसीमस (*Cucumis melo* var. *utilissimus*)
तरबूज	सिट्रूलस लेनेटस वार0 सिटरोड्स (*Citrullus lanatus* var. *citrodes*) सिट्रूलस लेनेटस वार. कैफेर (*Citrullus lanatus* var. *caffer*), सिट्रूलस कोलोसिसिन्थोइड्स (*Citrullus colocyntnoides*), सिट्रूलस कोलोसिन्थ वार0 वुल्गोरिस (*Citrullus colocynth* var. *vulgaris*)
करेला	मोमोर्डीका करंशिया (*Momordica charantia*), करतोली मोमोर्डिका डाइयोका (*Momordica dioica*), ककरोल–मोमोर्डिका कोचीनचाइनेन्सिस (*Momordica cochinchinensis*), मोमार्डीका करंशिया वार. एब्रीवीयेटा (*Momordica charantia* var. *abriviata*)
सब्जी मटर	पाइसम सटाइवम (*Pisum sativum*), पाइसम फारमोसम (*Pisum formosum*), पाइसम औचेरी (*Pisum aucheri*), पाइसम फुलवम (*Pisum fulvum*), पाइसम एबिसिनिकम (*Pisum abyssinicum*), पाइसम सिरियेकम (*Pisum syriacum*), पाइसम इलैटियस (*Pisum elatius*), पाइसम आर्वेन्स (*Pisum arvense*)
फराश बीन	फैसिओलस वुल्गेरिस (*Phaseolus vulqaris* L.), फैसिओलस काक्सिनियस (*Phaseolus coccinious* L.), फैसिओलस एक्यूटिफोलियस वार0 लैटिफोलियस (*Phaseolus acutefolius* var. *latifolius* L.), फैसिओलस लुनेटस (*Phaseolus lunatus*L.) , फैसिओलस मल्टीफ्लोरस) (*Phaseolus multiflorus*)
सेम	लबलब परप्यूरियस वार0 टीपीकस (*Lablab purpureus* var. *typicus*- सब्जी वाली) लबलब परप्यूरियस वार0 लिग्नोसस (*Lablab purpureus* var. *lignosus*- दाने वाली)
वेलवेट बीन या कौंच (किवांच)	मुकूना प्रुरिटा पर्याय मुकूना प्रुरिएन्स (*Mucuna prurita* syn. *Mucuna pruriens*), मुकूना पैचीलोबिया (*Mucuna pachylobia*), मुकूना यूटिलिस (*Mucuna utilis*), मुकूना कोचिनसाइनेनसिस पर्याय मकूना निवेआ, स्टिजोलोबियम निवियम (*Mucuna cochinchinensis* syn. *Mucuna nivea, Stizolobium niveum*), मुकूना डिरिंगीआना पर्याय स्टिजोलोबियम डीरींगीएनम (*Mucuna deeringiana* syn. *Stizolobium deeringianum*), मुकूना मोनोस्पर्मा (*Mucuna monosperma*), मुकूना एट्रोपरपुरिया (*Mucuna atropurpurea*),

मुकूना ब्रेक्टीओटा (*Mucuna bracteota*), मुकूना कैपीटाटा (*Mucuna capitata*), मुकूना जिगैन्टीया (*Mucuna gigantea*), मुकूना हिर्सूटा (*Mucuna hirsuta*), मुकूना मैक्रोकार्पा (*Mucuna macrocarpa*), मुकूना निग्रीकैन्स पर्याय मुकूना इम्ब्रीकाटा (*Mucuna nigicans* syn. *Mucuna imbricata*) एवं मुकूना यूटीलिस (*Mucuna utilis*)

टमाटर — सोलेनम पिम्पीनेलिफोलियम (*Solanum pimpinellifoilium* Mill.), सोलेनम पेरुवियेनम (*Solanum peruvianum* L. Mill.), सोलेनम ग्लैण्डुलोसम (*Solanum glandulosum* Mill.), सोलेनम हिर्सुटम (*Solanum hirsutum* Humb. & Bonpl.), सोलेनम हर्सुटम एफ. ग्लैबरेटम (*Solanum hirsutum* f. *glabratum*), सोलेनम चाइलेन्स (*Solanum chilense* Dun.), सोलेनम चीजमानी (*Solanum cheesmanii* Riley), सोलेनम पिसाइसी (*Solanum pissisi* Phil.), सोलेनम एस्कुलेण्टम वार० सिरैसीफार्मी (*Solanum esculentum* var. *cerasiforme*), सोलेनम एस्कुलेण्टम वार० पाइरीफार्मी (*Solanum esculentum* var. *pyriforme*), सोलेनम एस्कुलेण्टम वार० कम्यून (*Solanum esculentum* var. *commune*), सोलेनम एस्कुलेण्टम वार० ग्रैंडिफ्लोरम (*Solanum esculentum* var. *grandiflorum*), सोलेनम एस्कुलेण्टम वार० वैलीडम (*Solanum esculentum* var. *validum*), सोलेनम एस्कुलेण्टम उपप्रजाति मिनुटम (*Solanum esculentum* ssp. *minutum*), सोलेनम पेनेली (*Solanum pennellii*), सोलेनम हम्बोल्डटी (*Solanum humboldtii*), सोलेनम पार्वीफ्लोरम (*Solanum parviflorum*) एवं सोलेनम चमलवस्की (*Solanum chmielewskii*)

बैंगन — सोलेनम मेलान्जेना वार० मेलान्जेना (*Solanum melongena* var. *melongena*), सोलेनम मेलान्जेना वार० इंसेनम (*Solanum melongena* var. *insanum*) सोलेनम मेलान्जेना वार० इन्कैनम (*Solanum melongena* var. *incanum*), सोलेनम प्यूबीसेन्स (*Solanum pubescens*), सोलेनम सुरैटेन्स (*Solanum surratense*), सोलेनम ट्रिलोबैटम (*Solanum trilobatum*), सोलेनम टोरवम (*Solanum torvum*), सोलेनम नाइग्रम (*Solanum nigrum*), सोलेनम एन्गिवि वार० एन्गिवि (*Solanum anguivi var. anguivi*), सोलेनम एन्गिवि वार० मल्टीफ्लोरा (*Solanum anguivi var. multiflora*), सोलेनम मैरिएकैन्थम (*Solanum myriacanthum*), सोलेनम सीर्फोथियेनम (*Solanum seaforthianum*), सोलेनम एक्युलिटिसिमम (*Solanum aculeatissimum*), सोलेनम एरियन्थियम (*Solanum erianthium*), सोलेनम मैमोसम (*Solanum mammosum*), सोलेनम् सिसिम्ब्रीफोलियम (*Solanum sisymbrifolium*), सोलेनम कैप्सिकक्वायड्ड (*Solanum capsicoides*), सोलेनम एलिगिनफोलियम (*Solanum eleagnifolium*), सोलेनम मौरिसियेनम (*Solanum mauritianum*), सोलेनम जिगैंटियम (*Solanum giganteum*), सोलेनम जैस्मितन्वाइड्स (*Solanum jasminoides*), सोलेनम स्ट्रैमोनिफोलियम (*Solanum stramoniifolium*), सोलेनम कानवालवुलस (*Solanum convolvulus*), सोलेनम बारबिसेटम (*Solanum barbisetum*), सोलेनम हिस्पिडम (*Solanum hispidum*), सोलेनम मैक्रोकारपम (*Solanum macrocarpum*), सोलेनम गिलो (*Solanum gilo* Raddi.), सोलेनम इन्टेग्रीलियम (*Solanum initegrifolium*) एवं सोलेनम वैगम (*Solanum vagum*)

मिर्च — कैप्सिकम एनम (*Capsicum annuum* L.), कैप्सिकम फ्रुटीसेन्स (*Capsicum frutescens* L.) कैप्सिकम प्यूबीसेन्स (*Capsicum pubescens* L.), कैप्सिकम चाइनेन्स (*Capsicum chinense*),

	कैप्सिकम बकैटम (*Capsicum bacatume*) एवं कैप्सिकम एनम वार0 ग्रोसम (*Capsicum annuum* var. *grossum*)
चौलाई	एमरेंथस ट्राईकलर (*Amaranthus tricolor*), एमरेंथस डूबियस (*Amaranthus dubius*) एमरेंथस लिविडस (*Amaranthus lividus*), एमरेंथस ब्लीटम (*Amaranthus blitum* L.), एमरेंथस हाइपोकोनड्रिएकस (*Amaranthus hypochrondriacus*), एमरेंथस विर्डिस (*Amaranthus virdis* L.), एमरेंथस स्पाइनोसस (*Amaranthus spinosus* L.), एमरेंथस रिट्रोपलेक्सस (*Amaranthus retroflexux* L.), एमरेंथस हाइब्रिडस (*Amaranthus hybridus* L.), एमरेंथस कौडेटस (*Amaranthus caudatus* L.)
मेथी	ट्राइगोनेल्ला फोइनम्–ग्रीकम (*Trigonella foenum-graecum* L.) एवं ट्रइगोनेल्ला कार्निकुलाटा (*Trigonella corniculata*), ट्राइगोनेल्ला एनजियुना (*Trigonella angeuna*), ट्राइगोनेल्ला एरेबिका (*Trigonella arabica*), ट्राइगोनेल्ला बैलेन्से (*Trigonella balansae*), ट्राइगोनेल्ला कैलिसिरास (*Trigonella calliceras*), ट्राइगोनेल्ला कोरुलिया (*Trigonella coerulea*), ट्राइगोनेल्ला कार्निकुलाटा (*Trigonella corniculata*), ट्राइगोनेल्ला क्रेटिका (*Trigonella cretica*), ट्राइगोनेल्ला ग्लैडिएटा (*Trigonella gladiata*), ट्राइगोनेल्ला ग्लोमेरेट (*Trigonella glomerate*), ट्राइगोनेल्ला गोरडेज (*Trigonella gordej*), ट्राइगोनेल्ला हैमोसा (*Trigonella hamosa*), ट्राइगोनेल्ला लिपोकाई (*Trigonella lipokyi*), ट्राइगोनेल्ला मानपेलियाक (*Trigonella monpeliach*), ट्राइगोनेल्ला रेडिएला (*Trigonella radiala*), ट्राइगोनेल्ला स्टेलाटा (*Trigonella stellata*), ट्राइगोनेल्ला स्ट्रीएटा (*Trigonella striata*), ट्राइगोनेल्ला आर्निथेपोडिओआयड्स (*Trigonella ornithopodioides*), ट्राइगोनेल्ला जेमिनीफ्लोरा (*Trigonella jeminiflora*), ट्राइगोनेल्ला ग्रेंडिफ्लोरा (*Trigonella grandiflora*) एवं ट्राइगोनेल्ला पालीसिरेटा (*Trigonella polycerata*)
कुल्फा	पार्चुलाका ओलेरेसिया उप प्रजाति ओलेरेसिया (*Portulaca oleracea* ssp. *oleracea*) एवं पार्चुलाका ओलेरेसिया उप प्रजाति सटाइवा (*Portulaca oleracea* ssp. *sativa*)
पोई	बासेल्ला एल्बा (*Basella alba*) एवं बासेल्ला रुब्रा (*Basella rubra*)
सरसों साग	ब्रैसिका नाइग्रा (*Brassica nigra*) एवं ब्रैसिका रैपा (*Brassica rapa*)
माउण्टेन स्पिनाच या चकवत	एट्रिप्लेक्स हार्टेन्सिस (*Atriplex hartensis*), एटिप्लेक्स पैट्ुला, (*Atriplex patula*), एट्रिप्लेक्स प्रोस्ट्रेटा (*Atriplex prostrata*), एट्रिप्लेक्स रोजीया (*Atriplex rosea*), एट्रिप्लेक्स आबलांगीफोलीया (*Atriplex oblangifolia*), एट्रिप्लेक्स हेटेरोस्परमा (*Atriplex heterosperma*), एट्रिप्लेक्स सब्सपिकेटा (*Atriplex subspicata*), एवं एट्रिप्लेक्स अर्जेन्टीया (*Atriplex argentea*)
चीनी पत्ता गोभी	ब्रैसिका चाइनेन्सिस (*Brassica chinensis*), ब्रैसिका पैकाईनेन्सिस (*Brassica pekinensis*), ब्रेसिका ओलेरेसिया एल0 वार0, सबौडा (*Brassica Oleracea* L. var. *sabouda*)
देशी पालक	बीटा वल्गेरिस उप प्रजाति बेन्गालेंसिस (*Beta vulgaris* spp. *bengalensis*), बीटा वल्गेरिस उपप्रजाति लैमेटोगोना (*Beta vulgaris* spp. *lamatogona*), बीटा मैक्रोकार्पा (*Beta macrocarpa*), बीटा मैक्रोरिजा (*Beta macrorhiza*), बीटा मैरिटिमा एल0 बीटेनाना (*Beta maritima L.*

	betanana), बीटा पैटेलिएरिस (*Beta pateliaris*), बीटा पैटुला (*Beta patula*), बीटा पेरिनिस (*Beta perrennis*), बीटा प्रोकम्बेन्स (*Beta procumbers*), बीटा वेबियाना (*Beta webbana*), बीटा कोरोलिफ्लोरा (*Beta corlliflora*), बीटा ट्राइजिना (*Beta trigyna*)
पुदीना	जंगली पुदीना–मेंथा लांगीफोलिया (*Mentha langifolia* L.) विलायती पुदीना–मेंथा पिपेरिटा (*Mentha piperita* L.), स्पीयर पुदीना–मेंथा स्पीकाटा (*Mentha spicata*)
बथुआ	चिनोपोडियम एल्बम सब स्पीशीज एल्बम (*Chenopodium album* subsp. *album*), चिनोपोडियम एल्बम सब स्पीशीज स्ट्रीएटम (*Chenopodium album* subsp. *striatum*), चिनोपोडियम एल्बम वार0 रेटीकुलेटम (*Chenopodium album* var. *reticulatum*), चिनोपोडियम एल्बम वार0 माइक्रोफोलियम (*Chenopodium album* var. *microphyllum*), चिनोपोडियम एल्बम वार0 स्टेवेन्सी (*Chenopodium album* var. *stevensii*) चिनोपोडियम ऐसेन्ट्रीफोलियम (*Chenopodium acentrifolium*), चिनोपोडियम सेन्ट्रोरुब्रुम (*Chenopodium centrorubrum*), चिनोपोडियम जीजैन्टियम (*Chenopodium giganteum*), चिनोपोडियम जेनीसेजेन्स (*Chenopodium jenissejense*), चिनोपोडियम लैन्सीयोलैटम (*Chenopodium lanceolatum*), चिनोपोडियम पेउन्कुलेरी (*Chenopodium pedunculare*) तथा चिनोपोडियम प्रोबस्टी (*Chenopodium probstii*), चिनोपोडियम के अन्य प्रभेदों जैसे चिनोपोडियम बरलैण्डीएरा (*Chenopodium barlandieri*), चिनोपोडियम फीसीफोलियम (*Chenopodium ficifolium*), चिनोपोडियम अपुलीफोलियम (*Chenopodium opulifolium*), चिनोपोडियम स्ट्रीक्टम (*Chenopodium strictum*) एवं चिनोपोडियम सुऐसीकम (*Chenopodium suecicum*)

स्रोतः गुप्ता एवं सहयोगी, 1995

विश्व के कुछ प्रमुख जननद्रव्य संग्रह स्थल

अन्तर्राष्ट्रीय स्तर पर सब्जियों के जननद्रव्यों का पुरूःस्थापन वर्तमान समय में बड़े व्यापक पैमाने पर किया जा रहा है। उदाहरण के लिए आलू के जननद्रव्य का पुरूःस्थापन अन्तर्राष्ट्रीय आलू केन्द्र, लिमा, पेरू द्वारा किया जाता है। इसी प्रकार टमाटर एवं अन्य मुख्य सब्जियों के लिए एशियन वेजीटेबल रिसर्च एण्ड डेवलपमेन्ट सेन्टर (**Asian Vegtetable Research and Development Centre**) जो वर्तमान में वर्ल्ड वेजीटेबल सेंटर (**World Vegetable Centre**) कहा जाता है से लाया जा रहा है तथा यह केन्द्र शानहुआ, ताइवान (**Taiwan**) में स्थित है।

विश्व के कुछ प्रमुख जननद्रव्य संग्रह स्थल निम्नलिखित है–

(1) इन्स्टीट्यूट आफ प्लान्ट इण्डस्ट्री लेनिनग्राड (सोबियत संघ)।

(2) रायल बोटैनिक गार्डेन्स, कीव, इंग्लैण्ड।

(3) बेल्ट्सविल संयुक्त राज्य अमेरिका।

(4) कैम्ब्रिज, इंग्लैण्ड एवं विस्कांसिन, संयुक्त राज्य अमेरिका।

(5) सोबियत संघ।

(6) न्यूजीलैण्ड।

(7) एशियन वेजीटेबल रिसर्च डेवलपमेन्ट सेन्टर, ताइवान।

भारतवर्ष में सब्जी जननद्रव्य की स्थिति (Status of vegetable germplasm in India)

भारत वर्ष में सब्जी जननद्रव्य के पुरूःस्थापन, एकत्रीकरण एवं संरक्षण की जिम्मेदारी पादप आनुवंशिक संसाधन ब्यूरो, नई दिल्ली की है। वर्तमान समय में भारतीय सब्जी अनुसंधान संस्थान वाराणसी (उत्तर प्रदेश) एवं संस्थान के अर्न्तगत आने वाले अखिल भारतीय समन्वित फसल सुधार परियोजना (सब्जी फसल) विभिन्न कृषि विश्वविद्यालय एवं भारतीय कृषि अनुसंधान परिषद, नई दिल्ली के विभिन्न संस्थानों के द्वारा भी किया जाता है। इस प्रकार सब्जी फसल के जननद्रव्यों के संरक्षण एवं एकत्रीकरण की जिम्मेदारी संयुक्त रूप से विभिन्न विभागों के माध्यम से की जाती है।

राष्ट्रीय पादप आनुवंशिक संसाधन ब्यूरो, नई दिल्ली (National Bureau of Plant Genetic Resources, New Delhi)

राष्ट्रीय पादप आनुवंशिक संसाधन ब्यूरो, नई दिल्ली (National Bureau of Plant Genetic Resources, New Delhi) में सब्जियों के जननद्रव्यों को लम्बे समय तक संरक्षित करने का प्रावधान है। ब्यूरो में सब्जियों के जननद्रव्य की देखभाल के लिए निम्नलिखित प्रमुख प्रभाग हैं–

1. पादप अन्वेषण एवं संग्रह (Plant Exploration and Collection)
2. जननद्रव्य विनिमय (Germplasm Exchange)
3. पादप संगरोध (Plant Quarantine)
4. जननद्रव्य मुल्यांकन (Germplasm Evaluation)
5. जननद्रव्य संरक्षण (Germplasm Conservation)

पादप अन्वेषण एवं संग्रहण (Plant Exploration and Collection)

प्रत्येक देश में सब्जियों की जैव विविधता को अन्वेषण द्वारा एकत्रित किया जाता है। भारत वर्ष में सब्जियों के जननदव्य को एकत्रित करने के लिए राष्ट्रीय पादप आनुवंशिक संसाधन ब्यूरो, नई दिल्ली एवं क्षेत्रीय केन्द्रों, राज्य स्तरीय कृषि विश्वविद्यालयों एवं भारतीय कृषि अनुसंधान परिषद के कुछ प्रमुख शोध संस्थानों द्वारा किया जाता है। विगत वर्षों में प्रत्येक सब्जी फसल (बीज वाली, कन्द वाली, एवं तना वाली) पर अनेकों बार अन्वेषण एवं एकत्रीकरण का कार्य किया गया है, जिसमें अधिक से अधिक जैव विविधता को एकत्रित करना मुख्य उद्देश्य रहा है।

कभी–कभी भारत वर्ष के वैज्ञानिक दूसरे देशों में जाकर परियोजनाओं के तहत जननद्रव्यों को एकत्रित करते हैं।

सारिणी (6.14) विभिन्न परियोजनाओं के अन्तर्गत भारतवर्ष से एकत्रित जननद्रव्य

परियोजना	सर्वेक्षण किया गया क्षेत्र	सब्जी फसल	जननद्रव्यों की संख्या
पी0एल0–80	भारत वर्ष के अनेकों क्षेत्र	ग्वार व अन्य लेग्यूम्स	942 एवं 8926
इण्डो–कनाडियन	हिमालय का कुमायूं क्षेत्र	ब्रेसिका प्रजाति	18
इण्डो–यू0एस0ए0–आई0डी0	राजस्थान, मध्य प्रदेश, एवं उत्तराखण्ड	खीरा	194
		फूट (स्नैप मेलन)	236
		कुकुमिस कैलोसस	156
		ककड़ी (कुकुमिस मेलो प्रजाति यूटीलीसीमस)	24
		अन्य कद्दू वर्गीय सब्जियाँ	48
आई0पी0जी0आर0 आई0	1–उत्तर–पूर्वी क्षेत्र 2– भारत, नेपाल व श्रीलंका 3– दक्षिण एशिया	भिण्डी, बैंगन एवं उनकी जंगली प्रजातियाँ	4665

सारिणी (6.15) भारतीय वैज्ञानिकों द्वारा विदेशों में जाकर एकत्रित किये गये जननद्रव्य

देश	सब्जी फसल
सेंट्रल एशियन रिपब्लिक	कसावा, भिण्डी, विंग्ड बीन, वेलवेट बीन, कद्दू वर्गीय सब्जियाँ, कैप्सिकम एवं टमाटर
पूर्वी अफ्रीका, मलावी एवं जाम्बिया	कन्दीय फसलें, लेग्यूम्स, चौलाई एवं अन्य सब्जियाँ
केनिया, सुडान, इथोपिया एवं बांग्लादेश	बैंगन

दान या उपहार के रुप में एकत्रित जननद्रव्य (Germplasm collection through donation or gift)

कभी–कभी जननद्रव्यों का एकत्रिकरण दूसरे देशों से दान या उपहार के रुप में किया जाता है। इस प्रकार से प्राप्त जननद्रव्यों के लिए कोई मूल्य नहीं चुकाना पड़ता है बल्कि मानव कल्याण के लिए स्वेच्छा से दिया जाता है। आज विश्व के बहुत सारे राष्ट्र ऐसे हैं, जिनके पास आधुनिक सुविधाओं की कमी है। फलतः बहुमूल्य जननद्रव्यों का संरक्षण नहीं कर सकते। परिणाम स्वरूप उन देशों को जनन द्रव्य उपलबध कराना मानवता के अन्तर्गत आता है।

सब्जी जननद्रव्य अन्वेषण एवं संग्रहण प्रक्रिया (Procedure for vegetable germplasm exploration and collection)

सब्जियों के अनेकों खेती योग्य एवं जंगली प्रभेद प्रकृति में उपलब्ध हैं, जिनमें व्यापक पैमाने पर विविधता पायी जाती है। बाहर से आयात की गई नवीनतम् सब्जी फसलें एवं उनके प्रभेद हमारे देश के अनेकों भागों में अनूकुलन कर अच्छे गुणों का निष्पादन करते हैं। प्राचीन कृषि पद्धति एवं

लगातार चयन प्रक्रिया से अनेकों उत्तम प्रभेद मानव के लिए समय के साथ उपयोगी हो गये। प्रकृति में कुछ प्रभेद मुक्त संकरण (freely crossing) कर विविधतायुक्त संततियो को जन्म दिये। अतः विविधता युक्त संततियो का अन्वेषण एवं संग्रहण वर्तमान समय की आवश्यकता है। जननद्रव्य एकत्रीकरण का प्रमुख उद्देश्य फसल की सम्पूर्ण विविधता को समाहित करना है। चाहे वे जंगली हों या सम्बन्धित प्रभेद हों। अन्वेषण एवं संग्रहण के निम्नलिखित कदम (steps) हैं।

(1) सर्वेक्षण (Survey)

भारतवर्ष में पायी जाने वाली सब्जियों का बृहद् समूह है, जिनमें कुछ एकवर्षीय, द्विवर्षीय या बहुवर्षीय हैं। कुछ सब्जियाँ बीजों द्वारा प्रवर्धित हैं तो कुछ वर्धीय भागों द्वारा प्रवर्धित होती हैं। सर्वेक्षण का तात्पर्य इन सब्जियों का समूह बनाकर विविधता वाले क्षेत्रों को जानना है। किसी विशेष क्षेत्र में किसी फसल में व्याप्त विविधता की जानकारी के लिए किये गये सर्वेक्षण को "कोर्स ग्रीड सर्वे" (coarse grid survey) कहते है। इसके बाद सर्वेक्षण उसमें उपलब्ध गुणों के अधार पर किया जाता है, जिसे फाइन "ग्रीड सर्वे" (fine grid survey) कहा जाता है। "कोर्स ग्रीड सर्वे" (coarse grid survey) के अन्तर्गत सम्पूर्ण क्षेत्र में अनेकों बार निश्चित अन्तराल पर जननद्रव्य एकत्रीकरण करते है, जबकि विशेष गुण की उपलब्धता सुनिश्चित हो जाने पर गुणों के आधार पर फाइन ग्रीड सैम्पलिंग (sampling) करते है। सर्वेक्षण पूर्व जननद्रव्य प्रबन्धनकर्ता संग्रहालयाध्यक्ष (curator) को फसल ज्ञान, प्रजातियों (पुरानी, दुर्लभ एवं जंगली) का ज्ञान, पादप विविधता, वातावरणीय अनुकूलन आदि का ज्ञान होना आवश्यक है। इसके अलावा प्रजनन पद्धति, समूह संरचना, प्रतिदर्श पद्धति, प्रवर्धन पद्धति एवं बहुगुणन का पूर्ण ज्ञान होना आवश्यक है। सन् 1976 से 1984 तक बहु फसल क्षेत्र तथा फसलवार दोनों के अन्वेषण हुए हैं। इसके बाद आवश्यकतानुसार कई संस्थानों ने मिलाकर अन्वेषण का कार्य प्रारम्भ किया।

(2) विविधता वितरण स्वरूप (Diversity Distribution Status)

प्रकृति में अनेकों अल्प उपयोगी सब्जियों के प्रभेद हैं, जिनकी महत्ता को कम समझा जाता है। भविष्य में इनके माध्यम से पोषण सुरक्षा सुनिश्चित करने में मदद मिल सकती है। उदाहरण के लिए डायस्कोरिया एवं कोलोकेशिया प्रभेद अनेकों भौगोलिक क्षेत्र में मिलतें हैं, जिनका रंग, रूप, स्वाद आदि भिन्न–भिन्न हैं। इसी प्रकार अनेकों तरह के याम उत्तर–पूर्व भारत एवं केरल के तटीय क्षेत्रों में दिखाई पड़ते हैं। इन क्षेत्रों में उत्पादन केवल उनके गुणों के आधार पर चयन करके किया जाता है। अतः क्षेत्रीय वातावरण में बाह्यदृश्यरूप (phenotype) एक समान होने की प्रवृत्ति बढ़ जाती है। कालान्तर में मुक्त परागण, संकरण, अनुकुलन के आधार पर समूह चयन प्रक्रिया क्षेत्र विशेष में उपज एवं गुणों के लिए किया जाता है।

ग्राम्यन प्रक्रिया में विकास को तीन अवस्था में विभाजित जा सकता है।

(1) जंगली प्रजातियों का ग्राम्यन करना।

(2) अर्द्ध ग्राम्यन प्रभेदों को स्थिरता प्रदान करना।

(3) उपज एवं गुणों के लिए प्रजनन करना।

(3) अनुकूलन (Adaptability)

मृदीय एवं वातावरणीय विविधता के कारण अनेकों फसलों मे परिवर्तन पाया जाता है। इस प्रकार की विविधता से मानव को अपने क्षेत्र में फसलों को चयन कर उगानें मे मदद मिलती है। उदाहरण के लिए लोबिया लम्बे दिनमान की फसल है और बीन्स छोटे दिनमान अवधि की फसले है लेकिन वातावरणीय विभिन्नता के कारण वर्तमान समय में दोनों सब्जियों के 'दिन उदासी' (day neutral) प्रभेद उपलब्ध हैं। इसी प्रकार प्याज में लम्बे दिन अवधि के प्रभेद उपलब्ध हैं और सामान्यतः दिनमान संवेदनरहित प्रभेदों के कन्द को निचले क्षेत्रों में उगाना सम्भव हो गया है। सब्जी फसल जैसे मटर, चुकन्दर, पालक आदि जमीन की बदली हुई स्थिति (अम्लता/लवणता) में उगाने के उपयुक्त हैं। उदाहरण के लिए ऐस्परागस में उच्च लवणता को सहन करने की क्षमता है जबकि मूली एवं अन्य बीन्स में कम लवणता सहन करने की प्रवृत्ति होती है। इसी प्रकार कोई भी कद्दू वर्गीय सब्जी को 5.0 पी0एच0 मान के नीचे उगाना सम्भव नहीं है। इस समूह की महत्वपूर्ण फसल खरबूजा हल्की अम्लता को सहन कर लेता है जबकि खीरा, कुम्हण व स्क्वाश में मध्यम क्षमता पायी जाती है।

सारिणी (6.16) विशेष अनुकूलन वाली सब्जियाँ एवं उनका क्षेत्र

सब्जी फसल	उपलब्धता के प्रक्षेत्र	विवरण एवं विशिष्ट प्रभेद
कामन बीन	हिमाचल के ऊँचाई वाले क्षेत्र एवं अरूणाचल प्रदेश का पश्चिमी क्षेत्र	वृहद् विविधता
सेम	त्रिपुरा, शिलांग, आसाम, बिहार	वृहद् विविधता
ट्री बीन (पार्किया राक्सवर्घाई)	मिजोरम्, मणिपुर, नागालैण्ड	स्थानीय उपयुक्तता
आलू	लाहौल घाटी, शिमला का कुफरी क्षेत्र, ऊटी	अधिक उपज (1.0 किग्रा से ज्यादा वजन के कन्द)
बैंगन	बुन्देलखण्ड	भोलानाथ
	त्रिपुरा	शियोनाथ
	वाराणसी (उतर प्रदेश)	रामनगर जाइण्ट
	कटक	कटक पिण्डी
	जोरहट आसाम)	डिस्को
जंगली बैंगन (सोलेनम गिलो)	उत्तर–पूर्वी क्षेत्र	अफ्रीका से पुरूःस्थापना एवं पूर्णतया अनुकूलित
	उत्तर–पूर्वी क्षेत्र (मेघालय)	धान के खेत में फरवरी–अप्रैल तक इस बैंगन की खेती होती है।
शिमला मिर्च	मिजोरम, हिमाचल प्रदेश, श्रीनगर	रंग की विविधता (सफेद, लाल, चाकलेट एवं काला)

तीखी मिर्च	आसाम	वैदागी एवं बाधी मिर्च (कैप्सीसीन की सबसे ज्यादा मात्रा)
	नागालैण्ड	अन्दमान मिर्च एवं नागा झुलकिया (सबसे तीखी मिर्च)
वुफैलोगोर्ड	राजस्थान	जड़ों में ज्यादा स्टार्च, पशुओं के लिए उपयुक्त
हार्स रैडिस	डेकन प्लेट्यू	स्थानीय उपयुक्तता (फली का उपयोग करते हैं)
मूली	हिमाचल प्रदेश, मेघालय, अरूणाचल प्रदेश, श्रीनगर,	अनेकों रंग–रूप, स्वाद
	जौनपुर	विशालकाय मूली
चो–चो	मिजोरम, कर्नाटक, महाराष्ट्र	पुर्णतया अनुकूलित, ज्यादा विविधता
करतोली (स्पाइन गोर्ड)	बिहार, पश्चिम बंगाल, उत्तर प्रदेश महाराष्ट्र	स्थानीय उपयुक्तता, ज्यादा विविधता
ककरोल (स्वीट गोर्ड)	मिजोरम, मणिपुर, शिलांग, आसाम	स्थानीय उपयुक्तता, ज्यादा विविधता
चिचिण्डा	केरल, तमिलनाडु, आन्ध्र प्रदेश	स्थानीय उपयुक्तता, ज्यादा विविधता
परवल	बिहार, उत्तर प्रदेश, पश्चिम बंगाल	स्थानीय उपयुक्तता, ज्यादा विविधता
खरबूजा	राजस्थान, पंजाब, हरियाणा, मऊ (उत्तर प्रदेश)	ज्यादा मीठा (नासपाती के नाम से जानते हैं)
तरबूज	राजस्थान, पंजाब, हरियाणा, पश्चिमी उत्तर प्रदेश, कर्नाटक, मध्य प्रदेश	ज्यादा मीठा
कुम्हण	उत्तर प्रदेश, राजस्थान	ज्यादा विविधता

स्रोतः गुप्ता एवं सहयोगी, 1995

(4) परिस्थितियों के आधार पर अन्वेषण की योजना (Planning of exploration on the basis of certain conditions)

अन्वेषण की योजना परिस्थितियों के आधार पर दो प्रकार से की जाती है।

(1) फसल की प्राथमिकता (Crop priority)

(2) क्षेत्र की प्राथमिकता (Area / region priority)

फसल की प्राथमिकता के आधार पर अन्वेषण की योजना प्रजनक की माँग व आवश्यकता के अनरूप की जाती है। इसमें एक फसल व बहुफसल के आधार पर योजनाएं बनायी जाती हैं। क्षेत्र

की प्राथमिकता का आधार उपलब्ध विविधता एवं क्षेत्र में किये जा रहे विकास के कारण लुप्त होने वाली विविधता को ध्यान में रखकर किया जाता है।

दोनों स्थितियों में अन्वेषण की योजना, क्षेत्र का ज्ञान रखने वाले विशेषज्ञ, फसल विशेषज्ञ/शोधकर्ता, प्रसार करता एवं वानस्पतिक विशेषज्ञ के संयुक्त रूप से किया जाता है। अन्वेषण के दिनों की योजना मिशन (mission) के उपर निर्भर करता है। सामान्यतः यह 20–45 दिनों का होता है, जबकि विदेशों में किये जा रहे अन्वेषण कई महीनों का होता है। इससे कम दिनों का अन्वेषण ज्यादा खर्चीला एवं कम उपयोगी होता है।

(5) क्षेत्र का चयन (Selection of site)

जननद्रव्य एकत्रीकरण क्षेत्र का तात्पर्य उस स्थान से है जहाँ से जननद्रव्य की विभिन्नता को गुणों के आधार एकत्रित किया जाता है। इसमें खेती योग्य क्षेत्र, प्राकृतिक निवास (habitats) क्षेत्रों (पहाण, घाटियाँ, नदी के क्षेत्र समुद्री तट, जंगली क्षेत्र आदि) स्थानीय ग्रामीण बाजार, अनाज पीट कर दाना अलग करने का क्षेत्र, किसानों के बीज संरक्षित करने के स्थान आदि शामिल हैं। एकवर्षीय सब्जियों के जननद्रव्य एक एकत्रीकरण क्षेत्र मुख्यतः खेत या फार्म (विभिन्न बीज प्रभेद का उपयोग) या फार्म का समूह (एक सामान्य निश्चित बीज का उपयोग) होता है। अगर स्वपरागित (self pollinated) फसलें हैं, तो एकत्रीकरण क्षेत्र की दूरी ज्यादा से ज्यादा की जा सकती है, लेकिन परपरागित (cross pollinated) फसलों में दूरी को कम रखना चाहिए। जंगली प्रभेदों में विविधता को एकत्रित करने के लिए दूरी को निर्धारित करना मुश्किल होता है। ऐसे प्रभेदों का वितरण प्रवृति एवं क्रमानुसार हो सकती है जो आईलैण्ड मॉडल (Island model) या स्टेपिंग स्टोन मॉडल (stepping stone model) को अपनाती है (जैन 1975)। ऐसी संरचना में कोई कृत्रिम दीवार की परिभाषा लागू नही होती है जिससे खेती योग्य अलग व एक समान समूह को बनाया जा सके। अतः मार्शल एवं ब्राउन (1975) ने सुझाव दिया कि यह विषय–विशेषज्ञ के उपर निर्भर करता है कि निश्चित क्षेत्र से कितना अंश एकत्रित करना उचित होगा। उदाहरण के लिए 1000 मीटर 1,0000 मीटर या 1,00,000 मीटर आदि। सब्जी की जंगली प्रभेदों से परागकण व बीज के माध्यम से जीन बहाव निश्चित रूप से काफी कम होता है और प्राकृतिक अवस्था में जंगली प्रभेदों में बिल्कुल अलग आनुवंशिक विविधता कम दूरी पर मिल जाती है।

(6) विशेष क्षेत्र से एकत्रीकरण (Collection from specific area)

आदिवासी बाहुल्य एवं जाति सम्बन्धी क्षेत्रों से बहुत ज्यादा विविधता वाले एवं उपयोगी प्राचीन एवं जंगली प्रभेदों के जीन समूह (gene pool) को प्राप्त किया जा सकता है। ऐसे क्षेत्रों से महत्वपूर्ण गुणों वाले जननद्रव्य को एकत्रित किया गया है। कभी–कभी ऐसा पाया गया है कि एक समूह के आदिवासी, दूसरे समूह के आदिवासी से महत्वपूर्ण बीजों का आदान–प्रदान नहीं करते हैं। भारतवर्ष के आदिवासी क्षेत्र–मध्य प्रदेश (जगदलपुर), छत्तीसगढ़, पंश्चिम बंगाल, बिहार, ओडिशा एवं उत्तर–पूर्वी राज्य हैं, जहाँ पर सब्जियों की जैव विविधता आज भी व्यापक पैमाने पर मिलती हैं। कभी–कभी आदिवासी उत्पाद को स्थानीय बाजार में लाकर बेचते हैं। अतः जंगली क्षेत्रों को जहाँ

पर पहुँच न हो सकी हो, पहाणी/तराई एवं आदिवासी बाहुल्य क्षेत्रों से जननद्रव्य एकत्रित करने को प्राथमिकता देना चाहिए।

(7) स्थान की संख्या (Number of sites)

फसल में एकत्रीकरण स्थान की संख्या का निर्धारण फसल में विविधता की उपलब्धता एवं परागण प्रक्रिया (स्व व परपरागण) पर निर्भर करती है। अगर विविधता की स्थिति का पता नही है, तो एक ही स्थान से अनेकों प्रतिदर्श एकत्रित करना चाहिए। स्थान की संख्या का निर्धारण मौसम सापेक्ष विविधता निर्धारण फसल व भू–भौतिकी संरचना के आधार पर भी किया जाता है। जननद्रव्य एकत्रित करते समय दुर्लभ प्रभेदों के निवास जीवन चक्र, खेती की पद्धति को भी ध्यान में रखना चाहिए।

(8) प्रतिदर्श का आकार (Sample size)

अधिकतम प्रतिदर्श आकार प्रत्येक क्षेत्र में उपलब्ध पौधों की संख्या से निर्धारित होता है जिससे लगभग 95 प्रतिशत समजात विकल्पी गुणसूत्र (homologous chromosome) समाहित हो जायें। एक प्रभेद में एक क्षेत्र से 50 से ज्यादा प्रतिदर्श नही लेना चाहिए। इसमें बारम्बारता 0.05 से ज्यादा होना चाहिए। समूह बीज प्रतिदर्श में कम से कम 50 प्रतिशत पौध से एकत्रित किया जाना चाहिए, जबकि सब्जियों विशेषतया बैंगन व कद्दू वर्गीय सब्जियों में इतनी संख्या में फलों को प्राप्त करना कठिन होता है। पर परागित सब्जियो में प्रत्येक प्रतिदर्श में 10,000 से 12,000 बीज व स्वपरागित सब्जियों में 8000 बीज होना चाहिए।

प्रतिदर्श दो प्रकार से किया जाता है

(i) आकस्मिक प्रतिदर्श (Random sampling)

आकस्मिक प्रतिदर्श का उपयोग समूह से ज्यादा से ज्यादा विविधता को एकत्रित करना होता है। इसमें सापेक्ष बारम्बारता या जीत विरलता (rarity) या गुढ़ आनुवंशिक संयुक्तता का ध्यान नही रखा जाता है। अतः प्रत्येक एकत्रित किये जाने वाले क्षेत्र (दूसरे व तीसरे को छोडकर) से एक अन्न की बाल (spike) या कुछ फलियाँ आकस्मिक रूप से एकत्रित की जाती हैं, जिससे प्रत्येक 50 विखण्डित क्षेत्र से समूह में प्रतिदर्श जीन आ जायें। अतः हॉक्स (1976) ने सुझाव दिया कि समूह बीज प्रतिदर्श में 50 व किसी भी दशा में 100 से ज्यादा न हों, आकस्मिक रूप से एकत्रित करना चाहिए। अतः प्रतिदर्श समूह हो और समूह पूरी विविधता को समाहित करती हो।

(ii) पक्षपात पूर्ण प्रतिदर्श (Biased sampling)

आकस्मिक प्रतिदर्श कुछ फसलों जैसे बैंगन व कद्दू वर्गीय सब्जियों में उचित रूप से काम नही आता है क्योंकि कृषक केवल कुछ चयनित फलों को ही अगले वर्ष बुआई के लिए उपयोग करते हैं। बीज एकत्रीकरण के समय फल भी पकी अवस्था में उपलब्ध नही होते हैं। ऐसी अवस्था में अन्वेषक पक्षपातपूर्ण प्रतिदर्श को एकत्रित करता है। हारलान (1975) ने बल देकर कहा कि

विस्तारपरक विविधता के लिए पक्षपातपूर्ण प्रतिदर्श एकत्रित होना चाहिए। अन्वेषक अकारकीय एवं दैहिक गुणों के आधार पर समूह बनाकर एकत्रित करता है। इससे विविधता स्वरूप दर एवं विकास की प्रकृति का पता चलता है। (फोर्धम,1971) और साथ ही बीज की गुणवत्ता एवं जमाव का भी पता चल जाता है (फ्लीन्ट, 1970)। ज्ञात स्रोत से भी किसी विशेष जीन प्ररूप के एकत्रीकरण को पक्षपातपुर्ण प्रतिदर्श के अन्तर्गत रखते हैं।

(9) नेशनल हर्बेरियम (National herbarium)

"नेशनल हर्बेरियम ऑफ़ कल्टीवेटेड प्लान्टस" के अन्तर्गत 14845 प्रतिरूप (नमूना) रखा गया है तथा उनके जंगली/खरपतवार टाइप के प्रतिरूपों की संख्या 3087 है, जो 1214 वंश एवं 227 परिवारों से हैं। इसके अलावा नेशनल हर्बेरियम ऑफ कल्टीवेटेड प्लान्ट के अन्तर्गत 2003 दृढ़ प्रमाण (voucher) प्रतिरूप भी रखे गयें है, जो महत्वपूर्ण बीजों तथा उत्पादों से अवगत कराते हैं।

(10) सूचीबद्धन (Cataloguing)

राष्ट्रीय पादप आनुवंशिक संसाधन ब्यूरो, नई दिल्ली को प्राप्त होने वाले महत्वपूर्ण विभेदों या प्रविष्टियों को एक निश्चित क्रम संख्या (serial number) से निर्दिष्ट किया जाता है। सूचीबद्धन करते समय प्रत्येक प्रविष्टि की स्पीशीज, प्रजाति, उद्‌गम स्थल/अनुकूलन स्थिति, विशेष गुण धर्म आदि का पूर्ण विवरण लिखना अनिवार्य है, जिससे भविष्य में दूसरे अन्वेषक तथा सम्बन्धित लोगों को क्षेत्र विशेष में प्रभेद के अनूकुलन की जानकारी प्राप्त हो जाये।

सामान्यतः जननद्रव्यों का सूचीबद्धन 3 वर्ग में विभाजित कर संकेत दिया जाता है–

(1) ई0सी0 (Exotic collection)

विदेशों से आयातित जननद्रव्यों की प्रविष्टियों (entries) को विदेशी संग्रह के नाम से जानते हैं। इसे संक्षेप में ई0सी0 (E.C.) से प्रदर्शित करते हैं। उदाहरण के लिए टमाटर के प्रभेद ई0सी0 572689 (लाइको पर्सिकान वार0 सेरासीफॉर्मी) को भारत में संयुक्त राज्य अमेरिका द्वारा दिया गया है। कभी–कभी इसे पी0आई0 (Plant Introduction or PI) से भी संकेत करते हैं।

(2) आई0सी0 (Indigenous collection/National collection)

अपने देश के अन्दर से एकत्र की गयी फसल के प्रभेदों को आई0सी0 या एन0आई0सी0 (IC or NIC) के नाम से संकेत करते हैं। उदाहरण के लिए लौकी के प्रभेदों आई0सी0 296733 को फैजाबाद (एन्ड्रोमोनोसियस) एवं आई0सी0 की 296744 देवरिया (कटी पत्ती वाली) उत्तर प्रदेश से एकत्रित की गयी है।

(3) आई0डब्ल्यू0 (Indigenous Wild)

देश में पाये जाने वाले सब्जियों के जंगली प्रभेद एवं जंगली सम्बन्धियों (wild retatives) की प्रविष्टियों को देशी जंगली या आई0डब्ल्यू0 से संकेत करते हैं। प्रविष्टि की सही संकेत देने हेतु

प्रारम्भ के दो अक्षरों जैसे ई0सी0 / पी0आई0, एन0आई0सी0, आई0डब्ल्यू0 से प्रदर्शित करते हैं तथा बाद में छः अंकों को लिखते हैं। उदाहरण के लिए लौकी की संयुक्त राज्य अमेरिका से प्रभेद ई0सी0 524946।

सब्जी जनदव्यों का मूल्यांकन एवं उपयोग (Evaluation and utilization of vegetable germplasm)

विदेशों से आयातित एवं देश के कोने–कोने से संग्रहित बहुमूल्य जननद्रव्यों का उपज तथा अन्य अभिलक्षणों के लिए मूल्यांकन अति आवश्यक प्रक्रिया है, जिससे इनको प्रजनन में उपयोग नवीनतम वाँछित प्रजातियों / संकरों को विकसित किया जा सके। सब्जी जननद्रव्यों का मूल्यांकन मुख्यतः राष्ट्रीय पादप आनुवंशिक संसाधन ब्यूरो, नई दिल्ली, भारतीय सब्जी अनुसंधान संस्थान, वाराणसी तथा अखिल भारतीय सामन्वित फसल सुधार परियोजना (सब्जी फसल) के विभिन्न केन्द्रों द्वारा किया जाता है। परीक्षणों से प्राप्त आकडों के आधार पर जननद्रव्यों की ग्रन्थसूची (catalogue) तैयार की जाती है। अति उपयोगी जननद्रव्यों को चिन्हित कर मुख्द फसल के रूप में उगाते हैं तथा फसल क्षेत्र दिवस (field day) के अवसर पर सम्बन्धित वैज्ञानिकों को उनके गुणधर्म से अवगत कराते हैं तथा व्यापक उपयोग की रणनीति तैयार करते हैं। क्षेत्र दिवस के अलावा शोध अभिलेख, फसल, ग्रन्थसूची, (प्रकाशित एवं इलेक्ट्रानिक सी0डी0) आदि के माध्यम से भी अवगत कराया जाता है। वृहद् समूह से चयनित जननद्रव्यों की उपयोगिता एक महत्वपूर्ण घटक है। इसके माध्यम से सम्बन्धित वैज्ञानिकों, कृषि प्रजनक, शोध एवं विकासकर्ता उचित पुरस्कार से सम्मानित किया जाता है।

1. अभिलक्षण समूह एवं प्राथमिक मूल्यांकन

इस प्रक्रिया के अन्तर्गत सब्जी जननद्रव्यों का अभिलक्षण समूह तथा प्राथमिक मूल्यांकन किया जाता है, क्योकि बिना अभिलक्षण समूह बनाये या विशेष गुण चिन्हित किये बिना जननद्रव्यों की कोई प्रायोगिता नही होती है। प्रजनक के विचार से जननद्रव्यों के मूल्यांकन का तात्पर्य एकत्रित फसल की विविधता का विस्तृत आँकड़ा रखना है। प्राथमिक अभिलक्षण एवं मूल्यांकन का कार्य मुख्यतः अन्वेषक के द्वारा किया जाता है। इसके बाद गुणों को निर्धारित करने का काम प्रजनक द्वारा किया जाता है। जननद्रव्यों का मूल्यांकन सामान्यतः बहुअंशीय (multi dimensional) प्रक्रिया है, जिसमें अनेकों विभाग जैसे कोशिका विभाग, सस्य विभाग, आनुवंशिक एवं पादप प्रजनन विभाग, जैव रसायन विभाग आदि जुड़े होते हैं, जिससे विस्तृत रूप से जननद्रव्य सम्बन्धित आँकड़ें एकत्रित किए जाते हैं। इस प्रकार एकत्रित आकड़ों का उचित उपयोग किया जा सकता है। पादप आकड़ों को एकत्रित करते समय "डिस्क्रीप्टर लिस्ट" (Descriptor List) जो फसलानुसार विकसित की गयी है, के अनुरूप ही करना होता है। डिस्क्रीप्टर लिस्ट सामान्यतः राष्ट्रीय पादप अनुवांशिक संसाधन ब्यूरो, नई दिल्ली, एवं आई0पी0जी0आर0आई0, रोम द्वारा विकसित किए गए हैं। फसलों के अनुसार कुछ परिवर्तन करके "मिनिमल डिस्क्रीप्टर लिस्ट" (Minimal Descriptor List) भी भारतीय सब्जी अनुसंधान संस्थान, वाराणसी द्वारा बनाए गए हैं। पासपोर्ट डाटा बुक में जननद्रव्य एकत्रीकरण के समय ही आवश्यक सूचना अंकित करनी पड़ती है, जिससे जननद्रव्यों के इतिहास के बारे में पता

चलता है। इसे भौगोलिक क्षेत्र से जननद्रव्यों को एकत्रित/संग्रहित किया गया है। उसी क्षेत्र विशेष में मूल्यांकन करने से सही आँकड़ें प्राप्त होते हैं। फसल की प्रकृति, विकास की गति, पुष्पन, फसल आदि को ध्यान में रखकर एकत्रित जननद्रव्यों की बुआई एवं लगाने की बारम्बरता निर्धारित की जाती है। सामान्यतः मूल्यांकन के लिए "आग्मेन्टेड ब्लाक डिजाइन" (Augmented Block Design) का प्रयोग ज्यादा किया जाता है। प्राथमिक मूल्यांकन में स्थानीय अनुकूलित प्रभेद को चेक (check) के रूप में प्रयोग करते है। बाह्य संकरण न हो इसका ध्यान रखना आवश्यक है।

सारिणी (6.17) विभिन्न फसलों में मूल्यांकन के बाद चयनित जननद्रव्य

फसल	मूल्यांकन केन्द्र	गुण	चयनित जननद्रव्य
करेला	राष्ट्रीय पादप आनुवंशिक संसाधन ब्यूरो, नई दिल्ली	अधिक उपज	यू0बी0 22, यू0बी0 66, आई0सी0 074158, सी0 001621, के0 003374
	भारतीय सब्जी अनुसंधान संस्थान, वाराणसी (उत्तर प्रदेश)	अधिक उपज	आई0सी0 44428, एन0आई0सी0 072285, आई0सी0 085608, आई0सी0 085611, आई0सी0 085636, वी–89/0–103 सी, वी0आरबी0टी0–29, वी0आर0बी0टी0–50
		अधिक फल/पौध	आई0सी0 045364, आई0सी0 044428, आई0सी0 044428, आई0सी0 045350, एन0आई0सी0 072285, आई0सी0 85611
		मोजैक रोग प्रतिरोधी	आई0सी0 044428, आई0सी0 072285 आई0सी0वी0 89/0–103सी0, आई0सी0 085611, आई0सी0 085636, वी0आर0बी0 टी0–50
		फल मक्खी सहनशील	आई0सी0 085641, वी0 89/0–103 सी0
लौकी	राष्ट्रीय पादप आनुवंशिक संसाधन ब्यूरो, नई दिल्ली	अधिक उपज (ग्रीष्मकाल)	यू0–10–315, यू0–11–10, यू0–8–217, यू0–8–46, यू0–8–198, बी0डी0जे0–864
		अधिक उपज (वर्षाकाल)	यू0–11–216ए, यू0–11–50, बी0डी0जे0 53 बी0डी0जे0 896, ई0सी0 187247, बी0डी0जे0 617
	भारतीय सब्जी अनुसंधान संस्थान, वाराणसी (उत्तर प्रदेश)	अधिक उपज	यू0–10–316, आई0सी0 092363, वी0आर0वी0जी0–2, बी0आर0बी0जी0 4
		कद्दू के लाल कीट सहनशील	यू0–10–316, एन0 आई0सी0 1225

		पर्ण सुरंगक सहनशील	यू0 10–316, आई0सी0 092363, आई0सी0 092418
		मृदु रोमिल आसिता सहनशील	यू0–10–316, आई0सी0 092362
कुंदरु	इंदिरा गांधी कृषि विश्वविद्यालय, रायपुर छत्तीसगढ़	अधिक उपज (3.20–21.2 किग्रा / पौध)	ए0सी0 59, ए0सी0 35, ए0सी054, ए0सी016, ए0सी0 48, ए0सी0 10, ए0सी0 11, ए0सी014, ए0सी0 34, ए0सी0 52, ए0सी0 24, ए0सी0 17, ए0सी0 36, ए0सी0 2, ए0सी0 4, ए0सी0 31, ए0सी0 29
		अधिक फल प्रति पौध (209. 35–1292.2)	ए0सी0 35, ए0सी0 59, ए0सी0 11, ए0सी0 5, ए0सी0 16, ए0सी0 54, ए0सी0 24, ए0सी0 17, ए0सी0 10, ए0सी0 51, ए0सी0 22, ए0सी0 54, ए0सी0 80, ए0सी0 52, ए0सी0 32, ए0सी0 31, ए0सी0 63, ए0सी0 37, ए0सी0 23
		फल लम्बाई (3.97–7.60 सेन्टी मीटर)	ए0सी0 6, ए0सी0 1, ए0सी0 62, ए0सी0 11, ए0सी0 33, ए0सी0 54, ए0सी0 61, ए0सी0 31, ए0सी0 59
		फल व्यास (1. 63–3.2 सेन्टी मीटर)	ए0सी0 59, ए0सी0 52, ए0सी0 31, ए0सी0 14, ए0सी0 35, ए0सी0 37
	भारतीय सब्जी अनुसंधान संस्थान, वाराणसी (उत्तर प्रदेश)	अधिक उपज	वी0आर0के0 50, बी0आर0के0 10, वी0आर0के0 20, बी0आर0के0 35
		मोजैक प्रतिरोधी	वी0आर0के0 5, बी0आर0के0 10, वी0आर0के0 20, वी0आर0के0 35
		पर्ण सुरंगक प्रतिरोधी	वी0आर0के0 6, वी0आर0के0 22, वी0आर0के0 4, वी0आर0के0 31, वी0आर0के0 33, वी0आर0के0 55
परवल	भारतीय सब्जी अनुसंधान संस्थान, वाराणसी (उत्तर प्रदेश)	अधिक उपज	वी0आर0पी0जी0–13, वी0आर0पी0जी0–44, वी0आर0पी0जी0–70, वी0आर0पी0जी0–72, वी0आर0पी0जी0–93
		फल प्रति पौध	वी0आर0पी0जी0–13, वी0आर0पी0जी0–44, वी0आर0पी0जी0–70, वी0आर0पी0जी0–72, वी0आर0पी0जी0–88, वी0आर0पी0जी0–93, वी0आर0पी0जी0–113
		सूखा प्रतिरोधी	वी0आर0पी0जी0–72, वी0आर0पी0जी0–99 वी0आर0पी0जी0–19, यू0–43 / बी0पी0 / डी0आर0 / 7, बी0आर0पी0जी0–110ए, बी0आर0पी0जी0–110बी0
नसदार तोरी	राष्ट्रीय पादप आनुवंशिक संसाधन ब्यूरो, नई दिल्ली	अधिक उपज	आई0सी0 093399, यू0–324–138, यू0–20–202ए, यू0–24–134, एन0आई0सी0–10216

चिकनी तोरी	राष्ट्रीय पादप आनुवंशिक संसाधन ब्यूरो, नई दिल्ली	अधिक उपज	आई0सी0 92779, आई0सी0—92745 (अगेती) डी0—24—163, एन0आई0सी0—10237
सतपुतिया	राष्ट्रीय पादप आनुवंशिक संसाधन ब्यूरो, नई दिल्ली	अधिक उपज	डी0सी0बी0—1363
बैंगन	राष्ट्रीय पादप आनुवंशिक संसाधन ब्यूरो, नई दिल्ली	लम्बा (गहरा बैंगनी)	आई0सी0—12879, एन0आई0सी0—5938
		लम्बा (बैंगनी)	आई0सी0 90764,आई0सी0 112312, आई0सी0 90975, आई0सी0—126869, आई0सी0—144084
		लम्बा (हरा)	आई0सी0—74209ए, आई0सी0 136142, आई0सी0—144083, एन0आई0सी0—4573
		आयताकार (गहरा बैंगनी)	आई0सी0—14405, एन0आई0सी0—13009
		लम्बोतर (बैंगनी)	आई0सी0—90957, आई0सी0—127239, आई0सी0—113802, आई0सी0—112821
		आयताकार (सफेद के साथ बैंगनी रेखा)	आई0सी0—137748, आई0सी0—14478, आई0सी0—136328
मिर्च	राष्ट्रीय पादप आनुवंशिक संसाधन ब्यूरो, नई दिल्ली	अधिक उपज	आई0सी0—119676, आई0सी0—119639, पी0एस0आर0—1775, जे0बी0टी0—12/83, एम0एन0सी0एच0—64, बी0डी0—119, बी0डी0एस0—2573
		मिर्च पेस्ट के योग्य	ई0सी0—054628, ई0सी0—052062
टमाटर	राष्ट्रीय पादप आनुवंशिक संसाधन ब्यूरो, नई दिल्ली	अधिक उपज	ई0सी0—106285, ई0सी0—118292, ई0सी0—163683, ई0सी0—170662, ई0सी0—110578
		सूखा प्रतिरोधी	ई0सी0—041824, ई0सी0—164855, ई0सी0—169308, ई0सी0—122063, ई0सी0—126955
		मध्य सूखा प्रतिरोधी	ई0सी0—315487, ई0सी0—320578
		हरी ताजा बाजार के लिए	ई0सी0—260639, ई0सी0—232429, ई0सी0—267729, ई0सी0—267726
		परिवहन योग्य	ई0सी0—161252, ई0सी0—100845, ई0सी0—110268
		अगेती पकने योग्य	ई0सी0—357833, ई0सी0—357827, ई0सी0—362956, ई0सी0—362940, ई0सी0—362944, ई0सी0—362947

(2) प्रगति मूल्यांकन (Advance evaluation)

प्रगति मूल्यांकन के अन्तर्गत अनेकों उपयोगी गुणधर्म (trait specific) का मूल्यांकन किया जाता है। ऐसी स्थिति में जननद्रव्य को सीधे प्रजनन में प्रयोग किया जा सकता है। उदाहरण के लिए विशेष सस्य गुण, दबाव सहिष्णु, कीट एवं रोध प्रतिरोधी, गुणवत्तायुक्त अभिलक्षण इत्यादि। गुणवत्तायुक्त अभिलक्षण के अन्तर्गत शारीरिक विज्ञान सम्बन्धी व जैव रसायन सम्बन्धी गुण आते हैं। मात्रात्मक अभिलक्षण के अन्तर्गत वातावरणीय घटक आते हैं, जो उत्पादन एवं उत्पादकता को अनुकूलन के अनुसार प्रभावित करते हैं। यही नहीं इन घटकों से गुणधर्म घटक, रोग एवं कीट प्रतिरोधी क्षमता तथा विशेष अनुकूलन को भी प्रभावित करते हैं। वर्तमान समय में जननद्रव्य का प्रगति मूल्यांकन करते समय बहु–स्थिति एवं बहु–विषयक पद्धति को ज्यादा महत्व दिया जाता है।

जननद्रव्य प्रबन्धन तंत्र (Network of Germplasm Managememt)

सब्जी जननद्रब्य संरक्षण पोषण की दृष्टि से एक आवश्यक संसाधन है। अतः अन्तर्राष्ट्रीय एवं राष्ट्रीय स्तर पर इसके संरक्षण के लिए महत्वपुर्ण कदम उठाये जा रहे हैं। अन्तर्राष्ट्रीय स्तर पर सब्जी जननद्रव्य मूल्यांकन हेतु "साउथ एशिया वेजिटेबल रिसर्च नेटवर्क" (सेवरनेट) परियोजना की शुरूआत वर्ष 1993 में किया गया था, जिसके माध्यम से अनेक देशों को उन्नतिशील प्रभेद प्राप्त हुए। इस परियोजना के तहत भारतीय बागवानी अनुसंधान संस्थान, बैंग्लुरु (कर्नाटक), भारतीय सब्जी अनुसंधान संस्थान, वाराणसी (उ0प्र0) एवं सब्जी विज्ञान विभाग, भारतीय कृषि अनुसंधान संस्थान, नई दिल्ली शामिल थे। इसी प्रकार इण्टरनेशनल पोटेटो सेन्टर (सीप) के अर्न्तगत केन्द्रीय आलू शोध संस्थान, शिमला (हिमाचल प्रदेश) तथा इण्टरनेशनल मशरूम जर्मप्लाज्म कन्जर्वेशन नेटवर्क के अन्तर्गत राष्ट्रीय खुम्भ शोध केन्द्र सोलन, (हिमाचल प्रदेश) को शामिल किया गया। वर्तमान समय में सब्जी जननद्रव्य प्रबंधन के अर्न्तगत भारतीय कृषि अुनसंधान परिषद के संस्थान एवं राज्य कृषि विश्वविद्यालय पूरी तत्परता से लगे हुए हैं। अखिल भारतीय सब्जी सुधार परियोजना (सब्जी फसल) के अंतर्गत भी इनका प्रबंधन अनिवार्य रुप से किया जाता है और प्रत्येक उपलब्ध जननद्रव्यों की स्थिति, गुणवत्ता युक्त जननद्रव्य की पहचान तथा देश में उपलब्ध जननद्रव्यों को एकत्रित करने हेतु दिशा निर्देश दिये जाते हैं। इस पर नियंत्रण राष्ट्रीय पादप आनुवंशिक संसाधान ब्यूरो, नई दिल्ली का होता है। इसके अंतर्गत क्षेत्रीय केन्द्र विभिन्न कृषि जलवायु में उपस्थित हैं। इसके अतिरिक्त 131 सहयोगी केन्द्र हैं, जो पादप संरक्षण में अपना महत्वपूर्ण योगदान दे रहे हैं। ये केन्द्र भारतीय कृषि अनुसंधान परिषद के अनुसंधान संस्थान, कृषि विश्वविद्यालय, रक्षा अनुसंधान मंत्रालय, पर्यावरण एवं वन मंत्रालय आदि हैं। देश में लगभग 40 राष्ट्रीय सक्रिय जननद्रव्य स्थान (National Active Germplasm Site) हैं, जो जनन द्रव्य मूल्यांकन एवं बहुगुणन का कार्य करने के बाद बीजों, कर्त्तनों, उत्तकों आदि को राष्ट्रीय जीन बैंक (National Gene Bank) में संरक्षित करते हैं। वर्तमान समय में राष्ट्रीय जीन बैंक जो राष्ट्रीय पादप आनुवंशिक संसाधन ब्यूरो, नई दिल्ली में स्थित है, के अन्तर्गत लगभग 26,988 सब्जी जननद्रव्यों को रखा गया है। इन जननद्रव्यों को भारतवर्ष के गंगा का मैदानी भाग, पूर्वोत्तर क्षेत्र, पश्चिमोत्तर हिमालय का क्षेत्र, पूर्वी उत्तर प्रदेश, बिहार, महाराष्ट्र, पश्चिम बंगाल, आसाम, उत्तर प्रदेश का तराई क्षेत्र, मध्य भारत, ओडिशा और आन्ध्र प्रदेश के आस–पास के क्षेत्रों

से एकत्रित किया गया है। भारतवर्ष के अलावा दूसरे देशों से ज्यादा संख्या में जननद्रव्यों को एकत्रित कर संरक्षित किया गया है। उदाहरण के लिए राष्ट्रीय पादप आनुवंशिक संसाधन ब्यूरो, नई दिल्ली ने टमाटर की 2900 से ज्यादा जननद्रव्यों को विश्व के विभिन्न जलवायु क्षेत्रों से एकत्रित किया है।

भारतवर्ष में सब्जियों के जननद्रव्य प्रबंधन का विस्तृत तंत्र है, जो नीचे की सारिणी में दिया गया है–

सारिणी (6.18) भारत में सब्जियों के जननद्रव्य का प्रबंधन तंत्र

फसल	प्रमुख संस्थान	सहयोगी संस्थान
चौलाई	तमिलनाडु कृषि विश्वविद्यालय, कोयम्बटूर (तमिलनाडु)	केरल कृषि विश्वविद्यालय, वेल्लानिकारा (केरल) एवं आसाम कृषि विश्वविद्यालय, जोरहट (आसाम)
करेला	केरल कृषि विश्वविद्यालय, वेल्लानिकारा (केरल), भारतीय कृषि अनुसंधान संस्थान, नई दिल्ली	चन्द्रशेखर आजाद कृषि एवं प्रौद्योगिकी विश्वविद्यालय, कानपुर (उ0प्र0)
लौकी	भारतीय सब्जी अनुसंधान संस्थान, वाराणसी (उ0प्र0)	नरेन्द्र देव कृषि एवं प्रौद्योगिकी विश्वविद्यालय, फैजाबाद (उ0प्र0), राष्ट्रीय पादप आनुवंशिक संसाधन ब्यूरो, नई दिल्ली, जवाहर लाल नेहरु कृषि विश्वविद्यालय, जबलपुर, मध्य प्रदेश महात्मा फूले कृषि विद्यापीठ, राहरी (महाराष्ट्र)
बैंगन	भारतीय सब्जी अनुसंधान संस्थान, वाराणसी (उ0प्र0)	भारतीय बागवानी अनुसंधान संस्थान, बैंग्लुरु ओडिशा कृषि एवं प्रौद्योगिकीय विश्वविद्यालय, भुबनेश्वर, भारतीय कृषि अनुसंधान संस्थान, नई दिल्ली, राजेन्द्र कृषि विश्वविद्यालय, साबौर (बिहार), बागवानी एवं कृषि बानकी शोध कार्यक्रम प्लाण्डु, राँची (झारखण्ड)
पत्ता गोभी	भारतीय कृषि अनुसंधान संस्थान क्षेत्रीय केन्द्र, कटराईं, कुल्लू (हिमाचल प्रदेश)	वाई0एस0 परमार विश्वविद्यालय, उद्यान एवं वानिकी सोलन (हिमाचल प्रदेश)
शिमला मिर्च	भारतीय कृषि अनुसंधान संस्थान क्षेत्रीय शोध केन्द्र, कटराई, कुल्लू (हिमाचल प्रदेश)	तमिलनाडु कृषि विश्वविद्यालय, कोयम्बटुर (तमिलनाडु), वाई0एस0 परमार विश्वविद्यालय, उद्यान एवं वानिकी सोलन (हिमाचल प्रदेश)
गाजर (ट्रापिकल)	चौधरी चरण सिंह हरियाणा कृषि विश्वविद्यालय, हिसार (हरियाणा),	पंजाब कृषि विश्वविद्यालय, लुधियाना
गाजर (टेम्परेट)	भारतीय कृषि अनुसंधान संस्थान क्षेत्रीय शोध केन्द्र, कटराई, कुल्लू (हिमाचल प्रदेश)	वाई0एस0 परमार विश्वविद्यालय, उद्यान एवं वानिकी सोलन (हिमाचल प्रदेश)
फूल गोभी (अगेती)	भारतीय सब्जी अनुसंधान संस्थान, वाराणसी	भारतीय कृषि अनुसंधान संस्थान, नई दिल्ली
फूल गोभी (मध्य)	भारतीय सब्जी अनुसंधान संस्थान, वाराणसी	राजेन्द्र कृषि विश्वविद्यालय, साबौर (बिहार),

फूल गोभी (पिछेती)	भारतीय कृषि अनुसंधान संस्थान क्षेत्रीय शोध केन्द्र, कटराई, कुल्लू (हिमाचल प्रदेश)	वाई0एस0 परमार विश्वविद्यालय, उद्यान एवं वानिकी सोलन (हिमाचल प्रदेश)
मिर्च	भारतीय सब्जी अनुसंधान संस्थान, वाराणसी	ए0एन0जी0आर0 कृषि विश्वविद्यालय, हैदराबाद, क्षेत्रीय केन्द्र लाम, तमिलनाडु कृषि विश्वविद्यालय, कोयम्बटुर (तमिलनाडु), यू0ए0एस0 धारवाड
खीरा	भारतीय सब्जी अनुसंधान संस्थान, वाराणसी	तमिलनाडु कृषि विश्वविद्यालय, कोयम्बटुर (तमिलनाडु), जवाहर लाल नेहरु कृषि विश्वविद्यालय जबलपुर, भारतीय बागवानी अनुसंधान संस्थान, बैंग्लुरु, भारतीय कृषि अनुसंधान संस्थान, नई दिल्ली, चन्द्रशेखर आजाद, कृषि एवं प्रौद्योगिकी विश्वविद्यालय, कानपुर
सेम	भारतीय सब्जी अनुसंधान संस्थान, वाराणसी	राष्ट्रीय पादप आनुवंशिक संसाधन ब्यूरो, नई दिल्ली जवाहर लाल नेहरु कृषि विश्वविद्यालय जबलपुर, भारतीय बागवानी अनुसंधान संस्थान, बैंग्लुरु चन्द्रशेखर आजाद कृषि एवं प्रौद्योगिकी विश्वविद्यालय कानपुर, बागवानी एवं कृषि वानिकी शोध कार्यक्रम प्लाण्डु, रांची
फराश बीन	भारतीय सब्जी अनुसंधान संस्थान, वाराणसी	वाई0एस0 परमार विश्वविद्यालय, उद्यान एवं वानिकी सोलन (हिमाचल प्रदेश), गोविन्दबल्लभ पंत कृषि एवं प्रौद्योगिकी विश्वविद्यालय, पंतनगर उधम सिंह नगर (उत्तराखण्ड) महात्मा फूले कृषि विद्यापीठ, राहुरी (महाराष्ट्र), वाई0एस0 परमार विश्वविद्यालय, उद्यान एवं वानिकी सोलन (हिमाचल प्रदेश)
लहसुन	राष्ट्रीय शोध केन्द्र (लहसुन एवं प्याज) राजगुरुनगर पुणे	राष्ट्रीय बागवानी अनुसंधान एवं विकास प्रतिष्ठान, नासिक, राष्ट्रीय बागवानी अनुसंधान एवं विकास प्रतिष्ठान, करनाल
प्याज	राष्ट्रीय शोध केन्द्र (लहसुन एवं प्याज) राजगुरुनगर पुणे	राष्ट्रीय बागवानी अनुसंधान एवं विकास प्रतिष्ठान, नासिक, राष्ट्रीय बागवानी अनुसंधान एवं विकास प्रतिष्ठान, करनाल
खरबूजा	भारतीय सब्जी अनुसंधान संस्थान, वाराणसी	राजस्थान कृषि विश्वविद्यालय कृषि शोध केन्द्र दुर्गापुरा (राजस्थान) नरेन्द्रदेव कृषि एवं प्रौद्योगिकीय विश्वविद्यालय, कुमारगंज फैजाबाद (उ0प्र0), भारतीय कृषि अनुसंधान संस्थान, नई दिल्ली, पंजाब कृषि विश्वविद्यालय लुधियाना (पंजाब) भारतीय बागवानी अनुसंधान संस्थान, बैंग्लुरु (कर्नाटक)
भिण्डी	भारतीय सब्जी अनुसंधान संस्थान, वाराणसी	राष्ट्रीय पादप आनुवंशिक संसाधन ब्यूरो, नई दिल्ली भारतीय बागवानी अनुसंधान संस्थान, बैंग्लुरु (कर्नाटक) पंजाब कृषि विश्वविद्यालय लुधियाना, जवाहर लाल नेहरु कृषि विश्वविद्यालय जबलपुर, चौधरी चरण सिंह हरियाणा कृषि विश्वविद्यालय, हिसार (हरियाणा)

परवल	भारतीय सब्जी अनुसंधान संस्थान, वाराणसी	बागवानी एवं कृषि वानिकी शोध कार्यक्रम प्लाण्डु, राँची (झारखण्ड) नरेन्द्र देव कृषि एवं प्रौद्योगिकीय विश्वविद्यालय कुमारगंज, फैजाबाद (उ0प्र0), विधानचन्द्र कृषि विश्वविद्यालय, मोहनपुर, नाडिया, (पश्चिमी बंगाल)
सब्जी मटर	भारतीय सब्जी अनुसंधान संस्थान, वाराणसी	चन्द्रशेखर आजाद, कृषि एवं प्रौद्योगिकी विश्वविद्यालय कानपुर, जवाहर लाल नेहरु कृषि विश्वविद्यालय जबलपुर, पंजाब कृषि विश्वविद्यालय लुधियाना, भारतीय कृषि अनुसंधान संस्थान, नई दिल्ली, विवेकानन्द पर्वतीय कृषि अनुसंधान प्रयोगशाला, अल्मोड़ा (उत्तराखण्ड), भारतीय बागवानी अनुसंधान संस्थान, बैंग्लुरु (कर्नाटक)
कुम्हण	भारतीय सब्जी अनुसंधान संस्थान, वाराणसी	भारतीय बागवानी अनुसंधान संस्थान, बैंग्लुरु (कर्नाटक), भारतीय कृषि अनुसंधान संस्थान, नई दिल्ली, तमिलनाडु कृषि विश्वविद्यालय, कोयम्बटुर (तमिलनाडु), नरेन्द्र देव कृषि एवं प्रौद्योगिकीय विश्वविद्यालय कुमारगंज, फैजाबाद (उ0प्र0), केरल कृषि विश्वविद्यालय, वेल्लानिकारा (केरल)
स्क्वाश	भारतीय सब्जी अनुसंधान संस्थान, भारतीय कृषि अनुसंधान संस्थान क्षेत्रीय शोध केन्द्र कटराई, कूल्लू (हिमाचल प्रदेश)	भारतीय बागवानी अनुसंधान संस्थान, बैंग्लुरु (कर्नाटक)
टिण्डा	भारतीय सब्जी अनुसंधान संस्थान, वाराणसी	पंजाब कृषि विश्वविद्यालय, लुधियाना
टमाटर	भारतीय सब्जी अनुसंधान संस्थान, वाराणसी	भारतीय बागवानी अनुसंधान संस्थान, बैंग्लुरु (कर्नाटक), राष्ट्रीय पादप आनुवंशिक संसाधन ब्यूरो, नई दिल्ली, पंजाब कृषि विश्वविद्यालय, लुधियाना, चन्द्रशेखर आजाद, कृषि एवं प्रौद्योगिकी विश्वविद्यालय, कानपुर, नरेन्द्र देव कृषि एवं प्रौद्योगिकीय विश्वविद्यालय फैजाबाद, (उत्तर प्रदेश) बागवानी एवं कृषि वानिकी शोध कार्यक्रम, प्लाण्डू (रांची)
तरबूज	ए0आर0एस0 दुर्गापुर	महात्मा फूले कृषि विद्यापीठ, राहुरी (महाराष्ट्र), महाराणा प्रताप कृषि एवं प्रौद्योगिकी विश्वविद्यालय, उदयपुर, भारतीय बागवानी अनुसंधान संस्थान, बैंग्लुरु (कर्नाटक)
कून्दरु	भारतीय सब्जी अनुसंधान संस्थान, वाराणसी	इन्दिरा गांधी कृषि विश्वविद्यालय, रायपुर, भारतीय बागवानी अनुसंधान संस्थान बैंग्लुरु, गुजरात कृषि विश्वविद्यालय, गुजरात

राष्ट्रीय पादप आनुवंशिक संसाधन ब्यूरो, नई दिल्ली के अन्तर्गत आने वाले प्रमुख केन्द्र

राष्ट्रीय स्तर पर जननद्रव्यों के एकत्रीकरण के लिए ब्यूरो के अर्न्तगत 11 क्षेत्रीय केन्द्र (regional stations) विभिन्न कृषि जलवायु क्षेत्रों में स्थित हैं। इन केन्द्रों का विस्तृत इस प्रकार है।

1. राष्ट्रीय पादप आनुवंशिक संसाधन ब्यूरो, क्षेत्रीय केन्द्र शिमला (हिमाचल प्रदेश)

इस केन्द्र की स्थापना सन् 1964 में पादप संगरोध (Plant Quarantine) के रुप में हुई थी। यह केन्द्र समुद्र तल से 1900 मीटर की ऊँचाई पर स्थित है, जिसके द्वारा शीतोष्ण (temperate) जलवायु के जननद्रव्यों का संग्रह एवं अनुरक्षण किया जाता है। वर्तमान समय में उत्तर पश्चिम हिमालय क्षेत्र (हिमाचल प्रदेश) व पंजाब, उत्तराखण्ड तथा जम्मू व कश्मीर से जुड़े क्षेत्र के पादप जननद्रव्यों का प्रबंधन करता है। मुख्य क्रियाकलापों में जननद्रव्य एकत्रीकरण, चरित्र निर्धारण, मूल्यांकन, प्रबंधन, संरक्षण एवं शोध कार्यों में लगे वैज्ञानिकों को जननद्रव्य उपलब्ध कराना है। इस केन्द्र द्वारा जंगली एवं अन्य खेती योग्य उपयोगी जननद्रव्यों का एकत्रीकरण तथा मध्यम अवधि भण्डारण (medium term storage) में संग्रहरण करना भी है। बहुवर्षीय तथा वानस्पतिक विधि से प्रसारित होने वाली फसलों को प्रक्षेत्र जीन बैंक (Field Gene Bank) में भी रखना है। विगत वर्षो में इस केन्द्र द्वारा चौलाई (amaranth) के अनेकों बहुमूल्य जननद्रव्यों का संग्रह किया गया है। इसके अलावा यहाँ पर लिमा बीन (lima bean) फराश बीन (french bean) मटर व ब्रेसिका परिवार की सब्जियों का संग्रह एवं अनुरक्षण किया जाता है।

2. राष्ट्रीय पादप आनुवंशिक संसाधन ब्यूरो, क्षेत्रीय केन्द्र शिलांग (मेघालय)

यह केन्द्र भारतवर्ष के उत्तर–पूर्व राज्य शिलांग (मेघालय) में सन् 1978 से स्थापित है। स्वतंत्र रुप से यह केन्द्र सन् 1986 में कार्य प्रारम्भ किया। वर्तमान समय में यह केन्द्र सन् 2000 से भारतीय कृषि अनुसंधान परिषद् के पूर्वोत्तर क्षेत्र, बरापानी (शिलांग) के प्रांगण में है। इसकी भौगोलिक स्थिति $21^0 3'$ अक्षांश तथा $87^0 5'$ उत्तर के मध्य एवं $97^0 5'$ देशान्तर पूर्व में है। पूर्वी क्षेत्र में स्थित यह केन्द्र समुद्र की सतह से 1850 मीटर की ऊँचाई पर है। इस केन्द्र का मुख्य उद्देश्य अरुणाचल प्रदेश, आसाम, मणीपुर, मेघालय, मिजोरम, नागालैण्ड, सिक्किम तथा त्रिपुरा से कृषि औधानिक फसलों का जननद्रव्य संग्रहण एकत्रीकरण, मूल्यांकन एवं प्रबंधन करना है। इस केन्द्र की जिम्मेदारी अल्प उपयोगी सब्जियों के जननद्रव्यों को ज्यादा सग्रहित एवं अनुरक्षित भी करना है। कुछ सब्जियों जैसे–स्वीट गोर्ड, चो–चो, सेम व पत्तीदार सब्जियों के बहुमूल्य जननद्रव्यों को इस केन्द्र ने एकत्रित किया हैं।

3. राष्ट्रीय पादप आनुवंशिक संसाधन ब्यूरो, क्षेत्रीय केन्द्र अकोला (महाराष्ट्र)

इस क्षेत्रीय केन्द्र की स्थापना विभिन्न कृषि औधानिक फसलों का संरक्षण, जननद्रव्य एकत्रीकरण, मूल्यांकन, रखरखाव तथा संरक्षण के उद्देश्य से नवम्बर, 1997 में डॉ0 पंजाब राव देशमुख कृषि विद्यापीठ, अकोला (महाराष्ट्र) के प्रांगण में किया गया। यह केन्द्र $20^0 43'$ उत्तर अक्षांश (North Lattitude) व 77^0 4′ पूर्व देशान्तर (East Longitude) में स्थित है। यह केन्द्र समुद्र तल से 281.0 मीटर की ऊँचाई पर है। इसका कुल क्षेत्रफल 50.0 एकड़ है। इस केन्द्र के अन्तर्गत मध्य भारत का क्षेत्र (महाराष्ट्र, छत्तीसगढ़, मध्य प्रदेश, गुजरात का लगा भाग और कर्नाटक) आता है। यह केन्द्र अल्पार्द्र उष्ण जलवायु (Sub Humid Tropical Climate) के जननद्रव्यों को एकत्रित एवं संरक्षित करता है। इस केन्द्र के माध्यम से फसल प्रजनक तथा वैज्ञानिकों को (भारत तथा विश्व के अन्य देशों को) वाँछित जननद्रव्य की आपूर्ति होती है। इस केन्द्र पर अखिल भारतीय समन्वित शोध परियोजना

(अल्प उपयोगी पौधों) चलायी जा रही है। अमरावती केन्द्र से इस समय अकोला के सैटलाइट केन्द्र के रुप में कार्य कर रहा है। इस केन्द्र के द्वारा सब्जियों में फराश बीन, सेम, लोबिया, विंग्ड बीन, चौलाई, प्याज, लहसुन आदि के अनेकों जननद्रव्य एकत्रित किये हैं।

4. राष्ट्रीय पादप आनुवंशिक संसाधन ब्यूरो, क्षेत्रीय केन्द्र क्षेत्रीय केन्द्, वेल्लानीकारा थ्रिसुर (केरल)

इस केन्द्र की स्थापना दक्षिण भाग के आर्द्र उष्ण जलवायु (Humid Tropical Climate) क्षेत्रों में पाये जाने वाले जननद्रव्यों की दृष्टि से सन् 1977 में केरल कृषि विश्वविद्यालय, वेल्लानीकारा थ्रिसुर (केरल) के प्रांगण में किया गया है। इसका कुल क्षेत्रफल 10.0 हेक्टेयर है। अक्षांश $31^0 31'$ उत्तर देशान्तर, 76^0 17' पूर्व तथा समुद्र तल से 40.0 मीटर की ऊँचाई पर है। इस केन्द्र का मुख्य उद्देश्य भारत के दक्षिण प्रान्तों जैसे केरल, तमिलनाडु, कर्नाटक व गोवा से कृषि औद्यानिक फसलों के महत्वपूर्ण जननद्रव्यों का सर्वेक्षण, एकत्रीकरण एवं संरक्षण है। इसके अलावा संघीय क्षेत्रों जैसे पोण्डीचेरी, लक्षद्वीप तथा अण्डमान व निकोबार द्वीप के जननद्रव्यों का प्रबंधन है। इस केन्द्र द्वारा 12000 से ज्यादा जननद्रव्यों का लगभग 100 फसलों का सर्वेक्षण कर एकत्रीकरण किया गया है। लगभग 7000 जननद्रव्यों का मूल्यांकन कर सूचीबद्ध किया जा चुका है। लगभग 2000 जननद्रव्यों को फसल सुधार में लगे संस्थानों में वितरण किया गया है। केन्द्र का प्रायोगिक क्षेत्रफल 10.4 एकड़ है, जहाँ पर कृष्ट पौधों, उनकी स्वजात प्रजातियों, औषधीय एवं सगंधीय पौधों, शीतोष्ण पौधों तथा सीमित विदेशी पौधों के जननद्रव्यों का मूल्यांकन किया जाता है। इस केन्द्र के द्वारा लोबिया, भिण्डी, मिर्च, कद्दू वर्गीय सब्जियाँ, बण्डा, अरवी, सूरन आदि के बहुमूल्य जननद्रव्य संकलित किये गये हैं।

5. राष्ट्रीय पादप आनुवंशिक संसाधन ब्यूरो, क्षेत्रीय केन्द्र जोधपुर (राजस्थान)

इस केन्द्र की स्थापना रिजनल स्टेशन ऑफ प्लांट इन्ट्रोडक्शन (Regional Station of Plant Introduction) के रुप में सन् 1965 में किया गया है, जो वर्तमान समय में केन्द्रीय शुष्क बागवानी संस्थान, जोधपुर (Central Arid zone Research Institute, Jodhpur) के प्रांगण में स्थित है। पहले यह डिविजन ऑफ प्लांट इन्ट्रोडक्शन, भारतीय कृषि अनुसंधान संस्थान नई दिल्ली के अन्तर्गत था। सन् 1976 से यह स्वतंत्र रुप से कार्य कर रहा है, जो राष्ट्रीय पादप आनुवंशिक संसाधन ब्यूरो, नई दिल्ली के अन्तर्गत आता है। शोध कार्य के लिए प्रायोजित क्षेत्रफल 11.0 एकड़ उपलब्ध है, जिसमें से 2.0 एकड़ में स्थायी पौध रोपण किया गया है, जिसकी भौगोलिक स्थिति अक्षांश $26^0 18'$ उत्तर, देशान्तर $73^0\ 00'$ पूर्व है। यह समुद्र तल से 224 मीटर की ऊँचाई पर है। यहाँ पर गुच्छ सेम (bunch bean), मतीरा, तुम्बा, खरबूजा, तरबूज, मिर्च तथा अन्य शुष्क क्षेत्र में उगने वाले सब्जियों के जननद्रव्यों को संग्रहित एवं अनुरक्षित किया जाता है।

6. राष्ट्रीय पादप अनुवांशिक संसाधन ब्यूरो, क्षेत्रीय केन्द्र नामकुम (राँची)

इस केन्द्र के द्वारा बिहार एवं झारखण्ड की बहुमूल्य पादप जैविक विविधता का संरक्षण एवं संग्रहण किया जाता है। यह क्षेत्रीय समन्वयक केन्द्र के रूप में काम करता है। इसकी भौगोलिक स्थिति अक्षांश 23^0 उत्तर, देशान्तर 85^0 पूर्व तथा इसकी वार्षिक औसत वर्षा 1300.0 मिली मीटर है।

7. राष्ट्रीय पादप आनुवंशिक संसाधन ब्यूरो क्षेत्रीय केन्द्र श्रीनगर (कश्मीर)

इस केन्द्र की स्थापना श्रीनगर (कश्मीर) में सन् 1988 में किया गया। अस्थायी तौर पर इस केन्द्र को सन् 1990 में बन्द कर दिया गया था और पुनः जुलाई, 1999 में प्रारम्भ किया गया। यह केन्द्र श्रीनगर शहर से दक्षिण में 14.0 किलो मीटर की दूरी पर के0डी0 फार्म के नजदीक पुराना फिल्ड, रणग्रेथ के पास सेन्ट्रल इन्स्टीट्यूट आफ टेम्परेट हार्टीकल्चर (सी0आई0टी0एच0) परिसर में स्थित है। इसकी स्थिति अक्षांश 34^0 उत्तर, देशान्तर 78^0 8′ पूर्व व समुद्र तल से 1893 मीटर की ऊँचाई पर है। इस केन्द्र का मुख्य उद्देश्य कृषि औद्यानिक फसलों के जननद्रव्यों का सर्वेक्षण व एकत्रिकरण है। इस केन्द्र का मुख्य उद्देश्य जंगली प्रजातियों का संग्रहण, चरित्र निर्धारण तथा मूल्यांकन करना है।

8. राष्ट्रीय पादप आनुवंशिक संसाधन ब्यूरो, क्षेत्रीय केन्द्र भुवाली (उत्तराखण्ड)

क्षेत्रीय केन्द्र भुवाली की स्थापना इम्पीरीयल पोटैटो रिसर्च स्टेशन (Imperial Potato Research Station) के रुप में सन् 1943 में की गयी। यह पौध रोग के लिए हाट स्पाट है। पहले यह आलू बीज उत्पादन कार्य और ब्राउन राट रोग (*Pseudomonas solanacerm*) परीक्षण के लिए जाना जाता था। सन् 1956 में गेंहूँ सुधार परियोजना पी0एल0–480 के अन्तर्गत भारतीय कृषि अनुसंधान संस्थान, नई दिल्ली को दिया गया और इसका नाम गेंहूँ शोध केन्द्र, विवेकानन्द पर्वती कृषि अनुसंधानशाला हो गया। सन् 1984 में इसका स्थानान्तरण पुनः विवेकानन्द पर्वतीय कृषि अनुसंधानशाला, अल्मोड़ा को हो गया और दो वर्ष तक इसके संरक्षण में रहा। अप्रैल, 1986 में इसका स्थानान्तरण राष्ट्रीय पादप आनुवंशिक संसाधन ब्यूरो, नई दिल्ली को हो गया और क्षेत्रीय केन्द्र के रुप में स्थापना हुई। यह नैनीताल मुख्यालय से 15.0 किलोमीटर की दूरी पर स्थित है। भौगोलिक दृष्टि से इसका अक्षांश $29^0$20′ उत्तर देशान्तर $79^0$4′ पूर्व है तथा यह समुद्र तल से 1600 मीटर की ऊँचाई पर है। इस केन्द्र से मिर्च, फराश बीन, चो–चो आदि की उन्नतिशील जननद्रव्यों को प्राप्त किया जा सकता है।

9. राष्ट्रीय पादप आनुवंशिक संसाधन ब्यूरो, सर्वेक्षण आधारित केन्द्र, कटक (ओडिशा)

राष्ट्रीय पादप आनुवंशिक संसाधन ब्यूरो सर्वेक्षण आधारित केन्द्र, कटक (ओडिशा) की स्थापना जुलाई, 1986 में की गयी थी, जिसका मुख्य उद्देश्य भारत के ओडिशा, पश्चिम बंगाल, झारखण्ड, छत्तीसगढ़ एवं आसपास के जुड़े क्षेत्रों से कृषि औधानिक फसलों के जननद्रव्यों का एकत्रीकरण एवं संरक्षण है। वर्तमान समय में इस केन्द्र की स्थापना केन्द्रीय धान अनुसंधान संस्थान, कटक (ओडिशा) के प्रांगण में है। इस केन्द्र के पास 5.5 एकड़ जमीन उपलब्ध है। भौगोलिक दृष्टि से यह केन्द्र अक्षांश (latitude)/देशान्तर रेखा (longitude) $29^0$4′ उत्तर व $80^0$52′ पूर्व के बीच स्थित है तथा औसतन समुद्र सतह से 23.5 मीटर की ऊँचाई पर है। इसमें उत्तर एवं पूर्वोत्तर क्षेत्रों से धान के आनुवंशिक संसाधन को ज्यादा महत्व दिया गया है।

10. राष्ट्रीय पादप आनुवंशिक संसाधन ब्यूरो, सर्वेक्षण आधारित केन्द्र, हैदराबाद (आन्ध्र प्रदेश)

इस केन्द्र की स्थापना मई, 1985 में किया गया, जो आचार्य एन0जी0 रंगा कृषि विश्वविद्यालय, राजेन्द्र नगर हैदराबाद (आन्ध्र प्रदेश) में स्थित है। इस केन्द्र की भौगोलिक स्थिति अक्षांश $17^0$19′

उत्तर व देशान्तर 78^0 23′ पूर्व है। यह समुद्र तल से 542 मीटर की ऊँचाई पर है। इस केन्द्र के पास शोध कार्य हेतु 6.74 हेक्टेयर का प्रायोगिक क्षेत्र है। इस केन्द्र द्वारा सर्वप्रथम धान के जननद्रव्यों का क्वैराइन्टाइन प्रासेसिंग (Quarantine Processing) किया गया। इस केन्द्र में शोध के लिए सभी आधुनिक सुविधाएं जैसे एक्स–रे, रेडियोग्राफी मशीन, साफ्टेक्स आई0 एस0बी0–40, सूक्ष्म फोटोग्राफी मशीन, इलिसा (ELISA) फ्यूमिगेशन चैम्बर (fumigation chamber) आदि उपलब्ध हैं। सन् 1996 में अमेरिकी सहायता प्राप्त पी0जी0आर0 परियोजना के अन्तर्गत उत्कृष्ट वातावरण नियंत्रित आधुनिक संगरोध हरित गृह इस केन्द्र को प्रदान किया गया है।

सारिणी (6.19) राष्ट्रीय जीन बैंक (राष्ट्रीय पादप आनुवंशिक संसाधन ब्यूरो, नई दिल्ली) में सब्जी जननद्रव्यों की संख्या

सब्जी फसल	संख्या	सब्जी फसल	संख्या
खीरा (कुकुमिस सटाइवस)	638	करतोली मोमोर्डिका डायोका	58
फूट (कुकुमिस मेलो प्रजाति मोमोर्डिका)	697	ककरोल (मोमोर्डिका कोचीन चाइनेन्सिस)	12
खरबूजा (कुकुमिस मेलो)	430	चिकनी तोरी (लूफा सिलिन्ड्रिका)	852
कचरी (कुकुमिस कैलोसस)	348	नसदार तोरी (लूफा एक्यूटांगुला)	628
कुम्हण (कुकुरबिटा मोस्चाटा)	1280	सतपूतिया (लूफा हर्माफ्रोडिटा)	19
लौकी (लेजिनेरिया साइसेरेरिया)	1113	पेठा (बेनीनकासा हिस्पीडा)	439
चिचिण्डा (ट्राइकोसैन्थस अन्गूयना)	289	टिण्डा (सिट्रूलस फिस्चूलोसस)	64
परवल (ट्राइकोसैन्थस डायोका)	324	तरबूज	129
कुन्दरू (काक्सीनिया इण्डिका)	154	बैंगन	5029
टमाटर (सोलैनम इस्कूलेन्टम)	2900	फराश बीन	1534
मिर्च (कैप्सिकम प्रजाति)	2573	जैक बीन	27
कुकुमिस हाईविक्की	58	सेम (लबलब बीन)	904
राइसबीन	307	कैनावलिया	18
ग्वार (क्लस्टर बीन)	133	लोबिया	642
बाकला (ब्राडबीन)	123	मूली	175
सब्जी मटर (गार्डेन पी)	687	गाजर	32
लहसुन	550	मेथी	183
प्याज	697	फूल गोभी	141
सूरन (इलिफैन्ट फूट याम)	821	पत्ता गोभी	20
पालक	133	कोलोकेशिया	874
आलू	247	शकरकन्द	27
करेला (मोमोर्डिका करेन्शिया)	873	डायस्कोरिया	335

स्रोतः राष्ट्रीय पादप आनुवंशिक संसाधन, नई दिल्ली (2012)

सारिणी (6.20) भारतीय सब्जी अनुसंधान संस्थान, वाराणसी में उपलब्ध जननद्रव्यों की संख्या

सब्जी फसल	जनन द्रव्य की संख्या	सब्जी फसल	जनन द्रव्य की संख्या	सब्जी फसल	जनन द्रव्य की संख्या
टमाटर	1250	करेला	230	करतोली (स्पाइन गोर्ड)	45
बैंगन	295	नसदार तोरी	28	ककरोल (स्वीट गोर्ड)	13
मिर्च एवं शिमला मिर्च	425	चिकनी तोरी	33	कुन्दरू	25
सब्जी मटर	425	सतपुतिया	9	सहजन	8
लोबिया	217	परवल	160	पोई	5
फराशबीन	136	खरबूजा	619	बथुआ	5
बाकला	65	कुम्हण	423	चौलाई	24
लिमाबीन	4	पेठा	293	फूल गोभी	48
सेम (डालीकास बीन)	129	खीरा	104	मूली	45
ग्वार (क्लस्टर बीन)	3	भिण्डी	245	लौकी	183
मकुना (केवांच)	6	शरद कालीन लौकी	11		

स्रोतः कुमार एवं सहयोगी, 2004

सारिणी (6.21) बिधान चन्द्र कृषि विश्वविद्यालय (पश्चिम बंगाल) में कन्दीय फसलों के जननद्रव्य की स्थिति

कन्दीय फसलें		जननद्रव्य की संख्या
शकरकन्द (स्वीट पोटैटो)		145
कसावा		9
एरोड्स	(1) अपलैण्ड तारो (एडोई टाइप)	88
	बण्डा टाइप	15
	स्वाम्प तारो	45
	जाइण्ट तारो	11
	टानिया	11
	सुरन (इलीफैन्ट फूटयाम)	22
याम्स	सफेद याम (व्हाइट याम)	4
	ग्रेटर याम	20
	लेसर याम	11
याम बीन		11

स्रोतः कुमार एवं सहयोगी, 2004

सब्जी जननद्रव्य के संग्रहण एवं संरक्षण से सम्बन्धित अन्तर्राष्ट्रीय केन्द्र

विश्व में भारत के अलावा अनेकों देश जननद्रव्य के सर्वेक्षण, संग्रहण एवं संरक्षण में लगे हुए हैं, जो बड़े स्तर पर पुरुः स्थापन, मूल्यांकन एवं प्रबंधन कर रहे हैं। कुछ महत्वपूर्ण अंतर्राष्ट्रीय केन्द्र निम्न हैं–

1. नेशनल बायोलोजिकल इन्स्टीट्यूट, बोगोर (इण्डोनेशिया)
2. नेशनल इंस्टीट्यूट ऑफ एग्रीकल्चरल साइंसेज, क्योटो यूनिवर्सीटी (जापान)
3. कामनवेल्थ साइन्टिफीक एण्ड इण्डस्ट्रीयल रिसर्च आर्गेनाइजेशन (सी0एस0आई0आर0ओ0) आस्ट्रेलिया।
4. बैविलोव आल–यूनियन इंस्टीट्यूट ऑफ प्लांट इंडस्ट्री (रुस)
5. रॉयल बोटैनिक गार्डेन्स, यूनाइटेड किंगडम।
6. एग्रीकल्चरल रिसर्च सर्विस, यू0एस0 डिपार्टमेंट ऑफ एग्रीकल्चर, यूनाइटेड स्टेट ऑफ अमेरिका।
7. इन्स्टीट्यूट नेसीओनल डे इन्वेस्टिगेसिओनस एग्रीकोलास (मेक्सिको)
8. सेन्ट्रो नेसीओनल डे रिकर्सोस जेनेटिकास (ब्राजील)

इन्टरनेशनल इन्स्टीट्यूट ऑफ ट्रापिकल एग्रीकल्चर (आई0आई0टी0ए0) इबादान (नाइजीरिया)

इस संस्थान की स्थापना हेतु धनराशि सन् 1967 में प्राप्त हुई और फसल सुधार का कार्यक्रम सन् 1970 में प्रारम्भ हुआ। इस संस्थान से कुछ सब्जी फसलें जैसे लोबिया, कसावा, प्लेन्टेन, याम आदि के जननद्रव्य प्राप्त किये जा सकते हैं। इस संस्थान का मुख्य उद्देश्य जननद्रव्य एकत्रीकरण संरक्षण, चरित्र निर्धारण एवं मूल्यांकन है। यहाँ जननद्रव्य सम्बन्धी प्रशिक्षण दिया जाता है तथा कई फसलों पर शोध किया जाता है।

इन्टरनेशनल सेन्टर फार ट्रापिकल एग्रीकल्चर (सेन्ट्रो इन्टरनेशनल डे एग्रीकल्चरा ट्रापिकल, सी0आई0ए0टी0) कोलम्बिया

इस केन्द्र की स्थापना सन् 1967 में हुआ था इसका मुख्य उद्देश्य उष्ण कटिबन्धीय विकासशील देशों से भूखमरी व गरीबी को हटाना था। इसके लिए जननद्रव्य एकत्रीकरण, वितरण एवं अधिकाधिक जननद्रव्य को बढ़ाते रहना है। सब्जियों में फैसियोलस बीन, कसावा आदि के जननद्रव्य प्राप्त किये जा सकते हैं।

इण्टरनेशनल पोटैटो सेन्टर (सेन्ट्रो इण्टरनेसीयोनल डे ला पापा–सी0आई0पी0) अपार टाडो, लीमा (पेरु)

इस केन्द्र की स्थापना सन् 1971 में की गयी। इस संस्थान का मुख्य उद्देश्य आलू एवं शकरकन्द के खेती योग्य जननद्रव्यों तथा जंगली प्रजातियों का एकत्रीकरण करना था। इसके द्वारा दक्षिण अमेरिकन एण्डीयन देशों तथा ट्रापिकल जोन लैटिन अमेरिका से बहुमूल्य जननद्रव्य एकत्रित किये गये।

कंसल्टटेटीव ग्रूप आन इन्टरनेशनल एग्रीकल्चरल रिसर्च या सी0जी0 आई0ए0 आर0 (Consultative Group on International Agricultural Research)

इसकी स्थापना सन् 1971 में की गयी थी। इस केन्द्र को 40 सरकारी एवं व्यक्तिगत संस्थाओं द्वारा धन मुहैया कराया जाता है। इस केन्द्र का मुख्य उद्देश्य फसल आनुवंशिक संसाधनों का इनसिटू (in situ) तथा एक्स सिटू (ex situ) के माध्यम से उचित प्रबंध करना, जिससे वर्तमान समय में तथा भविष्य में विश्व के सभी शोध कार्यक्रमों से जुड़े संस्थानों तथा वैज्ञानिकों को वाँक्षित जननद्रव्य उपलब्ध कराया जा सके।

अल्प उपयोगी सब्जियों के जननद्रव्य की स्थिति (Status of underutilized vegetable germplasm)

भारतीवर्ष में अनेकों अल्प उपयोगी सब्जियाँ हैं जो किसी क्षेत्र विशेष में स्वतः उगती हैं और वहाँ पर रहने वाले गरीब एवं आदिवासी लोग इसे उपयोग करते हैं। सामान्यतः इसकी खेती नहीं के बराबर है या कम जगह में उगाई जाती है। अल्प उपयोगी सब्जियों को जीवन रक्षक के रूप में प्राकृतिक आपदा के समय ज्यादा उपयोग करते हैं। इनके महत्व को उनमें उपस्थित पोषक तत्वों के आधार पर किया जाना चाहिए। अखिल भारतीय फसल सुधार परियोजना (अल्प उपयोगी) सन् 1982 में प्रारम्भ कर महत्वपूर्ण जननद्रव्यों को एकत्रित किया गया एवं उसी क्षेत्र विशेष में संग्रहीत कर देख–भाल की जा रही है। कुछ महत्वपूर्ण एवं उपयोगी सब्जी जनन द्रव्यों की स्थिति इस प्रकार है–

सारिणी (6.22) अल्प उपयोगी जननद्रव्यों के प्राप्ति स्थान एवं उनकी संख्या

फसल	जननद्रव्य संख्या	कहाँ से प्राप्त करें
चौलाई (दाने वाली प्रजाति सहित)	5048	राष्ट्रीय पादप आनुवंशिक संसाधन ब्यूरो, क्षेत्रीय केन्द्र शिमला, राष्ट्रीय पादप आनुवंशिक संसाधन ब्यूरो, अकोला, राष्ट्रीय वानस्पतिक अनुसंधान संस्थान, लखनऊ, तमिलनाडु कृषि विश्वविद्यालय, कोयम्बटूर, भारतीय बागवानी अनुसंधान संस्थान बैंग्लुरु, केरल कृषि विश्वविद्यालय, वेल्लानीकारा (केरल)

बथुआ	92	राष्ट्रीय वानस्पतिक अनुसंधान संस्थान, लखनऊ, राष्ट्रीय पादप आनुवंशिक संसाधन ब्यूरो, क्षेत्रीय केन्द्र शिमला (हिमाचल प्रदेश)
राइसबीन	983	राष्ट्रीय पादप आनुवंशिक संसाधन ब्यूरो, क्षेत्रीय केन्द्र शिलांग, भोवाली, तमिलनाडु कृषि विश्वविद्यालय कोयम्बटूर, पंजाब कृषि विश्वविद्यालय, लुधियाना
फाबाबीन (बाकला)	700	चौधरी चरन सिंह, हरियाणा कृषि विश्वविद्यालय, हिसार, राष्ट्रीय पादप आनुवंशिक संसाधन ब्यूरो, नई दिल्ली
विंग्ड वीन	241	राष्ट्रीय पादप आनुवंशिक संसाधन ब्यूरो, क्षेत्रीय केन्द्र त्रिशुर (केरल)
		राष्ट्रीय पादप आनुवंशिक संसाधन ब्यूरो, क्षेत्रीय केन्द्र अकोला (महाराष्ट्र)
ककोड़ा	30	महात्मा फुले कृषि विद्यापीठ, राहुरी (महाराष्ट्र)
		बागवानी एवं कृषि–वानिकी शोध कार्यक्रम प्लाण्डु (राँची)
तुम्बा (सिट्रूलस कोलोसिन्थीस)	330	राष्ट्रीय पादप आनुवंशिक संसाधन ब्यूरो क्षेत्रीय केन्द्र, जोधपुर (राजस्थान)
चो–चो	42	राष्ट्रीय पादप आनुवंशिक संसाधन ब्यूरो क्षेत्रीय केन्द्र, शिलांग एवं भारतीय कृषि अनुसंधान परिषद का पूर्वोत्तर क्षेत्र, शिलांग (मेघालय)
करी पत्ता	48	भारतीय बागवानी अनुसंधान संस्थान, बैंग्लुरु, केरल कृषि विश्वविद्यालय वेल्लानिकारा, यू0ए0एस0, धारवाड़ (कर्नाटक)
कुन्दरू	68	भारतीय सब्जी अनुसंधान संस्थान, वाराणसी (उत्तर प्रदेश) इन्दिरा गाँधी कृषि विश्वविद्यालय, रायपुर (छत्तीसगढ़), गुजरात कृषि विश्वविद्यालय (गुजरात)
सहजन	86	भारतीय बागवानी अनुसंधान संस्थान, बैंग्लुरु, यू0ए0एस0 धारवाड़ (कर्नाटक) वाराणसी, केरल कृषि विश्वविद्यालय, वेल्लानिकारा, भारतीय बागवानी अनुसंधान संस्थान, बैंग्लुरु

जंगली प्रजातियों का एकत्रीकरण (Collection of wild species)

फसल	महत्वपुर्ण जंगली प्रजातियाँ
खरबूजा	कुकुमिस मेलो वार. कैन्टालुपेन्सिस (*Cucumis melo* var. *cantaloupensis*), कुकुमिस मेलो वार. इनोडोरस (*Cucumis melo* var. *inodorus*), कुकुमिस मेलो वार0 रेटीकुलेटस (*Cucumis melo* var. *reticulatus*), कुकुमिस मेलो बार0 मोमोर्डिका (*Cucumis melo* var. *momordica*), कुकुमिस मेलो वार0 चीटो (*Cucumis melo* var. *chitto*), कुकुमिस मेलो वार0 कोनोमान (*Cucumis* melo var. *conomon*), कुकुमिस मेलो वार0 डुडैन (*Cucumis melo* var. *dudain*),

	कुकुमिस मेलो वार0 माकुवा (*Cucumis melo* var. *makuwa*), कुकुमिस मेलो वार0 कल्टस (*Cucumis melo* var. *cultus*), कुकुमिस मेलो वार0 यूटीलिसीमस (*Cucumis melo* var. *utilissimus*)
तरबूज	सिट्रलस लेनेटस वार0 सिटरोड्स (*Citrullus lanatus* var. *citrodes*), सिट्रलस लेनेटा वार. कैफेर (*Citrullus lanatus* var. *caffer*), सिट्रलस कोलोसिसिन्थोंइड्स (*Citrullus colocynthoides*), सिट्रलस कोलोसिसिन्थोंइड्स (*Citrullus colocynthoides*)
करेला	मोमार्डीका करंशिया वार. एब्रीवीयेटा (*Momordica charantia* var. *abriviata*), करतोली (*Momordica dioica* Roxb.), ककरोल ((*Momordica cochinchinensis* Roxb.)
मटर	पाइसम फारमोसम (*Pisum formosum*), पाइसम औचेरी (*Pisum aucheri*), पाइसम फुलवम (*Pisum fulvum*), पाइसम एबिसिनिकम (*Pisum abyssinicum*), पाइसम सिरियेकम (*Pisum syriacum*), पाइसम इलैटियस (*Pisum elatius*), पाइसम आर्वेन्स (*Pisum arvense*)
फराश बीन	फैसिओलस काक्सिनियस (*Phaseolus coccinious* L.), फैसिओलस एक्यूटिफोलियस वार0 लैटिफोलियस (*Phaseolus acutefolius* var. *latifolius* L.), फैसिओलस लुनेटस (*Phaseolus lunatus* L.), फैसिओलस मल्टीफ्लोरस (*Phaseolus multiflorus*)
मुकूना	मुकूना प्रुरिएन्स पर्याय पुरिएन्स (*Mucuna Prurita* syn. *Mucuna pruriens*), मुकूना पैचीलोबिया (*Mucuna pachylobia*), मुकूना यूटिलिस (*Mucuna utilis*), मुकूना कोचिनसाइनेनसिस पर्याय मकूना निवेआ, स्टिजोलोबियम निवियम (*Mucuna cochinchinensis* syn. *Mucuna nivea*, *Stizolobium niveum*), मुकूना डिरिंगीआना पर्याय स्टिजोलोबियम डीरींगीएनम (*Mucuna deeringiana* syn. *Stizolobium deeringianum*), मुकूना मोनोस्पर्मा (*Mucuna monosperma*), मुकूना एट्रोपरपुरिया (*Mucuna atropurpurea*), मुकूना ब्रेक्टीओटा (*Mucuna bracteota*), मुकूना कैपीटाटा (*Mucuna capitata*), मुकूना जिगैन्टीया (*Mucuna gigantea*), मुकूना हर्सूटा (*Mucuna hirsuta*), मुकूना मैक्रोकार्पा (*Mucuna macrocarpa*), मुकूना निग्रीकैन्स पर्याय मुकूना इम्ब्रीकाटा (*Mucuna nigicans* syn. *Mucuna imbricata*) एवं मुकूना यूटीलिस (*Mucuna utilis*)
टमाटर	सोलेनम पिम्पीनेलिफोलियम (*Solanum pimpinellifoilium* Mill.), सोलेनम पेरुवियेनम (**Solanum peruvianum**), सोलेनम ग्लैण्डुलोसम (*Solanum glandulosum* Mill.), सोलेनम हिर्सुटम (*Solanum hirsutum* Humb. & Bonpl.), सोलेनम हिर्सुटम एफ ग्लैबरेटम (*Solanum hirsutum* f. *glabratum*), सोलेनम चाइलेन्स (*Solanum chilense* Dun.), सोलेनम चीजमानी (*Solanum cheesmanii* Riley), सोलेनम पिसाइसी (*Solanum pissisi* Phil.), सोलेनम एस्कुलेण्टम वार0 सिरैसीफार्मी (*Solanum esculentum* var. *cerasiforme*), सोलेनम एस्कुलेण्टम वार0 पाइरीफार्मी (*Solanum esculentum* var. *pyriforme*), सोलेनम एस्कुलेण्टम वार0 कम्यून (*Solanum esculentum* var. *commune*), सोलेनम एस्कुलेण्टम वार0 ग्रैंडिफ्लोरम (*Solanum esculentum* var. *grandiflorum*), सोलेनम एस्कुलेण्टम वार0 वैलीडम (*Solanum esculentum* var. *validum*), सोलेनम एस्कुलेण्टम प्रजाति मिनुटम (*Solanum esculentum* ssp. *minutum*), सोलेनम पेनेली (*Solanum pennellii*), सोलेनम हम्बोल्डटी (*Solanum humboldtii*), सोलेनम पार्वीफ्लोरम (*Solanum parviflorum*), सोलेनम चमलवस्की (*Solanum chmielewskii*)

बैंगन	सोलेनम मेलान्जेना वार0 मेलान्जेना (*Solanum melongena* var. *melongena*), सोलेनम मेलान्जेना वार0 इंसेनम (*Solanum melongena* var. *insanum*), सोलेनम मेलान्जेना वार0 इंन्कैनम (*Solanum melongena* var. *incanum*), सोलेनम प्यूबीसेन्स (*Solanum pubescens*), सोलेनम सुरैटेन्स (*Solanum surratense*), सोलेनम ट्रिलोबैटम (*Solanum trilobatum*), सोलेनम टोरवम (*Solanum torvum*), सोलेनम नाइग्रम (*Solanum nigrum*), सोलेनम एन्गिवि वार0 एन्गिवि (*Solanum anguivi var. anguivi*), सोलेनम एन्गिवि वेराइटी मल्टीफ्लोरा (*Solanum anguivi var. multiflora*), सोलेनम मैरिएकैन्थम (*Solanum myriacanthum*), सोलेनम सीर्फोथियेनम (*Solanum seaforthianum*), सोलेनम एक्युलिटिसिमम (*Solanum aculeatissimum*), सोलेनम एरियन्थियम (*Solanum erianthium*), सोलेनम मैमोसम (*Solanum mammosum*), सोलेनम सिसिम्ब्रीफोलियम (*Solanum sisymbriflium*), सोलेनम कैप्सिकक्वायड्ड (*Solanum capsicoides*), सोलेनम एलिगिनफोलियम (*Solanumeleagnifolium*), सोलेनम मौरिसियेनम (*Solanum mauritianum*), सोलेनम जिगैंटियम (*Solanum giganteum*), सोलेनम जैस्मितन्वाइड्स (*Solanum jasminoides*), सोलेनम स्ट्रैमोनिफोलियम (*Solanum stramoniifolium*), सोलेनम कानवालवुलस (*Solanum convolvulus*), सोलेनम बारबिसेटम (*Solanum barbisetum*), सोलेनम हिस्पिडम (*Solanum hispidum*), सोलेनम मैक्रोकारपम (*Solanum macrocarpum*), सोलेनम वैगम (*Solanum vagum*)

स्रोतः गुप्ता एवं सहयोगी, 1995

सारिणी (6.23) भारत के भौगोलिक क्षेत्रों से एकत्रित कुछ महत्वपूर्ग जंगली प्रजातियाँ

फसल	वानस्पतिक नाम	कुल	कहाँ से एकत्रित की गयी
भिण्डी	एबलमास्कस फिकलनियस	मालवेसी	नेल्लोर, विजया नगरम्
	एबलमास्कस मोस्चैटस	मालवेसी	बस्तर, पूर्वी गोदावरी, रंगारेड्डी, विजया नगरम्
एलीफैन्ट फूट याम	एमार्फोफैलस पियानीफोलियस	एरेसी	गंजम, श्रीकाकुलम्, विजयानगरम्
मिर्च	कैप्सिकम फ्रूटीसेन्स	सोलेनेसी	पूर्वी गोदावरी, विशाखापत्तनम्, विजयानगरम्, पश्चिमी गोदावरी
तुम्बा	सिट्रूलस कोलोसिन्थीस	कुकरबिटेसी	अनन्तापुर, चित्तूर, पूर्वी गोदावरी, गंजम
जंगली खीरा	कुकुमिस प्यूबीसेन्स	कुकरबिटेसी	अदिलाबाद, बस्तर, महबूबनगर, नाल्गोण्डा, निजामाबाद, रंगारेड्डी, विशाखापट्टनम्
याम	डायसकोरिया अप्पोजीटीफोलिया	डायोसकोरेसी	विशाखापट्टनम्
नसदार तोरी	लूफा एक्यूटान्गुला वरायटी अमारा	कुकुरबिटेसी	करनूल, नलगोंडा, प्रकाशम्
चिकनी तोरी	लूफा सिलिन्ड्रीका	कुकुरबिटेसी	पूर्वी गोदावरी, गुंटूर, खमाम, कृष्णा, नलगोंडा, विशाखापट्टनम्

टमाटर	सोलैनम पिम्पीनेल्लीफोलियम	सोलेनेसी	बस्तर, पूर्वी गोदावरी, नलगोंडा, प्रकाशम्, वारंगल पश्चिमी गोदावरी
करतोली (स्पाइन गोर्ड)	मोमार्डिका डाइओका	कुकुरबिटेसी	पूर्वी गोदावरी, करीम नगर, विजयानगरम्
सहजन	मोरिंगा कानकैनेन्सीस	मोरीगनेसी	पूर्वी गोदावरी
सहजन	मोरिंगा प्टिरीगास्पर्मा	मोरीगनेसी	विशाखापत्तनम्
करी पत्ता	मुराया पानीकुलाटा	मिरटेसी	पूर्वी गोदावरी, विशाखापत्तनम्
बैंगन	सोलेनम इन्कैनम	सोलेनेसी	पूर्वी गोदावरी, महबूब नगर, विशाखापत्तनम्
बैंगन	सोलेनम इण्डिकम	सोलेनेसी	अनन्तापुर, चित्तुर, पूर्वी गोदावरी, विशाखापत्तनम्
मकोय	सोलेनम निग्रम	सोलेनेसी	पश्चिमी एवं पूर्वी गोदावरी, गंजम, विशाखा पत्तनम्
बैंगन	सोलेनम टोरवम	सोलेनेसी	पश्चिमी एवं पूर्वी गोदावरी, चित्तुर, कर्नुल, नलगोण्डा, विशाखापत्तनम्
बैंगन	सोलेनम सूराटेन्स	सोलेनेसी	अदिलाबाद, पश्चिमी एवं पूर्वी गोदावरी, खमाम, निजामाबाद, प्रकाशम्, श्रीकाकुलम
बैंगन	सोलेनम ट्राइलोबैटम	सोलेनेसी	पश्चिमी एवं पूर्वी गोदावरी, विशाखापत्तनम्
परवल	ट्राइकोसैन्थस ब्रेक्टीएटा	कुकुरबिटेसी	निजामाबाद, श्रीकाकुलम्, विशाखापत्तनम्
चिचिण्डा	ट्राइकोसैन्थस कुकुमेरिना	कुकुरबिटेसी	पूर्वी गोदावरी, खमाम, मेडक, नलगोंडा, निजामाबाद, विजयानगरम्

सब्जी जननद्रव्य पंजीयन (Vegetable Germplasm Registration)

सब्जी फसल सुधार की स्थिति में जननद्रव्यों के उपयोग से शोधकर्ता वृहद् स्तर पर उपयोगी विभेदों को विकसित करते हैं, जिसमें भिन्न (distinct), अपूर्व (uniqueness) विलक्षण (novel), भिन्न (distinct) एवं स्थायित्व (stability) के गुण होते हैं, जिसका विद्योपार्जन/ज्ञान विज्ञान संबंधी (academic), वैज्ञानिक (scientific) व व्यावहारिक (applied) मूल्य होता है। इसका उपयोग फसल सुधार में व्यापक पैमाने पर किया जाता है। ऐसा भी देखा गया है कि इनका कोई वाणिज्यक मूल्य नहीं होता है। इस प्रकार विकसित किये गये जननद्रव्यों के महत्व को देखते हुए विकसित करने वाले की पहचान तथा विकसित प्रभेद को सर्वसाधारण के उपयोग हेतु बढ़ावा देने के लिए भारतीय कृषि अनुसंधान परिषद, नई दिल्ली ने "प्लान्ट जर्म प्लाज्म रजिस्ट्रेशन कमेटी" (पी0जी0आर0सी0) विडे आ0ई0सी0ए0आर0 आर्डर नं0 24(2)/97–एफ0सी0-II/सीड दिनांक 24–03–1996 को स्थापित किया गया, जिसके तहत् इन बहुमूल्य जननद्रव्यों का पंजीयन किया जाता है। उप महानिदेशक (फसल) को इस कमेटी का अध्यक्ष बनाया गया है। राष्ट्रीय पादप आनुवंशिक संसाधन ब्यूरो, नई दिल्ली को जिम्मेदारी दी गयी कि विशिष्ट गुणों वाले प्रभेदों को संरक्षित करने, उनके उपयोग हेतु व्यापक प्रचार–प्रसार करने तथा अग्रसर करने हेतु सभा (meeting) प्रति वर्ष 2 बार करें। पंजीकृत

जननद्रव्यों का प्रकाशन शोध पत्रिकाओं जैसे–इण्डियन जर्नल ऑफ प्लान्ट जेनेटिक रिसोर्सेज (Indian Journal of Plant Genetic Resources), जो राष्ट्रीय पादप आनुवंशिक संसाधन ब्यूरो, नई दिल्ली द्वारा प्रकाशित होता है, किया जाता है। इसके अलावा अन्य जर्नल जैसे "इण्डियन जर्नल ऑफ जेनेटिक्स एण्ड प्लान्ट ब्रिडिंग" तथा भारतीय कृषि अनुसंधान परिषद द्वारा प्रकाशित "न्यूज लेटर" आदि द्वारा किया जाता है। सब्जी जननद्रव्य पंजीयन से व्यापक पैमाने पर इनका उपयोग वैज्ञानिकों द्वारा फसल सुधार हेतु किया जा सकता है।

सारिणी (6.24) राष्ट्रीय पादप आनुवंशिक संसाधन ब्यूरो, नई दिल्ली में पंजीकृत जननद्रव्य

सब्जी फसल	प्रविष्टि का नाम	राष्ट्रीय पहचान संख्या	किस गुण धर्म विशेष के लिए पंजीकृति किया गया	विकसित करने वाले संस्थान का नाम
परवल	आई0आई0वी0आर0–105	आई0सी0–296492 (आई0एन0जी0आर0–03035)	बीज रहित परवल लम्बे समय तक लगातार फलते रहना	भारतीय सब्जी अनुसंधान संस्थान, वाराणसी (उत्तर प्रदेश)
करेला	जी0वाई0–63	आई0सी0–296539 (आई0एन0जी0आर0–03037)	गायनोसियस लिंग प्रभेद एवं अधिक उपज	भारतीय सब्जी अनुसंधान संस्थान, वाराणसी (उत्तर प्रदेश)
तरबूज	आर0डब्ल्यू0–187–2	आई0सी0–296816 (आई0एन0जी0आर0–01037)	अधिक उपज एवं पीले रंग का गूदा	एग्रीकल्चर रिसर्च स्टेशन, दुर्गापुरा (राजस्थान)
	आर0डब्ल्यू0–177–3	आई0सी0–296817 (आई0एन0जी0आर0–01038)	पत्ती उत्परिवर्तन तथा साधारण बिना कटी पत्ती	एग्रीकल्चर रिसर्च स्टेशन, दुर्गापुरा (राजस्थान)
लौकी	एन्ड्रोमान–6	आई0सी0–296733 (आई0एन0जी0आर0–99009)	एन्ड्रोमोनोसियस लिंग प्रभेद	नरेन्द्र देव कृषि एवं प्रौद्योगिकी विश्वविद्यालय, फैजाबाद (उ0प्र0)
	पी0बी0ओ0जी0–54	आई0सी0–296744 (आई0एन0जी0आर0–99022)	कटी पत्तीदार	गोविन्द बल्लभ पंत कृषि एवं प्रौद्योगिकी विश्वविद्यालय, पंतनगर (उत्तराखण्ड)
खीरा	ए0एच0सी0–2 ए0एच0सी0–13	आई0सी0–296699 (आई0एन0जी0आर0–98017)	अधिक उपज एवं लम्बा फल	केन्द्रीय शुष्क बागवानी संस्थान, बिकानेर (राजस्थान)
	ए0एच0सी0–13	आई0सी0–296700 (आई0एन0जी0आर0–98018)	अधिक उपज छोटा फल, सूखा एवं उच्च तापमान सहनशील	केन्द्रीय शुष्क बागवानी संस्थान, बिकानेर (राजस्थान)
कचरी	ए0एच0के0–119	आई0सी0–296695 (आई0एन0जी0आर0–98013)	अधिक उपज एवं सूखा सहनशील, अचार बनाने योग्य	केन्द्रीय शुष्क बागवानी संस्थान, बिकानेर (राजस्थान)
	ए0एच0के0–200, आई0सी0–299696	आई0एन0जी0आर0–98014	अधिक उपज सूखा अवरोधी, लम्बे फल, सलाद के लिए उपयुक्त	केन्द्रीय शुष्क बागवानी संस्थान, बिकानेर (राजस्थान)

टिण्डा	एच0टी0–10	आई0सी0–296758 (आई0एन0जी0आर0 –99038)	असीमित, अर्द्ध फैलाव वाली लता, जल गलन, उकठा, मृदूरोमिल आसीता के प्रति सहनशील	चौधरी चरण सिंह हरियाणा कृषि विश्वविद्यालय, हिसार (हरियाणा)
फूट	ए0एच0एस0–10	आई0सी0–296697 (आई0एन0जी0आर0 –98015)	अधिक उपज एवं सूखा सहनशील	केन्द्रीय शुष्क बागवानी संस्थान, बिकानेर, (राजस्थान)
	ए0एच0एस0–82	आई0सी0–296698 (आई0एन0जी0आर0 –98016	अधिक उपज एवं सूखा सहनशील	केन्द्रीय शुष्क बागवानी संस्थान, बिकानेर, (राजस्थान)
	बी0–159	आई0एन0जी0आर0 –07044	मृदुरोमिल आसिता अवरोधी	भारतीय सब्जी अनुसंधान संस्थान, वाराणसी (उत्तर प्रदेश)
आलू	एम0पी0 / 99–322	आई0सी0–445068 (आई0एन0जी0आर0 –04109	अधिक स्टार्च एवं शुष्क पदार्थ, अल्प एमाइलोज, पिछेती झुलसा अवरोधी,	केन्द्रीय आलू अनुसंधान संस्थान, मोदीपुरम (उत्तर प्रदेश)
	ई0एक्स0 / ए68 0–16	आई0सी0–296790 आई0एन0जी0आर0 –01011	कम दिनमान में परिपक्वता, अगेती व पिछेती झुलसा अवरोधी	केन्द्रीय आलू अनुसंधान संस्थान, शिमला (हिमाचल प्रदेश)
	जे0एन0 189	आई0एन0जी0आर0 –0772	पोटैटो स्टेम नेकरोसीस, टास्पो वायरस एवं पोटैटो लीफ हापर हेल्थ संयुक्त अवरोधी गुण	केन्द्रीय आलू अनुसंधान संस्थान, शिमला (हिमाचल प्रदेश)
	जे0एक्स0 115	आई0एन0जी0आर0 –0623	अधिक उपज, अगेती (75 दिन)	केन्द्रीय आलू अनुसंधान संस्थान, शिमला (हिमाचल प्रदेश)
	जे0एक्स0 123	आई0एन0जी0आर0 0624	अधिक उपज, अगेती (75 से 90 दिन), अगेती झुलसा अवरोधी	केन्द्रीय आलू अनुसंधान संस्थान, शिमला (हिमाचल प्रदेश)
	एम0पी0 / 97–41	आई0एन0जी0आर0 0653	उच्च शुष्क पदार्थ की मात्रा (24 प्रतिशत), उच्च गुणवत्ता वाली चिप्स बनाने योग्य कम रेडेस्यूसींग सुगर एवं सुक्रोस, पिछेती झुलसा अवरोधी	केन्द्रीय आलू अनुसंधान संस्थान, मोदीपुरम (उत्तर प्रदेश)
	ई0एक्स0 / ए0 680–16, आई0सी0-296790	आई0एन0जी0आर0 01011	कम दिनमान, अगेती व पिछेती झुलसा अवरोधी	केन्द्रीय आलू अनुसंधान केन्द्र, शिमला (हिमाचल प्रदेश)

	क्यू0बी0 / ए0–9 –120, आई0सी0–2966 50	आई0एन0जी0आर0 –04057	उच्च पिछेती झुलसा अवरोधी एवं सामान्य संयोजन क्षमता युक्त	केन्द्रीय आलू अनुसंधान केन्द्र, शिमला (हिमाचल प्रदेश)
	क्यू0बी0 / बी0– 92–4, आई0सी0–2966 51	आई0एन0जी0आर0 –04058	उच्च शुष्क पदार्थ, अल्प रेड्यूसिंग सर्करा एवं उच्च सामान्य संयोजन क्षमता युक्त	केन्द्रीय आलू अनुसंधान केन्द्र, शिमला (हिमाचल प्रदेश)
	पी0एस0 / एफ0 –220, आई0सी0–2966 61	आई0एन0जी0आर0 –04059	पोटैटो स्टेम नेकरोसिस अवरोधी	केन्द्रीय आलू अनुसंधान केन्द्र, शिमला (हिमाचल प्रदेश)
मिर्च	एम0एस0–1 (आई0सी0–296 662) एवं बी0 लाइन आई0सी0 296663	आई0एन0जी0आर0 –04052	साइटो जेनेटिक मेल स्टराइल लाइन, अधिक सामान्य संयोजन क्षमता	भारतीय बागवानी अनुसंधान संस्थान, बैंग्लुरु (कर्नाटक)
	डी0आर0एल0 टी0–1107, आई0सी0 –399066	आई0एन0जी0आर0 –03092	अधिक तीखापन	डिफेन्स एग्रीकल्चर रिसर्च लैबोरेटरी, तेजपुर (आसाम)
	एम0एस0–3 आई0सी0 296664 एवं बी0 लाइन आई0सी0 296665	आई0एन0जी0आर0 –04053	साइटो जेनेटिक मेल स्टराइल लाइन, अधिक सामान्य संयोजन क्षमता	भारतीय बागवानी अनुसंधान संस्थान, बैंग्लुरु (कर्नाटक)
	आई0एच0आर014 (पी0एम0आर0 14) आई0सी0 296666	आई0एन0जी0आर0 –04054	फर्टीलीटी रीस्टोरर लाइन(एम0एस0–1 एवं एम0एस0–2 के लिए)	भारतीय बागवानी अनुसंधान संस्थान, बैंग्लुरु (कर्नाटक)
	आई0एच0आर0 11–2 आई0सी0 296667	आई0एन0जी0आर0 –04055	फर्टीलीटी रीस्टोरर लाइन (एम0एस0–1 एवं एम0एस0–2 के लिए)	भारतीय बागवानी अनुसंधान संस्थान, बैंग्लुरु (कर्नाटक)
	बी0एस0–35	आई0एन0जी0आर0 –07039	पेपर लीफ कर्ल वायरस के प्रति अवरोधी	भारतीय सब्जी अनुसंधान संस्थान, वाराणसी (उत्तर प्रदेश)
	एम0एस0 2ए (आई0सी0 395 318) एवं 2बी (आई0सी0 395319)	आई0एन0जी0आर0 –03077	कोशिकाद्रव्यी नरवंध्य लाइन	भारतीय बागवानी अनुसंधान संस्थान, बैंग्लुरु (कर्नाटक)

	कैप्सिकम सेलक्शन–2 (निशात–1), आई0सी0 296760	आई0एन0जी0आर0 –00001	अधिक उपज (20.7.0 टन प्रति हेक्टेयर) अगेती निर्यात योग्य अधिक समय तक रखने की क्षमता	शेरे–ई–कश्मीर कृषि एवं प्रौद्योगिकी विश्वविद्यालय, श्रीनगर (कश्मीर)
टमाटर	एफ0 6050	आई0एन0जी0आर0 –0606	ज्वाइण्टलेस म्यूटेन्ट, अधिक कैरोटीन की मात्रा	भारतीय सब्जी अनुसंधान संस्थान, वाराणसी (उत्तर प्रदेश)
	हिसार ललित (एन0टी0आर0), आई0सी0–2964 68	आई0एन0जी0आर0 –03036	रुट नाट सूत्रकृमि अवरोधी	चौधरी चरण सिंह हरियाणा कृषि विश्वविद्यालय, हिसार (हरियाणा)
	टी0एल0वी0आर 0–1, आई0सी0–3953 28	आई0एन0जी0आर0 –03075	टमाटर लीफ कर्ल वायरस एवं बैक्टीरियल विल्ट अवरोधी	भारतीय बागवानी अनुसंधान संस्थान, बैंग्लुरु (कर्नाटक)
	आई0आई0एच0 आर0–2195, आई0सी0–3954 57	आई0एन0जी0आर0 –03076	टमाटर लीफ कर्ल वायरस एवं बैक्टीरियल विल्ट अवरोधी	भारतीय बागवानी अनुसंधान संस्थान, बैंग्लुरु (कर्नाटक)
	एफ0 7028	आई0एन0जी0आर0 –06037	अधिक लाइकोपिन की मात्रा	भारतीय सब्जी अनुसंधान संस्थान, वाराणसी (उत्तर प्रदेश)
कुम्हण	एस0ए0–90	आई0सी0–296662 आई0एन0जी0आर0 –05027	अधिक कैरोटीन की मात्रा	भारतीय सब्जी अनुसंधान संस्थान, वाराणसी (उत्तर प्रदेश)
मतीरा	ए0एच0डब्ल्यू0– 19, आई0सी0'–296 694	आई0एन0जी0आर0 –98012	अधिक उपज, सूखा सहन योग्य, मीठा रसदार अधिक समय तक रखने योग्य	केन्द्रीय शुष्क बागवानी संस्थान, बिकानेर (राजस्थान)
भिण्डी	बी0एस0 नं0 315	आई0एन0जी0आर0 –05026	बौनी एवं छोटी गांठ वाली (ड्वार्फ, छोटा इन्टरनोड) प्रभेद	भारतीय सब्जी अनुसंधान संस्थान, वाराणसी (उत्तर प्रदेश)
मीठा करेला (साइ– क्लेंथेरा पिडाटा)	के0पी0 / ए0के0 / 77	आई0एन0जी0आर0 –06020	स्पाइनलेस एवं बड़ा फल (2.56 सेन्टी मीटर व्यास)	राष्ट्रीय पादप आनुवंशिक संसाधन ब्यूरो, नई दिल्ली
बैंगन	हिसार जमुनी (एच0–9) आई0सी0 296759	आई0एन0जी0आर0 –99037	असीमित बढ़वार, अर्द्ध फैलाव, मध्यम ऊँचाई, वसंतकालीन अच्छी पेड़ी (रतून फसल), फलों का रंग	चौधरी चरण सिंह हरियाणा कृषि विश्वविद्यालय, हिसार (हरियाणा)

			लम्बे समय तक बना रहता है, कम बीज वाला गोला	
	आई0आई0एच0 आर0 3 (96–2–1) आई0सी0 395333	आई0एन0जी0आर0 –03074	जीवाणु उकठा अवरोधी	भारतीय बागवानी अनुसंधान संस्थान, बैंग्लुरु (कर्नाटक)
मेथी	हिसार मेथी–350, आई0सी0 296792	आई0एन0जी0आर0 –01013	चूर्णिल आसिता अवरोधी एवं मृदुरोमिल आसिता सहनशील, पौधा लम्बा, सीधा, शाखायुक्त	चौधरी चरण सिंह हरियाणा कृषि विश्वविद्यालय (हरियाणा)
	हिसार मेथी 346, आई0सी0 296791	आई0एन0जी0आर0 –01012	हल्की हरी, सकरी पत्ती, चूर्णिल आसिता अवरोधी	चौधरी चरण सिंह हरियाणा कृषि विश्वविद्यालय, हिसार (हरियाणा)
मटर	पी0एम0आर0–27 आई0सी0–395309	आई0एन0जी0आर0 –03078	प्रतानयुक्त चूर्णिल आसिता अवरोधी	गोविन्द बल्लभ पंत, कृषि एवं प्रौद्योगिकी विश्वविद्यालय, पंत नगर (उत्तराखण्ड)
	डी0पी0वी0–62, आई0सी0–397028	आई0एन0जी0आर0 –03079	पीला रिंकल्ड बीज, चूर्णिल आसिता अवरोधी	भारतीय कृषि अनुसंधान संस्थान, नई दिल्ली
	जयन्ती (एच0एफ0पी0–8712), आई0सी0–296677	आई0एन0जी0आर0 –97001	लीफलेट्स, चूर्णिल आसिता प्रतिरोधी, अधिक उपज द्विउद्देशीय	चौधरी चरण सिंह हरियाणा कृषि विश्वविद्यालय, हिसार (हरियाणा)
	एम0एस0 लांगीटी, आई0सी0–296737	आई0एन0जी0आर0 –99015	नरवंध्य (एम0एस0), एकल अप्रभावी जीन से संचालित	
सब्जी सोयाबीन	पी0–1366, आई0सी0–296814	आई0एन0जी0आर0 –01035	सब्जी के लिए उपयुक्त	राष्ट्रीय पादप आनुवंशिक संसाधन ब्यूरो, क्षेत्रीय केन्द्र, भोवाली (उत्तराखण्ड)
ग्वार	जी0डी0एम0–1, आई0सी0–299971	आई0एन0जी0आर0 –04037	सीमित बढ़वार	केन्द्रीय शुष्क बागवानी संस्थान, बीकानेर (राजस्थान)
स्वर्ड बीन	ए0एच0एस0बी0 –1, आई0सी0 –427811	आई0एन0जी0आर0 –04056	सूखा अवरोधी, सब्जी के लिए एक विकल्प के रुप में	

लोबिया	सी0ए0जेड सी0बी0, आई0सी0–2999 72	आई0एन0जी0आर0 –04038	काला बीज कवच	केन्द्रीय शुष्क बागवानी संस्थान, बिकानेर (राजस्थान)
चौलाई	ए0वी0–31 (आई0आई0एच0 आर0–31), आई0सी0–3953 24	आई0एन0जी0आर0 –03059	उखाड़ने योग्य (दन्तु टाइप), मोटा तना	भारतीय बागवानी अनुसंधान संस्थान, बैंग्लुरु (कर्नाटक)
	ए0वी0–50 (आई0आई0एच0 आर0–50)	आई0एन0जी0आर0 –03060	सफेद रस्ट प्रतिरोधी	भारतीय बागवानी अनुसंधान संस्थान, बैंग्लुरु (कर्नाटक)
लहसुन	एग्री फाउण्ड ह्वाइट, आई0सी0–2967 11	आई0एन0जी0आर0 –98030	कसे शल्ककन्द (जवा), उपरी सफेद रंग व गूदा दूधिया रंग का	राष्ट्रीय बागवानी शोध एवं विकास प्रतिष्ठान, नासिक (महाराष्ट्र)
	यमुदा सफेद–3, आई0सी0–2967 12	आई0एन0जी0आर0 –98031	कसे शल्क कन्द (जवा), उपरी सफेद रंग व गूदा दूधिया रंग का	राष्ट्रीय बागवानी शोध एवं विकास प्रतिष्ठान, नासिक (महाराष्ट्र)

सब्जी जननद्रव्य संरक्षण तकनीकी (Vegetable Germplasm Conservation Technology)

भारतवर्ष की भौगोलिक विविधता, धर्म, संस्कृति की विविधता आदि ने विशाल जैव विविधता को पूरी तरह धरोहर के रुप में रखा है, जिसमें स्थानीय प्रभेद एवं अति प्राचीन खेती योग्य प्रजातियाँ शामिल है। इतना ही नहीं सब्जी की प्रभेद, जो विदेशी यात्रियों आक्रमणकारियों जैसे पर्सियन, टर्की, मुगल, पुर्तगाली, डच, फ्रेंच एवं ब्रिटिश द्वारा लायी गयी, वे पूरी तरह से अनुकूलन के बाद विस्तृत विविधता उत्पन्न की हैं, वे भी उपलब्ध है। जंगली प्रभेदों को विभिन्न प्राकृतिक वातावरण में देखा जा सकता है। इनमें जैविक एवं अजैविक समस्याओं के प्रति अवरोधिता व्याप्त है। वर्तमान समय में बहुमूल्य जननद्रव्यों की समाप्त होने की प्रक्रिया तेजी से बढ़ रही है। अतः उनका संरक्षण एक महत्वपूर्ण राष्ट्रीय जिम्मेदारी है।

उद्देश्य एवं प्राथमिकता के आधार पर सब्जी जननद्रव्य संरक्षण तकनीकी को दो भागों में बाँटा जा सकता है–

(1) मूल स्थान पर (*In situ*)

(2) अन्यत्र स्थान पर (*Ex situ*)

(1) मूल स्थान पर (*In situ*) संरक्षण

मूल स्थान पर सब्जी जननद्रव्य संरक्षण विधि बहुत ही महत्वपूर्ण विधि है, जिसके अन्तर्गत प्रक्षेत्र, प्राकृतिक निवास स्थल में जंगली, स्थानीय प्रभेद, स्थानीय प्रचलित किस्मों आदि के जननद्रव्यों को संरक्षित किया जाता हैं। मूल स्थान पर संरक्षण का मुख्य उद्देश्य पादप समूह को एक निश्चित वातावरण में ही संरक्षण देना है। जहाँ पर उसकी यथा स्थिति प्रदर्शित होती है तथा भविष्य में और विविधता का उद्भव संभव हो। कभी–कभी कुछ प्रभेद उसी वातावरण में ही उगते बढ़ते एवं वंश वृद्धि करते हैं जैसे ऊँची पहाड़ियों पर चो–चो। ऐसी कृषि पद्यति में स्थानीय आनुवंशिक जैव विविधता को संरक्षित करना अति आवश्यक है और इनसे स्थानीय लोगों को खाद्य की उपलब्धता बढ़ती है तथा स्थानीय बाजार विकसित होते हैं। मूल स्थान पर जननद्रव्य संरक्षण से अनेकों लाभ हैं जैसे–

1. महत्वपूर्ण युग्मों को वृहद् स्तर पर संरक्षित किया जा सकता है।
2. ऐसे प्रभेदों को जो मूल स्थान से अन्य जगह पर लगाने से अनुकूल करने में अक्षम होते हैं, सुगमता से संरक्षित किये जा सकते हैं।
3. इससे प्राकृतिक दशा में रोगों एवं कीड़ों के प्रति अवरोधिता की छँटनी आसानी से की जा सकती है। इससे कभी–कभी रोगों एवं कीड़ों के परजीवी (parasite) भी पैदा होते हैं।
4. एक ही स्थान पर शोधकर्ता को उद्देश्यपरक जननद्रव्य सुगमतापूर्वक प्राप्त हो जाता है। जैसे–प्रजनक, उत्पादक, कीड़ों एवं रोगों आदि से सम्बद्ध लोगों को जननद्रव्य की प्राप्ति एवं पुनः उसी स्थान पर संरक्षण।
5. प्राकृतिक दशा में प्राकृतिक स्वरुप का प्रदर्शन।
6. इससे सम्बद्ध अन्य स्पीशिज (species) के आर्थिक महत्व की जानकारी प्राप्त होती है।

मूल स्थान पर संरक्षण के लिए पर्यावरण विभाग (भारत सरकार) द्वारा कुछ उचित स्थानों का चयन "नेशनल मैन एण्ड बायोस्फीयर कमेटी" के अन्तर्गत किया गया है। इसके अन्तर्गत प्रमुख क्षेत्र जैव विविधता के अन्तर्गत आते हैं। जहाँ पर इनका पूर्ण विकास, प्रवर्धन आदि निर्वाध गति से चलता रहता है।

सारिणी (6.25) बायोस्फियर रिजर्व, उनकी स्थिति एवं क्षेत्रफल का विवरण

बायोस्फियर रिजर्व	स्थिति	क्षेत्र (वर्ग किमी0)
केरल	तमिलनाडु, कर्नाटक, निलगिरि	5,520
नामदाफा	अरूणाचल प्रदेश	4,500
नन्दा देवी	उत्तर प्रदेश	2,000
उत्तराखण्ड	उत्तर प्रदेश की घाटियों एवं उत्तराखण्ड	3,940
अण्डमान का उत्तर आइलैण्ड	अण्डमान एण्ड निकोबार आईलैण्ड	1,375
गल्फ ऑफ मन्नार	तमिलनाडु	10,500

काजी रंगा	आसाम	7,600
सुन्दर वन	पश्चिम बंगाल	स्थिति निर्धारित होना है।
थार डिजर्ट	राजस्थान	स्थिति निर्धारण होना है।
मनास	आसाम	600
कान्हा	मध्य प्रदेश एवं छत्तीसगढ़	स्थिति निर्धारण होना है।
नाकरेक (तुरारेन्ज)	मेघालय	80
कच्छ का रन	गुजरात	5,000

स्रोतः एनानिमस 1983 व 1987

पवित्र पौध (Sacred plants)

आदिवासी (aboriginals) समुदाय के लोग कुछ पौधों जैसे जंगली वृक्ष, शाकीय पौधे, झाड़ियों तथा आरोहण करने वाली लता से धार्मिक आस्था रखते हैं, जो जननद्रव्य के संरक्षण में महत्वपूर्ण भूमिका का निर्वाहन करते है (जैन, 1963, 1986)। उदाहरण के लिए हल्दी की प्रजाति कुरकुमा अंगस्टीफोलिया (*Curcuma angustifolia*) के कन्द खाने योग्य होते हैं, लेकिन इसका उपभोग उपवास के दिन ही करते हैं। इस प्रकार कम दिनों में उपयोग होने पर इनका संरक्षण स्वाभाविक हैं। अण्डमान के आदिवासियों द्वारा बिलिफू या पालूगा खाद्य पदार्थ जो जंगली कंद ''डायस्कोरिया ग्लेबरा (*Dioscorea glabra*) से तैयार होता है। इसे उत्तर–पूर्व मानसून के समय धार्मिक आस्था के कारण खोदकर एकत्रीत करते हैं। अतः पौध वृद्धि के समय उनको खोदकर नुकसान नही पहुचाते (माहेश्वरी, 1987)। इसी प्रकार पश्चिम बंगाल के लोधास आदिवासी मेलोथ्रिया हेटेरोफिल्ला (*Melothria heterophylla*) की पत्तियों को सब्जी के रूप में प्रयोग करते हैं। इसके कन्द मूल में बनने वाले एल्ब्यूमिन दोष को नियन्त्रित करते हैं। अतः कुछ कन्द खुदाई करते समय जमीन में छोड़ दिया जाता है। उनका विश्वास है कि सम्पूर्ण कन्द की खुदाई कर निकालने से कोई बीमार अवश्य पड़ेगा। जंगली केले की प्रजाति म्यूसा बालबिसीयाना (*Musa balbisiana*) को आसाम व आस–पास के क्षेत्रों में असत्य तना (pseudostem) का सब्जी बनाकर उपयोग करते है और पके फलों का अनेकों उपयोग हैं, लेकिन कलिकाओं की कटाई व एकत्रीकरण नही करते हैं। इसके पके फलों को आसाम का मिकीर आदिवासी (Mikir tribals) ही एकत्रित करते हैं। एन्जियोप्टेरिस इरेक्टा (*Angiopteris erecta*) के प्रकन्द व पत्ती के आधारीय भाग को मिकीर आदिवासी द्वारा खाया जाता है, लेकिन प्रकन्द गुलाबी रंग के व पूर्ण पके हों। कच्चे प्रकन्द की खुदाई नही की जाती है। आदिवासियों द्वारा प्याज की प्रजाति एलियम ट्यूबेरोजम (*Allium tuberosum*) को ही प्याज के रूप में प्रयोग किया जाता है।

(2) बाह्य स्थान पर (*Ex situ*) संरक्षण

जननद्रव्य को प्राकृतिक वातारण से निकालकर अन्यत्र अल्प, मध्यम एवं लम्बी अवधि तक संरक्षण करने की प्रवृत्ति को बाह्य स्थान संरक्षण तकनीकी (ex situ conservation technique) कहते हैं। बीज को बाह्य संरक्षण के रूप में सर्वप्रथम इम्पीरिइअल एग्रीकल्चरल रिसर्च इन्स्टीट्यूट (IARI) पूसा ने सन् 1905 में दरभंगा जिले के पूसा गाँव, जो बिहार में है, किया गया। सन् 1936 में इस

शोध संस्थान को नई दिल्ली में स्थानान्तरित किया गया। महत्वपूर्ण जननद्रव्यों का संरक्षण वनस्पति विज्ञान विभाग में तथा बाद में "पौध उपस्थापन विभाग" (Plant Introduction Division) में बहुगुणन कर किया गया। सन् 1976 में पौध उपस्थापन विभाग को विकसित कर" नेशनल ब्यूरो आफ प्लान्ट जेनेटिक इन्ट्रोडक्सन रूप में तथा सन् 1977 में नाम बदलकर "राष्ट्रीय पादप आनुवंशिक संसाधन ब्यूरो (National Bureau of Plant Genetic Resources) नई दिल्ली किया गया। खाद्य एवं कृषि के लिए पादप जननद्रव्यों के संरक्षण का महत्वपूर्ण विभाग बन गया है जिसके अन्तर्गत सक्रिय एवं आधारीय जननद्रव्य एकत्रीकरण का कार्य अनेक फसल प्रजाति तथा उनके जंगली प्रभेदों पर किया जाता है।

बाह्य स्थान पर (*Ex situ*) संरक्षण के लाभ

- कम जगह पर अनेक जननद्रव्यों का संरक्षण
- जननद्रव्यों का संरक्षण आसान
- विषम परिस्थिति के करण लुप्त जननद्रव्यों का संरक्षण
- उपयोग के लिये जननद्रव्यों की आसानी से उपलब्धता
- अनेकों प्रकार के जननद्रव्यों का एक जगह संरक्षण आसान

बाह्य संरक्षण तकनीकी

बाह्य स्थान संरक्षण के अन्तर्गत निम्न तरीकों को अपनाया जाता है।

(1) पौध संरक्षण (Plant Conservation)

पौध संरक्षण पद्वति के अन्तर्गत पौधों को निम्नलिखित विधि द्वारा संरक्षित किया जाता है।

(अ) वानस्पतिक बाग (Botanical Gardens)

भारतवर्ष में 100 से ज्यादा वानस्पतिक बाग हैं, जो अनेक जलवायु क्षेत्र में स्थित है। इन बागों में महत्वपूर्ण जननद्रव्यों के पौधों को संरक्षित किया जाता है।

(ब) वृक्षों का बगीचा (Arboreta)

वृक्षों के बगीचा (arboreta) का तात्पर्य ऐसे क्षेत्र जहाँ पर वृक्ष प्रजाति को या वर्धीय विधि द्वारा प्रवर्धित वृक्षों को संरक्षित किया जाता है। उदाहरण के लिए 'प्लान्ट रिसोर्स सेन्टर' (Plant Resource Centre) भुबनेश्वर में स्थापित वृक्ष बगीचे में 1430 प्रजाति के वृक्षों, एक पामरेटम जिसमें 100 प्रकार के पाम वृक्ष, बाम्बैस्टम जिसमें 61 प्रकार के बाँस तथा एक आर्कीडेरियम जिसमें 220 प्रकार के आर्किड लगाये गये हैं।

(स) शाकीय बाग (Herbal Garden)

इस प्रकार के बगीचे में सामान्यतः शाकीय पौधे, झाड़ियाँ, औषधीय एवं सगन्धीय पौधों को संरक्षित करने हेतु सम्मिलित किया जाता है। शाकीय बागों की कल्पना मूलतः असहकारी संघटनों के माध्यम से अपनाया गया है। आदिवासी बहुल क्षेत्रों (गुजरात, कर्नाटक, महाराष्ट्र, मध्य प्रदेश,

छत्तीसगढ़, उत्तराखण्ड आदि) में अनेकों असहकारी संघटनों द्वारा शाकीय बागों की स्थापना की गयी है, जिसका मुख्य उद्देश्य स्थानीय स्तर उपलब्ध औषधीय एवं सगन्धीय पौधों के साथ–साथ आर्थिक रूप से उपयोगी पौधों का संरक्षण करना भी है।

(द) प्रक्षेत्र जीन बैंक (Field Gene Bank)

भारतवर्ष में विभिन्न संस्थानों द्वारा बहुवर्षीय व बहुवर्धीय प्रसारित पौधों का एकत्रीकरण एवं संरक्षण किया जाता है, अतः ऐसी जगहों पर प्रक्षेत्र जीन बैंक बनाकर वृहद् स्तर पर उपयोगी जननद्रव्यों का संरक्षण करना एक महत्वपूर्ण तकनीकी है।

(य) क्लोन संरक्षण (Clonal Repository)

क्लोन संरक्षण के अन्तर्गत आलू, शकरकन्द, बन्डा, अरवी, सूरन, डायस्कोरिया, अदरक, हल्दी आदि को सम्मिलित किया गया है। इन्हें अलैंगिक प्रवर्धित फसलें कहते हैं। सब्जी फसलों में प्रत्येक किस्म, एक पौधे की अलैंगिक संतति होने के कारण इन्हें 'क्लोन' कहा जाता है। वर्तमान समय में आलू का सत्य बीज (True Potato Seed) का उपयोग होने लगा है, लेकिन प्रसारण के लिए छोटे कन्द बनाकर ही व्यावसायिक खेती की जाती है। क्लोन में विद्यमान विविधता केवल वातावरणीय होती है क्योंकि एक ही क्लोन के सभी पौधों का जीन प्ररूप एक समान होता है। इस प्रकार कहा जा सकता है कि किसी क्लोन का लक्षण प्ररूप (phenotype) उसके जीन प्ररूप (Genotype or G.) वातावरण (Environment or E.) एवं जीन प्ररूप वातावरण अन्योन्यकरण (G X E interaction) के प्रभावों के कारण होता है।

(2) पात्रे संरक्षण तकनीक (*In vitro* conservation technique)

इस तकनीक के अन्तर्गत पौधों के अंगों (organs) ऊतकों (tissues) व कोशिकाओं (cells) को काँच व प्लास्टिक परखनलियों में कृत्रिम पोष पदार्थों (artificial nutrient media) पर सम्बर्धित कर संरक्षित किया जाता है। इस तकनीक का विकास व मूल्यांकन गाथरेट (Gautheret) एवं पी0 आर0 ह्वाइट (P. R. White) ने 20वीं सदी के तीसरे व चौथे दशकों में किया था। ब्रान (1959) ने विभेदित पादप कोशिका से पूर्ण पौध विकसित किया। सर्वप्रथम स्कूग एवं सहयोगियों नें इसी शताब्दी के 5वीं एवं 6वीं दशकों में पादप कोशिकाओं से भ्रूण को विकसित करने के लिए पोषक पदार्थों के संगठन पर ज्यादा ध्यान दिया। स्कूग मिडिया के प्रचार–प्रसार के माध्यम से सन् 1925 में पहली बार अन्तरा प्रजातीय संकरण से उत्पन्न भ्रूण को बचाया गया। सन् 1964 में गुहा एवं माहेश्वरी ने धतूरा में परागकोष संवर्धन विधि से अगुणित पौधों का विकास किया था। वर्तमान समय में पात्रे तकनीक के माध्यम से अल्प, मध्यम व लम्बे समय तक मुख्यतः वर्धीय भागों से प्रसारित जननद्रव्यों का संरक्षण सुगमतापूर्वक किया जा सकता है। लेकिन कभी–कभी इनके तने सड़ने लगते है तथा शीत भण्डारण में ज्यादा जगह घेरते हैं व प्रक्रिया काफी खर्चीली है। अगर पूर्ण विकसित तकनीक के माध्यम से जननद्रव्यों का संरक्षण किया जाये तो एकत्रित प्रतिदर्श को जमीन पर ज्यादा जगह में न रखकर, प्रायोगशाला में कम जगह में रखा जा सकता है और वातावरणीय परिर्वतन के

दुष्परिरणाम कीट एवं रोगों के आक्रमण से मुक्ति प्राप्त की जा सकती है। इस तकनीक को बढ़ावा देने में दो प्रमुख समस्याए हैं। (1) पादप कोशिकाओं, ऊतकों आदि को सूक्ष्म जीवियों से मुक्त रखना। (2) कोशिका ऊतकों में वाँछित गुण धर्म को विकसित करना। इस तकनीक में (1) भ्रुण संवर्धन (Embryo culture), (2) मेरीस्टेम संवर्धन (Meristem culture), (3) पराग संवर्धन (Pollen culture) तथा (4) ऊतक संवर्धन (Tissue culture) होते हैं। कुछ सब्जियों जैसे बण्डा, अरवी आदि के बीज प्रकृति में कभी अंकुरित नही होते और ये फसलें प्राकृतिक रूप से अलैगिंक जननिक है। भ्रूण संवर्धन द्वारा इनके भ्रूणों से पौध प्राप्त किये जा सकते है। इस प्रकार भ्रूण संवर्धन का उपयोग बहुत ही महत्वपूर्ण है क्योंकि संततियों की प्राप्ति से इन फसलों से नये जीन प्ररूपों की सृष्टि एवं संरक्षण की जा सकती है (लरकीन एवं सहयोगी, 1981)। मेरीस्टेम संवर्धन का क्लोनीय सब्जियों जैसे अदरक, हल्दी आदि में एक प्ररोहाग्र (shoot tip) से कई प्ररोह या तने विकसित होते है। इन तनों के प्ररोहाग्र का पुनः संवर्धन के लिए उपयोग किया जा सकता है। इस विधि में बहुगुणन दर 52 सप्ताह में 16 गुणा से लेकर 9×10^{14} गुणा तक होती है। परागकोशों या परागकणों को पात्रे तकनीक से अगुणित पौधों या अगुणित कैलस के उत्पादन को परागकोश संवर्धन (anther culture) कहते हैं तथा पादप कोशिकाओ (plant cells) के पोष पदार्थ (culture media) पर असंगठित कैलस (एगार पोष पदार्थ) या निलम्बन संवर्धों के रूप में सवंर्धित करने को ऊतक संवर्धन (tissue culture) कहते है। कई पौधों के ऊतक संवर्धों से कायिक भ्रूणों (somatic embryos) का विभेदन होता है। जैसे –गाजर, डायस्कोरिया आदि।

(3) बीज संरक्षण (Seed Conservation)

सब्जी जननद्रव्य संरक्षण विधि सबसे महत्वपूर्ण है, जिसके अन्तर्गत निम्न प्रक्रिया अपनायी जाती है।

(अ) कम तापमान पर प्रामाणिक (आर्थोडाक्स) बीज का भण्डारण या बीज जीन बैंक (Low temperature storage of orthodox seed or Seed Gene Bank)

इस विधि के अन्तर्गत बीज को बीज जीन बैंक (seed gene bank) में भण्डारित कर लम्बें समय तक संरक्षित किया जाता है, जिससे आने वाली पीढ़ियों को जैव विविधता सुगमता से उपलब्ध हो सके। आर्थोडाक्स बीज (Orthodox seed) का प्रतिदर्श सामान्यतः 15 डिग्री सेन्टी ग्रेड तथा 15 प्रतिशत सापेक्ष आर्द्रता तक पहले सुखाया जाता है। फसल के अनुसार या लगभग 5 प्रतिशत नमी जब बीज में रह जाये तब परतदार एल्यूमिनियम के लिफाफे (laminated aluminium foils) में रखकर शीत गृह (cold storage) में लगभग –20 डिग्री सेन्टी ग्रेड तापमान पर भण्डारण करते हैं। इस तापमान पर बीज को यान्त्रिक विधि से लम्बे समय तक रखा जा सकता है। आर्थोडाक्स बीज (orthodox seed-The seeds which respond favorably to such storage condition i.e. decrease in moisture content alongwith low temperature, Roberts, 1973) व रिकैल्सीट्रेन्ट (recalcitrant seed - the seed which loss viability under storage and can not be conserved for long time under storage)–(भ्रूण व गैमिट्स) का संरक्षण किया जाता है।

(ब) हिमांक संरक्षण (Cryo preservation)

क्रायों संरक्षण तकनीक के अन्तर्गत आर्थोडाक्स बीज व रिकैल्सीट्रेन्ट (भ्रूण व गैमिट्स) का संरक्षण किया जाता है। इसके लिए तरल नत्रजन में डूबोकर (–196.0 डिग्री सेन्टीग्रेड) या इसके भाप (वाष्प अवस्था –150.0 डिग्री सेन्टीग्रेड) में निश्चित नियम व संगणक आधारित जमाव व पिघलने की स्थिति में लम्बे समय तक संरक्षित किया जाता है। इसके लिए रासायनिक क्रायो प्रोटैक्टैन्टस द्वारा सुरक्षित रखना पड़ता है।

सारिणी (6.26) सब्जी जननद्रव्य संरक्षण की स्थिति

संरक्षण विधि	स्थिति	फसल	संख्या
प्रक्षेत्र जीन बैंक (Field gene bank)	राष्ट्रीय पादप आनुवंशिक संसाधन ब्यूरो, नई दिल्ली	लहसुन	730
	राष्ट्रीय पादप आनुवंशिक संसाधन ब्यूरो, आधार केन्द्र,राँची (झारखण्ड)	कटहल	51
	राष्ट्रीय पादप आनुवंशिक संसाधन ब्यूरो, क्षेत्रीय केन्द्र, हैदराबाद (आन्ध्र प्रदेश)	सहजन	25
	राष्ट्रीय पादप आनुवंशिक संसाधन ब्यूरो, क्षेत्रीय केन्द्र, थ्रिसुर, (केरल)	कटहल	97
क्रायों बैंक (-196^{0}C)	राष्ट्रीय पादप आनुवंशिक संसाधन ब्यूरो, नई दिल्ली	बैंगन, भिण्डी, प्याज, टमाटर, गोभी फसल	254
पात्रे संरक्षण बैंक	राष्ट्रीय पादप आनुवंशिक संसाधन ब्यूरो, नई दिल्ली	लहसुन एलियम प्रजाति	85 14

स्रोत: राष्ट्रीय पादप आनुवंशिक संसाधन ब्यूरो, नई दिल्ली (2012)

आधार एकत्रण (Base collection)

ये जननद्रव्य तुरन्त उपयोग के लिये अवश्यक नही हैं, अतः ऐसे जननद्रव्यों का संरक्षण लम्बे समय तक के लिये कम नमी (5±1%) व कम तापमान (-18^{0}C or even less) पर बंद शीशे के जार, स्टील के कैन व प्लास्टिक के कैन/फोयल थैले (sealed glass container, tinned steel cans or plastic/foil bags) में किया जाता है। लगभग 95.0 प्रतिशत से कम जमाव पर पुनः जमावकर बहुगुणन करते हैं।

सकिय एकत्रण (Active collection)

ये जननद्रव्य बहुत कम समय तक के लिये भण्डारित किये जाते हैं। अतः ऐसे जननद्रव्यों के संरक्षण के लिये आधार एकत्रण जैसा वातवरण नही चहिये। सकिय एकत्रण में जननद्रव्य का बहुगुणन, वितरण व मूल्यांकन (regeneration, multiplication, distribution, evaluation and documentation) करते रहते हैं।

कार्यरूप एकत्रण (Working collection)

ये जननद्रव्य, प्रजनक द्वारा बहुधा प्रयोग (regular use) होते रहते हैं। कार्यरूप एकत्रण बीज का बहुगुणन 2–4 वर्ष में करते रहते हैं। भण्डारण सामान्य तापमान पर करते हैं।

सारिणी (6.27) सब्जी बीज भण्डारण के समय नमी की मात्रा व विभिन्न स्तर पर आर्द्रता (प्रतिशत)

फसल	विभिन्न स्तर पर आर्द्रता (प्रतिशत)					
	10	20	30	45	60	75
ब्राड बीन	4.2	5.8	7.2	9.3	11.1	14.5
लीमा बीन	4.6	6.6	7.7	9.2	11.0	13.8
स्नेप बीन	3.0	4.8	6.8	9.4	12.0	15.0
गार्डेन बीन	2.1	4.0	5.8	7.6	9.4	11.2
पत्ता गोभी	3.2	4.6	5.4	6.4	7.6	9.6
चायनीज पत्ता गोभी	2.4	3.4	4.6	6.3	7.8	9.4
गाजर	4.5	5.9	6.8	7.9	9.3	11.6
सेलेरी	5.8	7.0	7.8	9.0	10.6	12.4
स्वीट कार्न	3.8	5.8	7.0	9.0	10.6	12.8
खीरा	2.6	4.3	5.6	7.1	8.4	10.1
बैंगन	3.1	4.9	6.3	8.0	9.8	11.9
लेट्यूस	2.8	4.2	5.1	5.9	7.1	9.6
सरसों	1.8	3.2	4.6	6.3	7.8	9.4
भिण्डी	3.8	7.2	8.3	10.0	11.2	13.1
प्याज	4.6	6.8	8.0	9.5	11.4	13.4
पर्सनीप	5.0	6.1	7.0	8.2	9.5	11.2
मटर	5.4	7.3	8.6	10.1	11.0	12.0
मिर्च	2.8	4.5	6.0	7.8	9.2	10.0
मूली	2.6	3.8	5.1	6.8	8.3	10.2
स्पिनाच	4.6	6.5	7.8	9.5	11.1	12.0
विन्टर स्क्वाश	3.0	4.3	5.6	7.4	9.0	10.8
टमाटर	3.2	5.0	6.3	7.8	9.2	10.0
शलजम	2.6	4.0	5.1	6.3	7.4	9.0
तरबूज	3.0	4.8	6.1	7.6	8.8	10.4

सारिणी (6.28) लम्बी अवधि तक बीज भण्डारण में जमाव व अवधि का अध्ययन

सब्जी फसल	उम्र (वर्ष में)	जमाव (प्रतिशत)		पी 50+एस0 ई0
		1963	1991	
फराश बीन	48	72	25	31+1
पालक	59	71	8	39+1
गाजर	46	63	24	30+1
शिशु मक्का	50	82	56	52+3
खीरा	58	69	28	39+1
बैंगन	56	69	4	33+1
खरबूजा	58	82	42	53+2
भिण्डी	50	60	34	24+3
प्याज	52	76	20	33+1
मटर	51	86	94	–
मिर्च/शिमला मिर्च	51	84	28	37+2
विलायती पालक	45	67	60	43+8
टमाटर	60	87	82	230+233
तरबूज	58	82	32	41+1

सारिणी (6.29) सब्जी फसलों में नमी का निम्न स्तर और उसके समतुल्य सापेक्ष आर्द्रता

सब्जी फसल	नमी का निम्न स्तर	समतुल्य आर्द्रता सापेक्ष
लैक्टूका सैटाइवा	2.56	9.8
ब्रेसिका जान्सीया	2.82	10.2
ब्रेसिका नैपस	2.85	12.0
पाइसम सैटाइवम	6.20	11.0
विग्ना रैडिएटा	6.04	13.0
एलियम सेपा	3.49	9.9
बेटा वुल्गेरिस	4.47	9.9
विग्ना अन्यूकुलाटा	5.59	11.1
फैजियोलस वुल्गेरिस	5.50	10.5

बौद्धिक सम्पदा व पौधा किस्म एवं कृषक अधिकार संरक्षण
(Intellectual Property Right, Protection of Plant Varieties and Farmers Right)

बौद्धिक सम्पदा अधिकारों के व्यवस्था सम्बन्धी (Agreement on Trade Related Intellectual Property Right or TRIPS) समझौते की धारा 27.3 (ख) के अन्तर्गत भारत ने पौधों की नई किस्मों के विकास को प्रोत्साहित करने एवं पौधा किस्मों तथा किसानों के अधिकारों के संरक्षण के लिए एक

प्रभावी प्रणाली' स्थापित करने हेतु स्वनिर्मित प्रणाली को अपनाया और तदनुसार 'पौधा किस्म और कृषक अधिकार संरक्षण अधिनियम, 2001' को लागू किया। भारत के संविधान के अन्तर्गत जहाँ पौधों की नई किस्मों के संरक्षण हेतु अन्तर्राष्ट्रीय संघ (UPOV), 1978 के साथ समानताओं की भागीदारी की है, वहाँ सार्वजनिक क्षेत्र के प्रजनन संस्थाओं या किसानों के हितों की सुरक्षा के लिए अतिरिक्त प्रावधान किए हैं। इस संविधान में वाणिज्यिक स्तर पर कार्यरत पादप प्रजनकों और किसानों के पादप प्रजनन सम्बन्धी क्रियाकलापों में किए गए योगदानों को मान्यता प्रदान की गई और साथ ही भारत में विभिन्न उत्पादक समूहों, निजी क्षेत्र की बीज कम्पनियों, सार्वजनिक निगमों व अनुसंधान संस्थाओं और संसाधन की कमी वाले किसानों के विशिष्ट सामाजिक–आर्थिक हितों की रक्षा के लिए 'ट्रिप्स' (TRIPS) के प्रावधानों को भी लागू किया गया है।

सम्पदा का तात्पर्य वस्तुगत (material) या भौतिक (physical) जैसे–जमीन, वस्तु या धन के रूप में प्राप्त सम्पदा से है। इसके विपरीत बौद्धिक सम्पदा (intellectual property) का तात्पर्य बुद्धि एवं कौशल से है, जो विचारों (ideas), अवधारणाओं (concepts), ढाँचा (designs) प्रक्रियाओं (processes), आदि के रूप में होता है, जिससे उपयोगी उत्पाद बनाये जा सकते हैं। बौद्धिक सम्पदा अधिकार (intellectual property rights) का प्रादुर्भाव 14वीं शताब्दी में अपने साहित्यक कार्यों (literary works) के लिये यूरोप में हुआ। बौद्धिक सम्पदा (intellectual property) एक मानस / बुद्धि उपज (product of mind) है और भौतिक पदार्थ जैसा स्पर्शनीय नही है, लेकिन कोई शोधकर्ता अपने शोध व निर्माण कला का अधिकार प्राप्त कर सकता है। द्वितीय विश्व युद्ध के बाद विश्व व्यापार को सही करने के लिए जनरल एग्रीमेंट आन ट्रेड एण्ड टैरीफस (General Agreement on Trade and Tariffs or GATT) जैसे महत्वपूर्ण कदम उठाये गये। जनरल एग्रीमेंट आन ट्रेड एण्ड टैरीफस के अन्तर्गत व्यापार योग्य वस्तुओं का सदस्य देशों में निर्धारण और पालन करना है। बाद में जनरल एग्रीमेंट आन ट्रेड एण्ड टैरीफस, विश्व व्यापार का एक नियम (code of rules) व वार्तालाप के लिए फोरम (forum) बन गया। गत कई वर्षों से पूरे विश्व भर में बौद्धिक सम्पदा अधिकार के बारे में बहस छिड़ी हुई है। जब से विश्व व्यापार (world trade) अस्तित्व में आया है और उससे पहले उरुग्वे वार्ता के दौर से लेकर आजतक बौद्धिक सम्पदा अधिकार के सारे क्षेत्रों के लिए महत्वपूर्ण साबित हुई है। कृषि क्षेत्र भी उससे अछूता नहीं रहा है। इस बारे में व्यापार सम्बन्ध बौद्धिक अधिकार का करार, जिसको ट्रिप्स (TRIPS) के नाम से जाना जाता है और विश्व व्यापार संगठन (World Trade Organization) में पारित हुआ है, इसका विशेष महत्व है। बौद्धिक सम्पदा अधिकार में तकनीकी उपलब्धियों को सुरक्षित करना होगा। इसके लिए हमें बौद्धिक सम्पदाओं के अधिकार के बारे में बारीकी से जानना होगा और कृषि क्षेत्र में ये विशेष रुप से इसलिए लागू है क्योंकि भारत की दो–तिहाई जनता अभी भी कृषि पर निर्भर है। समय आ गया है कि इन अधिकारों को ध्यान में रखते हुए अपने आपको परिस्थितियों के अनुरुप बदलें, अपने देश के कानूनों में सुधार लाएं और उसको ठीक तरह से अमल करें, जिससे हमारे कृषि अनुसंधान और भी मजबूत हों और सही दिशा में आगे बढ़े। बौद्धिक सम्पदा अधिकार, बौद्धिक, सम्पदा अधिकारों का संरक्षण करने में क्या करना चाहिए, क्या नहीं करना चाहिए, भारतीय व्यवस्था में पेटेंटस (patents) बौद्धिक सम्पदा की व्यवस्थापन, तकनीकियों का हस्तान्तरण और पब्लिक प्राइवेट भागीदारी (public private partnership) किसानों

के अधिकार और प्रजातियों का संरक्षण इत्यादि विभिन्न विषयों पर चर्चा करने की आवश्यकता है। बौद्धिक सम्पदाओं के बारे में केवल जनमानस में ही नहीं बल्कि बुद्धिजीवियों में भी अनेक मतान्तर बने हुए हैं। अधिकार कोई ऐसा चीज नहीं है जो कोई आपको देता है, अधिकार वह है जो आपसे कोई छीन नहीं सकता। बौद्धिक सम्पदा के बारे में अधिकार मतलब विशेष अधिकार, जो ना कोई आपसे छीन सकता है और न ही बिना आपके अधिकार पत्र के उसका उपयोग कर सकता है। यह आपको आपके द्वारा किये शोध संशोधन को, जिसका अधिकार आपके पास है, दूसरों के द्वारा उसका वाणिज्यिक उपयोग करने से प्रतिबन्धित करने में मदद करता है।

सारिणी (6.30) विश्व तथा भारतवर्ष में आविष्कार व सुरक्षा/संरक्षण अधिनियम

कम संख्या	आविष्कार वर्ष	सुरक्षा अधिनियम	देश
1.	7 वीं शताब्दी	नई–नई नुसखा (रेसिपी) संरक्षण अधिनियम	इटली के दक्षिण में सबेरिस (Saberis)
2.	1474	पेटेंट सम्बन्धी पहला कानून	वेनिस (Venice)
3.	1623	प्रोपरइटरीशिप अधिनियम	ब्रिटेन
4.	1852	ब्रिटीश पेटेंट ला (British Patent Law)	ब्रिटेन
	1856	आविष्कार सुरक्षा अधिनियम (Act of Protection of Inventions)	भारत
	1872	पेटेंट एवं डिजाइन सुरक्षा (Patent and Design Protection Act)	भारत
	1888	आविष्कार एवं डिजाइन अधिनियम (Inventions and Design Act)	भारत
	1911	भारतीय पेटेंट एवं डिजाइन अधिनियम (Indian Patent and Design Act)	भारत
	1938	अन्तर्राष्ट्रीय पादप किस्म सुरक्षा संगठन (International Organization for Plant Variety Protection)	–
	1948	ट्रेड मार्क सुरक्षा (Trade Mark Protection)	
	1958	भारतीय व्यापार एवं माल/सौदा अधिनियम (Indian Trade and Merchandise Act)	भारत
	1966	सीड बिल कानून (Seed Bill Act)	भारत
	1970	भारतीय पेटेंट अधिनियम (Indian Patent Act)	भारत
	1978	यूरोपीय पेटेंट परिपाटी (European Patent Convention or EPC)	यूरोप
	1978	अधिनियम 1978 का संशोधन	भारत
	1980	सूक्ष्मजीवों पर पेटेंट	सं० रा० अ० (U.S.A.)

1985	अधिनियम 1985 का संशोधन	भारत
1986	जनरल एग्रीमेंट आन ट्रेड एण्ड टैरीफस (General Agreement on Trade and Tariffs or GATT)	उरुग्वे
1991	यूनियन फार दी प्रोटेक्शन आफ न्यू वैराइटिज आफ प्लान्टस (Union for the Protection of New Varieties of Plants or UPOV) (संशोधन)	–
1992	भारत सरकार जैविक विविधता अधिवेशन	भारत
1993	जैविक विविधता अधिवेशन (Convention on Biological Diversity or CBD)	Earth summit in Rio de Janerio
1995	विश्व व्यापार संगठन (World Trade Organization)	–
1995	ट्रेड रिलेटेड इन्टेलेक्चुअल प्रापर्टी राइट्स (Trade Related Intellectual Property Rights or TRIPS)	–
1999	भारतीय पेटेंट (संशोधन) अधिनियम (Indian Patent (Ammendment) Act)	भारत
1999	जिऑग्राफीकल इंडिकेशन्स एक्ट (Geographical Indications Act- 1999)	भारत
2001	पौधा किस्म एवं कृषक अधिकार संरक्षण एक्ट	भारत
2004	जैव विविधता कानून (Biodiversity Act)	भारत
2004	सीड बिल कानून–2004 (Seed Bill Act)	भारत

विश्व व्यापार संगठन (World Trade Organization)

जनरल एग्रीमेंट आन ट्रेड एण्ड टैरीफस (General Agreement on Trade and Tariffs or GATT) की 8वीं बैठक (1986) में उरुग्वे वार्ता के दौरान कृषि को पहली बार समाहित किया गया और सफल व मान्य दस्तवेज का प्रारूप 15 दिसम्बर, 1993 को तैयार किया गया। ताल मेल प्रारूप (negotiations document) पर हस्ताक्षर 124 देशों द्वारा माराकश (मोरक्को) में 15 अप्रैल, 1994 को किया गया। इस प्रकार विश्व व्यापार संगठन (World Trade Organization) का वास्तविक रूप 1 जनवरी, 1995 को बना दिया गया।

उरुग्वे वार्ता के दौरान विश्व व्यापार संगठन का वास्तविक उद्देश्य इस प्रकार है–

1. बजार आधारित सुव्यवस्थित कृषि विपणन प्रणाली विकसित करना।
2. सुधार प्रकिया के तहत ताल–मेल प्रारूप (negotiations document) को माध्यम बनाकर कृषि उत्पाद को सहारा (support) और सुरक्षा (protection) प्रदान करना।
3. सदस्य देशों के बीच आपसी लाभ सहमति पत्र (advantageous agreement) तैयार रोध को समाप्त करना।

4. जनरल एग्रीमेंट आन ट्रेड एण्ड टैरीफस (General Agreement on Trade and Tariffs or GATT) के नियम को अधिक प्रभावी बनाना।
5. सदस्य देशों के बीच आपसी विपणन सम्बन्धित झगड़े मित्रभाव/शान्तिपूर्वक (amicably) समाप्त करना।

विश्व व्यापार संगठन (World Trade Organization) पूर्णरूपेण बौद्धिक सम्पदा अधिकार को सदस्य देशों के बीच संरक्षण प्रदान करता है। ट्रेड रिलेटेड इन्टेलेक्चुअल प्रापर्टी राइट्स (Trade Related Intellectual Property Rights or TRIPS) के तहत शोधकत्ताओं को उनके शोध के लिये सम्मान (reward) प्रदान करता है।

सारिणी (6.31) विश्व व्यापार संगठन से सम्बन्धित कृषि सहमति

	प्रारूप	विवरण
1.	कृषि पर सहमति (Agreement on agriculture)	सुधार प्रकिया के तहत ताल मेल द्वारा बजार आधारित सुव्यवस्थित कृषि विपणन प्रणाली विकसित करना व सहारा (support) और सुरक्षा (protection) प्रदान करना। कृषि में सारगर्भित अग्रसर व्यवस्था के तहत सहारा (support) और सुरक्षा (protection) में कमी लाना। बाजार प्राप्यता के अनुसार घरेलू सहारा (support) व निर्यात प्रतिष्पर्धा में सुरक्षा (protection) प्रदान करना।
2.	अरोग्यकर व पौध अरोग्यकर विधान पर सहमति (Agreement on sanitary and phytosanitary measures)	सदस्य देशों के बीच नियम को स्वीकार करने व मानव, जानवर व पौध जीवन तथा स्वास्थ्य के लिये अधिक प्रभावी नियम को बनाना और लागू करने पर बल देना।
3.	विपणन सम्बन्धित तकनीकी रोध पर सहमति (Agreement on technical barriers to trade)	पैकिंग (packaging), विपणन (marketing), व नाम पट्टी (labelling) का अन्तर्राष्ट्रीय मानक व मूल्यांकन पद्वति पर सहमति बनाना, जिससे अन्तर्राष्ट्रीय रूकवाट न आये। कोई देश निर्यात योग्य वस्तुओं की गुणवत्ता को सुनिश्चित करने पर बल देगा और गुणवत्ता मानव, जानवर व पौध जीवन तथा स्वास्थ्य के लिये नही छिपायेगा।
4.	ट्रेड रिलेटेड इन्टेलेक्चुअल प्रापर्टी राइट्स पर सहमति (Agreement on Trade Related Intellectual Property Rights)	अधिक प्रभावी व सुरक्षा (protection) प्रदान करने पर सहमति बनाना, जिससे इन्टेलेक्चुअल प्रापर्टी राइट्स (Intellectual Property Rights or TRIPS) को पूर्ण संरक्षण मिले और व्यापार में मुश्किलें न आये। आर्टीकल 27.3 बी0 (Article27.3 (b)) के तहत सहमति कृषि पर लागू करना है। सदस्य देशों के लोग पौध प्रजाति की सुरक्षा (protection) प्रदान करने पर सहमति सुइजेनेरिस पद्वति (*sui generis* system) या अन्य पद्वति से बनायेंगे।

स्रोत : सहाय, 2003

बौद्धिक सम्पदा अधिकार सरंक्षण (Forms of IPR protection)

बौद्धिक सम्पदाओं में अनेक प्रकार अधिकार के होते हैं, जैसे

- पेटेंटस (Patent) अधिकार
- कॉपीराइट (Copy right) अधिकार
- ट्रेडमार्क (Trade marks) अधिकार
- जिऑग्राफीकल इंडिकेशन्स (Geographical Indications) अधिकार
- ट्रेड सेक्रेटस् (Trade secrets)
- इंडस्ट्रियल डिजाइन्स अधिकार (Industrial Designs Right)
- जानकारी (Know-how) अधिकार

इन सबका अलग–अलग उपयोग है और इन सबको मिलाकर बौद्धिक सम्पदा अधिकार बनता हैं।

वाणिज्य सम्बन्धी बौद्धिक सम्पदा अधिकार या ट्रिप्स (Trade Related Intellectual Property Rights or TRIPS)

वाणिज्य सम्बन्धी बौद्धिक सम्पदा अधिकार या ट्रिप्स (Trade Related Intellectual Property Rights or TRIPS) विश्व व्यपार संगठन (World Trade Organozation) की संरचना के अन्तर्गत उरूग्वे में सम्पन्न प्रशुल्क एवं वाणिज्य पर आम सहमति (GATT) का एक अंग है, जो 1 जनवरी 1995 से प्रभावी है। सभी सदस्य देशों द्वारा विश्व बौद्धिक सम्पदा अधिकार जैसे पेटेंट (Patent), ट्रेडमार्क (trade mark), कापी राइट (copy right), डिजाइन (design) आदि को पूर्ण संरक्षण दिया जाता है। वाणिज्य सम्बन्धी बौद्धिक सम्पदा अधिकार या ट्रिप्स की आर्टीकल 27 के पैराग्राफ 1 में स्पष्ट किया गया है कि पेटेंट (patent) किसी भी तकनीकी शोध को दिया जा सकता है, चाहे वह उत्पाद (products) अथवा प्रक्रिया (process) हो। आर्टीकल 27.3 (बी) में उल्लेख है कि सदस्य सूक्ष्मजीवों के अतिरिक्त पौध व जानवर की पेटेंटेबीलीटी (patentability) को बाहर कर सकता है जबकि सदस्य, पौध प्रजाति का पेटेंट एक प्रभावी सुई जेनेरिस पद्धति (*sui generis* system) या किसी अन्य प्रकार संरक्षण सुनिश्चित करेंगे। पौध प्रजाति की पेटेंट, बौद्धिक सम्पदा अधिकार अथवा सुईजेनेरिस पद्धति (*sui generis* system) के तहत विश्व व्यापार संगठन को कानूनी परिवर्तन की आवश्यकता होगी। आर्टीकल 65 के अंतर्गत विकासशील एवं अल्प विकसित आर्थिक स्थिति वाले देश को क्रमशः 4 वर्ष एवं 10 वर्ष का अतिरिक्त समय कार्यान्वन हेतु दिया जायेगा (गौतम एवं सिंह 1998)। पूर्ण कानून बनने तक सदस्य देशों को वाणिज्य सम्बन्धी बौद्धिक सम्पदा अधिकार या ट्रिप्स के निम्नलिखित प्रावधानों को लागू करना होगा।

- **मेल बाक्स प्रावधान (Mail box Provision)**–जिन देशों में उत्पाद का पेटेंट नही दिया गया है, वे भी जनवरी, 1995 से उत्पादों पर पेटेंट के लिए आवेदन स्वीकार करेगें। इन देशों के पूर्ण कानून बनने तक प्राप्त आवेदनों पर विचार होगा।

- **विशिष्ट विपणन अधिकार (Exclusive Marketing Rights, or EMR)**—पेटेंट के लिए आवेदन किये गये संबंधित उत्पादों को विशिष्ट विपणन अधिकार भी देना ओगा।

भारतवर्ष "ट्रिप्स" (TRIPS) की बाध्यता के बावजूद प्रावधानों को लागू नही किया जिससे संयुक्त राज्य अमेरिका ने भारत के विरूद्ध सन् 1997 में मेल बाक्स प्रावधान (Mail box Provision) व एकनिष्ट विपणन अधिकार (Exclusive Marketing Rights, or EMR) न लागू करने की शिकायत की। ट्रिप्स आर्टीकल 27.3 (बी) जीवित पौध व पौध प्रजाति संरक्षण के अन्तर्गत विश्व व्यापार संगठन में प्रवेश की तिथि से 4 वर्ष बाद पुनर्विचार (reviewed) होगी।

इण्टरनेशनल यूनियन फार दी प्रोटेक्शन आफ न्यू वैराइटिज आफ प्लान्टस (International Union for the Protection of New Varieties of Plants on UPOV)

इण्टरनेशनल यूनियन फार दी प्रोटेक्शन आफ न्यू वैराइटिज आफ प्लान्टस एक अन्तर्राष्ट्रीय पादप किस्म सुरक्षा संघ है जिसकी स्थापना सन् 1961 में पेरिस में किया गया। इसके अन्तर्गत 111 पौध प्रजाति को संरक्षण प्रदान किया गया है। संरक्षण की चर्चा पौध प्रजाति संरक्षण या पौध प्रजनक अधिकार के रूप में किया गया है। इसका उद्देश्य सदस्य देशों द्वारा प्रजनक की नवीन पौध प्रजातियों को पहचान देना (acknowledge) है और एक निर्धारित सिद्धान्त या नियम के अन्तर्गत विशेष अधिकार/एकाधिकार प्रदान करना है। इसमें इण्टरनेशनल यूनियन फार दी प्रोटेक्शन आफ न्यू वैराइटिज आफ प्लान्टस अधिनियम (1978) का पालन आवश्यक हैं लेकिन इण्टरनेशनल यूनियन फार दी प्रोटेक्शन आफ न्यू वैराइटिज आफ प्लान्टस, 1991 में संशोधित करके एकाधिकार प्रजनक के आनुवंशिक फसल सुधार एवं नवीन प्रजाति व संकर विकास को अग्रसर करने में मदद करेगा। इसके अन्तर्गत 32 विकसित देशों के सदस्य सन् 1997 थे जबकि सन् 1993 में मात्र 24 सदस्य देश (आस्ट्रेलिया, बेल्जियम, कनाडा, चेक गणराज्य, डेनमार्क, फिनलैण्ड, जर्मनी, हंगरी, आयरलैण्ड, इजराइल, इटली, जापान निदरलैण्ड, न्यूजीलैण्ड, नार्वे, पोलैण्ड, स्लोवानिया, दक्षिण अफ्रीका, स्पेन, स्वीडेन, स्विटजरलैण्ड एवं ब्रिटेन) थे।

इण्टरनेशनल यूनियन फार दी प्रोटेक्शन आफ न्यू वैराइटिज आफ प्लान्टस के महत्वपूर्ण बिन्दु इस प्रकर हैं—

1. प्रजनक को उसके द्वारा अनुमोदित किस्म की हिस्सेदारी शुल्क का अधिकार।
2. प्रजनक को आवश्यक होगा कि वह प्रजाति बरकरार (maintain) रखे और सक्रिय रूप से इसके बीज वितरण में सहयोग करें।
3. सदस्य देश योजना एवं कानून का पालन सुनिश्चित करे।
4. गुणवत्ता संरक्षण के लिए प्रजाति भिन्न (distinct), समरूप (uniform) व स्थायित्व (stable) वाली होनी चाहिए।
5. वैज्ञानिक, पौध प्रजनक व विकसित करने वाले देश चाहे वे इण्टरनेशनल यूनियन फार दी प्रोटेक्शन आफ न्यू वैराइटिज आफ प्लान्टस के सदस्य हैं या नही, संरक्षित प्रजाति को शोध व मूल्यांकन द्वारा नवीन प्रजाति विकास में प्रयोग किया जा सकता है।

6. इण्टरनेशनल यूनियन फार दी प्रोटेक्शन आफ न्यू वैराइटिज आफ प्लान्टस 1991 में कृषक विशेषाधिकार (Farmer's Right or Privilege) को सदस्य देशों के राष्ट्रीय कानूनों पर छोड़ दिया गया।

किसी भी देश में वाणिज्य सम्बन्धी बौद्धिक सम्पदा अधिकार या ट्रिप्स के प्रावधानों के अन्तर्गत भारतवर्ष 3 विकल्पों पर विचार करेगा।

1. इण्टरनेशनल यूनियन फार दी प्रोटेक्शन आफ न्यू वैराइटिज आफ प्लान्टस अधिनियम (1991) को लागू करना।
2. पौध प्रजातियों के लिए पेटेंट (patent) कानून लागू करना।
3. इण्टरनेशनल यूनियन फार दी प्रोटेक्शन आफ न्यू वैराइटिज आफ प्लान्टस (1991) या पेटेंट के समकक्ष अपनी स्वयं सुरक्षा पद्धति/प्रणाली विकसित करना होगा

पौधा किस्म संरक्षण पद्वति (Plant variety protection system)

विश्व व्यापार संगठन (World Trade Organization), ट्रेड रिलेटेड इन्टलेक्चुअल प्रापर्टी समझौता (Trade Related Intellectual Property Agreement) के तहत 15 अप्रैल, 1995 में सदस्य देशों के लिए आवश्यक होगा कि विश्व व्यापार में पौधा किस्म संरक्षण पद्वति को पूरी तरह से शामिल करें। कृषि मन्त्रालय, भारत सरकार ने सुइ जेनरिस सिस्टम (*sui generis* system) को लागू किया।

सुइ जेनरिस सिस्टम की सार्थकता (Rational for *sui generis* system)

भारत कृषि प्रधान देश होने के कारण सभी समझौते कृषकों के विपरीत थे, अतः सुइ जेनरिस सिस्टम (*sui generis* system) को लागू करना ही उत्तम पाया गया। सुइ जेनरिस सिस्टम के कुछ गुण व सार्थकता इस प्रकार हैं–

1. बराबरपन को लागू करना (incorporation of equity concern)
2. कृषकों के अधिकार का संरक्षण (protection of farmer's rights)
3. शोधकर्ता के अधिकार का संरक्षण (protection of researcher's rights)
4. वंश व प्रजाति का संरक्षण (protection of genera and species)
5. संरक्षण के स्तर व समय को लागू करना (fixing of appropriate level and period of protection)
6. कृषि जैविक विविधता का क्रमागत विकास (ensuring sustainable development of agro-biodiversity)

पौधा किस्म संरक्षण पद्वति के लाभ (Advantages of plant variety protection system)

पौधा किस्म संरक्षण पद्वति के लाभ इस प्रकार हैं–

1. पौधा किस्म संरक्षण स्वामित्व अधिकार को स्पस्ट करना व व्यापार लाभ सुनिश्चत करना।
2. पादप प्रजनक को शोध व प्रजाति विकास के लिए प्रोत्सहित करना।
3. अनाधिकृत व्यक्ति द्वारा संरक्षण प्राप्त प्रजाति के उपयोग को रोकना।
4. जिन सदस्य देशों में प्रजाति संरक्षण अधिकार लागु है, वहाँ से भारतीय कृषक व भारतीय बीज उधोग, विदेशी प्रजाति को ला सकते हैं।
5. प्रसंस्करण/उत्पाद के लिये व्यक्तिगत कंपनी को आकर्षित कर सकता है।
6. व्यक्तिगत बीज कंपनी प्रजाति विकास के लिए कार्यक्म बना सकता है।
7. जैविक विविधता के कारण प्रजाति विकास कार्यक्रम तेज किया जा सकता है।

पौधा किस्म संरक्षण पद्वति के हानि (Disadvantages of plant variety protection system)

पौधा किस्म संरक्षण पद्वति के हानियाँ इस प्रकार हैं–

1. पादप प्रजनक व व्यक्तिगत बीज कंपनी का एकाधिकार।
2. पादप प्रजनक अधिकार प्राप्त व्यक्ति बीज मूल्य बढ़ा सकता है।
3. छोटे व सीमान्त कृषक को बीज सुगमता से नही मिलेगा।
4. जैविक विविधता संरक्षण पर कम ध्यान।
5. बीज के कम आदान–प्रदान से अवाँछित पद्वति का विकास हो सकता है।

पौधा किस्म संरक्षण का उद्देश्य (Objective of plant variety protection system)

पौधा किस्म संरक्षण पद्वति के उद्देश्य इस प्रकार हैं–

1. प्रजाति विकास कार्यक्रम को विकसित करना।
2. गुणवत्तायुक्त बीज उधोग स्थापित करना।
3. किसान समूह के योगदान को पहचान देना।

पौधा किस्म एवं कृषक अधिकार संरक्षण अधिनियम–2001 (Protection of Plant Varieties and Farmer's Right Act-2001)

कृषि भारतीय अर्थव्यवस्था का महत्वपूर्ण पहलू है। भारत की लगभग 70 प्रतिशत जनसंख्या कृषि पर निर्भर करती है एवं कृषि क्षेत्र में महत्वपूर्ण योगदान कर रही है। कृषकों को, उनके कृषि

कार्य, अनुभवों एवं योगदान के आधार पर पौधा किस्म और कृषक अधिकार संरक्षण अधिनियम, 2001 में उनके अधिकारों का संरक्षण किया गया है जिसका अधिनियम की अनेक धाराओं में उल्लेख है। सन् 1930 के विश्व व्यापार मंदी के दौरान अन्तर्राष्ट्रीय व्यापार का विकास अस्त–व्यस्त हो गया था और विश्व के विभिन्न देशों में अपने हितों की सुरक्षा के लिए कृषि सम्बन्धी आयात प्रतिबंधों का सहारा लेना प्रारम्भ कर दिया। फलतः विश्व व्यापार में अनापेक्षित कमी उत्पन्न हो गयी। इस व्यापारिक कमी को दूर करने के लिए नवम्बर, 1945 में अमेरिका ने अनेक प्रस्ताव प्रकाशित कराये। तत्पश्चात् 30 अक्टूबर सन् 1947 को जेनेवा (स्वीटजरलैण्ड) में 23 देशों द्वारा एक सामान्य समझौते पर हस्ताक्षर किया गया। यही समझौता गैट (General Agreement on Trade and Tariffs or GATT) के रुप में प्रसिद्ध हुआ। इसका मुख्यालय जेनेवा में था। यह समझौता 1 जनवरी, 1948 से लागू हुआ। प्रारम्भ में गैट (GATT) की स्थापना एक अस्थायी प्रबंध के रुप में की गयी थी, परन्तु कालान्तर में यह स्थायी समझौता बन गया। गैट के स्थापना वर्ष से उसके अन्त तक कृषि व्यापार तथा कृषि सम्बन्धी वार्ताओं के आठ चक्र आयोजित किये गये, फिर भी विकसित एवं विकासशील देशों की कुछ मुद्दों पर सहमति नहीं बन पायी। अन्ततः 15 अप्रैल, 1994 को मराकस में 123 सदस्य राष्ट्रों ने गेट (GATT) के उरुग्वे चक्र/दौर समझौते पर हस्ताक्षर कर दिये। इसके परिणामस्वरुप एक शक्तिशाली संगठन 1 जनवरी, 1995 को विश्व व्यापार संगठन की स्थापना कर दी गयी और इसका मुख्यालय जेनेवा ही रखा गया। आनुवंशिक संसाधन पर देश का एकाधिकार है। अगर इसके प्रयोग से कोई विशेष व्यापारिक लाभ होता है तो यह लाभ आनुपातिक आधार पर देश और दाता या समुदाय में विभाजित करने का विधान है। विश्व व्यापार संगठन की व्यापार से सम्बन्धी बौद्धिक सम्पदा अधिकार के तरीकों पर सहमति की धारा 27 के अन्तर्गत यह आवश्यक है कि बौद्धिक सम्पदा की रक्षा हो। बौद्धिक सम्पदा की रक्षा के लिए भारतीय संविधान ने विभिन्न अधिनियमों को लागू किया गया है। चूँकि भारत ने विश्व व्यापार की संधि पर हस्ताक्षर किया है, इसलिए व्यापार से सम्बन्धित बौद्धिक सम्पदा की मूल भावना को ध्यान में रखते हुए तथा देश के किसानों व पौधा प्रजनन वैज्ञानिकों के हितों की रक्षा करने के लिए सन् 2001 में भारत ने पौधा किस्म एवं कृषक अधिकार संरक्षण अधिनियम (PPV & FRA) बनाया। इस अधिनियम में 11 अध्याय एवं 97 धाराएं हैं।

पौधा किस्म एवं कृषक अधिकार संरक्षण अधिनियम–2001 के उद्देश्य

बौद्धिक सम्पदा अधिकारों के व्यवस्था सम्बन्धी (ट्रिप्स) समझौते की धारा 27.3 (ख) के अन्तर्गत भारत ने पौधों की नई किस्मों के विकास को प्रोत्साहित करने एवं पौधा किस्मों तथा किसानों के अधिकारों के संरक्षण के लिए एक प्रभावी प्रणाली' स्थापित करने हेतु स्वनिर्मित प्रणाली को अपनाया और तदनुसार 'पौधा किस्म और कृषक अधिकार संरक्षण अधिनियम, 2001' को लागू किया। भारत के विधान के अन्तर्गत जहाँ पौधों की नई किस्मों के संरक्षण हेतु अर्न्तराष्ट्रीय संघ (UPOV), 1978 के साथ समानताओं की भागीदारी की है, वहाँ सार्वजनिक क्षेत्र के प्रजनन संस्थाओं या किसानों के हितों की सुरक्षा के लिए अतिरिक्त प्रावधान किए हैं। इस विधान में वाणिज्यिक स्तर पर कार्यरत पादप प्रजनकों और किसानों के पादप प्रजनन सम्बन्धी क्रियाकलापों में किए गए योगदानों को मान्यता प्रदान की गई और साथ ही भारत में विभिन्न उत्पादकों, समूहों, निजी क्षेत्र की बीज

कम्पनियों, सार्वजनिक निगमों व अनुसंधान संस्थाओं और संसाधन की कमी वाले किसानों के विशिष्ट सामाजिक–आर्थिक हितों की रक्षा के लिए 'ट्रिप्स' के प्रावधानों को भी लागू किया गया है। अधिनियम का प्रमुख उद्देश्य अपने देश की पौधा किस्मों की रक्षा करना है। इसके अलावा बीज उद्योग को बढ़ावा देना भी सम्मिलित है। पौधा किस्म एवं कृषक अधिकार संरक्षण अधिनियम–2001 के उद्देश्य निम्नलिखित हैं–

- नई किस्मों के विकास हेतु पादप अनुवांशिक संसाधनों के संरक्षण, उनमें सुधार और उन्हें उपलब्ध कराने में किसी भी समय किए गये योगदान के लिए कृषकों के अधिकारों को पहचानना और उनकी रक्षा करना।
- देश के कृषि विकास में तेजी लाना और पादप प्रजनकों के अधिकारों की रक्षा करना तथा पौधों की नई किस्मों के प्रजनन के लिए सरकारी और निजी दोनों क्षेत्रों में अनुसंधान एवं विकास में किए जाने वाले निवेश को बढ़ावा देना।
- बीज उद्योग की वृद्धि को सुगम बनाना जिससे कृषकों को अच्छी गुणवत्ता वाला बीज और पादप सामग्री सुलभ हो सके।

पौधा किस्म एवं कृषक अधिकार संरक्षण प्राधिकरण

भारत सरकार द्वारा पी0पी0वी0 और एफ0आर0 अधिनियम, 2001 की धारा 3 की उपधारा (1) में प्रदत्त शक्तियों का उपयोग करते हुए 11 नवम्बर, 2005 को राजपत्र अधिसूचना (एस0ओ0 1589–ड़) द्वारा पौधा किस्म और कृषक अधिकार संरक्षण प्राधिकरण की स्थापना की गई। यह प्राधिकरण कृषि मंत्रालय के अधीन कार्य करता है और इसका अध्यक्ष भारत सरकार के सचिव स्तर के समतुल्य होता है, जो प्राधिकरण का मुख्य कार्यपालक कहलाता है। अध्यक्ष के अतिरिक्त प्राधिकरण के 15 सदस्य भारत सरकार द्वारा अधिसूचित किए गए हैं। इनमें से 8 पदेन सदस्य हैं, जो भारत सरकार के विभिन्न विभागों/मंत्रालयों, राज्य कृषि विश्वविद्यालयों (3) तथा राज्य सरकारों का प्रतिनिधित्व करते हैं। इसके अतिरिक्त कृषकों, जनजातिय संगठनों, बीज उद्योग तथा कृषि कार्यों से जुड़े महिला संगठनों, प्रत्येक से एक–एक प्रतिनिधि केन्द्र सरकार द्वारा नामित किया जाता है। इन सदस्यों के अतिरिक्त महापंजीकार प्राधिकरण का पदेन सदस्य–सचिव होता है।

प्राधिकरण के सामान्य कार्य

- विशिष्टता, एकरूपता और स्थायित्व के सिद्धात को अपनाते हुए नई पौधा किस्मों, अनिवार्य रूप से व्युत्पन्न किस्मों व विद्यमान किस्मों का पंजीकरण।
- पौधों की नई किस्मों के विकास को बढ़ावा देना व प्रोत्साहित करना और कृषकों और प्रजनकों के अधिकारों की रक्षा करना।
- इस अधिनियम के अन्तर्गत पंजीकृत किस्मों को सूचीबद्ध करना।
- कृषक किस्मों का प्रलेखीकरण, सूचीबद्ध करण और सूचीपत्र बद्धिकरण करना।

- अनिवार्य लाइसेंसिंग के प्रावधानों के अन्तर्गत पंजीकृत किस्मों के बीजों की उपलब्धता सुनिश्चित करना।
- उन कृषकों, कृषक समुदायों, विशेषकर जनजातिय और ग्रामीण समुदाय को मान्यता प्रदान करना और पुरस्कृत करना जो विशेष रूप से पहचाने गए कृषि जैव विविधता वाले हॉट–स्पॉट में आर्थिक रूप से महत्वपूर्ण पौधों व उनके वन्य संबंधियों से सम्बन्धित पादप आनुवंशिक संसाधनों के संरक्षण, सुधार और परिरक्षण के कार्य में संलग्न हैं।
- राष्ट्रीय पौधा किस्म रजिस्टर का रखरखाव सुनिश्चित करना तथा सभी पौधा किस्मों से सम्बन्धित डेटाबेस को अद्यतन करना।
- राष्ट्रीय जीन बैंक का रखरखाव करना।
- डीयूएस (विशिष्टता, एकरूपता और स्थायित्व) परीक्षण मानदण्डों का विकास तथा पौधों की प्रजातियों के सामान्य, विशिष्ट और विशेष परीक्षण दिशानिर्देश निर्धारित करना।

प्राधिकरण के प्रकाशन

- भारतीय पौधा किस्म जनरल
- सामान्य एवं फसल विशिष्ट डीयूएस (DUS) परीक्षण दिशानिर्देश
- तकनीकी बुलेटिन
- जीन बैंक नियम पुस्तिका
- कृषि– जैव विविधता हॉटस्पॉट्स पुस्तक (दो खण्ड)
- पी.पी.वी. और एफ.आर. अधिनियम, 2001 के विभिन्न प्रावधानों को रेखांकित करने वाले (आजीविका के लिए बीज) शीर्षक की एक वीडियो सीडी
- वार्षिक प्रतिवेदन

पौधा किस्म एवं कृषक अधिकार संरक्षण अधिनियम के कार्य

पौधा किस्म एवं कृषक अधिकार संरक्षण अधिनियम को सुचारु रुप से लागू करने के लिए पौधा किस्म एवं कृषक अधिकार संरक्षण प्राधिकरण का गठन किया गया, जिसका कार्य निम्नलिखित है–

- विशिष्टता, समरुपता, तथा स्थायित्व के सिद्धान्त को अपनाते हुए पौधों की नयी प्रजातियों, अनिवार्य रूप से व्युत्पन्न किस्मों का पंजीकरण करना।
- पौधों के नई किस्मों के विकास को बढ़ावा देना व प्रोत्साहित करना और पादप प्रजनकों के अधिकारों की रक्षा करना।
- किसानों के अधिकारों को सुनिश्चित करना।

- पंजीकरण किस्मों को लक्षणबद्ध करके विवरणात्मक प्रलेख तैयार करना।
- किस्मों के बारे में राष्ट्रीय स्तर का अभिलेख रजिस्टर संधारण करना।
- अनिवार्य लाइसेंसिंग प्रावधानों के अन्तर्गत पंजीकृत किस्मों के बीजों की उपलब्धता सुनिश्चित करना।

कृषक' (अधिनियम की धारा 2 (क) कोई भी वह व्यक्ति हो सकता है जो–

I. स्वयं खेत जोतकर फसलें उगाता है; या

II. प्रत्यक्ष रूप से खेती पर निगरानी रखते हुए अथवा किसी अन्य व्यक्ति द्वारा खेत में फसलें उगाता है; या

III. उनके के साथ अथवा संयुक्त रूप से किसी वन्य प्रजाति या परम्परागत किस्म का संरक्षण और परिरक्षण करता है अथवा ऐसी वन्य प्रजाति या परम्परागत किस्म के उपयोगी गुणों का चयन और उनकी पहचान करके वन्य प्रजातियों का मूल्य प्रवर्धन करता है।

'कृषक किस्म' {अधिनियम की धारा 2(एल)} कोई भी वह किस्म है जो–

I. कृषकों द्वारा अपने खेत में परंपरागत रूप से उगाई व विकसित की गई हों; या

II. ऐसी वन्य संबंधी या भू–प्रजाति या किस्म जिसके बारे में कृषकों को सामान्य ज्ञान हो।

कृषकों के अधिकार (अधिनियम की धारा 39)

III. इस अधिनियम के अन्तर्गत वह कृषक जिसने नई किस्म का प्रजनन अथवा विकास किया है, को पंजीकरण एवं अन्य सुरक्षा का वैसे ही अधिकार प्राप्त है जैसे कि एक किस्म के प्रजनक को अधिनियम के अंतर्गत प्राप्त है।

IV. कृषक किस्म, पंजीकरण के योग्य है यदि आवेदन पत्र धारा 18 उपधारा 1 (एच) के अनुसार घोषणा की गई हो तथा उक्त धारा में उल्लिखित शर्तों को पूरा करता है।

V. कृषक, जो भू–प्रजाति एवं आर्थिक वन्य–सम्बन्धी महत्व के पौधों के आनुवंशिक संसाधन के संरक्षण, चयन परिरक्षण एवं सुधार कार्य में लगे है, नियमानुसार निर्धारित तरीके से जीन निधि से पुरस्कार एवं मान्यता के हकदार है बशर्तें कि चयनित एवं संरक्षित सामग्री का उपयोग इस अधिनियम के अंतगर्त पंजीकरण योग्य किस्मों में दाता जीन के रूप में प्रयोग किया गया हो।

VI. कृषक को इस अधिनियम के अंतर्गत सुरक्षित किस्म के बीज के साथ–साथ प्रक्षेत्र की उपज व किस्म का बीज बचाने, उपयोग करने, बोने, पुनः बोने, आदान–प्रदान (विनिमय) करने, भागीदारी (हिस्सेदारी) अथवा बिक्रय करने का अधिकार है जैसा कि उसे अधिनियम लागू होने से पहले था तथा कृषक को अधिनियम के अंतर्गत सुरक्षित किस्म के ब्राण्डेड बीज के विपणन/बिक्रय करने की अनुमति नहीं है।

उपधारा (IV) के उद्‌देश्य, से ब्रांडयुक्त बीज का अर्थ उस बीज से है जो किसी पैकेट अथवा किसी अन्य पात्र में रखा और लेबेल (label) लगाया गया हो जिससे स्पष्ट होता है कि किस्म का बीज, इस अधिनियम के अंतर्गत सुरक्षित किया है। केवल रोक यह है कि कृषक को इस अधिनियम के अंतर्गत सुरक्षित किस्म को ब्रांडयुक्त करके बेचने का अधिकार नहीं है। अतः कृषक एवं प्रजनक दोनों के अधिकार सुरक्षित है।

क्षतिपूर्ति हेतु प्रावधान {अधिनियम की धारा 39 (2)}

जिन मामलों में इस अधिनियम के अंतर्गत पंजीकृत किस्म की रोपण सामग्री किसी कृषक अथवा कृषकों के समूह अथवा कृषकों के संगठन को बिक्रय की गयी है वहाँ प्रजनक, कृषक अथवा कृषकों के समूह अथवा कृषकों के संगठन, जैसी भी स्थिति हो, निश्चित दशा में उस किस्म के सम्भावित निष्पादन से सम्बन्धित जानकारी उपलब्ध कराएगा। यदि सम्बंधित रोपण सामग्री, निश्चित दशा में सम्भावित निष्पादान देने में सफल नहीं होती है तो ऐसी स्थिति में कृषक अथवा कृषकों के समूह अथवा कृषकों का संगठन, जैसी भी स्थिति हो, प्राधिकरण में निर्धारित तरीके से क्षतिपूर्ति का दावा कर सकते हैं। प्राधिकरण किस्म के प्रजनक को सूचना (Notice) देकर और निर्धारित तरीके से प्रतिवाद प्रस्तुत करने का अवसर देने के बाद, दोनों पक्षों की सुनवाई कर किस्म के प्रजनक को दिशा निर्देश दे सकता है कि कृषक अथवा कृषकों के समूह अथवा कृषकों के संगठन, जैसी भी स्थिति हो, को क्षतिपूर्ति करें और तदनुसार राशि का भुगतान करें।

अधिनियम की धारा 39 के अंतर्गत क्षतिपूर्ति का दावा–(नियम 66)

1. कोई कृषक, कृषकों का समूह अथवा कृषकों का संगठन अधिनियम की धारा 39 (2) के अंतर्गत क्षतिपूर्ति के दावा हेतु आवेदन कर सकता है।
2. दावा हेतु आवेदन उपरोक्त उप नियम (1) के अंतर्गत प्रथम अनुसूची की पीवी–25 प्रारूप के अनुरूप होना चाहिए।

नियम 66 के अंतर्गत क्षतिपूर्ति हेतु दावा के आवेदन की प्रक्रिया (नियम 67)

1. पंजीकृत किस्म जिसके सम्बन्ध में क्षतिपूर्ति दावा प्राप्त हुआ, प्राधिकरण द्वारा पंजीकृत प्रजनक को नोटिस भेजा जाना।
2. उपरोक्त उपनियम (1) के अंतर्गत प्रजनक को प्राधिकरण से नोटिस प्राप्त होने के तीन माह के अन्दर प्रथम अनुसूची के प्रारूप पी वी726 में प्रतिवाद प्रस्तुत कर सकता है।
3. प्रजनक, यदि क्षतिपूर्ति हेतु नोटिस प्राप्त होने की तिथि से तीन माह के अन्दर प्रतिवाद प्रस्तुत करने में असफल होता है अथवा अवहेलना करता है ऐसी दशा में यह मान लिया जाएगा कि प्रजनक उक्त दावा में प्रतिवाद नहीं प्रस्तुत करना चाहता है और वह दावा प्राधिकरण द्वारा नियमानुसार निर्धारित कर दिया जाएगा।

4. प्राधिकरण, प्रजनक से प्रतिवाद प्राप्त होने पर दोनों पार्टियों को सुनवाई का अवसर देकर और उचित पाए जाने पर प्रजनक को कृषक, कृषकों के समूह अथवा कृषकों के संगठन, जैसी भी स्थिति हो, क्षतिपूर्ति हेतु निर्देशित कर सकता है।

आवेदन के पंजीकरण हेतु कुछ सूचना देने के आशय से (अधिनियम की धारा 40)

1. अधिनियम के अध्याय III के अंतर्गत किसी किस्म के पंजीकरण हेतु प्रजनक अथवा अन्य व्यक्ति को आवेदन में किस्म के प्रजनन अथवा विकास में जनजातीय अथवा गाँव परिवारों द्वारा संरक्षित आनुवंशिक सामग्री का प्रयोग करने की दशा में सूचना को आवेदन में प्रकट करना होगा।
2. यदि प्रजनक अथवा ऐसा अन्य व्यक्ति उपधारा (1) में वर्णित सूचना बताने में असफल होता है तो रजिस्ट्रार, संतुष्ट होने पर कि प्रजनक अथवा अन्य व्यक्ति दुर्भावना से और जानबूझ कर ऐसी सूचना छुपा रहा है, पंजीकरण हेतु आवेदन निरस्त कर सकता है।

समुदायों के अधिकार (अधिनियम की धारा 41)

1. कोई व्यक्ति, व्यक्तियों का समूह (जो सीधे कृषि कार्य में संलग्न है अथवा नही) अथवा कोई सरकारी अथवा गैर सरकारी संगठन भारत में किसी भी गाँव अथवा स्थानीय समुदाय के लोगों की ओर से जैसी भी स्थिति हो, किसी किस्म के विकास में किए गए अंशदान हेतु प्राधिकरण द्वारा अधिकारिक गजट में केन्द्रीय सरकार द्वारा पहले से स्वीकृत किसी अधिसूचित केन्द्र में उन गाँव अथवा स्थानीय समुदाय के लिए दावा प्रस्तुत कर सकता है।
2. जहाँ कोई दावा उपधारा (1) के अंतर्गत किया गया, उपधारा के अंतर्गत अधिसूचित केन्द्र, उन व्यक्ति अथवा व्यक्तियों के समूह अथवा उन सरकारी अथवा गैर सरकारी संगठनों द्वारा इस प्रकार का दावा किया गया और उचित पाया गया और उन गाँव अथवा स्थानीय समुदाय द्वारा इस अधिनियम के अंतर्गत पंजीकृत किसम के विकास के लिए सार्थक अंशदान संतोषजनक है, दावा को सत्यापित कर सकता है एवं प्राधिकरण को रिपोर्ट करेगा।
3. जब प्राधिकरण उपधारा (2) की रिपोर्ट से संतुष्ट होने पर, जाँच करने के उपरान्त उचित पाए जाने की स्थिति में, वह किस्म जिसके बारे में रिपोर्ट अधिनियम के अंतगर्त पंजीकृत किया गया, निर्धारित तरीके से किस्म के प्रजनक को नोटिस जारी कर और निर्धारित तरीके से आपत्ति प्रस्तुत करने हेतु अवसर देकर और सुनवाई कर, केन्द्रीय सरकार द्वारा अधिसूचित किसी सीमा में, आदेश द्वारा, क्षतिपूर्ति राशि व्यक्ति अथवा व्यक्तियों के समूह तथा सरकारी अथवा गैर सरकारी संगठन जिन्होंने उपधारा (1) के अंतर्गत दावा किया है, उचित पाए जाने की स्थिति में भुगतान किया जाएगा।
4. किस्म के प्रजनक द्वारा उपधारा (3) में स्वीकृत क्षतिपूर्ति जीन निधि में जमा किया जाएगा।
5. उपधारा (3) में स्वीकृत क्षतिपूर्ति को भूमि राजस्व (मालगुजारी) माना जाएगा और प्राधिकरण, तदनुसार वसूली हेतु कार्यवाही करेगा।

अधिनियम की धारा 41 के अंतर्गत सूचना (Notice) जारी करना (नियम 68)

1. धारा 41 की उपधारा (1) के अंतर्गत अधिसूचित केन्द्र से रिपोर्ट प्राप्त होने पर, व्यक्ति अथवा व्यक्तियों का समूह अथवा सरकारी अथवा गैर सरकारी संगठन, किसी गाँव अथवा स्थानीय समुदाय के लोगों की ओर से नई प्रजाति विकास में किए गए अंशदान की क्षतिपूर्ति हेतु दावा दाखिल की स्थिति में, प्राधिकरण यदि संतुष्ट है, पंजीकृत प्रजनक को अथवा उसके समनुदेशक अथवा पंजीकृत अभिकर्ता को तृतीय अनुसूची के प्रारूप ओ–12 में नोटिस जारी कर सकता है।
2. प्राधिकरण से नोटिस प्राप्त होने पर पंजीकृत प्रजनक अथवा उसका समनुदेशक अथवा पंजीकृत अभिकर्ता प्रथम अनुसूची में वर्णित प्रारूप पीवी–27 में दावों की क्षतिपूर्ति हेतु तीन माह में प्रतिवाद दाखिल कर सकता है।
3. प्राधिकरण, पंजीकृत प्रजनक अथवा उसके समनुदेशक अथवा पंजीकृत अभिकर्ता से प्रतिवाद प्राप्त होने पर, दोनों पार्टियों को सुनवाइ का अवसर देकर और क्षतिपूर्ति के परिमाण की पात्रता को निर्धारित करने के पश्चात् प्रजनक को, व्यक्ति अथवा व्यक्तियों के समूह अथवा सरकारी अथवा गैर सरकारी संगठन जो अधिनियम की धारा (41) की उपधारा (1) के अंतर्गत दावा किया है, क्षतिपूर्ति के भुगतान करने के लिए निर्देशित करेगा और अपेक्षित धनराशि दो माह के अन्दर जीन निधि में जमा करेगा।

अनजाने में हुए किसी उल्लंघन के प्रति सुरक्षा (अधिनियम की धारा 42)

1. अधिनियम के अंतर्गत दिए गए किसी अधिकार का अनजाने में हुए किसी उल्लंघन का कृषक द्वारा उल्लंघन नहीं माना जाएगा, जिसे उल्लंघन के समय ऐसे किसी प्रकार के अधिकार की जानकारी नहीं थी।
2. अधिनियम की धारा 65 में उल्लिखित किसी भी उल्लंघन के लिए न्यायालय किसी भी वाद में छूट प्रदान कर सकता है जो पहले न्यायालय द्वारा न दी गयी हो तथा न ही किसी ऐसे संज्ञान को इस अधिनियम द्वारा अपराध माना जाएगा जिसके बारे में कृषक द्वारा न्यायालय के समक्ष यह सिद्ध कर दिया जाये कि सम्बन्धित उल्लंघन के समय उसे यह जानकारी नहीं थी, इस प्रकार का अधिकार पहले से ही मौजूद है।

कृषक किस्म को अधिकृत करना (अधिनियम की धारा 43)

अधिनियम की धारा 23(6) एवं 28 में जिन तथ्यों का उल्लेख नहीं है, के सम्बन्ध में यह कहा जा सकता है कि कोई भी अनिवार्य रूप से व्युत्पन्न किस्म, कृषक किस्म से विकसित की गयी हो, धारा 28(2) के अंतर्गत प्रजनक अधिकृत नहीं कर सकता जब तक कि कृषक अथवा कृषकों के समूह अथवा कृषक समुदाय से सहमति न प्राप्त कर ली गयी हो जिन्होंने ऐसी किस्मों के संरक्षण अथवा विकास में कोई न कोई योगदान दिया हो।

शुल्क से छूट– इस अधिनियम की धारा 44 के अंतर्गत कोई भी कृषक अथवा कृषक समूह अथवा ग्राम समुदाय, प्राधिकरण अथवा रजिस्ट्रार अथवा न्यायाधिकरण अथवा उच्च न्यायलय के समक्ष किसी भी कार्यवृत हेतु शुल्क अदा करने हेतु बाध्य नहीं है अर्थात् शुल्क से छूट प्राप्त है।

व्याख्या– ''कार्यवृत हेतु शुल्क'' इस अधिनियम की इस धारा में प्रावधान है कि कृषक पत्राजात अथवा दस्तावेज का निरीक्षण करना चाहता है अथवा निर्णय अथवा आज्ञा की प्रति प्राप्त करना चाहता है तो इसके लिए कोई शुल्क देय नहीं होगा।

जीन निधि (अधिनियम की धारा 45)

(1) केन्द्रीय सरकार एक निधि का गठन करेगी जो राष्ट्रीय जीन निधि कहलाएगी और इसमें धनागम निम्न स्रोतों से होगा–

(ए) किस्म के प्रजनक अथवा अनिवार्य रूप से व्युत्पन्न किस्म जो इस अधिनियम में पंजीकृत है अथवा उक्त किस्म की रोपण सामग्री अथवा अनिवार्य रूप से व्युत्पन्न किस्म, जैसी भी स्थिति, से निर्धारित तरीके से प्राप्त लाभ की भागीदारी।

(बी) अधिनियम की धारा 35(1) के अन्तर्गत वार्षिक शुल्क को राजस्व (royalty) के रूप में।

(सी) अधिनियम की धारा 41(4) के अन्तर्गत जीननिधि में जमा करायी गयी क्षतिपूर्ति।

(डी) राष्ट्रीय और अंतर्राष्ट्रीय संगठन और अन्य स्रोत से प्राप्त अंशदान।

(2) जीननिधि, निर्धारित तरीके से निम्न कार्यों के लिए उपयोग की जाएगी–

(ए) अधिनियम की धारा 26(5) के अनुसार लाभ में भागीदारी के भुगतान हेतु।

(बी) अधिनियम की धारा 41(3) के अनुसार क्षतिपूर्ति के भुगतान हेतु।

(सी) स्व स्थानों और बर्हिस्थानों में किए गए संग्रह सहित आनुवंशिक तथा ऐसे संरक्षण और टिकाऊ उपयोग को सम्पन्न करने वाली पंचायत क्षमता को सबल बनाने हेतु।

(डी) अधिनियम की धारा 46 के अंतर्गत निर्धारित किए गए लाभ में भागीदारी से संबन्धित योजनाओं पर खर्च।

धारा 45 के अन्तर्गत लाभ में भागीदारी प्राप्त करने का तरीका (नियम 69)

किस्म अथवा अनिवार्य रूप से व्युत्पन्न किस्म का प्रजनक लाभ में भागीदारी की धनराशि जीन निधि में अधिनियम की धारा 26 के उपधारा (6) के अनुसार जमा करेगा।

धारा 45 के अन्तर्गत् जीन निधि के उपयोग का तरीका (नियम 70)

प्राधिकरण, नयी और अनिवार्य रूप से व्युत्पन्न किस्म के क्रमिक विकास में प्रयुक्त आनुवंशिक सामग्री के लिए आवश्यक क्षतिपूर्ति, लाभ में भागीदारी के लिए सम्बन्धित योजना बनाने और आनुवंशिक सामग्री के टिकाऊ प्रयोग और संरक्षण में व्यय को वहन करना।

(2) जीन निधि निम्न उद्देश्यों हेतु प्राथमिकता के अनुसार प्रयुक्त होगी।

(ए) कृषकों, कृषकों के समूह, विशेष रूप से जनजातीय और ग्रामीण समुदाय से, विशेष रूप से पहिचाने गये कृषि–जैव–विविधता के क्षेत्र (Hot-Spot) जो, आर्थिक महत्व के पौधों और उनके वन्य सम्बन्धियों के संरक्षण, सुधार और परिरक्षण में संलग्न हैं को मदद और पुरस्कार प्रदान करना;

(ब) सथानीय निकाय स्तर पर बर्हि–स्थान संरक्षण हेतु क्षमता विकास विशेष से पहचाने गए कृषि जैव विविधता के क्षेत्र (हॉट–स्पॉट) और स्व–स्थान संरक्षण में मदद हेतु

(सी) धारा 26 की उपधारा (5) और धारा 41 की उपधारा (3) के अनुसार लाभ में भागीदारी और क्षतिपूर्ति हेतु

(डी) जीन निधि के संचालन हेतु परिचालन व्यय।

योजनाओं को बनाना (अधिनियम की धारा 46)

1. केन्द्रीय सरकार, धारा 41 और धारा 45 (2) (डी), अधिकारिक गजट में अधिसूचित कर एक अथवा अधिक योजना बना सकती है।
2. उपधारा (1) में वर्णित प्रावधानों हेतु योजना समस्त अथवा निम्न मामलों में से किसी हेतु प्रबन्ध कर सकती है।

(ए) योजनान्तर्गत दावों के पंजीकरण के उद्देश्य से और उस पंजीकरण से सम्बन्धित समस्त मामलें।

(बी) दावों से सम्बन्धित मामलों का परिचालन एवं कार्यवाही करना।

(सी) ऐसे दावों से सम्बन्धित रजिस्टर व रिकार्ड का रखरखाव।

(डी) उपयोग, वितरण का तरीका (हिस्सेदारी सहित) अथवा अन्यथा संतुष्ट किसी दावे से प्राप्त कोई धनराशि।

(ई) विवाद की स्थिति में ऐसे दावों के निपटारे अथवा हिस्सेदारी हेतु प्राधिकरण द्वारा अपनाया गया तरीका।

(एफ) प्रजनन, किस्मों के विकास अथवा खोज से सम्बन्धित उद्देश्यों में लाभ की भागीदारी का उपयोग।

(जी) उपधारा (डी) में उल्लिखित धनराशि के खातों का अंकेक्षण और रखरखाव (सिहं एवं सहयोगी, 2012)।

पौधा किस्मों का पंजीकरण (Plant Varieties Registration)

अधिनियम की धारा 29.2 के अन्तर्गत प्रावधान है कि केन्द्र सरकार शासकीय राजपत्र में अधिसूचना के द्वारा किस्मों के पंजीकरण हेतु वंश तथा प्रजातियों को निर्धारित या विशिष्टीकृत

करेगी। अब तक केन्द्र सरकार ने पंजीकरण के उद्देश्य से 34 फसल प्रजातियों को अधिसूचित किया है। इन फसल प्रजातियों के लिए पौधा किस्म और कृषक अधिकार संरक्षण प्राधिकरण ने अलग–अलग फसल प्रजातियों के लिए 'प्रजाति विशिष्ट विशिष्टता, एकरूपता और स्थायित्व (DUS) सम्बन्धी परीक्षण हेतु दिशा निर्देश' या 'विशिष्ट दिशा निर्देश' विकसित किए हैं। विशिष्ट दिशानिर्देशों का उद्देश्य डी0यू0एस0 (DUS) की समरूप जाँच के लिए विस्तृत प्रयोगात्मक व व्यावहारिक दिशानिर्देश उपलब्ध कराना है और विशेष रूप से डी0यू0एस0 की परीक्षा के लिए उचित गुणों की पहचान करना तथा समांगी किस्म विवरणों को तैयार करना है। अब तक प्राधिकरण ने 47 विशिष्ट डी0यू0एस0 परीक्षण दिशानिर्देश प्रकाशित किए हैं जिनके अन्तर्गत 45 फसल प्रजातियाँ अधिसूचित की गई हैं। इनमें शामिल हैं: गेहूँ, चावल, मक्का, ज्वार, बाजरा, चना, अरहर, मूंग, उड़द, खेत मटर, सब्जी मटर, सेम, राजमा, मसूर, द्विगुणित कपास (दो प्रजातियाँ), चतुर्गुणित कपास (दो प्रजातियाँ), पटसन (2 प्रजातियाँ), गन्ना, अदरक, हल्दी, भारतीय सरसों, करन राई, तोरिया, गोभी, सरसों, सूरजमुखी, कुसुम, अरण्ड, तिल, अलसी, मूंगफली, सोयाबीन, काली मिर्च, छोटी इलायची, गुलाब, गुलदाउदी, आम, आलू, बैंगन, टमाटर, भिण्डी, फूल गोभी, पत्ता गोभी, प्याज और अदरक। ईसबगोल, गेंहूँ की ड्यूरम, डाइकोकम और ट्राइकोकम जैसी फसल प्रजातियों के डीयूएस परीक्षण द्वारा दिशानिर्देशों को अन्तिम रूप दे दिया गया है तथा ये भारतीय पौधा किस्म जरनल में प्रकाशित किए जा चुके हैं। समय–समय पर प्राधिकरण उन फसलों की घोषणा करेगा जिनका पंजीकरण करवाया जा सकता है। पंजीकरण के लिए प्रस्तावित प्रजाति में नवीनता (novelty), स्पष्ट भिन्नता (distinctiveness), समरुपता (uniformity) तथा स्थायित्व (stability) का होना आवश्यक है।

1. नवीनता (Novelty)

उन किस्मों को नवीनता की श्रेणी में रखा गया है, जिनका बीज पंजीकरण के आवेदन करने की तारीख के एक साल से पहले बेचा न गया हो।

2. स्पष्ट भिन्नता (Distinctness)

जिस किस्म का पंजीकरण करवाना है, वह किसी भी दूसरी प्रजाति से कम से कम एक आवश्यक गुण के लिए स्पष्ट रुप से अलग हो।

3. समरुपता (Uniformity)

किस्में, जिस गुण के कारण स्पष्ट रुप से भिन्न दिखाई देती हैं, उस गुण के लिए तथा अन्य आवश्यक गुणों के लिए समरुपता होनी चाहिए।

4. स्थायित्व (Stability)

जब किस्मों को पीढ़ी दर पीढ़ी उगाया जाये तब उसमें आवश्यक गुणों के लिए स्थिरता बनी रहनी चाहिए।

अनिवार्य रूप से प्राप्त प्रजाति (Essential Derived Varieties or EDV)

इसके अन्तर्गत निम्न प्रजातियों का समूह आता है –

- आनुवंशिक अभियन्त्रण (genetic engineering) द्वारा उत्पन्न प्रजाति, उत्परिवर्तन (mutation) द्वारा उत्पन्न प्रजाति।
- उत्तक संवर्धन से प्राप्त प्रजाति।
- पश्च संकरण (back cross) से प्राप्त प्रजाति।
- अन्य (बहुगुणिता) परिवर्तन से प्राप्त प्रजाति।

अनिवार्य लाईसेन्स (Essential license and period)

बीजों की उपलब्धता सुनिश्चित करने के लिए प्राधिकरण अनिवार्य लाइसेन्स का प्रावधान रखा है। यदि प्राधिकरण उचित समझे तो बीज पैदा करने के लिए अनिवार्य लाइसेन्स प्रणाली लागू करेगा। किसी एक कम्पनी को बीज बनाने का अधिकार नहीं होगा। परन्तु यह केवल उन्हीं किस्मों पर लागू होगा जो कि पंजीकृत हैं। पौधा किस्म एवं कृषक अधिकार संरक्षण प्राधिकरण ने अब तक 15 प्रजातियों की सूची जारी की है, जिनका पंजीकरण कराया जा सकता है।

पंजीकरण के लिए शुल्क

पंजीकरण के लिए प्रस्तुत किए जाने वाले आवेदन के साथ प्राधिकरण द्वारा निर्धारित पंजीकरण शुल्क जमा करना हेाता है। विभिन्न किस्मों के लिए पंजीकरण शुल्क निम्नानुसार हैः

क्र.सं.	किस्म का प्रकार	पंजीकरण शुल्क	
1.	अनिवार्य रूप से व्युत्पन्न किस्में	व्यक्तिगत	5000/–रू.
		शैक्षणिक	7000/–रू.
		वाणि.ज्यिक	10,000/–रू.
2.	बीज अधिनियम, 1966 की धारा 5 के अन्तर्गत अधिसूचित विद्यमान किस्म	1000/–रू.	
3.	नई किस्म	व्यक्तिगत	5000/–रू.
		शैक्षणिक	7000/–रू.
		वाणिज्यिक	10,000/–रू.
4.	सामान्य ज्ञान की विद्यमान किस्म	व्यक्तिगत	2000/–रू.
		शैक्षणिक	3000/–रू.
		वाणिज्यिक	5,000/–रू.
5.	कृषक किस्म	कोई शुल्क नहीं	

वार्षिक शुल्क

पौधा किस्म और कृषक अधिकार संरक्षण प्राधिकरण में केन्द्र सरकार की पूर्व स्वीकृति से कथित अधिनियम के अंतर्गत पंजीकृत किस्म के प्रत्येक प्रजनक/एजेंट और लाइसेंसी द्वारा अदा किए जाने वाले वार्षिक शुल्क को अधिसूचित किया है –

वार्षिक शुल्क का निर्धारण अधिनियम के अंतर्गत पंजीकृत किस्म के बीजों के बिक्रय मूल्य के सम्बन्ध में पंजीकृत प्रजनक या एजेंट लाइसेंसी द्वारा उस घोषणा के आधार पर किया जाएगा जिसमें प्राधिकरण द्वारा पंजीकृत किस्म के बीजों की पिछले वर्ष हुई बिक्रय को सत्यापित किया गया हो।

क्र.सं.	किस्म का प्रकार	पंजीकरण के लिए शुल्क
1.	नई किस्म	2000/– रू. तथा पिछले वर्ष के दौरान पंजीकृत किस्म के बीजों के बिक्रय मूल्य का 0.2 प्रतिशत या राजस्व (royalty) का 1 प्रतिशत, यदि कोई हो जो पंजीकृत किस्म के बीजों की बिक्रय से पिछले वर्ष के दौरान प्राप्त किया गया हो।
2.	बीज अधिनियम, 1966 (1966 का 54) की धारा 5 के अंतर्गत अधिसूचित विद्यमान किस्म	2000/– रू. मात्र
3.	ऊपर बताई गई श्रेणी के अतिरिक्त अन्य विद्यमान किस्म	2000/– रू. तथा पिछले वर्ष के दौरान पंजीकृत किस्म के बीजों के बिक्रय मूल्य का 0.1 प्रतिशत या राजस्व (royalty) का 0.5 प्रतिशत, यदि कोई हो जो पंजीकृत किस्म के बीजों की बिक्रय से पिछले वर्ष के दौरान प्राप्त किया गया हो।

डी0यू0एस0 परीक्षण केन्द्र (DUS Test center)

प्राधिकरण विभिनन फसलों के लिए 42 डीयूएस परीक्षण केन्द्रों को चला रहा है और उनके लिए धनराशि उपलब्ध करा रहा है। इनका अध्यादेश संदर्भित किस्मों/उदाहरण किस्मों (references varities) का रख–रखाव एवं प्रगुणन तथा सम्बन्धित फसलों के डी0यू0एस0 दिशा निर्देशों के अनुसार डीयूएस विवरणों हेतु डेटाबेस का सृजन करना है। सब्जियों में डी0यू0एस0 परीक्षण केन्द्रों की सूची प्राधिकरण की शासकीय वेबसाइट पर उपलब्ध है और नीचे भी दिया जा रहा है।

सारिणी (6.32) सब्जियों में डी0यू0एस0 परीक्षण केन्द्रों की सूची

सब्जी फसल	डी0यू0एस0 परीक्षण केन्द्र					
	I	II	III	IV	V	VI
टमाटर	भारतीय सब्जी अनुसंधान संस्थान, वाराणसी	भारतीय बागवानी अनुसंधान संस्थान, बैंग्लुरु	–	–	–	–
बैंगन	–तदैव–	–तदैव–	–	–	–	–
भिण्डी	–तदैव–	–तदैव–	–	–	–	–
फूल गोभी	–तदैव–	भारतीय कृषि अनुसंधान क्षेत्रीय शोध केन्द्र कटराईं (हिमाचल प्रदेश)	–	–	–	–
पत्ता गोभी	–तदैव–	–तदैव–	–	–	–	–

आलू	सेन्ट्रल पोटैरो रिसर्च इंस्टीट्यूट शिमला (हिमाचल प्रदेश)	–	–	–	–	–
प्याज	डायरेक्टेरेट आफ ओनियन एण्ड गार्लिक (पुणे)	–	–	–	–	–
सब्जी मटर	भारतीय सब्जी अनुसंधान संस्थान, वाराणसी	–	–	–	–	–

भारतीय पौधा किस्म जर्नल

प्राधिकरण प्रति मास द्विभाषी (हिन्दी और अंगेजी में) 'भारतीय पौध किस्म जर्नल) नामक शासकीय जरनल प्रकाशित करता है जो प्रत्येक मास के प्रथम कार्य दिवस पर सार्वजनिक रूप से उपलब्ध कराया जाता है। इस जरनल को अधिनियम के लिए राजपत्र का दर्जा प्राप्त है। इस जरनल में शासकीय और सार्वजनिक सूचनाएँ, पौधा किस्मों के पासपोर्ट आँकड़ें, फसल प्रजातियों के डी0यू0एस0 परीक्षण दिशानिर्देश, पंजीकरण प्रमाण पत्र का विवरण तथा अन्य सम्बन्धित मामले प्रकाशित किए जाते हैं।

पंजीकरण का प्रमाण पत्र

जिन आवेदनों ने सभी वाँछित अपेक्षाएँ पूर्ण कर ली होती हैं और जिन्हें पंजीकार द्वारा अंतिम रूप से स्वीकार कर लिया जाता है उन्हें पंजीकरण प्रमाण पत्र जारी किए जाते हैं। अब तक 217 प्रमाण पत्र जारी किए जा चुके हैं जिनमें से 02 नई किस्मों के लिए, 212 बीज अधिनियम, 1966 के अन्तर्गत अधिसूचित विद्यमान किस्मों के लिए और 03 कृषक किस्मों के लिए जारी किए गए हैं। पंजीकरण के लिए जारी किए गए ये प्रमाण वृक्षों और लताओं के मामलें में 9 वर्षों के लिए तथा अन्य फसलों के मामलों में 6 वर्षों के लिए वैध होंगे। नवीनीकरण शुल्क अदा करके इन्हें शेष अवधि के लिए समीक्षित और नवीनीकृत किया जा सकता है, लेकिन वैधता की कुल अवधि वृक्षों और लताओं के मामले में बीज अधिनियम, 1966 के अन्तर्गत पंजीकृत किस्म की अधिसूचना की तिथि से वृक्षों और लताओं के मामले में 18 वर्ष से अधिक नहीं होंगी तथा अन्य फसल प्रजातियों के मामले में 15 वर्ष से अधिक नहीं होंगी।

पौधा किस्मों का राष्ट्रीय रजिस्टर (National Register for Plant Varieties)

रजिस्ट्री के मुख्यालय में पौधा किस्मों का राष्ट्रीय रजिस्टर रखा गया है जिसमें सभी पंजीकृत पौधा किस्मों के नाम तथा उनसे संबंधित प्रजनकों के पत्ते (address), पंजीकृत किस्मों के सम्बन्ध में ऐसे प्रजनकों के अधिकारों, प्रत्येक पंजीकृत किस्म का नाम और उसका ब्यौरा, किस्म के बीज अथवा रोपण सामग्री व उसके विशिष्ट गुणों से संबंधित विवरण व अन्य सभी मामलों का ब्यौरा दिया गया है।

पी0पी0वी0 एण्ड एफ0आर0ए0 का राष्ट्रीय जीन बैंक

प्राधिकरण ने पंजीकृत किस्म के प्रजनक द्वारा प्रस्तुत पैतृक वंशक्रमों सहित बीज सामग्री को भंडारित करने के लिए राष्ट्रीय जीन बैंक स्थापित किया है। इसमें बीजों की लॉट को 5^0 सेन्टीग्रेड के निम्न तापमान की स्थितियों के अन्तर्गत सम्पूर्ण पंजीकरण अवधि के लिए भंडारित किया जाता है और यदि आवश्यक हो तो राष्ट्रीय जीन बैंक में उसे कुछ वर्षों तक और भंडारित किया जाता है। इन बीजों को आवेदक द्वारा निर्धारित शुल्क अदा किए जाने पर पुनर्जीवित या पुनरोद्धारित किया जा सकता है। राष्ट्रीय जीन बैंक में भंडारित बीज का उपयोग विवादों के निपटारे में किया जाता है या अनिवार्य लाइसेंसिंग प्रावधानों का उल्लघन करने पर उत्पन्न होने वाली स्थितियों से निपटने के लिए किया जाता है। राष्ट्रीय जीन बैंक में इस प्रकार बीज जमा कराए जाने से बाजार में उत्पन्न होने वाली कुप्रथाओं को रोका जा सकेगा या तथ्यों को सत्यापित करने के लिए निष्कर्ष निकालने हेतु रखे गए नमूनों की जाँच की जा सकेगी। जब प्रदान किए गए पंजीकरण की अवधि समाप्त हो जाएगी तो यह सामग्री स्वतः ही सार्वजनितक क्षेत्र के लिए उपलब्ध हो जाएगी।

राष्ट्रीय जीन निधि (National Gene Fund)

राष्ट्रीय जीन निधि (National Gene Fund) की स्थापना केन्द्र सरकार द्वारा इस उद्देश्य से किया गया है कि जो कृषक आनुवंशिक जननद्रव्य/देशी प्रभेदों (landraces) तथा महत्वपूर्ण फसलों के जंगली प्रभेदो को संरक्षित करता है या चयन कर सुधार करता है जिससे हाट–स्पाट (hot spot) में जैव विविधता बनी रहे एवं उसे दत्तक पितृ (donar parent) के स्प में उपयोग हो रहा है, को बढ़ावा देना, पहचान करना तथां पुरस्कार (reward) देना है। इस निधि में जननद्रव्यों का स्वःस्थाने (in situ) तथा बहिस्र्थाने (ex situ) रूप में संरक्षित करना भी है।

प्राधिकरण ने एक राष्ट्रीय जीन निधि की स्थापना की है जिसे निम्नलिखित से योगदान प्राप्त होगा :

- किसी किस्म के प्रजनक से निर्धारित विधि से प्राप्त लाभ में भागीदारी या अधिनियम के अन्तर्गत पंजीकृत अनिवार्य रूप से व्युत्पन्न किस्म अथवा ऐसी किस्म की सामग्री के प्रवर्धन या अनिवार्य रूप से व्युत्पन्न किस्म के प्रयोग से प्राप्त होने वाला लाभ।
- जीन निधि में प्राधिकरण को अदा किया जाने वाला वार्षिक शुल्क
- किसी भी राष्ट्रीय और अन्तर्राष्ट्रीय संगठन तथा अन्य स्रोतों से प्राप्त होने वाला दान या योगदान।

जीन निधि का उपयोग निम्न उद्देश्यों के लिए किया जाएगा

- लाभ में भागीदारी के द्वारा अदा करने के लिए निर्धारित कोई भी राशि।
- धारा 41 की उप–धारा (3) के अन्तर्गत अदा की जाने वाली क्षतिपूर्ति सम्बन्धी राशि।
- स्वःस्थाने या बहिस्र्थाने संकलनों सहित आनुवंशिक संसाधनों के संरक्षण एवं टिकाऊ उपयोग को सहायता प्रदान करने के लिए होने वाला व्यय तथा संरक्षण और टिकाऊ उपयोग के लिए पंचायत की क्षमता को सबल बनाने के लिए किया जाने वाला व्यय।
- धारा 46 के अन्तर्गत लाभ में भागीदारी से सम्बन्धित योजनाओं पर होने वाला व्यय।

पौधा किस्म और कृषक अधिकार संरक्षण अधिनियम की प्रगति

- पौधा किस्म और कृषक अधिकार संरक्षण अधिनियम, 2001 दिनांक 30 अक्टूबर 2001 को अस्तित्व में आया।
- इस अधिनियम के अन्तर्गत 12 सितम्बर, 2003 को पौधा किस्म और कृषक अधिकार संरक्षण नियमावली अधिसूचित की गई।
- भारत सरकार द्वारा 11 नवम्बर, 2005 को पौधा किस्म और कृषक अधिकार संरक्षण प्राधिकरण की स्थापना की गई।
- दिनांक 7 दिसम्बर, 2006 को पौधा किस्म और कृषक अधिकार संरक्षण नियावली, 2006 अधिसूचित की गई जिसमें रजिस्ट्रार के कर्तव्य और कार्यक्षेत्र, पौधा किस्मों व अनिवार्य रूप से व्युत्पन्न किस्मों के पंजीकरण, प्राधिकरण के राष्ट्रीय जीन बैंक में जमा की जाने वाली बीज सामग्री की गुणवत्ता, प्राधिकरण के लिए सम्बन्धित सीमाओं और शर्तों, फार्म I फार्म II तथा तकनीकी प्रश्नावली दिए गए थे।
- दिनांक 20 फरवरी 2007 को पौधा किस्मों के पंजीकरण का शुभारंभ हुआ।
- प्राधिकरण ने 21 मई 2007 से अधिसूचित फसल प्रजातियों को पौधा किस्मों के पंजीकरण की प्रक्रिया आरम्भ की ।
- प्राधिकरण के जीन बैंक की स्थापना 2007 में हुई।
- पंजीकृत पौधा किस्मों के विवरण दर्ज करने के लिए 2008 में पौधा किस्मों का राष्ट्रीय रजिस्टर खोला गया।
- बीज अधिनियम, 1966 की धारा 5 (1966 का 54) (पी0पी0वी0 एण्ड एफ0आर0ए0,संशोधन) नियमावली, 2008) के अन्तर्गत अधिसूचित विद्यमान किस्म के पंजीकरण हेतु शुल्क निर्धारित किया गया।
- वर्ष 2008 मे पहली बार बीज अधिनियम, 1966 की धारा 5 के अन्तर्गत अधिसूचित विद्यमान किस्मों को पंजीकरण प्रमाण–पत्र प्रदान किए गए।
- वर्ष 2008 में 22 कृषि जैव विविधता वाले हॉटस्पॉट (hot spot) पहचाने गए। इनसे सम्बन्धित विस्तृत रिपोर्ट दो खण्डो में प्रकाशित हुई जिसका विमोचन 19 अगस्त 2009 को किया गया।
- वर्ष 2009 में पहली बार नई किस्मों और कृषकों की किस्मों के पंजीकरण प्रमाण पत्र प्रदान किए गए।
- फसल प्रजातियों की राजपत्र अधिसूचना आदेश स. एस.ओ. 1884 (ई) दिनांक 1 दिसम्बर 2006; एसओ 2229(ई) दिनांक 31 दिसम्बर 2007; एस.ओ. 1874 (ई) दिनांक 27 जुलाई 2009; एसओ 993 (ई) दिनांक 30 अप्रैल 2010 और एस.ओ. 2883 (ई) दिनांक 02 दिसम्बर 2010।

- नई किस्मों के पंजीकरण के लिए शुल्क तथा वीसीके (पी0पी0वी0 एण्ड एफ0आर0ए0, संशोधन नियमावली, 2009; आदेश सं. एसओ 319 (ई) दिनांक 11 मई 2009; सामान्य ज्ञान की किस्मों (वीसीके) और कृषक किस्मों के पंजीकरण का आधार (विशिष्टता, एकरूपता और स्थायित्व हेतु पंजीकरण के लिए आधार) विनियम, 2009 आदेश सं. एस.ओ. 452(ई) दिनांक 29 जून 2009); वार्षिक शुल्क (एसओ 2182 (ई) दिनांक 26 अगस्त 2009); कृशक किस्मों के पंजीकरण की सीमा 3 वर्ष से बढ़ाकर 5 वर्ष करना) पी0पी0वी0 एण्ड एफ0आर0ए0, (द्वितीय संशोधन) नियमावली 2009 आदेश सं. एस.ओ. 783 (ई) दिनांक 27 अक्टूबर 2009 तथा वृक्षों और लताओं के परीक्षण की क्रियाविधि और शुल्क (पी0पी0वी0 एण्ड एफ0आर0ए0, (संशोधन), नियमावली, 2010 आदेश सं. एस.ओ. 949 (ई) दिनांक 3 दिसम्बर 2010)।

अधिनियम के अन्तर्गत उपलब्ध अधिकार

1. कृषक अधिकार (Farmer's right)

किसान की संज्ञा

प्राधिकरण के नियमों के तहत् वह व्यक्ति किसान है, जो खुद खेती करता है या जो अपने निरीक्षण में दूसरों से खेती करवाता है या ऐसे व्यक्ति जो कि या तो अकेले या कुछ लोग मिलकर पारम्परिक प्रजातियों या वन्य सम्बन्धी (जंगली प्रजातियों) को संरक्षित करते हैं (सहाय, 2003)।

"The farmers shall be deemed to be entitled to save, use, sow, exchange, share or sell his farm produce including seed of a variety protected under this act in the same manner as he was entitled before the coming into force of this act – –provided that the farmers shall not be entitled to sell branded seed of a variety protected under this act".

कृषक कौन है –

- अपनी जमीन पर स्वयं खेती करता है अथवा
- स्वयं प्रबन्ध एवं निरीक्षण कर अन्य लोगों से खेती करवाता है अथवा
- जंगली एवं खेती योग्य प्रभेद को संरक्षण एवं सुरक्षित रखता है चाहे वह चयन उपयोगी गुणों हेतु करता है।

कृषक अधिकारों के सुरक्षा की जिम्मेदारी राष्ट्र की है, क्योंकि यह भोजन, सुरक्षा और कृषि उपज से सम्बन्धित है। कृषक अधिकार का विचार खाद्य एवं कृषि संगठन (FAO) 5/89 के तहत वर्णित है, जिसकी व्याख्या एजेण्डा 21 और भूमि समिति (1992) में शामिल है, के द्वारा लागू किया गया है। भारत सरकार द्वारा इसके लिए जैविक विविधता (गौतम एवं सिंह, 1998) और कृषकों के अधिकारों से सम्बन्धित कानून, जो चेन्नई में सन् 1996 में प्रतिपादित हुआ, जिसके प्रमुख बिन्दु इस प्रकार हैं–

1. अपंजीकृत परम्परागत एवं दुर्लभ किस्मों के इस्तेमाल एवं आदान–प्रदान का अधिकार।
2. परम्परागत ज्ञान का संरक्षण एवं प्रशिक्षण।

3. अपनी उपज बेचने एवं बीज रखने का अधिकार।
4. प्रजातीय सुधार का अधिकार।
5. लाभ में अनुपातिक भागीदारी बाँटने का अधिकार।
6. प्रजनन पद्धति योग्यता का अधिकार।
7. राष्ट्रीय व राज्य स्तर पर जैविक विविधता बोर्ड का गठन एवं कृषकों को पादप आनुवंशिक संसाधनों से सम्बन्धित सभी निर्णयों में भागीदारी का अधिकार।
8. किसी भी विवाद की स्थिति में कानूनी कार्यवाही निःशुल्क होगी।
9. यदि सम्बन्धित पौधा किस्म अनुमानित प्रदर्शन नहीं करती है तो किसान/संगठन/समूह के लोगों को पौधा प्रजनक से क्षतिपूर्ति प्राप्त करने का अधिकार होगा।
10. किसान यदि नादानियत किस्म में नियमों का अतिलंघन करता है तो उसके खिलाफ कोई कानूनी कार्यवाही नहीं होगी।

इसके बाद ''प्लान्ट वैराइटिज एवं फारमर्स राइट एक्ट–2001 के अन्तर्गत कृषकों के अधिकार संरक्षित हैं (कटियार, 2002)।

कृषक प्रजाति (Farmer's variety) की संज्ञा

ऐसी प्रजाति के पौधे जो किसानों के द्वारा विकसित की गयी हों एवं जिनकी खेती पीढ़ी दर पीढ़ी की जा रही हो या ऐसी किस्म जो वन्य सम्बन्धी (जंगली प्रजातियों) हैं एवं जिसके बारे में किसानों को ज्ञान हो। कृषक प्रजाति के उदाहरण स्वरुप रामनगर बैंगन, जौनपुरी मूली कटक पिण्डी बैंगन आदि। इसके निम्न मानक है –

- परम्परागत रूप से खेती करता चला आ रहा है और कृषक द्वारा अपने प्रक्षेत्र पर विकसित की गयी है।
- अगर कृषकों का समूह एक रूप ज्ञान रखता है जंगली प्रभेद या देशी प्रजाति का
- कृषक प्रजाति के आवेदन पर शुल्क नही देना पड़ता है और उसके आवेदन के साथ शुल्क टर्मिनेटर तकनीक का शपथपत्र नही देना पड़ता है।

समुदाय के अधिकार (Communities right)

कोई गाँव या किसानों का समूह यदि जैव संरक्षण का काम करता है, तो उनको आर्थिक सहायता दी जायेगी। कोई व्यक्ति या संस्था किसानों की प्रजातियों का इस्तेमाल नये प्रजातियों के विकास के लिए करता है तो, उस व्यक्ति या संस्था को लाभांश देना होगा।

सब्जियों में विशिष्ट अधिकार पत्रों की संख्या विश्व में बहुत ज्यादा है।

- यह किसी भी उस ग्राम या स्थानीय समुदाय को किसी किस्म के विकास में उनके उल्लेखनीय योगदान के लिए दिया गया प्रतिदान है जो अधिनियम के अंतर्गत पंजीकृत है।

- कोई भी व्यक्ति/व्यक्तियों का समूह/सरकारी या गैर–सरकारी संगठन भारत में किसी गाँव/स्थान समुदाय की ओर से किसी भी अधिसूचित केन्द्र में किसी किस्म के विकास में अपने योगदान के लिए दावा दायर कर सकता है।
- सत्यापन के बाद यदि प्राधिकरण प्रजनक को आपत्ति फाइल करने का उचित अवसर प्रदान करने और उसकी सुनवाई के पश्चात् संतुष्ट हो जाता है, बशर्ते कि वह दावा केन्द्र सरकार द्वारा अधिसूचित सीमा के अन्तर्गत किया गया हो, दावेदार को ऐसी क्षतिपूर्ति अदा करने का आदेश पारित कर सकता है।
- प्राधिकरण संबंधित प्रजनक को क्षतिपूर्ति की राशि (भू–राजस्व की बकाया राशि) जीन निधि में जमा कराने का निर्देश दे सकता है।

2. पादप प्रजनक अधिकार (Plant Breeders Right or PBR)

पादप प्रजनक अधिकार के अन्तर्गत प्रजाति प्रजनक, उद्गमकर्ता (originator) या स्वामी (owner) को विकसित प्रजाति। प्रभेद संकर के संदर्भ में दिये जाते हैं। इस अधिकार के प्राप्त हो जाने पर प्रजनक प्रवर्ध्यों (propagules) के उत्पादन अथवा उनके वाणिज्यीकरण (commercialization) पर प्रतिबन्ध लगा सकता है। पादप प्रजनक अधिकार द्वारा विकसित प्रजाति की सुरक्षा 20 वर्षों तक होती है। पादप प्रजनक अधिकार धारक अपने किस्म के उत्पादन व विपणन का अधिकार उचित शर्तों के अनुसार स्थानान्तरण कर सकता है। इसमें उत्पादन, विपणन, वितरण आयात अथवा निर्यात भी शामिल है। यदि प्रजनक ऐसा नही करता है, तो सरकार उस किस्म के उत्पादन व विणन का लाइसेन्स किसी संस्था को दे सकती है। इसे अनिवार्य लाइसेन्स (compulsory licensing) कहते हैं। वर्तमान में पादप प्रजनक अधिकार को ज्यादा प्रभावी व व्यापक बनाया गया है (सहाय 2003)।

सर्वप्रथम पौधों को संरक्षित करने का अधिकार जर्मनी में सन् 1866 में लागू हुआ इसके बाद पौध संरक्षण अधिकार संयुक्त राज्य अमेरिका तथा अन्य देशों में लागू हुआ। इसी क्रम में अन्तर्राष्ट्रीय पादप किस्म सुरक्षा संगठन (International organization for Plant variety protection, ASSINSEL) की स्थापना सन् 1938 में की गयी।

पादप प्रजनक अधिकार की आवश्यकताएँ (Requirements for Plant Breeder's Rights)

इण्टरनेशनल यूनियन फार दी प्रोटेक्शन आफ न्यू वैराइटिज आफ प्लान्टस (1991) के प्रावधानों के अन्तर्गत पौध प्रजाति को शामिल करने के पूर्व निम्नलिखित शर्तो को पूरा करना आवश्यक है।

1. **नवीनता (Novelty)**–पौघ प्रजाति की पादप प्रजनक अधिकार की सुरक्षा में उस प्रजाति का 1 वर्ष से अधिक वाणिज्यिक उपयोग हुआ है।
2. **विविधता का विविक्तकारिता (Distinctivness)**– नवीन पौध प्रजाति उसी फसल की अन्य प्रजाति से पूर्णतया भिन्न पहचान रखती हो। पहचान आकारकीय रूपात्मक

(morphological), शरीर क्रियात्मक (physiological), तथा अन्य अभिलक्षण (characteristic)] युक्त हो सकते हैं।

3. **समरूपता (Uniformity)**– प्रस्तावित नवीन पौध प्रजाति वातावरण विशेष में अनुकूलन कर समरूपता प्रदर्शित करें।
4. **स्थायित्व (Stability)**– प्रस्तावित नवीन पौध प्रजाति वातावरण विशेष में पीढ़ी दर पीढ़ी स्थायित्व पूर्ण (stable) हो।

पादप प्रजनक अधिकार द्वारा सुरक्षा का दायरा (Limit of Protection of Plant Breeder's Rights)

इण्टरनेशनल यूनियन फार दी प्रोटेक्शन आफ न्यू वैराइटिज आफ प्लान्टस अधिनियम (1991) के अन्तर्गत पादप प्रजनक अधिकार द्वारा सुरक्षा दायरा निम्नलिखित है–

1. सुरक्षित प्रजाति के सभी भागों (उत्पादों) का वाणिज्यक उद्देश्य से उत्पादन व विपणन का अधिकार पादप प्रजनक का होगा।
2. अगर कृषक सुरक्षित प्रजाति के बीज का उपयोग स्वयं खेती के लिए करता है, तो पादप प्रजनक अधिकार धारक को अधिकार शुल्क नही देगा लेकिन यह विशेषाधिकार इण्टरनेशनल यूनियन फार दी प्रोटेक्शन आफ न्यू वैराइटिज आफ प्लान्टस अधिनियम (1991) में सम्मिलित नही है, बल्कि यह सदस्य देशों के राष्ट्रीय कानून व हित पर आश्रित है।
3. सुरक्षित किस्मों के बीजों व प्रवर्ध्यों का आदन–प्रदान वर्जित है।
4. नवीन किस्मों की सुरक्षा अवधि 20 वर्ष है, लेकिन कुद देशों में यह अवधि 30 वर्ष है। (फ्रांस में मक्के की अन्तः प्रजाति के लिए)
5. सुरक्षित किस्मों का उपयोग वैज्ञानिक पौधों एवं नवीन प्रजाति विकास के लिए किया जा सकता है, लेकिन यह छूट वस्तुतः व्युत्पन्न किस्मों (essentially derived varieties) पर लागू नही है।

पादप प्रजनक अधिकार के लाभ (Benefit from Plant Breeder's Rights)

1. पादप प्रजनक को शोध व नवीन प्रजाति के विकास में प्रोत्साहन मिलता है, क्योंकि आर्थिक लाभ की हिस्सेदारी उसे प्राप्त होती है।
2. व्यक्तिगत बीज कम्पनियों द्वारा पादप प्रजनक कार्यक्रमों में निवेश का सुनहरा अवसर मिलता है।
3. सुरक्षित किस्में शुद्ध रूप में उत्पादकों को प्राप्त होती हैं।
4. नवीन पौध किस्म विकास की गति, शोध व शोध संस्थानों में प्रतियोगिता के कारण गुणवत्तायुक्त व अधिक प्रभेद उत्पादकों को मिलती है।

पादप प्रजनक अधिकार से हानि (Disadvantages from Plant Breeder's Rights)

1. विशिष्ट लक्षणों वाले आनुवंशिक संसाधनों/जननद्रव्यों के लिए एकाधिकार बढ़ जाता है।
2. आनुवंशिक संसाधनों/जननद्रव्यों का मुक्त आदान–प्रदान वाधित होता है।
3. सुरक्षित उत्तम किस्म का बीज कम बनाकर आर्थिक लाभ लिया जा सकता है।
4. कृषक विशेषाधिकार समाप्त हो जाता है।
5. सुरक्षित उत्तम किस्म का बीज लागत बढ़ जाता है।
6. सुरक्षित उत्तम किस्म के बीज का उत्पादकों के बीच फैलाव देर से होती है।

पादप प्रजनक अधिकार के उल्लंघन हेतु दंड (Penalities for infringement of Plant Breeder's Rights)

पादप प्रजनक अधिकार का उल्लंघन किसी भी स्तर पर व निम्नलिखित में से कोई हो सकता है।

1. गलत नामकरण का प्रयोग (Use of denomination)
2. विकसित करने वाले देश या स्थान का गलत नाम का प्रयोग (False name of originating country or place)
3. पैंकिग की प्रतिलिपि बनाना (Duplication of packing)

उपरोक्त घटकों के लिए दण्ड की व्यवस्था नुकसान के स्तर पर निश्चित किया जाता है जिनमें अर्थदण्ड (fine) तथा जेल (imprisonment) दोनों शामिल है। इस प्रकार किसी भी व्यक्ति द्वारा व पंजीकृत प्रजाति का गलत प्रयोग (wrong use), स्वामित्व (possession) या बाजारीकरण (marketing) करने पर 3 महीने से 3 वर्ष तक की जेल या 50,000 से 2,00000 रू0 तक की अर्थदण्ड हो सकती है।

3. शोधकर्त्ता अधिकार (Researcher's Right)

पौध प्रजाति संरक्षण अधिनियम में शोधकर्त्ता अधिकार की स्पष्ट रूप से व्याख्या की गयी है।

1. पंजीकृत प्रजाति का उपयोग शोध व नवीन प्रजाति विकास में किया जा सकता है।
2. अगर नवीन प्रजाति विकास में सुरक्षित व पंजीकृत प्रजाति का बार–बार प्रयोग किया जा रहा है, तो पादप–प्रजनक से प्राधिकरण/अनुमोदन लेना होगा।
3. भारतीय एक्ट (Indian Act) के अन्तर्गत वस्तुतः व्युत्पन्न किस्म (essentially derived varieties) के विकास हेतु पादप प्रजनक से प्राधिकरण/अनुमोदन लेना होगा।

विशिष्ट अधिकार पत्र या अधिकार (Patents)

"Patent is governmental granted permission or exclusive right to an inventor to prevent others from making, using or selling the granted product or process."

सामान्यतया अधिकार कोई ऐसी चीज नहीं है जो कोई आपको देता है। उच्च पौधों में सर्वप्रथम सन् 1985 में संयुक्त राज्य अमेरिका द्वारा मक्के की अधिक ट्रिप्टोफेन (tryptophan) उत्पादक प्रजाति को विशेष अधिकार के अन्तर्गत संरक्षित किया गया। पेटेंटस उन चीजों का किया जाता है जो नये हैं उसमें नवीनता है, इनोवेशन है या प्रॉडक्ट्स और प्रक्रिया दोनों में लागू है और कोई भी तकनीकी अनुसंधान इसमें आ सकता है। यह प्रावधान भारतीय खेतों के लिए बहुत महत्वपूर्ण है। कृषि में प्रचलित रसायन हो, कृषि औजार हो या अन्य, इन सब पर ये लागू हो सकते हैं। इसमें विशेष बात यह है कि ट्रिप्स (TRIPs) करार में सदस्य देश को यह स्वतंत्रता है कि कोई भी लाईफ फोरम पेटेंटस (Life Forum Patents) अलग रख सकें।

पेटेंटस निम्न को जारी किये जा सकते हैं–

1. कोई आविष्कार (invention), जिसमें उत्पाद (product) शामिल है।
2. पूर्व में किये गये आविष्कार में सुधार (improvement)।
3. उत्पाद के उत्पादन की प्रकिया (production process)।
4. अवधारणा (concept)।

पेटेंटस की अवश्यकता (Requirement of Patents)

1. नवीनता (novelty)।
2. आविष्कारिता (inventiveness)।
3. औधोगिक अनुप्रयोग व उपयोगिता (industrial application and usefulness)।
4. समुचित विवरण उप्लब्धता (complete disclosure)।
5. पेटेंटनीयता (patentability)।

1. **नवीनता (novelty)**–पेटेंट प्राप्त करने लिये आविष्कार नया होना चाहिये और पहले से किसी को पता नही होना चाहिये।
2. **आविष्कारिता (inventiveness)**–पेटेंट प्राप्त करने के लिये आविष्कार ऐसा होना चाहिये जो नवीनत व उस कला में निपुण लोगों को भी पता न हो।
3. **आद्योगिक अनुप्रयोग व उपयोगिता (Industrial application and usefulness)** – आविष्कार का तुरन्त या भविष्य में औधोगिक उत्पाद बनाने में उपयोग हो।
4. **समुचित विवरण उप्लब्धता (complete disclosure)**–पेटेंट प्राप्त करने के लिये आविष्कारक को समुचित विवरण उप्लब्ध करना आवश्यक है।
5. **पेटेंटनीयता (patentability)**–आविष्कारक को संबंधित देश में लागू पेटेंट के अनुसार पेटेंटनीय होना चाहिये।

पेटेंटस के प्रकार (Types of patents)

1. पौध पेटेंट (Plant patent)
2. डिजाइन्स पेटेंट (Design patent)
3. उपयोग पेटेंटस (Utility patent)

1. **पौधा पेटेंट (Plant patent)**—पौध पेटेंट अलैंगिक विधि से प्रवर्धित फसलों की उन्नत प्रभेद (novel type) पर सुरक्षा लागू होता है, जो 20 वर्षों तक बना रहता है।
2. **डिजाइन्स पेटेंट (Design patent)**—डिजाइन्स पेटेंट में आकार (shape), संरचना (structure) व पदार्थ (material) पर सुरक्षा लागू होता है, जो 14 वर्षों तक बना रहता है।
3. **उपयोग पेटेंटस (Utility patent)**—उपयोग पेटेंटस में विश्वविधालयों, शोध संस्थानों व बीज कंपनियों पर शोध तकनीकी (research technique), विधि (protocols) व उत्पाद (products) सुरक्षा लागू होता है, जो 20 वर्षों तक बना रहता है।

पेटेंटस का खण्डन/प्रतिसंहार्य (Revocation of patent)

पेटेंटस एक व्यक्तिपरक अनुबन्ध है, जो किसी हिसाब में भिन्नता होने पर वापस लिया जा सकता है (चावला, 2002)। पेटेंटस खण्डन/प्रतिसंहार्य के कई कारण हो सकता है–

1. पेटेंट का कार्य न करना।
2. सही सूचना न मिलने पर समाप्त करना।
3. तकनीकी (research technique), विधि (protocols) व उत्पाद (products) का अपूर्ण विवरण मिलने पर समाप्त करना।
4. पुनः परिणाम न (not reproducible) मिलने पर समाप्त करना
5. पेटेंट खण्डन/प्रतिसंहार्य जब जनता के हित में हो।
6. तकनीकी व उत्पाद शोध परक न होने पर।
7. अधिकारक पेटेंट के योग्य न होने पर।
8. अधिकारी की बात पर सहमति न होने पर।
9. दावा पूर्णतया सही रूप में परिभाषित न होने पर।

कॉपीराइट (Copy Right) अधिकार

कॉपीराइट अधिकार कोई साहित्यिक विचार जो पुस्तकों के माध्यमों से व्यक्त किये गये हों, उनके बारे में है। कम्प्यूटर प्रोग्राम भी इस में आ सकते हैं। भारत में कॉपीराइट का संरक्षण करने की जो व्यवस्था है, वो अच्छी तरह से विकसित है (चावला, 2002)।

"Protection of style, creativity or form of expression of ideas."

कॉपीराइट अधिकार पर सुरक्षा व्यक्ति के पूरे जीवन तक लागू होता है तथा इसके बाद 60 वर्षों तक बना रहता है।

ट्रेडमार्क अधिकार (Trade Mark)

ट्रेडमार्क का मतलब होता है कोई भी चिन्ह या चिन्हों का समूह जो किसी एक संस्था को दूसरी संस्थाओं से भिन्न कर सके। यह चिन्ह व्यक्तिगत नाम के हो सकते हैं। अक्षर या आकृतियाँ भिन्न रंगों का तालमेल करके बनायी कोई चिन्ह हो सकती है। भारत में ट्रेडमार्क संरक्षण सम्बंधी प्रावधान मजबूत है।

"Trademarks are the symbol, numbers, designs, slogan etc. which helps the consumer to identify the products of his choice."

ट्रेडमार्क अधिकार के कुछ गुण इस प्रकार हैं–

1. ये व्यावसायिक उत्पाद होते हैं।
2. ये कम्पनी और संस्थानों से संबन्धित होते हैं।
3. ये विशिष्ट उत्पाद संबन्धित होते हैं।
4. कम्पनी के लिये ट्रेडमार्क आवश्यक है।

जिओग्राफीकल इंडिकेशन्स अधिकार (Geographical Indications Right)

जिऑग्राफीकल इंडिकेशन्स (Geographical Indications) किसी एक भौगोलिक प्रदेश को दर्शाते हैं, जहाँ से कोई एक वस्तु का उत्पादन होता है और वह वस्तु किसी गुण के लिये होता है जैसे–आर0एस0 पुरा का बासमती चावल, भादरवाही राजमा, दार्जिलिंग की चाय, अल्फान्सो आम, यह सारे भौगोलिक क्षेत्रों को इंगित करते हैं।

"Geographical Indications are the marks, quality attributes, reputations or characteristic features that can be used to recognize the originating place, territory and region of a product."

जिऑग्राफीकल इंडिकेशन्स के माध्यम से जैवविविधता व परम्परागत ज्ञान के संरक्षण सम्बंधी प्रावधान बनये गये हैं। भारत में जिऑग्राफीकल इंडिकेशन्स एक्ट–1999 (Geographical Indications Act 1999) स्थापित हुआ।

जिऑग्राफीकल इंडिकेशन्स अधिकार के कुछ गुण इस प्रक़ार हैं–

1. जिऑग्राफीकल इंडिकेशन्स ट्रेडमार्क नही हो सकता।
2. ट्रेड में अनुचित प्रतिस्पर्घा को नियन्त्रित करना।
3. स्थानीय व क्षेत्रीय उत्पाद को अनुचित व्यक्ति के प्रयोग से बचाना।
4. भारतीय जैवविविधता को प्रभावी तरीके से रोकना।

ट्रेड सेक्रेटस् (Trade secrets)

ट्रेड सेक्रेटस् (trade secrets) व्यक्तिगत सूचना सम्पति है जिससे समान व्यावसाय में लगे व्यक्ति व संस्थानों के लिये संरक्षण सम्बंधी प्रावधान बनये गये हैं।

"Trade secrets are private proprietary information and provide a fair edge to a company or institution over others involved in the same business."

ट्रेड सेक्रेटस् (trade secrets) अधिकार के कुछ गुण इस प्रकार हैं–

1. ट्रेड सेक्रेटस कम समय के लिये संरक्षण देता है।
2. ट्रेड सेक्रेटस व्यक्ति व संस्थानों के लिये अ–अनिवार्य (non obligatory) है।

कृषि में ट्रेड सेक्रेटस इस प्रकार हैं–

1. संकरों के पितृ सहयोग (Parental cross combination of a hybrid variety)
2. ट्रांसजेनिक कोशिका लाइन का विकास (Development of transgenic cell lines)
3. इनविट्रो रिजनरेशन प्रोटोकाल (*In vitro* regeneration protocol)
4. उपभोक्ता सूची

इंडस्ट्रियल डिजाइन्स अधिकार (Industrial Design Right)

औद्योगिक डिजाइन्स मतलब जो डिजाइन्स एकदम नये हैं या ओरिजिनल है और स्वतंत्र रुप से तैयार किये गये हैं। जैसे कपड़ा क्षेत्र के डिजाइन्स, भारत में इनके अधिकारों की रक्षा का प्रावधान बनाया गया है।

"A design manifests the shape, size, configuration, pictorial presentation or pattern of arrangement of a material."

भारत में डिजाइन एक्ट–1991 को स्थापित हुआ और सन् 1999 संशोधन किया गया है।

जानकारी (Know-how) अधिकार

जानकारी अधिकार, आँकड़ा अधारित होता है, जिससे सही परिणाम मिलता है।

"A know-how is a process or procedural protocol leading to development of a product or formulation."

पेटेंटस की प्रकिया (Procedure for patenting)

पेटेंटस के लिये पेटेंटस कार्यालय में निवेदक को निवेदन पत्र (Form A and B) को भरकर उचित शुल्क के साथ जमा करना पड़ता है। पेटेंटस कार्यालय कोलकात (Kolkota) या इनकी शाखा दिल्ली (New Delhi), मुम्बई (Mumbai) व चेन्नई (Chennai) में जमा कर सकते हैं। पेटेंटस कार्यालय निवेदक को निवेदन पत्र संख्या पत्र व्यवहार के लिये देती है। निवेदक (आविष्कारक) को

पेटेंट देने के लिये आविष्कार की नवीनता व गुण को देखा जाता है। सफल निवेदन पत्र को भारत सरकार के गजट (Government of India Gazette, Part III, section 2) में प्रकशित किया जाता है। उदाहरण के लिये–

पेटेंटस धारक	वर्ष	विवरण	पेटेंट संख्या
Bhardwaj, S.V., Mangal, Manisha and Handa, Anil	2005	A process for invitro use of Asparagus species extracts for carnation latent virus elimination.	Indian Patent No. 192157
Bhardwaj, S.V., Shalini, Handa, Anil and Mangal, Manisha	2006	A process for invitro elimination of plant virus by preparing and using an extract of *Azadirachta indica* plant.	Indian Patent No. 193932

पेटेंटस कारपोरेशन ट्रीटी (Patent Corporation Treaty or PCT)

पेटेंटस के निवेदन के लिये यह एक व्यवस्था है, जिसे पेरीस समझौते (1883) के अन्तर्गत 117 सदस्य देश अपनाते हैं। प्रकिया निम्न है–

- **चरण 1**–पेटेंटस कारपोरेशन ट्रीटी के लिये निवेदन पत्र (Form A and B) को भरकर उचित शुल्क के साथ अंतर्राष्ट्रीय ब्यूरो कार्यालय (International Bureau Office) या राष्ट्रीय पेटेंट कार्यालय (National Patent Office) में जमा करना।
- **चरण 2**–आविष्कार की नवीनता व गुण का चुने हुए पेटेंट कार्यालय (USA, EU, Australia and China) में परीक्षण।
- **चरण 3**–पेटेंटस कारपोरेशन ट्रीटी का प्रकाशन।
- **चरण 4**–प्रत्येक देश के लिये एकल निवेदन पत्र

सारिणी (6.33) सब्जियों में यू0एस0 द्वारा प्राप्त विशिष्ट अधिकार पत्रों की संख्या

सब्जियाँ	विशिष्ट अधिकार पत्रों की संख्या	सब्जियाँ	विशिष्ट अधिकार पत्रों की संख्या
एस्परागस	09	प्याज	13
ब्रोकली	04	मिर्च (पेपर)	09
पत्ता गोभी	06	मटर	11
गाजर	06	मूली	02
फूल गोभी	03	टमाटर	42
कुन्दरु	01	खीरा	15
धनिया	01	अन्य कुकुमिस प्रभेद	06
लहसुन	25	मोमोर्डिका (करेला)	01
सहजन	14	भिण्डी	07

स्रोत: यू0एस0पी0टी0ओ0, 2007

कुछ फसलें जिसके लिए विशिष्ट अधिकार दिया गया, उनका विवरण नीचे दिया जा रहा है–

सारिणी (6.34) कुछ सब्जियों को प्राप्त विशिष्ट अधिकार पत्र की विवेचना

सब्जियाँ	अधिकार पत्र वर्ष	अधिकार पत्र संख्या	संक्षिप्त विवरण
एस्परागस	2006	6994874	त्वचा सफेद करने वाले घटक जिसके सत् में 2 या अधिक द्रावक (घुलने की क्षमता) होती है।
	2006	7025995	पौध का सत् जो पेट के पुराने अल्सर को ठीक करता है।
	2006	7014872	मधुमेह बीमारी से ग्रसित लोगों की औषधि है।
	2005	6914075	सिस्टाइन परिवर्तक जो मुक्त लवण है।
	2005	6881425	स्त्रियों एवं दूध पिलाती माताओं के लिए वनौषधि है, बीज को भूनकर पाउडर बनाते हैं।
	2002	6386778	बहुपयोगी उत्पाद जो डिस्पेन्सिंग सिस्टम के लिए उपयोगी है।
	1990	4963370	प्रोटीन जैसे उत्पाद के निर्माण में सहायक
	1951	2559625	कार्बनिक गन्धक को अलग करने हेतु
	1936	2052219	विटामिन सान्द्रता अलग करने हेतु
करेला	2006	7014872	स्वास्थ्य बचाव, रोग हारक/बचाव, मधुमेह रोगी के लिए उपयुक्त
	2005	6964786	बीज से नोबेल तेल को अलग किया गया, जिसका उपयोग स्तनधारी जीव में सूजन, गठियॉ को कम करने, हृदय को कार्यक्षम बनाने व धाव को भरने के गुण हेतु
	2005	6852695	जल विलेय एम0सी0–6 को अलग किया गया, जिसका उपयोग हाइपरग्लाइसेमिक रोग छुटकारा हेतु किया जा सकता है।
	2005	6911577	विकास एवं बचाव तथा न्यूक्लियोटाइड क्रम बनाकर प्रोटीन बचाव
	2005	6960348	करेले के फल, पत्ती से पैराफिन व कास्मेटिक क्ले का निर्माण
	2004	6831162	नोवेल हाइपोग्लाइसेमिक प्रोटीन जिसे "पाली पेप्टाइड–के" का अर्क निकाला गया, जिससे मधुमेह की रोक में मदद मिलेगी।
	2004	–	सेक्रेटेड एण्ड ट्रान्स मेम्बरेन पालीपेप्टाइड का अलगाव जो न्यूक्लिक एसीड कण का पालीपेप्टाइड हेतु इनकोडिग करेगा।

	2004	–	नोवेल न्यूक्लिक एसीड, नोवेल का थेप्सीन वी–आकार का पालीपेप्टाइड सिक्वेन्स जो इन न्यूक्लिक एसीड से घिरा होता है, का उपयोग होगा।
	2004	6800726	न्यूक्लिक एसीड तथा घिरे पालीपेप्टाइड का अलगाव, जिससे एमीनो एसीड की मात्रा में वृद्धि होगी।
	2003	–	एन्जीयोजेनेसिस की विधि को नियंत्रित करने के लिए ई0सी0 प्राजीनेटर्स का उपयोग।
	2003	–	इम्यूनोग्लोबुलीन्स विविधता, विशेषतः ह्यूमनाइज्ड एन्टीबाडी, पालीपेप्टाइड की खोज, बनाने की विधि तथा उपयोग।
	2003	6593514	न्यूक्लिक एसीड टुकड़े का निर्माण जो पौध की फैटी एसीड को घेरे रहता है और परिवर्तन करने वाले इन्जाइम जो फैटी एसीड की डेल्टा–9 की स्थिति में परिवर्तन लाता है। इससे डबल वाण्ड्स (कान्जूगेटेड) का निर्माण होता है।
	2003	6562379	भार कम करने वाले प्रेरक विधि का खोज और प्रौढ़ मधुमेह रोगी की चिकित्सा, विगालित लेक्टीन का स्तनधारी में प्रवेश, लेक्टीन के औषधीय गुण का निर्माण।
	2002	6379718	विशेष गंध सत् पौध की खोज, जिससे निश्चित चिकित्सा द्वारा एक्ने और फरंकल को ठीक किया जा सके।
	2000	6042829	मानव में कैंसर की चिकित्सा हेतु साइट्रोटाक्सिक बायोथेराप्टीक घटक जैसे–टी0पी0–3 म्यूरीन मोनोक्लोनल एण्टीबाडी की खोज जिसका परीक्षण पोकबीड एन्टीवायरल प्रोटीन पर हुआ।
	1999	5900240	ओवेरियन कैंसर कोशिका की चिकित्सा हेतु साइटोटाक्सि मोइटी एण्ड मोनोक्लोनल एण्टीबाडीज का निर्माण।
	1989	4795739	मानव रक्त कोशिका में एच0आई0वी0 एन्टीजेन्स के विकसित होने से रोकता है। ग्रसित कोशिका को पौध प्रोटीन या ग्लाइको प्रोटीन जैसे ट्राइकोर्सेन्थीन या मोमार्चीन में रखते हैं।
	1989	4869903	एच0आई0वी0 बहुगुणन को रोकने की विधि का खोज।
	1983	4368149	एक प्रोटीन हाइब्रिड साइटोटाक्सिटी की खोज।
पत्ता गोभी	2004	6825321	थर्मोजेनिक जीन्स (एस0एफ0यू0सी0पी0 तथा एस0एफ0 यू0सी0 पी0बी0) का स्टंक पत्ता गोभी से प्राप्ति।
	1994	5288626	प्रथम पौध प्रजाति जिसमें पूरी तरह स्थिर दृश्य स्वरुप तथा पहचान योग्य हो उत्संबर्धित पौध की खोज।

मिर्च एवं शिमला मिर्च	2005	6919095	सुगंधित तेल सत् (कैप्सेसिनायड एवं टर्पेन) निकाला गया
	2004	6689399	जोड़ व मांसपेशियों के दर्द को दूर करने के लिए एन्टी इन्फ्लैमेटरी घटक का निर्माण (कैप्सेसिनायड के साथ ग्लूकोसैमाइन)
	2003	6517832	मस्तिष्क दर्द हेतु दवा की खोज जो चुकन्दर पाउडर, वाटरक्रेस, सेलरी, डन्डेलियन, कैप्सिकम एवं आर्टीचोक के सत् से बना।
	2003	6632839	निर्जीवीकरण तथा सतह के जीवाणु संक्रमण को रोकने हेतु किया गया।
	2003	6523298	चींटी, दीमक, कीड़े एवं अन्य नुकसानदायक खेत के जीवों को मारने के लिए बनी दवा, जिसमें कैप्सिकम का प्रयोग द्रव व वाष्प रुप में उपयोग किया गया
	–	7079867	रंग व चरपराहट में सुधार हेतु ओलियोरेजिन की प्राप्ति।
	2002	7097867	कैप्सिकम से जल घटक की प्राप्ति, जो कैंसर कोशिकाओं को समाप्त करने में सहायक है।
	2001	–	कैप्सिकम के चरपराहट घटक में वृद्धि जो कैप्सैसीनायड्स एवं फिनायल प्रोटोनायड पाथवे का मध्यजनित पदार्थ है।
	2000	6143349	नो हीट जालापेनों शिमला मिर्च की खोज–1 चरपराहट रहित। जालापेनो प्रजाति जिसमें फल के किसी भाग में कैप्सैसीन नहीं बनता है।
	2000	6074687	कैप्सिकम पेपरिका, लाल मिर्च, तीखी मिर्च आदि जिसमें कैरोटीनायड वर्णक को निकाला गया, जिसे खाद्य विलेय में मिश्रित किया गया।
	2000	6159474	पालतू व जंगली जानवरों को दूर भगाने के लिए जिसमें भार पर आधारित 0.05 प्रतिशत तथा 2 प्रतिशत तेल जो काली मिर्च या कैप्सिकम से प्राप्त होता है, किया गया।
	2000	6069173	कैप्सैसीन या अन्य कैप्सैसीनायड का उपयोग कीटनाशी के लिए किया गया
	2000	6060060	एनालेजोसिक घटक की खोज
	1999	5945580	हेमीसेलूलोज जीन एवं घटक के पालीन्यूक्लियोटाइड का अलगाव एवं उपयोग।
	1999	5910512	जल आधारित विशिष्ट एनालजेसिक की खोज तथा जिसमें एनालजेसिक ग्रहण करने की क्षमता हो जैसे–कैप्सिकम,

			कैप्सिकम ओलियोरेजिन तथा कैप्सैसीन। इस एनालजेसिक का उपयोग त्वचा पर करते हैं जिससे गठियॉ जोड़ की दर्द तथा ओस्टियोअर्थिराइटिस ठीक होता है।
	1998	5773075	कैप्सिकम, लाल मिर्च, तीखी मिर्च से कैरोटीन वर्णक को निकाला गया और खाने योग्य घोल में सान्द्र किया गया।
	1997	5599803	कैप्सैसीन या कैप्सैसिनाइड की मात्रा वृद्धि के साथ कीटनाशी गुणधर्म की खोज।
	1997	5698191	कैप्सिकम से ओलियोरेजिन तथा सैपोनीन की खोज। अहानिकारक जैव–दूर कारक का विकास।
	1990	4931277	शराब की नशा से मुक्ति के लिए दवा की खोज जिसमें कैप्सिकम सब्जी से एक स्रोत आवश्यक।
	1986	4592912	मांसपेशियों के दर्द को करने की दवा, सिरदर्द की दवा, सूजन की दवा, जले मांसपेशियों की दर्द निवारक की खोज।
	1953	2636824	मसाला का घटक और तैयार करने की विधि
धनिया	2003	6579543	जानवरों के खाल पर लगे चोट आदि से छुटकारा हेतु दवा घटक का विकास
	2002	6365175	खाने योग्य पेट्रोसेलीनीक एसीड का निर्माण तथा सूजन को कम करने वाली दवा का विकास
	2000	6017373	दो से छः प्रतिशत भार आधारित कृत्रिम फायरलॉग का निर्माण। धनिया का बीज मिलाने से प्राकृतिक गैस के जलने पर ध्वनि करता है।
	1999	5959131	पोषकीय दृष्टि से उत्तम चर्बी के खाद अवयव के रुप में प्रयोग, ट्राई ग्लीसराइड जिसमें सीस, एसीमिट्रीक मोनो सैचूरेटेड फैटी एसिड की उपलब्धता।
	1995	5430134	लिपिड उत्पादन प्रक्रिया का विकास फैटी एसीड विशेषतः पेट्रोसेलीनीक एसीड का निर्माण होता है।
	1993	5256405	दुर्गन्ध को दूर भगाने वाले और जीवाणुरोधी घटक का प्राकृतिक रुप से निर्माण, जिसमें धनिया भी एक घटक है।
	1972	3637859	सुगन्ध के लिए धनिया का उपयोग।
	1970	3527827	धनिया से मोनोसाइक्लिक टर्पेन्स का निर्माण।
	1963	3082095	खाद्य धूल का निर्माण
	1925	1523840	टूथपेस्ट के निर्माण में धनिया का उपयोग।
	1879	222187	धनिया के बीज का उपयोग दवायुक्त सुगंधित पेय निर्माण।

फूल गोभी	1998	5710364	ब्रेसीकेसी पौधे से प्रचुर मात्रा में कैरोटिन का निर्माण।
	1997	5629175	सक्रिय स्तनपायी पौध प्रोटीन की प्राप्ति।
	1971	3578466	सब्जी अचार जैसे उत्पाद का निर्माण।
कुन्दरु	2006	7014872	मधुमेह रोगी के स्वास्थ्य के लिए पोषकीय उत्पाद का विकास। इसमें बीज पाउडर का उपयोग महत्वपूर्ण रहा।
	1999	5856487	पौध से बरबेराइन का अलगाव।
	1995	5466455	पालीफेज फ्ल्यूड तथा सक्रिय दवा का निर्माण जो कीमो टैक्सोनामी के तौर पर उपयोग किया गया।
खीरा	2004	527165	खीरा आधारित सैण्डवीच का निर्माण।
	2004	6765130	8 डी–5079 प्रजाति का संकर बीज उत्पाद हेतु प्रयोग।
	2000	6084152	सुपर आक्साइड डिस्म्यूटेज की अधिकता वाला ट्रांसजेनिक पौध का विकास और ट्रांसजेनिक विधि का निर्माण।
	1997	5623066	डी0एन0ए0 टूकड़े का निर्माण जो कुकुम्बर मोजैक वाइरस स्ट्रेन सी के कोट प्रोटीन को इन्कोड्स करता है, ट्रांसजेनिक पौध के विकास की विधि का खोज।
	1997	5654414	रासायनिक विधि से डी0एन0ए0 सिक्वेन्स को नियंत्रण योग्य करता है।
	1989	4822949	संकर बीज का उत्पादन तथा ऐसी विधि का निर्माण जिसमें पितृदाता केवल नर पुष्प धारण करता है, जिससे फल धारण में मुश्किल आती है।
	1909	915186	फलों से अचार।
बैंगन	2006	6984725	जड़ों से ट्राइग्लायकोएल्कलायड का अलगाव।
	2006	7078063	सोलेनम प्रजाति से 60–90 प्रतिशत रखने वाले सोलामार्जीन तथा सोलासोनाइन जल विलेय सत् का अलगाव।
	2006	7012172	रिप्लीकेटिंग रिकाम्बीनेन्ट वायरल वेक्टर्स का पौध कोशिका में निष्पादन।
	2004	6753462	अधिक निष्पादन वाले ट्रान्सेनिक पौध का विकास जो कैल्सियम बाइन्डिग प्रोटीन को इन्कोडिंग करता है।
	2003	6639050	हाइड्राक्सीप्रोलीन धनी ग्लाइको प्रोटीन्स की पहचान। रिपीटेटिव प्रोटीन धनी प्रोटिन्स तथा अराबिनो गैलेक्टम प्रोटीन की पहचान।

2002	6369296	न्यूक्लिक एसीड वेक्टर का एक्प्रेसन वेक्टर के रुप में प्रयोग या वायरल उत्प्रेरित जीन साइलेन्सिंग की पहचान।
2002	453238	साबुन का निर्माण।
2002	6483012	एन्थीरहीनम मैजस के जीन "डी0ई0एफ0एच0–9 का अग्रसारक बीजरहित व्यवहार का प्रदर्शन या मादा पौध अनउर्वरता।
2001	6207881	ए0सी0सी0 सिन्थेज संश्लेशण के द्वारा फल पकाव का अनुवांशिक नियंत्रण।
2001	6225528	रोगकारक प्रतिरोधी ट्रांसजेनिक पौध तैयार करने की विधि।
2000	6072105	ट्रांसजेनिक पौध के विकास की विधि के साथ संबर्धन माध्यम में सुधार, जिससे अग्र प्ररोह का विभाजन तेज हो सके।
2000	6043407	ब्रोकली के ए0सी0सी0 जो सीडी0एन0 तथा जीनोमिक डी0एन0ए0 का पता चला, जिससे इनके डी0एन0ए0 के एन्टीसेन्स कांस्ट्रक्ट्स के द्वारा एसी0सी0 आक्सीडेज के स्तर को जाना जा सके।
2000	6133505	सी0आई0 न्यूक्लियोटाइड सिक्वेन्स के उत्परिवर्तन का पता।
2000	6023013	कोलियोपट्रेन कीट के सी0आर0वाई0 3बी0 जीन का बढ़े विषालुता का पता।
1999	5955652	ई0आई0एन0 लोसाई एवं एमीनो एसीड सिक्वेन्स जो इथीलिन के प्रति असंवेदनशील है का पता चला।
1999	5900240	सिजियम क्यूमिनी, जिम्नेमा सिल्वेस्ट्रे, मोमोर्डिका करंशिया एवं सोलेनम मेलान्जेना जिसमें कम से कम दो पौधों को समाहित कर सत् का निर्माण, जिससे मधुमेह रोगी को ठीक किया जा सके।
2000	6156956	उच्च पौधों में ए0सी0सी0 सिन्थेज के द्वारा प्रभावित इथीलीन की खोज।
1998	5723766	उच्च पौधों में एसी0सी0 सिन्थेज के द्वारा प्रभावित इथीलीन की खोज।
1998	5744334	एक ब्लेक अग्रसारक सिक्वेन्स व एक ब्लेक अग्रसारक जीन की खोज।
1997	5614408	हाइब्रिडोमा कोशिका लाइन की उत्पादन व मोनोक्लोनल एन्टीबाडी का निर्माण, जो चयन आधारित आलू, टमाटर व बैंगन के ग्लाकोएल्कलायड को बाँधता है।

	1997	5627216	हिमोराइड्स के चिकित्सा हेतु घटक का निर्माण जिससे सूजन व दर्द को बैंगन पत्ता पाउडर तथा जैतुन के तेल द्वारा 30 मिनट में ठीक होना।
	1997	5674701	पौधे के अन्दर रोग रोधिता का पता तथा नियंत्रक एथिलीन की मात्रा का ज्ञान। इथीलीन असंवेदनशीलता के प्रति छँटनी।
	1996	5589623	पौधों में इथीलीन जैव संश्लेषण नियंत्रक विधि का पता। सक्रिय हेटेरोलोगस पालीपेप्टाइड, एडो–मेटेज क्रिया का पता।
	1990	4921804	एक इन्जाइम का निर्माण जो विशेषतः बिलीरुबीन क्रिया को कम करता है। स्रोत के रुप में बैंगन, टमाटर व आलू का प्रयोग।
लहसुन	2003	6511674	लहसुन सत् जिसमें 10 प्रतिशत से सान्द्रता हो का निर्माण।
	2003	6641836	खाद्य के ऐसे घटक का निर्माण जो कैनाइन्स के स्वास्थ्य में सुधार ला सके।
	2002	6468571	ताजे लहसुन से दुर्गन्ध रहित पदार्थ बनाने हेतु विधि का निर्माण।
	2002	12761	प्रजाति (मेलानी) अगेती कटाई, अधिक कन्द उपज और रोग रहित पौध।
	2001	12272	प्रजाति (एंजेलीक्यू) पुष्प धारण करने वाला, अधिक आकार का कन्द व ज्यादा वर्धीय भाग।
	2001	6270803	नियंत्रित दानेदार लहसुन का निर्माण, जिसे मुख से ग्रहण किया जा सके।
	1991	5913729	लहसुन की खेती का प्रभावी विधि की खोज।
	1998	5746024	विषाणु मुक्त लहसुन के पितृ पौध से ज्यादा सत्य बीज का उत्पादन।
	1977	4022923	स्थायी इमल्सन विधि से सुगन्ध बनाये रखने हेतु प्रसंस्करण जिसकी फ्रिजींग किया जा सके।
	1966	3258343	कच्चे लहसुन को सूखाना व पाउडर बनाना।
	1951	2554088	धनात्मक व ऋणात्मक जीवाणु के लिए अच्छे एन्टीबायोटिक का निर्माण।
	1949	2490424	वातहर (कार्मीनेटिव) हेतु लहसुन के सत् का निस्कासन।

सहजन	2006	7070817	एक औषधीय सत का निर्माण जिससे सिर दर्द, तंत्रिका तंत्र तथा तंत्रिका निर्माण सम्बन्धी बीमारी को ठीक किया जा सके।
	2005	6858588	नाइट्राइल ग्लाइकोसाइल जो नियाजीरीडीन का सूत्र है, का निर्माण तथा इसके व्युत्पन्न पदार्थ की उत्पत्ति।
	2005	6890565	प्रोटीन निर्माण प्रक्रिया का विकास जो थक्का बनाने में सहायक है, जिससे दूषित जल के शोधन व शुद्धता में सहायता मिलती है।
	2004	6780441	सहजन को समाहित कर कई मिश्रण तैयार किये जाते हैं, जिससे चिकित्सा पद्धति को बल मिला।
	2004	6750256	प्राकृतिक सगन्धीय एल्डीहाइड आधारित विधि एवं घटक का विकास जिसका उपयोग कीट एवं रोग नाशक के रुप में किया जा सके।
	2003	6667047	सहजन के तेल का उपयोग सौंदर्य प्रसाधन में स्थायी रुप में किया गया।
	2003	6517861	दुग्धपान कराने वाली महिलाओं के लिए खाद्य पूरक के रुप में उपयोग।
	2002	6440437	त्वचा को स्वच्छ रखने वाली जड़ी–बुटी सम्बन्धी औषधि का निर्माण, जैसे बच्चों की त्वचा का निर्मल करना, हाथ स्वच्छ रखना व चेहरा को साफ रखना।
	2002	6383495	त्वचा सम्बन्धी बीमारी को दूर करने वाले जड़ी–बुटी सम्बन्धी दवा का आविष्कार, जिसमें सहजन एक प्रमुख घटक है।
	2001	6217874	एक वसा घटक का निर्माण जो सौन्दर्य प्रसाधन घोल है।
	2001	6271001	पौध कोशिका गोंद का निर्माण।
	2001	6287581	शरीर हेतु "साइड लाइनर" का उपयोग।
	2000	6080401	ऐसी दवा का निर्माण जो जड़ी–बुटी से बनती है और मानव शरीर में प्रवेश करायी जा सकती है।
	1999	5994404	नवजात शिशु के लिए "नरवोनिक एसिड" का निमार्ण जिससे बच्चे स्वस्थ्य रहते हैं।
भिण्डी	2002	6379719	भिण्डी (हिबिस्कस एस्क्यूलेन्टस) के बीज से निष्कासित कम से कम एक प्रोटीन घटक का उपयोग सौन्दर्य प्रसाधन में

	2000	6124248	जल विलेय, अविषालुकारक जैव रुप से टूट जाने वाले चिकनाहक (ल्यूब्रीकेन्टस) व ठण्डा प्रदायी म्यूसीलेज और उसके सत का निर्माण जिसका उपयोग औद्योगिक एवं मशीनीकरण में किया जा सकता है।
	1998	3851963	एक नवीन कार्बनिक चिकनाहक की खोज जिससे चिकनाहट हो सके व यन्त्रों को ठण्डा किया जा सके।
	1990	4233075	भिण्डी जल व खाद्य संरक्षक का विकास। घोल का उपयोग फर्नीचर की सतह को रंगने, सतह को चमकाने (शीशा, विनायल प्लास्टिक)
	1979	4154822	पालीसैकराइड जैसे रहेमनोज की खोज। भिण्डी की पौध से निष्कासन व शुद्धीकरण हेतु ग्लैक्टोज व ग्लैक्टूरोनिक का विकास।
	1960	2932610	इलेक्ट्रोप्लेटिंग को चमकाने के लिए पौध आधारित घटक की खोज।
	1936	2060336	पौध से म्यूसीलेज सत् का निष्कासन।
	1965	51251	कागज निर्माण में सुधार हेतु उपयोग।
	1951	8184	भिण्डी से पटुआ (हेम्प या रस्सी) का निर्माण।
प्याज	2002	6468565	प्याज का सत् जिसमें साइक्लोआलिन की अधिकता हो।
	1926	1612255	बाल हेतु द्रव तथा उसके बनाने की विधि का निर्माण।
	1924	1492823	प्याज के सत् से मलहम का निर्माण।
मटर	2005	6916787	एमीन प्रोटीन्स के निर्माण की विधि का विकास।
	2002	6344600	मानव हिमोग्लोविन प्रोटीन्स कें निर्माण की विधि का विकास।
	1987	4677065	कम लीपीड धारण करने वाली बीज से उच्च प्रोटीन का अलगाव जिसका व्यापक उपयोग मानव द्वारा किया जा सकता है।
मूली	2004	6686517	एन्थोसाइनिन्स की अधिक मात्रा वाली पौध का चयन।
	2002	6428822	गाजर एवं मूली से सम्मिश्रित पदार्थ का निष्कासन जिससे उच्च रक्तचाप, भूख न लगना, विषहारी एवं प्रतिरोधक क्षमता को बढ़ाने में मदद करता है।
	1998	5736144	पत्तियों को उबालकर ऐसे सत का निर्माण जिससे स्तनपायी नर में जनन क्षमता की वृद्धि होती है। इसमें सूक्ष्म कीट अवरोधी व ज्वलनशील गुण है।

	1997	5650559	जापानी मूली से "ओगूरा" कोशिका द्रव्य परिवर्तित नर वन्ध्य पौध का विकास जिसमें ब्रेसिका वंश का शुद्ध केन्द्रक मौजूद रहता है।
	1994	5324707	जैव नियंत्रक घटक का उपयोग जो पात्रे तकनीक से बना।
टमाटर	2006	015277	जेमिनीवायरस के प्रति रोधकता हेतु आनुवंशिक अभियंत्रक से पौध का विकास विधि एवं उत्पादन। टी वाई लीफ कर्ल वायरस हेतु पालीन्यूक्लियोटाइड्स जिसमें पूर्ण या अंश रेप जीन हो, का विकास।
	2004	6806399	मक्का, टमाटर व मेलन में पालेन मेडियेटेड ट्रांन्सफार्मेशन विधि का सफलता पूर्वक स्वतंत्र रुप से विकास का विवरण।
	2002	6429299	न्यूक्लियोटाइड सिक्वेन्स टी0डी0 ई0टी0 आई0 (एचपी–2) जीन का पता और अगर सिक्वेन्स परिवर्तन किया जाता है तो हल्का अतिसंवेदनशील बाह्य दृश्य प्रारूप बनता है। वाहक एवं प्रयोग हेतु ट्रांसजेनिक पौध का विकास।
	2002	6340748	टमाटर अग्रसारक (एल0ई0ई0एक्स0पी0–1) का विकास जिससे ज्यादा फल के निष्पादन हेतु मार्ग प्रशस्त हुआ।
	2001	6252141	कम्पलीमेन्टरी आइसोलेट का अलगाव तथा टमाटर के बी लोकस पर लाइकोपीन साइक्लेज के डी0एन0ए0 टुकड़े की खोज।
	2001	6239331	टमाटर के पौध में फाइटोन सिन्थेज के बढ़ाने वाले जीन की खोज, जिससे कोसपेसन कम होता है।
	2001	6180854	सीमित बढ़वार वाली संकर चेरी टमाटर में पकने की प्रक्रिया में देरी की खोज जो एक सीमित बढ़वार व न पकने वाली पितृ लाइन से हुआ।
	2001	6207881	टमाटर में ए0सी0सी0 सिन्थेज हेतु पुनर्योजन पदार्थ का विकास।
	2000	6060648	पार्थेनोकार्पिक जीन युक्त नर पितृ तथा नर वन्ध्य टमाटर पौध जिसमें नर वन्ध्य टमाटर पितृ जिसमें कम से कम एक पार्थेनोकार्पिक जीन जो मादा पितृ के रुप में हो, के संकरण से बीज रहित टमाटर का विकास हो पाया।
	2000	069389	टमाटर प्रजनन की ऐसी तकनीकी का विकास जिससे फल में कम पानी रह सके।
	1999	5871574	टमाटर से एक वर्णक का विलगन सेन्ट्रीफ्यूज द्वारा किया गया।

1997	845539	प्रोटीन एक्सस्पैन्सन (ई एक्स–1) जो टमाटर, मेलन व स्ट्राबेरी में प्रचुरता से मिलता है और विशेष रुप से पके फल में प्रदर्शित होता है।
1999	6414226	नवीन एवं पूर्णतया भिन्न टमाटर की लाइन एफ0डी0 आर0–16 –2045।
1999	5952546	देर से पकाव वाली वाह्य दृश्य स्वरुप प्रदर्शन करने वाली पौध जिसमें टी0डी0एन0ए0 समावेश ए0सी0सी0 सिन्थेज जीन के रुप में।
1998	5821398	साफ्ट फ्रूट अग्रसारक न्यूक्लियोटाइड सिक्वेन्स का पता विशेषतः एल्कोहल डीहाइड्रोजिनेस–2 अग्रसारक।
1998	5824873	पौधों में फल पकाव को परिवर्तित करने वाली विधि का निर्माण विशेषतः टमाटर में
1998	5817913	सबसे ज्यादा स्वादयुक्त टमाटर प्रदान करने वाली प्रजनन विधि की खोज।
1997	5614408	आलू, टमाटर व बैंगन में बाँधने वाली ग्लाइकोएल्कलाइड्स जो मोनोक्लोनल एन्टीबाडी बनाता है, की खोज विशेष हाडब्रिडीडोमा सेल लाइन्स।
1997	5656474	सूखे की स्थिति में सोलेनम चाइलेन्स पौध की पत्ती से दो आस्मोटिक स्ट्रेस व ए0बी0ए0 जो इण्डोचीटीनेज जीन वंश के उत्तदायी सदस्य हैं, की खोज।
1997	5700506	ताजे टमाटर के टुकड़े को ज्यादा देर तक रखने की विधि की खोज।
1996	5585542	टमाटर इन्जाइम इण्डोपालीग्लैक्टूरोनेज पी0जी0–1 बेटा सब यूनिट के डी0एन0ए0 का विलगन जिससे आनुवंशिक अभियंत्रिकी पौध पकाव वाले गुण के साथ तैयार किये जा सकते हैं।
1996	5495071	आनुवंशिक अभियंत्रित विधि से पुनर्योजित पौध का विकास, जो कोलियोप्टेरा कीट के लिए विषाक्त है।
1996	5489745	रोग प्रतिरोधी विशिष्ट पौध का विकास जिसके फल का भार कम से कम 140.0 ग्राम होता है तथा उसमें वर्णक भी ज्यादा होता है तथा ब्लासम इण्ड स्कार (blossom end scar) कम बनता है।
1996	5536653	आलू से अग्रसारक का विलगन और इच्छानुसार टमाटर में जीन का प्रवेशन।

1996	55699831	पालीगैलेक्टूरोनेज (बेटा सब यूनिट) आइसोफार्म–1 की कम मात्रा वाला ट्रान्सजेनिक टमाटर उत्पन्न करने की विधि का विकास।
1996	4835339	हैप्लायड नर वन्ध्य टमाटर पौध तैयार करने की विधि की खोज व डबल्ड हैप्लायड सत्य प्रजनन लाइन्स का विकास।
1996	5569829	फल में अधिक शुष्क मात्रा बनाने वाले विधि का विकास जिसमें होमोलागस टी0ओ0एम0–36 नहीं प्रदर्शित होता।
1995	479384	पौध कोशिका में जीन उत्पादन प्रक्रिया को रोक देता है।
1996	5413937	पौध कोशिका में जीन उत्पादन प्रक्रिया को रोक देता है।
1995	479384	उर्वर संकर बीज या संकर बीज जिसमें उर्वर एवं वन्ध्य प्रयोग नर वन्ध्य पौध आण्विक विधि से परिवर्तित कर एन्टी सेन्स जीन का प्रयोग हुआ हो तथा अन्य जीन जो उर्वर परागकण को नियंत्रित करने की क्षमता रखता हो।
1995	5387757	एन्टीसेन्स जीन के द्वारा उत्पन्न होने वाले फल के मुलायम प्रवृत्ति को कम करना।
1995	–	काइमेट्रिक आइसोपेन्टेनील ट्रान्सफरेज (आई0पी0टी0) जीन कान्स्ट्रक्ट का निर्माण और टमाटर के पौध में एग्रोबैक्टेरियम के द्वारा पुनर्योजन।
1993	5254800	पी0टी0ओ0एम0–36 के द्वारा डी0एन0ए0 होमोलोगस सिक्वेन्स का निर्माण, जिससे टमाटर के फल पकाव में परिवर्तित किया जा सके।
1991	5073676	एन्टीसेन्स एम0आर0एन0 के द्वारा टमाटर के फल के मुलायम पड़ने में देरी के गुण।
1990	509673	समांगी अप्रबल आनुवंशिक घटक के द्वारा टमाटर की नवीन प्रजाति का विकास, जिससे फल में अधिक शर्करा संचय की प्रवृत्ति बढ़ी।
1990	4940839	जंगली प्रभेद तथा खेती योग्य टमाटर के लाइकोपर्सिकान के कोशिका द्रव्य का आपसी संलयन से संकर विकास की विधि की खोज।
1980	पी0पी0 4539	एक विशिष्ट संकर प्रजाति का विकास जिसमें एक समान पौध गुण, श्रेणीकरण में कम नुकसान, अगेतीपन तथा अनेकों रोगों के प्रति रोधिता एवं बचाव।
1974	3826851	टमाटर में ताजे सुगंध बनाये रखने की विधि का विकास।

वस्तुतः व्युत्पन्न किस्म (Essentially Derived Varieties)

जब किसी किस्म के एक या कुछ जीनों में परिवर्तन (प्राकृतिक चयन, उत्परिवर्तन चयन, सोमाक्लोनल विविधता, पश्च संकरण व आनुवंशिक अभियन्त्रण द्वारा परिवर्धित) करके नई किस्म का विकास किया जाता है, तो नई किस्म को जनक किस्म से वस्तुतः व्युत्पन्न किस्म (essentially derived varieties) कहा जाता है।

"Essentially derived varieties in encomposes natural selections, mutant selection, somaclerical variants, back cross and transformation by genetic engineering in other words, all methods of creating of new varieties will be covered."

जैविक विविधता अधिवेशन (Convention on Biological Diversity or CBD)

भारत सरकार ने अधिवेशन 1992 (earth summit in Rio de Janerio) में लागू किया है और अप्रैल, 2004 में उसके नियम नोटिफाइ किये गये। इसके पहले जैविक विविधता एक्ट–2002 में लागू किया गया था। इसमें जैविक विविधता, जैविक संसाधन, जैव सर्वे और वाणिज्यिक संस्थाओं की व्याख्या सम्मिलित है।

जैविक विविधता अधिवेशन के उद्देश्य (Convention on Biological Diversity or CBD)

जैविक विविधता अधिवेशन के उद्देश्य इस प्रकार हैं–

1. जैव विविधता को संरक्षित करना।
2. आनुवंशिक संसाधनों का उचित उपयोग।
3. लाभ का उचित बटवारा।

जैविक विविधता अधिवेशन में कुल 42 आर्टीकल हैं जिनमें आर्टीकल 8, 9, 10, 11,12, 15, 16 व 19 जैव विविधता की दृष्टि से उपयोगी हैं।

सारिणी (6.35) जैव विविधता आर्टीकल एवं विवरण

आर्टीकल	विवरण/उद्देश्य
आर्टीकल–1	आनुवंशिक संसाधनों का उचित उपयोग, लाभ का उचित बटवारा, आनुवंशिक संसाधनों का उचित वितरण, उचित निवेश।
आर्टीकल–8	जैव विविधता संरक्षण हेतु निर्धारण, क्षेत्र विकास हेतु नियमन और व्यवस्थापन, आनुवंशिक संसाधनों का उचित संरक्षण, उपयोग, लाभ का निर्धारण, प्रजातियों का क्षेत्र विशेष में संरक्षण व्यवस्था।
आर्टीकल–9 बाहय स्थान संरक्षण (Ex situ Conservation)	एक्स सिटु संरक्षण (Ex situ Conservation) हेतु नियमन और व्यवस्थापन, लुप्त प्राय प्रजातियों का संरक्षण व्यवस्था, जैव विविधता एकत्रीकरण।

आर्टीकल–10	वैज्ञानिक शोध/अनुसंधान प्रोजेक्ट शुरु करना, संरक्षण रुपरेखा बनाना, स्थानीय लोगों को सहारा संरक्षण हेतु सहारा देना।
आर्टीकल–12	वैज्ञानिक शोध/अनुसंधान प्रोजेक्ट मूल्यांकन, विकासशील देश में संरक्षण हेतु नई प्रोजेक्ट।
आर्टीकल–15	प्रांतीय स्तर आनुवंशिक संसाधनों का उचित मूल्यांकन व संरक्षण रुपरेखा बनाना, आनुवंशिक संसाधनों का उचित उपयोग बढ़ाना।
आर्टीकल–16	आनुवंशिक संसाधनों का उचित हस्तानांतरण।
आर्टीकल–19	आनुवंशिक संसाधनों के उचित उपयोग व लाभ का उचित बँटवारा, जैव तकनीकी उपयोग बढ़ाना।

जैव विविधता कानून (Biodiversity Act-2004)

इस कानून के अनुसार एक राष्ट्रीय जैविक ऑथारिटी बनाई जायेगी जो नियमों को अमल कर निगरानी रखेगी। राज्य स्तर पर भी ऐसे मंडल बनाये जाने का प्रस्ताव इसमें है और स्थानीय स्तर पर जैव विविधता व्यवस्थापन समिति का प्रावधान है। इन सभी के माध्यम से हमारे देश के जो जैविक संसाधन हैं, उसका रक्षण, नियमन और व्यवस्थापन इस हेतु किया जायेगा कि उसका उपयोग हो। पेटेंटस के प्रावधान से कृषि अनुसंधान क्षेत्र पर बहुत असर पड़ने की संभावना है। नई प्रजातियों के संरक्षण के बारे में व्यवस्था होने से कृषि क्षेत्र में काम करने वाले वैज्ञानिक उन क्षेत्रों में संशोधन और शोध का प्रयास करेंगे जिसका वाणिज्यिक मूल्य हो। केवल अनुसंधान के लिए कृषि क्षेत्र में शोध नहीं किया जायेगा। अपने देश में नई प्रजातियाँ विकसित करने का एक पद्धति बना हुआ है। इस व्यवस्था में अब तक वाणिज्यिक मूल्य तथा संशोधन के लिए पैसे मिलने की बात, कृषि वैज्ञानिकों के दिमाग में कभी नहीं था। परन्तु अब इन प्रावधानों के बदौलत देश के कृषि वैज्ञानिक और भी प्रेरित हो जायेगें और उन प्रजातियों का विकास तेजी से सम्भव होगा जिसकी वाणिज्यिक महत्ता है। कोई भी अनुसंधान प्रोजेक्ट शुरु करने से पहले ध्यान में रखी जाएगी की बाद में उसका उचित मूल्य मिलने की व्यवस्था पहले से हो। दूसरी बात यह भी होगी कि जो हमारे जननद्रव्य (germplasm) हैं, उन प्रजातियों का ठीक से व्यवस्थापन किया जायगा और भविष्य में उसका लाभ होगा। इससे हमारे राष्ट्रीय कृषि अनुसंधान व्यवस्था में शोध की योग्यता भी बढ़ जायेगा और चूँकि नई प्रजातियाँ और कृषि अनुसंधान को संरक्षण मिलने से यह भी सम्भावना है कि कृषि में निवेश भी बढ़े। कृषि अनुसंधान को संरक्षण मिलने से इन प्रजातियों का व्यावसायिक उत्पादन करने के लिए आगे आयेगा। इससे बीज उद्योग को फायदा मिलेगा और उनका प्रचलन हो जायेगा। हमारे देश में विभिन्न क्षेत्र प्रभावित हो सकते हैं और विशेष रुप से कृषि क्षेत्र भारतीय कृषि अनुसंधान परिषद् के महानिदेशक ने इसी बात का जिक्र करते हुए कहा कि हमें अपने जो परम्परागत जानकारी या स्रोत है, उनको सुरक्षित तरीके से करना चाहिए और ऐसी भाषाओं में करना चाहिए जो पूरे विश्व के देश उनको जान सके। ऐसा करने से हमारे परम्परागत जानकारी की रक्षा हो जायेगी बल्कि कोई अन्य देश इन पर अपना दावा नहीं कर सकेगा। प्रो–एक्टिव (Pro-active) हो कर इस दिशा में कदम उठाना चाहिए। हमें इस संबंध में क्या करना है इसकी रुपरेखा बनाना चाहिए, हमारे सामने उद्देश्य

रखने चाहिए और उचित कार्यकाल में उनको पूरा करना चाहिए। कृषि क्षेत्र में बौद्धिक संपदाओं को एक दुविधाजनक परिस्थितियाँ भी बताया क्योंकि कृषि क्षेत्र आम जनता से जुड़ा है और पब्लिक गुड विरुद्ध प्राईवेट राइट की बहस अभी भी पूरी तरह से स्पष्ट नहीं है। हमारे कृषि अनुसंधान और शोध देश के बौद्धिक संपदाओं के कानून के अनुरुप हो।

नई प्रजातियों को संरक्षण दिये जाने पर पब्लिक गुड और वाणिज्यिक संभावनाओं के बीच एक संतुलन बनाए रखेगा और बौद्धिक संपदाओं के अधिकारों के बारे में जानकारी बढ़ाने के लिए पूरी तरह से सहायता करेगा। इन क्षेत्रों में प्रशिक्षण, कार्यशाला आयोजित करके इस विषय के बारे में जानकारी बढ़ाना चाहिए। संस्थाएं और राज्य कृषि विद्यापीठों को पाठ्यक्रम में चाहे डिग्री और डिप्लोमा हो, बौद्धिक संपदा अधिकारों को शामिल करना चाहिए। इन सारी बातों से हमारा कृषि अनुसंधान व्यवस्था मजबूत तो हो जायेगा और आने वाले समय में जो भी परिस्थितियाँ उत्पन्न होगी उनका सामना करने के लिए पूरी तरह से सक्षम होगा (बाला रवी, 2002)।

सीड बिल कानून–2004 (Seed Bill Act-2004)

सन् 2004 में भारतीय संविधान (Indian Parliament) के समक्ष नवीन सीड बिल कानून (Seed Bill Act-2004) को इस उद्‌देश्य से रखा गया कि सरकार सीधे बीज के उत्पादन व विपणन शामिल नही होगा बल्कि व्यक्तिगत बीज कम्पनी को भी उत्पादन, विपणन व नई प्रजाति के विकास में सहयोग देगा (माधवन एवं कौशिकी, 2006, श्रीवास्तव, 2006, शर्मा, 2005)। सीड बिल कानून–1966 (Seed Bill Act-1966) में परिवर्तन भरतीय बीज उधोग को देखते हुये करना होगा। कुछ कमियाँ जो सीड बिल कानून–1966 (Seed Bill Act-1966) में देखा गया, इस प्रकार हैं–

1. बीज प्रजाति का पंजीकरण आवश्यक नहीं था।
2. अपंजीकृत प्रजाति की सुरक्षा नहीं थी।
3. वाणिज्यिक (commercial) व रोपण पौध (plantation crops) इस कानून में नहीं था।
4. पराजीनी प्रजाति (transgenic varieties) के संरक्षण की व्यवस्था नहीं थी।
5. केवल प्रांतीय बीज प्रमाणन संस्था (State Seed Certification Agencies) के संरक्षण में थी।

नवीन सीड बिल कानून–2004 के उद्‌देश्य (Objective of the Seed Bill Act-2004)

नवीन सीड बिल कानून के उद्‌देश्य इस प्रकार हैं–

1. सीड बिल कानून–1966 की कमियों को दूर करना।
2. बीज परिवर्तन दर (seed replacement rate) को बढ़ाना।
3. भरतीय बीज उधोग को बढ़ावा देना।
4. बीज निर्यात व उपयोगी जननद्रव्य का आयात करना।
5. शोध व निवेश को बढ़ावा देना।

नवीन सीड बिल कानून–2004 की विशेषतायें (Highlights of Seed Bill Act-2004)

नवीन सीड बिल कानून–2004 की प्रमुख विशेषतायें इस प्रकार हैं–

1. नवीन सीड बिल कानून–2004 के तहत् बीज गुणवत्ता को बढ़ावा देना।
2. कृषकों के अधिकारों को दूर नहीं करता। कृषकों को बीज बेचने एवं बीज रखने का अधिकार।
3. कृषकों द्वारा पंजीकृत प्रजाति की खेती करने तथा गुणवत्ता व उपज न मिलने पर दण्ड का प्राविधान।
4. भारतीय कृषि अनुसंधान परिषद की संस्थाएं और राज्य कृषि विद्यापीठों द्वारा सस्य परीक्षण आवश्यक।
5. बीज उत्पादक व व्यापारी तथा औधानिक नर्सरी का पंजीकरण आवश्यक।
6. प्रजाति का राष्ट्रीय रजिस्टर रखना आवश्यक।
7. बीज निर्यात व आयात का नियन्त्रण आवश्यक।
8. धोखा करने पर दण्ड का प्राविधान।
9. पराजीनी प्रजाति (transgenic varieties) के संरक्षण की व्यवस्था।

□□□

अध्याय 7

सब्जी फसलों में प्रजनन की तकनीकें

(Breeding Techniques in Vegetable Crops)

सब्जियों की उपलब्धता बढ़ाने के लिए उत्तम सस्य तकनीकों के साथ–साथ अधिक उपज एवं वाँछित गुण वाले उन्नतिशील प्रजातियों का समावेश अत्यन्त आवश्यक है, क्योंकि एक सीमा तक ही उन्नत सस्य तकनीकी और अनुकूल वातावरण मात्र से अधिक उपज प्राप्त की जा सकती है। यह यत्य है कि अधिक एवं गुणवत्तायुक्त उपज निम्न कोटि की किस्मों से नहीं प्राप्त की जा सकती है। आज के बदलते परिवेश में उपलब्ध सब्जियों के रंग, आकार–प्रकार, मिठास, सुगन्ध आदि के प्रति उपभोक्ता काफी जागरूक हो गये हैं। उत्पादक बाजार में उपभोक्ता को मानक के अनुसार सब्जियाँ तभी उपलब्ध करा पायेंगे, जब गुण आधारित किस्में उपलब्ध हों। राष्ट्रीय एवं अन्तर्राष्ट्रीय मानक को पूर्ण करने वाली प्रजातियों का न होना स्वयं में एक उत्पादकता को कम करने वाला घटक बन जाता है। इसके अलावा मौसम में आये तेजी से बदलाव के कारण ऐसी किस्मों की माँग बढ़ने लगी है, जो वातावरण के प्रति अनुकूलन रखने की क्षमता रखती हैं। भौगोलिक विभिन्नता के कारण स्वयं ऐसी प्रजातियों को विकसित करने के लिए इंगित (indicate) करता है। अतः ऐसी प्रजातियों का विकास आवश्यक हो गया है, जो अधिक लवणता, अधिक अम्लता, अधिक जल मग्न, सूखा ग्रस्त आदि क्षेत्रों के लिए उपयुक्त हों। इसके लिए चुने हुए जननद्रव्य का दोहन व अन्तः प्रजात का विकास तेजी से किया जा रहा है, जिससे भविष्य में विषालुता अवशेष से पुर्णतया छूटकारा मिल सके। बेमौसम में उगने वाली सब्जियों का विकास किया जाना चाहिए, जिससे सब्जियों के सकल उत्पादन को बढ़ाया जा सके। नदियों, पहाणों, जंगलों आदि के निकट खेती करने के लिए उन्नतिशील प्रजातियों का विकास किया जाना चाहिए।

"Vegetable breeding may be defined as art (way of working-skills) and science (systematic gathering of information, observation, and formulation of hypotheis, experimentation, analysis & conclusion) for genetic improvement of vegetable crops".

प्रायोगिक उपयोगिता के आधार पर परिभषा इस प्रकार है।

"Vegetable breeding is the science involved in evolving of varieties superior to the existing ones".

सारिणी (7.1) सब्जी प्रजनन का इतिहास

काल	विवरण
आर्यन (Aryan)	फसल उत्पादक
आर्यन रिश (Aryan Rishs)	शाकाहारी भोजन
बेबिलोनियन एवं आस्रियन, 700 ईशा पूर्व (Babylonians and Assyrians, 700BC)	

सब्जियों में पुनर्जन्म/प्रजनन रीति (Modes of reproduction)

सब्जियों में पुनर्जन्म/जनन रीति को दो भागों में विभक्त किया जा सकता है–

1. कृत्रिम पुनर्जन्म रीति (Artificial mode of reproduction)
2. प्राकृतिक पुनर्जन्म रीति (Natural mode of reproduction)

1. कृत्रिम पुनर्जन्म/जनन रीति (Artificial mode of reproduction)

कृत्रिम पुनर्जन्म रीति में सूक्ष्म प्रसारण–तना कर्तन बहुगुणन (stem cuttings), जड़ बहुगुणन (root cuttings) एवं कलिका बहुगुणन (bud propagation) को समाहित किया जाता है। सब्जियों में पुनर्जन्म के लिए अन्य विधियाँ (anther culture, embryo culture, protoplast culture) भी अपनाई जाती है।

2. प्राकृतिक पुनर्जन्म/जनन रीति (Natural mode of reproduction)

प्राकृतिक पुनर्जन्म रीति को दो भागों में विभक्त किया जा सकता है–

- अलैंगिक जनन (Asexual reproduction)
- लैंगिक जनन (Sexual reproduction)

1. अलैंगिक जनन (Asexual reproduction)

पौधों के अलैंगिक जनन/पुनर्जन्म में विभिन्न लिंग (नर व मादा) की आवश्यकता नही होती है। नये पौधे का विकास वर्धीय भाग (vegetative part) या नर व मादा के गैमीट (gametes) से बिना परागण के होता है। नर व मादा युग्मकों के संयोंग के बिना नये व्यष्टियों (individuals) की उत्पत्ति अलैंगिक जनन कहलाता है।

सारिणी (7.2) सब्जियों में पुनर्जन्म रीति

फसल (Crop)	वानस्पतिक नाम (Botanical name)	कुल (Family)	पुनर्जन्म रीति (Mode of reproduction)
लहसुन	एलियम सटाइवम (*Allium sativum*)	अमारिलडेसी (Amaryllidaceae)	वर्धीय प्रसारण (Vegetative propagation)
आलू	सोलेनम ट्यूबरोसम (*Solanum tuberosum*)	सोलेनेसी (Solanaceae)	वर्धीय प्रसारण (Vegetative propagation)
शकरकन्द	आइपोमीआ बटाटास् (*Ipomea batatas*)	चिनोपोडिएसी (Chenopodiaceae)	वर्धीय प्रसारण (Vegetative propagation)
कसावा	मैनीहाट एस्कुलांटा (*Manihot esculanta*)	यूफोरबिएसी (Euphorbiaceae)	वर्धीय प्रसारण (Vegetative propagation)
ग्लोब अर्टीचोक	साइनारा स्कोलिमस (*Cynara scolymus*)	कम्पोजीटी (Compositae)	वर्धीय प्रसारण (Vegetative propagation)
जेरूसलेम अर्टीचोक	हेलिएन्थस ट्यूबरोसस (*Helianthus tuberosus*)	कम्पोजीटी (Compositae)	वर्धीय प्रसारण (Vegetative propagation)
अरवी	कोलोकेसिया स्कुलेंटा (*Colocasia esculenta*)	एरेसी (Araceae)	वर्धीय प्रसारण (Vegetative propagation)
याम	डायसकोरिया एलाटा (*Dioscorea alata*)	एरेसी (Araceae)	वर्धीय प्रसारण (Vegetative propagation)
जिमी कन्द	एमार्फोफैलस कम्पानुलाटा (*Amorphophallus campanulata*)	एरेसी (Araceae)	वर्धीय प्रसारण (Vegetative propagation)
भिण्डी	एबलमास्कस स्कुलेंटस (*Abelmoschus esculentus*)	मालवेसी (Malvaceae)	बहुधा परपरागण (Often cross pollinated)
बैंगन	सोलेनम मेलान्जेना (*Solanum melongena*)	सोलेनेसी (Solanaceae)	बहुधा परपरागण (Often cross pollinated)
मिर्च	कैप्सिकम एनम (*Capsicum annuum* L.)	सोलेनेसी (Solanaceae)	बहुधा परपरागण (Often cross pollinated)
फूल गोभी	ब्रेसिका ओलेरेसिया वार० बोटराइटिस (*Brassica oleracea* var. *botrytis*)	ब्रेसिकेसी (Brassicaceae)	परपरागण (Cross pollinated)
पत्ता गोभी	ब्रेसिका ओलेरेसिया वार० कैपीटाटा (*Brassica oleracea* var. *capitata*)	ब्रेसिकेसी (Brassicaceae)	परपरागण (Cross pollinated)
चायनीज पत्ता गोभी	ब्रेसिका चायनेन्सीस (*Brassica chonensis*)	ब्रेसिकेसी (Brassicaceae)	परपरागण (Cross pollinated)
गांठ गोभी	ब्रेसिका ओलेरेसिया वार० गांगीलोडस् (*Brassica oleracea* var. *gongylodes*)	ब्रेसिकेसी (Brassicaceae)	परपरागण (Cross pollinated)

केल	ब्रेसिका ओलेरेसिया वार० एसेफ्ला (*Brassica oleracea* var. *acephala*)	ब्रेसीकेसी (Brassicaceae)	परपरागण (Cross pollinated)
ब्रोकली	ब्रेसिका ओलेरेसिया वार० इटैलिका (*Brassica oleracea* var. *italica*)	ब्रेसीकेसी (Brassicaceae)	परपरागण (Cross pollinated)
ब्रुसेल्स स्प्रउटा	ब्रेसिका ओलेरेसिया वार० गेमीफेरा (*Brassica oleracea* var. *gemmifera*)	ब्रेसीकेसी (Brassicaceae)	परपरागण (Cross pollinated)
चौलाई	एमरेंथस ट्राईकलर (*Amaranthus tricolor*)	एमरेंथेसी (Amaranthaceae)	परपरागण (Cross pollinated)
देशी पालक	बीटा वल्गेरिस उप प्रजाति बेन्गालेंसिस (*Beta vulgaris* spp. *bengalensis*)	चिनोपोडिएसी (Chenopodiaceae)	परपरागण (Cross pollinated)
सेलरी	एपीयम ग्रेवियोलेंस (*Apium graveolens*)	एपीएसी (Apiaceae)	परपरागण (Cross pollinated)
पार्सले	पेटरोसेलीनम किसपम (*Petroselinum crispum*)	एपीएसी (Apiaceae)	परपरगण (Cross pollinated)
पार्सनीप	पासटीनाका सटाइवा (*Pastinaca sativa*)	एपीएसी (Apiaceae)	परपरागण (Cross pollinated)
धनिया	कोरीएन्ड्रम सटाइवम (*Coriandrum sativum*)	एपीएसी (Apiaceae)	परपरगण (Cross pollinated)
डील	एनेथम ग्रेवियोलेस (*Apium graveoleus*)	एपीएसी (Apiaceae)	परपरगण (Cross pollinated)
मेथी	ट्रइगोनेल्ला कार्निकुलाटा (*Trigonella corniculata*)	फबेसी (Fabaceae)	स्वपरागण (Self pollinated)
कसूरी मेथी	ट्राइगोनेल्ला फोइनम्–ग्रीकम (*Trigonella foenum-graecum* L.)	फबेसी (Fabaceae)	स्वपरागण (Self pollinated)
लेट्यूस	लैक्टुका सटाइवा (*Lactuca sativa*)	एस्टेरेसी (Asteraceae)	परपरागण (Cross pollinated)
पालक	स्पीनाच ओलेरेसिया (*Spinach oleraceae*)	चिनोपोडिएसी (Chenopodiaceae)	परपरागण (Cross pollinated)
गाजर	डाकस कैरोटा (*Dacus carota*)	एपीएसी (Apiaceae)	परपरागण (Cross pollinated)
मूली	रैफनस सटाइवस (*Raphanus sativus*)	ब्रेसीकेसी (Brassicaceae)	परपरागण (Cross pollinated)
शलजम	ब्रेसिका रापा (*Brassica rapa*)	ब्रेसीकेसी (Brassicaceae)	परपरागण (Cross pollinated)
स्वेदे	ब्रेसिका नैपोब्रेसिका (*Brassica napobrassica*)	ब्रेसीकेसी (Brassicaceae)	परपरागण (Cross pollinated)
एस्परागस	एस्परागस आफिसीनैलिस (*Asparagus officinalis*)	लिलिएसी (Liliaceae)	परपरागण (Cross pollinated)
मटर	पाइसम सटाइवम (*Pisum sativum*)	फबेसी (Fabaceae)	स्वपरागण (Self pollinated)
फराश बीन	फैसिओलस वलगेरिस (*Phaseolus vulqaris* L.)	फबेसी (Fabaceae)	स्वपरागण (Self pollinated)
बाकला या फाबा बीन	विसिया फाबा (*Vicia faba*)	फबेसी (Fabaceae)	स्वपरागण (Self pollinated)

खीरा	कुकुमिस सटाइवस (*Cucumis sativus*)	कुकुरबिटेसी (Cucurbitaceae)	परपरागण (Cross pollinated)
खरबूजा	कुकुमिस मेलो (*Cucumis melo*)	कुकुरबिटेसी (Cucurbitaceae)	परपरागण (Cross pollinated)
कैन्टालूप	कुकुमिस मेलो वार० कैन्टालूपेन्सिस (*Cucumis melo* var. *cantalupensis*)	कुकुरबिटेसी (Cucurbitaceae)	परपरागण (Cross pollinated)
घरकीन	कुकुमिस अन्गुरिया वार० अन्गुरिया (*Cucumis anguria* var. *anguria*)	कुकुरबिटेसी (Cucurbitaceae)	परपरागण (Cross pollinated)
ककड़ी	कुकुमिस मेलो वार० अटीलिसीमस (*Cucumis melo* var. *utillissimus*)	कुकुरबिटेसी (Cucurbitaceae)	परपरागण (Cross pollinated)
तरबूज	सिट्रलस लेनेटस (*Citrullus lanatus*)	कुकुरबिटेसी (Cucurbitaceae)	परपरागण (Cross pollinated)
टिण्डा	सिट्रलस लेनेटस वार० फिस्टूलोसस (*Citrullus lanatusvar. fistulosus*)	कुकुरबिटेसी (Cucurbitaceae)	परपरागण (Cross pollinated)
कुम्हण	कुकुरबिटा मोस्चाटस (*Cucurbita moschata*)	कुकुरबिटेसी (Cucurbitaceae)	परपरागण (Cross pollinated)
समर स्क्वास	कुकुरबिटा पेपो (*Cucurbita pepo*)	कुकुरबिटेसी (Cucurbitaceae)	परपरागण (Cross pollinated)
विण्टर स्क्वास	कुकुरबिटा मैक्सीमा (*Cucurbita maxima*)	कुकुरबिटेसी (Cucurbitaceae)	परपरागण (Cross pollinated)
लौकी	लेजिनेरिया साइसेरेरिया (*Lagenaria siceraria*)	कुकुरबिटेसी (Cucurbitaceae)	परपरागण (Cross pollinated)
करेला	मोमोर्डिका करंशिया (*Momordica charantia*)	कुकुरबिटेसी (Cucurbitaceae)	परपरागण (Cross pollinated)
नसदर तोरी	लूफा एक्यूटान्गुला (*Luffa acutangula*)	कुकुरबिटेसी (Cucurbitaceae)	परपरागण (Cross pollinated)
चिकनी तोरी	लूफा सिलिन्ड्रीका (*Luffa cylindrica*)	कुकुरबिटेसी (Cucurbitaceae)	परपरागण (Cross pollinated)
परवल	ट्राइकोसेन्थस डाइओका (*Trichosanthus dioica*)	कुकुरबिटेसी (Cucurbitaceae)	परपरागण (Cross pollinated)
चिचिण्डा	ट्राइकोसेन्थस एन्गुइना (*Trichosanthus anguina*)	कुकुरबिटेसी (Cucurbitaceae)	परपरागण (Cross pollinated)
पेठा	बेनिनकासा हिस्पिडा (*Benincasa hispida*)	कुकुरबिटेसी (Cucurbitaceae)	परपरागण (Cross pollinated)
कुन्दुरू	काक्सीनिया ग्रान्डीस (*Coccinia grandis*)	कुकुरबिटेसी (Cucurbitaceae)	परपरागण (Cross pollinated)
ग्वार	सायमोप्सीस ट्रेट्रागोनोलोबा (*Cyamposis tetragonoloba*)	फबेसी (Fabaceae)	स्वपरागण (Self pollinated)
विंग्ड बीन	प्सोफोकारपस ट्रेट्रागोनोलोबस (*Psophocarpus tetragonolobus*)	फबेसी (Fabaceae)	स्वपरागण (Self pollinated)
राइस बीन	विग्ना अम्बीलाटा (*Vigna umbilata*)	फबेसी (Fabaceae)	स्वपरागण (Self pollinated)
लोबिया	विग्ना अन्गुइकुलाटा (*Vigna unguiculata*)	फबेसी (Fabaceae)	स्वपरागण (Self pollinated)
टमाटर	सोलेनम एस्कुलेण्टम (*Solanum esculentum*)	सोलेनेसी (Solanaceae)	स्वपरागण (Self pollinated)
प्याज	एलियम सेपा (*Allium cepa*)	अमारिलडेसी (Amaryllidaceae)	परपरागण (Cross pollinated)

वर्धीय प्रसारण (Vegetative propagation)

नये पौधे का विकास वर्धीय भाग जैसे–परिवर्तित तना (tubers in potato, bulbils in garlic, bulb in onions, rhizomes in ginger and turmeric), परिवर्तित जड़ (modified underground root in sweet potato, corms in yams) से होता है। कुछ सब्जियों में प्रजनन वायवीय भाग (aerial parts) से होता है जैसे–तना कर्तन (mint, sweet potato, watercress, pointed gourd, tapioca and drum sticks) जड़ भुस्तारी (curry leaf and globe artichok)।

असंगजनन या एपोमिक्सीस (Apomixix)

बिना गर्भाधान (without fertilization) के बीज के विकास को एपोमिक्सीस (apomixi) कहते हैं। जब बीज का विकास केवल असंगजनन (exclusively apomixix) से होता है, तो आब्लीगेट एपोमिक्टिक (obligate apomictic) एवं जब बीज का विकास एपोमिक्सीस के साथ लैंगिक प्रजनन से होता है, तो फैकल्टेटटीव एपोमिक्टिक (facultative apomictic) कहते हैं। एपोमिक्सीस कई प्रकारा के होते हैं।

एडवेन्टीटीयस इम्ब्रीयोनी (Adventitious embryony)

जब भ्रूण का विकास वर्धीय भाग जैसे–न्यूसेल्स (nucellus), ईन्टेगूमेन्ट (integument) एवं चालजा (chalaza) से होता है, तो एडवेन्टीटीयस इम्ब्रीयोनी कहते हैं। कई भ्रूण का विकास बिना भ्रूण थैला (embryo sac) बनाये होता है, तो बहुभ्रूणीय (polyembryony) होता है, जहाँ एक बीज कई नवोद्भिद (seedlings) को जन्म देता है।

अबीजाणुकता या एपोस्पोरी (Apospory)

जब बीजाण्ड (ovule) का विकास कुछ वर्धीय कोशिका से बिना घटे भ्रूण बीज और भ्रूण का विकास अण्डज कोशिका (egg cell) या भ्रूण थैला (embryo sac) की कुछ अन्य कोशिका से होता है, जैसे–एलियम स्पीशीज (प्याज, लीक)।

डाईओस्पोरी (Diospory)

भ्रूण थैला (embryo sac) का विकास द्विगुणित मातृ कोशिका (diploid mother cell) से होता है, बिना अर्द्ध सूत्रीय विभाजन (meiosis) के होता है और बिना बीज के फल विकास/अपयुग्मन (parthenogenesis or apogamy) में सहायक होते हैं।

पारथेनोजेनेसिस (Parthenogenesis)

अण्डज कोशिका (egg cell) से भ्रूण का विकास पारथेनोजेनेसिस कहलाता है, जो द्विगुणित यानी डिप्लायड (diploid) अगुणित यानी हैप्लायड (haploid) स्तर का हो सकता है। द्विगुणित (diploid) पारथेनोजेनेसिस (matromorphy) ब्रेसिकेसी (Brassicaceae) कुल में होता है।

अपयुग्मन या एपोगैमी (Apogamy)

अपयुग्मन एक प्रक्रिया है, जिसमें भ्रूण का विकास भ्रूण थैला (embryo sac) के सीनरजीड (synergids) या एन्टीपोडल कोशिका (antipodal cell) से होता है। एपोगैमी भी द्विगुणित (diploid) या अगुणित (haploid) स्तर का हो सकता है। यह भ्रूण थैला (embryo sac) पर निर्भर करता है। द्विगुणित (diploid) अपयुग्मन प्याज में होता है। इसी प्रकार पैटरोमार्फी (patromorphy) आलू में होता है (कल्लू, 1988)।

अपयुग्मन या एपोमिक्सीस (Apomixix) का महत्व

- अपयुग्मन या एपोमिक्सीस एक समस्या है, जब प्रजनक संकर संतति या अग्रसार से संकर प्राप्त करना चाहता है। अतः नान–एपोमिक्टीक पौध का प्रयोग करना चाहिये।
- अग्रसारित पीढ़ी में एपोमिक्टीक पौध का चयन नही करना चाहिये।
- एक बार परपरागित फसल में वाँछित संकर प्राप्त होने पर एपोमिक्टीक पौध का चयन कर संकर ओज (hybrid vigour) बरकरार रख सकते हैं (स्टास्कोफ एवं सहयोगी, 1999)।

2. लैंगिक जनन (Sexual reproduction)

लैंगिक जनन में दो लिंग (two sexes) सम्मिलित होते हैं, जिसमें एक मातृ (maternal parent) एवं दूसरा पितृ (paternal parent) होता है। मातृ एवं पितृ मिलकर नर एवं मादा युग्मक (ovary and anther) का निर्माण करते हैं। नर एवं मादा गैमीट आपस में मिलकर (fuse) जाईगोट का निर्माण करते हैं, जो बाद में भ्रूण (embryo) का विकास करते हैं।

जनन अंग (Reproductive organs)

पुष्प

पुष्प मुख्य संरचना है, जिसमें नर जननांग (androecium) एवं मादा जननांग (gynoecium) कहलाता हैं।

"A flower is consisted of sepals, petals, stamens or pistil or both of them."

एक पूर्ण पुष्प में नर एवं मादा दोनों जनन अंग होते हैं। एक अपूर्ण पुष्प में या नर अंग या मादा जनन अंग में से कोई एक नही होता है। सब्जियों में 3 प्रकार के पुष्प होते हैं–

- **उभय लिंगी/हर्माफ्रोडाइट पुष्प (Hermaphrodite flower)**–आलू, टमाटर, मिर्च, मटर, बैंगन, ब्रेसिकेसी (Brassicaceae) कुल की सब्जियाँ, बीन्स, प्याज, सतपुतिया
- **पुंकेसरी पुष्प (Staminate flower)**–इसमें केवल नर पुष्प केसर होता है, स्त्रीकेसर नही।
- **स्त्रीकेसरी पुष्प (Pistillate flower)**–इसमें केवल मादा पुष्प केसर होता है, नर केसर नही।

1. **पुष्पकेसर** *(Stamen consist of filament and anther bearing male reproductive cells. Microsporogenesis leads to the formation of pollen grains.)*
2. **स्त्रीकेसर** *(Pistil consist of ovary containg ovule, long style and at distal end stigma. Megesporogenesis takes place in ovary leading to the development of megaspore.)*

पुष्प जैविकी (Floral biology)

पुष्पीय संरचना एवं पुष्पन प्रक्रिया के अध्ययन को पुष्प जैविकी (**floral biology**) कहते हैं।

पुष्पन (Anthesis)–किसी पुष्प कलिका का पहली बार खिलना पुष्पन (**anthesis**) कहलता है।

परागण (Pollination)

परागकण का वर्तीकाग्र पर गिरना/झड़ना परागण (**pollination**) कहलाता है।

"The faling of pollen grain on stigma is known as pollination".

सारिणी (7.3) सब्जियों में पुष्पन (anthesis) समय, परागकण झड़ने का समय एवं वर्तिकाग्र की ग्राह्यता

सब्जी फसल	पुष्पन समय	परागकण झड़ने का समय	वर्तिकाग्र की ग्राह्यता
टमाटर (रबी)	6.0–8.0 सुबह	7.0–10.00 सुबह	पुष्प खिलने से एक दिन पहले से खिलने के दिन तक
आलू (ग्रीष्म)	7.0–9.0 सुबह	9.0–11.00 सुबह	पुष्प खलने के दिन व एक दिन बाद तक
भिन्डी	5.0–7.30 सुबह	6.0–9.00 सुबह	पुष्प खिलने से एक दिन पहले से खिलने के दिन तक
बैंगन	7.0–9.30 सुबह	9.0–11.00 सुबह	पुष्प खिलने से एक दिन पहले से खिलने के दिन तक
मटर	6.0–8.0 सुबह	8.0–10.30 सुबह	पुष्प खिलने से एक दिन पहले से एक दिन बाद तक
फराश बीन	5.30–7.0 सुबह	6.0–8.00 सुबह	पुष्प खलने के दिन सुबह
मिर्च	6.0–8.0 सुबह	7.0–10.00 सुबह	पुष्प खलने के दिन
मूली	7.0–9.30 सुबह	8.0–11.00 सुबह	पुष्प खिलने से एक दिन पहले से खिलने के दिन तक
गाजर	6.0–9.30 सुबह	7.0–11.00 सुबह	पुष्प खलने के दिन
फूल गोभी	7.0–9.00 सुबह	8.0–11.00 सुबह	पुष्प खिलने से एक दिन पहले से खिलने के दिन तक

गांठ गोभी	7.0–9.00 सुबह	8.0–11.00 सुबह	पुष्प खिलने से एक दिन पहले से खिलने के दिन तक
बीट पालक	6.0–8.0 सुबह	6.0–9.00 सुबह	पुष्प खलने के दिन
लौकी	5.0–8.0 सुबह	12.0–02.00 दोपहर बाद	पुष्प खिलने से एक दिन पहले से एक दिन बाद तक
कुम्हण	5.0–8.0 सुबह	11.0–12.00 सुबह	पुष्प खलने के दिन
करेला	7.0–9.0 सुबह	9.0–11.00 सुबह	पुष्प खिलने से एक दिन पहले से एक दिन बाद तक
खीरा	5.30–8.0 सुबह	6.0–9.00 सुबह	पुष्प खलने के दिन
खरबूजा	5.30–8.0 सुबह	6.0–9.00 सुबह	पुष्प खलने के दिन
तरबूज	5.00–8.0 सुबह	6.0–10.00 सुबह	पुष्प खलने के दिन
प्याज	6.0–8.00 सुबह	7.0–11.00 सुबह	पुष्प खलने के दिन
मेथी	5.0–7.00 सुबह	7.0–11.00 सुबह	पुष्प खलने के दिन
चिकनी तोरी	5.0–7.00 सुबह	5.0–10.00 सुबह	पुष्प खलने के दिन व एक दिन बाद तक

सब्जियों में परागण एक महत्वपूर्ण प्रक्रिया है, जिसके आधार पर वर्गीकरण निम्न प्रकार किया जा सकता है–

1. स्वपरागित सब्जियाँ (Self pollinated vegetables)
2. परपरागित सब्जियाँ (Cross pollinated vegetables)
3. बहुधा परपरागित सब्जियाँ (Often cross pollinated vegetables)

1. स्व परागण (Self pollination)

जब पुष्प में अण्डज उसी पुष्प के परागकण से परागित होता है तो उसे स्वपरागण (self-pollination or autogamous) कहते हैं। आनुवंशिक रुप से ऐसी सब्जियाँ समरुप (homozygous) होती हैं, जो होमोमार्फिजम (homomorphism), क्लिस्टोगैमी (cleistogamy) तथा चास्मोगैमी (chasmogamy) के कारण होती हैं। होमोमार्फिजम (homomorphism) का तात्पर्य पुष्पांगों (androecium and gynoecium) का एक समान दशा का होना है।

- क्लिस्टोगैमी (cleistogamy) का तात्पर्य पुष्प खुलने से पहले ही परागण का होना है। पुष्प खुलने से पहले परागकण झड़कर वर्तिकाग्र पर पहुँच जाते हैं।
- चास्मोगैमी (chasmogamy) का तात्पर्य पुष्प खुलने के समय परागण का होना है। इस स्थिति में पुष्प खुलते ही परागकण झड़कर वर्तिकाग्र पर पहुँच जाते हैं।

क्लिस्टोगैमी तथा चास्मोगैमी संयुक्त रुप से हार्माप्रोडाइट (hermaphrodite) पुष्प में परिवर्तित होते हैं। परिणामतः आटोगैमी (autogamy) बनाता है।

सारिणी (7.4) स्वपरागित सब्जियाँ, उनका वानस्पतिक नाम एवं कुल

सब्जियाँ (Vegetables)	वानस्पतिक नाम (Botanical name)	कुल (Family)
टमाटर (Tomato)	सोलेनम एस्कुलैण्टम (*Solanum esculentum*)	सोलेनेसी (Solanaceae)
बैंगन (Brinjal)	सोलेनम मेलान्जेना (*Solanum melongena*)	सोलेनेसी (Solanaceae)
मिर्च (Chilli)	कैप्सिकम एनम (*Capsicum annuum*)	सोलेनेसी (Solanaceae)
शिमला मिर्च (Capsicum)	कैप्सिकम एनम वार0 ग्रोसम (*Capsicum annuum* var. *grossum*)	सोलेनेसी (Solanaceae)
आलू (Potato)	सोलेनम ट्यूबेरोसम (*Solanum tuberosum*)	सोलेनेसी (Solanaceae)
मटर (Peas)	पाइसम सटाइवम (*Pisum sativum*)	फाबेसी (Fabacae)
फराश बीन (French bean)	फैसिओलस वल्गैरिस (*Phaseolus vulgaris*)	फाबेसी (Fabacae)
बाकला (Faba bean)	विसिया फाबा (*Vicia faba*)	फाबेसी (Fabacae)
लोबिया (Cowpea)	विग्ना अनगुइकुलाटा (*Vigna unguiculata*)	फाबेसी (Fabacae)
सेम (Lablab bean)	लबलब परप्यूरियस (*Lablab purpureus*)	फाबेसी (Fabacae)
सोयाबीन (Soybean)	ग्लाइसिन मैक्स (*Glycine max*)	फाबेसी (Fabacae)
ग्वार (Cluster bean)	साइमोप्सिस टेट्रागोनोलोबा (*Cyamopsis tetragonoloba*)	फाबेसी (Fabacae)
देशी मेथी (Fenugreek)	ट्राइगोनेल्ला फोइनम ग्रीकम (*Trigonella foenum-graecum*)	फाबेसी (Fabacae)
कसुरी मेथी (Fenugreek)	ट्राइगोनेल्ला कार्निकुलाटा (*Trigonella caurniculata*)	फाबेसी (Fabacae)

2. परपरागण (Cross pollination)

जब अण्डज उसी पौधे पर बने पुष्प से परागित न होकर अन्य से परागित होते हैं, परपरागित कहलाते हैं। इसके अन्तर्गत अन्य पौधों पर बनने वाले पुष्प से परागण या उसी पौधे पर बनने वाले अन्य पुष्प से परागण सम्मिलित है।

सारिणी (7.5) प्राकृतिक परपरगण (natural cross pollination) व पृथ्थकरण दूरी

प्राकृतिक परपरागण का स्तर (प्रतिशत)	पृथ्थकरण दूरी (मीटर)
0—10	10.0—15.0
11—25	200.0—300.0
25—50	300.0—500.0
50—75	500.0—1000.0
75—100	1000.0 से ज्यादा

परपरागित सब्जियाँ स्वभावतः विषमयुग्मजी होती हैं। परपरागण मुख्यतः कई कारणों से होता है।

लिंग का विलगन (Separation of sex)

(क) मोनोशियस दशा (monoecious condition)–जब एक ही पौधे पर नर व मादा पुष्प अलग–अलग अवस्थित हों, जैसे– करेला, लौकी, कुम्हण, पेठा आदि।

(ख) डायोशियस दशा (dioecious condition)–जब नर पौध (androecious) तथा मादा पौध (gynoecious-pistillate) अलग–अलग हों, जैसे परवल, कुंदरु, एस्पेरागस आदि।

(ग) एण्ड्रोमोनोशियस दशा (andromonoecious condition)–जब नर पुष्प और हर्माफ्रोडाइड अलग–अलग हों, और एक ही पौधे पर विकसित हों। जैसे–तरबूज, खीरा आदि।

(घ) गाइनोमोनोशियस दशा (gynomonoecious condition)–जब मादा पुष्प तथा हर्माफ्रोडाइड पुष्प अलग–अलग हों और एक ही पौधे पर विकसित हों, जैसे–खीरा, तरोई आदि।

(ङ) ट्राइमोनोशियस दशा (trimonoecious condition)–जब नर पुष्प, मादा पुष्प और हर्माफ्रोडाइड पुष्प अलग–अलग हों तथा एक ही पौधे पर विकसित हों, जैसे–खीरा, पालक आदि।

(च) एण्ड्रोडायोशियस दशा (androdioecious condition)–ऐसे पौधों का समूह जिस पर नर व हर्माफ्रोडाइड पुष्प विकसित होते हैं। जैसे–खीरा आदि।

(छ) गाइनोडायोशियस दशा (gynodioecious condition)–ऐसे पौधों का समूह जिस पर मादा व हर्माफ्रोडाइड (hermaphrodite) विकसित होते हों, जैसे–खीरा, पालक आदि।

हेटेरोमार्फिजम (Heteromorphism)

इसमें पुष्पांग अलग–अलग स्थिति में लगे होते हैं।

(क) ट्राइस्टाइली (tristyly)–तीन विभिन्न स्थिति/नर व मादा अंग का विकास।

(ख) डाइस्टाइली (distyly-pin and thrum)–दो विभिन्न स्थिति/नर व मादा अंग का विकास।

(ग) हेटेरोस्टाइली (heterotstyly)–कई विभिन्न स्थिति/नर व मादा अंग का विकास (टमाटर, बैगन, मिर्च)।

डाइकोगैमी (Dichogamy)

इसमें नर एवं मादा पुष्प अलग–अलग परिपक्व होते हैं। जिसके कारण दोनों अंग होने के बावजूद भी स्व–परागण नही होता है। यहाँ दो स्थिति उत्पन्न होती है।

(क) प्रोटोएण्ड्री (protoandry) –इसमें नर अंग वर्तिकाग्र से पहले परिपक्व होता है, जैसे–गाजर।

(ख) प्रोटोगाइनी (protogyny)–इसमें वर्तीकाग्र पहले परिपक्व होता है और नर अंग बाद में, जैसे–मिर्च, भिण्डी आदि।

सारिणी (7.6) परपरागित सब्जियाँ, उनका वानस्पतिक नाम एवं कुल

सब्जियाँ (Vegetables)	वानस्पतिक नाम (Botanical name)	कुल (Family)
फूल गोभी (Cauliflower)	ब्रेसिका ओलेरेसिया वार० बोटरायटिस (*Brassica oleracea* var. *botrytis*)	ब्रेसीकेसी (Brassicaceae)
बंद गोभी (Cabbage)	ब्रेसिका ओलेरेसिया वार० कैपिटाटा (*Brassica oleracea* var. *capitata*)	ब्रेसीकेसी (Brassicaceae)
गांठ गोभी (Knol-khol)	ब्रेसिका ओलेरेसिया वार० गोंगीलोड्स (*Brassica oleracea* var. *gongylodes*)	ब्रेसीकेसी (Brassicaceae)
केल (Kale)	ब्रेसिका ओलेरेसिया वार० एसेफ्ला (*Brassica oleracea* var. *acephla*)	ब्रेसीकेसी (Brassicaceae)
स्प्राउटींग ब्रोकली (Sprouting broccoli)	ब्रेसिका ओलेरेसिया वार० इटैलिका (*Brassica oleracea* var. *italica*)	ब्रेसीकेसी (Brassicaceae)
बुसेल्स स्प्राउट (Brussels sprout)	ब्रेसिका ओलेरेसिया वार० गेमीफेरा (*Brassica oleracea* var. *gemmifera*)	ब्रेसीकेसी (Brassicaceae)
सरसों (Mustard)	ब्रेसिका जंसिया (*Brassica juncea*)	ब्रेसीकेसी (Brassicaceae)
शलजम (Turnip)	ब्रेसिका कम्पेस्ट्रिस वार० रापा (*Brassica compestris* var. *rapa*)	ब्रेसीकेसी (Brassicaceae)
चिनी पत्ता गोभी (Chinese cabbage)	ब्रेसिका कम्पेस्ट्रिस स्पीशीज (*Brassica compestris* spp. *pekiensis*)	ब्रेसीकेसी (Brassicaceae)
मूली (Radish)	रफैनस सटाइवस (*Raphanus sativus*)	ब्रेसीकेसी (Brassicaceae)
लेट्यस/सलाद (Lettuce)	लैक्टुका सटाइवा (*Lactuca sativa*)	ब्रेसीकेसी (Brassicaceae)
चिकोरी (Chicori)	चिकोरम इंटाइबस (*Chichorum intybus*)	ब्रेसीकेसी (Brassicaceae)
गाजर (Carrot)	डौकस करोटा (*Daucus carota*)	अम्बलीफेरी (Umbelliferae)
प्याज (Onion)	एलियम सेपा (*Allium cepa*)	एलिएसी (Alliaceae)
ककड़ी (Long melon)	कुकुमिस मेलो वार० फ्लेक्सुओसस (*Cucumis melo* var. *flexuosus*)	कुकुरविटेसी (Cucurbitaceae)
खरबूजा (Musk melon)	कुकुमिस मेलो (*Cucumis melo*)	कुकुरबिटेसी (Cucurbitaceae)
तरबूज (Water melon)	सिट्रूलस लनेटस (*Citrullus lanatus*)	कुकुरबिटेसी (Cucurbitaceae)

खीरा (Cucumber)	कुकुमिस सटाइवस (*Cucumis sativus*)	कुकुरबिटेसी (Cucurbitaceae)
चिकनी तोरई (Sponge gourd)	लूफा सिलिण्ड्रीका (*Luffa cylindrica*)	कुकुरबिटेसी (Cucurbitaceae)
नसदार रई (Ridge gourd)	लूफा एक्यूटांगुला (*Luffa acutangula*)	कुकुरबिटेसी (Cucurbitaceae)
घीया या लौकी (Bottle gourd)	लैजिनेरिया साइसेरैरिया (*Lagenaria siceraria*)	कुकुरबिटेसी (Cucurbitaceae)
करेला (Bitter gourd)	मोमोर्डिका करंशिया (*Momordica charantia*)	कुकुरबिटेसी (Cucurbitaceae)
ककरोल (Sweet gourd)	मोमोर्डिका कोचिनचाइनेन्सिस (*Momordica cochinchinensis*)	कुकुरबिटेसी (Cucurbitaceae)
करतोली (Spine gourd)	मोमोर्डिका डाइयोका (*Momordica dioica*)	कुकुरबिटेसी (Cucurbitaceae)
टिन्डा (Roud melon)	प्रीसिट्रलस फिस्टूलोसस (*Praecitrullus fistulosus*)	कुकुरबिटेसी (Cucurbitaceae)
परवल (Pointed gourd)	ट्राइकोसेन्थस डाइयोका (*Trichosanthes dioica*)	कुकुरबिटेसी (Cucurbitaceae)
चिचिन्डा (Snake gourd)	ट्राइकोसेन्थस कुकुमेरिना (*Trichosanthes cucumerina*)	कुकुरबिटेसी (Cucurbitaceae)
कुन्दरू (Ivy gourd)	काक्सिनिया कोर्डिफोलिया (*Coccinia cordifolia*)	कुकुरबिटेसी (Cucurbitaceae)
चम्पन कद्दू (Summer squash)	कुकुरबिटा पेपो (*Cucurbita pepo*)	कुकुरबिटेसी (Cucurbitaceae)
कुम्हण (pumpkin)	कुकुरबिटा मोस्चाटा (*Cucurbita moschata*)	कुकुरबिटेसी (Cucurbitaceae)
पेठा (Ash gourd)	बेनिनकासा हिस्पीडा (*Benincasa hispida*)	कुकुरबिटेसी (Cucurbitaceae)
चोचो (Cho-cho)	सिचियम इड्यूल (*Sechium edule*)	कुकुरबिटेसी (Cucurbitaceae)
भिन्डी (Okra)	एबलमास्कस एस्क्यूलेन्टस (*Abelmoschus esculentus*)	मालवेसी (Malvaceae)

3. बहुधा परपरागण (Often cross pollination)

इस समूह की सभी सब्जियाँ मुख्यतः स्वपरागित होती हैं, जिसमें हर्माफ्रोडाइड पुष्प बनते हैं। इसमें पुष्प अंग रुपान्तरण विशेषतः डाइकोगैमी दशा परपरागण के लिए जिम्मेदार है। उदाहरण के लिए भिण्डी, मिर्च, बैंगन, रोजेले (rozelle) आदि।

सारिणी (7.7) बहुधा परपरागित सब्जियाँ, उनका वानस्पतिक नाम एवं कुल

सब्जियाँ (Vegetables)	**वानस्पतिक नाम (Botanical name)**	**कुल (Family)**
मिर्च (Chilli)	कैप्सिकम एनम (*Capsicum annuum*)	सोलेनेसी (Solanaceae)
शिमला मिर्च (Capsicum)	कैप्सिकम एनम वार0 ग्रोसम (*Capsicum annuum* var. *grossum*)	सोलेनेसी (Solanaceae)
बैंगन (Brinjal)	सोलेनम मेलान्जेना (*Solanum melongena*)	सोलेनेसी (Solanaceae)
भिन्डी (Okra)	एबलमास्कस एस्क्यूलेन्टस (*Abelmoschus esculentus*)	मालवेसी (Malvaceae)
लाइमा बीन (Lima bean)	फैसिओलस लनेटस (*Phaseolus lunatus*)	फाबेसी (Fabacae)

कुकुरबिटेसी कुल में पुष्प के प्रकार

कुकुरबिटेसी (Cucurbitaceae) कुल में भिन्न–भिन्न प्रकार के पुष्प होते हैं (कल्लू, 1988)–

- **ट्राइमोनोसीयस (Trimonoecious)**–पौध पर केवल पुंकेसरी पुष्प (staminate flower), स्त्रीकेसरी पुष्प (pistillate flower) एवं उभय लिंगी/हर्माफ्रोडाइट पुष्प (hermaphrodite flower) विकसित होते हैं।
- **मोनोसीयस (Monoecious)**–पौध पर केवल पुंकेसरी पुष्प (staminate flower) के साथ–साथ स्त्रीकेसरी पुष्प (pistillate flower) विकसित होते हैं।
- **एन्ड्रोमोनोसीयस (Andromonoecious)**–पौध पर केवल पुंकेसरी पुष्प (staminate flower) के साथ–साथ उभयलिंगी/हर्माफ्रोडाइट पुष्प (hermaphrodite flower) विकसित होते हैं।
- **जायांगी या गायनोसीयस (Gynoecious)**–पौध पर केवल स्त्रीकेसरी पुष्प (pistillate flower) विकसित होते हैं।
- **गायनोमोनोसीयस (Gynomonoecious)**–पौध पर केवल स्त्रीकेसरी पुष्प (pistillate flower) के साथ–साथ उभयलिंगी/हर्माफ्रोडाइट पुष्प (hermaphrodite flower) विकसित होते हैं।
- उभयलिंगी/हर्माफ्रोडाइट पुष्प (hermaphrodite flower)–पौध पर केवल उभयलिंगी/ हर्माफ्रोडाइट पुष्प (hermaphrodite or bisexual flower) विकसित होते हैं।

गर्भाधान (Fertilization)

नर युग्मक (male gamete) का अण्डज कोशिका से मिलना गर्भाधान कहलाता है। गर्भाधान (fertilization) में प्रथम नर युग्मक (male gamete) का अण्डज कोशिका से मिलकर जाईगोट (zygote) बनाते हैं एवं दूसरा नर युग्मक का द्वितीयक केन्द्रक से मिलकर (fusion) ट्रीपलायड प्राइमरी इण्डोस्पर्म कोशिका (triploid primary endosperm cells) का निर्माण करते हैं,

सब्जी प्रजनन की विधियाँ (Methods of Vegetable Breeding)

अच्छे गुणों वाली सब्जियों की मुक्त परागित एवं संकर किस्में। (जो कीट एवं व्याधि रोग मुक्त प्रजातियों) को विकसित करने के लिए सामन्य तौर पर निम्नलिखित विधियाँ अपनाई जाती है–

1. स्वपरागित सब्जियों में प्रजनन की तकनीकें (Breeding techniques for self pollinated vegetables)
2. परपरागित सब्जियों में प्रजनन की तकनीकें (Breeding techniques for crosss pollinated vegetables)

1. स्वपरागित सब्जियों में प्रजनन की तकनीकें (Breeding techniques for self pollinated vegetables)

स्वपरागित फसलों में प्रजनन की निम्नलिखित विधियाँ अपनाई जाती हैं–

विशुद्ध वंशक्रम चयन (Pure line selection)

विशुद्ध वंशक्रम एक अलग–अलग स्वपरागित समयुग्मजी संतति है। विशुद्ध वंशक्रम चयन विधि सर्वप्रथम जान्सन द्वारा फराश बीन में बीज भार के सुधार के लिए वर्ष 1903 में प्रयोग किया गया था। इस विधि का प्रयोग सब्जियों की पुरानी किस्मों के सुधार हेतु भी किया जाता है। इस विधि द्वारा किसानों के खेत में उगाई जा रही पुरानी स्वपरागित फसलों की प्रजातियों के बीज को उनके दृश्यप्रारूप गुणों (phenotype) के आधार पर अलग–अलग एकत्रित किया जाता है, जिससे प्राप्त संतति का मूल्यांकन अलग–अलग 7–8 पीढ़ियों तक किया जाता है। परीक्षणों के आधार पर ऐच्छिक गुण वाली संतति को एक उन्नत प्रजाति के रूप में विकसित किया जाता है। कुछ फसलें जैसे–टमाटर, बैंगन आदि में विशुद्ध वंशक्रम वरण विधि का प्रयोग बहुतायक से किया जाता है।

समूह वरण या पुंज चयन (Mass selection)

समूह वरण प्रजनन पद्धति में भी वंशक्रम की ही तरह पौधों का वरण करते हैं, लेकिन चयन किए हुए पौधों को समूह में रखते हैं, न कि अलग–अलग। समूह वरण प्रजनन विधि द्वारा विकसित फसल किस्म में एकल जीन प्रारूप के बजाय अनेक जीन प्रारूप सम्मिलित किए जातें है। स्वपरागित सब्जी फसलों की आधुनिक खेती में इसका प्रयोग अब विशुद्ध बीज उत्पादन के लिए होता है। पादप समष्टि में वे पौधे या पौधों का समूह, जो समान गुणों के साथ–साथ ऐच्छिक गुण भी रखते हैं, का चयन करना तथा पकने पर उनके बीज को मिश्रित कर एक किस्म का विकास करना ही पुंज चयन (mass selection) कहलाता है (शर्मा, 2000)।

"Developing of homogeneous population by selection of plants having similar phenotype apeearance with or without testing their progenies".

सब्जियों में विशुद्ध वंशक्रम चयन द्वारा विकसित किस्में

सब्जियों में विशुद्ध वंशक्रम चयन पद्यति द्वारा सब्जियों की निम्नलिखित प्रजातियों को विकसित किया गया है–

सारिणी (7.8) विशुद्ध वंशक्रम चयन पद्धति द्वारा विकसित किस्में

फसल	प्रजातियाँ
टमाटर	इम्प्रूव्ड मीरूती, एच0एस0–101, को0–2, अंर्का विकास, अर्का सौरभ
बैंगन	पूसा परपल लॉग, पूसा परपल राउण्ड, अर्का शील, अर्का शिरीश, अर्का कुशुमाकर, एम0डी0यू0 एवं के0के0एम–1
मिर्च	के0–1, को0–1, को0 –2 एवं पी0एल0आर0–1
शिमला मिर्च	अर्का मोहिनी, अर्का गौरव, अर्का बसन्त
भिण्डी	को0–1
चौलाई	को0–1, को0–2, एवं को0–4
लोबिया	पूसा फाल्गुनी
फराश बीन	अर्का कोमल, वाई0सी0डी0–1
खरबूजा	अर्का जीत, अर्का राजहंस, एम0एच0–1
लौकी	पूसा समर प्रोलिफिल लांग, पूसा समर प्रोलिफिक राउण्ड, अर्का बहार
करेला	पूसा दो मौसमी, अर्का हरित, को0–1
कुम्हण / कद्दू	अर्का चन्दन, अर्का सूर्यमुखी, को0–1 व को0–2
पत्ता गोभी	पूसा ड्रमहेड
शकर कन्द	पूसा सफेद
प्याज	पूसा रेड, पंजाब सलेक्शन–1, हिसार–2
शलजम	पूसा श्वेती

यह चयन की सबसे सुगम विधि है। इस विधि में आधारभूत समष्टि जिसमें अधिकतम् विभिन्नता पाई जाती है, को समाहित किया जाता है। इस पद्वति में 200–2000 ऐच्छिक गुणों वाले पौधों का चयन करते हैं तथा परिपक्व होने पर इनके बीजों को मिश्रित करके द्वितीय वर्ष में मानक किस्म (standard check) के साथ उगाया जाता है। मानक किस्म से अच्छा प्रदर्शन करने वाले पौधों को चयनित कर लिया जाता है तथा तृतीय से षष्टम वर्ष तक उनके अनुकूलन के लिए देश की विभिन्न जलवायु में उपज परीक्षण हेतु उगाया जाता है। चयनित किस्म जिस क्षेत्र विशेष में अच्छा प्रदर्शन करती है, उसे उसी क्षेत्र में उगाने की संस्तुति की जाती है। इस विधि को मुख्य रूप से टमाटर, बैंगन, मिर्च आदि में अपनाया जाता है। इस विधि का उपयोग मिश्रित समष्टियों में किया जाता है, लेकिन विसंयोजित समष्टि में नहीं किया जा सकता है।

उपर्युक्त दोनों तकनीके मिश्रित समष्टियों के सुधार हेतु प्रयोग की जाती है। समष्टि में विभिन्नता हेतु संकरण की आवश्यकता पड़ती है। संकरण के बाद विसंयोजित समष्टि जैसे प्रथम, द्वितीय, तृतीय आदि संततियों के हस्तान्तरण के लिए निम्नलिखित विधियाँ अपनाई जाती है।

1. वंशावली वरण विधि (Pedgree Selection Method)
2. प्रपुंज या समष्टि विधि (Bulk Method)
3. एक बीज अवरोहण विधि (Single Seed Descent Method)
4. प्रतीप संकरण विधि (Back Cross Method)

1. वंशावली वरण विधि (Pedgree selection method)

वंशावली वरण विधि का प्रयोग सामान्यतः संकरण के उपरान्त अग्रसर पीढ़ियों में पृथक्कृति हो रहे समष्टि में चयन हेतु किया जाता है, जिसमें कुल एवं वंश का अभिलेख रखना आवश्यक होता है। इस विधि में सर्वप्रथम दो पित्रों जिसमें कोई भिन्न न हो, का आपस में संकरण कराया जाता है। प्रथम संतति पीढ़ी (एफ–1) को पित्रों के साथ उगाकर सम्भावित स्वपरागित पीढ़ी में विभिन्नता उत्पन्न की जाती है। द्वितीय पीढ़ी जो काफी विषम होती है, को पक्तियों में उगाया जाता है तथा एक पौध वरण विधि (single plant selection) द्वारा चुनाव किया जाता है। तृतीय पीढ़ी में 20:1 या 100:1 के अनुपात में पौध चयन करते हैं तथा उन्हें अगली पीढ़ी में पुनः पक्तियों में उगाते हैं। तीसरी व चौथी पीढ़ी में कुछ विभिन्नता होती है, जिसमें समरूपता के आधार पर अलग कर लेते हैं। पाँचवी–छँठवीं पीढ़ी के संतति में विशुद्ध वंशक्रम प्राप्त होती है, जिन्हें अगली पीढ़ियों में पंक्तियों में उगाकर अच्छे गुणों के आधार पर श्रेष्ठ पंक्तियों का चुनाव किया जाता है। चयनित पक्ति के बीजों को देश की विभिन्न जलवायु में एक मानक किस्म के साथ परीक्षण किया जाता है। इस विधि का उपयोग सब्जियों में अगेतीपन, गुणात्मक सुधार, रोग एवं कीटरोधी तथा अधिक उपज वाली किस्मों को विकसित करने में किया जाता हैं। इस विधि का उपयोग टमाटर, बैंगन, मिर्च आदि की उन्नत किस्मों को विकसित करने में बहुलता से किया जाता है। वंशावली विधि द्वारा विकसित प्रजातियाँ निम्न लिखित हैं–

सारिणी (7.9) वंशावली पद्धति द्वारा विकसित किस्में

फसल	प्रजाति	प्रयुक्त पितृ
मिर्च	पी0के0एम0–1	ए0सी0नं0–1797 × को0–1
	आन्ध्र ज्योति	जी0–2 × बिहार प्रजाति
	पूसा सदाबहार	पूसा ज्वाला ×आई0 सी0 31339
	के0ए0–2	के0–1 × सन्तूर साम्बा
कसावा	एच0–97	मन्जावेला × ए0सी0सी0 नं0–300
	एच0–165	(चान्द्रयामंगलम् × वेला) × कालीकलन
	श्री विशाखम	एम0–4 × इथाककरूपथ

	श्री हर्शा	(ए0सी0सी0 नं0–1501 × एस0–2312 (आयातित) × ओ0पी0–4 (2 एक्स0) × एच0–2304 (4 एक्स0)
शकरकन्द	एच0–41	नेरिन × इन्डीजीनस कल्टीवार
	एच0–42	वेल्ला × डाम्फ थ्रिम्फ
	वर्षा	(ए0सी0सी0नं0–39 × ए0सी0सी0नं0–3) × (ए0सी0सी0नं0–187 × ए0सी0सी0न0–1103)
	श्री रेथाना	एस0–187 × जी0 वर्धनी
	गौरी	एच0–219 × एच0–42
	शंकर	एच0–219 × एस0–73

2. प्रपुंज या समष्टि विधि (Bulk method)

इस विधि का प्रयोग सर्वप्रथम निल्सन इहले ने सन् 1908 में किया था। यह प्राकृतिक चयन के आधार पर समष्टि को हस्तन करने की सबसे आसान व आर्थिक रूप से उपयोगी विधि है। जब दो से ज्यादा समष्टि विभिन्न पीढ़ियों में प्रतिस्पर्द्धा करते हैं, उस समय कम अनुकूलन रखने वाले समष्टि को छाँट दिया जाता है और उत्तम निष्पादन करने वाले को ही रखा जाता है। इस विधि में प्रत्येक पीढ़ी से ज्यादा समष्टि को उगाया जाता है और बीजों को पुंज में कटाई करते हैं तथा आने वाले वर्षो में प्रतिदर्श या नमूने बीज में उगाते हैं। द्वितीय पीढ़ी तक कोई वरण नही करतें हैं। केवल 5वीं व 6वीं पीढ़ी तक पुंज में उगाते हैं। यहीं पर प्राकृतिक वरण करते हैं और इस विधि में केवल समलक्षणी आधार पर ही चयन नहीं होता बल्कि अच्छे पौधों को चुनकर और उनके बीजों को मिश्रित या संघटित किया जाता है। इस प्रकार के पुंज चयन से विसंयोजित पीढ़ियों में उत्तम पौधों को प्राप्त करने की सम्भावना बढ़ जाती है। छठवीं पीढ़ी में चुनाव करके अगली पीढ़ी में इसकी संतति को उगाया जाता है। सातवीं या आठवीं पीढ़ी में समलक्षणी निष्पादन के आधार पर उत्तम कुलों का चयन किया जाता है, जिसका अग्रिम रूप से मूल्यांकन जाँच के आधार पर किया जाता है। इस तकनीक की सुगमता एवं कम खर्च के कारण टमाटर, बैंगन, मिर्च और सेम वर्गीय फसलों में अपनाया जाता है।

3. एक बीज अवरोहण विधि (Single Seed Descent Method or SSD)

यह विधि प्रपुंज या समष्टि विधि का परिवर्तित रूप है। इस विधि में द्वितीय पीढ़ी के 1000–2000 पौधों से एक–एक बीज लेकर उन्हें पुंज करके उगाया जाता है। इस प्रकार तीसरी और अग्रसर पीढ़ी में एक बीज समष्टि के प्रत्येक पौधों से लेकर पुंज करके अगली पीढ़ी में उगाते हैं। ऐसा पाँचवीं व छँठवीं पीढ़ी तक करते रहने से इसमें समरूपता आ जाती है। पाँचवी या छँठवीं में अधिक संख्या में व्यक्तिगत पौध संतति को उगाकर उसमें से वाँछित गुणों वाली श्रेष्ठ संततियों का चयन करके उनका अग्रसर पीढ़ियों में जाँच के आधार पर परीक्षण किया जाता है। इस विधि से ज्यादा संख्या में संकरित पौधों को कम जगह में उगाया व हस्तान्तरण किया जा सकता है। एक बीज अवरोहण विधि में आनुवंशिक अपवाह अधिक होती है। अतः परिणामस्वरूप विसंयोजन समष्टि के हस्तान्तरण में उत्तम गुणों वाले जीन प्रारूप समाप्त हो जाते हैं। उदाहरण के लिए सब्जियों

में टमाटर की जीवाणु उकठा रोधी किस्मों के विकास के लिए इस विधि का प्रयोग सुगमतापूर्वक किया जाता है।

4. प्रतीप या पश्च संकरण विधि (Back Cross Method)

जब किसी संकरण में दोनों पित्रों में किसी भी एक पित्र से उन्हीं के एफ–1 का संकरण किया जाता है, तब इसको प्रतीप या पश्च संकरण (back cross) कहते हैं। इस विधि का प्रयोग प्रतिरोधी अभिलक्षणों का जो मुख्य वंशाणुओं द्वारा नियन्त्रित होते हैं, प्रचलित प्रजातियों में स्थानान्तरण हेतु किया जाता है। इस तरह इसमें दो पित्रों का चयन किया जाता है। पहला प्रत्यावर्ती (recurrent) तथा दूसरा अप्रत्यावर्ती पितृ (non-recurrent) होता है। प्रत्यावर्ती पितृ अधिक उत्पादन एवं संशोधित प्रजाति का होता है, लेकिन इसमें किसी एक गुण की कमी होती है। यह रोगों के प्रति संवेदनशील, कीट या विषम स्थिति के लिए हो सकता है। अतः इस कमी को पूरा करने के लिए ही प्रतीप संकरण विधि का प्रयोग किया जाता है। पूर्व या प्रतीप संकरण अप्रत्यावर्ती पितृ से कराया जाता है। प्रतीप संकरण संतति को प्राप्त करने के लिए कुछ पौधों का संकरण अप्रत्यावर्ती पितृ से कराया जाता है। प्रतीप संकरण संतति को उगाने के बाद कृत्रिम निवेशन (artificial inoculation) कर प्रतिरोधी पौधों का चयन किया जाता है। इस प्रकार यह संकरण चौथी एवं छठीं पीढ़ी तक करते हैं। अन्त में लगातार प्रतिरोधी पौधों का संतति परीक्षण के आधार पर चयन किया जाता है। प्रत्यावर्ती पितृ से लगातार प्रतीप या पश्च संकरण करने से ऐच्छिक वंशाणु का हस्तान्तरण एवं समष्टि की समरूपता जल्द आ जाती है। इसकी समान्य विधि इस प्रकार है–

ए (आवर्ती जनक) × बी (अनावर्ती जनक)
↓
एफ–1 × ए
↓
बी सी–1 × ए   जनक के एक या दो अभिलक्षणों के लिए चयन किया जाता है।
↓
बी सी–2 × ए
↓
बी सी–3 × ए
↓
बी सी–4 × ए
↓
बी सी–5 × ए
↓
बी सी–6 × ए

सामान्य दशा में यदि प्रभावी जीन को स्थानांतरित करना हो, तो प्रत्येक पश्च संकरण में वाँछित पौधे पहचाने जा सकते हैं और सीधे संकरण में प्रयोग किए जा सकते हैं। यदि एक जीन को

स्थानान्तरित किया जाये तो इसमें बीसी–6 (back cross-6) तक लगभग 98.0 प्रतिशत पौधे समयुग्मजी (homogygous) हो जाते हैं।

उपर्युक्त वर्णित विधियाँ स्वपरागित फसलों के सुधार के लिए काफी प्रचलित सामान्य विधियाँ हैं। इनके अलावा कुछ अन्य तकनीकी भी सुझाई गयी हैं, जिनमें कुछ महत्वपूर्ण विधियाँ निम्न प्रकार हैं–

- बहुरैखिक विधि (Multiline method)
- समष्टि सुधार विधि (Population Improvement Approach)

5. बहुरैखिक विधि (Multiline Method)

सामान्यतः यह देखा गया है कि विशुद्ध वंशक्रम प्रजाति का अनुकूलन सीमित क्षेत्र में होता है, लेकिन घटियाँ किस्मों का अनुकूलन क्षेत्र विस्तृत होता है। दूसरी बात यह है कि प्रजाति विशेष का प्रत्येक वर्ष निष्पादन क्षमता (performance) स्थिर नहीं रहती है, क्योंकि मौसम एवं अन्य वातावरणीय घटकों का प्रभाव बदलता रहता है। विशुद्ध वंशक्रम प्रजाति में बहुधा केवल एक या कुछ मुख्य वंशाणु, रोग अवरोधी होते हैं, जबकि रोग के नये जीवाणु लगातार विकसित होते रहते हैं। अतः ऐसी समस्या के समाधान हेतु बहुरैखिक विधि का विकास किया गया। बहुरैखिक प्रजाति कई विशुद्ध वंशक्रमों का मिश्रण है, जिनमें समान पौधे की लम्बाई, पुष्पन, परिपक्वन, बीज का रंग एवं अन्य सस्य गुणों के साथ–साथ रोग रोधिता हेतु विभिन्न वंशाणु होते हैं। इस विधि में अनेक दाता पितृ जो विभिन्न रोग अवरोधी वंशाणु के संवाहक है, का हस्तान्तरण एक प्रत्यावर्ती पितृ में किया जाता है। प्रत्येक दाता पितृ का उपयोग एक अलग प्रतीप संकरण अभियोजन से होता है, जिससे प्रत्येक जाति, अनेक रोग अवरोधी वंशाणु को समाहित कर सके। इनमें 5–10 लाइन को मिश्रित कर एक बहुरैखिक प्रजाति विकसित करते हैं। इनका मिश्रण एक क्षेत्र विशेष में व्याप्त रोगाणु के आधार पर किया जाता है। अगर कोई लाइन या लाइन्स संवेदनशील हो जाती है, तो इसे अवरोधी लाइन से बदल दी जाती है। नयी लाइन का विकास तब किया जाता है, जब रोग अवरोधी लाइन उपलब्ध हो जाये।

6. समष्टि सुधार विधि (Population Improvement Approach)

सामान्यतः स्वपरागित फसलों के सुधार की दो प्रमुख कमियाँ होती हैं–

- पुनर्योजन केवल दो या अधिकतम तीन वर्षो तक ही सीमित होता हैं।
- आगे चलकर विसंयोजी जीन प्रारूप में सुधार की सम्भावना नहीं रह जाती है।

इन कमियों को दूर करने के लिए समष्टि सुधार विधि (population improvement approach) का सुझाव दिया गया। समष्टि प्रजनन में बेहतर निष्पादन करने वाली द्वितीयक संतति का आपस में संकरण जोड़े में किया जाता है। चयनित द्वितीयक संतति का संकरण, संतति में विषमयुग्मतता का पुनःस्थापन करता है, जो पुनर्योजन का महत्वपुर्ण अवसर प्रदान करता हैं। इसमें द्वितीयक पीढ़ी के पौधों से उपयोगी वंशाणु को एक साथ लाना है, जिससे अन्तः प्रजनित समष्टिों में उपयोगी वंशाणु के एकत्रीकरण में मदद मिलती है तथा अतिक्रामी विसंयोजक की मात्रा विशेषतः बढ़ जाती है। यह

प्रक्रिया एक या कई बार दोहराई जाती है। यह प्रक्रिया पर–परागित फसलों में पुनरावर्ती चयन के समान है। प्रथम वर्ष चयनित पित्रों का संकरण और दूसरे वर्ष प्राप्त संतति की कटाई करते हैं। तीसरे वर्ष में द्वितीयक संतति को दूरी–दूरी पर रोपण करते हैं और बेहतर निष्पादित पौधों का चयन कर अन्तःप्रजनन करते हैं। चौथें वर्ष चयनित संतति का दूर–दूर रोपण और बेहतर निष्पादित पौधों की पहचान कर पुनः अन्तःप्रजनन करते है। पाँचवीं वर्ष अन्तःप्रजनित संतति का दूर–दूर रोपण करते हैं एवं समष्टि का हस्तान्तरण वंशावली विधि जैसा ही करते हैं। तत्पश्चात् लगातार स्वनिषेचन एवं चयन करते जाते हैं। अन्त में विशुद्ध लाइन को अलग कर उसका मूल्यांकन करते हैं। संकरण द्वारा विभिन्न प्रकार की स्वपरागित सब्जियों की किस्मों को सारिणी में दिया गया है–

सारिणी (7.10) संकरण द्वारा विकसित सिब्जियों की प्रमुख किस्में

सब्जी फसल	सब्जी किस्म	संकरण में प्रयुक्त पितृ
टमाटर	पूसा रूबी	शू × इम्प्रूव्ड मीरूति
	पूसा अर्ली ड्वार्फ	इम्प्रूव्ड मीरूति × रेड क्लाइड
	एच0एस0–101	सेल0 2–3 × आयातित जनन द्रव्य
	एच0एस0–102	एस0–12 × पूसा अर्ली ड्वार्फ
	पंजाब छुहारा	पंजाब ट्रापिक ई0 सी0 55055
	हिसार अरूण	पूसा अर्ली ड्वार्फ × के0–1
	हिसार लालिमा	पूसा अर्ली ड्वार्फ × एच0एस0–101
	हिसार ललित	एच0एस0–101 × रेसिसटैन्ट बैंग्लुरु
	हिसार अनमोल	हिसार अरुण × एल0 हर्सुटम एफ0 ग्लैबरेटम
	पंजाब केशरी	ई0सी0 55055 × पंजाब ट्रापिक
	सेल–1	पूसा अर्ली ड्वार्फ × एच0एस0–101
	सेल–2	(एच0एस0–101×पंजाब ट्रापिक) × (एच0–14 पंजाब ट्रापिक)
	अर्का मेघाली	अर्का विकास × आई0आई0एच0आर0–554
	आजाद टी0–2	एच0बी0–5 × कुबेर
	डी0वी0आर0टी0–2	हिसार अरुण × सोलेनम हिर्सुटम एफ0 ग्लैबरेटम बी0 6013
	जूनागढ़ रुबी	(बिग सिलारी × पूसा एल0ई0–79) × (कीकी मेथी × रंथागर)
	की क्रूथ अगेती	(की0 क्रूथ × रंथागर)
	स्वीट–72	पूसा रेड × प्लम एल0ई0–79
	उत्कल कुमारी	सेलेक्शन–22 × बी0टी0–2
	उत्कल उर्वशी	पंजाब छुहारा × एल0ई0–79
	पैयुर	पूसा रुबी × मारुथाम
बैंगन	पूसा क्रांति	(पूसा परपल लॉग × हैदरपुर) × (विनाड जाइण्ट)
	पी0एच0–4	हैदरपुर × पूसा परपल लॉग
	पंत ऋतुराज	कल्याणपुर टाईप–3 × पूसा परपल क्लस्टर
	एच0–5	औशे × आर0–34

	हिसार श्यामल (एच0–8)	औशे × वी0आर0–112
	एच0–9	औशे × आर0–34
	अर्का नवनीत	आई0एच0आर0–22–1 × सुप्रीम
	आजाद बी–2	बनारस जाइण्ट × 7103
	के0एस0–224	पूसा परपल राउण्ड×अर्का शील
	गुजरात ब्रिजल–6	डोली–5 × मोर्वी–4–2
	हिसार प्रगति	आर0–34 × सेलेक्शन–26
	जूनागढ़ लॉग	डोली–5 × पंच महल
	उत्कल ज्योति	के0टी0–4 × बी0बी0–11
	उत्कल केशरी	बी0बी0–11 × के0जे0–3–1
	उत्कल माधुरी	पी0बी0आर0–125–5 × पीप्ली–4
	उत्कल तारनी	पूसा क्रांति × गोपाल लोकल
मिर्च व शिमला मिर्च	आंध्र ज्योति	जी0–2 × बिहार की स्थानीय किस्म
	पूसा ज्वाला	एन0पी0–46 × पूसा रेड
	पूसा सदाबहार	पूसा ज्वाला × आई0सी0–31339 (कैप्सिकम फ्रूटी सेन्स)
	के0–2	बी0 टोआ × सन्तूर साम्बा
	पंत सी0–1	एन0पी0–46ए × कन्धारी
	ए0सी0एच0–15	एस0–49 × सी0डी0पी0एस0–120
	ए0सी0एच0–30	एस0–5–5 × पंजाब गुच्छेदार
	भाष्कर	जी0–4 × यलो ऐन्थर
	पी0के0एम0–1	ए0सी0–1797 × सी0ओ0–1
	एक्स0–135	जी0–4 × ऐन्थर म्यूटेन्ट
	के0टी0सी0पी0एच0–3	एलो वण्डर × एच0एल0–201
	पंत सी0–2	एन0पी0–46ए × कन्धारी–स्थानीय किस्म
	जवाहर–218	काली पीठ × पूसा ज्वाला
	पंजाब लाल	बहुवर्षीय किस्म × लॉग रेड
	के0टी0सी0पी0एच0–5	एलो वण्डर × ई0सी0–14356
पत्ता गोभी	पूसा मुक्ता	ई0सी0–24855 × ई0सी0–10109
	एच0–113	सेलेक्शन–18 × 83–6
फूल गोभी	पूसा स्नोबाल	ई0सी0–12013×ई0सी012012
मूली	पंजाब सफेद	ह्वाइट–5 × जापानीज ह्वाइट
	पूसा हिमानी	रेडिस ब्लैक (टेम्परेट टाइप) × जापानीज ह्वाइट
शलजम	पूसा चन्द्रिमा	स्नोबाल (यूरोपियन टाइप) × जापानीज ह्वाइट (एशियाटिक टाइप)

	पूसा स्वर्णिमा	गोल्डेन बाल (यूरोपियन टाइप) × जापानीय ह्वाइट (एशियाटिक टाइप)
	पूसा कंचन	लोकल रेड राउण्ड (एशियाटीक टाइप) × गोल्डेन बाल (यूरोपियन टाइप)
गाजर	पूसा मेघाली	पूसा केसर × नेन्टस
	सेलेक्शन–233	नेन्टस × नं0 29
	पूसा यमदाग्नी	ई0सी0–9981 × नेन्टस
	इम्पेरेटर	नेन्टस × चैन्टनी
	पूसा केशर	लोकल रेड × नेन्टस
मटर	जवाहर मटर–1	टाइप–9 × अर्ली वैड्जर
	जवाहर मटर–3	टाइप–19 × अर्ली लिटिल मार्वेल
	पी0एम0–2	अर्ली वैड्जर × आई0पी0–3
	जवाहर मटर–8	टाइप–19 × ग्रेटर प्रोग्रेस
	जवाहर मटर–2	रसियन–2 × ग्रेटर प्रोग्रेस
	पी0–88	पूसा–2 × मोरासिस–55
	वी0एल0–3	ओल्ड सुगर × अर्ली रिकिंल्ड–2–2ए
	अर्ली मटर–83	(अर्केल × जे0पी0–829) × (46 सी0 × जे0पी0–501)
	जवाहर मटर–71	(अर्केल×जे0पी0–829) × (जे0पी0–501 × जे0एम0–1)
	जवाहर मटर–4	लोकल एलो वत्री × (6588 × 46 सी0)
	आजाद पी0–1	लाइन 6416 × 6405
	जे0पी0–195	टाइप 19 × लिटिल मार्वेल
	पी0एच0–1	बोनविले × पी0–23
	मधु	6126 × सिलबिया
	मटर अगेता–6	अर्केल × हरा बोना
ग्वार	दुर्गा बहार	पूसा नवबहार × आर0ओ0सी0–401
	पी0–28–1	पूसा नवबहार × आई0सी0–11521
कसावा	श्री हर्षा	ओ0पी0–4 × एच0–230
	रेयांग	एम0 कोल–1 × (1684×रेयांग–1)
आलू	कुफरी अलंकार	क्नेबी ओ0एच0–2090 × (मजेस्टिक×इकीशीराजू)
	कुफरी आनन्द	पी0जे0–379 × पी0एच0/एफ0–1430
	कुफरी अशोका	ई0एम0/सी0–1020 × एलेरफुई हेस्टे जेल्बे
	कुफरी बादशाह	कुफरी ज्योति × कुफरी अलंकार
	कुफरी बहार	कुफरी रेड × गिनेक
	कुफरी चमत्कार	इकीशीराजू × फुल्वा
	कुफरी चिप्सोना–2	एफ0–6 × यू0बी0बी0–92–4
	कुफरी गिरिराज	एस0एल0बी0/जे–132 × ई0एक्स0/ए0–680–16

	कुफरी हिमालनी	एस0एल0बी0 / एच0–140 × एस0एल0बी0 / जेड0–389 (बी0)
	कुफरी चन्द्रमुखी	एस0–4485 × कुफरी कुबेर
	कुफरी चिप्सोना–1	मेक्स–750826 × एम0एस0 / 78–79
	कुफरी जवाहर	कुफरी नीलामनी × कुफरी ज्योति
	कुफरी जीवन	एम0–109–3 × डी0–698
	कुफरी ज्योति	3069 डी0 (4) × 2814 क्यू (1)
	कुफरी खासीगारो	टाबोरकी × एस0डी0–698
	कुफरी लालीमा	कुफरी रेड × सी0पी0–1362
	कुफरी लवकर	सेरकोय × अदीना
	कुफरी मुथु	3046 (1) × एम0–109सी0
	कुफरी नवीन	डी0–692 × 3070 डी0
	कुफरी पुखराज	क्रैग डिफीएन्स × जे0ई0एक्स0 / बी0–687
	कुफरी षीतमान	क्रैग डिफीएन्स × फुल्वा
	कुफरी षेरपा	अल्टीमस × अदीना
	कुफरी सिन्धुरी	कुफरी कुन्दन × कुफरी रेड
	कुफरी सतलज	कुफरी बहार × कुफरी अलंकार
	कुफरी स्वर्णा	कुफरी ज्योति (2) × 62–33–3
फराश बीन	एस0बी0एम9–1	कंटेण्डर (पी0 वल्गेरिस) × पी0बी0एल0–257 (पी0 मल्टीफ्लोरस)
	लक्ष्मी	कंण्टेण्डर × स्थानीय लता किस्म
	आई0आई0एच0आर0–909	ब्लू क्राप × कंटेण्डर
लोबिया	एस0–203	सेलेक्शन–2 × वर्जिनिया
	पूसा कोमल	पी0–85–2 × वी0यू0–26
	पूसा दो फसली	पूसा फाल्गुनी × फिलीपीन्स की लम्बे फल वाली किस्म
	अर्का गरिमा	टी0यू0वी0–762 × विग्ना अन्गुयीकुलाटा प्रजाति–सेस्क्वीपेडिलिस
	एस0–488	वर्जिनिया × आइरन ग्रे
	आई0आई0एच0आर0–16	अर्का गरिमा × पूसा कोमल
	विधान भारती–1	ई0सी0–243954 × ई0सी0–305827
	विधान भारती–2	वी0–70 × सेलेक्शन–3
सेम	सी0ओ0–2	को–8 × को–1
	हेब्बेल एवेर–3	हेब्बेल एवेर–1 × यू0एस0–6–7–13
पालक	पूसा पालक	स्विस यार्ड × लोकल पालक
	पूसा हरित	चुकन्दर × लोकल पालक
भिण्डी	पूसा सावनी	आई0सी0–1542 × पूसा मखमली
	पंजाब पद्मिनी	(रेशमी × घाना) × (पूसा सावनी × घाना)
	सेलेक्शन–2	(पूसा सावनी × बेस्ट–1) × (पूसा सावनी × आई0सी0–7194)

	परभनी क्रांति	(पूसा सावनी × ए मैनिहाट) × (पूसा सावनी)
	पी0–7	पूसा सावनी × ए मैनिहाट उप प्रजाति मैनिहाट
	को0–2	ए0ई0–180 × पूसा सावनी
	को0–3	परभनीक्रांति × एम0डी0यू0–1
	अर्का अनामिका	ए0 स्कुलेंटस × ए0 मैनिहाट उप प्रजाति टेट्राफाइलरा
	वर्षा उपहार	लाम सेलेक्शन–1 × परभनी × परभनी क्रांति
खरबूजा	पूसा शरबती	कुटाना (पाउडरी मिल्ड्यू रेसिसटैन्ट नं0–6) × अमेरिकन कैन्टालूप
	हिसार मधुर	पूसा शरबती × 75–34
	पंजाब सुनहरी	हरा मधु × एडिस्टो
	पंजाब रसीला	डब्ल्यू0एम0आर0–29 × हरा मधु
तरबूज	अर्का मानिक	आई0आई0एच0आर0–21 × क्रिमसन स्वीट
	पूसा बेदाना	टेट्रा–2 × पूसा रसाल
शकर कन्द	पूसा सुनहरी	पोटो ब्लान्को बानाप × आस्ट्रेलियन केनर
	गौरी	एच0–219 × एच0–42
	वर्षा	(ए0सी0सी0नं0–39 × ए0सी0सी0 नं0–3) × (ए0सी0सी0 नं0–1871 × ए0सी0सी0 नं0–1130)
	शंकर	एच0219 × एस0–73
	श्री रत्ना	एस0–17 × श्री वर्धनी

2. पर परागित सब्जियों में प्रजनन की तकनीके (Breeding techniques for cross pollinated vegetables)

पर परागित सब्जियाँ विषम युग्मजी होती है, क्योंकि इनके पौधों में मुक्त रूप से अन्तः संकरण होता रहता है। किसी भी प्रजनन तकनीक में इस विषम युग्मजता (heterozygocity) को अनुरक्षित रखा जाता है। कभी–कभी प्रजनन तकनीक के अन्तिम चरण में विषम युग्मजता स्थापित/अनुरक्षण (restore) भी की जाती है। इस प्रकार की फसलों में निम्न विधियाँ अपनायी जाती हैं–

समूह वरण (Mass Selection)

पर परागित फसलों में समूह वरण प्रजनन विधि सबसे पुरानी है जो फसल सुधार एवं प्रजाति विकास में उपयोग होती है। इस विधि में कई पौधों का चयन उनके बाह्य दृश्य प्रारूप (phenotype) के आधार पर व्यक्तिगत पौधों का चयन किया जाता है। इसमें मुक्तपरागित फसलों के बीजों को एकत्रित कर अगली पीढ़ी में उगाते हैं। पुनः चयनित पौधों को एकत्रित कर अगली पीढ़ी में अग्रसारित करते हैं। अब इस प्रकार चयनित पौधों को स्वतंत्र परागण हेतु छोड़ दिया जाता है। समूह चयन का आधार केवल मातृ पौधें हैं और उन पर परागकण, जो पित्र द्वारा आता है, का कोई नियंत्रण नहीं होता है। प्रथम वर्ष, बाह्य दृश्य प्रारूप के आधार पर पौधों का चयन करते हैं। मुक्त परागित बीजों की कटाई करके एक जगह मिलाकर रख लेते हैं। दूसरे वर्ष समूह में रखे गये बीजों को उगाते हैं और समूह चयन विधि को पुनः दोहराते हैं। चयन प्रक्रिया को एक या कई बार दोहराते हैं, जिससे

वाँछित युग्म की बारम्बारता बढ़ जाये। इस प्रकार चयन प्रक्रिया की योजना को प्रत्यावर्ती समूह चयन भी कहते हैं। इसमें प्रचुर मात्रा में पौधों का चयन किया जात है, जिससे अन्तः प्रजनन अवनमन को कम किया जा सके। प्राथमिक तौर पर समूह वरण में यह आधार माना जाता है कि किसी गुण विशेष को कितनी संख्या में वंशाणु नियंत्रित करते हैं, उनकी बारम्बारता कितनी हैं और उससे महत्वपूर्ण यह है कि उसका वंशागतित्व कितना है। समूह वरण का उपयोग परपरागित फसलों में उनकी आनुवंशिक शुद्धता को बनाए रखने के लिए किया जाता है। समूह वरण के माध्यम से गुणवत्ता या ज्यादा वंशागतित्व प्रदर्शित करने वाले गुण जैसे शलजम व मूली। शलजम में जड़ का रंग व आकार, पत्ता गोभी में रंग व आकार एस्कार्बिक अम्ल की मात्रा, गाजर में कैरोटीन, खरबूजा में शर्करा की मात्रा आदि हेतु चयन करते हैं। इस विधि के द्वारा बहुजीन नियन्त्रित गुणों जो कम वंशागतित्व प्रदर्शित करते है जैसे– फूल गोभी व पत्ता गोभी में शीर्ष का आकार एवं कसावट, पकाव तथा जड़ फसलों में उपरी भाग, कद्दूवर्गीय सब्जियों में फल संख्या व आकार तथा स्पिनाच में पत्ती का आकार आदि में ज्यादा प्रभावी नही है।

समूह वरण के गुण (Merits of Mass Selection)

इस विधि के गुण निम्न हैं–

1. समूह वरण एक अत्यन्त साधारण प्रजनन विधि है, जिसमें प्रजनक का समय तथा श्रम कम लगता है, क्योंकि पौधों का चयन बाह्य दृश्य प्रारूप (phenotype) के आधार पर करते हैं।
2. चयन चक्र कम समय का होता है (केवल एक पीढ़ी तक)। इस प्रकार प्रत्येक पीढ़ी में एक चयन चक्र पूरा हो जाता है।
3. इस विधि द्वारा ऐसे गुण में सुधार आसानी से किया जाता है, जो वाह्य दृश्य प्रारुप में एक समान हों और उनकी वंशागतित्व भी ज्यादा हो। उदाहरण के लिए पौधों की ऊँचाई, खाने योग्य भाग के तैयार होने की अवधि इत्यादि।
4. परपरागित फसलों में इससे उपज में अधिक सुधार लाया जा सकता है। ज्यादातर परपरागित फसलों में उच्च योज्य आनुवंशिक विभिन्नता होती है, जो चयन के प्रति प्रभावी होती है।
5. सुधारी गयी प्रजाति भी शुद्ध समष्टि के समान होती है। इसलिए विस्तृत उपज का परीक्षण, प्रजाति को अनुमोदन के पहले नहीं करनी पड़ती है।

समूह वरण के अवगुण (Demerits of Mass Selection)

इस विधि के निम्नलिखित अवगुण हैं–

1. इस विधि में पौधे का चयन उनकी वाह्य दृश्य प्रारूप के आधार पर ही किया जाता है, जबकि बहुत से मात्रात्मक गुण वातावरण द्वारा प्रभावित होते हैं। अतः उत्तम वाह्य दृश्य प्रारूप प्रायः अच्छी प्रजाति के चयन में निम्न स्तर का आधार प्रदान करते हैं।
2. चयनित पौधों का मुक्त परागण उत्तम एवं निम्न दोनों प्रकार के पौधों से, जो समूह में होते हैं, उससे होता है। इसलिए चयन प्रक्रिया का प्रभाव कम हो जाता है।
3. उच्च गहन चयन से समष्टि का आकार छोटा हो जाता है, परिणामस्वरूप अन्तः प्रजनन अवनमन होने लगता है।

सारिणी (7.11) सब्जियों में समूह वरण से विकसित प्रजातियाँ

सब्जी फसल	प्रजाति	स्रोत
फूल गोभी	पूसा कतिकी	देशी (Indigenous)
प्याज	अर्का कल्यान	आई0आई0एच0आर0–145
	अर्का निकेतन	आई0आई0एच0आर0–153
	अर्का प्रगति	आई0आई0एच0आर0–149
	पंजाब सेलेक्सन	देशी (Indigenous)
	पूसा रेड	देशी (Indigenous)
	एग्रीफाउण्ड डार्क रेड	देशी (Indigenous)
	को0–2	देशी (Indigenous)
	नासिक रेड	देशी (Indigenous)
	पूसा वह्याइट राउण्ड	देशी (Indigenous)
	एन0–53	देशी (Indigenous)
	कल्यानपुर रेड राउण्ड	देशी (Indigenous)
	एग्रीफाउण्ड लाइट रेड	देशी (Indigenous)
	हिसार–2	देशी (Indigenous)
	अर्का बिन्दू	देशी (Indigenous)
चुकन्दर	एवान अर्ली	डेटराइट टाइप
कसावा	श्रीप्रकाश	स्थानीय चयन
मूली	पूसा देशी	देशी (Indigenous)
	पंजाब सफेद	देशी (Indigenous)
	पंजाब अगेती	देशी (Indigenous)
	कल्यानपुर–1	देशी (Indigenous)
	अर्का निशान्त	देशी (Indigenous)
	काशी स्वता	देशी (Indigenous)
गाजर	हिसार गैरिक	देशी (Indigenous)
पालक	एच0एस0–23	देशी (Indigenous)
पत्ता गोभी	गोल्डेन एकर	आयातित (Exotic-Cpenhagen market)
	सितम्बर	जर्मनी से आयातित (Exotic from Germany)

स्तरीय समूह का चयन (Stratified Mass Selection)

इस विधि का उपयोग गार्डन ने सन् 1961 में किया था। इसे चयन की ग्रीड विधि भी कहते हैं। इस पद्धति में जिस खेत से चयन करना होता है, उसे कई छोटे उपखण्डों (blocks) में बाँट लेते हैं। प्रत्येक उपखण्ड से उत्तम क्षमता निष्पादित करने वाले 40–50 पौधों का चुनाव करते हैं। चयन उपखण्डों के बीच नहीं, बल्कि उपखण्डों के अन्दर करते हैं। सभी चयनित पौधों के बीज को आपस

में मिलाकर अग्रिम पीढ़ी में उगाते हैं। इससे पौधों पर पड़ने वाला वातावरणी घटक एवं मृदा से उत्पन्न विभिन्नता को कम किया जा सकता है।

सारिणी (7.12) सब्जियों में संतति वरण मूल्याकन (selection with progeny testing) से विकसित प्रजातियाँ

सब्जी फसल	प्रजाति	स्रोत
चौलाई	को0–2	देशी (Indigenous)
	बड़ी चौलाई	देशी (Indigenous)
	कनारा स्थानीय	देशी (Indigenous)
	पूसा किरन	देशी (Indigenous)
	छोटी चौलाई	देशी (Indigenous)
	पूसा कीर्ति	देशी (Indigenous)
	को0–1	देशी (Indigenous)
	को0–3	देशी (Indigenous)
करेला	कोयमबटूर लांग	देशी (Indigenous)
	पूसा दो मौसमी	देशी (Indigenous)
	अर्का हरित	देशी (Indigenous)
	प्रिया (VK-1)	देशी (Indigenous)
	को0–1	देशी (Indigenous)
	एम0सी0–23	देशी (Indigenous)
	पूसा विशेष	देशी (Indigenous)
	पंजाब बी0जी0–14	देशी (Indigenous)
	एन0डी0बी0–1	देशी (Indigenous)
	फूले बी0जी0–6	देशी (Indigenous)
	कल्यानपुर सोना	देशी (Indigenous)
लौकी	पूसा समर प्रोलिफिक लांग	देशी (Indigenous)
	पंजाब लांग	देशी (Indigenous)
	अर्का बहार	देशी (Indigenous)
	पूसा नवीन	देशी (Indigenous)
	पूसा समर प्रोलिफिक राउण्ड	देशी (Indigenous)
	पंजाब राउण्ड	देशी (Indigenous)
	को0–1	देशी (Indigenous)
खीरा	शीतल	देशी (Indigenous)
टिण्डा	अर्का टिण्डा	देशी (Indigenous)
	टिण्डा एस0–48	देशी (Indigenous)
ककड़ी	आई0आई0एच0आर0–4	देशी (Indigenous)
	करनाल सेलेक्सन	देशी (Indigenous)
खरबूजा	अर0एम0–43	देशी (Indigenous)
	दूर्गापुर मधु	देशी (Indigenous)

	अर्का राजहंस	देशी (Indigenous)
	अर्का जीत	देशी (Indigenous)
	पूसा मधुरस	देशी (Indigenous)
कुम्हण	को0–1	देशी (Indigenous)
	को0–2	देशी (Indigenous)
	सी0एम0–14	देशी (Indigenous)
नसदार तोरी	पूसा नसदार	देशी (Indigenous)
	को0–1	देशी (Indigenous)
	को0–2	देशी (Indigenous)
चिचिण्डा	को0–1	देशी (Indigenous)
	को0–2	देशी (Indigenous)
	टी0ए0–19	देशी (Indigenous)
चिकनी तोरी	पूसा चिकनी	देशी (Indigenous)
समर स्क्वाश	पंजाब चप्पन कद्दू	देशी (Indigenous)
	अर्ली यलो प्रोलिफिक	देशी (Indigenous)
तरबूज	दुर्गापुर मीठा	देशी (Indigenous)
	दुर्गापुर केशर	देशी (Indigenous)
पेठा	को0–1	देशी (Indigenous)
	के0ए0यू0 स्थानीय	देशी (Indigenous)

स्रोतः हाजरा एवं सोम, 2004

सारिणी (7.13) सब्जियों में कुल वरण मूल्यांकन (selection with family testing) से विकसित प्रजातियाँ

सब्जी फसल	प्रजाति	स्रोत
फूल गोभी	पूसा हिमज्योति	आयातित (Exotic)
	पूसा स्नोबाल के0–1	आयातित (Exotic)
	स्नोबाल–16	आयातित (Exotic)
	पंजाब जाइन्ट–26	आयातित (Exotic)
	पंजाब जाइन्ट–35	आयातित (Exotic)
	हिसार–1	आयातित (Exotic)
पत्ता गोभी	प्राइड आफ इण्डिया	आयातित (Exotic USA)
प्याज	पूसा रतनार	
	हिसार–2	
मूली	पूसा चेतकी	आयातित (Exotic Denmark)
	को0–1	देशी (Indigenous)
शलजम	पूसा श्वेती	आयातित (Exotic)

स्रोतः हाजरा एवं सोम, 2004

प्रत्यावर्ती वरण या अववर्ती चयन (Recurrent Selection)

प्रत्यावर्ती वरण का विचार सर्वप्रथम हेज और गार्वर (1919) तथा इस्ट और जोन्स (1920) ने संयुक्त रूप से दिया। इस विधि का प्रयोग विशेष संयोजन क्षमता के लिए किया जाता है, जिससे चुने हुए पौधों या उनके स्वपरागण से प्राप्त संततियों का आपस में संकरण (अन्तरा संकरण) किया जाता हैं और उनमें प्राप्त पौध समूहों से किसी विशेष गुण के लिए चयन करते है और वाँछित गुण प्राप्त करने के लिए इस क्रिया को कई बार दोहराते हैं।

विशेष वाँछित गुणों के आधार पर प्रत्यावर्ती वरण (Recurrent Selection) को चार भागों में बाँटा गया है–

1. साधारण प्रत्यावर्ती वरण (Simple Recurrent Selection)
2. सामान्य संयोजन क्षमता हेतु प्रत्यावर्ती वरण (Recurrent selection for general combining ability)
3. विशेष संयोजन क्षमता हेतु प्रत्यावर्ती वरण (Recurrent selection for specific combining ability)
4. व्युत्क्रम प्रत्यावर्ती वरण या पारस्परिक आवर्ती वरण (Reciprocal recurrent selection)

1. साधारण प्रत्यावर्ती वरण (Simple Recurrent Selection)

साधारण प्रत्यावर्ती वरण में वाँछित वाह्य दृश्य प्रारूप के आधार पर बहुत से पौधों का चयन कर सेल्फिंग (selfing) करते हैं और चयनित पौधों को अगली पीढ़ी में अलग–अलग संतति पंक्ति में उगाते हैं। सभी सम्भव संयोजनों के लिए हाथ से संतति का अन्तः संकरण करते हैं। प्रत्येक संकरण से बराबर मात्रा में बीज लेकर आपस में मिलाते हैं, जिसे अगली पीढ़ी में उगाया जाता है। प्रत्यावर्ती चयन में मिश्रित समष्टि से वाँछित पौधों का प्रत्यावर्ती चयन करते हैं। इस प्रकार की समष्टि को एक या अधिक बार प्रत्यावर्ती चयन हेतु प्रयोग किया जा सकता है। चयनित पौधों के गुणों को सही–सही मापा जा सकता है। यहाँ तक कि बीज से तेल और प्रोटीन जैसे गुणों का मापन सफलतापूर्वक किया जा सकता है। उत्तम गुणों को निष्पादित करने वाले पौधों का चयन कर अलग पंक्ति में उगाते हैं और इससे उत्तम संतति को अलग किया जाता है। इस प्रकार साधारण प्रत्यावर्ती वरण द्वारा समष्टि में वाँछित गुणों की बारम्बारता को बढ़ाया जा सकता है। इस विधि में चूँकि परीक्षण संकरण नही किया जाता है अतः अधिक वंशागतित्व वाले गुणों को सुगमता से मापा जा सकता है। यह विधि उपज सुधार के लिये उपयुक्त नहीं है।

2. सामान्य संयोजन क्षमता हेतु प्रत्यावर्ती वरण (Recurrent selection for general combining ability)

सामान्य संयोजन क्षमता (g.c.a.) हेतु प्रत्यावर्ती वरण, वृहद् आनुवंशिक आधार पर संकरित संतति को लेकर करते हैं। जाँचक प्रभेद एक सामान्य पितृ है, जो कई कतारों से जनन करता है। ऐसे संकरित प्रभेद को सामान्य संयोजन क्षमता हेतु चुना जाता है। एक जांचक प्रभेद से वृहद्

आनुवंशिक विभिन्नता मिलती है। चूँकि ऐसे जाँचक संतति में उत्पन्न विभिन्नता सामान्य संयोजना क्षमता से होती है। अतः चयनित पौधों में सामान्य क्षमता अधिक होगी। इस प्रकार से आसानी से अन्तः प्रजनन परीक्षण किया जा सकता है। प्रथम वर्ष में बाह्य दृश्य प्रारूप (phenotype) के आध ार पर अच्छा निष्पादन करने वाले संश्लिष्ट पौधों का चयन किसी मुक्त परागित प्रजाति, या अग्र पीढ़ी के संकर से करते हैं। चयनित पौधे की हस्तपरागण (selfing) एवं संकरण (नर) विस्तृत आनुवंशिक आधार वाले जाँचक से करते हैं। स्वपरागित पौधों (selfed plants) के बीज की कटाई अलग करते हैं और प्राप्त बीज को तीसरे वर्ष बुआई के लिए सुरक्षित रख लेते हैं। दूसरे वर्ष स्वपरागित (सेल्फ) बीजों का बहुखण्डीय या प्रखण्ड उपज परीक्षण करते हैं। चौथे वर्ष अन्तः संकरण से प्राप्त बीजों को स्रोत समष्टि के रूप में प्रथम प्रत्यावर्ती वरण चक्र हेतु उपयोग करते हैं। इसमें भी बाह्य दृश्य प्रारूप के आधार पर स्वपरागण एवं संकरण करते हैं। पाँचवीं वर्ष, दूसरे वर्ष जैसी प्रक्रिया को दोहराते हैं। छठी वर्ष, तीसरे वर्ष जैसी प्रक्रिया को दोहराते है। सातवीं वर्ष द्वितीय प्रत्यावर्ती वरण प्रक्रिया को प्रारम्भ करते हैं। इस प्रकार चयन चक्र से समष्टि की उत्पादन क्षमता काफी बढ़ जाती है। इस विधि का उपयोग संशलिष्ट प्रजातियों के विकास के लिए किया जाता है।

3. विशेष संयोजन क्षमता हेतु प्रत्यावर्ती वरण (Recurrent selection for specific combining ability)

विशेष संयोजन क्षमता हेतु प्रत्यावर्ती वरण का विचार सर्वप्रथम हल ने सन् 1945 में दिया। इस विधि का उद्देश्य यह था कि ऐसे वंशक्रम को अलग किया जाये, जो दिये गये प्रभेदों के साथ अच्छी प्रकार संयोजित हो सके। ओज का वृहद् भाग जुड़ने वाला वंशाणु क्रिया से नियंत्रित होता है। इसलिए संकर ओज, किसी विशेष वंशाणु संयोजन से होता है। किसी पौधे का चयन उसकी संतति के अच्छे निष्पादन एवं अच्छे संयोजन क्षमता के आधार पर जाँचक के रूप में किया जाता है। इसमें वंशाणु एवं वंशाणु संयोजन क्षमता विशेषतः जाँचक प्रभेद में उपस्थित वंशाणु के साथ संयोजित होता है। इसमें जाँचक एक अच्छा प्रदर्शन/निष्पादन करता है। प्रथम वर्ष में पौधे का समष्टि से चयन कर स्वपरागण (selfing) करते हैं। इन चयनित पौधों (नर) का संकरण अच्छे मादा के साथ करते हैं। द्वितीय वर्ष परीक्षण (test) संकरण अच्छे मादा के साथ करते हैं। द्वितीय वर्ष में ही परीक्षण (test) संकरण संतति का उपज परीक्षण भी करते हैं। इससे अच्छा निष्पादन करने वाली संतति की पहचान कर चयन कर लेते हैं। स्वपरागित बीज (सेल्फड बीज) जो अच्छी संतति उत्पन्न करते हैं, को प्रखण्ड के संतति कतार के रूप में उगाते हैं। हाथ द्वारा अन्तः संकरण किया जाता है व बराबर मात्रा में सभी अन्तः संकरित बीज को मिला लेते हैं। यह शुद्ध चयन चक्र होगा। चौथे साल अन्तः संकरण द्वारा बीज को लगाकर प्रथम वर्ष जैसी प्रक्रिया को दोहराते हैं। पाँचवें वर्ष, द्वितीय वर्ष जैसी प्रक्रिया दोहराते हैं तथा छठें वर्ष, तृतीय वर्ष जैसी प्रक्रिया को दोहराते हैं।

4. व्युत्क्रम प्रत्यावर्ती वरण या पारस्परिक व्युत्क्रम आवर्ती वरण (Reciprocal Recurrent Selection)

पारस्परिक प्रत्यावर्ती वरण की संस्तुति कोमस्टॉक (Comstock), रोबिन्सन (Robinson) तथा हार्वे (Horvey) ने सन् 1949 में की थी। इस विधि द्वारा दोनों प्रकार के समष्टि का सुधार किया जा

सकता है, जो आपस में अच्छी प्रकार संयोजित करने की क्षमता रखते हैं। इसमें 'ए' और 'बी' जनक के रूप में प्रयोग किया जाता है। 'ए' जाँचक के रूप में 'बी' समष्टि के लिए कार्य करता है और इसी प्रकार 'बी' जाँचक के रूप में 'ए' समष्टि के लिए कार्य करता है। इस विधि का प्रयोग सामान्य एवं विशेष संयोजन क्षमता (general and specific combining ability) के लिए किया जाता है। दोनों जाँचक 'ए' और 'बी' विस्तृत आनुवंशिक आधारयुक्त होने के कारण आनुवंशिक तौर पर विषमांगी होते है। विशेष संयोजन क्षमता के लिए दो समष्टि का आपस में संकरण कर व्यावसायिक प्रजाति का विकास किया जाता है। एक समष्टि का पौध उसकी संयोजन क्षमता दूसरे पर निष्पादित करने के आधार पर ही किया जाता है। प्रथम वर्ष 'ए' और 'बी' समष्टि से पौधों का चयन वाँछित दृश्य प्रारुप के आधार पर किया जाता है। वहीं 'ए' समष्टि से चयनित प्रत्येक पौधों का संकरण (नर) यादृच्छिक (random) रूप से चयनित 'बी' समष्टि (मादा) से किया जाता है, और विपरीत प्रक्रिया भी अपनाई जाती है। 'बी' स्वपरागित (selfed) बीज की कटाई अलग–अलग करते हैं, और तीसरे वर्ष के लिए बीज रख लेते हैं। दूसरे वर्ष संतति परीक्षण के साथ–साथ उपज परीक्षण भी करते हैं। 'ए' और 'बी' दोनों समष्टि के पौधों का चयन करते हैं। इसमें उत्तम निष्पादन करने वाली संतति की पहचान की जाती है। तीसरे वर्ष संतति परीक्षण के आधार पर चयनित पौधों को अलग–अलग उगाते हैं। एक संकरण खण्ड में 'ए' समष्टि का पौध तथा दूसरे खण्ड में 'बी' समष्टि के पौधे उगाते हैं। प्रत्येक संकरण खण्ड में अन्तः संकरण की संतति उत्पन्न की जाती है। 'ए' समष्टि को मिश्रित कर अगली पीढ़ी के 'ए' समष्टि को उत्पन्न करते हैं। यहीं पर शुद्ध चयन प्रक्रिया पूरी होती है। चौथे वर्ष 'ए' और 'बी' समष्टि के अन्तः संकरण बीज को मिलाकर 'ए' और 'बी' प्रखण्ड में क्रमशः उगाते हैं और प्रथम वर्ष जैसी प्रक्रिया दोहरोते हैं। पाँचवें वर्ष, द्वितीय वर्ष जैसी प्रक्रिया दोहराते हैं तथा छठें वर्ष में भी तृतीय वर्ष जैसी प्रक्रिया दोहराते हैं।

संकर सब्जियाँ (Hybrid Vegetables)

संकर किस्मों का तात्पर्य दो विशुद्ध या अन्तः प्रजनन वंशक्रमों (inbreds) या परपरागित किस्मों या क्लोनों (clones) या दो किसी भी असमान प्रकार के समष्टियों (populations) से प्राप्त प्रथम संतति (एफ–1) को संकर कहा जाता है।

"Hybrid varieties are the F_1 generation of a cross between two genetically dissimilar genotypes or lines that combine well with each other".

संकर ओज (Heterosis synonym to hybrid vigour)

संकर ओज का तात्पर्य किसी प्रथम संतति (एफ–1) का उनके दोनों पितृों की तुलना में अधिक या कम निष्पादन को संकर ओज कहते हैं।

अन्तःप्रजनन (Inbreeding)

अन्तःप्रजनन अवनयन में ओज का घाटा/क्षति (loss) होता है। यह क्षति अन्तः प्रजनन या स्वपरागण (selfing) से होता है। अन्तः प्रजनन अवनयन सबसे ज्यादा गाजर में मध्यम प्याज व पत्ता गोभी में कम टमाटर में तथा कद्दू वर्गीय सब्जियों में बिल्कुल नही होता है।

सारिणी (7.14) सब्जियों में संकर ओज का प्रतिशत

क्रम संख्य	सब्जी फसल	प्रतिशत
1.	टमाटर	30.0–50.0
2.	बैंगन	50.0–80.0
3.	मिर्च	100.0–160.0
4.	शिमला मिर्च	30.0–40.0
5.	भिन्डी	20.0–40.0
6.	प्याज	15.0–60.0
7.	गोभी वर्गीय सब्जियाँ	25.0–50.0
8.	खरबूजा	20.0–100.0
9.	तरबूज	20.0–60.0
10.	खीरा	35.0–40.0
11.	लौकी	30.0–60.0
12.	कुम्हड़	30.0–60.0
13.	करेला	30.0–60.0
14.	मूली	30.0–60.0

स्रोतः हाजरा एवं सोम, 2004

संकर किस्मों की प्रमुख विशेषताएँ (Speciality of hybrids)

संकर संतति समुदाय को व्यावसायिक स्तर पर अधिक उपज प्राप्त करने के लिए प्रयोग किया जाता है। संकर किस्मों की प्रमुख विशेषतायें इस प्रकार है–

1. संकर किस्म के पौधों में एक समान रूप में वृद्धि एवं विकास।
2. बाह्य परागित किस्म की तुलना में 25.0–30.0 प्रतिशत अधिक उपज।
3. ऐच्छिक प्रभावी वंशाणुओं का संकर में समानान्तर एकत्रीकरण।
4. अन्तः प्रजनन अवनमन की समस्या को कम करना।
5. संकर किस्मों में कीट एवं रोग के प्रति अवरोधिता विकसित करना।
6. परिवर्तित एवं प्रतिकूल परिस्थितियों में अनुकूलन।
7. संकर किस्मों के फल का एक समान रंग, आकार एवं गुण।
8. सूखा, बाढ़, लवणता आदि दशाओं को सहन करने की क्षमता विकसित करना।
9. अधिक उत्तम गुणों से युक्त फल प्राप्त करना।

संकर किस्मों के समूह

संकर किस्मों को निम्न समूहों में बाँटा जा सकता है–

एकल संकर (Single Cross)

इस संकरण पद्धति में दो अन्तः प्रजातियों के संकरण को एकल संकर कहते हैं। उदाहरण के तौर पर अन्तः प्रजाति (inbreds) ए, बी, सी, व डी द्वारा प्राप्त एकल संकरण ए × बी, ए × डी, बी × सी, बी × डी, व सी × डी होगा।

द्विसंकर (Double cross)

इस प्रजनन पद्धति में दो संकरणों के संकरण को द्विसंकर कहते हैं। इस प्रकार के द्विसंकरण में 4 अन्तः प्रजाति प्रयोग में लाये जातें हैं। उदाहरण के लिए चार अन्तः प्रजाति ए, बी, सी, व डी द्वारा प्राप्त द्विसंकरण (ए×बी) × (सी×डी), (ए × डी) × (बी×डी) और (ए×डी) × (बी×सी) आदि होगा।

तृपथी संकर (Triple cross)

इस प्रजनन पद्धति में एक एकल संकरण तथा एक अन्तः प्रजाति के आपसी संकरण को तृतीय संकर कहते हैं। तीन अन्तः प्रजातों ए, बी, तथा सी के संकरण से उत्पन्न संकर का स्वरूप [(ए×बी)×सी] होगा।

सर्वोच्च संकरण (Top cross)

इस प्रजनन पद्धति में अंतः प्रजाति तथा एक मुक्त परागित किस्म के संकरण को सर्वोच्च संकरण या शीर्ष संकरण कहते हैं। सभी अंतः प्रजातों की शीर्ष संकरण संततियों का उपज परीक्षण किया जाता है। निकृष्ट या घटिया शीर्ष संकरण संतति उत्पन्न करने वाले प्रजातों को त्याग दिया जाता है। इस परीक्षण के आधार पर कम से कम 50 प्रतिशत अन्तः प्रजातों का परित्याग करते हैं। शीर्ष संकरण परीक्षण अन्तः प्रजातों की सामान्य संयोजकता का आँकलन करता है। किसी अन्तः प्रजाती का भिन्न अन्तः प्रजाती से अलग–अलग संकरण करने पर सभी संयोंजनों में अपेक्षाकृत उत्कृष्ट संकर करने की क्षमता को उस अन्तः प्रजात की सामान्य संयोंजकता या औसत संयोंजकता कहते हैं। शीर्ष संकरण परीक्षण के आधार पर चुने हुए अन्तः प्रजातों को आपस में संकरित करके सभी सम्भव एकल संकर उत्पन्न करते हैं। यदि एक अन्तः प्रजाति हो तो इनके आपस में संकरण से एक एन–(एन–1)/2 एकल संकरण उत्पन्न होंगे। इन एकल संकरों का पुनरावर्तित उपज परीक्षण करते हैं और सबसे उत्कृष्ट एकल संकरों को छाँट लिया जाता है। किसी एकल संकर का उत्कृष्ट निष्पादन मुख्य रूप से उसके दोनों जनक अन्तः प्रजाति के विशेष संयोंजकता पर निर्भर करती है। किसी विशेष अंतः प्रजात के द्वारा संकरण करने पर उत्कृष्ट संकर उत्पन्न करने की क्षमता को विशेष संयोजकता कहते हैं।

संकर ओज का आँकलन (Estimation of heterosis)

"Heterosis is estimated as percentage superiority or inferiority of the F_1 hybrid over the parents or over the standard variety."

संकर ओज का आँकलन निम्न प्रकार करते हैं –

1. मध्य पितृ ओज (Mid-parent heterosis)
2. उत्तम पितृ ओज (Better parent heterosis)
3. मानक पितृ ओज (Standard parent heterosis)

1. मध्य पितृ ओज (Mid-parent heterosis)

प्रथम संतति (एफ–1) के संकर ओज निष्पादन की तुलना जब संकरण में समाहित पित्रों के औसत मूल्य से किया जाता है, मध्य पितृ ओज कहलाता है।

Mid-parent heterosis= $\bar{F}_1 - \bar{MP} / \bar{MP} \times 100$

2. उत्तम पितृ ओज (Better parent heterosis)

प्रथम संतति (एफ–1) के संकर ओज निष्पादन की तुलना जब संकरण में समाहित उत्तम पितृ के औसत मूल्य से किया जाता है, उत्तम पितृ ओज कहलाता है। इसे हेटेरोबेलटियोसिस (heterobeltiosis) भी कहते हैं।

Better parent heterosis= $\bar{F}_1 - \bar{BP} / \bar{BP} \times 100$

3. मानक पितृ ओज (Standard parent heterosis)

प्रथम संतति (एफ–1) के संकर ओज निष्पादन की तुलना जब अधिक क्षेत्र में उगाई जाने वाली प्रजाति से किया जाता है, मानक पितृ ओज कहलाता है। इसे आर्थिक ओज (economic heterosis) भी कहते हैं।

Standard parent heterosis= $\bar{F}_1 - \bar{SV} / \bar{SV} \times 100$

जहाँ–

$\bar{F}_1$= प्रथम संतति (एफ–1)/संकर का मध्य मूल्य

$\bar{MP}$= संकरण में समाहित दो पित्रों का औसत मूल्य

$\bar{BP}$= संकरण में समाहित उत्तम पितृ मध्य मूल्य

$\bar{SV}$= मानक प्रजाति का मध्य मूल्य

संकर किस्मों के प्रजनन में प्रयुक्त तकनीकी चरण (Steps in hybrid breeding techniques)

1. अन्तः प्रजाति बनाना।
2. संयोजन क्षमता की जाँच।
3. वृहद् पैमाने पर संकरण।

संकरण से प्राप्त प्रथम संतति अपने दोनों पित्रों से अधिक उपज देने वाली होती है। प्रथम संतति के इस गुण या क्षमता को संकर ओज कहते हैं। संकर ओज शब्द का प्रयोग सर्वप्रथम जार्ज एच0 शूल ने सन् 1914 में प्रथम संतति के ओज के बढ़ने या घटने की प्रक्रिया, मध्य पितृ अथवा उच्च पितृ के मूल्यों को आधार मानकर किया था।

संकर बीज उत्पादन की तकनीकें (Techniques of hybrid seed production)

वर्तमान समय में सब्जियों का उत्पादन बढ़ाने के लिए संकर बीज की उपलब्धता एक प्रमुख घटक है, इसके लिए कुछ मूल भूत आवश्यकताएँ होती हैं–

1. मादा जनक का आसान एवं कम लागत विपुंसन तथा
2. नर जनक के परागकणों का समुचित परिक्षेपण

संकर बीज उत्पादन की निम्नलिखित विधियाँ प्रयोग में लायी जाती हैं–

1. विपुंसीकरण और हाथ द्वारा परागण (Emasculation and hand pollination)
2. नर वन्ध्यता का उपयोग (Use of male sterility)
3. स्व–अनिषेच्य लाइन द्वारा संकर बीज उत्पादन (Use of self-incompatible line in hybrid seed production)
4. जायांगीय लाइन का प्रयोग कर संकर बीज उत्पादन (Use of gynoecious line in hybrid seed production)

1. विपुंसीकरण और हाथ द्वारा परागण (Emasculation and pollination by hand)

इस विधि का प्रयोग उन सब्जियों में किया जाता है, जिसमें द्विलिंगी पुष्प आते हैं जैसे– टमाटर, बैंगन, भिण्डी आदि। इनमें एक फल से अधिक संख्या में बीज मिल जाते हैं। विपुंसीकरण एवं हाथ से परागण करने से टमाटर के बीज उत्पादन कार्य में काफी श्रम लगता है, जिससे बीज उत्पादन की लागत बढ़ जाती है। बैंगन के फूलों में विपुंसीकरण एवं परागण की क्रिया अपेक्षाकृत आसान होती है। विपुंसीकरण पुष्प खिलने से एक दिन पूर्व किया जाता है। विपुंसीकरण के बाद पुष्प का परागण करते हैं। विपुंसीकरण में दलपुंज को कैंची एवं परागकोश को चिमटी से निकाल दिया जाता है। परागकणों को एक छोटे से प्लेट (plate) में ब्रुश की सहायता से एकत्रित करते हैं। ब्रुश पर लगे परागकण को परिपक्व एवं ग्राही वर्तिकाग्र पर लगा दिया जाता है। इसके बाद पुष्प को पारदर्शी कागज (मोमिया कागज) के थैले में डालकर बाँध दिया जाता है, जिससे किसी अन्य बाह्य परागकण से परागण की सम्भावना न रहें। फल लगने के बाद इन थैलों को हटा देना चाहिए, क्योंकि ऐसा करने से फलों का विकास अच्छा होता है। इस विधि से 75.0 प्रतिशत तक शुद्ध संकर बीज बनता है।

2. नर वन्ध्यता का उपयोग (Use of male sterility)

व्यावसायिक स्तर पर संकर बीज उत्पादन के लिए नर वंध्यता (non-functional pollen grains but female gamete functions normally) का उपयोग व्यापक पैमाने पर किया जाता है।

सारिणी (7.15) सब्जियों में उप्लब्ध नर वन्ध्यता

क्रम संख्या	वानस्पतिक नाम (Botanical name)	गुणसूत्र संख्या
1.	एलियम सेपा (*Allium cepa*)	2एक्स=16
2.	एलियम फिस्चुलोसम (*Allium fistulosum*)	2एक्स=
3.	सोलेनम ट्यूबरोसम (*Solanum tuberosum*)	4एक्स=48
4.	सोलेनम एस्कुलेंटम (*Solanum esculentum*)	2एक्स=24
5.	मैनीहाट एस्कुलांटा (*Manihot esculanta*)	4एक्स=36
6.	एबलमास्कस एस्कुलेंटस (*Abelmoschus esculentus*)	2एक्स=120
7.	सोलेनम मेलान्जेना (*Solanum melongena*)	2एक्स=24
8.	कैप्सिकम पेन्डुलम (*Capsicum* pendulum)	2एक्स=24
9.	कैप्सिकम प्यूबीसेन्स (*Capsicum* pubescens)	2एक्स=24
10.	ब्रेसिका कम्पेस्ट्रीस (*Brassica campestris*)	2एक्स=20
11.	ब्रेसिका ओलेरेसिया वार0 बोटराइटिस (*Brassica oleracea* var. *botrytis*)	2एक्स=18
12.	ब्रेसिका ओलेरेसिया वार0 कैपीटाटा (*Brassica oleracea* var. *capitata*)	2एक्स=18
13.	बीटा वल्गेरिस उप प्रजाति बेन्गालेंसिस (*Beta vulgaris* spp. *bengalensis*)	2एक्स=18
14.	डाकस कैरोटा (*Daucus carota*)	2एक्स=18
15.	रैफनस सटाइवस (*Raphanus sativus*)	2एक्स=18
16.	पाइसम सटाइवम (*Pisum sativum*)	2एक्स=22
17.	फैसिओलस वलगेरिस (*Phaseolus vulgaris* L.)	2एक्स=22
18.	विसिया फाबा (*Vicia faba*)	2एक्स=12
19.	कुकुमिस सटाइवस (*Cucumis sativus*)	2एक्स=14
20.	कुकुमिस मेलो (*Cucumis melo*)	2एक्स=24
21.	सिट्रलस लेनेटस (*Citrullus lanatus*)	2एक्स=22
22.	कुकुरबिटा पेपो (*Cucurbita pepo*)	2एक्स=40
23.	विग्ना अन्गुइलाटा (*Vigna umguiculata*)	2एक्स=22
24.	विग्ना अन्गुलैरिस (*Vigna angularis*)	2एक्स=24
25.	ग्लाइसिन मैक्स (*Glycine max*)	2एक्स=40
26.	आइपोमोइया स्पीशीज (*Ipomoea species*)	2एक्स=30
27.	फैसियोलस वुल्गैरिस (*Phaseolus vulgaris*)	2एक्स=22

प्रकृति में तीन प्रकार की नर वन्ध्यता पायी जाती है–

1. आनुवंशिक नर वन्ध्यता (Genic male sterility)
2. कोशिकाद्रव्यी आनुवंशिक नर वन्ध्यता (Cytoplasmic genic male sterility)
3. कोशिका द्रव्यी नर वंन्ध्यता (Cytoplasmic male sterility)

1. आनुवंशिक नर वन्ध्यता (Genic male sterility)

आनुवंशिक नर बंध्यता में नर वन्ध्य (ms ms) अन्तः प्रजात नर उर्वर (Ms Ms) अन्तः प्रजाति से संकरित नर वन्ध्य, अन्तः प्रजाति पर बने सभी बीज संकर तथा उर्वर (Ms ms) होते हैं। आनुवंशिक नर वन्ध्यता केन्द्रक जीन से नियन्त्रित होता है। कई बार एक अवरोधक जीन एम0एस0 (recessive gene ms) गुण निर्धारण के लिये जिम्मेदार होते हैं और मेण्डेलियन विधि से वंशागतित्व का प्रदर्शन करते हैं। आनुवंशिक नर वन्ध्यता कोशिका द्रव्य (cytoplasm) से प्रभावित नही होते हैं।

2. कोशिका द्रव्यी आनुवंशिक नर वन्ध्यता (Cytoplasmic genic male sterility)

इसमें पुनः स्थापक जीन का उपलब्ध होना आवश्यक है। इसका उपयोग प्याज, चुकन्दर आदि फसलों में किया जाता है।

3. कोशिका द्रव्यी नर वन्ध्य का उपयोग (Use of cytoplasmic male sterility)

ऐसी नर वन्ध्यता जो कोशिका द्रव्य से (S-cytoplasm) निर्धारित होती है, उसे कोशिकाद्रव्यी नर बन्ध्यता कहते हैं। कोशिकाद्रव्यी नर वन्ध्यता उत्पन्न करने वाले जीन माइटोकन्ड्रीया (mitochondria), क्लोरोप्लास्ट (chlorpplast), या अतिरिक्त गुणसूत्र तत्व पर होते हैं। कोशिकाद्रव्यी नर वन्ध्यता का उपयोग सीमित है। कोशिकाद्रव्यी नर वन्ध्यता का उपयोग आलू, शकरकंद जैसे फसलों में होती है। इस विधि में पुनः स्थापक जीन नहीं उपलब्ध होता है। अतः सभी संकर नर वन्ध्य होते हैं। कई स्वपरागित फसलों में कोशिकाद्रव्यी नर वन्ध्यता का उपयोग किया जा चुका है। संकर बीज उत्पादन के लिए नर वन्ध्य लाइन का परागण पुनः स्थापक लाइन के परागकण से किया जाता है। पुनः स्थापक लाइन में वंशाणु या वंशाणुओं का नर उपजाऊपन, नर वन्ध्य कोशिका द्रव्य की उपस्थिति से होता है। सिगारवा एवं सहयोगी (1997) ने शीत सहनशील (cold tolerant) ओगुरा नर वन्ध्य कोशिका द्रव्य का सफलतापूर्वक हस्तान्तरण पत्ता गोभी में किया। कभी–कभी एक या कई अन्य कारणों से नर वन्ध्यता से संकर बीज का उत्पादन प्रभावित होता है, जैसे–

1. नर वन्ध्य कोशिका द्रव्य में अनुपयोगी कमियों का होना ।
2. पुनः स्थापना हेतु प्रभावी वंशाणु का उपलब्ध न होना।
3. प्राकृतिक पर–परागण एवं बीज लगने की प्रक्रिया नर वन्ध्य लाइन में वाँछित न होना। उदाहरण स्वरूप, मिर्च, शिमला मिर्च आदि।
4. नर वन्ध्य कोशिका द्रव्य लाइनों द्वारा अपूर्ण नर वन्ध्यता का प्रदर्शित होना है।

3. स्वअनिषेच्य लाइन द्वारा संकर बीज उत्पादन (Use of self-incompatible line in hybrid seed production)

स्व–अनिशेच्यता का तात्पर्य यह है कि एक पौधे का परागकण उसी पौधे के अण्ड को निषेचित नहीं करता है, लेकिन दूसरे प्रकार के जीन प्रारूप वाले पौधे के अण्ड को सफलतापूर्वक निषेचित कर सकता है। इस प्रकार के प्रणाली का उपयोग फूल गोभी, पत्ता गोभी, गांठ गोभी, ब्रोकोली आदि

में संकर बीज उत्पादन हेतु करते हैं। उत्पादन हेतु दो स्व–अनिषेच्य परन्तु युग्म में निषेच्य अन्तः प्रजाति को एकान्तर कतारों में लगाया जाता है। इन दोनों अन्तः प्रजातों में बने बीज संकर होंगे। दो अन्तः प्रजाति में से एक अन्तः प्रजाति स्व–अनिषेच्य भी हो सकता है। इस दशा में केवल स्व–अनिषेच्य अन्तः प्रजाति पर बने बीज संकर होंगे। इनमें अन्तः प्रजनन कलिका परागण के द्वारा सम्भव होता है।

4. जायांगीय लाइन का प्रयोग कर संकर बीज उत्पादन (Use of gynoecious line in hybrids seed production)

जायांगीय लाइन (gynoecious line) का प्रयोग कर संकर प्रजातियों का विकास एवं बीज उत्पादन काफी महत्वपूर्ण हो गया है। खीरा में अनेक जननद्रव्यों का विकास जायांगीय लाइन के रुप में किया गया है। पहले जायांगीय लाइन का निष्पीडन कोरियन प्रजाति में देखी गयी। जायांगीय युग्म काफी प्रभावी होता है। अध्ययनों से यह पाया गया है कि जायांगीय लाइन से विकसित संकर किस्मों में मादा पुष्पों की संख्या ज्यादा होती है, जिससे फसल अगेती होती है और फल उपज ज्यादा मिलती है। लेकिन इस प्रकार से विकसित संकर का उपयोग तभी बढ़ सकता है, जब उसमें मौजूद संकर ओज आर्थिक दृष्टि से ज्यादा हो, पर–परागण हो और पित्र लाइन विश्वसनीय तथा समुचित रुप से अनुरक्षित किया जाये। मादा पित्र पर लगने वाले फलों में बीज की संख्या से यह निर्धारित होता है कि संकर बीज की लागत क्या होगी?। राम एवं सहयोगी (2002, 2003, 2006) ने करेला में जायांगीय लाइन का विकास किया है।

कद्दू वर्गीय सब्जियों में जायांगीय लाइन (gynoecious line) से संकर बीज प्राप्त करने के लिए जायांगीय और उभयलिंगाश्रयी लाइन को 4:1 के अनुपात में बीज को खेत में लगाते हैं। बीज पितृ पर पुंकेसरी पुष्प को कम करने के लिए 'इथरेल' नामक रसायन का 250 पी0पी0एम0 की मात्रा को दो बार (पहली बार दो सत्य पत्ती के निकलने पर और दूसरी बार चार सत्य पत्ती निकलने पर) छिड़काव करना चाहिए। खीरा की जायांगीय लाइन को अनुरक्षित करने के लिए 'सिल्वर नाइट्रेट' नामक रसायन की 100–150 पी0पी0एम0 मात्रा का छिड़काव करना चाहिए। अधिकांश जायांगीय संकर खीरा मादा युग्म 'एफ' युग्म के लिए विषमांगी होती है। कुछ वातावरण में प्रजातियाँ भी नर एवं मादा दोनों पुष्पों को जन्म देती है। स्थिर जायांगीय लैंगिक प्रजाति का विकास एवं प्रजनन तभी किया जा सकता है, जब उसमें सही अनुपात में परिवर्तित वंशाणु एफ0एफ0 अथवा समयुग्मी एफ0एफ0 वंशाणु हो।

भारत वर्ष में सब्जियों की संकर किस्मों का विकास

हमारे देश में संकर किस्मों का विकास का कार्य काफी प्रगति पर है। सर्वप्रथम टमाटर की संकर किस्म 'कर्नाटक हाइब्रीड' (Karnatak Hybrid) तथा शिमला मिर्च की संकर किस्म 'भारत' (Bharat) इण्डो अमेरिकन प्राइवेट सीड कम्पनी द्वारा सन् 1973 में निकाली गयी। सार्वजनिक क्षेत्र में पहली बार संकर किस्म लौकी में 'पूसा मेघदूत' (लम्बी) और 'पूसा मंजरी' (गोल) भारतीय कृषि अनुसंधान संस्थान, नई दिल्ली से सन् 1971 में विकसित की गयी। अखिल भारतीय समन्वित सब्जी

अनुसंधान परियोजना (सब्जी फसल) के अन्तर्गत अब तक 9 सब्जियों की 31 संकर किस्में विकसित की गयी हैं, जिनको सारिणी में दिया गया है–

सारिणी (7.16) सब्जियों की कुछ प्रमुख संकर किस्में एवं उनके प्रजनन केन्द्र

सब्जी	क्षेत्र के लिए संस्तुति	संकर किस्म	स्रोत	विकसित करने का वर्ष
टमाटर	IV, VII	ए0आर0टी0एच0–4	अंकुर सीड कम्पनी, जालना	1992
	IV, VII	एम0टी0एच0–6	महिको सीड कम्पनी, महाराष्ट्र	1992
	I, IV, VI, VII	पूसा हाईब्रिड–2	भारतीय कृषि अनुसंधान संस्थान, नई दिल्ली	1993
	IV, VII	एन0ए0–501	नाथ सीड कम्पनी, औरंगाबाद	1995
	VII	डी0टी0एच0–4	भारतीय कृषि अनुसंधान संस्थाान, नई दिल्ली	1995
	IV	अविनाश–2	नोवार्टिस सीड कम्पनी, पुणे	1998
	IV	एच0ओ0ई0–303	नोवार्टिस कम्पनी, पुणे	1998
	I, IV, VIII	एस0यू0एन0–496	संग्रो सीड कम्पनी, नई दिल्ली	1999
	सभी क्षेत्रों हेतु	बी0एस0एस0–20	बीजो शीतल कम्पनी, जालना	2001
	IV	डी0टी0एच0–8	भारतीय कृषि अनुसंधान संस्थान, नई दिल्ली	2002
	IV	सी0एच0टी0एच0–1	कृषि वानिकी शोध कार्यक्रम, राँची	2002
	VIII	ए0आर0टी0एच0–128	अंकुर सीड कम्पनी, जालना	2002
	IV, V	के0टी0एच0–2	चन्द्रशेखर आजाद कृषि एवं प्रोद्योगिकी विश्वविद्यालय, कल्यानपुर, कानपुर	2003
	I, IV	जे0के0टी0एच0–3055	ज0 के0 सीड, सिकन्दराबाद	2004
	IV	के0टी0एच0–2	चन्द्रशेखर आजाद कृषि एवं प्रोद्योगिकी विश्वविद्यालय, कल्यानपुर, कानपुर	2004
	I, IV	नन–7730	ननहेम्स सीड कम्पनी, हैदराबाद	2004
	I, IV, VI, VII	टी0एच0–01462	सन्जिेन्टा सीड कम्पनी, पुणे	2005
	IV, VI	एन0टी0एच0–6	भारतीय सब्जी अनुसंधान संस्थान, वाराणसी	2005
	IV, VI, VII	टी0एल0बी0एच0–9	भारतीय बागवानी अनुसंधान संस्थान, बैंग्लुरु	2005
	IV	एच0ए0टी0एच0–3	कृषि वानिकी शोध कार्यक्रम, राँची	2005
	II, V	बी0सी0टी0एच0–4	विधान चन्द्र कृषि विश्वविद्यालय, कल्याणी (पश्चिम बंगाल)	2005
	I, IV	वी0आर0टी0एच0–101	भारतीय सब्जी अनुसंधान संस्थान, वाराणसी (उ0प्र0)	2012

बैंगन	VIII	अर्का कुसुमाकर	भारतीय बागवानी अनुसंधान संस्थान, बैंग्लुरु	1981
	VIII	के0टी0–4	भारतीय कृषि अनुसंधान, संस्थान, क्षेत्रीय शोध केन्द्र, कटराईं (हिमाचल प्रदेश)	1987
	IV	पूसा हाइब्रिड–6	भारतीय कृषि अनुसंधान, संस्थान, नई दिल्ली	1990
	-	अर्का नवनीत	भारतीय बागवानी अनुसंधान, संस्थान, बैंग्लुरु	1991
	IV, VII, VII	पूसा हाइब्रिड–5	भारतीय कृषि अनुसंधान संस्थान, नई दिल्ली	1992
	IV, V, VI, VII	ए0आर0बी0एच0–201	अंकुर सीड कम्पनी, जालना	1993
	IV, VII, VIII	एन0डी0बी0एच0–1	नरेन्द्र देव कृषि एवं प्रौद्योगिकी विश्वविद्यालय, फैजाबाद (उ.प्र.)	1995
	VI	पूसा हाइब्रिड–9	भारतय कृषि अनुसंधान संस्थान, नई दिल्ली	1997
	सभी क्षेत्रों हेतु	ए0आर0बी0एच0–541	अंकुर सीड कम्पनी, जालना	2001
	सभी क्षेत्रों हेतु	पी0बी0एच0–6	पाण्डेय सीड कम्पनी, फैजाबाद (उ.प्र)	2001
	सभी क्षेत्रों हेतु	जे0बी0एच0–1	गुजरात कृषि विश्वविद्यालय, जूनागढ़ (गुजरात)	2001
	IV	बी0एच0–1	पंजाब कृषि विश्वविद्यालय, लुधियाना (पंजाब)	2002
	IV, V	बी0एच0–2	पंजाब कृषि विश्वविद्यालय, लुधियाना (पंजाब)	2003
	IV, VI	वी0आर0बी0एच0 आर0–1	भारतीय सब्जी अनुसंधान संस्थान, वाराणसी	2003
	IV	एन0डी0बी0एच0–54	नरेन्द्र देव कृषि एवं प्रौद्योगिकी विश्वविद्यालय, फैजाबाद (उ0प्र0)	2004
	IV	ए0आर0बी0एच0–786	अंकुर सीड कम्पनी, जालना	2004
	IV, VI	वी0एन0आर0–51	वी0एन0आर0 सीड कम्पनी, छत्तीसगढ़	2005
	IV, VI	बी0डब्ल्यू0बी0एच0–3	भारतीय बागवानी अनुसंधान संस्थान, बैंग्लुरु (कर्नाटक)	2005
	VIII	सी0ओ0बी0एच0–3	तमिलनाडु कृषि विश्वविद्यालय, कोयम्बटूर, (तमिलनाडु)	2005
	IV	एच0ए0वी0एच0–3	कृषि वानिकी शोध कार्यक्रम, राँची	2005
	II, V	बी0सी0टी0एच0–17	बिधान चन्द्र कृषि विश्वविद्यालय, कल्याणी, (पश्चिमी बंगाल)	2005
	IV	नवीना	वीएन. आर. सीड कम्पनी, रायपुर (छत्तीसगढ़)	2007
	IV	एच0ए0बी0एच0–17	कृषि वानिकी शोध कार्यक्रम, राँची (झारखण्ड)	2007
	IV	पी0एच0बी0एल0–51	पंजाब कृषि विश्वविद्यालय, लुधियाना	2012

	IV, V	पी0बी0एच0एस0 आर0–31	पंजाब कृषि विश्वविद्यालय, लुधियाना (पंजाब)	2012
पत्ता	V	श्री गणेश गोल	महिको सीड कम्पनी, जालना	1992
गोभी	I, IV,V, VI, VII	नाथ–401	नाथ सीड कम्पनी, औरंगाबाद	1993
	VII	बी0एस0एस0–32	बीजो शीतल सीड कम्पनी, जालना	1995
	IV	क्विस्टो	नोवार्टिस सीड कम्पनी, पुणे	1998
	IV, VIII	एस0वाई0सी0एफ0एफ 0–202	सिंजेन्टा सीड कम्पनी, पुणे	2004
	I, IV	समर किंग	संग्रो, सीड कम्पनी, नई दिल्ली	2005
	I, IV	के0जी0एम0आर0–1	भारतीय कृषि अुनसंधान संस्थान, नई दिल्ली	2005
	I	ग्रीन इम्पेरर –74	टोकिटा सीड कम्पनी	2007
फूल गोभी	II, IV	पूसा हाईब्रिड–1	भारतीय कृषि अनुसंधान संस्थान, नई दिल्ली	1992
	II, IV	डी0सी0एच0–541	भारतय कृषि अनुसंधान संस्थान, नई दिल्ली	1992
	IV,V,VII	एस0वाई0सी0एफ0एच 0–2003	सिंजेन्टा सीड कम्पनी, पुणे	2005
खरबूजा	IV	एम0–3 (संकर)	भारतय कृषि अनुसंधान संस्थान, नई दिल्ली	1990
	VII	एम0एच0वाई0–5	राजस्थान कृषि विश्वविद्यालय कृषि शोध केन्द्र, दुर्गापुरा (राजस्थान)	2002
तरबूज		अर्का ज्योति	भारतीय बागवानी अनुसंधान संस्थान, बैंग्लुरु (कर्नाटक)	1981
	IV, V, VII	एम0एच0डब्ल्यू0–6	महिको सीड कम्पनी, महाराष्ट्र	1999
लौकी	IV, V, VI	पूसा हाईब्रिड–2	भारतीय कृषि अनुसंधान संस्थान, नई दिल्ली	2003
	VII	पी0वी0ओ0जी0–2	गोविन्द बल्लभ पन्त कृषि एवं प्रौद्योगिकी विश्वविद्यालय, पन्तनगर (उत्तराखण्ड)	1998
	IV, VI	पी0वी0ओ0जी0–1	गोविन्द बल्लभ पन्त कृषि एवं प्रौद्योगिकी विश्वविद्यालय, पन्तनगर (उत्तराखण्ड)	1999
	सभी क्षेत्रों हेतु	एन0डी0बी0एच0–4	नरेन्द्र देव कृषि एवं प्रौद्योगिकी विश्वविद्यालय, फैजाबाद (उ0प्र0)	2001
करेला	IV, V, VI	पूसा हाइब्रिड–2	भारतीय कृषि अनुसंधान संस्थान, नई दिल्ली	2002
	IV	ए0बी0जी0एच0–167	निर्मल सीड कम्पनी, महाराष्ट्र	2004
खीरा	IV	एन0बी0जी0एच0–167	निर्मल सीड कम्पनी, महाराष्ट्र	2004
	IV, VII	हाईब्रिड–1	सेन्चुरी सीड कम्पनी, नई दिल्ली	2004

	I, IV	पी0सी0यू0सी0ए0–3	गोविन्द बल्लभ पन्त कृषि एवं प्रौद्योगिकी विश्वविद्यालय, पन्तनगर (उत्तराखण्ड)	2005
गाजर	I, VII	हाइब्रिड–1	महिको सीड कम्पनी, महाराष्ट	1992
मिर्च	IV, VIII	एन0ओ0ई0–888	सैन्डोज सीड कम्पनी,	1997
	IV	ए0आर0सी0एच0–236	अंकुर सीड कम्पनी, जालना	1997
	IV,VIII	सन्ग्रो 86–235	सन्ग्रो सीड कम्पनी,	2002
	IV,V,VI	ए0आर0सी0एच0–228	अंकुर सीड कम्पनी, जालना	2003
	II, IV,V,VI	सी0सी0एच0–3	भारतीय सब्जी अनुसंधान संस्थान, वाराणसी (उत्तर प्रदेश)	2005
	IV,VI,VIII	एच0एस0एच0–149	भारतीय बागवानी अनुसंधान संस्थान, बैंग्लुरु (कर्नाटक)	2005
	VI	के0सी0एच0–3	चन्द्रशेखर आजाद कृषि एवं प्रौद्योगिकी विश्वविद्यालय, कानपुर	2005
	VII	बी0एस0एस0–378	बीजो शीतल, बीज कम्पनी	2012
शिमला मिर्च	IV,V,VI,VIII	एच0एस0एच0–172	भारतीय बागवानी अनुसंधान संस्थान, बैंग्लुरु (कर्नाटक)	2005
	I	पूसा दीप्ति	भारतीय कृषि अनुसंधान संस्थान, क्षेत्रीय शोध क्षेत्र, कटराई (हिमाचल प्रदेश)	1990
	I	लैरियो	सिन्जेण्टा सीड कम्पनी, पुणे	2002
	I, IV	डी0ए0आर0एल0–202	डीफेन्स एग्रीकल्चरल रिसर्च इंस्टीच्युट, अल्मोड़ा (उत्तराखण्ड)	2003
	IV,V,VI,VIII	के0टी0सी0पी0एच0–3	भारतीय कृषि अनुसंधान संस्थान, क्षेत्रीय शोध क्षेत्र, कटराई (हिमाचल प्रदेश)	2005
भिण्डी	IV,VIII	डी0वी0आर0–1	भारतीय सब्जी अनुसंधान संस्थान, वाराणसी (उत्तर प्रदेश)	1998
	VI	डी0वी0आर0–2	भारतीय सब्जी अनुसंधान संस्थान, वाराणसी (उत्तर प्रदेश)	1998
	सभी क्षेत्रों हेतु	डी0वी0आर0–3	भारतीय सब्जी अनुसंधान संस्थान, वाराणसी (उत्तर प्रदेश)	2001
	IV,V,VII	डी0वी0आर0–4	भारतीय सब्जी अनुसंधान संस्थान, वाराणसी (उत्तर प्रदेश)	2002
	IV,V,VI	एच0वी0एच0–142	चौधरी चरण सिंह हरियाणा कृषि विश्वविद्यालय, हिसार (हरियाणा)	2005
	IV,VII,VIII	एस0ओ0एच0–152	सिन्जेण्टा सीड कम्पनी, पुणे	2005
	IV,VII	एस0ओ0एच0–1016	सिन्जेण्टा सीड कम्पनी, पुणे	2007
	VIII	एन0वी0एच0–180	नूजीविडू सीड कम्पनी	2007
	VII	ओ0एच0–597	सिंजेण्टा सीड कम्पनी	2012
	V, VII	ए0आर0ओ0एच0–631	अंकुर सीड कम्पनी	2012

सब्जियों की संश्लिष्ट किस्में (Synthetic Cultivars)

"A synthetic cultivar may be defined as a variety produced by crossing a number of lines in all possible combinations that combine well with each other".

संश्लिष्ट प्रभेद बनाने के लिए ऐसे पितृ जिनकी उच्च सामान्य संयोजन क्षमता (general combining ability) पूर्व में परीक्षण करके निर्धारित की गयी हो, अंतः प्रजातों या विभेदों का आपस में सभी सम्भव संयोजन में संकरण करते हैं। इन सभी संकरणों से समान मात्रा में बीज लेकर उन्हें एक साथ मिला दिया जाता है। यही संश्लिष्ट किस्म होती है। पित्र कोई अन्तःप्रजात (inbreds) वंशक्रमों, कुन्तन, बाह्य परागित प्रजाति या अन्य समूह के हो सकते हैं जिनकी सामान्य संयोजन क्षमता का अवलोकन किया गया हो। समय–समय पर संश्लिष्टों को पुनः संयोजित किया जाता है। पत्ता गोभी, फूल गोभी, शलजम, गांठ गोभी, मूली और चुकन्दर में ऐसे संश्लिष्ट बनाये जा सकते हैं। संश्लिष्ट किस्मों के विकास में तीन महत्वपूर्ण चरण है।

1. जनकों का सामान्य संयोजकता परीक्षण
2. संश्लिष्ट किस्मों का संश्लेषण एवं
3. संश्लिष्ट किस्मों का बहुगुणन व अनुरक्षण

संश्लिष्ट किस्मों की व्यावसायिक स्तर पर उपयोग की जानकारी सर्वप्रथम हेज और गार्वर ने मक्के में दी थी। संश्लिष्ट किस्मों का महत्व गोभी वर्गीय सब्जियों, मूली, शलजम और चुकन्दर में ज्यादा है, क्योंकि इन फसलों में संकर किस्मों की अपेक्षा संश्लिष्ट किस्मों को विकसित करना तथा उनके बीजों को बनाना आसान होता है और इस प्रकार एक वृहद् जननद्रव्य भी तैयार होता है, जिसका प्रजनन के कार्यों में उपयोग किया जा सकता है। सिन–1 (syn-1) पीढ़ी में मुक्त परागण से सिन–2 (Syn-2), सिन–2 (Syn-2) में मुक्त परागण से सिन–3 (Syn-3) पीढ़ियाँ प्राप्त होती है।

संश्लिष्ट किस्मों की प्रमुख विशेषताएँ

1. जहाँ परागण नियंत्रण का कार्य कठिन होता है, वहाँ पर संकर ओज के उपयोग के लिए संश्लिष्ट किस्मों का प्रयोग लाभप्रद है।
2. कृषक संश्लिष्ट किस्मों के बीजों को अगली फसल हेतु उपयोग कर सकता है। अगर थोड़ा सा ध्यान देकर अन्य परागकणों के मिश्रण से बचाया जाये और प्रचुर मात्रा में पौधों का चयन किया जाये, जिसमें अन्तः प्रजनन को रोका जा सके, तो बीज को कई वर्षों तक उपयोग में लाया जा सकता है।
3. विभिन्न वातावरण में संश्लिष्ट किस्में संकर किस्मों की तुलना में ज्यादा अनुकूलन एवं उत्पादन क्षमता का प्रदर्शन करती हैं।
4. संश्लिष्ट किस्मों में संकर किस्मों की अपेक्षा अधिक एवं विस्तृत आनुवंशिक गुण पाया जाता है, जिससे रोगों एवं कीड़ों के संक्रमण के प्रति ये किस्में सहनशील होती हैं।
5. संश्लिष्ट किस्मों के बीज अपेक्षाकृत सस्ते होते हैं, क्योंकि इनके बीज उत्पादन में विशिष्ट तकनीकी तथा अधिक परिश्रम नहीं लगता है।
6. संश्लिष्ट प्रजातियों का अगली पीढ़ी में कम अन्तः प्रजनन अवनमन होता है।

हमारे देश में विकसित सब्जियों की प्रमुख संश्लिष्ट किस्में

हमारे देश में संश्लिष्ट किस्मों के विकास पर अभी अधिक ध्यान केन्द्रित नहीं किया गया है। अब तक जो प्रमुख संश्लिष्ट किस्में विकसित की गयी है, उनको नीचे की सारिणी में दिया गया है–

सारिणी (7.17) सब्जियों की प्रमुख संश्लिष्ट किस्में

क्र. सं.	क्षेत्र के लिए संस्तुति	सब्जी	विकसित करने का वर्ष	संश्लिष्ट प्रजाति	स्रोत
1.		फूल गोभी	1975	पूसा सिंथेटिक–1	भारतीय कृषि अनुसंधान संस्थान, नई दिल्ली
	IV, VIII		1990	पूसा अर्ली सिंथेटिक	भारतीय कृषि अनुसंधान संस्थान नई दिल्ली
	I, II, IV		1992	पूसा सिंथेटिक	भारतीय कृषि अनुसंधान संस्थान, नई दिल्ली
2.	IV, I, I	पत्ता गोभी	1992	पूसा सिंथेटिक	भारतीय कृषि अनुसंधान संस्थान, क्षेत्रीय शोध केन्द्र, कटराईं (हिमाचल प्रदेश)

परन्तु चुकन्दर जैसे फसल में संश्लिष्ट किस्मों का बहुगुणन नही किया जाता है। इनमें सिन–1 (Syn-1) पीढ़ी के बीजों को ही किस्म के रूप में उपयोग किया जाता है। इसमें सिन–1 (Syn-1) बीज प्रत्येक वर्ष उन्पन्न किए जाते हैं और इन संश्लिष्ट किस्मों के अनुरक्षण के लिए उनके जनकों का अनुरक्षण किया जाता है।

संकुल/सम्मिश्र किस्में (Composite Varieties)

"A composite variety is consisted of genetically broad-based but phenotypically matching lines that readly intermate to give excelling performance".

मोटे तौर पर संकुल सम्मिश्र (composite) संश्लिष्ट किस्म का ही प्रायः सम तुल्यांक होती है, लेकिन सामान्य प्रयोग में सम्मिश्र का प्रयोग तब करते हैं, जब एक समान प्रतीत होने वाले कई वंशक्रमों का बीज आपस में मिलाकर उस मिश्रण (mixture) को मुक्त परागण के लिए पृथक्करण में उगाया जाता है। कभी–कभी दो मुक्त किस्मों को संकरित करके द्वितीय पीढ़ी में उगायी जाती है और इसे द्वितीय पीढ़ी में कुछ छँटनी (rouging) करने के बाद मुक्त परागित बीज भी सम्मिश्रित कहे जाते हैं। सम्मिश्र किस्मों के संश्लेषण में प्रयुक्त लाइनों/किस्मों की संयोजन क्षमता पहले से जाँच की हुई नहीं होती है, केवल इनके निष्पादन का उत्कृष्ट होना ही पर्याप्त है। अतः इनकी उपज का पुर्वानुमान करना सम्भव नहीं है, क्योंकि द्वितीयक पीढ़ी (F_2) की उपज के बारे में पहले से जानकारी नहीं होती है। संश्लिष्ट किस्मों की तरह इनका साधारण रख–रखाव या अनुरक्षण (maintenance) पार्थक्य (isolation) में उगाकर मुक्त परागण द्वारा होता है।

कायिक वरण (Clonal selection)

सब्जियों की अनेक फसल आलू, शकरकन्द, जिमीकन्द, अरवी, कुन्दरू, परवल आदि का वानस्पतिक या कायिक प्रवर्धन किया जाता है। समान आनुवंशिक संरचना वाले पादप समूह जो एक

पौधे के वर्धीय भाग द्वारा अलैंगिक प्रवर्धन विधि से चयन होता है, कायिक या कृन्तन वरण (clonal selection) कहलाता है। प्रत्येक किस्म एवं पौधे की जो अलैंगिक संतति होती है, अतः इन्हें क्लोन (clone) कहते हैं। इसलिए इन फसलों को कभी–2 क्लोनीय फसलें (clonal crops) भी कहते हैं। कायिक वरण उन फसलों में किया जाता है जिनका वानस्पतिक प्रवर्धन होता है। एक पौधे से जितने भी कृन्तन प्राप्त होते हैं, सभी के आनुवंशिक गुण समान होते हैं। कृन्तन में जब लैंगिक प्रजनन किया जाता है, तब जीन्स के पृथक्करण के कारण संतति में विभिन्नता आ जाती है। कृन्तन चयन के लिए सामान्य संयोजन क्षमता (general combining ability) या विशिष्ट संयोजन क्षमता (specific combining ability) वाले पित्रों का चुनाव करके उनमें आपस में लैंगिक प्रजनन द्वारा संकरण कराया जाता है। संकरण से प्राप्त एफ–1 को वानस्पतिक प्रवर्धन द्वारा उगाया जाता है। प्रथम–वर्ष 100–150 पौधों का चयन किया जाता है। द्वितीय वर्ष में छाँटे गये पौधें से कृन्तकों का निर्माण करके व्यक्तिगत संतति उगाई जाती है। तृतीय वर्ष में चयनित संततियों को विभेद या 'स्ट्रेन' (strain) कहा जाता है तथा देश के विभिन्न भागों में आदर्श रोक (standard check) के साथ उगाया जाता है तथा जिन स्थानों पर अच्छा प्रदर्शन करते हैं, उन्हें उस स्थान के लिए उन्नतिशील प्रजाति के रूप में संस्तुति प्रदान करते हैं।

सारिणी (7.18) सब्जियों में कायिक प्रवर्धित सब्जी फसल

सब्जी फसल (Crop)	वानस्पतिक नाम (Botanical name)	खाने वाला भाग (Edible parts)	गुणसूत्र संख्या (2 एन=)
लहसुन	एलियम सटाइम (*Allium sativum*)	शल्क कन्द	16
पोटैटो ओनियन या मल्टीप्लार ओनियन	एलियम सेपा वार0 एग्रीगैटम (*Allium cepa* var. *aggregatum*)	शल्क कन्द	16
शलाट	एलियम सेपा वार0 स्कैलिनीकम (*Allium cepa* var. *ascalonicum*)	पत्तियाँ, शल्क कन्द	16
ट्री ओनियन	एलियम सेपा वार0 विविपैरम (*Allium cepa* var. *viviparum*)	गूदेदार जड़, शल्क कन्द (Bulbills)	16
ग्रेट हेडेड गार्लिक	एलियम एम्पलोप्रासम वार0 एम्पलोप्रासम (*Allium ampeloprasum* var. *ampeloprasum*)	पत्तियाँ, जवा (cloves)	32, 48
लीक	एलियम पोरम (*Allium porrum*)	तना, पत्तियाँ	32, 48
चीव	एलियम स्कैनोप्रासम (*Allium schoenoprasum*)	तना, पत्तियाँ	16, 24, 32
चाईनीज चीव	एलियम ट्यूबरोसम (*Allium tuberosum*)	हरी पत्तियाँ, पुष्पक्रम	32
वेल्स ओनियन	एलियम फिस्चुलोसम (*Allium fistulosum*)	तना, पत्तियाँ	16
आलू	सोलेनम ट्यूबरोसम (*Solanum tuberosum*)	कन्द	48
शकरकन्द	आइपोमीआ बटाटास् (*Ipomoea batatas*)	कन्द	90
कसावा	मैनीहाट स्कुलांट (*Manihot esculanta*)	गूदेदार जड़	36(72)
ग्लोब अर्टीचोक	साइनारा स्कोलिमस (*Cynara scolymus*)	कलिका, शल्क, पुष्प, शीर्ष	34
जेरू सलेम अर्टीचोक	हेलिएन्थस ट्यूबरोसस (*Helianthus tuberosus*)	कन्द	102

अरवी	कोलोकेसिया स्कुलेंटा (*Colocasia esculenta*)	घनकन्द (corm & cormel)	
ईडोइ टाइप	कोलोकेसिया स्कुलेंटा वार0 एन्टीकोरम (*Colocasia* var. *antiquorum*)	घनकन्द (corm & cormel)	28, 42
डसिन टाइप	कोलोकेसिया स्कुलेंटा वार0 ग्लोबुलीफर (*Colocasia* var. *globulifer*)	घनकन्द (cormel)	42
जाइण्ट तारो	एलोकेसिया मैक्रोरिजा (*Alocasia macrorrhiza*)	घनकन्द (corm)	26, 28
	एलोकेसिया इण्डिका (*Alocasia indica*)	घनकन्द (corm)	26, 28
	एलोकेसिया कुकुलाता (*Alocasia cucullata*)	घनकन्द (corm)	26, 28
स्वाम्प तारो	सिरटोर्स्पमा चस्मीसोनिस (*Crytosperma chamisonis*)	घनकन्द (corm)	26
ग्रेटर याम	डायसकोरिया एलाटा (*Dioscorea alata*)	कन्द	40
लेसर याम	डायसकोरिया स्कुलेंटा (*Dioscorea esculenta*)	कन्द	40
व्हाइट याम	डायसकोरिया रोटन्डाटा (*Dioscorea rotundata*)	कन्द	40
जिमी कन्द	एमार्फोफैलस कम्पानुलाटा (*Amorphophallus campanulata*)	घनकन्द (corm)	26, 28
वाटर क्रेस	नास्ट्रीयम आफिसनैलिस (*Nasturtium officinale*)	कन्द का उपरी भाग, पत्तियाँ	32
वाटर क्रेस	नास्ट्रीयम मैक्रोफिला (*Nasturtium microphylla*)	कन्द का उपरी भाग, पत्तियाँ	64
सहजन	मोरींगा ओलिफेरा (*Moringa oleifera*)	पत्तियाँ, कलिका, पुष्प	28
एस्परागस	एस्परागस आफिसनैलिस (*Asparagus officinalis*)	स्पीअर (spears)	20
रूहर्ब	रिह्यूम सैपोन्टीकम (*Rheum shaponticum*)	लिफस्टाक (thick leaf stalk or petiole)	44
वाटरलिफ	टैलिनम ट्राइएन्गुलरी (*Talinum triangulare*)	पत्तियाँ, कोमल शीर्ष	48, 72
थाइमे	थाइमस वुल्गरिस (*Thymus vulgaris*)	पूर पौध	30
इण्डिन स्पीनाच	बसेला एल्बा (*Basella alba*)	पत्तियाँ	24
चानीज पोटैटो (Coleus)	सोलेनस्टेमान रोटन्डीफोलियस (*Solenostemon rotundifolius syn. Coleus parviflorus*)	कन्द	–
परपल आरारूट	कैना इण्डिका (*Canna indica*)	राईजोम	–
चयोटे	सिचियम ईडुले (*Schium edule*)	फल	24
याम बीन	पैकीराईजस ट्यूबरोस (*Pachyrhizus tuberosus*)	कन्दिल जड़	22
परवल	ट्राइकोसैन्थस डाईयोका (*Trichosanthes dioica*)	फल	22

सारिणी (7.19) कायिक प्रवर्धित सब्जी फसल की उन्नतिशील किस्में

सब्जी फसल	**कायिक वरण**	
	किस्म	**वंशावली**
आलू	कुफरी रेड	दार्जिलिंग रेड
	गुलमर्ग स्पेशल	गुलमर्ग स्थानीय
	कुफरी सफेद	फुलवा
अरवी	बिधान जोयेब	स्थानीय जननद्रव्य (बिरभूम जिला)
	बिधान चैतन्या	स्थानीय जननद्रव्य (नाडिया जिला)
जिमी कन्द	बिधान कुसुम	स्थानीय जननद्रव्य (पूर्व गोदावरी जिला)
परवल	काशी अलंकार	स्थानीय जननद्रव्य
	ग्रीन ओवल	स्थानीय जननद्रव्य
	ग्रीन लांग स्ट्राइप्ड	स्थानीय जननद्रव्य चयन
	व्हाइट ओवल	स्थानीय जननद्रव्य चयन
	बाम्बे	स्थानीय जननद्रव्य चयन
	डान्डली	स्थानीय जननद्रव्य चयन
	कल्यानी	स्थानीय जननद्रव्य चयन
	गुली	स्थानीय जननद्रव्य चयन
	एफ0–4	स्थानीय जननद्रव्य चयन
	एफ0–5	स्थानीय जननद्रव्य चयन
	बिहार शरीफ	स्थानीय जननद्रव्य चयन
कसावा	निधि	स्थानीय जननद्रव्य चयन
	को0–1	स्थानीय जननद्रव्य चयन
	को0–2	स्थानीय जननद्रव्य चयन
	को0–3	नाईजेरिया से प्राप्त मुक्त परागित प्रजाति
	के0एम0सी0–1	रमनथाल

सब्जियों में आलू, घुइयां, शंकरकन्द, परवल, कुन्दरू आदि में कृन्तन चयन किया जाता है। उदाहरण के लिए कृन्तन चयन द्वारा आलू में कई किस्में विकसित की गयी है जैसे 'कुफरी रेड' प्रजाति का चयन 'फुलवा' प्रजाति से किया गया है। इसी प्रकार आलू की फुलवा किस्म में क्लोनीय वरण से कुफरी सफेद किस्म का विकास हुआ।

कायिक / क्लोनीय फसलों में संकरण (Hybridization in clonal crops)

क्लोनीय फसलों में नई किस्मों का विकास संकरण द्वारा भी किया जाता है। संकरण द्वारा विकसित आलू की कुछ प्रमुख किस्मों में कुफरी अलंकार, कुफरी कुबेर, कुफरी सिंधूरी कुफरी कुन्दन, कुफरी चमत्कार आदि प्रमुख हैं। कुफरी ज्योति बिलम्बित शीर्णता रोधी एवं पिछेती झुलसा रोग प्रतिरोधी (late blight resistant) हैं, जबकि कुफरी शीतमान व कुफरी तुषार, पाला रोधी (frost resistant) हैं।

सारिणी (7.20) सब्जियों में कायिक संकरण से विकविसत सब्जी फसल की किस्में

सब्जी फसल	कायिक वरण	
	किस्म	वंभावली
आलू	कुफरी बादशह	कुफरी ज्योति x कुफरी अलंकार
	कुफरी चन्द्रमुखी	एस04485 x कुफरी कुबेर
	कुफरी ज्योति	कुफरी रेड x कुफरी कुन्दन
	कुफरी सिन्धुरी	कुफरी रेड x कुफरी कुन्दन
	कुफरी पुखराज	कैग्स डिफीएन्स x जेक्स / बी0–687
	कुफरी चिपसोना–1	एम0एस0 / 78–79 x सी0पी0–2416
	कुफरी चिपसोना–2	नोवाजो x क्यू0बी0 / बी0–92–4
	कुफरी गिरीराज	एस0एल0 बी0 / जे0–132 x एक्स / ए0–680–116
कसावा	एच0–97	मन्जावेल्ला x ब्राजीलियन नवोद्भिद चयन
	एच0–165	चाड्यामन्गलम x कालीकलन
	श्री हर्शा	ओ0पी0–4 x एच0–2304
	श्री सह्या	एसी0 नं0–468 x एम0–4
	एच0–226	इथकाकरूपन x एम0–4
	श्री विशाखम्	एसी0 नं0–1501 x एस0–2312

सूक्ष्म प्रवर्धन (Micro propagation)

सूक्ष्म प्रवर्धन तकनीक का प्रयोग गोभी वर्गीय फसलों में हैप्लायड को बरकरार रखने, नर वन्ध्य लाइन के प्रवर्धन हेतु स्व–असंयोजी लाइन व अन्तःप्रजात लाइन (inbred line) को अक्षुण रखने के लिए किया जाता है। सिन्थेटिक बीज का उत्पादन बंद गोभी व फूल गोभी में किया गया हैं।

सारिणी (7.21) सब्जियों में सूक्ष्म प्रवर्धन

कर्तोतक	पोष पदार्थ	प्रतिक्रिया	संदर्भ
फूल गोभी			
हाईपोकोटाइल / शीर्ष टुकड़ा / शाखाएं	2.44 माइक्रोमोल बी.ए. + 5. 0माइक्रोमोल एन.ए.ए. + 168 माइक्रोमोल शुक्रोस	अनेकों डालियों का विकास	वन्देमुरटेले एवं सहयोगी, 1999
शीर्ष मेरिस्टेम	2.0 किन लिक्वीड	पौधों का प्रक्षेत्र स्थानान्तरण	कैफेर एवं सहयोगी, 1995
शीर्ष कर्तोतक	1.0 मिली ग्राम 1^{-1} एन.ए.ए. + 0.1 मिली ग्राम1^{-1} आई.ए.ए.	ज्यादा पौधों का जीवित रहना	बोरोवेक, 1988
पोर तथा पुष्पचक्र धुरी	5.0 मिली ग्राम 1^{-1} बी.ए.	पुनः पौध उत्पादन	सिंह, 1988
बीजपत्र	अनेकों संयोजन	नई डाली कलिका विकास	नरसिमहुलु एवं चौपरा, 1988
पत्ती एवं तना	8.88 माइक्रोमोल बी.ए.	पुनः पौध उत्पादन	सिंह एवं सहयोगी, 2001
पत्ता गोभी			
कक्षीय कलिका	28.5 माइक्रोमोल आई.ए.ए.+18. 58 माइक्रोमोल कीन + 0.87 माइक्रोमोल टी.डी.जेड.	पुनः पौध उत्पादन एवं स्थानान्तरण	सोउजा एवं सहयोगी, 1989
नई डाली	0.5 मिली ग्राम 1^{-1} बी.ए. + 0. 1 मिली ग्राम किन	पुनः पौध उत्पादन एवं स्थानान्तरण	स्रेटेनोविक एवं सहयोगी, 1997

उत्परिवर्तन तथा उत्परिवर्तन द्वारा विकसित सब्जियों की किस्में (Mutation and development of varieties through mutation)

किसी भी प्रभेद में एकाएक होने वाले वंशागत परिवर्तन को उत्परिवर्तन कहा जाता है। *"Mutations are sudden heritable changes in the genome of an organism"*.

जीन में परिवर्तन डीआक्सीराइबोज न्यूक्लिक एसिड के आधार अनुक्रम में परिवर्तन की वजह से होता है।

- गुणसूत्री उत्परिवर्तन (chromosomal mutation)– जब परिवर्तन विलोपन, द्विगुणन या प्रतिलोमन द्वारा गुणसूत्र में होता है तब उसे गुणसूत्री उत्परिवर्तन (chromosomal mutation) कहते है और
- कोशिका द्रव्य (chloroplasts and mitochondria)– जब परिवर्तन आनुवंशिकी कोशिका द्रव्य (chloroplasts and mitochondria) में होता है, तब उसे कोशिका द्रव्यीय उत्परिवर्तन (cytoplasmic mutation) कहते हैं।
- कायिक उत्परिवर्तन (somatic mutation)– कलिका या कायिक ऊतक में होने वाले परिवर्तन को कायिक उत्परिवर्तन (somatic mutation) कहते हैं (लरकिन एवं स्कोक्राफट,1981)। उत्परिवर्तन डी0एन0ए0 क्रम में आण्विक स्तर पर होता है।

जीन या बिन्दु उत्परिवर्तन (Gene or point mutation)

"When involve only one base pair in mutation are known as point or gene mutatiomn".

जीन या बिन्दु उत्परिवर्तन के प्रकार (Types of gene or point mutation)

जीन या बिन्दु उत्परिवर्तन निम्न प्रकार के होते हैं–

1. पारगमन (Transition)
2. अनुप्रस्थ (Transversion)
3. मिटाना (Deletion)
4. द्विगुणन (Duplication)
5. उलट–पलट (Inversion)

उत्परिवर्तन प्रजनन के चरण (Steps of mutation)

उत्परिवर्तन प्रजनन के दो मुख्य चरण है।

1. उत्परिवर्तन अर्थात फसलों को किसी उत्परिवर्ती से उपचारित करके उत्परिवर्तन का उत्प्रेरण तथा
2. उत्परिवर्तन जीन का वरण

सभी उत्परिवर्तन सामान्यतया बहुत से वाँछित उत्परिवर्ती जीनों का प्रेरण करते हैं। परिणामस्वरूप इन सभी उत्परिवर्तन जीनों में से अवाँछित उत्परिवर्तित जीनों का वरण कर अलगाव करना बहुत

ही मुश्किल से होता है। उपचारित बीजों तथा प्रबर्ध्यों से उत्पन्न पौधों को एम–1 उत्परिवर्तन की प्रथम पीढ़ी कहते हैं जबकि उपचारित परागकणों द्वारा परागण से उत्पन्न बीज एम–1 (M-1), पीढ़ी के होंगे। एम–1 (M-1) पीढ़ी के स्वनिषेचन से प्राप्त पीढ़ी एम–2 (M-2), एम–3 (M-3) इत्यादि होगी।

सब्जियों में प्रयुक्त होने वाले उत्प्रेरक

1. भौतिक उत्प्रेरक (Physical mutagens) या विकिरण (Radiation)
2. पराबैंगनी किरणें (Ultra violet rays)
3. रासायनिक उत्प्रेरक (Chemical mutagens)

1. भौतिक उत्प्रेरक (Physical mutagens) या विकिरण (Radiation)

सब्जियों में उत्परिवर्तन के लिए विकिरण का उपयोग काफी हुआ है। विकिरण में उपयोग होने वाली किरणें जैसे एक्स किरणें (X-rays), न्यूट्रान्स (neutrons), प्रोटान्स (protons) एल्फा (alpha), बीटा (beta) और गामा किरणें ज्यादा उपयोगी हैं। आयनकारी द्वारा किये गये विकिरण को आयनकारी विकिरण तथा पराबैंगनी प्रकाश एवं अन्य रसायनों द्वारा किये गये विकिरण को अआयनकारी विकिरण कहते हैं। प्रयोग के तौर पर उत्परिवर्तन के अध्ययन के लिए बहुत से उत्प्रेरकों का उपयोग आलू, टमाटर, मटर तथा फ्रेंचबीन में काफी सफल पाया गया है। कायिक प्रवर्धित सब्जियों में उत्परिवर्तन प्रेरित करने के लिए विभिन्न भागों जैसे कन्द, प्रकन्द एवं कलिकायुक्त गाँठों पर उत्प्रेरक का प्रयोग सामान्य रूप से किया जाता है। इन भागों पर उत्प्रेरक का प्रयोग करते समय उनकी अवस्था का ध्यान रखना अति आवश्यक है। उदाहरण के लिए आलू में उत्प्रेरक का सही प्रभाव कलिका शुरू होने पर अधिक होता है। शकरकन्द में जड़ युक्त कर्तन, पत्ती कर्तन और जड़ कन्द अच्छा मान गया है। बीज प्रवर्धित सब्जियों में सूखे बीज पर उत्प्रेरक का उपयोग किया जाता है।

सारिणी (7.22) सब्जियों में विकिरण (γ-rays) का उपयोग

फसल	विकिरण की मात्रा (किलो रैड)	फसल	विकिरण की मात्रा (किलो रैड)
आलू	5.0–6.0	ब्राड बीन	10.0–20.0
शकरकन्द	3.0–15.0	प्याज	10.0–15.0
टमाटर	15.0–25.0	खीरा	25.0–40.0
बैंगन	20.0–30.0	गाजर	30.0–50.0
मिर्च	10.0–20.0	सरसों कुल की सब्जियाँ	60.0–80.0
मटर	15.0–25.0	मूली	70.0–80.0
फराश बीन	10.0–25.0	भिण्डी	30.0–60.0

2. पराबैंगनी किरणें (Ultra violet rays)

अआयनकारी विकिरणों में पराबैंगनी किरणों को ही एक उत्तम उत्प्रेरक माना जाता है, क्योंकि इसमें कुल उत्परिवर्तन की दर स्पष्ट रूप से बढ़ जाती है। पराबैंगनी प्रकाश किरणों की भेदन क्षमता कम होती है तथा इसके द्वारा सामान्यतः परागकणों को उत्प्रेरित किया जाता हैं। डी0एन0ए0 द्वारा परा–बैंगनी प्रकाश का सर्वाधिक अवशोषण 2537 सं0 तरंगदैर्ध्य पर होता है।

3. रासायनिक उत्प्रेरक (Chemical mutagens)

सब्जियों की किस्मों को विकसित करने के लिए रासायनिक उत्प्रेरक का काफी प्रयोग किया जाता है। कुछ मुख्य रासायनिक उत्प्रेरक निम्न प्रकार हैं–

1. इथाइल मेथेन सल्फोनेट (इ0एम0एस0)
2. इथाइल इथेन सल्फोनेट (इ0इ0एस0)
3. इथाइल ब्यूटेन सल्फोनेट (इ0बी0एस0)
4. डाइ इथाइल सल्फोनेट (डी0इ0एस0)
5. मिथाइल मेथेन सल्फोनेट (एम0एम0एस0)
6. मिथाइल इथेन सल्फोनेट (एम0इ0एस0)
7. मिथाइल ब्यूटेन सल्फोनेट (एम0बी0एस0)
8. इथाइल इमाइन (इ0आई0)
9. आइसो प्रोपिल मेथेन सल्फोनेट (आई0एम0एस0)
10. आइसों प्रोपाइल ब्यूटेन सल्फोनेट (आई0बी0एस0)

उपर्युक्त पदार्थों के अतिरिक्त निम्नलिखित मस्टर्ड यौगिकों को भी उत्प्रेरक पदार्थों के रूप में प्रयोग किया जाता है–

1. मस्टर्ड गैस
2. सल्फर मस्टर्ड
3. नाइट्रोजन मस्टर्ड
4. मस्टर्ड आयल
5. क्लोरों एसीटोन
6. डाइक्लोरो एसीटोन

प्यूरीन तथा उसके निम्न संजात को भी उत्प्रेरक के रुप में प्रयोग में लाया जाता है–

1. कैफीन
2. पियोफाइटीन
3. पैराजेन्थीन
4. थियोबोमिन
5. टेट्रा मिथाइल यूरिक एसिड (टी0एम0यू0ए0)

6. एडेनील
7. नीष्यूलशिन

उत्परिवर्तन हेतु प्रयुक्त अन्य रसायन

उपर वर्णित उत्प्रेरकों के अलावा अन्य अनेक उत्प्रेरक प्रयोग किये जा रहे हैं, जो निम्न हैं–

1. एन0 नाइट्रोसो एन0 इथाइल यूरिया (एन0इ0यू0)
2. एन0 नाइट्रोसो एन0 मिथाइल युरिया (एन0एम0यू0)
3. पोटैशियम थायोसाइनेट
4. इथाइल कार्बोनेट
5. फार्मेलिन
6. मैलिक हाइड्रजाड
7. मैग्नस क्लोराइड
8. कोल्चीसिन
9. हाइड्राजीन
10. हाइड्रोक्सील एमीन

उत्परिवर्तन द्वारा विकसित सब्जियों की किस्में

उत्परिवर्तन द्वारा विकसित सब्जियों की किस्मों को सारिणी में दिया गया है।

सारिणी (7.23) उत्परिवर्तन द्वारा विकसित सब्जियों की किस्में

क्र. सं	सब्जी	पित्र्	उत्प्रेरक	किस्म	विवरण
1.	टमाटर	शू के बीज	एक्स किरण गामा एस–12	पूसा लाल	बड़े फल अधिक उपज
2.		शू के बीज	विकिरण	मीरुति	समान फल परिपक्वता
3.		को–1	इ0एम0एस0	को–3	बड़े फल
4.	फराश बीन	अमेरिकन किस्म वैक्स पाड	एक्स विकिरण	पूसा पार्वती	अगेती झाड़ीनुमा पौध आकर्षक, हल्के हरे रंग की फली व अधिक उपज
5.	शकरकन्द	एस–7	एक्स किरण	आर–8	उपज एवं प्रचुर विटामिन'ए'
6.	मिर्च	के–1	गामा किरण 30 के0 राड	एम0डी0यू0 1	फल लम्बे गुच्छों में, अधिक उत्पादक
7.	फराश बीन	इ0सी0–1906	एक्स रे के0 राड	पूसा पार्वती	झाड़ीनुमा संरचना
8.	बैंगन	–	गामा किरण	पी0के0एम0–1	आकर्षक रंग
9.	भिण्डी	पूसा सावनी	उत्प्रेरक–1	एम0डी0यू0–1	
		पूसा सावनी	इथाईल सल्कोनेट	मिथेन ई0एम0एस0–8	

सारिणी (7.24) उत्परिवर्तन द्वारा सब्जियों की गुणवत्ता की पहचान एवं उपयोग

सब्जी	उत्परिवर्तन द्वारा प्राप्त गुणवत्ता
टमाटर	अधिक शर्करा की मात्रा, अधिक बीटा कैरोटीन, सन्तरे जैसा रंग, अधिक ठोस विलेय
आलू	सफेद छिलका, धँसी आँख, अच्छी पौध गुण
गाजर	अधिक कैरोटीन की मात्रा
फराश बीन	अधिक प्रोटीन की मात्रा
मेथी	अधिक तेल की मात्रा
मिर्च	अधिक कैप्सेसिन एवं प्रोटीन की मात्रा
शकरकन्द	कंद रंग परिवर्तन, अधिक शर्करा की मात्रा
पालक	अधिक वर्धीय विकास

सब्जियों में उत्परिवर्तन द्वारा उत्पन्न अन्य उपयोगी गुण को सारिणी में दिया गया है।

सारिणी (7.25) सब्जियों में उत्परिवर्तन द्वारा उत्पन्न उपयोगी गुण

उत्परिवर्तन गुण	सब्जियाँ
झाड़ीनुमा पौध	टमाटर, मिर्च, मटर, फराश बीन, खीरा, बाकला
अगेती पकाव	मिर्च, मटर, फराश बीन, टमाटर
अधिक उपज	आलू, शकरकन्द, मिर्च, फराश बीन, करेला, बाकला
नरबन्ध्यता	मिर्च, मटर, तरबूज, खरबूजा, खीरा, लोबिया, पत्ता गोभी, शलजम, टमाटर
गुण विशेष	शकरकन्द, टमाटर, मिर्च, फराश बीन, बाकला, मेथी, फूल गोभी, पालक

सब्जियों में बहुगुणिता (Polyploidy in vegetables)

आम तौर पर माना जाता है कि किसी प्रजाति विशेष में गुणसूत्रों की संख्या सामान्य रुप से बनी रहती है। कायिक कोशिका के केन्द्रक के अन्दर गुणुसूत्रों की संख्या जोड़ों या दो के सेट (set) में तथा युग्मकों में एक सेट में होती है, जो सूत्रीय विभाजन एवं अर्धसूत्रीय विभाजन का सही परिणाम है, लेकिन अनियमितता की बारम्बारता सूत्रीय विभाजन एवं अर्धसूत्रीय विभाजन दोनों में पायी जाती है। परिणामतः यह अनियमितता किसी प्रजाति विशेष, गुणसूत्रों की संख्या, सामान्य संख्या में भिन्न अर्धसूत्रण हो जाती है। गुणसूत्रों की संख्या परिवर्तन से कई महत्वपूर्ण फसलों का विकास हुआ है। ऐसी प्रजाति जिनमें कायिक कोशिकाओं में गुणसूत्रों की संख्या गुणसूत्रों के आधारीय (basic) समुच्चयों की संख्या दो गुणें के अलावा कुछ और हो, वे बहुगुणिता (polyploidy) कहलाती हैं।

बहुगुणिता के प्रकार (Types of polyploidy)

कायिक गुणसूत्रों की संख्या चाहे वह द्विगुणित हो (diploid) या बहुगुणित (polyploidy) हों उसे ''2 एन'' से प्रदर्शित किया जाता है। जब किसी प्रजाति विशेष में युग्मक गुणसूत्र संख्या ''एन''

हो तो उसे अगुणित कहा जाता है। अगुणित प्रजाति में "एन" बराबर "एक्स ए" एक एक्स का तात्पर्य एक जिनोम या गुणसूत्र अस्पर्धी होता है, जब प्रजाति विशेष में गुणसूत्रों की संख्या द्विगुणित के अतिरिक्त हो, उसे विषम गुणित कहते हैं। जिनोम के एक या कुछ गुणसूत्र की संख्या में परिवर्तन को अनुगुणित या अगुणिता (heteroploidy) कहते हैं। अगुणिता में परिवर्तन का निर्धारण कायिक गुणसूत्र संख्या (2 एन और 2 एक्स नहीं) किसी प्रजाति में प्रश्नात्मक होता है।

विषमगुणित (heteroploidy) दो प्रकार के होते हैं–

1. सुगुणित (Euploid)
2. असुगुणित (aneuploid)

1. सुगुणित (Euploid)

सुगुणित या स्वबहुगुणिता (Autopolyploidy)

सामान्यतया गुणसूत्रों की संख्या का निर्धारण गुणसूत्र समुच्चयों का पूर्ण रुप से कई बार बहुगुणन (multiplication) होने के बाद होता है। इसको पुनः कई प्रकारों में बाँटा गया है।

1. एक गुणित (Monoploidy)

इसमें आधारीय गुणसूत्र के समुच्चयन का केवल एक घटक होता है। आधारीय गुणसूत्र संख्या (basic chromosome number) को एक्स (X) से प्रदर्शित करते हैं।

2. द्विगुणिता (Diploidy)

एक संजीन की दो प्रतियाँ (2 एक्स)।

3. त्रिगुणित (Autotriploidy)

इसमें गुणसूत्रों के तीन पूर्ण समुच्चय होते हैं (3 एक्स)।

4. चतुर्थ गुणित (Autotetraploidy)

इसमें गुणसूत्र समुच्चय चार बार गुणित होता है, (4 एक्स)।

5. पंचगुणित (Autopentaploidy)

इसमें एक गुणसूत्र समुच्चय की पाँच मात्राएँ पायी जाती हैं (5 एक्स)।

6. षष्ठगुणित (Autohexaploidy)

इसमें गुणसूत्रों के छः पूर्ण समुच्चय पाये जाते हैं (6 एक्स)।

सुगुणिता में गुणसूत्र समुच्चयों के विभेदन (differentiation) के आधार पर दो अन्य प्रकार के समूह (group) भी बनाये गये हैं, जो इस प्रकार है–

1. स्वबहुगुंणित (Autopolyploid)

इसमें गुणसूत्र समुच्चयों की पुनरावृत्ति (repetition) एकसमान होती है।

2. परबहुगुणिता (Allopolyploidy)

इसमें दो या दो से अधिक गुणसूत्र समुच्चय एक दूसरे से अलग प्रकार के होते हैं।

सुगुणिता को नीचे की सारिणी में स्पष्ट किया गया है–

सारिणी (7.26) सुगुणिता के प्रकार

नाम	सूत्र	कायिक गुणसूत्र घटक असमजीन गुणसूत्र होते हैं।
सुगुणित		
एक गुणित	एक्स	(ए,बी,सी) (A, B, C)
त्रि गुणित	3एक्स	(ए,बी,सी) (A, B, C) (ए,बी,सी) (A, B, C) (ए,बी,सी) (A, B, C)
स्व चतुरबहुगुणित	4एक्स	(ए,बी,सी) (A, B, C) (ए,बी,सी) (A, B, C) (ए,बी,सी) (A, B, C) (ए,बी,सी) (A, B, C)
पर चतुरबहुगुणित	2एक्स + 2एक्स	(ए,बी,सी) (A, B, C) (ए,बी,सी) (A, B, C) (ए,बी,सी) (A, B, C) (ए,बी,सी) (A, B, C)

2. अनुगुणित (Aneuploid)

अनुगुणित पद पौधों में गुणसूत्रों की ऐसी संख्या को सूचित करती है, जिसमें उपस्थित गुणसूत्रों की सख्या आधारी गुणसूत्रों की संख्या का सही या पूर्ण गुणित नहीं होता है। यदि आधारीय गुणसूत्र संख्या एक्स (X) हो तो, सामान्य कायिक गुणसूत्र संख्या 2 एक्स होगी और 2 एक्स धन या ऋण (+ or =) एक या अधिक गुणसूत्र को अनुगुणिता कहेंगे।

अनुगुणित के प्रकार (Type of aneuploid)

अनुगुणित निम्न प्रकार के होते हैं–

1. द्विन्यूनसूत्री (Nullisomic)

प्रजाति में जब एक जोड़ी गुणसूत्र का सदस्य नहीं होता है तो उसे द्विन्यूनसूत्री कहते हैं (2 एन–2)।

2. एकन्यून सूत्री (Monosomic)

प्रजाति में जब केवल एक गुणसूत्र की कमी होती है तो उसे एकन्यूनसूत्री कहते हैं (2एन–1)।

(स) त्रिन्यूनसूत्री (Trisomic)

प्रजाति में जब एक विशेष गुणसूत्र पूरे समुच्चय में अतिरिक्त होता है तो उसे त्रिन्यूनसूत्री कहते हैं (2एन + 1)।

(द) चतुर्न्यनसूत्री (Tetrasomic)

चतुर्न्यनसूत्री में एक विशेष गुणसूत्र के लिए दो अतिरिक्त गुणसूत्र होते हैं (2 एन + 2)।

सारिणी (7.27) अनुगुणित के प्रकार को नीचे की सारिणी में स्पष्ट किया गया है–

अनुगुणित के प्रकार	सूत्र	कायिक गुणसूत्र घटक असमजीन गुणसूत्र होते हैं।
द्विन्यून सूत्री	2एक्स-2	(एबी) (एबी) (AB) (AB)
एक न्यून सूत्री	2एक्स-1	(एबीसी) (एबी) (ABC) (AB)
द्विएकन्यून सूत्री	2एक्स-1.1	(एबी) (एसी) (AB) (AC)
त्रिन्यून सूत्री	2एक्स+1	(एबीसी) (एबीसी) (सी) (ABC) (ABC) (C)
द्वित्रिन्यून सूत्री	2एक्स+1+1	(एबीसी) (एबीसी) (ए) (बी) (ABC) (ABC) (A) (B)
चतुर्न्यून सूत्री	2एक्स+2	(एबीसी) (एबीसी) (ए) (ए) (ABC) (ABC) (A) (A)
एक न्यूनसूत्री त्रिन्यूनसूत्री	2एक्स-1+1	(एबीसी) (एबी) (ए) (ABC) (AB) (A)

नोटः कायिक गुणसूत्र=2एन, आनुवंशिक गुणसूत्र=एन

प्रकृतिक बहुगुणिता (Natural polyploidy)

आलू तथा शकरकन्द की जो किस्में किसानों द्वारा उगायी जाती हैं, वे स्वतः या प्राकृतिक तौर पर बहुगुणित होती हैं। शकरकन्द की सभी किस्में षट्गुणित होती हैं। प्राकृतिक रुप से प्याज, बैंगन तथा मिर्च में त्रिगुणित रुप पाया जाता है। इसी प्रकार चतुर्गुणित रुप में 'एलियम एम्पेलोप्रेसम' (*Allium ampeloprasum*), खीरा (*Cucumis sativus*) तथा ट्राइकोसैंथस पामाटा (*Trichosanthes pamata*) प्रमुख हैं। षट्गुणिता लहसुन (garlic) में पाया जाता है।

बहुगुणिता को प्रेरित करना (Induction of polyploidy)

बहुगुणिता को प्रेरित करने के लिए कोल्चिसीन ऐल्कैलाइड (colchicines alkaloid) का प्रयोग करते हैं, जो कोल्चिकम आटमनेल से प्राप्त होत है। इस रसायन का उपयोग करने से गुणसूत्रों की संख्या दुगुनी हो जाती है। इसका मुख्य कार्य अर्द्धसूत्री विभाजन के समय ध्रुव निर्माण को रोकना है, जिससे गुणसूत्र दोनों ध्रुवों की ओर न जाकर बीच में ही रुक जाते हैं।

सामान्यतः कोल्चिसीन का प्रयोग 0.05–0.2 प्रतिशत जलीय घोल के रुप में करते हैं। घोल को तैयार करने के पहले, कोल्चिसीन को एल्कोहल की थोड़ी सी मात्रा में घोलकर, फिर उसमें धीरे–धीरे पानी डालते हैं। साधारणतः बीजपत्रों के बीच में स्थित वर्द्धन बिन्दु (growing point) पर, कक्षीय कलिकाओं, तने की कटी सतह तथा मूल कलम पर करके बहुगुणिता उत्पन्न की जा सकती है। कभी–कभी बहुगुणिता उत्पन्न करने के लिए कुछ परिवर्तन जैसे पालक में 0.2 प्रतिशत कोल्चिसीन का जलीय घोल व 3 प्रतिशत अगर का 2:1 के अनुपात में उपयोग वाँक्षित है। तरबूजे में कोल्चिसीन की अल्प सांद्रता 0.02 प्रतिशत एल्कोहलीय घोल उत्तम है। अधिकांश सब्जियाँ जैसे–टमाटर, आलू, शलजम तथा सलाद के बीजों को 24 घण्टे या उससे अधिक समय तक पानी में घोल कर कोल्चिसीन का प्रयोग करने पर उत्तम परिणाम मिलता है। भिण्डी में भी बहुगुणिता तैयार करने की विधि उपयोग में लायी गयी है (जम्भाले एवं नरकर, 1983)।

सारिणी (7.28) सब्जियों में बहुगुणिता तैयार करने की विधि

फसल	पौधे का उपचारित होने वाला भाग	कोल्चिसीन की सांद्रता (प्रतिशत)	समय
टमाटर	24 घण्टे तक बीज को भिगोना	0.2	6–8 दिन
आलू	24 घण्टे तक बीज को भिगोना	0.2	6 घण्टे
	पौध का वर्धन बिन्दु	0.1	–
मिर्च	–	–	नवोद्भिद
मटर	4 घण्टे	0.25	नवोद्भिद
मूली	बीज	0.05	24–60 घण्टे तक जल भिगोया बीज
पालक	बीज पत्र अवस्था में प्ररोह का वर्धन बिन्दु	0.2 (जलीय घोल)	2 दिन के अन्तराल पर
	0.3 (अगार)	3–4 बार	
सलाद	बीज पत्र अवस्था में प्ररोह का वर्धन बिन्दु	0.2 या 0.1	24–48 घण्टे
गाजर	अँधेरे में उगाया हुआ उल्टी दिशा में बीज, जिसमें 0.4–0.8 सेन्टी मीटर लम्बी जड़ हो	0.03–0.1	24 घण्टे
सरसों कुल की सब्जियाँ	बीज	0.03–0.01	
लेट्यूस	बीज	0.2	24–48 घण्टे तक जल भिगोया बीज
शलजम	बीज	0.1	24 घण्टे तक जल भिगोया बीज

		0.2	24 घण्टे तक जल भिगोया बीज
खीरा	बीज	0.2–0.05	24 घण्टे
	पौध के प्ररोह वर्धन बिन्दु	0.05	48–72 घण्टे
खरबूजा	बीज पत्र अवस्था में प्ररोह बीज	0.4	4 दिन के अन्तर पर (2 बार)
	बीज पत्र अवस्था में प्ररोह बीज	0.35–0.5 (इमल्शन)	2 घण्टे प्रतिदिन (4 दिन तक)
सतपुतिया	बीज पत्र अवस्था में प्ररोह	0.3	3–4 दिन
तरबूज	बीज पत्र अवस्था में प्ररोह	0.02–0.5	34 घण्टे (4–5 दिन)
	बीज	0.2	20 घण्टे (3–4 दिन)
	बीज	3.0	4–5 दिन

स्रोतः कल्लू, 1988

बहुगुणिता उत्पन्न करने के लिए कोल्चिसीन के समान अन्य रसायनों का भी प्रयोग किया जा सकता है। उदाहरण के लिए प्याज में इस प्रकार है–

सारिणी (7.29) बहुगुणित उत्पन्न करने के लिए कोल्चिसीन रसायन का प्रयोग

फसल	रसायन	सन्दर्भ
प्याज	कोल्चिकोसाइड + डाइएक्टिल–कोल्चिसीन 0.7 प्रतिशत एसकोर्बिक अम्ल को 18 से 20 सेन्टीग्रेट तापमान पर एक घण्टे तक उपचारित करने पर।	कोर्टियोनि, 1957
	आयनोसिटाल तथा मोलीब्डिक अम्ल।	शर्मा तथा भट्टाचार्या, 1956
	एक्रीडीन आरेन्ज का 0.03–3.0 प्रतिशत तथा यूरेथान के 0.25–1.0 प्रतिशत का घोल।	बनर्जी तथा शर्मा, 1971

बहुगुणिता के पहचान का लक्षण

बहुगुणिता का पता लगाने के लिए उनके गुणसूत्रों की संख्या को गिनना पड़ता है, लेकिन कोल्चिसीन या अन्य रसायन से उपचारित करने पर पौधों में बहुगुणिता उत्पन्न होने के निम्न संकेत या लक्षण प्राप्त होते हैं–

1. अधिक ओज का प्रदर्शन
2. चौड़ी या लम्बी पत्ती
3. पर्णरन्ध्रों की संख्या में वृद्धि
4. पत्ती की वाह्यत्वचीय कोशिकाओं के आकार में वृद्धि

5. पुष्पों का बड़ा होना।
6. परागकण का आकार बढ़ना जैसे–खीरा में 25 प्रतिशत परागकण का आकार बढ़ जाता है (इस्मीथ तथा लोअर, 1970)।
7. रक्षक कोशिकाओं में क्लोरोप्लास्ट का अधिक होना

बहुगुणिता का उपयोग (Use of polyploidy)

सारिणी (7.30) बहुगुणित सब्जियों के आर्थिक रुप से प्राप्त वाँछित गुण

फसल	आर्थिक गुण
पालक	लौह तथा खनिज पदार्थों की वृद्धि, प्रोटीन, सेलूलोज, कैरोटीन, कैल्सियम की कमी, पौध भार एवं पत्तियों का आकार, ताजा व षुष्क भार में वृद्धि।
पत्ता गोभी	पौध भार एवं पत्तियों का आकार, बड़े शीर्ष तथा छोटे तने, चीनी की मात्रा अधिक व विटामिन 'सी' की कमी।
मूली	चतुर्गुणित किस्मों की तेज वृद्धि।
शलजम	अधिक उपज क्षमता
मटर	पुष्पन का समय, लम्बे व बड़े आकार के फल, अधिक उपज।
मिर्च	बड़े आकार का फल तथा बीजों की कम संख्या।
बैंगन	लम्बा तथा बड़ा फल।
भिण्डी	छोटा पौधा, गहरा हरा रंग फल, अगेती पुष्पन।

स्रोतः कल्लू, 1988

बीज रहित तरबूज का उत्पादन (Production of seedless water melon)

तरबूजे का बीज रहित (seedless) होना अच्छा माना जाता है। सामान्यतः द्विगुणित तरबूज ज्यादा बीज युक्त होते हैं, लेकिन चतुर्गुणित तरबूजे में बीज कम होता है और आनुवंशिक तौर पर चतुर्गुणित स्थायी भी होते हैं, जिसका बीज द्वारा प्रबर्धन किया जा सकता है। त्रिगुणित प्रारुप लगभग बीज रहित होते हैं। इसे प्रत्येक वर्ष आसानी से चतुर्गुणित तथा द्विगुणित को संकरण करके पैदा किया जा सकता है (किहारा, 1951)। चतुर्गुणित को द्विगुणित किस्मों के वर्धन बिन्दुओं पर कोल्चिसीन का प्रयोग करके उत्पन्न किया जाता है (एन्धेल, 1970)। संकरण करते समय चतुर्गुणित को मादा की भाँति प्रयोग करते हैं। इसमें 4एन × 2एन संकरण ही सम्भव है। इसका व्युत्क्रमानुपाती संकरण असफल रहता है (किस, 1962, ओरामैन तथा सहयोगी, 1968)। त्रिगुणित तरबूज में गुणसूत्रों की संख्या 33 होती है। जीवन क्षय युग्मक तभी बन सकता है, जबकि युग्मक 11 गुणसूत्रों का पूरा एक सेट मौजूद हो। अर्द्धसूत्री विभाजन के समय साधारणतया त्रिगुणित में 2 गुणसूत्र एक ध्रूव की ओर तथा एक गुणसूत्र दूसरे ध्रूव की ओर जाता है। इस प्रकार इस त्रिगुणित में 11–22 गुणसूत्र वाले युग्मक बन सकते हैं (अलार्ड 1960)। अमेरिका में तरबूजे की 3 चतुर्गुणित किस्में टेट्रा–1, टेट्रा–2

तथा टेट्रा–3 उपलब्ध है (एण्ड्स तथा सहयोगी 1971)। तरबूज में टेट्रा–1 × सुगर बेबी का संकरण उत्तम किस्म का त्रिगुणित उत्पन्न करता है (किस तथा फेर, 1968)। पंजाब कृषि विश्वविद्यालय, लुधियाना में प्रयोग के तौर पर टी–3 × डिक्सी, टी–3 × जौनपुरी व टी–3 × शिर के संकरण से अच्छे त्रिगुणित बनाये गये हैं (ब्रार एवं सुपीजा, 1978)।

त्रिगुणित चुकन्दर (Triploid beet root)

त्रिगुणित चुकन्दर में लम्बी जड़े तथा प्रति इकाई चीनी की मात्रा अधिक प्राप्त होती है, जबकि चतुर्गुणित पौधे, द्विगुणित की तुलना में छोटे जड़ एवं कम उपज देने वाले होते हैं। अतः 3 एक्स चुकन्दर में अधिकतम बहुगुणिता है। त्रिगुणित चुकन्दर की खेती यूरोप एवं जापान में व्यावसायिक स्तर पर की जाती है, लेकिन इसकी महत्ता धीरे–धीरे कम हो रही है। छोटे पुष्प होने के कारण चुकन्दर का त्रिगुणित बीज तैयार करना बहुत मुश्किल होता है। व्यावसायिक स्तर पर त्रिगुणित चुकन्दर उगाने के लिए 4 एक्स और 2 एक्स कतार को 3:1 के अनुपात में अन्तर रोपण करते हैं। इसमें लगभग 75 प्रतिशत त्रिगुणित बीज प्राप्त होते हैं।

शलजम एवं पत्ता गोभी में स्वचतुगुर्णित (Self tetraploid in turnip and cabbage)

त्रिगुणित शलजम एवं पत्ता गोभी की अपेक्षा चतुर्गुणित शलजम एवं पत्ता गोभी का आकार काफी बड़ा होता है, लेकिन शीर्ष में पानी की मात्रा भी बढ़ जाती है। अतः व्यावसायिक स्तर पर इन्हें स्वीकार नहीं किया जाता है। स्पष्ट रूप से यह देखा गया कि बहुगुणित से उपज एवं गुण दोनों में वृद्वि होती है। इसी को आधार मानकर चतुर्गुणित मूली, गाजर तथा शलजम कई क्षेत्रों में विकसित किये जाते हैं। चतुर्गुणित पत्ता गोभी, टमाटर व खीरा में आशाजनक आसार दिखते हैं। सब्जियों में गुणवत्ता सुधार के लिए जनकीय किस्मों का चुनाव महत्वपूर्ण पहलू है। अच्छे जनकीय जननद्रव्य फसल के अनुसार गुणवत्ता अलग–अलग होती है जैसे गाजर में रंग व शर्करा खरबूजा व तरबूज में मिठास, पत्ता गोभी व फूल गोभी में शीर्ष की कसावट व स्वाद, टमाटर में गूदा व खटास, कुम्हण में बीटा कैरोटीन आदि।

सब्जियों में दूरस्थ संकरण या अन्तराजातीय तथा अन्तरावंशीय संकरण (Distant hybridization in vegetable crops)

जब दो विभिन्न जातियों के पौधों का संकरण एक वंश के अन्तर्गत होता है, तो उसे अन्तराजातीय संकरण हैं। जब दो विभिन्न वंशों के पौधो के बीच संकरण किया जाता है, तो उसे अन्तरावंशीय संकरण कहते हैं।

"Distant hybridization is an attempt of intermating two species of a genus or two genera of a taxon with an intention of introgression of genes of economic value into the cultivated species".

Or

"Distant hybridization comprises crosses between wild, primitively cultivated and cultivated species and genera".

अन्तराजातीय और अंतरावंशीय संकरण सब्जियों में गुण विशेष में सुधार एवं प्रजातियों के उन्नयन के लिए किया जाता है। इस विधि में एक सफल उत्पादन देने वाली प्रजाति होती है, जिसमें अधिक सुधार लाने के लिए दूसरी प्रजाति के गुणों को समाहित किया जाता है। दूसरी प्रजाति, जाति या कभी–कभी अलग–अलग वंश की कायिक संकरण होती है। ब्रिम्स तथा नोल्स (1967) ने अन्तराजातीय संकरण के कुछ कारण इस प्रकार बताये है।

1. एक जाति से एक या कुछ वंशाणु को दूसरी जाति में स्थानान्तरित करना।
2. दोनों जातियों में वाँछित एवं अनुपस्थित गुण को प्राप्त करना ।
3. परबहुगुणित प्रजातियों का विकास करना।
4. जातीय सम्बन्धों का पता लगाना।

इस विधि द्वारा जंगली संततियों व सम्बन्धियों से गुण विशेष (रोगरोधी, कीटरोधी, सूखारोधी आदि)। गुण युक्त वंशाणुओं का पता लगाकर खेती योग्य एवं अधिक उत्पादक प्रजातियों का विकास करना है। जंगली किस्मों का उपयोग इस बात पर आधारित होता है कि फसल की जंगलीपन, नई प्रजाति के विकास की आवश्यकता, गुण विशेष वंशाणु की हस्तान्तरण सम्बन्धी कठिनाई एवं प्रायोगिक सुविधा आदि कैसी है (हार्टन,1976)।

दूरस्थ संकरण की सफलता (Success in distant hybridization)

दूरस्थ संकरण की सफलता के लिए निम्न बातों का ध्यान आवश्यक है–

1. जंगली संततियों व सम्बन्धियों के ज्यादा से ज्यादा जननद्रव्यों का एकत्रण।
2. प्राथमिक व द्वितीयक विविधता क्षेत्रों से जननद्रव्यों का एकत्रण।
3. गुण विशेष (रोगरोधी, कीटरोधी, सूखारोधी आदि) जननद्रव्यों का एकत्रण।
4. वाह्य प्रक्षेत्र (ex situ) में बहुगुणन।
5. जननद्रव्यों का जीन बैंक (gene bank) में रखना।
6. वंश, जंगली संततियों व सम्बन्धियों का गुण विशेष (taxonomic, biochemical, cytological and molecular techniques) के आधार पर विभेद
7. संततियों व खेती योग्य प्रजातियों के वाँछित गुणों के आधर पर दूसरी जाति में स्थानान्तरित करना।
8. वाँछित गुणों के आधार पर जननद्रव्यों का समूहकरण।
9. जनन पृथक्करण सम्बन्धी रोध का ज्ञान एवं जनन सम्बन्धी रोध को दूर करने के उपाय।
10. जंगली संततियों व उनके संकरों का नये वातवरण में अनुकूलन।

जनन पृथक्करण सम्बन्धी रोध (Reproductive isolation mechanism or barriers to crossing)

विकसित प्रजाति स्वतंत्र रुप से रहने के लिए पृथक्कृत होती है, अतः विकास के समय आवश्यकता इस बात की रहती है कि विकसित प्रजाति में जीन प्रवाह सीमित हो और यह तभी सम्भव है जब आपस में कम से कम संकरण हो। जनन पृथक्करण सम्बन्धी रोध निम्नलिखित है–

1. निषेचन पूर्व जनन रोध (Pre-Fertilization reproductive barriers)

जब निषेचन पूर्व एक समष्टि के परागकण को दूसरी समष्टि के वर्तिकाग्र पर गिरने से रोकते हैं या बाधक बनते हैं, उसे निषेचन पूर्व जनन रोध कहते हैं।

स्थानिक पृथक्करण (Spatial isolation)

जब जातियों के अलग–अलग समय या स्थानों पर पाये जाने के कारण परागण में बाधक हो उसे स्थानिक पृथक्करण कहते हैं। जैसे प्रकाश संश्लेषण की संवेदनशीलता, विभिन्न अक्षांश (latitudes) विस्तार या भौतिक तथा राजनीतिक विभिन्नता दो प्रजातियों के परागण में स्थानिक पृथक्करण बाधक होते हैं।

शरीर क्रियात्मक पृथक्करण

जब पारिस्थितिक निकेतों व दैहिक विभिन्नता के कारण परागण में बाधक हो तो उसे शरीर क्रियात्मक पृथक्करण कहते हैं। इसमें कोशिकीय प्रजातियाँ भी असमानता पैदा करती हैं।

(क) जनकीय जातियों के बीच रोध (Barriers between the paraental species)

1. पारिस्थितिकी पृथक्करण (Ecological barriers)

पारिस्थितिकी पृथक्करण में दो जातियाँ एक ही भौगोलिक क्षेत्र में होते हुए भी अलग–अलग पारिस्थितिकी निकेतों (ecological niches) के लिए अनुकूलित होती हैं। इनमें कभी–कभी दोनों समष्टियाँ एक स्थान विशेष पर एक सामान्य आवास वाली हो सकती हैं। इनमें कभी–कभी आपसी संस्करण भी हो जाता है।

2. कालिक या मौसमी पृथक्करण (Environmental barriers)

अलग–अलग समय पर फूल आने के कारण भी दो समष्टियाँ पृथक्कृत हो सकती हैं। ऐसी दशा में फूल आने के समय में विभिन्नता के कारण अवरोध होता है।

3. यांत्रिक पृथक्करण (Mechnical barriers)

इसमें कभी–कभी पुष्प एक विशेष प्रकार के कीटों को आकर्षित करते हैं और इस कारण भी इनमें सीमित परागण हो जाता है। इस प्रक्रिया सम्बन्धी अवरोध को स्टेविन्स (1958) ने यांत्रिक पृथक्करण की संज्ञा दी है।

4. निषेचन पर रोक (Pollination barriers)

इसमें परागकण का वर्तिकाग्र पर पहुँचने पर भी परागकण अंकुरित नहीं होता है या परागकण नलिका वर्तिका के अन्दर प्रवेश करने में असमर्थ होती है। कभी–कभी पराग नलिका में पहुँचने के बाद भी गर्भधारण नहीं होता है।

2. निषेचन पश्च रोध (Post fertilizastion barriers)

संकर भ्रूण का गर्भपात (Hybrid embryo abortion)

भ्रूण विकास का रूकना या गर्भपात होना, संकर भ्रूण का गर्भपात कहा जाता है। अन्तराजातीय संकरण में संकर भ्रूण के गर्भपात का उदाहरण फैजियोलस प्रजाति (*Phaseollus vulgaris* x *Phaseollus acutifolius*) है। असामान्य भ्रूण विकास का उदाहरण फैजियोलस प्रजाति (*Phaseollus coccineus* x *Phaseollus vulgaris*) है। इसी प्रकार युवा भ्रूण समापन (young embryo collapse) का उदाहरण सोलेनम प्रजाति (*Solanum melongena* x *Solanum khasianum*) है (खुस एवं बरार, 1992)।

संकरों में आजीवन क्षमता या दुर्बलता (Hybrid inviability or weakness)

कुछ किस्मों को आपस में संकरित तो किया जा सकता है, लेकिन उत्पन्न प्रथम संतति (एफ–1) या तो मर जाती है या बहुत ही कमजोर होती है। इसके लिए जनकीय जाति के जीनोमों के बीच असमानता, एक जाति के जीनोम व दूसरी जाति के कोशिका द्रव्य में असमानता व प्रथम संतति के जीन प्रारुप व भ्रूण कोष या मातृ ऊतकों के बीच असमानता जैसे कारण जिम्मेदार होते हैं। एक जाति के जीन व दूसरी जाति के कोशिका द्रव्य के बीच असमानता को बहुत महत्वपूर्ण नहीं माना जा सकता है, क्योंकि यदि एक जाति के जीन दूसरी में संकरण A×B से स्थानान्तरित न हो पाये तो व्युत्क्रमी संकरण (reciprocal cross) द्वारा ऐसा संकरण B×A सफलतापूर्वक बनाया जा सकता है। किसी भी भ्रूण का सफल विकास नजदीकीय स्थित मातृ ऊतकों (जिस पर प्रथम संतति (एफ–1) बीज बनता है) की आपसी अन्योन्य क्रिया पर निर्भर करता है।

घटक	**जाति–1**	**जाति–2**
भ्रूण	**ए ए** (AA)	**बीबी** (BB)
भ्रूणपोष	**एएए** (AAA)	**बीबीबी** (BBB)
मातृ ऊतक	**एए** (AA)	**बीबी** (BB)
यदि जाति I व II में संकरण कराया जाये तो		
	I × II	II× I
	ए बी (AB)	**ए बी** (AB)
	ए ए बी (AAB)	**ए बी बी** (ABB)
	ए ए (AA)	**बीबी** (BB)

संकरों में आजीवन क्षमता या दुर्बलता का उदाहरण कुकुमिस प्रजाति (*Cucumis sativus* x *Cucumis melo*) (डेनीज्स एवं विसेर, 1985) व एबलमास्कस प्रजाति (*Abelmoschus esculentus* x *Abelmoschus tetraphyllus*) है।

संकरों में पुष्पन न होना (Failure of flowering in the progenies)

इसमें प्रथम संतति का पुष्पन ही नहीं होता है।

संकर बन्ध्यता (Hybrid sterility)

प्रथम संतति (F_1) की घातकता कुछ जीनों से लेकर बहुजीनी तक होने के कारण क्रांतिक प्रक्रियाएँ घटित होने लगती है, जैसे–कोशिका विभाजन, विभज्योतक के विभेदन आदि। अतः कभी–कभी संकर वन्ध्य होते हैं।

"F_1 hybrids are characterized by lack of seed set."

कई अन्तरजातीय संकरण में संकर वन्ध्य होते हैं। संकरों में संकर वन्ध्यता का उदाहरण एबलमास्कस प्रजाति (*Abelmoschus esculentus* x *Abelmoschus ficulneus* and *Abelmoschus tuberculatus*) है।

दूसरी पीढ़ी या अग्र पीढ़ी का कमजोर एवं अजीवन क्षम होना (Inviability of second or advavanced generation)

ऐसी स्थिति में अग्रसारित पीढ़ियों में कभी–कभी पौधे कमजोर या अजीवन क्षम होते हैं। यह अन्तराजातीय संकरण से विकसित पीढ़ियों में ज्यादा होता है।

सारिणी (7.31) सब्जियों में अन्तराजातीय व अन्तरावंशीय संकरण करने व न करने वाले प्रजाति

सब्जी फसल	प्रजाति	संकरण करने वाले प्रजाति	संकरण न करने वाले प्रजाति
खरबूजा	कुकुमिस फिगेरी	कुकुमिस मेलो (केवल 2% फल धारण)	कुकुमिस मेलो
	कुकुमिस जेहेरी	कुकुमिस मेलो	
	कुकुमिस मियुसी	कुकुमिस मेलो	
	कुकुमिस मिरीओक्रस	कुकुमिस मेलो	
	कुकुमिस अफ्रीकैन्स	कुकुमिस मेलो	
तरबूज	सिट्रुलस लैनटस	प्रासिट्रुलस फिस्टुलोसस	
खीरा	कुकुमिस सटाइवस	कुकुमिस हार्डविकाई कुकुमिस कैलोसस (कुकुमिस ट्राइगोनस)	
	कुकुमिस हैप्टाडैक्टीलस	कुकुमिस फिसीफोलियस	

टमाटर	सोलेनम हिर्सुटम	सोलेनम एस्कूलेंटम (as female pnly)
	सोलेनम पेरूवियेनम	सोलेनम एस्कूलेंटम
	सोलेनम चाइलेन्स	सोलेनम एस्कूलेंटम
भिण्डी	एबेलमोस्कस एस्कुलेन्टस	एबेलमोस्कस मैनिहाट
मटर	पाइसम सेटाइवम	पाइसम इलेटियस
	पाइसम सेटाइवम	पाइसम ह्यूमिली

जनन रोधों को समाप्त करना (Breakdown of reproductive barriers)

1. निषेचन पूर्वरोध को दूर करना (Removal of prefertilization barriers)

गर्भधान के पूर्व रोध को निम्न तकनीकों से दूर किया जा सकता है–

क–जनकीय समष्टियों का चुनाव

इसके लिए जंगली प्रजनन या सहचर या कोई अन्य प्रजातियाँ भी शामिल की जा सकती है। जब खेती योग्य या जंगली किस्मों के बीच संग्रहों में वाँछित गुण न मिले, तभी अन्य जातियों के जीन संग्रह का उपयोग करना चाहिए। व्यापक संकरण में सफलता हेतु जनकीय प्रजाति का उचित चुनाव करना चाहिए। अच्छा होगा इसके लिए खेती योग्य जातियों को समाहित करें।

(1) जनकीय समष्टियों का नमूना लेना

जब जंगली प्रजाति या सम्बन्धी को खेती योग्य किस्म से संकरण करना हो तो जनकीय समष्टियों का प्रयोग अधिकाधिक संख्या में अलग–अलग प्रकार की किस्मों को संकरित करने से सफल संकरण की सम्भावना बढ़ जाती है।

(2) पौधों में हेर–फेर तथा जनकीय रूपान्तरण

अगर संकरण में जनकीय संयोजन की जानकारी न हो तो व्युत्क्रम संकरण बनाना अच्छा रहता है। व्युत्क्रम से प्राप्त बीज की दोनों ही संततियों को उगाना चाहिए, क्योंकि ए × बी का संकरण अजीवन क्षम या वन्ध्य होते हैं, जबकि बी × ए का संकरण जननक्षम हो। इसी प्रकार दोनों संततियों की द्वितीय पीढ़ी में भी उगाना चाहिए, हो सकता है कि दोनों एफ–2 में कमजोर तथा दूसरा ठीक हो जबकि एफ–1 एक समान होते हैं।

(3) सेतु बंध (bridging) संकरण का प्रयोग

इस विधि में सामान्य जाति को दो या तीन सम्बन्धित जातियों से संकरण करते हैं और संकरण अनिषेच्य जाति को सीधे खेती योग्य किस्म से संकरित करते हैं।

(4) नर वन्ध्यकरण तथा परागण विधियों का चयन

इसमें परागण की विधियों में परिवर्तन करना आवश्यक है जिससे गर्भाधान सफलतापूर्वक हो जाये।

निषेचन पश्च रोध को दूर करना (Removal of post fertilization barriers)

(1) वृद्वि प्रेरक पदार्थों का प्रयोग (Use of plantgrowth regulaters)

अन्तराजातीय संकरण में अधिक बीज वाले अण्डाशय में संकरण के बाद बीज बनते हैं और इस कारण फूल प्रारम्भिक अवस्था में ही या फल पूर्ण रूप से विकसित न होकर गिर जाते हैं। ऐसी दशा में वृद्वि प्रेरक पदार्थों के प्रयोग से फूल या फलों को गिरने से रोकने में सफलता मिली है। उदाहरण के लिए फैजियोलस (*Phaseolus*) में अन्तराजातीय संकरण से संकरित फलियों के बनने में प्रेरक द्वारा सफलता प्राप्त की है (अलयासिरी एवं कौयन, 1964)।

(2) मिश्रित परागण (Mixed pollination)

इस पद्धति में मिश्रित परागण का प्रयोग किया जाता है, जिससे अन्तराजातीय संकरण में सफलता मिलती है।

(3) भ्रूण संवर्धन (Embryo culture)

परागण के बाद संकर भ्रूण तो बन जाता है, परन्तु भ्रूण दोष के कारण उसे सामान्य पोषक तत्व पर्याप्त मात्रा में नहीं मिल पाते, तब उसका विकास या तो असामान्य रूप से होने लगता है या बन्द हो जाता है। ऐसी दशा में नवीन भ्रूण को अलग करके कृत्रिम पोष पदार्थ पर सवंर्धित किया जाता है। इस क्रिया में भ्रूण को उस समय अलग किया जाता है। जब मादा पौध पर सर्वाधिक विकास हो चुका हो परन्तु अलग होने की प्रवृत्ति न बनी हो, निर्जम अवस्था में होता है और संवर्धन द्रव रूप में होने के कारण "एगार" मिलाकर अर्द्ध ठोस करते हैं। इसमें अलग से खनिज लवण, विटामिन, हार्मोन्स, कार्बोहाइड्रेट्स, नारियल का पानी या माल्ट एक्सट्रेट मिलाते हैं। आवश्यकतानुसार भ्रूण को नये संवर्ध माध्यम में स्थानान्तरित कर देना चाहिए। जब संकर पौध में कुछ जड़ें व 2–3 पत्तियाँ बन जाये, निर्जलीकृत मिट्टी व बालू भरे हुए पात्र में स्थानान्तरित कर कठोरीकरण (hardening) करते हैं।

रोपण

संकर पौध में कभी–कभी हरित लवक या अन्य घटकों से पौधा मरने लगता है। ऐसा एक जाति के कायिक द्रव्य व दूसरी जाति के जीनोम में प्रतिकूल अन्योन्यक्रिया के कारण होता है, तो इसे व्युत्क्रमी संकरण द्वारा प्रभावहीन किया जा सकता है, लेकिन इस उपाय से यह बाधा समाप्त न हो तब प्रथम पीढ़ी संतति (एफ–1) को जनकीय किस्मों में किसी एक के ऊपर रोपित करना चाहिए। इस तरह के सफल उदाहरण चुकन्दर में किए गये हैं। एक बीजपत्री सब्जी फसलों में रोपण का प्रयोग कठिन या लगभग असम्भव होता है।

(4) एलोप्लास्ट संलयन (Alloplast fusion)

बहुत से अन्तराजातीय संकर वन्ध्य होते हैं क्योंकि उनके गुणसूत्रों को युग्मक जोड़ीदार नहीं मिल पाते। ऐसी दशा में गुणसूत्रों की संख्या दूना करके एक जनन क्षम एलोप्लाइड (fertile alloploid) बनाया जा सकता है।

सब्जियों में अन्तराजातीय एवं अन्तरावंशीय संकरण

अन्तराजातीय एवं अन्तरावंशीय संकरण हेतु ज्यादा संख्या में पुष्पों को परागित किया जाये तो अधिक से अधिक अन्तराजातीय संकर का उत्पादन किया जा सकता है। परन्तु कभी–कभी वृहद् स्तर पर परागण करने पर भी संकर बीज नहीं प्राप्त होता है इस स्थिति में संकर उत्पादन में बाधक कारण को दूर किया जाना चाहिए। सामान्यतः संकरण में छोटी वर्तिका वाली प्रजाति को मादा पितृ के रूप में प्रयोग करना चाहिए। अन्तराजातीय संस्करण में विभिन्नता प्राप्त होती है। विशेष रूप से 'लीथल जीन' जुड़ा हो, कभी–कभी आटोपालीप्लाइड (autopolyploid) अन्तराजातीय संकरण में महत्वपूर्ण होता है। उदाहरण के लिए पत्ता गोभी और शलजम के द्विगुणित अवस्था में आपस में संकरण नहीं होता लेकिन चतुर्गुणित अवस्था में संकरण होता है। इस प्रकार विभिन्न वातावरणीय घटकों में संकरण करने से सफलता मिलती है।

सारिणी (7.32) सब्जियों में अन्तराजातीय संकरण हेतु परीक्षित जननद्रव्य एवं संकरण

फसल	परीक्षित जनन द्रव्य एवं संकरण
फराश बीन	फेजियोलस वल्गोरिस × फेजियोलस काक्सीनियस, फेजियोलस वल्गोरिस × फेजियोलस ड्यूमोसस, फेजियोलस एक्यूटीफोलियस × फेजियोलस वल्गोरिस (फेजियोलस वल्गोरिस × फेजियोलस काक्सीनियस, फेजियोलस काक्सीनियस × फेजियोलस ल्यूनेट्स, फेजियोलस वल्गोरिस × फेजियोलस एक्यूटीफोलियम
टमाटर	सोलेनम चाइलेन्स, सोलेनम हिर्सुटम, सोलेनम पेरूवियेनम, सोलेनम पिम्पिनेलीफोलियम
कद्दू वर्गीय सब्जियाँ	कुकुरबिटा पेपो, कुकुरबिटा मिक्सटा, कुकुरबिटा मोश्चाटा, कुकुरबिटा फिसीफोलिया, कुकुमिस सटाइवस, कुकुमिस हार्डविकाई, कुकुमिस अंगुरिया, कुकुमिस मेटुलीफेरस, कुकुमिस मेलो, कुकुमिस होमीफ्रक्टस, कुकुमिस सैजीटैटस
गोभी वर्गीय सब्जियाँ	ब्रेसिका नाइग्रा, ब्रेसिका ओलोरेसिया, ब्रेसिका कैम्पेस्ट्रिस, ब्रेसिका कैरीनाटा, ब्रेसिका जन्सिया, ब्रेसिका नेपस
मिर्च	केम्पिकम एनम × कैप्सिकम फ्रूटिसेन्स, केम्पिकम एनम × कैप्सिकम साइनेन्स, केम्पिकम एनम × कैप्सिकम पेन्डुलम, केम्पिकम एनम × कैप्सिकम प्यूबीसेन्स
बैंगन	सोलेनम मैक्रोकार्पस × सोलेनम फ्रुटिसेन्स, सोलेनम इण्डिकम × सोलेनम मेलान्जेना, सोलेनम जैन्थोकार्पम, सोलेनम इण्डिकम, सोलेनम इन्कैनम, सोलेनम हिसपीडम
भिण्डी	एबेलमोस्कस एन्गुलोसस, एबेलमोस्कस एस्कुलेन्टस, एबेलमोस्कस फिकल्नियस, एबेलमोस्कस ग्लूटिनो, एबेलमोस्कस मैनिहाट, एबेलमोस्कस मोस्केटस, एबेलमोस्कस टेट्राफिलस, एबेलमोस्कस ट्यूबरकुलेटस, एबेलमोस्कस एस्कुलेन्टस × एबेलमोस्कस मोस्केटस, एबेलमोस्कस एस्कुलेन्टस × एबेलमोस्कस एफिकल्नियस, एबेलेमोस्कस फिकल्नियस ×एबेलमोस्कस मोस्केटस, एबेलेमोस्कस मोस्केटस × एबेलमास्कस फिकल्नियस
सलाद	लैक्टुका वाइरोसा, लैक्टुका सेटाइवा
मटर	पाइसम सेटाइवम, पाइसम इलेटियस, पाइसम ह्यूमिली, पाइसम फुल्वम

विभिन्न गुणिता स्तर के बीच संकरण काफी कठिन होता है, जबकि समान गुणिता स्तर के बीच काफी आसान होता है। उच्च गुणिता स्तर के बीच प्रजाति को मादा पितृ के रूप में प्रयोग करना चाहिए। संकर में वन्ध्यता को समाप्त करने हेतु जंगली प्रजाति या अन्तराजातीय संकर की गुणसूत्र संख्या को दोगुना करना चाहिए। इस तकनीकी का उपयोग कर भिण्डी की रोग प्रतिरोधी तथा उन्नतिशील किस्म 'परभनी क्रान्ति' (एबेलमास्कस एस्कुलेट्न्स × एबेलमास्कस मैनीहाट) का विकास किया गया, जिसमें पित्त शिरा मोजेक रोग (yellow vein mosaic virus) नहीं लगता है।

सारिणी (7.33) सब्जियों में दूरस्थ संकरण (distant hybridization)

फसल	दूरस्थ संकरण
भिण्डी	एबेलमोस्कस एस्कूलेंटस (2n=130) × एबेलमोस्कस ट्यूबरकुलेटस (2n=58)
	एबेलमोस्कस एस्कूलेंटस (2n=72) × एबेलमोस्कस मैनिहाट (2n=60)
	एबेलमोस्कस एस्कूलेंटस (2n=130) × एबेलमोस्कस मैनिहाट (2n=66)
	एबेलमोस्कस एस्कूलेंटस (2n=130) × एबेलमोस्कस टेट्राफिलस (2n=138)
	एबेलमोस्कस एस्कूलेंटस (2n=72) × एबेलमोस्कस टेट्राफिलस (2n=130)
	एबेलमोस्कस एस्कूलेंटस (2n=130) × एबेलमोस्कस मैनिहाट वार0 घाना (2n=194)
टमाटर	सोलेनम एस्कूलेंटम × सोलेनम पिम्पिनेलीफोलियम
	सोलेनम एस्कूलेंटम × सोलेनम मीनूटम
	सोलेनम एस्कूलेंटम × सोलेनम हर्सुटम
	सोलेनम एस्कूलेंटम × सोलेनम पेरूवियेनम
	सोलेनम पिम्पिनेलीफोलियम × सोलेनम मीनूटम
	सोलेनम पिम्पिनेलीफोलियम × सोलेनम हिर्सुटम
	सोलेनम मयानूटम × सोलेनम एस्कूलेंटम
	सोलेनम पेरूवियेनम × सोलेनम एस्कूलेंटम
आलू	सोलेनम ट्यूबेरोसम × सोलेनम एन्डीजेनम
	सोलेनम ट्यूबेरोसम × सोलेनम स्टन्टोमम
	सोलेनम ट्यूबेरोसम × सोलेनम स्पार्सीपिलम
	सोलेनम ट्यूबेरोसम × सोलेनम डिमीसम (*via* bridge species)
	सोलेनम कर्टीलोबम सोलेनम ट्यूबेरोसम
	सेलेनम एकौले × सोलेनम सिम्पलीफोलियम
	सोलेनम डिमीसम × सोलेनम रीबीनी
	सेलेनम फुरेजा × सोलेनम बल्बोकैस्टैनम
बैंगन	सोलेनम इण्डिकम × सोलेनम मेलांजिना
	सोलेनम मेलांजिना × सोलेनम एथियोपिकम
	सोलेनम मेलांजिना × सोलेनम क्यूमिंगी
	सेलेनम गिलो × सोलेनम इण्डिकम
	सोलेनम मेलान्जेना × सोलेनम ग्रांडीफ्लोरम
	सोलेनम इण्डिकम × सोलेनम इन्टग्रीफोलिम

	सोलेनम जैन्थोकार्पम × सोलेनम मेलान्जेना
	सोलेनम इन्टग्रीफोलिम × सोलेनम इन्कैनम
	सोलेनम इन्टग्रीफोलिम × सोलेनम मेलान्जेना
मिर्च	कैप्सिकम एनम × कैप्सिकम साइनेन्स
	कैप्सिकम फ्रूटिसेन्स × कैप्सिकम साइनेन्स
	कैप्सिकम साइनेन्स × कैप्सिकम पेन्डलम
	कैप्सिकम प्यूबीसेन्स × कैप्सिकम साइनेन्स (embryo culture)
खीरा	कुकुमिस सटाइवस × कुकुमिस हार्डविकाइ
	कुकुमिस सटाइवस × कुकुमिस ट्राइगोनस
खरबूजा	कुकुमिस मेटुलीफेरस × कुकुमिस मेलो
	कुकुमिस अफ्रीकन्स × कुकुमिस डिपसैसियस
	कुकुमिस अफ्रीकन्स × कुकुमिस अन्गुरिया
	कुकुमिस अन्गुरिया × कुकुमिस प्रोफिटैरम
	कुकुमिस अन्गुरिया × कुकुमिस जहीरी
	कुकुमिस डिपसैसियस × कुकुमिस फिगेरी
कुम्हण/स्क्वाश	कुकुरबिटा मोश्चाटा × कुकुरबिटा मैक्सीमा
	कुकुरबिटा मोश्चाटा × कुकुरबिटा पेपो (tissue culture)
	कुकुरबिटा लुण्डेलियाना × कुकुरबिटा पेपो
	कुकुरबिटा लुण्डेलियाना × कुकुरबिटा मिक्सटा
	कुकुरबिटा लुण्डेलियाना × कुकुरबिटा मैक्सीमा
	कुकुरबिटा लुण्डेलियाना × कुकुरबिटा फिसीफोलिया
प्याज	एलियम सेपा वार0 सेपा × एलियम फिस्टुलोसम
	एलियम सेपा वार0 सेपा × एलियम पोरम
	एलियम पोरम × एलियम सेपा वार0 सेपा
	एलियम पोरम × एलियम एम्पेलोप्रासम
	एलियम सेपा वार0 सेपा × एलियम सेपा वार0एग्रीगेटम
	एलियम सेपा × एलियम एल्टैकम
	एलियम सेपा × एलियम वैविलोवी
	एलियम सेपा × एलियम पस्कीमेन्सी
	एलियम सेपा × एलियम गलेन्थम
	एलियम सेपा × एलियम ड्रोवोवी
फराश बीन	फेजियोलस वल्गोरिस × फेजियोलस काक्सीनियस
	फेजियोलस वल्गोरिस × फेजियोलस डुमोसस
	फेजियोलस वल्गोरिस × फेजियोलस फ्लेवसेन्स
	फेजियोलस वल्गोरिस × फेजियोलस फेजियोलस एक्यूटीफोलियस
	फेजियोलस वल्गोरिस × फेजियोलस रेटेन्सीस
	फेजियोलस वल्गोरिस × फेजियोलस ल्यूनेट्स

स्रोत: राम,1977, कल्लू, 1988, पीटर, 1998

एकल दिशा दूरस्थ संकरण (Unilateral incompatibility)

कुछ प्रजातियों में केवल एकल दिशा दूरस्थ संकरण (distant hybridization) होता है।

सारिणी (7.34) सब्जियों में एकल दिशा दूरस्थ संकरण

फसल	संकरण (Cross combinations)
बैंगन	सोलेनम इण्डिकम (2n=24) × सोलेनम मेलान्जेना (2n=24)
आलू	सोलेनम डिमीसम (2n=72) × सोलेनम ट्यूबेरोसम (2n=48)
	सोलेनम वेरूकोसम (2n=24) × सोलेनम बल्बोकैस्टैनम (2n=48)
टमाटर	सोलेनम स्कूलेंटम (2n=24) × सोलेनम पेरूवियेनम (2n=24)
	सोलेनम स्कूलेंटम (2n=24) × सोलेनम पेनेली (2n=24)
भिण्डी	एबेलमोस्कस ट्यूबरकुलेटस (2n=58) × एबेलमोस्कस मैनिहाट (2n=68)
	एबेलमोस्कस स्कूलेंटस (2n=130) × एबेलमोस्कस मैनिहाट वार0 घाना (2n=194)
खीरा	कुकुमिस मेटुलीफेरस (2n=24) × कुकुमिस मेलो (2n=24)
मिर्च	कैप्सिकम फ्रूटिसेन्स (2n=24) × केम्पिकम एनम् (2n=24)
मूली	रफेनस सेटाइवस (2n=18) × ब्रेसिका ओलोरेसिया बोटराइटस (2n=18)
फराश बीन	फेजियोलस काक्सीनियस (2n=14) × फेजियोलस वल्गोरिस (2n=14)
मटर	पाइसम सेटाइवम (2n=14) × पाइसम फुल्वम (2n=14)

जंगली प्रजाति का सब्जियों के उन्नयन में प्रयोग (Use of wild species in vegetable crop improvement)

जंगली प्रजातियाँ जीन की भण्डार हैं। जंगली प्रजाति विशेष प्राकृतिक वातावरण के प्रति अनुकूलन रखते हैं। जंगली प्रजाति से ही कीट एवं रोग प्रतिरोधक जीन, नर वन्ध्यता जीन, विषम वातावरण के प्रति अनुकूलन जीन एवं गुणवत्तायुक्त जीन सब्जियों के उन्नयन लिये प्रयोग किये जा रहे हैं (कल्लू, 1992)। कई सब्जियों में जंगली प्रजातियों का प्रयोग किया जा रहा है।

सारिणी (7.35) सब्जियों के उन्नयन में जंगली प्रजातियों का प्रयोग

फसल	जंगली प्रजाति	महत्वपूर्ण गुण
टमाटर	सोलेनम स्कूलेंटम वार0 सेरासीफार्मी	लीफ मोल्ड (leaf mold), लीफ स्पाट (leaf spot), फल एन्थ्रेकनोज (fruit anthracnose), वर्टीसिलियम विल्ट रोधिता (Verticillium wilt resistance)
	सोलेनम पिम्पिनेलीफोलियम	वर्टीसिलियम विल्ट रोधिता (verticillium wilt resistance), पिछेती झुलसा (late blight), जीवाणु कैंकर (bacterial canker), जीवाणु विल्ट रोधिता (bacterial wilt resistance), चकत्ता विल्ट विषाणु (spotted wilt virus), एस्कार्विक एसीड (ascorbic acid), बीटा कैरोटीन

		(beta-carotene), लीफकर्ल विषाणु (leaf curl virus), कम तापमान फल धारण (low temperature fruit setting)
	सोलेनम पेरूवियेनम	वर्टीसिलियम विल्ट रोधिता (verticillium wilt resistance), लीफकर्ल विषाणु (leaf curl virus), जड़ गाँठ सूत्रकृमि (root knot nematode), तम्बाकु मोजैक विषाणु (tobacco mosaic virus)
	सोलेनम पेरूवियेनम वार0 डेन्टैटम	कर्लीटाप विषाणु (curly top virus)
	सोलेनम पेरूवियेनम वार0 हमीफसम	कर्लीटाप विषाणु (curly top virus)
	सोलेनम हिर्सुटम	फ्यूजेरियम विल्ट रोधिता (Fusarium wilt resistance), जीवाणु कैंकर (bacterial canker), मोजैक (mosaic), कैरोटीन (carotene), फल मक्खी (fruit fly)
	सोलेनम मीनूटम (*Solanum minutam*)	कुल ठोस विलेय (total soluble solid), नर वन्घ्यता (male sterility)
	सोलेनम हर्सुटम वार0 ग्लैबरैटम	लीफकर्ल विषाणु (leaf curl virus), कैरोटीन (carotene)
	सोलेनम चीसमानी	फ्यूजेरियम विल्ट रोधिता (Fusarium wilt resistance), वर्टीसिलियम विल्ट रोधिता (Verticillium wilt resistance), जड़गाँठ सूत्रकृमि (root knot nematode), फल फटना (fruit cracking)
	सोलेनम क्मैलैवसकी	कुल ठोस विलेय (total soluble solid)
आलू	सोलेनम ट्यूबेरोसम	ज्यादा अनुकूलन (wider adaptation), वार्ट रोधिता (wart resistance)
	सोलेनम एन्डीजेना	विषाणु एक्स व वाई रोधिता (virus x and virus y resistance), पिछेती झुलसा रोधिता (late blight resistance), साफ्ट सड़न (soft rot), जड़गांठ सूत्रकृमि रोधिता (root knot nematode resistance)
	सोलेनम डिमीसम	पिछेती झुलसा रोधिता (late blight resistance), लीफकर्ल विषाणु (leaf curl virus)
	सोलेनम एकौले	फ्रास्ट रोधिता (frost resistance), विषाणु एक्स रोधित (virus x resistance), लीफ राल (leaf roll), पोटैटो स्पींडल ट्यूबर वायरायड (potato spindle tuber viriod), शुष्क तापमान सहनशीलता (heat tolerance)

सोलेनम मेजिस्टक्रोलोबम	फ्रास्ट रोधिता (frost resistance), शुष्क तापमान सहनशीलता (heat tolerance)
सोलेनम फुरेजा	कम दिन में पकाव (short maturity), कंद सुप्तावस्था में कमी (lack of tuber dormancy), पिछेती झुलसा रोधिता (late blight resistance)
सोलेनम बल्बोकैस्टैनम	पिछेती झुलसा रोधिता (late blight resistance), शुष्क तापमान सहनशीलता (heat tolerance), जड़गाँठ सूत्रकृमि रोधिता (root knot nematode resistance), एफीड रोधिता (aphid resistance)
सोलेनम स्टोलोनीफरम	पोटैटो विषाणु ए (potato virus A resistance), विषाणु वाई रोधिता (virus y resistance), पिछेती झुलसा रोधिता (late blight resistance)
सोलेनम वरनेई	जड़गाँठ सूत्रकृमि (root knot nematode), पिछेती झुलसा रोधिता (late blight resistance), ज्यादा स्टार्च (high starch)
सोलेनम कर्टीलोबम	पोटैटो विषाणु ए (potato virus A resistance), फ्रास्ट रोधिता (frost resistance)
सोलेनम चकोएन्स	विषाणु एक्स व वाई रोधिता (virus x and virus y resistance), पिछेती झुलसा रोधिता (late blight resistance), कंद माथ (tuber moth), कामन स्कैब (common scab), शुष्क तापमान सहनशीलता (heat tolerance), जीवाणु विल्ट (bacterial wilt)
सोलेनम अजनहुरी	फ्रास्ट रोधिता (frost resistance)
सोलेनम ह्जेरटींगी	कंद के कालापन में कमी (lack of tuber blackening), ब्लैक लेग रोधिता (black leg resistance), साफ्ट सड़न (soft rot resistance)
सोलेनम स्पार्सीपिलम	जड़गाँठ सूत्रकृमि रोधिता (root knot nematode resistance)
सोलेनम कोमेरसोनी	फ्रास्ट रोधिता (frost resistance resistance), दिनमान उदासीन (day length neutrality), जीवाणु विल्ट रोधिता (bacterial wilt resistance)
सोलेनम स्टेन्टोमम	जीवाणु विल्ट (bacterial wilt resistance)
सोलेनम वेरूकोसम	पिछेती झुलसा रोधिता (late blight resistance)
सोलेनम सालटेन्स	अगेती झुलसा रोधिता (early blight resistance)

भिण्डी	एबेलमोस्कस स्कूलेंटस वार0 सेल0–7–1	पौध गलन रोधिता (resistance to damping off), लीफ स्पाट रोधिता (leaf spot resistance)
	एबेलमोस्कस ट्यूबरकुलेटस वार0 रेड I एवं II	फल एवं तना छेदक रोधिता (fruit and shoot resistance)
	एबेलमोस्कस टेट्राफिलस	पित्त शीरा मोजैक विषाणु रोधिता (yellow vein mosaic virus resistance)
	एबेलमोस्कस मैनिहाट	फल एवं तना छेदक रोधिता (fruit and shoot resistance), पित्त शीरा मोजैक विषाणु रोधिता (yellow vein mosaic virus resistance)
	एबेलमोस्कस मैनिहाट उपप्रजाति मैनिहाट	जैसीड रोधिता (jassids resistance), पित्त शीरा मोजैक विषाणु रोधिता (yellow vein mosaic virus resistance)
	एबेलमोस्कस ट्यूबरकुलेटस	पित्त शीरा मोजैक विषाणु रोधिता (yellow vein mosaic virus resistance) लक्षण रहित वाहक (symptom less carrier)
	एबेलमोस्कस पन्जेन्स	पित्त शीरा मोजैक विषाणु रोधिता (yellow vein mosaic virus resistance)
	एबेलमोस्कस क्रीनिटस	पित्त शीरा मोजैक विषाणु रोधिता (yellow vein mosaic virus resistance)
	एबेलमोस्कस पण्डुरेसीफोरमिस	पित्त शीरा मोजैक विषाणु रोधिता (yellow vein mosaic virus resistance)
	एबेलमोस्कस विटीफोलियस	पित्त शीरा मोजैक विषाणु रोधिता (yellow vein mosaic virus resistance)
	एबेलमोस्कस स्कूलेंटस वार0 लांग ग्रीन स्मूथ	जड़गाँठ सूत्रकृमि रोधिता (root knot nematode resistance)
	एबेलमोस्कस एन्गुलोसस	पित्त शीरा मोजैक विषाणु रोधिता (yellow vein mosaic virus resistance)
खीरा	कुकुमिस कैलोसस	फल मखी रोधिता (fruit fly resistance)
	कुकुमिस हार्डविकाइ	ज्यादा अनुकूलन (wider adaptation), शुष्क तापमान सहनशीलता (heat tolerance), फल मखी रोधिता (fruit fly resistance)
खरबूजा	कुकुमिस मेलो वार0 कैंटालुपैंसिस	मोटा छिलका (thick rind), ज्यादा दिन तक रखने की क्षमता (good keeping quality)

	कुकुमिस मेटुलीफेरस	जड़गाँठ सूत्रकृमि रोधिता (root knot nematode resistance)
	कुकुमिस फिगेरी	ग्रीन माटल मौजैक विषाणु रोधिता (green mottle mosaic virus resistance)
	कुकुमिस जहीरी	फ्यूजेरियम विल्ट रोधिता (Fusarium wilt resistance)
	कुकुमिस मियूसी	फ्यूजेरियम विल्ट रोधिता (Fusarium wilt resistance)
कुम्हण	कुकुरबिटा मोश्चाटा	ज्यादा दिन तक रखने की क्षमता (good keeping quality), कड़ा छिलका (hard rind), ज्यादा सुगन्ध (strong flavor), पीला मौजैक विषाणु रोधिता (yellow mosaic virus resistance)
	कुकुरबिटा पेपो	ज्यादा मादा पुष्पन (more female flower), कम दिन में पकाव (short maturity), चूर्णिल आसिता रोधिता (powdery mildew resistance), लाल कीट रोधिता (red pumpkin beetle resistance)
	कुकुरबिटा लुण्डेलियाना	ज्यादा संकरण संयोजी (wider cross compatibility), चूर्णिल आसिता सहनशीलता (powdery mildew tolerance), बहुवर्षीय (perennial)
	कुकुरबिटा इकुडोरेन्सीस	विषाणु रोधिता (virus resistance)
	कुकुरबिटा फोइटीडिसीमा	विषाणु रोधिता (virus resistance)
	कुकुरबिटा मार्टीनेजी	विषाणु रोधिता (virus resistance)
मिर्च एवं शिमला मिर्च	कैप्सिकम एनम	कम तीखापन (low pungency), फल रंग (fruit colour)
	कैप्सिकम फ्रूटिसेन्स	ज्यादा कैप्सिसीन (high capsaicin), ज्यादा तीखापन (more pungency), पौध गलन रोधिता (resistance to damping off), सर्कोस्पोरा लीफ स्पाट रोधिता (cercospora leaf spot resistance), स्केलेरोटिनिया सड़न (sclerotinia rot), लीफ कर्ल विषाणु (leaf curl virus), स्यूडोमोनास विल्ट रोधिता (Pseudomonas wilt resistance)
	कैप्सिकम फैसीकुलैटम	वर्टीसिलियम विल्ट रोधिता (Verticillium wilt resistance)
	कैप्सिकम एन्गुलोसम	वर्टीसिलियम विल्ट रोधिता (Verticillium wilt resistance)
	कैप्सिकम चकोएन्स	जीवाणु विल्ट रोधिता (bacterial wilt resistance)

	कैप्सिकम चाइनेन्स	फल सड़न रोधिता (fruit rot resistance), ज्यादा ओलियोरेजिन (high oleoresin), ज्यादा रंग (more colour)
प्याज	एलियम सेपा वार० एग्रीगेटम	गुच्छे में कंद विकास (production of bulb in clusters), ज्यादा तापमान सहनशीलता (high temperature tolerance),
	एलियम सेपा वार० विविपैरम	विविपैरी आदत (viviparous habit), रोग एवं कीट रोधिता (resistance to diseases and pests)
	एलियम पोरम	ठण्डक एवं सूखा सहनशीलता (cold and drought tolerance)
	एलियम एम्पेलोप्रासम	बड़ा कंद (large bulb size)
	एलियम स्कोइनोप्रासम	ज्यादा ठण्डक एवं सूखा सहनशीलता (cold and drought tolerance), बहुवर्षीय (perennial)
	एलियम कुराट	ज्यादा पत्ती सुगन्ध (more leaf flavor)
	एलियम फिस्टोलोसम	ज्यादा पत्ती सुगन्ध (more leaf flavor)
	एलियम ट्यूबेरोसम	ज्यादा पत्ती सुगन्ध (more leaf flavor)
	एलियम वैविलोवी	एलियम सेपा से सुगम संकरण
फराश बीन	फेजियोलस वल्गोरिस वार० कम्परेस	रोग रोधिता (resistance to diseases)
	फेजियोलस काक्सीनियस	जड़ सड़न रोधिता (root rot resistance-*Macrophomina phaseolis*), हलोब्लाइट रोधिता (helo blight rsistance-*Pseudomonas phaseolicola*)
	फेजियोलस फ्लेवसेन्स	रोग रोधिता (resistance to diseases)
	फेजियोलस एक्यूटीफोलियस	जीवाणु झुलसा एवं विल्ट रोधिता (bacterial blight and wilt resistance)
	फेजियोलस रेटेन्सीस	रोग रोधिता (resistance to diseases)
	फेजियोलस ल्यूनेट्स	रोग रोधिता (resistance to diseases) एवं गुणवत्ता
	फेजियोलस डुमोसस	रोग रोधिता (resistance to diseases)

गुणवत्ता घटकों के लिये प्रजनन (Breeding for quality traits)

सब्जियों में गुणवत्ता घटक उन्नयन दो प्रकार के होते हैं–

1. भौतिक गुण (Physical quality)
2. रासायनिक गुण (Chemical quality)

1. भौतिक गुण (Physical quality)

सब्जियों में भौतिक गुण (Physical quality) बाहरी स्वरूप बताता है–

सारिणी (7.36) सब्जियों में भौतिक गुण

फसल	भौतिक गुण
टमाटर	फल का आकार, फल का प्रकार, फल का रंग, फल की संरचना, ज्यादा दिन तक रखने की क्षमता (good keeping quality)
आलू	कंद का प्रकार, कंद का आकार, छिलका का रंग, दबी आँख, ज्यादा दिन तक रखने की क्षमता (good keeping quality), कंद की संरचना
खरबूजा	मोटा छिलका (thick rind), ज्यादा दिन तक रखने की क्षमता (good keeping quality)
कुम्हण	ज्यादा दिन तक रखने की क्षमता (good keeping quality), कड़ा छिलका (hard rind)
मिर्च एवं शिमला मिर्च	फल का रंग (fruit colour)
प्याज	बड़ा कंद (large bulb size)

2. रासायनिक गुण (Chemical quality)

- पोषकीय गुण (Nutritional quality)
- चिकित्सीय गुण (Medicinal quality)
- विरूद्व पोषकीय गुण (Anti-Nutritional quality)
- उपभोक्ता गुण/बाजार योग्य गुण (Consumer or marketing quality)
- प्रसंस्करण गुण (Processing quality)

3. रासायनिक गुण (Chemical properties)

सब्जियों में रासायनिक गुण (Chemical quality) आन्तरिक स्वरूप बताता है–

सारिणी (7.37) सब्जियों में गुणवत्ता घटक उन्नयन

फसल	प्रजाति स्रोत	महत्वपूर्ण गुणवत्ता घटक/गुण
टमाटर	सोलेनम पिम्पिनेलीफोलियम	एस्कार्बिक एसीड (ascorbic acid), बीटा कैरोटीन (beta-carotene),
	सोलेनम हिर्सुटम	कैरोटीन (carotene)
	सोलेनम मीनूटम	कुल ठोस विलेय (total soluble solid)
	सोलेनम हिर्सुटम वार0 ग्लैबरैटम	कैरोटीन (carotene)

	सोलेनम चीसमानी	फल फटना (fruit cracking)
	सोलेनम क्मैलैवसकी	कुल ठोस विलेय (total soluble solid)
खरबूजा	कुकुमिस मेलो वार0 कैंटालुपैंसिस	मोटा छिलका (thick rind), ज्यादा दिन तक रखने की क्षमता (good keeping quality)
कुम्हण	कुकुरबिटा मोश्चाटा	ज्यादा दिन तक रखने की क्षमता (good keeping quality), कड़ा छिलका (hard rind), ज्यादा सुगन्ध (strong flavor)
मिर्च एवं शिमला मिर्च	कैप्सिकम एनम	कम तीखापन (low pungency), फल रंग (fruit colour)
	कैप्सिकम फ्रूटिसेन्स	ज्यादा कैप्सिसीन (high capsaicin), ज्यादा तीखापन (more pungency)
	कैप्सिकम चाइनेन्स	ज्यादा ओलियोरजिन (high oleoresin), ज्यादा रंग (more colour)
प्याज	एलियम एम्पेलोप्रासम	बड़ा कंद (large bulb size)
	एलियम कुराट	ज्यादा पत्ती सुगन्ध (more leaf flavor)
	एलियम फिस्टोलोसम	ज्यादा पत्ती सुगन्ध (more leaf flavor)
	एलियम ट्यूबेरोसम	ज्यादा पत्ती सुगन्ध (more leaf flavor)

गुणवत्ता घटकों के लिये प्रजनन विधि (Breeding method for quality traits)

- समूह वरण (Mass Selection)–सामन्यतया किसी किस्म में गुणवत्ता घटकों के लिये गुण विविधिता उपस्थित है, तो वरण (selection) द्वारा गुणवत्तायुक्त किस्मों का विकास किया जा सकता है। इस विधि से पुरानी विविधता पूर्ण किस्मों तथा परम्परागित सब्जी फसलों के सुधार में सफलता मिलती है।
- संकरण (Hybridization)–गुणवत्तायुक्त किस्मों के विकास में संकरण प्रजनन विधि सबसे ज्यादा उपयोग में लायी जाती है। गुणवत्तायुक्त किस्म में किसी अन्य किस्म या जंगली प्रभेद से गुणयुक्त जीन का स्थानान्तरण किया जा सकता है। संकरण पद्धति में चुने गये जनकों में कम से कम एक जनक का गुणयुक्त होना अनिवार्य है।
- प्रत्यावर्ती चयन (Recurrent Selection)–प्रत्यावर्ती चयन/विधि का उपयोग तब किया जाता है जब गुणवत्तायुक्त जनक या तो निकृष्ट लक्षणों वाला होता है या सम्बंधी प्रभेद से स्थानान्तरण होता है। इन दशाओं में गुणवत्तायुक्त जनक को अनावर्ती जनक या दाता जनक के रूप में उपयोग करते है। प्रत्यावर्ती चयन में प्रयुप्त आवर्ती जनक एक अनुकूलित एवं उत्कृष्ट लक्षणों वाली उन्नत किन्तु गुणवत्ता ग्राही किस्म होती है।
- गुणवत्ता घटकों में उच्च एस्कार्बिक एसीड (टमाटर, मिर्च) कुल विलेय ठोस (टमाटर, खरबूजा, स्कवाश, गाजर, मिर्च) कैरोटिनायड (टमाटर, पत्तीदार सब्जियाँ, खरबूजा, शकरकन्द) रंग–रंजक (टमाटर, मिर्च, स्कवाश, खरबूजा) तथा रखने के गुण (keeping quality) सम्मिलित हैं।

उत्परिवर्तन द्वारा भी गुणवत्ता घटकों में सुधार किया जा सकता है। वर्तमान समय में आवश्यकता है कि टमाटर में फल फटना (fruit cracking) तथा ब्लाची राइपेनिंग (blotchy ripening), गाजर में जड़ों का फटना, कद्दू वर्गीय सब्जियों विशेषतः गोर्डस (gourds) में गूदा की मात्रा, कम खाँचा (groove), बीन्स में स्ट्रिंगलेस, फूल गोभी में राइसीनेस (ricyness), पत्ता गोभी में सख्त शीर्ष तथा पेठा में बेलनाकार (cylindrical) जैसे गुण पर ध्यान देने की आवश्यकता है।

- मन्द परिपक्वता (slow ripening) – टमाटर की प्रजाति पी0के0एम0–1 जो तमिलनाडु कृषि विश्वविद्यालय, कोयम्बटूर (तमिलनाडु) से विकसित की गयी है, में मन्द परिपक्वता तथा हरा कन्धा (green shoulder) है।
- प्रसंस्करण गुण (Processing traits) – टमाटर की प्रजाति पूसा लाल मेरठी, उत्परिवर्तन से विकसित) अर्का सौरभ, अर्का आहुती तथा अर्का आशीष में प्रसंस्करण के गुण विद्यमान हैं जो औद्योगिकरण के लिए उपयोग हो सकता है।
- रंग (colour) – गाजर के जड़ के रंग में जटिल जीन समाहित है जैसे – रंजक रोधक जीन (pigment inhibiting gene), रंजक वृद्धि करने वाले जीन (pigment enhancing gene) तथा वह जीन जो विशिष्ट रंजक का संश्लेषण करता है। नारंगी रंग की सघनता जैसा गुण कुल कैरोटिनायड से सम्बन्ध रखता है। अतः कैरोटिन जैसे गुणों के लिये चुनाव दृष्टि सम्बन्धी अनुभवों से किया जा सकता है जिसका औसत 1 मिली ग्राम/ग्राम से 400 मिली ग्राम/ग्राम कुल कैरोटिनायड को शामिल कर सकते हैं।
- पोषक (Nutrion) – टमाटर में रंग घटक को दो जीन नियन्त्रित करते हैं। टमाटर का लाल गूदा पूर्णतया नियन्त्रित है। लाइकोपीन (lycopene) तथा बीटा कैरोटिन (beta carotene) के अनुपात पर/सोलेनम हिर्सुटम (solanum hirsutum) के दो जीन के आन्तरिक/परस्पर क्रिया से है जो उच्च बीटा कैरोटिन के लिये जिम्मेदार हैं। टमाटर की प्रजाति पूसा रेड प्लम में अधिक बिटामिन 'सी' के लिये सोलेनम पिम्पीजेल्लीफोलियम (solanum pimpinelli folium) (40–85 मिलीग्राम/100 ग्राम) ग सोलेनम पेरूवियेनम (solanum peruvianum) (36–110 मिलीग्राम/100 ग्राम) का संकरण किया गया।
- प्रसंस्करण – प्याज को सूखाकरण प्रसंस्करण हेतु पूसा व्हाइट फ्लैट तथा पूसा व्हाइट राउण्ड सबसे उत्तम है। इसके अलावा डिहाइड्रेशन नं0 8, व्हाइट इम्पेरियल स्पैनिश, रिवरीना लेट ब्राउन, कण्ट्रीक्वीन, वर्मा जाइण्ट तथा पंजाब–48 भी प्रसंस्करण हेतु उपयोगी है। करेला की एम0डी0यू0। सुखाने के गुणों से भरपूर है।

रोग रोधिता के लिये प्रजनन (Breeding for disease resistance)

"Disease resistance is an innate property of the host to reduce pathogen proliferation by checking the process of pathogenesis at one or other stage."

रोग का विकास (Disease Development)

रोगजनक (pathogen) के परपोषी (host) पर पहुँचने से पौधों में रोग के लक्षण उत्पन्न होने तक की प्रक्रिया को रोग विकास (disease development) कहते हैं।

रोग विकास की अवस्था

रोग विकास की चार अवस्था होती है–

1. सम्पक्र (Contact)

   बीजाणुओं (spores) का परपोषी (host) पर पहुँचना ।

2. संक्रमण (Infection)

   बीजाणुओं का अंकुरण, कवकतंतुओं का फैलाव व ऊतकों में प्रवेश।

3. स्थापन (Establishment)

   संक्रमण के बाद परपोषी के ऊतकों में रोगजनक (pathogen) का गुणन व पौधें के अन्य ऊतकों में फैलाव।

4. विकास लक्षण की उत्पत्ति (Development or Symptom)

   पौधों में रोग लक्षण उत्पति व रोगजनक बीजाणुओं की उत्पति।

रोग रोधिता के प्रक्रार (Types of disease resistance)

- असंक्राम्य (immunity)–रोगजनक (pathogen) का परपोषी से पूर्ण मुक्ति।
- ऊच्च रोग रोधिता (Highly resistance)
- मध्यम रोग रोधिता (moderate resistance)
- निम्न रोग रोधिता (low resistance)

सहनशीलता (Tolerance)

रोग जनक के प्रवेश/आक्रमण के बाद भी पौधा सहनकर उपज देता है, उसे सहनशीलता कहते हैं।

"Tolerance is a sort of compensatory mechanism where in event of pathogen attack, the host maintains its yield potential without significant reduction."

रोग पलायन (Disease escape)

वातावरणीय घटकों के कारण रोग ग्राही का न होना रोग पलायन (disease escape) कहते हैं।

"Disease escape is simply a freedom from disease, otherwise of a susceptible host because of envirinmrntal factors."

रोग पलायन के निम्न कारण होते हैं –

1. प्रतिकूल वातावरण (Unfavourable environment)
2. प्रजाति का अगेतीपन (Earliness of varieties)
3. अगेती व देर से बुआई (Early or late planting of crops)
4. परिवर्तित स्थान में बुआई (Growing of the crop at a different locations)
5. प्रतिरोधी प्रकदों का प्रयोग (Use of resistant root stock)
6. पोषक तत्व (Nutrients)
7. रोग वाहक कीटों का नियन्त्रण (Control of insect vectors)
8. रासायनिक नियन्त्रण (Chemical control of diseases)

रोग रोधिता की आनुवंशिक प्रकृति (Genetical nature of resistance)

वंशागतित्व के अनुसार रोग रोधिता निम्न होते हैं–

- अल्प जीन रोग रोधिता (Monogenic or oligogenic resistance)–जब रोग रोधिता एक या कुछ जीन द्वारा नियंत्रित होते हैं (mostly race specific and relatively short lived)।
- बहु जीन रोग रोधिता (Polygenic resistance)–जब रोग रोधिता अनेक जीन द्वारा नियंत्रित होते हैं (race non-specific and quantitative in nature)।
- कोशिकाद्रव्यी रोग रोधिता (Cytoplasmic resistance)–जब रोग रोधिता जीन कोशिकाद्रव्य में होते हैं व पितृ वंशागतित्व प्रदर्शित करते हैं।

रोग अभिक्रिया (Disease reaction)

- उर्ध्व रोग रोधिता (Vertical resistance)–उर्ध्व रोग रोधिता सामन्यतया अल्प जीनों (oligogenes or major genes) के द्वारा नियंत्रित होते हैं। इसे साथ ही इसमें परपोषी की किसी किस्म की अनुक्रिया या तो ग्राही या असंक्राम्य (immune) होती है।
- क्षैतिज रोग रोधिता (Horizontal resistance)–सामन्यतया क्षैतिज रोग रोधिता बहुजीनों के द्वारा नियंत्रित होते हैं।

रोग रोधिता के स्रोत (Sources of disease resistance)

रोग रोधित के निम्न स्रोत हैं–

1. उन्नत किस्म (Improved varieties)
2. जननद्रव्य संग्रहण (Germplassm collection)
3. जंगली व सम्बन्धी स्पीशीज (Wild and related species)
4. उत्परवर्तन (Mutations)
5. कायिक क्लोनीय विविधता (Somaclonal varation)
6. असम्बन्धित जीव (Unrelated Organism)

रोग रोधिता के लिये प्रजनन की विधियाँ (Method of breeding for disease resistance)

1. वरण (selection)–सामन्यतया किसी किस्म में रोग रोधिता के लिये विविधिता उपस्थित है तो वरण (Selection) द्वारा रोग रोधी किस्म का विकास किया जा सकता है। इस विधि से पुरानी विविधता पूर्ण किस्मों तथा परपरागित सब्जी फसलों में ज्यादा उपयोगी है। उदाहरण के लिए आलू की दार्जलिंग लाल गोल किस्म से रोग रोधी कुफरी लाल किस्म का वरण, पूसा सावनी भिण्डी का बिहार से संग्रह किये गये जननद्रव्य में से वरण कर पित्त शीरा मोजैक वायरस रोधी किस्म विकसित की गयी।

2. पुरूःस्थापन (Introduction)–सब्जी फसलों की अनेकों रोग रोधी उन्नत किस्मों का पुरःस्थापन कई देशों से किया गया है। पुरःस्थापन में सम्भावना बनी रहती है कि ये रोग रोधी किस्में नये वातावरण में अच्छा निष्पादन करेगी या नहीं। इसके अलावा नये वातावरण में रोग जनक के अनेकों प्रभेद फसल को सुग्राही बना सकते है।

3. उत्परिवर्तन (Mutations)–रोग रोधी किस्मों के विकास में उत्परिवर्तन प्रजनन का अच्छा उपयोग किया गया है। परीक्षण में यह पाया गया है कि अगर रोग रोधिता में सुधार करना हो तो उत्परिवर्तन प्रजनन विधि सबसे उत्तम व वांछनीय है।

4. संकरण (Hybridization)–रोग रोधी किस्मों के विकास में संकरण प्रजनन विधि सबसे ज्यादा उपयोग में लायी जाती है। रोग ग्राही किस्म में किसी अन्य किस्म या जंगली प्रभेद से रोग रोधिता जीन का स्थानान्तरण किया जा सकता है। संकरण पद्धति में चुने गये जनकों में कम से कम एक जनक का रोग रोधी होना अनिवार्य है। संकरण से प्राप्त प्रथम पीढ़ी को मुख्य रूप से दो पद्धतियों के अनुसार उगाते व वरण करते हैं जो निम्न है–

- वंशावली विधि (Pedigree Method)–वंशावली विधि का प्रयोग रोग रोधी जनक के अनुकुलन व उत्तम लक्ष्णों के आधार पर किया जाता है। क्षैतिज रोधिता (horizental resistance) में सुधार के लिए वंशावली विधि ही सबसे ज्यादा उपयोगी है।
- पश्च संकरण विधि (Backcross Method)– पश्च संकरण विधि का उपयोग तब किया जाता है जब रोग रोधी जनक या तो निकृष्ट लक्ष्णों वाला होता है या रोधिता का सम्बंधी प्रभेद से स्थानान्तरण होता है। इन दशाओं में रोग रोधी जनक को अनावर्ती जनक या दाता जनक के रूप में उपयोग करते है। पश्च संकरण में प्रयुप्त आवर्ती जनक एक अनुकूलित एवं उत्कृष्ट लक्षणों वाली उन्नत किन्तु रोग ग्राही किस्म होती है।

सारिणी (7.38) सब्जियों में रोग रोधिता के लिये जंगली प्रजाति स्रोत

फसल	जंगली प्रजाति स्रोत	महत्वपूर्ण रोग
टमाटर	सोलेनम एस्कूलेंटम वार0 सेरासीफार्मी, पी0आई0272636	लीफ मोल्ड (leaf mold), लीफ स्पाट (leaf spot), फल एन्थ्रेकनोज (fruit anthracnose), वर्टीसिलियम विल्ट रोधिता (Verticillium wilt resistance)
	सोलेनम पिम्पिनेलीफोलियम	वर्टीसिलियम विल्ट रोधिता (verticillium wilt resistance), पिछेती झुलसा (late blight), जीवाणु कैंकर (bacterial canker), जीवाणु विल्ट रोधिता (bacterial wilt resistance), चकत्ता विल्ट विषाणु (spotted wilt virus), लीफ कर्ल विषाणु (leaf curl virus)
	सोलेनम पिम्पिनेलीफोलियम, सोलेनम हिर्सुटम, सोलेनम पेरूवियेनम	लिटिल लीफ (little leaf)
	सोलेनम पेरूवियेनम, पी0आई0126449 (सोलेनम हर्सुटम)	वर्टीसिलियम विल्ट रोधिता (verticillium wilt resistance), लीफकर्ल विषाणु (leaf curl virus), तम्बाकु मोजैक विषाणु (tobacco mosaic virus)
	सोलेनम पेरूवियेनम वार0 डेन्टैटम	कर्ली टाप विषाणु (curly top virus)
	सोलेनम पेरूवियेनम वार0 हमीफसम	कर्ली टाप विषाणु (curly top virus)
	सोलेनम हर्सुटम	फ्यूजेरियम विल्ट रोधिता (Fusarium wilt resistance), जीवाणु कैंकर (bacterial canker), मोजैक (mosaic)
	सोलेनम हिर्सुटम वार0 ग्लैबरैटम	लीफकर्ल विषाणु (leaf curl virus)
	सोलेनम चीसमानी, सोलेनम पिम्पिनेलीफोलियम, एच0एस0–110, रोमा	फ्यूजेरियम विल्ट रोधिता (Fusarium wilt resistance), वर्टीसिलियम विल्ट रोधिता (Verticillium wilt resistance)
बैंगन	सोलेनम इन्कैनम	लिटिल लीफ (little leaf)
	सोलेनम इन्कैनम, सोलेनम इन्डीकम	फ्यूजेरियम विल्ट रोधिता (Fusarium wilt resistance) फोमोप्सीस ब्लाइट (Phomopsis blight)
आलू	सोलेनम ट्यूबेरोसम	वार्ट रोधिता (wart resistance)

	सोलेनम एन्डीजेना	विषाणु एक्स व वाई रोधिता (virus x and virus y resistance), पिछेती झुलसा रोधिता (late blight resistance), साफ्ट सड़न (soft rot)
	सोलेनम डिमीसम	पिछेती झुलसा रोधिता (late blight resistance), लीफकर्ल विषाणु (leaf curl virus)
	सोलेनम एकौले	फ्रास्ट रोधिता (frost resistance), विषाणु एक्स रोधित (virus x resistance), लीफ राल (leaf roll), पोटैटो स्पिंडल ट्यूबर वायरायड (potato spindle tuber viriod)
	सोलेनम मेजिस्टक्रोलोबम	फ्रास्ट रोधिता (frost resistance)
	सोलेनम फुरेजा	पिछेती झुलसा रोधिता (late blight resistance)
	सोलेनम बल्बोकैस्टैनम	पिछेती झुलसा रोधिता (late blight resistance)
	सोलेनम स्टोलोनीफरम	पोटैटो विषाणु ए (potato virus A resistance), विषाणु वाई रोधिता (virus y resistance), पिछेती झुलसा रोधिता (late blight resistance)
	सोलेनम वरनेई	पिछेती झुलसा रोधिता (late blight resistance)
	सोलेनम कर्टीलोबम	पोटैटो विषाणु ए (potato virus A resistance)
	सोलेनम चकोएन्स	विशाणु एक्स व वाई रोधिता (virus x and virus y resistance), पिछेती झुलसा रोधिता (late blight resistance), कामन स्कैब (common scab), जीवाणु विल्ट (bacterial wilt),
	सोलेनम ह्जेरटींगी	ब्लैक लेग रोधिता (black leg resistance), साफ्ट सड़न (soft rot resistance)
	सोलेनम कोमेरसोनी	जीवाणु विल्ट रोधिता (bacterial wilt resistance)
	सोलेनम स्टेन्टोमम	जीवाणु विल्ट (bacterial wilt resistance)
	सोलेनम वेरूकोसम	पिछेती झुलसा रोधिता (late blight resistance)
	सोलेनम सालटेन्स	अगेती झुलसा रोधिता (early blight resistance)
भिण्डी	एबेलमोस्कस स्कूलेंटस वार0 सेल0–7–1	पौध गलन रोधिता (resistance to damping off), लीफ स्पाट रोधिता (leaf spot resistance)
	एबेलमोस्कस टेट्राफिलस	पित्त शीरा मोजैक विषाणु रोधिता (yellow vein mosaic virus resistance)
	एबेलमोस्कस मैनिहाट	पित्त शीरा मोजैक विषाणु रोधिता (yellow vein mosaic virus resistance)

	एबेलमोस्कस मैनिहाट उपप्रजाति मैनिहाट	पित्त शीरा मोजैक विषाणु रोधिता (yellow vein mosaic virus resistance)
	एबेलमोस्कस मैनिहाट	फ्यूजेरियम विल्ट रोधिता (Fusarium wilt resistance)
	एबेलमोस्कस ट्यूबरकुलेटस	पित्त शीरा मोजैक विषाणु रोधिता (yellow vein mosaic virus resistance) लक्षण रहित वाहक (symptom less carrier)
	एबेलमोस्कस पन्जेन्स	पित्त शीरा मोजैक विषाणु रोधिता (yellow vein mosaic virus resistance)
	एबेलमोस्कस क्रीनिटस	पित्त शीरा मोजैक विषाणु रोधिता (yellow vein mosaic virus resistance)
	एबेलमोस्कस पण्डुरेसीफोरमिस	पित्त शीरा मोजैक विषाणु रोधिता (yellow vein mosaic virus resistance)
	एबेलमोस्कस विटीफोलियस	पित्त शीरा मोजैक विषाणु रोधिता (yellow vein mosaic virus resistance)
	एबेलमोस्कस एन्गुलोसस	पित्त शीरा मोजैक विषाणु रोधिता (yellow vein mosaic virus resistance)
खीरा	पी0आई0197087	एन्थ्रेक्नोज
	पी0आई0197087	मृदुरोमिल आसिता रोधिता (downy mildew resistance)
	एम0–17	गमी स्टेम ब्लाईट (gummy stem blight)
	प्वाइनसेट, योमाकी	चूर्णिल आसिता रोधिता (powdery mildew resistance)
	कुकुमिस हार्डविक्की	ग्रीन माटल मौजैक विषाणु रोधिता (green mottle mosaic virus resistance)
खरबूजा	कुकुमिस फिगेरी	ग्रीन माटल मौजैक विषाणु रोधिता (green mottle mosaic virus resistance)
	कुकुमिस जहीरी	फ्यूजेरियम विल्ट रोधिता (Fusarium wilt resistance)
	कुकुमिस मियूसी, एम0आर0–1, पी0एम0आर0–45, पी0एम0आर0–5, पी0एम0आर0–6, सी0एम0–17187	फ्यूजेरियम विल्ट रोधिता (Fusarium wilt resistance) चूर्णिल आसिता रोधिता (powdery mildew resistance)
कुम्हण	कुकुरबिटा मोश्चाटा	पीला मौजैक विषाणु रोधिता (yellow mosaic virus resistance)
	कुकुरबिटा पेपो	चूर्णिल आसिता रोधिता (powdery mildew resistance)

	कुकुरबिटा लुण्डेलियाना	चूर्णिल आसिता सहनशीलता (powdery mildew tolerance)
	कुकुरबिटा इकुडोरेन्सीस	विषाणु रोधिता (virus resistance)
	कुकुरबिटा फोइटीडिसीमा	विषाणु रोधिता (virus resistance)
	कुकुरबिटा मार्टीनेजी	विषाणु रोधिता (virus resistance)
मिर्च एवं शिमला मिर्च	कैप्सिकम फ्रूटिसेन्स	पौध गलन रोधिता (resistance to damping off), सर्कोस्पोरा लीफ स्पाट रोधिता (cercospora leaf spot resistance), स्केलेरोटिनिया सड़न (sclerotinia rot), लीफ कर्ल विषाणु (leaf curl virus), स्यूडोमोनास विल्ट रोधिता (Pseudomonas wilt resistance)
	कैप्सिकम फैसीकुलैटम	वर्टीसिलियम विल्ट रोधिता (Verticillium wilt resistance)
	कैप्सिकम एन्गुलोसम	वर्टीसिलियम विल्ट रोधिता (Verticillium wilt resistance)
	कैप्सिकम चकोएन्स	जीवाणु विल्ट रोधिता (bacterial wilt resistance)
	कैप्सिकम चाइनेन्स	फल सड़न रोधिता (fruit rot resistance)
प्याज	एलियम सेपा वार0 विविपैरम	रोग रोधिता (resistance to diseases)
	एलियम फिस्टुलोसम	परपल ब्लाच (purple blotch)
	एलियम फिस्टुलोसम	पिंक रूट (pink root)
	एलियम फिस्टुलोसम	स्मट (smut)
फराश बीन	फेजियोलस वल्गोरिस वार0 कम्परेस	रोग रोधिता (resistance to diseases)
	फेजियोलस काक्सीनियस	जड़ सड़न रोधिता (root rot resistance-*Macrophomina phaseolis*), हलोब्लाइट रोधिता (hollow blight rsistance- *Pseudomonas phaseolicola*)
	फेजियोलस फ्लेवसेन्स	रोग रोधिता (resistance to diseases)
	फेजियोलस एक्यूटीफोलियस	जीवाणु झुलसा एवं विल्ट रोधिता (bacterial blight and wilt resistance)
	फेजियोलस रेटेन्सीस	रोग रोधिता (resistance to diseases)
	फेजियोलस ल्यूनेट्स	रोग रोधिता (resistance to diseases) एवं गुणवत्ता
	फेजियोलस डुमोसस	रोग रोधिता (resistance to diseases)
मटर	सी0पी0एस0–05–06, ए0पी0–1	रूट राट (root rot)
	एफ0पी0–186, सी0पी0एस0–05–06	चूर्णिल आसिता रोधिता (powdery mildew resistance)

सारिणी (7.40) सब्जियों में रोग रोधिता के लिये प्रजाति स्रोत

फसल	महत्वपूर्ण रोग	प्रजाति स्रोत
पत्ता गोभी	ब्लैक राट (black rot) ब्लैक लेग (black leg)	पूसा मुक्ता पूसा ड्रमहेड
फूल गोभी	ब्लैक राट (black rot) कर्ड ब्लाइट (curd blight)	पूसा सुभ्रा पूसा स्नोबाल के0–1
मिर्च एवं शिमला मिर्च	लीफ कर्ल विषाणु (leaf curl virus)	पूसा ज्वला, पूसा सदाबहार, पंत सी0–1, पंजाब लाल, सी0सी0एच0–1
	जीवाणु विल्ट रोधिता (bacterial wilt resistance)	ए0यू0एम0–1, ए0ए0यू0एम0–2, उत्कल रश्मी
	विल्ट रोधिता व डाईबैक (wilt resistance and die back)	पंजाब सूर्ख, एल0सी0ए0–235, बी0सी0–21–2, एल0सी0ए0–305
	सी0एम0वी0 व टी0एम0वी0	पंजाब लाल
बैंगन	जीवाणु विल्ट रोधिता (bacterial wilt resistance)	अर्का निधि, अर्का केशव, अर्का निलकंठ, पंत रितुराज, पूसा अनुपम, बी0बी0–7, एस0एम0–6–6, ए0आर0यू0–2सी0, जे0 सी0–1, जे0 सी0–2
भिण्डी	पित्त शीरा मोजैक विषाणु	अर्का अनामिका (सेलेक्शन–10), सेलेक्शन–2, पी0–7, वर्षा उपहार (एच0आर0बी0 9–2), हिसार उन्नत, हिसार बरसाती (एच0आर0बी0–55), उत्कल गौरव, 91–4, परभनी क्रांति, वर्षा बहार, अर्का अभय (सेलेक्शन–4), पंजाब पद्मिनी, पी0बी0–57, के0एस0–404 व पूसा सावनी (अब रोग प्रतिरोधी नही है)
सब्जी मटर	चूर्णिल आसिता (इरिसीफी पालीगोनी)	पी0आर0एस0–14, रचना, के0एस0–225, के0एस0–245, जे0पी0–4, जे0पी0–83, जे0पी0–71, जे0पी0–885, अर्का अजित (एफ0सी0–1), आई0पी0–3, पन्त मटर–5, पी0एम0आर0–21, डी0पी0पी0–62, वी0पी0–9003, वी0पी0–8902, अलंकार (डी0एम0आर0–7), एच0एफ0पी0–4, व एच0एफ0पी0–12
टमाटर	जीवाणु उकठा (स्यूडोमोनास सोलेनेसिएरम)	शक्ति (एल0बी0–79), अर्का आलोक (बी0डब्ल्यू0आर0–5), उत्कल पल्लवी (बी0टी0–1), उत्कल दिप्ती (बी0टी0–2),
	पिछेती झुलसा (फाइटोफ्थोरा इन्फेस्टान्स)	एच0–36, एच0–86, एच0–88, टी0आर0बी0–1, टी0आर0बी0–2, सोनाली हिसार अनमोल (एच0–24)
	वर्टीसिलियम विल्ट रोधिता	पन्त बहार,
आलू	पिछेती झुलसा (फाइटोफ्थोरा इन्फेस्टान्स)	कुफरी ज्योती, कुफरी कंचन, कुफरी नवीन, कुफरी कुबेर, कुफरी मेघा, कुफरी जीवन, कुफर मोती

खरबूजा	मृदुरोमिल आसिता रोधिता (downy mildew resistance), चूर्णिल आसिता रोधिता (powdery mildew resistance), विषाणु रोधिता (virus resistance)	एम0आर0–12
खीरा	मृदुरोमिल आसिता रोधिता (downy mildew resistance), चूर्णिल आसिता रोधिता (powdery mildew resistance), विषाणु रोधिता (virus resistance), एंथ्रेकनोज (anthracnose)	एस0सी0–2बी0
टमाटर	जीवाणु विल्ट रोधिता (bacterial wilt resistance), फ्यूजेरियम विल्ट रोधिता (Fusarium wilt resistance), वर्टीसिलियम विल्ट रोधिता (Verticillium wilt resistance), लीफ स्पाट (leaf spot)	नेप्टुन (Neptune)
सब्जी मटर	चूर्णिल आसिता (इरिसीफी पालीगोनी), जड़ सड़न रोधिता (root rot resistance-*Macrophomina phaseolis*)	एफ0पी0–186
मिर्च	जड़ सड़न रोधिता (root rot resistance-*Macrophomina* species), पद गलन (damping off), लीफ कर्ल विषाणु (leaf curl virus)	पन्त सी0–1
शकरकन्द	फ्यूजेरियम विल्ट रोधिता (Fusarium wilt resistance), जड़ सड़न रोधिता (Southern root rot resistance), आन्तरिक कार्क (Internal cork)	जेवेल
पत्ता गोभी	फ्यूजेरियम विल्ट रोधिता (Fusarium wilt resistance), चूर्णिल आसिता (powdery mildew resistance), पत्ता गोभी विषाणु (cabbage mosaic), राइजोक्टोनिया सड़न रोधिता (Rhizoctonia rot resistance)	सानीबेल
बैंगन	जीवाणु विल्ट रोधिता (bacterial wilt resistance), फोमोप्सीस ब्लाइट (Phomopsis blight)	पंत सम्राट

फूल गोभी में ब्लैक राट रोग के प्रति 200 जीन प्रारूपों का मूल्यांकन किया गया जिसमें एम. जी.एस. 2–3 प्यूकिया एवं एस0एन0–445 ने उच्चस्तर की प्रक्रिया प्रदर्षित किया। परीक्षण में देखा गया कि स्नोबाल एवं इससे सम्बन्धित अरर्फड एवं अल्फा में कोई प्रतिरोधिता नहीं थी (शर्मा एवं सहयोगी, 2005 तथा शेशाद्री, 2001)। बंद गोभी एवं फूल गोभी सब्जियों में रोग रोधिता के लिये प्रजाति स्रोत का विवरण नीचे की सारिणी ( ) में दिया गया है–

सारिणी (7.41) बंद गोभी एवं फूल गोभी सब्जियों में रोग रोधिता के लिये प्रजाति स्रोत

	जैविक प्रतिबल	प्रतिरोधी स्रोत	संदर्भ
फूल गोभी			
	डाउनी मिल्ड्यू	बी.आर.–2, सी.सी., ई.सी. 177283, कीबीजीएन्ट, मेरोजीएन्ट	शर्मा एवं सहयोगी, 1991
		के.टी.–9, अर्ली विन्टर एडमस वह्राइट हेड, पूसा हाईब्रिड–2	शर्मा एवं सहयोगी, 1995
		कुवारी–7, कुवारी–8, कुवारी–4, फर्स्ट अर्ली लक्ष्मी	पाण्डे एवं सहयोगी, 2001
	स्केरोटिनिया राट	जनवान, अर्ली विन्टर एडमस वह्राइट हेड, पूसा स्नोबाल,के.–25	शर्मा एवं सहयोगी, 1995
	ब्लैक राट	पूसा सुभ्रा, एस.एन. 445, लवयाना	शर्मा एवं सहयोगी, 1995
	अल्टरनेरिया ब्लैक राट	एम.जी.एस.–2, पुआ किआ	चटर्जी, 1993
	कर्ड ब्लाइट	पूसा स्नोबाल के.–1	––
बंद गोभी	ब्लैक लेग	पूसा ड्रमहेड	––
	क्लब रूट	बडजर सिपर, शेटलैण्ड कैबेज, ग्लोबेले, ब्रेसिका नैपस, ब्रेसिका कम्प्रेस्ट्रिस	क्रुट एवं सहयोगी, 1983
	कैबेज येलो	बडजर ब्लू ब्वाय, बडजर बेल्ले	शर्मा एवं सहयोगी, 1991
	स्क्लेरोटिनिया राट	ब्रेसिका नैपस, ब्रेसिका चाइनेन्सिस	शर्मा एवं सहयोगी, 1995
	पाउडरी मिल्ड्यू	ब्रेसिका नैपस, ब्रेसिका चाइनेन्सिस	शर्मा एवं सहयोगी, 1995
	हवाईट रस्ट	ब्रेसिका कारीनाटा	शर्मा एवं सहयोगी, 1995
	फ्यूजेरियम विल्ट	सानीबेल	––
	राइजोक्टोनिया राट	सानीबेल	––
	बन्द गोभी मोजैक	सानीबेल	––
	ब्लैक राट	पूसा मुक्ता	––

कीट रोधिता के लिये प्रजनन (Breeding for insect resistance)

सब्जी फसलों की अनेकों कीट नुकशान पहुँचाते हैं। कीटों द्वारा सब्जी फसलों को निम्न प्रकार नुकशान होता है–

1. **उत्तकों को खाकर नुकशान (Losses due to feeding insects)**–इस प्रकार के कीट सब्जी फसलों की पत्ती, तना, जड़, फल आदि को खाकर नुकशान पहुँचाते हैं। उदाहरण के लिए फल छेदक, तना वेधक, जड़ वेधक आदि।
2. **रस चूसने वाले (Losses due to sucking insects)**–इस प्रकार के कीट सब्जी फसलों से रस चूस लेते हैं। उदाहरण के लिए एफीड (aphids), जैसीड (jassids), माइट्स (mites), थ्रीप्स (thrips) आदि।
3. रोग जनक वाहक कीट **(Pathogen vector insects)**– इस प्रकार के कीट, रोग जनकों (pathogens) के प्रसरण में सहायक होते हैं।

सारिणी (7.42) सब्जियों में कीट रोधिता के लिये प्रजाति स्रोत

फसल	जंगली प्रजाति	महत्वपूर्ण गुण
टमाटर	सोलेनम पेरूवियेनम	जड़ गाँठ सूत्रकृमि (root knot nematode)
	सोलेनम हर्सुटम	फल मक्खी (fruit fly)
आलू	सोलेनम एन्डीजेना	जड़गाँठ सूत्रकृमि रोधिता (root knot nematode resistance)
	सोलेनम बल्बोकैस्टैनम	जड़गाँठ सूत्रकृमि रोधिता (root knot nematode resistance), एफीड रोधिता (aphid resistance)
	सोलेनम वरनेई	जड़गाँठ सूत्रकृमि (root knot nematode)
	सोलेनम चकोएन्स	कंद माथ (tuber moth)
	सोलेनम स्पार्सीपिलम	जड़गाँठ सूत्रकृमि रोधिता (root knot nematode resistance)
भिण्डी	एबेलमोस्कस ट्यूबरकुलेटस वार० रेड I एवं II	फल एवं तना छेदक रोधिता (fruit and shoot resistance)
	एबेलमोस्कस मैनिहाट	फल एवं तना छेदक रोधिता (fruit and shoot resistance)
	एबेलमोस्कस मैनिहाट उपप्रजाति मैनिहाट	जैसीड रोधिता (jassids resistance)
	एबेलमोस्कस स्कूलेंटस वार० लांग ग्रीन स्मूथ	जड़गाँठ सूत्रकृमि रोधिता (root knot nematode resistance)
खीरा	कुकुमिस कैलोसस	फल मखी रोधिता (fruit fly resistance)
	कुकुमिस हार्डविकाइ	फल मखी रोधिता (fruit fly resistance)
खरबूजा	कुकुमिस मेटुलीफेरस	जड़गाँठ सूत्रकृमि रोधिता (root knot nematode resistance)
कुम्हण	कुकुरबिटा पेपो	लाल कीट रोधिता (red pumpkin beetle resistance)
प्याज	एलियम सेपा वार० विविपैरम	कीट रोधिता (resistance to pests)

फूल गोभी एवं बंद गोभी की फसल कीटों के आक्रमण के प्रति काफी संवेदनशील है। बंद गोभी की फसल में प्रमुख रूप से डायमण्ड बैंक माथ कीट का प्रकोप होता है और इस कीट के द्वारा हमारे देश में की गयी क्षति का आँकलन लगभग 168.0 मिलियन अमेरिकी डालर के बराबर है (सन्दुर, 2004)। डिक्सन एवं सहयोगी ने पाया कि आस्ट्रेलिया की ग्लोसी पत्तियों (glossy leaves) वाली किस्म पी.आई. 234599 डायमण्ड माथ के प्रति अवरोधी थी, लेकिन इस गुण को अलग करना मुश्किल था क्योंकि अरोधीता का गुण एक दूसरे से नजदीकी रूप में जुड़े थे। फूल गोभी में पत्तियों की सतह पर पाये जाने वाला मोमिया परत, 'कैबेज फ्ली बीटल' के प्रति कीट रोधी गुण प्रदर्शित करता है (कल्लू, 1988)।

फूल गोभी	जैविक प्रतिबल	प्रतिरोधी स्रोत	संदर्भ
	डाइमंड बैंक माथ	पी.आई. 234599	लीन एवं सहयोगी, 1984
	कैबेज लूपर	पी.आई. 234599	लीन एवं सहयोगी, 1984

कीट रोधिता की क्रिया विधियाँ

कीट रोधिता की मुख्यतः चार विधियाँ हैं–

1. अवरीयता (Non-preference or antixenosis)
2. प्रति जैविकता (Antibiosis)
3. सहिष्णुता (Tolerance)
4. परिवर्जन (Avoidance)

1. अवरीयता (Non-preference or antixenosis)

अवरीयता में कीट मेजबान (host) पौधे को न तो खाता है और न ही उस पौधे पर अण्डा देता है।

सारिणी (7.43) सब्जियों में अवरीयता कीट रोधिता

फसल	जंगली प्रजाति	कीट रोधिता गुण
आलू	ग्रीन पीच एफीड	ग्लैंडुलर ट्राइकोम (लसदर त्वचा रोम)
	आलू लीफ हापर	ग्लैंडुलर ट्राइकोम (लसदर त्वचा रोम)
बैंगन	फल व शीर्ष वेधक	वैस्कुलर बंडल का मोटा होना, कोशिका की सतह पर लिग्नीन का जमा होना
टमाटर	कोलरैडो पोटैटो बीटील	ग्लैंडुलर ट्राइकोम (लसदर त्वचा रोम)
	थ्रीप्स	ग्लैंडुलर ट्राइकोम (लसदर त्वचा रोम)
	एफीड	ग्लैंडुलर ट्राइकोम (लसदर त्वचा रोम)
	ग्रीन हाउस व्हाइट फ्लाई	ग्लैंडुलर ट्राइकोम (लसदर त्वचा रोम)
मटर	एफीड	पत्ती का रंग व आकार

फराश बीन	एफीड	ट्राइकोम सघनता
खीरा	पीकल वार्म	मोटी पत्ती (glabrous leaves)
खरबूजा	पीकल वार्म	मोटी पत्ती (glabrous leaves)
कुम्हण	स्क्वाश तना वेधक	तना का मोटा वैस्कुलर बंडल
फूल गोभी	पत्ता गोभी फली बीटील	पत्ती की सतह पर मोम का बनना
प्याज	थ्रीप्स	पत्ती की सतह पर मोम का बनना

स्रोतः कल्लू, 1988

2. प्रति जैविकता (Antibiosis)

इस विधि में कीट, कीट रोधी पौधे को खाता है तो उसकी वृद्वि, परिवर्धन व जनन रूक जाता है और कभी कभी कीट की मृत्यु भी हो जाती है। प्रति जैविकता अकारिकीय (morphological), जैवरासायनिक (biochemical) और शरीर क्रियात्मक (physiological) होता है।

सारिणी (7.44) सब्जियों में जैवरासायनिक कीट रोधिता

फसल	**जंगली प्रजाति**	**कीट रोधिता गुण**
आलू	पोटैटो बीटील एफीड	ग्लाइकोएल्कलायड, सोलानिन, टोमाटिन, मीसीन
टमाटर	टोमैटो हार्न वार्म	2 ट्राइडेकानोन (मिथाइल कीटोन)
	फल वेधक	फीनोलिक्स (chlorogenic acid Alkaloid, tomatine)
	व्हाइट फ्लाई	टोमाटिन (tomatine)
खीरा	स्क्वाश बग	एमीनो नाट्रोजेन (Amino nitrogen)
खरबूजा	फल मक्खी	कम कुल विलेय ठोस (Low TSS)
समर स्क्वाश	पीकल वार्म	डी0 ग्लूकोज (D-glucose), व अधिक कुल विलेय ठोस (More TSS)
गोभी वर्गीय	एफीड	सिनीग्रीन (Sinigrin)
सब्जियाँ	पत्ता गोभी जड़ मक्खी	कम ग्लूकोसिनोलेट (Low glucosinolates)
शलजम	फल मक्खी	एग्लीकोन 2–फिनायलइथायल आइसो थायोसाइनेट (Aglycone 2-Phenylethyl isothiocyanate)
लेट्यूस	जड़ एफीड	आइसोक्लोरो जेनिक एसीड (Isochlorogenic acid)

3. सहिष्णुता (Tolerance)

इस विधि में कीट के आक्रमण का स्तर कम होता है और पौधे इस स्तर को सहन कर लेते हैं। उदाहरण के लिये गोभी वर्गीय व चुकन्दर लिए एफीड (aphids) सहिष्णुता।

4. परिवर्जन (Avoidance)

यह कीट रोधिता नही है, बल्कि कीट आक्रमण का बचाव है।

कीट रोधिता की आनुवंशिकी (Genetics of insect resistance)

कीट रोधिता के लिए सही प्रजनन तकनीकी व आनुवंशिकी का ज्ञान (host and pest elucidation phenomenon) आवश्यक है।

कीट रोधिता की वंशागति (Inheritance of insect resistance)

कीट रोधिता की वंशागति 3 प्रकार की होती है–

1. अल्पजीनी कीट रोधिता (Oligogenic insect resistance)
2. बहुजीनी कीट रोधिता (Polygenic insect resistance)
3. कोशिकाद्रव्य कीट रोधिता (Cytoplasmic insect resistance)

- **अल्प जीन कीट रोधिता (Monogenic or oligogenic insect resistance)**–जब कीट रोधिता एक या कुछ जीन द्वारा नियंत्रित होता है। इसमें अल्प जीन का प्रभाव अधिक होता है। कुछ में वंशागतित्व प्रभावी (dominant) व कुछ में अप्रभावी (recessive) होता है। दूसरी पीढ़ी में वंशागतित्व का अनुपात 3:1 होता है।
- **बहु जीन कीट रोधिता (Polygenic insect resistance)**–जब कीट रोधिता अनेक जीन द्वारा नियंत्रित होते हैं, बहु जीन कीट रोधिता कहते हैं। । प्रत्येक जीन का प्रभाव अल्प होता है। यह कीट रोधिता अधिक टिकऊ होता है।
- **कोशिकाद्रव्यी कीट रोधिता (Cytoplasmic insect resistance)**–जब कीट रोधिता जीन कोशिकाद्रव्य में होते हैं व पितृ वंशागतित्व प्रदर्शित करते हैं।

सारिणी (7.45) सब्जियों में कीट रोधिता का वंशागतित्व

फसल	कीट	अनुवांशिक नियंत्रण
आलू	ग्रीन पीच एफीड	अल्प जीन कीट रोधिता (monogenic or oligogenic insect resistance)
टमाटर	फल वेधक	बहु जीन कीट रोधिता (polygenic insect resistance)
	टोबैटो हार्न वार्म	3 अप्रभावी जीन (recessive gene)
लोबिया	कुरकुलियो (Curculio)	बहु जीन कीट रोधिता (Polygenic insect resistance)
फराश बीन	लीफ हापर	बहु जीन कीट रोधिता (polygenic insect resistance)
खरबूजा	फल मक्खी	एकल प्रभावी जीन (single dominant gene)
तरबूज	कद्दू का लाल कीट	एकल प्रभावी जीन (single dominant gene)
खरबूजा	कद्दू का लाल कीट	एकल प्रभावी जीन (single dominant gene)
लौकी	कद्दू का लाल कीट	एकल प्रभावी जीन (single dominant gene)
कुम्हण	फल मक्खी	एकल प्रभावी जीन (single dominant gene)
समर	स्क्वाश बग	बहु जीन कीट रोधिता (polygenic insect resistance)
लेट्यूस	जड़ एफीड	कोशिकाद्रव्यी कीट रोधिता के साथ परिवर्तित जीन (cytoplasmic resistance with modifying factors)
	लीफ एफीड	एकल प्रभावी जीन (single dominant gene)

कीट रोधिता की प्रजनन विधियाँ (Breeding method for insect resistance)

1. वरण (Selection)–सामन्यतया किसी किस्म में कीट रोधिता के लिये विविधिता उपस्थित है, तो वरण (selection) द्वारा रोधी किस्म का विकास किया जा सकता है। इस विधि (शुद्व लाइन व समूह वरण) से पुरानी विविधता पूर्ण किस्मों, तथा स्वपरागित सब्जी फसलों में उपयोगी होती है जबकी समूह वरण व प्रत्यावर्ती वरण उपयोगी होती है।

2. पुरूःस्थापन (Introduction)–सब्जी फसलों की अनेकों रोग रोधी उन्नत किस्मों का पुरःस्थापन कई देशों से किया गया है। पुरःस्थापन में सम्भावना बनी रहती है कि ये रोग रोधी किस्में नये वातावरण में अच्छा निष्पादन करेगी या नहीं। इसके अलावा नये वातावरण में रोग जनक के अनेकों प्रभेद फसल को सुग्राही बना सकते है। उदाहरण के लिए मटर की अर्केल, पत्ता गोभी की गोल्डेन एकड़, शिमला मिर्च की कैलीफोर्निया वण्डर, फराश बीन की कण्टेंडर व गाजर की नैंटस कीट रोधी किस्में उपस्थापित की गयी। इसके अलावा टमाटर की रेड क्लाउड किस्म (resistant to whitefly), शिमला मिर्च की कैलीफर्निया वण्डर किस्म (resistant to glass house fly), गाजर की नैंटस कीट रोधी किस्म (whitefly) उपस्थापित कीट रोधी किस्में प्रचलन में हैं।

3. उत्परिवर्तन (Mutations)–कीट रोधी किस्मों के विकास में उत्परिवर्तन प्रजनन का अच्छा उपयोग किया गया है। परीक्षण में यह पाया गया है कि अगर कीट रोधिता में केवल सुधार करना हो तो उत्परिवर्तन प्रजनन विधि सबसे उत्तम व वाँछनीय है।

4. संकरण (Hybridization)–कीट रोधी किस्मों के विकास में संकरण प्रजनन विधि सबसे ज्यादा उपयोग में लायी जाती है। कीट ग्राही किस्म में किसी अन्य किस्म या जंगली प्रभेद से कीट रोधिता जीन का स्थानान्तरण किया जा सकता है। संकरण पद्धति में चुने गये जनकों में कम से कम एक जनक का कीट रोधी होना अनिवार्य है। संकरण से प्राप्त प्रथम पीढ़ी को मुख्य रूप से दो पद्धतियों के अनुसार उगाते व वरण करते हैं जो निम्न है–

- वंशावली विधि (Pedigree Method)–वंशावली विधि का प्रयोग कीट रोधी जनक के अनुकुलन व उत्तम लक्षणों के आधार पर किया जाता है। क्षैतिज रोधिता में सुधार के लिए वंशावली विधि ही सबसे ज्यादा उपयोगी है।

- पश्च संकरण विधि (Backcross Method)–पश्च संकरण विधि का उपयोग तब किया जाता है जब कीट रोधी जनक या तो निकृष्ट लक्षणों वाला होता है या रोधिता का सम्बंधी प्रभेद से स्थानान्तरण होता है। इन दशाओं में कीट रोधी जनक को अनावर्ती जनक या दाता जनक के रूप में उपयोग करते है। पश्च संकरण में प्रयुप्त आवर्ती जनक एक अनुकूलित एवं उत्कृष्ट लक्षणों वाली उन्नत किन्तु कीट ग्राही किस्म होती है।

□□□

अध्याय 8

सब्जी फसलों में जैव प्रौद्योगिकी
(Biotechnology in Vegetable Crops)

जैव प्रौद्योगिकी कई विषयों से समाहित एक विस्तृत मूल विज्ञान (basic science) है। सामान्यतयाः जैव प्रौद्योगिकी यानी बायोटेक्नोलॉजी शब्द बायोलॉजी (biology) एवं टेक्नोलॉजी (technology) दो शब्दों को जोड़कर बना है। परिभाषा के तौर पर जैविक कारकों जैसे सूक्ष्म जीवों (micro-organisms), कोशिकाओं (cells) और उनके अवयव (components) के नियंत्रित उपयोग से मानव के लिए उपयोगी उत्पादों एवं सेवाओं के उत्पादन को बायोटेक्नोलॉजी (biotechnology) कहते हैं। वर्तमान समय में जैव प्रौद्योगिकी का सबसे विस्तृत स्वरूप आनुवंशिक अभियंत्रिकी (genetic engineering) के कारण है।

"Biotechnology, in particular genetic engineering, is the manipulation of an organism DNA in order to direct that organism to perform a specific and useful task."

इतिहास के दृष्टिकोण से भारतवर्ष में शिक्षा, शोध एवं उत्पादन बढ़ाने के उद्‌देश्य से सन् 1986 में बायोटेक्नोलॉजी की स्थापना की गई। इसके बाद अनेकों जैव प्रौद्योगिकी आधारित कम्पनियों का प्रादुर्भाव हुआ। परिणामतः इस तकनीक पर आधारित उद्योग घन्धे स्थापित होने लगे। वर्तमान समय में मानव जीवन के लिए उपयोगी औषधि, चिकित्सा, कृषि, पर्यावरण सुरक्षा आदि में इस पद्धति का सराहनीय योगदान देखने को मिलता है। इतना ही नहीं, जैव प्रौद्योगिकी के माध्यम से विकसित प्रजातियों का डी0एन0ए0 फिंगर प्रिन्टिग (DNA finger printing) से उसकी वास्तविक पहचान बनाये रख सकते हैं। इस तकनीक के हस्तक्षेप से प्राथमिक (primary), द्वितीयक (secondary) एवं तृतीयक (tertiary) जीन पूल (gene pool) की आवधारण बदल गयी है और पूरे जीन पूल में उपलब्ध आनुवंशिक विविधता का विश्लेषण एवं उपयोग सुगमता से किया जा सकता है। वर्तमान समय में जैव प्रौद्योगिकी के अन्तर्गत अनेकों उपविभाग शोध एवं विकास की दृष्टिकोण से जुड़ गये हैं।

Biotechnology research activities in agriculture include viz. tissue culture, transgenic plants, molecular farming, biopesticides, biofertilizers, embryo transfer technology, cell fusing technique, cloning, recombinant DNA technology and cryopreservation".

जैव प्रौद्योगिकी का अनुप्रयोग (Application of Biotechnology)

- जैव प्रौद्योगिकी, उत्पादकता बढ़ाने का एक सशक्त औजार है, जो जैविक एवं अजैविक घटकों को समाप्त करता है।
- जैव प्रौद्योगिकी के माध्यम से आधारभूत शोध (fundamental discoveries) से प्राप्त परिणाम को कम समय में व्यावहारिक स्वरूप प्रदान किया जा सकता है।
- जैव प्रौद्योगिकी के माध्यम से उत्पादकता एवं खाद्य उपलब्धता, उत्तम कृषि पद्वतियों द्वारा सुनिश्चित किया जा सकता है।
- पुरानी प्रचलित प्रजनन पद्धतियों की रफ्तार बढ़ाने एवं यथार्थ (precision) प्रक्रिया प्रदान करने में जैव प्रौद्योगिकी ज्यादा मूल्यवान है।
- जंगली (wild) एवं घास–फूस सम्बन्धित (weedy relatilves) प्रभेदों को समाहित कर इस तकनीक से आनुवंशिक विभिन्नता उत्पन्न की जा सकती है।
- जैव प्रौद्योगिकी की ऊतक संवर्धन तकनीकी द्वारा ऐसे संकर किस्मों का विकास सम्भव हो सका है, जो परम्परागत प्रजनन द्वारा असम्भव थी। उदाहरण के लिए किसी भी फसल के जंगली प्रभेद/प्रजाति में रोगरोधी गुण होते हैं, लेकिन उत्पादन एवं गुणवत्ता की दृष्टि से उनके फल अच्छे नहीं होते हैं। ऐसे पौधों को जीवद्रव्य संलयन (protoplast fusion) एवं भ्रूण संवर्धन (embryo culture) तकनीक के द्वारा खेती योग्य प्रजातियों से संकरित कराया जा सकता है, जिसके फलस्वरूप ऐसी प्रजातियों का विकास हो सकता है, जिनमें उच्च गुणवत्तायुक्त अधिक फल एवं साथ ही साथ रोगरोधी गुण भी हो।
- बी0टी0 जीन (Bt. gene) का प्रयोग कर कुछ फसलों (बैंगन टमाटर आदि) में ऐसी किस्में विकसित की जा रही है, जिनमें फल व तना बेधक का प्रकोप बहुत कम होगा, क्योंकि मृदा से प्राप्त जीवाणु बैसिलस थूरीनजीएन्सिस (*Bacillus thuringensis*) से प्रोटीन (protein) को निकालकर कीटनाशी के रूप में प्रयोग किया जा रहा है। बाद में जैव प्रौद्योगिकी द्वारा इस प्रोटीन को उत्पन्न करने वाले जीन में परिवर्तन कर विभिन्न प्रकार के नवीन कीटनाशक प्रोटीन का विकास कर जैविक कीटनाशी के रूप में बाजार में बी0टी0 (Bt.) के नाम से बेचा जा रहा है।
- इस तकनीक के माध्यम से सब्जी बीजों की गुणवत्ता में सुधार लाया जा सकता है।
- इस प्रौद्योगिकी के सफल प्रयोग से सूखा, बाढ़, कम व अधिक तापमान जैसे प्रतिकूल परिस्थितियों में भी सब्जी फसल उगाना सम्भव हो सकेगा।
- कुछ बुनियादी सवालों जैसे–विभिन्न जीवों (जीवाणु/पौधों/जन्तुओं/पर्यावरण) के बीच क्या प्रक्रियाएँ होती है, भी जैव प्रौद्योगिकी की सहायता से हल किये जा सकते हैं। इस

एकत्रित जानकारी से पुनः लाभदायक प्रक्रियाओं के लिए प्रयोग किया जा सकता है, जो कि परम्परागत विधियों के द्वारा अध्ययन करना असम्भव था।

- जैव प्रौद्योगिकी का प्रयोग सब्जियों की भण्डारण क्षमता एवं सुगन्ध/स्वाद जैसे गुणों में सुधार के लिए किया जा रहा है। उदाहरण के लिए जीन प्रौद्योगिकी की सहायता से सन् 1994 में कालजीन कम्पनी (Calgene, USA) द्वारा फ्लेवर–सेवर (Flavr-Savr) नामक टमाटर को बाजार में उतारा जो स्वाद में अच्छा, भण्डारण के लिये उपयुक्त व सड़न–गलन से अन्य की अपेक्षा मुक्त थे।
- उत्तक संवर्धन जो जैव प्रौद्योगिकी का अहम भाग है, पौध बहुगुणन (rapid clonal multiplication) में सहायक है।
- इस विधि का प्रयोग कर सब्जियों के पकने की क्रिया (ripening) को मन्द या धीमी की जा सकती है। उदाहरण के लिए–डी आक्सीरोइबोज न्यूक्लिक एसीड, प्लॉट टेक्नोलोजी एवं एग्रीटोप नाम की कम्पनियों ने टमाटर में इथाइलीन हार्मोन के उत्पादन को रोकने में सफलता प्राप्त की। परिणाम स्वरूप इन टमाटरों को पकने की क्रिया एकदम धीमी पड़ गयी एवं भण्डारण क्षमता में अभूतपूर्व वृद्धि देखी गयी। इस तकनीक से अमेरिका में टमाटर की प्रजाति "इण्डलेस समर" (Endless Summer) को बाजार में उतारा गया।
- रिकम्बीनेट डी0एन0ए0 (recombinant DNA) का आनुवंशिक अभियंत्रिकी (genetic engineering) के माध्यम से विशेष महत्व के जीन (novel gene) प्रारूप (genotype) तैयार किये जा सकते हैं।
- आधुनिक जैव प्रौद्योगिकी व आनुवंशिक अभियंत्रिकी (genetic engineering) विधियों से वातावरण सम्बन्धी परिस्थितियों से छुटकारा पाया जा सकता है।
- पेट्रोलियम पदार्थों के ज्यादा उपयोग से वातावरण में कार्बन डाई आक्साइड (CO_2) की मात्रा बढ़ रही है, जिससे पौधों में प्रकाश संश्लेषण प्रक्रिया ज्यादा प्रभावित हो रहा है, अतः इसे घटाया जा सकता है।
- प्रत्यक्ष या परोक्ष रूप से पादप जैव स्रोत का उपयोग आवश्यक हो रहा है, जो आनुवंशिक अभियंत्रिकी (genetic engineering) के माध्यम से पूरा कर सकते है।

जैव प्रौद्योगिकी के चरण (Steps of Biotechnology)

जैव प्रौद्योगिकी के क्रमिक विकास का इतिहास इस प्रकार रहा है।

सारिणी (8.1) जैव प्रौद्योगिकी के विभिन्न कालक्रम (chronology)

प्रक्रिया (Process)	वर्ष (Year)
शराब बनाने के लिए खमीर (yeast) का उपयोग	6000 BC से पहले
डबलरोटी बनाने के लिए खमीर (yeast) का उपयोग	4000 BC से पहले

सूक्ष्म जीवों (micro-organisms) की सहायता से मल/गन्दा पानी का उपचार (sewage treatment)	1910 AD
जीवणु के उपयोग से एसिटोन (acetone), ग्लिसराल (glycerol) एवं ब्यूटानल (butanol) का बड़े पमाने पर उत्पादन	1912–1914
पेनिसिलिन (penecillin) का बड़े पमाने पर उत्पादन	1944
सर्वप्रथम आनुवंशिक अभियंत्रिकी (genetic engineering) का सफल प्रयोग	1973
फफूँद (fungus) से प्राप्त मानव भोजनों का व्यापार (इंग्लैंड में)	1980
आनुवंशिक अभियंत्रिकी (genetic engineering) पद्धति से प्राप्त जीवाणु द्वारा उत्पादित इंसुलिन (insulin) के मानव में उपयोग की अनुमति (सं0 रा0 अमेरिका एवं इंग्लैंड में)	1983
जैव सूचना तकनीकी का जैव प्रौद्योगिकी में समावे	1990 से आज तक

जैव प्रौद्योगिकी के विकास को विभिन्न चरणों में विभाजित किया जा सकता है।

1. प्रथम चरण (First step)

जैव प्रौद्योगिकी के प्रथम चरण के अन्तर्गत प्राचीन समय में आदिवासियों के बीच प्रचलित विभिन्न प्रकार के उत्पाद बनाने सम्बन्धी ज्ञान को रखा जाता है, जिसमें किण्डवन (fermentation) प्रक्रिया द्वारा बनने वाले विभिन्न प्रकार के खाद्य व पेय पदार्थ, औषधीय द्रव निर्माण आदि आते हैं।

2. द्वितीय चरण (Second step)

जैव प्रौद्योगिकी के द्वितीय चरण के अन्तर्गत उन सूक्ष्म–जीवधारी संरचना को सम्मिलित किया जाता है, जिनका उपयोग औद्योगिक स्वरूप किया गया। इसे 'पास्टौर इरा' (pasteurize era) कहते हैं, जिसमें वृहद् पैमाने पर एल्कोहल निर्माण, एन्टीबायोटिक (antibiotic) का किण्डवन, विशिष्ट वैक्सीन का विकास जैसे–कालरा, टाइफायड व यलो फीवर का निर्माण प्रारम्भ हुआ। इस चरण को सबसे लम्बे चरण के रूप में जाना जाता है, क्योंकि इस में वृहद् पैमाने पर विटामिन्स, एमीनो एसीड्स, आर्गेनिक एसीड्स, पौध उत्तक संवर्धन व पशु प्रजनन विधि में जैव प्रौद्योगिकी के माध्यम से प्रारम्भ किया गया।

3. तृतीय चरण (Third step)

जैव प्रौद्योगिकी के तृतीय चरण को आधुनिक जैव प्रौद्योगिकी के रूप में जाना जाता है, क्योंकि इस चरण के अन्तर्गत आर0डी0एन0ए0 तकनीक (rDNA techniques), हाइब्रीडोमा तकनीक (hybridoma techniques), पालीमरेज चेन रिएक्शन (polymerase chain reaction or PCR), व क्लोनिंग मेथडस् (cloning methods), अणु जैविकी (molecular biology) आदि प्रक्रिया विकसित किये गये।

4. चतुर्थ चरण (Forth step)

जैव प्रौद्योगिकी के चतुर्थ चरण के अन्तर्गत विभिन्न सहयोगी विषयों के अन्तर्गत विकसित तकनीकी परिणाम को समाहित किया गया जैसे–सूचना प्रौद्योगिकी (information technology) एवं नैनो प्रौद्योगिकी (nano technology)। अतः इस चरण में जैव सूचना तकनीक (bioinformatics) का समायोजन किया गया। जैव सूचना तकनीक का व्यापक एवं महत्वपूर्ण प्रभाव कृषि और औषधीय क्षेत्रों में देखने को मिला। परिभाषा के तौर पर "जैव सूचना" (Bioinformatics) तकनीक में संगणक (computer) के माध्यम से जैविक सूचना सम्बन्धी आँकड़ों को एकत्रित करना, विश्लेषण करना, तुलनात्मक अध्ययन करना व दूसरों के प्रयोग हेतु उपयुक्त, सुरक्षित व ज्यादा प्रभावी विधि/साधन बनाना है, जिससे अधिक उत्पादन के साथ–साथ रोग रोधिता विकसित हो और मानव कल्याण एवं विकास में दक्षतापूर्ण वृद्धि प्रदान करें (त्रिपाठी, 2005)। इसके अन्तर्गत सांख्यिकी साफ्टवेयर (statistical software), ग्राफिक सिमूलेशन (graphic simulation), आँकड़ा प्रबन्धन (data management), जैविक प्रक्रिया के आँकडों को व्यवस्थिति व विश्लेषण (data arrangement and analysis) करना, कोशिका सूचना व जैव अणुओं की स्थिति को भी अध्ययन में सम्मिलित किया जाता है। जैव प्रौद्योगिकी सूचना तकनीक के अनुप्रयोग के निम्न लाभ है–

1. जीन पहचान (gene identification) व जिनोम मैप (genome map) तैयार करना।
2. प्रोटीन संरचना निर्धारण एवं प्रोटीन की आपसी प्रक्रिया को उत्तेजित करना।
3. नवीन चिकित्सा सम्बन्धी तथ्यों की खोज और औषधि को सुनिश्चित करना ।
4. जीन प्रक्रिया में जीन उत्परिवर्तन (gene mutation) के प्रभाव का आँकलन ।
5. फिलोजेनेटिक्स का अध्ययन करना।

जैव प्रौद्योगिकी तकनीक (Techniques of biotechnology)

जैव प्रौद्योगिकी में दो तकनीकें आती हैं।

(1) पात्रे तकनीक या उत्तक संवर्धन तकनीक (*In Vitro* technique or tissue culture technique)

(2) आनुवंशिक अभियन्त्रिकी (Genetic engineering)

(1) पात्रे तकनीक या उत्तक संवर्धन तकनीक (*in vitro* Technique or tissue culture technique)

पात्रे तकनीक (*in vitro* techniques) को उत्तक संवर्धन तकनीक (tissue culture technique) भी कहते हैं। इस तकनीकी प्रक्रिया में परखनली में पौध उगाने का प्रारम्भ 19वीं शताब्दी में शुरू हुआ एवं सर्वप्रथम गोटलैब हवरलैण्ड, 1902 (Father of plant tissue culture–Gottlieb Haberlandt, 1902) नामक वैज्ञानिक ने जर्मनी में पौध उगाने का प्रयास किया। उत्तक संवर्धन तकनीक या पात्रे तकनीक को गति गूथरेट (Gautheret) एवं पी0 आर0 व्हाइट (P.R. White) ने 20वीं शताब्दी में दिया। सन् 1959 में ब्रान (Braun) द्वारा किसी विभेदित पादप कोशिका (differentiated plant cell) से पूरे पौधे का विकास किया गया। इस शताब्दी के 5वें व 6वें दशकों में स्कूग एवं सहयोगियों

(1967) ने पोषक पदार्थों के संगठन (compostion of culture media) का विकास किया, जिससे परखनली में तम्बाकू के पौध को पूर्णरूप से भ्रूण संवर्धन (embryo culture) विधि से उगाकर प्रदर्शित किया। वर्तमान समय में पात्रे तकनीक के माध्यम से पौध रूपान्तरण, पौध विकास एवं पौध संरक्षण की सम्भावनाओं ने वैज्ञानिकों एवं उद्योग जगत के लिए विकास के नये द्वार खोल दिये। इसके अलावा ऊतक संवर्धन विधियों के बिना ट्रासजीनिक/परजीनी (जीनों का रूपान्तरण) पौधों के विकास की कल्पना नही की जा सकती है। इस तकनीक ने स्पष्ट किया कि पादप कोशिका (plant cell) एक पूर्ण पौध के रूप में विकसित की जा सकती है, जिसे पूर्णशक्यता या टोटीपोटेन्सी (totipotency) के नाम से जानते हैं।

"Ability of a plant cell to develop into a complete plant called totipotency."

यह सत्य है कि स्लीडेन एवं श्वान (Schleiden and Schwann, 1838) ने कोशिका को जीवन का आधारभूत संरचना बताया।

सारिणी (8.2) पात्रे/उत्तक संवर्धन तकनीक के क्रमिक विभिन्न चरण

क्र0सं0	योगदान	वर्ष	योगदान कर्त्ता
1	पौध उत्तक संवर्धन का प्रथम प्रयास	1902	हाबरलैण्ड्ट
2	ब्रेसीकेसी कुल के पौधों में भ्रूण संवर्धन	1904	हानिंग
3	पात्रे तकनीक से आर्किड (orchid) के बीज में जमाव (asymbiotic)	1922	कनूडसान
4	जड़ के अग्र भाग का पात्रे तकनीक से संवर्धन	1922	रोबिन्स
5	अन्तः प्रजाति संकरण द्वारा लाइनम (*Linum*) में भ्रूण संवर्धन तकनीक	1925	लेबाक
6	पेड़ एवं छोटे पौधों में कार्क (cork) ऊत्तक हेतु पात्रे तकनीक	1934	गन्थरेट
7	टमाटर के जड़ का संवर्धन	1934	व्हाइट
8	कैलस कल्चर (callus culture)	1939	गौथेरेट नोवेकोर्ट एवं व्हाइट
9.	क्राउन गाल ऊत्तक हेतु	1941	ब्रान
10	तम्बाकू में पात्रे तकनीक द्वारा सहायक प्ररोह का विकास	1944	स्कूग
11.	कैलस ऊत्तक से सिकोआ सेमपरवाइरेंस	1950	बाल
12.	मेरीस्टेम संवर्धन द्वारा डेहलिया का विषाणु मुक्त पौध की प्राप्ति	1952	मोरेल एवं मारटिंन
13	गिन्कगो बिलोवा में हैप्लायड कैलस का विकास	1953	तुलेके
14.	एक कोशिका द्वारा प्रथम पौध का विकास	1954	मुइर एवं सहयोगी
15.	कोशिका विभाजन हेतु काइनेटीन की खोज	1955	मिलर एवं सहयोगी
16.	आक्जिन एवं साइटोकाइनीन के अनुपात में परिवर्तन कर पौध भाग के पुनर्जनन पर नियंत्रण में सफलता	1957	स्कूग एवं मिलर
17.	नीबू (lemon) के अण्डज द्वारा न्यूसेलस का पात्रे तकनीक से पुनर्जनन	1958	माहेश्वरी एवं रंगास्वामी

18.	गाजर के भ्रूण हेतु कैलेस क्लम्पस एवं कोशिका का पुनर्जनन	1959	रेर्नट, स्टीवबार्ड
19.	पेपावर्ग रेहायस का परखनली में गर्भाधान	1960	कान्ता
20.	प्रोटोप्लास्ट का उत्पादन	1960	काकिंग
21.	प्लेटिंग द्वारा कोशिका के प्रंलम्बन/निलम्बन (suspension) का छानना एवं एक कोशिका का विगलन	1960	बरगमान
22.	एम0एस0 माध्यम का विकास	1962	मुराशिगे एवं स्कूग
23.	धतुरा के परागण से हैप्लायड पौध का विकास	1964	गुहा एवं माहेश्वरी
24.	पात्रे तकनीक में जैव रसायनिक उत्परिवर्त्य का चयन	1970	कार्लस्न
25.	प्रोटोप्लास्ट संलयन	1970	पावर एवं सहयोगी
26.	प्रोटोप्लास्ट से पुनर्जनन	1971	तकेबे एवं सहयोगी
27.	प्रोटोप्लास्ट संलयन द्वारा अन्तः प्रजाति संकरण	1972	कार्लस्न एवं सहयोगी
28.	पौध ऊत्तक संवर्धन में जैव रूपान्तरण	1974	रेनहाड
29.	हेलमिन्थोस्पोरियम (*Helminthosporium*) के विरूद्व पात्रे तकनीक द्वारा पौध चयन	1975	गेनगेनबाच एवं ग्रीन
30.	कारनेशन (Carnation) के द्रवित प्ररोह के अग्र भाग में प्ररोह का विकास	1976	सैबर्ट
31.	टमाटर एवं आलू में सोमेटिक संकरण (somatic hybridization)	1978	मेल्चर्स
32.	पात्रे तकनीक से उत्पन पौधों में सोमा क्लोनल विविधता (soma clonal variation)	1981	लारकिन एवं स्कोक्रैपंट

स्रोतः चावला (2002)

पात्रे तकनीक या उत्तक संवर्धन तकनीक के विभिन्न उपयोग (Application of *InVitro* Technique /tissue culture)

वर्तमान समय में भारत सरकार, जैव प्रौद्योगिकी में पादप उत्तक संवर्धन पर विशेष ध्यान देते हुए प्राथमिकता के तौर पर इसे प्रोत्साहन दे रही है। अन्य देशों की भाँति हमारे देश में भी शोध संस्थानों एवं कृषि विश्वविद्यालयों में इस तकनीक पर काफी शोध कार्य हो रहा है।

- इस विधि द्वारा बहुत ही कम समय में अधिक से अधिक पौधे तैयार किये जा सकते हैं।
- इस विधि से मातृ पौध (mother plant) के जैसा ही पौधा बनाया जा सकता है।
- उत्तक संवर्धन द्वारा पौधे की बहुगुणन क्षमता को कई गुना बढ़ाया जा सकता है और पौधे की नई किस्मों को तैयार किया जा सकता है।
- शाखाओं के ऊपरी भाग की सहायता से रोगमुक्त (विषाणु मुक्त) पौधों का उत्पादन किया जा सकता है।
- उत्तक संवर्धन की विभिन्न विधियों के प्रयोग से विषाणु, जीवाणु, फफूँद एवं कीट रोधी किस्मों का विकास किया जा सकता है।

- अजैविक दबावों की प्रतिरोधी किस्मों का विकास किया जा सकता है।
- इस विधि द्वारा ऐसे उन्नतिशील किस्मों का विकास सम्भव है, जिनमें प्रोटीन, विटामिन आदि पोषक तत्व अधिक मात्रा में उपलब्ध हैं।
- भ्रूण संवर्धन विधि द्वारा संकर किस्में तैयार की जा सकती हैं।
- इस विधि द्वारा कायिक संकरों का विकास सम्भव है।
- पौधों में आनुवंशिक विभिन्नता उत्पन्न करके अधिक उपयोगी किस्मों का चुनाव किया जा सकता है।
- ऐसी नई किस्मों का विकास किया जा सकता है, जो परम्परागत किस्मों से तैयार किस्में से पहले तैयार होने के साथ ही अधिक उत्पादन भी दे सकें।
- इस विधि द्वारा त्रिगुणित पौधे (triploid plant) तैयार करके बीज रहित फलों और सब्जियों का उत्पादन किया जा सकता है।
- इस विधि से तैयार कृत्रिम बीजों का उत्पादन बहुत ही लाभप्रद है, जिन्हें बहुत दिन बाद भी उपयोग में लाया जा सकता है।
- इसकी हिमीकरण विधि (cryo presevation) द्वारा जैव सम्पदा का संरक्षण तथा भण्डारण आसानी से किया जा सकता है।

वन पौधों एवं उद्यान में लगने वाले पौधों पर गहन शोध के परिणामस्वरूप अब उत्तक संवर्धन (tissue culture) से तैयार पौधे (जैसे–इलाइची, हल्दी, केला, अदरक, गन्ना, सजावटी पौधे इत्यादि) बाजार में मिलने लगे हैं। उपयोगिता की दृष्टि से यह संवर्धन काफी लाभदायक एवं व्यावहारिक है। वर्तमान समय में इस विधि से उच्च गुणवत्ता वाले रोग रहित पौधों या प्रजातियों का विकास किया जा रहा है। नवीनतम जीन (जैसे कीड़ों की प्रतिरोधिता के लिए बीटी जीन, टमाटर को देर से पकाने वाले जीन आदि) का पौधों में समावेश पर अनुसंधान अग्रिम चरण में है तथा वह दिन दूर नहीं जब जैव प्रौद्योगिकी विशेषतः उत्तक संवर्धन के सहयोग से नई जीन युक्त उच्च गुणवत्ता वाले पौधे बाजार में आ जायेगें।

सारिणी (8.3) पात्रे या उत्तक संवर्धन तकनीक के विभिन्न उपयोग

तकनीक	उपयोग	विवरण
भ्रूण या अण्डाशय संवर्धन (Embryo culture)	• बीज की सुप्तावस्था (dormancy) को समाप्त करना • प्रजनन चक्र को कम करना • भ्रुण संबर्ध का प्रयोग कर दूरस्थ संकरण (दूर तक संबन्धित प्रभेद) को प्राप्त करना।	• संवर्धन करना आसान • अतिशीघ्र उपयोग • अधिक सफल लेकिन अपरिपक्व भ्रूण की अधिकता
मेरीस्टेम कल्चर (Meristem culture)	• पौध प्रसारण • विषाणु मुक्त पौध प्रसारण सामग्री की उपलब्धता	• उपयोग के लिए अतिशीघ्र पौध की उपलब्धता (अगर उत्तक संबर्धन पौध तैयार नहीं है)

		• उष्मा शोधन/मेरीस्टेम कल्चर यह निश्चित नहीं करता की सामग्री विषाणु मुक्त है। • पादप संगरोध (plant quarantine) एवं विषाणु के स्तर की संस्तुति (रोग मुक्त है)
सूक्ष्म प्रवर्धन (Micro propagation or Clonal propagation)	• उत्तम प्रजाति का शीघ्रता से प्रसारण • पूरे वर्ष लगातर प्रसारण सामग्री का उत्पादन • नियंत्रित वातावरण में मुख्य स्टाक (stock) को बरकरार रखना। • जननद्रव्य भंडारण	• अतिशीघ्र उपयोग • प्रजाति विशिष्ट सूक्ष्म प्रसारण के प्रति प्रभावी • शाकीय प्रजाति के प्रति ज्यादा उत्तरदायी • कायिक क्लोनीय विविधता से सम्बन्धित समस्या • प्रत्येक बार शुद्धता जाँचने के लिए लगातार प्रक्षेत्र परीक्षण
दैहिक भ्रूण उत्पादन (somatic embryogenesis)	• वाँक्षित पौध का उच्च दर से बहुगुणन • शुद्ध पौध प्रभेद को बरकरार रखना • अतिहिमीकृत (क्रायो प्रिजरवेशन)	• कोशिका कैलस (cell callus) तथा कोशिका प्रलम्बन/निलम्बन (cell suspension) से करतोतक (explants) का पुनर्जनन • यह सूक्ष्म प्रसार से ज्यादा मुश्किल • शोध के लिए ज्यादा रिकैल्सीट्रेन्ट स्पीसीज की आवश्यकता • सस्पेंशन कल्चर कार्य के लिए सेन्ट्रीफ्यूज, कैलस तथा सूक्ष्मदर्शी की आवश्यकता • कैलस से पुनर्जनन करने से कायिक क्लोनीय विविधता उत्पन्न हो सकती है।
कायिक क्लोनीय विविधता (somaclonal variations)	• आनुवंशिक विविधता उच्चदर से उत्पन्न होती है। • वाँछित वंशागतित्व परिवर्तन ज्यादा बारंबारता में मिलती है। • पात्रे उत्परिवर्त्य	• विविधता की दिशा निर्धारण तथा पहचानना मुश्किल • प्रयोगशाला तथा प्रक्षेप में सघन परीक्षण की आवश्यकता, जिससे वंशागतित्व विविधता को जाना जा सके। • जिस फसल में आनुवंशिक विविधता ज्यादा हो संस्तुति नही की गयी। • कायिक प्रसारित फसलों के लिए जिनमें सिमित जीन आधार हो, उत्तम है।

पात्रे तकनीक (*InVitro* selection)	• रोग प्रतिरोधी तथा रोग सहनशील जैविक (रोगाणु, कीड़े, बीमारी, खरपतवार) तथा अजैविक (ठंडक, लवणीय, एल्युमिनियम, लोहा आदि) जैसे घटकों की पहचान	• ज्यादा संख्या अवाँछित व इपीजेनिटिक उत्परिवर्त्य का उत्पन्न होना। • कोशिकाओं में पुनर्जनन क्षमता किसी परिस्थिति के स्तर में अधिकतम। • पुनर्जनन पद्धति का विकास आवश्यक। • चूँकि कोशिकीय तथा सम्पूर्ण पौध में उत्पन्न परिस्थिति के प्रति बढ़ावा।
परागकोष संवर्धन (anther or pollen culture)	• हैप्लायड्स का उत्पादन • डाई हैप्लायड्स (double haploid) का उत्पादन कर ओज का स्थिरीकरण • अप्रभावी उत्परिवर्त्य का हैप्लायड्स द्वारा अगेती पहचान	• इसमें माइक्रोस्कोप, कैलस तथा कोशिका प्रलम्बन/निलम्बन के माध्यम द्वारा पुनर्जनन • पुनर्जनन बारंबारता में सुधार आवश्यक • हैप्लायड्स दैहिक उत्तकों से उत्पन्न की पहचान • गुणसूत्र को दोगुना करने के लिए (हैप्लायड्स) काल्चिसीन की आवश्यकता
प्रोटोप्लास्ट संवर्धन (Protoplast culture)	• दैहिक कोशिका संकरण के लिए प्रोटोप्लास्ट संलयन • प्रोटोप्लास्ट के आनुवंशिक रूपान्तरण से ट्रान्सजीनी पौध उत्पादन	• डाईहाईब्रिड प्रोटोप्लास्ट की पहचान • उच्च क्षमता के पुनर्जनन पद्धति को बढ़ावा • कोशिकानुवंशिकी का अध्ययन गुणसूत्र के पहचान तथा स्थायित्व के लिए आवश्यक

स्रोत: स्मिथ एवं ड्रीव, 1990

उत्तक संवर्धन की आधारभूत आवश्यकता (Basic requirement of tissue culture)

उत्तक संवर्धन प्रारम्भ करने के लिए निम्नलिखित आधारभूत अवश्यकताएँ होनी चाहिए–

1. प्रयोगशाला (Laboratory)
2. पादप कोशिकाओं एवं उत्तकों, को सूक्ष्म जीवियों से मुक्त रखना यानी निर्जिमित (sterilized) वातावरण
3. पादप कोशिकाओं/उत्तकों में वाँछित विकास/परिवर्धन हेतु उपयुक्त पोषण माध्यम (nutrient medium)

4. नियंत्रित वातावरण की दशाएं (Control environmental condition)
5. अनुकूलन कक्ष (Acclamatization room)

प्रयोगशाला (Laboratory)

उत्तक सवर्धन प्रयोगशाला स्थापित एवं कार्य सम्पादित करने के लिए उचित स्थान का चुनाव, कार्य के प्रकार, पूँजी निवेश की स्थिति आदि को ध्यान में रखना आवश्यक है। एक प्रयोगशाला में निम्नलिखित आधारभूत संरचना की आवश्यकता पड़ती है–

1. पोष पदार्थ व पोष पदार्थ बनाने का कक्ष
2. रोगाणुनाशन (sterilization)
3. वातावरण नियंत्रण एवं प्रकाश कक्ष
4. अनुकूलन कक्ष

सूक्ष्म प्रवर्धन हेतु एक स्वच्छ, साफ–सुथरी प्रयोगशाला चाहिए, जिसमें प्रवर्धन हेतु तरह–तरह के उपकरण व मशीनें लगी होनी चाहिए। प्रयोगशाला में काफी खुला स्थान हो, जिसमें चिमटी (forceps), क्षुरिका (scalpels), सूई (needle), प्लास्टिक वेयर (plastic ware), आटोक्लेव (autoclave), लेमिनार एयर फ्लो (Laminar Air Flow), हुड (hood), प्रेशर कुकर (pressure cooker), तरह तरह के टोंटीदार पात्र (beaker), पीपेट (pipette), डिस्क आदि होने चाहिए। प्रयोगशाला में तापक्रम व प्रकाश के नियंत्रण हेतु तापस्थायी (thermostat) व समयपाल/टाइमर (timer) लगे होने चाहिए तथा कक्ष पूर्णतया वातानुकूलित होना आवश्यक है।

पोष पदार्थ बनाने का कक्ष (Culture room)

पोष पदार्थ बनाने के कक्ष में गैस, हीटर, हाट प्लेट, मिक्सर, हाट एयर ओवन, पी0एच0 मीटर, फ्रीज, डिप फ्रिजर, जल शोधन संयंत्र, आटोक्लेव या प्रेशर कुकर, पोष माध्यम तैयार करने के लिए आवश्यक रसायन, वृद्धि नियामक विटामिन्स, शर्करा इत्यादि तथा रखने की जगह सुनिश्चित होना चाहिए। सूक्ष्म प्रवर्धन में कोशिका एवं उत्तकों के पोषण की आवश्यकता हेतु उचित पोषण माध्यम की आवश्यकता होती है। अतः पोषण माध्यम में दोनों अकार्बनिक व कार्बनिक लवणों को विशेष मात्रा में मिलाया जाता है।

रोगाणुनाशन (Sterilization)

सूक्ष्मजीवों को निष्क्रिय करने को रोणुनाशन या निर्जर्मीकरण (sterilization) कहते हैं। जीवाणु रहित क्षेत्र में लैमिनार एयर फ्लो कैबिनेट, गैस बर्नर, कैंची, ब्लेड (blade), यू0वी0 लैम्प (UV Lamp) तथा जीवाणु रहित करने के लिए अल्कोहल इत्यादि होने चाहिए। प्रयोगशाला में उच्च दर्जे की निर्जर्मीकरण होनी आवश्यक है।

1. कर्तोतक सतह रोगाणुनाशन (Surface sterilization of explants)

पौधे के जिस भाग को संवर्धन के लिए पोष पदार्थ पर रखा जाता है, उसे कर्तोतक (explants) कहते हैं। संवर्धन करते समय कर्तोतक के सतह पर अनेकों प्रकार के कवक के बीजाणु एवं जीवाणु लगे होते हैं। सूक्ष्मजीवियों को समाप्त करने के लिए सतह का उपयुक्त उपचार किया जाता है, जिसे सतह रोगाणुनाशन कहते हैं। इसके लिए निम्न प्रक्रिया अपनायी जाती है।

- उपयोग किये जाने वाले बीज, पत्तीयाँ व कलिका आदि को स्वच्छ पानी से 4–5 बार धुलाई करनी चाहिए। अगर आवश्यकता पड़े तो धुलाई करने वाले साबुन की कुछ बूँदों से सफाई करनी चाहिए।
- कर्तोतक का शोधन 70 प्रतिशत एल्कोहल द्वारा 0.5–2.0 मिनट तक रखकर निर्जर्मीकरण करना चाहिए। इसके बाद एल्कोहल को कई बार पानी डालकर हटा दिया जाता हैं। उपचारित करने के बाद पादप अंगों की अच्छी तरह से आसुत जल (disttled water) से कई बार प्रक्षालित कर लेते है।
- यह भी सम्भव है कि रोगाणुनाशन के लिए कर्तोतक (explants) को सोडियम या कैल्सियम हाइपोक्लोराइट के 1.0–2.0 प्रतिशत जलीय घोल या मर्क्यूरिक क्लोराइड 0.1–1.0 प्रतिशत जलीय घोल से 5–10 मिनट तक उपचारित करते हैं। इसके बाद कर्तोतक को स्वच्छ जल से कई बार प्रक्षालित करते हैं।
- रोगाणुनाशन के बाद कर्तोतक व संवर्धों (30.0–40.0 प्रतिशत सोडियम हाइपोक्लोराइट) का स्थानान्तरण रोगाणुहीन वातावरण में करते हैं। यह कार्य लैमिनार एयर फ्लो (laminar air flow) कार्य पटल के माध्यम से करते हैं। इस अवस्था में पौध संवर्धन माध्यम में रखने के लिए तैयार होते हैं।
- उत्तक संवर्धन में कभी–कभी विशेषतः सख्त लकड़ी वाले उत्तक फिनोलिक्स (phenolics) उत्पन्न करते हैं, जिससे कर्तोतक (explant) भूरे हो जाते हैं। प्रतिकारक जैसे–एल0 एस्कार्बिक एसीड मुक्त एसीड 0.1 ग्राम/लीटर सिट्रीक एसीड, फ्री एसीड, एन0 हाइड्रस 0. 15 ग्राम/लीटर व एल0–सिस्टेइन हाइड्रो क्लोरिक अम्ल 0.05 ग्राम/लीटर भूरापन रोकने के लिए प्रयोग करते हैं। भूरे लवक संवर्धन में घातक होते हैं, अतः ताजे प्रतिकारक से कर्तोतक को शोधित कर लेना चाहिए।

2. उपकरणों एवं पोष पदार्थों का रोगाणुनाशन (Sterilization of equipments & nutrient media)

उपकरणों एवं ऊतक संवर्धन के लिए उपयोग किया जाने वाला प्रवर्धन पोषण माध्यमों पर अनेकों प्रकार के सूक्ष्मजीव तेजी से बहुगुणन (multiplication) करते हैं। पादप उत्तक संवर्धन में हानिकारक सूक्ष्मजीव की उपस्थिति/बहुगुणित होने को संदूषण (contamination) कहते हैं। पादप उत्तक संवर्धन को संदूषण से मुक्त रखना एक अनिवार्य प्रक्रिया है। प्रवर्धन पोषण माध्यम एवं उपकरणों को भी प्रयोग से पूर्व 121.0 डिग्री सेल्सियस तापमान पर 20 मिनट के लिए आटोक्लेव

करना चाहिए। शुष्क जीवाणु रहित क्षेत्र के लिए 160.0–180.0 डिग्री सेल्सियस तापमान पर रोगाणुनाशन करना चाहिए। इस प्रक्रिया में जिस पानी का प्रयोग किया जाता है, उसे भी आटोक्लेव (autoclaving) करना आवश्यक है। कहने का तात्पर्य यह है कि संवर्धन प्रयोगशाला में प्रयोग की जाने वाली प्रत्येक वस्तु का आटोक्लेव करना चाहिए ताकि उनमें कोई जीवाणु न रहें, क्योंकि यदि किन्ही कारणों से जीवाणु बच जायें तो बाद में बड़ी तेजी से वृद्धि करते हैं। यह सत्य है कि एक बार संक्रमण होने पर नियंत्रित करना बहुत कठिन हो जाता है। प्रयोगशाला को प्रत्येक सप्ताह धूमन (fumigation) भी करना चाहिए। रोगाणुहीन वातावरण के लिए स्वच्छ वायु प्रवाह कार्य स्टेशनों का उपयोग किया जा सकता है, क्योंकि इन मशीनों में निस्यन्दक/फिल्टर (filter) द्वारा छानी हुई स्वच्छ व रोगाणुहीन वायु प्रवाहित होती रहती हैं, जिससे इनके भीतर का वातावरण रोगाणुहीन बना रहता है। रोगाणुनाशन हेतु निम्न विधियाँ अपनायी जाती हैं (सिंह, 1983)।

(क) **ज्वाला रोगाणुनाशन (Flame Sterilization)**–साधारणतया रोगाणुनाशन हेतु चिमटियों (forceps) क्षुरिकों/स्कैल्पेलों (scalpels) आदि को 95 प्रतिशत एल्कोहल में भिगो कर जला देते हैं।

(ख) **शुष्क ताप (Dry Heat)**–संवर्धन नलिकाओं (culture tubes), फ्लास्कों (flasks) आदि के मुँह को बर्नर (burner) की सहायता से गर्म करके निर्जर्मित करते हैं।

(ग) **एल्कोहल (Alcohal)**–काम करने वाले व्यक्तियों के हाथों (hands), लैमिनार प्रवाह कैबिनेटों (Laminar Flow Cabinets) के प्लेटफार्मों आदि को 70 प्रतिशत एल्कोहल से पोंछकर निजर्मित करते हैं।

(घ) **ऑटोक्लेवन (Autoclaving)**–पोष पदार्थों, खाली संवर्धन पात्रों आदि को ऑटोक्लेव (autoclave) या प्रेशर कुकर (pressure cooker) में 121 डिग्री सेल्सियस पर 15 पौंड प्रति वर्ग इंच (p.s.i.) के दाब पर 15–20 मिनट तक रखते हैं।

(ङ) **वायु निस्यन्दक** (Air Filters)–लैमिनार प्रवाह कैबिनेटों में प्रवाहित होने वाली वायु एक विशेष प्रकार के निस्यन्दक से छन कर आती है, जिससे यह सूक्ष्मजीव विहीन हो जाती है। इस प्रकार के निस्यन्दकों को हेपा (high efficiency particulate air-HEPA) या उच्च दक्षता कणीय वायु निस्यन्दक कहा जाता है।

(च) **निस्यन्दक रोगाणुनाशन (Filter Sterilization)**–पोष पदार्थों के ताप अस्थिर (thermolabile) घटकों, जैसे ऐब्सिसिक अम्ल, जिब्रेलिक अम्ल (GA_3) आदि, को 0.45 μm छिद्र वाली झिल्लियों से छानकर उन्हें सूक्ष्मजीव विहीन करते हैं।

3. नियंत्रित तापमान एवं प्रकाश (Controlled temperature and light)

इस विधि द्वारा नियंत्रित ताप एवं प्रकाश पर पौधों को परखनली में उगाया जाता है। इसके लिए बड़ी रैक (rack) या ट्राली पर बहुत सारी टयूबलाईट की व्यवस्था होती है, जिन्हें बारी–बारी से प्रकाशित कर प्रकाश या अधंकार का समय नियंत्रित करते हैं। इस कक्ष में एयर कण्डीशनर एवं हीटर की भी व्यवस्था होती है, जिससे तापमान पर नियंत्रण रखा जाता है। भ्रूण एवं मेरिस्टेम

संवर्धों तथा ऊतक संवर्धों से पादपक पुनर्जनन (plantlet regeneration) के लिए प्रकाश आवश्यक होता है। साधारणतया, संवर्धों (cultures) को संवर्धन कक्ष (culture room) में रखते हैं, परन्तु उन्हें विशेष रूप से निर्मित इंकुबेटरों (incubators) में भी रखा जा सकता है।

4. अनुकूलन कक्ष (Acclimatization or Hardening room)

यह एक प्रकार का अनुकूलन कक्ष है। पौधों की अवस्था के हिसाब से पौधों को सीधे भूमि में नहीं लगाया जा सकता है, इसलिए पौधों को यहाँ धीरे–धीरे मिट्टी में ले जाने के लिए अनुकूलित किया जाता है।

पात्रे तकनीक की विभिन्न क्रियायें (Techniques in tissue culture)

पात्रे तकनीक में विभिन्न क्रियाओं को समाहित किया जाता है।

उत्तक संवर्धन तकनीक के चरण (Steps of tissue culture technique)

उत्तक संवर्धन की सभी विधियाँ मुख्यतः एक ही सिद्धाँत पर आधारित है। इन विधियों में मुख्यतः निम्नलिखित चरण होते हैं–

1. संवर्धन माध्यम का चुनाव
2. पादप अंग का चुनाव
3. संवर्धन हेतु पादप अंग को जीवाणु रहित करना
4. उत्तक संवर्धन का प्रारम्भ
5. संवर्धित (कल्चर) को बढ़ाना
6. नई पौध में जड़ का विकास
7. पौधों का अनुकूलन एवं खेत में स्थानांतरण

1. उत्तक संवर्धन माध्यम का चुनाव (Selection of media for tissue culture)

जिस उपयुक्त पदार्थ पर पादप अंगों (plant parts), उत्तकों (tissues) व कोशिकाओं (cells), को सवंर्धित (culture) किया जाता है, उसे उत्तक संवर्धन माध्यम (culture medium) या पोष पदार्थ (nutrient medium) कहा जाता है।

The medium on which the explant is cultured is known as nutrient medium or culture or simply medium.

उत्तक संवर्धन तकनीक का सफल होना बहुत कुछ उत्तक संवर्धन माध्यम के चुनाव पर निर्भर करता है। ऐसा देखा गया है कि केवल एक माध्यम से ही हर तरह के अंग का संवर्धन नहीं किया जा सकता है।

- सामान्यतः संवर्धन के लिए मुराशिगे एवं स्कूग माध्यम (Murashige and Skoog, 1962), व्हाइट माध्यम (White, 1963), गैम्बर्ग माध्यम (गैम्बर्ग एवं सहयोग, 1968) या निश माध्यम

(1969), उपयोग में लाया जाता है। संवर्धन माध्यम में मुख्यतः कार्बनिक एवं कार्बनिक लवण, वृद्धि नियामक, शर्करा इत्यादि को संतुलित मात्रा में मिलाया जाता हैं। एम0 एस0 (Murashige and Skoog, 1962) पोष पदार्थ का संघटन नीचे की सारिणी में दिया गया है–

सारिणी (8.4) उत्तक संवर्धन हेतु एम0 एस0 (मुराशिगे एवं स्कूग) पोष पदार्थ का संघटन

यौगिक (Compounds)	**घोल (मि0ग्रा0 / 100 मिली लीटर)**	**प्रति लीटर मात्रा**
$NH_4 (NO_3)$		1650.0 मिली ग्राम
KNO_3		1900.0 मिली ग्राम
$Mg SO_4 . 7 H_2O$		370.0 मिली ग्राम
$KH_2 PO_4$		170.0 मिली ग्राम
EDTA, फेरिक लवण		40.0 मिली ग्राम
$Ca Cl_2 . 2H_2O$	44.0 ग्राम	1.0 मिली लीटर
सूक्ष्म पोषक तत्व (Micro nutrients)		
$H_3 BO_3$	620.0	
$Mn So_4 . 4H_2O$	2230.0	
$ZnSo_4 . 7H_2O$	860.0	
$Na_2 MoO_4 . 2H_2O$	25.0	1.0 मिली लीटर
$Cu So_4 . 5H_2O$	2.5.0	
$CoCl_2 . H_20$	2.5.0	
KI	83.0	1.0 मिली लीटर
विटामिन्स (Vitamins)		
निकोटिनिक अम्ल	50.0	
थायमिन हाइड्रोक्लोराइड	10.0	
पिरिडाक्सिन हाइड्रोक्लोराइड	50.0	1.0 मिली लीटर
एम0–इनोसिटाल	10,000.0	
ग्लाइसीन	200.0	
वृद्धि नियामक (Growth regulators)		
2, 4–D या अन्य आक्सिन	100.0	1.0 मिली लीटर*
काईनेटिन या अन्य काइनिन	10.0	1.0 मिली लीटर*
सुक्रोस		30.0 ग्राम
पी0एच0		5.5
एगार (कैलस संवर्धन के लिए)		6.0 ग्राम

*आवश्यकतानुसार कम या अधिक

स्रोतः मुराशिगे एवं स्कूग, 1962

उपरोक्त पोष पदार्थ में फसल व प्रजाति की आवश्यकतानुसार परिवर्तन करने पड़ते हैं, जिससे वे किसी विशेष स्थिति के लिए उपयोगी हो सकें।

माध्यम में विभिन्न तरह के यौगिक (compounds) होते हैं, जैसे–

- **अकार्बनिक लवण** (inorganic salts like- N, P, Ca, S and Mg and trace element like Fe, Mn, Cu, Zn, I, Mo and Co)
- **वृद्धि नियामक** (plant growth regulators like- auxin [(2,4-D, NAA, IBA and IAA), cytokinin (kinetin, benzyl adenine, 6-benzyl aminopurine, zeatin and adenine sulphate), picloram and others are 2,4,5-T and pCPA)
- **विटामिन** (vitamins- likethiamin HCL, nicotinic acid, pyridoxin HCl and fortified media with riboflavin, ascorbic acid, pantothenic acid, biotin, folic acid, p-amino benzoic acid)] की मात्रा, शक्ररा (sucrose) या माध्यम का पी0एच0 मान बदलने की जरूरत होती है।
- **कार्बनिक संपूरक** (organic supplements like-glutamine, asparagine, tyrosine, cysteine, adenine and adenine sulphate) एवं कार्बनिक अम्ल (citrate, malate, succinate, fumarate and pyruvate) को उपयोग में लाया जाता है। जटिल कार्बनिक पदार्थ (protein hydrolysate, coconut milk, malt extract, orange and tomato juice) का भी उपयोग किया जाता है।

जेलिंग साधन (Gelling agent)

संवर्धन कार्य तरल या अर्ध ठोस माध्यम पर किया जा सकता है, इसे कैलस संवर्ध (callus culture) कहते हैं। जेलिंग (gelling) के लिए अगार (Agar 0.6-1.0%(W/V) को उपयोग में लाया जाता है, जो पिंड के रूप में रहता है। द्रव पोष पदार्थ (liquid medium) में कोशिकाएँ एक, दो या कुछ कोशिकाओं के छोटे–छोटे समूहों में रहती हैं, इस संवर्ध को निलंबन संवर्ध (suspension culture) कहते हैं। पोष पदार्थों को जीवाणुहीन करने के लिए 15 पौंड प्रति वर्ग इंच (p.s.i.) पर आटोक्लेव (autoclave) करते हैं। अन्य जेलिंग पदार्थ (other gelling-alginate, gelrite and synthetic polymer biogel P200) का भी उपयोग किया जाता है।

आवश्यकतानुसार पोष पदार्थ में नारियल का पानी, केसीन हाइड्रोलाइजेट (casein hydrolysate), इस्ट (yeast) जैसे कार्बनिक पदार्थ भी मिलाये जा सकते है।

2 पादप अंग का चुनाव व संवर्धन (Selection of plant parts and culture)

पौधे से उस अंग का एक टुकड़ा जिसका संवर्धन करना हो, काट कर बाहर कर लेते है। पादप अंग का चुनाव कार्य के प्रकार एवं आखिरी लक्ष्य पर निर्भर करता है। पादप अंगों का विकास दो प्रकार से हो सकता है–

- पादप अंग से सीधे नये अंगों का विकास।
- पादप अंगों से कैलस (callus) बनने के पश्चात् अंगों का विकास।

प्रथम चरण में पादप अंगों को संवर्धन माध्यम में रख कर वृद्धि की जाती है। पादप अंग सीधे खेत से लिए जा सकते हैं या उन्हें जीवाणु रहित अवस्था में प्रयोगशाला में तैयार किया जा सकता है। संवर्धन माध्यम में 4–6 सप्ताह के उपरान्त कोशिकाओं का एक समूह पादप अंग के कटे हुए भाग पर बन जाता है, जिसे कैलस (callus) कहा जाता है। सामान्यतया 30–40 दिन के बाद कैलस की मात्रा लगातार बढ़ती जाती है। इस कैलस में पूर्ण पौधे बनाने की क्षमता होती है। पौध तैयार करने के दूसरे चरण में कल्चर माध्यम में उचित लवण एवं पादप वृद्धि नियामकों (plant growth regulators) की मात्रा को नियंत्रित करते हुए इसी कैलस समूह में नई शाखाओं को विकसित किया जाता है। ऐसा देखा गया है कि भिन्न–भिन्न पौधों के कैलस में यह क्षमता अलग–अलग होती है तथा कुछ पौधों में यह सैकड़ों पौधों तक है। अगले चरण में परखनली में तैयार शाखाओं का विकास 5.0–7.0 सेन्टी मीटर तक हो जाता है। अब इन पौधों की शाखाओं को कैलस समूह से काटकर एक नये कल्चर पोष माध्यम में रखा जाता है। इस माध्यम में जड़ों को विकसित करने वाले वृद्धि नियामक (IBA 1.0 mg/l) का प्रयोग करते हैं। इस प्रक्रिया में लगभग 8–10 सप्ताह लग जाते हैं। कभी कभी यह प्रक्रिया कई बार, फिर से दोहराई जाती है जिससे ज्यादा से ज्यादा पौध तैयार हो सके। प्रयोगशाला में वातावरण की दशाएं जैसे तापमान, प्रकाश व आर्द्रता अनुकूल होनी चाहिए। अनुकूल दशाएं प्ररोह शुरू करने, वृद्धि, मूलन आदि क्रियाओं में सहायता करती है। साधारणतया प्रयोगशाला में 300–400 लक्स (lux) प्रकाश की मात्रा होनी चाहिए। इसी प्रकार प्रयोगशाला में तापमान 25±2 डिग्री सेल्सियस तापमान अनुकूल माना जाता है।

उत्तक संवर्धन में कर्तोतक स्रोत का प्रभाव

1. शरीर क्रिया सम्बन्धी ओन्टोजनेटिक उम्र
2. कर्तोतक के प्राप्ति का मौसम
3. कर्तोतक का आकार
4. स्रोत पौध की गुणवत्ता
5. संवर्धन का उद्देश्य

सारिणी (8.5) संवर्धन हेतु उत्तक की प्राप्ति

उद्देश्य	उत्तक
कलिका संवर्धन (Bud culture)	शीर्षथ व कक्षस्थ कलिका
विभज्योतक/मेरीस्टेम कल्चर (Meristem culture)	शीर्षस्थ विभज्योतक (Apical meristem)
सूक्ष्म प्रवर्धन (Micropropagation)	शिखर तना पास कलिका या भ्रूण
जड़ संवर्धन (Root culture)	पार्श्व जड़ (पूर्ण विकसित पौध या नवोद्भिद)
कैलस कल्चर/सोमैटिक इम्ब्रियोजनेसिस (Callus culture/ somatic embryogenesis)	बीज पत्र, हाइपोकोटाइल, तना, पत्ती, जड़ या नवोद्भिद

पी0एच0 मान (pH)

पोष माध्यम का पी0एच0 मान ही जैव अणु (bio macro molecule) की क्रिया निर्धारित करता है। पात्रे संबर्ध में पी0एच0 मान 5.0–6.0 के मध्य होना चाहिए, लेकिन उत्तम पी0एच0 मान 5.5 होता

है। अगर पी0एच0 मान 7.0 से ज्यादा या 5.0 से कम होता है, तो कोशिका संवर्ध के विकास पर प्रतिकूल प्रभाव छोड़ता है।

सन्चारण या टीका (Inoculation)

टीका या संचारण पद्धति में निर्जमिकृत कर्तोतक का स्थानान्तरण पोष माध्यम पर किया जाता है। यह बहुत अधिक निर्जमिकृत दशा में किया जाता है। प्रक्रिया को पुरा करने के लिए सर्वप्रथम हाथ को साबुन से धोने के बाद अल्कोहल से साफ करना चाहिए। कर्तोतक लेने के पुर्व उपकरणों को अल्कोहल से पोछकर ज्वाला से निर्जमिकृत करना चाहिए। ध्यान रहे कि पोष पदार्थ को शीघ्र एवं सावधानीपूर्वक कर्तोतक को रखना चाहिए। कर्तोतक रखने के बाद उसे शीघ्र बन्द कर देना चाहिए।

सेवन. (Incubation)

संवर्ध पात्र में कर्तोतक रखने के बाद सम्वर्ध कक्ष में सेवन हेतु रखना चाहिए। कैलस विकास व फैलाव के लिए प्रकाश की आवश्यकता नहीं पड़ती। अतः संवर्ध व परखनली को संवर्ध कक्ष में अंधेरे में रखना चाहिए, जहाँ पर तापक्रम 22.0 ± 1.0 डिग्री सेल्सियस हो। सेवन की प्रक्रिया 15–60 दिनों तक चलती रहती है। यह पुर्णतया कर्तोतक की प्रतिक्रिया पर निर्भर करती है (शर्मा एवं सहयोगी, 1999)।

उपसंवर्धन (Sub culture)

एक निश्चित अवधि के बाद संवर्धों का पुराने पोष पदार्थ (medium) से नये पोष पदार्थ पर स्थानान्तरण (transfer) करना आवश्यक है। इसके लिए पुराने संवर्ध के एक अंश को नये पोष पदार्थ पर स्थानान्तरित किया जाता है। इसे उपसंवर्धन (sub culture) कहते हैं। सामान्यतया, कैलस संवर्धों को प्रत्येक 4–6 सप्ताह बाद तथा निलम्बन संवर्धों (suspension culture) को 3–7 दिन बाद उप सवंर्धित किया जाता है। उप संवर्धन द्वारा पादप उत्तक संवर्धों को अनन्त काल तक जीवित रखा जा सकता है।

कर्तोतक पुनर्जनन (Explants regeneration)

ऊतक संवर्धों से पूर्ण पौधों का पुनर्जनन एक आवश्यक प्रक्रिया है, जिसके माध्यम से पौधों को खेत में उगाने के लिए संस्तुति की जाती है। वर्तमान समय में अरवी, बंडा, आलू, मटर आदि के ऊतक संवर्धों से पूर्ण पौधे पुनर्जनित किये जा चुके हैं। संवर्धों की पुनर्जनन क्षमता उनके कर्तोतकों के जीवप्रारूप (genotypes) पर भी निर्भर होती है और इस क्षमता में प्रजनन द्वारा सुधार भी किया जा सकता है।

मंदवृद्धि संवर्ध (Slow growth culture)

जब प्ररोहाग्र (shoot-tip) संवर्धों को ऐसी दशा में रखते हैं, जिससे इन संवर्धों का लम्बी अवधि (6 महीनों या अधिक) के बाद उपसंवर्धन (Sub-culture) करना पड़े, तो इन्हें मंद वृद्धि संवर्ध (slow growth culture) कहते हैं। इन संवर्धों में मंद वृद्धि निम्नलिखित तरीके से कर सकते हैं–

- कम तापमान की आवश्यकता जैसे– शीतोष्ण स्पीसीज (temperate species) के लिए 5.9 डिग्री सेल्सियस तापमान; उष्णकटिबंधीय स्पीसीजों (tropical species) के लिए 10.15 डिग्री सेल्सियस तापमान।
- पोष पदार्थ की उच्च परासरणी सांद्रता (osmotic concentration)
- पोष पदार्थ में पोषकों की अल्प मात्रा, तथा
- पोष पदार्थ में वृद्धि मंदकों (growth retardants) जैसे–ABC का उपयोग आदि।

अंतर्राष्ट्रीय आलू केंद्र (International Potato Centre), लिमा, पेरू में आलू के जननद्रव्यों को कम तापमान पर मंद वृद्धि कल्चर के रूप में भंडारित किया जा रहा है। मंद वृद्धि कल्चरों का पादप आनुवंशिक संसाधन ब्यूरो, नई दिल्ली में अलैंगिक प्रवर्धित फसलों के जननद्रव्यों के संरक्षण के लिए उपयोग किया जा रहा है। यह विधि निम्नताप संरक्षण (cryo preservation) की तुलना में सरल, सस्ती एवं काफी उपयोगी सिद्ध हुई है।

पौधों का अनुकूलन व गमलों/खेतों में स्थानांतरण (Acclimatization of plants and transfer in the pot/ field)

पूर्ण तरह से विकसित एवं तैयार पौधों को बाहर लाने से पहले इन पौधों कठोरीकरण (hardening) किया जाता है, क्योंकि परखनली के पौधों को अगर सीधे बाहर खेत में लगाया जाये तो ये सभी पौधे जीवित नहीं रह सकेगें। इसका कारण यह है कि परखनली में पौधा प्रयोगशाला के अन्दर अधिक आर्द्रता तथा कम तापमान में उग रहा होता है। अतः इस पौधे को मिट्टी में ले जाने के लिए उचित तरीके व माध्यम से सख्त किया जाता है। स्थानान्तरण से पहले पौधों को कुछ विशेष प्रकार के पोष पदार्थों पर भी उगा सकते हैं, जिससे पौधे और पुष्ट व सहनशील हो जाते हैं। इसके लिए पहले पौधों को परखनली से निकाल कर जीवाणु रहित मिट्टी के मिश्रण में लगाकर वृद्धि एवं अनुकूलन कक्ष में करीब एक सप्ताह के लिए रख देते हैं, जिसमें कम तापमान, अधिक आर्द्रता तथा प्रकाश दिया जाता है। एक सप्ताह के बाद इस पौधे को छाये में करीब 10 दिन तक रखते हैं। मिस्ट चैंबर (mist chamber) में पौधों का विकास सुचारू रूप से होता है। सामान्यतः 5–6 दिन बाद पौधों को मिस्ट चैम्बर से हटाकर ग्रीन हाउस (green house) में रखते हैं। पौधों को पहले छोटे–छोटे गमलों या कागज के प्यालों से भरी मिट्टी में स्थानान्तरित करते हैं, फिर इन पौधों को खेत में लगा सकते हैं। इस प्रकार की क्रमबद्ध प्रक्रिया चलाने पर हजारों की संख्या में पौधे तैयार किये जा सकते हैं।

पात्रे तकनीक के प्रकार (Types of *in vitro*/tissue culture technique)

पात्रे तकनीक, उपयोग किये जाने वाले भागों के आधार पर निम्न प्रकार वर्गीकृत किया जा सकता है–

- परागकोश संवर्धन (Anther or pollen culture)
- भ्रूण या अण्डाशय संवर्धन (Embryo or ovule culture)

- प्रोटोप्लास्ट संयोग या संलयन (Protoplast fusion)
- प्ररोहाग संवर्धन या शीर्षस्थ विभज्योतक संवर्धन (Meristem culture)
- दैहिक भ्रूण उत्पादन (Somatic embryogenesis)
- कायिकक्लोनीय विविधता (Somaclonal variations)
- दैहिक संकरण (Somatic hybridization)
- सूक्ष्म प्रवर्धन या कायिक प्रवर्धन (Micro propagation or Clonal propagation)

1. परागकोश एवं परागकण संवर्धन (Anther or pollen culture)

अगुणित (haploid) कैलस (callus) या पौधों की प्राप्ति के लिए उपयुक्त पोष पदार्थ (culture medium) पर परागकोशों (anthers) या परागकणों (pollen grains) का संवर्धन किया जाता है। फसलों में परागकोश संवर्धन के लिए परागकणों की द्विकेन्द्रकी अवस्था (binucleate stage) सर्वाधिक उपयुक्त होती है। कैलस (callus) निर्माण के बाद प्ररोह व जड़ों का विकास होता है। अतः इस विधि के द्वारा अगुणित समयुग्मज (homozygous) डिप्लायड (diploids) व बहुगुणित पौध तैयार किया जाता है। परागकोश संवर्धन तकनीक के माध्यम से हैप्लायडस (haploids) पौध कुछ सब्जी फसलों में उत्पन्न किये जा रहे हैं जैसे–आलू, टमाटर, कद्दू वर्गीय सब्जियाँ आदि। इस तकनीक से अन्तरास्पीशीज (inter species) संकर सोलेनम ब्रेवीडेन्स × सोलेनम ट्यूबरोसम (*Solanum bravidens* × *Solanum tuberosum*) के बीच सफल पाया है।

सारिणी (8.6) सब्जियों में परागकोश संवर्धन द्वारा प्राप्त उपलब्धियाँ

परागकोश/माइक्रोस्पोर /ओब्यूल संवर्धन	तकनीक उपयोग	सन्दर्भ
ब्रेसिका ओलेरेसिया	हैप्लायड उत्पादन	लिल्लो एवं हानसेन, 1987, फीपेन व आकेन्दान, 1990, फार्नहैम, 1998
कैप्सिकम एनम	हैप्लायड उत्पादन	वांग एवं सहयोगी, 1973, हार्न एवं सहयोगी, 1975
सोलेनम इस्क्यूलेन्टम	हैप्लायड उत्पादन	शार्प एवं सहयोगी, 1971, ग्रीसाफ एवं दोई, 1972
सोलेनम मेलान्जेना	हैप्लायड उत्पादन	रैना एवं अय्यर, 1973
कुकुरबीटा पेपो	हैप्लायड उत्पादन	मेटवाली एवं सहयोगी, 1998 ए
	हैप्लायड उत्पादन	मेटवाली एवं सहयोगी, 1998 बी
ब्रेसिका रापा	हैप्लायड उत्पादन	कूगीनूकी एवं सहयोगी, 1997

2. भ्रूण या अण्डाशय संवर्धन (Embryo or Ovule Culture)

परिवर्धित हो रहे बीज में से तरूण भ्रूण (young embryo) को निकालकर पोष पदार्थ (nutrient medium) पर संवर्धित करने को भ्रूण संवर्धन कहते हैं।

"Embryo culture consists of isolation of embryo under aseptic conditions and culturing it on nutrient medium."

भ्रूण संवर्धन तकनीक का उपयोग अन्तराप्रजातीय संकर उत्पादन में किया जाता है। इस विधि के प्रयोग से टमाटर, बैंगन, खरबूजा, मटर आदि के पौध उत्पादन में सफलता प्राप्त की गयी है। इस विधि की सबसे बड़ी उपयोगिता जंगली प्रभेदों से रोगरोधी जीन का खेती योग्य प्रजाति में स्थानान्तरण से है।

3. प्रोटोप्लास्ट संलयन (Protoplast Fusion or Protoplast Culture)

कोशिका भित्ति (cell wall) विहिन, केवल जीव द्रव्य कला (plasma lemma) में लिपटी पादप कोशिकाओं को प्रोटोप्लास्ट (protoplast) कहते हैं। काकिंग (Cocking) नामक वैज्ञानिक ने सन् 1960 में कोशिका भित्ति का पाचन (digest) करने वाले एन्जाइमों के उपयोग से काफी मात्रा में प्रोटोप्लास्ट (protoplast) प्राप्त करने की तकनीक विकसित की है। इस तकनीक के प्रयोग से अब यह सम्भव हो गया है कि सब्जी फसलों के पौधों से प्राप्त प्रोटोप्लास्ट का जंगली प्रभेदों से प्राप्त प्रोटोप्लास्ट का संयोग कर नये दैहिक संकर उत्पन्न किये जा सकते हैं।

सारिणी (8.7) सब्जियों में प्रोटोप्लास्ट संलयन संवर्धन द्वारा प्राप्त उपलब्धियाँ

प्रोटोप्लास्ट संलयन	तकनीक उपयोग	सन्दर्भ
सोलेनम मेलाजेना + सोलेनम इन्टेग्रीफोलियम	स्यूडोमोनास प्रतिरोधी	कामेया एवं सहयोगी, 1990
सोलेनम मेलाजेना + सोलेनम सैप्टवानगेसी	स्यूडोमोनास प्रतिरोधी	असाओ एवं सहयोगी, 1994
ब्रेसिका ओलेरेसिया + ब्रेसिका कम्प्रेस्टिस	रोग प्रतिरोधी	इटोह एवं सहयोगी, 1991
ब्रेसिका ओलेरेसिया + ब्रेसिका नैपस	एट्राजीन प्रतिरोधी	जौरडान एवं सहयोगी, 1989
ब्रेसिका ओलेरेसिया + ब्रेसिका अर्मोरेसिया	एसीमेट्री हाइब्रिडाइजेशन	नवरातिलोवा एवं सहयोगी, 1997
सोलेनम इस्क्यूलेन्टम + सोलेनम पेरूवियेनम + सोलेनम लाइकोपर्सिकोयाडस	उर्वर दैहिक संकर	माट्सूमोटो एवं सहयोगी, 1997
सोलेनम इस्क्यूलेन्टम + सोलेनम पेरूवियेनम	दैहिक संकर के साथ मध्यम पौध संरचना	चेन एवं सहयोगी, 1998

4. प्ररोहाग संवर्धन या विभज्योतक संवर्धन (Meristem culture)

इस विधि से पौधों के मेरिस्टेम (meristem) या प्ररोहाग्र (apical shoot) का संवर्धन कर नये पौधे प्राप्त करते हैं, अतः इसे प्ररोहाग्र संवर्धन (meristem culture) कहते हैं। प्ररोहाग्रों के अलावा कक्षस्थ कलिका (axial buds) का भी संवर्धन किया जाता है। प्ररोहाग्र संवर्ध बिना कैलस (callus) बने पौधों में विकसित होते हैं। इन संवर्धों में प्ररोहाग्र (shoot tip meristem) का पुनर्जनन (regeneration) नही होता है, इनमें केवल पूर्ववर्ती प्ररोहाग्र का परिवर्धन (development) होता है। सामान्यतया, प्ररोहाग्र (meristem) को विलग (isolate) न करके प्ररोहाग्र के 2.0–3.0 मिली मीटर

लम्बे भाग का संवर्धन करते हैं। प्ररोहाग्र (shoot tip) को स्कैल्पेल (scalpel) से 30–35 टुकड़े में काटकर सवंर्धित किया जा सकता है। इन टुकड़ों के संवर्धन से एक प्ररोहाग्र से कई प्ररोह (shoot) प्राप्त किये जा सकते हैं। प्ररोहाग्र संवर्धन के लिए किसी भी ऊतक संवर्धन पोष पदार्थ (culture medium) का उपयोग किया जा सकता है। कई कायिक प्रवर्धित सब्जी फसलों में इस विधि के उपयोग से नई किस्मों का विकास किया गया है। प्ररोहाग्र का उपयोग अदरक, हल्दी, आदि में व्यापक स्तर पर किया गया है। प्ररोहाग्र/मेरिस्टेम (shoot tip/meristem) के माध्यम से प्राप्त पौधे विषाणु मुक्त (virus free) होते हैं। विषाणुओं के कण केवल प्ररोहाग्र के पीछे विभेदित हो रही कोशिकाओं में ही उपस्थिति होते हैं। ऐसी स्थिति में प्ररोहाग्र द्वारा क्लोनीय कायिक (clonal) एवं अन्य सब्जी फसलों (बीज द्वारा संप्रेषित विषाणुओं) के विषाणु मुक्त पौधे प्राप्त किये जा सकते हैं। ऐसे पौधे प्राप्त करने में अनिवार्यता केवल इतनी है कि कर्तोतकों (explants) में प्ररोहाग्र के साथ कम से कम उत्तक उपस्थित हो, जिससे कर्तोतक (explant) विषाणु मुक्त हो। प्ररोहाग्र के साथ कुछ न कुछ विभेदित ऊतक लगे रहते हैं, अतः सभी पौधे विषाणु मुक्त नही होते हैं। कभी–कभी विषाणु के कण प्ररोहाग्र में भी होते हैं। अतः ताप उपचार (लगभग 40.0 डिग्री सेल्सियस) कुछ घन्टों से कुछ दिनों तक देकर विषाणु के कण को समाप्त किया जा सकता है। इस विधि से प्राप्त विषाणु मुक्त पौधों में 20–90 प्रतिशत तक उपज क्षमता पायी जाती है। इस विधि से आलू की विषाणु मुक्त प्रजातियों का विकास किया गया है।

सारिणी (8.8) सब्जियों में मेरीस्टेम संवर्धन विभज्योतक संवर्धन द्वारा प्राप्त उपलब्धियाँ

मेरीस्टेम/विभज्योतक संवर्धन	तकनीक उपयोग	सन्दर्भ
एलियम सटाइवम	ओसियन यलो डवार्फ वाइरस दूर करके	वाल्की एवं सहयोगी, 1987
एलियम एस्केलोनिकम	लीफ यलो डवार्फ वाइरस दूर करके	वाल्की एवं सहयोगी, 1987
पाइसम सटाइवम	मटर की बीज जनित मौजेक वाइरस दूर करके	कार्था एवं गैम्बोर्ग, 1978
सोलेनम मेलान्जेना	इ0एम0सी0वी0 (EMCV)	राज एवं सहयोगी, 1991
सोलेनम इस्क्यूलेन्टम	हिमीकृत संरक्षण (cryo preservation)	ग्राउट एवं सहयोगी, 1978
पाइसम सटाइवम	हिमीकृत संरक्षण (cryo preservation)	कार्था एवं सहयोगी, 1979

संकरण में उत्तक संवर्धन तकनीक (Tissue culture technique in hybridization)

1. भ्रूण मुक्तिकरण या उद्वार तकनीकी (Embryo rescue technology)

उन फसलों में जहाँ पर इण्डोस्पर्म एबोर्शन (endosperm abortion) या गर्भपात की समस्या है, भ्रूण मुक्तिकरण या उद्वार (embryo rescue) तकनीकी की सहायता से दूर किया जा सकता है। भ्रूण मुक्तिकरण पद्धति के माध्यम से खरबूजा (*Cucumis melo*) व सहयोगी प्रभेदों (*Cucumis* spp.) के बीच सफलतापूर्वक संकरण कर गमी स्टेम ब्लाइट (gummy stem blight) जीन को स्थानान्तरित किया गया है। इस विधि से तरबूज में अच्छे गुणों जैसे त्रिगुणित (triploid) संततियाँ 4 एन0 x 2

एन0 बिना बीज या हल्के व कम पके बीज/फल प्राप्त करने में सफलता मिली है। ऐसी स्थिति में भ्रूण को बीज से इण्डोस्पर्म एबोर्शन (endosperm abortion) के पहले अलग कर दिया जाता है और उपयुक्त पोष पदार्थ पर उगाया जाता है। भ्रूण को पात्रे तकनीक से संवर्धन योग्य होने के बाद बीज परिपक्व होने में 10–20 दिन लगते हैं। यदि ऐसे बीजों के भ्रूणों को पात्रे तकनीकों से संवर्धित किया जाये, तो उनसे सीधे पौधे उत्पन्न होते हैं। अतः भ्रूण संवर्धन तकनीक से एक पीढ़ी से दूसरी पीढ़ी उत्पन्न करने की अवधि में 10–12 दिन की बचत की जा सकती है अर्थात् एक वर्ष में 3–4 पीढ़ियाँ उगाई जा सकती हैं व नवीन किस्मों के विकास के लिए लगने वाले आवश्यक समय को घटाया जा सकता है। कुछ सब्जी फसलों जैसे बण्डा, अरवी आदि के बीज प्रकृति में कभी अंकुरित नहीं होते हैं और ये फसलें प्राकृतिक रूप से अलैंगिक जननिक है। भ्रूण संवर्धन द्वारा इनके भ्रूण से पौध प्राप्त किये जा सकते हैं। भ्रूण संवर्धन का यह उपयोग बहुत ही महत्वपूर्ण है, क्योंकि लैंगिक संततियों की प्राप्ति से इन फसलों में संकरण एवं पुनर्योजन द्वारा सरलता से नये जीन प्रारूपों (genotypes) की सृष्टि की जा सकती है।

सारिणी (8.9) सब्जियों में भ्रूण मुक्तिकरण या उद्धार (इम्बियो रेस्क्यू) संवर्धन द्वारा प्राप्त उपलब्धियाँ

इम्बियो रेस्क्यू संवर्धन (Embryo rescue culture)	तकनीक उपयोग	सन्दर्भ
सोलेनम एस्क्यूलेन्टम x सोलेनम पेरूवियेनम	संकर भ्रूण से बचाव	थोमस एवं प्रात, 1981
सोलेनम एस्क्यूलेन्टम x सोलेनम पीम्पीनेल्लीफोलियम		
कैप्सिकम चाइनेन्सिस x कैप्सिकम प्यूबीसेन्स		
कैप्सिकम पेन्डुलम x कैप्सिकम एनम		
कैप्सिकम फ्रुटी सेन्स x कैप्सिकम प्यूबीसेन्स		
कैप्सिकम एनम x कैप्सिकम पेन्डुलम		
फैसियोलस वुल्गेरिस x फैजियोलस अंगुस्टीसीमस	संकर भ्रूण से बचाव	बेलीवानिश एवं डोरे, 1986
फैसियोलस वुल्गेरिस x फैसियोलस अंगुस्टीसीमस		
फैसियोलस वुल्गेरिस x फैसियोलस एक्यूटिगोलूइस		
फैसियोलस वुल्गेरिस x फैसियोलस रिटेन्सिस		
फैसियोलस मुंगो x फैसियोलस कालकैरेटस		
फैसियोलस एनरियूस x फैसियोलस एंगूलैरिस		
फैसियोलस वुल्गेरिस x फैसियोलस लूना		
विग्ना प्यूबीसेन्स x विग्ना अन्गुयीकुलाटा	संकर भ्रूण से बचाव	फातोकुन एवं सिंह, 1987
सोलेनम मेलाजेना x सोलेनम टोरवम	संकर भ्रूण से बचाव	ब्लेटसास एवं सहयोगी, 1998
सोलेनम मेलाजेना x सोलेनम खाशीऐनम		
ऐबलमास्कस एस्क्युलेन्टस x ऐबलमास्कस मास्चैटस		
ऐबलमास्कस एस्क्युलेन्टस x ऐबलमास्कस फिकल्नियस		
ऐबलमास्कस टयूवरकुलेटस x ऐबलमास्कस मास्चैटस		
ऐबलमास्कस मास्चैटस x ऐबलमास्कस फिकल्नियस		
कुकुरबीटा पेपो x कुकुरबीटा इकोडोरेन्सिस		
कुकुरबीटा मिटुलीफेरस x कुकुरबीटा इकोडोरेन्सिस		
कुकुरबीटा मिटुलीफेरस x कुकुरबीटा जेहेरी		

2. दैहिक संकरण (Somatic hybridization)

दैहिक संकरण (somatic hybridization) एवं साइब्रिडाइजेशन (cybridization) के माध्यम से असंयोजी विघ्न कारकों को कुछ उपयोगी प्रतरोधी जीन (रोग, कीट) प्रतिकूल या दबाव सहनशीलता आदि का एलिन प्रजाति से खेती योग्य प्रजातियों में सीधे स्थानान्तरित किया जा सकता है। उदाहरण के लिए सोलेनम पेरूवियनम (*Solanum peruvianum*) एवं सोलेनम पेनेली (*Solanum penelli*) के प्रोटोप्लास्ट के बीच संकरण द्वारा दैहिक संकर प्राप्त किये गये। इसी प्रकार दैहिक संकर सोलेनम ट्यूबेरोसम x सोलेनम चाकोएन्स (*Solanum tuberosum* x *Solanum chacoense*) के मध्य इसी समूह के साधारण संकर से लम्बे व ज्यादा ओजस्वी थे। उर्वर दैहिक संकर जो सोलेनम मेलान्जेना x सोलेनम सिसीम्ब्रीफोलियम (*Solanum melongena* x *Solanum sisymbrifolium*) से प्राप्त किया गया, जो जड़ ग्रन्थि सूत्रकृमि (root knot nematode) एवं कारमाइन स्पाइडर माइट (carmine spider mite) के प्रति अवरोधी है। नरवन्ध्य (male sterile) "ब्रेसिका नैपस" (*Brassica napus*) का विकास एक साइब्रिड (cybrid) के रूप में की गयी है, जिसमें केन्द्रक ब्रेसिका नैपस (*Brassica napus*) का, माइटोकान्ड्रिया रैफेनस सैटाइवस (*Raphanus sativus*) का तथा क्लोरोप्लास्ट ब्रेसिका कैम्पेस्ट्रीस (*Brassica compestris*) का है। इसका उपयोग संकर ओज के लिए किया जा रहा है।

सारिणी (8.10) सब्जियों में दैहिक संकर का विकास

सब्जी फसल	प्रजातियों की संयुक्ततता	स्थानान्तरित गुण
आलू	सोलेनम टयूबेरोसम + सोलेनम चाकोएन्स	पोटैटो वाइरस एक्स
	सोलेनम टयूबेरोसम + सोलेनम ब्रवीडेन्स	पोटैटो लिफ रोल, वाइरस, पिछेती झूलसा, पोटैटो वाइरस वाई, खरपतवार प्रतिरोधिता
	सोलेनम टयूबेरोसम + सोलेनम निग्रम	फाइटोफ्थोरा प्रतिरोधिता
	सोलेनम सिरकालीफोलियम + सोलेनम टयूबेरोसम	पाला रोधिता
	सोलेनम टयूबेरोसम + सोलेनम कामरसोनी	सूत्रकृमि प्रतिरोधिता
	सोलेनम टयूबेरोसम + सोलेनम बल्बोकास्टोनम	स्यूडोमोनास प्रतिरोधिता
बैंगन	सोलेनम मेलोनजेना + सोलेनम सानीतोआगेसे	सूत्रकृमि प्रतिरोधिता
	सोलेनम मेलोनजेना + सोलेनम सीसीम्ब्रीफोलियम	सूत्रकृमि प्रतिरोधिता
टमाटर	सोलेनम एस्क्यूलेन्टम + सोलेनम पेरूविएनम	टी0एम0वी0, स्पाटेड विल्ट वाइरस तथा शीत रोधिता
	सोलेनम लाइकोपरसिकोआयडस् + सोलेनम पेरूविएनम	टमाटर के रोग एवं कीट रोधिता
	सोलेनम लाइकोपरसिकोआयडस् + सोलेनम एसक्यूलेन्टम	साइटोप्लाज्मिक मेल स्टेरिलिटी (साइब्रिड्स)
	सोलेनम एस्क्यूलेन्टम + सोलेनम एकौले	साइटोप्लाज्मिक मेल स्टेरिलिटी (साइब्रिड्स)
पत्ता गोभी	ब्रेसिका ओलेरेसिया कैपिटाटा + ब्रेसिका ओलेरेसिया	शीत रोधिता

फूल गोभी	ब्रेसिका ओलेरेसिया वार0 बोटराइसिस + सिनापिस एल्बा	अल्टरनेरिया तथा स्टेम राड प्रतिरोधिता
	ब्रेसिका ओलेरेसिया वार0 बोटराइसिस + ब्रेसिका कारीनाटा	सूत्रकृमि प्रतिरोधिता
मूली	रफैनस सटाइवस + ब्रासिका नैपस	क्लब राट प्रतिरोघिता
	रफैनस सटाइवस + ब्रेसिका ओलेरेसिया वार0 बोटराइसिस	क्लब राट प्रतिरोघिता
तरबूज	सीट्रूलस लनेटस + कुकुमिस मेलो	नेकरोसिस वाइरस

स्रोतः चावला, 2002

3. कायिक क्लोनीय विविधता (Somaclonal variation)

प्रयोगशाला में कायिक क्लोनीय (clones) विविधता उत्पन्न करने की तकनीक पहले से पता है (ब्लाकेली एवं स्टीवार्ड, 1969, डवे एवं सहयोगी, 1971, चतुर्वेदी एवं मीत्रा, 1975)। यह सबसे सस्ती, कम समय व कम जगह में पौध तैयार करने की तकनीक है। कायिक क्लोनीय विविधता, ओजस्वी पौध, रोग प्रतिरोधी प्रजाति, प्रकाश दिनमान परिवर्तन व आवश्यकता हेतु बैंगन, टमाटर, प्याज, लेट्यूस आदि में किया गया है। प्रतिरोधी/सहनशील प्रजातियों के विकास एवं प्रतिकूल परिस्थितियों हेतु पौध चयन इस विधि द्वारा प्रभावी व शीघ्रता से किया जा सकता है। कायिक प्रवर्धित पौधों के पत्तियों का उत्तक संवर्धन कर प्रयोगशाला में लवण सहनशील प्रजातियों की पहचान की जा सकती है। इस विधि के प्रयोग से टमाटर की अनेकों लवण सहनशील प्रजातियों का विकास किया गया है।

सारिणी (8.11) सब्जियों में कायिक क्लोनीय संवर्धन द्वारा प्राप्त उपलब्धियाँ

कायिक क्लोनीय विविधता	तकनीक उपयोग	सन्दर्भ
सोलेनम एस्क्यूलेन्टम	फ्यूजेरियम आक्सीस्पोरम संवर्धन फिल्ट्रेट सहनशील	स्काला एवं सहयोगी, 1984, शातीह एवं स्पीवे, 1986
	फ्यूजेरियम आक्सीस्पोरम प्रतिरोधी	कासेल्स एवं सहयोगी, 1986
	टोमैटो मौजेक वाइरस सहनशील	टोयोडा एवं सहयोगी, 1989
	बैक्टेरियल विल्ट प्रतिरोधी	टोयोडा एवं सहयोगी, 1989

कायिक क्लोनीय विविधता की उत्पत्ति गुणसूत्र संरचना (chromosome structure) में परिवर्तन, जीन उत्परिवर्तन (gene mutation), द्रव्य जीन उत्परिवर्तन (plasma gene mutation), समसूत्री विनियम (mitotic crossing over) एवं सम्भवतः परिवर्तनशील अवयवों के कारण उत्पन्न होती है। इन उत्परिवर्ती का उपयोग फसल सुधार में किया जाता है।

सारिणी (8.12) सब्जियों में कायिक क्लोनीय विविधता एवं परिवर्तित गुण

सब्जियाँ (स्पीशीज)	परिवर्तित गुण
लहसुन (*Allium sativum*)	पौध उँचाई, पत्तियों की संख्या, पत्तियों की स्थिति, कंद एवं जवा भार
सेलेरी (*Apium graveolens*)	आईसोजाइम विविधता, गुणसूत्र संरचना, फ्यूजेरियम प्रतिरोधिता
लेट्यूस (*Lactuca sativa*)	पौध ऊँचाई, ओज, उर्वरता, पत्ती का रंग तथा क्लोरोफिल वर्णक
गाजर (*Daucus carota*)	सीधा तना, पत्तियाँ कटी–फटी, पत्तियों की मोटाई, पत्तियों का रंग, कैरोटीन की उच्च मात्रा
टमाटर (*Solanum esculentum*)	पौध ऊँचाई, ओज, पकने का समय, पत्तियों का आकार एवं प्रकार, फल का रंग, पुष्प का रंग, रोग प्रतिरोधिता
आलू (*Solanum tuberosum*)	गुणसूत्र संरचना, रोग प्रतिरोधिता, पत्तियों का आकार एवं रंग, तना का रंग, पौध ऊँचाई, ओज, आलू के कन्द का रंग, पोटैटो वायरस वाई के प्रति प्रतिरोधिता, बालनूमा संरचना, पौध वृद्धि की प्रकृति, कंद का आकार एवं उपज
सोयाबीन (*Glycine max*)	पौध ऊँचाई, हवा व पानी के प्रभाव से न झुकना, पकाव, बीज प्रोटीन एवं तेल की मात्रा
फनेल (*Foeniculum vulgare* var. *dulce*)	रंग–बिरंगी पत्तियाँ, परिवर्तित तना की ऊँचाई, फल उपज की कमी, तेल की मात्रा में विविधता

स्रोतः इवान्स एवं शार्प, 1986

4. साईब्रिड्स (Cybrids)

साईब्रिड्सि ऐसे प्रभेद है, जिनमें केन्द्रक किसी एक पित्र का तथा कोशिका द्रव्य दोनों पित्रों का होता है। इस प्रकार के संकरण में, प्रोटोप्लास्ट के एक केन्द्रक को अक्रिय कर संकर प्राप्त किया जाता है। सामान्यतः सामान्य प्रोटोप्लास्ट को यून्यक्लियेटेड प्रोटोप्लास्ट से मिश्रित करते है या सामान्य प्रोटोप्लास्ट को किसी अन्य प्रोटोप्लास्ट से मिलाते हैं जिसमें केन्द्रक विभाजन रूक जाता है और समान परिणाम प्राप्त होते हैं। साईब्रिडाईजेशन (cybridization) एक सरल द्रुतगामी एवं प्रभावी साधन है, जिसके माध्यम से एल्लोप्लाज्मिक लाइन तैयार की जा सकती है। टमाटर में खरपतवार रोधिता तथा साईटोप्लाज्मिक नर वन्ध्यता (cytoplasmic male sterility) का सुगमता से हस्तानान्तरण किया गया है।

सूक्ष्म प्रवर्धन (Micro propagation or Clonal propagation)

सूक्ष्म प्रवर्धन तकनीक का प्रयोग गोभी वर्गीय फसलों में हैप्लायड (haploid) को बरकरार रखने, नर बन्ध्य लाइन (male sterile line) के प्रवर्धन हेतु स्व–असंयोजी लाइन (self-incompatible line) व इन्ब्रेड लाइन (inbred line) को अक्षुण रखने के लिए किया जाता है। इसी तकनीक का

उपयोग मादा स्पिनाच के प्रवर्धन, प्रोटोप्लासट संलयन द्वारा अन्तराप्रजातीय संकरण (intraspecific cross), सिन्थेटिक बीज (synthetic seed) के उत्पादन जैसे–आलू, चुकन्दर, अदरक, अरवी, बैंगन, मिर्च, टमाटर, एस्पेरागस, मटर, बीन्स, गाजर, गोभी वर्गीय सब्जियाँ तथा लेट्यूस में किया गया है। कद्दू वर्गीय सब्जियों व एलियम प्रजाति (*Allium* species) में इस तकनीक का उपयोग नर वन्ध्य लाइनों (male sterile lines) को बरकरार रखने में किया जाता है। पात्रे तकनीक का प्रयोग प्रयोगशाला में उत्पन्न प्याज का नर वन्ध्य लाइन (male sterile line) का उपयोग प्रजनन प्रक्रिया में किया जाता है और इस तकनीक के माध्यम से मिर्च में प्ररोह विकास किया गया है। उत्तक संवर्धन का प्रयोग शिमला मिर्च व मिर्च में नरवन्ध्य लाइन (male sterile line) के विकास व अन्तःप्रजात (इन्ब्रेड) बरकरार रखने में किया गया है। त्रिगुणित (triploid) तरबूज के नवोद्भिद शीर्ष से बहुशीर्ष विकसित होते हैं, जो सूक्ष्म संवर्धन के काम आता है। इस प्रकार प्रयोगशाला में तरबूज के चतुर्गुणित (tetraploid) व द्विगुणित (diploid) पितृ लाइन का प्रवर्धन वृहद् स्तर पर किया जा सकता है।

उत्कृष्ट मातृ पौध का चयन
↓
कर्तोतक के टुकड़े
↓
किनारा/गोटा कर्त्तन
↓
सतह को किटाणु मुक्त करना
↓
स्वच्छ धुलाई
↓
उपयुक्त संवर्धन माध्यम में संवर्ध
↓
मध्यम में बहुगुणन हेतु हस्तानान्तरण
↓
तेज प्ररोह या भ्रूण का विकास
↓
भ्रूण प्ररोह या छोटे–छोटे पौधों का निर्जमीकृत मृदा में हस्तानान्तरण या धीमी गति वाली कृत्रिम माध्यम में रखना (धीरे–धीरे आर्द्रता व पोषक तत्व के स्तर में कमी करना)

तृतीय चरण सामान्य वातावरण में स्थानान्तरण

चित्रणः सूक्ष्म प्रवर्धन के विभिन्न चरण

(2) आनुवंशिक अभियन्त्रिकी (Genetic Engineering)

जैवप्रद्योगिकी के बहुयामी विकास जैसे आनुवंशिक रूपान्तरण तकनीकी का प्रयोग करके कई सब्जियों जैसे–टमाटर, आलू, बैंगन, खीरा, खरबूजा, शिमला मिर्च, बीन्स, लेट्यूस, आदि में वाँछित

गुण स्थापित किये गये है। इससे उत्तम प्रसंस्करण तथा जैविक व अजैविक घटकों के प्रति प्रतिरोधिता वाली प्रजातियों का विकास किया गया है। आनुवंशिक अभियन्त्रिकी शब्द का उपयोग पुनर्योगज डी0एन0ए0 (recombinant DNA) अणुओं के उत्पादन, उनके ई0 कोली (*E. coli*) में प्रवर्धन तथा बाद में उनके किसी अन्य जीव में स्थानान्तरण के लिए किया जाता है।

किसी जीव में लैंगिक क्रिया के अलावा सीधे ही जीन के स्थानान्तरण को आनुवंशिक अभियन्त्रिकी कहते हैं।

पुर्नयोगज डी0एन0ए0 तकनीकी (Recombinant DNA Technology)

विभिन्न स्रोतों से प्राप्त डी0एन0ए0 के वाँछित टुकड़ों को जोड़कर जो डी0एन0ए0 (DNA) अणु बनाया जाता है, उसे पुनर्योगज डी0एन0ए0 (Recombinant DNA) कहते हैं तथा इस डी0एन0ए0 अणु के निर्माण प्रक्रिया को पुनर्योगज डी0एन0ए0 तकनीकी (recombinant DNA technology) कहते हैं। वर्तमान समय में ऐसी तकनीकी उपलब्ध है, जिसके माध्यम से जीन का रूपान्तरण प्रोकैरियोटिक (prokaryotic) से यूकैरियोटिक (eukaryotic), यूकैरियोटिक (eukaryotic) से प्रोकैरियोटिक (prokaryotic), यूकैरियोटिक (eukaryotic) से यूकैरियोटिक (eukaryotic) तथा प्रोकैरियोटिक (prokaryotic) से प्रोकैरियोटिक (prokaryotic) में सुगमता व सफलता पूर्वक किया जा सकता है। किसी जीवधारी स्रोत से डी0एन0ए0 के टुकड़े को लेकर पुनर्योगज डी0एन0ए0 अणु तैयार करने के लिए सबसे पहले उपयुक्त वाहक में प्रवेश किया जाता है, जहाँ पर वृहद स्तर पर बहुगुणन होता है। वाहक एक डी0एन0ए0 अणु है, जो स्वयं में बहुगुणन की क्षमता रखता है।

आनुवंशिक अभियंन्त्रिकी में वाँछित डी0एन0ए0 खण्ड या जीन को अन्य जीवों की कोशिकाओं में ले जाने एवं उसके गुणन या अभिव्यक्ति के लिए उपयोग में लाया जाने वाला डी0एन0ए0 अणु सामान्यतः वलयाकार (circular) एवं सदैव स्वतंत्र प्रतिकृति में संक्षम जैसे–प्लाज्मिड (plasmid), काजिम्ड (cosmid) आदि होते हैं। किसी भी पुनर्योगज डी0एन0ए0 अणु को सबसे पहले ई0 कोली (*E. coli*) में प्रवर्धित करते है, इस क्रिया को जीनक्लोनन या डी0एन0ए0 क्लोनन (gene clonaing or DNA cloning) कहते है।

पुनर्योगज डी0एन0ए0 तकनीक के चरण (Steps of recombinant DNA technology)

इस तकनीक के निम्न चरण है–

1. वाँछित जीन का अलग करना या निश्चित जीन का डी0एन0ए0 सिक्वेन्स बनाना (DNA sequencing)
2. वाँछित जीन का उपयुक्त वाहक द्वारा क्लोनन (gene cloning)
3. क्लोनन जीन का उपयुक्त जीन स्रोत में जुड़ाव (आनुवंशिक रूपान्तरण तकनीक) (genetic transformation)

1. वाँछित जीन का अलग करना या निश्चित जीन का सिक्वेन्स बनाना (Isolation of desired gene or target DNA sequence)

वाँछित जीन या डी0एन0ए0 खण्ड को पहचानने, अलग करने एवं प्राप्त करने हेतु कम्पलीमेन्टरी डी0एन0ए0 लाईब्रेरी (c DNA Library), जीनोमिक लाईब्रेरी (genomic Library), किसी जीन क्षारक (base) क्रम ज्ञात होने पर उस जीन का रासायनिक विश्लेषण या पालीमरेस चेन रिएक्शन (polymerase chain reaction) से ज्ञात जीन, द्वारा प्राप्त किया जा सकता है।

कम्पलीमेन्टरी डी0एन0ए0 लाईब्रेरी (c DNA Library)

किसी भी प्रजाति का कम्पलीमेन्टरी डी0एन0ए0 (cDNA) आकस्मिक रूप से क्लोनल कम्पलीमेन्टरी डी0एन0ए0 खण्ड का उपयुक्त वाहक में एकत्रीकरण तथा उत्तक के अन्दर सक्रिय सभी जीन अथवा कोशिका जिससे एम0 आर0एन0ए0 (mRNA) विगलन (extraction) किया गया हो, सी0 डी0एन0ए0 लाईब्रेरी कहलाता है। इस प्रक्रिया में एम0 आर0एन0ए0 का विगलन, सी0 डी0एन0ए0 का संश्लेषण व द्वितीय डी0एन0ए0 रज्जुकों का संश्लेषण जिससे सी0 डी0एन0ए0 अणु को दोगुना (double) किया जा सके, शामिल हो। इसके बाद इसे उपयुक्त वाहक में क्लोनन किया जाता है।

जिनोमिक लाईब्रेरी (Genomic Library)

सी0 डी0एन0ए0 द्वारा जीनक्लोनन एम0 आर0एन0ए0 की प्रक्रिया है जिनमें इन्ट्रान्स (introns) नहीं होता है। जिनोमिक लाईब्रेरी बनाने के लिए जीन का वास्तविक स्वरूप में क्लोनन आवश्यक है। जिनोमिक लाईब्रेरी के अन्तर्गत प्लाज्मिड क्लोनन (plasmid clone) का एकत्रीकरण प्रमुख है, जिसमें पुनर्योगज डी0एन0ए0 अणु उपस्थित हो व कुल डी0एन0ए0 का प्रवेश किसी जीव सम्पूर्ण जिनोम का प्रतिनिधित्व करें।

"A genomic library is collection of plasmid clones containing recombinant DNA molecules so that sum total of DNA inserts in the collection represents the entire genome of the organism."

किसी जीवधारी से जिनोमिक का विलगन किया जाता है और उपयुक्त आकार के खण्ड में विभेदन रिस्टिकशन इन्डोन्युक्लियेस के आंशिक पाचन द्वारा करते है। जिनोमिक डी0एन0ए0 के आंशिक पाचन से रज्जुकों को उपयुक्त आकार के खण्डों में अगरोज जेल (agarose gel), इलेक्ट्रोफोरेशिस (electrophoresis) के माध्यम (λ phage and cosmid) से किया जाता है। इसके बाद खण्डों का क्लोनन कर उपयुक्त वाहक में प्रवेश कर दिया जाता है।

जीन का रासायनिक संश्लेषण (Chemical synthesis of gene)

रासायनिक संश्लेषण प्रक्रिया में जीन के डी0एन0ए0 क्रम में एमीनो एसीड क्रम का परिवर्तन तथा कमी है। रासायनिक घोलक (chemical reagents) की सहायता से पालीन्यूक्लियोटाइड (polynucleotide) को क्रम में स्थापित किया जाता है। जीन का रासायनिक विश्लेषण तीन विधियों से सम्भव है।

- फास्फोडाईस्टर विधि (Phosphodiester approach)
- फास्फोट्राईस्टर विधि (Phosphotriester approach)
- फास्फाइट ट्राईस्टर विधि (Phosphite triester approach)

ये तीन 3′ व 5′ ओ0एच0 (3' and 5' OH) समूह के साथ ब्लाकिंग (blocking) करते हैं और ये जुड़े अतिरिक्त न्युक्लियोटाइड को चयन कर अनब्लाक्ड (unblocked) करते हैं। जीवाणु इन्जाइम पालीन्युक्लियोटाइड फास्फोरिलेज (polynucleotide phosphorylase) के माध्यम से इन्जाइम संश्लेषित जीन को ले जाते हैं, जो डी आक्सीरिबोन्युक्लियोटाइड को पालीमेराइज करता है, लेकिन $Mg^{2}+$ की उपस्थिति से मंद गति से होता है। इन्जाइम के लिए टेम्पलेट (template) की आवश्यकता नही होती है, लेकिन प्राइमर (primer) की आवश्यकता होती है। ओलिगोन्युक्लियोटाइड के संश्लेषण हेतु डी0 आक्सीरिबोन्युक्लियोटाइड डाईफास्फेट्स की आवश्यकता पड़ती है।

पालीमरेस चेन रिएक्शन द्वारा जीन को विस्तृत करना (Gene amplification through polymerse chain reaction or PCR)

वर्तमान समय में पालीमरेसचेन रिएक्शन (polymerse chain reaction) पद्धति पूर्णतया स्वचालित है। यह एक पात्रे तकनीक (*in vitro*) है, जिससे डी0एन0ए0 खण्ड का विस्तर किया जाता है। पालीमरेस चेन रिएक्शन (Polymerase chain reaction) विधि का विकास सन् 1985 में कारी मुलिस (Kary Mullis) ने किया, जिन्हें सन् 1993 (रसायन) में नोबेल पुरस्कार (Nobel Prize) से सम्मानित किया गया। पालीमरेस चेन रिएक्शन का मुख्य उद्देश्य "जीन सिक्वेस" (gene sequence) की ज्यादा संख्या में प्रतिलिपि तैयार करना है।

पी0सी0आर0 के प्रमुख चरण (Steps of PCR)

किसी भी पी0सी0आर0 में तीन प्रमुख चरण होते हैं, जिसके दोहराने (repeat) का चक्र 30–40 होता है।

1. विकृतिकरण या डीनेचुरेशन (Denaturation)–95±3 डिग्री सेल्सियस पर डीनेचुरेशन (denaturation) करना
2. तपाना या एन्नीलिंग (Annealing)–40.0–50.0 डिग्री सेल्सियस पर एन्नीलिंग (annealing) करना
3. प्रसार (Extension)–70.0±5.0 डिग्री सेल्सियस पर एक्सटेन्शन (extension) करना

पालीमरेस चेन रिएक्शन का उपयोग (Application of Polymerase Chain Reaction)

पालीमरेस चेन रिएक्शन (polymerase chain reaction) का उपयोग विस्तृत शोध एवं विश्लेषण के लिए किया जा सकता है।

1. आनुवंशिक फिन्गर प्रिटिंग
2. पितृ परीक्षण

3. क्लोनिंग जीन्स
4. वंशानुगत की पहचान
5. उत्परिवर्तन
6. आधुनिक डी०एन०ए० विश्लेषण
7. विशिष्ट उत्परिवर्त्य का जीन प्रारूप तैयार करना
8. जीन प्रदर्शन की तुलना

पालीमरेस चेन रिएक्शन के प्रकार (Types of Polymerase Chain Reaction)

• विकल्प विशिष्ट पी०सी०आर० (Allele-Specific PCR or AS-PCR)

इसमें चयनित पी०सी०आर० (Polymerase chain reaction) का विस्तार एक विकल्प के रूप में होता है जिसके द्वारा "सिंगल न्यूक्लियोटाइड पालीमार्फिसम (single nucleotide polymorphism or SNP) की पहचान की जाती है। चयनित विस्तार की प्राप्ति सामान्तया एक प्राइमर की संरचना से होती है, जो एक विकल्प के लिए समान या असमान गुण वाला प्रदर्शन करता है।

• अलू पी०सी०आर० (Alu PCR)

इसमें अलू टुकड़े का पी०सी०आर० के माध्यम से "अलू सिक्वेन्स" के लिए विशिष्ट प्राइमर्स का उपयोग करते हैं।

• एसिम्रेट्रिक पी०सी०आर० (Asymmetric PCR)

इसमें एक प्राइमर की सान्द्रता को कम करके एक "डी०एन०ए० स्ट्रेन्ड" का विस्तार वाँछित पी०सी०आर० से करते हैं। इस प्रक्रिया में नवीनतम परिवर्तन करके लीनियर–आफ्टर–दी एक्सपो नेन्टियल–पी०सी०आर० (Linear-After-The-Exponential-PCR or LATE PCR) की संज्ञा दी गयी है। इसमें कम प्राइमर के प्रयोग के साथ उच्च गलने की प्रवृत्ति होती है।

• एसेम्बली पी०सी०आर० (Assembly PCR)

एसेम्बली पी०सी०आर० पूर्णतया लांग जीन उत्पाद (long gene products) का कृत्रिम संश्लेषण है। पी०सी०आर० का निष्पादन लम्बे अलिगोन्यूक्टियोटाइड के ऊपर, छोटे टुकड़े के एक दूसरे से जुड़े होने पर होता है। इसमें "सेन्स" व एन्टीसेन्स दिशा (sense and antisense direction) के मध्य ओलिगोन्यूक्लियोटाइड (oligonucleotide) क्रमागत होता है और एक दूसरे से जुड़े टुकड़े के पी०सी०आर० निर्देशित घटक का कार्य करते हैं और अन्तिम उत्पाद की प्राप्ति होती है।

• बाक्स पी०सी०आर० (BOX PCR)

बाक्स तत्व बैक्टेरियल जीनोम में दोहराने वाले "सिक्वेन्स इलीमेन्टस" (sequence elements) हैं। उदाहरण के लिए स्ट्रेप्टोकोकस जीनोम। एकल पी०सी०आर० प्राइमर रीपीट को अपना निशाना बनाता है। इसका उपयोग "फिन्गर प्रिन्ट बैक्टेरियल जिनोम" में होता है।

• कम्पेटीटिव पी0सी0आर0 (Competitive PCR)

डी0एन0ए0 प्रयोगित मात्रा मापन का रियल टाइम पी0सी0आर0 है, जिसमें एक प्रतिस्पर्धी आन्तरिक व्यवस्था, डी0एन0ए0 निशाने के प्रति उत्तरदायी होता है। निशाने का मात्रात्मक निर्धारण मेल्टिग कर्वस् (melting curves) व प्रतिस्पर्धी पी0सी0आर0 (competitive PCR) से होता है।

• बैलेन्सड पी0सी0आर0 (Balanced PCR)

दो जिनोम से प्राप्त विकल्पी टुकड़ों का अनुपातिक विस्तार का अध्ययन इस पद्धति से किया जाता है। इसमें अद्रभूत 'टैग्स का प्रयोग प्रत्येक जीनोम के लिए किया जाता है, जिससे जिनोम हेतु सिक्वेन्स का पता चल सके।

• कान्सेन्सस पी0सी0आर0 (Consensus PCR)

अनेको स्पीसीज के "रीपीट रीजन" का विस्तार करने हेतु पी0सी0आर0 के साथ फलैन्किग प्राइमर (flanking primer) का प्रयोग किया जाता है। डीजेनरेट (कन्सेन्सस) का प्रयोग फ्लैन्किग स्रिक्वैन्स (flanking sequnces) हेतु किया जा सकता है।

• कालोनी पी0सी0आर0 (Colony PCR)

बैक्टेरियल क्लोन "ई0 कोली" (*E.coli*) की छटनी सही बन्धन उत्पाद हेतु किया जा सकता है। इसमें चयनित कालोनी को अग्रोस प्लेट से निजर्मित "टूथ पीक" द्वारा उठा लिया जाता है और "मास्टर मिक्स" में पोतन कर दिया जाता है या निजर्मित जल में मिला दिया जाता है।

• डिस्प्ले पी0सी0आर0 (Display PCR or DD-PCR)

सम्बन्धित कोशिकाओं के बीच जीन प्रतिस्पादन का तुलनात्मक स्वरूप स्पष्ट करने वाली पद्धति है। इसमें "आर्बीट्रेरी प्राइमर्स" (arbitrary primers) का उपयोग पाली–ए–एम0आर0एन0ए0 (Poly A mRNA) के 3'–इन्ड (3'ends) को विस्तारित करने के लिए किया जाता है।

• डिजेनरेट ओलिगोन्यूक्लियोटाइड प्राइम्ड पी0सी0आर0 (Degenerate oligonucleotide-primed PCR or DOR PCR)

सीमित प्रतिदर्श का पी0सी0आर0 विस्तारीकरण 'डिजेनरेट प्राइमर्स" (degenerate primers) के द्वारा किया जाता है।

• डिजिटल पी0सी0आर0 (Digital PCR or Dig-PCR)

किसी प्रतिदर्श में उत्परिवर्तन की कम स्तर का जाँच इस पद्धति से किया जा सकता है प्रतिदर्श को 96 वेल्स तक जल मिलाकर घने द्रव को पतला बनाया जाता है, जिससे कम डी0एन0ए0 प्रतिलिपि संख्या बन सके। इसके बाद पी0सी0आर0 सम्पन्न करते हैं और उत्परिवर्त्य तथा जंगली प्रकार की उपस्थिति का विश्लेषण करते हैं।

• इन्टेरेबैक्टेरियल रीपीटीटीव इण्टरजेनिक कन्सेन्सस पी0सी0आर0 (Enterobacterial Repetitive Intergenic Consensus PCR or ERIC-PCR)

बैक्टेरियल जीनोम में घटक 'रीपीटीटीव सिक्वेन्स' के होते हैं। उदाहरण के लिए इन्टेरो बैक्टेरिया जीनोम। पी0सी0आर0 प्राइमर रीपीटस को निशाना बनाता है जिसका उपयोग बैक्टेरिया स्पीशीज के फिन्गरप्रिन्ट तैयार करने में होता है। इस पद्धति में "इ0आर0आई0सी0 सिक्वेन्स" (ERIC-PCR) के समानता पर परिणाम प्रदर्शन नही करता, बल्कि आंशिक होमोलोगी एन्नीलिंग" (partial homology annealing) अपने आकार से छोटे को प्रदर्शित करता है।

• फोरेन्सिक पी0सी0आर0 (Forensic PCR)

विभिन्न स्रोतों के डी0एन0ए0 प्रतिदर्श का वी0एन0टी0आर0 विस्तार कर तुलनात्मक विश्लेषण करते है।

• हेयरपीन पी0सी0आर0 (Hairpin PCR)

यह एक त्रुटिमुक्त डी0एन0ए0 विस्तार की पद्धति है, जिसके द्वारा उत्परिवर्तन का निर्धारण किया जाता है। यह सर्वप्रथम डी0एन0ए0 सिक्वेन्स को हेयरपीन जैसी संरचना में परिवर्तित करता है। विस्तार करते समय सत्य उत्परिवर्तन में हेयरपीन जैसी संरचना एक समान बनी रहती है जबकि पी0सी0आर0 त्रुटि हेयर पीन संरचना को छिन्न–भिन्न कर देता है।

• इनवर्स पी0सी0आर0 (Inverse PCR)

इनवर्स पी0सी0आर0 के अन्तर्गत एक ज्ञात सिक्वेन्स का "क्लोन सिक्वेन्स फ्लैन्किग" (clone sequence flanking) की जाती है। फ्लैन्किंग सिक्वेन्स का (flanking sequence) पाचन व बन्धन एक चक्रीय डी0एन0ए0 का निर्माण करता है। पी0सी0आर0 प्राइमर्स, ज्ञात सिक्वेन्स से बाहर (pointing away) करता है, जिसका उपयोग फ्लैन्किंग सिक्वेन्स के विस्तार के लिए किया जाता है।

• लिगेस चेन रिएक्शन (Ligase Chain Reaction or LCR)

इस पद्धति के माध्यम से एकल आधार उत्परिवर्तन की पहचान की जा सकती है। दो टुकड़ों से एक प्राइमर का संश्लेषण होता है और दोनों प्राइमर की चहारदिवारी पर सम्भव उत्परिवर्तन "एनील्ड टू दी टेम्पलेट" (annealed to the template) की जाती है। दो टुकड़ों का बन्धन लिगेस से होता है, अगर दोनों की समानता टेम्पलेट सिक्वेन्स के बराबर है। इसके बाद पी0सी0आर0 प्रक्रिया केवल वाँछित प्राइमर को विस्तारित करेगा।

• लाँग पी0सी0आर0 (Long PCR)

इस पद्धति के माध्यम से लम्बे डी0एन0ए0 को निशाना बनाकर विस्तारीकरण कर दिया जाता है।

• मिथाइलेशन स्पेसीफिक पी0सी0आर0 (Methylation Specific PCR or MSP PCR)

इस विधि से जिनोमिक डी0एन0ए0 में सी0पी0जी0 मिथाइलेशन के निर्धारण में किया जाता है। सोडियम बाइसल्फेट, अमिथाइलेटेड साइटोसिन को पूरासील में परिवर्तित कर देता है। सोडियम बाइसल्फेट से शोधित व अशोधित डी0एन0ए0 के तुलनात्मक विश्लेषण से मिथाइलेटेड साइटोसिन का पता चलता है।

• इन सिटू पी0सी0आर0 (*In situ* PCR)

पी0सी0आर0 एक निर्धारित कोशिका, डी0एन0ए0 और आर0एन0ए0 को उनके उपकोशिकीय स्थिति में अचल बना देता है।

• मिनीसैटेलाइट वेरियन्ट रीपीट मैपिंग बाई पी0सी0आर0 (Minisatellite variant repeat mapping by PCR or MVR-PCR)

मिनीसैटेलाइट 10–100 बी0पी0 लम्बे टेन्डम रीपीट्स होते हैं। प्राइमर का प्रयोग कर पी0सी0आर0 के माध्यम से पालीमाफिर्ज्म का निर्धारण किया जा सकता है और रीपीट के बाहर एनील की जा सकती है अथवा प्राइमर्स विशिष्ट वेरियन्ट रीपीट के साथ जुड़ जाता है।

• मल्टीप्लेक्स पी0सी0आर0 (Multiplex PCR)

इस तकनीक में अद्भूत प्राइमर्स को एकल पी0सी0आर0 प्रक्रिया द्वारा निदेर्शित किया जाता है, जिससे विभिन्न आकार के विभिन्न डी0एन0ए0 सिक्वेन्स (DNA sequence) के प्रति एम्पलीकान्स (amplicons) उत्पन्न होते हैं। एक बार में निर्धारित बहु–जीन की सूचना एक परीक्षण में प्राप्त की जा सकती हैं अन्यथा इसे प्राप्त करने के लिए ज्यादा समय तथा रासायनिक पदार्थ की आवश्यकता होती है।

• नेस्टेड पी0सी0आर0 (Nested PCR)

दो वाह्य प्राइमर्स के पी0सी0आर0 उत्पाद का विस्तार दो आन्तरिक प्राइमर्स के प्रयोग द्वारा किया जाता है। इससे विस्तारीकरण ज्यादा व विशिष्ट रूप में की जा सकती है।

• पी0सी0आर0 सिंगल स्ट्रेन्ड कनफर्मेशनल पालीमार्फिज्म (PCR-Single Strand Conformational Polymorphism or PCR-SSCP)

पी0सी0आर0 के बाद एस0एस0सी0पी0 की जाती है और इससे प्वाइन्ट उत्परिवर्तन का पता चलता है।

• पी0सी0आर0 आर0एफ0एल0पी0 (PCR-Restriction Fragment Length Polymorphism)

इस पद्धति में पी0सी0आर0 के बाद "रिस्ट्रीक्शन पाचन" कर आर0एफ0एल0पी0 का निर्धारण किया जाता है उत्परिवर्तन रिस्ट्रीक्शन प्वाइन्ट (restriction point) का निर्माण कर सकता है या दूर कर सकता है, जो रिस्ट्रीक्शन पाचन डी0एन0ए0 के टुकड़ों की संख्या या लम्बाई को परिवर्तित करता है।

• पी0सी0आर0 ई0एल0आई0एस0ए0 (PC-ELISA)

पी0सी0आर0 उत्पाद को विस्तारीकरण के समय चिन्हित किया जाता है उदाहरण के लिए डिगोक्सीजेनिन । इसके लिए एक पकड़ी गयी प्रोब (probe) जो पी0सी0आर0 एम्पलीकान के प्रति विशिष्ट हो, का प्रयोग वेल–प्लेट के एम्पलीकान को अचल करने के लिए किया जाता है। ई0एल0आई0एस0ए0 (ELISA) चिन्हक के विपरित (उदाहरण के लिए "एन्टी–डिगोक्सीजेनिन") का प्रयोग पी0सी0आर0 उत्पाद की मात्रा का पता करने हेतु किया जाता है।

• रेस पी0सी0आर0 (Rapid Amplification of cDNA-PCR)

इसमें सी0 डी0एन0ए0 का बहुत जल्द विस्तारीकरण होता है।

• आर0टी0 पी0सी0आर0 (Real Time-PCR)

रियल टाइम पी0सी0आर0 को आर0टी0 पी0सी0आर0 तथा आर0क्यू0 पी0सी0आर0 भी कहा जाता है। इसे क्यू0आर0टी0 पी0सी0आर0 (QRT-PCR) या आइ0टी0क्यू0 (ITQ-PCR) कहना अच्छा होगा। आर0टी0पी0सी0आर0 को रिवर्स ट्रानसक्पिशन पी0सी0आर0 कहा जाता है, जो ज्यादा भ्रामक है। इसे कभी–कभी क्यू0पी0आर0 से जोड़ा जाता है। इस विधि में फ्लूरोसेन्ट डाइस का प्रयोग करते हैं और निश्चित समय में विस्तारित उत्पाद की मात्रा का ज्ञान प्राप्त किया जा सकता है।

• रीपीटीटीव एक्स्ट्राजेनिक पालीइन्ड्रोमिक–पी0सी0आर0 (Repetitive extragenic palindromic-PCR or Rep-PCR)

इन्टरस्पर्शड पालीइन्ड्रोमिक रीपीटीटीव सिक्वेन्स के लिए पी0सी0आर0 प्राइमर का आकार परिपूरक सम्पूर्णता रखते हैं। इसमें पी0सी0आर0 विभिन्न आकार वाले डी0एन0ए0 टुकड़ों को विस्तारित करता है, जिसमें अद्‌भूत डी0एन0ए0 सिक्वेन्स इन पालीइन्ड्रोमिक रीपीट के मध्य पड़ा होता है।

• स्पलाइसिंग बाई ओवरलैपिंग एक्टेन्शन पी0सी0आर0 (Splicing by Overlapping Extension-PCR or SOE-PCR)

बिना रिस्ट्रीक्वेशन पाचन के डी0एन0ए0 टुकड़ों का पी0सी0आर0 द्वारा एक साथ उपयोग किया जाता है। प्रत्येक टुकड़े के लिए 3' प्राइमर का आकार बनाया जाता है, जो दूसरे टूकड़े के 3' सिक्वेन्स को लपेट सके।

• टच डाउन पी0सी0आर0 (Touch down PCR)

टच डाउन पी0सी0आर0 एक सामान्य पी0सी0आर0 का प्रकार है, जो अविशिष्ट प्राइमर को कम करता है, जिसमें धीरे–धीरे एनीलींग तापमान (annealing temperature) को चक्र के मध्य कम कर देता है। उच्च तापमान पर ज्यादा विशिष्टता प्राइमर बन्धन के लिए प्राप्त होती है। परिणामतः प्राइमर्स विशिष्टता के साथ एनील करते हैं।

• पालीमरेस चेन रिएक्शन में नवीनतम तकनीक (Recent development in PCR technique)

वर्तमान समय में ऐसी तकनीक उपलब्ध है, जहाँ पर तापमान चक्र की आवश्यकता नही होती है, लेकिन विस्तर हेतु एन्जाइम '' हेलिकेस'' पर निर्भर रहना पड़ता है।

• थर्मल एसेमेट्रिक इन्टरलैस्ड पी0सी0आर0 (Thermal Asymetric Interlaced PCR or Tail-PCR)

थर्मल एसेमेट्रिक इन्टरलैस्ड पी0सी0आर0 का विकास लीयू एवं सहयोगी ने सन् 1995 में किया था।

• मेटा पी0सी0आर0 (Meta PCR)

मेटा पी0सी0आर0 का विकास एन्ड्रीयू बालैन्स (Andrew wallace) ने किया था जिससे विस्तार को सबसे उच्च स्तर तक व जटिल जीन की सीधे विश्लेषण की जा सकती है।

डी0एन0ए0 क्रम संश्लेशण हेतु पदार्थों की आवश्यकता

वाँछित डी0एन0ए0 क्रम संश्लेषण हेतु निम्न पदार्थों की आवश्यकता होती है–

(अ) वाँछित डी0एन0ए0 अणु

(ब) दो न्यूक्लियोटाइड प्राइमर जो (20 base pair) वाँछित डी0एन0ए0 खण्ड के दो रज्जुकों 3' के क्रम में कम्पलीमेन्टरी हो।

(स) चार डी आक्सीराइबोन्यूक्लियोसाइड ट्राइफास्फेट

(द) टी0ए0क्यु0 (Taq-Thermus acquaticus) डी0एन0ए0 पालीमरेस पुर्नचक्रण द्वारा विस्तारण तीन चरणों में किया जाता है–

1. सामान्यतः 94.0 डिग्री सेल्सियस तापमान पर गर्म कर टेम्पलेट डी0एन0ए0 (template DNA duplex) डूपलेक्स को अप्राकृतिक (denaturation) करना।
2. विलगित डी0एन0ए0 के वाँछित क्रम में रज्जूको को 55.0–65.0 डिग्री सेल्सियस तापमान पर ओलिगोन्यूकलियोटाइड प्राइमर को गर्म व ठण्डा कर सख्त करना यानी एनिलिंग।
3. पालिमरेस को 74.0 डिग्री सेल्सियस तापमान पर रखकर प्रत्येक प्राइमर के 3' ओ0एच0 के अन्त से डी0एन0ए0 संश्लेषण।

2 वाँछित जीन का उपयुक्त वाहक द्वारा क्लोनन (Gene cloning through a suitable vector)

जीन क्लोनन प्रक्रिया में वाँछित जीन का जुड़ाव एक उपयुक्त वाहक के माध्यम से आवश्यक है। वाहक, जो जीन को ले जा रहा है, को आतिथ्य (host) में प्रवेश कराया जाता है जिससे यह आतिथ्य कोशिका में बहुगुणन कर सके और इससे वाँछित जीन की हजारो प्रतियाँ बन जाये।

"A vector is a DNA molecule that has the capacity to accommodate a DNA fragment (desired gene) and is capable to replicate with it when put in the cell of appropriate host."

वाहक का चयन स्थानान्तरित किये जा रहे डी0एन0ए0, डी0एन0ए0 खण्ड के अमाप तथा जिस पौध में जीन को स्स्थानान्तरित किया जाना है, उसकी प्रजाति पर निर्भर करता है। एक उपयुक्त वाहक में निम्नलिखित गुण धर्म होना चाहिए–

- इसमें स्वबहुगुणन की क्षमता हो, जिससे एक कोशिका में जीन की अनेकों प्रतियाँ बन सके।
- इसमें अनेकों चिन्हक जीन हो जो पहचान में मदद कर सके और यह रूपान्तरित व अरूपान्तरित कोशिका में स्पष्ट अन्तर कर सके।
- यह विलगन व शुद्धिकरण में आसान हो।
- आतिथ्य के साथ उच्च रूपान्तरण क्षमता रखता हो।
- जीन हस्तानान्तरण के समय एक वाहक स्वयं अपने जुड़े या जिनोम में प्रवेशित डी0एन0ए0 का आतिथ्य कोशिका के साथ हो।
- वाहक में उपयुक्त नियंत्रक तत्व जैसे–प्रमोटर (promoter), आपरेटर (operator), टरमिनेर्टस (terminaters) एवं राइबोसोम बाँधने वाले स्थान के गुण हों, जो क्लोनन डी0एन0ए0 के प्रदर्शन के लिए हो।
- वाहक में अद्‌भूत अलगाने या काटने योग्य (cleavage) स्थान हो, जिससे निरोधक/बन्धेज या सीमन इन्जाइम (restriction enzyme) यथा सम्भव डी0एन0ए0 टुकड़े का जुड़ाव कर सके।

चूँकि वाहक प्राकृतिक आतिथ्य प्रजाति का सह विकास है और उन्हीं में कार्य करता है। अतः आतिथ्य प्रजाति, वाहक से सम्बन्धित हो, जिसका जीन क्लोनन हो रहा हो।

महत्वपूर्ण व उपयुक्त वाहक (Important and suitable vector)

कोशिका के अन्दर प्रवेश कराने हेतु निम्न वाहक का प्रयोग किया जाता है–

ई0 कोली स्ट्रेन के–12 (*E. coli* strain K-12)

प्लाज्मिड (Plasmids-PBR 322-pACY184, puc vectors Yiest plasmid vectors)-प्लाज्मिड आकार में अपेक्षाकृत छोटे डी0एन0ए0 खण्डों के लिए उपयुक्त होते हैं जबकि बड़े डी0एन0ए0 खण्डों के लिए कृत्रिम गुणसूत्र उपयुक्त होते हैं। पौधों में मुख्य रूप से टाई व राई प्लाज्मिडों का उपयोग किया जाता है। बैक्टेरिया में पाया वाला प्लाज्मिड डी0एन0ए0 अणु बेलनाकार होते हैं।

- काजिम्ड (Cosmids, Ti plasmids)
- जीवाणु भोजी वाहक (bacteria phage vectors phagemids yiest artificial chromosome (YCA), bacteria artificial chromosome (BAC), P_1 phage vectors and P_1 Derived artificial chromosome (PAC)

पौध आनुवंशिक रूपान्तरण तकनीकी (Plant genetic transformation technique)

आनुवंशिक रूपान्तरण तकनीकी के अन्तर्गत वाह्य जीन का जिनोम में हस्तानान्तरण, केन्द्रकीय या कोशिकाद्रव्यी पदार्थ के साथ जुड़ाव और जीव के अन्दर स्थिर वाह्य दृश्य रूप प्रदर्शन को सम्मिलित किया जाता है। वर्तमान समय में रूपानान्तरण एवं तकनीक बहुत समुन्नत है एवं स्थिर प्रदर्शन कई सब्जियों में प्राप्त किया गया है (सिंह एवं सहयोगी, 2001, रंजेकर एवं सहयोगी, 2003)। पौधों में विविध प्रकार के बाह्य जीन का पुरूःस्थापन (introduction) व अभिव्यक्ति (expression) की क्षमता सर्वप्रथम तम्बाकू में वर्ष 1984 में किया गया था (डे ब्लाक एवं सहयोगी, 1984) जो बाद में अग्रसर होकर 35 कुलों के 120 स्पीशीज तक पहुँच गया है (बिर्च, 1997)। जीन प्रतिलोपन (gene cloning) के द्वारा इस दिशा में काफी प्रगति हुई है। चाहे वह नवीन प्रत्यारोपण तकनीक हो या पुनर्जनन मसविदा बनाने (regeneration protocol) का हो, दोनों में प्रत्येक स्पीशीज (species) के लिए प्रश्नात्मक है। रूपान्तरित कोशिका या कोशिकाओं से पराजीन पौध का उत्पादन करना एक सीमान्तक घटक (limiting factor) है। अधिकांश घटनाओं में ऊतक संवर्ध प्रक्रिया की आवश्यकता पूर्ण पौध पुनर्जनन के लिए होती है तथा प्रत्येक प्रश्नात्मक स्पीशीज के लिए प्रामाणिकता की जरूरत होती है और कुछ प्रत्येक प्रश्नात्मक स्पीशीज के लिए जीन प्रारूप पर आधारित होना पड़ता है। सबसे ज्यादा समस्या कायिक क्लोनीय विविधता (somaclonal variation) ऊतक संवर्ध प्रक्रिया की जोखिम से भी है, अतः इसका भी ध्यान रखा जाना आवश्यक है। कायिक क्लोनीय विविधता कभी फसल सुधार हेतु आनुवंशिक विविधता का महत्वपूर्ण स्रोत होता था लेकिन अब जीन रूपान्तरण प्रक्रिया के लिये विरोधाभास है। पूर्ण पौध रूपान्तरण के पुनर्जनन प्रक्रिया को इतर (bypass) किया जा सकता है, जबकि प्रारम्भिक रूपान्तरित पौधे काइमेरिक (chimeric) होंगे। अतः पराजीन पौध की पहचान के लिए बड़ी संख्या में संततियों की छँटनी, अगली पीढ़ी में करने की आवश्यकता होगी।

जीन कन्सट्रक्ट्स (Gene constructs)

जीन कन्सट्रक्ट्स (gene constructs) के अन्तर्गत अनेकों डी0एन0ए0 क्रम (DNA sequence) को एकत्रित करना है, जिसकी सहायता से पराजीनी जीव में पहचान व प्रदर्शन किया जा सके। एक आर्दशभूत/जीन कन्सट्रक्ट्स में निम्नलिखित घटक होते हैं, जिसमें 5′ सिरा (5′end) से प्रारम्भ किया जाता है। जैसे–

(i) उत्प्रेरक क्षेत्र (Promoter region)

(ii) अग्रसारक/शून्यक क्षेत्र (Enhancer/silencer region)

(iii) कैप साइट या प्रतिलिपि प्रारम्भ (Cap site or transcriptional start)

(iv) अग्रक क्रम प्रतिलेख लेकिन अनुवादित नही (Leader sequence transcribed but not translated)

(v) कोडान ए0टी0जी0 का प्रारम्भ (Codon ATG start)

(vi) इक्जोन्सः सक्रिय जीन क्रम (Exons: Functional gene sequence)

(vii) इन्ट्रोन्सः जीन में अक्रिय डी0एन0ए0 क्रम (Introns: Non-functional DNA sequence in the gene)

(viii) टर्मिनेशन कोडानः टी0ए0जी0, टी0ए0ए0 अथवा टी0जी0ए0 (Termination codon(s)Tag, TAA or TGA)

(ix) कैपसाइट व ए0टी0जी0 के मध्य एक अनुवादित क्षेत्र (An untranslated region between cap site and ATG)

(x) पालि ए टेल (Poly A tail)

रिपोर्टर व मार्कर जीन (Reporter or marker gene)

रूपान्तरित क्लोनन में कई प्रकार के डी0एन0ए0 खण्ड होते हैं, अतः आगे इस बात की आवश्यकता होती है कि पहचान किये गये क्लोनन के वाँछित डी0एन0ए0 खण्ड (जीन) वृहद् संख्या में तथा क्लोनन के किस पुनर्योगज वाहक में हैं। पुनर्योगज के साथ रूपान्तरित कोशिका का चयन करना पड़ता है, जो सूचक जीन या रिपोर्टर जीन (reporter gene) की सहायता से ही सम्भव है। सूचक जीन में स्वयं भिन्न वाह्य दृश्य रूप उपयुक्त कोशिकायें होती हैं, जो वर्णात्मक पोष पदार्थ पर जीवित रह जाते है और पहचान (identification) में सहायता करते हैं। हस्तान्तरित जीन की देखरेख व पहचान बहुधा दूसरे जीन द्वारा की जाती है, जो किसी जीव में रूपान्तरित जीन की उपस्थिति को स्पष्ट करता है। रिपोर्टर जीन प्रोटीन स्तर तक परिमाणिक (quantify) करता है। एक उचित रिपोर्टर जीन आसानी से पहचाना जा सकता है, शीघ्रता से समाप्त हो जाता है तथा विस्तार (assay) के साथ–साथ आर्थिक दृष्टि से सस्ता है। वर्तमान समय में अनेकों चयनित चिन्हक जीन उपलब्ध है। उदाहरण के लिए एन्टीबायोटिक्स जैसे–npt-II (कैनामाइसिन रोधिता), hpt (हाइग्रोमाइसिन रोधिता), EPSPS (खरपतवार नाशक गलाइफोसेट रोधी जीन) तथा एन्टी मेटोबोलिक जीन (anti-metabolic genes) आदि। कुछ रिपोर्टर जीन निम्नलिखित हैं–

- कैनामाइसिन रोधिता (npt II)
- हाईग्रोमाइसिन रोधिता (hpt)
- फॉस्फिनोथ्राइसिन रोधिता (bar)

  - nos (nopaline synthase from Agro bacterium)
  - lux (luciferase form bacteria or firefly)
  - cat (chloramiphenicol acetyl transferase from bacteria)
  - gus (Betaglucronidas from bacteria)
  - GFP (Green fluores cent protein from Jellyfish) तथा
  - Anthocinins (एन्थोसियानिन्स)

रिपोर्टर जीन की दूसरी श्रेणी चयनित/वर्णीय चिन्हक की है। ये केवल वृहद् स्तर पर अरूपान्तरित कोशिकाओं में से केवल कुछ रूपान्तरित कोशिका का चयन करते हैं। चयनित चिन्हक जीन रूपान्तरित कोशिका को रसायन मिश्रित विशाल पोष पदार्थ पर जीवित रहने के योग्य करता है।

उत्प्रेरक (Promoter)

उत्प्रेरक आर0एन0ए0 पालिमरेस–II के बन्धन क्षेत्र प्रतिलिपि प्रारम्भ होने में सहायता प्रदान करता है। वर्तमान समय में अनेकों उत्प्रेरक क्रम एग्रोबैक्टेरियम से उपलब्ध हैं, जैसे–nos, ocs व mas। समान्यतः 35 एस0 आर0एन0ए0 जीन उत्प्रेरक को फूल गोभी मोजैक विषाणु से किया गया है। इसी प्रकार पी0एच0ए0एल0 तथा वीसीलीन, जो बीज विशिष्ट उत्प्रेरक हैं, को क्रमशः फैसियोलस वुल्गेरिस (*Phaseolus vulgaris*) तथा मटर (*Pisum sativum*) से लिया गया है।

अग्रसारक (Enhancer)

अग्रसारक, एक डी0एन0ए0 क्रम है, जो उत्प्रेरक की क्रियाशीलता को बढ़ता है। ये क्रम उत्प्रेरक की क्रिया को नियंत्रित करते हैं और इन्हें उत्तक निर्माण तथा विकास अवस्था व विशिष्ट उत्तेजना प्रदान करते हैं।

वाहक पद्वति तथा जीन हस्तानान्तरण तकनीक के माध्यम (vector system and gene transfer techniques)

पौध कोशिकाओं में डी0एन0ए0 खण्ड को प्रतिस्थापित करने के लिए निम्न वाहकों जैसे–प्लाज्मिड (plasmid), काज्मिड (cosmid), जीवणुभोजी, जन्तु पादप वाइरस तथा कृत्रिम गुणसूत्र आदि का प्रयोग किया जाता है। टी0आई0 एवं आर0ई0 प्लाज्मिड एग्रोबैक्टीयिम ट्यूमीफेसियनस एवं एग्रोबैक्टीरियम राईजोनेस वाहक से (Ti and Ri plasmid *Agrobacterium tumefaciens* and *Agrobacterium rhizogenes* vector) प्रमुख स्रोत हैं। सबसे ज्यादा उपयोग की जाने वाली पद्धति एग्रोबैक्टीरियम आधारित रूपान्तरण (Agrobacterium mediated transformation) व जैविकी रूपान्तरण (biolistic transformation) प्रक्रिया है, जिसमें डी0एन0ए0 के अग्र खण्डों (shoot pieces of DNA) का आतिथ्य कोशिकाओं (host cells) में प्रवेश कराते हैं। इसके अलावा अनेकों अन्य विधियाँ हैं, जैसे–जुड़ी कलिका का इलेक्ट्रोपोरेशन (electroporation) व भ्रूण का विकास दलहनी फसलों में किया किया गया है, जिसमें एग्रोबैक्टीरियम आधारित रूपान्तरण (Agrobacterium mediated transformation) प्रासंगिक नहीं है (वाणी एवं लरक्वीन, 1993, चौवरीरा एवं सहयोगी, 1995 व वेलुथाम्बी एवं सहयोगी, 2003)। पौधों में रूपान्तरण अनेक उपलब्ध संसाधनों द्वारा एग्रोबैक्टीरियम टी0आई0 प्लाज्मिड वाहक (*Agrobacterium* Ti plasmid vector), माईक्रोप्रोजेक्टाइल बम्बारडमेन्ट (microprojectile bombardment), माइक्रोइंन्जेक्शन (micro-injection), पी0ई0जी0 विधि (PEG methods) एवं इलेक्ट्रोपोरेशन (electroporation) किया जाता है, लेकिन अधिकांशतः एग्रोबैक्टीरियम टी0आई0 प्लाज्मिड, माईक्रोप्रोजेक्टाइल बम्बारडमेन्ट ही ज्यादा उपयोग किया जाता है। आनुवंशिक रूपान्तरण का मुख्य उद्देश्य पराजीन जीव (transgenic organism) उत्पन्न करना

है और इसके लिए वाँछित जीन का विलगन, इनका क्लोनन तथा निर्धारित आतिथ्य प्रजाति में रूपान्तरण किया जाना है। पराजीन भी साधारण मेन्डेलियन नियम के अनुसार 3:1 के अनुपात में द्वितीय पीढ़ी (F_2) में विभक्त होते हैं। पराजीन कभी–कभी आंशिक या पूर्ण रूप से प्रदर्शन नही करता है, इसे जीन साईलेन्सिंग (gene silencing) कहते हैं। जीन साईलेन्सिंग की रिपोर्ट, ट्रान्सक्रिप्शनल, पोस्ट ट्रान्सक्रिप्शनल, ट्रान्सलेशनल स्तर का हो सकता है।

जीन हस्तानान्तरण हेतु निम्नलिखित माध्यम को अपनाया जाता है–

1 एग्रोबैक्टीरियम के माध्यम से जीन हस्तानान्तरण (*Agrobacterium*- mediated gene transfer)

पौध रूपान्तरण प्रक्रिया में टी0आई0 प्लाज्मिड (Ti plasmid) एक सामान्य वाहक के रूप में प्रयोग किया जाता है। टी0 आई0 प्लाज्मिड में एक स्थानान्तरित डी0एन0ए0 (transferred DNA) होता है, जो पादप कोशिकाओं में स्थानान्तरित हो जाता है। टी0 डी0एन0ए0 में तीन जीन iaaH (पहले tms-2), iaaM (पहले tms-1), एवं ipt (पहले tmr), ऐसे होते हैं, जो पौधो में अर्बुद उत्पन्न करते है। इसमें जीन iaaH एवं iaaM इंण्डोल एसिटिक एसीड संश्लेषण से संबन्धित है, जबकि जीन आई0पी0टी0 साईटोकाइनिन (आईसोपेंटिनिल एडिनीन) के उत्पादन से सम्बन्धित है। टी0 डी0एन0ए0 के दोनों सिरों पर एक 25 बी0पी0 (25 base pair) लम्बा सीमांतक्रम (border sequence) होता है, जो टी0 डी0एन0ए0 के लिए अनिवार्य होता है। टी0आई0 प्लाज्मिड में एक vir क्षेत्र होता है, जिसे उग्रता क्षेत्र (virulence region) कहते हैं, जो टी0 डी0एन0ए0 के स्थानान्तरण के लिए अनिवार्य होता है, लेकिन स्वयं vir उग्रता क्षेत्र का स्थानान्तरण पादप कोशिकाओं में नहीं होता है। इस क्षेत्र में 6 या 8 ओपेरान (operon) होते हैं। इनमें से vir ओपेरान Vir A प्रोटीन कोडित करता हैं। प्रोटीन Vir A एसिटोसिरिंगोन (acetosyringone) सक्रिय करता है। एसिटोसिरिंगिन द्विबीजपत्री पौधों के घाव स्थलों की कोशिकाओं द्वारा उत्पादित होता है। सक्रियित Vir A प्रोटीन Vir G प्रोटीन, ओपेरान Vir G द्वारा कोडित, को सक्रिय करता है। प्रोटिन Vir D_2 जिसे vir D ओपेरान कोडित करता है, एक इन्डोन्यूक्लिएस होता हैं। Vir D_2 प्रोटिन टी0 डी0एन0ए0 के दाहिने सीमांत क्रम में निक (nick) करता हैं। अंत में टी0 डी0एन0ए0 की एक–एक रज्जूकी (single stranded) प्रति उत्पन्न होती है। यह प्रति पादप कोशिका के केन्द्रक में एक नलिका जैसी संरचना के माध्यम से स्थानान्तरित होती है। यह नलिका एग्रोबैक्टीरियम एवं पादप कोशिकाओं के बीच vir क्षेत्र द्वारा कोडित कुछ प्रोटीन से बनायी जाती है। अंत में टी0 डी0एन0ए0 द्विरज्जुकी (double stranded) बनता है और यह पादप जिनोम में समाकलित हो जाता है। अतः स्थानान्तरित किये जाने वाले जीन को TI प्लाज्मिड के टी0 खण्ड में समाकलित करते है। टी0 डी0एन0ए0 का समाकलन स्थल यादृच्छिक (random) होता है और पराजीन (transgene) एक प्रभावी जीन की तरह वंशागति प्रदर्शित करता है। वाँछित जीन युक्त टी0आई0 प्लाल्मिड को एग्रोबैटीरियम में प्रवेश कराते हैं। ऐसे एग्रोबैटीरियम को पादप कोशिकाओं के साथ कुछ समय तक सह सहसंवर्धित (co-culture) करते हैं। यह विधि द्विबीजपत्रीय (dicots) में बहुत उपयोगी होती है, लेकिन बहिर्जात (exogenous) एसिटोसिरींगोन (acetosyringone) की उपस्थिति में एकबीजपत्रीय कोशिका संवर्धों में भी एग्रोबैटीरियम के माध्यम से जीन स्थानान्तरित

किये गये है, लेकिन इस विधि का उपोग केवल उन्हीं स्पीशीज में संम्भव है जिनमें ऊतक संबर्धों से पादप पुनर्जनन (regeneration) होता है। इसके अंतर्गत एग्रोबैक्टिरियम, टी0 डी0एन0ए0 के द्वारा दाई व बाई (right and left) सतह तथा टी0 प्लाजिम्ड आते हैं।

2 सीधे जीन का हस्तानान्तरण (Direct transfer of gene)

इस प्रक्रिया में जीन को सीधे पौध जिनोम में प्रवेश कराया जाता है और इसमें किसी प्राकृतिक वाहक का प्रयोग नही होता हैं। कोशिका द्वारा लगातार डी0एन0ए0 को ग्रहण करना, भ्रूण एवं बीज की कमी, एक सामान्य समस्या है, अतः इन्टीग्रेटिव रूपान्तरण मिलता है।

इस प्रकार जीन रूपान्तरण को सीधे तौर पर निम्न प्रकार से प्रवेश कराया जा सकता है।

(i) रासायनिक विधि द्वारा जीन का हस्तानान्तरण
(ii) भौतिकी विधि द्वारा जीन का हस्तानान्तरण
(iii) माईक्रोइंजेक्शन
(iv) अन्य विधियाँ

(i) रासायनिक विधि द्वारा जीन का हस्तानान्तरण (Chemical Gene transfer methods)

रासायनिक विधि द्वारा जीन हस्तानान्तरण की प्रक्रिया में झिल्ली की अस्थिरता या झिल्ली की पारगम्यता, शारीरिक दैहिक घटका का प्रयोग किया जाता है। रासायनिक विधि द्वारा किसी भी स्रोत से प्राप्त डी0एन0ए0 का प्रवेश कराया जा सकता है।

- पी0ई0जी0 मध्यमस्थ जीन हस्तानान्तरण में डी0एन0ए0 के साथ प्रोटोप्लास्ट का 40 प्रतिशत पी0ई0जी0 4000 डब्ल्यू/एक्स को 5 मिनट तक बफर (buffer) में रखकर इनक्यूबेट करते है, यानी सेते हैं। रूपान्तरण माध्यम डाइवैलेन्ट कैटायन (divalent cation) जैसे मैग्नेशियम या कैल्सियम से समृद्ध होना चाहिए। सीधा व दोहरा प्लाज्मिड रज्जुका का प्रयोगा उच्च घुमावदार की तुलना में उत्तम रहता है।
- दूसरी विधि कैल्सियम फास्फेट की उप–जमाव/तलछट है, जहाँ डी0एन0ए0 का मिश्रण कैल्शियम क्लोराइड व आइसोटोनिक फास्फेट बफर (buffer) के साथ करते हैं, जिससे डी0एन0ए0 कैल्शियम फास्फेट प्रदर्शित करता है। इस जमाव/तलछट की क्रिया विभेदित कोशिकाओं से होता है। डाईमिथाइल सल्फोक्साइड की दैहिकी झटका रूपान्तरण बारंबारता में वृद्धि होती है।

(ii) भौतिकी विधि द्वारा जीन हस्तानान्तरण (Physical gene transfer methods)

इस विधि द्वारा नग्न डी0एन0ए0 को कोशिका में प्रवेश कराया जाता है। इसके लिए निम्न विधियों का प्रयोग किया जाता है–

बिजली की शक्ति द्वारा प्रवेशन (Electroporation)

यह विधि इस घटना पर आधारित है कि नग्न डी0एन0ए0 अणु का प्रवेश पारगम्य कोशिका झिल्ली के अन्दर उच्च विद्युत प्रवाह से ज्यादा होता है। न्यूमान एवं सहयोगी, 1882 ने पशुकोशिका में रूपान्तरण के लिए इस विधि का प्रयोग किया था। उच्च विद्युत प्रवाह क्षेत्र में से कोशिका झिल्ली में प्रवेश छिद्र को बढ़ाकर डी0एन0ए0 को प्रोटोप्लास्ट में प्रवेश कराया जाता है, जहाँ पर प्रवेश के लिए कोशिका भित्ती सबसे बड़ी अड़चन है, लेकिन प्रवेश पूर्व हाइपरटोनिक इन्जाइमघोल (hypertonic enzyme solution) या कोशिका ऊतक को यान्त्रिक घाव बनायें, जिनसे डी0एन0ए0 का प्रवेश हो सके।

कणिका बम्बारडमेन्ट (Particle bombardment)

द्विबीजपत्रीय एवं एकबीजपत्रीय दोनों प्रकार के पौधों में इस विधि का प्रयोग प्ररोहाग्र मेरीस्टेमो या विभज्योतकों एवं ऊतक संवधर्नों के लिए किया जाता है। इस विधि में डी0एन0ए0 को टंगस्टन या सोने के अतिसूक्ष्म कणों (1.0-2.0μ) के उपर आवरण के रूप में रखा जाता है। इन टंगस्टन कणों को एक विशेष यंत्र की सहायता से काफी तेज गति से भ्रुणों या कोशिकाओं पर दागा जाता है, जिससे ये कण कई कोशिका सतहों को पार कर जाती हैं। इनमें से कई कण प्ररोहाग्र मेरीस्टेम की कोशिकाओं के केन्द्रकों में भी प्रवेश कर जाएगें, जहाँ पर उनके उपर उपस्थित डी0एन0ए0 गूणसूत्रों में समाकलित हो जायेगा। यह आसान तकनीक है, लेकिन प्रयोग होने वाला यन्त्र काफी महंगा है। क्लेन एवं सहयोगी (1987) में प्याज की बाहय कोशिका में डी0एन0ए0 व आर0एन0ए0 का प्रवेश कराया। इसके बाद इसका प्रयोग खाद्यान्य फसल, दालें, कवक, माइटोकाइण्ड्रिया व हरित लवक में बेलूथाम्बी एवं सहयोगी, 2003 ने किया। इसके अन्य उपनाम जैसे–बायोलिस्टिक, बालिस्टिक, माइक्रोप्रोजेक्टाइल बम्बार्डमेन्ट तथा कण प्रवाहन है। इसमें मुख्यतः पी0डी0एस0–1000 या पी0डी0एस0–एच0वाई0 का प्रयोग किया जाता है। पी0डी0एस0–1000 एलियम गैस का नलिका टूटीप्लेट परदृश्य रूकावट मैक्रो कैरियर के साथ माईक्रो कैरियर (टंगस्टन या सोना) डी0एन0ए0 चढ़ाकर वाँछित कोशिका में भेजते हैं।

(iii) सूक्ष्म इंजेक्शन (Micro-injection)

इस विधि से डी0एन0ए0 अणु (जीन) को सीधे कोशिका द्रब्य या केंद्रक में माईक्रोइंजेक्शन (micro-injection) द्वारा पहुँचाया जाता है। इसके बाद कम क्षमता के स्टिरियोस्कोप विभेदक सूक्ष्मदर्शी तथा दो सूक्ष्मप्रवर्तन, जिसमें एक ग्लास माईक्रोपीपेट जो प्रोटोप्लास्ट/भ्रूण को पकड़ सके और दूसरा ग्लास सूई जो डी0एन0ए0 अणु को प्रवेश करा सके। इसके लिए प्रोटोप्लास्ट या ग्राह्य कोशिकाओं को एगरोस पाली लाइसिन शोधित सतह और शोषक माईक्रोपीपेट की जरूरत होती है। इस विधि का सफल प्रयोग तम्बाकू और सरसों प्रजाति में किया गया है। माईक्रोइंजेक्शन विधि में निर्धारित पदार्थ में वाँछित पूर्ण पौध कोशिका एक बहु–कोशिकीय संरचना जैसे भ्रूण, अंडज, प्ररोहाग्र अथवा प्रोटोप्लास्ट है। यह आतिथ्य अनास्रित है, जबकि यह विधि धीमी, अधिक लागत, अधिक कुशलता चाहने वाली तथा इसमें अनुभवी व्यक्ति की जरूरत पड़ती है।

(iii) पालीइथीलेन ग्लाइकाल मध्यस्थ जीन स्थानान्तरण

जहाँ पर प्रोटोप्लास्ट का पुनः उत्पादन व विलगाव सम्भव हो, पालीइथीलेन ग्लाइकाल के माध्यम से प्रोटोप्लास्ट के अन्दर डी0एन0ए0 को स्थापित किया जा सकता है (पास्ज्कोबाकी एवं सहयोगी, 1984)। इसमें पौध प्रोटोप्लास्ट का शोधन रासायनिक तत्वों से किया जाता है, जो प्लाज्मा झिल्ली में व्युतक्रम स्थिति उत्पन्न करता है और इन्ही रास्ते से डी0एन0ए0 में प्रवेशकर कोशिका द्रव्य से मिल जाता है। इसमें से कुछ हिस्सा केन्द्रक से तथा पौध जीनोम से समाकलित होता है।

5. अन्य विधियाँ (Other methods)

आनुवंशिक रूपान्तरण/हस्तानान्तरण के लिए अन्य विधियाँ इस प्रकार है–

- लाईपोसोम आधारित जीन हस्तानान्तरण (Lipsome-mediated gene transfer)
- अल्ट्रासाउण्ड आधारित जीन हस्तानान्तरण (Ultrasound-mediated gene transfer)
- पराग नलिका द्वारा डी0एन0ए0 हस्तानान्तरण (DNA transfer via pollen tube)
- रेशा आधारित डी0एन0ए0 प्रवेश कराना (Fiber-mediated DNA delivery)
- लेसर इन्डयूस्ड डी0एन0ए0 प्रवेश कराना (Laser-induced DNA delvery)
- जाईगोटिक भ्रुण द्वारा सीधे प्रवेश (Direct DNA uptake by zygote embryos)

वाँछित जीन का समाकलन (Integration of DNA fragment (gene) into vector)

एक बार जब डी0एन0ए0 का क्लोनन हो जाता है, तब इसका जुड़ाव वाहक टी0 प्लाज्मिड बहुगुणन के लिए होता है। सीमन इन्जाइम के माध्यम से इसे काटा जाता है और यह निश्चित जगह होती है, जहाँ डी0एन0ए0 खण्ड को जोड़ा जा सकता है। यहाँ पर आवश्यकता होती है कि डी0एन0ए0 खण्ड पर समान रूप से युक्त होने वाले खण्ड उत्पन्न किये जायें और समान सीमन इन्जाइम के माध्यम से सम्भव है। अगर वाहक एवं डी0एन0ए0 खण्ड समान रूप से संयुक्त होने वाले न हों तो लिंकर का प्रयोग कर वाहक एवं डी0एन0ए0 खण्ड (जीन) 5 प्रकार की स्थिति उत्पन्न हो सकती है–

1. वाहक एवं डी0एन0ए0 खण्ड (जीन) दोनों सिरा समान रूप संयुक्त होने तथा अनुरूपता वाले का उपलब्ध न होना
2. केवल वाहक का अन्तिम सिरा व टुकड़े समान रूप से संयुक्त होने वाले हों, लेकिन दूसरा सिरा भिन्न हो।
3. वाहक एवं डी0एन0ए0 खण्ड का दोनों सिरा भिन्न–भिन्न या एक समान न हो।
4. वाहक एवं डी0एन0ए0 खण्ड का दोनों सिरा भोथरा (blunt) या धुलकर समाप्त हो जाता हो।
5. एक सिरा समान रूप से संयुक्त व अनुरूपता वाला हो लेकिन दूसरा सिरा भोथरा (blunt) हो।

सभी परिस्थितियों में यह आवश्यक है कि वाहक में एक कम्प्लीमेन्टरी स्टिकी इण्ड उत्पन्न हो तथा जुड़ाव के लिए क्लोनन खण्ड तैयार हो।

पुनर्योगज वाहक का क्लोनन आतिथ्य में उपस्थापन (Introduction of recombinant vector in clonal host)

डी0एन0ए0 को ले जाने वाला पुनर्योगज वाहक को एक उचित आतिथ्य में उपस्थापन आवश्यक है। इसके लिए ई0 कोली को सामान्यतः आतिथ्य के रूप में उपयोग किया जाता है।

स्थानान्तरित जीन की अभिव्यक्ति (Expression of the transferred gene)

स्थानान्तरित जीन की अभिव्यक्ति के लिए उपयुक्त स्थान पर प्रबल प्रवर्धक (strong promoter), उपयुक्त नियंत्रक (regulator) आदि घटकों का महत्वपूर्ण योगदान है। मनोवाँछित जीन की अभिव्यक्ति वर्तमान समय में उपलब्ध तकनीकों से सम्भव हैं।

पुनर्योगज क्लोनन का चयन (Selection of recombinant clonal)

ई0 कोली द्वारा द्वारा स्थानान्तरित पुनर्योगज वाहक तीन प्रकार के जिवाणु कोशिकाओं को उत्पन्न करते है–

(i) अ–रूपान्तरित कोशिका (Non-transformed cell)

(ii) अपरिवर्तित वाहक के साथ रूपान्तरित कोशिका (Transformed cells with unaltered vector)

(iii) पुनर्योगज वाहक के साथ रूपान्तरित कोशिका (Transformed cells with recombinant vector)

क्लोनन में वाँछित डी0एन0ए0 खण्ड पहचान हेतु कालोनी हाईब्रिडाइजेशन तकनीक (colony hybridization technique) सबसे प्रबल और प्रभावी है। ये नाईट्रोसेलूलोस फिल्टर (nitrocellulose filters) पर कालोनिया रिपलिका प्लेटेड (repli-plated) होती हैं। कोशिका समाप्त (lysed) हो जाती है और प्रोटीन भी प्राकृतिक गुण से वंचित (denatured) हो जाता है। इसके बाद फिल्टर को विशिष्ट रेडियोएक्टिव (32 पी) चिन्हांक प्रोब (निष्चित/अंग भाग की भलि–भाँति परीक्षण) से एनीलिंग दशा (annealing condition) में किया जाता है। डीनेचरड डी0एन0ए0 (denatured DNA) से संकरित प्रोब अणुओं को छोड़कर अन्य प्रोब को कुछ समय बाद धुलाई कर देते हैं। कालोनियों में जिनका डी0एन0ए0 प्रोब के प्रति कम्पलीमेंन्टरी हो, संकरित करेगा और उसकी पहचान हेतु आटो रेडियोग्राफी (auto-radiography) की जाती है। ये कालोनिया मुख्य प्लेट से अलग की जाती है और डी0एन0ए0 विश्लेषण हेतु भेज दी जाती है। इस उद्देश्य के लिए अन्य तरीके जैसे–हाइब्रिड एरेस्टेड ट्रान्सलेशन (hybrid arrested translation), हाईब्रिड सेलेक्शन (hybrid selection), कम्पलीमेन्टेशन (complementation) तथा एन्टीबोडिस (antibodies) की सहायता से कालोनियों की छँटनी करते हैं।

आनुवंशिक रूपान्तरण (Genetic transformation of trans gene)

पराजीन पौध विकास में 3 चरण समाछित हैं–

(1) जीन प्रतिलोपन (Gene cloning)

(2) पौध रूपान्तरण (Plant transformation)

(3) उत्पादन (Production)

(1) जीन प्रतिलोपन (Gene cloning)

जीन प्रतिलोपन (gene cloning) का तात्पर्य किसी जीन या जीन अनुक्रम की हूब–हू (exact) दूसरी प्रतिलिपि (copy) तैयार करना है। जीन प्रतिलोपन (gene cloning) के लिए निम्नलिखित पद्धतियों का उपयोग किया जाता हैं–

I. ज्ञात डी0एन0ए0 या प्रोटीन सूचना पर आधारित प्रतिलोपन (Cloning based on known DNA or protein interrogation)

II. आण्विक टैगिंग (Molecular tagging)

III. नक्शा आधारित प्रतिलोपन (Map based cloning)

I. ज्ञात डी0एन0ए0 या प्रोटीन सूचना पर आधारित प्रतिलोपन (Cloning based on known DNA or protein interrogation)

इस पद्धति के अन्तर्गत अनेक वाइरस स्रोतों के प्रति ''आवरण प्रोटीन जीन'' (कोट प्रोटीन जीन) का प्रतिलोपन किया गया है। इतना ही नही, इनका सफलतापूर्वक कुछ सब्जियों जैसे–टमाटर (नेल्शन एवं सहयोगी, 1988), खीरा (गोनसाल्वेस एवं सहयोगी, 1994) व खरबूजा (गोनसाल्वेस एवं सहयोगी, 1994; फांग एवं ग्रुमेट, 1993) में उपयोग भी किया गया है।

II. आण्विक टैगिंग (Molecular tagging)

''आण्विक टैगिंग'' (molecular tagging) पद्धति के द्वारा कुछ सब्जियों जैसे–टमाटर, मटर व सेम के महत्वपूर्ण गुणों/विशेषताओं जैसे–कीट रोधिता (नैनहुइस एवं सहयोगी, 1987), विषाणुरोधिता (डिर्लेवान्गर एवं सहयोगी, 1994), चूर्णिल आसिता रोधिता (डिर्लेवान्गर एवं सहयोगी, 1994; वानडरबीक एवं सहयोगी, 1994), सूत्रकृमि रोधिता (क्लैनलाखोर्स्ट एवं सहयोगी, 1991), विलेय ठोस की मात्रा (ओसबार्न एवं सहयोगी, 1987) व एन्थ्रैकनोज रोधिता (अडाम–ब्लोनडान एवं सहयोगी, 1994) के लिए जीन प्रतिलोपन किया गया है।

पौध जीन तथा उनका पुरुः स्थापन (introduction) सब्जियों के सुधार में नई दिशा प्रदान की है। यह सत्य है कि सभी उपयोगी जीन का अलगकरण आण्विक पद्धति से भी करना कठिन है, चूँकि बहुधा जीन उत्पाद का पता नहीं रहता है। आण्विक अलगकरण के लिए सामान्यतः दो पद्धतियों का उपयोग किया जाता है:

1. आर0एफ0एल0पी0 टैगिंग (RFLP tagging)
2. ट्रान्सपोसीन टैगिंग (Transposin tagging)

1. आर0एफ0एल0पी0 टैगिंग (RFLP tagging)

पहले ही स्पष्ट किया जा चुका है कि ज्ञात जीन के बीच बहुत नजदीकी सह–सलग्न व आर0एफ0एल0पी0 (RFLP) को शुरूआती रूप में कुछ जीन में आण्विक अलगकरण (molecular isolation) हेतु उपयोग किया जा सकता है। आर0एफ0एल0पी0 टैगिंग (RFLP tagging) पद्धति के साथ एक बड़ी वंशानुगत समस्या यह है कि किसी वाँछित जीन के उपयुक्त डी0एन0ए0 क्रम का लक्षण प्रारूप से मुश्किल से जुड़ता है। उदाहरण के लिए यदि डी0एन0ए0 क्रम जंगली प्रभेद में है, तो इस प्रकार के अनुक्रम का सम्भवतः पुरुः स्थापन एक अप्रभावी उत्परिवर्त्य (recessive mutant) आनुवंशिक आकार परिवर्तन के द्वारा किया जा सकता है। ऐसी स्थिति में अनुक्रम या अनुक्रमों, जो जंगली प्रकार का पुनः संरक्षण (restore) आकार परिवर्तन कर सकता है, का सम्बन्धित उत्परिवर्त्य जीन से सुगमता पूर्वक किया जा सकता है।

2. ट्रान्सपोसीन टैगिंग (Transposin tagging)

इस प्रकार ट्रान्सपोसान टैगिंग, (transposin tagging) आण्विक अलगकरण (molecular isolation) की सबसे महत्वपूर्ण व सीधी पद्धति है, जिसके द्वारा उपयोगी या वाँछित जीन को अलग किया जा सकता है। बाहर से प्रयोग किये जाने वाले पौध "ट्रान्सपोजेबल" (tranposable) घटक उत्पपिरवर्त्य प्राप्त करने में उपयोगी है। इनका किसी अनुवांशिक बिन्दु (point) पर प्रवेशन करने से उत्परिवर्तन होता है। इसका सबसे ज्यादा उपयोग मक्का में किया गया है। ए0 ट्यूमेफैसियन्स (*A. tumefacians*) मध्यस्थ पत्ती (explant) परिवर्तन कर "ट्रान्सपोसेबल" घटक ए0सी0 (tranposable component Ac) का अनेकों टमाटर की लाइन्स में डाला गया है और ज्यादा प्रभाव देखने को मिला (योडेर एवं सहयोगी, 1988, हारिग एवं सहयोगी, 1989)।

III. नक्शा आधारित जीन क्लोनिंग (Map based gene cloning)

उन्नत पौध कणत्व जैविकी एवं जैव प्रौद्योगिकी में सबसे अधिक असुविधा किसी गुण से सम्बन्धित जीन को अलग करने की है। उपज, रोग प्रतिरोधकता, कीट रोधकता व गुण जैसे घटकों में महत्वपूर्ण आनुवंशिक परिवर्तन फसल प्रजाति में देखने को मिलती है, लेकिन इसके लिए सम्बन्धित जीन को क्लोन न किया गया हो। डी0एन0ए0 स्तर पर जिनोमिक मापन की सुविधा उपलब्ध होने के कारण आर्थिक महत्व के जीन का गुणसूत्र के किसी भी मुख्य स्थान पर स्थिर करने का कार्य किया जा सकता है। इस प्रकार आर्थिक महत्व के किसी जीन का मापन एक निश्चित गुणसूत्र के स्थान पर स्थिर हो जाने की सम्भावना से जीन अलग करने की प्रवृत्ति सरल हो गयी है। इसे ही "मैप बेसड क्लोनिंग" (map based cloning) कहते है या "टाप डाउन" (top down) पद्धति कहते हैं। इससे लक्षण प्रारूप की पहचान पूर्ण पौध स्तर पर की जाती है, जिससे जीन क्लोन को अग्रसारित किया जाता है। यह आनुवंशिक मापन (genetic mapping) व गुणसूत्र चलन (chromosome walking) द्वारा होता है।

सारीणी (8.13) बहुजीवी गुणों के लिए सब्जियों में जीन मैपिंग

फसल	आर्थिक महत्व का जिनोमिक मापन	प्रकार के चिन्हक	सन्दर्भ
टमाटर	1–2 फ्यूजेरियम आक्सीस्पोरम प्रतिरोधता बिन्दु	आर0एफ0एल0पी0	सेगेल एवं सहयोगी, 1992
	नर नपुसंकता 14 जीन व पुनः संयोजन के लिए ज्यादा जरूरी	आर0एफ0एल0पी0	गोरमान एवं सहयोगी, 1996
	लौह उपापचय नियंत्रण	आर0एफ0एल0पी0	लींग एवं सहयोगी, 1996
	सी0डी0एन0ए0 क्लोन	आर0एफ0एल0पी0	गनाल एवं सहयोगी, 1998
	गुणसूत्र 6 का क्लासीकल व मालीक्यूलर (मापन व इन्ट्रीगेशन)	आर0ए0पी0डी0	विडे एवं सहयोगी, 1993
	विलेय ठोस, फल भार, फल पी0एच0, फल आकार प्रकार, फल पकना व उपज	आर0एफ0एल0पी0	टैंक्शले एवं सहयोगी, 1996
	फल पकने की रोधकता व न पकने की अवस्था बिन्दु	आर0एफ0एल0पी0	गिवोनोनी एवं सहयोगी, 1995
	जड़ सूत्रकृमि प्रतिरोधी बिन्दु	ए0एफ0एल0पी0 एवं आर0एफ0एल0पी0	कालोशियान एवं सहयोगी, 1998
	लवण सहनशील	आर0ए0पी0डी0	फुलाद एवं चेन, 1997
	गोल्डेन सूत्रकृमि प्रतिरोधी जीन (हेरो)	आर0एफ0एल0पी0	गनाल एवं सहयोगी, 1995
	लैटरल सप्रेसर (आई0एस0) बिन्दु	आर0एफ0एल0पी0	स्चुमाचर एवं सहयोगी, 1995
	टेण्डेमली रीपीटेड टेलोमेरिक डी0एन0ए0 सिक्वेन्स	आर0एफ0एल0पी0	गनाल एवं सहयोगी, 1992
	सी0एफ02 (cf$_2$) जीन की भौतिक स्थिति उच्च कोटि एवं कणत्व सह–संलग्न	आर0एफ0एल0पी0	डिक्सान एवं सहयोगी, 1995
	नक्शे का टमाटर की गुणसूत्र संख्या–6 का युग्मन (integration)	आर0ए0पी0डी0	विडे एवं सहयोगी, 1993
	सी0एफ02 (cf$_2$) / सी0एफ0–5 (cf$_5$) व एम0आई0 (Mi) प्रतिरोधी बिन्दु के बीच बहुत नजदीकी सह–सलग्न स्थापित करना	आर0ए0पी0डी0 एवं आर0एफ0एल0पी0	डिकीन्सन एवं सहयोगी, 1993
आलू	आलू के आर0–1 बिन्दू के गुणसूत्र ''बी'' का उच्च विश्लेषण नक्शा तैयार करना	आर0एफ0एल0पी0 एवं ए0एफ0एल0पी0	मेकसेम, 1995
	आलू के सिस्ट निमैटोड (cyst nematode) समूह का ''जीन पुल'' तैयार करना	ए0एफ0एल0पी0	फोलकर्टस्मा एवं सहयोगी, 1996
	पिछेती झुलसा के लिए मात्रात्मक प्रतिरोधकता	ए0एफ0एल0पी0	मेयोर एवं सहयोगी, 1998

	गुणसूत्र वी0आई0आई0 (VII) गुणसूत्र प्रतिरोधी जीन का शरणदाता हेतु उच्च विश्लेषण नक्शा तैयार करना	आर0ए0पी0डी0 एवं ए0एफ0एल0पी0	वालवोरा एवं सहयोगी, 1995
	सिम्पल सिक्वेन्स रीपीट लोसाई" का नक्शा तैयार करना	आर0एफ0एल0पी0	मिलबोर्न, 1998
पत्ता गोभी	सह–सलग्न समूह का एलाइनमेन्ट	आर0एफ0एल0पी0	हू एवं सहयोगी, 1998
	स्व– अनिषेच्यता बिन्दु की स्थिति का तुलनात्मक जिनोम नक्शा तैयार करना	आर0एफ0एल0पी0	लागरक्रैन्टज लिडिएट, 1996
	चार स्वतंत्र आर0एफ0एल0पी0 सह–सलग्न समूह का एलाइनमेन्ट नक्शा बनाना	आर0एफ0एल0पी0	हू एवं सहयोगी, 1998
खीरा	पौध व्यवहार, लिंग प्रदर्शन, सहायक शाखाएं	आर0ए0पी0डी0	सरक्वेन एवं सहयोगी, 1998
खरबूजा	कणत्व नक्शे का निर्माण	ए0एफ0एल0पी0	वांग एवं सहयोगी, 1997
शिमला मिर्च	जैन्थोमोनास कम्प्रेस्ट्रीस के उप प्रजातियों के बीच आनुवंशिक सम्बन्ध	आर0ए0पी0डी0 एवं आर0एफ0एल0पी0	परान एवं सहयोगी, 1998
लेट्यूस	विस्तृत अनुवांशिक सह–सहलग्न नक्शा	आर0ए0पी0डी0 एवं आर0एफ0एल0पी0	केस्सेली एवं सहयोगी, 1994
बैंगन	जीवाणु उकठा प्रतिरोधकता	आर0ए0पी0डी0	नूनोमे एवं हिराई, 1998
लोबिया	ओर्थोलोगस बीज भार जीन	आर0एफ0एल0पी0	फातोकुम एवं सहयोगी, 1992
प्याज	चूर्णिल आसिता, प्याज पत्ती– झुलसा	आर0एफ0एल0पी0 एवं आर0ए0पी0डी0	किक एवं सहयोगी, 1992

स्रोत: सिंह एंव सहयोगी, 2000, चावला, 2002

गुणसूत्र चलन (chromosome walking) प्रवृत्ति पौध प्रजातियों में अनेक बाधाएँ उत्पन्न करता है, चूँकि इसमें बड़े गुणसूत्र होते हैं। उदाहरण के लिए "औसतन" फसल प्रजाति में केन्द्रक जिनोम यीस्ट, ड्रासोफिला व एराबोडोप्सिस से 10–100 गुणा बड़ा होता है लेकिन वर्तमान समय में आधुनिक तकनीक जैसे पल्सड फिल्ड जेल इल्क्ट्रोफोरोसिस (pulse field gel electrophoresis) व यीस्ट (yeast) की कृत्रिम गुणसूत्र क्लोनींग को अपना कर इस प्रकार की समस्या से छुटकारा प्राप्त किया जा सकता है। उदाहरण के लिए टमाटर में उच्च सधनता सह–सलग्न नक्शा की उपलब्धता व एक यीस्ट कृत्रिम गुणसूत्र लाइब्रेरी (artificial gene library) के द्वारा एक प्रभावी आधार प्राप्त हुआ है जिसके द्वारा नक्शा आधारित जीन क्लोनिंग, किसी भी गुण के लिए, आनुवंशिक रूप से नक्शे बनाये जा सकते है (मार्टिन एवं सहयोगी, 1992)।

उत्पादन (Production)

पराजीन पौध विकास में उत्पादन सबसे महत्वपूर्ण चरण माना जाता है। जब एक बार जीन की पहचान, प्रतिलोपन व कोशिका में स्थानान्तरित कर लिया जाता है, तब एक व्यावसायिक उत्पाद विकसित करने में अनेकों कठिनाईयों से घेर लिये जाने वाली स्थिति से गुजरना पड़ता है। नव विकसित पराजीन पौधे को भी सामान्य प्रजाति के व्यावसायिक खेती में आने वाली समान समस्याओं से रूबरू होना पड़ता है। अतः इसमें जैव सुरक्षा (biosafety) एक महत्वपूर्ण नीतिगत मुद्दा बन जाता है। इसके बाद भी व्यावसायिक उत्पादन एवं वितरण एक मुददा बनकर खड़ा रहता है। इस प्रकार प्रथम पराजीन उत्पाद जो व्यावसायिक रूप से बाजार तक पहुँचा, वह था टमाटर का फ्लेक्व–सेवर (Flavr-Savr)। वह भी उत्पादन व वितरण प्रक्रिया की कई कठिनाईयों से प्रतिबन्धित रहा (किड, 1995)।

विद्युतकण संचलन या इलेक्ट्रोफोरेसिस (Electrophoresis)

विद्युतकण संचलन या इलेक्ट्रोफोरेसिस (electrophoresis) एक विश्लेषण विधि है जिसका उपयोग कणत्व जैविकी के अध्ययन हेतु किया जाता है।

(Electrophoresis is an analytical method frequently used in molecular biology).

इसका उपयोग प्रोटीन्स, न्यूक्लिक एसीड, उप कोशिकाओं में उपस्थित छोटे–छोटे कण जैसे विषाणु व छोटे अंगों का, अलगीकरण (separation) तथा गुण निर्धारण (charecterization) करना है।

इलेक्ट्रोफोरेसिस का सिद्धान्त (Principles of electrophoresis)

विद्युत कण संचलन या इलेक्ट्रोफोरेसिस का सिद्धान्त इस तथ्य पर आधारित है कि किसी प्रतिदर्श (sample) के आवेशित कण (charged particles) किसी निर्धारित इलेक्ट्रिक क्षेत्र में एकत्रित होते हैं। जब आवेशित कण को किसी इलेक्ट्रिक क्षेत्र में भेजा जाता है, तो कण या तो धन्नात्मक ध्रुव (anode) या ऋणात्मक ध्रुव (cathode) के तरफ आवेश के अनुसार एकत्रित होने लगते हैं। जैसा कि प्रोटीन में या तो पूर्ण धनात्मक आवेश (net positive charge) या पूर्ण ऋणात्मक आवेश (net negative charge) होता है, जबकि न्यूक्लिक एसीड में फास्फेट बैकबोन संरचना (phosphate backbone structure) के कारण ऋणात्मक आवेश रखता है और हमेशा धनात्मक ध्रुव की ओर एकत्रित होता है। सभी आवेशित कण एक इलेक्टिकल क्षेत्र में चले जाते है जिसकी गति (velocity) व दिशा (direction) की निर्भरता, इलेक्ट्रोफेरिटिक गतिशीलता पर होती है।

सहायक पदार्थ (Support matrics)

सामान्यतया प्रतिदर्श को सहायक पदार्थ जैसे–पेपर (paper), सेलूलोज एसीटेट (cellulose acetate) स्टार्च जेल (starch gel), अग्रोस या पालीएक्रीलामाइड जेल (agarose or polyacrylamide gel) में क्रिया पूरी करते हैं। सबसे अधिक सहायक पदार्थ में उपयोग होते है, वह है अग्रोस व

पालीएक्रीलामाइड, जो आकार के अनुसार कण को अलग करने की प्रवृत्ति रखते हैं और छिद्रपूर्ण/झरझरा जेल (porus gel) होते हैं क्योंकि कम सान्द्र (dilute) अग्रोस जेल सामान्यतया ज्यादा सख्त होते हैं और हस्तान्तरण में आसान होता है जबकि उसी सान्द्रता का पालीएक्रीलामाइड जेल का हस्तान्तरण मुश्किल होता है। अग्रोस का उपयोग लम्बे बड़े कणों जैसे–न्यूक्लिक एसीड, लम्बे प्रोटीन्स व प्रोटीन जटिल कणों को अलग करने में होता है। पालीएक्रीलामाइड का हस्तानान्तरण भी आसान है और उच्च सान्द्रता पर बनाया जा सकता है। इसका उपयोग ज्यादातर प्रोटीन तथा छोटे ओलिगोन्यूक्लियोटाइड को अलग करने के लिए किया जाता है। वह भी कम जेल छिद्र आकार कम करने में होता हैं।

विद्युत कण संचलन या इलेक्ट्रोफोरेसिस का वर्गीकरण (Classification of electrophoresis)

इलेक्ट्रोफोरेसिस को तकनीक/साधन के अनुसार निम्न उप खण्डों में विभाजित किया जा सकता है।

1. जैविक कण अलग किया गया (Biological molecule separated)
2. अलग करने का सिद्धान्त (Principle of separation)
3. कण का आकार (Size of molecule)
4. प्रयोग किया जाने वाला सहायक पदार्थ (Types of support matrices used)

सारीणी (8.14) इलेक्ट्रोफोरेसिस में विद्युत कण संचलन

विद्युत कण संचलन			
प्रोटीन			न्यूक्लिक एसीड
एस0डी0एस0–पेज	2–डी0	छोटा	

न्यूक्लिक एसीड का अलगाव (Separation of nucleic acids)

न्यूक्लिक एसीड हमेशा ऋणात्मक होता है, चाहे इलेक्ट्रोफोरेसिस के लिए कोई भी पी0एच0 प्रयोग किया जाये। इसके अलावा प्रति इकाई कण की लम्बाई के अनुसार निर्धारित ऋणात्मक आवेश को आगे ले जाता है, लेकिन न्यूक्लिक एसीड का प्रत्येक न्यूक्लियोटाइड कितनी फास्फेट (PO_4) धारण किया है। अतः न्यूक्लिक एसीड का अलगाव पूर्णतया आकार के अनुसार इलेक्ट्रोफोरेसिस में होता है। अलग किया गया जैविक कण निम्न हैं–

1. न्यूक्लिक एसीड्स (Nuclic acids)
   - डी0एन0ए0 (DNA)
   - आर0एन0ए0 (RNA)
2. प्रोटीन (Protein)
   - डी0 (D)
   - 2 डी0 (2D)

उपयोग किया जेल पदार्थ

- अग्रोस जेल (agrose gel) इलेक्ट्रोफोरेसिस (Agarose gel electrophoresis)
- पालीएक्रलिमाइड जेल इलेक्ट्रोफोरेसिस (Polyacrylamide gel electrophoresis, PAGE)
- नेटीव पेज (Native PAGE)
- डी0 नेचरिंग पेज–एस0डी0एस0–पेज (Denaturing PAGE-SDS-PAGE)
- **कणों का आकार**– पल्स फील्ड जेल इलेक्ट्रोफोरेसिस (Pulse field gel electrophoresis)

अग्रोस जेल विद्युत कण संचलन इलेक्ट्रोफोरेसिस (Agarose gel electrophoresis)

इलेक्ट्रोफोरेसिस (electrophoresis) में अग्रोस या पालीएक्रीलामाइड जेल विधि ही डी0एन0ए0 के टुकड़ों/खण्डों को अलग करने, पहचान करने तथा शुद्ध करने (purify) के लिए अपनाया जाता है। अग्रोस व पालीएक्रिलामाइड जेल को किसी भी आकार–प्रकार व छिद्रयुक्त स्थिति (porosities) में उड़ेला जा सकता है और विभिन्न प्रकार के आकार/रूप/ढाँचा/खाका में चलाया जा सकता है। इसके वाँछित परिणाम के लिए यह देखा जाता है कि टुकड़ों का आकार क्या है, जो अलग किया गया है। पाली एर्क्रामाइड जेल छोटे टुकड़ों को (50–500 बी0पी0) अलग करने के लिए सबसे प्रभावी है। इसकी दृश्य क्षमता (rersolving power) सबसे ज्यादा है और छोटे डी0एन0ए0 खण्डों/टुकड़ों जैसे 1 बी0पी0 तक, एक–दुसरे से अलग किये जा सकते हैं।

अग्रोस जेल (Agarose gel)

अग्रोस जेल एक पालीसैक्रेराइड है, जिसको समुद्री घास (sea weed) से निकाला जाता है। इसके उपयोग की सन्द्रता 0.5–2.0 प्रतिशत तक है। अग्रोस की सान्द्रता जितनी अधिक होगी, जेल उतना ही सख्त/कठोर (stiffer) होगा। अग्रोस जेल को तैयार करना सबसे आसान है। सामान्य रूप से अग्रोस पाउडर को बफर घोल (buffer solution) में मिश्रित करते हैं, उष्मा से पिघलाते/गलाते है और तैयार जेल को प्रयोग करते है। यह अविषालु जेल है। अग्रोस जेल द्वारा वृहद् स्तर व दायरे तक अलगाव किया जा सकता है, लेकिन सापेक्ष स्थिरता शक्ति व दृश्य क्षमता कम (low resolving power) होती है। अग्रोस की सान्द्रता बदलने से डी0एन0ए0 टुकड़ों के लगभग 200–50,000 बी0पी0 तक अलग किया जा सकता है, बशर्ते उपयुक्त विद्युत कण संचलन तकनीक (electrophoretic techniques) का उपयोग किया जाये। यह बात सत्य है कि अग्रोस जेल में पालीएक्रीलामाइड जेल की तुलना में कम स्थिरता शक्ति होती है, लेकिन अलगाव की औसत विभिन्नता सबसे ज्यादा होती है।

अग्रोस जेल में कण संचलन को प्रभावित करने वाले घटक

अग्रोस जेल में कणों के संचलन को अनेकों घटक प्रभावित करते हैं–

- जैव कणों की बनावट
- अग्रोस जेल की सान्द्रता

- विद्युत की गति
- विद्युत कण संचलन बफर
- इथीडियम ब्रोमाइड का प्रभाव

अग्रोस जेल विद्युत कण संचलन यन्त्र

वर्तमान समय में अनेकों वर्टिकल (vertical) व होरीजेन्टल (horizental) जेल यन्त्र बाजार में उपलब्ध है, लेकिन सबसे ज्यादा उपयोग करने वाला "हारीजेन्टल स्लैब जेल" (horizontal slab gel) इकाई है, जो वाल्टर स्कैफनर (walter schaffner) है। हारीजेन्टल जेल (horizontal gel) इकाई के निम्नलिखित लाभ हैं–

1. अग्रोस की कम सान्द्रता का प्रयोग किया जा सकता है।
2. जेल को किसी भी आकार–प्रकार में ढाला जा सकता है।
3. जेल भरने व हस्तान्तरित करने में आसान
4. कम लागत वाला तथा ज्यादा दिन चलने वाला।

आण्विक चिन्हक तथा चिन्हक आधारित चयन (Molecular markers & Marker Assisted Selection)

यद्यपि वर्तमान समय में अपनाये जाने वाले प्रजनन पद्धतियों के माध्यम से अनेकों उन्नतिशील प्रजातियों का विकास किया गया है लेकिन अधिक सफलता हेतु कणत्व जीव विज्ञान (molecular bilogy), प्रजनन पद्धति को गति प्रदान करता है।

- आण्विक प्रजनन (Molecular breeding)
- आण्विक आनुवंशिक चिन्हक (Molecular markers)
- आण्विक चिन्हक आधारित चयन (Molecular marker assisted selection)

आण्विक प्रजनन (Molecular breeding)

आणिवक या कणत्व प्रजनन (molecular breeding) असमांगी प्रयास (heterogenous efforts), चुनौतियों (challanges) व अवसर आधारित (time bound) समायोचितता का एक सामूहिक प्रयास है, जिससे कम व ज्यादा अवधि में उन्नत बाह्य दृश्यरूप (phenotype) गुण में सफलता प्राप्त करने के लिए सीधे परिवर्तित जीन प्रारूप के डी0 आक्सीराइबोस न्यूक्लिक एसीड के स्तर पर किया जाता है (कूपर एवं सहयोगी, 2004)। कणत्व प्रजन के माध्यम से बाह्य दृश्य रूप प्रजनन (phenotypic breeding) आधारित सम्भावना की दृष्टि में परिवर्तन किया जा सकता है, जिससे जीन प्रारूप प्रजनन (genotypic breeding) में आशातीत सुधार किया जा सके। इस प्रजनन पद्धति से कुल परिणाम प्राप्ति में निश्चित सफलता मिलती है। कणत्व प्रजनन के अन्तर्गत सामान्य प्रजनन पद्धति, कणत्व आनुवंशिकी व जीनोम विश्लेषण, संरचनात्मक व सक्रिय जीनोमिक, प्रोटीयोमिक एवं उपापचय पार्श्व

दृश्य नक्शा, अजीवित प्रतिकूलन परिस्थिति तथा ट्रान्सजेनिक पौध का प्रक्षेत्र मूल्यांकन जिसमें किसी विशिष्ट गुण मालीक्यूलर एसीस्टेड सेलेक्शन (molecular assisted selection), क्यू0टी0एल0 मैपिंग (QTL mapping) सामान्य प्रचलित प्रजनन पद्धति एवं मार्कर एसीस्टेड ब्रिडींग (molecular assisted breeding) आदि समाहित किये जाते हैं। इस नवीनतम तकनीक का उपयोग कर काशीफल या कद्दू (pumpkin) में उच्च बीटा कैरोटीन की मात्रा, खरबूजा व तरबूज में कुल विलेय शर्करा (TSS) एवं सुगन्ध, खीरा में ताजापन आदि को बढ़ाया जा सकता है। जैव रसायन की विधियों से प्रोटीन आइसोजाइम अलग कर पितृ निर्धारण, आनुवंशिक शुद्धता की जाँच व डी0यू0एस0 (DUS) के निर्देश में उपयोग किया जाता है।

चिन्हक (Markers)

दैहिक बनावट/संरचना व जैव रासायनिक चिन्हक का उपयोग फसल सुधार के लिए सक्रिय रूप से किया जाता है।

चिन्हक के प्रकार (Types of marker)

आनुवंशिक चिन्हक सामान्यतः वंशानुगत होते है जिसे तीन रूपों में विभेदित करते हैं–

1. दैहिक बनावट या संरचना चिन्हक (Morphological Markers)
2. जैव रासायनिक चिन्हक (Biochemical Markers)
3. आण्विक चिन्हक (Molecular Markers)

1. दैहिक बनावट या संरचना चिन्हक (Morphological Markers)

इसमे वाहय दृश्य रूप में चिन्हक गुण के रूप में देखा जा सकता है।

2. जैव रासायनिक चिन्हक (Biochemical Markers)

इन्जाइम की विकल्पी विविधता या आइसोजाइम जब बहुरूपी इन्जाइम के आनुवंशिक आधार का पता नही था, तब इसका महत्व था। विभिन्न इन्जाइम के अणुरूप स्वरूप उसी जीन के विभिन्न विकल्पी से लिपटे होते हैं, उसे एल्लोजाइम कहते हैं। जब विभिन्न कणत्व रूप विभिन्न बिन्दु से लिपटे होते है, उसे आइसोजाइम कहते हैं। एक ही जीव बहुगुणी कणत्व रूप में इन्जाइम किसी उत्तक से जुड़ा होता है और लैक्टेट डीहाइड्रोजिनेस जुड़कर सक्रिय भूमिका निभाता है।

3. आण्विक चिन्हक (Molecular Markers)

कुछ दशकों से प्रजनन के द्वारा सहलग्नता नक्शा का निर्माण किया गया है, जिसमें बाह्य संरचना निर्धारक बिन्दु, प्रतिरोधी जीन एवं उत्परिवर्त्य, दैहिक क्रिया को प्रभावित करते हैं, लेकिन इसका उपयोग बहुत कम है। इसलिए आधुनिक समय में विशिष्ट ध्यान, प्रोटीन व डी0 आक्सीराइबोस न्यूक्लिक एसीड (DNA) आधारित कणत्व नक्शा तैयार करने में किया जा रहा है। ये दोनों चिन्हक

पालीमार्फिज्म (polynmorphism) पर आधारित है, जो जिनोमिक डी0एन0ए0 की प्राथमिक विभिन्नता स्तर की वजह से होती है। प्रोटीन चिन्हक के माध्यम से पालीमार्फिजम का निर्धारण इलेक्ट्रोफोरेटिक (electrophoretic) या एन्टीजेनिक पेप्टाइड (antigenic peptide) विविधता द्वारा होती है, जबकि डी0एन0ए0 चिन्हक सीधे तौर पर डी0एन0ए0 स्तर की विविधता को स्पष्ट करता है। चाहे यह "कोडिंग (coding) या नान कोडिंग"(non-coding) क्षेत्र में स्थिति हो। इसमें डी0एन0ए0 की स्थिति व विविधता का पता लगाया जाता है।

सारीणी (8.15) डी0एन0ए0 का चरणवद्ध विकास

वर्ष	संक्षिप्त शब्द	पूर्ण नाम	सन्दर्भ
प्रथम चरण			
1974	आर0एफ0एल0पी0	रिसट्रिक्शन फ्रैग्मेन्ट लेन्थ पालीमार्फिज्म	ग्रोडजीकर एवं सहयोगी, 1974
1985	वी0एन0टी0आर0	वैरियेबल नम्बर टैण्डेम रीपीट्स	जेफ्रेज एवं सहयोगी, 1985
1986	ए0एस0ओ0	एलिल स्पेसीफीक ओलिगो न्यूक्लियोटाइड्स	सैकी एवं सहयोगी, 1986
1988	ए0एस0–पी0सी0आर0	एलिल स्पेसीफीक पालीमरेस चेन रिएक्शन	लैण्डग्रेन एवं सहयोग, 1988
1988	ओ0पी0	ओलिगो न्यूक्लियोटाइड पालीमार्फिज्म	बेकमैन, 1988
1989	एस0एस0सी0पी0	सिंगल स्ट्रैन्डेड कनफार्मेशनल पालीमार्फिज्म	ओरिता एवं सहयोगी, 1989
1989	एस0टी0एस0	सिक्वेन्स टैग्ड साइट	आलसेन एवं सहयोगी, 1989
द्वितीय चरण डी0एन0ए0 चिन्हक			
1990	आर0ए0पी0डी0	रैण्डोमली एम्लीफाइड पालीमार्फिक डी0एन0ए0	विलियम्स एवं सहयोगी, 1990
1990	ए0पी0–पी0सी0आर0	आबीट्रैरीली प्राइम्ड पालीमरेस चेन रिएक्शन	वेल्श एण्ड मैक्क्लैन्ड, 1990
1990	एस0टी0एम0एस0	सिक्वेन्स टैग्ड माइक्रो सैटेलाइट साइट्स	बेकमेन एण्ड सोलर, 1990
1991	आर0एल0जी0एस0	रिस्ट्रीक्शन लैण्डमार्क जिनोम स्कैनिंग	हटाडा एवं सहयोगी, 1991
1992	सी0ए0पी0एस0	क्लेण्ड एम्पलीफाइड पालीमार्फिक सिक्वेन्स	अकोप्याज एवं सहयोगी, 1992
1992	डी0ओ0पी0–पी0सी0आर0	डिजनरेट ओलिगो न्युक्लियोटाइड प्राइमर पी0सी0आर0	टेलेनियस, 1992
1992	एस0एस0आर0	सिम्पल सिक्वेन्स रीपीटस	अपब्काया एवं सहयोगी, 1992

1992	एम0एम0ए0पी0	मल्टीपल आब्रीट्रेरी एम्लीकान प्रोफाइलिंग	सीटानो एनोलेस एवं सहयोगी, 1993
1993	एस0सी0ए0आर0	सिक्वेन्स कैरेक्टोराइज्ड एम्पलीफाइड रीजन	परान एण्ड माइकेलमोर, 1993
नवीनतम पीढ़ी के डी0एन0ए0 चिन्हक			
1994	आई0एस0एस0आर0	इण्टर सिंपल सिक्वेस रीपीट्स	जैटेक्वीज, 1994
1994	एस0एन0पी0	सिंगल न्यूक्लियोटाइड पालीमार्फिज्म	जोर्डेन व हम्फीन्स, 1994
1995	ए0एफ0एल0पी0 (एस0आर0एफ0)	एम्पलीफाइड फ्रेग्मेन्ट एम्पलीफिकेशन	वास एवं सहयोगी, 1995
1995	ए0एस0ए0पी0	एलील स्पेसीफीक, फ्रैग्मेन्ट लेन्थ पालीमार्फिज्म	गू एवं सहयोगी, 1995
1996	सी0एफ0एल0पी0	क्लीवेज फ्रैग्मेन्ट लेन्थ पालीमार्फिज्म	ब्रो, 1996
1996	आई0एस0टी0आर0	इन्वर्स सिक्वेन्स टैग्ड रीपीट्स	रोहडे, 1996
1997	डी0ए0एम0डी0–पी0सी0आर0	डाइरेक्ट एम्पलीफिकेशन आफ मिनी सैटेलाइट डी0एन0ए0–पी0सी0आर0	बाबेली एवं सहयोगी, 1997
1997	एस0एस0ए0पी0	सिक्वेन्स स्पेसीफीक एम्पलीफाइड पालीमार्फिज्म	वाघ एवं सहायोगी, 1997
1998	आर0बी0आई0पी0	रेट्रोट्रान्सपोसान बेस्ड इन्जर्शनल पालीमार्फिज्म	फलावेल एवं सहयोगी, 1998
1999	आई0आर0ए0पी0	इण्टर रेट्रोट्रान्सपोसान एम्पलीफाइड पालीर्फिज्म	क्लेण्डर एवं सहयोगी, 1999
1999	आई0ई0एम0ए0पी0	रेट्रोट्रान्सपोसान माइक्रोसैटेलाइट एम्पलीफाइड पालीमार्फिज्म	क्लेण्डर एवं सहयोगी, 1999
2000	एम0आई0टी0ई0	मिनीएचर इन्वर्टेड रीपीट ट्रान्सपोसेबल	कासा एवं सहयोगी, 2000
2000	टी0ई0ए0एफ0एल0पी0	थ्री–इण्डोन्यूक्लियज, एम्लीफाइड फ्रैग्मेन्ट लेन्थ पालीमार्फिज्म	वॉडरवूर्फ एवं सहयोगी, 2000
2001	आई0एम0पी0	इण्टर एम0 आई0टी0ई0 पालीमार्फिज्म	चॉग एव सहयोगी, 2001
2001	एस0आर0ए0पी0	सिक्वेन्स रिलेटेड एम्पलीफाइड पालीमार्फिज्म	ली एवं क्वीरास, 2001

टैंक्सले एवं सहयोगी (1996) ने स्पष्ट किया की कणत्व चिन्हक (molecular markers) से दैहिक संरचना व पुराने चिन्हक (morphological and conventional) की तुलना में नवीनतम व तकनीक विशिष्ट (modern or classical markers) पद्धतियाँ निम्न प्रकार उपयोगी है–

- बाह्य दृश्य रूप (phenotypic) में कुछ दैहिक चिन्हक पौधे पर ही पहचाने जा सकते है, जबकि जीन प्रारूप में कणत्व बिन्दु का निर्धारण कोशकीय, उत्तकीय व पौध तीनों स्तर पर किया जा सकता है।
- दैहिक (physical) व रासायनिक (chemical) स्तर पर पहचान योग्य विकल्पियों की संख्या कम तथा बाह्य रूप से प्रयोग होने वाले उत्प्रेरक पर आधारित होते है जबकि आर0एफ0एल0पी0 असंख्य चिन्हक स्पष्ट करता है। अतः बाह्य दृश्य रूप में पालीफारर्मिज्म स्वरूप को परिवर्तित करें यह आवश्यक नही है या निर्धारण योग्य प्रोटीन रक्षण करें।
- बाह्य दृश्य रूप चिन्हक का जुड़ाव सामान्यतया अवाँछित लक्षण प्ररूपी होता है, लेकिन ऐसी स्थिति कणत्व प्रजनन के साथ नही है।
- कणत्व प्रजनन के विकल्पियों में ज्यादातर चिन्हक उप–प्रभावी होते हैं अतः सभी जीन प्रारूप किसी भी पीढ़ी में अग्रसारित हो रहे हों, पहचाने जा सकते हैं।

कणत्व चिन्हक में केवल कुछ ''इपीस्टैटिक (epistatic) व प्लीयोट्रोपिक' प्रभाव (pleotropic effect) होते हैं, अतः एकल समूह में भी असंख्य अग्रसारित चिन्हक को नियंत्रित किया जा सकता है।

आण्विक चिन्हक का निर्धारण (Determination of molecular markers)

आण्विक चिन्हक के निर्धारण को तीन समूहों में बाँटकर किया जा सकता है–

1. नान–पालीमरेस चेन रिएक्शन आधारित (Based on non-polymerse chain reaction)
2. पालीमरेस चेन रिएक्शन आधारित (Based on polymerse chain reaction)
3. डीआक्साराइबोस न्यूक्लिक एसीड चीप आधारित (Based on Deoxyribosnuclic acid chip)

(1) नान–पालीमरेस चेन रिएक्शन आधारित (Based on non-polymerse chain reaction)

1. रेस्ट्रीक्सन फ्रेग्मेन्ट लेन्थ पालीमार्फिजम (Restriction Fragment Length Polymorphism or RFLP)

नान–पालीमरेज चेन रिएक्शन आधारित चिन्हक के अन्तर्गत रेस्ट्रीक्सन फ्रेग्मेन्ट लेन्थ पालीमार्फिजम (Restriction Fragment Length Polymorphism or RFLP) तकनीक आता है। जितने भी चिन्हक का विकास किया गया, उनमें आर0एफ0एल0पी0 पहला चिन्हक पद्धति है, जो मानव जीनोम का नक्शा बनाने के लिए प्रयोग किया गया। इसके बाद इसका उपयोग पौध जिनोम नक्शा हेतु उपयोग में लाया गया (बेवर, 1989)। इस विधि में डी0एन0ए0 को एक विशिष्ट श्रेणी या अनुक्रम में विभाजित करता है। इसकी इलेक्ट्रोफोरेसिस का झिल्ली पर धब्बे बनाकर व अंकित क्लोन के साथ प्रोब (probe) बनाकर प्रक्रिया पूरी करते हैं। डी0एन0ए0 अनुक्रम विविधता जो इस पद्धति से विकसित

करते है, को ''रेस्ट्रीक्सन फ्रैग्मेन्ट लेन्थ पालीमार्फिजम'' कहते है (बोटस्टैन एवं सहयोगी, 1980)। यह प्द्धति पालीमार्फिज्म की सबसे उपयुक्त पद्धति है, जिससे जीन प्रारूप की विविधता गणना सही तरीके से की जा सकती है। आर0एफ0एल0पी0 उप–प्रभावी (codominant) होते है अतः विशिष्ट ''लोकस'' पर पहचाने जा सकते है।

उपयोग

- आर0एफ0एल0पी0 उप–प्रभावी (codominant) होते है। अतः विषमयुग्मज का समयुग्मज से अलग पहचान की जा सकती है।
- आर0एफ0एल0पी0 के माध्यम से मोनोजेनिक गुणों (monogenic traits) की पुछिल्ला (tagging) या जोडा की जा सकती है।
- आर0एफ0एल0पी0 के माध्यम से बहुआनुवंशिकी संबन्धों की जानकारी प्राप्त की जा सकती है।
- आर्थिक महत्व के प्रमुख जीन पुछिल्ला (tagging) की जा सकती है।

उत्तरी अमेरिका में खीरे की प्रसंस्करण की जाने वाली प्रभेदों का जननद्रव्य वृद्धि कुछ विशिष्ट गुणों जैसे बहु सह–शाखाओं का विकास, क्रमागत फलों का लगना, व रोग रोधिता को समाहित करने के लिए कुकुमिस सेटाइवस वार0 हार्डविक्की (*Cucumis sativus* var. *hardwickii*) और कुकुमिस सेटाइवस (*Cucumis sativus*) का सहारा लिया गया। यू0एस0डी0ए0–सी0आई0पी0 (U.S.D.A.-C.I.P.) द्वारा खीरे के गुणों का विवरण कणत्व चिन्हक (आइसोजाइम, आर0एफ0एल0पी0 व आर0ए0पी0डी0) के द्वारा किया गया। खीरे में पालीमार्फिजम का स्तर बहुत न्यून (~0.2–10) होता है, जिससे आनुवंशिक नक्शा तैयार करते समय कणत्व चिन्हक का समूहीकरण देखने को मिलता है। यू0एस0डी0ए0–सी0आई0पी0 ने 'क्वान्टीटेटीव ट्रेट लोसाई'(QTL) (उपज व गुण घटक) के माध्यम से 70 आर0एफ0एल0पी0 तथा 80 आर0ए0पी0डी0 चिन्हक का दो समूहों में पता लगाया है। इस पद्धति के माध्यम से ज्यादा पालिमार्फिजम का पता किया गया है, जो प्रजातीय समूहों को अलग करने में मदद करता है, लेकिन दिये गये समूह की लाइन को विभेदित नही करता। कुकुमिस मेलो (*Cucumis melo*) के जिनोम विश्लेषण से पता चला है कि डी0एन0ए0 के अनुक्रम स्तर में बहुत कम विभिन्नता मिलती है, जो आर0एफ0एल0पी0 चिन्हक के लिए कम है। खरबूजा के जिनोम उच्च स्तर तक बार–बार बनने वाले डी0एन0ए0 अनुक्रम वाले होते हैं। एक अध्ययन के दौरान 15 कुकुमिस सेटाइवस (*Cucumis sativus*) व एक जंगली ''कुकुमिस हाईविक्की (पी0आई0183970) का विभिन्न उत्पत्ति स्थल का आर0एफ0एल0पी0 विविधता का विश्लेषण आनुवंशिक सम्बन्ध से किया गया, जो आइसोजाइम के परिणाम के समतुल्य थे। वर्तमान समय में पादप बाह्य संरचना अध्ययन में आर0एफ0एल0पी0 ज्यादा महत्वपूर्ण भूमिका निभा रहा है और आइसोजाइम लोसाई (isozyme loci) का उपयोग खीरे के वानस्पतिक विवरण व पौध प्रजाति संरक्षण (Plant Variety Protection) में किया जा रहा है (पिज्खूइजेन एवं सहयोगी, 1996)।

सारीणी (8.16) रोगरोधिता के लिए पहचाने गये आर0एफ0एल0पी0 चिन्हक

फसल	रोगकारक	जीन	सन्दर्भ
टमाटर	मेलोडोगाइन इनकागनीटा	एम0आई0–3	यागहुबी एवं सहयोगी, 1995
	फाइटोफ्थोरा इनफेस्टान्स	पी0एच02	मोरेयू एवं सहयेागी, 1998
	यलो लीफ कर्ल वाइरस	टी0वाई01	जमीर एवं सहयोगी, 1994
	टास्पोवाइरस	एस0डब्ल्यू–5	ब्रेमान शेनलक एवं टैन्क्सले, 1997
आलू	फाइटोफ्थोरा इन्फेस्टान्स	आर0–1 व आर0–3	इलखारबोतली एवं सहयोगी, 1994
मटर	पी. कामन मोजैक वायरस	एम0ओ0	डिर्लेवांगर एवं सहयोगी, 1994

2. पालीमरेज चेन रिएक्शन आधारित (Based on polymerase chain reaction)

पालीमरेज चेन रिएक्शन (polymerase chain reaction) पद्धति के अन्तर्गत निम्न लिखित विधियों का उपयोग किया जाता है।

अ. रैण्डम एम्पलीफाइड पालीमार्फिक डी0एन0ए0 (Random Amplified Polymorphic DNA)

ब. माइक्रोसैटेलाइट या सिम्पल सिक्वेन्स रीपीट्स पालीमार्फिज्म (Micro- satellites or simple sequence repeat polymorphism-SSRP)

स. आर्बीट्ली प्राइम्ड पालीमरेज चेन रिएक्शन (Arbitrarily primed polymerase chain reaction or AP-PCR)

द. एम्पलीफाइड फ्रैग्मेन्ट लेन्थ पालीफार्मिजम (Amplified fragment length polymorphism or AFLP)

अ. रैण्डम एम्पलीफाइड पालीमार्फिक डी0एन0ए0 (Random amplified polymorphic DNA-RAPD)

रैण्डम एम्पलीफाइड पालीमार्फिक डी0एन0ए0 की उपयोगिता विभिन्न समूहों के पौधों के पालीमार्फिक विभिन्नता को ज्ञात करने के लिए ज्यादा किया जा रहा है, जिससे आनुवंशिक रूप से ज्यादा नजदीकी रखने वाले जीन का स्थानान्तरण किया जा सके। इसकी निम्नलिखित उपयोगिता है।

- नान रैडियएक्टीव (non-radioactive) पहचान
- डी0एन0ए0 अनुक्रम की पूर्व संरचना की आवश्यकता नही
- किसी भी जीनोम के लिए यूनिवर्सल प्राइमर्स" (primers) है।
- जीनोमिक डी0ए0ए0 (genomic DNA) की बहुत न्यून मात्रा ही उचित है।
- पालिमार्फिज्म के अनेक तत्वों की पहचान की जा सकती है।
- प्रयोगशाला में कार्य की सहजता/सुगमता

गार्सिया एवं सहयोगियों ने आर0ए0पी0डी0 (RAPD) का प्रयोग करके खरबूजा के 9 प्रजातियों से 39 एम्पलीफिकेशन (amplification) उत्पाद द्वारा पालीमार्फिज्म की उपस्थिति का ज्ञान हुआ। खीरा में नर व मादा कलिका की सी0डी0एन0ए0 लाइब्रेरीज तैयार की जा चुकी है। लौकी (bottle gourd) को कई बार उगाकर बीज को एकत्रित किया गया। इससे तैयार पौध की आर0ए0पी0डी0 (RAPD) व क्लोरोप्लास्ट (chloroplast) अनुक्रम तैयार किया जिससे ज्ञात हुआ कि जिम्बाबे का जननद्रव्य अन्य जंगली जननद्रव्य का ही एक भाग है। इसी प्रकार वाल्टर्स (2001) ने लौकी के 31 स्थानीय व 43 आयातित किस्मों की विविधता का अध्ययन 64 आर0ए0पी0डी0 चिन्हक, जिसमें 30 प्राइमर्स द्वारा लैजीनेरिया साइसेरेरिया (*Lagenaria siceraria*) तथा लौकी की जंगली प्रभेद लैजीनेरिया स्फीरिका (*Lagenaria sphaerica*) को लेकर तुलनात्मक अध्ययन किया गया। परवल में मादा लिंग से सम्बन्ध आर0ए0पी0डी0 चिन्हक के द्वारा ज्ञात हुआ (सिंह एवं सहयोगी, 2002)। इससे नवोद्भिद पौध (seedling) अवस्था में नर व मादा की पहचान में सहयता मिलेगी। कुकुरबिटा (*Cucurbita* species) जीनोम की आंशिक नक्शा तैयार करने पर ज्ञात हुआ कि कुल 28 सह–सलग्न समूह में 148 आर0ए0पी0डी0 (RAPD) चिन्हक है (ब्राउन एवं सहयोगी, 2002)। इसी प्रकार खरबूजा की 17 स्थानीय किस्मों की विविधता जानने के लिए विश्लेषण किया और पाया कि 19 प्राइमर्स (primers) संकेत देते हैं कि एक "23 आर0ए0" छोड़कर सभी आपस में समान है (स्टौब एवं सहयोगी, 2004)।

सारीणी (8.17) रोगरोधिता पहचान के लिए आर0ए0पी0डी0 चिन्हक

फसल	रोगकारक के लिए प्रतिरोधिता	जीन एम0 आई0	प्रकार के चिन्हक	सन्दर्भ
टमाटर	मेलोडोगाइन इन्कागनीटा (*Meloidogyne incognita*)	एम0आई0 (Mi)	आर0ए0पी0डी0	विलियम एन एवं सहयोगी, 1994
	मेलोडोगाइन इन्कागनीटा (*Meloidogyne incognita*)	एम0आई0–3 (Mi3)	आर0ए0पी0डी0 आर0एफ0एल0पी0	चागहूबी एवं सहयोगी, 1995
	लेबेल्लूला टौरिका (*Leveillula taurica*)	एल0बी0 (Lv)	आर0एफ0एल0पी0, आर0ए0पी0डी0	चूबांग्से एवं सहयोगी, 1994
	वर्टिसिलियम दाहली (*Verticillium dahliae*)	वी0इ0 (Ve)	आर0ए0पी0डी0	कावचूक एवं सहयोगी, 1994
	क्लोडोस्पोरियम फुलवम (*Cladosporium fulvum*)	(Cfa)	ए0एफ0एल0पी0	–
	फाईटोप्थोरा ईन्फेस्टान्स (*Phytophthora infestans*)	पी0एच02 (Ph_2)	आर0एफ0एल0पी0	–
	यलो लीफ कर्ल वायरस	टी0 वाई0 1 (Ty1)	आर0एफ0एल0पी0	–

	टास्पो वायरस	एस0 डब्ल्यू (Sw-5)	आर0एफ0एल0पी0	–
आलू	फाईटोप्थोरा ईन्फेस्टान्स (*Phytophthora infestans*)	आर0 1, आर0 2	आर0एफ0एल0पी0	–
लेट्यूस	ब्रीमिया लैक्टूसी (*Bremia lactucae*)	डी0एम0–17-18 (Dm-17 &18)	आर0ए0पी0डी0, एस0सी0ए0आर0	मैसोन्ने एवं सहयोगी, 1994
		डी0एम0–8,10 (Dm-8 &10)	आर0ए0पी0डी0, एस0सी0ए0आर0	बिटसेन बोर एवं सहयोगी, 1995
	प्लाज्मोपैरा लैक्टूकी–रैडीसीस (*Plasmoparaa lactucae-radicis*)	पी0एल0आर0 (Plr)	आर0ए0पी0डी0, आर0एफ0एल0पी0	केस्सेली एवं सहयोगी, 1994
	टर्नीप मोजैक वायरस (turnip mosaic virus)	टी0यू0 (Tu)	आर0ए0पी0डी0, आर0एफ0एल0पी0	रोबिन्स एवं सहयोगी, 1994
बीन	कामन बीन मौजेक वायरस (Common bean mosaic virus)	आई0 (I)	आर0ए0पी0डी0	मेलेट्टो एवं सहयोगी, 1996
मटर	इरीसीफी पालीगोनी (*Erysiphe polygone*)	ई0आर0 (Er)	आर0ए0पी0डी0	डिर्लेवांगर एवं सहयोगी, 1994
	मटर बीन मौजेक वायरस (Pea common mosaic virus)	मो0 (Mo)	आर0एफ0एल0पी0	–
	फ्यूजेरियम आक्सीपोरम (*Fusarium oxysporum*)	फ्यू (Fue)	माइक्रोसैटेलाइट	–
चायनीज पत्ता गोभी	प्लाज्मोडियोफोरा ब्रेसिकी (*Plasmodiophora brassicae*)	पी0 (P)	आर0ए0पी0डी0	कुगीनूकी एवं सहयोगी, 1997

(ब) माइक्रोसैटेलाइट या सिम्पल सिक्वेन्स रीपीट (एस0एस0आर0) व मिनी सैटेलाइट्स

सिम्पल सिक्वेन्स रीपीट (simple sequence repeats) पद्धति युकैरियोट्स'' (eukaryots) के अध्ययन में सर्वव्यापी माना जाता है। माइक्रोसैटेलाइट (micro-satellite) डी0 आक्सीराइबोस न्यूक्लिक एसीड अनुक्रम, टैन्डेम रीपीटेशन (tandem repeatation) से है, जो कई उच्च जीवधारियों में पाया जाता है। इसमें सबसे ज्यादा सामान्य स्थिति डाइन्यूकिलियोटाइड रीपीट से होता है। साधारण होने के साथ–साथ पालीमार्फिक भी है। इनकी रीपीट 20 बी0पी0 (base pair) से भी लम्बा है जो 33 के0बी0 (kb) पौधों में पाया जाता है, जो जानवरों की तुलना में 6 के0बी0 (kb) होते हैं। मानव में ए0सी0 (AC) या टी0सी0 (TC) सामान्य है, जबकि पौधों में ए0टी0 के साथ साथ ए0जी0 (AG) या टी0सी0 (TC) विभिन्न प्रजातियों में रीपीट इकाई विभिन्न संख्या में होते हैं। माइक्रोसैटेलाइट/सिम्पल सिक्वेन्स रीपीट/एस0टी0एम0एस0 चिन्हक मुख्यतः सोयाबीन, लोबिया, ब्रेसिका, टमाटर, कसावा आदि में किया गया है।

उपयोग

- पालीमार्फिजम ज्यादा उत्पत्तिदायक (reproducible) है।
- गुणवत्ता की दृढ़ता (robustness) है।
- माइक्रोसैटेलाइट (micro-satellite) का अग्रसारण उप–प्रभावी चिन्हक (co-dominant marker) के रूप में होता है।
- पालीमार्फिक लोसाई (polymorphic loci) के लिए सबसे उपयुक्त सही व जल्द ज्ञात होने वाला पद्धति है।
- जीनोम भौतिक मापन व नक्शा तैयार करना सम्भव है।
- उच्च विविधता का मापन सम्भव है।

डैनिन–पोलेज एवं सहयोगियों ने (1996) माइक्रोसैटेलाइट (micro-satellite) व आर0ए0पी0डी0 (RAPD) चिन्हक का प्रयोग कर खरबूजा की 8 प्रजातियों का विश्लेषण किया। इससे 78 प्रतिशत पालीमार्फिजम (polymorphism) का पता चला जबकि आर0ए0पी0डी0 से मात्र 38 प्रतिशत पालीमार्फिजम का पता चला। इस पदृति से यह भी पता चला कि खीरा व खरबूजा, एकल प्रभेद में प्राइमर का प्रयोग किया जा सका है। खरबूजा में जीन विविधता की उच्चता सीमा (0.22–0.83) थी, जिसके साथ 2–6 प्रत्येक एस0एस0आर0 के विकल्पी थे। पालीमरेज चेन रिएक्शन (polymerase chain reaction) से खीरा का अध्ययन एवं विश्लेषण फैजियो एवं सहयोगी ने सन् 2002 में किया तथा 110 एस0एस0आर0, 4 एस0सी0ए0आर0 एवं 2 एस0एन0पी0 चिन्हक का पता लगाया।

माइक्रोसेटेलाइटस् (micro-satellite) पद्धति से जीन प्रारूप की पहचान व पादप प्रजाति बचाव (plant variety protection), बीज की शद्धता जाँच (purity of seed), व जननद्रव्य संरक्षण (germplasm conservation), क्यू0टी0एल0 (quantitative trait loci) मापन व चिन्हक आधारित चयन प्रक्रियाओं में ज्यादा सहायक है। सब्जियों में आवश्यकता है, ज्यादा संख्या में माइक्रोसैटेलाइट बिन्दुओं (micro-satellite points) का मापन किया जाये और कणत्व प्रजनन के लिए सबको उपलब्ध कराया जाये।

सिंगल स्ट्रैन्डेड कनफर्मेशन पालीमार्फिज्म (Single Stranded Conformation Polymorphism, SSCP)

सिंगल स्ट्रैन्डेड कनफर्मेशन पालीफार्मिज्म (single stranded conformation polymorphism) तकनीक, पालीमार्फिज्म की पहचान के लिए सबसे उत्तम व अतिशीघ्र सम्पन्न होने वाली तकनीक मानी जाती है और इसका उपयोग व्यापक स्तर पर किया जा रहा है। इसका उपयोग केवल छोटे डी0एन0ए0 फ्रैग्मेन्ट (DNA fragment) के लिये ज्यादा महत्वपूर्ण है। इस तकनीक से उसी डी0एन0ए0 समतुल्य कणत्व भार वाले फ्रैग्मन्ट (fragment) की पहचान की जा सकती है, इतना ही नही इस पद्धति से कुछ न्यूक्लियोटाइड के आधार में होने वाले परिवर्तन की पहचान सुगमता से की जा सकती है। वर्तमान समय में मानव में होने वाले वंशानुगत बीमारियों के पहचान के लिए किया जा रहा है।

सिक्वेन्स कैरेक्टेराइज्ड एम्पलीफाइड रीजन (Sequence characterized amplified region; SCAR)

सिक्वेन्स कैरेक्टेराइज्ड एम्पलीफाइड रीजन (sequence characterized amplified region) एंकल आनुवंशिक निर्धारित बिन्दु पर स्थिति एक जीनोमिक डी०एन०ए० फ्रैग्मेन्ट (genomic DNA fragment) है, जिसकी पहचान एक जोड़ी विशिष्ट ओलीगोन्यूक्लियोटाइड प्राइमर्स (oligonucleotide primers) का प्रयोग कर पालीमरेस चेन रिएक्शन (polymerse chain reaction) के द्वारा किया जाता है। विलियम एवं सहयोगी ने वर्ष 1991 में आर०एफ०एल०पी० चिन्हक को एस०सी०ए०आर० में परिणित, जिनोमिक डी०एन०ए० क्लोन के दो अन्त वाले भाग के प्रयोग से किया और ओलीगोन्यूक्लियोटाइड प्राइमर्स आधारित अन्तिम सिक्वेन्स की संरचना तैयार की। पालीमार्फिक क्षेत्र को बढ़ाकर ये प्राइमर्स सीधे जिनोमिक डी०एन०ए० पर पालीमरेस चेन रिएक्शन (PCR) प्रक्रिया द्वारा किया गया। अगर एम्पलीफाइड फ्रैग्मेन्ट लेन्थ पालीमार्फिज्म की पहचान नही होती है, तो पालीमरेस चेन रिएक्शन फ्रैग्मेन्ट को ''रेस्ट्रीक्शन डाइजेशन'' प्रक्रिया से गुजारते है, जिससे एम्पलीफाइड फ्रैग्मेन्ट में आ०एफ०एल०पी० की पहचान होती है। इस तकनीक का सबसे ज्यादा उपयोगिता है, क्योंकि यह आर०ए०पी०डी० की तुलना में उप–प्रभावी (co-dominat) वंशानुगत है और इसी रूप में वंशानुगत स्थिति को प्रदर्शित करता है।

एम्पलीफाइड फ्रैग्मेन्ट लेन्थ पालीमार्फिजम (Amplified Fragment Length Polymorphism, AFLP)

यह पद्धति पालीमरेज चेन रिएक्शन पर आधारित है, जिसमें रेस्ट्रीक्शन टुकड़े जो विशिष्ट रेस्ट्रीक्शन इन्जाइम्स द्वारा उत्पन्न होते हैं व कुछ न्यूक्लियोटाइड से ओलीगोन्यूक्लिपोटाइड में परिवर्तित होते हैं (बोस एवं सहयोगी, 1995) जिस की पहचान होती है। इस पद्धति से बहुत ज्यादा संख्या में रेस्ट्रीक्शन फ्रैगमेन्ट बैण्डस बनते हैं। इस पद्धति से बहुत ज्यादा संख्या में रेस्ट्रीक्शन फ्रैग्मेन्टस की संख्या जो एम्पलीफाइड होते हैं, को नियंत्रित किया जा सकता है। इसके लिए विभिन्न आधार संख्या व एडाप्टर्स (adopters) में न्यूक्लियोटाइड (nucleotide) के संघटन का पता होना चाहिए।

उपयोग

- विकसित हो रहे पालीफार्मिक चिन्हक के लिए उपयोगी तकनीक है।
- संतृप्त नक्शाकरण (saturation mapping) व प्रजातियों के बीच विभेद जानने के लिए उपयोगी है।
- उच्च दर से पुनः उत्पादक है।
- इसके द्वारा विषम युग्मज का सम युग्मज से विभेद किया जा सकता है। इसके लिए विकल्पी सघनता (allelic density) का आधार मापन करते हैं।
- इस पद्धति से बहुत ज्यादा संख्या में डी०एन०ए० बैण्डस को ज्ञात किया जा सकता है जिससे अनेकों पालीमार्फिक चिन्हक की पहचान सम्भव है।
- इस पद्धति से बिन्दु उत्परिवर्तन (point mutation) की पहचान सम्भव है।

कुकुरबिटा मोस्चाटा (*Cucurbita moschata*) के 47 जननद्रव्यों का ए0एफ0एल0पी0 विश्लेषण से जीन स्तर को एम्पलीफाई किया गया। इसके उत्पत्ति जीन स्तर को दक्षिण अमेरिका व स्पेन से प्राप्त जननद्रव्यों से दो में स्वतंत्र उप स्थापन अमेरिकी क्षेत्र में पाया गया। इसमें भी जीन फ्लो (gene flow) व इन्ट्रोगेशन (introgation) सम्बन्धित प्रजाति से हुआ है। प्रिंसपल कोआर्डीनेट विश्लेषण (PCA) से सेन्ट्रल व दक्षिण अमेरिका के जननद्रव्यों को ए0एफ0एल0पी0 के माध्यम से स्पेन के जनन द्रव्य को अलग किया जा सका। इतना ही नही एस0आर0ए0पी0 के माध्यम से दक्षिण अमेरिका के जननद्रव्यों के दूसरे से एक अलग समूह में विभेदित कर दिया। अतः अत्यन्त पुराने जननद्रव्यों के गुणों का विश्लेषण इस तकनीक से सम्भव है।

सारीणी (8.18) रोगरोधिता के लिए ए0एफ0एल0पी0 चिन्हक

फसल	रोगकारक	जीन	सन्दर्भ
टमाटर	क्लोडोस्पोरियम फुलवम (*Cladosporium fulvum*)	सी0एफ0–9 (cf-9)	थामस एवं सहयोगी, 1995

आण्विक जैविकी का आधुनिक परिदृश्य (Modern scenario in molecular biology)

आण्विक जैविकी के अर्न्तगत अनेकों प्रकार के आधुनिक तकनीकों के प्रयोग से यह स्पष्ट हो गया है कि किसी भी जीवधारी में निहित जीनोमिक विभिन्नता का उपयोग विशिष्ट गुणों के सुधार हेतु किया जा सकता है। कुछ उपलब्ध आधुनिक चिन्हक जिसमें डी0एन0ए0 स्तर की विभिन्नता मापन की योग्यता है। वर्तमान समय में 100 से ज्यादा आण्विक चिन्हक उपलब्ध हैं जिसका उपयोग उद्देश्य के अनुरूप अलग–अलग है। कुछ प्रमुख नवीनतम आण्विक चिन्हक इस प्रकार है।

इण्टर सिंम्पल सिक्वेस रीपीटस (Inter Simple Sequence Repeats, ISSR)

इण्टर सिंम्पल सिक्वेस रीपीटस (inter simple sequence repeats) एक आधुनिकतम विधि है, जो पालीमरेस चेन रिएक्शन (PCR) के लिए एक प्राइमर (primer) पर आधारित होता है और सिम्पल सिक्वेन्स रीपीट को सख्त बनाता है तथा व्युतक्रम झुकाव से जुड़े क्षेत्र को बढ़ाता है। इस पद्धति का प्रयोग किसी भी स्पीशीज के लिये किया जाता है, जिनमें ज्यादा संख्या हो तथा एस0एस0आर0 वितरण की प्रधान चेष्टा या विचार हो। इसका सबसे बड़ा लाभ यह है कि इसमें जिनोमिक सिक्वेन्स आँकड़ा (genomic sequence data) की आवश्यकता नही होती है। यह तकनीक डी0एन0ए0 फ्रैग्मेन्ट (DNA fragment) के ज्यादा संख्या को प्रत्येक प्रतिक्रिया में बढ़ाता (amplifies) है जिससे सभी जीनोम के अपवत्य बिन्दु ज्ञात (multiple loci) किये जा सकते हैं। इस तकनीक के माध्यम से प्रजातियों की "फ्रिंगर प्रिन्टींग"(finger printing) सुगमता से की जा सकती है।

सेलेक्टीव एम्पलीफिकेशन आफ माइक्रोसैटेलाइट पालीमार्फिक लोसाई (Selective amplification of microsatellite polymorphic loci, Sample)

सेलेक्टीव एम्पलीफिकेशन आफ माइक्रोसैटेलाइट पालीमार्फिक लोसाई (selective amplification of microsatellite polymorphic loci) एक पालीमरेस चेन रिएक्शन आधारित बहुयामी डी0एन0ए0

पद्धति है, जिनमें एक–एक व्यक्ति के बीच आनुवंशिक पालीमार्फिज्म की पहचान के लिए माइक्रोसैटेलाइट प्राइमर्स (micro-satellite primers) का उपयोग किया जाता है। यह पूरी तरह से ए0एफ0एल0पी0 पर आधारित है, जहाँ पर टेम्पलेट, ए0एफ0एल0पी0 टेम्पलेट के समान होता है, लेकिन ''रेयर कटर प्राइमर'' माइक्रोसैटेलाइट द्वारा बदल दिया जाता है। उदाहरण के लिए $(सी0ए0)_{72}$, $(टी0ए0)_{22}$ अथवा $(जी0टी0)_{72}$, $(ए0टी0)_{22}$ ।

• सिंगल न्यूक्लियोटाइड पालीमार्फिजम (Single Nucleotide Polymorphism, SNP)

सिंगल न्यूक्लियोटाइड पालीमार्फिजम (single nucleotide polymorphism) द्वि–एलीलीक चिन्हक (bi allelic) है जो सिंगल न्यूक्यिोटाइड विविधता के परिवर्तन से उत्पन्न एक–एक व्यक्ति के बीच जुड़े हुए पालीमार्फिज्म को व्यक्त करता है। ये एकल न्यूक्लियोटाइड विविधता, बिन्दु उत्परिवर्तन (point mutation) के कारण होता है।

• एलील स्पेसीफीक एसोसियेटेड प्राइमर्स (Allele Specific Associated Primers, ASAP)

एलीलीक स्पेसीफीक एसोसियेटेड प्राइमर्स (allelic specific associated primers) एक पालीमरेस चेन रिएक्शन (polymerase chain reaction) पद्धति है, जिनमें आवश्यक तापमान वृद्धि का विचार एकल डी0एन0ए0 फ्रैग्मेन्ट उत्पन्न करने के लिए किया जाता है। यह किसी व्यक्ति विशेष में विकल्पी हित (allelic interest) हो सकता है, जिसकी पहचान ''डेकामेर ओलीगो द्वारा परिवर्धित स्थिति की तुलना सामान्य आर0ए0पी0डी0 डी0एन0ए0 (random amplified polymorphic DNA) चिन्हक से की जा सकती है।

• क्लीवेज फ्रैग्मेन्ट लेन्थ पालीमार्फिज्म (Cleavage Fragment Length Polymorphism, CFLP)

क्लीवेज फ्रैग्मेन्ट लेन्थ पालीमार्फिज्म (cleavage fragment length polymorphism), डी0एन0ए0 की अप्राकृतिक स्थिति को प्रदर्शित करता है, जिनमें मुड़ा हुआ, बाल कसने के सामान (hair pin) जैसी विकसित होती है और न्यूक्लियोटाइड अनुक्रम अद्भूत हो जाता है। इसमें इण्डोन्यूक्लीएज क्लीवेज–1(endonuclease cleavase-I) विशेष तौर पर एकल रज्जुक (single strand) तथा दोहरा रज्जुक (double strand) के बीच जुड़ने वाले स्थान को तोड़ता है। फ्रैग्मेन्टस को 5′ से चिन्हित करते है, इलेक्ट्रोफोरेसिस (electrophoresis) विधि से अलग करते है तथा दृष्टिगोचर करते है। पालीमार्फिक फ्रैग्मेन्टस एक उत्परिवर्तन को संकेतिक करते हैं और उसकी लम्बाई उत्परिवर्त्य स्थल की स्थिति को स्पष्ट करता है।

• इन्वर्स सिक्वेन्स टैग्ड रीपीट्स (Inverse Sequence Tagged Repeats, ISTR)

इन्वर्स सिक्वेन्स टैग्ड रीपीट्स (inverse sequence tagged repeats) एक पालीमरेस चेन रिएक्शन (PCR) आधारित बहु–बिन्दु चिन्हक (multi-locus markers) पद्धति है, जिसमें ओलीगोन्यूक्लियोटाइड प्राइमर्स (olegonucleotide primers) समजात का प्रयोग उच्च प्रतिलिपि

अनुक्रम तैयार करने में किया जाता है। बहु–बिन्दु पालीमार्फिक (polymorphic) बढ़ाव उत्पाद दो प्राइमर्स के द्वारा प्राप्त होता है, जिसकी दिशा बाहरी मूल की तरफ होता है। यह बढ़ाव, मूल से जुड़े खिंचाव को प्रेरित करता है।

• डाइरेक्टेड एम्पलीफिकेशन आफ मिनीसैटेलाइट डी0एन0ए0–पी0सी0आर0 (Directed Amplification of minisatellite, DNA-OCR, DAMD-PCR)

डाइरेक्टेड एम्पलीफिकेशन आफ मिनीसैटेलाइट डी0एन0ए0–पी0सी0आर0 (directed amplification of minisatellite, DNA-PCR), एक ऐसी तकनीक है जिसमें मिनीसैटेलाइट कोर को अनुक्रम का उपयोग पालीमरेस चेन रिएक्शन बढ़ाव हेतु प्राइमर्स के रूप में किया जाता है। यह देखा गया है कि विभिन्न स्तर तक पालीमार्फिज्म व व्यक्ति के बीच विशेष डी0एन0ए0 फिंगर प्रिन्टस उत्पन्न होता है, जिसका उपयोग स्पीशीज व पौध प्रजाति विभेदन के लिए किया जा सकता है।

• सिक्वेन्स स्पेशीफीक एम्पलीफाइड पालीमार्फिज्म (Sequence Specific Amplified Polymorphic, S-SAP)

सिक्वेन्स स्पेशीफीक एम्पलीफाइड पालीमार्फिज्म (sequence specific amplified polymorphism), एक प्रभावी अनेक तत्वों वाला चिन्हक पद्धति है, जिससे डी0एन0ए0 (DNA) के किनारे वाले हिस्से या प्रवेशन क्रिया कलाप को सम्पादित करता है। प्राप्त टुकड़ों को पालीमरेस चेन रिएक्शन के माध्यम से विस्तारित किया जाता है, जिसमें एक प्राइमर जो सुरक्षित एल0टी0आर0 के अन्त तथा एक रिस्ट्रीक्शन इण्डोन्यूक्लियेज (restriction endonuclease) के आस–पास होता है। प्रायोगिक पद्धति ए0एफ0एल0पी0 (amplified fragment length polymorphism) विश्लेषण के समान प्रतीत होता है। ए0एफ0एल0पी0 की तुलना में एस0एस0ए0पी0 द्वारा कम टुकड़े प्राप्त होते है, लेकिन इसमें पालीमार्फिकज्म का स्तर बहुत ज्यादा होता है।

• रिट्रोट्रान्सपोसान बेस्ड इनजर्शनल पालीमार्फिज्म (Retrotransposan Based Insertional Polymorphism, RBIP)

रिट्रोट्रान्सपोसान बेस्ड इनजर्शनल पालीमार्फिज्म (retrotransposan based insertional polymorphism) एक उपप्रभावी (co-dominant) चिन्हक पद्धति है, जो रिट्रान्सपोसान से निर्मित पालीमरेज चेन रिएक्शन प्राइमर्स का उपयोग करता हैं और डी0एन0ए0 का अन्तिम टुकड़ा, पालीमार्फिज्म आधारित प्रवेशन का परीक्षण करता है। प्रवेशन करण की उपस्थिति या अनुपस्थिति दो पालीमरेज चेन रिएक्शन द्वारा परीक्षण किया जाता है, जिसमें रिट्रान्सपोसान से प्राप्त एक प्राइमर का उपयोग होता है और एक डी0एन0ए0 के अन्तिम किनारे का भाग होता है। दूसरे प्राइमर का उपयोग टुकड़े के दोनों किनारे पर होता है। पालीमार्फिज्म का निर्धारण साधारण ''एगारोस जेल 'इलेक्ट्रोफोरेसिस'' (agarose gel electrophoresis) के माध्यम से या संकरण तकनीक द्वारा किया जाता है। इस तकनीक की सबसे बड़ी कमी यह है कि इसमें टुकड़े के क्षेत्र का क्रमिक आँकड़ा आवश्यक है, जिससे प्राइमर का निर्धारण किया जा सके। इस पद्धति का सबसे बड़ा लाभ यह है

कि प्राइमर का निर्धारण किया जा सके। इस पद्धति का लाभ यह भी है कि जेल आधारित मापन पद्धति की आवश्यकता नही होती है, लेकिन सुगमता से जेल रहित पद्धति में आटोमेशन (automation) किया जा सकता है। उदाहरण के लिए टेकमर या डी0एन0ए0 टुकड़ा पद्धति का उपयोग सर्वत्र प्रतिदर्श के लिए किया जा सकता है।

• इण्टरेट्रेट्रान्सपोसान एम्पलीफाइड पालीमार्फिज्म (Interreterotransposan Amplified Polymorphism, IRAP)

टरेट्रेट्रान्सपोसान एम्पलीफाइड पालीमार्फिज्म (interreterotransposan amplified polymorphism), एक प्रभावी अनेक तत्वों वाला चिन्हक पद्धति है, जो इण्ट्राट्रानसपोसान में प्रवेशन विभिन्नता का परीक्षण करता है। पालीमरेज चेन रिएक्शन संबर्धित दो रेट्रोट्रान्सपोसान के बीच आई0आर0ए0पी0 टुकड़े, बाहर की तरफ दबाव देने वाले प्राइमर्स से एल0टी0आर0 निर्धारित क्रम बनते हैं। टुकड़ों का अलगाव, उच्च विश्लेषित एगारोस जेल (agarose gel) इलेक्ट्रोफोरेसिस के माध्यम से किया जाता है।

• रेट्रोट्रान्सपोसान माइक्रोसैटेलाइट एम्पलीफाइड पालीमार्फिज्म (Retrotransposan Microsatellite Amplified Polymorphism, REMAP)

रेट्रोट्रान्सपोसान माइक्रोसैटेलाइट एम्पलीफाइड पालीमार्फिज्म (retrotransposan microsatellite amplified polymorphism) एक प्रभावी अनेक तत्वों वाला चिन्हक पद्धति है जिससे रेट्रोट्रान्सपोसान प्रवेशन क्षेत्र का निर्धारण किया जाता है। रेट्रोट्रान्सपोसान व माइक्रोसैटेलाइट के बीच उपस्थिति आर0ई0एम0ए0पी0) टुकड़ों से एन0टी0आर0 निर्धारित क्रम का विकास होता है। इसमें एक प्रतिदर्श आधारित क्रम बार–बार बनता है। टुकड़ों का अलगाव उच्च विश्लेषित एगारोस जेल (agarose gel) इलेक्ट्रोफोरेसिस के माध्यम से किया जाता है।

• मिनीएचर इन्वर्टेड रीपीट ट्रान्सपैरेल इलीमेन्ट (Miniature Inverted Transparale Element, MITE)

मिनीएचर इन्वर्टेड रीपीट ट्रान्सपैरेल इलीमेन्ट (miniature inverted transparale element) में ट्रान्सपोसान प्रदर्शित होता हैं, जो ए0एफ0एल0पी0 पद्धति का बदला हुआ रूप है। जिसमें पालीमरेज चेन रिएक्शन उत्पाद, रिस्ट्रीक्शन क्षेत्र में जुड़े प्राइमर से विकसित होता है। दो रिस्ट्रीक्शन क्षेत्र की जगह केवल एक ट्रान्सपोसेबल इलीमेन्ट बनता है। इसके लिए प्रत्येक व्यक्ति या जीव हेतु प्राइमर का चित्रांकन ट्रान्सपोसेबिल इलीमेन्ट से सामुदायिक क्रम से निर्धारित किया जाता है।

• थ्री–इण्डोन्यूक्लियेज ए0एफ0एल0पी0 (Three Endonuclease AFLP, TE-AFLP)

थ्री इण्डोन्यूक्लियेज ए0एफ0एल0पी0 (three endonuclease AFLP, TE-AFLP) सामान्य ए0एफ0एल0पी0 से भिन्न होता है, जिसमें बढ़ाये गये टुकड़ों की संख्या कम हो जाती है, जो केवल प्रसार प्राइमर के द्वारा ही नही होता बल्कि चयनित बन्धन (selective ligation) के द्वारा भी होता है।

इसमें तीन इण्डोन्यूक्लियेज (three endonuclease) संयुक्त होकर एकल क्रिया के लिए केवल दो निर्देश अनुकूलित किये जाते है। परिणामतः कम उपयोगी परिवर्धित टुकड़ों की संख्या, पालीमरेज चेन रिएक्शन के समय आपसी प्रतिस्पर्धा समाप्त करते हैं। उससे कठोर–क्रिया की स्थिति बनती है जिससे दो–चरणों में फिंगर प्रिन्टिग (finger printing) जिनोम की जटिल बढ़ाव को दूर किया जा सकता है।

इण्टर एम0आई0टी0ई0 पालीमार्फिज्म (Inter MITE Polymorphism, IMP)

इण्टर एम0आई0टी0ई0 पालीमार्फिज्म **(Inter MITE Polymorphism)**, पालीमरेज चेन रिएक्शन आधारित एक अति उत्तम पद्धति है, जिसमें पालीमार्फिज्म टर्मीनल इन्वर्टेड रीपीट्स या टी0ई0आर0 **(Terminal snverteol Repeats, TIR)** से प्राइमर स्वरूप स्पष्ट होता है। इसमें दो लगातार स्थिति एम0आई0टी0ई0 होते हैं। इस एम0आई0टी0ई0 का स्थिरीकरण संगणक क्रमों (computer sequences) से किया जाता है।

सिक्वेन्स रिलेटेड एम्पलीफाइड पालीमार्फिज्म (Sequence Related Amplified Polymorphism, SRAP)

सिक्वेन्स रिलेटेड एम्पलीफाइड पालीमार्फिज्म (sequence related amplified polymorphism) के अन्तर्गत ओपेन रीडीन्ग फ्रेम्स (open reading frames) का विस्तार किया जाता है। यह दो प्राइमर विस्तार पर आधारित होता है। प्राइमर्स 17 व 18 न्यूक्लियोटाइड लम्बे होते हैं। कोर सिक्वेन्स जिसमें 13 व 14 बेस लम्बे होते हैं, प्राइमर क्रम सी0सी0जी0जी0 व ए0ए0टी0टी0 पश्च प्राइमर में होता है। कोर का निर्धारण 3' अन्त, तीन चयनित न्यूक्लियोटाइड के माध्यम से होता है। अग्र व पश्च भरने योग्य क्रम एक दूसरे से भिन्न होना आवश्यक है तथा 10 व 11 बेस लम्बा हो सकता है।

आण्विक चिन्हक आधारित चयन (Molecular marker assisted selection)

कणत्व तकनीक (molecular techniques) में तेज गति से हो रहे विकास ने जीन स्रोतों की उपलब्धता (जो पहले सामान्य प्रजनन द्वारा उपलब्ध नहीं थी) बढ़ा दी है, जिससे प्रजनन कार्य में प्रगति अपेक्षित है। इस प्रकार चिन्हक आधारित चयन (marker assisted selection) की प्रक्रिया पूरी तरह से प्रजनक के उत्तम गुणों के लिए प्रेरित किया है। इस पद्धति से किसी भी वंशक्रम की बाह्य दृश्य प्रारूप (phenotype) या लक्षण प्रारूप के आधार पर चयन न करके जीन प्रारूप (genotype) के आधार पर किया जाता है। इस स्थिति में पौधों को नवोद्भिद (seedling) अवस्था में चयन करना, बहुगुणों के लिए छँटनी करना, (जो सामान्यतः एक दुसरे के लिए इपस्टिसिस (epistasis) हो), सह सलग्न के खिंचाव को कम करना और जीन प्रारूप से अतिशीघ्र आवर्ती पितृ को दुबारा प्राप्त करना जैसे क्रिया कलापों को सुगमता से सम्पन्न किया जा सकता है (स्टूबर एवं सहयोगी, 1999)। यांग (1999) ने स्पष्ट किया कि निश्चित रूप से यह पद्धति साधारण है, लेकिन कुछ महत्वपूर्ण गुण धर्म जैसे–रोग कारकों के प्रति प्रतिरोधिता, कीड़े एवं रोगों की आक्रामकता, अजीवी (abiotic) घटकों के प्रति सहनशीलता आदि के लिए यह पद्धति कठिन प्रतीत होती है।

चिन्हक आधारित चयन (Marker Assisted Selection) तकनीक की पौध प्रजनन हेतु निम्नलिखित आवश्यकता होती है–

1. चिन्हक (marker) वाँछित गुण के साथ सम्बन्धित हो।
2. एक प्रभावी छँटनी साधन की उपलब्धता जो बड़े समूह तक कणत्व चिन्हक के रूप में कार्य कर सके व एक पालीमरेज चैन रिएक्शन (polymerase chain reaction) के आधार पर विश्लेषण कर सके।
3. छँटनी तकनीक में उच्च स्तर पर पुनः उत्पादन क्षमता हो, जिससे प्रयोगशाला व खेत तक मित्रवत उपयोग हो सके।

चिन्हक आधारित चयन की उपयोगिता (Benefit of marker assisted selection)

चिन्हक आधारित चयन (marker assisted selection) द्वारा पौध प्रजनन में निम्नलिखित प्रकार से सहायता मिलती है–

1. अगेती, अतिशीघ्र व बिल्कुल सही गुणों का चयन, जो लक्षण प्रारूप द्वारा मुश्किल हो या जटिलता/कम वंशागतित्व वाला हो।
2. पश्च संकरण प्रजनन (back cross breeding) विधि में विशिष्ट दाता पितृ (donar parent) को बरकरार रखने में सहायक है तथा कम सह–सलग्न की अवस्था में खिंचाव सम्भव है।
3. अन्य गुणों की उपस्थिति में लक्षण प्ररूप (phenotype) का जीन स्तम्भाकार या मीनारीकरण (gene pyramiding) में लाना मुश्किल है, जो मार्कर एसिस्टेड सेलेकक्शन से ही किया जा सकता है।
4. विविध विकल्पी पितृों के साथ चयन करना उपयुक्त होगा।

उपरोक्त परिस्थितियों में यह आवश्यक है कि कणत्व चिन्हकों (molecular markers) के पूरे लाभ का मूल्यांकन पुरानी लक्षण प्रारूप चयन की तुलना में किया जाये। गुणों की दृढ़ सह–सलग्नता (tight linkage) चिन्हक, की पुनः उत्पादकता, स्वयं विश्लेषण क्षमत व कम लागत विश्लेषण पद्धति आदि की मार्कर एसिस्टेड सेलेक्सन योजना बनाते समय ध्यान देने योग्य बिन्दु है।

1. विभिन्न आनुवंशिक अप्रधान स्थान (back ground) में विभिन्न चिन्हक की प्रमाणिकता (validation) स्थापित करना
2. प्रमाणित चिन्हक का पूर्ण उपयोग प्रजनन पद्धति में करना

मात्रात्मक गुणों की तुलना में गुणात्मक घटकों का विश्लेषण बहुत ही साधारण है, जहाँ जीन प्रारूप x वातावरण (G x E) आपसी प्रक्रिया द्वारा महत्वपूर्ण भूमिका अदा करते है। कोब्नर एवं सम्मर्स (2003) ने स्पष्ट किया कि एस0एन0पी0 (SNP) विश्लेषण से प्रति इकाई विश्लेषण लागत कम लगता है, जिससे जितना सम्भव हो विश्लेषण किया जा सकता है। अतः मार्कर एसिस्टेड सेलेक्शन (MAS) एक बहुप्रचलित उपकरण के रूप में फसल सुधार हेतु उपयोग किया जा रहा है। क्रिस्टोफर एवं सहयोगियों (2000) ने सुझाव दिया कि मार्कर एसिस्टेड सेलेक्शन (MAS) का पुरुः स्थापन जब फसल

सुधार प्रक्रिया में गुणों के चुनाव के लिए किया जाता है, तो कणत्व चिन्हक विकास एवं विधि का संयोजन (integration) सामान्य प्रजनन विधि से तालमेल युक्त बनाया जाना आवश्यक है। गुणात्मक एवं मात्रात्मक दोनों प्रकार के गुणों का मार्कर एसिस्टेड सेलेक्शन (MAS) के लिए उपयुक्त पाया गया है। डी0 आक्सीराइबोस न्यूक्लिक एसीड चिन्हक, मात्रात्मक गुणों के अध्ययन में ज्यादा भूमिका निभाता है, जिससे सम्भवतः किसी भी गुण का मापन सुगमता से ''क्वान्टीटेटिव ट्रेट लोसाई'' (quantitative trait loci) विश्लेषण पद्धति से किया जा सकता है। जब एक बार क्वान्टीटेटिव ट्रेट लोसाई''(quantitative trait loci) का नक्शा निर्धारण सुनिश्चित हो जाता है, तो सह सलग्न चिन्हक नक्शा का उपयोग जीन का हस्तानान्तरण नवीन अप्रधान स्थान पर किया जा सकता है और इस पद्धति का उपयोग व मूल्यांकन प्रजनन अभियोजन में सुगमता से कर सकते है। अगर एक बार प्रमाणित/विश्वास योग्य चिन्हक (reliable marker) उपलब्ध हो जाये तो मार्कर एसिस्टेड सेलेक्शन (MAS) का उपयोग प्रतिरोध जीन का स्तम्भ या मीनार (pyramid) एक मेजबान जीन प्रारूप बनाने में किया जा सकता है, जिससे गुणात्मक व सस्य क्रियात्मक जीन प्रखण्ड बनाने में सुविधा होती है। लक्षण प्रारूप मूल्यांकन के साथ चिन्हक आँकड़ा प्रभावी प्रजनन पद्धति का मूल सूत्र है।

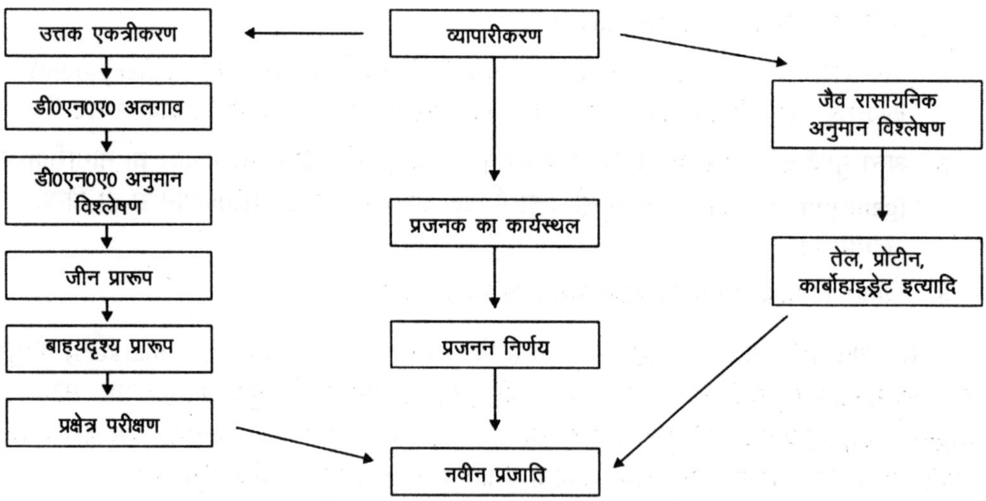

मार्कर एसीस्टेड प्लान्ट ब्रीडींग सूचना चक्र

सब्जियों में आनुवंशिक अभियंत्रिकी के अनुप्रयोग (Application of Genetic Engineering in Vegetabales)

आनुवंशिक अभियंत्रिकी तकनीक के माध्यम से उपयोगी एवं वाँछित जीन का हस्तानान्तरण कर किसी भी फसल को आर्थिक रूप से लाभकारी बनाया जा सकता है। इसके माध्यम से पौध प्रजातियों के अलावा कवकों, जीवाणुओं, विषाणुओं एवं जन्तुओं के जीन का भी स्थानान्तरण पौधों में किया जा सकता है (आनन्द, 2001)।

सारिणी (8.19) प्रभवी घटकों के लिये प्रजनन सुझाव

जेनेटिकली माडीफइड आर्गेनिज्म तकनीक	**नान–जेनेटिकली माडीफइड आर्गेनिज्म तकनीक**
खरपतवारनाशी सहनशीलता	नान–जेनेटिकली माडीफइड आर्गेनिज्म गुणवत्ता, नेगेटिव जीन, तार्किक उभयधर्मिता
कीट रोधिता	जेनेटिकली माडीफइड गुण विकास
पोषण वृद्धि	सही बाह्य रूपस्वारूपण
रोग रोधिता	मार्कर एसिस्टेड सेलेक्शन (MAS)
सूखा सहनशीलता	
नत्रजन उपयोग क्षमता	
संकर बीज उत्पादन तकनीक	

सब्जियों में उपयोगी जीन स्थानान्तरण मुख्य रूप से निम्न उद्देश्यों को ध्यान में रखकर किया जाता है–

1. खरपतवारनाशी रोधिता (Herbicide resistance)
2. कीट रोधिता (Insect resistance)
3. विषाणु रोधिता (Virus resistance)
4. कवक रोधिता (Fungus resistance)
5. जीवाणु रोधिता (Bacterial resistance)
6. बीज रहित फल धारण करने वाले पौधों की अभियंत्रिकी (Engineering for parthenocarpic plants)
7. तुड़ाई उपरान्त गुणों हेतु अभियंत्रिकी (Engineersing for post harvest traits (विकास व्यवस्था) (Developmental regulation)
8. नरवन्ध्यता के लिए अभियंत्रिकी (Engineering for male sterility)
9. जैव विविधता मूल्यांकन (Biodiversity evaluation)

1. खरपतवारनाशी प्रतिरोध के लिए जीन इंजीनियरी (Engineering for herbicide resistance)

एक उपयुक्त खरपतवारनाशी का गुण है कि उसमें मानव–जानवर व मृदा सूक्ष्मजीवों के लिए विषैलापन न हो और चयनित खरपतवार को समाप्त करे न कि पूरे फसल को। दुर्भाग्य से अनेकों खरपतवारनाशी, फसल व खरपतवार दोनों को समाप्त करने की क्षमता रखते हैं। जीन इंजीनियरी (gene engineering) के माध्यम से यह सम्भव हो पाया है कि विशिष्ट खरपतवारनाशी (selective weedicide) केवल चयनित खरपतवार को ही समाप्त करता है। कुछ प्रजातियों में इस प्रकार के

जीन का स्थानान्तरण किया जाना चाहिए जिससे पौधे स्वतः कुछ इन्जाइम तैयार करें या संश्लेषण करें जिससे उन पर खरपतवारनाशी के दुष्परिणाम से प्रभावित न हो। इसमें पहला चरण है बैक्टेरिया (bacteria) से जीन का स्थानान्तरण तथा पौधे में उच्च इन्जाइम क्षमता को बढ़ाना है, जिससे पौधे स्वतः ग्लाइफोसेट (glyphosate), सल्फोनिलयूरिएस (sulphonnylureas) व इमिडाजोलीनोन्स (imidazolinones) के प्रति प्रतिरोधी हो जाये (स्टाकर, 1990)। दूसरी चाह यह है कि पराजीन पौधे (transgene plant) विकसित किये जायें तो फास्फीनोथ्रीसीन को अविषालु करने के लिए बार जीन (bar gene), स्ट्रेप्टोमाइसिस हाइ–गोस्कोपिकस (*Streptomyces hygroscopicus*) से अलग करके तथा पौधों में स्थानान्तरित किया जाये। खरपतवारनाशी पराजीन तैयार करने के लिए निम्न प्रकार आधार तैयार करते है–

अ	खरपतवार निर्धारण हेतु आवश्यक पौध इन्जाइम	
	$X \rightarrow Y$	
ब	खरपतवारनाशी	
		जीन कोड इन्जाइम को जोड़े जो खरपतवारनाशी अविषालु करें।
	$X \rightarrow Y$	निर्धारित प्रक्रिया ज्यादा समय तक प्रतिबन्धित न होकर
स	$X \rightarrow Y$	
	$X \rightarrow Y$	खरपतवारनाशी प्रतिरोधी जीन कोड इन्जाइम को जोड़े जो उपरोक्त प्रक्रिया को कैटालाइस (catalyze) करे।

खरपतवार प्रतिरोधी पराजीन पौध तैयार करने की विधि का चित्रांकन

ब–अविषाणु इन्जाइम

स–प्रतिरोधी इन्जाइम

अमेरिकन साइनामाइड कम्पनी ने क्लीयर फील्ड चुकन्दर (clear field sugarbet) का विकास किया है, जो इमिडाजोलीनोन्स (imidazolinones) खरपतवारनाशी सुरक्षित है।

2. कीट रोधिता (Insect resistance)

वर्तमान समय में कीटरोधिता पराजीनों, चाहे पौध बैक्टेरिया या किसी अन्य स्रोत से उत्पन्न हो, सगुमतापूर्वक पौधों में कीट रोधिता के स्तर में वृद्धि के लिए किया जा सकता है। अतः पौध प्रजनकों को आधुनिक तकनीक, एक आशा की किरण प्रदान की है। प्रथम बार पराजीन कीट प्रतिरोधी पौध का परिणाम सन् 1987 में (फिस्कोचाफ एवं सहयोगी, 1987, हिल्डर एवं सहयोगी, 1987 तथा वेक एवं सहयोगी, 1987) प्रकाशित किया था, लेकिन वर्तमान समय में अनेक परिवर्तन युक्त तकनीकी उपलब्ध है। आज कीट से होने वाले नुकसान को कम करने के लिए कीट रोधिता

तकनीक ज्यादा लाभकारी सिद्ध हो रही है। इसके अलावा किसी विशेष कीट को निर्धारित कर के अन्दर बचाव, वातावरण के प्रति अनुकूलन, तीव्र जैव–नश्वरता (biodegradability) विष के प्रभाव को कम करना व आर्थिक लागत की बचत करना भी शामिल है। यह सही है कि कीट में पाचन तंत्र (digestive system) को निर्धारित कर कीट रोधिता उत्पन्न की जा रही है, जो सामान्यतः बैक्टेरियम (bacterium) के एकल स्पीशीज या औसतन उच्च पौधे या कुछ जानवरों या सूक्ष्मजीवों से उत्पन्न हुए है, पौधौ में उपयोग किया जा रहा है (रन्जेकर, 2003)।

सब्जियों में आनुवंशिक रूप से कीट रोधिता को 6 समूहों में बाँट सकते हैं–

1. कीड़ों के पाच्य तंत्र को रोक देता है–उदाहरण के लिए सोयाबीन में प्रोटीनेस इनहिब्टर्स (protene inhibitors)
2. सेराइन प्रोटीनेस इनहिब्टर्स (protenase inhibitors) उदाहरण के लिए–आलू
3. लोबिया ट्रिप्सीन इनहिब्टर्स उदाहरण के लिए–आलू, शकरकंद, टमाटर
4. टोमैटो प्रोटीनेस इनहिब्टर्स I व II उदाहरण के लिए–टमाटर
5. लेक्टिनेस–स्नोड्राप लेक्टिन आलू, शकरकंद व टमाटर, मटर, लेक्टिन–आलू
6. एमाइलेज इनहिब्टर्स उदाहरण के लिए– सेम, मटर, आलू

सारिणी (8.20) कीट रोधिता व पराजीन की उत्पत्ति

पराजीन उत्पाद	पराजीन की उत्पत्ति	निर्धारित कीट	प्रायोगिक पौध	सन्दर्भ
सूक्ष्म जीवों से प्राप्त जीन				
सी0आर0वाई 1 ए0बी0 (cry 1AB)	बैसिलस थूरीनजीएन्सिस (*Bacillus thuringiensis*)	लेपीडोप्टेरा (Lepidoptera)	टमाटर	डेलानय एवं सहयोगी, 1989, कुमार एवं सहयोगी, 1998
सी0आर0वाई 1 एच (cry 1H)	बैसिलस थूरीनजीएन्सिस (*Bacillus thuringiensis*)	लेपीडोप्टेरा (Lepidoptera)	मक्का	डक एवं सहयोगी, 1997
सी0आर0वाई 3 ए0 (cry 3A)	बैसिलस थूरीनजीएन्सिस (*Bacillus thuringiensis*)	कोलियोप्टेरा (Coleoptera)	बैंगन	जेलेनकोविक एवं सहयोगी 1998
जीन जो उच्च पौधों, प्रोटीनेस इनहिबीटर्स				
सी0पी0टी0आई (cpti-Cowpea Trypsin inhibitors) लोबिया ट्रेपिसीन इनहिब्टर्स	लोबिया	कोलियोप्टेरा (Coleoptera)	टमाटर	गेट हाउस एवं सहयोगी, 1992

टोमैटो प्रोटीनेज इनहीबीटर I	टमाटर	लेपीडोप्टेरा (Lepidoptera)	टमाटर	मैकगूर्ल एवं सहयोगी, 1994
टोमैटो प्रोटीनेज इनहीबीटर II	टमाटर	लेपीडोप्टेरा (Lepidoptera)	टमाटर	मैकगूर्ल एवं सहयोगी, 1994
अल्फा एमाइलेज इनहिब्टर्स अल्फा ए0एल0–पी0वी0	कामन बीन	कोलियोप्टेरा (Coleoptera)	कमन बीन	स्क्रोडर एवं सहयोगी, 1995
लेक्टिन्स				
स्नोड्राप लेक्टिन्स	–	लेपीडोप्टेरा (Lepidoptera)	टमाटर	गेट हाउस एवं सहयोगी, 1992
अन्य				
टोबैको एन आयोनिक पेराक्सीडेस	–	लेपीडोप्टेरा (Lepidoptera)	टमाटर	डोड एवं लागरीमिनी, 1997
जानवरों से उत्पन्न जीन				
बोलाइन पैकिंयाटिक ट्रिप्सीन इनहीबीटर (BPT1)	–	लेपीडोप्टेरा (Lepidoptera)	लेट्यूस	स्चुलर एवं सहयोगी, 1998

लेक्टिन सामान्यतः कार्बोहाइड्रेट वाइण्डींग (carbohydrate binding) प्रोटीन है, जो कुछ कीट के लिए नुकसान दायक है। स्नोड्राप (*Galanthus nivalis*) से प्राप्त लेक्टिन पोटैटो पीच एफीड्स, पोटैटो एफीडस व टोमैटो माथ के प्रति ज्यादा प्रभावी है। कीट रोधिता के लिए उपयोगी प्रमुख जीन में cry 1A class-डायमण्ड बैक माथ, कैबेज बटर फ्लाई, स्टेम बोरर, हेयरी कैटर पिलर व कटवर्म, स्नोड्राप लेक्टिन–एफीड, cry 2A थ्रिप्स के लिए उपयोगी पाये गये है। आलू के पराजीन, जिसमें 3Aa जीन समाहित है, का पहली बार व्यावसायिकरण सन् 1996 में मानसैन्टो द्वारा " न्यूलीफ (New Leaf) नाम से किया गया था। बी0टी0 जीन्स (Bt. genes) युक्त पराजीन टमाटर पहली बार विकसित किया गया और सन् 1989 में मानसैन्टो द्वारा परीक्षण किया गया। टोमैटो फ्रूटवर्म (*Helicoverpa zea*) व टौमेटो पिनवर्म (*Caferia lycipersicella*) के प्रति लाभप्रद बचाव किया गया। बी–मीठा मक्का का विकास सिन्जेन्टा सीड्स (Syngenta Seeds Co.) द्वारा किया गया है। इसकी विशेषता यह है कि फल भेदी कीड़े फसल खाने पर मर जाते हैं। मोन्सेन्टो (Monsento) द्वारा न्यूक्लीक कीड़े से सुरक्षित आलू का विकास किया है।

सारिणी (8.21) सब्जी फसलों में कीट रोधिता हेतु उपलब्ध जीन

फसल	जीन	लक्ष्य कीट
आलू	सी0आर0वाई 3 ए0 (cry 3A)	आलू बिटिल
आलू	सी0आर0वाई 1 ए0बी0 (cry 1ab)	ट्यूबर माथ
टमाटर	सी0आर0वाई 1 ए0सी0 (cry 1ac)	फ्रूट बोरर
बैंगन	सी0आर0वाई 1 ए0बी0 / सी0आर0वाई 1 बी0 (cry 1ab/ cry 1B)	स्टेम बोरर व फ्रूट बोरर

3. कवक रोधिता (Fungal resistance)

कवक रोग प्रतिरोधिता में कवक/जीवाणु उत्पन्न चीटीनेस जीन (chitinase gene) का उपयोग मुख्य रूप से पराजीन पौध हेतु किया जाता है। चिटीनेस इन्जाइम सामान्य चिटीन (chitin) बाहुल्य कवक कोशिकाओं को तोड़ता (degrades) है, जिससे लक्षण उत्पन्न होने में काफी समय लग जाता हे (ब्रागीलै एवं सहयोगी, 1991 व ब्रागीलै एवं सहयोगी, 1993)। अन्य प्रतिकवक प्रोटीन जीन में आस्मोटीन (osmotin), ग्लूकोनेस (gluconase), पेराक्सीडेस (peroxidase) इत्यादि है। लोबिया ट्रिप्सीन इन्हीबीटर (cpti) सबसे सक्रिय इन्हिबीटर (inhibitor) है, जो लगभग 10 फसलों में प्रवेशित किया गया है।

कवक रोधिता विकसित करने हेतु दो पद्धतियों का प्रयोग होता है।

- पहली पद्धति में कवक प्रतिरोधी तत्वों को विकसित करना जो सीधे कवक को प्रभावित करे जैसे– एन्टीफंगल प्रोटीन (antifungal) व टाक्सिन (toxins)।
- दूसरी पद्धति में पौधों में ऐसी क्षमता विकसित करना जो कवक के आक्रमण पर कोशिकाओं को समाप्त कर दे या मृत्यु हो जाये। एन्टीफंगल प्रोटीन (antifungal protein) में पी0आर0 प्रोटीन का अध्ययन आम व्यक्ति पर किया गया है।

सारिणी (8.22) एकल पी0आर0 प्रोटीन जीन के प्रयोग द्वारा विकसित सब्जियाँ

पी0आर0प्रोटीन	स्रोत	ग्राहक	कवक उपयोग	सन्दर्भ
पी0आर0 2 (क्लास ग्लूकानेस)	तम्बाकू	टमाटर	फ्यूजेरियम आक्सीस्पोरम एफ0 स्पीसीज लाइकोपर्सिकान	जॉगेडिज्क एवं सहयोगी 1995
पी0आर0 3 (क्लास चीटीनेस)	तम्बाकू	टमाटर	फ्यूजेरियम आक्सीस्पोरम एफ0 स्पीसीज लाइकोपर्सिकान	जॉगेडिज्क एवं सहयोगी 1995
पी0आर0 5	तम्बाकू	गाजर	इरीसीफी हेराक्लै	स्टूवेर एवं सहयोगी 1996

एकात्मकता के लिए कवक रोधिता पर निम्नलिखित कार्य प्रारम्भ किय गये–

सारिणी (8.23) सिनक्रोनी आफ फेस

जीन I	स्रोत	जीन II	स्रोत	ग्राहक	कवक परीक्षण	सन्दर्भ
पी0आर0 3 (क्लास I	तम्बाकू	पी0आर0 2 (क्लास I चीटीनेस)	तम्बाकू	टमाटर	फ्यूजेरियम आक्सीस्पोरम चीटीनेस) एफ0 स्पीशीज लाइकोपार्सिकान	जैगेडिल्क एवं सहयोगी, 1995
पी0आर0 3 (क्लास I चीटीनेस)	तम्बाकू	पी0आर0 2 (क्लास I ग्लूकानेस)	तम्बाकू	गाजर	आल्टरनेरिया टारफी	स्टूवेर एवं सहयोगी, 1996

4. जीवाणु रोधिता (Bacterial resistance)

अधिकांश सब्जियाँ जीवाणु रोग के प्रति संवेदनशील है, जिसका नियंत्रण सामान्य प्रजनन विधि से करना मुश्किल है। जीवाणुओं के नियंत्रण के लिए उपयोग होने वाले रसायन ज्यादा प्रभावकारी व आर्थिक दृष्टि से उपयोगी नही है, क्योंकि जीवाणु शीघ्रता से रसायनों के प्रति रोधिता प्रदर्शित करने लगते हैं। आण्विक जैव प्रौद्योगिकी पद्धतियों के माध्यम से जीवाणु स्यूडोमोनास सिरींजी पी0वी0 टबाकी (*Pseudomonas syringe* pv. *tabacci*) से "टोबाटाक्सिन प्रतिरोधी जीन (toba toxin resistance gene) के आविष्कार से सम्भव हो पाया, जिससे संवेदनशील पौधों में स्थानान्तिरत करके पराजीन पौध तैयार किया गया। इसी प्रकार फेजियोलोटाक्सिन (phaseolotoxin) असंवेदनशील "ओ0सी0टेज" (आर्नीथीन कार्बामोयल ट्रान्सफरेस) जीन स्यूडोमोनास सिरींजी पी0वी0 फेजियोली (*Pseudomonas* syringe pv. *phaseoli*) अलग किया गया और बीन रोगों (bean diseases) के लिए पौधों में स्थानान्तिरत किया गया (हेरेराइस्टेला एवं सिम्पसन, 1955)। इस प्रकार साधारण एवं उपयोगी पद्धति का रोग व जीवाणु प्रतिरोधी पौध प्रजनन में रोगाणुओं के टाक्सिन को डी0 टाक्सीफिकेसन (detoxification) करके सब्जियों में उपयोग किया जा सकता है।

सारिणी (8.24) सब्जियों में जीवाणु के प्रति पराजीन की सफलता

किसके प्रति प्रतिरोधता	पराजीन उत्पाद	पराजीन की उत्पत्ति	विकसित पौधा
इरविनिया कैरोटावोरा	लाइकोसोजाइम	टी–4 बैक्टेरियोफाज	आलू
इरविनिया कैरोटोवोरा	टैकीप्लेसिन	हार्सहो क्रैब	आलू
स्यूडोमोनास सिरींजी पी0वी0–फैजियोलीकोला	फैजियोलोटाक्सिन इनसेन्सीटीव ओसीन्टेस	स्यूडोमोनास सिरींजी पी0वी0 फैजियोलीकोला	बीन
इरविनिया कैरोटोवोरा	पेक्टेट लाइसेस	इरविनिया कैरोटोवोरा	आलू
इरविनिया कैरोटोवोरा	ग्लूकोज आक्सीडेस	एस्परजिलस नाइजर	आलू

5. विषाणु रोधिता (Viral resistance)

पौधों में विषाणु रोधिता उत्पन्न करने के लिए अनेको पद्धतियों का उपयोग किया जा रहा है–

1. पहली पद्धति के अन्तर्गत ऐसे जीन जो "वाइरल कोट प्रोटीन" (viral coat protein) युक्त हैं, का उपयोग, विषाणु संक्रमण प्रतिरोधी पराजीन पौध उत्पन्न करने के लिए किया जा रहा है (पावेल एवं सहयोगी, 1986)। वाइरल कोट प्रोटीन जो पराजीन पौध से उत्पन्न होता है, पौध कोशिका के ग्रहणशीलता को रोक देता है, जिसकी आवश्यकता वाइरल न्यूक्लिक एसीड के कोट को समाप्त करने में होती है या वाइरल दोहराने की प्रकृति से क्रिया करना या वाइरल जीन के प्रदर्शन में सहयोग करना है। सामान्यतया प्रतिरोधिता लक्षण विकसित करने में देर करना या संक्रमण से बच जाना है।
2. दूसरी पद्धति में ऐसे विषाणु प्रतिरोधी पौध विकसित करना जो आर0एन0ए0 सैटेलाइट मध्यस्थ हो। ऐसा पाया गया है कि पराजीन पौध में आर0एन0ए0 सैटेलाइट से कुकुम्बर मौजेक विषाणु (cmv) में संक्रमण के स्तर को कम किया जा सकता है (हरसिन एवं सहयोगी, 1987)
3. तृतीय पद्धति के अन्तर्गत सबसे कड़ा उद्देश्य एवं उपयोग यह है कि एन्टीसेन्स वाइरस आर0एन0ए0 पराजीन प्रतिरोधिता को नियंत्रित करे (दासगुप्ता एवं सहयोगी, 2003 व गोलेमबास्की एवं सहयोगी, 1990)।" कोट प्रोटीन मेडिएटेड रेसिस्टेन्स का उपयोग सफलतापूर्वक टमाटर में किया गया है।

सारीणी (8.25) विषाणुओं के प्रति पराजीन सब्जियों में अध्ययन की सफलता

आनुवंशिक बदलाव के उद्देश्य	पराजीन उत्पाद	पराजीन का उद्भव	परिवर्तित फसल	सन्दर्भ
टोमैटो मौजेक वाइरस (ToMV)	सी0पी0 जीन वाइरल कोट प्रोटीन	टी0ओ0–एम0वी0	टमाटर	नेल्शन एवं सहयोगी, 1988
कुकुम्बर मौजेक वाइरस	सी0पी0 जीन वाइरल कोट प्रोटीन	सी0एम0वी0	खीरा	गोन्साल्वस एवं सहयोगी, 1992
पोटैटो वाइरस एक्स (पी0वी0एस0)	वाइरल कोट प्रोटीन	पी0वी0एक्स	आलू	होमेनवे एवं सहयोगी, 1988
पोटैटो वाइरस वाई0 (पी0वी0वाई0)	वाइरल कोट प्रोटीन	पी0वी0वाई0	आलू	स्टाक्र व विची, 1989
टोमैटो मोजैक वाइरस	एन्टीसेन्स आर0एन0ए0	टी0ओ0–एम0वी0	टमाटर	बिची एवं सहयोगी, 1987
कुकुम्बर मोजैक वाइरस	सैटेलाइट आर0एन0ए0	सी0एम0वी0	टमाटर	स्टोमेल एवं सहयोगी, 1998

टोमैटो स्पाटेड विल्ट वाइरस (टी0एम0डब्ल्यू0वी0)	एन0जीन	टी0एस0डब्ल्यू0वी0	टमाटर	यांग एवं सहयोगी, 1992
टोमैटो येलो लीफ कर्ल वाइरस (टी0वाई0एल0सी0वी0)	कोट प्रोटीन	टी0वाई0एल0 सी0वी0	टमाटर	कुनीक एवं सहयोगी, 1994
टोमैटो येलो लीफ कर्ल वाइरस (टी0 वाई0एल0सी0वी0)	सी0पी0 जीन टन्केटेड वर्सन आफ सी0–1 जीन आफ टी0वाई0एल0सी0	टी0वाई0एल0 सी0वी0	टमाटर	बुनेथी एवं सहयोगी, 1997
जूचीनी यलो मौजेक वायरस	पोटी वाइरस सैटेलाइट	जेड0वी0एम0वी0	खरबूजा	फांग एवं गूमेट 1993
कुकुम्बर मौजैक वाइरस	ट्रॉकेटेड सी0आई0 जीन	–	–	–
कुकुम्बर मौजेक वाइरस	2 सी0पी0 जीन	–	–	–

स्रोतः मर्फी एवं सहयोगी, 1998 एवं क्नीवस्की एवं सहयोगी, 1999

विषाणु रोधिता में स्क्वाश (squash) की प्रजाति " फ्रिडम I" (Freedom) का विकास एस्ग्रो कम्पनी द्वारा किया गया तथा खेती के लिए अनुमोदन सन् 1995 में किया गया। इसी प्रकार चीन द्वारा टमाटर व शिमला मिर्च की प्रजाति की खेती वर्ष 1993–94 में प्रारम्भ की गयी।

सारीणी (8.26) विषाणु प्रतिरोधी पराजीन सब्जियाँ

सब्जियाँ	विषाणु
कैन्टालूप	जुचनी येलो मोजैक वायरस, वाटर मेलन मोजैक वायरस–2, कुकुम्बर मोजैक वायरस
खरबूजा	जुचनी येलो मोजैक वायरस,
स्क्वाश	जुचनी येलो मोजैक वायरस, वाटर मेलन मोजैक वायरस–2
मिर्च	टोमैटो स्पाटेड विल्ट वायरस
टोमैटो	टोमैटो मोजैक वायरस, येलो मोजैक वायरस, कुकुम्बर मोजैक वायरस
आलू	पोटैटो वायरस एक्स, पोटैटो वायरस वाई, पोटैटो लिफ रोल वायरस
लेट्यूस	लेट्यूस मोजैक वायरस, टोमैटो स्पाटेड विल्ट वायरस
मटर	पी इनेशन मोजैक वायरस
खीरा	कुकुम्बर मोजैक वायरस
चुकन्दर	बीन नेक्रोटिक येलो वेन वायरस
बीन	बीन पाड मोटल वायरस

6. बीज रहित फल धारण करने वाले पौधों की अभियंत्रिकी (Engineering for parthenocarpic fruit bearing plants)

प्रकृति में अनेकों पौधे ऐसे हैं, जो बिना गर्भाधान (without fertilization) के पूर्ण फल विकसित करते हैं और उनमें बीज नही होता है। इस प्रकार के फलों का उपभोक्ता के बीच ज्यादा ग्राह्यता होती है। उदाहरण के लिए सब्जियों में बीज रहित तरबूज (किहारा, 1953) व बीज रहित परवल (राम एवं सहयोगी, 2002)। अनुवांशिक इंजीनियरी के माध्यम से भी बीज रहित फल धारण करने वाले पौधे का विकास बैंगन में किया गया है (रोटिनों एवं सहयोगी, 1997)। पराजीन बैंगन के पौधे iaah टिप्टोफान मोनो–आक्सीजीनेस जो ट्रिप्ओफान को इण्डोलएसीटामाइट (indolactamide) में बदलता है, पुनः धीरे–धीरे इण्डोलएसीटीक एसीड (IAA) में परिवर्तित हो जाता है, का प्रदर्शन कोडिंग क्षेत्र में करते हैं। इसे स्यूडोमोनास सिरींजी पी0वी0 सावस्टानोई (*Pseudomonas syringae* pv. *savastanoi*) से प्राप्त किया गया है। अण्डज आधारित नियंत्रित Deftt 9 gene एन्टरहिनम मेजर (*Antirrhinum major*) से प्राप्त हुआ है, जिससे बिना बीज वाले फल विकास में सहायक है (रोटीनो एवं सहयोगी, 1997)। इस प्रकार बैंगन में बिना बीज के फल विकास से यह सिद्ध होता है कि आर्थिक दृष्टि से उपयोगी अन्य सब्जी फसलों में पराजीन आधारित बीज रहित फल विकसित करने में सफलता अवश्य प्राप्त होगी।

सारीणी (8.27) बीज रहित फल विकसित किये गये पराजीन सब्जियों

आनुवंशिक परिवर्तन के उद्देश्य	पराजीन उत्पाद	पराजीन का उत्पत्ति	विकसित पौध	सन्दर्भ
टमाटर	आर0ओ0एल0–बी जीन	ए0 राइजोजीन्स	टमाटर	कार्मी एवं सहयोगी, 1997
बैंगन	आई0ए0ए0एच0–जीन	स्यूडोमोनास सिंरीजी पी0वी0 सावस्टानोई	बैंगन	रोटीनो एवं सहयोगी, 1997

7. तुड़ाई उपरान्त गुणों हेतु अभियंत्रिकी (Engineering for post harvest traits)

विगत कुछ वर्षों से एक विशेष उद्देश्य के तहत्, पौध जीन की पहचान एवं क्लोन तैयार कर पराजीन पौधों में प्रदर्शन प्रक्रिया को परिवर्तित किया जा रहा है। पालीगैलक्टरोनेस (PG) एक आन्तरिक सक्रिय पालीगैलेक्टूरोनिक एसीड हाइड्रोलेस है, जो कुछ फलों के पकते समय संश्लेषित होता है (उदाहरण के लिए टमाटर) और यह तत्व फल भित्ति कोशिकाओं के पेक्टिन को कम करता है। इससे फल में मृदुलता (softening) हो जाती है। टमाटर के फल पकते समय, पी0जी0 जीन (PG gene) को रोका जा सकता है, क्योंकि यह एकल ''एन्टीसेन्स जीन'' है (सीही एवं सहयोगी, 1988; स्मिथ एवं सहयोगी, 1988)। इस प्रकार सर्वप्रथम पराजीन उत्पाद जो संयुक्त राज्य अमेरिका के डेल–(1995) व कालजेन (1994) में व्यावसायिक रूप से खेती करने के लिए संस्तुत किया गया, उसका नाम था फ्लेवर सेवर (FLAVR-SAVR, Tm) जिसमें ज्यादा दिन तक रखे जाने की क्षमता

थी। इसमें इथीलीन उत्पादन 93 प्रतिशत कम था और पराजीन टमाटर की पौध में स्पष्ट "एन्टीसेन्स जीन" के लक्षण देखे गये (हैमिल्टन एवं सहयोगी, 1990)। जिंको प्लान्ट सांइस ने ज्यादा पेक्टिन वाला टमाटर विकसित किया है जो ज्यादा समय तक टिकाऊ है। यह स्पष्ट है कि पकते समय अनेकों प्रकार के राइपेनिंग रिलेटेड इन्जाइम्स (ripening related enzymes), फलों में परिवर्तन के लिए जिम्मेदार है। टमाटर एक "क्लाइमैक्ट्रीक" फल है, जिसमें पकाव प्रारम्भ होते ही जादुई प्रकृति जैसे परिवर्तन–श्वसन में वृद्धि, इसके साथ ही पादप वृद्धि नियामक का संश्लेषण, इथीलीन का उत्पादन जो सम्भवतः प्रारम्भ (initiation), आवश्यकतानुसार परिवर्तन (modulation) व समन्यवन (coordination) के लिए आवश्यक है तथा इसी प्रकार पकाव के समय अनेकों जीन की आवश्यकता पड़ती है। फलों में इथीलीन संश्लेषण को कम करने के लिए एन्टीसेन्स आर0एन0ए0 पहल का उपयोग सफलतापूर्वक किया गया है। इस प्रक्रिया में एन्टीसेन्स आर0एन0ए0, ए0सी0सी0 आक्सीडेस के लिए (हैमिल्टन एवं सहयोगी, 1990, सविन एवं सहयोगी, 1996 व टाइमान एवं सहयोगी, 1992) या ए0सी0सी0 सिन्थेस आर0एन0ए0 (ओल्लेर एवं सहयोगी, 1991) व फाइटोन सिन्थेस जीन (phytone synthase gene) द्वारा फल में रंग–बिरंगापन को कम करके व्यवस्थित किया जा सकता है।

सारीणी (8.28) तुड़ाई उपरान्त गुणों के लिए विकसित पराजीन सब्जियाँ

आनुवंशिक परिवर्तन के उद्देश्य	पराजीन उत्पाद	पराजीन का उत्पत्ति	विकसित पौध	सन्दर्भ
उन्नत भण्डारण / ज्यादा समय तक रखने की क्षमता	एन्टीसेन्स पालीगैलैक्ट्ररोनेस	टमाटर	टमाटर	सिही एवं सहयोगी, 1980
पकाव	एन्टीसेन्स ए0सी0सी0 आक्सीडेस	टमाटर	टमाटर	हैमिल्टन एवं सहयोगी, 1990
	एन्टीसेन्स ए0सी0सी0 सिन्थेस	टमाटर	टमाटर	ओल्लेर एवं सहयोगी, 1991
रंग बिरंगा फल (pigmented fruit)	फाइटोन सिन्थेस जीन	टमाटर	टमाटर	बर्ड एवं सहयोगी, 1991

फल पकाव परिवर्तन का अध्ययन खरबूजा में एग्रीटोप कम्पनी द्वारा, टमाटर में पेक्टीनइस्टरेस का कम स्तर, हंट बेसान कं0 द्वारा तथा टमाटर में एन्टीआक्सीडेन्ट वृद्धि स्तर का अध्ययन, लिप्टन कम्पनी के द्वारा किया गया।

सारीणी (8.29) तुड़ाई उपरान्त नुकसन को कम करने वाले जीन व उत्पादक कम्पनी

फसल	जीन	संस्थान / कम्पनी
खरबूजा	ए0सी0सी0 आक्सीडेस	आई0एन0आर0ए0, फ्रान्स
	एस0ए0एम0 हाइड्रोलेस	एग्रीटोप
	एस0ए0एम0 ट्रान्सफेरेस	एग्रीटोप
शिमला मिर्च	एसीटोलैक्टेट सिन्थेस	डी0एन0ए0पी0
	ग्लूकानेस	डी0एन0ए0पी0
	हेमीसेलूलेस	डी0एन0ए0पी0
टमाटर	ए0सी0सी0 डियामिनेस	कालजेन
	ए0सी0सी0 आक्सीडेस	पेटो सीड
	ए0सी0सी0 सिन्थेस	कार्नेल यूनिवर्सीटी; एन0आर0सी0 पी0बी0, भारतीय कृषि अनुसंधान संस्थान, नई दिल्ली
	एसीटोलैक्टेट सिन्थेस	डी0एन0ए0पी0
	इटीआर–1–1	यूनिवर्सिटी आफ पलोरिडा, एनआरसी पी0बी0, भारतीय कृषि अनुसंधान संस्थान, नई दिल्ली
	ग्लैक्टेनेस	जेनेका
	आई0पी0टी0	कालजेन
	पेक्टीन इस्टरेस	पेटो सीड
	पी0एम0ई0	प्रूडू यूनिवर्सिटी
	पी0जी0	कालजेन
	एस0ए0एम0ऐस	एग्रीटोप
	एस0ए0एम0 ट्रान्सफरेस	एग्रीटोप
	एस0पी0एस0	कालजेन
	ट्रान्स्क्रीप्शनल एक्टीवेशन	डी0एन0ए0पी0
	एस0ए0एम0 डीकार्बालाक्सीलेस	यू0एस0डी0ए0

स्रोतः यू0एस0डी0ए0, 1998

संक्षेप विवरण

- ए0सी0सी0–एमिनोसाइक्लोप्रोपेन कार्बाक्सीलिक एसीड
- पी0जी0–पाली गलैक्टूरोनेस
- एस0ए0एम0–एस0 एडिनोसिल मेथियोनाइन
- पी0एम0ई0–पेक्टिन मिथाइल इस्टेरेस
- एस0पी0एस0–सूक्रोस फास्फेट सिन्थेस
- डी0एन0ए0पी0–डी0एन0ए0 प्लान्ट टेक्नोलोजी
- एन0आर0सी0पी0बी0–नेशनल रिसर्च सेन्टर आन प्लान्ट बायोटेक्नोलोजी, नई दिल्ली
- यू0एस0डी0ए0–यू0एस0 डिपार्टमेन्ट आफ एग्रीकल्चर

8. खरपतवारनाशक सहनशीलता (Herbicide Tolerance)

सब्जियों की खेती में सबसे बड़ा नुकसानदायी (33 प्रतिशत) घटक खरपतवार ही है। कभी–कभी तो खरपतवार के ज्यादा प्रकोप से दलहनी फसल से उपज प्राप्त करना मुश्किल होता है। पराजीन तकनीक के माध्यम से खरपतवार से छूटकारा के लिए खरपतवार प्रतिरोधी जीन की पहचान जो एकल जीन से संचालित होता है। आज खरपतवार प्रतिरोधी पराजीन फसलों का क्षेत्रफल 40.6 मिलियन हेक्टेयर (77.0 प्रतिशत) है। खरपतवार प्रतिरोधिता प्राप्त करने के लिए निश्चित खरपतवारनाशी में जैव रासायनिक परिवर्तन करके प्राप्त किया जाता है। इस प्रकार वाँछित कोशिका में निश्चित स्थान तक पहुँचने से पूर्व उनका स्तर समाप्त हो जाता है। ग्लाइफोसेट खरपतवारनाशी के प्रति प्रतिरोधिता की प्राप्ति सोयाबीन, कपास व मक्का में ऐसे पराजीन द्वारा किया गया जिनमें गाक्स (Glyphosate oxidase) जीन समाहित है।

9. नर वन्ध्यता के लिए इंजीनियरी (Engineering for male sterility)

पुनर्योगज डी0एन0ए0 (recombinant DNA) पद्धति के अविष्कार, परागकण विकसित करने वाले जीन की पहचान व गुण निर्धारण के द्वारा आण्विक नर वन्ध्यता पद्धति (molecular male sterility system) को काफी बढ़ावा मिला है (मरीयानी एवं सहयोगी, 1992)। इसका सबसे अच्छा उदाहरण टमाटर व मक्के में बार्नेस–बारस्टार पद्धति (Barnase-Barstar system) है, जो आनुवंशिक तौर पर तैयार नर वन्ध्यता–पुर्नरक्षक (restorer) है। यह परागकण के विकास में कमी लाता है, जो एक राइबोन्यूक्लियेस जीन (RNase gene) पर आधारित टेम्पेटम स्पेसीफीक–29 प्रोमोटर (TA-29) से है। इसके अन्तर्गत टेम्पेटम उत्तक को समाप्त करता है, जिससे परागकण का विकास होता है।

सब्जियों में पराजीन (Transgene in Vegetables)

चूँकि पौध किस्म एवं कृषक अधिकार संरक्षण प्राधिकरण (PPV & FRA) पूरी तरह से लागू कर दिया गया है, अतः पराजीन पौधों की उपयोगिता अब ज्यादा महत्वपूर्ण हो गयी है। यह अनुमान लगाया गया है कि यदि पराजीन पौधों की खेती बड़े पैमाने पर किया जाये तो 2.1 मिलियन यू0एस0 डालर, पौध की कीट सुरक्षा से बचेगी, लेकिन जैव सुरक्षा का पूरा ध्यान रखना होगा।

सारिणी (8.30) पराजीन परिवर्धित पौध–गुणधर्म की बारंम्बारता

गुण	**पाये जाने की बारम्बारता**
खरपतवारनाशी सहनशील (Herbicide tolerance)	646
नरवन्ध्यता/उर्वरता अनुरक्षण (Male sterility/fertility restoration)	149
बी0टी0 परिवर्तित कीट रोधिता (Bt derived insect resistance)	139
विषाणु रोधिता (Virus resistance)	130
फफूँद रोधिता (Fungal resistance)	35
स्टार्च जैव संश्लेषण में परिवर्तन (Alteration of starch biosynthesis)	31

तेल घटक में परिवर्तन (Modification of oil composition)	29
प्रसंस्करण गुणवत्ता सुधार (Improvement of processing quality)	23
चिन्हक पद्धति (Marker system)	20
लिग्नीन जैव संश्लेषण में परिवर्तन (Alteration of lignin biosynthesis)	10
पोषक मुल्य वृद्धि (Increased nutritional value)	7
सुखा सहनशीलता (drought tolerance)	5
पक्वता गुण धर्म परिवर्तन (Alteration of ripening characteristics)	4
जिवाणु रोधिता (Bacterial resistance)	4
सूत्रकृमि रोधिता (Nematode resistance)	4

जैव सुरक्षा नियंन्त्रण

पहली बार जैव सुरक्षा नियंत्रण " नेशनल इन्स्टीट्यूट आफ हेल्थ, अमेरिका (National Institute of Health, America) में वर्ष 1976 में बनाया गया था। भारतवर्ष में पराजीन परीक्षण व जैव सुरक्षा का मुद्दा विशेषतः पराजीन के लिए डिपार्टमेन्ट आफ बायोटेक्नोलोजी" भारतीय कृषि अनुसंधान परिषद् (Indian Council of Agricultural Research) के डिपार्टमेन्ट आफ एग्रीकल्चरल रिसर्च एण्ड एजुकेशन (DARE), कृषि मंत्रालय के सहयोग से किया जा रहा है। शोध प्रक्रिया के अन्तर्गत तीन समूह बनाये गये हैं–

समूह–I

इसमें ज्ञात जीन जैसे–बी0टी0 (Bt.) जहाँ सुरक्षा का पूर्ण व्यवस्था प्राप्त अनुभवों/शोध ग्रन्थों के अनुसार सन्दर्भित हैं। इस प्रकार जीन के उपयोग की छूट तो है, लेकिन सम्बन्धित "इन्स्टीट्यूशनल बायोसेफ्टी कमेटी"(Institutional Biosafety Committee or IBC) को इसकी पूरी सूचना देना आवश्यक है।

समूह–II

इसमें उन जीन्स को सम्मिलित किया गया जो खरपतवारनाशी रोधिता से सम्बन्धित हैं, जिसमें शोध पूर्व अनुमति लेना आवश्यक है।

समूह–III

इसमें अनेकों प्लाज्मिक टाक्सिन जीन्स"(plasmic toxin genes) सम्मिलित हैं। इसके लिए पूरी तरह से पुनर्निरीक्षण एवं अनुमोदन प्रमाण पत्र सम्बन्धित अधिकारी से प्रयोग पूर्व आवश्यक है।

संस्थान के स्तर से जैव–सुरक्षा प्रक्रिया हेतु निम्न दिशा–निर्देश अपनाये जाने चाहिए।

1. रीकम्बीनेन्ट डी0एन0ए0 एडवाइजरी कमेटी (Recombinant DNA Advisory Committee)

इस समिति के माध्यम से राष्ट्रीय तथा अर्न्तराष्ट्रीय स्तर पर चलाये जा रहे जैव प्रौद्योगिकी शोध, विकास व अनुप्रयोग की सुरक्षा नियंत्रण भारत के लिए सुनिश्चित की जायेगी।

2. इन्स्टीट्यूशनल बायोसैफ्टी कमेटी (Institutional Biosafety Committee or IBC)

ऐसे सभी केन्द्र जो आनुवंशिक इंजीनियरींग के शोध व उत्पाद के उत्पादन में लगे हैं, उनकी सुरक्षा नियंत्रण इस समिति के द्वारा की जायेगी।

3. रिवीयू कमेटी आन जेनेटिक मैनीपुलेशन (Review Committee on Genetic Manipulation or RCGM)

रिवीयू कमेटी आन जेनेटिक मैनीपुलेशन (Review Committee on Genetic Manipulation) का कार्य प्रक्रियात्मक दिशा निर्देश जो परीक्षण व नियंत्रण के लिए आवश्यक है, का दिशा–निर्देश स्थापित करना है, जिससे वातावरणीय सुरक्षा भी सुनिश्चित हो सके। इस समिति के माध्यम से प्रायोगिक परीक्षण व अन्य प्रयोगात्मक कार्य हेतु सुविधा एवं स्थिति का भी संस्तुति होना आवश्यक होगा।

4. जेनेटीक इंजीनियरिंग एप्रूवल कमेटी (Genetic Engineering Approval Committee or GEAC)

यह समिति एक उच्च समिति है जो "रिवीयू एण्ड एप्रूवल" (review and approval) का दिशा–निर्देश व वृहद् स्तर पर आनुवंशिक इंजीनियरींग के माध्यम से तैयार पौध व उत्पाद का शोध व विकास, औद्यानिक उत्पादन, वातावरणीय अनुमोदन व क्षेत्र प्रयोग का भी अध्ययन करेगा।

पराजीन परीक्षण व प्रजातियों का अनुमोदन (Transgene testing and release of varieties)

सन् 1986 से 1997 के बीच लगभग 25000 पराजीन पर प्रक्षेत्र परीक्षण 60 फसलों पर 10 गुणों के साथ 45 देशों में किया गया, जिसमें 72 प्रतिशत परीक्षण केवल संयुक्त राज्य अमेरिका व कनाडा में किया गया। इसके बाद यूरोप लैटिन अमेरिका व एशिया का स्थान आता है। कुछ परीक्षण अफ्रीकी देश में भी हुए। इसमें सबसे ज्यादा फसलें–मक्का, टमाटर, सोयाबीन, कैनोला, आलू व कपास थी। जिन गुणों के लिए परीक्षण किये गये, उनमें खरपतवार रोधिता, कीट रोधिता, उपज गुणवत्ता व विषाणु रोधिता सम्मिलित है। वर्ष 1997 तक लगभग 48 पराजीन फसल उत्पाद, जिनमें 12 फसलें तथा 6 विशिष्ट गुण समाहित है, को व्यावसायिक रूप से अपनाने के लिए अनुमोदित किया गया। कुल 22 तकनीकें उपलब्ध है, जिनमें 20 तकनीके व्यक्तिगत क्षेत्र से हैं।

सारिणी (8.31) विश्व स्तर पर जैव प्रौद्योगिकी से विकसित फसलें (जेम्स, 2009 के बाद)

देश	क्षेत्रफल (मिलियन हेक्टेयर)	जैव प्रौद्योगिकी से विकसित फसलें
संयुक्त राज्य अमेरिका	64.0	सोयाबीन, मक्का, कपास, अलसी, स्क्वाश, पपीता, अल्फाल्फा, चुकन्दर
ब्राजील	21.4	सोयाबीन, मक्का, कपास
अर्जेन्टीना	21.3	सोयाबीन, मक्का, कपास
भारत	8.4	कपास

कनाडा	8.2	अलसी, मक्का, सोयाबीन, चुकन्दर
चीन	3.7	कपास, टमाटर, पपीता, शिमला मिर्च, पापुलर
पारागुए	2.2	सोयाबीन,
दक्षिण अफ्रीका	2.1	सोयाबीन, मक्का, कपास
यूरूगुए	0.8	सोयाबीन, मक्का
बोलिविया	0.8	सोयाबीन
फिलिपिन्स	0.5	मक्का
आस्ट्रेलिया	0.2	कपास, अलसी, कारनेशन
बुरकिना फासो	0.1	कपास
मैक्सिको	0.1	कपास, सोयाबीन
स्पेन	0.1	मक्का
चिली	<0.1	मक्का, सोयाबीन, अलसी
कोलम्बिया	<0.1	कपास, कारनेशन
हुन्डुरास	<0.1	मक्का
चेक रिपब्लिक	<0.1	मक्का
रोमानिया	<0.1	मक्का
पुर्तगाल	<0.1	मक्का
पोलैण्ड	<0.1	मक्का
कोस्टारिका	<0.1	कपास, सोयाबीन
स्लोवाकिया	<0.1	मक्का
इजिप्ट	<0.1	मक्का

पराजीन फसलों की खेती में संयुक्त राज्य अमेरिका 54.6 प्रतिशत खेती कर सबसे आगे है। वर्तमान समय में लगभग 25.0 मिलियन हेक्टेयर क्षेत्रफल में जैव प्रौद्योगिकी द्वारा उत्पन्न प्रजातियों की खेती हो रही है। वर्तमान समय में कुल 100.0 मिलियन हेक्टेयर भूमि का 54.6 मिलियन हेक्टेयर क्षेत्रफल पराजीन फसलों के अर्न्तगत है। इसके बाद अर्जेन्टीना 18 प्रतिशत (18.0 मिलियन हेक्टेयर) तथा कनाडा (6.0 मिलियन हेक्टेयर) तथा भारत में 3.8 प्रतिशत (3.8 मिलियन हेक्टेयर) है।

सारिणी (8.32) विश्व में पराजीन फसलों की स्थिति (वर्ष 1996–97, देश के अनुसार)

देश	**1996**		**1997**		**क्षेत्रफल वृद्धि**
	क्षेत्र (मि0 हेक्टेयर)	**प्रतिशत**	**क्षेत्र (मि0 हेक्टेयर)**	**प्रतिशत**	**(मि0 हेक्टेयर)**
यू0एस0ए0	1.5	51	8.1	64	6.7
चीन	1.1	39	1.8	14	0.7
अर्जेन्टीना	0.1	4	1.4	11	1.3
कनाडा	0.1	4	1.3	10	1.2
आस्ट्रेलिया	0.1	5	1.2	10	0.1
मेक्सिको	0.1	1.0	0.1	<1.0	<0.1
कुल	**2.8**	**100**	**12.8**	**100**	**9.9**

स्रोतः जेम्स (1998)

भारतवर्ष में व्यक्तिगत बीज कम्पनियों जैसे–महिको तथा पी0जी0एस0 द्वारा बैंगन के फल व तना छेदक तथा पत्ता गोभी के डाइमण्ड बैक माथ के उपर पराजीन परीक्षण प्रारम्भ किया है। भारतवर्ष में अभी तक किसी भी सब्जी फसल में पराजीन उत्पाद का अनुमोदन नहीं किया गया हैं।

सारिणी (8.33) आनुवंशिक परिवर्धित फसल का आर्थिक प्रभाव

देश	वर्श–1996–2007 आर्थिक लाभ (यू0एस मिलियन डालर)
संयुक्त राज्य अमेरिका	19789.0
अर्जेन्टीना	8184.0
चीन	6740.0
भारत	3180.0
ब्राजील	2933.0
कनाडा	1643.0

पराजीन टीका (Transgenic vaccine)

पराजीन टीका के माध्यम से कुपोषण को आसानी से दूर की जा सकती है। विशेषतः सब्जियों के द्वारा यह कार्य और सुगम हो जाता है।

सारिणी (8.34) सब्जियों में गुणवत्ता वृद्धि हेतु जीन का स्थानान्तरण

क्र.स.	एन्टीजेन	अतिथ्य पौध तंत्र	सन्दर्भ
1.	नारवाक वाइरस कोट प्रोटीन	आलू	मसान एवं सहयोगी
2.	हैप्टाइटिस बी वैक्सिन	आलू व टमाटर	वाई0 थानवाला
3.	नारवाल वाइरस कैप्सीड प्रोटीन	आलू	हुआघ एवं सहयोगी
4.	कालरा टाक्सिन बी सब यूनिट	आलू	अरकावा एवं सहयोगी
5.	ई0 कोली वैक्सिन	आलू	कारोल एवं सहयोगी

वर्ष 1986 से 1995 तक कुल 3647 आनुवंशिक इंजीनियरींग द्वारा तैयार उत्पाद का मूल्यांकन विभिन्न देशों में किया गया। इसमें लगभग 25 प्रतिशत औद्यानिक फसलें–टमाटर (353), आलू (362), संयुक्त राज्य अमेरिका में तथा खरबूजा (1) व टमाटर चीन में (6) एवं न्यूजीलैण्ड ने ऐस्परागस (1) तथा टमाटर (11) में पराजीन पौध प्रजाति विकसित की है। वर्तमान समय में पराजीन फसलों की स्थिति (1996–1997) फसल के अनुसार निम्न है।

सारिणी (8.35) विश्व में पराजीन फसलों की स्थिति (फसल के अनुसार)

देश	1996		1997		क्षेत्रफल वृद्धि (प्रतिशत)
	क्षेत्र (मि0 हेक्टेयर)	प्रतिशत	क्षेत्र (मि0 हेक्टेयर)	प्रतिशत	
सोयाबीन	0.5	18	5.1	40	4.6
मक्का	0.3	10	3.2	25	2.9
तम्बाकू	1.0	35	1.6	13	0.6
कपास	0.8	27	1.4	0.6	0.6
कनोला	0.1	5	1.2	10	11
टमाटर	0.1	4	0.1	1	0.1
आलू	0.1	1	0.1	1	0.1
कुल	2.8	100	12.8	100	9.9

विकासशील देशों में चीन ने शिमला मिर्च (4), आलू (5) व टमाटर (9) तथा थाइलैण्ड ने टमाटर की 2 प्रजातियों का प्रक्षेत्र परीक्षण कर रहा है। अनुमानित आँकड़ा के मुताबिक FLAVR-SAVR नामक टमाटर की खेती लगभग 4000.0 हेक्टेयर क्षेत्रफल में की जाती है।

सारीणी (8.36) व्यक्तिगत बीज कम्पनियों द्वारा पराजीन का अनुमोदन एवं उत्पादन

आनुवंशिक गुण	फसल	व्यक्तिगत बीज कम्पनियाँ
कीट रोधिता	मक्का	महिको, नोवार्टिस, मानसैण्टो, डेकाम्ब, जेनेटिक
	आलू	मानसैण्टो
	बैगन	महिको एवं पी0जी0एस0
अधिक पेक्टिन	टमाटर	जेनेका प्लान्ट सांइस
खरपतवार रोधिता	मक्का	डेकाल्ब जेनेटिक्स, पायोनियर
विषाणु रोधिता	स्कवाश	ऐस्ग्रो सीड्स
फल पकाव	टमाटर	काल्जेन मानसैण्टो एवं डी0एन0ए0 प्लान्ट टेक्नोलोजी/जेनेका प्लान्ट सांइस

स्रोतः बायोटेक्नोलोजी इण्डस्ट्री आर्गेनाइजेशन, 2012

पराजीन संकर उत्पादन (Production of transgene hybrid)

पराजीन तकनीकी का प्रयोग कर पर–परागित सब्जियों (cross pollinated vegetable) में उपयुक्त नरवन्ध्यता (male sterility) तथा उर्वरता बरकरार रखने की पद्धति का विकास सुगमता से किया जा सकता है। वैसिलस एमायो लिक्वेफैशियन्स से प्राप्त बारनेश जीन जो एक आर0एन0एस0 है, जो कोशिकाओं को मृत्यु प्रदान करता है। मरियानी एवं सहयोगी (1990) ने इस जीन का उपयोग कर टमाटर, मक्का, लेट्यूस में नर वन्ध्यता उत्पन्न की। बारनेश जीन द्वारा उत्पन्न नरवन्ध्यता प्रभावी

है, जिससे हमेशा पौधे में नर वन्ध्यता उत्पन्न होती रहती है। इसके बाद दूसरा जीन बारस्टार की खोज हुई जो बारनेश इनकोडेड आर0एन0ए0 की क्रिया को रोकता है और जिससे नर उर्वरता का अनुरक्षण होता है। इस पद्धति का व्यावसायिक महत्व सबसे ज्यादा मक्के के साथ–साथ सब्जियों एवं सजावटी पौधों में देखा गया। इस विधि द्वारा एकल बायोमालिक्यूल (biomolecule) का उपयोग का समाकलन स्थाई जीन द्वारा किया जा सकता है, जिसका उपयोग कर वाँछित पौधे तैयार किये जा सकते हैं, और साथ ही साथ अवाँक्षित गुणों वाले उत्पाद को बाह्य रूप से प्रयोग कर समाप्त किया जा सकता है। इस विधि के प्रयोग से मटर में एमिनो एसीड के स्तर में वृद्धि हुई जो भंडारण के लिए उपयुक्त है। प्रतिपोषक घटकों में कमी देखी गयी है, जब एन्टीशेन्स आर0एन0ए0 का प्रयोग किया गया है। यह पूर्ण या आशिंक रूप से टारगेट जीन की साइलेन्सिग से होता है। चूँकि उपज एवं उपज घटक सामान्यतः मात्रात्मक प्रकृति (quantitative nature) के होते हैं, अतः इनका मापन करना कठिन है और इसमें डी0एन0ए0 सिक्वेन्स (DNA sequence) के बार–बार स्थानान्तरण से ही किसी गुण का पूर्ण प्रदर्शन होता है। जबकि अगर एक बार ट्रान्सजीन पौध विकसित हो गया तो संकर ओज हमेशा के लिए स्थिर हो जाता है और इस प्रकार से विकसित संकर को अगली पीढ़ी में शुद्ध वंशक्रम लाइन के रूप में प्रयोग किया जा सकता है।

जैव विविधता मूल्यांकन (Biodiversity evaluation)

प्राचीन पद्धतियों द्वारा जैव विविधता एंव आनुवंशिक विविधता का मूल्यांकन व संरक्षण केवल बाह्य शरीर क्रिया विज्ञान, आकार, संरचना अध्ययन, भ्रूण–सम्बन्धी अध्ययन, शरीर विज्ञान अध्ययन आदि घटकों के तुलनात्मक दृष्टि से किया जाता था, जिससे सूचनात्मक आँकड़ा तो प्राप्त होता था, लेकिन उसमें आनुवंशिक विश्लेषण का स्तर कम होता है। वर्तमान में उपलब्ध आण्विक जैविक प्रौद्योगिकी (molecular biotechnology) एक सशक्त आनुवंशिक साधन है, जिससे अतिशीध्र एवं विस्तृत आनुवंशिक विश्लेषण किया जा सकता है। चूँकि डी0एन0ए0 स्तर का पालिमार्फिज्म (polymorphism) की पहचान के लिए अनेकों तकनीकी उपलब्ध है, जिसमें रिस्ट्रीक्शन फ्रैग्मेन्ट लेन्थ पालीमार्फिज्म (Restriction Fragment Length Polymorphism) का उपयोग अनेकों फसलों व जंगली प्रभेदों में आनुवंशिक विविधिता का निरीक्षण करने के लिए किया गया है। उदाहरण के लिए टमाटर में एक उपखण्ड का उपयोग जो आण्डिवक सहलगनता नक्शे से प्राप्त था, का प्रयोग विविधता व आनुवंशिक सम्बन्ध रखने वाले टमाटर (*Solanum esculentum*) के भीतर (within) व मध्य (among) हेतु किया गया। टैक्सलें (1990) के परिणाम से केवल टमाटर के विभिन्न स्पीसीज के अन्दर जाति सम्बन्धी आनुवंशिक स्तर का ही पता नहीं चला बल्कि स्व–परागित प्रजाति सोलेनम इस्कूलेन्टम (*Solanum esculentum*), सोलेनम पिम्पीनेल्लीकोलियम (*Solanum pimpinellifolium*), व सोलेनम चीजमानी (*Solanum cheesmanii*) में केवल तुच्छ आनुवंशिक विविधता का भाग ही बाह्य परागण में समाहित होता है।

सीमा बन्धक तकनीकी या टर्मिनेटर जीन टेक्नोलोजी (Terminator gene technology)

तकनीक के अनुसार ''टर्मिनेटर जीन'' (terminator gene) से युक्त प्रजाति में सभी गुण धर्मों से युक्त सामान्य बीज बनेगें, लेकिन अगली पीढ़ी में वह बीज जमाव नही करेंगा।

"A gene that terminates the viability of seed after a specified period of time. The gene involeved in the process is known as terminator gene."

यूनाइटेड स्टेट्स डिपार्टमेन्ट आफ एग्रीकल्चर (USDA) को यू0एस0 पेटेन्ट नं0 5, 723, 765) व दी डेल्टा एण्ड पाइन लैण्ड कम्पनी, मिसीसीपी को संयुक्त रूप से 3 मार्च, 1998 को अधिकार पत्र "कन्ट्रोल आफ प्लान्ट जीन एक्सप्रेशन (Control of Plant Gene Expression) नाम से यू0एस0 पेटेन्ट नं0 5723765 प्राप्त हुआ। इस "अधिकार तकनीक" को ही सीमा बन्धक तकनीक या टर्मिनेटर टेक्नोलोजी (terminator technology) के नाम से जाना जाता है। सीमान्त बन्धक जीन तकनीक एक प्रकार से पुणतया घातक जीन है, जो बीज में उपस्थित जीन उर्वरता को समाप्त (Block) करता है। इस प्रकार सीमान्त तकनीक से उत्पन्न प्रजातियाँ अनुउर्वर होती हैं, लेकिन बीज समान्य होते हैं, जिसे खाने के लिए उपयोग किया जा सकता है। इस तकनीकी के आने से किसानों को प्रत्येक वर्ष बुआई करने के लिए कम्पनियों से बीज क्रय करना अनिवार्य है। प्रारम्भ में इस तक़नीक का उपयोग कपास व तम्बाकू में किया गया है, लेकिन इसे किसी भी फसल में किया जा सकता है। इस तकनीक ने कृषि चक्र पद्धति, पौध–बीज–पौध–बीज की अवधारणा पर अनेकों प्रश्न खड़े कर दिये। इस तकनीक के पीछे सबसे बड़ा सवाल यह है कि अगली पीढ़ी में वह बीज जमाव नहीं करेगा। इस तकनीक के पीछे सबसे बड़ा उद्‌देश्य यह भी है कि बीज आपूर्ति पर पूर्ण नियंत्रण रखा जा सके और कृषकों को असंकर, मुक्त परागित या आनुवंशिक इंजीनियर बीज को रखने से वंचित करना है, जो बहुराष्ट्रीय कम्पनियों (multinational companies) द्वारा जैविकी पद्धतियों से विकसित/बेचा गया है। यद्यपि प्रारम्भ में "अधिकार पत्र" केवल कपास व तम्बाकू पर जो पराजीनों (transgenics) और लौकिक प्रजातियों (conventional varieties) पर ही थे, लेकिन जब मानसैण्टों ने इस तकनीक को खरीद कर अन्य फसलों पर लागू करने की योजना बनाई, तब यह ज्यादा महत्वपूर्ण हो गया, क्योंकि भारतवर्ष में देश की जैव प्रौद्योगिकी का शोध व विकास प्रारम्भ है। भारतवर्ष में देश की लगभग 70 प्रतिशत आबादी कृषि पर आश्रित है, जबकि अमेरिका में मात्र 1.0 प्रतिशत ही आश्रित है, अतः भारतीय परिदृश्य में ज्यादा नकारात्मक भूमिका इस तकनीक के द्वारा उत्पन्न होती और समाज में उथल–पुथल हो जाती। इतना ही नही इस तकनीक से वृहद् स्तर पर पौधों में नर वन्ध्‍यता उत्पन्न हो जाती और भारतीय जैव विविधता के लिए असन्तुलन उत्पन्न हो जाता, क्योंकि इससे भयंकर रूप से पौधे प्रभावित होते हैं। यह सत्य है कि इस तकनीक से संकर बीज उत्पादन, कायिक प्रवर्धित सब्जियों जैसे–आलू, परवल तथा स्व–परागित सब्जियों को प्रभावित नहीं होना था, लेकिन पर–परागित फसलों में लौकिक प्रजातियों विशेषतः सिन्थेटिक (synthetic) व संकुल (composite) को ज्यादा नुकसान होता। अगर इस तकनीक को व्यापार स्वरूप उपयोग किया जाता, तो तीसरी दुनिया (3rd World) के देशों में गरीब कृषकों का भविष्य ही बर्बाद हो जाता। हो सकता है कि इससे खाद्य सुरक्षा व कृषि की क्रमिक व स्थायित्व विकास पर नकारात्मक प्रभाव पड़ता। अतः वर्तमान समय में आवश्यकता इस बात की है कि अपने देश में किसी भी प्रकार के बीज किसी भी देश से बिना संगरोध (quarantine) प्रमाण पत्र के प्रवेश न कर सके। इसके लिए सख्त कानून बनाकर पालन करना अनिवार्य बनाया जाना आवश्यक है।

सीमान्त बन्धक तकनीक की प्रक्रिया (Mechanism of terminator gene technology)

सीमान्त बन्धक तकनीक में तीन जीन का महत्वपूर्ण योगदान इस प्रक्रिया को चलाने में आवश्यक है–

1. घातक जीन (Lethal gene)
2. पुर्नयोज्य जीन (Recombinase gene)
3. रिप्रेशर जीन (Repressor gene)

1. घातक जीन (Lethal gene)

घातक जीन (lethal gene) को सीमान्तक (terminator gene) जीन भी कहते हैं, जो पौधों के अन्दर जहरीला प्रोटीन उत्पन्न करता है। घातक जीन राइबोसोम–इनहिबटिंग प्रोटीन (ribosome-inhibiting protein or RIP) की इनकोडिंग (encoding) पौधे के अन्दर प्रोटीन संश्लेषण क्रिया में दखल देता है। राइबोसोम–इनहिबटिंग प्रोटीन उत्प्रेरक के साथ मिलकर पौधे के अन्तिम अवस्था में बीज का विकास करता है और इनके बीच में घातक जीन तथा उत्प्रेरक डी0एन0ए0 क्रम को बदलने में दखल देता है, जो इक्सीजन सिक्वेन्स (excision sequence) को बढ़ाता है, जिसे लाक्स साइट (LOX site) कहते हैं।

2. पुर्नयोज्य जीन (Recombinase gene)

यह लाक्स (LOX) को पहचानता है और दखल देने वाले वास्तविक जीन के पुर्नयोज्य क्रम को समाप्त करता है। यह रिप्रेशर जीन के पीछे काम करता है।

3. रिप्रेशर जीन (Repressor gene)

रिप्रेशर जीन प्रोटीन उत्पन्न करता है, जो उत्प्रेरक/पुर्नयोज्य (promoter/ recombinase gene) जीन की क्रिया को नियंत्रित करता है। रिप्रेशर प्रोटीन, टेट्रासाइक्लिन जैसे रासायनों से जुड़कर अक्रिय हो जाता है।

□□□

अध्याय 9

सब्जियों पर वातावरणीय विषमताओं का प्रभाव

(Effect of Adverse Climate on Vegetables)

जलवायु परिवर्तन का वातावरण व मनाव समाज पर प्रबल प्रभाव पड़ता है। विश्व में जलवायु परिवर्तन से 100 मिलियन लोग विषम स्थिति का समना कर रहे हैं (ग्लोबल ह्यूमनीटैरियन फोरम, 2009)। ऐसे लोग जलवायु परिवर्तन से ज्यादा प्रभावित होंगे जो प्राकृतिक संसाधनों पर सीधे आश्रित हैं (ब्रियान एवं सहयोगी, 2009, शर्मा एवं चौहान, 2011)। भारत वर्ष में जलवायु परिवर्तन का सीधा प्रभाव सामाजिक–आर्थिक दशा, जनसंख्या वृद्धि, शहरीकरण, जैव संपदा उपभोग एवं क्षरण पर पड़ता है (गर्ग एवं सहयोगी, 2007, नेशनल एक्शन प्लान आन क्लाईमेट चेंज, 2008, कुमार एवं सहयोगी, 2008)। भारत वर्ष में कृषि या खेती योग्य जमीन (विश्व की 2.4 प्रतिशत जमीन) एवं जल (विश्व की 4.2 प्रतिशत जल) विश्व की 17.0 प्रतिशत जनसंख्या एवं 11.0 प्रतिशत पशुधन को सहारा देता है (मोरे एवं जगताप, 2011)। भारतवर्ष में कुल फसल सघनता (cropping intensity) 138.0 प्रतिशत है। कुल कृषि योग्य क्षेत्रफल 142 मिलियन हेक्टेयर है जिसमें 60.0 मिलियन हेक्टेयर सिंचित है। देश की कुल 52.0 प्रतिशत आबादी का जीविकोपार्जन कृषि से ही होता है। सकल घरेलू उत्पाद (GDP) में कृषि का योगदान 14.0 प्रतिशत है। कृषि के निर्यात से भारतवर्ष को कुल 10.5 प्रतिशत की आय होती है। तापमान का सीधा प्रभाव सब्जियों की गुणवत्ता पर भी पड़ता है। विटामिन बी तापमान के प्रति अतिसंवेदनशील है। टमाटर, बीन्स, मिर्च, खरबूजा अधिक तापमान (27.0–30.0 डिग्री सेन्टीग्रेड) में विटामिन बी अधिक बनाते हैं, जबकि ब्रोकली, बंद गोभी, मटर, पालक आदि कम तापमान में विटामिन बी अधिक बनाते हैं। प्रकाश प्रबलता का विटामिन बी के निर्माण पर कम प्रभाव पड़ता है, जबकि अधिक तापमान पर विटामिन सी एवं विटामिन ए का निर्माण अधिक होता है (ग्रास, 1991)। अधिक प्रकाश प्रबलता पर अधिक शर्करा का निर्माण होता है जिससे विटामिन सी में भी वृद्धि होती है। परिणामतः पौध के तापमान में वृद्धि के कारण बीटा कैरोटीन (विटामिन ए) में कमी होती है। मिट्टी के प्रकार, पलवार, सिंचाई, खाद, एवं

कृषि योग्य गतिविधि का भी प्रभाव जल व पोषक तत्व अवशोषण पर पड़ता है। परिणामतः फल संयोजन (fruit composition) एवं गुण (दिखावट, बनावट, संरचना, स्वाद एवं सुगन्ध) में परिवर्तन होता है (गोल्डमैन एवं सहयोगी, 1999)। तापमान, सापेक्षिक आर्द्रता तथा कार्बन डाई आक्साइड की सान्द्रता का प्रभाव तुड़ाई उपरान्त फसल प्रौद्योगिकी पर पड़ता है (ली एवं काडेर, 2000, गोपालकृष्णन एवं सहयोगी, 2011)।

सारिणी (9.1) जलवायु परिवर्तन का वातावरण एवं मानव पर प्रभाव

जलवायु परिवर्तन का प्रभाव	भौतिक परिवर्तन	मानव पर प्रभाव
सतही तापमान में वृद्धि	बर्फ की चट्टानों का पिघलना	खाद्य सुरक्षा उपज में कमी
समुद्री सतह में वृद्धि	लवणता एवं मरूस्थल में वृद्धि	स्वास्थ्य सुरक्षाः अपर्याप्त भोजन, अतिसार, हृदय सम्बन्धी बीमारी
समुद्र का ज्यादा अम्लीय होना	बाढ़, अनावृष्टि, आँधी, चक्रवात व गर्मी में वृद्धि	गरीबी कृषि में आय की कमी
स्थानीय रूप में ज्यादा वर्षा एवं नदियों में ज्यादा बहाव	बर्फ की चट्टानों का पिघलना, जंगलों का विनाश	जल सुरक्षाः स्वच्छ जल की कमी
स्पीशीज के समापन दर में वृद्धि	–	स्वेच्छा व अस्वेच्छा से विस्थापित होना
जैव संपदा क्षरण में वृद्धि	–	सुरक्षाः अस्थिरता की जोखिम

स्रोतः ग्लोबल ह्यूमनीटैरियन फोरम, 2009

सब्जियों के उत्पादन एवं उत्पादकता पर भी वातावरणीय विषमताओं का प्रबल प्रभाव पड़ता है। सामान्यतः 1.0–2.0 डिग्री सेन्टीग्रेड तापमान के घटने–बढ़ने से ही बीज जमाव, पौध वृद्धि, शीर्ष विकास, पुष्पन व बीज बनने की प्रक्रिया में परिवर्तन देखा जाता है। यह सत्य है कि ये फसलें वातावरण के परिवर्तन के साथ अनुकूलन व नवीनतम प्रभेदों को सुगमता से विकसित कर लेती हैं, जिसका उदाहरण हाजीपुर (बिहार) के आस–पास विकसित हो रही फूल गोभी की किस्मों में मिलता है। कभी शीतोष्ण जलवायु की फसल रही फूल गोभी की फसल अब उष्ण जलवायु में सुगमता से विकसित की जा रही है। इतना ही नही पत्ता गोभी की उप उष्ण व उष्ण जलवायु में पुष्पन एवं फलन कसे वाली प्रभेदों को विकसित किया जा रहा है। राव एवं सहयोगी (2006) ने अपने अनुसंधान से स्पष्ट किया कि उच्च तापमान (60.0 डिग्री सेन्टीग्रेड) पर परागकणों के जमाव पर कोई प्रभाव नहीं पड़ता है और परागण करने पर फल वृद्धि एवं बीज विकास होता है, लेकिन 75.0 डिग्री सेन्टीग्रेड तापमान पर परागकणों के संग्रहण एवं उपयोग करने पर फल धारण में कोई सम्बन्ध नहीं पाया। इस प्रयोग में मात्र 25.0 प्रतिशत परागकण जमाव क्षमता में कमी देखी गयी और वर्तीकाग्र (stigma) पर परागकणों का जमाव न होने के कारण बीज नहीं बन पाया।

बदलते मौसमी परिवेश में भविष्य की योजनायें

फूल गोभी एवं बंद गोभी के उत्पादन एवं उत्पादकता पर विषम वातावरणीय घटकों का प्रबल प्रभाव पड़ता है। सामान्यतः 1.0–2.0 डिग्री सेन्टीग्रेड तापमान के घटने–बढ़ने से ही बीज बनने की

प्रक्रिया में परिवर्तन देखा जाता है। यह सत्य है कि ये दोनों फसलें वातावरण के परिवर्तन के साथ–साथ अनुकूलन व नवीनतम प्रभेदों को सुगमता से विकसित कर लेती है, जिसका उदाहरण हाजीपुर (बिहार) के आस–पास विकसित हो रही फूल गोभी की किस्मों में मिलता है। बदलते मौसमी परिवेश में सब्जियों के नवीन प्रजातियों के प्रजनन एवं उत्पादन प्रौद्योगिकी के विकास में निम्न रूपों में बदलाव कर शोध की योजना बनाना चाहिए।

1. अधिक उत्पादक प्रजाति एवं संकरों का विकास।
2. जैविक एवं अजैविक घटकों के प्रति प्रतिरोधी किस्मों का विकास
3. पौधों प्रभेदों में प्रौद्योगिकी के द्वारा जीन (gene) का हस्तानान्तरण
4. इन विट्रो (*in vitro*) पौध प्रसारण और प्रमुख फसलों का चयन
5. औद्योगिक उपयोग के लिए उपयुक्त पौध प्रजातियों का विकास
6. सघन कृषि पद्धति के कारण पोषक तत्व खनन पर बल देना जिससे मृदा स्वास्थ्य बनी रहे।
7. लागत उपयोग क्षमता में सुधार कर फसलों में उत्पादन को बरकरार रखना।
8. वर्षा आधारित जल संरक्षण एवं संग्रहण प्रक्रिया को बढ़ाना जिससे सूखा ग्रस्त क्षेत्रों में कृषि उत्पादकता को बढ़ाया जा सके।
9. उपयुक्त जल निकास तकनीकी को बढ़ावा देना जिससे जल जमाव एवं क्षारीयता से निजात मिल सके।
10. बेतहासा कृषि रसायनों को उपयोग में कमी लाना।
11. मृदा की कम जुताई पद्धति से कृषि को बढ़ावा देना।
12. विविध कृषि दशा में मौसम आधारित पद्धति के अनुसार शोध को बढ़ावा देना जिससे जल स्रोत, मौसम, मृदा एवं आर्थिक सन्तुलन बना रहे।
13. मौसम परिवर्तन से उत्पन्न हो रहे नवीन कीट एवं रोग से मुक्ति के लिए प्रयत्न आवश्यक है।
14. आनुवंशिक रूप से परिवतर्तित फसलें कीट, रोग खरपतवार आदि के प्रबन्धन में महत्वपुर्ण भूमिका अदा कर सकती हैं अतः इस प्रकार के शोध को बढ़ावा देना चाहिए।

अनुपयुक्त तापक्रम का सब्जियों पर प्रभाव

अन्य फसलों की तुलना में सब्जी फसलें परिवर्तित वातावरण विशेषतः तापमान से ज्यादा प्रभावित होती है। कभी पौधों की वानस्पतिक वृद्धि अधिक हो जाती है लेकिन फल कम लगता है। इसी प्रकार प्याज, मूली गाजर आदि में पुष्प डण्ठल बहुत जल्द बन जाते हैं जबकि वर्धीय भाग का विकास रूक जाता है। परिवर्तित तापमान से उत्पन्न होने वाले विकारों को नीचे की सारिणी में दिया गया है।

सारिणी (9.2) सब्जियों में अनुपयुक्त तापमान के कारण उत्पन्न दैहिक विकृतियाँ

सब्जी फसल	विकृतियाँ	तापीय वातावरण
एस्परागस	तना (stalk) में अधिक रेशा व पार्श्व शाखाओं का बनना	उच्च तापमान (>32 डिग्री सेन्टीग्रेड)
फराश बीन	फलियों में रेशा का बनना, फल धारण क्षमता में गिरावट, फलियों के विकास में गन्द गति, बीज की खराब गुणवत्ता	उच्च तापमान (>30 डिग्री सेन्टीग्रेड)
गाजर	कैरोटीन की मात्रा में कमी	तापमान (<10 डिग्री सेन्टीग्रेड या >20 डिग्री सेन्टीग्रेड)
फूल गोभी	अगेती पुष्प डण्ठल (bolting) का बनना, बटनिंग रिसीनेस, ब्लाइण्डनेस	उच्च तापमान
ब्रोकली	पत्तीदार शीर्ष, शीर्ष का न बनना, ब्रेक्टिंग (bracting) बीज का कम बनना	उच्च तापमान
लेट्यूस	टीप बर्न (tipburn) पुष्प डण्ठल (bolting) पफी शीर्ष	उच्च तापमान
शिमला मिर्च	बीज का कम बनना, टेढ़ा–मेढ़ा फल, सनस्केल्ड, ब्लासम इण्डराट	उच्च तापमान
प्याज	शल्क कन्दों का फटना	उच्च तापमान
आलू	द्वितीयक वृद्धि, कन्दों का जमाव, कन्दों का कम बनना	उच्च तापमान
टमाटर	फल का फटना, सनस्केल्ड, ब्लासम इण्डराट	निम्न तापमान
तरबूज	ब्लासम इण्डराट (blosom endrot)	उच्च तापमान तथा उच्च वाष्पोत्सर्जन
टमाटर	लाइकोपिन का कम बनना	तापमान <10 डिग्री सेन्टीग्रेड या >30 डिग्री सेन्टीग्रेड
पालक	अगेती पुष्प डण्ठल का बनना (bolting)	उच्च तापमान
शकरकन्द	कन्दों का कम बनना	उच्च तापमान (>35 डिग्री सेन्टीग्रेड)

स्रोतः वैन (1997a), हाजरा एवं सोम, 1999

शीत व गर्म ऋतु का प्रभाव

कभी–कभी तापमान बहुत नीचे चला जाता है या बहुत ज्यादा हो जाता है जिसके कारण सब्जियों में फल बनना रूक जाता है। उदाहरण के लिये टमाटर में कम या अधिक तापमान में फलत रूक जाता है। अतः शीत (cold) में फल धारण करने वाली प्रजाति पूसा शीतल एवं अधिक तापमान पर फल धारण करने वाली प्रजाति पूसा हाइब्रिड–1 का चयन करना चाहिए। टमाटर की जंगली प्रभेद सोलेनम हिर्सुटम अधिक तापमान पर भी फलत करती है।

• नमी की कमी (Moisture stress)

बदलते मौसम में पौधों को हमेशा प्रचुर मात्रा में नमी सुलभ होगी, कहना मुश्किल है। अतः ऐसी प्रजातियाँ विकसित की जानी चाहिए जो कम नमी की उपलब्धता में वृद्धि एवं विकास कर सके। टमाटर की प्रजाति पूसा रूबी एवं पूसा अर्ली ड्वार्क नमी की कमी के प्रति सहनशील है।

एफ0 ग्लैब्रैटम (Solanum hirsutum of glabratum) के बीज बहुत कम तापमान (2.0 से शून्य डिग्री सेन्टीग्रेड) पर जमाव करता है। टमाटर की प्रजाति सालाडेटे (Saladette) व एच0एस0–102 (H.S.-102) अधिक तापमान पर सुगमता से उगायी जा सकती है।

• सूखापन (Drought)

बदतले मौसम में सूखा को वजह से सब्जियों की उत्पादकता में कमी आ रही है। वैज्ञानिकों द्वारा सूखा रोधी जीन पुल (gene pool) पर कार्य प्रारम्भ किया गया है। सूखा के लिए टमाटर की लाइन सेल0–18 व पैन अमेरिकन प्रभेद अति उत्तम है।

सारिणी (9.3) सब्जियों को प्रमुख जननद्रव्य विषम जलवायु एवं परिस्थिति हेतु

फसल	ई0सी0 संख्या	गुण	देश
फूल गोभी	ई0सी0 164414–16	सूखा रोधी	संयुक्त राज्य अमेरिका
टमाटर	ई0सी0 399828–38	सूखा रोधी	संयुक्त राज्य अमेरिका
	ई0सी0 347359–68	सूखा रोधी	ताईवान
	ई0सी0 321425–26	सूखा रोधी	ताईवान
	ई0सी0 378682–83	कम पानी माँग	आस्ट्रेलिया
पत्ता गोभी	ई0सी0 350918–28	सूखा सहनशील	संयुक्त राज्य अमेरिका
	ई0सी0 168041–42	सूखा सहनशील	संयुक्त राज्य अमेरिका
खरबूजा	ई0सी0 350603	गंधक सहनशील	संयुक्त राज्य अमेरिका
	ई0सी0 342751–54	सूखा सहनशील	जापान
शिमला मिर्च	ई0सी0 334206	जल जमाव	संयुक्त राज्य अमेरिका

1. मौसम परिवर्तन का कीटों पर प्रभाव

मौसम परिवर्तन का प्रभाव कृषि पर व्यापक रूप से स्पष्ट होने लगा है। इसका सीधा प्रभाव प्रभेदों के बनावट, वितरण, व्यवहार, जैविकी समूह सक्रियता आदि पर पड़ रहा है। यह सही है कि अन्य जीवों की तुलना में कीट ज्यादा अनुकूलन बना लेते हैं। विश्लेषण से ज्ञात हुआ है कि भौगोलिक परिवर्तन से तापमान एवं वर्षा में वृद्धि हुई है। ज्यादा परिवर्तन तापमान वृद्धि में हुई हो जैसे–जैसे मृदा गर्म हो रही है अनेकों विपदायें जैसे– तुफान, सूखा, बाढ़, गर्म हवा/लू का चलना तथा जमीन का ढहना सामान्य बात हो गयी है। लगभग 100 वर्षों में पृथ्वी के तापमान में वृद्धि लगभग 0.5 डिग्री सेन्टीग्रेड हुई है जिसके परिणाम स्वरूप तुफान, बाढ, जंगलों में आग जैसी घटनायें विगत 10 वर्षो

में ज्यादा हुई हैं। तापमान में वृद्धि सन् 1990 की तुलना में सन् 2010 तक 1.00–3.50 डिग्री सेन्टीग्रेड तक पृथ्वी की सतह पर हुई है।

मौसम परिवर्तन का प्रभाव मध्य से उच्च स्थानों की तुलना में निम्न स्थानों पर ज्यादा रहेगा। ज्यादातर कीट मौसम के अनुसार प्रजनन अनुकूलन और पौधों पर नुकसान करते हैं। अगर मौसम परिवर्तन में बदलाव होता रहा तो कीड़ों–मकोड़ों की नवीन प्रभेद विकसित होने में देर नही लगती। ऐसा भी हो सकता है कि कई कीडे अपना जीवन चक्र वर्ष में कई बार पूर्ण करने लगे। कम समय में जीवन चक्र पूरा करने वाले कीट जैसे– एफिडस एवं डाइमण्ड बैंक माथ की संख्या वृद्धि सम्भव है। जमीन के अन्दर विकास करने वाले कीट ज्यादा प्रभावित हो सकते हैं क्योंकि जमीन के अन्दर कीटों को सन्तुलित तापमान नमी आदि चाहिए जो मौसम परिवर्तन से बदल जायेगा।

मौसम परिवर्तन का जीवन चलाने का वितरण एवं नये जगह पर जाना

मौसम परिवर्तन से कीट अपना जीवन चलाने के लिए नवीन जगह पर जा सकते है जिससे भोजन के लिए उस स्थान पर उपलब्ध अन्य पौधों को प्रभावित कर सकते हैं। उदाहरण के लिए हेलिकोवर्पा अर्मीजेरा (*Helico verpa armigera*) जाड़े में कम तापमान के कारण जल्द विकसित होने लगेगें।

मौसम परिवर्तन से प्राकृतिक कीट नियन्त्रक पर प्रभाव

जहाँ कीट उत्पन्न होते है वहाँ पर उनके प्राकृतिक विनाशक कीट भी रहते हैं। मौसम परिवर्तन से ऐसा हो सकता है कि प्राकृतिक रूप से नाशक कीट को समाप्त करने वाले मित्र कीट समाप्त हो जायें। मित्र कीट की कमी से फसलों के परागण में कमी होगी परिणामतः कुल उपज में भी कमी हो जायेगी।

मौसम परिवर्तन से एकाएक कीट संख्या में वृद्धि

लीफ हापर (*Amrasca biguttula*) की संख्या तापमान एवं आर्दता वृद्धि से बढ़ जाता है। सफेद मक्खी (white fly) की संख्या ऋणात्मक रूप से तापमान वृद्धि से सम्बंध रखता है, लेकिन आर्द्रता से घनात्मक सम्बन्ध होता है। अतः यह परिणाम निकलता है कि मौसम परिवर्तन से लीफ हाफर (*Amrasca biguttula*) बालकर्म (*Helicoverpa armigera*) तथा कपास व्हाइट फलाई (*Bemisia tabaci*) का ज्यादा प्रकोप बढ़ेगा।

वर्षा वृद्धि का कीट पर प्रभाव

कुछ कीट जैसे थ्रीप्स (thrips) व्हाइट फलाई (white fly) वर्षा के प्रति संवेदनशील हैं। अगर तेज वर्षा हो जाये तो ये कीट स्वतः मर जाते हैं या फसलों से गिर कर समाप्त हो जाते हैं। लेकिन कुछ कीट ज्यादा वर्षा व अधिक आर्द्रता में ज्यादा वृद्धि करते हैं जैसे– लीफ हाफर (*Amrasca biguttula*) ज्यादा तापमान से व्हाइट फलाई (white fly) की संख्या घट जाती है लेकिन अधिक आर्द्रता होने पर संख्या बढ़ जाती है।

2. अधिक कार्बनडाई आक्साइड का प्रभाव

शोध से स्पष्ट हुआ है कि कार्बन डाई आक्साइड का सीधा प्रभाव कीटों के प्रजनन व जीवन काल पर पड़ता है। उदाहरण के लिए कार्बन डाईआक्साइड (CO_2) वद्धि से पौधों में प्रकाश संश्लेषण ज्यादा होगा, परिणामतः फसल वृद्धि भी ज्यादा होगी। सम्भव है की कीट पर रोग का प्रकोप भी ज्यादा होगी। उदाहरण के लिए सोयाबीन।

3. मृदा स्वास्थ्य पर प्रभाव

बदलते मौसम की दशा में मृदा स्वास्थ्य भी ज्यादा प्रभावित हो रही है। मृदा स्वास्थ्य, जमीन के अन्दर उपलब्ध पौषक तत्व, जीवांश आदि को प्रभावित करता है।

कृषि द्वारा जलवायु परिवर्तन का न्यूनीकरण (Mitigation of climate change through agriculture)

कृषि द्वारा जलवायु का परिवर्तन न्यूनीकरण निम्नलिखित रूप से कर सकते हैं–

- जल संरक्षण एवं संग्रहण
- भूमि प्रबन्धन
- कृषि तकनीकी सुधार
- फसल अवशेष समावेश
- उर्वरक के उपयोग क्षमता में सुधार
- खाद के उपयोग में वृद्धि
- जल संरक्षण एवं प्रबन्धन
- जुताई एवं अवशेष प्रबन्धन
- फसल पद्धति
- भूमि प्रबन्धन में सुधार
- मिथेन गैस के उत्सर्जन का न्यूनीकरण
- नाईट्रस आक्साइड गैस के उत्सर्जन का न्यूनीकरण
- मिथेन पकड़ना
- जैव कृषि के लाभ
- मृदा स्वास्थ्य
- मृदा क्षरण प्रबन्धन

सारिणी (9.4) जलवायु परिवर्तन का अनुकूल एवं न्यूनीकरण के उपाय

अनुकूल उपाय	न्यूनीकरण उपाय
अवरोधी फसलों/किस्मों का चयन प्रयोग	नये उर्जा स्रोत का प्रयोग–हवा टरबाइन, जैव उर्जा, जल उर्जा, भूकेंद्रीय उर्जा
सिंचाई एवं जल निकासी व्यवस्था	उर्जा (कार्य) क्षमता का उद्योग एवं प्रतिदिन की जीवन में सम्पूर्ण उपयोग
खाद्य संग्रहण एवं भूमि प्रबन्धन में सुधार	जंगल संरक्षण में सुधार एवं पुनर्वनरोपण
जल संरक्षण एवं संग्रहण	वनरोपण एवं पुनर्वनरोपण
जीवन स्तर में सुधार	जंगलो को काँटने में कमी एवं जंगल प्रबन्धन में सुधार

स्रोत: गहुकार, 2009

कलम बन्धन या ग्रेफ्टिंग (Grafting in Vegetables)

ऐतिहासिक पृष्ठभूमि

ऐतिहासिक पृष्ठभूमि व आँकड़ों से ज्ञात होता है कि सब्जी में सर्वप्रथम जापान व कोरिया ने सन् 1920 में तरबूज का कलम "गोर्ड रुटस्टाक" (gourd root stock) पर तैयार किया था (ली, 1994)। इसके बाद बैंगन का कलम, स्कारलेट बैंगन की प्रजाति सोलेनम इन्टेग्रीफोलियम (*Solanum integrifolium*) पर सन् 1950 में प्रारंभ हुआ। वर्ष 1960 एवं 1970 में कलम (grafting) पौध प्रसारण तकनीक खीरा एवं टमाटर में अपनाया गया (इडल्स्टैन, 2004)। इसके बाद सब्जियों में कलम बन्धन द्वारा पौध विकसित करने की प्रथा चल पड़ी। अभी हाल के वर्षों में जापान, कोरिया और अमेरिका में कद्दू वर्गीय सब्जियाँ, टमाटर, बैंगन और शिमला मिर्च के प्रसारण में यह विधि काफी प्रचलित हुई है। वर्तमान समय में कलम बाँधने की तकनीक का उपयोग सब्जियों में ज्यादा होने लगा है। जापान द्वारा उत्पादित तरबूज, खीरा, खरबूजा, टमाटर व बैंगन कलम पौधों की संख्या वर्ष 1960 में मात्र 57.0 प्रतिशत थी, जो बढ़कर वर्ष 1990 में 95.0 प्रतिशत तक पहुँच गई है (ओडा, 1993)। इस समय जापान, कोरिया व ताइवान में लगभग 95 प्रतिशत तरबूज व ओरीयेन्टल खरबूजा (oriental melon) का कलम स्क्वाश (squash) व "गोर्ड रुट स्टाक' (gourd root stock) पर कलम बाँध कर पौध विकसित कर खेती की जा रही है (रूमेरो एवं सहयोगी, 1997)। पौध संख्या की दृष्टिकोण से कोरिया द्वारा 540.0 मिलियन तथा जापान द्वारा 750.0 मिलियन नवोद्भिद (seedling) प्रतिवर्ष विकसित किया जाता है (ली एवं सहयोगी, 1998)। ग्रीस में सब्जी कलम बाँधने की पद्धति का इतिहास पचासों साल से चला आ रहा है और ग्रीस के दक्षिणी क्षेत्रों में कलम बाँधने की पद्धति ज्यादा प्रचलित है, जबकि उत्तरी क्षेत्रों में कम स्तर पर उपयोग किया जा रहा है (कौटिस्का एवं सहयोगी, 2002)।

परिभाषा

कलम (grafting) पौध प्रसारण की एक सामान्य तकनीक है, जिसमें दो विभिन्न पौधों के दो सजीव भागों को वाँछित मूलवृंत (desired root stocks) पर नवपल्लव संतान या सांकुर (scion) को आपस में मिलाकर पौध विकसित किये जाने की प्रक्रिया है, जो बाद में एक पूर्ण पौधे के रुप में विकसित हो जाता है।

"Grafting is a simple method of propagation in which desired rootstocks are obtained to induce vigour, precocity, enhanced yield and quality better survival under abiotic and biotic stress conditions".

इस विधि में पौधे के दो सजीव भाग होते हैं–

- सांकुर (Scion) और
- मूलवृंत (Root stock)

सांकुर (scion) प्रवर्धित पौधे का वह भाग होता है, जिसमें फूल व फल आते हैं एवं नीचे का भाग जिस पर सांकुर प्रतिरोपित किया जाता है, उसे मूलवृंत (root stock) कहते हैं, जो प्रवर्धित पौधे को जड़ तन्त्र प्रदान करता है।

कलम बन्धन तकनीक का उद्देश्य एवं उपयोगिता

सब्जियों में कलम बन्धन (grafting in vegetables) द्वारा पौध प्रसारण का मुख्य उद्देश्य पौध में ओजपूर्ण वृद्धि, उपज, गुणवत्ता, अगेतीपन और पौधों को विषम जैविक (*Fusarium* wilt, *Verticillium* wilt, damping off, nematodes etc.) व अजैविक (heat, drought, floods, frost etc.) परिस्थितियों में भी सफलतापूर्वक उगाना है।

कलम बन्धन तकनीक की उपयोगिता

कलम बन्धन तकनीक का सब्जियों में निम्नलिखित उपयोगिता है।

(1) पौध की ओजपूर्ण वृद्धि (Vigorous growth)

सामान्यतया यह देखा गया है कि वाँछित मूलवृंत पौध पर अगर ओज ज्यादा है, तो कलम बाँधने से नव पल्लव संतान/सांकुर (scion) और तेज गति से वृद्धि एवं विकास करता है। इस प्रकार मूलवृन्त (root stock) के अनुकूल प्रभावों का उचित प्रयोग सम्भव है।

(2) अत्यधिक उपज (Better yield)

सब्जियों की दिन प्रतिदिन बढ़ती माँग व प्रति इकाई अधिक उपज प्राप्त करना एक प्रमुख उद्देश्य व आज की आवश्यकता हो गयी है। ग्रीन हाउस में लगातार खेती करने से उपज के साथ–साथ गुणवत्ता में भी कमी आ रही है, जो कलम बाँध (grafting) तकनीक से सुगमता से दूर की जा सकती है और साथ ही साथ अनुकूल प्रभावों का उचित प्रयोग सम्भव है।

(3) विशिष्ट गुणवत्ता (Special quality)

प्रयोग में यह पाया गया है कि मूलवृन्त (root stock) कभी–कभी अच्छे गुणों वाला नहीं होता है, लेकिन नवपल्लव संतान या सांकुर (scion) के लग जाने से विशिष्ट गुणों को प्रेरित करता है। इस प्रकार विकसित पौध में ज्यादा गुण वाले पत्तियाँ, पुष्प, फल, दानें आदि प्राप्त होते हैं, लेकिन कलम बन्धन तकनीक से सब्जियों में गुणवत्ता सुधार के प्रति ज्यादा सफलता नहीं मिल सकी है। होयास एवं सहयोगी (2001) ने स्पष्ट किया कि कलम बन्धन से खीरे के स्वाद व आकार–प्रकार में किसी प्रकार का परिवर्तन नहीं हुआ जबकि कलम बन्धन (grafting) द्वारा पौधें में ग्रीवा (collor) ज्यादा थी। व्यावसायिक रुप से ज्यादा स्वीकार किये जाने वाले फलों की संख्या व चमकदार खीरे के फल, स्क्वाश संकर ''इक्की'' के मूलवृंत पर कलम बन्धन करने से प्राप्त हुए (कानीजारेस एवं गोटो, 1998)। खरबूजा में स्वाद व बनावट में गिरावट घटिया फल की गुणवत्ता, पीलापन, फल के छिलके पर हरी धारियाँ या धब्बे तथा फल के गूदे में निर्जीवीपन भी देखा गया है (मात्सूडा एवं होण्डा 1981, कौटिस्का एवं सहयोगी, 2002), जबकि गलिया (Galia) और हैओन मेलन (Haon melon) से मिठास ज्यादा प्राप्त किया जा सकता है, जब उनका कलम बन्धन मेलन प्रजाति सूइकार या 841 के मूलवृंत पर किया जाये (ब्यूटेलर, 1987)। टमाटर का कलम बन्धन करने से बाजार योग्य फलों की संख्या में वृद्धि तथा विकसित फल संख्या में कमी, अविकसित तथा मोल्ड (mold) प्रभावित घूसर पन में कमी देखी गई है। इसके अलावा कलम बन्धन द्वारा तैयार टमाटर के पौधों में फलों के अच्छे रंग तथा सबसे ज्यादा लाइकोपिन (lycopene) की मात्रा प्राप्त हुई (चंग एवं सहयोगी, 1997)।

(4) अगेतीपन व तुड़ाई के समय में परिवर्तन (Earliness and manipulating the harvesting period)

कलम बाँधने की प्रवृत्ति से सब्जियों में पुष्पन व फलन जल्दी होता है, अतः उत्पादक व उपभोक्ता को अगेती उपज प्राप्त होती है और उत्पादक को ज्यादा लाभ होता है। इसी प्रकार देर से प्राप्त उपज से भी ज्यादा लाभ होता है। खीरा का कलम बन्धन जब कुकरबिटा फीसीफोलिया (*Cucurbita ficifolia*) पर किया गया तो पौधों का विकास तेज गति से हुई और इससे 200 प्रतिशत अगेती उपज प्राप्त हुई। यही मूलवृंत देर से फल प्राप्ति के लिए भी उपयोगी है (निज्स, 1981, यूफ्लेन, 1883)। ग्रीष्मकालीन खीरा की प्रजाति शोगोईन–आओनान्गा में ज्यादा फल प्राप्त हुए, जब उनका कलम बन्धन हाकूशीन या आओडाई मूलवृंत पर किया गया (असावों एवं सहयोगी, 1999)। खरबूजा में अधिक अगेती उपज गलिया व हाओन से प्राप्त हुआ, जब उनका कलम बन्धन प्रजाति 'सुइकेर' या 841 पर किया गया।

(5) वातावरणीय परिस्थितियों पर नियंन्त्रण (Control on climatic condition)

वर्तमान सयम में वातावरण का तापमान बढ़ रहा है और साथ ही साथ प्रकाश की कुल मात्रा में वृद्धि हो रही है। तापमान बढ़ने से पौधों की उत्पादन क्षमता बदल रही है। सामान्यतः पौधों की अच्छी वृद्धि व विकास के लिए 600 आंन्गसट्रम प्रकाश की आवश्यकता पड़ती है, जबकि गर्मियों के समय यह 1600 आंन्गसट्रम से ज्यादा हो जा रही है। ऐसी स्थिति में सब्जियों की सामान्य खेती

से गुणवत्ता भी प्रभावित हो रही है, जबकि कलम बाँधने से कठोर मूलवृन्त का चयन कर ऐसी विषम परिस्थितियों से छुटकारा पाया जा सकता है।

(6) लवणीय, क्षारीय व अम्लीय मृदा में खेती करना सम्भव (Possibility of cultivation on saline, alkaline and acidic soil)

वातारणीय परिवर्तन, अत्यधिक उर्वरकों के प्रयोग, जंगलों के क्षरण आदि घटकों से धरती पर लवणीय, क्षारीय व अम्लीय मृदा में बेतहासा वृद्धि हो रही है। ऐसी स्थिति में सब्जियों की खेती करने के लिए नये विकल्प के रुप में कलम बाँधने की तकनीक का उपयोग किया जा सकता है। इसमें मूलवृंत का चुनाव ऐसे क्षेत्र से करते हैं, जो स्थानीय प्रक्षेत्र व मृदा वातावरण में अच्छी प्रकार बढ़ रहा हो। खरबूजा (oriental melon) का कलम स्क्वाश (squash) व "गोर्ड रुट स्टाक" (gourd root stock) पर बाँध कर पौध विकसित कर खेती की जा रही है (रूमेरो एवं सहयोगी, 1997)। कलम बन्धन से लवणीय/क्षारीय सहनशक्ति वाले पौध विकसित हो रहे हैं। लवणीय/क्षारीय दशा से मिर्च में अंकुरण कम, तना विकास, जड़ विकास, ताजा/शुद्ध भार व लम्बाई एवं उपज प्रभावित होता है। इल्डीरीम एवं कुवेंस (2006) ने स्पष्ट किया कि मिर्च की अनेकों प्रभेद जैसे डेमरे (Demre), इलीका (Ilica), 11–बी0–14 (11-B-14),, बग्सी (Bagci), कारलीसटान (Carliston), मीनी एसी सीवरी (Mini Aci Sivri), यालोवा कारलीसटान (Yalova Carliston) व याग्लीक–28 लवणीय/क्षारीय सहनशील प्रभेद हैं, जो ऊपरोक्त विशेषता भी रखते हैं। लौकी की तुलना में लवणीय/क्षारीय सहनशक्ति कुकुरबीटा स्पीशीज में अधिक होता है (माट्सुबारा, 1989)।

(7) मृदा जन्य रोगों का नियन्त्रण (Control of soil born diseases)

पालीहाउस में लगातार खेती करते रहने से मृदा जनित रोग कारकों द्वारा लगभग 68.0 प्रतिशत तक उपज में कमी देखी गयी है (टाकाहाशी, 1984)। ग्रेफ्टिंग तकनीक (grafting technique) से मृदा जन्य रोगों के नियन्त्रण के लिए रासायनों की आवश्यकता नहीं पड़ती है, जिससे इसका कार्बनिक खेती में बहुत अधिक महत्व है।

(8) पौधों के आकार को छोटा करना (Reducing the size of plants)

कुछ सब्जी फसलों में पौधों की बेतहासा वृद्धि हो जाती है, लेकिन फल कम बनते हैं। उदाहरण के लिए टमाटर, बैंगन, मिर्च आदि। इस विधि से पौधों की किशोरावस्था को अक्सर कलम बन्धन द्वारा कम किया जा सकता है।

(9) दिषाणु संक्रमण से मुक्ति प्राप्त करना (Freedom from viral infestation)

सब्जी फसलों में उत्पादन वृद्धि हो जाती है, लेकिन विशिष्ट विषाणु के संक्रमण के प्रति संवेदनशील प्रजातियों से उपज कम मिलती है। अतः विषाणु प्रतिरोधी किस्म पर कलम बनाकर अधिक उपज प्राप्त की जा सकती है। विषाणुओं के संक्रमण हेतु विषाणुयुक्त शाख (सांकुर) को किसी ग्रहणशील पौधे पर रोपित करके विषाणुओं का अध्ययन किया जा सकता है।

(10) सूत्रकृमि संक्रमण से बचाव (Prevention from nematode infestation)

कद्दू वर्गीय सब्जियों, टमाटर, बैंगन, शिमला मिर्च आदि में सूत्रकृमि का प्रकोप बहुत ज्यादा होता है और उपज की गुणवत्ता तथा कुल उपज घट जाती है। ऐसे संक्रमित क्षेत्र में भी सब्जियों की खेती उपयुक्त मूलवृंत तथा सांकुर के चयन व मिलाव से की जा सकती है। खीरा में सूत्रकृमि के नुकसान से बचाने के लिए सोकीओस एन्गूलैट्स व कद्दू सबसे उत्तम मूलवृंत है (लीयू एवं सहयोगी, 1998, उफ्फलेन, 1983)। टमाटर में नेमाटेक्स मूलवृंत से सूत्रकृमी के प्रति पूर्ण रोधकता पायी गई है। फ्रांस में टमाटर संकर मूलवृन्त के के0एन0वी0एफ0 (KNVF) के प्रयोग से सूत्रकृमि से बचाव होता है (रेजोनी एवं लम्बर्टी, 1974, गिनोक्स एवं सहयोगी, 1978)। सोलेनम निग्रम (*Solanum nigrum*) के अंतर्रावंशीय कलम बन्धन से टमाटर में सूत्रकृमि से बचाव में उपयोगी पाया गया (सत्पथी एवं प्रधान, 1996)।

(11) समन्वित नाशीजीव प्रबन्धन (Integrated Pest Management)

सब्जियों में समन्वित नाशीजीव प्रबन्धन वर्तमान में एक आवश्यकता है। रोगकारकों/कीटों के प्रति रोधकता, कलम बन्धन (grafting) पद्धति के माध्यम से प्राप्त किया जा सकता है, जो सब्जियों के कार्बनिक खेती में मदद करता है। नाशीजीव प्रबन्धन के अन्तर्गत मृदा धूमन (soil fumigation) से छुटकारा मिलेगी।

(12) स्वनाशक प्रभाव को कम करना (Reducing effect of autotoxicity)

हाल में कुछ कद्दू वर्गीय सब्जियों द्वारा स्वनाशक (auto toxic) प्रभाव छोड़े जाते हैं, इसकी पुष्टि हुई है, जिससे वृहद् स्तर पर व्यावसायिक खेती करना मुश्किल होगा क्योंकि पाली हाउस, ग्रीन हाउस, संरक्षित खेती व मुक्त वातावरण में भी बार–बार एक ही समूह की खेती हो रही है। कद्दू वर्गीय सब्जियों में भी फसलानुसार स्वनाशक प्रवृत्ति का स्तर अलग होता है। उदाहरण के लिए तरबूज, खरबूजा व खीरा स्वनाशक प्रवृत्ति का प्रदर्शन करते हैं, लेकिन अन्य के द्वारा ऐसा नहीं होता है। इसके विश्लेषण की आवश्यकता है। सम्भावना व्यक्त की जा रही है कि जड़ ऊतकों द्वारा फिनोलिक एसिड (phenolic acid) तथा जड़ स्वेदस्राव (root exudates) द्वारा स्वनाशकता (autotoxicity) उत्पन्न होती है। ये स्वनाशक तत्व गतिमान परमाणु के लेने (ion uptake), झिल्ली पारगम्यता (membrane permeability), प्रकाश संश्लेषण (photosynthesis) व पादप वृद्धि नियामक (plant growth regulators) संतुलन को प्रभावित करता है। कद्दू वर्गीय सब्जियों में स्वनाशकता को समाप्त करने के लिए कुकुरबिटा फिसीफोलिया (*Cucurbita ficifolia*) के मूलवृन्त पर कलम बन्धन करना चाहिए (यू, 2001, यू एवं सहयोगी, 2000)।

(13) ठण्ड कठोरता प्रदान करना (Providing cold hardiness)

कम तामपान होने पर पौधे मुश्किल से पुष्प व फल धारण करते हैं। इसलिये कम तापमान पर पुष्पन, परागण, फल धारण क्षमता व बीज बनने की प्रक्रिया को ग्रेफ्टिंग (grafting) के माध्यम से उत्तेजित किया जा सकता है। इस पद्धति के अपनाने पर पाली हाउस में दिन/रात्रि के तापमान

को, पौध/फसल के अनुसार एक समान बनाये रखने में ज्यादा ऊर्जा की आवश्यकता पड़ती है, जिस पर लागत ज्यादा आती है। खीरा के सांकुर का कुकुरबिटा फीसीफोलिया (*Cucurbita ficifolia*) के मूलवृन्त पर कलम बन्धन करने से पाली हाउस के तापमान में 23.0 डिग्री सेल्सियस/20.0 डिग्री सेल्सियस से घटकर 20.0 डिग्री सेल्सियस/12.0 डिग्री सेल्सियस पर आ गया और कलम बन्धन किये पौधे बहुत कम तापमान 10.0 डिग्री सेल्सियस पर जीवित रहे (निज्स, 1981, लैबिग, 1985, गावो एवं सहयोगी, 1998 तथा ट्सैम्बैन्कीस, 1984)। ठण्ड संवेदनशील जीन प्ररुपों (genotypes) की तुलना में ठण्ड सहनशील जीन प्ररुपों में उच्च स्तर तक लिनोलेनिक एसीड तथा कई फास्फोलिपिड्स पाये गये। कम तापमान प्रदान कर पौधों के कठोरीकरण से उच्च फास्फोलिपिड्स की मात्रा (विशेषतः फास्फैटीडायल कोलीन) ज्यादा असंतृप्त फास्फोलिपिड तथा कम स्टेराल, फास्फोलिपिड अनुपात प्राप्त हुए। ये सभी घटक कम तापमान पर झिल्ली के अन्दर ज्यादा द्रव्यता बनाये रखने में मदद करते हैं। मृदा के अन्दर गर्मी प्रदान (heating) करने से पत्तियों में फास्फोलिपिड के स्तर में कमी आती है, लेकिन परिणाम उच्च मात्रा में 3–ट्रान्स–हेक्साडेसेनोइक अम्ल फास्फैटीडल ग्लीसेराल का निर्माण होता है। खीरा के सांकुर का ठण्ड प्रतिरोधी कुकुरबिटा फीसीफोलिया (*Cucurbita ficifolia*) के मूलवृन्त कलम बन्धन करने से ट्रान्स हैक्साडेसेनोइक अम्ल (trans hexadecenoic acid) की मात्रा फास्फोडायली ग्लीसेराल में बढ़ जाता है, जिससे कठोरता में वृद्धि होती है (हार्वाथ एवं सहयोगी, 1983)। इसी प्रकार ऐ0 एवं सहयोगी, (1999) ने शोध से स्पष्ट किया कि प्रोलीन विटामिन सी (एस्कार्बिक एसीड) तथा जल विलेय शर्करा की सान्द्रता अकलम बन्धन की तुलना में कलम बन्धन पौधे में ज्यादा थी, जबकि अकलम बन्धन की तुलना में कलम बन्धन द्वारा तैयार पौधों की पत्तियों में जल विलेय प्रोटीन की मात्रा कम थी। कम तामपान दबाव की स्थिति में प्रकाश संश्लेषण दर, हरितलवक की मात्रा तथा विलेय प्रोटीन की मात्रा कम हो जाती है, लेकिन सभी घटक कलम बन्धन द्वारा विकसित पौधे में ज्यादा थे (चेन, 2000)। इससे स्पष्ट होता है कि कम तापमान दबाव पर स्थिति में कलम बन्धन द्वारा तैयार पौधे में प्रकाश संश्लेषण की दर ज्यादा होती है। हो सकता है ऐसे पौधों में ज्यादा प्रकाश संश्लेषण उच्च हरितलवक की मात्रा, पर्णरन्ध्र चालकता (stomatal conductivity) तथा प्रारम्भिक आर0यू0बी0पी0 केस (Rubp case) की उच्चता के कारण हो।

(14) अधिक व कम नमी में कलम बन्धन द्वारा तैयार पौधों का अतिजीवन (Survival of graftage under excessive moisture)

कद्दू वर्गीय सब्जियों में अन्तरावंशीय कलम करने से पौधों में बाढ़ सहनशीलता ज्यादा होती है। सामान्यतया बाढ़ से पौधों में प्रकाश संश्लेषण की गति, पर्णरन्ध्रों (stomata) की चालकता उत्स्वेदन, विलेय प्रोटीन और रिबेलोस–1, 5–बायोफास्फेट कार्बाक्सीलेस/आक्सीजीनेस में कमी हो जाती है, लेकिन इन सभी प्रक्रियाओं को अन्तरावंशीय कलम बन्धन से कम किया जा सकता है। लाइयों एवं सहयोगी (1996) ने स्पष्ट किया कि करेले की बाढ़ असहनशील पौधों के सांकुर का लूफा (*Luffa*) मूलवृन्त पर कलम बन्धन करने पर मूलवृन्त बाढ़ सहनशीलता को बढ़ाता है। कलम बन्धन द्वारा तैयार पौधों में, कम नमी में भी वृद्धि व विकास तेज होता है। सोलेनम लाइकोपरसिकम (*Solanum lycopersicum*) x सोलेनम हाब्रोकैटस (*Solanum habrochaites*) मूलवृन्त पर टमाटर कलम

बन्धन करने पर कम नमी में (10.0–30.0 डिग्री सेन्टीग्रेड तापमान) वृद्धि होती है, जबकि सोलेनम इन्ट्रग्रीफोलियम (*Solanum integrifolium*) x सोलेनम मेलान्जेना (*Solanum melongena*) मूलवृन्त पर कम तापमान (18.0–21.0 डिग्री सेन्टीग्रेड तापमान) वृद्धि व विकास अधिक अच्छा करते हैं (ओकिमुरा एवं सहयोगी, 1986, मिडमोरे एवं सहयोगी, 1997)।

(15) खनिज पोषण पर सांकुर व मूलवृन्त का स्टियोनिक प्रभाव (Stionic effect on mineral nutrition)

कलम बन्धन का प्रभाव पादप उत्तकों के विकास एवं खनिज मात्रा पर भी पड़ता है (कीम एवं ली, 1889)। रोमेरा एवं सहयोगी (1992) ने कलम बन्धन द्वारा तैयार खीरा व सूरजमुखी के पौधों के जड़ व प्ररोह पर प्रयोग कर स्पष्ट किया कि लौह तत्व की क्षमता का प्रभाव जड़ नियन्त्रण पर होता है, क्योंकि लौह तत्व का वितरण जड़ों के अन्य भागों पर बिल्कुल भिन्न था। इसी प्रकार खीरा की पत्तियों का अन्तराशिरा लवक हीनता व हरापन जिसे "ग्रीन रींग (green ring) कहते हैं, मैग्नेशियम (Mg) की कमी से उत्प्रेरित होता है, जिससे अधिक मात्रा में अमोनियम एकत्रित हो जाता है। यह स्थिति सबसे ज्यादा भयानक होती है, जब खीरा का कलम बन्धन स्क्वाश प्रजाति शीन्टोसा पर की जाती है, जबकि कलम बन्धन फीगलीफ गोर्ड यानी कुकुरबिटा फीसीफोलिया (*Cucurbita ficifolia*) करने पर ज्यादा होता है। इस प्रकार की स्थिति अकलम बन्धन पौध पर भी पाया जाता है (काटो एवं होरीयूची, 1981, अराई एवं सहयोगी, 1985)। खीरा की ऐसी प्रजातियाँ, जो सतह के ज्यादा नजदीक में पुष्प धारण करते हैं, बाजार के लिए उपयुक्त नहीं माने जाते हैं। फल की उपरी सतह पर पुष्प की उत्पत्ति ट्राइकोम्स (trichomes) में होती है (यामामोटो एवं सहयोगी, 1988)। ट्राइकोम का मुख्य घटक सिलिका है (ओयाबू एवं अयोगी, 1990, इवासाकी एवं मात्सुमुरा, 1999), शीन्टोसा मूलवृन्त का उपयोग कर स्पष्ट किया कि सिलिकान (Si) से मैग्नीज की विषालुता समाप्त हो जाती है। इसमें चयापचयी अक्रियता पत्ती की सतह पर ट्राइकोम्स (trichomes) के चारों तरफ विशिष्ट प्रक्रिया द्वारा मैग्नीज व सिलिका का स्थानीय एकत्रीकरण होता है।

(16) लिंग प्रदर्शन पर प्रभाव (Influence on sex expression)

कलम बन्धन सांकुर (scion) में पुष्पन में बदलाव की स्थिति खनिज पदार्थों के बहाव व एकत्रीकरण के द्वारा होती है (फ्राइडलैण्डर एवं सहयोगी, 1977)। खीरा के प्रभेद कुकुमिस हार्डविक्की (*Cucumis hardwickii*) कटे सांकुर का कलम एकलिंगाश्रयी (monoecious) / जायांगी (gynoecious) मूलवृन्त पर करने से कुल पुष्प व मादा पुष्प की संख्या में वृद्धि पाई गयी (नैनहुइस एवं सहयोगी, 1979)।

सारिणी (9.5) सब्जियों में कलम बन्धन द्वारा नियन्त्रित रोग/सूत्रकृमि

फसल	रोग/सूत्रकृमि	मूलवृन्त	सन्दर्भ
टमाटर	मेलिडोगाइन इन्कागनीटा	ब्रुइस्मा (आर०) नेमाटेक्स (आर०) वी०एन०एफ० प्रजनन	रेन्जोनी एवं लम्बर्टी (1974)
	कार्की रुट (पाइरेनचीटा लाइकोपार्सिकी) डिडीमेल्ला लाइकोपर्सिकी, वर्टीसिलियम स्पीशीज, सूत्रकृमि	के०एन०वी०एफ० (आर०)	जिनौक्स एवं सहयोगी (1978)
	झुलसा (फाइटोफ्थोरा इन्फेस्टांस)	स्कालेवोलिस्टाई (प्रिइनेंप्रोवस्की × मिकाडा)	क्रेवोई (1978)
	पाइरेनोचीटा स्पीशीज, मेलिडोगाइन स्पीशीज, वर्टीसिलियर्म स्पीशीज, फ्यूजेरियम स्पीशीज	बिऔफार्ट एफ०–1 व हेमन एफ०–1	सेरगेस एवं सहयोगी (2000)
	टोबैको मोजैक वाइरस	इनर्जी एफ०–1	सेरगेस एवं सहयोगी (2000)
	फ्यूजेरियम आक्सीस्पोरम एफ० स्पीशीज रेडिसीस– लाइकोपर्सिकी, फ्यूजेरियम आक्सीस्पोरम एफ० स्पीशीज लाइकोपर्सिकी, डिडीमेल्ला लाइकोपर्सिकी		
	स्यूडोमोनास सोलेनेसीएरम (राल्स्टोनिया सोलेनेसीएरम) फ्यूजेरियम सोलानी,	सोलेनम टोरवम	सेरगेस एवं सहयोगी (2000)
	फाइफ्थोरा निकोटीनी वार० पैरासिटीका, पाइरेनोचीटा लाइकोपर्सिकी,		
	फ्युजेरियम आक्सीस्पोरम एफ० स्पीशीज मेलान्जेना, वर्टीसिलियम डाहलै, मेलिडोगाइन स्पीशीज		
	फ्यूजेरियम विल्ट, सूत्रकृमि	सोलेनम निग्रम	सत्पथी एवं प्रधान (1996)
खीरा	फाइटोफ्थोरा विल्ट (फाइटोफ्थोरा मेलोनिस)	स्क्वाश सी०वी० कुरोडेन व शीनटोसा	मियाटा एवं सहयोगी (1976)
	फ्यूजेरियम विल्ट	कुकुरबिटा मोस्चाटा शनि टोसा एफ०–1	योनेयामा (1976)
	फ्यूजेरियम आक्सीस्पोरम एफ० कुकुमेरीनम	कुकुरबिटा फीसीफोलिया	क्लोसे एवं सहयोगी, (1980)
	मेलिडोगाइन इन्कागनीटा	के०जे०–100 (सीकीकास) एन्गूलेट्स	यूफ्फेलेन (1983)
	सूत्रकृमि	पम्पकीन (सी०वी० यूनान ब्लैक सीडेड)	लियू एवं सहयोगी (1998)
तरबूज	फ्यूजेरियम विल्ट (फ्यूजेरियम आक्सीस्पोरम)	लैजीनेरिया साइसेरेरिया	ब्लाज (1982)
	फ्यूजेरियम आक्सीस्पोरम एफ० स्पीशीज निवेयम	कुकुरबिटा मोस्चाटा, बेनिनकासा हिस्पीडा लैजीनेरिया साइसेरेरिया	मंडल एवं सहयोगी (1994)
करेला	फ्यूजेरियम विल्ट (फ्यूजेरियम आक्सीस्पोरम एफ० स्पीशीज मोमार्डिकी (एफ०ओ०एम०)	लूफा इजिप्टीयाका (आर०) बीटर गोर्ड (एस०)	लीन एवं सहयोगी (1998)
बैंगन	बैक्टेरियल विल्ट एवं सूत्रकृमि	सोलेनम निग्रम	सत्पथी (1998)

आर० = रोगरोधी, टी० = सहनशील, एस० = संवेदनशील

सब्जियों के अन्तर्गत कलम बाँधने की तकनीक से विकसित पौध की खेती का क्षेत्रफल

सब्जियों के अन्तर्गत कलम बाँधने की तकनीक से पौधों को विकसित करने का प्रचलन सबसे ज्यादा जापान, कोरिया, ग्रीस आदि देशों में है। इन देशों में ग्रेफ्टिंग पौध की खेती सामान्यतः खुले वातावरण व संरक्षित खेती के रुप में पाली हाउस व टनेल में किया जाता है।

सारिणी (9.6) जापान में कलम बाँधने से विकसित सब्जियों की पौध के खेती का क्षेत्रफल

फसल	खेती का प्रकार	खेती का क्षेत्रफल (हेक्टेयर में)		ग्रेफ्टिंग पौध के प्रयोग का खेती में अनुपात (प्रतिशत)
		सर्वेक्षण	कलम	
तरबूज	खुली खेती व टनेल	15474	14181	91.7
	प्लास्टिक हाउस	3375	3317	98.3
	कुल	**18849**	**17501**	**92.8**
खीरा	खुली खेती व टनेल	9551	5253	55.0
	प्लास्टिक हाउस	6449	6195	96.1
	ग्लास हाउस	110	105	95.5
	कुल	**16110**	**11553**	**71.1**
खरबूजा (प्रजाति "अर्ली फेवरिट)	प्लास्टिक हाउस	695	572	82.3
	ग्लास हाउस	767	37	4.8
	कुल	1462	607	41.7
खेती योग्य खरबूजा, प्लास्टिक हाउस में मुख्यतया	खुली खेती व टनेल	4486	1889	42.1
	प्लास्टिक हाउस	7078	1127	15.9
	कुल	11583	3015	26.1
खेती योग्य खरबूजा/ मुख्यतया खुली खेती	खुली खेती व टनेल	2846	953	33.5
	प्लास्टिक हाउस	794	640	80.8
	कुल	**3640**	**1593**	**43.8**
टमाटर	खुली खेती व टनेल	3246	263	8.1
	वर्षा रोधी जालीघर	3116	967	31.0
	प्लास्टिक हाउस	4430	2027	45.8
	ग्लास हाउस	416	277	66.6
	कुल	**11208**	**3534**	**31.5**
बैंगन	खुली खेती व टनेल	10667	4578	42.9
	प्लास्टिक हाउस	1686	1591	94.4
	कुल	12355	6157	49.9
	कुल योग	**75187**	**43972**	**58.5**

सब्जियों में उद्देश्यपरक ग्रेफ्टिंग (Need base grafting in vegetables)

सब्जी फसलों में ग्रेफ्टिंग द्वारा तैयार पौध का उपयोग विशिष्ट उद्देश्यों पर आधारित होता है। समान्यतः ज्यादा ध्यान कीट एवं रोग के नियन्त्रण व बचाव तथा तेज पौध वृद्धि तथा अगेतीपन हेतु किया जा रहा है। इस दिशा में सर्वप्रथम तरबूज की प्रजाति सुगर बेबी (sugar baby) की ग्रेफ्टिंग हाइब्रिड आर0एस0–841 (कुकुरबिटा मोस्चाटा × कुकुरबिटा मैक्सिमा का संकर) पर किया गया, जो पौध की तेज वृद्धि एवं अगेतीपन के लिए उत्तम पाया गया है। करेले में फ्यूजेरियम विल्ट (*Fusarium* wilt) बीमारी जो फ्यूजेरियम आक्सीस्पोरम एफ0 स्पीशीज मोमार्डिकी (*Fusarium oxysporum* f. species *momordicae*) के द्वारा होता है, का सफल नियन्त्रण करेले की ग्रेफ्टिंग चिकनी तोरी (sponge gourd) के मूलवृन्त पर करके किया गया है, क्योकि फ्यूजेरियम आक्सीस्पोरम एफ0 स्पीशीज मोमार्डिकी (*Fusarium oxysporum* f. species *momordicae*) केवल करेले व समर स्क्वाश को संक्रमित करता है, अन्य कद्दू वर्गीय सब्जियों को नहीं। इस प्रकार एक रोगरोधी प्रभेद करेले के लिए उपलब्ध हो गया, जो काफी प्रभावी है। टमाटर में ग्रेफ्टिंग के द्वारा बाजार योग्य फलों की संख्या में वृद्धि व अनियमित आकार के फल, अविकसित फल व ग्रे–मोल्ड ग्रसित फल में कमी पायी गयी। इसके अलावा ग्रेफ्टिंग पौध पर बनने वाले फल का रंग अच्छा व बीटा कैरोटिन ज्यादा पाया गया है। कुछ फसलों में उद्देश्यपरक ग्रेफ्टिंग का विवरण नीचे की सारिणी में दिया गया है–

सारिणी (9.7) सब्जी फसलों में उद्देश्यपरक ग्रेफ्टिंग

सब्जियाँ	ग्रेफ्टिंग का उद्देश्य
खीरा	फ्यूजेरियम विल्ट के प्रति सहनशीलता (फाइटोपथोरा मेलोनिस) ठण्ड के प्रति कठोरता, उपयुक्त लिंग अनुपात, ब्लुमलेस (bloomless) फल (यामामोटो एवं सहयोगी, 1988)
बैंगन	बैक्टेरियल विल्ट के प्रति सहनशीलता (स्यूडोमोनास सोलैनेसिएरम), वर्टिसिलियम एल्बो–अटरूम, फ्यूजेरियम आक्सीस्पोरम, कम तापमान, सूत्रकृमि, ओज विकास एवं अधिक उपज (मोर्रा–1998, ओडा एवं सहयोगी, 1997)
टमाटर	कार्क के सदृश जड़ कार्की रुट (corky root) के प्रति सहनशील, (पाइरेनोचीटा, लाइकोपार्सिकी, फ्यूजेरियम आक्सीस्पोरम एफ स्पीशीज रैडीसीस, लाइकोपर्सिकी), (माजोलियर, 1999), अच्छा रंग व ज्यादा लाइकोपिन की मात्रा (चंग एवं सहयोगी, 1997, ओडा एवं सहयोगी, 1994 व 1995), सूत्रकृमि के प्रति सहनशील (सत्पथी एवं प्रधान, 1996)
खरबूजा	फ्यूजेरियम विल्ट के प्रति सहनशील (फ्यूजेरियम आक्सीस्पोरम), शरीर–क्रिया सम्बन्धी विकृतियों से उत्पन्न उकठा, फाइटोपथोरा रोग, ठण्डक सहनशीलता, तेज वृद्धि एवं विकास (बुइटेलार, 1974)
तरबूज	फ्यूजेरियम विल्ट के प्रति सहनशीलता (फ्यूजेरियम आक्सीस्पोरम), शरीर–क्रिया सम्बन्धी विकृतियों से उत्पन्न उकठा तथा सूखा के प्रति सहनशीलता (मंडल एवं सहयोगी, 1994)
करेला	फ्यूजेरियम आक्सीस्पोरम एफ0 स्पीशीज मोमार्डिकी (लीन एवं सहयोगी, 1998)

बैंगन की जंगली प्रभेद सोलेनम टोरवम (*Solanum torvum*) जो अन्य प्रजातियों से संकरण व संयोजन की क्षमता रखता है तथा ओजपूर्ण जड़ों को विकसित करता है, का उपयोग कुल उपयोग वृद्धि तथा सूत्रकृमि ''मेलोडागाइन इन्काग्नीटा'' (*Meloidogyne incognita*) जो मृदा में रहकर ज्यादा नुकसान पहुँचाता है, को नियन्त्रित करने के लिए किया जा सकता है। मकोय (*Solanum nigrum*) को मूलवृन्त के रूप में प्रयोग कर टमाटर के सूत्रकृमि के प्रति नियन्त्रण तथा मृदा जनित जीवाणु व सूत्रकृमिक प्रति नियन्त्रण हेतु बैंगन में सफलतापूर्वक उपयोग किया जा रहा है।

ग्रेफ्टिंग के लिए उपयुक्त मूलवृन्त (Suitable root stock for grafting)

फल धारण करने वाली सब्जियों में अन्तरावंशीय ग्रेफ्टिंग (intergeneric grafting) का उपयोग ज्यादा किया जाता है। उदाहरण के लिए तरबूज (*Citrullus lanatus*) की ग्रेफ्टिंग लौकी (*Lagenaria siceraria*) या अन्तरावंशीय संकर 'कुकुरबिटा मैक्सिमा × कुकरबिटा मोस्चाटा' (*Cucurbita maxima × Cucurbita moschata*) पर किया जाता है। जापान में खरबूजा की ग्रेफ्टिंग संकर मेलन प्रभेद बेस व वैक्स गोर्ड (*Benincasa hispida*) प्रभेद जोड़ीदार (partner) पर तथा कम स्तर पर संकर मेलन कानगोउ–2 (Kangou-2) व कद्दू ''शिन्टोसा'' कुकरबिटा मैक्सिमा × कुकरबिटा मोष्चाटा पर किया जाता है। खीरा की ग्रफ्टिंग अधिकांशतः फिगलीफ गोर्ड (*Cucurbita ficifolia*) या अन्तरप्रजातीय संकर (कुकुरबिटा मैक्सिमा × कुकुरबिटा मोस्चाटा) पर किया जाता है। बैंगन की ग्रेफ्टिंग सोलेनम इन्टेग्रीफोलियम (*Solanum integrefolium*), सोलेनम टोरवम व सोलेनम निग्रम (*Solanum nigrum*) पर किया जाता है (ओडा–1993 व सत्पथी–1998)। करेला की ग्रफ्टिंग चिकनी तोरी पर किया जाता है, जिससे फ्यूजेरियम विल्ट से छुटकारा मिल सके (लीन एवं सहयोगी, 1998)। टमाटर की ग्रेफ्टिंग बैंगन की जंगली प्रभेद ''सोलेनम टोरवम'' पर अन्तरावंशीय मूलवृन्त तथा के0एन0वी0एफ0 संकर पर किया जाता है (गीनोक्स एवं सहयोगी, 1978)। कुछ महत्वपूर्ण मूलकृन्त को सब्जी फसल अन्तराग्रेफ्टिंग के लिए उपयोगी है।

सारिणी (9.8) सब्जी फसलों के लिए कुछ महत्वपूर्ण मूलवृन्त

सब्जी फसल	उपयोगी मूलवृन्त
खीरा	कुकुरबिटा मोस्चाटा, कुकुरबिटा फीसीफोलिया, कुकुरबिटा मैक्सिमा, सिक्योस एन्गूलेट्स
मेलन (मुक्त क्षेत्र हेतु)	कुकुरबिटा स्पीशीज, कुकुरबिटा मोस्चाटा × कुकुरबिटा मैक्सिमा, कुकुमिस मेलों, बेनिकासा हिस्पीडा
मेलन (ग्रीन हाउस हेतु)	कुकुमिस मेलों, कुकुरबिटा स्पीशीज, कुकरबिटा मोस्चाटा × कुकरबिटा मैक्सिमा
तरवूज	सिट्रूलस लैनेटस, कुकबिटा मैक्सिमा, कुकुरबिटा मोस्चाटा × कुकुरबिटा मैक्सिमा, लैजिनेरिया साइसेरैरिया
करेला	कुकरबिटा मोस्चाटा, लेजिनेरिया साइसेरेरिया, लूफा इजिप्टियाका
टमाटर	सोलेनम पिम्पीनेल्लीफोलियम, सोलेनम इस्क्यूलेन्टम, सोलेनम निग्रम
बैंगन	सोलेनम टोरवम, सोलेनम इन्टेग्रीफोलियम, सोलेनम मेलान्जेना, सोलेनम निग्रम

ग्रेपिंटग की विधियाँ (Methods of grafting)

पौधों में कलम लगाकर उत्पादित पौधों को प्रसारित करना एक प्राचीन परम्परा व पद्धति है। इसमें पौधों के दो भाग जो सामान्य संरचना वाले को आपस में इस प्रकार मिलाया जाता है कि स्वयं विकास एक स्वतंत्र पौध के रुप में हों। जब ग्रेफ्टिंग की जाती है तो इसमें सांकुर (scion) वाहक नालियों, मूलवृन्त के सम्पर्क में आती हैं (ओडा एवं सहयोगी, 1994 बी0)। इससे कटे हुए भाग का क्षेत्रफल बढ़ जाता है और दोनों को सटाकर बाँधने से जुड़ जाता है। ध्यान रहे कि कटे हुए भाग सूखने न पाये।

ग्रेफ्टिंग के लिए निम्नलिखित विधियाँ अपनायी जाती है–

1. फॉक या क्लेफ्ट ग्रेफ्टिंग (Cleft grafting)
2. ट्यूब ग्रेफ्टिंग (Tube grafting)
3. व्हीप व टांग ग्रेफ्टिंग (Whip and tongue grafting)
4. स्पलाइस ग्रेफ्टिंग (Splice grafting)
5. फ्लैट ग्रेफ्टिंग (Flat grafting)
6. बड ग्रेफ्टिंग (Bud grafting)
7. सैडल ग्रेफ्टिग (Saddle grafting)
8. छिद्र प्रवेशन या जोड़ (Hole insertion grafting)

1. फॉक या क्लेफ्ट (Cleft grafting)

टमाटर के पौधों में फॉक या क्लेफ्ट ग्रेफ्टिंग द्वारा कलम बन्धन किया जाता है। इस पद्धति को अपनाने के लिए मूलवृन्त को बीज की बुआई सांकुर बीज से 5–7 दिन पहले किया जाता है। सांकुर का तना (चार पत्ती की अवस्था) व मूलवृन्त का तना (चार–पाँच पत्ती की अवस्था) जब वाँछित मोटाई का हो जाये तब एक सीधी कोण पर काटते हैं, ध्यान रहें प्रत्येक तना में 2–3 पत्तियाँ लगी हों। सांकुर के तनों में कटाव पच्चड़/फन्नी/खूँटा (wedge) के आकार का बनाते हैं और मूलवृन्त में फॉक बने कटाव में तीरछा कर लगा देते हैं। दोनों को आपस में जुड़ने हेतु प्लास्टिक के चौड़े टेप से कसकर बाँध देते हैं।

2. नाली/सुरंग या ट्यूब ग्रेफ्टिंग (Tube grafting)

नाली/सुरंग या ट्यूब ग्रफ्टिंग पद्धति का विकास इटागी एवं सहयोगियों द्वारा सन् 1990 में किया गया था। इस पद्धति के माध्यम से "प्लग ट्रेज" (plug trays) में उग रहे बहुत छोटे पौधों की ग्रेफ्टिंग पुरानी विधि की तुलना में 2–3 गुना ज्यादा तेज रफ्तार से की जा सकती है। यह पद्धति जापानी नवोद्भिद पौध (seedling) उत्पादकों में ज्यादा प्रचलित है। पौध की उचित विकास अवस्था, जिस पर ग्रेफ्टिंग की जानी होती है, प्रयोग किये जाने वाले "प्लग ट्रेज" पर निर्भर करता है। यह सही है कि पौध की छोटी अवस्था में ग्रेफ्टिंग करने पर छोटे व्यास की नाली पाइप/सुरंग पाइप

या ट्यूब की आवश्यकता होती है। इसमें पहले मूलवृन्त में तिरछा (slant) कटाव करते हैं। इसी प्रकार सांकुर में भी कटाव करते हें। साइड स्लीट (side slit) लचीली ट्यूब में रखकर मूलवृन्त के अन्तिम कटाव तक पहुँचाते हैं। इसके बाद सांकुर का अन्तिम छोर को नाली में डालते हैं और सांकुर व मूलवृन्त के कटे सतह को एक–दूसरे से जोड़ते हैं। जब नाली/सुरंग/ट्यूब पद्धति का उपयोग बैंगन की ग्रेफ्टिंग के लिए किया जा रहा हो तो जंगली प्रभेद "सोलेनम टोरवम" के बीज मूलवृन्त स्पीशीज की तुलना में कुछ दिन पहले ही बुआई कर देनी चाहिए।

3. जिह्वा कलम बन्धन (Tongue grafting)

खरबूजा एवं अन्य कद्दू वर्गीय सब्जियों में जिह्वा कलम बन्धन तकनीक का उपयोग किया जाता है, इसमें सांकुर एवं मूलवृन्त पर दिये गये चीरों के बीच भी एक चीरा दिया जाता है, जो जिह्वा के आकार का होता है। ऐसा करने से सांकुर व मूलवृन्त के बीच हवा नहीं रहती हैं। इस पद्धति से विकसित पौधों का अतिजीवन (survival) अनुपात बहुत ज्यादा होता है, क्योंकि सांकुर की जड़ें कलम बनाने तक पूरी तरह लगी रहती है। उदाहरण के लिए खीरे के बीज की बुआई कलम बन्धन करने के 7–13 दिन पहले की जाती है और कद्दू (pumpkin) के बीज की बुआई 7–10 दिन पहले की जाती है। इससे सांकुर व मूलवृन्त के "हाइपोकोटाइल" के व्यास में सामानता आ जाती है। मूलवृन्त के तने का अग्रभाग को काट दिया जाता है, जिससे वह आगे वृद्धि न कर सके। सांकुर व मूलवृन्तों के हाइपोकोटाइल में चीरा इस प्रकार लगाते हैं कि दोनों एक दूसरे के जिह्वा को कस लें। ऐसा करने के बाद प्लास्टिक से कस कर बाँध देते हैं। सांकुर के हाइपोकोटाइल को 3–4 दिनों तक जुड़ने के लिए छोड़ दिया जाता है। इसके बाद मूलवृन्त के हाइपोकोटाइल को दोनों अंगुलियों के बीच दबाकर नष्ट कर देते हैं या तेज चाकू या रेजर से काट कर अलग कर देते हैं।

4. तिरछा कटाई कर कलम बन्धन (Slant cut grafting)

यह कलम बन्धन की सबसे सरल व लोकप्रिय विधि है। इस विधि द्वारा प्रबंधन करने के लिए यह आवश्यक है कि दोनों मूलवृन्त व सांकुर एक जैसे मोटाई के हों और साथ ही साथ यह भी आवश्यक है कि मूलवृन्त में तिरछा कटाव करने के पहले प्रथम पत्ती व पार्श्व कलिकाओं को भी निकाल देना चाहिए।

5. यांत्रिक कलम बंधन (Mechanized grafting)

कलम बंधन करने वाला एक महंगा व कम समय लगने वाली प्रक्रिया है। अतः प्रयास किया जा रहा है कि इसमें लगने वाले श्रम को कम किया जाये। इस दिशा में सन् 1987 से वृहद् शोध किया जा रहा है। अनेकों बुनियादी घटक है, जो मशीन व रोबोट कलम बंधन (815 plant/hour-three times the manual grafting) की सफलता (success rate-97.1%) को नियन्त्रित करते हैं। जैसे–नवोदि्भद पौध का आकार, चीरा लगाने की स्थिति, नवोद्भिद पौध के पकड़ की स्थिति, चीरा लगाने की विधि, पदार्थों और औजारों की स्थिरीकरण आदि (सुजुकी एवं सहयोगी, 1995 ए0 व बी0)। जापान व अन्य देशों ने कलम बन्धन की यान्त्रिक विधियाँ विकसित की हैं। जापान में

"रोटरी मेकेन्जिम" (rotary mechanism) व "ग्रेफ्टिंग डीप मेकोनिजम" (grafting deep mechanism) को विकसित किया है, जो सब्जियों में स्वतः रोबोट पद्धति (Robot system) से कलम बन्धन करेगा। कलम बन्धन रोबोट के अनुसार प्लग जो "एडहेसिव" व "ग्रेफ्टिंग प्लेट्स" को जोड़कर बनाया गया है, को विकसित किया गया है (कुराटा, 1994, ओडा, 1995)। रोबोट की सहायता से टमाटर, बैंगन व मिर्च के आठ प्लग के पौधों की एक साथ ग्रफ्टिंग कर सकता है। कद्दू वर्गीय सब्जियों में आधुनिक एवं पूर्णतया स्वचालित, कलम बन्धन हेतु यन्त्र का विकास किया गया है, जिससे नवोद्‌भिद पौध की गुणवत्ता का मूल्यांकन फूज्जी लाजिक (Fuzzy Logic) व न्यूराल नेटवर्क (Neural Network) के माध्यम से किया जाता है (नगाटा एवं सहयोगी, 1999)। कलम किये गये पौधों की अतिजीवन के लिए नियन्त्रित वातावरण व सांकुर तथा मूलवृन्त के जोड़ने हेतु अलग से बन्द कमरे बनाये गये हैं।

□□□

अध्याय 10

सब्जी फसलों में दैहिक विकृतियाँ
(Physiological Disorders in Vegetable Crops)

सब्जियों की असामान्य वृद्वि, तुड़ाई तथा विपणन के समय बीमारियों/ व्याधियों तथा सूक्ष्म जीवों के कारण न होकर विपरीत मौसम की दशा व असंतुलित पोषक तत्वों के कारण जो विकृतियाँ होती हैं, उसे दैहिक व्याधियाँ/विकृतियाँ (physiological disorders) कहते हैं। दैहिक विकृतियों के लिये कभी–कभी एक से ज्यादा घटक जिम्मेदार होते हैं, अतः उसे लक्षण समष्टि (syndrome) कहते हैं। गुणवत्तायुक्त अच्छी उपज एवं लाभ के लिए दैहिक विकृतियों का नियन्त्रण अत्यन्त आवश्यक है।

सारिणी (10.1) सब्जियों में दैहिक विकृतियाँ

सब्जी फसल	**दैहिक विकृतियाँ**
चुकन्दर (Beetroot)	ब्राउन हर्ट (Brown heart), क्राउन हर्ट (Crown heart), हर्ट राट (Heart rot)
ब्रोकली (Broccoli)	इन्टरनल टीप बर्न (Internal tip burn), ब्रोकली हर्ट इन्ज्यूरी (Broccoli heart injury)
गाजर (Carrot)	स्पीलिटींग (Splitting) कैविटी स्पाट (Carity spot) बिटरनेस (Bitterness), फोर्किंग (Forking), पिथिनेस (Pithiness)
फूल गोभी (Cauliflower)	रिसीनेस (Ricyness), फज्जीनेस (Fuzziness), लिफीनेस (Leafyness), ब्लाइन्डनेस (Blindness), बटनिंग (Buttoning), ब्राउनिंग (Browning), हालोस्टेम (Hollow stem) व्हीपटेल (Whip tail), क्लोरोसिस (Chlorosis)
सेलरी (Celery)	ब्लैक हर्ट (Black heart), क्रेक्ड स्टेम (Cracked stem), पेन्सिल स्ट्रीप (Pencil strip) फ्रिजींग इन्ज्यूरी (Freezing injury)

फराश बीन (French bean)	ब्लासम ड्राप व अण्डज गर्भपात (Blossom drop & ovule abortion), काटीलीडन क्रेकींग (cotyledon cracking), हाइपोकोटिल क्रेकींग या नेकरोसिस (Hypocotyl cracking or necrosis)
लहसुन	बल्ब स्प्राउटिंग (Bulb sprouting), स्पीलिटींग (splitting)
लेट्यूस (Lettuce)	टिप बर्न (Tip burn), रसेट स्पाटिंग (Russet spotting)
मूली (Radish)	ब्राउन हर्ट या अकाशीन (Brown heart or Akashin)
टमाटर (Tomato)	क्रैकिंग (Cracking), ब्लाची राइपेनिंग (Blotchy ripening), पफीनेस ब्लासम इन्डराट (Puffiness Blossom-end rot), सन स्केल्ड (Sun scald), फ्लावट ड्राफ (Flower drop), पुअर फ्रूट सेट (Poor fruit set), कैट–फेस (Cat-face), गोल्डेन फ्लेक (Golden flacke), हेल इन्ज्यूरी (Hail injury)
आलू (Potato)	इन्टरनल ब्राउन स्पाट (Internal brown spot), ग्रीनींग (Greening), ब्लैक हर्ट (Black heart), हालो हर्ट (Hollow heart), चिलिंग इन्ज्यूरी (Chilling injury), फ्रिजींग इन्ज्यूरी (Freezing injuiry)
अरवी (Colocasia)	डिलेड कुकींग (Delayed cooking)
सूरन (Elephant foots yam)	डिलेड कुकींग (Delayed cooking)
शकरकन्द (Sweet potato)	ग्रोथ क्रैक (Growth crack)
याम बीन (Yam bean)	ग्रोथ क्रैक (Growth crack)
टारो (Taro)	मेट्सुब्रे (Metsubre)
अरवी (Colocasia)	मेट्सुब्रे (Metsubre)
तरबूज (Water melon)	ब्लासम इन्डराट (Blossom end rot)

दैहिक विकृतियों का वर्गीकरण

सब्जियों में होने वाले दैहिक विकृतियों को उनके कारकों के आधार पर निम्नलिखित समूहो में बाँटा जा सकता है।

सारिणी (10.2) पोषक तत्वों की कमी से उत्पन्न होने वाली दैहिक विकृति

कारण	प्रभावित फसलों में होने वाली विकृति
1. कैल्सियम की कमी	कैविटी स्पाट इन कैरट, ब्लैक हर्ट आफ सेलरी, फराश बीन में हाइपोकोटिल नेकरोसिस, टीप बर्न आफ लेट्यूस, ब्लासम इन्डराट आफ वाटरमेलन, ब्लासम इन्डराट आफ टौमैटो, मेट्सुब्रे आफ तारो, पिल्लो आफ कुकुम्बर
2. बोरान की कमी	ब्राउन हर्ट आफ बीट रूट, ब्राउन हर्ट आफ रैडिस, ब्राउन हर्ट आफ टरनिप, स्प्लीटींग आफ कैरट, ब्राउनिंग इन कैलीफ्लावर, क्रेक्ड स्टेम आफ सेलरी
3. पोटैशियम की कमी	ब्लाची राइपेनिंग इन टोमैटो
4. नत्रजन की कमी	बटनींग

5. मालीकेनम	व्हीपटेल आफ कोल क्राप्स, व्हीप टेल आफ टरनिप
6. अधिक नत्रजन प्रयोग	स्प्लीटींग आफ कैरट, रिसीनेस एण्ड हालो स्टेम आफ कैलीफ्लावर, बल्ब स्प्राउटिंग आफ गार्लिक, हालो हर्ट आफ पोटैटो
7. अधिक फास्फोरस प्रयोग	पेन्सिल स्ट्रीप आफ सेलरी
8. पानी की कमी	क्रेकिंग आफ टोमैटो, पफीनेस आफ टोमैटो, इन्टरनल ब्राउन स्पाट आफ पोटैटो
9. नमी की अधिकता	फराश बीन में काटलीडन क्रेकिंग, बल्ब स्प्राउटिंग इन गार्लिक, डिलेड कुकींग इन कोलोकेसिया, डिलेड कुकींग इन इलीफैन्ट फूट याम, ग्रोथ क्रेक इन स्वीट पोटैटो, ग्रोथ क्रेक इन याम बीन
10. अधिक तापमान	लीफीनेस इन कैलीफ्लावर, फराश बीन में ब्लासम ड्राप फराश बीन में अण्डज गर्भपात, ब्लासम इण्ड राट आफ वाटरमेलन, ब्लासम इण्डराट आफ टोमैटो, टमाटर में फ्लावर ड्राप, पुअर फ्रूटसेट पफीनेस इन टोमैटो
11. कम तापमान	फूल गोभी ब्लाइन्ड नेस, रिसीनेस, फजीनेस एण्ड बटनिंग फराश बीन में डिलेड फ्लावरींग एण्ड पफीनेस इन टोमैटो फ्रिजींग इन्ज्यूरी इन पोटैटो
12. अपर्याप्त परागण एवं निषेचन	टमाटर में पफीनेस या पाकेटस व पुअर फ्रूट सेटिंग
13. अपर्याप्त वायु प्रवाह	ब्लैक हर्ट आफ पोटैटो
14. इथीलीन का दुष्प्रभाव	गाजर में तीखापन, लेट्यूस में रसेट स्पाटिंग
15. ज्यादा सूर्य की रोशनी	टमाटर में सन स्केल्ड, आलू में हरापन

सन्तुलित पोषक तत्वों से उत्पन्न दैहिक विकृतियाँ

मृदा में पोषक तत्वों का असन्तुलन विश्वव्यापी समस्या है। कहीं उत्पादन बढ़ाने के लिये एक पोषक तत्व का ज्यादा प्रयोग किया जाता है तो दूसरे पोषक तत्व की उपलब्धता स्वतः असन्तुलित हो जाता है। परिणामतः अन्य फसलों की तुलना में सब्जियाँ ज्यादा प्रभावित हो रही है।

सारिणी (10.3) असन्तुलित पोषक तत्वों से सब्जियों में उत्पन्न दैहिक विकृतियाँ

विकृतियाँ	कारण	निवारण
टमाटर में ब्लासम इण्ड राट	कम पी0एच0मान, कैल्सियम की कमी	कैल्सियम या लाइम स्टोन का पौध रोपण के 10–14 दिन पूर्व मृदा में प्रयोग
फूल गोभी एवं पत्ता गोभी में कल्ब राट	नत्रजन का अत्यधिक प्रयोग	फास्फोरस एवं पोटाश का अधिक प्रयोग
प्याज का पद गलन	नत्रजन का अत्याधिक प्रयोग	फास्फोरस एवं पोटाश का अधिक प्रयोग
फूल गोभी एवं पत्ता गोभी में ब्लैक राट	मृदा में अमोनियम की उच्च मात्रा	अमोनियम धारी उर्वरकों से नत्रजन की पूर्ति न करें। जीवांश वृद्धि करें।
बैंगन का लीफ हापर के प्रति संवेदनशीलता	बोरान की कमी	बोरेक्स की 10.0 किलोग्राम प्रति हेक्टेयर की दर से मृदा प्रयोग

मूली की जड़ों का फटना	मैंग्नीज व जींक की कमी	सल्फेट या मैग्नीज का 25 किलोग्राम प्रति हेक्टेयर या 20 किलोग्राम प्रति हेक्टेयर प्रयोग
फूल गोभी व पत्ता गोभी में हालोस्टेम व शीर्ष विकास	फास्फोरस व कैल्सियम का अत्यधिक प्रयोग	डाई अमोनियम फास्फेट एवं कैल्सियम का सन्तुलित प्रयोग
खीरा में रूट राट	बोरान एवं पोटैशियम की कमी	बोरेक्स एवं पोटाश का प्रयोग एवं छिड़काव
टमाटर में गोल्ड फ्लेक	जींक की कमी	जिंक सल्फेट की 20 किलोग्राम प्रति हेक्टेयर का मृदीय प्रयोग
गांठ गोभी में गाँठ (Knob) का फटना	बोरान की कमी	बोरेक्स की 10.0 किलोग्राम प्रति हेक्टेयर की दर से मृदा में प्रयोग
खीरा व टमाटर में लीटिल लीफ/रोसेटींग	बोरान की कमी	बोरेक्स की 10.0 किलोग्राम प्रति हेक्टेयर की दर से मृदा में प्रयोग
चुकन्दर में ब्राउन हर्ट	बोरान की कमी	बोरेक्स की 10.0 किलोग्राम प्रति हेक्टेयर की दर से मृदा में प्रयोग
फूल गोभी में व्हीप टेल	मालीब्डेनम की कमी	अमोनियम मालीब्डेट की 250 ग्राम का 500 ग्राम का 500 लीटर पानी में घोल बनाकर प्रति हेक्टेयर पर छिड़काव
टमाटर में पत्तियों की भंगुरता, पत्तियों का अग्र भाग का पीला पड़ना	मालीब्डेनम की कमी	अमोनियम मालीब्डेट की 250 ग्राम या 500 ग्राम का 500 लीटर पानी में घोल बनाकर प्रति हेक्टेयर छिड़काव
खीरा में पौधों के अग्रभाग में नेकरोसिस	मालीब्डेनम की कमी	अमोनियम मालीब्डेड की 250 ग्राम का 500 लीटर पानी में घोल बनाकर प्रति हेक्टेयर छिड़काव

फसलवार विकृतियाँ

1. टमाटर में कार्यिकीय विकृतियाँ/व्याधियाँ

टमाटर में निम्न कार्यिकीय विकृतियाँ/व्याधियाँ पाई जाती हैं।

(i) कैटफेस (Catface)

"कैटफेस" विकृति के अन्तर्गत टमाटर के फल के पिछले सिरे पर धारियाँ, पंक्तियाँ और धब्बे पड़ जाते हैं तथा फल कुरूप हो जाते हैं। बाजार में फल को बेचने पर उचित बाजार मूल्य नहीं मिलते हैं। इसके निम्नलिखित कारण हैं–

- फसल का सही समय पर न लगाना।
- प्रतिकूल मौसम विशेषकर कम तापमान पर पुष्प परागण ठीक ढंग से न होने के कारण यह विकृति होती है।
- खेत में नमी का असंतुलन
- ऊतकों के क्रान्तिक विकास के समय आन्तरिक एवं बाहरी व्यवधान के कारण दैहिक विकृति होती है।

प्रबंधन

कैटफेस (cat face) की समस्या से बचने के लिए निम्नलिखित उपाय करना चाहिए।

- खेत मे पर्याप्त नमी बनाये रखने से इस विकृति का प्रकोप कम होता है।
- संस्तुत सस्य क्रियाओं को समय से करना चाहिए।
- समूह के अनुसार समय से रोपण करें, जिससे पुष्पन एवं फलत के समय अनुकूल तापमान मिल सके।
- पौधों में कर्तन क्रिया करने से फलों में कैट फेसिंग "दैहिक" विकृति से छुटकारा मिल सकता है।
- संतुलित मात्रा में खाद एवं उर्वरकों का प्रयोग करना चाहिए।

(ii) फलों का सूर्य के प्रकाश से जलना (Sun scald)

इस दैहिक विकृति से टमाटर के फल को उस समय नुकसान होता हैं, जब फसल मई–जून में तैयार होता है। प्रकाश किरणों के सीधे पड़ने से फल के उपर पतले पानी सूखने जैसा निशान पड़ता है। प्रभावित स्थान का रंग हरे फल में सफेद/भूरा एवं पके फल में पीला धब्बा हो जाता है। बाद में फफूँद लगने से काले धब्बों में बदल जाते हैं। इससे बाजार योग्य उपज, फलों के सड़ने के कारण कम हो जाती है और फलों का स्वाद भी बदल जाता है। इसके निम्न कारण हैं–

- ग्रीष्म ऋतु में तापमान के बढ़ने व धूप के अधिक तेज होने से "सन स्केल्ड" हो जाता है।
- टमाटर की ऐसी प्रजातियाँ जिसमें पत्तियों की संख्या कम होती है, सनस्केल्ड जैसी दैहिक विकृति से ज्यादा प्रभावित होती है।

प्रबंधन

- इस समस्या से निवारण के लिए टमाटर की ऐसी प्रजातियों का चुनाव करें, जिसमें वानस्पतिक वृद्वि ज्यादा होती है तथा पत्तियाँ आलू की पत्तियों की तरह चौड़ी हों।
- गर्मी की फसल में टमाटर के साथ अंतः फसल के रूप में मक्का एवं ढैंचा लगाना चाहिए, जो टमाटर के पौधों को छाया प्रदान करके फलों को तेज धूप से बचा सके।
- गर्मियों में सिंचाई कम समय के अन्तराल पर करना चाहिए।
- क्षारीय मृदाओं में मैग्नीशियम तत्व की अधिकता तथा कैल्सियम तत्व की कमी होने के कारण दैहिक विकृति हो सकती है।
- मृदा में मैग्नीशियम तथा पोटाश तत्वों के असंतुलन से यह विकृति अधिक हो जाती है। अतः खेत में मैग्नीशियम एवं पोटैशियम का संतुलन सही रखना चाहिए।

(iii) फल के अंतिम छोर का सड़ना (Blossom end rot)

इस विकृति में फल के हरे रहने पर ही इसके निचले सिरे पर भूरा या रंगहीन धब्बे पड़ने लगते हैं तथा बीच में पानी सोखने जैसा निशान बन जाता है, और धीरे–धीरे फल के एक–तिहाई से दो–तिहाई भागों पर काले धब्बे बन जाते हैं। अंत में प्रभावित फल का छिलका सिकुड़कर सड़ जाता है, जो गहरा भूरा से काले रंग का हो जाता है और विकृति से प्रभावित फल खाने योग्य नही रह जाता है। इसके निम्न कारण हैं–

- खेत में फसल की फलत अवस्था में उचित नमी का न होना।
- वाष्पोत्सर्जन (transpiration) की क्रिया कम होने के कारण पौधों में कैल्सियम का अवशोषण कम हो जाता है और फल में कैल्सियम की मात्रा घट जाती है।
- नत्रजन तत्व को यूरिया के रूप में न देकर अमोनियम के रूप में देने से विकृति के बढ़ने की काफी सम्भावना होती है।

प्रबंधन

इस समस्या से मुक्ति के लिए निम्न उपाय करना चाहिए–

- पौधों पर 0.5 प्रतिशत कैल्सियम क्लोराइड के घोल का छिड़काव फल बनते समय करना चाहिए।
- खेत में पौधों की किसी अवस्था में नमी का उचित स्तर बनाएं रखना चाहिए।
- पौधों को सहारा प्रदान कर जमीन से उपर रखना चाहिए।
- जिस मृदा में कैल्सियम तत्व की कमी हो, उन मृदाओं में कैल्सियम क्लोराइड या कैल्सियम नाइट्रेट का प्रयोग पौधों के वानस्पतिक वृद्वि के समय करना चाहिए।

(iv) फलों का फटना (Cracking of fruit)

इस विकृति में जिस तरफ से टमाटर के फल तने से लगे रहते हैं, वहीं से परिपक्वता के समय फट जाते हैं, जिसे फलों का फटना या क्रैकिंग (cracking) कहते हैं। यह समस्या चेरी टमाटर (cherry tomato) में भारी वर्षा होने के कारण भी होती है। फलों के फट जाने से बाजार में इन फलों की कीमत कम होने के साथ–साथ भण्डारण क्षमता भी कम हो जाती है। फलों के फटने के निम्नलिखित कारण होते हैं–

- मृदा में बोरान (boron) की कमी के कारण फलों के फटने की सम्भावना रहती है।
- जिस खेत में टमाटर लगाया गया हो, उस खेत में काफी समय तक सूखा रखने के पश्चात् एकाएक सिंचाई करने पर फलों के फटने की सम्भावना रहती है।
- टमाटर में सहारा देने के कारण फल सीधे सूर्य के प्रकाश में आ जाते हैं, जिससे ज्यादा तापक्रम के कारण फल फट जाते हैं।
- टमाटर की कुछ प्रजातियाँ जैसे मारग्लोब, बोनी वेस्ट, पूसा रूबी आदि, जिनका छिलका पतला होने के कारण फल फट जाते हैं।

प्रबंधन

टमाटर में फलों के फटने की प्रवृत्ति को निम्न उपायों को अपनाकर निवारण किया जाता है–

- क्रैकिंग प्रतिरोधी प्रजातियों की चयन कर खेती करें एवं जिन प्रजातियों में फलों के फटने की समस्या हो, फलों को अर्द्ध–परिपक्व अवस्था में ही तुड़ाई करना चाहिए।
- फसल की पूर्ण अवधि तक सिंचाई उचित समय पर करना चाहिए।
- ग्रीष्म कालीन टमाटर में सहारा नहीं देना चाहिए।
- सामान्यतः 0.3–0.4 प्रतिशत बोरेक्स का पहला छिड़काव पौधशाला (nursery) में करने से तथा दूसरा छिड़काव पौध रोपण के 3–4 सप्ताह बाद करने से फलों का फटना रूक जाता है।
- ऐसी प्रजातियों की खेती करनी चाहिए, जिसमें फल फटने की समस्या न हो जैसे पंजाब छुहारा, रोमा आदि।
- खेत में 10.0–15.0 किलो ग्राम बोरेक्स (सुहागा) प्रति हेक्टेयर की दर से खेत में प्रयोग करना चाहिए।

(v) फलों का असमान पकना (Blotchy ripening)

सामान्यतः यह देखा जाता है कि टमाटर के फल पूर्ण रूप से परिपक्व न होकर जगह–जगह लाल हो जाते हैं तथा जगह–जगह सफेद, पीला या हरे रंग के रह जाते हैं, जिससे बाजार में उचित मूल्य नहीं मिल पाता है। धब्बे विशेष रूप से फलों के निचले हिस्से पर दिखाई पड़ते हैं। इस दैहिक विकृति को ''ग्रैवाल'' वैसकुलर ब्राउनिंग, क्लाउड वैक्सी पैप, ग्रीन पैच और आन्तरिक ब्राउनिंग के नाम से भी जानते हैं।

फलों के असमान पकने के निम्न कारण है–

- मृदा में नत्रजन एवं पोटाश तत्व के असंतुलित मात्रा में होना, जिससे पोटैशियम तत्व की कमी हो जाती है।
- मृदा में फास्फोरस तत्व की अधिकता के कारण भी ''ब्लाची राइपेनिंग'' के बढ़ने की सम्भावना रहती है।
- फलों को प्रकाश का कम मिलना।
- प्रायः ज्यादा दिनों तक खुले वातारण के बाद एकाएक बदली का मौसम फल पकते समय आ जाये तो इस विकृति के फैलाने की तीव्रता अधिक हो जाती है।
- फलों के परिपक्वता की अवस्था में अधिक तापक्रम का होना।
- कभी–कभी पूर्ण रूप से परागण न होने के कारण ''ब्लाची राइपेनिंग'' के फैलने की सम्भावना रहती है।

प्रबंधन

फलों के असमान रूप से पकने से बचाने के लिए निम्नलिखित उपाय करना चाहिए–

- संतुलित मात्रा में पोटाशधारी उर्वरकों का प्रयोग करना चाहिए।
- पौधों को उचित दूरी पर लगाएँ, जिससे उन्हें पर्याप्त मात्रा में पोषक तत्व एवं नमी मिले।
- पौधों को सहारा देने से असमान पकना तथा ''ब्लाची राइपनिंग''से बचाया जा सकता है।
- पौधों का रोपण उचित प्रकाश एवं तापकम पर करना चाहिए।
- मोटे छिलके वाली प्रजातियों को लगायें।
- पोटैशियम क्लोराइड के 0.5 प्रतिशत का छिड़काव फल लगते समय करें।
- मृदा में नत्रजन तथा पोटाश तत्व का सन्तुलन बनाये रखना चाहिए। यदि मृदा में पोटाश की अधिकता हो जाये तो मैग्नीशियम सल्फेट का प्रयोग करना चाहिए।

(vi) पफीनेस (Puffiness)

टमाटर में इस दैहिक व्याधी को ''टोमैटो पफ'' हालोनेस पाकेटपफ, टोमैटोपफ तथा पफी जैसे नामों से जाना जाता है। इस दैहिक व्याधी में टमाटर के फल के संकालयों में गूदा तथा बीज नहीं रहते हैं। ग्रसित फल वजन में हल्का, कोणाकार तथा खोखला हो जाता है। फल उपर से देखने में अनियमित आकार का लगता है। ''पफीनेस'' के सामान्यतः निम्न कारण हैं–

- जब खेत में नत्रजन एवं फास्फोरसधारी तत्वों का अनुपात असंतुलित हो जाता है। तब टमाटर में पफीनेस (puffyness) के लक्षण आते हैं। सामान्यतः नत्रजन तत्व की अधिकता के कारण फल खोखले होने लगते हैं (पेलविच एवं केडर, 1968)।
- पुष्प परागण एवं गर्भाधान (fertilization) के समय तापक्रम के असन्तुलन के कारण भी फल खोखले हो जाते हैं।
- कार्बोहाइड्रेट की कमी के कारण परागकणों की परागण क्षमता कम हो जाने के कारण पूर्ण रूप से परागण क्रिया (pollination) नहीं हो पाती है, जिससे फलों के संकालयों में गूदा की कमी हो जाती है (हाऊलेट, 1936)।

प्रबंधन

इस समस्या के समाधान के लिए निम्न उपाय करना चाहिए–

- टमाटर के खेत में हमेशा हल्की सिंचाई करना चाहिए।
- पौधों का रोपण उचित समय पर करें, जिससे परागण के लिए अनुकूल वातावरण मिल सके।
- खेत में उर्वरकों का संतुलित उपयोंग करें।

(vii) ब्रान्जिंग (Branzing)

इस दैहिक व्याधी से ग्रसित फलों के निचले हिस्से मे फल भित्ति पर ऊतक क्षय के लक्षण दिखाई पड़ते हैं। प्रारम्भिक अवस्था में फल भित्ति सफेद या रंगहीन हो जाती हैं, जो कुछ दिनों बाद भूरे रंग में परिवर्तित हो जाता है। टमाटर में ब्रान्जिंग के बारे में विस्तृत जानकारी मोरे ने वर्ष 1943 में स्पष्ट किया था। इस दैहिक व्याधी के निम्न कारण है–

- फलों के ब्रान्जिंग के लिए "टोमैटो मोजैक वायरस" सबसे प्रमुख कारण है (जेनकिन एवं सहयोगियों, 1962)।
- कम तापक्रम के कारण भी टमाटर के फलों में ब्रान्जिंग के लक्षण दिखते हैं।

प्रबंधन

इस समस्या के निवारण के लिए निम्न उपाय करना चाहिए–

- चूँकि टमाटर की दैहिक व्याधी "ब्रान्जिंग" टमाटर के मोजैक वायरस के समतूल्य है, जो सफेद मक्खी द्वारा फैलता है। अतः टमाटर के पौधों पर इण्डोसल्फान की 0.5 प्रतिशत सान्द्रता का छिड़काव करने से "ब्रान्जिंग" को कम किया जा सकता है।
- अति न्यून तापक्रम पर पौधों का रोपण इस प्रकार करें कि फसल के समय उचित तापक्रम मिल सके ।
- ब्रान्जिंग सहिष्णु जननद्रव्य जैसे "पी0आई0 235673 की पहचान मुराकेशी (1960) ने की थी, जिसका उपयोग किया जाना चाहिए।

(viii) ग्रीन बैक (Green back)

ग्रीष्म ऋतु में "ग्रीन बैक" नामक दैहिक व्याधी टमाटर में मुख्यतः फलों के स्टेमइण्ड (stem end) भाग तो हरे रहते हैं, लेकिन पौधों की पत्तियाँ झड़ जाती हैं, इसके निम्न कारण है–

- सामान्यतः अधिक तापक्रम के कारण फलों के स्टेमइण्ड (stem end) भाग पर हरित लवक (वर्णक) का अधिक संचयन हो जाता है।

प्रबंधन

इस समस्या के निवारण के लिए निम्न उपाय करना चाहिए–

- चूँकि यह दैहिक व्याधी गर्मी के कारण होती है अतः ऐसी प्रजातियों का चयन करना चाहिए जिसमें पत्तियाँ ज्यादा बनती हैं।
- गर्मी के मौसम में पौधों को सहारा देकर खेती न करें।
- एक निश्चित अन्तराल पर सिंचाई करके पौधों के आसपास सूक्ष्म वातावरण (micro climate) बनाये रखना आवश्यक हैं।

(ix) शीत नुकसान/क्षति (Cold injury)

सर्दियों में उत्तर भारत के क्षेत्रों में तापमान शून्य डिग्री सेल्सियस से भी नीचे गिर जाता है, जो विकसित एवं अपरिपक्व फलों पर बुरा प्रभाव डालते हैं। कोल्ड इन्जुरी से प्रभावित फलों पर सफेद पीले रंग के धब्बे दिखाई पड़ते हैं, जिसके कारण बाद में ये फल सिकुड जाते हैं, जो खाने योग्य नही रह जाता है। प्रायः देखा गया है कि अपरिक्व फल इस व्याधी से ज्यादा प्रभावित होते हैं। टमाटर में इस दैहिक व्याधी की फल की स्थिति और नुकसान के बारे में हार्वे और राइट ने सन् 1922 में 0.87 डिग्री सेल्सियस पर हुए परिवर्तन के आधार पर दी थी।

प्रबंधन

इस समस्या के समाधान के लिए निम्नलिखित उपाय करना चाहिए–

- कम ताप के प्रति अवरोधी प्रजातियों की खेती करनी चाहिए।
- पौधों का रोपण समय इस तरह समायोजित करना चाहिए कि पौधों में फलत अति न्यून तापक्रम समय काल में न पड़े।

(x) तना व्यवस्था की प्रतिकूलता (Stem abnormality)

टमाटर की ''स्टेम एबनार्मल्टी'' पौधे पर उस समय देखा जा सकता है, जब टमाटर के पौधों का रोपण देर गर्मी के मौसम में किया गया हो। इस व्याधी से प्रभावित पौधों के मुख्य लक्षण असामान्य वृद्धि (lenchy) और खोखला तना (hallow stem) है। टमाटर में तना व्यवस्था के प्रतिकूलता के निम्न कारण है–

- औसत माँग से अधिक मात्रा में असंतुलित उर्वरकों के प्रयोग से ज्यादा तना व्यवस्था की प्रतिकूलता देखने को मिलती है।
- फसल की जलमाँग से ज्यादा पानी देने से जाड़े के मौसम में उगने वाले फसलों में भी इस दैहिक विकृति के लक्षण आते हैं।
- बोरान तत्व की कमी के कारण नत्रजन तथा पोटाश तत्वों का पौधों द्वारा असंतुलित अवशोषण।
- क्षारीय मृदाओं में टमाटर की खेती करने से भी इन दैहिक विकृति के फैलने की सम्भावना रहती है।
- पौधों के वृद्धि काल में सूखा तथा रात का तापक्रम कम होना।
- कभी–कभी अधिक प्रकाश तीव्रता के कारण भी इस दैहिक विकृति के फैलने की सम्भावना रहती है।

प्रबंधन

तना व्यवस्था की प्रतिकूलता को समाप्त करने के लिए निम्न उपाय करना चाहिए–

- नत्रजन एवं पोटाश की संतुलित मात्रा में प्रयोग करना चाहिए।
- उचित मात्रा में पानी का प्रयोग करना तथा जल निकास की समुचित व्यवस्था करनी चाहिए।
- मृदा में बोरान तत्व की कमी को पूरा करना चाहिए।

(xi) सिल्वरिंग (Silvering)

टमाटर की इस दैहिक विकृति की खोज सन् 1944 में की गयी थी, लेकिन विस्तारपूर्वक परिणाम की व्याख्या विलियम द्वारा सन् 1960 में किया गया। लक्षण स्वरुप इस दैहिक विकृति में पत्तियों, तना तथा फलों पर पीला सिल्वरिंग हरे धब्बे या खण्ड दिखाई पड़ते हैं। इस विकृति के कारण पार्श्व शाखाओं (side shoots) की तुलना में मुख्य तना अधिक प्रभावित होती है। इस दैहिक विकृति के निम्न कारण है–

- काफी समय तक तापक्रम 17.8 डिग्री सेल्सियस से कम होना।
- प्रजाति की आनुवंशिक संरचना (ग्रिम्बले, 1978)

प्रबंधन

इस दैहिक विकृति के प्रकोप को कम करने के लिए निम्न उपाय करना चाहिए–

- न्यूनतम तापक्रम से पौधों को बचाना चाहिए।
- टमाटर की दैहिक विकृति को दूर करने के लिए साइटोप्लाज्मिक वैरियन्ट (cytoplasmic variant) का प्रयोग करना चाहिए।

2. मिर्च/शिमला मिर्च की दैहिक व्याधियाँ

मिर्च एवं शिमला मिर्च की खेती में निम्नलिखित दैहिक व्याधियाँ आती है।

(i) फूल एवं फल का झड़ना

मिर्च एवं शिमला मिर्च में फूल एवं फल का झड़ना एक भयंकर दैहिक विकृति माना जाता है।

इसके निम्न कारण हैं–

- कम आर्द्रता एवं उच्च तापमान के कारण उच्च उत्स्वेदन का होना।
- पानी की कमी के कारण बढ़ती कलिकाओं के पास से सूखकर गिरना।
- कम सघनता वाले प्रकाश की उपलब्धता।
- कम दिनमान एवं उच्च तापमान।
- पुष्पन के समय उच्च तापमान।

प्रबंधन

- ऐसी प्रजातियों का चुनाव करना चाहिए, जो कम आर्द्रता एवं उच्च तापमान को सहन कर सके।
- पुष्पन के समय खेत में पर्याप्त नमी बनाये रखना चाहिए।
- पुष्पन के समय खेत में उर्वरकों का अत्यधिक उपयोग नहीं करना चाहिए।
- फल बनते समय किसी प्रकार के उच्च सान्द्र रसायन का प्रयोग नहीं करना चाहिए।

3. मूली की दैहिक व्याधियाँ

मूली में निम्नलिखित दैहिक व्याधियाँ देखने को मिलती हैं–

(i) जड़ का कई भागों में बटना (बहुमुखी जड़) या फोर्किंग (Forking)

(ii) जड़ों का फटना (रूट क्रैकिंग) (Root cracking)

(iii) समय से पूर्व पुष्पन

(iv) जड़ का चरपरान (तीखापन) एवं हरा होना (Bitterness and greening)

(v) जड़ के बीचोबीच रेशा बनना (पीथीनेस) (Pithiness)

(vi) जड़ों का खोखलापन (हालोहर्ट) (Hallow heart)

(vii) जड़ों का हरा होना (ग्रिनिंग) (Greening)

(viii) शीत नुकसान (Freezing injury)

(i) जड़ों का कई भागों में बटना (Forking)

जड़ों के कई भागों में बटने के लिए कुछ घटकों जैसे ज्यादा नमी का होना, मृदा का भारीपन या कठोर होना तथा मृदा में उपस्थित कार्बनिक पदार्थ का पूरी तरह से अपघटित न होना को जिम्मेदार माना जाता है, जिसकी भूमिका किसी न किसी रुप में देखने को मिलती है।

प्रबंधन

इसके निवारण के लिए निम्न उपाय करना चाहिए–

- सही प्रजातियों का चुनाव करें।
- कठोर भूमियों में छोटी जड़ वाली प्रजातियाँ लगाएं।
- भुरभूरी मिट्टी में लम्बी जड़ों वाली प्रजातियों को लगाएं।

(ii) जड़ों का फटना (Root cracking)

जड़ों पर लम्बे रिक्त स्थान बन जाते हैं, इससे ऐसा लगता है, जैसे मूली में दरार पड़ गई हो। जड़ों का फटना सामान्यतः खेत में कैल्सियम की कमी से होती है। पोटैशियम का ज्यादा अवशोषण हो जाता है, जिससे पौधों द्वारा कैल्सियम का अवशोषण कम होता है।

प्रबंधन

इस समस्या से बचाव हेतु निम्न उपाय करना चाहिए–

- मृदा परीक्षण के अनुसार कैल्सियम का उचित प्रयोग करना चाहिए।
- समय–समय पर मृदा परीक्षण करके पोटैशियम की उपलब्धता को जानना आवश्यक है और उसी अनुसार पोटैशियम का प्रयोग करना चाहिए।
- कैल्सियम नाइट्रेट या कैल्सियम क्लोराइड की खड़ी फसल में 10.0–15.0 किलो ग्राम /हेक्टेयर की दर से पर्णीय छिड़काव करना चाहिए।
- मृदा में अतिरिक्त नमी नहीं होना चाहिए।
- बलुई–दोमट या हल्की भूमियों में जो पर्याप्त भुरभुरी हो, खेती करनी चाहिए।

(iii) समय से पूर्व पुश्पन (Pre-mature stalk development)

मूली मे खाने योग्य जड़ बनने से पहले पौधे में पुष्पन प्रारम्भ हो जाता हैं, जिससे जड़ों की गुणवत्ता कम हो जाती है। इसका सबसे बड़ा कारण तापमान का उतार–चढ़ाव एवं बीजों की अगेती या देर से तैयार होने वाले किस्मों को उलट–फेर कर बुआई या देर से बुआई करना है। कभी–कभी अशुद्ध बीजों के प्रयोग से भी कुछ पौधों में समय से पूर्व पुष्पन हो जाता है।

प्रबंधन

निवारण हेतु निम्न उपाय करना चाहिए–

- देर से पुष्पन करने वाली प्रजातियों का प्रयोग करना चाहिए।
- शुद्ध एवं समयानुसार सही बीजों की बुआई करें।
- जिस पौधे में पुष्प बनने की प्रक्रिया प्रारम्भ हो जाये, उन्हें खेत से उखाड़ कर निकाल देना चाहिए।

(iv) जड़ का अधिक चरपरापन/तीखापन (Extreme pungency)

कभी–कभी मूली इतनी तीखी (चरपरी) हो जाती है कि उसे खाना मुश्किल हो जाता है। इसका सबसे बड़ा कारण मूली तैयार होते समय तापमान का अधिक तथा नमी की कमी होना है, जिसकी वजह से जड़ों तथा पत्तियों में 4–मिथाइल थायो–3–ब्यूटाइल आइसो थायोसाइनेट (MTB-ITC) नामक रसायन की मात्रा बढ़ जाती है, जिससे जड़ें चरपरी (तीखी) हो जाती हैं। यूरोपीयन प्रजातियों में तीखापन उत्पन्न करने वाला तत्व कम पाया जाता है, जबकि एशियाटिक प्रजातियों में इस यौगिक की मात्रा अधिक होती है।

प्रबंधन

निवारण हेतु निम्न उपाय करना चाहिए–

- अत्यधिक तापक्रम बढ़ने के समय सिंचाई आवश्यक रुप से करते रहना चाहिए, जिससे खेत में पर्याप्त नमी बनी रहे।
- जड़ों को मिट्टी चढ़ाकर ढके रखना चाहिए, जिससे जड़ें मिट्टी से बाहर न आ पाये।
- किस्म के अनुसार बुआई सुनिश्चित करें।

(v) मूली के जड़ों के बीचो–बीच रेशा का बनना (Pithiness)

मूली की जड़ों को काटने पर बीच में रुई की तरह कुछ रुखापन लिये हुए आकृति प्रतीत होती है। सामान्यतः मूली के जड़ों के ऊतकों का नष्ट होना है, जिससे अन्दर खालीपन नजर आता है। मूली के जड़ में पैरेनकाईमा ऊतक (parenchyma tissue) के मरने के कारण यह विकृति उत्पन्न होती है। यह एक प्राकृतिक प्रक्रिया है, जो मूली की जड़ों की उम्र ज्यादा होने पर दिखलाई पड़ती है। यह वंशानुगत रुप से भी होता है।

प्रबंधन

निवारण हेतु निम्न उपाय करना चाहिए–

- इसका निवारण केवल एक ही है कि ऐसी प्रजातियों का चयन करें, जिससे जड़ों के बीच रेशा (pithiness) देर से बने।
- संतुलित मात्रा में खाद एवं उर्वरकों का उपयोग करना चाहिए।
- खुदाई उचित समय पर करें।

(vi) जड़ों का खोखलापन (Hollow heart)

मूली की जड़ों का पानी शोषित कर फूली हुई आकृति का होना तथा खड़े काटने पर बीच में काले रंग का खाली स्थान दिखना, इस रोग के पहचान का सबसे बड़ा लक्षण है। इसके कई कारण बताये जाते हैं, जिनमें बोरान की कमी का होना सबसे बड़ा कारण माना जाता है।

प्रबंधन

इस दैहिक व्याधी से बचने के लिए निम्न उपाय करना चाहिए–

- लक्षण की प्रारम्भिक अवस्था में ही बोरान के 25 पी0पी0एम0 के घोल का 2–3 छिड़काव 15 दिन के अन्तराल पर करना आवश्यक है और इसके लिए 72.56 ग्राम सुहागा (बोरेक्स) लेकर 600.0 पानी में लीटर घोल बनाकर प्रति हेक्टेयर की दर से छिड़काव करना चाहिए।
- फसल लगाने के पूर्व 10.0 किलो ग्राम सुहागा (बोरेक्स) प्रति हेक्टेयर की दर से मृदा में प्रयोग करना चाहिए।

(vii) जड़ों का हरापन (Greening of root)

कभी–कभी मूली की जड़ें जमीन की सतह से उपर प्रकाश या धूप में आ जाती हैं, जिसके कारण जड़ों में हरापन आने लगता है। हरापन से बाजार में जड़ों का मूल्य कम मिलता है।

प्रबंधन

मूली की जड़ों के उपर मिट्टी समय से चढ़ायें जिससे जड़ उपर न आ पायें।

(viii) शीत नुकसान (Freezing injury)

मूली जब शीतोष्ण जलवायु में उगाई जाती है तो जड़ों को शीत नुकसान/चोट लग जाती है। मूली हिमांक जमाव के प्रति संवेदनशील है। इसमें जड़ें मुलायम पड़ जाती है, पानी का स्तर जड़ों में समाप्त हो जाता है तथा जड़ें सिकुड़ जाती है। अतः मूली को फ्रिज में नही रखना चाहिए। लाल मूली में इपिगमेन्ट (epigment) होने के कारण तरल पदार्थ जड़ से बाहर चला जाता है अतः जड़े बदरंग व पीली पड़ जाती है।

4. गाजर की दैहिक व्याधियाँ

(i) जड़ों का फटना (Root cracking)

गाजर की खेती करने वाले क्षेत्रों में जड़ों का फटना एक बड़ी समस्या है। इस दैहिक व्याधी से आर्थिक रुप से महत्वपूर्ण भाग प्रभावित होता है, जिससे इसका बाजार मूल्य घट जाता है। हालाँकि यह विकार आनुवंशिक कारकों से नियंत्रित होता है, फिर भी कुछ अन्य कारणों से भी यह पाया जाता है। प्राथमिक पोषक तत्व मुख्यतः नत्रजन की अतिरिक्त उपलब्धता से इस व्याधी का होना पाया गया है। भूमि में अमोनिकल यौगिकों की अत्यधिक सान्द्रता भी इस व्याधी को जन्म देती है। अगेती किस्मों में पिछेती या मध्यम किस्मों की तुलना में जड़ों का फटना अधिक पाया गया है। पौध से पौध के बीच अधिक अन्तरण से भी यह व्याधी उत्पन्न होती है। उपरोक्त कारणों के अतिरिक्त असमान नमी की अवस्था या सूखे के बाद एकाएक वर्षा भी जड़ों के फटने का कारण है।

प्रबंधन

निवारण हेतु निम्न उपाय करना चाहिए–

- पोषक तत्वों में खासकर नत्रजन वाले उर्वरकों का संतुलित मात्रा का ही प्रयोग करना चाहिए।
- उपयुक्त किस्मों की समय से बुआई करें, बहुत अगेती या बहुत पिछेती फसल न लें।
- मिट्टी में उचित नमी बनाये रखें, लेकिन अनावश्यक नमी न होने दें।
- पौधे के बीच अधिक अंतरण न हों।
- खेत में कच्चे गोबर का प्रयोग न करें।

(ii) द्वितीयक जड़ों का बनना (Root forking)

गाजर में द्वितीयक जड़ों का विकास एक बहुत बड़ी समस्या बन जाती है। खाने वाला भाग मुख्यतः जड़ का नुकीला भाग प्रभावित होता है। इसमें निचले हिस्से में द्वितीयक जड़ें विकसित हो जाती हैं, जिससे पूरा खाने वाला भाग प्रभावित हो जाता है। इस व्याधी का मुख्य कारण जड़ों के बनते समय भूमि में नमी की अधिकता है।

प्रबंधन

निवारण हेतु निम्न उपाय करना चाहिए–

- जड़ों के विकास के समय भूमि में उचित नमी होना चाहिए, लेकिन ध्यान रहे कि किसी भी दशा में अतिरिक्त नमी न होने पाये।
- यदि सम्भव हो तो बलुई–दोमट या हल्की मिट्टियों में गाजर की खेती करनी चाहिए अर्थात् हल्की भुरभुरी मिट्टी गाजर की खेती के लिए उपयुक्त है।
- कच्चा गोबर का प्रयोग न करें।
- संतुलित मात्रा में नत्रजन तत्व का प्रयोग करें।

(iii) खोखले धब्बे (Cavity spot)

इस दैहिक बीमारी के लिए पोटैशियम की अधिकता और कैल्सियम की न्यूनतम मात्रा जिम्मेदार है। प्राथमिक तौर से कैल्सियम की कमी से खोखले धब्बे बनते हैं और ये खोखले कार्टेक्स (cortex) के अन्दर बनते हैं। कभी–कभी बाह्य त्वचा का उपरी भाग भी फट जाता है, जिससे धसे हुए गढ्ढे बन जाते हैं।

प्रबंधन

निवारण हेतु निम्न उपाय करना चाहिए–

- कैल्सियम की संतुलित मात्रा ही प्रयोग करना चाहिए।
- अधिक नत्रजन उर्वरक के प्रयोग से बचना चाहिए।

(iv) जड़ों का तीखा होना (Bitterness of roots)

कभी–कभी गाजर की जड़ें तीखी एवं स्वाद से वंचित हो जाती हैं। इसका मुख्य कारण आइसोकोमारिन (Isocoumarin) नामक यौगिक है। इथिलिन की अधिकता के कारण यह तत्व अधिक विकसित होता है।

(v) पिथिनेस (Pithines)

गाजर में पिथिनेस की समस्या पैरेनकाइमा ऊतक (parenchma tissue) में देखने को मिलती है। यह आनुवंशिक या पोषक तत्वों के असंतुलन से भी हो सकता है। कभी–कभी पिथिनेस के लिए मौसम को भी जिम्मेदार माना जाता है।

प्रबंधन

निवारण हेतु निम्न उपाय करना चाहिए–

- पिथिनेस से मुक्त प्रजातियों का चयन करना चाहिए।
- संतुलित उर्वरकों का प्रयोग सही अवस्था में करना चाहिए।
- जड़ों की खुदाई खाने योग्य अवस्था में कर लेना चाहिए।

(vi) स्टाकी रुट (Stocky root)

गाजर में स्टाकी रुट (stocky root) उच्च तापक्रम के कारण होता है। बचाव के लिए उपयुक्त तापक्रम में बुआई करनी चाहिए।

5. चुकन्दर (Garden Beet)

चुकन्दर में मुख्यतः तीन प्रकार की दैहिक व्याधियाँ देखने को मिलती है।

(i) **सख्त काला धब्बा (Hard or corky black spot)** – यह विकृति विकसित हो रहे जड़ों पर जहाँ हल्का रंग व नवीन कोशिका/उत्तक होता है। वहीं पर यह लक्षण स्पाट होता है।

(ii) **आन्तरिक ब्राउन हर्ट (Internal brown heart)** – इसमें पत्तियों का विकास ही नही होता है। निवारण हेतु बोरान की 11.2 किलोग्राम मात्रा/हेक्टेयर प्रयोग करें।

(iii) हर्ट राट (Heart rot)

उपरोक्त तीनों व्याधियाँ आन्तरिक विकृति के रुप में जानी जाती है। साथ ही साथ यह चुकन्दर का वृहद् दैहिक विकार भी है। सूक्ष्म पोषक तत्वों की कमी वाली मिट्टियों में चुकन्दर के पौधों की बढ़वार रुक जाती है अर्थात् पौधे बौने दिखने लगते हैं। पत्तियों की सामान्य संरचना छोटी हो जाती है, इसकी वजह से जड़ों का समुचित विकास नहीं होता है और वे छोटे रह जाते हैं। बोरान तत्व की कमी की दशा में जड़ें छोटी और हल्का भूरापन लिए दिखती हैं। सतह वाला भाग फटा हुआ एवं झुर्रीदार दिखता है। सम्पूर्ण जड़ों पर कड़ी और काले धब्बे बन जाते हैं, जिससे भूरा खाने वाला भाग भद्दा दिखाई देता है और आर्थिक रुप से बेकार हो जाता है। कोशिका भित्ती का वास्तविक रंग समाप्त हो जाता है और छोटी–छोटी जड़ ग्रंथियाँ बन जाती हैं।

प्रबंधन

चुकन्दर को आर्थिक क्षति न पहुँचे, इसके लिए निम्न उपाय करना चाहिए–

- सामान्यतः 10.0–15.0 किलो ग्राम प्रति हेक्टेयर बोरेक्स का प्रयोग करना चाहिए।
- खड़ी फसल में उत्पादन सम्बन्धी सस्य क्रियाएं समय से करना चाहिए।

6. फूल गोभी में कार्यिकीय विकृतियाँ/व्याधियाँ

फूल गोभी में निम्नलिखित कार्यिकीय विकृतियाँ/व्याधियाँ उत्पन्न होती हैं–

(i) बटनाकार (Buttoning)

फूल गोभी का शीर्ष (खाने वाला भाग) छोटे–छोटे व समय से पहले बनना प्रारम्भ हो जाते हैं। साथ ही पौधों में कम एवं छोटी पत्तियाँ बनती हैं, जो शीर्ष को नहीं ढक पाती हैं। इसे पूर्व परिपक्व शीर्ष (pre-mature heading) भी कहते हैं। बटनिंग के प्रमुख कारण निम्न हैं–

- अगेती प्रजातियों का देर से रोपण।
- पौधों का सघन तथा 6 सप्ताह से पुरानी नर्सरी का रोपण करने से जड़ों का पूर्ण विकास न होना।
- खेत में नमी की कमी या अधिकता का होना।
- नत्रजन तत्व की कमी।
- गर्म एवं शुष्क मौसम का होना।
- मृदा का ज्यादा क्षारीय एवं लवणीय होना।
- मृदा के उपरी सतह में पोषक तत्वों की कमी।

प्रबंधन

फूल गोभी में बटनिंग की प्रक्रिया रोकने के निम्नलिखित उपाय करना चाहिए–

- उन्नतिशील प्रजातियों का समूह के अनुसार अगेती, मध्यम व पिछेती का रोपण करें।
- पौधों को समूह के अनुसार संस्तुत दूरी पर एवं सही अवस्था की नर्सरी पौध का रोपण करें।
- समय–समय पर निकाई–गुड़ाई, मिट्टी चढ़ाने आदि की क्रियाएं करना चाहिए।
- मिट्टी की जाँच कराकर उचित मात्रा में पोषक तत्वों का प्रयोग करें।
- नत्रजन तत्व की संस्तुत उपलब्धता बनाये रखना चाहिए। अगर आवश्यकता हो तो खड़ी फसल में 0.2 प्रतिशत यूरिया का छिड़काव करें।
- शुद्ध बीज से नर्सरी उगायें तथा बिना जड़ों को नुकसान पहुँचाए रोपण करें।
- फूल गोभी में प्रत्येक क्रांतिक अवस्था में सिंचाई कर मृदा में उचित नमी का स्तर बनाये रखें।

(ii) शीर्ष की असमान वृद्धि (Riceyness or hairiness)

इस व्याधी को हेयरीनेस (hairiness) भी कहते हैं। फूल गोभी में शीर्ष (खाने वाला भाग) पर पुष्प कलिकाएं बढ़ जाती हैं, जिससे शीर्ष की असमान वृद्धि हो जाती है और बाजार में फूल गोभी का मूल्य कम हो जाता है। इसके निम्नलिखित कारण हैं–

- मौसम का गर्म होना।
- पिछेती किस्मों को अगेती के समय लगाना।

- तापमान का ज्यादा होना।
- खेत में नत्रजन तत्व का अधिक मात्रा में प्रयोग करना।
- शीर्ष तैयार होते समय आर्द्रता का अधिक होना।

प्रबंधन

फूल गोभी में शीर्ष की असमान वृद्धि या राइसिनेस (riceyness) के निवारण हेतु निम्नलिखित उपाय करना चाहिए –

- शुद्ध एवं स्वस्थ बीजों का प्रयोग करना चाहिए।
- प्रजातियों को समूह के अनुसार रोपण करना चाहिए।
- अपने क्षेत्र विशेष के लिए अनुमोदित किस्मों को लगाना चाहिए।
- पौधों की वृद्धिकाल में संतुलित उर्वरकों का प्रयोग करना चाहिए।

(iii) शीर्ष का मखमलीपन (Fuzziness)

इस व्याधी में फूल गोभी के शीर्ष (खाने वाला भाग) पर पुष्प कलिका के उपर महीन बालों जैसी संरचना बन जाती है, जो छूने पर मखमली व मुलायम होती हैं। प्रभावित शीर्ष का बाजार में बिल्कुल मूल्य नहीं मिलता है व शीर्ष को खाने में स्वाद नहीं आता है। इसके निम्नलिखित कारण हैं–

- खराब बीज का प्रयोग।
- तापमान में परिवर्तन का होते रहना।
- शीर्ष का अधिक परिपक्व हो जाना।
- प्रजातियों को उचित समय पर न लगाना।
- आनुवंशिक घटक।

प्रबंधन

इस कार्यिकीय विकृति या व्याधी से निवारण हेतु निम्न उपाय को अपनाना चाहिए–

- शुद्ध बीज का पौध बनाकर रोपण करें।
- पौध को उचित मौसम और समय पर लगायें।
- पूर्ण विकसित खाने योग्य शीर्ष की तुड़ाई समय पर कर लें।

(iv) शीर्ष में छोटी–छोटी पत्तियों का निकलना/पत्तापन (Leafyness)

फूल गोभी के शीर्ष के बीच–बीच में छोटी–छोटी हरी पत्तियाँ निकल आती हैं, जिसके कारण पूरा शीर्ष खराब हो जाता है। खराब शीर्ष होने के कारण बाजार में उचित मूल्य नहीं मिलता है। इसका दूसरा कारण वानस्पतिक वृद्धि के समय व शीर्ष बनने के बाद अधिक तापमान का होना भी

माना जाता है। निवारण के लिए पिछेती फसल में ऐसी प्रजातियों का रोपण करनी चाहिए, जो अधिक तापमान को सहन कर सके।

(v) अंधापन (Blindness)

इस प्रकार की विकृति में पौधों की बढ़वार बिन्दु (शीर्षस्थ कलिका) शुरु में ही समाप्त हो जाती है, जिसकी वजह से शीर्ष का निर्माण नहीं होता है। कभी–कभी पत्तियाँ तो दिखती हैं, लेकिन शीर्ष नहीं बनता है। सामान्यतः पत्तियाँ मांसल, मोटी, बढ़ी व गहरे रंग की हो जाती हैं। इसके निम्नलिखित कारण हैं–

- कम तापमान होने के कारण।
- पाला पड़ने के कारण।
- कीड़ों के द्वारा शीर्ष कलिका भाग को काटना या खा जाना।
- नर्सरी पौध उखाड़ने, पौध रोपण करने या पौध रोपण के बाद निकाई–गुड़ाई करते समय शीर्ष कलिका को नुकसान पहुँचाना।

प्रबंधन

इसके निवारण के लिए निम्न उपाय करना चाहिए–

- पाले से बचाने के लिए फसल की सिंचाई करते रहें।
- कीड़ों से बचाव के लिए कीटनाशी का प्रयोग करें।
- फसल में सस्य क्रियाएं उचित तरीके से करें जिससे शीर्ष को नुकसान न पहुँचने पाये।

(vi) ब्राउनिंग (Browning or brown rot or red rot)

फूल गोभी में ब्राउनिंग (browning) नामक दैहिक व्याधी की समस्या बोरान की कमी के कारण होती है, जो मृदा की पी0एच0 मान से प्रभावित होता है। इसमें बोरान की उपलब्धता घट जाती है। इस व्याधी का लक्षण सर्वप्रथम नवीन कोमल पत्तियों पर दिखाई पड़ता है, जो बाद में गहरा हरा भंगुर (brittle), पुरानी पत्तियों में सिकुड़न, लवक असमान्यता और कभी–कभी गिरने की दशा अक्सर पुरानी पत्तियों का नीचे तरफ मुड़ना, फफोले पड़ना जैसे लक्षण दिखते हैं, जो बोरान की कमी का संकेत है। पत्तियाँ छोटी रह जाती हैं और उनके अग्र भाग मरने लगते हैं। बाद की अवस्था में तने पर हल्का भूरा चकत्ता पड़ता है और अन्ततः शाखाओं में खोखलापन आ जाता है। शीर्ष में भी कभी–कभी जलसिक्त धब्बे (water soaked spot) बन जाते हैं, जो बाद में भूरे रंग में बदल जाते हैं। प्रभावित शीर्ष छोटे और कड़ुवापन लिए होते हैं।

प्रबंधन

इस व्याधी से छुटकारा पाने के लिए निम्न उपाय करना चाहिए–

1. खेत में बोरेक्स या सोडियम बोरेट या सोडियम टेट्राबोरेट की 20.00 किलो ग्राम मात्रा प्रति हेक्टेयर डालना चाहिए।

2. जब खेत में कमी के लक्षण ज्यादा हो तो 0.25–0.50 प्रतिशत बोरेक्स घोल का 1.0 या 2.0 किलो ग्राम प्रति हेक्टेयर की दर से पौध विकास मृदा की प्रतिक्रिया और कमी के स्तर के आधार पर करना चाहिए।

(vii) ह्वीपटेल (Whiptail)

अधिक अम्लीय मृदा में फूल गोभी में ह्वीपटेल (whiptail) नामक दैहिक व्याधी मालीब्डेनम के कारण होता है क्योंकि ऐसी मिट्टी में जब मृदा पी0एच0 मान 5.5 या इससे कम हो तो मैग्नीज की उच्च सान्द्रता से मालीब्डेनम के शोषण में रूकावट पैदा होती है। फूल गोभी के नवजात पौधों में इस तत्व की कमी के कारण हरिमाहीनता (chlorotic) हो जाती है, जो कालान्तर में पत्तियों के किनारे से सफेदी लिए हुए प्रतीत होते हैं। पत्तियाँ बाद में प्यालेनुमा (cupped) होकर झड़ जाती हैं। पत्तियों के किनारे का अपूर्ण विकास होता है और शिकन (ruffled) पड़ जाता है। नयी पत्तियों में भी अनियमित आकार देखने को मिलता है। सामान्यतः एक लम्बा मध्य दर्रा पड़ने के कारण इसे व्हीपटेल (whiptail) कहते हैं। कभी–कभी पत्तियों में लैमिना (lamina) की कमी हो जाती है।

प्रबंधन

व्हीपटेल से बचाव के लिए निम्न उपाय करना चाहिए–

- खेत मे 6.5 या अधिक पी0एच0 मान बनाये रखने के लिए लाइम या डोलोमाइट लाइमस्टोन का प्रयोग करना चाहिए।
- फूल गोभी में व्हीपटेल दैहिक व्याधी के नियन्त्रण हेतु मृदा में 1.0–2.0 किलोग्राम/हेक्टेयर सोडियम या अमोनियम मालीब्डेनम का उपयोग करना चाहिए।
- खड़ी फसल में 0.1–0.3 प्रतिशत अमोनियम मालिब्डेट को 0.1 प्रतिशत टीपाल स्टीकर (teepol sticker) के साथ मिलाकर छिड़काव करना चाहिए।

(viii) तने का खोखलापन (Hollow stem)

फूल गोभी में "हालो स्टेम" (hollow stem) नामक दैहिक व्याधी बोरान तत्व की कमी तथा नत्रजन तत्व की अधिकता से होता है। हालो स्टेम की पहचान, पौधे पर पड़े जलशिक्त एवं मलीन ऊतक (discolored tissue) नुकसान से की जा सकती है।

प्रबंधन

इस दैहिक व्याधी के नियन्त्रण के लिए निम्न उपाय करना चाहिए–

- खड़ी फसल पर बोरेक्स की 0.1–0.3 प्रतिशत का घोल बनाकर छिड़काव करना चाहिए।
- मृदा में पौध रोपण पूर्व 15.0–20.0 किलो ग्राम/हेक्टेयर की दर से खेत में बोरान देना चाहिए।
- पौधों के उचित दूरी पर रोपण तथा पोषक तत्व की सन्तुलित मात्रा का उपयोग कर इसे रोका जा सकता है।
- खेत में नत्रजन तत्व का प्रयोग कम करें।
- पौधों की आपसी दूरी घटायें।

(ix) पाला/तुशार से नुकसान (Frost Injury)

पाला/तुषार के नुकसान से फूल गोभी में नर्सरी के छोटे पौधों की पत्तियों के दोनों सतहों पर सफेद धब्बे पड़ जाते हैं। पत्ती के डण्ठल (petiole) कोमल या ढ़ीला (flaccid) व सफेद होने लगते हैं, जिससे पैरेनकाइमा (parenchyma) व तना प्रभावित होता है। फूल गोभी का पूर्ण विकसित शीर्ष छोटे की तुलना में तुषार/पाला से ज्यादा प्रभावित होता है।

प्रबंधन

इस व्याधी से बचाव के लिए निम्न उपाय करना चाहिए–

- नुकसान से बचाने के लिए पाला/तुषार पड़ने के पहले खेत की सिंचाई करनी चाहिए।
- खेत का तापमान वृद्धि करने के लिए अलाव जलाना चाहिए।

(x) शीर्ष का रंगीन होना (Curd pigmentation or pinking)

कभी–कभी मौसम में बदलाव, फसल वृद्धि के समय किसी भी पोषक तत्व की कमी, तापक्रम में अधिकता (अधिक तेज धूप) की वजह से शीर्ष में एन्थोसाइनिन नामक वर्णक बनने लगता है, जिससे शीर्ष का रंग हल्का बैंगनी या गुलाबी हो जाता है, जो शीर्ष के वास्तविक रंग दुधिया से भिन्न होता है। ऐसी अवस्था में शीर्ष बेकार हो जाता है एवं बाजार मूल्य भी प्रभावित होता है। इस व्याधी से बचाव के लिए शीर्ष की पत्तियों के गुच्छों से रबर बैण्ड.की सहायता से बाँध देना चाहिए, जिससे शीर्ष पर धूप न पड़े। इसके अलावा यह ध्यान देना चाहिए कि रोपण के समय पौधों की जड़ें क्षतिग्रस्त न हों साथ ही साथ उर्वरकों की संस्तुत मात्रा को बनाये रखना चाहिए।

7. बंद गोभी की दैहिक विकृतियाँ

(i) आन्तरिक टिपबर्न (Internal tip burn)

यह बंद गोभी की मुख्य दैहिक व्याधी है। इसमें बाह्य रुप से शीर्ष पर कोई लक्षण स्पष्ट नहीं होता है, लेकिन पत्तियों का भीतरी किनारा भूरा होकर मुरझा जाता है और पूरा शीर्ष ही बेकार हो जाता है। इसका मुख्य कारण पौधों में कैल्सियम की कमी है। अन्य पोषक तत्वों में अधिक मात्रा में नत्रजन की पूर्ति से भी यह दुर्गुण बढ़ जाता है। इसके अलावा खराब जल निकास वाली मिट्टी, समय से पहले रोपण, पौधा से पौधा के मध्य अधिक अन्तरण एवं फसल की देर से कटाई भी इसके कारण हैं। इससे बचाव के लिए 200 पी0पी0एम0 का कैल्सियम ग्लुकोनेट पानी के साथ छिड़काव एवं पूरे खेत में समान नमी बनाये रखना आवश्यक होता है। साथ–साथ पौधों के मध्य उचित अन्तरण एवं समय पर कटाई निश्चित रुप से कर लेना चाहिए।

(ii) शीर्ष का फटना (Curd cracking)

कभी–कभी पत्ता गोभी में शीर्ष ही फट ही जाता है, जिससे शीर्ष देखने में कम आकर्षक लगने लगता है। यह व्याधी खेती वाली भूमि में नत्रजन पोषित उर्वरकों के अत्यधिक एवं अनावश्यक प्रयोग

से होती है। कभी–कभी कीड़ों द्वारा उपरी पत्तियों को क्षतिग्रस्त कर देने से भी यह दुर्गुण देखने को मिलता है। अगेती किस्मों की देर से कटाई भी इस समस्या को बढ़ावा देती है। इस व्याधी से बचाव के लिए हानिकारक कीड़ों से फसल को बचाना चाहिए एवं नत्रजन वाले उर्वरकों का आवश्यकतानुसार ही प्रयोग करना चाहिए। अचानक मौसम में परिवर्तन एवं ऐसे समय जब भूमि में नमी की कमी हो और तापक्रम बढ़ जाये, उस समय भी शीर्ष फट जाते हैं। अतः यथा समय सिंचाई करते रहना चाहिए।

(iii) ब्लैक पेटियोल (Black petiole)

जब शीर्ष पकाव की अवस्था में पहुँचता है उस समय अन्दर की पत्तियों का पृष्ठीय (dorsal) भाग तथा मध्य शिरा भूरा या काला रंग का हो जाता है। यह बहुकारकीय दैहिक विकृति है। यह वातावरण से ज्यादा प्रभावित होता है।

(iv) ब्लैक स्पेक (Black speck)

काला धब्बा शीर्ष की पत्तियों के ऊपर बनते हैं। जिससे शीर्ष बदरंग हो जाता है। विकृति के कारण की जानकारी नही है। कुछ शोध में पाया गया कि यह विकृति उर्वरकों के अधिक प्रयोग, ज्यादा पौध विकास, पादप वृद्धि नियामक के प्रयोग, परिवर्तित तापमान के कारण होता है। पोटैशियम के प्रयोग से ब्लैक स्पेक विकृति नहीं होता है।

8. ब्रोकली में दैहिक व्याधि

(i) बोल्टिंग (Bolting)

ब्रोकली में शीर्ष की अल्प विकसित अवस्था में ही बीज तन्तु बाहर निकल आते हैं, जिससे खाने वाले भाग की गुणवत्ता पूर्णतः नष्ट हो जाती है एवं किसी भी रुप में शीर्ष का बाजार मूल्य बनाये रखना सम्भव नहीं हो पाता हैं। इसका मुख्य कारण फसलों की अगेती बुआई, अधिक ठण्ड तथा अधिक तापक्रम, पौधा की कमजोर वृद्धि, घटियाँ गुणवत्ता वाले बीज की बुआई हेतु प्रयोग एवं अन्य खेती से सम्बन्धित क्रियाएं हैं। समय से बुआई, अच्छे बीजों का प्रयोग एवं नमी को समयानुसार बनाकर इस व्याधी को रोका जा सकता है।

(ii) तने का खोखलापन (Stem hollowness)

नत्रजन तत्व की अधिकता वाली भूमियों में ब्रोकली के तने में रिक्त स्थान बन जाता है। कभी–कभी शीर्ष में भी खोखलापन देखा जाता है। ब्रोकली में अगेती फसलों के कटाई के समय ऐसा अधिक होता है। पूरी फसल में बाह्य रुप से इसका कोई लक्षण प्रतीत नहीं होता है। इससे बचाव के लिए कतार से कतार एवं पौध से पौध के मध्य उचित अन्तरण रखकर तथा नत्रजन वाले उर्वरकों का प्रयोग मृदा परीक्षण के उपरान्त संतुलित रुप से करना चाहिए।

9. सेलरी में दैहिक विकृति (Physiological disorder in celery)

सेलरी में निम्नलिखित दैहिक विकृतियाँ देखने को मिलती हैं –

(i) ब्लैक हर्ट (Black heart)

सेलरी में यह दैहिक विकृति कैल्सियम तत्व की कमी से होता है जिसका लक्षण कोमल व नवीन पत्तियों के अग्र शिरा के जलने के कारण काला पड़ने तथा सूखने जैसा होता है। गंभीर स्थिति में पौध के मरने के लक्षण दिखते हैं। अगर समय से कैल्सियम का प्रयोग किया जाये तो इस विकृति को ठीक किया जा सकता है।

(ii) फटा तना (Raked stem)

सेलरी में यह दैहिक विकृति बोरान तत्व की कमी से होती है। इसमें प्रभावित उत्तक पीले पड़कर समाप्त होने लगते हैं तथा कार्की सतह (corky layer) बनाते हैं। अगर खेत में बोरेक्स दिया जाये तो फसल को इस विकृति से बचाया जा सकता है।

(iii) पेन्सिल स्ट्रीप (Pencil strip)

सेलरी में "पेन्सिल स्ट्रीप" विकृति फास्फोरस की अधिकता से होता है जो वृन्त (petiole) पर पतली भूरी धारी बनाता है। बचाव के लिये खेत में संस्तुत मात्रा में ही फास्फोरस का उपयोग करना चाहिए।

10. कद्दू वर्गीय सब्जियों में दैहिक विकृतियाँ

कद्दू वर्गीय सब्जियों में निम्न विकृतियाँ देखने को मिलती हैं–

(i) पिल्लो (Pillow)

"पिल्लो" नामक दैहिक व्याधी प्रसंस्करण वाली खीरे की प्रजाति में कोशिकाओं में कम रंग विकसित होने के कारण होता है। इसमें सफेद विषमता वाली कतार फल सतह के नीचे ताजे तोड़े गये फलों में दिखाई पड़ता है। संवाहक कोशिकाओं में पिल्लो (pillow) के कारण नष्ट हो जाती है, जिससे फल बदरंग हो जाती है।

(ii) पत्ती का चाँदनी रंग (Leaf silvering)

पत्ती का चाँदनी रंग (leaf silvering) जैसी दैहिक व्याधी समर स्क्वाश (*Cucurbita pepo*) में ज्यादा पाया जाता है। यह बीमारी विशेषतः खेत में नमी की कमी के कारण होता है। लक्षण के रुप में पत्तियाँ चाँदनी रंग की हो जाती हैं और हरित लवक कम होते हैं। सिल्वर लीफ में बाह्यत्वचा मिजोफिल (epidermis mesophyll) के बीच रिक्त स्थान बन जाता है। पत्तियाँ कम, छोटी व गद्देदार हो जाती हैं, जिससे प्रकाश संश्लेषण की क्रिया बाधित होती हैं।

(iii) नर पुष्प का ज्यादा बनना व फल कम लगना (More staminate flower & less fruit set)

मोनोसियस (monoecious) एवं एन्ड्रो मोनोसियस (andrmonoecious) लिंग में नर पुष्प मादा के अनुपात में ज्यादा बनते हैं। अतः प्रजनन पद्धति के माध्यम से नर:मादा अनुपात को कम किया जाना चाहिए, जिससे फल संख्या व उपज में वृद्धि की जा सके।

प्रबंधन

- पौधों की ओजस्वी वृद्धि को कम करना चाहिए।
- अत्यधिक नत्रजन व खेत में नमी को कम करना चाहिए।
- अत्यधिक वृद्धि करने वाले लताओं को काट देना चाहिए।

उदाहरण के लिए खरबूजा में 6–7 गाँठों तक द्वितीयक शाखाओं को समाप्त कर देना चाहिए। इसके बाद तृतीयक शाखाओं को बढ़ने देना चाहिए। पूर्ण व मादा पुष्पों को शाखाओं पर विकसित होने के लिए छोड़ देना चाहिए। तृतीयक शाखाओं पर फल विकसित हो जाने के बाद गाँठ से काट देना उत्तम रहता है। ऐसी पद्धति को अपनाने से कुल उपज में वृद्धि हो जाती है। तरबूज में मुख्य प्ररोह को 5–6 गाँठों के बाद काट देने से 3–4 अच्छे प्राथमिक शाखाएं विकसित होती हैं, जिस पर मादा पुष्प ज्यादा बनते हैं। कुम्हण एवं लौकी में ज्यादा वृद्धि कर रही शाखाओं के काट देने से नर व मादा का अनुपात घटाया जा सकता है। सामान्यतः कुम्हण में 40:1 तथा लौकी में 25:1 का अनुपात देखा गया, जिससे मादा पुष्प कम बनते हैं। परिणामतः कुल उपज प्रभावित होता है।

सारिणी (10.4) नर व मादा पुष्प अनुपात को कम करने के लिए उपयोगी पादप वृद्धि नियामक

सब्जी फसल	पादप वृद्धि नियामक	सान्द्रता	प्रयोग की अवस्था	प्रभाव
खरबूजा	मैलिक हाइड्राजाइड	200 पी0पी0एम0	2–4 सत्य पत्ती की अवस्था	नर व मादा पुष्प का कम अनुपात
तरबूज	मैलिक हाइड्राजाइड	50 पी0पी0एम0	2–4 सत्य पत्ती की अवस्था	नर व मादा पुष्प का अनुपात कम
	बोरान	2 पी0पी0एम0	2–4 सत्य पत्ती की अवस्था	नर व मादा पुष्प का अनुपात कम
	2,3,5 ट्राइआइडो बेंजोयिक एसिड (टीबा)	50 पी0पी0एम0	2–4 सत्य पत्ती की अवस्था	नर व मादा पुष्प का अनुपात कम
कुम्हण	इथरेल या इथीफान	250 पी0पी0एम0	2–4 सत्य पत्ती की अवस्था	नर व मादा पुष्प का अनुपात कम
समर स्क्वाश	इथरेल	600 पी0पी0एम0	2–4 सत्य पत्ती की अवस्था	नर व मादा पुष्प का अनुपात कम
नसदार तोरी	इथरेल	300 पी0पी0एम0	2–4 सत्य पत्ती की अवस्था	नर व मादा पुष्प का अनुपात कम
लौकी	मैलिक हाइड्राजाइड	50 पी0पी0एम0	2–4 सत्य पत्ती की अवस्था	नर व मादा पुष्प का अनुपात कम

	बोरान	3 पी0पी0एम0	2–4 सत्य पत्ती की अवस्था	नर व मादा पुष्प का अनुपात कम
	कैल्सियम	5 पी0पी0एम0	2–4 सत्य पत्ती की अवस्था	नर व मादा पुष्प का अनुपात कम
करेला	एन0ए0ए0	100 पी0पी0एम0	2–4 सत्य पत्ती की अवस्था	नर व मादा पुष्प का अनुपात कम
	6 बेंजाइल एमाइप्यूरिन (बीए)	25 पी0पी0एम0	2–4 सत्य पत्ती की अवस्था	नर व मादा पुष्प का अनुपात कम
	इथरेल	200 पी0पी0एम0	2–4 सत्य पत्ती की अवस्था	नर व मादा पुष्प का अनुपात कम
	2 सी0पी0ए0	100–200 पी0पी0एम0	2–4 सत्य पत्ती की अवस्था	नर व मादा पुष्प का अनुपात कम
चिकनी तोरी	इथरेल	100 पी0पी0एम0	2–4 सत्य पत्ती की अवस्था	नर व मादा पुष्प का अनुपात कम
खीरा	इथरेल	250 पी0पी0एम0	2–4 सत्य पत्ती की अवस्था	नर व मादा पुष्प का अनुपात कम
	मैलिक हाइड्राजाइड	100 पी0पी0एम0	2–4 सत्य पत्ती की अवस्था	नर व मादा पुष्प का अनुपात कम

(iv) परवल में अफलन, मादा पुष्प/फल का पीले व भूरे रंग का होना

परवल में परागण एवं निषेचन की कमी के कारण मादा पुष्प पीले व भूरे रंग के होकर गिर जाते हैं, लेकिन कुछ पुष्पों में परागण के बिना भी अण्डाशय के विकसित होने से बीज रहित फल प्राप्त होते हैं। कभी–कभी ये फल भी झड़ जाते हैं। परवल के खेत में मादा व नर पौध का अनुपात 10:1 का रखना आवश्यक है। परागण के समय पौधों पर कीटनाशी या अन्य रसायन का प्रयोग नहीं करना चाहिए। हाथ द्वारा परागण करने से भी फल धारण करते हैं। एक नर पुष्प से लगभग 8 मादा पुष्पों को परागित किया जा सकता है। परीक्षणों में पाया गया है कि परवल के खेत के आसपास करेला या लौकी उगाने से बीज रहित परवल बनने को उत्तेजित करता है।

(v) तरबूज की दैहिक व्याधियाँ

तरबूज में निम्न दैहिक व्याधियाँ देखने को मिलती हैं–

1. उचित आकार–प्रकार का फल न बनना।
2. पुष्प के अन्त भाग का सड़ना।
3. फल का फटना।

4. सफेद हर्ट का बनना।
5. खोखला हर्ट का बनना।
6. सूर्य की रोशनी से झुलसना।
7. छिलके का चितकबरा होना।

1. उचित आकार–प्रकार का फल न बनना (Mis-shapen melons)

लम्बे फल धारण करने वाले तरबूज के फलों में यह दैहिक व्याधी ज्यादा होती है, जिसमें फल का अग्र भाग टेढ़ा–मेढ़ा हो जाता है। इसके लिए मुख्य कारण नमी की कमी एवं अपर्याप्त परागण का होना माना जाता है। ऐसा भी होता है कि जमीन पर बनने वाले फल प्राकृतिक तौर से असमान मृदा सतह के कारण भी फल टेढ़े हो जाते हैं।

प्रबंधन

इस व्याधी से बचाव के लिए निम्न उपाय करना चाहिए–

- तरबूज के खेत में उचित समय तथा फसल की उचित अवस्था में सिंचाई करना आवश्यक है।
- सस्य क्रियाएं उचित समय पर करना चाहिए।

2. पुष्प के अन्त भाग का सड़ना (Blossom-end rot)

इस दैहिक व्याधी के कारण फलों का अग्र भाग सड़ने लगता है, जिसकी वजह से फलों के सतह पर हल्का सिकुड़न, भूरापन या अधिक सिकुड़न के साथ कालापन होता है। अधिक प्रकोप की अवस्था में पूरा फल सड़ जाता है। अगर खेत में कैल्सियम की कमी है या पानी का असंतुलित स्तर है, तब भी यह बीमारी होती है। इसके अलावा अधिक गर्मी, शुष्क हवा, सूत्रकृमि प्रकोप, अधिक उर्वरक प्रयोग जैसे घटक हैं, जो इस व्याधी के लिए जिम्मेदार माना जाता है।

प्रबंधन

इस व्याधी से बचाव के लिए निम्न उपाय करना चाहिए –

- खड़ी फसल में कैल्सियम क्लोराइड की 0.2 प्रतिशत छिड़काव करना चाहिए।
- अगर खेत में कैल्सियम की कमी हो तो 10.0 किलो ग्राम प्रति हेक्टेयर की दर से कैल्सियम क्लोराइड का बीज बुआई से पहले प्रयोग करना चाहिए।
- लगातार खेत में उचित नमी का स्तर बनाये रखना चाहिए।

3. फल का फटना (Bursting or fruits)

जब फलों में उचित विकास नहीं होता है, तो फल फटने लगते हैं। इसका प्रमुख कारण अत्यधिक वर्षा या फल पकते समय सिंचाई का करना है। लम्बे आकार के फलों में फटना कम देखा जाता है, जबकि गोलाकार फल में यह दैहिक व्याधी सबसे ज्यादा होती है।

प्रबंधन

इस व्याधी से बचाव के लिए निम्न उपाय करना चाहिए–

- खेत में पर्याप्त नमी के साथ–साथ जल निकास का उचित प्रबंध होना चाहिए।

4. सफेद हर्ट का बनना (White heart)

फल के काटने पर गूदे के केन्द्र में अवाँछित सूखी धारियाँ देखने को मिलती हैं। यह दैहिक व्याधी फल पकते समय अत्यधिक नमी एवं नत्रजन उर्वरक के प्रयोग से होता है।

प्रबंधन

इस व्याधी से बचाव के लिए निम्न उपाय करना चाहिए–

- खेत में सिंचाई का उचित स्तर होना चाहिए।
- नत्रजन उर्वरकों का प्रयोग संस्तुत मात्रा में ही करना चाहिए।

5. खोखला हर्ट का बनना (Hollow heart)

संकर किस्मों के आगमन से फलों में खोखला हर्ट का बनना देखा जाता है। प्रजातियों में इस दैहिक व्याधी के बनने का स्तर अलग–अलग है। इसका कारण अज्ञात है।

6. सूर्य की रोशनी से झुलसना (Sun-burn)

ऐसी किस्में जिनके छिलके काफी गहरे हरे होते हैं, सूर्य की रोशनी से झुलसते हैं। ऐसा माना जाता है कि गहरे काले रंग की प्रजातियाँ सूर्य की ऊष्मा का ज्यादा अवशोषण करती हैं। उदाहरण के लिए चार्लेस्टांग ग्रे जैसी प्रजातियाँ सूर्य की रोशनी से ज्यादा झुलसती हैं।

प्रबंधन

इस व्याधी से बचाव के लिए निम्न उपाय करना चाहिए–

- खेती के लिए ऐसी प्रजातियों का चुनाव करना चाहिए, जिनमें पत्तियाँ ज्यादा बनती हों। ऐसे प्रभेद भोज्य पदार्थ के एकत्रीकरण एवं गुणवत्ता दोनों के लिए उत्तम है।
- तेज धूप के समय फलों को हवा अवरोधी पट्टियों (wind break) से ढक दें।

7. छिलके का चितकबरा होना (Rind necrosis)

तरबूज की यह एक आंतरिक दैहिक व्याधी है। लक्षण स्वरुप भूरे, कारकीय व अवाँछित संरचना फलों के छिलकों पर देखने को मिलता है। फलों का छिलका बदरंग हो जाता है, लेकिन गूदे में किसी प्रकार का परिवर्तन कम ही देखने को मिलता है। इसका कारण भी अज्ञात है। कुछ शोधकर्ताओं ने स्पष्ट किया कि जीवाणु द्वारा ग्रसित होने पर फल बदरंग हो जाते हैं।

प्रबंधन

इस व्याधी से बचाव के लिए निम्न उपाय करना चाहिए–

- ऐसी प्रजातियों की खेती करनी चाहिए, जो जीवाणु छिलका बदरंग (bacterial rind necrosis) के प्रति संवेदनशील न हों।
- चूँकि इसका कारण अज्ञात है, अतः बचाव के लिए खेत में उचित नमी तथा पोषक तत्व प्रबंधन आवश्यक है।

11. अरवी एवं सूरन की दैहिक विकृति

(i) पकने में सख्त होना (Hard to cook)

अरवी व सूरन की इस दैहिक विकृति में कन्द बहुत ही सख्त हो जाते हैं जो पकाने पर भी सख्त बना रहता है। यह विकृति दशीन (Dasheen) तथा इडोई (Eddoe) दोनों प्रकार के प्रजातियों में पाया जाता है। पकने की गुणवत्ता बनाये रखने के लिये खेत में जल निकास का उचित प्रबन्ध करना चाहिए।

12. फराश बीन की दैहिक विकृति

(i) देर से पुष्पन तथा फल विकास (Delayed flowering & pod development)

उप–उपोष्ण जलवायु के तापमान मे जब गिरावट 10.0 डिग्री सेन्टीग्रेड से नीचे हो जाता है तब इस फसल में पुष्पन व फल विकास मन्द पड़ जाता है। कभी–कभी इसमें परागण न होने के कारण छोटे एवं अनियमित आकार के फल बनते हैं।

(ii) पुष्प झड़न तथा अण्डज गर्भपात (Blossom drop & ovule abortion)

जब तापमान 13.0 डिग्री सेन्टीग्रेड से ऊपर चला जाता है तब फराश बीन में पुष्प झड़ने तथा अण्डज का गर्भपात की समस्या आती है। अतः फराश बीन की खेती उपयुक्त तापमान तथा उचित जगह पर करनी चाहिए।

(iii) हाइपोकोटाइल नेकरोसिस (Hypocotylnecrosis)

फराश बीन के खेती में यह समस्या कभी–कभी होती हैं। यह विकृति कैल्सियम की कमी से होती है। अतः इसकी खेती करने के लिए खेत में पर्याप्त कैल्सियम की मात्रा होनी चाहिए।

13. लहसुन की विकृति

(i) शल्क कन्द जमाव (Bulb sprouting)

लहसुन में जवों का जमाव असामयिक वर्षा तथा खेत में नमी के असन्तुलन से होता है। कभी–कभी नत्रजन के ज्यादा प्रयोग से भी जवा में जमाव प्रारम्भ हो जाता है। इस विकृति के लिये प्रजाति विभिन्नता देखी गयी है। गुलाबी व बैंगनी रंग की प्रजातियों में इसका प्रभाव कम तथा सफेद रंग के प्रजाति में ज्यादा होता है। अगेती लगाने से भी जवा में जमाव देखा गया है।

(ii) जवों का विभाजित होना (Splitting)

यह विकृति लहसुन की देर से कटाई या लम्बी अवधि के सुखापन के तुरन्त बाद सिंचाई करने से होती है।

14. लैट्यूस की दैहिक विकृति

(i) गुलाबी शिरा (Pink rib)

लेट्यूस में गुलाबी शिरा विकृति की पहचान लम्बी मध्य शिरा का बदरंग होना है जो हल्का से गहरा गुलाबी रंग का हो जाता है। अधिक प्रकोप की अवस्था में छोटी शिरायें भी बदरंग हो जाती है।

(ii) अग्रभाग का जलना (Tip burn)

लेट्यूस की विकसित हो रही पत्तियों के किनारे का भाग ऊतकक्षय (necrosis) से जलने जैसी स्थिति उन्पन्न करते हैं। यह शीर्ष की आन्तरिक पत्तियों पर होता है। निवारण के लिए खेत में कैल्सियम क्लोराइड तथा नत्रजन की आपूर्ति बढ़ा देनी चाहिए।

(iii) लाल–बदरंग (Red discoloration)

लेट्यूस में इस विकृति की पहचान ढकने वाली पत्ती (cap leaf) कुछ आन्तरिक पत्तियों पर पीले से काले रंग के धब्बे (lesions) को देखकर की जा सकती है।

(iv) भूरा या गेरूआ धब्बा (Russet spotting)

लेट्यूस में यह विकृति तुड़ाई उपरान्त की है जो इथीलिन की वजह से होता है। इसकी पहचान पत्तियों के मध्य शिराओं पर बनने वाले गहरे लाल रंग के धब्बे, जो बाद में क्रमागत रूप से बढ़ जाते हैं। अगर इथीलिन की मात्रा 0.1 पी0पी0एम0 का संग्रह होता है तो यह विकृति यातायात में अवश्य उत्पन्न होगी। यह 5.0 डिग्री सेन्टीग्रेड तापमान पर 5–8 दिनों तक की जा रही परिवहन में देखने को मिलती है।

15. प्याज की दैहिक विकृति

(i) पुष्प वृन्त का विकास (Bolting)

प्याज में यह विकृति अपरिपक्व बीज डण्ठल के बनने से है। जिससे प्याज का सामान्य जीवन चक्र टूट जाता है। शल्क कन्द हल्के, रेशेदार और भण्डारण गुण रहित हो जाते हैं। डंठल का विकास आनुवंशिक, तापमान परिवर्तन, घटियां बीज, खराब मृदा संरचना, दिनमान व प्रकाश अवधि आदि घटकों पर निर्भर करता है।

(ii) फटना एवं शल्क कंद का दुगुना होना (Splitting and doubling of bulbs)

प्याज में यह विकृति खेत में अपनायी जा रही सस्य क्रिया से प्याज का बिखरना/फटना तथा दुगुना हो जाता है। फसल की प्रारम्भिक अवस्था में पानी की कमी तथा लम्बी अवधि के बाद ज्यादा पानी देने से प्याज में दुगुना (double) होने की प्रवृत्ति होती है।

16. आलू की दैहिक विकृति

(i) ब्लैक हर्ट (Black heart)

आलू के ब्लैक हर्ट विकृति में कन्द के मध्य ऊतक भाग में गहरा भूरा से बैंगनी या गुलाबी काला बदरंग संरचना विकसित होती है। ज्यादा प्रकोप की स्थिति में ग्रसित ऊतक सूखने लगते हैं और अलग होकर गुहिका (cavity) का निर्माण करते हैं। यह इन्जाइम के विपरित (adverse) क्रिया से होता है जिससे उप–आक्सीकरण (suboxidation), खराब वातायन तथा उच्च तापमान (33.0 डिग्री सेन्टीग्रेड के ऊपर) पर भण्डारण के कारण होता है। इसकी शुरूआत फसल उगाते समय अधिक तापमान व खेत में कन्द पकते समय होता है। कभी–कभी इसकी समस्या परिवहन में भी होता है। अतः भण्डारण करते समय उच्च तापमान (33.0 डिग्री सेन्टीग्रेड से अधिक) तथा घटिया वातायन के प्रति सावधानी रखनी चाहिए।

(ii) शीत नुकसान/हानि (Chilling injury)

आलू में शीत नुकसान सबसे ज्यादा 10.0 डिग्री सेन्टीग्रेड तापमान पर लम्बे समय तक शीत गृह में भण्डारण करने पर होता है। लक्षण के रूप में कन्द के गूदा (fresh) में बदरंग स्थिति देखी जा सकती है जो हल्के लाल से भूरा रंग में स्पष्ट होता है। अधिक नुकसान में भूरे–काले धब्बे, आलू की सतह पर या रोपण करने पर जमाव के न होने में भी प्रतीत होता है।

(iii) बर्फ से नुकसान (Freezing injury)

आलू में बर्फ से नुकसान की स्थिति 1.5 डिग्री सेन्टीग्रेड तापमान से प्रारम्भ हो जाता है जिससे कन्द बदरंग हो जाते हैं। पूर्णतया बर्फ से जमा (frozin) कन्द पिघलने (thawing) पर पनीर जैसी संरचना बनाता है। और बाद में ऊतक टूटकर अवपंकी/गंदा (slimy) जल समूह में बदल जाता है।

(iv) हरापन (Greening)

आलू के कन्द जब सूर्य की रोशनी में पड़ते हैं तो कन्द हरे हो जाते है। ऐसी स्थिति सोलेनिन (solanin) की उपस्थिति तथा संग्रहण से होता है। अतः निवारण के लिये कन्दों को सूर्य की रोशनी से दूर ढककर रखना चाहिए।

(v) हालो हर्ट (Hollow heart)

कन्द के मध्य भाग में खोखला भाग विकसित होता है। गुहिका के पास लगे ऊतकों में सड़ाव या बदरंग होने की स्थिति नहीं बनती है। खोखलापन आलू की ऐसी प्रजातियों में ज्यादा होता है जिनमें ज्यादा बड़ा कन्द (oversize tuber) बनता है। निवारण के लिये नजदीक रोपण करें तथा अधिक उर्वरक प्रयोग न करें।

(vi) आन्तरिक भूरा धब्बा (Internal brown spot)

कन्द के गूदे में अनियमित, सूखा, फैला हुआ धब्बा विकसित होता है। ये धब्बे नाड़ी क्षेत्र (vascular region) में नही बनते हैं। इस विकृति की अधिकता हल्की बलुई मिट्टी, जिसमें नियमित सिंचाई नहीं होती है, में देखने को मिलता है।

17. शकरकन्द की विकृति

(i) शोध क्रैक (Growth crack)

शकरकन्द की कुछ प्रजातियों में यह गुण पाया गया है कि कन्द पकाव के समय फटने (crack) लगते हैं। इसका प्रमुख कारण खेत में नमी की अधिकता या नमी की कमी का होना है। अगर कन्दों के पकाव के समय खुदाई नहीं की जाती है तब भी कन्द फटने लगते है। निवारण के लिये खेत में संस्तुत मात्रा में पोटैशियम का प्रयोग करना चाहिए।

18. तारो की विकृति

(ii) मेट्सुब्रे (Metsubre)

तारो (taro) में मेट्सुब्रे (metsubre) नामक विकृति कैल्सियम की कमी से होता है जिसमें घनकन्द (corm) खराब आकार में बनते हैं या उपरी भाग अवतल (concave) हल्का भूरापन लिये और विभिन्न आकार के हो जाते हैं। इस विकृति के निवारण के लिये कैल्सियम का प्रयोग करना चाहिए।

19. शलजम की विकृति

(i) भूरा धब्बा (Brown spot)

शलजम में भूरा धब्बा नामक विकृति बोरान तत्व की कमी से होता है जिसमें जल सिक्त, भूरा धब्बा तथा जड़ के आन्तरिक भाग में फटने के लक्षण मिलते है। विकृति प्रबल होने पर पौधे छोटे व घूँघराले (curl) हो जाते हैं।

(ii) शीत नुकसान (Chilling injury)

शलजम में जड़ सतह पर गड्ढा (pitting), सिकुड़न (shrievelling) व सड़न (decay) शीत नुकसान के कारण होता है।

□□□

अध्याय 11

सब्जियों की गुणवत्तायुक्त कृषि पद्धति, कार्बनिक / जैविक खेती एवं प्रमाणीकरण

(Good Agricultural Practices of Vegetables, Organic Vegetable & Certification)

गुणवत्तायुक्त कृषि पद्धति (Good Agricultural Practices or GAP)

कृषि भारतीय अर्थ व्यवस्था की रीढ़ (backbone) है और कृषि का विकास ही आर्थिक विकास एवं सामाजिक स्तर को प्रदर्शित करता है। निश्चित तौर से कृषि उपज को विश्व बाजार में बेचने की स्वतन्त्रता है। भारतवर्ष से प्रति वर्ष कुल उपज का 25.0 प्रतिशत प्याज एवं 36.0 प्रतिशत हरी मटर का व्यापार होता है, फिर भी अगर औद्यानिक उत्पाद के भागीदारी को देखा जाये तो विश्व निर्यात में एक प्रतिशत से भी कम है। वर्तमान (2010–2011) आँकड़ें से स्पष्ट होता है कि भारतवर्ष से शुष्क एवं प्रंसस्कृत सब्जियाँ (7.0 प्रतिशत), अन्य ताजी सब्जियाँ (13.0 प्रतिशत), अन्य प्रंसस्कृत फल एवं सब्जियाँ (19 प्रतिशत) तथा फल एवं सब्जियों के बीज (3.0 प्रतिशत) का व्यापार होता है। यह कहना अतिशयोक्ति नहीं होगा कि फल और सब्जियों में भारत बहुत छोटे–छोटे देशों जैसे चिली (Chile) थाईलैण्ड एवं मलेशिया से निर्यात में काफी पीछे हैं। इसका मुख्य कारण यह है यूरोप, संयुक्त राज्य अमेरिका व जापान पूरी तरह से सुरक्षित उपभोग हेतु गुणवत्तापरक भारतीय उत्पाद पर विश्वास नहीं करते हैं। इसके लिए प्रमुख कारणों में पहला कारण उत्पादन किये जाने वाले प्रक्षेत्र का स्वास्थ्य बहुत अच्छा नहीं है तथा दूसरा कारण संश्लेषित कृषि रसायनों (synthetic agricultural chemical) जैसे कीटनाशी व उर्वरकों का अनियंत्रित उपयोग का होना है, जिससे उपज पर घातक रसायन प्रचुर मात्रा में चिपके रहते हैं। फलतः उपभोक्ता को संदूषित फल एवं सब्जियाँ प्राप्त होती हैं। इसके अलावा भी घटिया कृषि पद्धति को अपनाना भी है।

गुणवत्तायुक्त कृषि पद्धति क्या है? (What is Good Agricultural Practices)

कृषि पद्धति को 'अच्छा' कहना तभी सार्थक है जब हम मानक के अनुरुप किसी घटक का उपयोग करते हैं तथा पूरे विश्व में यह मानक स्वीकार्य हो। अन्तर्राष्ट्रीय स्तर पर जो मानक निर्धारित किये गये हैं, उसमें यह आवश्यक है कि निम्नलिखित आधारभूत मांग को पूरा करें।

- सुरक्षा एवं गुणवत्तायुक्त उपज को सुनिश्चित करना।
- वातावरण को संरक्षित करना।
- प्राकृतिक स्रोतों को यथावत बनाये रखना।
- सामाजिक संरचना पर कोई कुप्रभाव न पड़ें।

यूरेगैप (EUREGAP)

यूरोप के उपभोक्ता सन् 1990 में यह माँग उठायी कि जो भी उपभोग की जाने वाली उत्पाद है, वह पूर्णतया खाद्य सुरक्षा के मानक को पूर्ण करने वाले हों। वैज्ञानिक दृष्टिकोण से यह स्पष्ट हुआ कि पागल गाय के रोग (Mad cow disease) से जनित बीमारियाँ फैलने से विश्व स्तर पर खाद्य सुरक्षा आवश्यक है। यहीं से कृषि गुणवत्ता पद्धति (Good Agrucultural Practices) का विकास हुआ, जिससे लोगों को ताजी उपज प्राप्त हो सके। इसके बाद सन् 1997 में यूरोप वासियों ने यूरे गैप (Euregap) की स्थापना की, जिसे यूरो रिटेलर प्रोड्यूस वर्किंग ग्रूप (EUREP) ने सहारा दिया। इसमें यह तय हुआ कि सभी लोग मानक तथा नीतियों के तहत् कृषि गुणवत्ता पद्धति को अपनायें। इन्हीं दो शब्दों से यूरे गैप (EUREGAP) का विकास हुआ। यूरे गैप पूर्णतया एक व्यक्तिगत पहल थी, जिसमें यूरोपियन डायरेक्टिव्स का कोई पहल नहीं था। यूरे गैप के तहत् विश्व स्तर पर ताजी सब्जियों का उत्पादन प्रारम्भ हुआ।

यूरेगैप क्यों? (Why Euregap?)

खुदरा व्यावसायियों एवं वितरकों द्वारा 80 व 90 के दशक में गुणवत्ता मानक स्थापित किये गये, जिसके तहत् कई देशों ने मिलकर फलों एवं सब्जियों के लिए अनेकों प्रकार के गुणवत्ता मानक बनायें। उत्पादकों को अनेकों मानक होने के कारण कई समस्याएँ उठानी पड़ती थी, लेकिन यूरे गैप के तहत् एक प्रकार के मानक बनाये गये। घटनाओं को देखा जाये तो उपभोक्ताओं को विगत वर्षों में अनेकों समस्याएँ जैसे बी0एस0ई0 (BSE), मैड काऊ डिजिज (Mad Cow Disease), सालमोनेल्ला (*Solmonella*) और डायोक्सिन से ग्रसित उत्पाद को देखकर हुई। इसी प्रकार डिब्बा बन्द पदार्थों में अवाँछित वस्तुओं का मिलना, तथा फलों व सब्जियों पर कीटनाशकों का अवशेष आदि का मिलना भी यूरे गैप उत्पत्ति का कारण बना। इतना ही नहीं आनुवंशिक रुप से परिवर्तित खाद्य पदार्थ (Genetically Modified Food) भी उपभोक्ता के व्यवहार में परिवर्तन लाया। अब उपभोक्ता सचेत हैं कि ये खाद्य पदार्थ कहाँ पर व कैसे पैदा किये जाते हैं? उन्हें पता नहीं है कि किन–किन परिस्थितियों से होकर ये उत्पाद हमारे तक पहुँचते हैं, लेकिन वे सुनिश्चित करना चाहते हैं कि जो उपज प्राप्त हो रही है, वह पूर्णतया सुरक्षित हो। अधिकांश देशों में ऐसी कृषि पद्धतियों को अपनाया

जाता है, जो न तो वातावरण का ध्यान रखते हैं, बाल श्रमिकों का प्रयोग करते हैं, स्वास्थ्य सम्बन्धी कोई जिम्मेदारी नहीं उठाते हैं और न ही किसी सामाजिक संरचना का ध्यान रखते हैं, जिससे अनेकों प्रकार के जोखिम उपभोक्ता के लिए यथावत बना रहता है। आज यूरोप के सुपर मार्केट (super market) में बेचा जाने वाला उत्पाद विश्व के प्रत्येक देशों से आता है। उदाहरण के लिए संतरा स्पेन से, किवी न्यूजीलैण्ड से, अन्नानाश आईवोरीकोस्ट से, आम इजराइल से, बीन्स इजिप्ट से आदि।

यूरो गैप में कौन शामिल है ? (Who are involved in Euregap?)

यूरे गैप के लिए फूड प्लस, कोलोग्ने आधारित जर्मनी ग्लोबल संस्था है। यह यूरे गैप मानक का कानूनी मालिकाना हक रखता है। यूरे गैप सदस्य के रुप में फुटकर बिक्रेता (retailer), आपूर्तिकर्ता (supplier) / उत्पादक और ऐसे तमाम लोग सम्मिलित हैं, जो या तो घटक देते हैं या कृषि से सम्बन्धित सेवाएँ प्रदान करते हैं। निर्णय लेने के लिए यूरे गैप स्टियरिंग कमेटी या यूरे गैप बोर्ड अधिकृत है। इन्हें चलाने के लिए अध्यक्ष बनाये जाते हैं। मानक निर्धारण प्रारुप तथा प्रमाणीकरण पद्धति के लिए टेक्निकल एण्ड स्टैण्डर्ड कमेटी बनायी जाती है, जिसमें 50.0 प्रतिशत फुटकर विक्रेता तथा 50.0 प्रतिशत उत्पादक सम्मिलित होते हैं। यूरे गैप काउंसिल के अन्तर्गत 30 सदस्य (consumer organization, suppliers, retailers, certifiers, accredation, councils, NGO's and FAO) होते हैं, जो सक्रिय रुप से सुझाव स्टीयरिंग कमेटी, टेक्निकल एण्ड स्टैण्डर्ड कमेटी तथा फूड प्लस (Food Plus) प्रबंधन को देते रहते हैं। इन सुझावों के आधार पर यूरे गैप काउंसिल आधारभूत दिशा निर्धारण करती है तथा योजनाएँ बनाती है। यूरे गैप की प्रथम बैठक बोलोगना, इटली में 1 अक्टूबर, 2001 को हुआ था।

यूरे गैप के लक्ष्य (Target of euregap)

यूरे गैप के निम्नलिखित लक्ष्य निर्धारित किये गये हैं–

1. खाद्य सुरक्षा में सम्मिलित जोखिम को कम करना, जिससे कृषि उत्पादन ज्यादा हो।
2. अच्छी पद्धति का उद्देश्यपरक मिलान करना और क्रमागत रुप से इसे पूरे विश्व में लागू करना। एक तरह से यह सभी लोगों के लिए प्रोटोकाल (protocol) होगा और जानने के लिए एक स्थान।
3. लगातार उद्देश्यपरक सुधारों को लोगों को उचित माध्यम से पहुँचाना।
4. सुधार प्रक्रिया को उत्पादक के लिए आवश्यक बनाना।
5. समाज में किसी तकनीकी को लाने के पहले मनोवैज्ञानिक एवं सामाजिक गुणधर्मों के संतुलन में तालमेल लाना आवश्यक होगा।
6. गुणवत्ता पद्धति को एक समान प्रक्रिया के तहत् सभी मानक को स्थापित करना।

यूरे गैप प्रोटोकाल के सिद्धान्त (Principal of Euregap protocol)

यूरे गैप प्रोटोकाल का विकास एक सामान्य समूह द्वारा अन्तर्राष्ट्रीय सलाहकारों के माध्यम से किया गया है। इस प्रोटोकाल (protocol) के मुख्यतः तीन तत्व प्रमुख हैं–

1. खाद्य सुरक्षा एवं उसके स्रोत का पता लगाना।
2. वातावरणीय संरक्षण।
3. कार्यकर्ता सुरक्षा (worker safety) एवं कल्याण (welfare)।

सारिणी (11.1) विश्व स्तर पर प्रमाणित उत्पादक देश एवं उत्पादकों की संख्या

देश	प्रमाणित उत्पादकों की संख्या	
	2002	2003
अर्जेंटिना	–	50
आस्ट्रेलिया	–	4
आष्ट्रिया	–	430
वेल्जियम	163	636
ब्राजील	5	31
कनाडा	–	1
चीली	34	–
चीन	–	19
कोलम्बिया	–	26
कोस्टारिका	–	26
साइप्रस	3	12
इजिप्ट	45	116
फ्रांस	10	268
गाम्बिया	–	1
जर्मनी	43	344
घाना	1	84
ग्रीस	114	411
ग्वाटेमाला	–	2
होण्डुरास	–	1
हंगरी	–	1
इजराइल	1	75
इटली	142	235
केनिया	15	8
माल्टा	–	106
मैक्सिको	–	2
मोरक्को	–	9

नामीबिया	–	6
न्यूजीलैण्ड	–	423
पेरु	–	12
पोलैण्ड	–	2
पुर्तगाल	17	17
पोर्टेरिको	1	2
दक्षिण अफ्रीका	255	926
स्पेन	1011	1844
थाइलैण्ड	3	48

स्रोत: क्वालिटी क्वेस्ट, वाल्यूम–14, सं0–2, अप्रैल, 2004

यूरेगैप को स्थापित करना (Establishing of Eurepgap)

यूरे गैप निम्नलिखित चरणों में स्थापित होगा–

1. यूरे गैप 90 के दशक के द्वितीय चरण में तथा उपस्थापन सन् 1997 में हुआ। टेक्निकल स्टैण्डर्ड कमेटी की स्थापना जनवरी 2001 में हुई, जिसे बोलोगना संगोष्ठी में सितम्बर 2001 में यूरे गैप के दिशा निर्देश को स्वीकार किया गया। इसमें यह निर्णय लिया गया कि कोई उत्पादक यूरे गैप प्रमाणपत्र अधिकृत संस्था से प्राप्त कर सकता है।
2. यूरे गैप की गुणवत्ता को अनेकों संस्थाएँ एवं यूरोपियन सुपर मार्केट ने स्वीकार करना शुरु कर दिया है जिनमें यूनाइटेड किंगडम सबसे अग्रणी है। इसके बाद नीदरलैण्ड, स्पेन, इटली, बेल्जियम व ग्रीस देश ने स्वीकार किया।
3. सितम्बर, 2001 से यूरे गैप का निरीक्षण एवं प्रमाणीकरण प्रारम्भ किया गया, जिसके तहत् अनेकों उत्पादक प्रमाणपत्र प्राप्त करने के लिए आगे आने लगे।
4. यूरो गैप, यूरे गैप है तथा व्यावसाय, व्यवसाय है के आधार पर अग्रसारित किया जा रहा है और बाह्य गुणों के आधार पर कोई ब्राण्ड (brand) नहीं बनेगा। खुदरा एवं सुपर मार्केट अपने अनुसार विक्रेय प्रारुप तैयार कर सकते हैं।
5. यूरे गैप एक सहायक सम्मिलित संस्था है, जो सिद्धान्त एवं उद्देश्यपरक मुद्दों पर कार्य करता है।

यूरेगैप अभिलेख नियंत्रण (Euregap document control)

गुणवत्तायुक्त कृषि पद्धति के घटक (Component of Good Agricultural Practice or GAP)

गुणवत्तायुक्त कृषि पद्धति में समन्वित कीट प्रबंधन एवं समन्वित फसल प्रबंधन पद्धति के तहत् व्यावसायिक कृषि को बढ़ावा देता है। इसके तहत् 14 खण्ड बनायें गये हैं, जिसमें 210 नियंत्रक घटक को 47 मुख्य भागों में विभाजित किया गया है। इनके कुछ घटकों का विवरण नीचे की सारिणी में दिया गया है।

1. अनुमार्गणीनीयता (Traceability)

इसके तहत् उत्पादक को एक लिखित प्रतिवेदन देना होगा कि उत्पाद कहाँ से लिया जा रहा है। इसके लिए कानूनी तौर पर प्रक्षेत्र के कार्यक्रम बनाये जाते हैं, जैसे–दृश्य रुप से प्रखण्ड जिसमें प्रजाति का पूरा विवरण, प्रक्षेत्र पंजीकरण, प्रक्षेत्र संख्या, क्षेत्रफल आदि का विवरण देना आवश्यक होगा। इसी प्रकार भण्डारण में जो भी उत्पाद होंगे उनके बाक्स (box) आदि पर प्रजाति का नाम, प्रक्षेत्र कोड देना भी जरुरी होगा। इसके अलावा जो उत्पादक कोई उत्पाद बाजार में ले जायेगा उसे प्रक्षेत्र संख्या एवं प्रजाति का नाम (मानक विवरण) किसी को बाजार में बेचते समय दिखाना आवश्यक होगा।

2. अभिलेख अनुरक्षण एवं आन्तरिक स्व निरीक्षण (Record keeping and internal self-inspection)

उत्पादक को आवश्यक होगा, लगातार दो वर्षों तक अपने प्रक्षेत्र का पूरा अभिलेख रखें, लेकिन नये यूरे गैप को अपनाने वाले कम से कम तीन वर्ष का अभिलेख रखेंगे। इस प्रकार कि प्रक्रिया को जानने के लिए आन्तरिक रुप से लेखा–परीक्षा करना यूरे गैप का आवश्यक कार्य होगा।

3. प्रजाति एवं मूलवृन्त (Varieties and rootstocks)

उत्पादकों को प्रजातियों, बीज की गुण्वत्ता, उत्तम मूलवृन्त से उत्तम उपज, मूलवृन्तों एवं फसल प्रबंधन से सम्बन्धित घटकों को अपनाते समय कम से कम उर्वरकों एवं नाशकों का प्रयोग करेगा।

4. प्रक्षेत्र का इतिहास एवं प्रक्षेत्र प्रबंधन (Site history and site management)

यूरे गैप से जुड़े उत्पादक को अपने खेत, बाग–बगीचे आदि का पूरा इतिहास रखना होगा, जिससे प्रत्येक क्षेत्र के उत्पादन को जाना जा सके। इससे कृषि सम्बन्धी सभी जानकारियाँ प्रक्षेत्र से मिलते रहेंगे। अगर नये क्षेत्र में उत्पादन किया जा रहा है, तो जोखिम निर्धारण, मृदा के प्रकार, मृदा क्षरण, जमीन के नीचे का जल, जल एवं जल का स्तर, पहले खेत का किस रुप में प्रयोग किया गया, सूत्रकृमि और उसका प्रभाव, को रखना आवश्यक होगा।

5. मृदा एवं मृदा स्तर प्रबंधन (Soil and substrate management)

यूरे गैप के तहत् खेत की मृदा का नक्शा तैयार करना, मृदा क्षरण की स्थिति, मृदा धूमिकरण आदि का ध्यान रखना आवश्यक होगा।

6. उर्वरक प्रयोग (Fertilizer usage)

खेत में कौन सा उर्वरक, किस गुणवत्ता को समाहित किया है, इसको स्पष्ट करना आवश्यक होगा। यह एक राष्ट्रीय स्तर का अभिलेख होगा, जिसे प्रत्येक देश प्रशिक्षण के माध्यम से आँकड़ें एकत्रित करेगा। इसके लिए किसान प्रशिक्षण, हमेशा अच्छे प्रशिक्षक से प्राप्त करेगा। इसके अलावा मशीनरी, उर्वरक भण्डारण, कार्बनिक खाद, अकार्बनिक उर्वरक उपयोग आदि का विवरण प्रत्येक उत्पादक के पास होगा।

7. सिंचाई (Irrigation)

यूरे गैप के तहत् पानी किस स्रोत से लिया गया और उसकी गुणवत्ता क्या है, इसका अभिलेख रखना आवश्यक होगा। समय–समय पर सिंचाई जल का प्रयोगशाला परीक्षण कराना आवश्यक होगा।

8. फसल संरक्षण (Crop protection)

यूरे गैप के तहत् रोग, कीट एवं खरपतवारों को नष्ट करने के लिए कौन सा रसायन उपयोग किया जा रहा है और कितनी मात्रा में किया गया, इसका अभिलेख रखना आवश्यक होगा। इसके लिए समन्वित कीट प्रबन्धन कम रसायन प्रयोग एवं रोग प्रबंधन प्रक्रिया को अपनाना एक अहम् घटक होगा। यूरे गैप में दवा प्रयोग के बाद फसल की तुड़ाई कब की गयी, किस मशीन से प्रयोग किया गया, प्रयोग की मात्रा कितनी थी, उपयोग के बाद अवशेष विश्लेषण हुआ कि नहीं, प्रयोग कर लिये गये डिब्बे, बाक्स आदि को कहाँ रखा गया, इसका ध्यान रखना आवश्यक होगा।

9. तुड़ाई (Harvesting)

उत्पाद को खेत से लेते समय स्वच्छता का पूरा ध्यान रखा गया कि नहीं, इसका अभिलेख उत्पादक को देना होगा। इसके लिए जोखिम निर्धारण प्रोटोकाल खेत में काम करने वाले सभी लोगों पर लागू होगा। इसके अलावा काम करने वाले व्यक्ति को कोई चर्म रोग तो नहीं है और शौचालय से आने के बाद क्या अच्छी प्रकार अपने हाथों की सफाई की और साथ ही क्या शौचालय काम करने के स्थान से 500.0 मीटर दूर है, स्पष्ट करना होगा।

10. उत्पाद हस्तानान्तरण (Produce handling)

यूरे गैप के तहत् उत्पाद हस्तानान्तरण करते समय साफ–सफाई स्वच्छता का पूरा ध्यान रखना आवश्यक होगा। तुड़ाई उपरान्त उत्पाद की सफाई के लिए स्वच्छ जल, विश्व स्वास्थ्य संगठन के मानक के अनुरुप ही प्रयोग करना होगा और सफाई के बाद जो जल प्राप्त होगा, उसका चक्रमण भी निर्धारित जगह पर ही करनी होगी। इसके लिए आई0एस0ओ0 17025 के समतुल्य मानक को मानना होगा। तुड़ाई उपरान्त शोधन करने के लिए ऐसे सुरक्षित जैव नाशकों एवं मोम का प्रयोग अनुशंसा के अनुसार ही करना होगा। यूरोपियन देशों के लिए केवल वही उत्पाद मान्य होंगे, जो जैव रसायन तुड़ाई उपरान्त शोधन के लिए निर्धारित किये गये हैं। प्रक्षेत्र से उत्पाद को ले जाने या भण्डारण करने के लिए क्या सुरक्षित एवं स्वच्छ उत्पाद लिये गये हैं? और ऐसा है तो छाँटे गये उत्पाद कहाँ फेके गये, क्योंकि ऐसे उत्पाद को चिड़िया या अन्य जानवर खाकर प्रभावित तो नहीं हो रहे हैं।

11. अपशिष्ट एवं संदूषित पदार्थों का चक्रण एवं पुनः उपयोग (Waste and pollution management, recycling and re-use)

यूरे गैप के तहत् अपशिष्ट एवं संदूषित पदार्थों का चक्रण एवं पुनः उपयोग की स्थिति को स्पष्ट करना आवश्यक होगा। इस प्रक्रिया के तहत् अपशिष्ट पदार्थ के व्यवस्था प्रबंधन में योगदान

सुनिश्चित करना होगा। इसके तहत् यह भी ध्यान देना जरुरी होगा कि किसी अपशिष्ट या संदूषित पदार्थ को जलाये नहीं और न ही जमीन के अन्दर दबायें।

12. श्रमिकों की स्वास्थ्य, सुरक्षा एवं कल्याण (Workers health, safety and welfare)

यूरे गैप के तहत् राष्ट्रीय, क्षेत्रीय एवं स्थानीय स्तर पर नियम बनाने होंगे कि उत्पादन में लगे लोगों के स्वास्थ्य, सुरक्षा एवं कल्याण सुनिश्चित हो रहा है। इसके अलावा कार्यकर्ता को घातक रसायनों एवं कार्यों का पूरा विवरण एवं उसका प्रशिक्षण अवश्य देना होगा। इसमें दुर्घटना के समय उसकी पूरी सहायता करना तथा उसकी भाषा में आवश्यक दिशा निर्देश देना होगा। कभी–कभी फसल सुरक्षा के लिए घातक रसायनों का प्रयोग होता है, जिसकी पूरी जानकारी कार्यकर्ता को होनी चाहिए, इसलिए कार्यकर्ता को दुर्घटना सम्बन्धी सुविधा प्रति वर्ष देना होगा। कार्यकर्ता का कल्याण उत्पादन प्रक्रिया में सर्वोपरि होगा और इससे सम्बन्धित कानून की जानकारी कार्यकर्ता को होनी चाहिए।

13. वातावरणीय मुद्दे (Environmental issues)

यूरे गैप के तहत् वातावरणीय घटकों में तीन मुद्दों को शामिल किया जाता है, जैसे–कृषि पद्धति का वातावरण के प्रति बर्ताव, जंगली जानवरों के संरक्षण सम्बन्धी कानूनों का पालन तथा अनुत्पादक प्रक्षेत्रों का दोहन/सृजन।

14. आन्तरिक निरीक्षण और भिकायत प्रपत्र (Internet inspection & Complaint Form)

यूरे गैप के तहत् शिकायत प्रपत्र का पूरा विवरण उत्पादक (grower) को बताना होगा और सम्बन्धित शिकायत का निस्तारण करना आवश्यक होगा।

ग्लोबल गैप का उत्पादकों को लाभ (Benefits of Global GAP to the farmers)

ग्लोबल गैप से उत्पादकों को निम्नलिखित लाभ होंगे–

1. ग्लोबल गैप प्रमाणित उत्पाद के मूल्य ज्यादा मिलेंगे, चाहे वह निर्यातक हों या घरेलू खुदरा विक्रय करता हो।
2. रसायनों एवं उर्वरकों का तार्किक उपयोग होगा, जिससे खेती के पूरे लागत में कमी आयेगी।
3. लगातार पौध संरक्षण सम्बन्धी मशीनों की देखभाल होगा तथा नाशकों (कीटनाशी जीवाणुनाशी, फफूँदनाशी, खरपतवारनाशी आदि) के प्रयोग की जानकारी मिलती रहेगी।
4. प्रक्षेत्र पर स्वच्छता का ध्यान रखा जायेगा, जिससे खाद्य सुरक्षा जोखिम कम होंगे।
5. ग्लोबल गैप के माध्यम से सिंचाई जल, मृदा एवं खाद प्रयोग, नाशकों के अवशेष–विश्लेषण की जानकारी प्राप्त होते रहने से उत्पाद सम्बन्धी किसी प्रकार के संदूषण से बचा जा सकता है।

6. खेतों पर कार्यकर्ता को स्वास्थ्य सम्बन्धी दुष्परिणाम से बचाया जा सकता है और इसके लिए पूरे कपड़े, चश्मे, जूते आदि मशीन चलाते समय देना आवश्यक होगा।
7. अच्छी सिंचाई पद्धति को अपनाने से जल की बचत होगी।

फिक्की द्वारा अपनाये जाने वाला गुणवत्तायुक्त कृषि पद्धति (FICCI's Initiative for Good Agricultural Practices)

यूरे गैप मानक का प्रचलन होने से यूरोप, उत्तरी अमेरिका तथा जापान के खरीदारों द्वारा यूरो गैप प्रमाणपत्र की मांग करते हैं और विशेषतः विकासशील देशों पर खाद्य सुरक्षा को लेकर कर रहे हैं। यह सही है कि भारतीय उत्पादक यूरे गैप मानक से पूर्णतया अपरिचित हैं। अतः यह संदेह बना रहता है कि भारत द्वारा उत्पादित फल एवं सब्जियों को दूसरे देश लेने को तैयार हैं या नहीं हैं। अतः ऐसी स्थिति में फिक्की (FICCI) ने निर्णय लिया है कि भातीय उत्पादकों को उनके उपज का मूल्य दूसरे देशों में कैसे मिले, इसके लिए एक वृहद् योजना तैयार की है। इस योजना के लिए नार्वेजियन एजेन्सी फॉर डेवलपमेण्ट एण्ड कोआपरेशन (Norwegian Agency for Development & Cooperation) जिसे नोराड (NORAD), कहते हैं, और इसे नार्वे, सरकार (Government of Norway) द्वारा वित्तीय सहायता प्रदान की गयी है।

(अ) एपीडा की भूमिका (Role of Agricultural and Processed Food Products Export Development Authority or APEDA)

इस योजना के लिए एपीडा (Agricultural and Processed Food Products Export Development Authority) ने काफी प्रयास किया है कि औद्यानिक फसलों में मानक सुनिश्चित किये जायें। इसके तहत् फिक्की द्वारा संचालित संगोष्ठी एवं सभा में एपीडा बढ़–चढ़कर भाग लेता है और यूरो गैप मानक को उत्पादकों तक पहुँचाने तथा प्रमाणित करने के लिए दिशा निर्देश में सहयोग देता है।

(ब) पायलट प्रोजेक्ट का अध्ययन एवं मूल्यांकन अभिलेख

पायलट प्रोजेक्ट को 2003–2006 तक चलाया गया, जिसमें इण्डियन इंस्टीट्यूट ऑफ मैनेजमेण्ट (Indian Institute of Management) की सहभागिता सर्वोपरि थी और इसे नार्वेजियन सरकार ने स्वयं नियुक्त किया था। परियोजना के तहत् कृषि पद्धतियों का पूरा मूल्यांकन व उसके अनुसार जानकारी देना तथा गैप सम्बन्धित नियम तथा प्रमाणन को उत्पादकों के बीच बताया गया। निश्चित तौर पर इससे उत्पादकों को लाभ मिला, जो इस प्रकार हैं–

- उत्तम कृषि मानक के उपस्थापन में सहयोग देना।
- यूरोपियन आयातक को भारतीय उत्पाद की गुणवत्ता एवं सुरक्षा की पूरी जानकारी देना तथा वातावरणीय स्थिति को स्पष्ट करना।
- उचित मूल्य पर सब्जियों के निर्यात को बढ़ावा देना।

- ग्लोबल गैप मानक के तहत् 30,000–40,000 रुपये तक की बचत उत्पादकों को सुनिश्चित करना।
- ग्राहक को खाद्य सुरक्षा सुनिश्चित करना।

सब्जी कृषि पद्धति (Vegetable Farming System)

वर्तमान समय में सब्जी उत्पादक को कम लागत पर बाजार में बेचने योग्य अधिक उपज तथा उपभोक्ता को अधिक गुणवत्तायुक्त, कीट व्याधियों तथा कृषि रसायनों से मुक्त उत्पाद की आवश्यकता है। भारतवर्ष में सब्जी उत्पादन तथा उपभोग में प्रतिवर्ष वृद्धि हो रही है लेकिन देश की ग्रास डोमेस्टिक प्राडक्ट (Grass Domestic Products) में सहभागिता बहुत कम है। इस प्रकार यह आवश्यक हो गया है कि 21वीं सदी में गुणवत्तायुक्त अधिक उपज कम लागत पर कैसे प्राप्त किया जाये। इसके लिए निम्नलिखित बिन्दुओं पर ध्यान देने की आवश्यकता होगी।

1. सब्जी फसलों में यथार्थ कृषि (Precision farming in vegetable crops)
2. सब्जी फसलों में अनुबंधित कृषि (Contract farming in vegetable crops)
3. सब्जी फसलों में सहकारी कृषि (Cooperative farming in vegetable crops)

1. फसलों में यथार्थ कृषि (Precision farming in vegetable crops)

भारतीय परिदृश्य में यथार्थ कृषि का तात्पर्य ऐसी कृषि व्यवस्था व पद्धति से है, जो व्यावसायिक खेती को खुले वातावरण में कम लागत पर सही कृषि तकनीक का सही समय पर प्रयोग करने से लगातार गुणवत्तायुक्त कृषक को वाँछित आय मिलती रहे तथा मृदा स्वास्थ्य के साथ–साथ मानव स्वास्थ्य भी बना रहे। इसके अन्तर्गत मृदा व फसल के गुणधर्म का मापन–उपज का आँकलन व खेत के अनुसार संसाधनों का प्रयोग व प्रबन्धन आदि शामिल है।

"Precision farming or Precision Agriculture is a concept using the new technologies and collected field information, doing the right thing in the right place, at the right time. Collected information may be used to more precisely evaluate optimum sowing density, estimate fertilizers and other inputs needs and to more accurately predict crop yield".

उदाहरण के लिए तमिलनाडु में यथार्थ कृषि परियोजना, जो ट्रंकी परियोजना है, की स्थापना धरमपुरी व कृष्णागिरी जिले में लगभग 100 हेक्टेयर में प्रारम्भ की गयी। कृषकों ने धरमपुरी जिले के आगाराम गाँव में "अधियामान यथार्थ कृषक" (Adhiyaman Precision Farmer) का समूह बनाकर पंजीकृत कराया है। इसमें कुल 11 कृषक सम्मिलित हैं, जो एक व्यावसायिक संस्था "प्रीसीजन फामर्स एग्रो सर्विस" (Precision Farmers Agro Service) के तहत् कार्य करते हैं। अतः खेती में कृषक के रूप में काम करने वाले अब कृषि व्यावसायी के रूप में कार्य कर रहे हैं। सामूहिक रूप से कार्य करने के कारण कृषि से जुड़े सामानों का क्रय, कम मूल्य अदाकर किया जाता है अतः खेती में लागत बहुत कम हो गयी। अपने उत्पाद बेचने पर देय दस्तूरी (commision) भी 10 प्रतिशत से घटकर 7 प्रतिशत तक आ गयी। इस प्रकार गुणवत्तायुक्त उपज में 25–30 प्रतिशत की वृद्धि तथा

50 प्रतिशत तक 'ए' श्रेणी के उपज भी प्राप्त हो रहे हैं। इस प्रकार कहा जा सकता है कि यथार्थ कृषि पूर्णतया सूचना तकनीक पर आधारित है। अतः यह आवश्यक हो गया है कि सभी सब्जी उत्पादकों को यथार्थ कृषि पद्धति को बढ़ावा देने के लिए ज्ञान प्राप्त करना चाहिए। इसके लिए विश्वविद्यालयों या संस्थानों द्वारा विकसित तकनीकों का उचित प्रशिक्षण प्राप्त कर अपनी खेती में अपनाना चाहिए। अगर शोध के सभी विशिष्ट तकनीकों को किसी सब्जी फसल की खेती में (सही अवस्था व समय पर) सामूहिक रूप में अपनाया जाये तो ज्यादा लाभकारी सिद्ध होगी। अतः आवश्यकता है एक उत्तम कृषि पद्धति का विचार, प्रबन्धन, तकनीक तथा उपयोग दर्शन शास्त्र रास्ते की। दूसरे देशों में यथार्थ कृषि एक प्रबन्धन तंत्र के रूप में उभड़ा है, जिससे उपज क्षमता में बेतहाशा वृद्धि हुई है, कृषि लागत कम हुई है और कृषकों को लाभ भी प्राप्त हुआ है, क्योंकि यथार्थ कृषकों को सही सूचना, सही समय पर योग्य वैज्ञानिकों एवं तकनीकी सहयोगियों से प्रमाणित स्रोत से प्राप्त होता रहता है। इसका तात्पर्य यह है कि खेती में लगने वाले विभिन्न घटकों जैसे–प्रयोग दर, प्रजाति चयन, सस्य पद्धति, सिंचाई की आवश्यकता व बारम्बारता आदि की बिल्कुल सही जानकारी उत्पादकों को देना है।

यथार्थ कृषि के लाभ (Benefit of Precision Farming)

यथार्थ कृषि के निम्नलिखित लाभदायक बिन्दु हैं–

- सब्जी उत्पादकों के अन्दर समूह में काम करने की प्रेरणा जागृति करना।
- समूह में किसी विशेष तकनीक का प्रशिक्षण देना।
- खेती में उपयोग होने वाले सामग्री की क्रय समूह में प्रमाणित स्रोत से कम लागत पर उपलब्ध कराना एवं कृषि ऋण की व्यवस्था करना।
- उत्पाद की गुणवत्ता को बनाये रखने के लिए सही तकनीकी की जानकारी देना।
- उत्पाद की विक्रय प्रक्रिया व स्थान की जानकारी देना।
- अधिक उपज की दशा में या वाँछित रोजगार के तहत प्रसंस्करण को बढ़ावा देना।
- राष्ट्रीय स्तर पर उत्पादकता को बढ़ाना।
- कृषि रसायनों के प्रयोग से उत्पन्न हो रही प्रदूषण को कम करना।
- क्षेत्र के अनुसार आवश्यक घटकों का विश्लेषण करना एवं स्थिति के अनुसार प्रयोग सुनिश्चित करना (बीज, उर्वरक, कार्बनिक मात्रा एवं रासायनिक उत्पाद आदि)।
- फसल उत्पादन में अवाँछित सस्य क्रियाओं को समाप्त करना, यथार्थ कृषि की मुख्य विशेषता है। इससे श्रम, जल तथा अन्य घटकों जैसे–उर्वरक, कीटनाशी, रोगनाशी, खरपतनाशी पर लगने वाले लागत को कम करना।
- वातावरणीय प्रभाव को कम करना, जिससे पूरे वर्ष उत्पादन किया जा सके।

यथार्थ कृषि के द्वारा लेट्यूस की बुआई, निर्यात बीज संयन्त्र (vacuum seeder) के द्वारा की जा रही है जिससे 90 प्रतिशत बीज की दर में कमी तथा पौध विलगन (thining) में लगने वाले समय की बचत की जा सकती है (जिलान्नीनी एवं सहयोगी, 1976)। इसी प्रकार विलकिंस (1978) ने स्पष्ट किया कि ट्रैक्टर चालित बीज बुआई संयन्त्र द्वार पंच पहिया (punch wheel) लगाकर एक–एक बीज को लगाया जा सकता है। एक परीक्षण में पाया गया कि जब सही गहराई (2.54 सेन्टीमीटर) पर मशीन से बुआई करने पर 70 प्रतिशत बीजों का जमाव औसतन 4.5 दिन में हुआ जबकि परम्परागत विधि से बुआई करने पर (1.27 सेन्टीमीटर की गहराई पर) औसतन 7.5 दिन लगे।

सारिणी (11.2) यथार्थ तकनीक से मेड़ एवं बीज दूरी पर बीजों की बुआई

फसल	बीज	मेड़ दूरी (सेन्टी मीटर)	बीज दूरी (सेन्टी मीटर)
आलू	कंद (Tuber)	50.–60.06	20.00–40.00
भिण्डी	बीज (Seed)	60.00	30.00
मटर	बीज (Seed)	30.00	10.00
फराशबीन	बीज (Seed)	60.00	30.00
धनिया	बीज (Seed)	23.00	15.00
लहसुन	जवा (clove)	15.00	8.00
अदरक	प्रकंद (Rhizome)	25.00	25.00
हल्दी	प्रकंक (Rhizome)	45.00	15.00

यथार्थ कृषि से जुड़े संगठन एवं संस्थान

यह सही है कि वर्तमान समय में बैलगाड़ी की समय से निकलकर आज ट्रैक्टर प्रयोग कर रहे हैं तथा ट्रैक्टर भी सुसज्जित हैं, सैटेलाइट्स (satellites) तथा "सूचना तकनीकी" (information technology) से। इसमें कई संगठन एवं संस्थाएं पूर्ण रूप से सहयोग कर रही हैं कि भारतीय परिदृश्य में सब्जी उत्पादन ही नहीं बल्कि सम्पूर्ण कृषि में एक नई क्रान्ति आये। यथार्थ कृषि से जुड़े संस्थान इस प्रकार हैं–

1. टाटा किसान केन्द्र

टाटा कन्सलटेन्सी लिमिटेड (TCLs) की प्रसार सेवा प्रभाग, टाटा किसान केन्द्र के माध्यम से रिमोट सेन्सिंग (remote sensing) को अपनाकर मृदा विश्लेषण, फसल स्वास्थ्य, कीट–रोग आक्रमण और फसल विस्तार की जानकारी प्राप्त कर रहा है, जिससे अन्तिम परिणाम यानी उपज निर्धारित की जा सके। इससे कृषकों को ज्यादा एवं निश्चित मूल्य के निर्धारण में सफलता मिल रही है।

2. इसरो (ISRO)

यथार्थ कृषि को बढ़ावा देने के लिए "इसरो" (ISRO) ने ओडिशा में "ग्रामसैट" (Gramsat) परियोजना की शुरूआत की है। जे0डी0सी0पी0 (JDCP) जैसे–ग्रामसैट परियोजना अत्यन्त गरीब तथा छोटे कृषकों के लिए वरदान साबित हो रहे हैं। इनके द्वारा "वन वे विडियो" तथा " टू वे आडियो" की व्यवस्था की गयी है।

3. एम0एस0 स्वामीनाथन रिसर्च फाउन्डेशन, चेन्नई (M.S. Swaminathan Research Foundation-Chennai)

यह एक गैर सरकारी संस्था (NGO) है, जो कृषकों को यथार्थ कृषि की नवीनतम् जानकारी प्रदान कर रही है। यहाँ पर विश्व स्तर की आधुनिक शोध सुविधाएँ उपलब्ध हैं। यह रिसर्च फाउन्डेषन "नबार्ड" (NABARD) के माध्यम से डिंडुगल जिला (तमिलनाडु) में एक गाँव को चयन कर तकनीक को बढ़ावा दे रहा है।

4. भारतीय कृषि अनुसंधान संस्थान, नई दिल्ली (Indian Agricultural Research Institute, N. Delhi)

इस संस्थान द्वारा विकसित तकनीक को कृषकों को उपलब्ध कराने के लिए सूचना क्रान्ति के सभी पहलूओं पर विचार कर, लाभदायक यथार्थ पद्धति को पहुँचा रहा है।

5. एन0आर0एस0ए0 (NRSA)

एकल व बहु फसल की जानकारी कृषकों को पहुँचाने में मदद कर रहा है। इसके द्वारा अनेकों खाद्य फसलों के साथ मिर्च के क्षेत्रफल की सही जानकारी प्राप्त की जा सकती है।

6. प्रोजेक्ट डाइरेक्टोरेट फार क्रापिंग सिस्टम रिसर्च, मोदीपुरम (उ0प्र0)

इस संस्थान में सेन्ट्रल इन्स्टीटयूट ऑफ एग्रीकल्चर, इंजिनियरिंग (भोपाल) के माध्यम से नवीन शोध को बढ़ावा दे रहा है।

यथार्थ कृशि के घटक (Components of precesion farming)

यथार्थ कृषि के मुख्य घटक के अन्तर्गत उचित स्केल पर आँकड़ों को एकत्र करना, उसकी बारम्बारता निकालना, उसकी व्याख्या (interpretation) तथा विश्लेषण (analysis) करना, एक निश्चित स्केल प्रबन्धन कर सही समय पर उपयोग करना, आदि शामिल है। यहाँ पर यथार्थ कृषि के अन्तर्गत सही वस्तु, (right thing) सही स्थान (right place) व सही समय (right time) को स्पष्ट करना आवश्यक है। इसमें बहु स्रोतों से आँकड़ा प्राप्त किया जा सकता है। जिसका विश्लेषण कर उपयुक्त विचार प्रतिपादित किये जाते हैं।

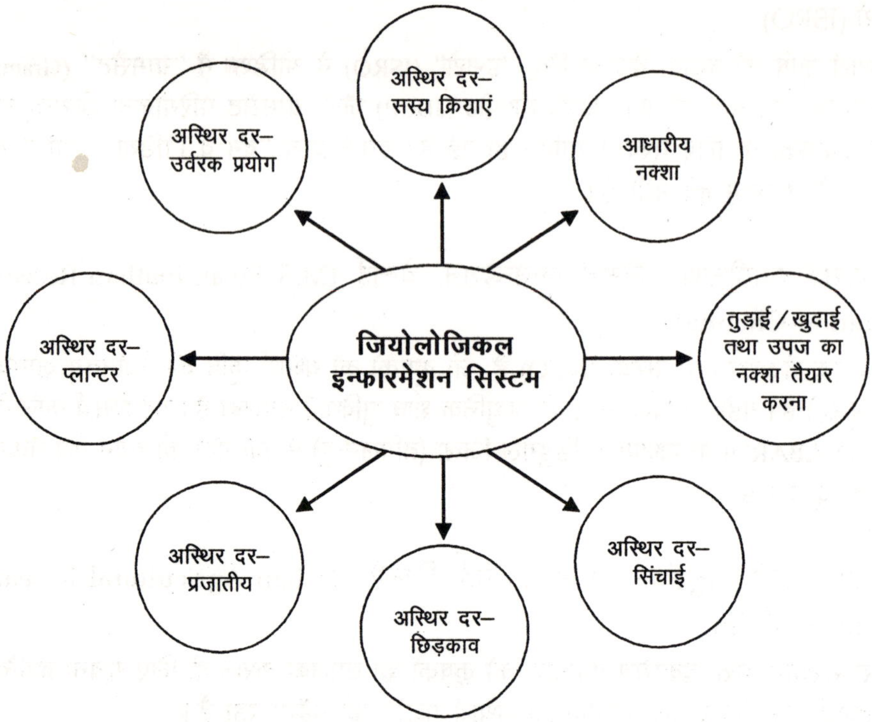

चित्रांकनः यथार्थ कृषि के घटक

यथार्थ कृषि के घटक

• सही वस्तु (Right thing)

इसके अन्तर्गत सभी प्रकार की वस्तुएं जैसे–उच्च तकनीक क्षमता से युक्त औजार, सांख्यिकीय प्रतिदर्श तथा विश्लेषण शामिल हैं। सही काम करने के लिए एक अच्छे प्रबन्धक के विवेक तथा अच्छे कार्यकर्त्ता पर निर्भर करता है जिससे सामान्य सुविधाओं जैसे–प्लान्टर्स, उर्वरक प्रयोग संयंत्र, कटाई के यंत्र आदि की समुचित प्रयोग की दशा निर्धारित की जा सके (कोल्विन एवं कर्कमान, 1999)।

• सही स्थान (Right place)

इसका तात्पर्य प्रयोग की जाने वाले जगह से है। इसका निर्धारण किये बिना कोई भी प्रयोग बेकार है। जैसे–जड़ भाग, तना भाग आदि का प्रयोग बीज के रूप में कितनी गहराई पर किया जाये।

• सही समय (Right time)

सही समय का तात्पर्य कब आवश्यक है। उसी समय प्रयोग करने से है। जैसे कीट रोग नाशक का कब प्रयोग करें जिससे ज्यादा लाभ हो।

सब्जी उत्पादन में यथार्थ कृशि (Precesion farming in vegetable production)

जलवायु एवं भूमि संरचना के हिसाब से भारतवर्ष में सामान्यतया सभी प्रकार की सब्जियों की खेती जा सकती है। सब्जी उत्पादन में यथार्थ कृषि पद्धति को बढ़ावा देने के लिए, यथार्थ कृषक निम्न रूपों में अपना सकते हैं।

1. स्थान चयन (Selection of sites)

गुणवत्तायुक्त उत्पादन प्राप्त करने के लिए उपयुक्त क्षेत्रों का चयन आवश्यक है। सभी खेत, सभी प्रकार के फसल के लिए उपयोगी नहीं हो सकते हैं। अतः "ग्लोबल पोजिशनींग सिस्टम" (जी0पी0एस0) से यह कार्य लिया जा सकता है। इसमें सेन्सर व डाटा लागर काफी उपयोगी हैं। स्थान चयन में जियोग्राफिकल इन्फारमेशन सिस्टम (Geographical Information System) का भी सहयोग लिया जाता है।

2. प्रजातीय चयन (Selection of varieties)

अनेकों ऐसी सब्जियों की प्रजातियाँ हैं, जिनकी खेती पूरे वर्ष की जा सकती है लेकिन ध्यान देने की बात यह है कि एक ही प्रजाति पूरे वर्ष बुआई के लिए उपयुक्त नही होती है। अतः आवश्यकता इस बात की है कि मौसम व मृदा की बनावट, जल की उपलब्धता आदि को ध्यान में रखकर सब्जी उत्पादन किया जाना चाहिए। इससे गुणवत्तायुक्त उपज प्राप्त होगी जिसको बाजार में बेचकर ज्यादा मूल्य प्राप्त किया जा सकता है। उदाहरण के लिए प्याज की प्रजाति एग्रीफाउण्ड डार्क रेड, बसवन्त–780 व अर्का कल्याण खरीफ में खेती करने के लिए उपयुक्त है जबकि एग्रीफाउण्ड लाइट रेड, पूसा रेड, एन–2–4–1 तथा अर्का निकेतन रबी मौसम में उगाने के लिए उपयुक्त हैं। अगर खरीफ मौसम की प्याज को रबी मौसम में लगाया जायेगा तो "प्रीमैच्योर बोल्टर्स" (premature bolters) उत्पन्न होंगे जबकि रबी की मौसम की प्रजातियों को खरीफ में लगाया जायेगा तो कंदों का विकास नही होगा क्योंकि दिनमान (day length) की माँग में अन्तर होता है।

3. बीज की उपलब्धता एवं उपयोग (Availability of seed and utilization)

वर्तमान समय में अनेकों प्रकार के उन्नतिशील प्रजातियों (मुक्त परागित वं संकर) के साथ–साथ स्थानीय किस्में भी उपलबध हैं। कभी–कभी स्थानीय प्रजातियाँ खुले में विक्रय की जाती है या उन्नतिशील प्रजातियों के अनुरूप पैकेट में बेची जाती है, अतः पता करना मुश्किल होता है कि बीज कैसा है। अतः प्रमाणित स्रोत से उपलब्ध बीज का ही प्रयोग करना चाहिए।

प्रमाणित स्रोत से प्राप्त बीज में उचित चिन्हक (labeling) पैकिंग अच्छी प्रकार होती है जिससे बीज की गुणवत्ता में किसी प्रकार की कमी नही होती है। अतः बीज आनुवंशिक (genitically) तथा भौतिक (physically) रूप से शुद्ध होना चाहिए। ऐसे बीजों के प्रयोग से जमाव एक समान तथा विकसित पौधों में ओज भी ज्यादा होता है। अगर यांत्रिक रूप से तुड़ाई/खुदाई करना हो तो फलियों/पत्तियाँ या जड़ कंद आदि एक समय में ही तैयार होती हैं।

4. गहरी जुताई (Deep ploughing)

वर्तमान समय में ट्रैक्टर से लगातार कई वर्षों तक एक निश्चित गहराई पर जुताई करने से मृदा की सतह 45.0 सेन्टी मीटर तक सख्त पड़ रही है जिससे मृदा में पूर्ण वातायन नही हो पा रहा है अतः खेत की गहरी जुताई 45.0 सेन्टी मीटर तक चिजेल प्लाउ (chisel plough) से प्रति वर्ष 2 बार करने से मिट्टी की दशा अच्छी बनी रहती है।

5. बीज बुआई, पौध तैयार करना एवं रोपण (Seed sowing, nursery raising and transplanting)

सब्जी बीज काफी मँहगें होते हैं, अतः प्रत्येक बीज की कीमत पहचाननी होगी। पौधशाला में बीज बुआई करते समय ध्यान देना चाहिए कि प्रत्येक बीज उचित दूरी, समय, मृदा व जलवायु की दशा के अनुरूप हो तथा बीज की गहराई मानक के अनुसार हो। इससे सभी पौधों को नर्सरी में विकसित होने के लिए उचित जगह प्राप्त होती है। पौध तैयार होने के बाद निश्चित समय पर पौधा रोपण करना भी आवश्यक है। मुख्यतः बैंगन, मिर्च, टमाटर आदि को पौधशाला में तैयार कर 21 दिन के नवोद्भिद पौधों का मुख्य खेत में रोपण करते हैं। अनेकों सब्जियाँ ऐसी हैं जिनके बीज सीधो खेत में बोये जाते हैं, अतः बीज दर व दूरी को समायोजित/कैलीब्रेट कर मशीन द्वारा बुआई करनी चाहिए इससे समय व बीज कम लगता है। उदाहरण के लिए जिन क्षेत्रों में प्याज के बीज को सीधो खेत में बोया जाता है उसके लिए "डाइरेक्ट सीडर्स" (direct seeders) उपलब्ध हैं। इस मशीन को भारतवर्ष में एन0डी0डी0बी0, नई दिल्ली (NDDB, New Delhi) तथा मेसर्स "जैन इर्रीगेशन सिस्टम्स" ने बाहर के देशों से खरीदा है। यह मशीन भारतीय दशा में भी उपयोगी पायी गयी है। इससे प्याज की फसल लगभग एक महीना पहले तैयार हो जाती है अतः खरीफ मौसम में खेती करने वाले पूरे राष्ट्र के किसान लाभान्वित होंगे क्योंकि उन्हें उपज का अच्छा मूल्य मिल जाता है। सीधो बीज की बुआई करने वाले "सीड प्लान्टर्स" (seed plunters) का उपयोग कोटेड/पीलेटेड सीड्स (coated/pellated seeds) का प्रयोग 2.0–2.5 सेन्टी मीटर की गहराई पर गिराते हैं, जिससे शल्क कंद गोलाकार विकसित होते हैं। अगर कम गहराई पर बुआई की जाती है तो चौड़े शल्क कंद विकसित होते हैं। इसी प्रकार ज्यादा गहराई में बीज पड़ने पर "लैटेन" (latten) या टाप (top) के आकार वाले शल्ककंद विकसित होते हैं। अतः आवश्यकता इस बात की है कि बीज की बुवाई प्रत्येक दशा में समान दूरी, गहराई व उठी हुई क्यारियों में किया जाये। अगर समूह में पौधशाला बनाकर वैज्ञानिकों/तकनीकी प्रभारियों की देख–रेख में नर्सरी तैयार किया जाये तो शत–प्रतिशत स्वस्थ पौधे तैयार होगें।

सारिणी (11.3) यथार्थ कृषि के लिये आवश्यक पौध दूरी

दूरी (सेन्टी मीटर)	सब्जियाँ
15 x 10	प्याज, लहसुन
20 x 5	बीट लीफ
30 x 5–10	भिण्डी, फराशबीन, खीरा, शलजम, गाजर, चौलाई,मटर, लोबिया, मूली
45 x 30	मिर्च, गांठ गोभी, लेट्यूस, अरवी
45 x 45	मिर्च, फूल गोभी, स्प्रउटिंग ब्रोकली
60 x 15	आलू
60 x 30	शकरकन्द
60 x 45	भिण्डी, टमाटर, फूल गोभी, पत्ता गोभी, स्प्राटिंग ब्रोकली, ब्रुसेल्स स्प्राउट
60 x 60	बैंगन, ब्रुसेल्स स्प्राउट
75 x 75	कसावा, याम
90 x 90	कसावा, याम
100 x 300	तरबूज, खरबूजा
150 x 250	करेला, चिचिण्डा, नसदार तोरी, खीरा
150 x 30	कुम्हण
300 x 75	लौकी
400 x 100	लौकी

6. बुआई व रोपण का समय (Sowing and transplanting time)

बीज की बुआई व नर्सरी पौध के रोपण का सही समय उपज की गुणवत्ता व कुल उपज को दर्शाती है। समय परिवर्तन के कारण धनिया की पत्तियों में सुगन्ध, पालक की पत्तियों में रेशापन, तरबूज व खरबूजा में मीठापन में परिवर्तन मिलता है।

इसी प्रकार प्याज को बहुत जल्दी लगाने से बोल्टिंग (bolting) तथा देर से लगाने पर (रबी मौसम) छोटे शल्क कन्द विकसित होते है।

7. पौध से पौध व कतार से कतार की दूरी (Plant to plant and row to row distance)

वाँछित पौध से पौध व कतार से कतार की दूरी ही उत्पाद की गुणवत्ता तथा कुल उपज के निर्धारण में महत्वपूर्ण एवं सहायक घटक है। जब खेत में पौधे काफी घने लगे होते हैं तो उनमें प्रकाश संश्लेषण तथा भोजन अवशोषण के लिए प्रतिस्पर्धा होने लगती है। परिणामतः पौधे पतले, कम हरे तथा कमजोर हो जाते है। इतना ही नही घने पौधे लगे होने पर प्रति इकाई अधिक गर्मी उत्पन्न होती है फलतः पौधों के पुष्पन व फल धारण पर विपरित प्रभाव देखा गया है। उदाहरण के लिए अगर प्याज में 5.0–6.0 सेन्टी मीटर व्यास के शल्क कन्द प्राप्त करना हो तो पौध रोपण 15.0 × 10.0 सेन्टी मीटर की दूरी पर किया जाना आवश्यक है। अगर मध्यम आकार के शल्क कंद चाहिए तो पौध रोपण 10.0×5.0 सेन्टी मीटर तथा छोटे शल्क कन्द के लिए पौध रोपण 8.0×5.0 सेन्टी मीटर

पर करना चाहिए। राष्ट्रीय व अन्तर्राष्ट्रीय बाजार की मांग के अनुसार ही शल्क कंद तैयार करना उत्तम है। वर्तमान समय में रिमोट सेसिंग (remote sensing) के द्वारा पौधों की संख्या का निर्धारण, फसल की दशा तथा अनुमानित उपज का अनुमान लगाया जा सकता है।

8. फसल चक्र (Crop rotation)

यथार्थ कृषि पद्धति में फसल चक्र प्रबन्धन को ज्यादा महत्वपूर्ण स्थान दिया गया है। उचित फसल चक्र अपनाने से कीट एवं रोग व्याधियों के साथ खरपतवारों से मुक्ति मिलती है, अतः फसल उत्पादन के लागत में कमी आती है और फसल से उपज भी ज्यादा मिलती है। उदाहरण के लिए खरीफ प्याज में धान के बाद प्याज का फसल चक्र अच्छा होता है जबकि रबी मौसम में फराश बीन के बाद प्याज की खेती उपयुक्त है।

9. सिंचाई (Irrigation)

सब्जी उत्पादन में सिंचाई का महत्वपर्ण स्थान है। यथार्थ सिंचाई के अर्न्तगत, फसल की जलमांग के अनुसार सिंचाई उनकी क्रान्तिक अवस्था में की जानी है। वैसे फसल की जल मांग फसल की वृद्धि अवस्था, मृदा की संरचना व पौध लगाने का मौसम आदि पर निर्भर करता है। अगर सही मात्रा व सही समय पर सिंचाई नही किया गया तो उत्पाद की गुणवत्ता, भण्डारण क्षमता, प्रसंस्करण प्रक्रिया आदि पर बहुत ज्यादा प्रभाव देखा गया है। उदाहरण के लिए खरबूजा व तरबूज के पकते समय सिंचाई कर दिया जाये तो मिठास घट जाता है। अगर खीरा में फल वृद्धि के समय पानी की कमी हो तो फल में चमक व कुरकुरापन (crispness) कम हो जाता है। इस प्रकार प्याज, मिर्च, टमाटर, फूल गोभी, पत्ता गोभी आदि के पौध रोपण के बाद अगर तुरन्त सिंचाई न की जाये तो पौधे मरने लगते है। यह स्थिति उत्तर भारत के मैदानी भागों में ज्यादा होती है क्योंकि यहाँ दिन का तापमान ज्यादा होती है और पौधों के स्थापन होने तक 8–10 दिनों तक लगातार हल्का पानी देना आवश्यक है। पानी न देने पर नये जड़ों का विकास रूक जाता है तथा पुराने जड़ सूखने लगते हैं। प्याज के फसल में अगर वाँछित जलमांग (2 एकड़ इंच) नही दिया जाता है तो शल्क कंद में फुटाव होने लगता है। अगर किसी कारणवश ज्यादा पानी लग जाये तो शल्क कन्दों का विकास पूरी तरह रूक जाता है। अतः यथार्थ कृषि पद्धति में स्प्रिंकलर (sprinkler) व बूँद–बूँद सिंचाई पद्धति (drip irrigation system) से गुणवत्तायुक्त उपज प्राप्त होती है। स्प्रिंकलर सिंचाई 75.0 सेन्टी मीटर सी0पी0ई0 के दर पर 40 मिली मीटर की गहराई पर सबसे उत्तम पाया गया है। प्याज में सिंचाई हमेशा फसल खुदाई के 10–15 दिन पहले बन्द कर देने से शल्क कन्दों का पकाव अच्छा होता है तथा शल्क कंदों में चमक ज्यादा होती है। अगर प्याज के खेत में ड्रिप सिंचाई (drip irrigation) की जाये तथा भूसे का पलवार लगाया जाये तो 40–50 प्रतिशत तक प्याज बीज का उत्पादन बढ़ जाता है।

10. यथार्थ पोशक तत्व प्रबन्धन (Precision nutrient management)

सब्जियों से प्रचुर मात्रा में उपज प्राप्त करने के लिए सभी आवश्यक पोषक तत्वों की पूर्ति आवश्यक है। इसके लिए हमारे देश में गोबर की सड़ी खाद का प्रयोग बहुत प्राचीन काल से चली आ रही है। आज रासायनिक उर्वरकों का प्रयोग ज्यादा हो रहा है क्योंकि तुरन्त प्रभाव प्राप्त होता

है और प्रयोग आसान है। वर्तमान समय में खेती में कार्बनिक पदार्थ का प्रयोग कम हो रहा है। अकेले न तो रासायनिक उर्वरक और न ही कार्बनिक पदार्थ या जैविक स्रोत, सतत् उपज लेने में सहायक नही हो सकते हैं। अतः आवश्यक हो गया है कि सही खाद व उर्वरक का चुनाव और उसके उचित मात्रा में प्रयोग, सही समय व सही जगह में देना महत्वपूर्ण है। दिये गये पोषक तत्वों के 50.0 प्रतिशत नत्रजन, 15.0 प्रतिशत फास्फोरस व 80.0 प्रतिशत तक पोटाश का उपयोग पौध प्रवृत्ति व संस्तुत पोषक तत्व पर निर्भर करता है।

यथार्थ पोषक तत्व प्रबन्धन एक नवीनतम विकसित तकनीकी है जो वर्तमान में प्रचलित पद्धति को परिवर्तित कर नये तरीके व साधनों से सुसज्जित कर पौध रोपण में सहायक है।

परिभाषा के तौर पर "सूचना तकनीकी के प्रयोग तथा सिद्धान्त की पहचान, विश्लेषण व विविधता प्रबन्धन; उर्वरक आवश्यकता तथा मृदा पोषक क्षमता एवं फसल प्रतिपादन क्षमता के समन्वयन को यथार्थ पोषक तत्व प्रबन्धन कहते हैं। संक्षेप में कहा जा सकता है कि "तकनीकी व सिद्धान्त के उपयोग का विश्लेषण है जिससे मृदा उर्वरता की गणना तथा उत्पादकता को समाहित करने की प्रक्रिया को यथार्थ पोषक तत्व प्रबन्धन कहा जाता है। इस तकनीकी के माध्यम से सभी पोषक तत्व घटक को फसल उत्पादन हेतु फसलानुसार व्यवहारिक पक्ष को ध्यान में रखते हुए सही समय, सही जगह व सही मात्रा का प्रयोग करना है।

यथार्थ पोषक तत्व प्रबनधन के घटक (Component of precision nutrient management)

यथार्थ पोषक तत्व प्रबन्धन के अन्तर्गत निम्नलिखित घटकों को सम्मिलित किया जाता है।

I. भौगोलिक सूचना पद्धति (Geographic information system)
II. दूरवर्ती सूक्ष्म ग्राही (Remote sensing)
III. संगणक आधारित साफ्टवेयर का प्रयोग (Computer software application)
IV. उर्वरक के प्रति उत्तरदायी प्रजाति (Fertilizer responsive varieties)
V. उर्वरक के उचित दर से प्रयोग करना (Applying suitable rate of fertilizers)
VI. मृदा उर्वरता का मानचित्र (Soil fertility map)
VII. आधुनिक डिजिटल संयंत्र (Modern digital tools)
VIII. उपज निर्देशक (Yield monitoring)
IX. मानचित्र तैयार करना (Mapping)

(I) भौगोलिक सूचना पद्धति (Geographic information system)

भौगोलिक सूचना पद्धति एक व्यापक शब्द है, जिसका उपयोग पृथ्वी की सतह के विभिन्न भागों का चित्रण विभिन्न घटकों के सहयोग से किया जाता है। अतः इस पद्धति में आँकड़ा एकत्रीकरण कम्प्यूटर साफ्टवेयर, हार्डवेयर, भौगोलिक आँकड़ा, भण्डारण सुधार, दक्षतापूर्ण विश्लेषण, गणना एवं विभिन्न रूपों में प्रतिपादित किया जाता है। इसका मतलब सिर्फ इतना है कि मापन का

लगना विभिन्न रूपों में प्रतिपादित किया जाता है। इसका मतलब सिर्फ इतना है कि समागत मानचित्र तैयार करना तथा आँकड़ा आधारित प्रबन्धन करना व उर्वरता की स्थिति को स्पष्ट करना है। इससे क्षेत्र विशेष में पोषक तत्वों (प्रमुख, गौण व सूक्ष्म तत्वों) की स्थिति (कम या ज्यादा) का पता चल जाता है, जिसे उत्पादकों को उर्वरकों की सही मात्रा की जानकारी सब्जियों की खेती हेतु दी जा सकती है।

(II) दूरवर्ती सूक्ष्म ग्राही (Remote sensing)

दूरवर्ती सूक्ष्म ग्राही पद्धति में विज्ञान व कला दोनों का उपयोग किसी वस्तु, क्षेत्र व प्रक्रिया द्वारा सूचना एकत्रित करना है, जिससे सम्बन्धित साधारण सूचना लेना मुश्किल होता है। इससे मृदा के पित्र पदार्थ व मृदा उर्वरता की पूरी जानकारी प्राप्त की जा सकती है। सूक्ष्मग्राही यंत्रों से भौतिक उत्तेजना (stimulus) जैसे–गर्मी, प्रकाश, आवाज की प्रवृत्ति आदि को अंकित की जाती है। इस पद्धति से एकत्रित आँकड़ा का विश्लेषण कर सब्जी उत्पादन में उपयोग किया जाता है। मृदा में पोषक तत्वों की स्थिति जानने तथा सही समय पर पोषक तत्व प्रदान करने की जानकारी उपलब्ध होती है। उपज वृद्धि हो व वातावरण का गुणवत्ता पर प्रभाव हो, सुगमता से जाना जा सकता है।

(III) संगणक आधारित साफ्टवेयर का प्रयोग (Computer base software application)

वर्तमान समय में संगणक के साफ्टवेयर व हार्डवेयर का उपयोग कृषि में ज्यादा किया जा रहा है, जिससे कृषकों को पता चलता है कि कौन सी उर्वरक, किस फसल पर व किस अवस्था में ज्यादा प्रभावी व सक्रिय होगा।

(IV) पोषक तत्व आधारित फसल पद्धति

अब सभी सब्जी उत्पादकों को पता चल गया है कि खाद व उर्वरकों का समुचित उपयोग फसल पद्धति से ही सुनिश्चित किया जा सकता है। इसकी सबसे ज्यादा उपयोगिता फास्फोरस तत्व पर देखा गया है, क्योंकि इसका उच्च्च अवशेष का प्रभाव जमीन पर रहता है।

(V) उर्वरक उत्तरदायी फसलें (Fertilizer responsive varieties)

यह सही बात है कि सब्जियों की अधिक उपज प्रयुक्त उर्वरक की मात्रा से ही सुनिश्चित हो रही है लेकिन कुछ फसलों की विशेष प्रजातियाँ ही दिये गये उर्वरकों का पूर्णतया उपयोग की क्षमता रखती हैं। प्रजातियों द्वारा मुख्य उर्वरकों के लगातार व ज्यादा उपभोग से मृदा में आवश्यक पोषक तत्वों के साथ–साथ द्वितीयक पोषक तत्वों की कमी आ जाती है।

(VI) मृदा उर्वरता का मानचित्र (Soil fertility map)

सब्जी उत्पादकों के लिए मृदा उर्वरता मानचित्र अति आवश्यक है। इससे प्रयोगशाला में विश्लेषण कर अनावश्यक उर्वरक लागत व मृदा के लवणीय/क्षारीय प्रवृति से निजात पाया जा सकता है। इससे खेत की उर्वरता व कम लागत पर अधिक उपज प्राप्त की जा सकती है।

(VII) उर्वरक के उचित दर से प्रयोग करना (Applying suitable rate of fertilizers)

सभी फसलें व उनकी प्रजातियाँ, मृदा की विभिन्नता व सही तौर पर मृदा संरचना व क्षमता के अनुसार अलग–अलग उत्तरदायी प्रवृत्ति रखती हैं। सही तौर पर मृदा जो पौधों को पोषक तत्व प्रदान करती हैं और पौधा जो पोषक तत्व की माँग रखता है; हमेशा उपलब्ध स्थान व सही समय के अनुसार बदलता रहता है और वातावरणीय एवं मृदीय दशा में कई महत्वपूर्ण पोषक तत्व बहकर या रिसकर समाप्त हो जाते हैं या पौधों को उपलब्ध नही हो पाते हैं अतः यथार्थ पोषक तत्व प्रबन्धन ऐसी घटना से निजात दिला सकता है।

(VIII) आधुनिक डिजिटल संयंत्र (Modern digital tools)

पोषक तत्व प्रबन्धन में आधुनिक डिजिटल संयंत्र का ज्यादा उपयोग किया जाना चाहिए। इसके लिए विभिन्न दर पर प्रयोग पद्धति, संयन्त्र विधि–ट्रैक्टर आधारित सूक्ष्म ग्राही ज्यादा उपयोगी हो सकते है। इससे नुकसान में बचत होती है और मृदा वातावरण संतुलित रहता है।

(IX) मानचित्र आधारित प्रबन्धन (Mapping base management)

मानचित्र आधारित प्रबन्धन के अन्तर्गत खेत का ग्रीड–सैम्पलड, विश्लेषण व मानचित्र बनाना है, जो पोषक तत्व के उपयोग व संस्तुत पर आधारित होता है। सूक्ष्म ग्राही पद्धति के अन्तर्गत "रियल टाइम सेन्सर" का उपयोग कर पोषक स्थिति का पता खेत में ही किया जा सकता है और "फिड बैक मेकेनिज्म" (Feedback mechanism) के द्वारा विभिन्न संयंत्रों व माध्यमों से सही मात्रा में उर्वरक उपयोग सही जगह व सही फसल की अवस्था में किया जाता है।

पोषक तत्व ग्रहण करने की गणना

पोषक तत्व कितनी मात्रा में पौधों के द्वारा उपयोग किया जाता है उसकी गणना निम्न प्रकार कर सकते हैं।

$$\text{ग्रहण किया गया पोषक तत्व} = \frac{\text{पोषक तत्व (\%)} \times \text{शुष्क पदार्थ}}{100} \times 100$$

वर्तमान समय में "ग्लोबल पोजिशनींग सिस्टम" (Global positioning system) से युक्त ट्रैक्टर उपलब्ध हैं जिससे खेत के सही स्थान का निर्धारण व सम्बन्धित आँकड़ा सुगमता से प्राप्त किया जा सकता है। इससे प्राप्त आँकड़ों को ट्रैक्टर से जुड़े "जियोग्राफिकल इन्फारमेशन सिस्टम" (Geographical Information System) को भेजा जाता है, जो खेत के मृदा पोषक तत्व मांग का मानचित्र बनाता जाता है। जब जियोग्राफिकल इनफारमेशन सिस्टम, डिसीजन सपोर्ट सिस्टम के साथ जुड़कर किसी विशिष्ट स्थान की उर्वरक मांग को निर्धारित कर देता है। इसके बाद उर्वरक प्रयोग करने वाला यंत्र जो पुनः ट्रैक्टर से जुड़ा होता है, सही मात्रा में वाँछित जगह पर व उपयुक्त गहराई पर उर्वरक प्रयोग कर देता है।

11. खरपतवार प्रबन्धन (Weed management)

यथार्थ कृषि पद्धति के अन्तर्गत फसल की प्रारम्भिक अवस्था में ही खरपतवार का समुचित प्रबन्धन करने से प्रति इकाई कम लागत लगाकर ज्यादा उत्पादन किया जा सकता है। उदाहरण के लिए प्याज में शल्क विकास के समय खेत में खरपतवार लगे हैं तो शल्ककंद का विकास बहुत कम होता है। वर्तमान समय में हाथ द्वारा खरपतवार बड़े क्षेत्रफल से निकालना बहुत मुश्किल है। लेकिन मृदा स्वास्थ्य तथा सूक्ष्म जीवों के अस्तित्व को भी नजरअन्दाज कर रसायनिक दवाओं का बेतहासा प्रयोग नहीं किया जा सकता है। अतः सुरक्षित खरपतवारनाशी जैसे–पेण्डीमेथिलीन नामक खरपतवारनाशी की 3.5 लीटर मात्रा प्रति हेक्टेयर पौध रोपण के 3 दिन बाद प्रयोग करना चाहिए। लेकिन पौध रोपण के 45 दिन बाद एक बार हाथ से खरपतवार अवश्य निकालना चाहिए। अगर खेत में भूसे का पलवार लगाया जाये तो खरपतवार पर प्रभावी रोक लगायी जा सकती है तथा उपज में भी वृद्धि होती है। अनेकों किसान ग्लोबल पोजिशनींग सिस्टम (Global Positioning System) के माध्यम से खरपतवार के विकास की स्थिति पर नजर रख रहे हैं।

12. यथार्थ रूप से रोग एवं कीट प्रबन्धन (Insect pest and disease management)

वर्तमान समय में ग्लोबल पोजिशनींग सिस्टम के माध्यम से रोगों एवं कीटों के प्रकोप की दशा को निर्देशित कर रहे हैं। उदाहरण के लिए ग्लोबल पोजिशनींग सिस्टम आधारित डस्टर (प्रीसीजन ग्लोबल पोजिशनींग हेलीकाप्टर) का विकास किया गया है जिससे छोटे से छोटे क्षेत्रफल जैसे– 4×4 मीटर में भी डस्टींग की जा सकती है।

13. तुड़ाई/कटाई एवं क्यूरिंग (Harvesting and Curing)

यह कहना तो उचित है कि पूर्ण परिपक्वता की अवस्था में ही सब्जियों की तुड़ाई/कटाई/खुदाई की जानी चाहिए, लेकिन इसका सही निर्धारण केवल देखकर करना उचित नही है। कभी–कभी दिनों के आधार पर निर्धारित फसल की कटाई लाभ के बजाय हानि देता है क्योंकि जलवायु एवं मृदा घटक परिवर्तनशील है लेकिन यथार्थ कृषि पद्धतियों से सही अवस्था निर्धारण करना आसान है। आलू व प्याज तथा अन्य कंदीय फसलें जमीन के नीचे हैं, अतः मशीन के द्वारा इनकी परिपक्वता सुनिश्चित की जा सकती है। कई फसलों की क्यूरिंग/पकाई की जाती है जैसे–प्याज कितने समय पर तथा किस तापमान पर क्यूरिंग/पकाई करना है, इसका सही निर्धारण मशीन द्वारा किया जा सकता है।

14. यथार्थ विपणन प्रबन्धन (Marketing management)

वर्तमान समय में उपभोक्ता की उपयुक्तता, मांग, आपूर्ति तथा विभिन्न बाजारों में सब्जियों की विक्रय की स्थिति की जानकारी बहुत आवश्यक है। यथार्थ प्रबन्धन के अन्तर्गत, अधिक उत्पादन को संरक्षित करने के संरचनात्मक ढाँचा का विकास किया जा रहा है। इससे छोटे तथा तितर–बितर उत्पादन करने वाली इंकाईयों को भी बाजार में पूर्ण लाभ मिलेगा। बाजार नियंत्रण होने से अधिक उत्पादन की स्थिति में भी उत्पादकों को उनकी उपज का पूर्ण मूल्य प्राप्त होगा। कभी–कभी उत्पादक, व्यावसायियों से ऋण लेकर सब्जी का उत्पादन करता है और उत्पाद को व्यावसायी द्वारा

निर्धारित मूल्य पर ही बेचना उनकी बाध्यता होती है। वैज्ञानिकों द्वारा ऐसे प्रयास किये जा रहे हैं जिससे उत्पादक को उपज का सही मूल्य मिले तथा उपभोक्ता को सही गुणवत्ता युक्त उत्पाद। यह प्रक्रिया ई–मार्केटिंग (e-marketing) या मार्केट इन्टिलिजेन्ट (market intelligent) के माध्यम से सम्भव है।

15. भण्डारण (Storage)

आलू, प्याज, टमाटर आदि का भण्डारण व्यापक पैमाने पर किया जाता हैं लेकिन अन्य सब्जियों में कम। पकाई/क्यूरिंग (curing) के बाद भण्डारण करने पर शीतगृह की स्थिति तथा उपज की गुणवत्ता का निर्देशन मशीन के द्वारा आसानी से किया जा सकता है तथा भण्डारण में होने वाले हानि को कम किया जा सकता है।

सब्जी फसलों में अनुबंधित कृषि (Contract farming in vegetable crops)

भारत एक कृषि प्रधान देश है यहाँ की लगभग 65.0 प्रतिशत जनसंख्या कृषि पर निर्भर है और 52 प्रतिशत उनकी जीविका का आय स्रोत है। सकल घरेलू उत्पाद में कृषि का अंशदान लगभग 14.0 प्रतिशत तथा कुल निर्यात में 15.2 प्रतिशत है जहाँ विश्व में औसतन 11.0 प्रतिशत भूमि कृषि योग्य है वहीं भारत में कुल भूमि का 52.0 प्रतिशत हिस्सा (142 मिलियन हेक्टेयर) कृषि योग्य है। विविधता की दृष्टि से भारत अद्वितीय है तथा विश्व में सभी 15 जलवायु यहाँ विद्यमान हैं। विश्व में पाई जाने वाली 60 प्रकार की मृदाओं में से लगभग 46 प्रकार की मृदा देश में मौजूद है। इतनी सारी विविधता व दक्षता होते हुए भी यहाँ का किसान खुशहाल नहीं है। देश के आधे से ज्यादा किसान गरीबी रेखा के नीचे जीवन यापन कर रहे हैं। गावों से शहरों की ओर पलायन तेज गति से जारी है। खेतिहर मजदूरों की स्थिति दयनीय है। सूखे एवं बाढ़ की आपदा से ग्रस्त किसान एवं खेतिहर मजदूर आर्थिक संकट में आ जाते हैं। सरकार ने कृषि के विकास हेतु सन् 2000 में राष्ट्रीय कृषि नीति घोषित की थी, जिसमें अनुबंधित खेती का प्रावधान किया गया था, जिससे कृषि क्षेत्र में निजी क्षेत्र क्षेत्र की भागीदारी को अनुबंधित खेती में प्रसंस्करण एवं विपणन फर्मो तथा किसानों के मध्य समझौते के रूप में पारिभाषित किया जा सकता है।

"अनुबंधित खेती के अनुसार किसान अपनी जोत पर अनुबंध करने वाली कम्पनी द्वारा बताई गई फसल बोयेगा तथा फर्म ही बीज, खाद, उर्वरक एवं तकनीकी की आपूर्ति करेगी। बाद में सम्पूर्ण उपज कम्पनी द्वारा ही उचित मूल्य पर खरीद लिया जायेगा"।

इस विधि से प्रौद्योगिकी हस्तांतरण और पूँजी का निवेश बढ़ेगा। ऐसा अनुमान कृषि नीति में किया गया है। इस प्रकार यह किसान और कम्पनियों के बीच अग्रिम करार के अन्तर्गत कृषि एवं बागवानी फसलों के उत्पादन तथा बाजार में उनकी सुनिश्चित आपूर्ति की एक व्यवस्था है। इस व्यवस्था की विशेषता यह है कि इसमें किसान निश्चित प्रकार की कृषि–उपज पूर्णतः निर्धारित कीमत और समय पर पैदा करने के लिए वचनबद्ध रहता है। पूर्णतः निर्धारित कीमत, फसल की गुणवत्ता और उपज प्रति हेक्टेयर तथा समय अनुबंधित खेती के मुख्य तत्व हैं, जबकि कंपनियों, किसानों एवं फसलों के विभिन्न प्रकार के अनुबंध के अलग–अलग शर्तें तथा विभिन्न क्षेत्रों की सामाजिक दशा

में अंतर होने के कारण अनुबंधित खेती के रूप में भी स्थान–स्थान पर अंतर पाया जाता है। अतः अनुबंधित खेती के स्वरूप का सामान्यीकरण नहीं किया जा सकता है।

अनुबंधित खेती की उपयोगिता

विश्व व्यापार संगठन (World Trade Organization) के नये नियमानुसार निर्यातकों को बताना पड़ेगा कि उसके उत्पाद किस स्थान से हैं, फसल की कौन सी प्रजाति है, बीज कैसा प्रयोग हुआ है और किस प्रकार के खाद या अन्य तत्वों का उपयोग हुआ है? निर्यातकों को यह सब जानकारी कोई अनुभवी एजेंसी ही दे सकेगी। इसके अलावा कृषि आधारित उत्पाद तैयार करने वाले कई बड़े कार्पोरेट समूह ने कच्चे माल की निर्वाध आपूर्ति सुनिश्चत करने के लिए कम लागत और अच्छी गुणवत्ता के बाजार आधारित ऐसे माडल तैयार करने का प्रयास प्रारम्भ कर दिया है, जिससे कृषकों को लाभ होगा। अनुबंधित खेती–करवाने का उद्देश्य फसलों में विविधता लाना है। यह इसलिये जरूरी है कि विभिन्न फसलों की सिंचाई, जल, खाद, उर्वरक और कीटनाशक की आवश्यकता होती है। ऐसी फसलों को अनुबंधित किया जायेगा जिसमें कम पानी की आवश्यकता हो और कीटनाशक की आवश्यकता भी कम होती हो और फायदा अधिक हो। उत्पादकों और खाद संवर्धन से जुड़ी कंपनियों को एक–दूसरे के साथ जोड़ना होगा, क्योंकि ऐसे उत्पादाकें के लिए कॉरपोरेट क्षेत्र में तैयार बाजार उपलब्ध हैं। अनुबंधित खेती से ऐसा लगता है कि देश में सन् 1960 के दशक की कृषि हरित क्रांति जैसा बदलाव आएगा, परन्तु यह बदलाव संपन्न किसानों को ही मिलेगा, क्योंकि उनके पास प्रचुर संसाधन हैं।

अनुबंधित खेती के कुछ उदाहरण

कृषि नीति के विविध प्रावधानों में से अनुबंधित खेती से सम्बन्धित प्रावधान के प्रति बड़ी कम्पनियों में अत्यधिक उत्साह है। कम्पनियाँ अनुबंधित खेती की ओर अग्रसर हैं। पेप्सी कम्पनी (Pepsi Co.) इस दिशा में पहले से ही अग्रसर है। पेप्सी फूड्स लि0 कम्पनी से जुड़ी पेप्सी कोला नामक कम्पनी ने सन् 1989 में पंजाब के होशियारपुर जिले के जाहरा गांव में 20.0 करोड़ रूपये की लागत से टमाटर का प्रसंस्करण करने का संयंत्र लगाया और पंजाब में अनुबंधित खेती आरम्भ की। कम्पनी ने इससे उत्साहित होकर पंजाब के जालंधर, अमृतसर, होशियारपुर और संगरूर जिलों तथा पश्चिम उत्तर प्रदेश के कुछ भाग में बासमती चावल, आलू और मूंगफली की खेती भी आरंभ की। अपाची काटन कम्पनी ने वर्ष सन् 2002 में तमिलनाडु के कोयम्बटूर जिले के किनाथकडाऊ विकास खण्ड में किसानों को कपास की खेती करने के लिए एक जुट किया। उत्तरी कर्नाटक के किसान मुख्यतः गन्ने की फसल पर निर्भर थे और गन्ने की बार–बार सिंचाई होने के कारण भूमि क्षारीय हो रही थी। इसका लाभ उठाकर न्यूगार शुगर वर्क्स लिमिटेड जो शराब बनाती है, ने किसानों को जौ (barley) की खेती के लिए उत्साहित किया, जिससे कम्पनी को अपनी आवश्यकता के लिए जौ आस–पास के क्षेत्र से ही मिलने लगा तथा उत्तर भारत से जौ मंगाने पर लगने वाला यातायात खर्च भी बच गया। मध्य प्रदेश में हिन्दुस्तान लीवर, रैलीज और आई0सी0आई0सी0आई0 द्वारा सम्मिलत रूप से गेंहूँ की खेती कराई जा रही है। इस व्यवस्था में रैलीज कृषि और प्राविधिक सलाह और आई0सी0 आई0सी0आई0 कृषि ऋण उपलब्ध करता है। हिन्दुस्तान लीवर उनकी उपज

खरीदती है। इससे कृषकों को सुनिश्चित बाजार, हिन्दुस्तान लीवर को गुणवतायुक्त उत्पाद तथा रैलीज एवं आई0सी0 आई0सी0आई0 को सुनिश्चित ग्राहक मिल जाते हैं। पंजाब, हरियाणा, उत्तर प्रदेश, हिमाचल प्रदेश, गुजरात में कई कम्पनियों द्वारा अनुबंधित खेती की जा रही है। दक्षिण भारत में कई स्थानों पर मसाले के उत्पादन हेतु अनुबंधित खेती की जा रही है। रिलांयस कम्पनी अनुबंधित खेती के आधार पर अनाज, फल, मसाले, सब्जियाँ आदि की खेती के लिये हरियाणा में अग्रसर है। पश्चिम बंगाल और आसाम में चाय की अनुबंधित खेती प्रारम्भ की है।

अनुबंधित खेतीः लाभ अथवा हानियाँ

किसान को फसल काटने के समय कीमत में होने वाली कमी के कारण जो नुकसान उठाना पड़ता है, अनुबंधित खेती की व्यवस्था के अन्तर्गत उसे इस स्थिति का सामना नहीं करना पड़ता, क्योंकि उत्पाद की कीमत को फर्म के साथ समझौते के शुरू में अर्थात् फसल के बोये जाने से पहले ही तय कर लिया जाता है। इस प्रकार उत्पाद की कीमत के गिरने का जोखिम किसान को उठाने की जरूरत नहीं रह जाती है।

साधारणतः कृषि एक श्रम प्रधान व्यवसाय है और व्यावसायिक फसलों में श्रम की अपेक्षाकृत ज्यादा माँग होती है, इसलिए अनुबंधित खेती के अन्तर्गत मुख्य तौर पर व्यावसायिक फसलों के उगाने से किसान को अपने परिवार के अन्य सदस्यों के साथ अपनी ही खेती पर काम करने का अवसर प्राप्त हो जाता है। इस प्रकार कम मजदूरी में श्रमिक के तौर पर काम करने के बजाय छोटे खेत पर अधिक मेहनत करने से लाभ की सम्भावनाएं ज्यादा होती है। इस प्रणाली में कृषि उत्पादन मुख्यतः व्यापारिक फसलों का होगा। फसल प्रारूप एवं फसल संरचना के कारण व्यापारिक फसलों के अंन्तर्गत क्षेत्र बढ़ने लगा है और यह प्रवृत्ति और बढ़ेगी। भारत में खाद्य पदार्थों की अत्यधिक आवश्यकता बनी रहती है। यदि देश की अधिकांश भूमि पर व्यापारिक फसलों का ही उत्पादन होगा तो हमारी खाद्य समस्या अधिक जटिल हो जायेगी और अनाज के लिए पुनः हमें विदेशों पर निर्भर रहना पड़ेगा। अनुबंधित खेती में भूमि के स्वामी किसान को कृषि क्षेत्र पर कार्य के बदले मात्र कीमत मिलती है। युनाइटेड प्राविन्सेज (United Provinces) की जमींदारी उन्मूलन समिति में भी इस प्रणाली की इन्हीं आधारों पर अनुपयुक्तता बताई गई थी। वह पद्धति जो किसानों को उनके वास्तविक अधिकारों से वंचित कर देती है, उन्हें औद्योगिक श्रमिक की स्थिति में घटाकर ला देती है और उन्हें पूँजीवादी शोषण का विषय बना देती है, वह विचार योग्य नहीं है। अनुबंधित खेती का लक्ष्य उत्पादन एवं लाभ को अधिकतम करना होता है। वह भूमि की उर्वरा शक्ति का अधिकतम शोषण करता है, जिससे भूमि के स्वाभाविक गुण धर्म में ह्वास होता है। वर्तमान कृषि प्रणाली का यह भी दायित्व है कि आगामी पीढ़ी के लिए समुन्नत भूमि संसाधन हस्तांतरित करें, जो भूमि संसाधन के अतिशोषण के कारण सम्भव न हो सकेगा।

यह सही है कि अनुबंधित खेती से किसनों की आर्थिक स्थिति में सुधार आया व उन्हें स्थायी आय के स्रोत प्राप्त हुये। रोजगार के अधिक अवसर सृजित हुये तथा कृषकों को कृषि की नवीन एवं अधिक कुशल तकनीक ज्ञात हुयी। परन्तु सामान्य रूप से अनुबंधित खेती के परिणाम हानिकारक रहे हैं। यह पाया गया है कि अनुबंधित खेती की शर्तें पक्षपात पूर्ण एवं बहुधा किसान विरोधी होती

हैं और उन्हें कड़ाई के साथ लागू करती हैं। कम्पनिया उपज की कीमत भुगतान करने में विलंब करती हैं। प्राकृतिक आपदा, प्रतिकूल मौसम एवं अन्य कारणों से कृषि में नुकसान होने पर कम्पनियां क्षतिपूर्ति नहीं करती हैं। भू–गर्भ जल का अतिदोहन, मिट्‌टी में लवणता बढ़ना, भूमि की उर्वरता में ह्वास, पारिस्थितिक तंत्र का ह्वास एवं संसाधनों का बर्बर दोहन अनुबंधित खेती प्रणाली की सामान्य बात है। अनुबंधित जोत की उर्वरता कम हो जाने और क्षेत्र के प्राकृतिक संसाधनों का दोहन हो जाने के बाद अनुबंधित फर्में नये क्षेत्रों में अनुबंध करती हैं। किसानों को सौदा करने की शक्ति कम होती है। अतः अनुबंधित खेती में अधिक लाभ फर्मों को प्राप्त होता है। कृषि साख एवं अन्य कृषि आगतों की प्राप्ति के लिए कृषक पराश्रित हो जाते हैं। कृषक एवं अनुबंधित फर्मो में आरंभ में सम्बन्ध सौहाद्रपूर्ण मित्रवत होते हैं, परन्तु कुछ समय बाद ही उनमें कटुता उत्पन्न हो जाती है। अनुबंधित खेती तत्कालिक, आधार पर लाभदायक प्रतीत हो सकती हैं, उत्पादन वृद्धि कर सकती हैं, परन्तु सतत् विकास की दृष्टि से यह प्रणाली उपयोगी नहीं है। पट्‌टे पर जमीन देना स्वतंत्रता से पूर्व कृषि प्रणाली का अंतर्निहित अंग रहा है। इस व्यवस्था में जमींदार पट्‌टे पर स्वामित्व विहीन कृषकों को जमीन देते थे, जिसमें निष्ठुर लगान व्यवस्था सामान्य थी। भूमि व्यवस्था का यह अत्यन्त विवादास्पद स्वरूप था। अब प्रतिवर्ती पट्‌टे की दशायें उत्पन्न हो रही हैं। अब पट्‌टे पर खेतिहर जमीन दे रहे हैं, जो अन्ततः कृषक और कृषि दोनों के लिए हानिकारक हैं। अनुबंधित खेती का उपयोग न केवल अन्य नकदी फसलों में बड़े पैमाने पर हो रहा है, बल्कि सब्जियाँ, पोल्ट्री और डेयरी उत्पादों में भी इसका उपयोग बढ़ रहा है। किसानों की दृष्टिकोण से अनुबंध की व्यवस्था उनकों उत्पादन सेवाओं तक पहुँचे और इनके साथ–साथ नवीन तकनीकी का ज्ञान प्रदान कर सकती हैं। मूल्य व्यवस्था जोखिम और अनिश्चितता को घटा सकती हैं। कुछ अनुबंधित खेती से संबंधित जोखिम किसानों को नई फसलों के विविधीकरण के अवसर देते हैं, जो कंपनियों द्वारा प्रदान की गई विपणन सुविधाओं और इस प्रक्रिया के बगैर सम्भव नहीं होता है। हालांकि नई फसल की बुआई से इन लाभों के निष्फल होने की संभावना भी है और कम्पनियाँ वायदों से पीछे हट सकती हैं एवं यदि समस्या बढ़ी तो ऋणग्रस्तता का भी खतरा है। किसान अनुबंधित खेती की इस व्यवहारिक प्रक्रिया को अपनाकर अपनी कुशलता को विकसित करने के बाद अन्य फर्मो से सम्पर्क कर लाभ की अधिक सम्भावनाएं तलाश कर सकता है। छोटे किसानों को बैंक से ऋण लेने में कई प्रकार की कठिनाईयों का सामना करना पड़ता है लेकिन अनुबंधित खेती के अन्तर्गत फर्म किसानों को सीधे तौर पर ऋण उपलबध कराती है या बैंक से ऋण प्रदान करवाने में सहायता करती है। फर्म किसानों को फसल उत्पादन की नयी तकनीक के लिए प्रशिक्षण आदि भी दे सकती है और कृषि लागतों जैसे बीज, खाद, कीटनाशक आदि किसानों को उपलब्ध कराती है जिनके पास इन कृषि लागतों को खरीदने के लिए पर्याप्त पूँजी नही है। विशेष परिस्थितियों में किसानों को खेती के उपकरण भी उपलब्ध कराये जा सकते हैं। देश में अनुबंधित खेती की व्यवस्था को सफलतापूर्वक चलाने के लिए यह आवश्यक है कि सरकार द्वारा कुछ जरूरी कदम उठाये जायें। सबसे पहले अनुबंधित खेती के अन्तर्गत किये गये समझौतों को कानूनी रूप प्रदान करके किसान के हितों को सुनिश्चित किया जाये।

सब्जियों की कार्बनिक/जैविक खेती एवं प्रमाणीकरण (Organic Vegetable Cultivation & Certification)

देश में हरित क्रांति के आगमन पूर्व परम्परागत् रुप से सब्जियों की खेती ही नहीं बल्कि पूरी कृषि व्यवस्था ही कार्बनिक एवं जैविक पद्धतियों पर आधारित थी। हरित क्रांति के फलस्वरुप अधिक उपज देने वाली प्रजातियाँ (High Yielding Varieties) उत्पादकों के बीच स्थान बनाने लगी, जिससे रासायनिक उर्वरकों, कीटनाशकों, फफूँदनाशकों, खरपतवारनाशकों आदि का बेतहाशा प्रयोग प्रारम्भ हो गया। यहाँ तक कि पूर्णतया प्रतिबंधित रसायनों का प्रयोग आज भी किया जा रहा है, जिसके परिणामस्वरुप मृदा, पानी, हवा आदि प्रदूषित हो रहा है। यह कड़ुवा सत्य है कि अन्य कृषि फसलों की तुलना में सब्जियों में कृषि रसायनों का प्रयोग सबसे अधिक मात्रा में किया जा रहा है। इसका सबसे बड़ा कारण सब्जियों की ज्यादा माँग एवं प्राकृतिक संसाधनों के उपयोग से क्रय क्षमता में वृद्धि है। पूरे वर्ष सब्जियों की उपलब्धता बनाये रखने के लिए उत्पादकों द्वारा बे–मौसमी सब्जियों की खेती में भी ज्यादा कृषि रसायनों का प्रयोग किया जा रहा है, क्योंकि अगेती व पिछेती सब्जियों की खेती में रोग एवं कीड़ों का प्रकोप ज्यादा रहता है। इतना ही नहीं ज्यादा समय तक सब्जियों को ताजा एवं उनमें चमक बनाये रखने के लिए भी हानिकारक रसायनों का प्रयोग प्रचलन में है। अतः आज की आवश्यकता है कि सब्जी उत्पादकों को वैज्ञानिकों द्वारा विकसित कृषि पद्धतियों एवं यांत्रिकी की समावेश इस प्रकार करें कि सब्जी की गुणवत्ता एवं उपज दोनों ज्यादा मिले, लेकिन वातावरण के साथ–साथ मानव, जानवरों, पक्षियों, जल में विचरण करने वाले जीवों तथा धरती पर मुक्त विचरण करने वाले अन्य जीवों को कम से कम नुकसान हो। कार्बनिक ढंग से उत्पादित सब्जियाँ ज्यादा पोषकीय गुणों से भरपूर होती हैं और उपभोग के लिए ज्यादा सुरक्षित भी होती हैं (भट्टाचार्य एवं चक्रवर्ती, 2004, महापात्रा एवं सहयोगी, 2009)। इतिहास, संस्कृति और समाज, सभी कृषि में सन्निहित हैं। पानी, पौध व जानवरों को पैदा करते हैं, व उनके लिए ऊर्जा तैयार करते हैं व तंत्र में भोज्य पदार्थ को वितरित भी करते हैं।

कार्बनिक खेती का ऐतिहासिक परिदृश्य (Historical background of organic farming)

कार्बनिक खेती का इतिहास बहुत पुराना है, जबकि जैविक खेती का इतिहास मात्र 300 वर्ष पुराना है।

सारिणी (11.4) कार्बनिक एवं जैविक खेती का विभिन्न काल में उपलब्ध विवरण

प्राचीन काल	विवरण
पुरानी कृषि पद्धति (Oldest practice)	10000 वर्ष पुराना, नियोलिथिक काल से भी पहले प्राचिन सभ्यता जैसे– मेसोपोटामिया, ह्वांगहो बेसिन
रामायण (Ramayana)	सभी सड़ी गली चीजे या कुड़ा करकट जो अनेकों जीवधारियों को जीवन दान देता है।
महाभारत (5500 ईसा पूर्व) (Mahabharata 5500 BC)	कामधेनू, की व्याख्या, मृदा एवं मानव स्वास्थ तथा उर्वरता के लिए जिम्मेदार घटक

कौटिल्य का अर्थशास्त्र (300 ईसा पूर्व) (Kautilya Arthashastra 300 BC)	तेल की खली, मानव मल–मूत्र की व्याख्या खाद के रूप में
वृहद् संहिता (बराह मिहिर द्वारा) (Brihad-Sanhita by Varahmihir)	विभिन्न फसलों को उगाने के लिए खादों का चुनाव तथा प्रयोग की विधि
ऋगु वेदा (2500–1500 ईसा पूर्व) (Rig Veda 2500-1500 BC)	ऋगु वेद में 1, 61, 10, 2500–1500 ईसा पूर्व में कार्बनिक खाद की व्याख्या, अथर्व वेद II 8.3 (1000 ईसा पूर्व), शुक्रा में IV, V, 94, 107, 112 पौधों का स्वस्थ विकास बकरी, भेड़, गाय आदि के गोबर के द्वारा ही सम्भव है। वर्कसयुरवेदा जो सुरपला द्वारा लिखित है में भी व्याख्या मिलती है।
पवित्र कुरान (590 एडी) (Holy Quran 590 AD)	पौधों से प्राप्त होने वाले प्रत्येक भाग का 1/3 भाग मिट्टी में पुनः डालकर चक्रण करना चाहिए।
सर एलबर्ट होवार्ड (सन् 1900–1947) (Sir Albert Hoard 1900-1947)	आधुनिक कार्बनिक पद्धति का विकास, कार्बनिक कम्पोस्ट बनाने की प्रक्रिया पूसा में प्रारम्भ, यह एक एग्रिकल्चरल टेस्टमेन्ट बना।
रूडोल इस्टेनर (सन् 1922) (Rudolph Steiner, 1922)	जर्मनी के दर्शनशास्त्री व अध्यात्मिक व्यक्ति जिन्होंने जर्मनी के प्रक्षेत्र में बायोडायनामिक का विकास किया।
जे0आई रोडेल (सन् 1950) संयुक्त राज्य अमेरिका (J.I. Rodel, USA 1950)	स्थाई कृषि पद्धति का विकास एवं कार्बनिक विधि से फसल उगाने की प्रथा चलाई।
आई0एफ0ओ0ए0एम (IFOAM)	इन्टरनेशनल फेडरेशन आफ आर्गेनिक एग्रीकल्चर मूवमेण्ट की सन् 1972 में स्थापना।
वन इस्ट्रा रिवोलुशन (One Straw Revolution)	मासानोबु फुकोका ने सन् 1975 में पुस्तक लिखकर जापान में कार्बनिक कृषि का प्रचार किया।
ई0यू0 रिगुलेशन (EU Regulation)	कार्बनिक खाद पर सन् 1991 में ई0यू0 रिगुलेशन बना।
कोडेक्स (Codex)	कार्बनिक मानक पर सन् 1999 में कोडेक्स की गाइड लाईन बना।

कार्बनिक सब्जी क्या है? (What is organic vegetable?)

ऐसी सब्जी उपज जो वातावरण के प्रति मित्रवत उत्पादन, प्रबंधन पद्धतियों एवं निर्देशन से प्राप्त होती है, कार्बनिक सब्जी कहलाती है।

"Organic vegetables are the product of a production system managed and monitored by eco-friendly practices".

Or

"Organic farming is a system which avoids or largely excludes the use of synthetic compound fertilizers, pesticides, growth regulators and livestock feed additives. To the maximum extent

feasible organic system relies on crop rotations, crop residues, animal manures, legumes, green manures, off farming organic wastes and aspects of biological pest control to maintain soil productivity and tilth to supply plant nutrients and to control insects, weeds and other pests".

वर्तमान समय में विश्वस्तर पर कार्बनिक विधि से उगायी सब्जियों का बाजार 20.0 प्रतिशत से ज्यादा बढ़ी है। कार्बनिक विधि से सब्जी उत्पादन उद्योग के रुप में भी पनप रहा है। परिणामतः अनेकों देश प्रचुर मात्रा में ऐसी सब्जियों का निर्यात कर रहे हैं। विकसित देशों में कार्बनिक विधि से उत्पादित सब्जियों का बाजार दिन–प्रतिदिन विस्तृत हो रहा है।

सारिणी (11.5) विश्व बाजार में कार्बनिक उत्पादों की माँग

देश	कार्बनिक खाद्य सामग्री की माँग (करोड़ रूपये में)	प्रतिवर्ष माँग में वृद्धि (प्रतिशत)	बाजार मूल्य माँग में वृद्धि (प्रतिशत)
संयुक्त राज्य अमेरिका	30000	20	10–20 प्रतिशत ज्यादा मूल्य
जापान	15000	–	10–30 प्रतिशत ज्यादा मूल्य
जर्मनी	9000	10	30 प्रतिशत ज्यादा मूल्य
इटली	5400	20	20–200 प्रतिशत ज्यादा मूल्य
ब्रिटेन	3250	75	24–100 प्रतिशत ज्यादा मूल्य
फ्राँस	3050	25	25–50 प्रतिशत ज्यादा मूल्य
कनाडा	2830	25	10–15 प्रतिशत ज्यादा मूल्य
अन्य देश	3240	–	–
कुल	**70900**	–	–

अगर कार्बनिक सब्जियों के क्रमिक विकास को देखा जाये तो सन् 2005 में कुल 31.0 बिलियन यू0एस0 डालर का ही व्यापार था, जो अनुमानतः सन् 2020 तक 102.0 बिलियन यू0एस0 डालर का हो जायेगा। इस समय कुल 932 कार्बनिक उत्पाद विश्व व्यापार में सम्मिलित हैं, जिसका विवरण नीचे की सारिणी में दिया गया है–

सारिणी (11.6) विश्व बाजार में कार्बनिक उत्पाद एवं उनके उत्पादक देश

निर्माता एवं उत्पादक		विश्व बाजार में कार्बनिक उत्पाद	
देश	**संख्या**	शुष्क सब्जियाँ	44
चीन	419	हिम शीतित सब्जियाँ	93
मलेशिया	32	कार्बनिक उर्वरक	56
इण्डोनेशिया	15	सब्जी बीज	5
इटली	11	शाकीय औषधियाँ	6
फिलिपिन्स	9	अन्य फल/सब्जियाँ	141
भारत	75	ताजे अदरक	44

टर्की	29	अन्य फल	20
स्पेन	15	स्वास्थ्य खाद्य पदार्थ	39
इरान	10	ताजे लहसुन	9
श्रीलंका	9	अन्य सब्जियाँ	8
संयुक्त राज्य अमेरिका	62	अन्य नट एवं कर्नल	15
इजराइल	25	मसाले एवं शाकीय पदार्थ	21
हांगकांग	1	ताजे आलू	9
यूनाइटेड किंगडम	9	डिटर्जेंट्स	3
अर्जेन्टिना	8		
थाइलैण्ड	38		
इजिप्ट	22		
कनाडा	13		
न्यूजीलैण्ड	9		
मैक्सिको	7		

नवीनतम सर्वेक्षण से स्पष्ट हुआ है कि विश्व में कुल 141 देश कार्बनिक कृषि में सम्मिलित हैं, जिससे 1.2 मिलियन उत्पादकों द्वारा लगभग 32.2 मिलियन हेक्टेयर में खेती की जा रही है। विलर एवं क्लिचर (2009) ने स्पष्ट किया कि कार्बनिक आन्दोलन का प्रभाव उत्पादक एवं उपभोक्ता दोनों पर समान रुप से विकसित एवं विकासशील देशों में स्पष्ट दिखाई पड़ने लगा है।

सारिणी (11.7) कार्बनिक खेती की क्षेत्रफल एवं प्रतिशत

देश का नाम	**कार्बनिक खेती के अन्दर क्षेत्रफल**	**कृषि क्षेत्रफल का कुल प्रतिशत**	**कार्बनिक प्रक्षेत्र की संख्या**
आस्ट्रेलिया	10,0000	2.20	1380
अर्जेटिना	2,9600	1.70	1779
संयुक्त राज्य अमेरिका	0.9500	0.23	6949
यूनाईटेड किंग्डम	0.7245	4.22	4057
जर्मनी	0.6969	4.10	15628
द0 अफीका	0.0045	0.05	250
चीन	0.3012	0.06	2910
जापान	0.0005	0.10	–
भारत	0.0370	0.03	5147
पाकिस्तान	0.0002	0.08	405
श्रीलंका	0.0015	0.65	3301
सम्पूर्ण विष्व	**240700**	**1.60**	**462475**

स्रोत: एस0ओ0इ0एल0 सर्वे, 2004

कार्बनिक पद्धतियों को अपनाने वाले देशों में ओसीनिया, यूरोप व लैटिन अमेरिका का नाम सबसे उपर है। इसके बाद आस्ट्रेलिया, अर्जेन्टिना व ब्राजील का स्थान आता है, जो वृहद् स्तर पर अपनी जमीन का उपयोग कार्बनिक पद्धति से खेती करने के लिए कर रहा है। अगर कार्बनिक खेती की अधिकतम सहभागिता को देखें तो यूरोपः लैचेन्सटीन, आष्ट्रिया एवं स्वीटजरलैण्ड का है। कार्बनिक विधि से उत्पादित उत्पाद की दृष्टि से यूगाण्डा, भारत तथा इथियोपिया में ज्यादा उत्पादन हैं।

सारिणी (11.8) विश्व में कार्बनिक खेती का कुल क्षेत्रफल

महाद्वीप	कार्बनिक खेती का क्षेत्रफल (हेक्टेयर)	कार्बनिक खेती के क्षेत्रफल (प्रतिशत)
अफ्रीका	1,026,632.0	0.10
यूरोप	9,204,245.0	1.90
लैटिन अमेरिका	8,558,910.0	1.37
ओसीनिया	12,152,108.0	2.82
उत्तरी अमेरिका	2,652,624.0	0.68
एशिया	3,581,178.0	0.25
कुल	**37,172,635.0**	**0.85**

स्रोतः www.organic-world.net accessed on 19-09-2011

विकासशील देशों में विश्व के 1/3 भाग यानी 11.0 मिलियन हेक्टेयर में कार्बनिक खेती होती है। उत्तरी अमेरिका एवं यूरोप कुल कार्बनिक उत्पाद का 97.0 प्रतिशत उत्पादित करता है। लघु उत्पादक तो 0.4 मिलियन हेक्टेयर में प्रमाणित कार्बनिक खेती कर रहे हैं।

सारिणी (11.9) विश्व में कार्बनिक खेती करने वाले देश (जिनका कुल क्षेत्रफल 1.0 मिलियन हेक्टेयर से ज्यादा है)

स्थान	देश	कार्बनिक खेती का क्षेत्रफल (हेक्टेयर)
1	आस्ट्रेलिया	12,001,724
2	अर्जेन्टिना	4,397,851
3	संयुक्त राज्य अमेरिका	1,948,946
4	चीन	1,853,000
5	ब्राजील	1,765,793
6	स्पेन	1,330,774
7	भारत	1,180,000
8	इटली	1,106,684

स्रोतः www.organic-world.net accessed on 19-09-2011

भारतवर्ष में कार्बनिक/जैविक खेती की प्रबल सम्भावना है, क्योंकि यहाँ पर 70 से ज्यादा किस्म की सब्जियों की खेती परम्परागत रुप से की जाती है। कार्बनिक/जैविक खेती को बढ़ावा देने के लिए पहाड़ी क्षेत्रों में 24.0 हजार हेक्टेयर क्षेत्र फल में विस्तृत कार्यक्रम चलाये जा रहे हैं (डी0डी0 न्यूज, 12 सितम्बर, 2011)।

सारिणी (11.10) भारतवर्ष में कार्बनिक/जैविक की स्थिति **(2007–08)**

कुल उत्पादन	9,76,646.0 मिलियन टन
कुल निर्यात की मात्रा	37,533.0 मिलियन टन
कुल निर्यात का मूल्य	रु0 498.00 करोण (100.4 मिलियन यू0एस0 डालर)
कुल प्रमाणीकरण का क्षेत्रफल (जंगली उत्पाद सहित)	2.8 मिलियन हेक्टेयर
कुल प्रमाणित कार्बनिक खेती का क्षेत्रफल	0.45 मिलियन हेक्टेयर
निर्यात की कुल उत्पादन में सहभागिता	4.0 प्रतिशत (लगभग)
निर्यात में पिछले वर्ष की तुलना में वृद्धि	30 प्रतिशत (लगभग)

स्रोतः एपीडा, 2011

सारिणी (11.11) कार्बनिक उत्पाद का विश्व व्यापार

वर्ष	मूल्य
2000	17.0 बिलियन यू0एस0 डालर
2003	25.0 बिलियन यू0एस0 डालर
2004	26.0 बिलियन यू0एस0 डालर
2005	31.0 बिलियन यू0एस0 डालर

स्रोतः छोंकर एवं द्विवेदी, 2004

सारिणी (11.12) कार्बनिक उत्पाद का विक्रय मूल्य

देश	बिक्रय मूल्य
संयुक्त राज्य अमेरिका	8000.0 मिलियन यू0एस0 डालर
जर्मनी	2100.0 मिलियन यू0एस0 डालर
यूनाईटेड किंग्डम	1000.0 मिलियन यू0एस0 डालर
इटली	1000.0 मिलियन यू0एस0 डालर
फ्रांस	850.0 मिलियन यू0एस0 डालर
स्वीटजरलैंड	450 मिलियन यू0एस0 डालर

स्रोतः सहोटा, 2007

कार्बनिक/जैविक खेती खेती से लाभ (Benefit of organic cultivation)

कार्बनिक/जैविक खेती से निम्नलिखित लाभ होते हैं–

- स्वास्थ्यवर्धक सब्जियाँ उपभोग के लिए प्राप्त होती हैं।
- उपभोक्ता के अनुरुप गुणवत्ता में सुधार सम्भव है।
- उत्पादन में आशातीत वृद्धि सम्भव है।
- कुल उत्पादन लागत में कमी सम्भव है।
- मृदा की भौतिक तथा रासायनिक दशा में सुधार करते हैं।
- कार्बनिक/जैविक पदार्थ, मृदा में पोषक तत्वों (मुख्य एवं सूक्ष्म) के भण्डार हैं।
- कार्बनिक/जैविक पदार्थ, सूक्ष्म जीवों को ऊर्जा प्रदान करते हैं।
- कार्बनिक/जैविक पदार्थ, मृदा में जलधारण क्षमता बढ़ाते हैं।
- मनुष्य एवं पशुओं के स्वास्थ्य की रक्षा की जा सकती है।
- पर्यावरण प्रदूषण से बचा जा सकता है।
- स्थानीय स्तर पर उपलब्ध होने से मार्ग व्यय में बचत की सम्भावना है।
- सतत् मृदा उर्वरता से सतत् खेती की सम्भावना बनी रहती है।
- प्रकृति में मित्र कीटों की सुरक्षा व्यापक पैमाने पर सम्भव है।
- कार्बनिक उत्पाद की ज्यादा माँग होने से आय वृद्धि की प्रबल सम्भावना है।
- मृदा में जैव विविधता वृद्धि की प्रबल सम्भावना है।
- कार्बनिक/जैविक खेती से कीटों एवं रोगों के प्रकोप से बचा जा सकता है।

सारिणी (11.13) कार्बनिक उत्पाद की उपज वृद्धि (प्रतिशत)

स्थान	शोधन	फसल	उपज		अशोधित की तुलना में उपज वृद्धि (प्रतिशत)
			अशोधित (कु0 हेक्टेयर)	शोधित (कु0 हेक्टेयर)	8.3
उमरी, नागपुर	एजोटोबैक्टर (Azotobacter)	भिण्डी	24.8	26.0	10.0
अम्बादा नारखेड	फास्फोरस घुलनशील जीवाणु (Phosphorus solubilizing bacteria)	बैंगन	125.0	137.5	15.8
तिवारा अमरावती	एजोटोबैक्टर (Azotobacter)	बैंगन	190.0	220.0	10.3
नागपुर सेवाग्राम	एजोटोबैक्टर (Azotobacter)	मिर्च	14.5	16.0	7.35

बोपापुर नागपुर	फास्फोरस घुलनशील जीवाणु (Phosphorus solubilizing bacteria)	फूल गोभी	34.0	36.5	6.2
चिखाली कटोल	एजोटोबैक्टर (Azotobacter)	फूल गोभी	32.0	34.5	8.9
चिचोली पार्सीवानी	एजोटोबैक्टर (Azotobacter)	भिण्डी	23.4	25.5	

स्रोत: आर0बी0डी0सी0, वी0सी0ए0, नागपुर

कार्बनिक/जैविक सब्जी उत्पादन का सिद्धान्त (Principles of organic vegetable cultivation)

कार्बनिक कृषि के वृद्धि एवं विकास का जड़ उसके मूल सिद्धान्त में हैं। ये कार्बनिक कृषि की दुनिया में महत्वपूर्ण योगदान प्रदान करते हैं और भूमण्डलीय दृष्टिकोण से कृषि के सभी विधाओं में सुधार लाते हैं (मारवाह एवं जाट, 2004)। कार्बनिक खेती निम्न सिद्धान्तों पर आधारित हैं–

1. स्वास्थ्य का सिद्धान्त (The principal of health)
2. वातावरण का सिद्धान्त (The principal of ecology)
3. सत्यता का सिद्धान्त (The principal of fairness)
4. ध्यान रखने का सिद्धान्त (The principal of care)

1. स्वास्थ्य का सिद्धान्त (The principal of health)

कार्बनिक कृषि सतत् बनी रहे और मृदा, पौध, जानवर, मानव व ग्रह के एक व स्वस्थ्य होने को मानता है। उदाहरण के लिए स्वस्थ्य मृदा से स्वस्थ्य उपज की प्राप्ति होती है, जिससे मानव व जानवर दोनों स्वस्थ्य रहते हैं। अतः यह कहा जा सकता है कि सूक्ष्म जीव से मानव तक सभी स्वस्थ तथा स्वस्थ्य वातावरण बना रहे। कार्बनिक खेती से पोषक एवं गुणवत्ता से भरपूर उपज मिलती है, जिससे रोगों से छुटकारा मिल सकती है। अतः हानिकारक उर्वरक, नाशक पदार्थ, जानवर की औषधि व खाद्य पदार्थों में मिलावट के तत्वों का प्रयोग वर्जित है।

2. वातावरण का सिद्धान्त (The principal of ecology)

कार्बनिक खेती का मुख्य सिद्धान्त वातावरणीय पद्धति व उचित फसल चक्र से है। उनके साथ कार्य करना, ज्ञान अर्जन करना व सहायता करना भी सम्मिलित है। उदाहरण के लिए फसलों के लिए जीवित मृदा वातावरण जानवरों के लिए प्रक्षेत्र वातावरण, मछलियों व समुद्रीय जीवों के लिए जलीय वातावरण आदि प्रमुख हैं। इसके साथ–साथ यह भी जरुरी है कि प्राकृतिक चक्र हमेशा बना रहे। अतः कार्बनिक प्रबंधन के अन्तर्गत स्थानीय दशाओं, वातावरण, संस्कृति व मानक का ध्यान अवश्य रखा जाना चाहिए। संतुलन बनाये रखने के लिए प्राकृतिक निवास (habitat) व आनुवंशिक व कृषि विविधता को बनाये रखना चाहिए, जो उत्पादन, प्रसंस्करण, व्यावसाय व कार्बनिक पदार्थ के उपभोग से जुड़ा है। उसे वातावरण के बचाव व लाभ हेतु मृदा संरचना बनाये रखने, मौसम, प्राकृतिक निवास, जैव विविधता, हवा व जल के प्रति सचेत व महत्वपूर्ण भूमिका अदा करनी चाहिए।

3. सत्यता का सिद्धान्त (The principal of fairness)

वातावरण व जीव का अटूट सम्बन्ध है, जो हमेशा बना रहना चाहिए। सत्यता का चरित्रीकरण समानता, आदर, न्याय व आपसी लेन–देन से होता है। अतः उत्पादन, उपभोग, प्रसंस्करणकर्ता, वितरक, व्यावसायिक आदि के बीच उचित व सत्य रुप सम्बन्ध आवश्यक है। कार्बनिक कृषि सभी को अच्छी गुणवत्तापूर्ण जीवन, प्रचुर भोजन उपलब्धता व गरीबी उन्मूलन पर आधारित है। अतः प्राकृतिक व वातावरणीय संसाधन जो उत्पादन व उपभोग के लिए आवश्यक है। इस प्रकार के समन्वय, जो सामाजिक एवं वातावरणीय रुप में आने वाली पीढ़ी के लिए विश्वास योग्य हो।

4. ध्यान रखने का सिद्धान्त (The principal of care)

कार्बनिक कृषि को सावधानीपूर्वक व जिम्मेदारी से अपनाना चाहिए। आने वाली पीढ़ी को स्वस्थ्य वातावरण मिले, ऐसी व्यवस्था करनी चाहिए। कार्बनिक कृषि जीवित व सक्रिय पद्धति है, जो आन्तरिक व बाहय माँग तथा दशा के प्रति जिम्मेदार होती है। सावधानीपूर्वक कार्बनिक पद्धति अपनाने से क्षमता व उत्पादन दोनों में वृद्धि होती है। अतः नवीनतम तकनीकी का सही मूल्यांकन व पुरानी पद्धतियों का विश्लेषण जरुरी है। सावधानी व जिम्मेदारी ही प्रबंधन, विकास व तकनीकी चुनाव का मुख्य घटक है। कार्बनिक कृषि स्वस्थ्य, सुरक्षित व वातावरण के प्रति मित्रवत बनाये रखने के लिए विज्ञान आवश्यक है, लेकिन विज्ञान अकेले ही पर्याप्त नहीं है। इसके लिए प्रायोगिक अनुभव, संकलित ज्ञान, परम्परागत व देशी ज्ञान (indigenous knowledge), समस्या समाधान में सबसे अच्छे तरीके हैं।

कार्बनिक उत्पादन पद्धतियाँ/घटक (Organic production system/components)

भट्टाचार्य एवं चक्रवर्ती, 2005 के अनुसार कुछ सामान्य प्रयोग वाली पद्धतियाँ इस प्रकार हैं–

1. वातावरणीय घटक (Climatic consideration)

कार्बनिक उत्पादन पद्धति से बहुत कम उपज प्राप्त होती है और साथ ही साथ उत्पादकता बनाये रखने के लिए क्या उगायें, कब उगायें, और कहाँ उगायें पर अतिरिक्त ध्यान देना पड़ता है। कार्बनिक खेती करने हेतु कुछ वातावरणीय बिन्दुओं पर ध्यान देना चाहिए।

- प्रतिकूल/दबावपूर्ण वातावरण में कार्बनिक खेती नहीं करनी चाहिए क्योंकि वाँछित उपज नहीं मिलती है।
- संस्तुत मौसम के उपयुक्त दिनों में ही फसल उगाया जाना चाहिए।
- आंशिक या पूर्ण बचावयुक्त वातावरण में खेती करने से गुणवत्तायुक्त, स्थिर व ज्यादा उपज प्राप्त होती है।
- ऐसे समय में खेती करें जब रोग एवं कीड़ों का प्रकोप कम हों।

2. मृदा (Soil)

कार्बनिक खेती का आधार अच्छी मृदा स्वास्थ्य एवं अवाँछित तत्वों से रहित होना है। कार्बनिक पदार्थों की मात्रा में वृद्धि करने के लिए उत्पादक को हमेशा जीवांश की उपलब्धता बनाये रखना चाहिए। यह सही है कि प्रति वर्ष उत्पादक अपने खेत में एक प्रतिशत से ज्यादा कार्बनिक पदार्थ नहीं बढ़ा पाता। इतनी मात्रा को बढ़ाने के लिए 1,000 वर्ग फीट की दर से 230.0 किलो ग्राम कार्बनिक पदार्थ खेत में प्रयोग करना पड़ेगा या प्रति वर्ष प्रति एकड़ 40,000.0 किलो ग्राम कार्बनिक पदार्थ प्रयोग करना आवश्यक होगा।

• मृदा पी0एच0 मान (Soil pH)

पोषक तत्व की उपलब्धता और मृदा जैविक गुणवत्ता को पी0एच0 मान ही संकेतक के रुप में जाना जाता है। सब्जी फसलें ऐसी हैं, जो विविध पी0एच0 मान के प्रति प्रतिरोधी है, लेकिन पी0एच0 मान 6.5–7.5 उत्तम पाया गया है। मृदा में पी0एच0 मान के स्तर को क्षेत्र में चूना (पी0एच0 मान वृद्धि करने) या तत्व के रुप में सल्फर (पी0एच0 मान कम करने) डालकर ठीक किया जा सकता है। मृदा लवणता (soil salinity) को सही करने के लिए जिप्सम का प्रयोग किया जा सकता है।

• खेत की तैयारी (Field preparation)

जैविक या कार्बनिक खेती करने के लिए खेत का समतल होना आवश्यक है, क्योंकि पोषक तत्वों की उपलब्धता ऐसे प्रक्षेत्र में उत्तम पाया गया है। खेत तैयार करने के पूर्व कार्बनिक खाद के रुप में गोबर की सड़ी खाद या वर्मी कम्पोस्ट डाला जा सकता है। गहरी जुताई करने हेतु पहले सिंचाई करना आवश्यक है, जिससे मृदा की संरचना बनी रहती है। पहली बार गहरी जुताई हैरो (harrow) से करना चाहिए, जिससे सभी कार्बनिक पदार्थ आसानी से कटकर मिट्टी में मिल जायें। इसके बाद यदि 2–3 बार जुताई हैरो से करने से खेत अच्छी प्रकार तैयार हो जाता है।

• मृदा प्रखण्ड बनाना (Soil blocking and plotting)

मृदा प्रखण्ड बनाने के लिए उसका उचित आकार (लम्बाई व चौड़ाई) में होना आवश्यक है। इससे एक समान कृषि के सभी घटकों का प्रयोग सम्भव है। मृदा प्रखण्ड स्वरुप निर्धारण के निम्नलिखित लाभ हैं–

- पोषक तत्व के प्रयोग की क्षमता बढ़ जाती है। इस स्थिति में क्यारी बना लेने के बाद पोषक तत्व का प्रयोग करते हैं, जिससे मेड़, नाली व रास्ते बनने वाले क्षेत्र में पोषक तत्व नहीं डालना पड़ता है।
- नियंत्रित दशा में सिंचाई कर पानी के प्रत्येक बूँद का उपयोग उपज (more crop per drop water) प्राप्ति में सहायक बनाया जा सकता है।
- खरपतवार कम उगते हैं, क्योंकि सिंचाई व पोषक तत्व नियंत्रित व उचित दशा में दिया जाता है।
- प्रक्षेत्र में कीड़े व बीमारियों का प्रकोप कम होता है।
- प्रत्येक प्रक्षेत्र की देखभाल सुगमतापूर्वक किया जा सकता है।

उपयुक्त क्यारी का आकार 3.0×4.0 वर्ग मीटर या 3.0×5.0 वर्ग मीटर का होता है, जो अनेकों सब्जियों को लगाने के लिए उचित पाया गया है।

3. फसल व प्रजाति (Crop and varieties)

सभी फसलें व सभी प्रजातियाँ कार्बनिक/जैविक खेती के लिए उपयुक्त नहीं हो सकती हैं। अगर देखा जाये तो इनका प्रभाव खेती करने की पद्धतियों (मुक्त या संरक्षित खेती) पर पड़ता है। शोध से स्पष्ट हुआ है कि फसलें व प्रजातियाँ पोषक तत्व, रोग, कीड़े व अजैविक कारकों से ज्यादा क्रिया करती हैं। अतः यह आवश्यक है कि ऐसी प्रजातियाँ विकसित की जायें जो कार्बनिक उत्पादन पद्धति के प्रति ज्यादा प्रभावशाली हों। इसके लिए क्षेत्र की स्थानीय प्रभेदों का एकत्रीकरण व चयन आवश्यक है, जो प्रजातियाँ क्षेत्र विशेष में कार्बनिक खेती के लिए उपयुक्त हों उसे बढ़ावा देना चाहिए, क्योंकि ये उत्पादकता, स्थायित्व और आर्थिक लाभांश के प्रति जिम्मेदार हैं। फसल व प्रजाति के चुनाव में निम्नलिखित बातों का ध्यान रखना चाहिए–

- कम मात्रा व उच्च मूल्य प्रदान करने वाली फसलों का चुनाव करना चाहिए।
- दलहनी फसलों के साथ फसल चक्र अपनाना चाहिए।
- खेती करने के लिए रोग एवं कीड़ों के प्रति अवरोधी किस्मों का प्रयोग करना चाहिए।
- हमेशा अल्प समय वाली या जल्द पकने वाली प्रजातियों का चुनाव लम्बे अवधि काल के समय करना चाहिए।
- शोध से स्पष्ट हुआ है कि भारतवर्ष में स्थानीय प्रभेद उत्पादन ज्यादा देते हैं व रोग व कीड़ों के प्रति अवरोधी भी होते हैं।

सारिणी (11.14) कार्बनिक/जैविक खेती हेतु मौसम के आधार पर फसलों का चयन

रबी	ग्रीष्मकालीन सब्जियाँ	वर्षाकालीन सब्जियाँ
ब्रोकली	लौकी	चौलाई
गांठ गोभी	नसदार तोरी	लौकी
केल (Hawk Saag)	चिकनी तोरी	कुम्हण
पार्सले	खीरा	चिकनी तोरी
पर्सनिप	कुम्हण	करेला
मेथी	पेठा	
धनिया	करेला	
मूली		
सरसों		
लहसुन		
सब्जी मटर		
पालक		
पोई		
रुहार्ब		

4. बुआई व रोपण का समय (Sowing/planting time)

सब्जियों की कार्बनिक व जैविक खेती करते समय उपयुक्त मौसम व समय का चुनाव आवश्यक है, जिससे खेत में एक समान जमाव द पौध ओज अच्छा हो। यह आवश्यक है कि पौध वृद्धि के समय वातावरण इस प्रकार बना रहे कि कम रोग व कीड़े पौध को नुकसान पहुँचायें। सामान्य रुप से मौसम के प्रारम्भ में सब्जियों की खेती की जाये तो मध्य व देर की तुलना में उत्तम परिणाम मिलते हैं। बे–मौसम की सब्जियों की खेती संरक्षित दशा में करना अच्छा होता है। कार्बनिक खेती करने के लिए ऋतुओं के आधार पर फसल समूहों को उगाना चाहिए।

5. बीज व बीज की तैयारी (Seed and seed preparation)

कार्बनिक व जैविक खेती करने के लिए आवश्यक है कि बीज उचित स्रोत से क्रय किया गया हो और सम्भव हो तो कार्बनिक विधि से तैयार बीज का ही प्रयोग करना चाहिए। प्रयास यही होनी चाहिए कि बीज प्रक्षेत्र में जब तैयार हो तो वह सूर्य के तापमान से ही सूखाया गया हो तथा उचित श्रेणी में बनाकर रखा गया हो। ऐसी प्रक्रिया के अपनाने से बीजों का जमाव ज्यादा, स्वस्थ पौध व प्रारम्भिक काल में पौध संख्या उचित होता है। घटिया किस्म के बीजों के उपयोग से कीड़ें व बीमारियों का प्रकोप ज्यादा होता है और अधिक संक्रमण की दशा में कार्बनिक विधियों से उनकी रोकथाम करना सम्भव नहीं होता है। बीज शोधन करने के लिए बीजामृत **(Beejamrut)** के 250.0 ग्राम मात्रा प्रति किलो ग्राम बीज + ट्राइकोडर्मा विरिडीस (*Trichoderma viridis*) 10.0 ग्राम प्रति किलो ग्राम बीज में मिलाकर शोधन करना चाहिए और इसे छाया में रखकर सूखाना चाहिए। इसके बाद फास्फोरस घुलनशील जीवाणु (phosphorus solubilizing bacteria) की 6.0 ग्राम मात्रा प्रति किलो ग्राम बीज में मिलाना चाहिए। शोधित बीज की 3–4 घण्टे के अन्दर बुआई करना चाहिए। बीज का शोधन पंचगव्य में 15–20 मिनट तक डुबोकर छाया में सूखाना चाहिए। इस प्रकार शोधित बीज को ट्राइकोडर्मा विरिडीस (*Trichoderma viridis*) से पुनः शोधित करना चाहिए। आवश्यक हो तो पुनः शोधन एजोटोबैक्टर (*Azotobacter*) तथा फास्फोरस घुलनशील जीवाणु (phosphorus solubilizing bacteria) से भी किया जा सकता है। दलहनी फसलों में एजोटोबैक्टर (*Azotobacter*) की जगह राइजोबियम प्रभेद (*Rhizobium* strain) का उपयोग किया जा सकता है।

6. बुआई पद्धति (Sowing method)

सब्जी फसलों की बुआई ऐसी पद्धति से किया जाना चाहिए, जिससे बीज जमाव, जड़ों का विकास तथा पौध ओज अच्छा हो। यह सही है कि उपरोक्त सभी गुण आनुवंशिक रुप से नियंत्रित होते हैं। अच्छे वातावरण प्रदान करने से उपज ज्यादा मिलती है।

क्या करें? (Dos)

- उचित दूरी रखते हुए पौधों को कतारों में लगायें।
- बीजों को वाँछित गहराई पर डालें।

- मेड़ व नाली पद्धति द्वारा बुआई करने से कन्दीय एवं गोभी वर्गीय फसलों तथा अन्य सब्जियाँ जिनकी जड़ें पानी के प्रति संवेदनशील होती हैं, अच्छा उत्पादन देती हैं।
- कद्दू वर्गीय सब्जियों को बेसिन विधि या पीट–डिग (Pit-Dig) विधि से बुआई करनी चाहिए।
- बीज जमाव के 3–4 दिनों के बाद पौधों को सूखापन देना चाहिए, जिससे जड़ें तेजी से विकसित होकर नमी व पोषण तत्वों का शोषण प्रारम्भ कर सकें।

क्या न करें? (Don'ts)

- छिटकवा विधि से बुआई न करें।
- बीजों को ज्यादा घना न बोयें।
- खड़ी फसल में सिंचाई पलेवा विधि से न करें।

7. पोषक तत्व प्रबंधन (Nutrient management)

कार्बनिक व जैविक विधि से खेती करते समय यह ध्यान रखना चाहिए कि सब्जियाँ ज्यादा पोषक तत्व का जमीन से अवशोषण करती हैं। यह सही है कि गोबर की सड़ी खाद व वर्मी कम्पोस्ट सब्जियों की खेती के लिए उत्तम स्रोत हैं, लेकिन इसके अलावा अनेकों स्रोत ऐसे हैं, जिनका प्रयोग सुगमता से किया जा सकता है।

मृदा कार्बनिक पदार्थ के घटक (Component of soil organic matter)

मृदा कार्बनिक पदार्थ मुख्य रूप से पौधों के अवशेष से बने होते हैं, जिनमें पौधों के सभी पोषक तत्व होते हैं। ये पौध पदार्थ भूमि में सड़कर पौधों को उपयोग करने वाले रूप में पोषक तत्व उलब्ध कराते हैं। मृदा कार्बनिक पदार्थ निम्न प्रकार के हैं–

- ताजा पौध अवशेष व सूक्ष्म जीव (Raw plant residue and micro-organism)
- सकिय कार्बनिक टुकड़ा (Active organic fraction)
- प्रतिरोधी या स्थायी कार्बनिक पदार्थ (Resistant or stable organic fraction)

• ताजा पौध अवशेष (Raw plant residue and micro-organism)

इसमें 1.0 से 10.0 प्रतिशत ताजा पौध अवशेष मृदा के सतह पर रहने के कारण मृदा क्षरण (हवा या जल) में कमी आती है। अगर सतह पर पौधे या उनके अवशेष बने रहते हैं, तो मृदा में अनेकों प्रकार के उपयोगी मित्र कीट एवं सूक्ष्म जीव अपना जीवन चक्र पुरा करते रहते हैं।

• सकिय कार्बनिक टुकड़ा (Active organc fraction)

इसमें 10.0–40.0 प्रतिशत सक्रिय कार्बनिक पदार्थ मृदा में कई प्रकार के सूक्ष्म जीवों को एक सुत्र में बाँधे रखने में सहायक हैं। इसके अलावा मृदा कण भी सुगमता से आपस में जुड़े रहते हैं तथा उनका विखराव नही होता है। परिणामतः मृदा संरचना में सुधार होता है तथा वातायन पर्याप्त मात्रा में होता रहता है।

प्रतिरोधी या स्थायी कार्बनिक पदार्थ (Resistant or stable organic fraction)

इसमें 40.0–60.0 प्रतिशत प्रतिरोधी या स्थायी कार्बनिक पदार्थ को जीवांश भी कहते हैं। इनकी उपस्थित से पौधों में आयनों के आदान प्रदान की क्षमता में वृद्धि होती है। शोध से स्पष्ट हुआ है कि इस प्रकार के कार्बनिक पदार्थ मृदा को गहरा रंग भी प्रदान करते हैं। मृदा में इनका विघटन बहुत धीरे–धीरे होता है। अतः मृदा उर्वरता पर इनका प्रभाव भी सक्रिय कार्बनिक पदार्थों की तुलना में कम गति से होता है।

प्रमुख स्रोत

1. कार्बनिक खाद (Organic manures)

जल के अतिरिक्त वे सब पदार्थ जो भूमि में मिलाये जाने पर उसकी उर्वरता में सुधार करते हैं 'खाद' कहलाते हैं। वैज्ञानिक दृष्टिकोण से 'खाद' में प्राकृतिक पदार्थ जैसे–घास–फूस, पेड़–पौधों के अवशेष, पशु–पक्षियों के मल–मूत्र तथा अन्य अवशेष सम्मिलित हैं। इनमें कम मात्रा में प्रायः सभी आवश्यक पोषक तत्व होते हैं। कार्बनिक खादों का प्रयोग जहाँ प्रत्यक्ष्य रूप से मुख्य और सूक्ष्म रूप से भूमि की भौतिक, रासायनिक और जैविक दशा में पर्याप्त सुधार लाते हैं। सामान्यतः 20.0–30.0 टन प्रति हेक्टेयर अच्छी प्रकार सड़ी गोबर की खाद सब्जियों की खेती के लिए उत्तम पाया गया है। इसके अलावा अलग से पोषक तत्व के रुप में वर्मी कम्पोस्ट, पोल्ट्री खाद व जैव उर्वरकों का प्रयोग करना चाहिए। शोध से स्पष्ट हुआ है कि कार्बनिक पोषक तत्वों के प्रयोग से सब्जियों की अधिक उपज प्राप्त की जा सकती है (शर्मा–2008, कुमार एवं सहयोगी, 2008)। वर्मी कम्पोस्ट (vermicompost) के द्वारा प्रचुर मात्रा में कार्बन, मुख्य पोषक तत्व के साथ–साथ सूक्ष्म पोषक तत्व प्रदान करते हैं, जो मृदा की जैविक क्रिया कलापों में वृद्धि करते हैं। फसल अवशेष भी कार्बनिक पदार्थ के उत्तम स्रोत हैं। इसके अलावा हरी खाद (ढैंचा, सनई, लोबिया आदि) व कवर फसलों (cover crops) का उपयोग उर्वरता बढ़ाने के लिए किया जा सकता है। कुछ दलहनी फसलें (मटर, लोबिया) खेत में नत्रजन की वृद्धि में सहायक होती हैं। अगर हरी खाद के रूप में 40–50 दिन बाद इन फसलों को खेत में दबा दिया जाये तो 80.0–100.0 किलो ग्राम नत्रजन प्रति हेक्टेयर सुगमता से प्राप्त हो जाता है। इस प्रकार 70.0–80.0 किलो ग्राम रासायनिक उर्वरक के प्रयोग से बचा जा सकता है। सामान्यतः ढैंचा, मूंग व ग्वार से खेत में 10.0–12.0 टन प्रति हेक्टेयर अवशेष खेत में मिल जाता है, जिससे 45.0–90.0 किलो ग्राम नत्रजन खेत को मिलता है। इसी प्रकार लोबिया व बरसीम से 15.0–30.0 टन प्रति हेक्टेयर अवशेष प्राप्त होता है, जो 65.0–70.0 किलो ग्राम नत्रजन खेत को प्रदान करते हैं (मिश्रा व नायक, 2004)।

कार्बनिक खाद का वर्गीकरण

कार्बनिक खाद को आयतन एवं वजन के अधार पर दो भागों में विभाजित करते हैं–

(i) भारी कार्बनिक खाद

(ii) हल्का कार्बनिक खाद

(i) भारी कार्बनिक खाद

भारी कार्बनिक खाद आयतन एवं वजन में ज्यादा तथा पोषण तत्व प्रतिशत में कम होते हैं। गोबर की खाद में लगभग सभी आवश्यक पोषक तत्व होते हैं, लेकिन इनका कुल प्रतिशत रासायनिक

उर्वरकों की तुलना में कम होता है। पूर्णतः सड़े हुए गोबर की खाद में क्रमशः 0.5, 0.25 एवं 0.5 प्रतिशत नत्रजन, फास्फोरस एवं पोटाश होता है। इसके अतिरिक्त इसमें जस्ता (40.0 पी0पी0एम0), तांबा (2.80 पी0पी0एम0), लोहा (1.46 पी0पी0एम0) व मैग्नीज (61.0 पी0पी0एम0) मिलता है। हरे पौधों को खेत में ही हल द्वारा मिट्टी में मिलाने की प्रक्रिया को हरी खाद देना कहते हैं। हरी खाद के रुप में उपयोग की जाने वाली मुख्यतः फसल ढैंचा, सनई, ग्वार, लोबिया आदि हैं। इनके प्रयोग से भूमि में पोषक तत्व संतुलित मात्रा में मिलते हैं। कैल्सियम, फास्फोरस, पोटैशियम, मैग्नीशियम व लोहे की पूर्ति के लिए भी ये अत्यन्त उपयोगी हैं।

(ii) हल्का कार्बनिक खाद

हल्का कार्बनिक खाद (खलियाँ–नारियल की खली, मूँगफली की खली, अलसी की खली, सरसों की खली, नीम की खली, बिनौलें की खली (छिला हुआ), अरण्डी की खली, महुआ की खली एवं चूर्ण–हड्डी चूर्ण, मछली की खाद, सूखा रक्त चूर्ण) आयतन एवं वजन में कम तथा पोषक तत्व प्रतिशत में ज्यादा होता है।

सारिणी (11.15) भारी एवं हल्का कार्बनिक खाद एवं उसमें उपलब्ध पोषक का तत्व प्रतिशत

कार्बनिक खाद	पोषक तत्व (प्रतिशत)		
	नत्रजन	फास्फोरस	पोटाश
गोबर की खाद	0.4–0.5	0.25	0.5
कम्पोस्ट सूखा	0.8	0.45	0.5
नाडेप कम्पोस्ट	1.2	0.8	1.50
वर्मी कम्पोस्ट	1.5	0.30	0.56
बायोगैस से तैयार कम्पोस्ट	1.2–2.0	1.1	0.80
हरी खाद	2.30	0.50	1.80
ढैंचा	3.50	0.60	1.20
लोबिया	3.50	0.60	1.20
सूखा खून	11.0	1.25	1.0
मछली की खाद	6.0	0.6	0.9
बोन मील (कच्चा)	3.0	22.0	–
सरसों की खली	5.1	1.8	1.1
अलसी की खली	5.5	1.4	1.2
तील की खली	6.2	2.0	1.3
नारियल की खली	3.1	2.0	1.7
सूर्यमूखी की खली	7.9	2.2	1.9
कपास के बीज की खली	6.4	2.9	2.2
मूँगफली की खली	7.2	1.5	1.3
अरण्डी की खली	4.3	1.8	1.3

महुआ की खली	2.8	0.8	1.8
नीम की खली	5.2	1.1	1.5
लकड़ी का बुरादा	1.0	0.2	1.0
म्यूंसीपल वेस्ट	0.4	0.6	0.4
गन्ने की खोई	0.49	0.42	0.34
पक्षियों की बीट	1.1–1.6	1.0–1.2	6.1–8.5
मुर्गी की बीट	3.8	1.5	1.7
गंदी नालियों के कीचड़	6.0	4.0	–
बत्तख की बीट	0.9	0.5	0.6
सुअर की खाद	0.6	0.6	0.4
बकरी की खाद	2.4	0.9	2.0
भेड़ की खाद	1.9	1.8	0.6
घोड़े की खाद	1.5	0.6	0.8
नदी की सिल्ट	0.3	0.4	0.7
धान की डंठल	–	0.2	0.3

सारिणी (11.16) विभिन्न कार्बनिक अवशिष्टों के रासायनिक संगठन

घटक	**उपचारित स्लज**	**चीनी की खाद (pressmud)**	**कालीन अवशेष**
नत्रजन (प्रतिशत)	1.75	1.05	12.5
फास्फोरस (प्रतिशत)	0.40	1.30	0.05
पोटैशियम (प्रतिषत)	0.33	0.20	0.05
जस्ता (पी0पी0एम0)	760	440	90
ताँबा (पी0पी0एम0)	130	260	20
लोहा (पी0पी0एम0)	4780	5040	20
मैगनीज (पी0पी0एम0)	250	460	20

विभिन्न सब्जियों के लिए संस्तुत गोबर की खाद की मात्रा नीचे दिया गया है–

सारिणी (11.17) सब्जियों के लिए संस्तुत गोबर की खाद की मात्रा

सब्जी फसल	**गोबर की खाद की मात्रा (टन प्रति हेक्टेयर)**
टमाटर	40.0
आलू	50.0
शकरकन्द	15.0–20.0
सलाद	25.0–30.0

खरबूजा	30.0—50.0
सेम	10.0—15.0
ग्वार	20.0—30.0
प्याज	20.0—25.0
पत्ता गोभी	30.0—45.0
अरवी	20.0—30.0
गाजर	20.0—25.0
पेठा	20.0—25.0
ब्रुसल्स स्प्राउट	35.0—40.0
फूल गोभी	20.0—25.0
स्वीट कार्न	30.0
खीरा	30.0—40.0
ककड़ी	20.0—30.0
लहसुन	25.0
तरबूज	50.0
बैंगन	50.0
मिर्च	15.0
शिमला मिर्च	25.0—30.0
सब्जी मटर	15.0
भिण्डी	25.0—30.0
फराश बीन	25.0—30.0
लोबिया	25.0—30.0
शलजम	10.0—15.0
मूली	20.0—25.0
परवल	20.0—25.0
गांठ गोभी	10.0—20.0
चुकन्दर	10.0—15.0
लौकी	30.0
करेला	20.0—25.0
तोरई	20.0—30.0
टिण्डा	20.0—30.0
कुम्हण	30.0—40.0
चिचिण्डा	25.0—30.0

मानव मल का प्रयोग

मानव मल में कम्पोस्ट व अन्य प्राकृतिक खादों की अपेक्षा अधिक पोषक तत्व मिलते हैं, जो फसलों की अच्छी पैदावार एवं खाद्यान्न गुणवत्ता को बनाये रखते हैं लेकिन बिना संशोधन किये किसी भी दशा में प्रयोग वर्जित है।

फसल अवशेष (Crop residue)

भारत में फसल अवशेष काफी मात्रा में उपलब्ध है। अतः फसल अवशेष उर्वरक का पूरक माना गया है। आलू, गन्ना, धान, गेंहूँ, मूंग, अरहर, मक्का आदि कुछ ऐसी फसलें हैं, जिनमें पर्याप्त मात्रा में फसल अवशेष व्यर्थ नष्ट हो जाते हैं। फसल अवशेष अपने पोषक मान के अतिरिक्त भूमि के गुणों में सुधार एवं प्रदान किये गये उर्वरकों की उपयोग क्षमता में वृद्धि करते हैं। इनके प्रयोग से मृदा से तत्वों का ह्वास (loss), निक्षालन, वोलेटीलाइजेशन (volatilization) और स्थिरीकरण (fixation) जैसे–रासायनिक प्रक्रमों द्वारा रुक जाते हैं।

गन्ने की खोई

देश में प्रति वर्ष चीनी मिलों या गाँवों में गन्ने की पेराई से लाखों टन खोई तैयार होती है। इसे खाद के रुप में प्रयोग किया जा सकता है। खोई में 0.25 प्रतिशत नत्रजन व 0.12 प्रतिशत फास्फोरस होता है। भली–भाँति सड़ी हुई गन्ने की खोई में 1.4 प्रतिशत नत्रजन तथा 0.45 प्रतिशत फास्फोरस होता है। गन्ने की खोई को गाँवों में जलाने के लिए प्रयोग किया जाता है, जिसे रोककर मृदा में मिलाया जा सकता है।

गन्ने के रस का उपपदार्थ (Pressmud)

यह चीनी और गुड़ उद्योग से मिलने वाला उपपदार्थ (pressmud) है। गन्ने के रस को साफ करने से काफी मैल निकलता है, जिसमें चूना एवं फास्फोरस अम्ल की मात्रा अधिक होती है। इसमें 1.0–1.5 प्रतिशत नत्रजन एवं 2.0 प्रतिशत फास्फोरस होता है। इसमें कार्बनिक पदार्थ की मात्रा 20.0–25.0 प्रतिशत होती है। गन्ने के रस के मैल में चूना 45.0 प्रतिशत होता है। चूना अधिक होने के कारण यह अम्लीय मृदा के लिए विशेष रुप से लाभदायक होता है।

लकड़ी के बुरादे की खाद (Sawdust)

यह पशुओं के नीचे बिछाली तैयार करने के काम आता है, क्योंकि इसमें मूत्र सोखने की क्षमता काफी होती है। इसमें नत्रजन 0.2 प्रतिशत तथा फास्फोरस 0.25 प्रतिशत होता है।

तम्बाकू की छिलन तथा खली

तम्बाकू की छिलन में 0.5–1.5 प्रतिशत नत्रजन, 0.8 प्रतिशत फास्फोरस तथा 0.8 प्रतिशत पोटाश होता है। तम्बाकू के बीज की खली में 4.5 प्रतिशत नत्रजन, 7.15 प्रतिशत फास्फोरस तथा 5.0–5.5 प्रतिशत पोटाश पाया जाता है।

भूसी एवं छिलके

ये पदार्थ धान के बीजों का छिलका उतारने, कूटकर साफ करने और उन पर पालिश करने के उद्योग के उत्पाद हैं। धान का छिलका मृदा सुधारक के रुप में प्रयोग किया जाता है। धान के छिलके में नत्रजन 0.3–0.5 प्रतिशत, फास्फोरस 0.2–0.3 प्रतिशत तथा पोटाश 0.3–0.5 प्रतिशत

पाया जाता है। धान के छिलकों का पोषक मान अधिक होता है। मूँगफली के छिलके में 1.5–1.8 प्रतिशत नत्रजन, 0.3–0.5 प्रतिशत फास्फोरस तथा 1.1–1.7 प्रतिशत पोटाश होता है।

चाय की छीलन

चाय बना लेने के बाद बची हुई पत्तियों में नत्रजन 2.7–3.7 प्रतिशत, फास्फोरस 0.3–0.4 प्रतिशत एवं पोटाश 1.0–1.9 प्रतिशत उपलब्ध होता है। अतः इनका प्रयोग गमलों में उग रहे सब्जियों के लिए किया जा सकता है।

जल खुम्भी

उत्तर प्रदेश, ओड़िशा, बिहार तथा पश्चिम बंगाल के अनेक भागों में नहरों, नदियों तथा तालाबों में पानी की सतह पर जलखुम्भी दूर–दूर तक फैली रहती है। इसका प्रयोग कम्पोस्ट बनाने के लिए किया जाता है। उसका प्रयोग परवल, लौकी, टमाटर आदि में पलवार के रूप में भी किया जा सकता हैं।

शुष्क खून का पाउडर (Dry blood powder)

यह बुचड़खाने से प्राप्त होता है। खून को अच्छी तरह सूखा लिया जाता है। यह पानी में विलेय होने के कारण पौधों को अतिशीघ्र प्राप्त होता है। इसमें 10.0–12.0 प्रतिशत कार्बनिक नत्रजन तथा 1.0–2.0 प्रतिशत फास्फोरस अम्ल होता है। लाल रुधिर में 13.5 प्रतिशत नत्रजन तथा अल्प मात्रा में फास्फोरस अम्ल पाया जाता है। गेंहूँ व सब्जियों की बीज उत्पादन में ज्यादा अच्छा प्रभाव देता है। इसे अन्य खादों के साथ मिलाकर मिश्रित खाद के रुप में प्रयाग किया जा सकता है।

मछलियों का चूर्ण

ताप व दाब की नियंत्रित दशाओं में सबसे पहले मछलियों का सारा तेल निकाल दिया जाता है। तेल निकालने के पश्चात् जो शेष पदार्थ बचता है, उसको सूखाकर बारीक चूर्ण बना लेते हैं और खेतों में प्रयोग करते हैं। इनमें नत्रजन 4.0–10.0 प्रतिशत, फास्फोरस 3.0–8.0 प्रतिशत तथा पोटाश 0.3–1.5 प्रतिशत होता है।

पशुओं के सींगों, खुरों तथा पक्षियों के पंखों की खाद

पशुओं के सींगों, खुरों तथा पक्षियों के पंखों की खाद प्रायः कसाई खाने से प्राप्त होती है। इन पदार्थों को गर्म करके महीन चूर्ण तैयार कर लेते हैं। इसमें नत्रजन लगभग 10.0–15.0 प्रतिशत तथा फास्फोरस 1.0 प्रतिशत पाया जाता है। पक्षियों के पंख में 15.3 प्रतिशत नत्रजन पायी जाती है। इनका मृदा में बिच्छेदन बहुत धीरे–धीरे होता है।

ऊन और रेशम के निरर्थक पदार्थ

ऊन के कारखानों में जो कूड़ा–करकट, उनकी रद्दी बचती है, वही निरर्थक पदार्थ कहलाता है। इसमें 4.0–7.0 प्रतिशत नत्रजन तथा 1.0–5.0 प्रतिशत पोटाश होता है। यह सब्जियों की खेती के लिए उत्तम खाद है।

कुक्कुट आदि की खाद

जहाँ कुक्कुट पालन होता है, वहाँ मुर्गे, मुर्गी व बत्तखों की बीट खाद के लिए एकत्रित की जाती है। इनका किण्वन बहुत जल्दी होता है। अतः पोषक तत्व तुरन्त पौधों को प्राप्त हो जाते हैं। इनमें नत्रजन 3.8 प्रतिशत, फास्फोरस 3.5 प्रतिशत, पोटाश 1.7 प्रतिशत तथा कार्बनिक पदार्थ 50–60 प्रतिशत होता है।

ग्वानों

यह समुद्री पक्षियों की सूखी बीट होती है। मरे हुए समुद्री पक्षियों और उन पक्षियों द्वारा खायी गयी मछलियों के अवशेष भी मिले रहते हैं। इसमें नत्रजन का अंश 7.0–16.0 प्रतिशत तथा फास्फोरिक अम्ल 8.0–12.0 प्रतिशत तक होता है। ग्वानों में अधिक नत्रजन, अमोनियम लवणों के रुप में होती है। इसलिए यह पौधों को आसानी से मिल जाती है।

तालाब में जमा कचरा (Tank silt)

गाँवों के तालाबों में अनेक प्रकार की वनस्पतियाँ सड़ती रहती हैं। वर्षा के दिनों में पास के खेतों से महीन कण काफी मात्रा में पानी के साथ बहकर तालाबों में आकर एकत्रित होते रहते हैं। इन मिट्‌टी के कणों में सड़ा हुआ कार्बनिक पदार्थ मिल जाता है। इस कचड़े तथा मिट्‌टी को तालाब से खोदकर खाद के रुप में प्रयोग किया जाता है। इसमें 3.0 प्रतिशत नत्रजन, 0.3 प्रतिशत फास्फोरस एवं 0.3 प्रतिशत पोटाश होता है। यह मृदा सुधारक का अच्छा काम करता है।

सारिणी (11.18) कार्बनिक खेती के लिए आवश्यक पोषक तत्व

सब्जी फसल	कार्बनिक खाद की आवश्यकता मात्रा (टन प्रति हेक्टेयर)
लौकी	10.0 टन प्रति हेक्टेयर गोबर की खाद + गोबर की खाद 20.0 टन प्रति हेक्टेयर की दर से
	10.0 टन प्रति हेक्टेयर गोबर की खाद + पोल्ट्री की खाद 5.0 टन प्रति हेक्टेयर की दर से
	10.0 टन प्रति हेक्टेयर गोबर की खाद + 5.0 टन प्रति हेक्टेयर की दर से
खीरा	10.0 टन प्रति हेक्टेयर गोबर की खाद + पोल्ट्री की खाद 5.0 टन प्रति हेक्टेयर की दर से
मूली	10.0 टन प्रति हेक्टेयर गोबर की खाद + नीम की खली 5.0 कुन्तल प्रति हेक्टेयर
	10.0 टन प्रति हेक्टेयर गोबर की खाद + गोबर की खाद 20.0 टन प्रति हेक्टेयर की दर से
ब्रोकली	10.0 टन प्रति हेक्टेयर गोबर की खाद + गोबर की खाद 20.0 टन प्रति हेक्टेयर की दर से
	10.0 टन प्रति हेक्टेयर गोबर की खाद + पोल्ट्री की खाद 5.0 टन प्रति हेक्टेयर की दर से
	10.0 टन प्रति हेक्टेयर गोबर की खाद + वर्मी कम्पोस्ट 5.0 टन प्रति हेक्टेयर की दर से
	10.0 टन प्रति हेक्टेयर गोबर की खाद + नीम की खली 5.0 कुन्तल प्रति हेक्टेयर
मटर	10.0 टन प्रति हेक्टेयर गोबर की खाद + वर्मी कम्पोस्ट 5.0 टन प्रति हेक्टेयर की दर से
लूफा	गोबर की खाद 20.0 टन प्रति हेक्टेयर की दर से

केंचुए की खाद या वर्मी कम्पोस्ट (Vermi compost)

वर्तमान समय में वर्मी कम्पोस्ट सब्जी उत्पादन में एक नई दिशा प्रदान कर रहा है। चार्ल्स डार्विन पहले वैज्ञानिक थे, जिन्होंने केचुओं को मृदा उर्वरता बढ़ाने में सहायक पाया। उन्होंने स्पष्ट किया कि क्रीपी क्राउली (creepy-crawly) जीव सही मायने में मिट्टी के माली (gardener) हैं, क्योंकि ये जमीन में पड़े पदार्थों को सड़ाते हैं और पोषक तत्वों का पुनर्चक्रण करते हैं। भावलकर अर्थवर्म रिसर्च इंस्टीट्यूट, पुणे (Bhawalkar Earthworm Research Institute, Pune) में केंचुओं पर व्यापक शोध किया जा रहा है। केंचुए के अलावा जमीन पर गिरने वाले फल, फूल, सब्जियाँ या उनके उत्पाद मिट्टी में मिलकर सब्जियों की फसल के लिए गुणवत्ता प्रदान करते हैं।

वर्मी कम्पोस्ट के लाभ (Benefit of vermicompost)

वर्मी कम्पोस्ट एक कार्बनिक खाद है, जो केचुआ अपनी भोजन को खाकर बाहर निकालता है। इसके निम्नलिखित लाभ हैं–

1. यह खाद गंधहीन व स्वच्छ कार्बनिक पदार्थ है, जिनमें प्रचुर मात्रा में नत्रजन, फास्फोरस, पोटाश तथा अन्य सूक्ष्म तत्व पाये जाते हैं, जो पौधों की वृद्धि में सहायक हैं।
2. कार्बनिक खेती में वर्मी कम्पोस्ट सबसे उत्तम खाद मानी जाती है।
3. यह अविषालु तथा पर्यावरण के प्रति मित्रवत है।
4. यह खराब व कूड़े–करकट को खाद में बदलता है, जो प्रदूषण को भी रोकता है।

वर्मी कम्पोस्ट एवं गोबर की सड़ी खाद का पोषक तत्व की दृष्टि से तुलनात्मक विवरण नीचे की सारिणी में दिया गया है–

सारिणी (11.19) वर्मी कम्पोस्ट एवं गोबर की सड़ी खाद का तुलनात्मक विवरण

पोषक तत्व	वर्मी कम्पोस्ट	गोबर की सड़ी खाद
नत्रजन (प्रतिशत)	1.6	0.5
फास्फोरस (प्रतिशत)	0.7	0.2
पोटाश (प्रतिशत)	0.8	0.5
कैल्सियम (प्रतिशत)	0.5	0.9
मैग्नीशियम (प्रतिशत)	0.2	0.2
लोहा (पी0पी0एम0)	175.0	146.5
मैग्नीज (पी0पी0एम0)	96.5	69.0
जस्ता (पी0पी0एम0)	24.5	14.5
तांबा (पी0पी0एम0)	5.0	2.8
कार्बन : नत्रजन	15.5	31.3

वर्मीवाश (Vermiwash)

किसान उपज बढ़ाने के लिए अपने खेतों में अनेकों प्रकार के तरल पदार्थ का उपयोग करते हैं। वर्तमान समय में वर्मीवाश (vermiwash) का प्रयोग सब्जियों में उत्पादन के साथ–साथ गुणवत्ता बढ़ाने के लिए किया जा रहा है। वर्मीवाश में पाये जाने वाले घटकों को नीचे की सारिणी में दिया गया है–

सारिणी (11.20) वर्मीवाश में पाये जाने वाले घटक

घटक	मात्रा
पी0एच0 मान	7.48 ± 0.03
इलेक्ट्रो संचालकता डी0एस0/एम0	0.25 ± 0.03
कार्बनिक कार्बन (प्रतिशत)	0.008 ± 0.001
कुल नत्रजन (प्रतिशत)	0.01 ± 0.005
उपलब्ध फास्फेट (प्रतिशत)	1.69 ± 0.05
पोटैशियम (पी0पी0एम0)	25.0 ± 2.0
सोडियम (पी0पी0एम0)	8.0 ± 1.0
कैल्सियम (पी0पी0एम0)	3.0 ± 1.0
तांबा (पी0पी0एम0)	0.01 ± 0.001
फेरस (पी0पी0एम0)	0.06 ± 0.001
मैग्नीशियम (पी0पी0एम0)	158.44 ± 23.42
मैग्नीज (पी0पी0एम0)	0.58 ± 0.040
जस्ता (पी0पी0एम0)	0.02 ± 0.001
कुल हेट्रोट्राफ्स (सी0एफ0यू0/मिली लीटर)	1.79 × 103.0
नाइट्रोसोमोनास (सी0एफ0यू0/मिली लीटर)	1.01 × 103
नाइट्रोबैक्टर (सी0एफ0यू0/मिली लीटर)	1.12 × 103.0
कुल फफूँद (सी0एफ0यू0/मिली लीटर)	1.46 × 103.0

2. जैव उर्वरक या जीवाणु खाद (Biofertilizers)

जैविक खाद या जैव उर्वरक फसलों में पोषक तत्वों की पूर्ति हेतु अत्यन्त प्राकृतिक, सस्ते एवं आसानी से प्रयोग किये जाने वाली खाद हैं। सम्पूर्ण रासायनिक उर्वरकों का लगभग 10.0 प्रतिशत भाग अकेले सब्जियों में प्रयोग होता है। 14वीं विश्व कार्बनिक कांग्रेस (2002) के अनुसार अमेरिका में प्रतिदिन 44.0 एकड़ जमीन रासायनिक खादों के प्रयोग से बंजर होती जा रही है। इसके अतिरिक्त मृदा में असंतुलन विशेषकर मृदा में गंधक, जस्ता एवं मैग्नीशियम की कमी, मृदा सूक्ष्म जीवों पर हारिकारक प्रभाव, मृदा जल का प्रदूषित होना तथा मृदा का लवणीय तथा क्षारीय होना रासायनिक उर्वरकों के दुष्परिणाम हैं। सूक्ष्म जीव लगभग प्रति वर्ष 131.0 मिलियन टन मृदा में पोषक तत्व संरक्षित करते हैं। अतः जैविक खेती अपनाकर रासायनिक उर्वरकों के दुष्परिणाम से बचा जा सकता है। यह विभिन्न प्रकार के सूक्ष्म जीवों का वह जीवित पदार्थ है, जिनकों लिग्नाइट धारक पदार्थों

के माध्यम से प्रयोगशाला में तैयार किया जाता है, जो वायुमंडल में उपस्थित नत्रजन के स्थिरीकरण तथा मृदा में उपस्थित अविलेय फास्फोरस की विलेयता बढ़ाने का कार्य करते हैं। जीवाणु खादों में उपलब्ध जीवाणु कई प्रकार के स्राव भी विसर्जित करते हैं, जिनमें इंजाइम, विटामिन्स, हार्मोन्स तथा कई प्रकार के वृद्धि नियामक पदार्थ होते हैं। ये फसल की अंकुरण क्षमता एवं पौधों के विकास में सहायक होते हैं। जीवाणु खादों के प्रयोग से पौधों में कवक रोगों के प्रति सहनशीलता भी बढ़ जाती हैं। जीवाणु खाद आर्थिक दृष्टि से बहुत सस्ते होने के साथ–साथ भूमि के उपर कोई कुप्रभाव नहीं डालते व साथ ही प्रयोग में भी सुविधाजनक होते हैं। जैविक खेती अपनाने से शुरुआती 3 वर्षों तक रासायनिक खेती की अपेक्षा कम उपज प्राप्त होती है, लेकिन बाद के वर्षों में लाभप्रद एवं सतत् व अच्छा उत्पादन प्राप्त किया जा सकता है। भारत वर्ष में जीवाणु खादों की माँग बढी है।

सारिणी (11.21) भारत वर्ष में अनुमानित जीवाणु खादों की माँग

जीवाणु खाद समूह	**मात्रा (मिलियन टन)**
राइजोबियम (Rhizobium)	35,730.0
एजेटोबैक्टर (Azotobacter)	1,62,610.0
एजोस्पिरिलम (Azospirillum)	77,160.0
नील हरित शैवाल (Blue Green Algae or BGA)	2,67,510.0
फास्फोरस को घुलनशील बनाने वाले जीवाणु (Phosphorus solublizing Bacteria or PSB)	2,75,510.0
कुल योग	8,18,730.0

स्रोत: अभय फाडके, 2001

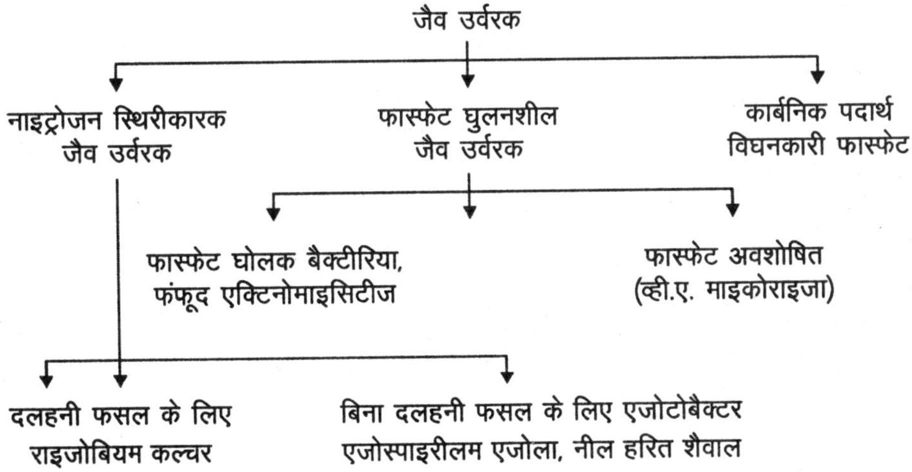

जीवाणु खाद से लाभ (Benefit of biofertilizer)

जीवाणु खाद से निम्न लाभ हैं–

1. जीवाणु खाद के प्रयोग से फसलों के पैदावार में वृद्धि होती है।

2. इनके प्रयोग से जमीन में नत्रजन की मात्रा में वृद्धि होती है। इस प्रकार सस्ते व सर्वसुलभ जीवाणु, मँहगें रासायनिक खादों के पूरक हैं।
3. पौधों की उत्पादन क्षमता में वृद्धि होती है।
4. जीवाणु खाद से पौधों का जल्दी और अधिक विकास होता है, जिससे पौधे जमीन से ज्यादा पोषक तत्व प्राप्त कर सकते हैं।
5. ये जीवाणु अपनी कार्य प्रक्रियाओं द्वारा कई प्रकार के स्राव अपने शरीर से विसर्जित करते हैं, जिनमें इन्जाइम, विटामिन बी–12 और अनेक प्रकार के पादप वृद्धि नियामक पदार्थ होते हैं, जो अंकुरण क्षमता बढ़ाने तथा विकास में सहायक होते हैं।
6. एजेटोबैक्टर (Azotobacter) के स्राव से भूमि में विद्यमान हानिकारक फफूँद आदि को कुछ हद तक नष्ट करने में सहायक होते हैं, जिससे पौधे कई भूमिगत रोगों से अपना बचाव कर सकते हैं।

जीवाणु खाद की अन्य विशेषताएँ (Other quality of biofertilizer)

1. जीवाणु खाद विषैले नही होते हैं।
2. जीवाणु खाद की कार्य क्षमता उसकी कीमत से कई गुना अधिक है।
3. जीवाणु खाद से बीजों तथा पौधों की जड़ों को उपचारित करना बहुत आसान है।
4. जीवाणु खाद की थैलियों को एक स्थान से दूसरे स्थान पर ले जाना आसान है।

सारिणी (11.22) भारत वर्ष में जैविक उर्वरकों के उत्पादन की सांख्यिकी

राज्य का नाम	उत्पादन (टन)				
	2002–03	2003–04	2004–05	2005–06	2006–07
अण्डमान एवं निकोबार आईलैण्ड	0.0	0.0	0.0	0.0	0.0
आंध्र प्रदेश	299.00	205.00	2019.50	2246.43	4500.62
दमन एवं द्वीव	0.0	0.0	0.0	0.0	0.0
कर्नाटक	1355.26	1083.40	1135.86	67.84	341.64
केरल	54.85	54.85	213.25	8.34	261.75
लक्षद्वीप	0.0	0.0	0.0	0.0	0.0
पोण्डीचेरी	29.62	22.62	0.0	7.78	1827.78
तमिलनाडु	1779.46	1845.50	1564.94	2207.57	1770.29
छत्तीसगढ़	0.0	86.95	0.0	0.0	0.0
गुजरात	554.13	1034.85	943.00	1371.60	1250.62
गोआ	0.0	0.0	0.0	0.0	3.5
मध्य प्रदेश	900.00	1300.45	1333.94	823.07	1204.76
महाराष्ट्र	3179.20	3035.00	3049.98	2098.96	2425.96
राजस्थान	354.00	590.01	30.64	430.59	339.75
दादर एवं नगर हवेली	0.0	0.0	0.0	0.0	0.0

दिल्ली	0.0	0.0	1.36	1.23	0.0
चण्डीगढ़	0.0	0.0	0.0	0.0	0.0
हरियाणा	10.90	22.54	20.16	23.48	30.22
हिमाचल प्रदेश	5.90	9.48	10.30	9.59	0
जम्मू एवं कश्मीर	0.0	0.0	0.0	0.0	0.0
पंजाब	2.95	2.95	0.37	2.27	2
उत्तर प्रदेश	201.64	115.98	130.27	486.30	212.78
उत्तराखण्ड	0.0	0.0	0.0	0.0	0.0
बिहार	15.63	0.0	15.00	41.00	36.9
झारखण्ड	0.0	0.0	0.0	9.00	205.62
ओड़िशा	46.10	59.31	32.62	65.97	280.54
पश्चिम बंगाल	214.50	226.53	74.29	194.60	1406.48
अरूणाचल प्रदेश	0.0	0.0	0.0	0.0	0.0
आसाम	57.93	88.50	25.20	106.20	84.65
मणिपुर	0.0	0.0	0.0	0.0	0.0
मेघालय	0.0	0.0	0.0	0.0	0.0
मिजोरम	1.14	1.14	0.0	0.0	1.68
नागालैण्ड	0.72	8.03	0.0	17.03	10.65
सिक्किम	0.0	0.0	0.0	0.0	0.0
त्रिपुरा	1.86	5.80	0.0	0.0	23.25
कुल योग	**9064.79**	**9798.89**	**10600.69**	**10218.85**	**16145.254**

स्रोतः राज्य सरकार/क्षेत्रीय केन्द्र/असहकारी संस्थायें

जैविक खादों के समूह

इस वर्ग के जैविक खादों को पाँच समूहों में विभाजित किया गया है–

1. सहजीवी नत्रजन स्थिरीकरण करने वालें राइजोबियम जीवाणु समूह
2. स्वतंत्र रुप से नत्रजन स्थिरीकरण्ण करने वाले जीवाणु समूह
3. फास्फोरस को घुलनशील बनाने वाले जीवाणु समूह (PSB)
4. नील हरित शैवाल (Blue Green Algae or BGA)
5. अजोला (Azolla)
6. सींग की खाद

1. सहजीवी नत्रजन स्थिरीकरण करने वाले जीवाणु (*Rhizobium* group)

दलहनी फसलों जैसे मटर, ग्वार, मेथी आदि की जड़ों में राइजोबियम जीवाणु प्राकृतिक रुप से सहजीवन (symbiosis) व्यतीत करते हैं। दलहनी फसलों की जड़ों पर 2 प्रकार की ग्रंथियाँ पायी जाती हैं–

1. सक्रिय
2. निष्क्रिय

सक्रिय ग्रंथियों की संख्या कम, आकार में बड़ी, मध्य में गुलाबी रंग की होती हैं, जो इनमें उपस्थित लेगहिमोग्लोबिन (**leghemoglobin**) के कारण होता है और पौधों में नत्रजन स्थिरीकरण का मुख्य हिस्सा होता है। सामान्यतः ग्रंथियों का व्यास विभिन्न दलहनी सब्जियों में 2.0–10.0 मिली लीटर तक होता है। निष्क्रिय ग्रंथियाँ छोटी, सफेद, संख्या में अधिक व पूरे जड़तंत्र पर दूर–दूर तक फैली होती हैं।

राइजोबियम दो प्रकार के होते हैं–

(अ) शीघ्र बढ़ने व अम्ल पैदा करने वाले

इस प्रकार के जीवाणु मेथी में राइजोबियम मेलीलोटी, मटर में लेग्यूमिनोसेरम, राजमा में, फैजियोली, तथा सोयाबिन में जेपोनिकम प्रजाति के नाम से जाने जाते हैं।

(ब) मंद बढ़ने वाले व क्षारीयता पैदा करने वाले

इस प्रकार के जीवाणु लोबिया में राइजोबियम (*Rhizobium*) नाम से जाने जाते हैं। राइजोबियम कल्चर से उपचारित दलहनी सब्जियाँ 50.0–100.0 किलो ग्राम नत्रजन प्रति हेक्टेयर की दर से स्थिर कर सकती हैं, जो उत्पादन को 10.0–50.0 प्रतिशत बढ़ाने में सहायक हैं।

सारिणी (11.23) दलहनी फसलों से प्राप्त होने वाले पोषक तत्वों का विवरण

फसल	पोषक तत्व (प्रतिशत)		
	नत्रजन	फास्फोरस	पोटाश
ढैंचा	0.62	–	–
सनई	0.75	0.12	0.51
उड़द	0.58	0.18	0.53
मूंग	0.72	0.18	0.53
लोबिया	0.71	0.15	0.58

2. स्वतंत्र रुप से नत्रजन स्थिरीकरण करने वाले जीवाणु (Free nitrogen fixing organism)

इस वर्ग में एजोटोबैक्टर (*Azotobacter*) व एजोस्पिरिलम (*Azospirillum*) आते हैं, जो फसल के जड़ क्षेत्र में स्वतंत्र नत्रजन को एकत्रित करने में महत्वपूर्ण योगदान प्रदान करते हैं। इनका प्रयोग विभिन्न सब्जियों जैसे मूली, तरबूज, टमाटर, बैंगन, मिर्च, भिण्डी, गाजर, फूल गोभी, प्याज, लहसुन, खरबूजा, आलू तथा अन्य गोभी वर्गीय में सक्रिय जीवाणु कल्चर से शोधन करने पर 15.0–20.0 प्रतिशत तक उपज बढ़ाया जा सकता है। बीजोपचार से 10.0–20.0 प्रतिशत तक नत्रजन प्रति हेक्टेयर तक की बचत होती है। एजोटोबैक्टर कल्चर से भूमि में इनकी संख्या बढ़ जाती है तथा ये जीवाणु मुक्त रुप से मृदा में पौधों की जड़ों के पास रहते हैं और वायुमण्डलीय नत्रजन स्थिरीकृत कर स्रावित करते रहते हैं। परिणामस्वरुप पौधों के उपयोग हेतु नत्रजन की मात्रा में वृद्धि करते हैं।

ये जीवाणु भूमि में कई प्रकार के सक्रिय पदार्थ तथा विभिन्न पादप वृद्धि नियामक स्रावित करते हैं, जिससे बीजों की जमाव तथा जड़ों की फैलाव क्षमता बढ़ती है।

सारिणी (11.24) दलहनी फसलों से नत्रजन का स्थिरीकरण तथा अवशेष से प्राप्त होने वाले पोषक तत्वों

फसल	उर्वरक नत्रजन समान (किलो ग्राम नत्रजन प्रति हेक्टेयर)	
	नत्रजन स्थिरीकरण क्षमता	अवशेष का अन्य खाद्य फसल पर (cereal crop) प्रभाव
अल्फाल्फा	100–300	–
क्लोवर	100–150	83
चना	3–141	60–70
लोबिया	53–85	60
मूंग	50–55	30
मूँगफली	112–152	60
ग्वार	37–196	–
मसूर	35–100	18–30
मटर	46	20–32
अरहर	68–200	20–49
सोयाबीन	49–130	–

3. फास्फोरस को घुलनशील बनाने वाले जीवाणु (Phosphorus solublizing Bacteria or PSB)

इस प्रकार के कल्चर को तैयार करने में जीवाणुओं की कुछ प्रजातियों जैसे स्यूडोमोनास स्ट्रीएटा, वैसिलस पालीमिटा, माइक्रोकोकस इत्यादि का प्रयोग किया जाता है, जो मृदा में अम्लीय अघुलनशील एवं अकार्बनिक फास्फेट को सरल एवं घुलनशील बनाकर पौधों को उपलब्ध कराने में सहायक होते हैं। फास्फेटिक उर्वरकों का केवल 10.0–20.0 प्रतिशत भाग ही पौधों को उपलब्ध हो पाता है, शेष मृदा में स्थिर एवं अघुलनशील अवस्था में पड़ा रहता है। दलहनी फसलों में इस कल्चर का उपयोग करने से जड़ों में ग्रंथियाँ अच्छी बनती हैं, जिससे नत्रजन स्थिरीकरण अच्छा होता है। विभिन्न प्रयोगों के आधार पर राक फास्फेट उर्वरक के साथ इस कल्चर का उपयोग करने से लगभग 40.0 प्रतिशत तक सुपर फास्फेट की बचत की जा सकती है तथा 10.0–50.0 प्रतिशत तक वृद्धि हो सकती है। इसे बीजोपचार एवं जड़ोपचार के रुप में प्रयोग कर सकते हैं।

4. नील हरित शैवाल (Blue Green Algae or BGA)

शैवाल नीले–हरे रंग की विशेष प्रकार की काई (algae) होती है। नमी वाले स्थान पर जहाँ पर्याप्त मात्रा में प्रकाश होता है नील हरित शैवाल संश्लेषण द्वारा ऊर्जा प्राप्त करती हैं। तथा वायुमण्डल से 20.0–25.0 किलो ग्राम प्रति हेक्टेयर नत्रजन का यौगीकरण करने में सक्षम होती है, जो 60.0 किलो ग्राम प्रति हेक्टेयर अमोनियम सल्फेट के बराबर है। यह पौधों को नत्रजन

उपलब्ध कराने के साथ–साथ मृदा की क्षारीयता को भी काफी कम करती है और कार्बनिक पदार्थ की मात्रा बढ़ाती है। शैवाल जब एक बार खेत में आ जाती है, तो लगातार अपनी वृद्धि करती रहती है।

5. अजोला (Azolla Fern)

अजोला (Azolla) एक जलफर्न (Fern) है, जिसका उपयोग जैव उर्वरक (biofertilizer) के रुप में करते हैं। इसमें लगभग 35.0 प्रतिशत नत्रजन एवं अन्य कार्बनिक पदार्थ होते हैं अर्थात् अजोला द्वारा नत्रजन का स्थिरीकरण होता है। इसके उपयोग में भूमि की उर्वरा शक्ति के साथ–साथ कुल उत्पादन में 5.0–20.0 प्रतिशत तक वृद्धि होती है।

6. वैम (VAM-Vascular Arbuscular Mycorrhiza)

वैम (VAM-Vascular Arbuscular Mycorrhiza) एक विशेष प्रकार का जैव उर्वरक है, जो जैविक खेती हेतु बहुत ही उपयोगी सिद्ध हो रहा है। हमारी मृदा में अनेकों प्रकार के बहु उपयोगी सूक्ष्म जीव प्रचुर मात्रा में पाये जाते हैं, जो अपनी विभिन्न दैहिक क्रियाओं के द्वारा मिट्टी की उर्वरा शक्ति एवं उत्पादकता को बढ़ाते हैं। इतना ही नहीं इन सूक्ष्म जीवों का फसल उत्पादन क्षमता को बढ़ाने में बहुत महत्वपूर्ण योगदान है। यह गुण उन सूक्ष्म जीवों के वातावरणीय नत्रजन के स्थिरीकरण, अघुलनशील फास्फेट को घुलनशील करके पौधों के उपयोगी बनाने तथा अन्य अपघटनकारी प्रक्रियाओं के सम्पादित करने के कारण होता है। वैम जैव उर्वरक मिट्टी एवं वातावरण के लिए बहुत ही लाभकारी एवं सुरक्षित होते हैं। ये सब्जी की उत्पादकता को बढ़ाते हैं, अन्य जीवों के साथ प्रतिस्पर्धात्मक व्यवहार करते हैं तथा अजैविक घटकों के प्रति रोधिता प्रदान करते हैं। वैम एक प्रकार की सहजीविता है, जो सूक्ष्म जीवों, मृदा व पौधों के जड़ों के बीच होता है। इसमें कुछ मुख्य सूक्ष्म जीवों जैसे राइजोबियम (*Rhizobium*), एजोटोबैक्टर (*Azotobacter*), एजोस्पिरिलम (*Azospirillum*), पी0एस0एम0 (Phosphorus Solublizing bacteria) आदि को मिट्टी (जीव रहित किये हुए) के साथ मिलाकर किया जाता है। वैम विशेषतः जड़ों के आस–पास उपस्थित पोषक तत्वों को एकत्र कर जड़ कोशिकाओं को पहुँचा देते हैं। माइकोराइजा (Mycorrhiza), सामान्यतः पौध एवं फफूँद के बीच एक लेन–देन का सम्बन्ध स्थापन है, जो सक्रिय पौध वृद्धि की अवस्था में सम्पादित होता है। माइकोराइजा फफूँद (fungus) पौधों के जड़ों एवं मृदा के बीच एक पूल (bridge) का निर्माण करता है, जो आस–पास उपस्थित पोषक तत्वों को एकत्र कर पौधों की जड़ों को प्रदान करता है। माइकोराइजा दो प्रकार के होते हैं–

1. इक्टो माइकोराइजा (Ectomycorrhizal or EM)
2. इण्डो माइकोराइजा (Endomycorrhizal or AM)

1. इक्टो माइकोराइजा (Ectomycorrhizal or EM)

इक्टो माइकोराइजा जड़ कोशिकाओं के बीच अपनी कवक तन्तु (hyphae) को फैलाता है। इक्टो माइकोराइजा मुख्यतः चीड़, देवदार आदि में ज्यादा सक्रिय होते हैं।

2. इण्डो माइकोराइजा (Endomycorrhizal or AM)

इण्डो माइकोराइजा अपने कवक तन्तु (hyphae) को कोशिका के अन्दर प्रवेश कराता है। इण्डो माइकोराइजा फफूँद मुख्यतः घासों, कोमल पौधों, कुछ पेड़ों तथा अन्य फसलों में सक्रिय होते हैं।

वैम फफूँद ग्लोमस मूसी (*Glomus mosseae*), ग्लोमस कंस्ट्रीक्टम (*Glomus constrictume*), ग्लोमस फेसीकुलेटम (*Glomus fasciculatum*), गीगास्पोरा ग्लीमोरे (*Gigaspora glimorei*), एक्यूलोस्पोरा लेविस (*Acaulospora levis*), ग्लोमस पालिडम (*Glomus pallidum*), स्क्लेरोसीस्टीस माइक्रोकोर्पा (*Sclerocystis microcarpa*), ग्लोमस माइक्रोकार्पस (*Glomus microcarpus*), (ग्लोमस माइक्रोकार्पम–*Glomus microcarpum*), ग्लोमस क्लारम (*Glomus clarum*),, ग्लोमस इटुनीकैटम (*Glomus etunicatum*) व ग्लोमस जीवोस्पोरम (*Glomus geosporum*), ज्यादा उपयोगी हैं। इन कवकों की उपस्थिति के कारण वैम जैव उर्वरक पौधों एवं फसलों की बढ़वार एवं स्वास्थ्य पर अनुकूल प्रभाव डालते हैं।

भारी धातु के प्रति सहनशील वैम फफूँद (Tolerant Arbuscular Mycorrhiza (AM) to heavy metals)

सारिणी (11.25) भारी धातु के प्रति सहनशील वैम फफूँद

भारी धातु (Heavy metals)	**भारी धातु के प्रति सहनशील वैम फफूँद (Tolerant Arbuscular Mycorrhiza (AM) to heavy metals)**
कैडमियम (Cd)	ग्लोमस मूसी (*Glomus mosseae*), गीगस्पोरा स्पीशीज (*Gigaspora* spp.)
लेड (Pb)	ग्लोमस इन्ट्राराडीसेज (*Glomus intraradices*)
निकल (Ni)	ग्लोमस टेनूइ (*Glomus tenue*), गीगास्पोरा स्पीशीज (*Gigaspora* spp.)
जिंक (Zn)	ग्लोमस फेसीकुलेटम (*Glomus fasciculatum*), ग्लोमस मूसी (*Glomus mosseae*), ग्लोमस एम्बीस्पोरम (*Glomus ambisporum*)
कैडमियम (Cd) व कापर (Cu)	ग्लोमस कालेडोनियम (*Glomus caledonium*), ग्लोमस मूसी (*Glomus mosseae*)
जिंक (Zn) व लेड (Pb)	ग्लोमस मूसी (*Glomus mosseae*), ग्लोमस माइक्रोकार्पम (*Glomus microcarpum*)
जिंक (Zn) कैडमियम (Cd) कापर (Cu) लेड (Pb) व लेड (Pb)	ग्लोमस कालेडोनियम (*Glomus caledonium*)

स्रोतः खान, 2005

वैम उर्वरक के महत्वपूर्ण गुण (Quality of VAM)

1. यह पौधों के स्वास्थ्य एवं वृद्धि में अपना महत्वपूर्ण योगदान देते हैं। इसका प्रमुख कारण यह है कि ये भूमि में उपस्थित फास्फोरस, नत्रजन एवं अन्य सूक्ष्म तत्वों जैसे तॉबा, जस्ता आदि को पौधों के उपयोग के अनुसार निर्मित करते हैं।

2. वैम जैव उर्वरक पौधों के नत्रजन उपयोग क्षमता को बढ़ाते हैं, जिसके कारण पौधों को दिया गया नत्रजन पूरी मात्रा में पौधों को प्राप्त होता है।
3. यह जैविक नत्रजन संग्रहण क्षमता को भी बढ़ता है एवं पौधों की जड़गांठ निर्माण क्षमता को भी बढ़ाता है।
4. वैम जैव उर्वरक मृदा संरचना को बरकरार रखते हैं एवं पौधों की जड़ों के समुचित विकास द्वारा पौधों को स्थायित्व प्रदान करते हैं।
5. वैम जैव उर्वरक पौधों की सूखा सहनशीलता को बढ़ाता है तथा पौधे को प्रतिकूल परिस्थितियों (जल की कमी) से लड़ने में भी मदद करता है।
6. वैम जैव उर्वरक, सूत्रकृमि (nematode) द्वारा होने वाले क्षति को भी कम करता है।
7. यह पौधे की जड़ों की सतह पर पाये जाने वाले सूक्ष्म जीवों जैसे एजोस्पिरिलम, एजेटोवैक्टर (Azotobacter) एवं राइजोबियम (Rhizobium) आदि की भी जनसंख्या में वृद्धि करते हैं।
8. यह पौधे के अन्य वातावरणीय समस्याओं से लड़ने में मदद करते हैं।

उपयोग विधि (Method of application)

वैम (VAM) जैव उर्वरक प्रकृति के लिए फायदेमंद एवं मृदा के लिए बहुत ही असरदार होते हैं। इन जैव उर्वरकों का प्रयोग पौध रोपण से पूर्व करने पर यह बहुत ही उपयोगी होते हैं। कुछ रोपित किये जाने वाले फसलों जैसे टमाटर, मिर्च, बैंगन, फूल गोभी, पत्ता गोभी आदि के पौधशाला में इनका छिड़काव बहुत ही उपयोगी एवं लाभकारी पाया गया है। बीजों पर वैम जैव उर्वरकों का लेप भी बहुत ही असरदार होता है।

उपयोग (Use)

विभिन्न पौधों के लिए वैम जैव उर्वरकों की मात्रा भिन्न–भिन्न होती है। फल वर्गीय पौधों एवं जंगली पौधों के लिए वैम जैव उर्वरक की 20.0–25.0 ग्राम मात्रा प्रति पौधे के हिसाब से जब पौधशाला तैयार की जाये, देनी चाहिए तथा यही मात्रा तब दी जाये, जब पौधा पूर्णतया स्थापित हो जाये। इस अवस्था में वैम जैव उर्वरक को पौधे के 1.0–2.0 फीट व्यास में देना चाहिए। सामान्यतः वैम जैव उर्वरक की 3.0–5.0 किलो ग्राम मात्रा प्रति एकड़ के हिसाब से देने पर यह काफी असरदार एवं लाभकारी पाया गया है।

उपयोग में आवश्यक सावधानियाँ

वैम जैव उर्वरक का उपयोग करते समय कुछ सामान्य बातों को ध्यान में रखना चाहिए, जो निम्न हैं–

1. वैम जैव उर्वरक को तेज धूप से बचायें।
2. वैम जैव उर्वरक के साथ रासायनिक उर्वरकों एवं जीवनाशी रसायनों का प्रयोग न करें।
3. वैम जैव उर्वरक को छायादार व ठण्डे स्थान पर रखें।

8. सींग की खाद (Horn manure)

जीवाणु खाद निर्माण में जमीन में साधारणतया 60.0 सेन्टी मीटर लम्बा, 60.0 सेन्टी मीटर चौड़ा और 60.0 सेन्टी मीटर गहरा गढ्ढा खोदकर उसमें लगभग एक सप्ताह तक सींग को भरने के लिए गाय का गोबर एकत्रित किया जाता है और मृतक पशु के सींग को साफकर उसमें गीला गोबर भरकर इसे गढ्ढे में दबा दिया जाता है। जीवाणु खाद के लिए गोबर भरे सींग को दबाये हुए गढ्ढे के उपर 15.0 सेन्टी मीटर ऊँचाई का गोबर का वर्गाकार चबुतरा बना दिया जाता है, जो सुरक्षा की दृष्टि से उचित है। सामान्यतः 6 माह की अवधि व्यतीत होने के बाद गढ्ढा खोदकर उसमें दबे हुए सींग निकाल दिये जाते हैं। इस प्रकार एक सींग से उनकी क्षमतानुसार 40.0–100.0 ग्राम जीवाणु खाद बनकर तैयार हो जाती है। इस विधि से प्राप्त जीवाणु खाद को 150.0–200.0 लीटर पानी में घोलकर 1.0 एकड़ क्षेत्रफल में प्रथम समय बीज बुआई से पहले, द्वितीय समय बीज के अंकुरित होने पर एवं तृतीय समय दाना आने से पूर्व अर्थात् कुल मिलाकर 3 बार इस खाद का छिड़काव करने पर सामान्य से डेढ़ गुणा तक अधिक सब्जी फसल की उपज प्राप्त की जा सकती है। जर्मनी में जीवाणु खाद को 'होम फर्टिलाइजर' (home fertilizer) के रुप में इस्तेमाल किया जाता है।

सब्जियों में जीवाणु खाद या जैव उर्वरकों की प्रयोग विधि (Methods of application)

जीवाणु खाद या जैव उर्वरकों का प्रयोग तीन प्रकार से किया जाता है–

1. बीजोपचार विधि (Seed treatment)
2. नवोद्भिद पौध जड़ शोधन विधि (Seedling treatment)
3. मृदा शोधन विधि (Soil treatment)

1. बीजोपचार विधि (Seed treatment)

बीज शोधन के लिए 150.0 ग्राम गुड़ या चीनी को 400.0–500.0 मिली लीटर पानी में मिलाकर गर्म करके गाढ़ा घोल तैयार करते हैं तथा ठण्डा करके उसमें जैव उर्वरक (3 पैकेट) मिलाकर 10.0–12.0 किलो ग्राम बीज के उपर समान रुप से छिड़ककर मिलाते हैं, जिससे बीजों पर जीवाणु खाद की एक बारीक परत जम जाती है। इसके बाद शोधित बीज को छाया में सूखाने के बाद सायंकाल खेत में बुआई करते हैं। बीजों को फफूँदनाशक व कीटनाशक दवा से उपचारित करना हो तो पहले फफूँदनाशक और बाद में कीटनाशक दवा से उपचारित करना चाहिए तथा अन्त में जीवाणु खाद से उपचारित करना चाहिए।

2. नवोद्भिद पौध जड़ शोधन विधि (Seedling treatment)

सामान्यतः टमाटर, बैंगन, मिर्च, गोभी वर्गीय सब्जियाँ (पत्ता गोभी, फूल गोभी, शलजम, ब्रोकली आदि) तथा प्याज व लीक के पौध की जड़ों को रोपण से पूर्व 2.0–2.5 किलो ग्राम जैव उर्वरक, 10.0–12.0 लीटर पानी तथा 200.0–300.0 ग्राम गुड़ के साथ तैयार घोल में जो एक हेक्टेयर खेत में रोपण के लिए पर्याप्त है, का प्रयो करना चाहिए। साधारणतया 15–20 मिनट तक जड़ों को डूबोने के बाद मुख्य खेत में रोपण करना चाहिए।

3. मृदा शोधन विधि (Soil treatment)

जैव उर्वरक को सीधे खेत में प्रयोग के लिए प्रति हेक्टेयर 10.0–12.0 किलो ग्राम जैव उर्वरक की 80.0–100.0 किलो ग्राम भुरभुरी महीन मिट्टी या गोबर की भुरभुरी खाद में मिलाकर बीज बुआई या पौध रोपण के 24 घण्टे पूर्व खेत में समान रुप से छिड़ककर मिला देना चाहिए। प्रयोग के समय मृदा में हल्की नमी व कार्बनिक खाद अवश्य हो। सामान्यतः जैव उर्वरकों का छिड़काव मृदा में सायंकाल करना चाहिए।

जीवाणु खाद के प्रयोग की सावधानियाँ

जीवाणु खाद वस्तुतः जीवित जीवों का समूह है। अतः इनके प्रयोग के समय कुछ विशेष सावधानियाँ बरतनी चाहिए–

1. थैले पर लिखी या अनुशंसित फसलों के लिए ही जीवाणु खाद का प्रयोग करना चाहिए।
2. थैले पर प्रयोग हेतु लिखी अन्तिम तारिख से पूर्व प्रयोग करना चाहिए।
3. कल्चर को तेज धूप, अत्यधिक ठण्डक व गर्मी से बचाकर रखना चाहिए एवं कल्चर के थैले को 30.0 डिग्री सेल्सियस से कम तापमान पर भण्डारित करना चाहिए।
4. थैले पर लिखे प्रयोग दिशा निर्देश का पालन करना चाहिए।
5. कल्चर को रासायनिक खादों व दवाओं के साथ नही मिलाना चाहिए।
6. पारायुक्त रसायन से उपचारित बीजों के लिए कल्चर की दुगुनी मात्रा का प्रयोग करना चाहिए।
7. यदि कवकनाशी तथा कीटनाशी दोनों से बीजोपचार किया जाना आवश्यक हो, तो सर्वप्रथम कवकनाशी फिर कीटनाशी से तथा अन्त में जीवाणु खाद से बीजोपचार करना चाहिए एवं इसके क्रम में परिवर्तन नहीं करना चाहिए अन्यथा जीवाणु खाद निष्प्रभावी हो जायेगा।
8. अम्लीय तथा क्षारीय भूमि में उपचारित बीजों के उपर कैल्सियम कार्बोनेट या जिप्सम की परत चढ़ाकर ही बीज की बुआई करनी चाहिए।
9. एक थैला कल्चर एक एकड़ भूमि के लिए प्रयुक्त बीजों को उपचारित करने हेतु पर्याप्त होता है। ज्यादा प्रयोग करने से कोई दुष्परिणाम नही होता हैं।
10. उपचारित बीजों को छाया में सुखाकर तुरन्त बुआई करना चाहिए।
11. भूमि में पर्याप्त नमी होना आवश्यक है।
12. प्रत्येक फसल के लिए निर्धारित फास्फोरस की मात्रा अवश्य डालें।
13. जीवाणु खाद को गुड़ के अत्यधिक गर्म घोल में नहीं मिलाना चाहिए अन्यथा जीवाणु मर जायेंगे।

जैविक खेती में पादप संरक्षण के लिये आवश्यक अन्य बिन्दु

1. सस्य क्रियाओं जैसे–किस्मों का चुनाव बुआई, फसल, चक्र एवं फसलों का चुनाव सही ढंग से करना चाहिए।
2. गर्मियों में गहरी जुताई करें, जो सुप्तावस्था में पड़े कीड़ों, सूक्ष्म जीवाणुओं तथा अण्डों को नष्ट करने में सहायक होती हैं।
3. खेतों के आस–पास रिक्त पड़ी जमीन में तथा फसलों के बीच खरपतवारों को उगते ही उखाड़कर नष्ट कर दें।
4. पौधशाला में मिट्टी को हल्की गीली करके सफेद पालीथीन से ढककर मृदा सौर्यीकरण (soil solarization) 10–15 दिन तक अवश्य करें।
5. पौधशाला में नीम की खली 50.0–100.0 ग्राम प्रति वर्गमीटर क्षेत्रफल के हिसाब से प्रयोग करें।
6. कीट एवं रोग रोधी तथा सहनशील स्थानीय किस्मों का चयन करें।
7. रोगरहित, स्वस्थ, एवं प्रमाणित बीजों का प्रयोग करें।
8. बीजों को गर्मी की तेज धूप में काले कपड़े/पालीथीन पर सुखाकर कीटाणुओं से मुक्त करें।
9. पौधशाला में पौधों को एग्रोनेट या नायलोन की 40 मेश या छोटे छिद्र वाली जाली से ढककर रखें ताकि सफेद मक्खी तथा अन्य कीटों से बचाव हो तथा विषाणुजनित रोगों को फैलने से रोका जा सकें।
10. मुख्य फसलों से कीड़ों को आकर्षित करने के लिए अन्य फसलों का प्रयोग करें जैसे अरण्ड़ी एवं गेंदा। फूल गोभी एवं पत्ता गोभी में हरी सूँड़ी–शीर्ष सरसों तथा टमाटर की 15–20 लाइनों के बाद गेंदा लगावें।
11. फेरोमोन ट्रेप (pheromon trap) एवं प्रकाश पाश (light trap) द्वारा प्रौढ़ कीटों को पकड़कर नष्ट कर देवें।
12. रोग एवं कीड़े लगे पौधों को प्रारम्भिक अवस्था में ही उखाड़कर नष्ट कर देवें।
13. नीम की निम्बोली (neem seed karnel) का 5.0 प्रतिशत अर्क खड़ी फसल में छिड़काव करें।
14. गौमूत्र एवं गाय के गोबर का अर्क का छिड़काव करें जो न केवल माहूँ या जैसीड को नियंत्रित करता है, बल्कि पौधों की वृद्वि को भी बढ़ाता है।
15. भूमि में नीम, अरण्डी या करंज की खली का प्रयोग करें, जिससे कीड़े एवं बीमारियों का नियन्त्रण होता है साथ ही मृदा को पोषण भी मिलते है।

बायोडायनेमिक कृषि

परिभाषा – पृथ्वी, मृदा एवं प्रकृति के विभिन्न पहलुओं का ब्रह्मण्डीय शक्तियों के साथ सामंजस्य स्थापित कर मृदा की उर्वरा शक्ति को बनाये रखते हुए अधिक उत्कृष्ट उपज प्राप्त करने

की विधा को बायोडायनेमिक कृषि के नाम से सम्बोधित किया जाता है। बायोडायनेमिक ग्रीक भाषा के दो शब्दों से मिलकर बना है– बाओसःजीवन, डायनेमिकःशक्ति अर्थात् जीवन–शक्ति।

उद्देश्य – मृदा की संरचना सुधार कर एवं पोषक तत्वों की उपलब्धता बढ़ाकर पौधे की संतुलित बढ़वार एवं भूमि उर्वरा शक्ति की निरंतरता बनाये रखना बायोडायनेमिक कृषि का मुख्य उद्देश्य है।

सिद्धान्त

1. भूमि की उर्वरता बनाये रखने हेतु भूमि में जैविक पदार्थ उचित दशा में बनाये रखना।
2. भूमि एक जीवित प्रणाली है, जिसमें सूक्ष्म जीवाणु असंख्य संख्या में विद्यमान होते हैं, जहाँ वे स्थापित, पोषित एवं बढ़ते रहते हैं।
3. जैविक पदार्थों की उपलब्धता भूमि की उर्वरता का मुख्य आधार माना जाता है।
4. इस पद्धति में मृदा के जीवन एवं स्वास्थ्य के बारे में समग्रतापूर्वक विचार किया जाता है। पौधा प्रकाश एवं उर्जा के प्रभाव में विकसित होता है जिसमें वे रासायनिक रूप से गतिशील स्वरूपों में परिवर्तित हो जाते हैं जो विभिन्न जीव प्रक्रियाओं के उपयोग में आ जाते हैं।
5. प्रमुख अवयवों एवं ऊर्जा तत्वों की पारस्परिक क्रिया द्वारा ही भूमि में एक संतुलित व्यवस्था स्थापित होती है जिसमें पौधे स्वस्थ रूप से विकसित होते हैं। इस प्रकार इस विधि का उद्देश्य ही संतुलित व्यवस्था बनाकर जीवन को बनाये रखना है।
6. भूमि की रासायनिक अथवा जैव रासायनिक व्यवस्था के अलावा भौतिक संरचना यथा–दानेदार, भुर–भुरी, गहरी, अच्छी हवादार संरचना अच्छी उर्वरता का द्योतक है।

बायोडायनेमिक उत्पाद–बायोडायनेमिक कम्पोस्ट, बायोडायनेमिक प्रिपरेशन 500–507, काऊ पैट पिट (सी0पी0सी0) तरल खाद आदि।

कम्पोस्ट क्या है?– कार्बनिक पदार्थों के सूक्ष्म जैविक विघटन के फलस्वरूप तैयार उत्पादन जिसे ह्यूमस (**humus**) की संज्ञा दी जा सकती है जिसका पुनः विघटन न हो उस पदार्थ को कम्पोस्ट कहते हैं। कम्पोस्टिंग का मुख्य ध्येय है विघटन प्रक्रिया के फलस्वरूप तत्वों का कम से कम क्षति एवं लाभकारी मृदा जीवाणुओं को उत्प्रेरित करना।

बायोडायनेमिक कम्पोस्ट

1. बायोडायनेमिक कम्पोस्ट क्या है–

अप्रयुक्त गोबर, खेत में उपलबध सूखी पत्तियाँ, बेकार हरी पत्तियाँ, रसोई के सड़–गल सकने वाले पदार्थ आदि का उपयोग निश्चित नमी, वायु एवं गर्म वातावरण में करते हुए उत्प्रेरक के रूप में प्रयुक्त जंगली घास यथा–येरा–एचिलिया मीलीफोलियम, कैमोगाइल मैट्रीकेरिया कैमोमिला,

बिच्छू घास–अरटिका डायोका, ओकबार्क– करकस रोबर, डेन्डेलियन–टेरेक्सकम आफिसिनेल, वेलेरियम–वेलेरियेना आफिसिलेलिस के सहयोग से कम से कम समय में तैयार खाद को "बायोडायनेमिक कम्पोस्ट" कहते हैं।

2. बनाने हेतु आवश्यक सामग्री

(क) **नत्रजन बाहुल्य (प्रोटिनेशियस)**– गोबर, हरी पत्तियाँ, कटे फल, सब्जियों के डण्ठल, हरे खरपतवार, रसोई के सड़–गल सकने वाले पदार्थ, फिश वेस्ट, ब्लड मील, बोनमील आदि जिनमें उच्च स्तर का नाइट्रोजन पाया जाता हो, प्रयोग करें।

(ख) **कार्बन बाहुल्य (कारबोनेशियस)**– सूखी पत्तियाँ, सूखे खरपतवार, नारियल का जूट, पतवार, भूसा, धान का पैरा, मक्का का सूखा पौधा आदि जिनमें उच्च स्तर का कार्बन पाया जाता हो, प्रयोग करें।

(ग) **खनिज पदार्थ एवं अन्य**– राक पाउडर, लाइम पाउडर (चूना), फास्फेट राक, टैंक सिल्ट, लकड़ी की राख, पुरानी कम्पोस्ट खाद, लकड़ी के चार फीट के 5–6 टुकड़े, पानी आवश्यकतानुसार, उत्प्रेरक के रूप में प्रयुक्त किये जाने वाले बायोडायनेमिक तैयारी 502–507 की प्रत्येक की एक–एक ग्राम मात्रा प्रयोग की जाये।

3. बायोडायनेमिक कम्पोस्ट तैयार करने की विधि–

1. भूमि पर जहाँ कम्पोस्ट बनाना हो दो मीटर चौड़ा तथा पाँच मीटर लम्बा क्षेत्र का चयन कर लें।
2. लकड़ी के लम्बे टुकड़ों को दो मीटर चौड़े कम्पोस्ट क्षेत्र के बीचो–बीच पाँच मीटर लम्बाई तक रखें जिससे बीचो–बीच हवा पास कर सके।
3. नत्रजनयुक्त पदार्थों में उपलब्ध वस्तुओं की 6.0 इंच मोटी एक सतह लकड़ी के टुकड़ों पर दो मीटर चौड़ा तथा पाँच मीटर लम्बा बिछा दिया जाये।
4. इसके बाद स्लरी या गोबर को पानी में घोलकर 3.0 सेन्टी मीटर मोटी तह बिछा दी जाये।
5. इस तह पर छः इंच मोटी कार्बन बाहुल्य पदार्थ की एक तह बिछा दी जाये।
6. इसके बाद पुनः स्लरी या गोबर के घोल की 3.0 सेन्टी मीटर तह बिछाई जाये।
7. इसी प्रकार एक तह हरे पदार्थ की तथा एक तह सूखे पदार्थ की तथा दोनों तहों के बीच में गोबर का घोल डालकर यह प्रक्रिया 1.5 मीटर ऊँचाई तक कर दिया जाये।
8. प्रत्येक सूखे पदार्थ की सतह को पानी से अच्छी तरह भिगोयें।
9. खनिज पदार्थ का प्रयोग प्रत्येक सतह पर छिड़क कर करें।
10. अब 2.0 मीटर चौडे पाँच मीटर लम्बे एवं 1.5 मीटर ऊँचे कम्पोस्ट हीप को गोबर एवं मिट्टी से अच्छी प्रकार परत चढ़ा दी जाये।

11. इसके बाद लम्बाई की तरह 1.5 मीटर ऊँचे कम्पोस्ट के बीचो–बीच 30.0 सेन्टी मीटर गहरे पाँच छेद करें जो डायगोनल हो। दो छिद्र कम्पोस्ट हीप के ऊपर भी करें।
12. इन पाँचों छेदों बायोडायनेमिक प्रिपरेशन 502–506 की एक–एक ग्राम मात्रा डालकर छेद को गोबर से बन्द कर दिया जाये।
13. बायोडायनेमिक प्रिपरेशन 507 की 1 मिली लीटर मात्रा को 13 लीटर पानी में 15 मिनट तक घड़ी की दिशा एवं विपरीत दिशा में डन्डी से चलाते हुए भंवर बनाकर कम्पोस्ट हीप के ऊपरी दो छिद्रों में तथा पूरे कम्पोस्ट हीप पर छिड़क दिया जाये।
14. दो माह बाद कम्पोस्ट हीप के ऊपरी सतह को नीचे तथा नीचे की सतह को ऊपर कर पलट दिया जाये। पलटने के दो माह में कम्पोस्ट तैयार हो जायेगी।

4. कम्पोस्ट तैयार होने का समय

चार से छः माह में कम्पोस्ट तैयार हो जाती है।

5. बायोडायनेमिक कम्पोस्ट का प्रयोग

- शाक–भाजी फसलों में 20 क्यूबिक मीटर प्रति एकड़ प्रति वर्ष।
- फलदार पौधों में 10 क्यूबिक मीटर प्रति एकड़ प्रति वर्ष।
- हरी एवं खाद्यान्न फसलों में 5 क्यूबिक मीटर प्रति एकड़ प्रति वर्ष।

6. बायोडायनेमिक कम्पोस्ट बनाने में सावधानियाँ

1. कम्पोस्ट हीप बनाने तक उचित अनुपात में नमी उपलब्ध रहनी चाहिए।
2. सूखे पदार्थों की तह को अच्छी तरह भिगो लेना चाहिए।
3. कम्पोस्ट हीप की लम्बाई पूरब–पश्चिम दिशा में रखनी चाहिए। इससे उपयुक्त हवा मिलने पर एरोबिक बैक्टीरिया को सहायता मिलती है।
4. कम्पोस्ट हीप के नीचे की चौड़ाई 2 मीटर तथा ऊपरी चौड़ाई 1.5 मीटर होनी चाहिए।
5. पाँच क्यूबिक मीटर से अधिक लम्बा कम्पोस्ट हीप (compost hip) बनाने पर बायोडायनेमिक प्रिपरेशन की अतिरिक्त मात्रा डाली जाये।
6. सामान्यत 25 किलो ग्राम खनिज पदार्थ 5 क्यूबिक मीटर कम्पोस्ट हीप हेतु पर्याप्त है।

7. बायोडायनेमिक कम्पोस्ट के लाभ

- मृदा में ह्यूमस (humus) पदार्थ की वृद्धि करता है।
- केंचुओं की क्रियाशीलता एवं उनके प्रजनन में सहायता प्रदान करता है।
- मृदा में जीवाणुओं की संख्या में वृद्धि करता है।

- पौधों को आवश्यक पोषक तत्वों की पूर्ति करता है।
- मृदा उर्वरता एवं जल धारण क्षमता में वृद्धि करता है।
- स्थिर अच्छी मृदा संरचना प्रदान करता है।

सींग की खाद

1. बायोडायनेमिक प्रिपरेशन 500 (सिंग की खाद) क्या है–

पृथ्वी, सूर्य, चन्द्रमा तथा अन्य नक्षत्रों के संयुक्त सामंजस्य में विशेष रूप से गाय के गोबर को सींग में भरकर तैयार की जाने वाली खाद को सींग की खाद या बी0डी0 प्रिपरेशन 500 कहते हैं।

2. सींग की खाद बनाने हेतु आवश्यक सामग्री–

मरी हुई दुधारू गाय की सींग, गाय का ताजा गोबर, पुरानी कम्पोस्ट खाद, मिट्टी।

3. सींग की खाद तैयार करने की विधि–

- मरी हुई दुधारू गाय की सींग एकत्र कर ली जाये।
- भूमि में 2 मीटर चौड़ा, 4 मीटर लम्बा तथा 1.5 फीट गहरा गढ्ढा खोद लिया जाये।
- सींग में दुधारू गाय के ताजे गोबर को भर दिया जाये।
- खोदे गये गढ्ढे में भरी हुई सींगों को सितम्बर–अक्टूबर के शुक्ल पक्ष में भूमि में गाड़ दिया जाये।
- गढ्ढे को मिट्टी एवं कम्पोस्ट मिलाकर भर दिया जाये।
- सींगों को मार्च–अप्रैल के कृष्ण पक्ष में गढ्ढे से निकाल दिया जाये।
- सींगों से खाद निकालकर मिट्टी के बर्तन में इकट्ठा कर किसी ठंडे स्थान पर रख लिया जाये।

4. सींग की खाद तैयार होने का समय

छः माह के अन्दर सींग की खाद तैयार हो जाती है।

5. सींग की खाद का प्रयोग

- सामान्यतः 25.0 ग्राम सींग की खाद साढ़े तेरह लीटर पानी में मिलाकर एक घण्टे तक घड़ी की दिशा एवं विपरीत दिशा में डन्डी से हिलाते हुए भवर बनाकर छिड़काव किया जाये।
- इस खाद का प्रयोग बीज बुवाई/रोपाई से पहले सायंकाल झाड़ू या गिलास से भूमि में छिड़काव दिया जाये।
- सामान्यतः 25.0 ग्राम खाद एक एकड़ हेतु पर्याप्त है।
- सींग की खाद का प्रयोग एक वर्ष में दो बार किया जाये।
- सींग की खाद का भूमि में प्रयोग कृष्ण पक्ष में किया जाये।

6. सींग की खाद बनाने में सावधानियाँ

- ताजा गोबर लेने से पहले गाय को खूब पौष्टिक आहार देना चाहिए।
- मरी हुई दुधारू गाय की सींग में गोल छल्ले बने होते हैं।
- सींगों की उपलब्धता के आधार पर गढ्ढे की लम्बाई कम कर सकते हैं।
- गढ्ढा खोदते समय यह ध्यान रहे कि गढ्ढे की गहराई टाप स्वायल से अधिक न होने पाये।
- सींगें छोटी बड़ी होने पर उसे वर्गीकृत कर छोटी सींगों को गढ्ढे में सबसे आगे उसके बाद मध्यम आकार वाली सींगे होनी चाहिए।
- गढ्ढा भरते समय 50 प्रतिशत मिट्टी व 50 प्रतिशत कम्पोस्ट मिलाकर भरना चाहिए।
- तैयार खाद में मीठी खुशबू होनी चाहिए।

7. सींग की खाद के लाभ

- भूमि में नत्रजन तत्व की मात्रा को बढ़ाता है।
- ह्यूमस बनने की प्रक्रिया को बढ़ाता है।
- जड़ों की वृद्धि अच्छी होती है।
- राइजोबियम बैक्टीरिया की क्रियाशीलता को बढ़ाता हैं।
- भूमि की जलधारण क्षमता बढ़ाता है।
- अच्छी स्थिर मृदा संरचना प्रदान करता है।
- केंचुओं की क्रियाशीलता बढ़ाता है।
- भूमि, भुरभुरी, हवादार एवं जड़ें गहरी जाने में वृद्धि करता है।
- प्रकाश संश्लेषण को प्रभावी बनाता है।

8. बायोडायनेमिक उत्प्रेरक (बी0डी0 501)

बी0डी0 501, मार्च–अप्रैल में चन्द्र की उत्तरायण की स्थिति में गाय के सींग को अच्छी प्रकार साफ कर इन सींगों में सिलिका का लेप भरकर भूमि में बी0डी0 500 की तरह गढ्ढे में सीधा रख देते हैं। अक्टूबर–नवम्बर में सींगों को चन्द्र की उत्तरायण की स्थिति में निकाल कर शीशे के बर्तन में घर की खिड़की के पास प्रकाश में भण्डारित करते हैं।

एक ग्राम सिलिका उत्प्रेरक को 13.5 लीटर पानी में 1 घण्टा तक घड़ी की तथा इसके विपरीत दिशा में भंवर बनाते हुए प्रातःकाल अच्छी प्रकार मिलाया जाता है। छिड़काव प्रातःकाल सूर्योदय के सयम चन्द्र की उत्तरायण की स्थिति में किया जाता है। प्रयोग से पौधों में कीट तथा व्याधि के प्रति सहिष्णुता बढ़ती है।

9. बायोडायनेमिक प्रिपरेशन 502–507 क्या है–

विघटन की प्रक्रिया को प्रेरित करने हेतु उत्प्रेरक के रूप में प्रिपरेशन 502–507, जंगली एवं औषधीय घास (येरा, कैमोमाइल, बिच्छू घास, ओकबार्क, डेन्डेलियन एवं बेलेरियम फूलों एवं पत्तियों) को ब्लैडर, आंत खोपड़ी एवं मिसेन्ट्री में भरकर तैयार किया जाने वाला प्रिपरेशन बी0डी0 प्रिपरेशन 502–507 कहलाता है। इसका प्रयोग बायोडायनेमिक कम्पोस्ट, तरल खाद एवं काऊ पैट पिट बनाने में किया जाता है।

10. वर्मीवाश (Vermiwash)

वर्मीवाश (तरल) ड्रम/मिट्टी के बड़े बर्तन में रखे केंचुओं की अधिक संख्या से बनाया जाता है। तरल में मुख्य एवं सूक्ष्म तत्वों के अलावा हारमोन एवं विटामिन भी पाये जाते हैं। वर्मीवाश का प्रयोग फसलों एवं फलों की वृद्धि एवं अधिक उत्पादन हेतु किया जाता है।

11. बायोडायनेमिक तरल खाद एवं कीटनाशी

यह दलदली पौधों एवं नीम की पत्तियों, मछली के कचरे, अरण्डी, करंज, मदार एवं सदाबहार की पत्तियों द्वारा बनाया जाता है। करंज, नीम मदार, सदाबहार, अरण्डी एवं लैण्टाना की पत्तियों द्वारा बनाये गये तरल खादों में कीट एवं रोग निवारक गुण होते हैं।

12. बायोडायनेमिक वृक्ष लेप

बायोडायनेमिक खेती में फल वृक्षों के पोषण एवं कीट/व्याधियों से सुरक्षा में बायोडायनेमिक वृक्ष लेप का अधिक महत्व है। वृक्ष लेप वृक्षों की बीमारियों से सुरक्षा एवं स्वास्थ्य प्रदान करता है। तने एवं शाखाओं पर घाव को बन्द एवं बीमारियों से मुक्त करता है। कटाई–छँटाई के बाद प्रयोग करने पर नये शाखाओं की वृद्धि में सहायक होता है। आजकल मात्र गाय के गोबर का मोटा लेप भी प्रभावी देखा गया है जिसके उपयोग को प्रोत्साहित किया जा रहा है।

काऊ पैट पिट (Cow Pat Pit or C.P.P.)

1. काऊ पैट पिट क्या है–

गाय के गोबर से एक निश्चित आकार के गढ्ढे में बनायी जाने वाली खाद सी0पी0पी0 या "काऊ पैट पिट" कहलाती है।

2. काऊ पैट पिट बनाने हेतु आवश्यक सामग्री–

- दुधारू गाय का ताजा गोबर 60.0 किलो ग्राम।
- लगभग 50 ईट या लकड़ी का 1.5 फीट चौड़ा व 90 सेन्टी मीटर लम्बा दो पटरा तथा 45 सेन्टी मीटर चौड़ा व 60 सेन्टी मीटर लम्बा 2 पटरा।
- सामान्यतः 200 ग्राम बोर स्वायल या बेसाल्ट या बेनटोनाइट।

- सामान्यतः 200 ग्राम अण्डे के छिलके का पाउडर।
- बायोडायनेमिक प्रिपरेषन 502–507 प्रत्येक की एक–एक ग्राम मात्रा।
- चटाई या लोहे का टिन।
- टाट या जूट का बोरा।
- पानी एक बाल्टी।

3. काऊ पैट पिट खाद बनाने की विधि–

- भूमि में 90 सेन्टी मीटर लम्बा, 60 सेन्टी मीटर चौड़ा तथा 45 सेन्टी मीटर गहरा गढ्ढा खोद लिया जाये।
- गढ्ढे की चारों दीवारों में ईटें। या लकड़ी का पतला पटरा लगा दिया जाये।
- गाय के ताजे गोबर में अण्डे का पाउडर तथा बोर स्वायल या बेसाल्ट मिलाकर 3 चौथाई गढ्ढा गोबर से भर दिया जाये।
- बी0डी0 प्रिपरेशन 502–507 प्रत्येक की एक–एक ग्राम मात्रा गोबर की सतह पर अँगूठे से छेदकर डाल दें तथा छेद बंद कर दें।
- बी0डी0 प्रिपरेशन 507 की 1.0 मिली लीटर मात्रा को 350 मिली लीटर पानी में 10 मिनट तक घड़ी की दिशा एवं विपरीत दिशा में भंवर बनाते हुए डण्डी से हिलाकर गोबर की सतह पर एवं दीवारों पर छिड़क दिया जाये।
- टाट के टुकड़े को गीला कर गढ्ढे को ढँक दिया जाये।
- गढ्ढे के ऊपर कोई छाया जैसे चटाई या टिन रखकर एक सिरा ऊँचा कर दें।
- एक माह बाद गढ्ढे की खाद को ऊपर नीचे कर पलट दिया जाये।

4. काऊ पैट पिट की खाद तैयार होने का समय

गढ्ढे में 2–3 माह में खाद तैयार हो जाती है। अच्छी तैयार खाद में मीठी सुगन्ध होती है।

5. काऊ पैट पिट की खाद का प्रयोग

- सामान्यतः 500–1000 ग्राम तक को 40–45 लीटर पानी में रात भर भिगोकर तरल खाद के रूप में प्रातः 10 मिनट तक घड़ी की दिशा व विपरीत दिशा में डण्डी से हिलाते हुए भंवर बनाकर छिड़काव करें। यह मात्रा एक एकड़ हेतु पर्याप्त है।
- सामान्यतः 40 लीटर पानी में 1 किलो ग्राम काऊ पैट पिट खाद मिलाकर ट्री पेस्ट के रूप में प्रयोग किया जा सकता है।
- इसका प्रयोग ग्राफ्टिंग, रूटिंग, रूट डिपिंग आदि में किया जा सकता है।

- फलों एवं शाकभाजी फसलों में 250–500 ग्राम प्रति एकड़ फफूंदीनाशक में मिलाकर प्रयोग किया जा सकता है।
- गमले में मिट्टी के साथ मिलाकर भरा जा सकता है।

सूर्य, चन्द्रमा, पृथ्वी एवं दूसरे नक्षत्रों के सामंजस्य से कृषि में किये जाने वाले कार्य

1. पूर्णिमा के 48 घण्टे पहले बीज की बुआई की जाये।
2. पूर्णिमा के 48 घण्टे पहले तरल खाद का प्रयोग किया जाये।
3. पूर्णिमा में फँफूदीनाशक घोल का छिड़काव किया जाये।
4. अमावस (New Moon) में बीज की बुआई नहीं करनी चाहिए।
5. अमावस में पेड़ों की कटाई किया जाये।
6. शुक्ल पक्ष में बी0डी0 प्रिपरेशन 501 (काऊ हार्न सिलिका) का छिड़काव अक्टूबर माह में करें तथा दुबारा फल पकने पर।
7. सभी प्रकार के बीजों की बुवाई शुक्ल पक्ष (एसेन्डिंग पिरियड) में किया जाये।
8. शुक्ल पक्ष में चन्द्रमा जब मिथुन (जेमिनी) या तुला (लिब्रा) राशि में हो तो चारा काटें एवं जड़वाली सब्जियों को छोड़कर फलों एवं सब्जियों की तुड़ाई करें।
9. शुक्ल पक्ष में कलमों की बँधाई की जा सकती है।
10. कृष्ण पक्ष (डिसेन्डिंग पिरियड) में बी0डी0 प्रिपरेशन 500 (गाय की सींग का खाद) का छिड़काव मार्च–अप्रैल तथा दोबारा सितम्बर–अक्टूबर में किया जाये।
11. कम्पोस्ट बनाने एवं खेतों में डालने का कार्य मार्च–अप्रैल या सितम्बर–अक्टूबर माह के कृष्ण पक्ष में किया जाये।
12. पौधों एवं बेहन का रोपण भूमि की जुताई कृष्ण पक्ष में की जा सकती है।
13. कृष्ण पक्ष में जब चन्द्रमा वृष राशि (Taurus) में हो तो जड़वाली फसलों की तुड़ाई एवं भण्डारण किया जाये।
14. सभी फूल वाले झाड़ियों एवं गुलाब की कटाई–छँटाई उनके उपयुक्त समय पर चन्द्रमा के कुंभ राषि (एक्योरियस) में होने पर की जा सकती है।
15. हरी खाद हेतु उत्पादित फसल की पलटाई भूमि में तथा तरल खाद का प्रयोग भूमि में कृष्ण पक्ष में की जाये।
16. चन्द्रमा जब पृथ्वी से दूर हो (एपोजी) तो आलू की बुवाई किया जाये।
17. चन्द्रमा जब पृथ्वी से नजदीक हो (पेरोजी) तो फफूंदीनाशक दवा का छिड़काव किया जाये।
18. चन्द्रमा शनि जब आमने–सामने हों तो उस समय बीज की बुवाई एवं कलमें रोपित की जा सकती हैं तथा बी0डी0 प्रिपरेशन 501 का छिड़काव किया जा सकता है।

कृषि में ब्रह्मण्डीय शक्तियों का समांकलन

बायोडायनेमिक सिद्धान्त के अनुसार चन्द्रमा, माह में लगभग 29.5 दिनों में पृथ्वी का पूरा चक्कर लगाता है तथा इस अवस्था में यह बारह राशियों से गुजरता है। प्रत्येक राशि पर 2.50–3.25 दिन तक रहते हुए दूसरी राशि पर पहुँच जाता है। इन 12 राशियों को यूनानी भाषा में प्रतीक के रूप में अलग–अलग जीव/वस्तुओं के आकार से चित्रित किया गया है। 1–12 राशियाँ चार मुख्य तत्व जैसे– भूमि, जल, वाय तथा अग्नि को प्रभावित करती हैं। इनका सम्बन्ध चार पौध भागों (जड़, पत्ती, फूल और फल/बीज) से होता है, जिसे सारिणी में दर्शाया गया है।

सारिणी (11.26) राशियों का विभिन्न मुख्य तत्वों से सम्बन्ध

प्रधान तत्व	प्रभावित पौध भाग	राशियाँ
पृथ्वी	जड़	कन्या, मकर, वृष
जल	पत्ती	कर्क, वृश्चिक, मीन
वायु	फूल	मिथुन, तुला, कुंभ
अग्नि	फल/बीज	मेष, धनु, सिंह

चन्द्रः शनि विपरीत अवस्था– प्रत्येक माह चन्द्रः शनि एक अथवा किसी माह में दो दिन विपरीत दिशा में आते हैं। ये दिन सभी प्रकार की कृषि क्रियाओं हेतु उपयुक्त होते हैं।

चन्द्रग्रन्थि– यह एक काल्पनिक बिन्दु है। प्रत्येक माह में 2 बार चन्द्र पथ्वी के पथ से गुजरते हुए सूर्य के पक्ष को काटता है। सामान्य भाषा में इसे 'राहु' और 'केतु' के नामों से जाना जाता है। ये दिन किसी भी कृषि कार्य हेतु उपयुक्त नहीं होते हैं।

कार्बनिक/जैविक खेती का मानक (Standard of organic vegetable)

कार्बनिक खेती का मानक एक समान न होकर प्रत्येक देश में अलग–अलग है। ज्यादातर मानक नियम यूरोपियन यूनियन, जापान तथा संयुक्त राज्य अमेरिका के लिए सही बैठते हैं, जो इण्टरनेशनल फेडरेशन ऑफ आर्गेनिक एग्रीकल्चर मुवमेण्ट्स, बोन, जर्मनी (International Federation of Organic Agriculture Movements, Bonn, Germany) में स्थापित किया गया है। उपनिदेशक (शोध) डॉ0 ब्रुसपियर्से इल्म फार्म शोध केन्द्र बर्कशायर, यूनाइटेड किंगडम ने विस्तारपूर्वक कार्बनिक खेती की विधियों का अध्ययन किया। उन्होंने स्पष्ट किया कि सभी उत्पादों के मानक कार्बनिक खेती के अन्तर्गत एक समान नहीं हो सकते। उदाहरण के लिए जापान कार्बनिक माँस के लिए कोई नियम नहीं रखता है। अतः कई देशों के बीच मानक अन्तर होना सामान्य है। उदाहरण के लिए अमेरिकन कृषक अपने खेतों में चिलियन नाइट्रेट जो खदान से प्राप्त सोडियम नाइट्रेट का स्रोत है, अमेरिकी नियम के अनुसार मान्य है, लेकिन इससे प्राप्त उपज को यूरोपीय बाजार में नहीं बेचा जा सकता। यह सही है कि चिलियन नाइट्रेट एक प्राकृतिक पदार्थ है, लेकिन यूरोपीयन कार्बनिक मानक इसे कृत्रिम उर्वरक मानता है, क्योंकि यह तेज विलेय के साथ–साथ शीघ्रता से जमीन के नीचे चला जाता है। इतना ही नहीं संयुक्त राज्य अमेरिका में उत्पादित दूध (जो कम से कम एक वर्ष से कम समय तक कार्बनिक भोजन पर रखी गयी हों) का भी विक्रय नहीं कर सकते हैं। यहाँ यह कहना सही

होगा कि यूरोपीयन मानक नियम संयुक्त राज्य अमेरिका की तुलना में काफी सख्त है, जिसे मात्र 6 माह ही लगते हैं। इसी प्रकार संयुक्त राज्य अमेरिका में क्रय की गयी उत्पाद की शुद्धता का क्षेत्र यह स्पष्ट नहीं करता है कि उपज आनुवंशिक परिवर्तन वाली फसल से संदूषित नहीं है, जब तक चिन्हक (label) न लगा हो। निर्यातक देश में मानक का परीक्षण दूरस्थ क्षेत्रों में करना कठिन है, जबकि मानक नियम में स्पष्ट रुप से बल दिया गया है कि निरीक्षण व परीक्षण कार्बनिक खेती का आवश्यक घटक है। निरीक्षण कभी पूर्ण रुप से सही नहीं होता है, केवल विश्वास पर टीका होता है। इसलिए इस्ट एन्गलीया (नारबीच यूनाइटेड किंगडम) आइसोटोप नाइट्रोजन–15 का प्रयोग कार्बनिक उत्पाद की गुणवत्ता मापन (कार्बनिक क्षेत्र की मृदा) हेतु शोध कर रहा है। कुछ शोधार्थी सूक्ष्म तत्वों जैसे कैल्सियम, बोरान, मैग्नीशियम व सोडियम के अन्तर (आर्बनिक व अकार्बनिक उपज के बीज) पर शोधरत हैं।

अन्तर्राष्ट्रीय कार्बनिक मानक की सत्यता (Facts on international standards)

यह सही है कि विश्व में कार्बनिक उत्पादन की 60 से ज्यादा मानक हैं (भट्टाचार्य एवं चक्रवर्ती, 2005)

सारिणी (11.27) सब्जियों एवं अन्य खाद्य फसलों हेतु मानक

मानक	विवरण
आई0एफ0ओ0ए0एम0 (IFOAM)	• इन्टरनेशनल फेडरेशन आफ आर्गेनिक एग्रीकल्चर मूवमेण्ट की सन् 1972 में स्थापना। • मुख्यालय जर्मनी • कार्बकि कृषि संघ की शीर्ष संस्था • अन्तर्राष्ट्रीय कार्बनिक मानक का आधार बनाना • आई0एफ0ओ0ए0एम0 के अधीन एक्रीडेसन कार्यक्रीम (1992) • आई0एफ0ओ0ए0एम0 के अधीन एक्रीडेसन सेवा संचालन (International Organic Accreditation Service or IOAS, July 2001)
कोडेक्स (Codex)	• कोडेक्स एलीमेन्टेरियस कमीसन (Codex Alimentarious Commision- a joint FAO/WHO) • अन्तःसहकारी संस्था (Intergovernmental body)। • सन् 1962 में स्थापना। • कार्बनिक उत्पादन के मानक स्थापित करना
ई0यू0 रिगुलेशन (EU Regulation)	• यूरोपियन यूनियन के लिये कार्बनिक मानक का आधार बनाना • यूरोपियन कार्बनिक उत्पादन पद्धति को लागू करना
डेमेटर (Demeter)	• डेमेटर इन्टरनेशनल 19 अन्तर्राष्ट्रीय प्रमाणन संस्था का नेटवर्क • बायोडायनामिक का आधार बनाना
जे0ए0एस0 (Japan Agricultural Standards)	• जापान कृषि मानक का आधार बनाना

स्रोतः आई0एफ0ओ0ए0एम0, 2004

सारिणी (11.28) कर्बनिक प्रमाणन संस्था

क्षेत्र	कर्बनिक प्रमाणन संस्था					
	कुल	आई0एफ0 ओ0ए0एम0	जापान	आई0एस0 ओ0 65	ई0यू0	यू0एस0 ए0
अफ्रीका	7	—	—	1	—	—
एशिया	83	4	65	1	1	2
यूरोप	130	10	9	45	100	28
लैटिन अमेरिका/कैरिबियन	33	4	—	10	5	8
उ0 अमेरिका	101	4	1	14	—	64
ओसिनिया	10	4	6	3	6	4
कुल योग	**364**	**26**	**81**	**74**	**112**	**106**

स्रोतः आई0एफ0ओ0ए0एम 100, 2004

कार्बनिक खेती में आने वाली प्रमुख समस्याएँ (Problems in organic vegetable)

1. कार्बनिक व जैविक विधि से खाद तैयार करने की अज्ञानता।
2. पर्याप्त मात्रा में कार्बनिक खादों की अनुपलब्धता।
3. कार्बनिक खेती से सम्बन्धित आँकड़ों का अभाव, परिणामतः कार्बनिक खेती के प्रति उदासीनता का विकसित होना।
4. कार्बनिक विधि से उत्पादित सब्जियों का बाजार में कम विक्रय व आय।
5. कार्बनिक उत्पाद का मानक न अपनाना।
6. कार्बनिक खादों का स्थानीय स्तर पर प्रकृति एवं मूल्यांकन का न होना।
7. कीड़ों एवं बीमारियों से बचाव हेतु उचित कार्बनिक दवाओं/पदार्थों का अभाव।

सारिणी (11.29) कार्बनिक उत्पाद को बाढ़ावा देने वाली घरेलू संस्थाएं

Name	Addresss
NAVDANYA Trust	A-60, Hauz Khas, New Delhi-110016
Devine Agro Industries Ltd.	C-9, Anoop Nagar, Uttam Nagar, New Delhi-59
Devbhoomi	Rajpur Road, Dehradun, Uttarakhand
Back to Nature	Near Kanak Cinema, Dehradun, Uttarakhand
Mahrishi Ved Vigyan Vidyapeeth	Dunda (Kunsh), Uttar Kashi
Institute of Rural Development (IRD)	54-A, Kanchan Nagar, Nakshetrawadi, Aurangabad-413002
ISCON Temple	Bangalore
FAB India Overseas Pvt. Ltd.	B-26, Okhla Industries Area, Phase-1, New Delhi
ECO-Nut Health Food Shop	J,s Heritage Complex Opp. Milk Union, P.T. Road, Kodai Kanal-624101

Sresta Byproducts Pvt. Ltd.	203, Pavban Annexes, RoadNo. 2 Banjara Hills, Hyderabad-500034 (A.P.)
D.R. Agro Organic AS	01, Sai Nagar, Ratnagiri, Kapadganj-387620 (Gujrat)
IOCCA	951C, 15th Cross, 8th Main, Ideal Home Township Raja Radeswari Nagar, Bangalore-560098
Sunstar Overseas Ltd.	40 K.M. Stone, GT Road Karnal Road, Bahagarh, Sonepat (Haryana)
IITC Organic India Ltd.	A-306, Indira Nagar, Lucknow-227105.

स्रोतः भट्टाचार्या एवं चक्रवर्ती, 2005

कार्बनिक/जैविक खेती के लिए भावी योजनाएँ (Future schems for organic Farming)

कार्बनिक/जैविक खेती का मुख्य स्रोत गोबर की खाद है। हमारे यहाँ लगभग 1000 लाख टन प्रति वर्ष गोबर उपलों के रुप में जला दिया जाता है। इसलिए गोबर को जलाना बन्द करना होगा। लगभग 50.0 प्रतिशत फसल अवशेष पशुओं के भोजन में काम आता है, जिसका कुछ भाग भूमि में सदुपयोग किया जा सकता है। साथ ही हरी खाद के प्रयोग से भूमि की उपजाऊ शक्ति बनी रहती है। देश में आज भी कई प्रदेशों जैसे मध्य प्रदेश, मेघालय, त्रिपुरा, छत्तीसगढ़ एवं नागालैण्ड इत्यादि में रासायनिक खादों का प्रयोग न के बराबर होता है। यहाँ तक कि उत्तराखण्ड उवं सिक्किम को पूर्ण जैविक प्रदेश घोषित कर दिया गया है। भारत सरकार ने कुँवर जी भाई की अध्यक्षता में जैविक खेती के लिए टास्क फोर्स बनायी है। इस कमेटी के अध्यक्ष डॉ0 एम0 स्वामीनाथन (Dr. M. S. Swaminathan) थे, जिन्होंने 10वीं पंचवर्षीय योजना में जैविक खेती को चुनौती के रुप में लिया है। इसलिए जैविक खेती के प्रोत्साहन के लिए कुछ मुख्य बातों को ध्यान में बनाये रखना आवश्यक है–

1. कार्बनिक खादों (वर्मी कम्पोस्ट, नेडेप कम्पोस्ट, वानस्पतिक उत्पाद) का निर्माण सब्जी उत्पादक स्वयं अपने खेत पर करें।
2. शोध के द्वारा विभिन्न जलवायु क्षेत्रों के लिए एक प्रभावी योजना की आवश्यकता।
3. सस्ती एवं शीघ्र तैयार होने वाली कार्बनिक खाद का उत्पादन वृह्द स्तर पर करने की आवश्यकता तथा इसका फसलों पर प्रभाव का मूल्यांकन।
4. कार्बनिक खेती द्वारा उत्पादित सब्जियों के उत्पादन का आँकड़ा इकठ्ठा करना तथा उसे लोगों को जानकारी देना ताकि लोगों को कार्बनिक खेती की ओर आकर्षित किया जा सके।
5. कार्बनिक खेती से सम्बन्धित पुराने रीति–रिवाजों का, जो भारतवर्ष के विभिन्न प्रान्तों में उपलब्ध हैं, संग्रहण करना।
6. उत्पादकों, कृषि कार्यकर्ताओं, कृषक मित्रों, सब्जी वैज्ञानिकों को कार्बनिक खेती का देश–विदेश में उपलब्ध सुविधायुक्त प्रयोगशालाओं में प्रशिक्षित करना।
7. सब्जी उत्पादकों के प्रक्षेत्र पर कार्बनिक/जैविक विधि का प्रदर्शन करना।

8. गुणवत्तायुक्त सब्जियों की पैदावार सुनिश्चित करना तथा उसके जाँच का एक पैमाना उपलब्ध कराना ताकि मिलावट को रोका जा सके।
9. कार्बनिक/जैविक विधि से उत्पादित सब्जियों की अलग से विपणन व्यवस्था करना।
10. जैविक खेती द्वारा कृषि उत्पाद के प्रमाणीकरण की व्यवस्था को और भी सरल–सुलभ बनाया जाये।
11. सब्जियों की फसलों एवं किस्मों का उचित चुनाव करें।
12. जैविक खेती के उत्पाद के लिए सरकारी नीतियों को सरल बनाना होगा।
13. ऐसी प्रयोगशालाओं की समयानुसार स्थापना करना, जहाँ जैविक उत्पादों की गुणवत्ता के बारे में जाँच करायी जा सके।

जैविक उत्पादों का प्रमाणीकरण (Certification of organic products)

हमारी परम्परागत खेती प्रकृति के नियमानुसार होती थी। जैविक खेती में प्राकृतिक स्रोतों से पोषक तत्वों का प्रबंधन और प्राकृतिक कारकों द्वारा कीट व रोगों का प्रबंधन करने के साथ–साथ इनको समन्वित रुप से अपनाने के लिए पास–पड़ोस के उत्पादकों या ग्राम स्तर पर प्रबंधन से ही सम्भव है। इससे सम्पूर्ण सफलता मिल सकती है। अतः उत्पादक सामूहिक रुप से जैव कृषि अपनायें, जिससे प्रबंधन में आसानी रहे, साथ ही उपभोक्ता को या बाजार में केवल यह बताना होगा कि अमूक 'ख' गाँव के सभी उत्पादक जैविक विधि से सब्जी पैदा करते हैं, तो बाजारीकरण में भी आसानी रहेगी तथा गाँव व उत्पादकों के प्रति विश्वास पैदा होगा। इसी उपभोक्ता या बाजार के विश्वास को सरल बनाने के लिए विश्व स्तर पर एक प्रक्रिया बनायी गयी है, जिसे प्रमाणीकरण (certification) कहते हैं। इसके कई नियम बनाये गये हैं, जिसके आधार पर किसी उत्पादक या उत्पादक समूह सब्जी उत्पादकों को शत्–प्रतिशत जैविक उत्पाद का प्रमाण दिया जाता है। हमारे देश में भी कृषि व प्रसंस्कृत खाद्य उत्पाद निर्यात प्राधिकरण (APEDA) जो भारत सरकार कृषि मंत्रालय के दिशा निर्देशन में कार्य करती है। यह संस्था सन् 2000 से राष्ट्रीय जैविक उत्पादन कार्यक्रम शुरु किया है और एपेडा दिल्ली के अलावा चाय बोर्ड कोलकाता, काफी बोर्ड बैंग्लुरु, मशाला बोर्ड कोचिन को प्रमाणीकरण के नियम बनाना तथा प्रमाणीकरण करने वाली संस्थाओं में नियुक्तिकरण (एक्रीडेशन) का कार्य दिया गया है। वर्तमान में राष्ट्रीय बागवानी अनुसंधान एवं विकास प्रतिष्ठान नासिक (महाराष्ट्र) सब्जियों के निर्यात के लिए प्रमाण पत्र दे रहा है। निकट भविष्य में भारतीय सब्जी अनुसंधान संस्थान, वाराणसी (उत्तर प्रदेश) में भी "रेफरल लैब" स्थापित करने की योजना है।

कार्बनिक खेती को प्रमाणित करने के लिए आवश्यक बिन्दु

मृदा सम्बन्धी निम्नलिखित बिन्दुओं पर ध्यान देना आवश्यक है–

- कार्बनिक खेती को प्रमाणित करने के लिए लगातार तीन वर्षों तक खेत में प्रतिबन्धित पदार्थों का प्रयोग न किया गया हो, ध्यान में रखते हैं। संस्तुत (permitted) व प्रतिबन्धित (prohibited) पदार्थ फसलवार व क्षेत्रवार भिन्न–भिन्न होते हैं।
- कार्बनिक खेती करने वाले को निम्नलिखित अभिलेख रखना आवश्यक है–

- सभी उत्पादन पद्धतियाँ जो प्रयोग में लायी जा रही हैं, का अभिलेख रखना।
- कटाई/तुड़ाई के दिन।
- प्राप्त उपज।
- उत्पाद विवरण।
- प्रक्षेत्र से विक्रय।
- प्रक्षेत्र पर किया गया क्रय।
- प्रक्षेत्र पर बाहर (off-farm inputs) से लाकर प्रयोग किये गये सामान।
- प्रक्षेत्र का सामान (On-farm inputs)।
- कार्बनिक खेती के प्रमाणीकरण के लिए उपरोक्त का निरीक्षण बिना बताये किसी समय हो सकता है।
- मुक्त क्षेत्र हेतु अन्य कृषि जमीन से 25.0 फीट व प्रतिबंधित पदार्थों वाली जगह से 50.0 फीट की दूरी रखनी चाहिए।
- जमीन ढलवा, पूर्ण जल निकास वाली तथा छायादार जगह से मुक्त होने चाहिए।
- ज्यादातर सब्जियों के लिए जलोढ़ मृदा सबसे उत्तम होती है। चिकनी व बलुई मिट्टी में अस्थिर उत्पादकता मिलती है, जिससे आर्थिक दृष्टिकोण से कार्बनिक खेती करना मुश्किल होता है।

प्रमाणीकरण की विधि (Certification method)

प्रमाणीकरण संस्था द्वारा खेत का इतिहास यानी उसमें पहले से कौन–कौन सी फसल लगायी गयी है, व कौन–कौन सी फसलें ली जा रही हैं, कितनी सिंचाई, खाद व उर्वरक, कीटनाशक व रोगनाशक इत्यादि का प्रयोग होता है। इसके अलावा फसलोत्पादन को प्रभावित करने वाली अन्य जानकारियाँ शामिल होती हैं। मिट्टी व सिंचाई जल की गहन जाँच होती है और अन्त में उत्पादकों व उत्पादक समूहों को कौन से कार्य करने हैं और कौन से कार्य नहीं करना है, को बताया जाता है। खेती में लगने वाले सभी आदानों जैसे–खाद–उर्वरक, बीज, दवा इत्यादि का रिकार्ड रखना इस प्रक्रिया सबसे महत्वपूर्ण हिस्सा है। इस प्रकार से एक रासायनिक खेती को पूर्ण जैविक खेती में प्रवर्तित होने में 3 वर्ष या इससे भी ज्यादा समय लग सकता है। इस कृषि पद्धति (रासायनिक से जैविक) को बदलने में जो समय लगता है, इसे परिवर्तन समय (conversion period) कहते हैं। इस दौरान कृषि उपज में औसतन 10–15 प्रतिशत की कमी आती है। इस समय की समाप्ति पर पुनः भूमि व कृषि तंत्र की गहन जाँच कर संस्था जैविक खेती का प्रमाण देती है, जिससे उत्पाद बाजार में बेचने हेतु प्रयोग में लाया जाता है। यह प्रमाणपत्र 12–16 महीने के लिए वैध होता है। इसके बाद भी वर्ष में 2–3 बार संस्था के प्रतिनिधि आकर यह देखते हैं और सुनिश्चित करते हैं कि जैविक खेती नियमानुसार हो रही है कि नहीं। इस प्रकार के निरीक्षण का सारा खर्च सब्जी उत्पादक वहन करता है।

पंजीकरण की प्रक्रिया (Process of certification)

1. एपिडा अधिनियम के अन्तर्गत एक या इससे अधिक उत्पाद निर्यात करने वाले सभी निर्यातकों को एपिडा (APEDA) में पंजीकरण कराना आवश्यक होता है।
2. आयात व निर्यात पंजीकरण के लिए प्राधिकरण के कार्यालय से प्राप्त आवेदन प्रारुप में आवेदन करना होता है।
3. पूर्ण आवेदन पत्र के साथ निर्धारित शुल्क (रु0 5,000/) का ड्राफ्ट हो, के रुप में कार्यालय में जमा करना होता है।
4. सभी भुगतान प्राधिकरण के सचिव द्वारा ड्राफ्ट या पोस्टल आर्डर (postal order) के रुप में किया जाता है।
5. एपिडा (APEDA) द्वारा पंजीकरण लागू होती है।
6. उत्पादक, निर्यातक, किसान या किसान समूह अन्य किसी भी विस्तृत जानकारी हेतु संस्था से सम्पर्क कर सकते हैं।

कृषि व प्रसंस्कृत खाद्य उत्पाद निर्यात प्राधिकरण (APEDA) के अन्तर्गत निम्नलिखित कार्यालय बनाये गये हैं–

1. कृषि व प्रसंस्कृत खाद्य उत्पाद निर्यात प्राधिकरण (APEDA) तीसरी मंजिल एन0जी0यू0आई0 बिल्डिंग 3, सिरी इन्स्टीट्यूशनल एरिया, अगस्त क्रांति मार्ग, नई दिल्ली–110016, फोन नं0 91–6513204, 65113216, 6514562, 6534186, फैक्स–91–11–6534870, email: needq@apeda.com, website: http://www.apeda.com
2. कृषि व प्रसंस्कृत खाद्य उत्पाद निर्यात प्राधिकरण (APEDA) 12/1/1 पैलेस क्रास रोड, बैंग्लुरु (कर्नाटक), फोन नं0 91–80–3343425, फैक्स–91–80–3343425, email: apedablr@vsnl.net
3. कृषि व प्रसंस्कृत खाद्य उत्पाद निर्यात प्राधिकरण (APEDA) 8वीं मंजिल, चन्द्र वितार बिल्डिंग मुक्करमाही रोड, हैदराबाद–500001 (आन्ध्र प्रदेष) फोन नं0 91–40–4745940 फैक्स–91–40–4745947, email: apedahyd@hdz.dot.net
4. कृषि व प्रसंस्कृत खाद्य उत्पाद निर्यात प्राधिकरण (APEDA) चौथी मंजिल, बैंकिंग कम्पलेक्स बिल्डिंग, सेक्टर 16/1, वासी, नवीं मुम्बई–400705, फोन नं0 91–22–7658946, 7658973, email: apedamum@vsnl.net
5. कृषि व प्रसंस्कृत खाद्य उत्पाद निर्यात प्राधिकरण (APEDA) प्रमुख भवन, विधान नगर, साल्टलेक सिटी, कोलकाता–700091 email: apedacal@vsnl.net
6. कृषि व प्रसंस्कृत खाद्य उत्पाद निर्यात प्राधिकरण (APEDA) द्वारा आसाम इण्डस्ट्रीयल डेवलपमेंट कारपोरेशन आर0जी0 बरुआ रोड, गोवाहाटी–781024, फोन नं0 91–361–202591, फैक्स–91–361–202600, email: apeda2@sancharnet.net

□□□